ISBN 978-0-666-67015-1
PIBN 10611214

This book is a reproduction of an important historical work. Forgotten Books uses
state-of-the-art technology to digitally reconstruct the work, preserving the original format
whilst repairing imperfections present in the aged copy. In rare cases, an imperfection in
the original, such as a blemish or missing page, may be replicated in our edition. We do,
however, repair the vast majority of imperfections successfully; any imperfections that
remain are intentionally left to preserve the state of such historical works.

1 MONTH OF
FREE
READING

at

www.ForgottenBooks.com

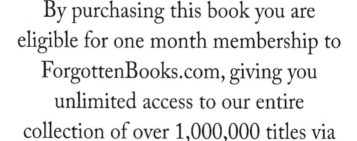

By purchasing this book you are eligible for one month membership to ForgottenBooks.com, giving you unlimited access to our entire collection of over 1,000,000 titles via our web site and mobile apps.

To claim your free month visit:
www.forgottenbooks.com/free611214

English
Français
Deutsche
Italiano
Español
Português

www.forgottenbooks.com

Mythology Photography **Fiction**
Fishing Christianity **Art** Cooking
Essays Buddhism Freemasonry
Medicine **Biology** Music **Ancient
Egypt** Evolution Carpentry Physics
Dance Geology **Mathematics** Fitness
Shakespeare **Folklore** Yoga Marketing
Confidence Immortality Biographies
Poetry **Psychology** Witchcraft
Electronics Chemistry History **Law**
Accounting **Philosophy** Anthropology
Alchemy Drama Quantum Mechanics
Atheism Sexual Health **Ancient History**
Entrepreneurship Languages Sport
Paleontology Needlework Islam
Metaphysics Investment Archaeology
Parenting Statistics Criminology
Motivational

Entomologie (Allgemeines) für 1904.

Von

Dr. Georg Seidlitz,

Ebenhausen bei München.

Vorbemerkung.

In diesen Bericht sind diejenigen Arbeiten über *Hexapoden* aufgenommen, die sich auf mehr als eine Ordnung (die Ordnung im älteren, weiteren Sinne genommen, wie es auch bei Sharp geschieht) beziehen. Im Ganzen sind 384 Abhandlungen hier zu nennen, von denen 45 als selbständige Schriften erschienen, während 339 in 145 der verschiedenartigsten Zeitschriften zerstreut waren, von denen nur 22 entomologische sind.

Übersicht.

A. Verzeichnis der Publikationen.

(Die mit * bezeichneten Arbeiten waren dem Ref. nicht zugänglich).

*Adams Ch. C. (1). Southeastern United States as a Center of geographical distribution of Flora and Fauna. Biol. Bull. III 1899 p. 115–131. — Referat von Speiser 1906 Z. Insect.-Biol. II. p. 22—23.

*— (2). Postglacial origin and migrations of the life of the northeastern United States. Journ. Geography I. 1902 p. 303—310, 352—357. — Referat loc. cit. p. 3.

Adelung N. v. (1). Referat über Bolivar 1901 (1). Zool. Centr. XI. p. 73—74.

Alfken J. D. (1). Beitrag zur Insectenfauna der Hawaiischen und Neuseeländischen Inseln. (Ergebnisse einer Reise nach dem Pacific. Schauinsland 1896—97). Zool. Jahrb. Syst. XIX p. 551—628, 1 tab.

22146

*Alzona C. (1).   Brevi notizie sulle raccolte zoologiche nelle caverne. Boll. Nat. Siena. 24. p. 119—123.

Anglas J. (1).   Du rôle des trachées dans la métamorphose des Insectes. C. R. Soc. Biol. Paris 56. p. 175—176.

— (2).   Rapports du développement de l'appareil trachéen et des métamorphoses chez les Insectes. C. R. Acad. Sc. Par. 138. p. 300—301.

*Annandale N. (1).   Contributions to the terrestrial Zoology of the Faroes. Proc. R. Phys. Soc. Edinb. XV. 2. 1904 p. 153 —160. *Aptera* by Carpenter, *Coccidae* by Newstead. — Referat von Speiser 1905 Z. Ins. Biol. I p. 312. (*Rhynch.*, *Orth.*, *Lep.*).

*Ashmead W. (1).   A *Hymenopterous* Parasite of the Grope-berry Moth, *Eudemis Bostana* Schif. Can. Ent. 36. p. 333.

*Bage Fr. (1).   Notes on phosphorescence in plants and animals. Victor. Natural. XXI. p. 93—104.

*Balfour A. (1).   First Report of the Wellcome Research laboratories at the Gordon Memorial College, Khartoum. Chartum 1904. 83 pp. 6 tabb. (Schädliche Insekten).

*Ballou H. A. (1).   Insects attacking cotton in the West-Indies· West Ind. Bull. IV p. 268—286.

*Balsamo F. (1).   Sa i fenemeni di distrazione di alcuni corpi organizzati in rapporto alle esperienze di Abbe. Boll. Soc. Napoli XVII p. 45—53. (Ueber Schuppen an *Lep.* u. *Thysan.*).

Banks N. (1).   Notes on the Structure of the Thorax and Maxillae in Insects. Proc. ent. Soc. Wash. VI. p. 149—153.

*— (2).   (Ueber Cacaoschädlinge). Bull. Biol. Lab. Dep. Int. Philipp. I. 1904. — Referat von Schaufuss 1905 p. 82. (*Rhynch.*, *Termit.*, *Col.*).

*Bargagli P. (1).   Notizie sommarie sopra alcuni Insetti abitatori dei semi, dei frutti e dei leguami della Colonia Eritrea. Bull. R. Soc. Tosc. Ortic. 1904 p. ?.

Barthe E. (1).   Referat über Hutton 1. Misc. ent. XII. p. 64.

Bauer V. (1).   Zur inneren Metamorphose des Centralnervensystems der Insekten. Zool. Jahrb. Anat. XX. 1904. p. 123—152, tab. VIII. — Referat von Heymons 1905 p. 92—94, von Schaufuss 1 u. von Mayer 1905 p. 52 (*Dipt.*, *Col.*, *Hym.*, *Lep.*, *Orth.*)

*Beck G. v. (1).   (Ueber Schlauchpilze, Laboulbaeniaceen). Sitzb. Ver. Lotos 1903 p. 101. — Referat von Schaufuss 1. (*Col.*, *Dipt.*).

Bell R. G. (1).   Siehe Kellogg & Bell 1.

*Berlese A (1).   Insetti utili. Italia agricola 1903 p. ?, 9 pp. — Referat von Hofer 1905 Z. Ins. Biol. I. p. 355. (Parasiten schädlicher Insekten).

*— (2). La Cavolaia e gli Insetti che ne dispendano. ibid. p. ?, 31 pp., 2 tabb. — Referat loc. cit. (Parasiten schädlicher Insekten).

*— (3). Conferenze di Entomologia agraria ed Esercitazioni pratique d'innesto e potatura pressa la R. Scuola di Orticultura e Pomologia di Firenze. Giorn. Agric. commerc. Tosc. 1904 no. 5 p. ?, 4 pp. — Referat loc. cit. p. 355—356 (Schädlinge u. ihre Parasiten).

*Berthoumieu V. (1). Revision de l'Entomologie d'antiquité. Rev. Bourb. 17. p. 167—172, 181—200.

Beutenmüller W. (1). The Insect-galls of the vicinity of New York City. Amer. Mus. Jorn. IV. p. 89—124. (*Hym.*, *Dipt.*, *Rhynch.*).

*Biedermann W. (1). Die Schillerfarben bei Insekten und Vögeln. Denkschrift med. nat. Ges. Jena XI. Festschr. f. Haeckel p. 215—300. — Referat von Wahl 1905 Z. Ins.-Biol. p. 131 —132 u. von Mayer 1905 p. 50. (*Col.*, *Neur.*, *Lep.*).

*Bloomfield (1). (Insekten in Hastings). Hastings Soc. XI. p. 32.

*— (2). (*Dipt.* u. *Tenthrediniden* in Aberdeen). — Ann. Scott. Nat. hist. 1904 p. 193.

Bode W. (1). Prof. A. Radcliffe Grote †. Allg. Z. Ent. IX p. 1—6, 349. (Biographie u. Verzeichnis der [210] Schriften).

Börner C. (1). Zur Systematik der *Hexapoden*. Zool. Anz. 27. p. 511—533, 4 figg. — Referat von Heymons 1905 Zool. Centr. XII. p. 95 und von Mayer 1905 p. 54. (Alte Ordnungen).

— (2). Zur Klärung der Beingliederung der *Ateloceraten*, ibid. p. 226—243, figg. — Referat von Börner 1905 Ent. Centr. XII p. 371—386.

* — (3). Die Gliederung der Laufbeine der *Ateloceraten* Heymons. Sitzb. Ges. Nat. Fr. Berl. 1902 p. 205—229. — Referat von Börner loc. cit. p. 371—386.

— (4). Siehe Breddin & Börner 1.

*Bouskell F. (1). Three weeks in the wilds of, with notes on the Insects and Plants. — Pr. Leicest. Soc. p. 49—60.

Brants A. (1). Afbeeldingen met beschrijvning van Insecten, schadelijk voor naaldhout. Ent. Berichten no. 16 p. 129 —134. (Scheint 1 Referat. *Col.*, *Lep.*)

— (2). Nog iets aangande de „Afbeeldingen met beschrijving van insecten, schadelijk voor naaldhout." ibid. no. 17 p. 156—159.

Breddin G. (1). *Rhynchoten* aus Ameisen- und Termitenbauten. Ann. Belg. 48 p. 407—416. — Referat von Schaufuss 1. (*Rhynch*, *Hym.*, *Orth.*).

— (2). Siehe Breddin & Börner 1.

*Breddin G. & Börner, C. (1). Ueber *Thaumatoxena Wasmanni*, den Vertreter einer neuen Unterordnung der *Rhynchoten*. Sitzb. Ges. nat. Freunde Berlin. 1904 p. 84—93. — Referat von Handlirsch 6. (*Rhynch*,, *Orth.*).

*Brèthes J. (1). *Himenopteros* nuevos ó poco conocidos Parásitos del Bicho de Cesto. Anal. Mus. Buen. Air. XI. 1904 p. 17 —24. — Referat von Speiser 1905 Z. Ins.-Biol. I p. 480. (*Hym.* als Parasiten von *Dipt.*).

— (2). Siehe *Col.* Brèthes 2. (*Col., Dipt., Rhynch.*).

Britton W. E. (1). Insect Notes from Connecticut, U. S. Dept. Agr. Div. Ent. Bull. 46, p. 105—107. (*Rhynch., Col., Lep.*).

*— (2). Fourth Report of the State Entomologist. Rep. Connecticut agr. exp. Stat. 1904 III. p. 199—310, 17 tabb.

Browne F. B. (1). A bionomical investigation of the Norfolk Broads. Tr. Norfolk Soc. XII. p. 661—673.

*Brues Ch. T. (1). On the Relations of certain Myrmecophiles to their Host Ants. Psyche XI. p. 21—22. (*Col., Hym.*).

*Brunelli G. (1). Ricerche sull' ovario degli insetti sociali. Rend. Accad. Lincei XIII. 1. 1904 p. 285, 350—356.

Bull L. (1). Mécanisme de mouvement de l'aile des insectes. C. R. Acad. Sc. Soc. 138, p. 590—592, 2 figg.

Burr M. (1). Siehe Distant 1.

— (2). Siehe Farren 1.

Carpenter G. H. (1). Injourious insects and other animals observed in Ireland during the year 1903. Econ. Proc. R. Dubl. Soc. I. 5. 1904 p. 249—266, tab. XXI, XXII. — Referat von Dickel, Z. Ins. Biol. I. p. 400.

— (2). Siehe Annandale 1.

Caudell A. N. (1). Siehe Dyar & Caudell 1.

Cecconi G. (1). Siehe Trotter & Cecconi (1).

Champion G. C. (1). Siehe Champion & Chapman 1. (*Col., Rhynch.*, Sammelbericht).

Champion G. C. & Chapman, T. A. (1). On Entomological Excursion to Moncayo, N. Spain; with some remarks on the habits of *Xyleborus dispar*, Fabr. Tr. ent. Soc. Lond. 1904 p. 81—102, tab. XIII—XVI. (*Col., Rhynch.*, u. tab. XVI *Lep.*).

*Chapman T. A. (1). Notes (chiefly on *Lepidoptera*) of a trip to the Sierra de la Demanda and Moncayo (Burgos and Soria) Spain. Ent. Rec. XVI. p. 85—88, 122—126, 139—144.

— (2). Siehe Champion & Chapman. (*Col., Lep.*).

Chittenden F. H. (1). Siehe *Col.* Chittenden 1. (*Col.*, u. *Hym.* als ihre Parasiten).

— (2). The cherry fruit-fly (*Rhapoletis cingulata* Loew). U. S. Dep. agr. Div. Ent. Bull. 44 p. 70—75, fig. 17—18. — Referat von Dickel 1905 Z. Ins.-Biol. I. p. 395. (*Dipt., Col.*).

Chitty A. J. (1). Siehe *Col.* Chitty 1. (*Col., Hym., Rhynch.*).

*Cholodkovsky N. (1). (Ueber die Generations-Organe einiger auf dem Menschen parasitirenden Insekten). (Nachr. Med. Akad. Pet. 1904 (?). 1904 (4), p. 299—309). — Referat von Kusnetzov 4. (Russisch. *Rhynch., Pulic.*).

*— (2). (Wie soll man Insekten sammeln?) (Bote und Bibliothek zum Selbstunterricht. 1904, Spalte 907—916). — Referat von Kusnetzov 4. (Russisch).

— (3). Entomologische Miscellen. VII—IX. Zool. Jahrb. Syst. XIX p. 554—560. (*Lep.*, *Rhynch.*; Fortsetzung von 1895 u. 1896 Hor. Ross.).

*Clark A. H. (1). Notes on the insects of Barbados, St. Vincent, the Grenadines and Grenada. Psyche XI. p. 114—117.

Clark D. C. (1) Siehe *Col.* Clark 1. (*Anthrenus*-Larven als Vertilger von *Lepidopteren*-Eiern).

Claus C. (1), Lehrbuch der Zoologie, neu bearbeitet von Karl Grobben. I. 1904. 480 pp. — Referat von Schuberg 1.

Cobelli R. (1). Entomologische Mitteilungen. Allg. Z. Ent. IX. p. 11—12. (*Hym.* u. *Rhynch.* in Rovereto).

*Collins P. (1). The protective resemblance of insects. Knowledge (N. S.) I. p. 51—55.

*— (2). Flower mimics and alluving resemblance. ibid. p. 137—140.

*— (3). Terrifying masks and warning liveries. ibid. p. 208—211.

*Combes E. (1). Étude sur le mimétisme. Soc. Pyr. or. 45 p. 39—44.

*Compere G. (1). In search for parasites. J. Dep. Agric. W. Austr. VIII. p. 132—145.

Constantin (1). (Cyankalium gegen schädliche Insekten). — Bull. Mus. Par. IX. p. 415—419.

Cook O. F. (1). Report of the habits of the Kelep, or Guatemalan cotton-boll-weevil ant. U. S. Dep. agric. Div. ent. Bull. no. 49. 1904 p. 5—15. — Referat von Schaufuss 1. (*Hym., Col.*).

*— (2). An Enemy of the Cotton Boll Weevill. Science. N. S. 19. p. 862—864. (*Hym., Col.*).

*Cook M. Th. (1). Galls and Insects producing them. Ohio Natur. IV. p. 115—147, 3 figg. (*Acar., Ins.*).

*Cooper W. E. (1). Review of Wasmann's Instinct and Intelligence in the Animal Kingdom. Can. Ent. 36. p. 278—280. (Referat über Wasmann 1900 (6).

*Corti A. (1). Zoocedidii italici. Att. Mus. Milan. 42. p. 337—381.

Csiki E. (1). Referat über Verhoeff 5. Rov. Lap. XI. p. 175—176.

Currie R. P. (1). An Insect-Collecting Trip to British-Columbia. Proc. ent. Soc. Wash. VI. p. 24—37.

*Dahl Fr. (1). Das Tierleben im deutschen Walde, nach Beobachtungen im Grunewald. Berl. 1903. 49 pp., 18 figg. — Referat von Schröder 1905 Z. Ins.-Biol. I. p. 141—142.

*— (2). Kurze Anleitung zum wissenschaftlichen Sammeln und zum Konserviren von Tieren. Jena 1904, 59 pp., 7 figg. — Referat von Schröder 1905 Z. Ins. Biol. I. p. 142—143 und von Schaufuss 1.

Dalla Torre K. W. v. (1). Referat über Andreae 1903 (2) Zool. Centr. XI. p. 114—115.

*Davenport C. B. (1).   Statistical methods, with special reference to biological variation. 2. edit. N. York 1905. 223 pp. — Referat von Schröder Z. Ins.-Biol. I. p. 143.

*Demokidov K. E. (1).   (Ein neuer Parasit des Schmetterlings *Phlyctaenodes sticticalis* L. aus der Unter-Ordnung der *Chalcididen*). Rev. russe d'Ent. IV. p. 207—209. (*Lep.*, *Hym.*).

Dewitz J. (1).   Zur Verwandlung der Insektenlarven. Zool. Anz. XXVIII. 1904. p. 166—176. (*Dipt.*, *Lep.*, *Rhynch.*).

Distant W. L. (1).   Insecta transvaliensia. P. V, VI. p. 97—158. (*Col.* von Distant u. Gahan, *Dermatopt.* von Burr).

Doncaster L. (1).   Siehe Raynor & Doncaster 1.

Dyar H. G. (1).   A *Lepidopteron* parasitic upon *Fulgoridae* in Japan. Pr. ent. Soc. Wash. VI. p. 19. (*Lep.*, *Rhynch.*).

— (2).   Siehe Dyar & Caudell.

Dyar H. G. & Caudell A. N. (1).   The types of Genera. J. N. York ent. Soc. XII. p. 120—122. (Nomenclatorisches).

Eckstein K. (1).   Die Technik des Forstschutzes gegen Tiere. Berl. 1904. — Referat von Eckstein 1905 p. 1. (*Col.*, *Hym.*, *Lep.*, *Rhynch.*, *Orth.*).

— (2).   Beiträge zur Kenntniss einiger Nadelholzschädlinge. Zeitschr. Forst- u. Jagdw. 1904 p. 354—?. — Referat von Eckstein 1905 p. 14. (*Col.*, *Orth.*).

— 3).   Jahresbericht für das Jahr 1903. Zoologie. Allg. Forst- u. Jagd-Zeit. 1904. Suppl. p. 10—16 — Referat über Eckstein 1903 (2) p. 1, Keller (1) p. 1, (2) p. 11, Maclira 1903 (1) p. 10, Moritz, Appel & Hiltner 1903 (1) p. 2, Lüster 1903 (1) p. 11, Schoenichen (1) p. 2, Schoyen (1) p. 11, Seurat (1) p. 10—11, Wiehl (1) p. 11.

*Embleton A. L. (1).   On the anatomy and development of *Comys infelix* Embl., a *hymenopterous* parasite of *Lecanium hemisphaericum*. Tr. Linn. Soc. Lond. 1904 p. 231—254, tab. XI, XII.

*Emery C. (I).   Compendio di zoologia. 2. edizione. Bologna 1904. 537 pp., 793 figg.

*— (2).   La determinazione del sesso dal punto di vista biologico. Bologna 1904. 83 pp. — Referat von Mayer 1905 Allg. Biol. p. 13.

Enderlein G. (1).   Eine Methode, kleine getrocknete Insekten für mikroskopische Untersuchung vorzubereiten. Zool. Anz. 27. 1904 p. 479—480. — Referat von Sch. 1.

— (2).   Läuse-Studien. Ueber die Morphologie, Klassifikation und systematische Stellung der Anopluren nebst Bemerkungen zur Systematik der Insektenordnungen. ibid. 28. 1904. p. 121 —147, figg. (Hauptsächlich *Rhynch.*, aber auch *Orth.* und *Hym.* besprochen).

*Entz G. (1).   (Ueber Aehnlichkeit und Mimicry). Term. Kozl. Magyar Tars. 36. p. 201—206, 257—270, 417—441, 465 —485.

Escherich K. (1). Referat über Porta 1903 (2) und über Henneguy 1903 (1) Allg. Z. Ent. 9 p. 314, 316.
— (2). Referat über Holmgren 1903 (1) Zool. Centr. XI. p. 116 —117.
— (3). Referat über Wasmann 1, 2, 3 u. 1903 (2 u. 3) und Silvestri 1903 (2). ibid. p. 595—600.
Farren W. (1). Siehe *Col.* Farren 1.
Felt E. P. (1). Observations in 1903. U. S. Dep. Agr. Div. Ent. Bull. 46. p. 65—69. (*Rhynch., Col., Lep.*).
— (2). Nineteenth Report of the State Entomologist on injurious and other Insects of the State of New York 1903. Bull. N. York Mus. 76. Entom. 21. p. 91—235, tab. I—IV. — Referat von May 1905 Zool. Centr. XII. p. 348. (*Rhynch., Col., Lep.*).
Fick R. (1). Referat über Castle 1903 (1) Zool. Centr. XI. p. 13 —14.
Field H. H. (1). Zool. Anzeiger 27. — Bibliographia Zoologica. IX. 1904. *Arthropoda* p. 13, 70, 208—209, 322—323, 434 —435; *Insecta* p. 16, 73—74, 217—219, 328—332, 442—445.
*****Fischer C.** (1). Zur *Lepidopteren-* und *Coleopteren-*Fauna der Umgegend von Vegesack. Mitth. Ver. Nat. Vegesack III. p. 23—27. — Referat von Schaufuss 1905 p. 50.
Fletcher J. (1). Insects of the Year in Canada. U. S. Dep. Agr. Div. Ent. Bull. 46. p. 82—88. (*Rhynch., Orth.*).
*****Florentin R.** (1). La faune des grottes de Saint-Reine. Feuill. j. Nat. 34. p. 176—179. (Auch *Thys., Col., Dipt.*).
*****Foster H. M.** (1). List of the aquatic larvae of flies occurring in the Hull District. Tr. Hull Club III. p. 180—181.
Fredericq L. (1). La faune et la flore glaciaires du Plateau de la Baraque-Michel. Bull. Acad. Belg. XII. 1904. p. 1263 —1326. — Referat von Schröder 1905 Z. Ins.-Biol. I. p. 189—190. (*Lep., Col., Dipt., Orth., Neur., Rhynch., Hym.*).
Friedländer & Sohn (1). Entomologische Litteraturblätter. IV. 1904. p. 1—232.
Friese H. (1). Referat über Wasmann 5. Wien. ent. Zeit. XXIII p. 287—288.
Frionnet C. (1). Les Insectes parasites des *Berberidées.* F. jeun. Nat. 35. p. 12.
*****Froggatt W. W.** (1). Report of the entomologist. Agric. Gaz. N. S. Wales XV. p. 1031—1034.
*— (2). Experimental work with the peach *Aphis.* Description of *Aphis*; parasites of the peach *Aphis.* ibid. p. 603—612, 2 tabb.
Fruhstorfer H. (1). Bericht über eine entomologische Expedition nach der Insel Engano. Ins. Börs. XXI. p. 52—53. (*Lep., Col., Orth.*).
— (2). Tagebuchblätter. ibid. p. 3, 18, 26, 34, 42, 51, 66, 74, 83, 90, 106, 114, 122, 130, 139, 146, 154, 170, 177, 186,

195, 202, 210, 218, 235, 242, 251, 259, 267, 274, 282, 291, 299, 306, 314.

Fuente J. M. de la (1). Datos par a la fauna de la provincia de Ciudad Real. Bol. Soc. esp. IV. p. 381—390. (*Col., Orth., Rhynch.*).

Garman H. (1). Insects injurious to cabbage. Kentucky Agr. exp. Stat. Bull. 114 p. 15—47, figg. (*Lep., Col., Rhynch., Dipt.*).

****Gavoy L.** (1). Liste d'insectes pris à la Montagne noire. Bull. Soc. Aude. XV. 1904. p. ?.

Gescher Cl. (1). Die Insektenkunde im Dienste des Weinbaues. Deut. Wein I. p. 8—10. — Referat von Dickel 1905. Z. Ins.-Biol. I. p. 429. (*Lep., Hym.*).

****Giardina A.** (1). Sull' esistenza di una zona plasmatica perinucleare nel oocite. Publ. Lab. zool. Palermo 1904. p. ?. (Citiert von Mollison 1, ob dasselbe wie 2?).

**— (2). Sull' esistenza di una zona plasmatica perinucleare nel oocite e su altre questioni che vi si connettono. Giorn. Sc. N. Econom. Palermo 24. p. 114—173, 22 figg. — Referat von Mayer 1905 p. 59 (*Orth., Col.*).

****Gibbs** (1). (*Lep.* u. *Col.* in Hertfordshire). The Ent. 1904 p. 139 —141.

****Gibson A.** (1). Bassword, or linden, insects, Ann. Rep. ent. Soc. Ontario 34. 1903. p. 50—61, fig. 12—21. — Referat von Dickel 1905 Z. Ins.-Biol. I. p. 398. (94 Arten verschiedener Ordnungen).

****Gillette C. P.** (1). Report of the Entomologist. Some of the more important insects of 1903. Bull. Exp. Stat. Colorado. 94. p. 1—15, 2 tabb.

****Girauld A. A.** (1). Standards of the Number of Eggs taid by Insects. II. Being average obtained by actuel count from the combined eggs of twenty depositions or masses. Ent. News 15. p. 2—3.

Godman F. D. (1). Biologia Centrali-Americana. P. 181—184. (*Col.* von Champion u. Blandford, *Rhynch.* Fowler, *Orth.* Bruner).

Goldschmidt R. (1). Referat über Emery 1903 (1). Allg. Z. Ent. 9. p. 275.

Gorka A. (1). Referat über Horvath 1903. Zool. Centr. XI. p. 289.

****Goette A.** (1). Tierkunde. Naturwissenschaftliche Elementar- bücher. 2. Aufl. Strassb. 1904. 240 pp., 65 figg.

Goudie & Lea. Siehe *Col.* Goudie & Lea 1.

Goury G. (1). Siehe Goury & Guignon 1.

****Goury G. & Guignon J.** (1). Les insectes parasites des *Ranon- culacées.* Feuill. jeun. Nat. 34. p. 88—91, 112—118, 134 —142.

**— (2). Les insectes parasites des *Berbéridées.* ibid. p. 238—243, 453—455.

*Graber (1). Leitfaden der Zoologie für böhere Lehranstalten. 4. Aufl. bearbeitet von Latzel. Lpz. 1904. 232 pp. 474 figg. 4 tabb. — Referat von Simroth 2.

Gray G. (1). Siehe Webb, Mc Dakin & Gray 1.

Gredler V. (1). Aus dem Leben der Ameisen. Natur u. Kultur I. 1903. p. 33—37. (*Hym., Col., Rhynch.*).

*Green E. E. (1). Report for 1903 of the Governement Entomologist. Agric. Z. Bot. Gardens Ceylon. II. p. 235—261.

*— (2). (Ueber Mimicry eines *Asiliden* zu *Xylocopa*). Spol. Zoylar. II. p. 158. (*Dipt., Hym.*).

*Green J. F. (1). Protective colouring. Tr. West Kent Soc. 1903 —1904 p. 35—45,

Griffini A. (1). Gli ucelli insettivori non sono utili all' agricoltura. Siena 1904. 83 pp.

Grobben K. (1). Siehe Claus 1.

*Guenther K. (1). Der Darwinismus und die Probleme des Lebens. Zugleich eine Einführung in das einheimische Tierleben. 2. Aufl. Freiburg 1904. 460 pp. (Muss auch Ins. berücksichtigen).

Guignon J. (1). Siehe Goury & Guignon 1.

Halbert (1). Siehe Praeger 1. p. 194—197. (*Col.* u. *Rhynch.* in Sligo).

*Haller B. (1). Ueber den allgemeinen Bauplan des Tracheatensyncerebrums. Ant. Mikr. An. 65. p. 181—279, 18 figg., tab. 12—17. — Referat von Mayer 1905 p. 21. (*Orth., Col., Hym., Dipt.*).

Handlirsch A. (1). Zur Systematik der *Hexapoden*. Zool. Anz. 27. p. 733—759. — Referat von Wahl 1905 Z. Ins. Biol. I. p. 127, von Heymons 1905 Zool. Centr. XII. p. 94—97 und von Mayer 1905 p. 54.

— (2). Ueber Konvergenzerscheinungen bei Insekten und über das *Protentomon.* Verb. zool. bot. Ges. Wien 1904 p. 134 —142. — Referat von Heymons 1905 Zool. Centr. XII. p. 97—98, von Mayer 1905 p. 54 und von Wahl 1905 Z. Ins.-Biol. I. p. 127. (Syst. u. Phylog.).

— (3). Ueber die Insekten der Vorwelt und ihre Beziehungen zu den Pflanzen. ibid. p. 114—119, — Referat von Heymons 1905 Zool. Centr. XII. p. 98. (Phylogenie).

*— (4). Les insectes houillers de la Belgique. Mem. Mus. Belg. III. p. 1—20, tab. I—VII. (*Orth., Neur.*).

*— (5). Ueber einige Insektenreste aus der Permformation Russlands. Mem. Ac. St. Pet. (8) XVI. no. 5. p. ? 8 pp., 1 tab. (*Rhynch., Orth., Neur.*).

— (6). Referat über Breddin & Börner 1. Zool. Centr. 1904. p. 589.

Hartert E. (1). Referat über Sharpe 1903 (1). Zool. Centr. XI. p. 274—275.

*Henneguy L. F. (1). Les Insectes. Morphologie. Reproduction. Embryogénie. Paris 1904. 804 pp., 622 figg., 4 tabb. — Referat von Kusnetzow 4, u. von Heymons 1905 Zool. Centr. XII. p. 537—538.

*Hennings P. (1). Ueber *Cordiceps* - Arten, sogenannte Tierpflanzen. Nerthus. 1904(?) p. ?. — Referat von Schaufuss 1. (Parasitische Pilze auf *Col.*, *Lep.*, *Hym.*, *Rhynch.*, *Orth.* u. ihren Larven).

Herrera A. L. (1). Boletin de la comision de parasitologia agricola. II. no. 1—6. 306 pp. 38 tabb. Mexico 1903. — Referat von Dickel 1905 Z. Ins.-Biol. I. p. 428. (Zahlreiche Schädlinge aller Ordnungen).

— (2). Siehe *Col.* Herrera 1.

Hesse R. (1). Referat über Goette 1902 (1). Zool. Centr. XI. p. 473—475.

Hetschko A. (1). Referat u. Kritik über Sharp 1903 (2). Wien. ent. Z. 23 p. 79.

Heymons R. (1). Referat über Kellogg 1902 (1). Zool. Centr. XI. p. 117—118, über Noack (1) ibid. p. 118—121.

Hine J. S. (1). Insects injourious to stock in the vicinity of the gulf biologic station. U. S. Dep. agr. Div. Ent. Bull. 44. p. 57—60. — Referat von Dickel 1905. Z. Ins.-Biol. I. p. 395. (*Dipt.*, u. *Hym.* als Feind).

Hopkins A. D. (1). Catalogue of Exhibits of Insect Enemies of Forests and Forest Products at the Louisiana Purchase Exposition, St. Louis 1904. U. S. Dept. Agric. Div. Ent. Bull. 48. 56 pp., 22 tabb. — Referat von Dickel Z. Ins.-Biol. I. p. 397. (Forstinsekten).

*Houard C. (1). Caractères morphologiques des Acrocéridies caulinaires. C. R. Acad. Sc. Par. 138. p. 102--104.

*— (2). Recherches anatomiques sur les galles de tiges: pleurocécidies. Bull. Sc. Fr. Belg. 38. p. 140—419.

*Howard L. O. (1). Sending Insects trough the Mails. Ent. News 15. p. 25--26.

*— (2). Recent work in American economic entomology. Rep. ent. Soc. Ont. 34. p. 38—40. (Referat über ?).

Hüeber Th. (1). Beitrag zur Biologie seltener einheimischer Insekten. Jahresh. Ver. vaterl. Naturk. Württemb. 60. p. 278 —286. — Referat von Dickel 1905 Z. Ins.-Biol. I. p. 225. (*Col.*, *Rhynch.*).

Hutton F. W. (1). Index Faunae Novae Zelandiae. Lond. 1904. 372 pp. — Referat von Barthe 1, von Schaufuss 1 und von Meisenheimer 1905 Zool. Centr. XII. p. 700—702. (*Ins.* 140 pp., Fundorte u. Litteraturangabe).

*Jacobi A. (1). Tiergeographie. Lpz. 1904. 152 pp. — Referat von Meisenheimer 1905 Zool. Centr. XII. p. 702—704 u. von Schaufuss 1905 p. 5.

*Jacobson G. G. (1). (Aus den zoologischen Beobachtungen in Turkestan im Frühling 1903). (Arb. Petersb. Nat. Ges. 34. p. 183—190). — Referat von Kusnetzow 1. (*Col., Lep.*).
*Jägerskiöld L. A. (1). Results of the Swedish Zoological Expedition in Egypt and the White Nile, 1901, Upsala 1904. (Mitarbeiter: Trägårdh, Hagg, Sharp, Mayr, Swenander, Ekman, Wasmann (*Col.*), Morice).
*Jeffrey (1). (*Lep.* u. *Dipt.* in Ashford). Rep. E. Kent. Soc. (2) III. p. 25, IV. p. 35.
Johnson F. (1). Siehe Slingerland & Johnson 1.
*Jones F. M. (1). Pitcher-Plant Insects. Ent. News 15. p. 14—17, 2 tabb.
*Joy N. H. (1). Some Observations on the Larvae of *Cossus ligniperda*, with Special Reference to the *Coleoptera* haunting its Burrows. Ect. Rec. 14.. p. 89—90.
Karasek A. (1). Ueber das Sammeln von Insekten in den Tropen. Ins. Börse XXI. p. 115—116, 123.
Karawajew W. (1). (Referat über Ssikorski 1). Rev. russe d'Ent.. IV. p. 319. (Russisch).
*Kellogg V. L. (1). Amitosis in the Egg Follicle Cells of Insects. Science N. S. 19. p. 392—393, fig. — Referat von Wahl 1905 Z. Ins.-Biol. I. p. 128. (*Orth., Col.*).
— (2). Siehe Kellogg & Bell 1.
*— (3). Influence of the primary reproductive organs on the secundary sexual characters. loc. cit. p. 601—605.
— (4). Siehe Kellogg & Bell 2.
— (5). The gregarious hibernation of certain Californian insects. Tr. ent. Soc. Lond. 1904. p. XXIII—XXIV. (*Lep., Col.*).
*Kellogg V. L. & Bell, R. G. (1). Studies of variation in insects. Pr. Wash. Acad. Sc. IV. 1904. p. 203—232, fig. 1—81. — Referat von Neresheimer 1905 J. Ins.-Biol. I. p. 440 u. von Mayer 1905 p. 53. (*Hym., Dipt., Col., Lep., Orth., Rhynch.*).
*— (2). Notes on insect bionomics. J. exp. Zool. I. p. 357—367.
*Kincaid T. (1). The insects of Alaska. Siehe Merriam p. 1—34.
*Kirk T. W. (1). Report of the Biologist. Rep. N. Zeal. Dep. Agr. X. p. 359—470, 18 tabb.
Kirkaldy G. W. (1). Referat über Shipley 1. The Ent. 37. p. 138—139.
— (2). Recent Literature on Belgian Forest Insects. ibid. p. 230 —231. (*Lep., Col.*)
Klapálek F. (1). Ueber die Gonopoden der Insekten und die Bedeutung derselben für die Systematik. Zool. Anz. 27. p. 449—453. — Referat von Heymons 1905 Zool. Centr. XII. p. 96. (Alle Ordn., Syst. u. Phylog.).
— (2). Noch einige Bemerkungen über die Gonopoden der Insekten. ibid. 29. p. 255—259. — Referat von Heymons 1905 Zool. Cent. XII p. 96. (Alle Ordn. Syst. u. Phylog.).

*— (3). (Bericht über die Ergebnisse einer Reise in die Sieben-
    bürger Alpen und in die Hohe Tatra). Anz. Böhm. Akad.
    Wiss. XIII. 1904 p. ?. — Referat von Thon 1905 Zool.
    Centr. XII. p. 292. (Tschechisch, *Neur.*, *Orth.*).
*Knuth P. (1). Handbuch der Blütenbiologie. III. Bd. 1. Theil.
    Bearbeitet von Prof. Dr. Ernst Loew. Lpz. 1904. 570 pp.,
    141 figg., 1 Porträt. — Referat von Ludwig 1.
Kopp C. (1). Beiträge zur Biologie der Insekten. Jahresb. Ver.
    vaterl. Naturk. Württemberg. 60. p. 344—350.
*Krancher O. (1). Entomologisches Jahrbuch. XIV. Kalender für
    alle Insektensammler auf das Jahr 1905. Leipzig 1904. —
    Referat von Reitter 1 u. von Schröder 1905 Z. Ins.-Biol.
    I. p. 92—93. (*Col.*, *Lep.*, *Orth.*, *Dipt.*).
*Krassilschtschik J. M. (1). (Zur Frage über die Wirkung der
    Gifte auf Insekten). (Arb. Bur. Ent. Minist. Landw. Petersb.
    IV. no. 3. 25 pp.) — Referat von Kusnetzow 1. (*Col.*,
    Lep.).
Künkel d'Herculais J. (1). Les *Lepidoptères Limacodides* et leurs
    Diptères parasites, *Bombylides* du genre *Systropus*. Adaptation
    parallèle de l'hote et du parasite aux mêmes condition
    d'existance. C. R. Ac. Sc. 138. p. 1623 –1625.
*Kunze R. E. (1). Protective ressemblence. Ent. News XV p. 239
    —244.
Kusnetzow N. J. (1). Referat über Jakobson 1., Krassil-
    schtschik 1, Potschoski 1. Rev. russe d'Ent. IV. p. 123,
    124, 127.
— (2). Referat über Shipley 1. ibid. p. 173—174.
— (3). Referat über Mokrshetzki 2, 3, Poppius 1903 (2),
    Stebbing 1903 (4), Wagner 1. ibid. p. 231—233.
— (4). Referat über Cholodkovsky 1, 2, Henneguy 2,
    Packard 1, Schreiner 1. ibid. p. 316 – 319.
*Laloy L. (1). *Insectes, Arachnides* et *Myriapodes* Marins. La Nat.
    32. p. 154—155, figg.
Lameere A. (1). L'evolution des ornaments sexuels. Bull. Ac.
    Belg. 1904 p. 1327—1364. (*Col.*, *Lep.*, *Hym.*, Descendenz-
    theorie).
Lampa Sv. (1). Några of våra för Trädgården nyttigaste Insekter.
    Ent. Tid. 25. p. 209 –216, tab. I. (*Col.*, *Dipt.*, *Neur.*,
    Hym.).
*Lankester E. R. (1). The Structure and Classification of the
    Arthropoda. Quart. Journ. micr. Sc. (N. S.) 47. p. 523—582,
    16 figg., 1 tab. — Referat von Wahl 1905 Z. Ins.-Biol. I.
    p. 128 u. von Mayer 1905 p. 22.
*Latter O. H. (1). The Natural History of some common Animals.
    Cambridge 1904. 331 pp., 53 figg. (Auch *Orth.*, *Hym.*).
*Lauterborn R. (1). Beiträge zur Fauna u. Flora des Ober-Rheins
    und seiner Umgebung. II. Faunistische und biologische
    Notizen. Mitt. Pollichia 1904 p. 1—70. — Referat von

Dickel 1905 Z. Ins.-Biol. I. p. 225 u. von Sg. Ins.-Börs.
1905 p. 32. *Col., Hym., Dipt., Rhynch., Orth.*).

*Lebedinski J. (1). (Zur Fauna der Höhlen in der Krimm).
Mém. Soc. Nct. Nouv. Russie. Odessa. 25. II. 1904. p. 75
—82, 2 tabb. (Auch *Ins.*).

*Leigh G. F. (1). Dipterous Parasite attacking Silkworm Larvae.
The Ent. 37. p. 84. (*Dipt., Lep.*).

Lockhead W. (1). Some injurious insects of 1903 in Ontario.
U. S. Dep. Agr. Div. Ent. Bull. 46. p. 79—81.

*— (2). A key to the insects affecting the small fruits. Ann. Rep.
ent. Soc. Ontario. 34. 1903 p. 74—79, fig. 34—59. — Referat
von Dickel 1905 Z. Ins.-Biol. I. p. 398. (Ins. der Garten-
beeren).

Loew H. (1) siehe Knuth.

*Loir A. (1). La conservation des maïs de Buenos-Aires en Europe.
La Nat. 32. Sem. 2. p. 50—54, 5 figg. (Schädliche Ins.).

Lucas R. (1). Bericht über die wissenschaftlichen Leistungen im
Gebiete der Entomologie während des Jahres 1900.
II. Hälfte. Arch. Nat. 67. 1901. II. 2. Hälfte. p. 289—944.
1904. — Referat von Schröder 1905 Z. Ins.-Biol. I. p. 91
—92.

Lucas W. J. (1). Robert McLachlan. The Ent. 37. p. 195—196.
(Necrolog).

— (2). Referat über Ormerod 1. ibid. p. 219—220.

*— (3). (Ueber Insekten in Hursley). Pr. South Lond. Soc. 1903
p. 9—13.

Ludwig F. (1). Referat über Knuth 1. Allg. Z. Ent. IX. p. 454
—456.

*Luff (1). (Insekten in Guernsey). Rep. Guernsey Soc. 1903.
p. 197—199. (*Col.* etc.).

*Marchand E. (1). Quelques mots sur les ennemis du Fraisier à
propos de *Blaniulus guttulatus* Gervais. Bull. Soc. Sc. nat.
Ouest, Nantes. XIII. 1904 p. XXV—XXXVIII, fig. (*Myr.*,
Ins.).

*Markewitsch A. (1). (Beitrag zur Insektenfauna der Umgebung
von Rasgrad). (Arbeiten der bulgarischen Naturforscher-
Gesellschaft) II 1904 p. 220—252. — Referat von Schaufuss 1905 p. 35. (Bulgarisch. 136 *Lep.*, 207 *Col.*).

Marlatt C. L. (1). Importation of benefical Insects into California.
U. S. Dept. Agric. Div. Ent. Bull. 44. p. 50—57. — Referat
von Dickel 1905 Z. Ins. Biol. I. p. 395. (*Rhynch., Dipt.,
Col.*).

*Maxwell-Lefroy H. (1). The present position of economic ento-
mology in India. Journ. Bombay Ser. XV p. 432—?.

May W. (1). Referat über Froggatt 1902 (5). Zool. Centr.
p. 457, über Felt 1903 (3) p. 486, über Froggatt 1903
(6 u. 7) p. 486, über Felt 1902 (6) p. 494, über Forbes

& Webster 1903 (1) p. 705—708, über G. B. Smith 1903
(1) p. 795, über Webster 1. ibid. p. 797.

Mayer P. (1). Zoologischer Jahresbericht für 1903. „*Arthropoda*"
p. 1—74 u. „Allgemeine Biologie" p. 1—17. (Referate über
Biedermann 1903 (1) p. 20, Börner 1903 (1) p. 37—38,
(2) p. 19, (3) p. 38, Brues 1903 (1) p. 47, Bruntz 1903
(1) p. 21—22, 49, Enderlein 1903 (1) p. 47, Gross 1903
(1) p. 49—50, Grünberg 1903 (1) p. 36, Handlirsch
1903 (4) p. 52, Holmgren 1903 (1) p. 49, Münch 1903
(1) p. 48, Packard 1903 (1) p. 51—52, (2) p. 23, Perez
1903 (1) p. 51, Porta 1903 (2) p. 48—49, Pritchett 1903
(1) p. 52, Rádl 1903 (1) p. 20—21 u. Allg. p. 13—14,
Scharff 1903 (1) Allg. p. 16, Schenk 1902 (1) p. 47, Shelford 1902 (2) p. 52, Silvestri 1903 (2) p. 70, Verhoeff
1903 (1) p. 37, 49, (1a) p. 35—36, (2) p. 37, (2a) p. 36—37,
(3) p. 36, 1904 (6) p. 47, Villard 1903 (1) p. 47, Voinov
1903 (1) p. 49, Wasmann 1903 (1) p. 60—61.

Mc Dakin (1). Siehe Webb, Mc Dakin & Gray 1.

Meijere J. C. H. de (1). Beiträge zur Kenntniss der Biologie und
der systematischen Verwandtschaft der *Conopiden*. Tijdschr.
Ent. 46. p. 144—225, tab. XIV—XVII. — Referat von
Meijere 2. (*Dipt.* als Parasiten von *Hym.*).

— (2). (Ueber mehrere *Conopiden* als Parasiten von *Hym.*). ibid.
47. p. XVIII—XIX.

— (3), Referat über Meijere 1. Zool. Centr. XI. p. 454.

Meisenheimer J. (1). Referat über Scharff 1903 (1). Zool. Centr.
XI p. 183—186, über Verrill 1903 (1) p. 186—190.

*****Merriam C. H.** (1). Harriman Alaska Expedition. VIII. Insects.
N. York 1904, 522 pp., 21 tabb. Bearbeitet von Kincaid,
Banks, Cook, Folsom, Caudell, Pergande, Ash-
mead, Heidemann, Currie, Dyar, Coquillet und
Schwarz (*Col.*). Referat von Schröder 1905 Z. Ins.-Biol. I.
p. 188 u. von Heymons 1905 Zool. Centr. XII p. 535—536.
(Wiederholter Abdruck aus der Proc. Wash. Acad. IV 1900:
*Neur., Orth., Rhynch., Col., Dipt., Lep., Hym., Myriap.,
Arachn.*).

*****Metalnikoff S.** (1). Sur un procédé nouveau pour faire des
coupes microscopiques dans les animaux pourvus d'un tégu-
ment chitineux épais. Arch. Zool. exp. (4) II Nat. p. 66—67.
— Referat von Wahl 1905 Z. Ins.-Biol. I. p. 126.

*****Meyrick** (1). (Insekten in Marlborough). Rep. Marlb. Soc. 52.
p. 35—44.

*****Miranda V. C. de** (1). Molestios que affectan os animaes domesticos
mormente o gado na ilha de Marajó. Bol. Mus. Goeldi IV.
p. 438—468.

Mjöberg E. (1). Några för vår Fauna nya Insekter. Ent. Tids.
25. p. 133. (*Col., Rhynch.*).

*****Mokrshetzki Ss. A.** (1). (Verzeichnis der Insekten und anderer

Schädlinge, die sich auf dem Weinstock im europäischen
Russland und dem Kaukasus finden). Petersb. 1903. 39 pp.
— Referat von Ssemenow 2. (*Orth.*, *Rhynch*, *Col.*, *Lep.*).
*— (2). (Bericht über die Thätigkeit des Gouvernements-Ento-
mologen in der Krimm im Jahre 1903). 44 pp. — Referat
von Kusnetzow 3.
*— (3). Über einige neue Schädlinge an Kulturpflanzen im süd-
lichen Russland). („Der Landwirth" 1902 no. 44. 10 pp.).
Morley C. (1). *Psallus variabilis*, Fall., parasitised. Ent. Mont.
Mag. 40. p. 184. (*Rhynch.*, *Dipt.*).
*****Muschamp** (1). (Insekten auf Majorca). Ent. Rec. XVI. p. 221
—222.
*****Nassonow N.** (1). (Zur Morphologie der Verson'schen und Stein'-
schen Drüsen der Insekten). Warschau 1903. — Referat
von Plotnikow (1) p. 364.
*****Navás L.** (1). Notas zoológicas. Bol. Soc. Aragon. III. p. 115—167.
(*Neur.*, *Orth*).
*****Neureuter F.** (1). Die Lebensdauer der Insekten. Nat. Wochen-
schr. 19. p. 289—292.
Newell W. (1). Insect Notes from Georgia for the Year 1903.
U. S. Dep. Agr. Div. Ent. Bull. 46. p. 103—105. (*Col.*, *Rhynch.*,
Lep., *Dipt.*).
Newstead (1). Siehe Annandale 1.
Noack (1). Beiträge zur Entwicklungsgeschichte der *Musciden*.
Zeit. wiss. Zool. 70. 1901. p. 1—57, 5 tabb. — Referat von
Heymons 1. (Auch *Col.*, *Lep.*, *Hym.*, *Dipt.* erwähnt).
Oppikofer R. (1). Siehe Schmitz u. Oppikofer.
*****Ormerod E. †** (1). Ellinor Ormerod L. L. D., Economic Ento-
mologist. Autobiography and correspondence. Edited by
Robert Wallace, Lond. 1904, 348 pp. — Referat von
W. Lucas 2.
*****Ortmann, A. E.** (1). Bericht über die Fortschritte unserer
Kenntnis von der Verbreitung der Tiere. (1901—1903).
Geogr. Jahrb. 26. p. 447—477.
Osborn H. (1). A Suggestion in Nomenclature. U. S. Dept. Agric.
Div. Ent. Bull. 46. p. 56—59, 59—60.
— (2). Observations on some of the Insects of the Season in
Ohio. ibid. p. 88—90.
*****Packard A.** (1). A Text-book of Entomology including the Ana-
tomy, Physiology, Embryology and Metamorphoses of In-
sectes. For use in agricultural and technical schools and
colleges as well as by the working Entomologist. II. Ed.
New York. 1903. 729 pp. I tab. — Referat von Kusnetzov 4.
*****Pavesi** (1). Esquisse d'une faune Valdôtaine. Atti Mem. Milano
43. p. 227—249.
Pavie A. (1). Mission Pavie Indo-Chine 1879—1895. Études diverses III. Recherches sur l'histoire naturelle de l'Indo-

Chine orientale. Paris 1904. 549 pp. 41 tabb. u. figg.
Insectes p. 44—257 tab. VIII u. IX. — *Arachnides, Myriapodes, Crustacées* p. 258—331. (Meist Wiederabdruck früherer Publikationen verschiedener Autoren, aber auch einige
neue Arbeiten. — *Coleopt.* p. 44—163, andere Ordnungen
p. 163—257: *Rhynch.* von Noualhier u. Martin, *Hym.* von
Saussure, André u. Buysson, *Neur.* von Martin, *Lep.* von
Poujade, *Dipt.* von Bigot).

Penzig O. (1). Noterelle biologiche. II. Un caso de simbiosi
fra formiche e Cicadelli. Atti Soc. Ligust. XV p. 62—71
tab. 62—71. (*Hym., Rhynch.*)

Petersen W. (1). Über indifferente Charaktere oder Artmerkmale.
Biol. Centralblatt XXIV p. 423—431, 467—473. — Referat
von Jordan 1903 (1).

***Pictet A.** (1). L'instinct et le sommeil chez les insectes. Arch.
Sc. Phys. Nat. (4) XVII p. 110, 112.

***Pierce W. D.** (1). Some hypermetamorphic Beetles and their
Hymenopterous Hosts. Stud. Univ. Nebraska IV p. 183—190,
2 tab. (*Col., Hym.*)

***Peyerimhoff P. de.** (1). Le larve des Insects metabola et les
idées de Fr. Brauer. Feuill. jeun. Nat. 34. 1904. p. 41—
45. (Schluss von 1903, a.)

Pfurtscheller (1). Referat u. (günstige) Kritik über Matzdorff.
1903 (1). Verh. Zool. bot. Ges. Wien. 54. p. 159—160.

***Pierre** (1). Entomologie et Cécidologie. Rev. sc. Bourb. 17 p. 44
—46.

Plotnikow W. (1). Über die Häutung und über einige Elemente
der Haut bei den Insekten. Zeitschr. wiss. Zool. Th. p. 333
—366, 2 tabb. — Referat von Heymons 1905. Zool.
Centr. XII p. 538—539 u. von Mayer 1905 p. 52. (*Lep.,
Col., Hym., Neur.*)

*— (2). (Über die Häutung der Insekten). (Tagbl. der 11. Ver.
samml. russischer Naturf. 1901.)

Poppius B. (1). Siehe Ramsay u. Poppius 1. Pflanzen- u.
Tierwelt. p. 41—68. Insekten p. 62—68. (*Rhynch., Lep.,
Hym., Dipt., Col.*)

Porta A. (1). Siehe *Col.* Porta 5. (Nationalmuseum).

***Porter C. E.** (1). (Necrolog auf R Philippi). Rev. chil. VIII
(Mit Portrait u. Verz. der Schriften).

Portschinsky J. (1). (Schwefelkohlenstoff im Kampf gegen schädliche Tiere). I. St. Petersb. 1904. 93 pp. 6 tabb. (Russisch).

***Potschoski I. K.** (1). (Übersicht der Feinde der Landwirtschaft
im Cherson u. Bericht des Gouvernements-Entomologen
über das Jahr 1903). Cherson. 13 pp. — Referat von
Kusnetzov 1. (*Col., Orth., Rhynch.*).

Poulton E. B. (1). The bearing of the study of Insects upon the
question, „Are acquired characters hereditary?" Presidents
Address. Trans. ent. Soc. Lond. 1904. p. CIV—CXXXI.

— (2). A possible explanation of insect swarms on moutain-tops. ibid. p. XXIV—XXVI. (*Col.*, *Hym.*)

*Praeger R. L. (1). Irish Field Club Union Reports of the Fourth Triennial Conference and Excursion, Held at Sligo, 1904. Irish Nat. XIII. p. 173—224 17 tabb. (*Col.* von Halbert p. 194—196, *Rhynch.* von Halbert p. 196—197, *Aptera* von Carpenter p. 197—198).

Pratt F. C. (1). Siehe Titus u. Pratt 1.

*Rádl E. (1). (Über das Gehör der Insekten.) Acta Soc. entom. Bohemiae. I. 1904 p. 68—77.

Ramsay W. & Poppius B. (1). Bericht über eine Reise nach der Halbinsel Kanin im Sommer 1903. Fennia 21. 1904. no. 6 p. 1—72 tab. I—IV. (Reisebeschreibung von Ramsay, Faunistische Bemerkungen von Poppius).

*Raynor G. H. & Doncaster L. (1). Experiments on heredity and sex determination. Rep. Brit. Ass. 1904 p. 594.

*Rebholz F. (1). Einiges über die wichtigsten Obstbaum-Schädlinge und ihre Bekämpfung. Prakt. Blätt. Pflanzenb. u. Pfl.-Schutz II p. 85—87, 104—108, 116—119, 9 figg.

Reh L. (1). Referat über Richter v. Binnenthal 1903 (1). Allg. Z. Ent. 9. p. 37.

— (2). Siehe Sorauer u. Reh 1.

Reitter E. (1). Referat über Krancher 1. Wien. ent. Z. p. 286 —287.

*Ribaga C. (1). Un nuovo insetto endofago *Acemyia subrotunda* Rond. delle cavalette. Boll. Ent. agrar. 1902 no. 8. — Referat von Speiser Z. Ins. Biol. I p. 480. (*Dipt.* als Parasiten von *Orth.*)

*Richardson (1). (Insekten in Dorset 1902). Proc. Dorset Club XXIV p. 187.

*Ritzema-Bos J. (1). Phytopathological laboratorium willie commelin scholten. Verslag over onderzoekingen, gedaan in en over inlichtingen gegeven van wege hovengenoemd laboratorium in het jaar 1902. Amsterdam 1903. 61 pp. — Referat von Schröder 4.

*Rörig O. (1). Studien über die wirtschaftliche Bedeutung der Insektenfressenden Vögel. Biol. Abth. Land- u. Forstw. of Kais. Gesund. IV. 1. p.? — Referat von Schaufuss 1.

*Ross H. (1). Die Gallenbildung (Cecidien) der Pflanzen, deren Ursachen, Entwickelung, Bau und Gestalt. Ein Kapitel aus der ologe der Pflanzen. Stuttg. 1904. 39 pp., 52 figg. 1 taBi i

*Röthig P. (1). Handbuch der embryologischen Technik. Wiesb. 1904. 297 pp., 34 figg.

*Roubal J. (1). (Das Leben überwinternder Insekten auf gefrorenen Wasserflächen). Act. Soc. ent. Boh. I. 1904. p. 78 —80.

Sanderson E. D. (1). Insects of 1903 in Texas. U. S. Dept. Agr. Div. Ent. Bull. 46. p. 92—96. (*Rhynch., Col.*).

— (2). The Card-Index System for Entomological Records. ibid. p. 26—34.

*— (3). The San José scale. Delaware college agric. exper. stat. Bull. 58. 1903. 16 pp. 4. tabb. — Referat von Dickel 1905 Z. Ins. Biol. I p. 478. (*Rhynch., Col.*)

Sangiorgi D. (1). Siehe *Col.* Sangiorgi 2.

Sch. S. (1). Referat über Zimmermann 1903 (1) Ins. Börs. XXI p. 109, 117, über Enderlein (1) p. 261.

Schaufuss C. (1). Referat über Hennings (1). Ins. Börs XXII p. 33—34, über Rörig (1) p. 34, über Fell 1903 (3) p. 41, über Zimmermann (1) p. 113, über Dahl (2) p. 137, über Shipley (1) p. 161, über Hutton (1) p. 162, über Beck (1) p. 209, über Titus (1) p. 259, über Clark (1) p. 259, über Holmgren 1903 (1) p. 266, über Bauer (1) p. 273, O. Cook (1) p. 313, über Wasmann (5) p. 329— 330, Wasmann (1) p. 353, Viehmeyer (1) p. 362, über Breddin (1) p. 410.

— (2). Necrolog auf Rudolf Amadeus Philippi ibid. p. 266, auf J. Robert Mc Lachlan p. 267.

Schenkling S. (1). Referate über Slingerland & Fletcher 1903 (1) und über Nielsen 1903 (1). Allg. Z. Ent. 9. p. 387— 388, 390.

***Schmitz C. v. & Oppikofer R.** (1). Die Feinde der Biene. Ascona.

Schnee, P. (1). Die Landfauna der Marschall-Inseln nebst einigen Bemerkungen zur Fauna der Insel Nauru. Zool. Jahrb. Syst. XX 1904 p. 387—412. — Referat von Speiser 1905 Z. Ins.-Biol. I p. 311—312. (*Col., Hym., Lep., Orth., Neur., Rhynch.*).

***Schreiner J. Th.** (1). (Die hauptsächlichsten Schädlinge des Kohls). 2. Aufl. St. Peterb. 1901. 42 pp. — Referat von Kusnetzov 4. (*Col., Lep.*)

Schröder Chr. (1). Referat über Walsh 1903 (1), über Fischer 1903 (1), über Young 1903 (1), über Walker 1903 (1), über Balkwill 1903 (1), über Moffat 1903 (1), über Lochhead 1903 (2), über Fletcher 1903 (1), über Washburn 1902 (1), über Forbes 1903 (2), über Britton 1903 (1), über Sanderson 1902 (3), über Felt 1902 (5), über Cockerell 1902 (4), über Osborn 1902 (1), über Caudell 1902 (1), über Howard 1903 (1), über Webster 1902 (2), über Froggatt 1902 (4), über Busck 1903 (1) u. 1902 (1), über Lochhead 1903 (1), über Webster 1903 (4), über Chittenden 1903 (1), über Webster 1903 (3), über Hopkins 1902 (3), über Harrington 1903 (1), über Felt 1902 (6), über Hopkins 1903 (1), über Fernald & Kirk-

land 1903 (1), über Perkins 1903 (1) und über Pergande
1903 (1). Allg. f. Ent. 9 p. 61—88.
— (2). Referat über Wedekind 1902 (1), ibid. p. 117—118.
— (3). Referat über Schröder 1903 (31), ibid. p. 238—239.
— (4). Referat über Ritzema Bos 1. ibid. p. 458—459.
— (5). Bericht über die während des Jabres 1903 zur Einsendung
gelangten Schädlinge. Landw. Wochenbl. f. Schlesw.-
Holst. 57. p. 440—443. — Referat von Dickel 1905 Z. Ins.-
Biol. 1 p. 429.
Schuberg A. (1). Referat über Claus 1. Zool. Centr. XI. p. 233
—238.
— (2). Referat über Schneider 1903 (1), ibid. p. 337—343. Ab-
fällige Kritik.
— (3). Referat über Leydig 1902 (1), ibid. p. 410—418.
Schulz W. A. (1). *Dipteren* als Entoparasiten an südamerikanischen
Tagfaltern. Zool. Anz. 28. p. 42—43.
Schwarz E. A. (1). Siehe Müller & Schwarz 1.
— (2). (Insekten von Maryland). Pr. ent. Soc. Wash. VI. p. 22—23.
— (3). A new *Coccinellid* ennemy of the San Jose scale. ibid.
p. 118—119.
*****Segonzac de** (1). Voyage au Maroc (1899—1901). Paris 1903.
410 pp. (*Coleoptera* par Bedel p. 367—371).
Seidlitz G. (1). Bericht über die wissenschaftlichen Leistungen
der Entomologie 1902. Allgemeines. Arch. Nat. 69 II 1903
p. 1—46 (1904). — Referat von Schröder 1905 Z. Ins.-
Biol. I p. 91—92.
*****Seurat L. G.** (1). Observations sur la structure, la faune et la
flore de l'île Marutea du Sud (Archipel des Tuamotu).
Papeete 1903, 18 pp. — Referat von Schröder 1905 Z.
Ins.-Biol. I p. 191. (*Orth., Dipt., Rhynch.*)
Sharp D. (1). Zoological Record 1903. Insecta. — Referat von
Schröder 1905 Z. Ins.-Biol. I p. 92.
*— (2). (Die Insecten. Aus dem Englischen übersetzt, bearbeitet
und vervollständigt von N. J. Kusnetzov. 2. Lief. p. 193
—344, 154 fig., 5 tabb. Petersb. 1903). — Referat von
Ssemenow 2. (*Orth., Neur., Lep., Col.*)
Shipley A. E. (1). The Orders of Insects. Zool. Anz. 27. p. 259
—262. — Referat von Kusnetzov 2 u. von Schaufuss 1.
(Alle Ordnungen).
*— (2). The Orders of Insects. Psyche. XI. p. 28.
*****Silvestri F.** (1). Resultati di uno studio biologico sopra i
Termitidi sud-americani. Mem. Soc. Alzat XIII p. 353—378.
— (2). Siehe *Col.* Silvestri 2.
Simroth H. (1). Referat über Schilling 1903 (1). Zool. Centr.
XI. p. 540—541.
— (2). Referat über Graber 1. ibid. p. 777—788.
Slingerland M. V. (1) Insect Photography. U. S. Dept. Agr. Div.
Ent. Bull. 46. p. 5—14, tab.

— (2). Some serious Insect Depredetions in New York in 1903, ibid. p. 69—73. (*Rhynch., Col., Lep.*).

— (3). Notes and new Facts about some New York Grape Pests. ibid. p. 73—78, fig. (*Col., Orth., Lep., Hym.*).

— (4). Siehe Slingerland & Johnson 1.

*Slingerland M. V. & Johnson F. (1). Two grape pests. I. Effective spraying for the grape root-worm. II. A new grape enemy: the grape blossom-bud gnat. Cornell Univ. exper. stat. Coll. agr. Dep. Ent. Bull. 224. 1904. p. 62—73 fig. 26—29. — Referat von Dickel 1905 Z. Ins.-Biol. I p. 430. (*Col., Dipt.*)

Smith J. B. (1). The New Jersey ideal in the study and report upon injurious insects. U. S. Dep. Agric. Bull. Exp. Stat. 142. 4 pp. — Referate von May 1905. Zool. Centr. XII p. 349.

*— (2). Insecticide experiments for 1904. Bull. N. Jersey Exp. Stat. 178. 8 pp. — Referat von May loc. ist. p. 349.

— (3). Birds as insect destroyers. ibid. 1903. no.?

*Snow F. H. (1). Lists of *Coleoptera, Lepidoptera, Diptera* and *Hemiptera* collected in Arizona by the entomological expeditions of the University of Kansas in 1902 u. 1903. Kans. Un. Sc. Bull. II p. 323—350.

*Sograf J. N. (1). (Excursion an den Oka). (Arb. Stud.-Ver. Univ. Mosk.). I. 1903 p. 71—83, 1 Karte. — Referat von Ssemenow 1. (Russisch. Einige *Col.* genannt).

*Sorauer & Reh (1). Dreizehnter Jahresbericht des Sonderausschusses für Pflanzenschutz 1903. Arb. d. D. L. G. 94, 250 pp. — Referat von Dickel 1905 Z. Ins.-Biol. I. p. 428.

Spatzier W. (1). Referat über Fowler 1903 (2), Allg. Z. Ent. 9. p. 426—433, über Wasmann 1903 (2), über Kellogg 1903 (1), über Lutz 1902 (2), und über Lendenfeld 1903 (1).

Speiser P. (1). Referat über Slingerland 1902 (5), über Slingerland 1902 (3), über Ribaga 1903 (1), über Schoyen 1903 (1), über Slingerland 1903 (1), über Meunier 1902 (1) u. über Escherich 1902 (12) Allg. Z. Ent. 9. p. 36—41.

— (2). Referat über Gross 1903 (1), über Weber 1903 (1), über Armandal & Robinson 1903 (1), über Alfken 1903 (1) und über Paganetti-Hummler 1903 (1), ibid. p. 152 —201.

Ssemenow A. (1). Referat über Woronkow 1, Sograf 1. Rev. russe d'Ent. IV. p. 46—47.

— (2). Referat über Mokrshetzki 1, Sharp 2, ibid. p. 124, 128.

— (3). Referat und Kritik über Sharp & Waterhouse 1902 (1). ibid. p. 174—176. (15 ausgelassene Gattungsnamen nachgetragen und 4 falsche Autornamen corrigiert).

*Ssikorski I. A. (1). (Allgemeine Psychologie mit Physiognomik in bildlicher Darstellung). 1904. 574 pp. 285 figg., 21 tabb. — Referat von Karawaew 1.

*Stamm R. H. (1). Om Musklerner Befästelse til det ydre Skelet
hos Leddyrene. Danske Vid. Selsk. Skrift. (7) I. p. 125
—164, 2 tabb. — Referat von Mayer 1905 p. 21. (*Orth.*,
Neur., *Hym.*, *Col.*, *Dipt.*, *Lep.*, *Rhynch.*).

Standfuss M. (1). Der Einfluss der Umgebung auf die äussere
Erscheinung der Insekten. Ins.-Börs. XXI. p. 307—308,
315—316, 322—324. (*Orth.*, *Lep.*).

*Stanton W. (1). Notes on Insects affecting the Crops in the
Philippines. Some Insect Enemies of the Cocoanut Palmi.
The Rhinoceros Cocoanut Beetle, *Oryctes rhinoceros* Linn.
Philippine Weather Bureau, Manila Central Observatory
1903/04 p. 223—228. — Referat von Assmuth 1905
Z. Ins.-Biol. I. p. 319. (*Orth.*, *Col.*).

*Stebbing E. P. (1). On the Life-History of a new *Monophlebus*
from India, with a Note on that of *Vedalia* predaceous
upon it. With a new Remarks on the *Monophlebinae* of
the Indian Region. Journ Linn. Soc. Lond. Zool. 29. p. 142
—161, 3 tabb. (*Rhynch.*, *Col.*).

*— (2). Insect Life in India etc. etc. Journ. Bomb. nat. Hist. Soc.
16. p. 115—131, 21 figg. (Fortsetzung von 1903).

Stefani-Perez T. de (1). Noterelle sparse di Entomologia. Nat.
Sicil. XVII. p. 124—128. — Referat von Schaufuss 1905
p. 22. (*Hym.* als Schmarotzer von *Rhynch.* u. *Col.*, *Lep.*, *Dipt.*).

*— (2). Note cecidologiche. Marcellia II. 1903 p. 100—110. —
Referat in Speiser 1905 Z. Ins.-Biol. I. p. 517. (*Hym.*,
Dipt.).

*— (3). Nota su due cecidi inediti. ibid. III. 1904 p. 122—125.
— Referat von Speiser 1905 loc. cit. p. 518. (*Dipt.*, *Col.*).

*Stegagno G. (1). I locatari dei Cecidozoi sin qui nati in Italia.
Marcellia III. p. 18—24.

*Störmer K. (1). Die beiden wichtigsten Schädlinge des lagernden
Getreides und ihre Bekämpfung. Prakt. Blätter Pflanzenbau
u. Pflanzenschutz. IV. p. 152—160, 1 fig. (*Col.*, *Lep.*).

*Surface H. A. (1). Insects for May. Month. Bull. Div. Zool.
Pensylv. Dep. Agric. II. 1. p. 11—18.

Swezey O. H. (1). Observations on the live history of *Liburnia
campestris*, with notes on a hymenopterous parasite infesting
it. U. S. Dep. agr. Div. Ent. Bull. 46. p. 43—46. — Referat
von Dickel, Z. Ins. Biol. I. p. 396. (*Rhynch.*, u. *Hym.* als
ihre Parasiten).

Symon T. B. (1). Entomological Notes for the Year in Maryland.
U. S. Dep. Agr. Div. Ent. Bull. 46 p. 97—99.

Tavares da Silva J. (1). Introductions sobre el modo de recoger
y enviar las zoocecidias. Bol. Soc. esp. Hist. nat. IV. p. 119
—120.

*Theobald, F. V. (1). Second Report on economic Zoology.
British Museum. Lond. 1904. 197 pp.

Titus E. S. G. (1). Siehe *Col.* Titus 1. (*Bruchophagus* als Schmarotzer von *Bruchus*).

— (2). Siehe Titus & Pratt.

Titus E. S. G. & Pratt F. C. (1). Catalogue of the exhibit of economic Entomology at the Louisiana purchase exposition, St. Louis 1904. U. S. Dep. agr. Div. Ent. Bull. 47. 155 pp. — Referat von Dickel 1905 Z. Ins. Biol. I. p. 397. (Literatur u. Namen-Nachweis).

*__Trotter A.__ (1). Di alcune galle di Marocco. Marcellia III. p. 14 —15. (*Acar., Ins.*).

* — (2). Nuovi zoocecidii della flora italiana. Ser. III. ibid. p. ?—75.

* — (3). Galle della Colonia Eritrea. ibid. p. 95—107.

— (4). Siehe Trotter & Cecconi.

* — (5). Osservazioni e ricerche sulla malsania del Noccinolo in provincia di Avellino e sui mezzi atti a combaterla. Redia II. p. 37—?. — Referat von Schaufuss 1905 p. 98. (*Lep., Col., Rhynch., Hym.*).

Trotter A. & Cecconi G. (1). Cecidotheca italica. Marcellia III. p. 76—81.

*__Tuck__ (1). (Entomological Notes, Suffolk). Tr. Norfolk Soc. VII. p. 635—636.

Tullgren A. (1). Ur den moderna, praktiskt Entomologiska Litteraturen. II. Ent. Tids. 25. p. 217—229. (*Col., Rhynch., Lep., Dipt.*).

*__Turner__ (1). (*Lep.* u. *Col.* in Amersham). Proc. South. Lond. Soc. 1903 p. 3—6.

Uhler & Schwarz (1). (*Col.* u. *Rhynch.* aus West-Indien). Pr. ent. Soc. Wash. VI. p. 42—46.

*__Ulmer G.__ Zur Fauna des Eppendorfer Moores bei Hamburg. Insekten. Verh. nat. Ver. Hamb. (3) XI. p. 3—19.

*__Vallentin__ (1). (Verschiedene Insekten der Falklands-Inseln). Mem. Manch. Soc. 48. p. 20—22.

*__Veneziani A.__ (1). Note sulla struttura istologica e sul mecanismo d'escrezione dei tubi di Malpighi. Mon. Zool. ital. 14. p. 322—324.

* — (2). Intorno al numero dei tubi di Malpighi negli Insetti. Ferrara. 10 pp. — Referat von Mayer 1905 p. 52. (*Lep., Dipt,, Col.*).

Verhoeff K. W. (1). Referat über Verhoeff 1902 (3). Zool. Centr. XI. p. 110—113.

— (2). Referat über Verhoeff 1903 (2). ibid. p. 113.

— (3). Zur vergleichenden Morphologie und Systematik der *Embiiden*, zugleich 3. Beitrag zur Kenntniss des Thorax der Insekten. Nov. Acta Acad. Leop. Car. 82. 1904 p. 141—204, 4 tabb. — Referat von Wahl 1905 Z. Ins.-Biol. I. p. 129, u. von Adelung 1905 Zool. Centr. XII. p. 580—585.

— (4). Über vergleichende Morphologie des Kopfes niederer Insekten mit besonderer Berücksichtigung der *Dermapteren* und *Thysanuren*, nebst biologisch-physiologischen Beiträgen. ibid. 84 p. 1—126, tab. 1—8. — Referat von Wahl 1905 Z. Ins.-Biol. I. p. 130—131, u. Kritik von Heymons 1905 Zool. Centr. XII. p. 539—543.

— (5) Über Tracheaten-Beine. 6. Aufs. Hüften- u. Mundbeine der *Chilopoden*. Nachschrift. Vorläufige Mitteilung über die Verwechselung der beiden Maxillarpaare bei Insekten. Arch. Nat. 70. 1904 p. 123—154, 154—156, tab. VII, VIII. — Referat von Verhoeff 7.

— (6). Zur vergleichenden Morphologie und Systematik der *Japygiden*, zugleich 2. Aufsatz über den Thorax der Insekten. ibid. p. 63—114, tab. 4—6. — Referat von Mayer 1 und von Wahl 1905 Z. Ins.-Biol. I. p. 140.

— (7). Referat über Verhoeff 5. Zool. Centr. XI. p. 832—834.

Verson E. (1). Zur Entwickelungsgeschichte der männlichen Geschlechtsanhänge bei Insekten. Zool. Anz. 27. p. 470. (Polemik gegen Zander).

Viehmeyer H. (1). Experimente zu Wasmann's *Lomechusa*-Pseudogynen-Theorie und andere biologische Beobachtungen an Ameisen. Allg. Z. Ent. IX. p. 334—344. — Referat von Schaufuss 1 u. von Escherich 1905 Zool. Centr. XII. p. 44—45. (Bestätigung der Theorie).

*****Viereck H. L.** (1). A Case for Schmitt Boxes. Ent. News 15. p. 177—179, tab.

Viré A. (1). La faune souterraine du Puits de Padirac (Lot). C. R. Acad. Sc. Par. 138. p. 826—828. — Referat von Schröder 1905 Z. Ins.-Biol. I. p. 188. (*Orth., Col., Dipt.*).

*****Vosseler J.** (1). Einige Feinde der Baumwollkulturen in Deutsch-Ost-Afrika. Mitt. biol. landw. Inst. Amani. 18. 1904 p. ?. — Referat von Dickel 1905 Z. Ins.-Biol. I. p. 429. (*Lep., Rhynch., Orth., Col.*).

*****Wagner W.** (1). (Die biologische Methode in der Thier-Psychologie). (Arb. Pet. Nat.-Gesellsch.). 33. 1903 p. 1—96. — Referat von Kusnetzov 3.

Wahl Br. (1). Referat über Berlese 1901 (1), und über Anglas 1902 (2). Allg. Z. Ent. 9. p. 311—313.

Walker J. J. (1). Antipodean Field Notes. II. — A Years Insect hunting in New Zealand. Ent. Mont. Mag. 40. p. 24—28, 73—77, 115—126, 149—154. (*Lep., Hym., Dipt., Col.*).

Wallace R. (1). Siehe Ormerod 1.

*****Warburton C.** (1). Annual report for 1904 of the Zoologist. Journ. R. Agric. Soc. Engl. 1904 p. 273—287.

*****Warnier** (1). (Über einen Apparat zum Fangen kleiner Insekten durch Ansaugung). Bull. Soc. Reims XIII. p. 52—54.

Washburn F. L. (1). Insects of Year in Minnesota, with Data on the Number of Broads of *Cecidomyia destructor* Say. U. S. Dept. Agric. Div. Ent. Bull. 46. p. 99—102. (*Col., Dipt., Orth., Lep.*).

* — (2). The Mediterranean Flour Moth *Ephestia kuehniella* Zell. Rep. State Entom. Minnesota Agric. Exp. Stat. 31 pp., 20 figg., 1 tab. (Auch andere Insekten).

* — (3). Ninth annual report of the State Entomologist of Minnesota, for the year 1904. 196 pp., 177 figg.

Wasmann E. (1). Termitophilen aus dem Sudan. Results Swedish Zoolog. Exped. to Egypt and the White Nile 1901 under the Direction of L. A. Jägerskiöld. no. 13. p. 1—21, tab. I. (Unter Mitwirkung von Aug. Forel, K. Escherich u. G. Breddin). — Referat von Escherich 2 u. von Schaufuss 1. (*Col.*, *Hym.*, *Dipt.*, *Neur.*, *Orth.*).

— (2). Siehe *Col.* Wasmann 1. (*Col.*, *Hym.*, *Orth.*).

— (3). Siehe *Col.* Wasmann 2.

*— (4). Menschen- und Tierseele. 2. Aufl. Köln 1904.

*— (5). Die moderne Biologie und die Entwicklungslehre. II. Aufl. 323 pp., 40 figg., 4 tabb. Freiburg 1904. — Referat von Friese 1, von Schaufuss 1, von Wagner 1905 Zool. Centr. XII. p. 691—699 u. von Schröder 1905 Z. Ins.-Biol. I. p. 191—192.

— (6). Zur Kontroverse über die psychischen Fähigkeiten der Tiere, insbesondere der Ameisen. Natur u. Schule III 1904 p. 20 - 26, 80—89, 133—142. (*Hym.*, *Col.*, *Orth.*).

— (7). Siehe *Col.* Wasmann. (*Hym.*, *Col.*).

***Waterhouse C. O.** (1). Supplementary list of generic names. Lond. 1904. 8 pp.

***Watzel, Th.** (1). Swammerdam, ein Naturforscher des 17. Jahrhunderts. Jahrb. Ver. Naturf. Reichenberg 1903 p. ?, 49 pp. — Referat von Schröder Z. Ins.-Biol. I. p. 143—144.

***Webb S., McDakin & Gray G.** (1). The deminution and disappearance of the South-Eastern Fauna and Flora within the memory of present observers. S. East. Naturl. 1903 p. 48—60.

Weber I. (1). Referat über Diem 1903 (1). Allg. Z. Ent. 9. p. 40.

Werner F. (1). Zoologische Kreuz- und Querfahrten in Süd-Bosnien und Herzogowina. Zool. Garten. 45. p. 41—57.

***Wheeler W. M.** (1). An extraordinary Ant-Guest. Amer. Natural. 35. p. 1007—1016, 2 figg. — Referat von Escherich 1905 Z. Ins.-Biol. I. p. 46—47. (*Hym.*, *Dipt.*).

*— (2). On the pupation of Ants and the paesibility of establishing the Guatemala Kelys or Cotton-Weevill Ant in the United States. Science N. S. XX. 1904. p. 437—440. — Referat von Escherich 1905 Zool. Centr. XII. p. 48. (*Hym.*, *Col.*).

***Wielowieyski H. R. v.** (1). Über nutritive Verbindungen der Eizellen mit Nährzellen im Insektenovarium und amitotische Kernprocesse. Sitzber. Akad. Wiss. Wien. Math. nat. Kl. B. 113. Abt. 1. 1904 p. 677—687, 2 tabb. — Referat von Garbowski 1905 Zool. Centr. XII. p. 404—405. (*Rhynch.*, *Orth.*, *Col.*, *Hym.*, *Lep.*).

*Woronkov N. W. (1). (Die Natur des „Tiefen Sees" und seiner
Umgebung). (Arb. Stud.-Ver. Univ. Mosk. I. 1903 p. 61—70,
173—184). — Referat von Ssemenow 1. (Russisch.
Rhynch., *Col.* genannt).

*Woodworth C. W. (1). Division of Entomology. Report Rep.
Agr. exp Stat. Calif. XXII. p. 85—87.

Wytsman P. Genera insectorum, fasc. 14b, 17b, c, d, 18—25.
(*Hym.* von Berthoumieu Fasc. 18c, Dalla Torre Fasc. 19e,
Szepligeti Fasc. 22a, 22b, *Col.* von Jacoby & Clavareau
Fasc. 21, 23, von Jacoby 14b, *Lep.* von Mabille
Fasc. 17b, c, d, Stichel Fasc. 20, *Rhynch.* von Schouteden
Fasc. 24, *Orth.* von Desneux Fasc. 25.

Yerbury J. W. (1). Some dipterological and other Notes on a
visit to the Scilly Isles. Ent. Mont. Mag. 40. p. 154—156.
(*Dipt.*, *Hym.*, *Col.*).

*Yurkewitsch M. W. (1). (Ergebnisse 25jähriger Arbeit im Fürsten-
thum Bulgarien). I. 1904. 398 pp. — Referat von Schaufuss 1905 p. 74. (Verzeichnis der in Bulgarien gefundenen
Orth., *Neur.*, *Rhynch.*, *Col.*, *Lep.*, *Hym.*, *Dipt.*).

*Zacher F. (1). Mein *Coleopteren*- und *Orthopteren*-Fang im Jahre
1903. Ent. Jahrb. XIV p. ?. (*Col.*, *Orth.*).

*Zaitschek A. (1). Versuche über die Verdaulichkeit des Chitins
und den Nährwerth der Insecten. Arch. ges. Physiol. 104.
p. 612—623.

Ziegler H. E. (1). Der Begriff des Instinctes einst und jetzt.
Zool. Jahrb. Supp. 7. Festschr. Weismann p. 700—726.

*Zimmermann A. (1). Untersuchungen über tropische Pflanzen-
krankheiten. Ber. Lond. Forst. D. O. Afrika. II. p. 11—36,
tab. I—IV. — Referat von Dickel 1905 Z. Ins.-Biol. I.
p. 429 u. von Schaufuss 1. (*Rhynch.*, *Lep.*, *Col.*, *Orth.*).

Zschockke F. (1). Referat über Lauterborn 1903 (1). Zool. Centr.
p. 412—415.

B. Uebersicht nach Zeitschriften.

(Die mit * bezeichneten Zeitschriften waren dem Ref. nicht zugänglich.)

I. Europa.

a) Deutschland, Oestreich, Balkanländer, Schweiz.

Selbständig erschienene Schriften: Dahl 1, 2, Goette 1, Graber 1,
Guenther 1, Jacobi 1, Knuth 1, Krancher 1, Ross 1, Röthig 1,
Schmitz & Oppikofer 1, Wasmann 4, 5, Yurkewitsch 1.

Entomologische Zeitschriften.

Allgemeine Zeitschrift für Entomologie. IX. 1904: Cobelli
(1) p. 11—12. — Escherich (1) p. 314, 316. — Ludwig (1)

p. 454—456. — Reh (1) p. 37. — Schenkling (1) p. 387—388,
390. — Schröder (1) p. 61—88, (2) p. 117—118, (3) p. 238—
239, (4) p. 458—459. — Spatzier (1) p. 426—433. — Speiser
(1) p. 36—41, (2) p. 152—201. — Viehmeyer (1) p. 334—344.
— Wahl (1) p. 311—313. — Weber (1) p. 40.
Insekten-Börse. XXI. 1904: Fruhstorfer (1) p. 52—53, (2) p. 3,
18 etc. etc. — Karasek (1) p. 115—116, 123. — Sch. (1) p. 109,
117. 261. — Schaufuss (1) p. 1, 33—34, 41, 113, 137, 161,
162, 259, 266, 273, 313, 329—330, 353, 362, 410, (2) p. 266
—267. — Standfuss (1) 307—308, 315—316, 322—324.
Wiener entomologische Zeitschrift 23. 1904: Friese (1)
p. 287—288. — Metschko (1) p. 79. — Reitter (1) p. 286—287.
*Acta Societatis entomologicae Bohemiae. I. 1904: Radl (1)
p. 68—77. — Roubal (1) p. 78—80.
Rovartani Lapok XI. 1904: Csiki (1) p. 175—176.

Zoologische Zeitschriften.

Zeitschrift für wissenschaftliche Zoologie 70. 1901, 76. 1904:
Noack (1) 70. p. 1—57. — Plotnikow (1) 76. p. 333—366.
Zoologisches Centralblatt XI. 1904: Adelung (1) p. 73—74. —
Dalla Torre (1) p. 114—115. — Enterich (2) p. 116—117, (3)
p. 595—600. — Fick (1) p. 13—14. — Goldschmidt (1)
p. 275. — Gorka (1) p. 289. — Hartert (1) p. 274—275. —
Hesse (1) p. 473—475. — Heymons (1) p. 117—118, (2) p. 118
—121. — May (1) p. 457 (2) p. 486, (3) p. 486, (4) p. 494
(5) p. 705—708, (6) p. 795, (7) p. 797. — Meijere (3) p. 454.
— Meisenheimer (1) p. 183—186, (2) p. 186—190. — Schuberg
(1) p. 233—238, (2) p. 337—343, (3) p. 416—418. — Simroth
(1) p. 540—541, (2) p. 777—778. — Verhoeff (1) p. 110—113,
(2) p. 113, (7) p. 832—834. — Zschokke (1) p. 412—415.
Zoologischer Anzeiger 27 u. 28. 1904: Börner (1) 27. p. 511
—533, (2) p. 226—243. — Dewitz (1) 28. p. 166—176. —
Enderlein (1) 27. p. 479—480, (2) 28. p. 121—136. — Handlirsch (1) 27. p. 733—759. — Klapálek (1) p. 449—453, (2)
28. p. 255—259. — Schulz (1) p. 42—43. — Shipley (1) 27.
p. 259—262. — Verson (1) p. 470.
Id. 27. Bibliographia Zoologica. IX. 1904: Field (1) 13, 16, 70, 73,
208, 217, 322, 328, 434, 442.
Zoologische Jahrbücher. Anatomie etc. XX 1904: Bauer (1)
p. 123—152. — Deegener (1) p. 499—676. — Ziegler (1)
Suppl. 7 p. 700—726.
Id. Systematik. XIX: Alfken (1) p. 561—628. — Cholodkovsky
(3) p. 554—560. — Schnee (1) XX. p. 387—412.
*Archiv für Mikroscopische Anatomie 65. 1904: Haller (1)
p. 181—279.
*Archiv für die gesammte Physiologie. 104: Zaitschek (1)
p. 612—623.

Naturwissenschaftliche Zeitschriften.

Archiv für Naturgeschichte: R. Lucas (1) 67. (1901) II p. 289
—944. — Seidlitz (1) 69. (1903) II p. 1—46. — Verhoeff (5)
70. I p. 123—154, 154—156. — (6) p. 63—114. — Weise (10)
p. 35—62, (11) p. 157—178.

Biologisches Centralblatt 24: Petersen (1) p. 423—431, 467
—473.

Nova Acta Academiae Leopoldiae Carolinae 82. 1904: Verhoeff (3) p. 141—204, (4) 84. p. 1 - 126.

Sitzungsberichte der Gesellschaft Naturforschender
Freunde. Berlin. 1902: Börner (3) p. 205—229. — Breddin
& Börner (1) 1904 p. 84—93.

*Denkschriften Medicinisch-naturwissenschaftlichen Ge-
sellschaft Jena VI. Festschrift für Haeckel 1904: Biedermann (1) p. 215—300.

Verhandlungen der Zoologisch-botanischen Gesellschaft
in Wien 59. 1904: Handlirsch (2) p. 134—142, (3) p. 114—
119. — Pfurtschellen (1) p. 159—160.

Nerthus. 1904 (?): Henckings (1) p. ?

*Mitteilungen der Pollichia etc. 1904: Lauterborn (1) p. 1—70.

*Naturwissenschaftliche Wochenschrift 19: Neureuter (1)
p. 289—292.

*Verhandlungen des Naturwissenschaftlichen Vereins in
Hamburg. (3) XI: Ulmer (1) p. 6—19

*Mittheilungen des Naturwissenschaftlichen Vereins Vege-
sack. 1904: Fischer (1) p. 23—27.

Jahreshefte des Vereins für vaterländische Naturkunde in
Württemberg. 60. 1904: Hüeber (1) p. 278—286. — Kopp
(1) p. 344—350.

*Jahrbücher des Vereins der Naturforscher in Reichenberg.
1903: Watzel (1) p. ?

*Sitzungsberichte des Naturwissenschaftlich-medizinischen
Vereins „Lotos" in Prag. 1903: Beck p. 101.

*Geographisches Jahrbuch. 26. 1904: Ortmann (1) p. 447—477.

*Praktische Blätter für Pflanzenbau u. Pflanzen-Schutz II.
1904: Rebholz (1) p. 85—87, 104—108, 116—119. — Störmer
(1) p. 152—160.

*Sitzungsberichte Akademie der Wissenschaften Wien.
Mathematisch-naturwissenschaftliche Klasse. B. 113 Abt. 1.
1904: Wielowieyski (1) p. 677—687.

*Anzeiger der Böhmischen Akademie der Wissenschaften.
XII.: Klapálek (3) p. ?.

*Archive Science Physique et naturelle. (4) XVII: Pictet (1)
p. 110, 112.

Land- & Forstwirtschaftliche Zeitschriften.

*Mitteilungen des Biologisch-Landwirtschaftlichen Instituts
Amani. 18. 1904: Vosseler. (1) p. ?.

*Bericht Land- & Forstwirthschaft Deutsch-Ost-Afrika. II.:
 Zimmermann (1) p. 11—36.
*Der Deutsche Wein. I.: Gescher (1) p. 8—10.
*Arbeiten der Deutschen Landwirtschaftlichen Gesell-
 schaft. 94. 1904: Sorauer (1) p. ?.
*Zeitschrift für Forst- und Jagdwesen. 1904: Eckstein (2)
 p. 354—?.
*Allgemeine Forst- und Jagdzeitung. 1904: Eckstein (3) Suppl.
 p. 10—16.
*Biologische Abtheilung für Land- & Forstwirtschaft am
 Gesundheitsamt. IV. 1. 1904(?): Rörig (1) p. ?.

Allgemein-wissenschaftliche Zeitschriften.

*Natur und Kultur. III. 1903: Gredler (1) p. 33—37.
*Natur und Schule. III. 1904: Wasmann (6) p. 20—26, 80—89,
 133—142.
*Termes Kozl . . . Magyar Tars . . . 36: Entz (1) p. 201—206,
 257—270, 417—441, 465—485.

b) Dänemark, Schweden, Norwegen, Finnland.

Selbständig erschienene Schriften: Strand 1, Wasmann 1.

Zeitschriften.

Entomologisk Tidskrift. 25. 1904: Lampa (1) p. 209—216. —
 Mjöberg (1) p. 133. — Tullgren (1) p. 217—229.
*Danske Videnskabernes Selskabs Skrifter (7) I. 1904: Stamm (1)
 p. 125—164.
*Fennia 21. 1904: Ramsey & Poppius (1) no. 6 p. 1—72.

c) Russland (exclus. Finnland).

Selbständig erschienene Schriften: Mokrshetzki 1, 2, Nassonow 1,
 Portschinsky 1, Potschoski 1, Schreiner 1, Ssikorski 1.

Zeitschriften.

Revue Russe d'Entomologie. IV. 1904: Demokidov (1) p. 207
 —209. — Karawajew (1) p. 319. — Kusnetzov (1) p. 123,
 124, 127, (2) p. 173—174, (3) p. 231—233, (4) p. 316—319.
 — Ssemenow (1) p. 46—47, (2) 124, 128, (5) p. 174—176.
*Arbeiten des Bureau's für Entomologie des Ministeriums
 der Landwirtschaft in St. Petersburg) IV. no. 3:
 Krassilschtschik (1) p. ?.

*(Arbeiten der St. Petersburger Naturforscher-Gesellschaft.
  33. 1903, 34. 1904: Jacobson (1) 34. p. 183—190. — Wagner
  (1) p. 1—96.
*(Nachrichten der Medicinischen Akademie in St. Petersburg 1903
  oder 1904: Cholodkovsky (1) p. 299—309.
*(Bote und Bibliothek zum Selbstunterrricht). 1904: Cholodkovsky
  (2) Spalte 907—916.
*(Tageblatt der 11. Versammlung russischer Naturforscher 1901):
  Plotnikow (2) p. ?.
*(Arbeiten des Studenten-Vereins für Naturerforschung Russ-
  lands bei der K. Universität Moskau). I. 1903: Sograf (1)
  p. 71—83. — Woronkov (1) p. 61—70, 173—184.
*Mémoirs Academie des Sciences St. Petersbourg (8. Ser.)
  XVI: Handlirsch (5) p. ?.
*Memoires de la Société Natural.. Nouv.. Russie. Odessa. 25.
  II. 1904: Lebedinski (1) p. 75—82.
*(Der Landwirt) 1902. no. 44: Mokrshetzki (1) p. ?.

d) Frankreich.

Selbständig erschienene Schriften: Hennegui 1, Pavie 1, Segonzac 1.

Zeitschriften.

Miscellanea Entomologica XII: Barthe (1) p. 64.
Archives de Zoologie experimentelle (4) II 1904: Metalnikoft
  (1) Not. p. 66—67.
Bulletin Museum histoire naturelle Paris IX. 1904: Constantin
  (1) p. 415—419.
Compte rendu Société Biologique. 56. 1904: Anglas (1) p. 175
  —176.
Compte rendu Academie des Sciences Paris. 138. 1905: Anglas (2) p. 300—301. — Bull (1) p. 590—592. — Houard (1)
  p. 102—104. — Künkel (1) p. 1623—1625. — Viré (1) p. 826
  —828.
*La Nature. 32. 1904: Laloy (1) p. 154—155. — Loir (1) p. 50
  —54.
*Feuille jeune Naturaliste 34. 35. 1904: Florentin (1) 34.
  p. 176—179, — Frionnet (1) p. 12. — Goury & Guignon (1)
  34. p. 88—91, 112—118, 134—142, (2) p. 238—243, 453—455.
  — Peyerimhoff (1) p. 41—45.
*Bulletin Société d'études scientifiques Aude. XV. 1904: Gavoy
  (1) p. ?
*Bulletin Société Science Naturelle Ouest, Nantes. XIII.
  1904: Marchand (1) p. XXV—XXXVIII.
*Société agricole, scientifique et litteraire des Pyrenées orientales.
  45: Combes (1) p. 39—44.

*Bulletin Société d'Étude des Sciences naturelles Reims. XIII.
1904: Warnier (1) p. 52—54.
*Revue scientifique Bourbonnais. 18: Berthoumieu (1) p. 167—
172, 181—200. Pierre (1) p. 44—46.

e) Holland u. Belgien.

Selbständig erschienene Schriften: Ritzema-Bos 1, Wytsman 1.

Zeitschriften.

Tijdschrift voor Entomologie. 46. 1904: Meijere (1) p. 144—
225, (2) p. XVIII—XIX.
Entomologische Berichten no. 16, 17. 1904: Brants (1) p. 129
—134, (2) p. 154—159.
Annales de la Société Entomologique de Belgique. 48. 1904:
Breddin (1) p. 407—416.
Bulletin de l'Academie Royal Belgique XII. 1904: Fredericq
(1) p. 1263—1326. — Lameere (1) p. 1327—1364.
*Memoires des Musée royal d'histoire naturelle de Belgique.
III. Handlirsch (4) p. 1—20.
*Bulletin Scientifique Français Belgique. 38: Houard (1)
p. 140—419.

f) England.

Selbständig erschienene Schriften: Distant 1, Farren 1, Godman
1, Hutton 1, Latter 1, Ormerod, Sharp 1, 2, Theobald 1, Water-
bouse 1.

Entomologische Zeitschriften.

Transactions of the Entomological Society of London. 1904:
Champion & Chapman (1) p. 81—102. — Kellogg (5)
p. XXIII—XXIV. — Poulton (1), Proceed p. CIV—CXXXI, (2)
p. XXIV—XXVI.
*Proceedings South London entomological and Natural history
Society. 1903: W. Lucas (1) p. 9—13. — Turner (1) p. 3—6.
The Entomologist. 37. 1904: Gibbs (1) p. 139—141. — Kirkaldy
(1) p. 138—139, (2) p. 230—231. — Leigh (1) p. 84. — Lucas
(1) p. 195—196, (2) p. 219—220.
Entomologist's Monthly Magazine. 40. 1904: Morley (1) p. 184.
— Walker (1) p. 24—28, 73—77, 115—126, 149—159. —
Yerbury (1) p. 154—156.
*Entomologist's Record etc. XVI. 1904: Chapman (1) p. 85—88,
122—126, 139—144. — Joy (1) p. 89—90. — Muschamp (1)
p. 221—222.

Naturhistorische Zeitschriften.

*Quarterly Journal microscopical Sciences. (N. 4). 47. Lankester (1) p. 523—582.

*The Irish Naturalist. XIII: Halbert (1) p. 194—197. — Praeger (1) p. 173—224.

*The Sout-eastern Naturalist. 1903: Webb, Dakin & Gray (1) p. 48—60.

*Annals Scottish Natural History. 1904: Bloomfield (2) p. 193.

*Report British Association. 1904: Raynor & Doncaster (1) p. 594.

*Transactions West Kent Society. 1903—1904: Green (1) p. 35—45.

*Report East Kent Society (2) III: Jeffrey (1) p. 25 IV p. 35.

*Transactions Leicester Literary Philosophical Society. 1904 (?): Bouskell (1) p. 49—60.

*Memoirs Manchester Literary Society. 48: Vallentin (1) p. 20 —22.

*Report Marlborough College natural history Society. 52. 1904 (?): Meyrick (1) p. 35—44.

*Transactions Norfolk and Norwich Naturalists Society. VII. 1904 (?): Browne (1) p. 661—673. — Tuck (1) p. 635—636.

*Proceedings R. Physical Society of Edinburg XV. 2. 1904: Annandale (1) p. 153—160.

*Proceedings Dorset natural history and antiquarian Field Club. XXIV. Richardson (1) p. 187.

*Report Guernsey Society Natural Science and local Research. 1903: Luff (1) p. 197—199.

*Hastlings Society. XI: Bloomfield (1) p. 32.

*Transactions Hull scientific an Field Naturalists Club. III: Forster (1) p. 180—181.

*Journal Linnean Society London. Zoology. 29. 1904: Embleton (1) p. 231—254. — Stebbing (1) p. 142—161.

*Knowledge. (N. 5) I. 1904: Collins (1) p. 51—55, (2) p. 137—140, (3) p. 208—211.

Landwirtschaftliche Zeitschriften.

*Econom.. Proceedings Dublin Society I. 1904: Carpenter (1) p. 249—266.

*Journal Royal Agricultur Society England. 1904: Warburton (1) p. 273—287.

g) Italien.

Selbständig erschienene Schriften: Emery 1, 2, Griffini 1, Venetiani 2.

Zeitschriften.

*Bolletino Entomologia agraria 1902: Ribaga (1) no. 8 p.?
*Publicationi Laborator . . . zoologico Palermo. 1904: Giardina (1) p.?
Monitore Zoologico italiano. 14. 1904: Veneziani (1) p. 322—324.
Bulletino R. Società Toscana Ortic . . . 1904: Bargagli (1) p.?
Bolletino Società Naturalisti Napoli XVII: Bolsamo (1) p. 45—53.
Atti R. Accademia Lincei. Rendiconti. XIII. 1. 1904: Brunelli (1) p. 350—356.
*Atti Societa Ligustica. XV: Penzig (1) p. 62—71.
*Bolletino del Naturalista etc. Siena. 24. 1904: Alzona (1) p. 119—123.
Il Naturalista Siciliano. XVII: Stefani-Perez (1) p. 124 —128.
*Marcellia. II 1903, III 1904: Stefani (2) II p. 110—116, (3) III p. 122—125. — Stegagno (1) p. 18—24. — Trotter (1) p. 14 —15, (2) p.? — 75, (3) III p. 95—107.
*Atti del Museo Milano. 42: Corti p. 337—381. — Pavesi (1) p. 227—249.
*Italia agricola 1903: Berlese (1) p.?, (2) p.?
*Giornale Agricol . . . commerc . . . Toscana 1904: Berlese. (3) no. 5, p.?
*Giornale di Scienze Naturali ed Economiche di Palermo. 24. 1904: Giardina (2) p. 114—173.

h) Spanien.

*Boletin Sociedad Aragon . . . III: Navás (1) p. 115—167.
Boletin de la Real Sociedad Española de Historia Natural. IV. 1904: Fuente (1) p. 381—390. — Tavares (1) p. 119—120.
*Redia II: Trotter (5) p. 37—?.

II. Nord-Amerika.

Selbständig erschienene Schriften: Davenport 1, Kincaid 1, Merriam 1, Packard 1, Washburn 3.

Entomologische Zeitschriften.

Proceedings Entomological Society Washington VI 1904: Banks (1) p. 149—153. — Currie (1) p. 24—37. — Dyar (1) p. 9. — Schwarz (2) p. 22—23, (3) p. 118—119. — Uhler & Schwarz (1) p. 42—46.
Journal of the New York Entomological Society XII. 1904: Dyar & Caudell (1) p. 120—122.

*The Canadian Entomologist. 36. 1904: Ashmead (1) p. 333.
— Cooper (1) p. 278—280.
*Annual Report entomological Society Ontario 34. 1903:
Gibson (1) p. 50—61. — Howard (1) p. 38—40. — Lochhead
(2) p. 74—79.
*Entomological News 15: Girauld (1) p. 2—3. — Howard (1)
p. 25—26. — Jones (1) p. 14—17. — Kunze (1) p. 239—244.
— Viereck (1) p. 177—179.
*Psyche XI. 1904: Brues (1) p. 21—22. — A. Clark (1) p. 114
—117. — Shipley (2) p. 28.

Zoologische Zeitschriften.

*Journal experimental Zoology I: Kellogg & Bell (2) p. 357
—367.

Naturhistorische Zeitschriften.

Bulletin of New York State Museum 76. Entomology 21: Felt
(2) p. 91—235.
The American Museum Journal. IV: Beutenmüller (1) p. 89
—124.
Biological Bulletin III. 1899: Adams (1) p. 115—131.
Journal Geography I. 1902: Adams (2) p. 303—310, 352—357.
*The Ohio Naturaliste IV: M. Cook (1) p. 105—147.
*The American Naturaliste. 35. Wheeler (1) p. 1007—1016.

Allgemein-wissenschaftliche Zeitschriften.

*Kansas University Science Bulletin. II. Snow (1) p. 323—350·
*Proceedings Washington Academy Science. VI. 1904:
Kellogg & Bell (1) p. 203—232.
*Studies University Nebraska. IV.: Pierce (1) p. 153—190.
*Science (N. S.) 19: Cook (2) p. 861—864. — Kellogg (1) p. 392
—393, (3) p. 601—605. — Wheeler (2) 20. p. 437—440.

Landwirtschaftliche Zeitschriften.

United States Departement of Agricultur Division of
Entomology. Bull. 44, 46—49: Britton (1) p. 105—107. —
Chittenden (2) 44. p. 70—75. — O. Cook (1) 49. p. 5—14.
— Felt (1) 46. p. 65—69. — Fletcher (1) p. 82—88. —
Hine (1) 44. p. 57—60. — Hopkins (1) 48. p. 1—56. — Lochhead (1) 46. p. 79—81. — Marlatt (1) 44. p. 50—57. — Newell
(1) 46. p. 103—105. — Osborn (1) p. 56—59, 59—60; (2) p. 88
—90. — Sanderson (1) p. 92—96, (2) p. 26—34. — Slingerland (1) p. 5—14, (2) p. 69—73, (3) p. 73—78. — Swezey (1)
p. 43—46. — Symon (1) p. 97—99. — Titus (1) 44. p. 77. —
Titus & Pratt (1) 47. p. 1—155. — Washburn (1) p. 99—102.

*Report Connecticut agricultur Experiment Station. III.
  1904: Britton (2) p. 199– 310.
Kentucky Agricultur Experiment Station. Bulletin 114:
  Garman (1) p. 15—47.
*Cornell University Experiment Station College agricult.
  Departement. Entomolog. Bulletin. 224. 1904: Slingerland
  & Johnson (1) p. 62—73.
*United States Departement Agricultur. Bull. Experiment
  Station. 142. Smith (1) p.?.
*Delaware College Agricultur Experiment Station. Bull. 58.
  1903: Sanderson (3) p. ?.
*Monthly Bulletin Division Zoology Pensylvania Departe-
  ment Agricultur. II. 1. 1904: Surface (1) p. 11—18.
*Report State Entomologist Minnesota Agricultur Experi-
  ment Station. 1904(?): Washburn (2) p. ?.
*Bulletin Experiment Station Colorado. 94. Gillette (1)
  p. 1—15.
*Bulletin New Jersey Experiment Station. 178: Smith (2)
  p. ?, (3) p. ?.
*Report Agricultur Experiment Station California. XXII:
  Woodworth (1) p. 85—87.

Australien, Süd-Amerika, Afrika, Asien.

Selbständig erschienene Werke: Balfour 1, Seurat 1.

*The Victoria Naturaliste. XXI: Bage (1) p. 93—104.
*Journal Departement Agricultur West Australia. VIII:
  Compere (1) p. 132—145.
*Report New Zealand Departement Agricultur X.: Kirk (1)
  p. 359—470.
*Philippine Weather Bureau, Manila Central Observatory.
  1903—1904: Stanton (1) p. 223—228.
*Bulletin Biolog . . . Labor . . . . Departement Int . . .
  Philippin . . . I. 1904: Banks (2) p. ?.
*Anales Museo Buenos Aires. XI. 1904: Brèthes (1) p. 17—24.
*Revista Chileña Historia natural. VIII.: Porter (1) p. ?.
*Boletin . . Muse . Goeldi. IV.: Miranda (1) p. 438—468.
*Memorias de la Sociedad Cientifica „Antonio Alzate"
  Mexico. XIII.: Silvestri (1) p. 353—378.
*Boletin de la commission de parasitologia agricola. II.
  Herrera (1) p. 1—306.
*West Indian Bulletin. IV: Ballou (1) p. 268—286.
*Journal Bombay Natural History Society 16. 1904: Maxwell
  p. 432. — Stebbing (1) p. 115—131.
*Agricult . . Journal Botan . . Gardens Ceylon. II.: Green
  (1) p. 235—261.
*Spolia Zeylanica. II.: Green (2) p. 158.

C. Arbeiten nach Inhalt.

I. Literarische und technische Hülfsmittel.

a) **Hand- & Lehrbücher:** Claus 1, Eckstein 1, Emery 1, Goette 1, Graber 1, Guenther 1, Henneguy 1, Knuth 1, Packard 1, Röthig 1, Sharp 2.

Claus' „Lehrbuch der Zoologie" wurde in neuer Bearbeitung von G r o b b e n herausgegeben.

Emery's „Compendio", **Goette's** „Tierkunde" u. **Packard's** „Textbook" erschienen in 2. Auflage.

Graber's „Leitfaden" wurde in 4. Auflage, von L a t z e l bearbeitet, herausgegeben.

Eckstein (1) u. **Röthig** (1) siehe Technik

Knuth's Handbuch der Blütenbiologie wurde von L o e w neu bearbeitet.

Sharp 1896 (1) wurde ins Russische übersetzt. Fortsetzung von 1903 (1)

Guenther's „Darwinismus" erschien in 2. Auflage.

Henneguy gab ein umfangreiches Handbuch der Entomologie heraus.

b) **Bibliographie, Geschichte:** Berthoumieu 1, Eckstein 3, Field 1, Friedländer 1, Hutton 1, Kirkaldy 2, R. Lucas 1, Seidlitz 1, Sharp 1, Tullgren 1, Waterhouse 1, Bode.

Bode (1) gab ein Verzeichnis von G r o t e ' s Schriften.

Hutton (1) gab die Literatur über alle aus Neu - Seeland beschriebenen Insekten an.

Kirkaldy (2) berichtete über die neuere Literatur Belgiens über Forstinsekten.

Tullgren (1) berichtete über mehrere Resultate der angewandten Entomologie.

Waterhouse (1) gab einen Nachtrag zum Verzeichnis der Gattungnamen.

Berthoumien (1) handelte über die Entomologie im Alterthum.

Eckstein (3) gab den Jahresbericht über die Forstzoologie pro 1903 und referirte über 10 Arbeiten.

Field (1) lieferte die jährliche „Bibliographia Zoologica", in welcher fortlaufend die gesammte zoologische Literatur von 1903 u. z. Th. von 1904 verzeichnet ist. Die Insekten kommen 10 mal an die Reihe.

Friedländer (1) gab den 4. Jahrgang der „Entomologischen Litteraturblätter" heraus, in welchen die entomologische Literatur von 1904 u. 1903 aus zahlreichen Zeitschriften (leider nicht aus allen) aufgeführt ist.

Mayer (1) gab den zoologischen Jahresbericht pro 1903 u. referirte über 31 entomologische Arbeiten.

Lucas (1) brachte die Fortsetzung des vorliegenden Jahresberichtes pro 1900, die *Hym.* u. *Lep.* enthaltend, mit zahlreichen Referaten. Der Anfang (Allgemeines u. *Col.*) von S e i d l i t z erschien 1902.

Seidlitz (1) berichtete über 484 a l l g e m e i n - entomologische (d. h. mehr als e i n e Ordnung betreffende) Abhandlungen von 1902, die erst alphabetisch

3*

nach den Autoren, dann geographisch nach den Zeitschriften und dann nach ihrem Inhalt geordnet, mit kurzen Inhaltsangaben aufgeführt werden.

Sharp (1) berichtete über 1711 Abhandlungen von 1903 aus allen Gebieten der Entomologie, von denen etwa 166 ins Gebiet der allgemeinen (d. h. mehr als eine Ordnung betreffenden) Entomologie fallen. Die übrigen 1534 gehören in einzelne Ordnungen. Sie sind zuerst alle zusammen alphabetisch nach den Autoren (p. 1—90), dann alle zusammen nach dem Inhalt (p. 90—131) geordnet u. dann folgen die einzelnen Ordnungen mit den Neubeschreibungen (p. 131—373).

c) **Biographieen, Necrologe:** Bode 1, W. Lucas 1, Ormerod 1, Porter 1, Schaufuss 2, Watzel 1.

Bode (1) gab eine Biographie A. Radcliffe Grote's.

Elinor Ormerod's Selbstbiographie wurde von R. Wallace veröffentlicht.

Watzel (1) gab eine Biographie von Swammerdom.

Lucas (1) u. **Schaufuss** (2) brachten Necrologe auf J. Robert Mc Lachlan

Porter (1) u. **Schaufuss** (2) brachten Necrologe auf Rudolf Amadeus Philippi.

d) **Referate:** Adelung 1, Barthe 1, Cooper 1, Csiki 1, Dalla-Torre 1, Eckstein 3, Escherich 1, Fick 1, Friese 1, Gorka 1, Goldschmidt 1, Hartert 1, Hesse 1, Hetschko 1, Heymons 1, 2, Howard 1, Karawaew 1, Kirkaldy 1, Kusnetzow 1, R. Lucas 1, W. Lucas 2, Ludwig 1, Meijere 1, Meisenheimer 1, 2, Pfurtscheller 1, Reh 1, Reitter 1, Sch. 1, Schaufuss 1, Schenkling 1, Schröder 1—4, Schuberg 1, 2, 3, Seidlitz 1, Sharp 1, Simroth 1, 2, Spatzier 1, Speiser 1, 2, Ssemenow 1, 2, 3, Tullgren 1, Verhoeff 1, 2, 7, Wahl 1, Weber 1, Zschokke 1.

e) **Kritik & Polemik:** Pfurtscheller 1, Verson 1.

Pfurtscheller (1) gab eine (günstige) Kritik über Matzdorf 1903 (1). Vergl. Simroth 1903 (2).

Verson (1) polemisirte gegen Zander ( ).

f) **Technik:** Cholodkovsky 2, Dall 2, Eckstein 1, Enderlein 1, Howard 1, Karasek 1, Metalnikoff 1, Röthig 1, Slingerland 1, Tavares 1, Warnier 1.

Cholodkovsky (2) u. **Dahl** (2) handelten über das Sammeln von Insekten.

Enderlein (1) gab eine Methode an, um kleine getrocknete Insekten zur mikroskopischen Untersuchung geeignet zu machen.

Howard (1) handelte über Insektensendungen per Eisenbahn.

Karasek (1) gab einige Winke über das Sammeln in den Tropen.

Metalnikoff (1) gab eine neue Methode für Anfertigung microscopischer Schnitte.

Slingerland (1) handelte über Photographien von Insekten.

Tavares (1) gab Instructionen zum Sammeln und Versenden von Zoocecidien·

Röthig (1) gab ein Handbuch der embryologischen Technik heraus.

Eckstein (1) gab ein Handbuch des Forstschutzes heraus.

Warnier (1) beschrieb einen Apparat zum Fangen kleiner Insekten.

II. Systematik.

a) Systematische Fragen: Börner 1, 2, 3, Enderlein 2, Handlirsch 1, 2, 3, Klapalek 1, 2, Lankester 1, Petersen 1, Ssemênow.

Börner (1, 2, 3), **Handlirsch** (1, 2, 3), **Klapalek** (1, 2) u. **Lankester** (1) behandeln die Systematik der Insekten im Allgemeinen.

Enderlein (2) machte Bemerkungen zur Systematik der Insektenordnungen.

Petersen (1) siehe Descendenztheorie.

Ssemênow siehe *Col.* Ssemênow (14) pag. 120.

b) Nomenclatur: Dyar & Caudell 1, Osborn 1, Shipley 1.

Dyar & Caudell (1) befürworten die Vornahme ähnlicher (ganz verfehlter) nomenclatorischer Manipulationen, wie einst der selige Crotch und Des Gozis unseligen Andenkens ausübten.

Osborn (1) stellte Betrachtungen über Nomenclatur an.

Shippley (1) ändert die Namen mehrerer Ordnungen, um sich einer gleichmässigen Uniformirung derselben zu erfreuen.

c) Umfassende Arbeiten: Godman 1, Wytsman 1.

Godman (1) publicierte *Col., Rhynch., Orth.*

Wytsman (1) publicirte *Lep., Col., Hym., Rhynch., Orth.* von mehreren Autoren.

III. Descendenztheorie.

a) Allgemeines, Phylogenie: Guenther 1, Handlirsch 1, 2, 3, Klapálek 1, 2, Petersen 1, Wasmann 5.

Guenther (1) siehe Handbücher.

Handlirsch (1, 2, 3) u. **Klapalek** (1, 2) stellten Betrachtungen über die Phylogenie der Insekten-Ordnungen an. Siehe auch Systematik.

Petersen (1) handelte über indifferente Artmerkmale.

Wasmann (1) behandelte die Descendenztheorie eingehend.

b) Schutzfärbung etc. u. Mimicry: Collins 1, 2, 3, Combes 1, Entz 1, J. Green 1, Kunze 1, Standfuss 1.

Collins (1, 2, 3), **Green** (1), **Kunze** (1) handelten über Schutzfärbung.

Combes (1) handelte über Mimicry (ob über echte?).

Standfuss (1) siehe c).

Entz (1) handelte über Aehnlichkeit u. Mimicry.

Green (2) handelte über die Mimicry eines *Asiliden* zu einer *Xylocopa.*

c) Anpassung u. Selectionstheorie: Künkel 1, Standfuss 1.

Künkel (1) handelte über „parallele Anpassung" der Wirthe u. ihrer Parasiten. Vergl. Parasiten p. 41.

Standfuss (1) behandelte den Einfluss der Umgebung auf das Aussehen der Insekten. Siehe auch b).

d) Vererbung: Emery 2, Poulton 1, Raynor & Doncaster.

Emery (2) handelte über die Bestimmung des Geschlechts von biologischen Gesichtspunkten aus. Siehe auch IV, f.

Poulton (1) behandelte die Erblichkeit erworbener Merkmale.

Raynor & Doncaster (1) machten Experimente über Erblichkeit u. Geschlechtsbestimmung. Siehe auch IV, f.

e) Variabilität: Kellogg & Bell 1.

Kellogg & Bell (1) handelten über Variabilität bei Insekten.

IV. Morphologie (äussere u. innere), Histologie, Physiologie, Embryologie.

a) Allgemeines: Anglas 1, 2, Balsamo 1, Banks 1, Biedermann 1, Börner 1, 2, 3, Brunelli 1, Bull 1, Cholodkovsky 1, Dawydoff 1, Haller 1, Kellogg 1, 3, Klapálek 1, 2, Krassilschtschik 1, Lankester 1, Nassonow 1, Noack 1, Plotnikow 1, 2, Stamm 1, Veneziani 1, 2, Verhoeff 3—6, Verson 1, Wielowieyski 1, Zaitschek 1, Giardina 1, 2.

Anglas (1, 2) erwähnte kurz die Rolle, welche die Tracheen bei der Metamorphose spielen.

Banks (1) gab Notizen über die Structur des Thorax u. der Maxillen der Insekten.

Balsamo (1) handelte über die Schuppen von *Lepidopteren* u. *Thysanuren.*

Bull (1) gab physikalische Notizen über die Flügelbewegung der Insekten.

Cholodkovsky (1) untersuchte die Generations-Organe von *Rhynch.* u. *Puliciden,* die auf dem Menschen schmarotzen.

Biedermann (1) untersuchte die, durch Interferenz Schillerfarben bewirkenden histologischen Verhältnisse in der Chitinhaut bei *Col., Neur., Lep.*

Brunelli (1) untersuchte die Ovarien der socialen Insekten.

Giardina (1, 2) handelte über die Histologie der Eizelle.

Kellogg (1) berichtete über mitotische Zelltheilungen in den oberen Eikammern des Ovarialtubus bei *Gryllus* und über amitotische Zelltheilung in den oberen Kammern bei *Hydrophilus.*

Noack (1) studirte die Entwicklungsgeschichte der *Musciden* u. erwähnte dabei auch andere Insekten-Ordnungen.

Haller (1) handelte über das Syncerebrum der Insekten.

Klapalek (1) handelte über die Gonopoden der Insekten.

Krassilschtschik (1) untersuchte die Wirkung von Giften auf *Col.* u. *Lep.*

Lankester (1) behandelte die Morphologie u. Klassification der Insekten-Ordnungen.

Nassonow (1) besprach die Verson'schen u. Stein'schen Drüsen.

Plotnikow (1, 2) handelte über die Häutung u. über die Histologie der Haut.

Stamm (1) handelte über den Muskel-Ansatz bei Insekten.

Veneziani (1, 2) handelte über die Malpighischen Gefässe bei *Lep., Dip.* u. *Col.*

Verhoeff (3—6) handelte über die vergleichende Morphologie des Kopfes, des Thorax u. der Beine der Insekten.

Verson (1) siehe Polemik.

Wielowieyski (1) handelte über die Histologie der Eizell-Bildung bei *Rhynch., Orth., Col., Hym., Lep.*

Zaitschek (1) stellte Versuche über die Verdaulichkeit des Chitins u. über den Nährwerth der Insekten an.

b) Sinneswahrnehmungen im Allgemeinen: Knuth 1.

Knuth (1) siehe Biologie c).

c) Gesichtssinn, Lichtwirkung: Bage 1.

Bage handelte über das Phosphoresciren im Thierreich.

d) Töne u. Gehör: Rádl 1.

Rádl (1) handelte über das Gehör der Insekten.

f) Geschlechtsunterschiede u. Geschlechtsbestimmung: Emery 2, Lameere 1, Raynor & Doncaster 1.

Emery (2) u. Raynor & Doncaster (1) siehe Vererbung p. 37.

Lameere (1) handelte über die Ausbildung der secundären Geschlechtsmerkmale.

g) Histologie der Metamorphose: Bauer 1.

Bauer (1) untersuchte ausführlicher (als 1903) die histologischen Veränderungen des Centralnervensystems bei der Metamorphose an *Dipt., Col., Hym., Lep.*

V. Biologie.

a) Allgemeines, Metamorphose: Browne 1, Dahl 1, Davenport 1, Dewitz 1, Hüeber 1, Kellogg & Bell (2), Kopp 1, Latter 1, Lauterborn 1.

Kellogg & Bell (1) geben biologische Notizen.

Hüeber (1) gab Beiträge zur Biologie von *Col.* u. *Rhynch.*

Browne (1) stellte biologische Forschungen am Meeresstrand in Norfolk an.

Dahl (1) gab biologische Schilderungen.

Davenport (1) behandelte die biologische Variation statistisch.

Dewitz (1) handelte über die Verwandlung der Insektenlarven.

Kopp (1) gab Beiträge zur Biologie verschiedener Insekten.

Latter (1) gab Beiträge zur Biologie von *Orth.* u. *Hym.*

Lauterborn (1) gab biologische Notizen über *Col., Hym., Dipt., Rhynch., Orth.*

b) Larven, Eier, Puppen: Dewitz 1, Foster 1, Giardina 1, 2, Girauld 1, Peyerimhoff 1.

Foster (1) zählte die im Wasser lebenden Larven bei Hull auf.

Giardina (1, 2) siehe Morphologie g).

Girauld (1) handelte über die Eierzahl bei Insekten.

Peyerimhoff (1) handelte über die Larven der *Insecta metabola.*

c) **Lebensweise, Fortpflanzung, Feinde:** Davis 1, Goury & Guignon 1, 2, Joy 1, Knuth 1, Neureuter 1, Pictet 1, Poulton 2, Schmitz & Oppikofer 1, Stebbing 2.

Davis (1) berichtete über Schmetterlingsraupen, die von *Hister* angegriffen wurden u. **Joy** (1) über *Col.*, die *Cossus*-Larven angreifen.

Goury & Guignon (1) handelten von den auf *Ranunculaceen* u. (2) auf *Berberideen* lebenden Insekten, die sie irrthümlich „Parasiten" nennen.

Knuth (1) handelte über Blüten-Insekten.

Neureuter (1) handelte über die Lebensdauer.

Schmitz & Oppikofer (1) handelten von den Feinden der Honigbiene.

Stebbing (2) schilderte das Insektenleben in Indien.

Pictet (1) handelte über den Schlaf der Insekten.

Poulton (2) handelte über das scharenweise Erscheinen von Insekten auf Berggipfeln.

d) **Instinct, Psychologie:** Gredler 1, Pictet 1, Ssikorski 1, Wagner 1, Wasmann 4, 5, 6, Ziegler 1.

Gredler (1) handelte über den Verstand der Ameisen.

Pictet (1) und **Ziegler** (1) handelten über den Instinkt.

Ssikorski (1) behandelt die Psychologie der Insekten.

Wagner (1) handelte ausführlich über die „biologische Methode" in der Thier-Psychologie.

Wasmann (4, 5, 6) handelte mehrfach über Psychologie u. Instinkt.

e) **Myrmecophilie, Termitophilie:** Breddin 1, Brues 1, Penzig 1, Pierce 1, Silvestri 1, 2, Viehmeyer 1, Wasmann 1, 2, 3, 6, 7, Wheeler 1.

Breddin (1) beschrieb myrmecophile u. termitophile *Rhynchoten*.

Brues (1) behandelte die Beziehungen gewisser myrmecophiler Insekten zu ihren Wirten.

Penzig (1) berichtete über myrmecophile Cicaden.

Pierce (1) über *Col.* als Parasiten von *Hym.*

Silvestri (1, a) behandelte südamerikanische Termitophilen.

Viehmeyer (1) bestätigte durch Experimente **Wasmann's** *Lomechusa*-Pseudogynen-Theorie.

Wheeler (1) handelte über ein myrmecophiles *Dipteron*.

Wasmann (1, 2, 3, 6, 7) behandelte mehrfach die Myrmecophilen u. Termitophilen nebst ihren Wirten.

f) **Parasiten u. Parasitenwirte:** Ashmead 1, Beck 1, Brèthes 1, Chittenden 1, Cholodkovsky 1, Compere 1, Demokidov 1, Dyar 1, Embleton 1, Hennings 1, Künkel 1, Leigh 1, Morley 1, Pierce 1, Ribaga 1, Schulz 1, Stefani 1, Swezey 1, Titus 1, Wasmann 7.

Ashmead (1) berichtete über ein *Hymenopteron*, das bei einem *Lepidopteron* schmarotzt.

Beck (1) berichtete über den Schmarotzerpilz *Stigmatomyces Baerii* Peyr. auf *Bembidi:n* u. Stubenfliegen in Wien, u. **Hennings** (1) über parasitische Pilze auf *Col., Lep., Hym., Rhynch., Orth.*

Brèthes (1) beschrieb *Hym.* als Parasiten von *Dipt.*

Chittenden (1) handelte von *Hym.* als Parasiten von *Col.*

Cholodkovsky (1) siehe Morphologie.

Compere (1) handelte über Parasiten.

Demokidov (1) beschrieb einen neuen *Chalcididen* als Parasiten eines Schmetterlings.

Dyar (1) berichtete über ein *Lepidopteron* als Parasiten auf *Fulgoriden.*

Embleton (1) behandelte ein *Hymenopteron* als Parasiten einer Blattlaus.

Künkel (1) behandelte *Lepidopteren* und ihre Parasiten (*Dipt.*). Siehe auch Anpassung pag. 37.

Leigh (1) berichtete über ein *Dipteron* als Parasiten von *Lep.*

Meijere (1, 2) behandelte die *Conopiden* als Parasiten von *Hym.*

Morley (1) berichtete über *Dipt.* als Parasiten eines Rhynchoten.

Pierce (1) behandelte parasitische *Col.* (*Meloid.*, *Rhipiph.*, *Stepsipt.*) u. ihre Wirte. (*Hym.*, *Orth.*).

Ribaga (1) beschrieb ein *Dipteron* als Parasiten von Orthopteren.

Schulz (1) berichtete über *Dipt.* als Ectoparasiten auf *Lep.*

Stefani (1) berichtete über *Hym.* als Parasiten von *Col.*

Swezey (1) berichtete über *Hym.* als Parasiten von *Rhynch.*

Titus (1) berichtete über *Bruchophagus* als Parasiten von *Bruchus.*

Wasmann (7) behandelte die in Brasilien in Bienennestern gefundenen *Col.*

g) **Gallenerzeuger:** Beutenmüller 1, M. Cook 1, Corti 1, Houard 1, 2, Pierce 1, Ross 1, Stefani 2, 3, Stegagno 1, Trotter 1—5.

h) **Höhlenbewohner:** Alzona 1, Florentin 1, Lebedinski 1, Viré 1.

i) **Ueberwinterung:** Roubal 1, Kellogg 5.

VI. Oeconomie.

a) **Schädlinge in Land- u. Forstwirtschaft:** Balfour 1, Ballon 1, Bargagli 1, Berlese 1, 2, 3, Brants 1, 2, Britton 1, 2, Carpenter 1, Chittenden 2, O. Cook 1, Constantin 1, Eckstein 1, 2, 3, Felt 1, 2, Garman 1, Gescher 1, Gilson 1, Gillette 1, E. Green 1, Griffini 1, Herrera 1, Hine 1, Hopkins 1, Howard 2, Jonas 1, Joy 1, Kirk 1, Lampa 1, Lochhead 1, 2, Loir 1, Marchand 1, Maxwell 1, Mokrshetzki 1, 2, 3, Newell 1, Osborn 2, Port-schinsky 1, Potschoski 1, Rebholz 1, Ritsema-Bos 1, Rörig 1, Sanderson 1, 3, Schreiner 1, Schröder 5, Slingerland, 2, 3, Smith 1, 2, 3, Sorauer 1, Stanton 1, Stebbing 1, 2, Surface 1, Symon 1, Theobald 1, Titus & Pratt 1, Tullgren 1, Vosseler 1, Warburton 1, Washburn 1, 2, 3, Woodworth 1, Zimmermann 1.

Griffini (1) suchte zu beweisen, dass die insektenfressenden Vögel (in Italien) der Landwirtschaft mehr schaden als nützen.

b) **Anderweitige Schädlinge:** Cholodkovsky 1, Loir 1, Miranda 1, Störmer 1.

c) **Nützliche oder verwendete Insekten:** Berlese 1. 2, 3,
   D. C. Clark 1, O. Cook 1, 2, Marlatt 1, Sanderson 3, Schwarz 3,
   Stebbing 1, Wheeler 2.

Berlese (1, 2, 3) berichtete über Parasiten schädlicher Insekten.

Clark (1) berichtete über *Anthrenus*-Larven als Vertilger von *Lepi-dopteren*-Eiern.

O. Cook (1, 2) berichtete über die Vertilgung des Baumwoll-Rüsslers
(*Anthonomus*) durch die Ameise *Ectatomma tuberculatum*.

Marlatt(1) u. **Sanderson** (3) berichteten über den Import von schildlaus-
vertilgenden *Col.* u. *Dipt.*

Schwarz (1) beschrieb 1 *Coccin.* als Feind der Jan-José-Laus.

Stebbing (I) berichtete über die Vertilgung einer Blattlaus *(Monophlebus)*
durch eine *Coccinelle (Vedalia).*

Wheeler (2) berichtete, dass der Schädiger der Baumwollstaude (Anthonomus) nicht nur von *Ectatomma tuberculatum* Ol., sondern auch von *Formica
subpolita* var. *perpilosa* vertilgt werde.

VII. Geographische Verbreitung.

a) **Allgemeines:** Jacobi 1, Ortmann 1.

b) **Circumpolare Fauna:** Strand 1.

c) **Palaearctische Fauna:** Annandale 1, Bloomfield 1, 2, Bous-
   kell 1, Champion & Chapman 1, Chapman 1, Cobelli 1, Fischer 1,
   Foster 1, Fredericq 1, Fuente 1, Gavoy 1, Gibbs 1, Jacobson
   1, Jeffrey 1, Klapalek 3, Lauterborn 1, W. Lucas 3, Luff 1,
   Markewitsch 1, Meyrick 1, Mjöberg 1, Muschamp 1, Pavesi 1,
   Praeger 1, Ramsay & Poppius 1, Richardson 1, Schwarz 2,
   Segonzac 1, Sograf 1, Tuck 1, Turner 1, Uhler & Schwarz 1,
   Ulmer 1, Webb, Mc Dakin & Gray 1, Werner 1, Woronkow
   1, Yerbury 1, Yurkewitsch 1, Zacher.

d) **Indo-China:** Fruhstorfer 2, Pavie 1.

e) **Australien u. Südsee-Inseln:** Alfken 1, Hutton, Seurat 1,
   Walker 1.

f) **Afrika u. Madagascar:** Distant 1.

g) **Neoarctisch:** Adams 1, 2, A. H. Clark 1, Fletcher 1, Kincaid 1,
   Merriam 1, Snow 1.

h) **Neotropisch:** Currie 1, Godmann 1.

VIII. Palaeontologie.

Handlirsch 3, 4, 5.

Inhaltsverzeichnis.

Coleoptera für 1904.

Von

Dr. Georg Seidlitz

in Ebenhausen bei München.

Vorbemerkung.

Im Jahre 1904 waren 18 selbständig erschienene Werke mit ganz oder teilweis coleopterologischem Inhalt zu verzeichnen (15 weniger als 1903), und in 160 Zeitschriften (von denen nur 37 entomologische und nur 4 coleopterologische) erschienen 1061 Arbeiten (98 weniger als 1903[1]), wobei sich im Ganzen 469 Autoren beteiligten. Dabei lieferten 60 Autoren zusammen 88 umfassende systematische Arbeiten, während 27 derselben und 88 andere Autoren zusammen 282 Abhandlungen mit Einzelbeschreibungen veröffentlichten (64 weniger als 1903).

Im Ganzen wurden 299 neue Gattungen, 3598 neue Arten und zahlreiche neue Untergattungen und Varietäten beschrieben.

Morphologische und physiologische Verhältnisse wurden von 25 Autoren in 24 Abhandlungen behandelt (11 weniger als 1903).

Die übrigen 287 und viele der bereits erwähnten Autoren lieferten zusammen 667 Abhandlungen und Notizen über Literatur, Descendenztheorie, Biologie, Schädlinge etc.

Uebersicht.

(Inhaltsverzeichnis siehe am Schluss des Berichtes p. 360).

I. Pentamera.

[1]) Die geringere Zahl ist z. T. darauf zurückzuführen, dass die Referate früher einzeln gezählt, jetzt aber mehrfach zusammengefasst wurden.

II. Heteromera.

III. Tetramera.

A. Verzeichnis der Publikationen.

(Die mit * bezeichneten Arbeiten waren dem Ref. unzugänglich).

*Aaron S. Fr. (1). The Parasite of the Oak Pruner. Sc. Amer.
90. 1904 p. 179, 3 figg.

Abeille de Perrin E. (1). Description de deux nouveaus *Trechus*
(*Anophthalmus*) de France. Bull. Fr. 1904 p. 198—199.
(1 *Anophthalmus* n. sp. u. 1 n. var. Einzelb.).

— (2). Description d'un *Coléoptère* hypogé français. ibid. p. 226.
— Referat von Sg. 1905 Ins. Börse 22 p. 24. (*Siettitia* n. gen.,
1 blinder *Hydroporide* n. sp. Einzelb.)

— (3). Descriptions de deux *Bathyscia* inédites des Basses-Pyrénées.
ibid. p. 242—243. (2 n. spp. Einzelb.).

— (4). Diagnoses de trois *Coléoptères* français nouveaux. ibid.
p. 280—282. (1 *Metallites*, 1 *Pachybrachys*, 1 *Coraebus* n. spp.,
Einzelb.).

— (5). *Buprestides* Bol. Soc. espan. IV. p. 206—224. (2 *Julodis*,
2 *Buprestis*, 1 *Aurigena*, 1 *Ancylocheira*, 1 *Melanophila*,
3 *Anthaxia*, 7 *Acmaeodera*, 1 *Agrilus*, 1 *Cylindromorphus* n.
spp., Einzelb.).

— (6). Siehe Mayet 4.

Agnus A. (1). Notes sur la capture de l'*Aphodius liguricus* Daniel
dans les Alpes dauphinoises. Ech. 20. p. 21—22.

— (2). Complément a la Note etc. etc. ibid. p. 94. (Biol.).

*— (3). Capture de l'*Aphodius liguricus* Daniel dans les Alpes
dauphinoises. Feuille Nat. 35. p. 31.

Aiken W. (1). Abundance of the Rhinoceros Beetle in South
Carolina. U. S. Dep. Div. Ent. Bull. 44. p. 91. (*Dynastes
tityus*).

*Alisch (1). Aus dem Käferleben. Ent. Jahrb. XIV. p. ?.

Allard E. † (1). Siehe Pavie 1: p. 82—83 Fam. *Dermestides,
Erotylides, Endomychides, Coccinellides*. (Aufzählung von
1, 6, 2 u. 5 Arten. — Opus posthumum!).

— (2). Idem: p. 108—109 Fam. *Tenebrionides*. (Aufzählung von
33 spp. u. Wiederholung einer Beschreibung von 1896. —
Die Aufzählung scheint neu, also opus posthum.).

— (3). Idem: p. 157—163. Fam. *Chrysomelides* Suite. (67 spp.
aufgezählt, 6 Beschr. wiederholt. — Die Aufzählung
scheint neu.

Amore-Fracassi A. d' (1). Recensioni. Riv. Col. ital. II. p. 255
—260: Dodero 2. (1 *Bythinus*, 3 *Bathyscia* wiederholt).

Ansorge (1). *Morimus funereus* in England. The Ent. 1904 p. 117.

Apfelbeck V. (1). Die Käferfauna der Balkanhalbinsel, mit Be-
rücksichtigung Kleinasiens und der Insel Kreta. I. Bd.
Familienreihe *Caraboidea*. Berlin 1904. — Referat von
Daniel 1. (Umfass. Arb. mit 1 Beitrag von Holdhaus).

*Armitt. (1). *Geotrupes typhoeus* in England. The Natural. 1904
 p. 316.
Arrow G. J. (1). Sound production in the *Lamellicorn* beetles.
 Tr. Ent. Soc. Lond. 1904 p. 709—730 tab. 36. — Referat
 von Mayer 1905 p. 60. (Morph., Biol., 1 *Aegidinus*, 2 *Idiostoma*, 4 *Ochodaeus* n. spp., Einzelb., dich. Tab. über *Geotrupinae* u. Verwandte).
— (2). On the *Coleopterous* group „*Heptaphyllini*" of de Borre.
 Ann. Mag. nat. Hist. XIV. p. 30—33. (2 *Cherostus* n. spp.,
 Einzelb., *Cissidae*).
— (3). Siehe Bates 1.
— (4). Note on two species of *Coleoptera* introduced into Europe.
 Ent. Mont. Mag. 40. p. 35—36. (*Minthea*, *Laemotmetus*).
Atmore E. A. (1). Occurence of *Tetropium castaneum*, L., in Norfolk. Ent. Mont. Mag. 40. p. 85.
— (2). Further capture of *Odontaeus mobilicornis*, F., in Norfolk.
 ibid. p. 238.
Aurivillius Ch. (1). *Cerambyciden* aus Bolivien und Argentina gesammelt vom Freiherrn Erland Nordenskiöld. Ent. Tids. 25.
 p. 205—208. (1 *Erlandia*, 1 *Bisaltes*, 1 *Desmiphora*, 1 *Oncideres*
 n. spp., Einzelb.).
— (2). Siehe Pavie 1: p. 110—127. Fam. *Curculionides* (87 spp.
 aufgezählt u. mehrere Beschreibungen wiederholt).
Baeckmann J. (I). *Anoplistes jacobsoni*, sp. nov., aus Turkestan.
 Rev. russe d'Ent. IV p. 311. (1 n. sp., Einzelb.).
Bagnall R. S. (1). *Monohammus sutor* L. in the Derwent Valley.
 Ent. Mont. Mag. 40. p. 59.
— (2). *Stenostola ferrea* Schr., and other Longicorns in the Derwent Valley. ibid. p. 86.
— (3). *Clinocara undulata*, Kr., in the Northumberland and Dur-
 ham district. ibid. p. 108.
— (4). *Triplax aenea*, Schall., in the Derwent Valley. ibid. p. 108.
— (5). *Metoecus paradoxus*, L., in the Derwent Valley. ibid. p. 159.
— (6). *Triplax aenea*, Schall., and *T. russica*, L., at Gibside. ibid.
 p. 210.
— (7). *Bembidium stomoides*, Dej., and *B. nigricorne*, Gyll., in
 the Derwent Valley. ibid. p. 259—260.
*— (8). Some additions, etc., to the *Coleoptera* of the Northumberland and Durban district. ibid. p. 260. Ent. Rec. XVI.
 p. 260—262.
Bailey J. H. (1). Request for notes on *Coleoptera* in The isle of
 Man. Ent. Mont. Mag. 40. p. 137—138.
— (2). The genus *Otiorrhynchus*, Germ., in the Isle of Man. ibid.
 p. 180—181. (9 spp. aufgezählt).
Bargagli (1). *Caryoborus pallidus* aus Erythraea. Bull. Soc. ent.
 Ital. 36. p. 3.
— (2). (21 Sitona-Arten). ibid. p. 8—10.

Bargmann A. (1). Zur Artberechtigung der *curvidens*-Verwandten. Allg. Z. Ent. IX. p. 262—264, fig. 1—9. (Ueber *Tomicus curvidens* u. Verwandte[1]).

Barnes W. (1). *Leptidia brevipennis* in company with *Formica sanguinea*. Ent. Mont. Mag. 40. p. 14. (Myrmecoph.).

Bates, Fr. † (1). A Revision of the Sub-family *Pelidnotinae* of the *Coleopterous* family *Rutelidae*, with descriptions of new genera and species. Communicated by Arrow. Tr. ent Soc. Lond. 1904 p. 249—276. (Umfass. Arb.).

Bauer V. (1). Siehe Allg. Bauer 1.

***Bayford E. G.** (1). Notes on *Blethisa multipunctata* L. and other *Geodephagous* Beetles. The Natural. 1904 p. 280—282.

Beare T. H. (1). *Ptinus tectus*, Boieldieu, recently introduced into Britain. Ent. Mont. Mag. 40. p. 4—5. (Neu für England).

— (2). *Ptinus tectus*, Boield., in Liverpool. ibid. p. 85.

— (3). *Coleoptera* in the isle of Wight. ibid. p. 257—258.

*— (4). Retrospect of a Coleopterist for 1903. Ent. Rec. XVI. p. 29—32.

*— (5). Note on *Aulonium sulcatum*, Oliv., a *Colydiid Coleopteron* new to Great Britain. ibid. p. 310.

— (6). Siehe Beare & Donisthorpe 1.

— (7). Siehe Beare & Donisthorpe 2.

***Beare T. H. & Donisthorpe H. St. J. K.** (1). Catalogue of British *Coleoptera*. Lond. 1904. 51 pp. — Referat von Schaufuss 1. (3271 spp.).

*— (2). Rare and doubtful British *Coleoptera*. Ent. Rec. XVI. p. 289—291.

***Beck G. v.** (1). Siehe Allg. Beck 1. (Labulbaeniaceen auf *Bembidien* bei Wien).

Bedel L. (1). Origine, moeurs et synonymie d'un *Curculionide aquatique*, *Stenopelmus rufinasus* Gyll. (*Degorsia Champenoisi* Bed.). Bull. Fr. 1904 p. 23—24. — Referat von Daniel 3 u. von Ssemënow 13 (Synon. u. Biol.).

— (2). Sur les deux *Acinopus* du sous-genre *Oedematicus* Bed. ibid. p. 138—139. — Referat von Ssemënow 17.

— (3). Liste de *Coléoptères* récoltés à la Ferté-Alais (Seine-et-Oise). ibid. p. 210—212. (Sammelbericht, 1 *Isomira* n. var.).

*— (4). Siehe Allg. Segonzac 1: p. 367—371: Liste des principales espèces de *Coléoptères* recueillis par le Marquis

---

[1] Dass der Autor im Titel seiner Arbeit einen Species-Namen ohne Gattungsnamen gebraucht, ist eine Ungeheuerlichkeit, die ganz neu ist u. daher energisch gerügt werden muss. Bei unserer binären Nomenclatur ist ein Gattungsname ohne Speciesnamen denkbar, ein Speciesname ohne Gattungsnamen aber nicht. Nur in lepidopterologischen Aufsätzen, die auf Wissenschaftlichkeit keinen Anspruch machen wollen, kommt bisweilen eine solche Missachtung der binären Nomenclatur vor.

de Segonzac. (48 Arten aufgezählt, 1 *Aphodius*, 1 *Pachychila* n. spp., Einzelb.).
— (5). Id. Ab. XXX. p. 223—228.
— (6). Catalogue raisonné des *Coléoptères* de Nord de l'Afrique
  p. 221—228. ibid. no. 9, Beilage. — Referat von Daniel 3.
  (Umf. Arb., Fortsetz. von 1902/03).
— (7). Synonymes de *Coléoptères* paléarctiques ibid. p. 235—236.
Bedwell E. C. (1). *Quedius longicornis* Kr. etc. in North Wales.
  Ent. Mont. Mag. 40. p. 60.
— (2). (*Col.* in Snowdon). Tr. ent. Soc. Lond. 1904 p. I—II.
Beguin-Billecocq L. (1). Diagnoses sommaires d'espéces nouvelles
  d'*Apion* Herbst provenant de la région Malgache. Bull. Fr.
  1904 p. 54—57, 103—104. (10 *Apion* n. spp., Einzelb.).
Bell (1). Siehe Kellogg & Bell 4.
Bergmiller (1). *Dendroctonus micans* und *Rhizophagus grandis*.
  N. Forstl. Bl. 1904 p. 145—?.
Bernhauer M. (1). Neue exotische *Staphyliniden*. Stettin. Ent. Z.
  65. p. 227—242.
— (2). Neue exotische *Staphyliniden*. Verh. zool. bot. Ges. Wien.
  54. p. 4 - 24. (7 *Eleusis*, 4 *Lispinus*, 4 *Holosus*, 1 *Omalium*,
  4 *Osorius*, 6 *Trogophloeus*).
*****Bertolini St.** (1). Catalogo dei Coleotteri d'Italia. Riv. ital. Sc.
  Nat. Siena. 1904. — Referat von Schaufuss 1. (Separat-
  ausgabe, 11 856 spp. u. varr.).
*****Beswal** (1). Siehe Referat von Kusnetzow 1.
Bétis (1). Siehe Houlbert & Bétis 1.
Beuthin (1). Zwei neue Varietäten der *Cicindela germanica* Linné.
  Soc. ent. 19. p. 114—115.
Beyer G. (1). Insects breeding in Adobe Walls. Journ. N. York
  ent. Soc. 12. p. 30—31. (3 *Cleriden* als Feinde von *Lyctus*).
— (2). A few notes on *Brenthiden*. ibid. p. 168—169. (Lebens-
  weise von 6 Arten).
Bickhardt H. (1). *Leptura rubra* L. ♂ Hermaphrodit. Deut. ent.
  Z. 1904 p. 303. — Referat von Daniel 3.
*— (2). Einiges über das Sammeln von *Cerambyciden*. Ent. Zeit-
  schr. Guben. 18. p. 81—83.
Biedermann W. (1). Siehe Allg. Biedermann 1. (Schillerfärbung).
Billecocq siehe Beguin.
*****Black** (1). (*Col.* in Peebles). Ent. Rec. XVI p. 17.
Blackburn T. (1). Further notes on Australian *Coleoptera*, with
  descriptions of new Genera and Species. 34. *Trogides*. Tr.
  R. Soc. S. Austr. 28. p. 281—297. (Umfass. Arb.).
— (2). A revision of the Australian species of *Bolboceras*, with
  descriptions of new Species. Pr. Linn. Soc. N. S. Wales 29.
  p. 481—526. (Umfass. Arb.).
— (3). Revision of the Australian *Aphodiides*, and descriptions
  of three new species allied to them. Pr. Soc. Victoria XVII
  p. 145—181. (Umfass. Arb.).

*Blanchard Fr. (1). A new Califorinan Species of *Dromaeolus* Kies.
Ent. News 18. p. 187—188. (1 n. sp.).

Blandford W. F. H. (1). Biologia Centrali-Americana. *Coleoptera.*
Scolytidae. IV. P. 6. p. 225—280, tab. VIII. (Umfass. Arb.).

*Boas (1). Oldenborrnernes optraeden . . . in Danmark (1883
—1903) Kjöbenhavn 1904. — Referat von Eckstein 1905
p. 15.

*Bocklet C. (1). Über *Carabus auratus* S. und die in der Umgegend von Coblenz gefundenen Varietäten desselben. Ent.
Zeit. Guben. XVIII. p. 38—39. — Referat von Daniel 3.
(3 n. varr.).

Boileau H. (1). Description d'un *Dorcus* nouveau. Bull. Fr. 1904
p. 27—28. — Referat von Ssemënow 13. (1 n. sp., Einzelb.).

— (2). Description d'un *Dorcide* nouveau. ibid. p. 39—40.

*— (3). Description de *Coléoptères* nouveaux. Le Nat. 1904 p. 277
—278, 284—285.

*Bongardt J. (1). Zur Biologie unserer Leuchtkäfer. Nat. Wochenschr. 19. p. 305—310, 4 figg.

Bordas L. (1). Anatomie et structure histologique du tube digestif
de l'*Hydrophilus piceus* L. et de *Hydrous caraboides* L.
C. R. Soc. Biol. 56. 1904 p. 1100—1102.

Born P. (1). *Carabus auronitens* Fabr. und *punctatoauratus* Germ.
Ins.-Börs. 22. p. 35—36. — Referat von Daniel 3.

— (2). *Carabus monilis* Fahr. und seine Formen. ibid. p. 43—44,
51—52, 59—60, 67, 75—76. — Referat von Daniel 3 u.
Neresheimer 1905 Z. Ins.-Biol. I p. 438. (Umfass. Arb.).

— (3). Zwei interessante Carabensendungen von Oestreich-Ungarn.
ibid. p. 92—93, 100—101. — Referat von Daniel 3.
(*Procr. coriac.*, *Car. violac.*, *cancell.*, *Ullrichii* u. *Scheidleri*).

— (4). Die *Caraben* der Käferfauna der Balkanhalbinsel von
V. Apfelbeck 1904. ibid. p. 162—164. — Referat von
Daniel 3. (3 *Carabus* n. varr.)

— (5). *Carabus Ulrichi* Germ. und *italicus* Dej. ibid. p. 227.

*— (6). Weiteres über rumänische *Caraben.* Bull. Soc. Sc. Bucarest XIII. p. 117—120.

— (7). Kurzer Bericht über meine Excursion von 1903. Soc. ent.
p. 42—44, 50—51.

— (8). Die *Caraben*fauna des Aostatales. ibid. p. 113—114.

Börner C. (1). Siehe Allg. Börner 1. (Systematik aller Ordnungen).

Boucomont A. (1). Étude sur les *Enoplotrupes* et *Geotrupes* d'Asie.
Rev. d'Ent. 23 p. 209—252. (Umfass. Arb.).

Bourgeois J. (1). Sur le cosmopolitisme de l'*Acanthocnemus ciliatus*
Perris, *Coléoptères* de la tribe des *Dasytides.* Bull. Fr. 1904
p. 25—26. — Referat von Daniel 3 u. von Ssemënow 13.

— (2). Siehe Pavie 1: p. 96—104 Fam. *Cebrionides*, *Rhipicerides*,
Dascillides, *Malacodermes.* (Aufzählung von 1, 1, 2 und
22 Arten und wiederholter Abdruck mehrerer früherer Beschreibungen).

— (3). *Rhipidocérides* et *Malacodermes* recueillis par W. J. Burchell dans ces voyages en Afrique australe (1810—1815)
et aux Brésil (1825—30); avec la description de quatre
espèces nouvelles. Ann. Mag. Nat. Hist. XIII p. 89—102.

— (4). Catalogue des *Coléoptères* de la chaine des Vosges et
régions limitrophes. Bull. Soc. Hist. nat. Colmar 1897—1898
p. 29—106, 1899—1900 p. 1—106, 1901—1902 p. 1—102,
1903—1904 p. 1—93. Auch separat: Fasc. I 1898 p. 1—80,
II 1899 p. 81—184, III 1902 p. 185 – 284, IV 1904 p. 285
—372. (*Cic.* — *Malacod.*, Verzeichniss u. zahlreiche biologische Notizen, 1 *Amara* n. sp. u. einige Arten u. Varietäten charakterisirt).

Boutan L. (1). Le *Xylotrechus quadrupes* et ses ravages sur les
caféiers de Tongking. C. R. Ac. Par. 139. p. 932—934.

Brants A. (1). Siehe Allg. Brants 1. (Referat).

Breit J. (1). Zwei neue Käferarten aus dem mitteleuropäischen
Faunengebiete. Münch. Kol. Z. II p. 28—29. (1 *Trechus*,
1 *Lathrobium* n. spp., Einzelb.).

Brenske E. † (1). Siehe **Pavie 1**: p. 90—93 *Melolonthides, Serica.*
(5 spp. von 1899 wiederholt abgedruckt. — Opus post-
humum!).

*** Brèthes J.** (1). El bicho moro. Estudio biologico sobre la
Epicauta adspersa Klug, y medios de destruirla. Bol. Agricult. Rep. Argent. I 1901 p. 20—31.

*— (2). Insectos de Tucuman. An. Mus. Buen. Air. XI p. 329—347.
(2 *Conocephala* n. spp., *Dynast.*, auch Allg.).

*** Brichet O.** (1). Siehe **Severin & Brichet 1.**

Bridwell J. C. (1). Additional Observation on the Tobacco Stalk
Weevil. U. S. Dep. Agric. Div. Ent. Bull. 44. p. 44—46.
(*Trichobaris mucorea*).

Britton W. E. (1). Siehe Allg. Britton 1. (*Chrysom.* als Schädlinge).

Brogniart Ch. † (1). Siehe **Pavie 1**: p. 130 – 145. Fam. *Ceram-
bycides.* tab. IX ter. (67 spp. aufgezählt, 13 Beschreibungen
von 1891 wiederholt, 11 Abbildungen).

*** Bronevski P.** (1¹). ? ?

Broun T. (1). Description of new genera and species of New
Zealand. Ann. Mag. Nat. Hist. XIV p. 41—59, 105—127,
(*Carab., Staph., Psel., Byrrh., Lucan., Scar., Ten., Rhipiph.,
Curcul., Scolyt., Ceramb.* n. spp., Einzelb.).

— (2). Description of a new *Coleopterous* insect from Bounty
Island. With not by J. J. Walker. ibid. p. 273—274.
(1 *Hydrophil.* n. gen., n. sp.).

*** Bruch C.** (1). Metamorphosis y biologia de *coleopteros* argentinos.
I. *Plagiodera erythroptera* Blanch.; *Calligrapha polyspila*

---

¹) Von **Pomeranzev** (1) ohne Nennung des Titels mehrfach angeführt.

Germ.; *Chalepus medius* Chap. Rev. mus. la Plata XI.
p. 315—328, 3 tabb.
* **Brues C. T.** (1). A new species of *Ecitopora*. Ent. News Philad.
XV p. 250. (1 n. sp., Einzelb.).
— (2). Siehe Allg. Brues 1. (*Ecitonidia, Staph.*).
* **Brunelli G.** (1). La metamorfosi degli insetti et la filogenesi dei
Coleotteri. Riv. ital. Sc. nat. XXIV p. 77—83.
* **Bruyant C.** (1). Siehe Bruyant & Dufour 1.
* **Bruyant C. & Dufour G.** (1). Note sur l'habitat de *Bothriopterus
angustatus* Duft. Feuill. j. Nat. 34. p. 219.
* **Burgess A. F.** (1). Notes on the Introduction of the Asiatic
Ladybird (*Chilocorus similis*) in Ohio. Ohio Natural. 4.
p. 49—50.
— (2). Notes on Economic Insects for the Year 1903. U. S. Dept.
Agr. Div. Ent. Bull. 46. p. 62—65. (*Chilocorus similis* und
Fidia viticola, auch *Rhynch.*).
Buysson H. du (1). *Élaterides* nouveaux et sous-genre nouveau.
Bull. Fr. 1904 p. 58—60. — Referat von Daniel 3 u. von
Ssemënow 13. (3 n. sp., Einzelb.).
— (2). Observations sur quelques *Elaterides*. ibid. p. 156—157.
— Referat von Daniel 3.
— (3). Notes sur quelques *Elaterides* et Descriptions de deux
Espèces nouvelles. Rev. d'Ent. XXIII p. 5—8. (2 *Athous*
n. spp., Einzelb., dich. Tab. über 3 *Agriotes*).
— (4). Description d'un *Agriotes* nouveau. ibid. p. 42. (1 n. sp.,
Einzelb.).
— (5). Moeurs de certains *Ophonus*. ibid. p. 94—95. (Biologisches).
— (6). Tableau dichotomique du Sous-genre *Stichoptera* Mots.
(*chrysomelines*). Misc. ent. XI. 1903 p. 31—32. — Referat
u. Uebersetzung von Daniel & Daniel (1).
— (7). Dégénéressance des ovules. C. R. Soc. Biol. 57. p. 554
—555. (*Dytiscus*).
Cameron M. (1). Description of two new species of *Diglossa*
(*Diglotta*) from the Island of Perim. Ent. Mont. Mag. 40.
p. 157. (2 *Diglossa* n. spp., Einzelb.).
Carret A. (1). Description d'un *Élatéride* nouveau appartenant à
la faune européenne. Bull. Fr. 1904 p. 170—173. — Referat
von Daniel 3. (1 *Athous* n. sp., Einzelb.).
— (2). Souvenirs entomologiques. Ech. 20. p. 45—47, 51—53,
58—59, 67—69, 75—76.— Referat von Daniel 3.— Sammelbericht u. 1 *Amara* besprochen).
— (3). La *Nebria Foudrasi* Dej. Bull. Soc. Sc. Nat. Vienne I.
1903. p. 49. — Referat von Porta 2.
— (4). Escursioni e caccia entomologiche in qualche valle del
Piemonte. Riv. Col. ital. II. p. 172—180, 208—216.
* **Carter** (*Geodephaga* in Yorkshire). The Natural. 1904 p. 148—150.
* **Casey T. L.** (1). On some new *Coleoptera*, including five new
genera Can. Ent. 36. p. 312—324. (*Bryothinusa, Euronia*,

Leptotremus, Liobaulius, Euvacusus, 2 *Anthicus,* 3 *Dinocleus,* 1 *Yuccaborus*).

Cavazza F. (1). Il *Pterostichus bicolor, Jurinei* e *Xatarti* nella regione italiana. Riv. Col. ital. II. p. 105—116, tab. I. — Referat von Daniel 3.

Champion G. C. (1). Biologia Centrali-Americana. *Coleoptera. Curculionidae.* IV. P. 4 p. 313—440, tab. XVII—XXI. (Umfass. Arb.).

— (2). (*Pharaxonotha Kirschi* Reitt.). Ent. month. Mag. 40. p. 36. (Synonymisches).

— (3). *Catops sericatus,* Chaud., a British Insect. Ent. month. Mag. 40. p. 78. (Neu für England).

— (4). *Rhynchites sericeus,* Herbst, not a British insect. ibid. p. 79.

— (5). *Xylophilus* versus *Hylophilus.* ibid. p. 85.

— (6). A further note on *Ptinus tectus,* Boield., etc. ibid. p. 85.

— (7). *Conopalpus testaceus,* Oliv., etc., at Woking. ibid. p. 183.

— (7a). (Anm. zu Newbery 4). ibid. p. 253. (*Ocyusa*).

— (8). *Bledius femoralis,* Gyll., and other species of the genus in Surrey. ibid. p. 256. (5 spp.).

— (9). Siehe Allg. Champion 1. (Reise- und Sammelbericht, p. 81—99).

Chapman Th. A. (1). Notes on *Xyleborus dispar,* Fabr. Tr. ent. Soc. Lond. 1904 p. 100 – 102, fig. 1 – 5. (Biologie).

Chaster G. W. (1). *Agathidium badium* Er.: a beetle new to Britain. Ent. Rec. 16. p. 18—19.

Chittenden F. H. (1). The Chestnut Weevils, with Notes on other Nut-Feeding Species. U. S. Dept. Agr. Div. Ent. Bull. 44. p. 24—39, fig. 5—12. — Referat von Dickel 1905 Z. Ins.-Biol. I p. 394. (1 *Balaninus* n. sp., auch 1 *Lep.*).

— (2). The cowpeapod weevil. ibid. p. 39—43. — Referat von Dickel 1905 Z. Ins.-Biol. I p. 394. (*Curc.*).

— (3). Siehe Allg. Chittenden (2). (*Curcul.*).

— (4). New Habits of the Cucumber Flea-beeth. (*Epistrix cucumeris* Harr.). ibid p. 96.

— (5). On the Species *Sphenophorus* hitherto considered as *placidus* Say. Proc. ent. Soc. Wash. VI. p. 130—137. (Umfass. Arbeit.).

— (6). On the Species of *Spenophorus* hitherto considered as *simplex* Leconte. ibid. p. 127—130. (Umfass. Arb.).

— (7). Biologic Notes on Species of *Languria.* Journ. N. York Soc. 12. p. 27 – 30. (5 spp. besprochen).

— (8). A species of the *Tenebrionid* genus *Latheticus* in the United States. ibid. p. 166—167, fig. (1 n. sp., Einzelb.).

— (9). Siehe Webster 1.

Chitty A. J. (1). Collecting (chiefly *Coleoptera*) in old Hedges near Faversham, Kent. Ent. Mont. Mag. 40. p. 100—103. (Sammelbericht, auch einige *Rhynch.* u. *Hym.* genannt).

— (2). *Ptinus tectus* and *Lathridius bergrothi* in Holborn. ibid. p. 109.

Chobaut A. (1). Description d'un *Trechus* (*Anophthalmus*) nouveau des Pyrénées. Bull. Fr. 1904 p. 212—214. (1 n. sp., Einzelb.).

— (2). Description d'un *Rhipidius* nouveau de la France méridionale avec tableau dichotomique des *Rhipidiini*. ibid. p. 228—232. (Umfass. Arbeit.).

— (3). Description de deux espèces nouvelles de *Coléoptères* de l'Arabie. ibid. p. 243—245. (1 *Thorictus*, 1 *Mordellistena* n. spp., Einzelb.).

— (4). Sur le genre *Platynosum* Muls. ibid. p. 283—284. (Umfass. Arbeit.).

— (5). Caractères distinctifs des *Rhipidius Vaulogeri* Chob. et *Guignoti* Chob. ibid. p. 284.

*— (6). Description d'un *Coléoptère* cavernicole nouveau du midi de la France. Bull. Soc. Nimes XXXI p. 76.

*— (7). Exploration zoologique de la grotte de Tharaux (Gard.) ibid. p. 84—90.

*— (8). Synonymie. *Rhyssemus*. ibid. p. 90—92.

*— (9). Les insectes coléoptères du genêt épineux. ibid. p. 92—99.

Clark D. C. (1). *Anthrenus* destroying tussock moth eggs. U. S. Dep. Agr. Div. Ent. Bull. 44. p. 90—91. — Referat von Schaufuss 1. (*Anthrenus*-Larven als Vertilger von *Lepidopteren*-Eiern).

Clavareau H. (1). Siehe Jacoby & Clavareau 1.

— (2). Siehe Jacoby & Clavareau 2.

Clément A. N. (1). Variété nouvelle de *Carabus auratus* Fabr. Bull. Fr. 1904 p. 245. (1 n. var., Einzelb.).

Clermont J. (1). Capture: Bull. Fr. 1904 p. 102. (*Hippodamia septemmaculata*).

— (2). Sur la distribution geographique des *Amphimallus pygialis* Muls. et *pini* Oliv. et deux mots sur les moeurs de ces deux *Lamellicornes*. ibid. p. 104—106. — Referat von Daniel 3. (Geogr., Biol.).

***Colin** (1). (*Col.* in Nordfrankreich). Bull. Soc. Nord France XVI. p. 112—114.

Cook O. F. (1). Siehe Allg. O. Cook 1. (*Anthonomus grandis*).

*— (2). Siehe Allg. O. Cook 2. (dito).

Conte A. (1). Siehe Vaney u. Conte.

***Coulon L.** (1). Catalogue des *Coléoptères* du Muséum d'Histoire naturelle d'Elbeuf. Bull. Soc. Elbeuf. 1903—1904 p. ?.

Csiki E. (1). Neue Käfernamen. Wien. ent. Z. 23. p. 85. — Referat von Daniel 3. (4 *Lixus*, 2 *Scaphid.*, 1 *Chrys.* n. nom.).

— (2). Über einige Gattungsnamen. Zool. Anz. 28. 1904 p. 266 —267. (*Perilixus* n. nom.).

— (3). Description d'une variété nouvelle de *Goliathus giganteus* Lam. Ann. hist. nat. Mus. Hungar. II. p. 302—303, fig.

— (4). *Pholeuon hungaricum.* ibid. p. 565—566. (1 n. sp., Einzelb.).
— (5). *Coleoptera* nova e Serbia. ibid. p. 591—593. (1 *Otio-rhynchus,* 1 *Phytonomus* n. spp., Einzelb.).
— (6). Beiträge zur Käferfauna Serbiens. Rov. Lap. XI. 1904. p. 147—149, 157—161. (149 spp. aufgezählt; 1 *Carabus* n. var., 1 *Platynus* n. sp., Einzelb. u. tab. über 4 spp., latein.).
— (7). (Ein *Anophthalmus* aus Ungarn). ibid. p. 170. (1 n. sp., Einzelb. latein.).
— (8). (Die *Cerambyciden* Ungarns). ibid. p. 35—39, 56—60, 79—83, 98—104, 122—123, 135—144, 166—170, 187—190, 208—210. — Referat von Schaufuss 1. (Umfass. Arb.).
- (9). (Neuere Daten zur Käferfauna Ungarns). 5. Nachtrag zum Katalog der Käfer Ungarns. ibid. p. 4— 8, 23. (125 Arten u. Varietäten, wodurch die Gesammtzahl auf 7377 kommt. Der 4. Nachtrag ist 1902, 1, der 2. u. 3. 1899, 6. 9, der 1. 1898, 3, 4 erschienen, der „Katalog".
— (10). (Eine *Hypera*-Monographie). ibid. p. 12—15. (Referat u. Kritik über Petri 1901).
— (11). Necrolog auf Tschitscherin u. Brenske. ibid. p. 149—150.
— (12). (Ein entomologisches Museum). ibid. p. 150—151. (Bericht über das Deutsche Entomologische National-Museum).
— (13). (Bericht über die Kellerfauna von Graz nach Mittheilungen von Penecke). ibid. p. 173, 16.
— (14). Referate über Ganglbauer 1, Apfelbeck 1, ibid. p. 151—154, über Reitter 11, Petri 2 p. 110, über Breit 1, Müller 2 p. 66, über Vollnhofer 1903 (1), Formanek 1 p. 42—43, über Born 3, 4, p. 174—175.
— (15). Referat über Csiki 1902 (12), 1903 (3) Münch. biol. Z. II. p. 120—121.
Czerski S. (1). Die Entwicklung der Mitteldarmanlage bei *Meloë violaceus* Marsh. Poln. Arch. Biol. Med. Wiss. Lemberg II. p. 259—284, tab. VIII. — Referat von Mayer 1905 p. 62 u. von Heymons 1905 Zool. Centr. XII. p. 677—690.

Daniel J. (1). Revision der paläarktischen *Crepidodera* - Arten. Münchn. Kol. Z. II. p. 237—297. (Umfass. Arb.).
— (2). (Bemerkung zu Weise 12). ibid. p. 236—237. (Ueber *Oreina rugulosa* u. *tristis*).
Daniel K. (1). Über *Ophonus hospes* Strm. und seine Verwandten. Münch. Kol. Z. II. p. 1—15. (3 spp. unterschieden).
— (2). Uber *Harpalus pexus* Mén. und *Pseudophonus terrestris* Motsch. Nachtrag zu einer Revision der *Harpalophonus*-Arten. ibid. p. 66—68. (Synonymisches).
— (3). Nachträgliche Bemerkungen zur Beschreibung der *Nebria Atropos* m. Ein Beitrag zur Charakteristik der Diagnose auf dem Gebiete der beschreibenden Naturwissenschaften.

ibid. p. 71—75. (1 *Nebria* u. Polemik gegen Tschitscherin 1903, 21).
— (3a). Über das echte *Apion hydropicum* Wenk. ibid. p. 182 —185. — Referat von Fiori 1906 Riv. Col. IV. p. 48.
— (3b). Über *Stenochorus* (*Toxotus* Serv.) *quercus* Goetz und *heterocerus* Gglbr. ibid. p. 201—208.
— (4). Die *Cerambyciden*-Gattung *Mallosia* Muls. ibid. p. 301 —314. (Umfass. Arb.).
— (5). Das Prioritätsprincip in der naturwissenschaftlichen Nomenclatur und seine praktische Durchführung. ibid. p. 320—349.
— (6). Über *Leptura revestita* L., *verticalis* Germ. und ihre nächsten Verwandten. ibid. p. 355—371. (Umfass. Arb.).
— (7). Über Literaturcitate. ibid. p. 370—389.

Daniel K. & Daniel J. (1). Neue paläarctische Koleopteren. Münchn. Kol. Z. II p. 76—95.
— (2). Referat über Reitter 1903 (28 u. 29) p. 96, über Müller 1903 (1), Reitter 1903 (12, 13), Schwarz 1903 (207) p. 97, über Reitter 1903 (14—24, 12) p. 98—99, über Pic 1902 (48), Boucomont 1902 (3), Jacoby 1903 (8), Schenkling 1903 (5) p. 99, über Ssemënow 1903 (8, 11, 6, 13), Jakowleff 1903 (4), Tschitscherin 1903 (13—19) p. 100—102, über Champenois 1903 (1), Pic 1903 (31 —33, 35—39) p. 103—104, über Reitter 1903 (30) p. 104 —105, über Baeckmann 1903 (4, 5), Ssemënow 1903 (7, 14), Portevin 1903 (1), Pic 1903 (38), Desbrochers 1903 (5), Fiori 1903 (12), Schilsky 1903 (1) p. 106—107, über Reitter 1903 (25, 26), Müller 1903 (7), Fleischer 1903 (1) p. 108, über Pic 1903 (56), Fiori 1903 (8—11) p. 109, über Porta 1903 (2), Gerhardt 1903 (6, 7), Gabriel 1903 (1), Born 1903 (5, 6), Scriba 1903 (1), Buysson 1904 (6), 1903 (5), Houlbert & Monnot 1903 (2), Sietti 1903 (1), Pierre 1903 (1), Carret 1903 (2), Vitale 1903 (3) p. 110—112, über Gortani 1903 (1), Corti 1903 (1), Normand 1903 (1), Abeille 1903 (1), Pic 1903 (10—13), Bourgeois 1903 (2a—5) p. 113—114, über Sahlberg 1903 (7, 8, 9), Chobaut 1903 (5, 6), Régimbart 1903 (1) p. 116, über Bourgoin 1903 (1), Peyerimhoff 1903 (4), Luigioni 1903 (1, 2), Sainte Claire Deville 1902 (5), Schultze 1903 (2, 4), Csiki 1903 (2, 8), Everts 1903 (2) p. 117—118, über Pic 1903 (53), Gerhardt 1903(2), Weise 1903 (14,16), Pomeranzew 1903 (2) p. 119—120, über Bedel 1903 (1), Abeille 1903 (2, 3), Demaison 1903 (1), Bourgeois 1903 (7) p. 119 —121, über Desbrochers 1903 (4) p. 123, Ssemënow 1903 (2, 15, 16), Jakowleff 1903 (6), Baeckmann 1903 (6) p. 125, Kerremans 1902 (2) p. 132—133, Ssemënow

1903 (9—12, 5), Solari 1903 (1) p. 135—137, über Ssemenow 1903 (3) p. 138—139, 140, Olsufieff 1903 (1),
Ganglbauer 1903 (9), Friedrichs 1903 (1), Jakowleff
1903 (5) p. 142—143, über Poppius 1903 (2, 4) p.
144, Schenkling 1903 (2) p. 145, Voigts 1903 (2), Xambeu
1902 (3—7), 1903 (1—3), Pic 1903 (46, 47) p. 146—149,
Stierlin 1903 (2), Porta 1902 (3) p. 150.
— (3). Referate über Pic 11, 12 p. 109, über Bedel 1, Bourgeois 1, Deville 1, Dodero 1, Buysson 1, Künkel 1,
Lesne 1, Heyden 1, Clermont 2 p. 121—122, über
Xambeu 1, Pic 2, 3, Desbrochers 1, Heyden 1, Zoufal 1, Reitter 1, 2, 3, 6—10 p. 123—124, über Petri 2,
Schilsky 1, Ssemënow 1, Reitter 3, 13, Csiki 1,
Apfelbeck 1 p. 125—126, über Pic 12, 15, 17, 22, 23, p. 129,
über Heyden 5, Luigioni 2, Cavazza 1, Leoni 1,
Vitale 5, Porta 4, Born 1, 2 p. 130—131, über Do-
dero 2, Vorbringer 1, Weise 2, 3, Faust 1 p. 132—133,
über Bickhardt 1, Reitter 11, 14, Bedel 2, Peyer-
imhoff 1, Desbrochers 2 p. 135—136, über Ragusa 1,
Pic 6, Buysson 2, Guerry 1, Puel 1, Carret 1, Des-
brochers 4, 5 p. 137—139, über Weise 5, Hintz 1,
Gerhardt 6, 7, 8, Vitale 1 p. 140, über Born 3, 4,
Pic 26—29, Carret 2, Lesne 7, Bedel 6 p. 141—142,
über François 1, Mayet 1, Penecke 1, König 1,
Reitter 16, 17, Gortani & Grandi 1 p. 143—147, über
Tschitscherin 2, 3, Ssemënow 8, Ganglbauer 1,
Pic 30, 32, Peyerimhoff 3, Gerhardt 4, Gabriel 1,
Bocklet 1 p. 148—150.
*Davis W. T. (1). A new Beetle from New Jersey. Ent. News 15.
p. 34—35, 1 tab. (1 *Neoclytus* n. sp.).
— (2). Caterpillars attacked by *Histers*. Journ. N. York entom.
Soc. 12. p. 88—90. (3 *Hister*-Arten als Feinde von *Lep.*-
Larven).
*Day (1). (*Col.* in Cumberland). Ent. Rec. XVI p. 135—136.
Dayrem J. (1). La chasse au *Carterophonus ditomoides* Dej. Ech.
20. p. 87—88. (Biol.).
Deegener P. (1). Die Entwickelung des Darmcanals der Insecten
während der Metamorphose. Zool. Jahrb. Anat. XX p. 499
—676, tab. 33—43. — Referat von Mayer 1905 p. 62.
(*Cybister Roeselii*).
Demaison Ch. (1). Notes sur le genre *Ptosima* Solier. Bull. Fr.
1904 p. 285. (1 n. var., Einzelb.).
— (2). Description d'une variété et d'une espèce nouvelles d'Asie
Mineure. ibid. p. 286—287. (1 *Cryptoceph.* n. var., 1 *Oochrotus* n. sp., Einzelb.).
Desbrochers des Loges J. (1). *Curculionides* inédits d'Europe et
circa. Frelon XII 1904 p. 53—64. — Referat von Porta 2

u. von Daniel 3. (8 *Apion*, 1 *Oxystoma*, 1 *Cyclobarus*, 2 *Phytonomus*, 3 *Lixus*, 1 *Laparocerus*, 1 *Hypera*, 1 *Stomodes* n. spp., Einzelb.).

— (2). Études sur les *Curculionides* de la faune européenne et des bassins de la Mediterranée, en Afrique et en Asie, suivies de tableaux synoptiques. ibid. p. 65—104. — Referat von Schaufuss 1 u. von Daniel 3. (Umf. Arb.).

— (3). Diagnoses d'*Eusomus* nouveaux. ibid. p. 104.

— (4). *Curculionides* d'Europe et circa. ibid. p. 105—109. — Referat von Daniel 3.

— (4a). Ce qu'on peut recueillir en fait de *Coléoptères* dans les detritus cherriés par les rivières, à la suite des inondations. ibid. p. 109—118. (Sammelbericht).

— (5). Révision des *Curculionides* d'Europe et confins appartenant au genre *Eusomus*. ibid. p. 119—132. — Referat von Daniel 3. (Umf. Arb.).

— (6). Faunule des *Coléoptères* de la France et de la Corse. *Carabides* de la tribe des *Lebiidae* et des tribus voisines. ibid. p. 133—196, XIII p. 1—36. (Umf. Arb.).

— (7). Premier supplément à la monographie du genre *Thylacites*. ibid. p. 37—40. (3 n. spp., Einzelb.).

Destefani siehe Stefani.

Deville J. S.-Cl. (1). Description d'un *Dyschirius* nouveau de France et d'Algérie. Bull. Fr. 1904 p. 29. — Referat von Daniel 3. (1 n. sp., Einzelb.).

— (2). Contribution à la faune de bassin de la Seine. ibid. p. 160—162. (3 *Agabus*, 2 *Helophorus*).

— (3). Contributions à la Faune française. Ab. XXX p. 181—208. (Geographisches über *Car.*, *Dyt.*, *Phil.*, *Staph.*, *Silph.*, *Anis.*, *Phal.*, *Lathr.*, *Nit.*, *Cuc.*, *Hist.*, *Scar.*, *Bupr.*, *El.*, *Mal.*, *Ten.*, *Allec.*, *Mel.*, *Curc.*, *Scol.*, *Cer.*, *Chrys.*, *Cocc.*, *Parn.*, *Heteroc.*).

— (4). *Coléoptères* capturés dans la Haute-Marne. Ech. 20. p. 47—48, 53—54. (Sammelbericht).

Dietl (1). (Über *Leistus montanus* Steph., *Pterost. negligens* St.). Zeit. Ent. Bresl. 29. p. XIV.

Dimmock G. & Knab Fr. (1). Early Stages of *Carabidae*. Springfield Museum of natural History. Bull. I p. 1—55, tab. 1—4. — Referat von Schaufuss 1905 p. 9. (Biologie).

Distant W. L. (1). Siehe Allg. Distant 1. (*Ceramb.* Südafrikas. Umf. Arb. mit Beschreibungen von Gahan.).

Dodero A. (1). Description d'un nouveau *Psélaphide* aveugle de la France méridionale. Bull. Fr. 1904 p. 40—42. — Referat von Daniel 3. (1 *Mirus* n. sp., Einzelb.).

— (2). Materiali per lo studio dei *Coleotteri* italiani con descrizioni di nuove spezie. Ann. Mus. Gen. 41. p. 52—59. — Referat von Amore 1 u. von Daniel 3. (1 *Bythinus*, 3 *Bathyscia* n. spp., Einzelb.).

— (3). Sopra alcuni ornamenti sessuali nei *Bathyscia*. Brevi osservazioni critiche. ibid. p. 466—468. (Kritik gegen Fiori 4).

— (4). Sulla validità specifica della *Bathyscia Destefanii* Rag. Nat. Sic. 17. p. 121—123. (22 spp. aufgezählt).

*Donisthorpe H. St. J. K. (1). Ten years captures of new British beetles. Tr. Leic. Soc. VIII p. 135—143.

— (2). (*Trachys parvulus* in England). Tr. ent. Soc. Lond. 1904 p. XXXIX. u. Ent. Rec. XVI p. 325.

*— (3). (*Col.* in Tewkesbury). Ent. Rec. XVI p. 206.

*— (4). (*Omalium septentrionis* in Kent). ibid. p. 149.

*— (5). (*Peritelus* in Surrey). ibid. p. 150.

*— (6). Siehe Beare & Donisthorpe 1.

*— (7). Siehe Beare & Donisthorpe 2.

*— (8). Siehe Farren 1.

*Dubosq O. (1). Siehe Léger & Dubosq 1.

*Dufour G. (1). Siehe Bruyant & Dufour 1.

*Dumé P. (1). Abondance extrême d'*Oryctes nasicornis*. Feuill. jeun. Nat. 34. 1904. p. 108.

*Dury Ch. (1). Notes on *Coleoptera*. Ent. News 15. p. 52—53, fig. (*Melasini* aus Ohio).

*Eckstein K. (1). Der Riesenbastkäfer *Hylesinus* (*Dendroctonus*) micans King. Zeitschr. Forst- u. Jagdw. 1904 p. 243—?. — Referat von Eckstein 1905 p. 17.

*— (2). Siehe Allg. Eckstein 2. (*Hoplia, Harpalus, Bembidiinen, Anthicus, Adimonia*).

— (3). Siehe Allg. Eckstein 3. (Referat über *Col.* p. 12—13: über Baudisch 1903 (1) p. 12, Bergmiller 1903 (1) p. 12, Boden 1903 (1) p. 12, Brichet & Severin 1903 (1) p. 12, Csiki 1903 (5) p. 12, Dörr 1903 (1) p. 12, Hagedorn 1903 (1) p. 12, Keller 1903 (1) p. 12, Mocker 1903 (1) p. 12, Nielsen 1903 (1) p. 12—13, Röhrig (4) p. 12, Sarcé 1903 (1) p. 13, Seelen 1903 (1) p. 12, Vollnhofer 1903 (1) p. 11, (2) p. 12).

*Edwards J. (1). *Agabus unguicularis* Thoms. and *A. affinis* Payk. Ent. Rec. 16. p. 187.

— (2). (*Col.* in Norfolk). Tr. Norfolk Soc. VII p. 744—746.

*Egger (1). Die Borkenkäfer des Grossherzogtums Hessen. N. Z. Land- u. Forstw. 1904 p. 88. — Referat von Eckstein 1905 p. 66. (67 spp. aufgeführt).

Elliman E. G. (1). *Catops sericatus*, Chaud., in Bucks. Ent. Mont. Mag. 40. p. 118. (Neu für England).

Enderlein G. (1). Die Rüsselkäfer der Crozet-Inseln, nach dem Material der Deutschen Südpolar-Expedition. 4. Beitrag zur Kenntniss der antarktischen Fauna. Zool. Anz. 27. 1904 p. 668—675, 5 figg. (Umfass. Arb.).

*Enderlin (1). Der Borkenkäfer in Graubünden. Schweiz. Z.
Forstw. 1904 p. 279. — Referat von Eckstein 1905 p. 16.

Escalera. Siehe Martinez.

Escherich K. (1). Referat über Sedlaczek 1902 (1), über Tower
1903 (2), 1902 (3) und über Tornier 1901 (1 u. 2) Allg.
Z. Ent. 9. p. 314—318.

— (2). Referat über Sharp 5, Zool. Centr. XI p. 48—50, über
Tower 1903 (3) p. 50—53, über Bongardt 1903 (1)
p. 136—139, über Froggatt 1902 (1) ibid. p. 139 u. über
Nielsen 1. ibid. p. 139—140.

— (3). Siehe Allg. Escherich 3.

— (4). Neue palaearctische *Meloiden* aus der Hauser'schen
Sammlung. Münchn. Kol. Z. II. p. 30—35. (1 Meloë, 1 Lytta,
1 Lagorina, 3 Mylabris, 3 Apalus, 1 *Ctenopus* n. spp.,
Einzelb.).

Evans W. (1). *Lochmaea suturalis*, Thoms., var. *nigrita*, Weise.
Ent. Mont. Mag. 40. p. 238.

Everts E. (1). Tweede lijst van soorten en vareiteiten voorde
Nederlandsche fauna, sedert de uitgave der *Coleoptera
Neerlandica* bekend geworden. Tijdschr. Ent. 47. p. 172
—176. (22 spp., *Bidessus, Bledius, Corticar., Coccinella,
Acmaeops*).

— (2). Referat über Fleischer 1903 (1). ibid. p. VIII—X.

— (3). (Über *Diphyllus lunatus*, neu für Holland, u. über *Dermestes
vulpinus* Fbr. als Schädiger in Tabak). ibid. p. X.

— (4). (Neuheiten für die niederländische Fauna). ibid. p. LXIV
—LXV. (14 spp., *Holoparamecus Ragusae* Reitt.).

— (5). Referat über Dierckx 1899 (1) u. 1901 (1). Ent. Berichten.
no. 15 p. 117—118.

— (6). *Coleoptera*, welke het meer zuidelijk kustgebied, nl. van
Frankrijk en Zuid-Engeland, bewonen, doch ook langs of
nobij de Nederlandsche kust gevangen zijn. ibid. no. 20.
p 179—180. (18 spp.).

— (7). Lijst von *Coleoptera*, gevangen in de omstrecken van
Winterswijk en Eibergen, vóór en de Zomervergadering der
Ned. Ent. Ver., Juli 1904. ibid. p. 181—184. (98 spp. aufgezählt: *Triarthron Märkelii* u. *Acmaeops marginata* Fbr. neu
für Holland).

Fairmaire L. (1). Description de *Coléoptères* de la Republique
Argentine. Bull. Fr. 1904 p. 61—64. (1 *Cladotoma*, 1 *De-
rosimus*, 4 *Nyctelia*, 1 *Epipedonota*, 1 *Plectroscelis* n. spp.,
Einzelb.).

— (2). Note synonymique. ibid. p. 117. (*Clavig.*).

— (3). Description de *Cicindélides* et *Carabides* nouveaux de
Madagascar. ibid. p. 128—130. (3 *Euryoda*, 1 *Orthogonius*,
1 *Colpodes* n. spp., Einzelb.).

- (4). Description de trois *Coléoptères* du Brésil. ibid. p. 154
  —156. (2 *Cladotoma*, 1 *Anacholaemus* n. spp., Einzelb.).
- (5). Description de *Lamellicornes* indochinois nouveaux ou peu
  connus. Miss. Pavie III p. 86—93, tab. IX bis fig. 2, 3, 4, 5.
  (5 n. spp. u. 4 Arten abgebildet, die Abbild. aber im Text
  nicht erwähnt).
- (6). Deux espèces nouvelles de *Longicornes* du Tonkin. ibid.
  p. 145—146. (1 *Purpuricenus*, 1 *Coptops* n. spp., Einzelb.).
- (7). Matériaux pour la faune *coléoptèrique* malgache. 18. Ann.
  Belg. 48. p. 225—276. (2 *Carabid.*, 13 *Scarab.*, 7 *Bupr.*,
  2 *Elat.*, 2 *Malacod.*, 34 *Curcul.*, 19 *Ceramb.*, 37 *Chrysom.*
  n. sp., Einzelb.).

*Falcoz L. (1). Habitat accidentel du *Mecinus pyraster* Herbst.
  Feuill. j. Nat. 35. p. 32.
*Farren W. (1). The Insects of Cambridgeshire. Marr and
  Shipley. Nat. Hist. Cambridgeshire p. 139—183. (*Orth.*
  von Burr, *Neuropt.* von Morton, *Col.* von Donisthorpe,
  Dipt. von Collin, *Hym.* von Morley).
Faust J. † (1). Revision der Gruppe *Cléonides* vrais. Deut. ent. Z.
  1904 p. 177—302. — Referat von Daniel 3. (Umfass. Arb.).
Fauvel A. (1). *Staphylinides* de l'Hindostan et de la Birmanie.
  Rev. d'Ent. 23 p. 43—70. (164 spp. aufgezählt, 27 n. spp.,
  Einzelb.).
- (2). Rectification. ibid. p. 43. (*Bombylodes*).
- (3). *Stapylinides* nouveaux du Sinaï et de la mer Rouge.
  ibid. p. 71—74. (6 n. spp., Einzelb.).
- (4). *Geostiba* nouvelle d'Algerie. ibid. p. 75. (1 n. sp., Einzelb.).
- (5). *Staphylinides* exotiques nouveaux. II. ibid. p. 76—112.
  (68 n. spp., Einzelb.).
- (6). Faune analytique des *Coléoptères* de la Nouvelle-Caledonie.
  ibid. p. 113—208. (Umfass. Arb., Fortsetzung von 1903:
  Buprest. — Tenebrion.)
- (7). *Platyprosopus* nouveau d'Afrique. ibid. p. 275. (1 n. sp.,
  Einzelb.).
- (8). *Staphylinides* myrmécophiles du Bresil. ibid. p. 276—283,
  tab. I. (7 n. spp., Einzelb. u. Biol.).
- (9). Les *Staphylinides* du Thierwelt Deutsch-Ost-Africa. Notes
  et Descriptions. ibid. p. 284—294. (14 n. spp., Einzelb.).
- (10). *Staphylinides* de Nouvelle-Guinée recueillis par l'Expedition
  Hollandaise (1903). ibid. p. 294—296. (1 *Paederus*, 1 *Erchomus* n. spp., Einzelb.).
- (11). *Staphylinides* nouveaux de Madagascar. ibid. p. 294
  —322. (57 n. spp., Einzelb.).
Felsche C. (1). Berichtigung. Ent. Tidr. 2. p. 110. (Notizen zu
  Felsche 1903, 1).
Felt E. P. (1). Siehe Felt & Joutel 1.
- (2). Siehe Allg. Felt 1. (*Crioceris*, *Silvanus*, *Galerucella* als
  Schädlinge).

— (3). Siehe Allg. Felt 2. (Schädlinge).

Felt E. P. & Joutel L. H. (1). Monograph of the genus *Saperda*. Bull. N. York St. Mus. 74. Entom. 20. 1904 p. 3—86 tab. I —XIV. — Referat von Escherich 1905 Zool. Centr. XII p. 49. (Umf. Arb.).

*Ferrer y Vert (1). (*Col.* in Barcelona). Butll. Inst. Catalan. I. p. 14, 15, 78—80, 105—111.

Field H. H. (1). Zoologischer Anzeiger 27. — Bibliographia Zoologica IX. 1904. *Coleoptera* p. 18—19, 79—86, 226—232, 338—347, 451—458.

Figuera siehe Vázquez.

Fiori A. (1). Nove indicazione topografiche. Riv. Col. ital. II. p. 132—136.

— (2). Recensioni. ibid. p. 136—144: Reitter 1903 (2, 6), Ssumakow 1903 (1), Apfelbeck 1903 (1), Reitter 1903 (7), Petri 1903 (4), Ganglbauer 1903 (7, 8), Stein 1903 (1), Reitter 1903 (10, 13), Schatzmayr 1903 (1), O. Schwarz 1903 (7), Reitter 1903 (14, 15, 17—23, 25), 1, 3, 6, 7, 8. 9, — p. 216—232: Ganglbauer 1903 (5a, 6), Daniel & Daniel 1903 (2), Apfelbeck 1903 (2), Horn 1903 (7), Breit 1903 (3), Holdhaus 1903 (2), K. Daniel 1, Formanek 1, Breit 1, Escherich 4, Schultze 1, Müller 2, Klima 1, K. Daniel 2, Luze 1, Daniel & Daniel 1, Stierlin 1902 (1), Carret 1, Desbrochers 1903 (4), 2, 3, 4, 5, 6, Luze 2.

— (3). Studio critico dei *Dyticidi* italiani. ibid. p. 186—205. — Referat von Ssemënow 3. (Umfass. Arb.).

— (4). Ancora sui caratteri sessuali secondarii di alcuni *Coleotteri*. ibid. p. 233—254, tab. II. — Referat von Schaufuss 1905 Ins.-Börs. 22. p. 3. (*Bythinus, Hydraena*).

— (5). Due nuove specie di *Malthodes* Kies. della Sicilia. Nat. Sic. XVII p. 74—76. (2 n. spp. Einzelb.).

— (6). Sull' importanza della scultura, quale carattere diagnostico nella classificazione dei *Bythinus* ed altri *Pselaphidi*. ibid. p. 269—272. (1 *Bythinus*, 1 *Reichenbachia* n. varr.).

*Fischer C. (1). Siehe Allg. Fischer 1. (*Col.* bei Vegesack).

*Fiske W. F. (1). (Über *Cocinelliden*). U. S. Dep. Agr. Div. Ent. Bull. 40. p.?. — Referat von Schaufuss 1.

*Fleck E. (1). Die *Coleopteren* Rumäniens. Bull. Soc. Bucar. XIII. p. 308—346.

*— (2). Meine Reisen durch die Dobrudscha 1899 und 1903. Ent. Meddel. II p. 266—282.

Fleischer A. (1). Über *Liodes curvipes* Schmidt (*macropus* Rye) und Verwandte. Wien. ent. Z. 23. p. 161—164. — Referat von Ssemënow 17. (1 n. var., Einzelb.).

— (2). *Liodes ovalis* Schmidt, ac. *nigricollis* m. nov. ibid. p. 166. (1 n. var., Einzelb.[1]).

— (3). Biologisches über *Liodes*-Arten. ibid. p. 251—254. — Referat von Schaufuss 1.

— (4). *Liodes (Trichosphaerula* m.) *scita* Er. ibid. p. 261—262 (1 n. subg., Einzelb.).

*— (5). (Tabellen zur Bestimmung der paläarctischen Fauna, Fam. *Carabidae,* Trib. *Scaritini,* Gatt. *Dyschirius*). (Verb. des naturw. Klubs Prosnitz) II 1900 p. 25—56. (Tschechisch).

Fleutiaux E. (1). Description d'un *Cardiophorus* nouveau de Madagascar. Bull. Fr. 1904 p. 12. (1 n. sp., Einzelb.).

— (2). Siehe Pavie 1: p. 94—96, Fam. *Elaterides.* (24 spp. aufgezählt).

— (3). Insectes rapportés de Porto-novo par M. Estève. Bull. Jard. Colon. 1904 p. 759. (Mehrere Arten, z. Th. nur die Gattungsnamen genannt).

Florentin R. (1). Siehe Florentin Allg. 1. (Höhlenfauna).

***Font** (1). (*Col.* in Spanien). Butl. Inst. Catalan. I p. 116—119.

Formanek R. (1). Zur näheren Kenntnis der Gattungen *Barypithes* Duval und *Omias* Schönherr sensu Seidlitz. Münch. Kol. Z. II p. 16—28, 151—182. Referat von Fiori 1905 p. 16 —28, 1906 p. 48. (Umfass. Arb.).

— (2). Ein neuer *Barypithes* und zwei neue *Omias.* ibid. p. 297 —300.

*— (3). (Die Borkenkäfer der Sudetenländer). (Verh. des nat. Klubs Prosnitz) III p. 119—145. (Tschechisch. Scheint umfassende Arbeit).

Fowler W. W. (1). *Callicerus rigidicornis* Grav., and other insects in Berkshire. Ent. Mont. Mag. 40 p. 238.

— (2). *Panagaeus quadripunctulatus* Sturm. ibid. p. 238.

François Ph. (1). Sur divers *Géotrupes* du sous-genre *Thorectes.* Rectifications et synonymies. Bull. Fr. 1904 p. 64—67, 139—143. — Referat von Daniel 3 (1 n. sp. Einzelb).

Fredericq L. (1). Siehe Allg. Fredericq 1. (Zahlreiche *Col.* vom Plateau Baraque-Michel aufgezählt).

***Froggatt W. W.** (1). Some Fern and Orchid Pests. Agric. Gaz. N. S. Wales 15. p. 514—518, tab. -- Referat von Dickel 1905 Z. Ins. Biol. I. p. 432. (*Curc.*).

***Fuchs Ch.** (1). Collecting Trip to Tulare County, California during the Month of May 1904. Ent. News 15. p. 337 —339.

***Fuchs** (1). Die Borkenkäfer-Fauna der bayerischen Hochebene u. des Gebirges. N. Z. Land- u. Forstw. 1904 p. 253. — Referat von Eckstein 1905 p. 16.

---

[1]) Was das abgekürzte Wort „ac." bedeuten soll, sagt der Autor nicht, er scheint es aber statt var. zu gebrauchen.

*— (2). Etwas über primäre Borkenkäferangriffe. ibid. p. 193. — Referat loc. cit. p. 16.

Fuente J. M. de la (1). Siehe Allg. Fuente 1 (1 *Hydroporus*, 1 *Philydrus*, 1 *Heterocerus*, 1 *Rhizotrogus*, 1 *Hymenoplia*, 1 *Sphenoptera*, 1 *Agrilus*, 1 *Cardiophorus*, 1 *Malachius*, 1 *Polydrosus* und 2 *Thylacites* von Neuem abgedruckt, 1 *Donacia* n. var. Einzelb.).

*— (2). (*Col.* in Mancayo). Bol. Soc. Aragon II. 1903 p. 232–233.

Gabriel (1). Ein Hilfsmittel bei Bestimmung der Atomarien. Zeit. Ent. Bresl. p. 85—89. — Referat von Schaufuss 1 u. von Daniel 3. (Umfass. Arbeit).

Gahan C. J. (1). Siehe Distant 1. (*Cerambycidae*).

Ganglbauer L. (1). Die Käfer von Mitteleuropa. Bd. IV 1. Hälfte p. 1—286. 1904: *Dermestidae, Byrrhidae, Nosodendridae, Georyssidae, Dryopidae, Heteroceridae, Hydrophilidae,* 12 figg. — Referat von Daniel 3 u. von Speiser 1905 Z. Ins. Biol. I. p. 354 (Umfass. Arb.).

— (2). Nova aus Judicarien. Münch. Kol. Z. II p. 186—200. — Referat von Fiori 1906 Riv. Col. IV p. 48 – 55. (*Trechus, Bythinus, Amaurops, Leptusa, Simplocaria* n. spp. Einzelb. u. umfass. Arb. über *Trechus*).

— (3). Neue Arten aus den Gattungen *Trechus* (*Anophthalmus*), *Hydroporus* und *Riolus.* ibid. p. 350—354.

— (4). Verzeichniss der auf der dalmatinischen Insel Meleda vorkommenden *Koleopteren* nach den Sammelergebnissen des Herrn Forstrates Alois Gobanz. Verh. Zool. bot. Ges. 54. p. 645—660. (1 *Phyllodrepa* n. sp.).

— (5). Siehe Holdhaus 1. (1 *Anophthalmus* n. sp. Einzelb.).

Garman H. (1). Siehe Allg. Garman 1 p. 37—40 (Schädliche *Col.* in Kentucki: 2 *Phyllotreta*, 1 *Systena*, 1 *Diabrotica*, 1 *Epicauta*).

Gaukler H. (1). Käfer am Schmetterlingsköder. Ent. Zeit. Guben 17. p. 75.

Gavoy L. (1). Catalogue des Insectes *Coléoptères* trouvés jusqu' à ce jour dans le département de l'Aude. Bull. Soc. Aude XV 1904 p. 167—207 (Fortsetzung von 1903. *Cer. — Cocc.* Schluss siehe 1905).

Gebien H. (1). Revision der *Pycnocerini* Lacord. Deut. ent. Z. 1904 p. 101—176, 305—356 tab. I (p. 102) (Umf. Arb.).

— (2). Verzeichnis der von Prof. Dr. Yngve Sjöstedt in Kamerun gesammelten *Tenebrioniden.* (Ark. Zool. II no. 5 p. 1—31 tab. 1, 2 (26 n. spp. Einzelb. u. einige dichot. Tabellen).

Gerhardt J. (1). Neue Fundorte seltener schlesischer Käfer aus dem Jahre 1903 nebst Bemerkungen. Zeit. Ent. Bresl. 29. p. 71—76. (*Stenus, Bryaxis, Octotemnus, Tropideres*).

— (2). Neuheiten der schlesischen Koleopterenfauna aus dem Jahre 1903. ibid. p. 77—78. (1 *Ophonus*, 1 *Crepidodera* n. varr., Einzelb.).

— (3). Eine verkannte deutsche Käferart. ibid. p. 79 — 82. (1 *Isomira* n. sp. Einzelb.).

— (4). Zu *Atomaria prolixa* Er. und *A. pulchra* Märk. i. litt. ibid. p. 83—84. — Referat von Daniel 3.

— (5). Berichtigung. ibid. p. 84 (*Acritus*).

— (6). Neuheiten der schlesischen Käferfauna aus dem Jahre 1903. Deut. ent. Z. 1904 p. 365. — Referat von Daniel 3. (Dasselbe wie 2).

— (7). Eine neue deutsche Käferart. ibid. p. 366 — 368. — Referat loc. cit. (Dasselbe wie 3).

— (8). Berichtigung. ibid. p. 368. — Referat loc. cit. (Dasselbe wie 5).

Gestro R. (1). Leonardo Fea ed i suoi viaggi. Ann. Mus. Gen. 41. p. 95—152, Portrait. (Biographie p. 95—114, Literaturverzeichnis p. 115 – 116, die Bearbeitungen der von Fea gesammelten Tier-Arten p. 117—126, die von Fea neu entdeckten Arten p. 127 — 152, *Coleoptera* 1250 spp. p. 133 —148).

— (2). Materiali per lo studio delle *Hispidae*. XXI—XXIV. ibid. p. 455—465, 515—524. (2 *Coelaenomenodera*, 3 *Platypria* n. spp., Einzelb.).

— (3). Materiali per lo studio delle *Hispidae*. Bull. Soc. ent. ital. 36. p. 171—178. (1 *Dactylispa* n. sp.).

*— (4). Une *Altise* nuisible aux semis de Betteraves (*Chaetocnema tibialis* Illiger). Union apicale 1904 p. ? (Scheint = 1903, 3).

*Giardina A.** (1). Siehe Allg. Giardina (Eibildung bei *Dytiscus* untersucht).

*Girault A. A.** (1). *Attelabus bipustulatus* Fab. Theory of Oviposition and Consturction of Nidus; Miscellaneous Notes. Ent. News 15. p. 189—193 fig.

*— (2). *Dysphaga tenuipes* Hald. Brief Notes; Record of a Parasite. ibid. p. 299—300 (Metamorphose u. Parasit, *Cer.*).

Goldschmidt R. (1). Referat über Voinov 1903 (1). Zool. Centr. XI p. 292—294.

*Gordon** (1). (*Col.* in Wigtownshire.) Ent. Rec. XVI p. 18.

Gorka A. (1). Referat über Csiki 1903 (3). Zool. Centr. XI. p. 294.

Gortani M. (1). Siehe Gortani & Grandi 1.

Gortani M. & Grandi G. (1). Le forme italiane del genere *Attelabus* Linné. Riv. Col. ital. II p. 166—171, 2 figg. — Referat von Daniel 3, Kritik von Pic 40 (Umfass. Arbeit).

Goudie & Lea (1). (*Col.* aus Gippsland). Victor. Nat. XXI p. 51 —56. (Auch andere Ins.).

Grandi J. (1). Siehe Gortani & Grandi 1.

Grouvelle M. A. (1). Siehe Pavie 1 : p. 83—84 Fam. *Hetero-cerides* (1 *Heterocerus* n. sp. Einzelb.).

— (2). Descriptions de *Clavicornes* nouveaux du Musée de Bruxelles. Ann. Belg. 48. p. 181 — 185 (1 *Meligethes*, 1 *Caprodes*, 1 *Cerylon*, 1 *Laemophloeus*, 9 *Silvanus*, 2 *Lithargus* n. spp., Einzelb.).

*Gruvel A. (1). Contribution à la histologie des muscles. Proc. verb. Soc. Sc. Bordeaux 1896—97 p. 70—75 (*Hydrophilus*).

Guerry P. (1). Note sur l'habitat et les moeurs de *Drymochares Truquii* Muls. Bull. Fr. 1904 p. 157—159. — Referat von Daniel 3 (Biolog.).

*Guse (1). Aus dem „Lesnoj journal". Zeit. Forst- u. Jagdw. 1904 p. 768. — Referat von Eckstein 1905 p. 16.

Hagedorn M. (1). Enumeratio *Scolytidarum* e Sikkim et Japan natarum Musei hisotorico-naturalis Parisiorum, quas dominus J. Harmand annis 1899 et 1901 collegit, descriptionibus specierum novarum adjectis. Bull. Mus. Hist. nat. Par. 1904 p. 122—126, 12 figg. (3 *Scolytoplatypus*, 2 *Xyleborus* n. spp. Einzelb.).

*— (2). Neue Käfer der Niederelbfauna. Verh. Ver. nat. Unterh. Hamb. XII. p. 101—102.

— (3). Ein neuer *Scolytoplatypus* aus Java. Ins. Börse 21. p. 260—261, 4 figg. (1 n. sp. Einzelb.).

— (4). Steinnussbohrer. Allg. Z. Ent. IX. p. 447—452, fig. 1—12 (1 *Coccotrypes* n. sp. Einzelb.).

— (5). Revision unserer Pappelborkenkäfer. Münch. Kol. Zeit. II p. 228—233. — Referat von Eckstein 1905 p. 16 und von Schaufuss 1905 p. 9.

— (6). Ein neuer *Scolytoplatypus* des Hamburger Museums und Bemerkungen über diese von C. Schaufuss aufgestellte Gattung. Stett. ent. Z. 65 p. 404—413 (1 n. sp. Einzelb.).

— (5a). Biologischer Nachtrag zur Revision unserer Pappel-borkenkäfer. ibid. p. 372—373, fig. 1, 2.

Hajoss (1). (Ueber *Lethrus cephalotes*). Rov. Lap. XI p. 8—10.

*Halbert (1). Siehe Allg. Praeger 1 (*Col.* in Irland).

*Haller B. (1). Siehe Allg. Haller 1 (Syncerebrum, *Col.*).

Hartmann F. (1). Neue Rüsselkäfer aus Ostafrika. Deut. ent. Z. 1904 p. 369—419 (116 n. spp. Einzelb.).

Hauser G. (1). Neue *Cetoniden* - Arten aus Afrika und eine neue *Valgus*-Art aus Neu-Guinea. Deut. ent. Z. 1904 p. 33—41 (1 *Trapezorhina*, 1 *Ischyrocera*, 1 *Pachnoda*, 1 *Parapoecilo-phila*, 1 *Pseudinea*, 1 *Valgus* n. spp., Einzelb.).

— (2). Eine neue *Nemophas*-Art. ibid. p. 42 (1 n. sp., Einzelb.).

*Hayward R. (1). An abnormal Specimen of *Bembidium Scudderi* Psyche XI p. 14.

Heath E. A. (1). Descriptions of two new *Cetonid* Beetles from British East Africa. The Entom. 37. p. 101—102, figg. (1 *Coelorrhina*, 1 *Eudicella* n. spp.).

Heller K. M. (1). *Bothrorrhina Nickerli* ♀. Deut. ent. Z. 1904 p. 12 (*Scar.*).

— (2). Index zu Faust's Revision der *Cléonides* vrais. ibid. p. 284—302. (Umfass. Arb.).

— (3). Berichtigung und Nachträge. ibid. p. 303. (*Bothrorrhina* u. Nachtrag zu 1903 (4): Literatur.

— (4). Beiträge zur Kenntnis der Insektenfauna von Kamerun. Rüsselkäfer aus Kamerun, gesammelt von Prof. Dr. Yngve Sjöstedt. Ent. Tidskr. 25. p. 161—201 (92 spp., 3 umfass. Arb., 7 n. sp. Einzelb.).

— (5). Brasilianische Käferlarven gesammelt von Dr. Fr. Ohaus. Stett. ent. Z. 65. p. 381—401 tab. IV, V (*Cerambyciden*).

— (6). Entwickelungsstände von *Xixythrus lunicollis*. ibid. p. 401 —403 tab. IV fig.?

— (7). Fünf neue *Zygopiden*. Ann. Belg. 48. p. 290 — 295. (1 *Osphilia*, 1 *Zurus*, 2 *Copturus*, 1 *Timorus* n. spp., Einzelb.).

*****Henneguy L. F.** (1). Siehe Allg. Henneguy 1. (Lehrbuch).

*****Hennings P.** (1). Siehe Allg. Hennings 1. (Parasitische Pilze auf Larven verschiedener *Col.* u. die Puppe tötend).

Henry (1). Etude sur une maladie du pin Weymouth. Bull. Soc. centr. forest. Belg. 1904 p. 31. — Referat von Eckstein 1905 p. 16.

*****Herrera A. L.** (1). Procédé pour multiplier l'ennemi du *Anthonomus grandis* du coton. Mem. Soc. Ant. Alzate XIX p. 327 —331. (Auch *Hym.*).

*****Hess** (1). Der Haselnussbohrer, *Balaninus nucum* L. Forstw. Centr. 1904 p. 427.

Hetschko A. (1). Referat über Wasmann 1. Wien. ent. Z. 23. p. 149—150.

Heyden L. v. (1). Note synonymique. Bull. Fr. 1904 p. 102. — Referat von Daniel 3. (*Pterostichus*).

— (2). Die Käfer von Nassau und Frankfurt. 2. Aufl. Frankf. 1904, 425 pp. — Referat von Reh 1905. Z. Ins.-Biol. I. p. 310. (Geograph. Auch biologische Notizen. Einige Arten u. einige Varietäten werden auch charakterisirt).

— (3). Bestand der von Heyder'schen *Coleopteren*-Sammlung Januar 1903 an Arten (ausschliesslich Rassen u. Varietäten) aus der Palaearctischen Region. Deut. ent. Z. 1904 p. 13—15. — Referat von Daniel 3. (Samml.).

— (4). Siehe Kraatz, Heyden, Koltze etc. (Samml.).

— (5). Retifica. Riv. Col. ital. II p. 17. — Referat von Daniel 3. (*Anthypna*).

— (6). Drei koleopterologisch-biologische Mitteilungen. Zool. Gart. 1904 p. 87. — (*Lucanus, Melasoma, Coccinella*). — Referat von Eckstein 1905 p. 14.

Heymons R. (1). Referat über Verson 1902 (1) Zool. Centr. XI. p. 134—135.

*Heyne A. & Taschenberg O. (1). Die exotischen Käfer in Wort und Bild. Lief. 15, 16, 17, 18. Lpz. 1904. — Referat von Speiser 1905 Z. Ins.-Biol. I p. 354—355. (*Malac., Heterom., Curc., Scar., Bupr.*).

Hinds W. E. (1). Siehe Hunter & Hinds 1.

Hintz E. (1). Zur Kenntnis des *Trichodes Kraatzi* Reitter. Deut. ent. Z. 1904 p. 420—422. — Referat von Daniel 3. (3 n. varr., Einzelb.).

Hirsch J. (1). Die Lautäusserungen der Käfer. Soc. ent. XIX p. 82—83, 89—91, 97.

Holdhaus K. (1). Beiträge zur Kenntniss der *Koleopteren*-Geographie der Ostalpen. Münch. Kol. Z. II p. 215—227. (10 spp. von Monte Cavallo, 1 *Trechus*, 1 *Amara*, 1 *Bythinus* n. spp.).

— (2). Referat über Bongardt 1903 (1), Voinov 1903 (1) ibid. p. 102, über Deegener 1903 (1) p. 106.

— (3). Siehe Apfelbeck 1.

Holland W. (1). Is *Leptidia brevipennis* a British insect? Ent. Mont. Mag. 40. p. 38.

— (2). *Apion brunnipes*, Boh. (laevigatum, Kirby), at Oxford. ibid. p. 108.

Holtz M. (1). Reisebilder aus Kreta. Ins.-Börs. XXI p. 275 276, 284—285, 292—293.

*Hopkins A. D. (1). Powder-post injury to seasoned wood products. U. S. Dep. agric. Div. Ent. Circ. 55. 1904. 5 pp. 1 fig. — Referat von Dickel 1905 Z. Ins.-Biol. I. p. 431. (*Lyctus*).

— (2). Siehe Allg. Hopkins 1. (Catalog der Ausstellung in St. Louis).

*Hormuzaki C. (1). Troisième catalogue des *Coléoptères* récoltés par les membres de la Société des Naturalistes du Roumanie. Bull. Soc. Sc. Bucarest. XIII. 1904. p. 52—65.

* — (2). Nachtrag zu meinen Beobachtungen über die *Carabus* arten aus Rumänien und Bukowina. ibid. p. 120—121.

Horn W. (1). Über die *Cicindeliden*-Sammlungen von Paris und London. Deut. ent. Z. p. 81—99. (*Pogonostoma, Ctenostoma, Collyris, Hiresia, Euryoda, Odontochila, Cicindela, Dromica, Chiloxia, Megacephala, Amblychila*).

— (2). 4 neue *Cicindeliden*, gesammelt von den Herren Oscar Neumann und Baron von Erlanger auf ihrer Expedition vom rothen Meer zum Nil. ibid. p. 423—427. (1 *Megacephala*, 2 *Cicindela*, 1 *Dromica* n. spp. Einzelb.).

— (3). *Cicindela innocentior* (nov. spec.) ibid. p. 427—428. (1 n. sp., Einzelb.).

— (4). (Zur Kenntnis der *Cicindeliden*-Fauna von Kamerun und seiner Hinterländer. ibid. p. 429–431. (1 *Megacephala*, 1 *Cicindela* n. spp., Einzelb).

— (5). *Ophryodera rufomarginata* var. *circumcinctoides* (nov. var.). ibid. p. 431.

— (6). *Megacephala Ertli* (nov. spec.) ibid. p. 432. (1 n. sp., Einzelb.).

— (7). Siehe Kraatz, Heyden, Koltze etc.

— (8). The *Cicindelidae* of Ceylon. Spolia Zeylan. II. p. 30—44. 1 tab. (Umfass. Arb.).

— (9). Two new species of *Cicindelidae*. Not. Leyd. Mus. 25. p. 219—220. (1 *Tetracha*, 1 *Odontochila* n. spp., Einzelb.).

*Houghton (1). (*Sphaeridium scarabaeoides* in N. America). Ent. News XV p. 310.

*Houlbert C. (1). Faune entomologique Armoricaine. Introduction. Generalités sur les *Coléoptères*. Bull. Soc. Sc. Med. Ouest. Fr. XIII. Append. p. 1—16.

*— (2). Siehe Houlbert et Bétis.

*— (3). Genera analitique illustré de *Coléoptères* de la France. Le Nat. 26. p. 184, 195—196, 219, 232, 243—244, 255—256.

*Houlbert C. & Bétis L. (1). Faune entomologique Armoricaine. 52, Fam. *Cleriden*. Bull. Soc. Sc. Med. Ouest Fr. XIII. Suppl. 21 pp.

Hüeber Th. (1). Siehe Allg. Hüeber (1). (Zur Biologie einheimischer *Bupr.*, *Curc.*, *Ceramb.*).

*Hunter W. D. (1). The most important step in the cultural system of controlling the boll-weevill. U. S. Dep. agric. Div. Ent. Circ. 56. 1904. 7 pp. — Referat von Dickel 1905 Z. Insekt.-Biol. I. p. 468. (*Anthonomus*).

*— (2). Information concerning the mexican cotton boll-weevil. U. S. Dep. agric. Farmers Bull. No. 189, 1904, 29 pp. 8 figg. — Referat von Dickel 1905 loc. cit. p. 469. (*Anthonomus*).

*— (3). Siehe Hunter & Hinds 1.

*Hunter W. D. & Hinds W. E. (1). The mexican cotton boll-weevil. U. S. Dep. agric. Div. Ent. Bull. no. 45, 1904, 116 pp. figg., 16 tabb. — Referate von Dickel 1905 loc. cit. p. 469. (*Anthonomus*).

Jackson Ph. H. (1). *Lamia textor*, L., in North Wales. Ent. Month. Mag. 40 p. 211.

*Jacobi A. (1). Verwandlung und Larvenschaden von *Brachyderes incanus* L. N. Z. Land- u. Forstw. 1904 p. 353—357. — Referat über Eckstein 1905 p. 17.

* — (2). Referat über Stebbing 1903 (3). ibid. p. 448.

Jacobson G. G. (1). (Kurze Übersicht über die Classification der Käfer). Rev. russe d'Ent. IV p. 268–276. (Allg. Systematik).

— (2). T. Ss. Tschitscherin †. Ann. Mus. Pet. IX p. XXXII. (Necrolog).

— (3). (Interessante Fundorte einiger Käfer). ibid. p. XXXIII
—XXXVI. (Russisch. *Ptomascopus*, *Hydrobius*, *Ancy-*
locheira, *Atarphia*, *Triplax* mit 1 nov. subg.. *Symbiotes*,
Cryptocephalus, *Euops*, *Pissodes*, *Scolytoplatypus*, *Proago-*
pertha, *Popilia*, *Anomala* mit 1 nov. var. i. lit.).
— (4). Siehe Allg. Jacobson 1. (Biologisches über *Col.* in
Turkestan).

Jacoby M. (1). Descriptions of some new species of *Mastostethus*.
The Entom. 37. p. 63—68. (10 n. spp., Einzelb.).
— (2). Descriptions of some new Species of *Chlamydae* from
South America. ibid. p. 197—202. (8 *Chlamys* n. spp.,
Einzelb.).
— (3). Description of some new Species of *Phytophagous Coleoptera*.
ibid. p. 293—296.
— (4). Another contribution to the knowledge of Indian *Phyto-*
phagous Coleoptera. Ann. Belg. 38. p. 380—406. (43 n.
spp., Einzelb.).
— (5). Another contribution to the knowledge of African *Phyto-*
phagous Coleoptera. Pr. Zool Soc. Lond. 1904 I p. 230—270.
— (6). Descriptions of thirty-two species of *Halticidae* from South
and Central America. ibid. II. p. 396—413. (32 n. spp.
Einz.).
— (7). Descriptions of new genera and species of phytophagous
Coleoptera obtained by Dr Loria in New Guinea. Ann.
Mus. Gen. 41. p. 469—514. (52 n. spp., 7 n. gen., Einzelb).
— (8). Siehe Jacoby & Clavareau 1.
— (9). Siehe Jacoby & Clavareau 2.
— (10). Was ist eine Art? Ins.-Börs. 11 p. 155—156.
— (11). Männchen oder Weibchen? ibid. p. 301. (*Sagra*).
*— (12). Genera Insectorum (Wytsmann). *Coleoptera Phyto-*
phaga. Fam. *Sagridae*. Suppl. fasc. 14b. 1 p., tab.
Jacoby M. & Clavarau H. (1). *Coleoptera Phytophaga*. Fam. *Dona-*
cidae: Wytsman. Gen. Ins. fasc. 21. 14 pp. 1 tab.
— (2). Id. Fam. *Crioceridae*. ibid. fasc. 23. 44 pp., 5 tabb.

Jakowleff W. E. (1). Description d'une nouvelle *Sphenoptera* (s.-
g. *Haplandrocneme* Sem. de la Transcaucasie). Rev. russe
d'Ent. IV p. 309—310.
— (2). Études sur les espèces du genre *Sphenoptera* Sol. VI.
Hor. ross. 37 p. 174—186.
— (3). (Notizen zur Gattung *Pentodon*). Ann. Mus. Pet. IX p. XV
—XVII. (Russisch. 1 n. nom. i. lit.).
Jakowlew A. (1). Über den Fang gewisser Käfer im ersten
Frühjahr). Rev. russe d'Ent. IV p. 65—66. (Sammelbericht
über *Dytisciden* u. Biologisches über *Apalus*).
*Jänner G.** (1). Die Thüringer Laufkäfer. Ent. Jahrb. XIV
p. 162—196. — Referat von Schaufuss 1.

*Jaquet M. (1). Faune de la Roumanie. *Coléoptères* recoltés par M. Jaquet et determinés par M. E. Poncy, Entomologiste à Genève. Bull. Soc. Sc. Bucarest XIII p. 66—69.

Jennings F. B. (1). *Coleoptera,* etc., at Brandon in August, 1903. Ent. Mont. Mag. 40. p. 87.

*Joakimow D. (1). (Beitrag zur bulgarischen Insektenfauna). (Sammelwerk Volkskunde, Wissenschaft, Literatur). XX. 1904. 2. p. 1—45. — Referat von Schaufuss 1905 p. 30. (1172 Arten aus Bulgarien aufgezählt).

*Johansen J. P. (1). Om Undersogelse af Myretuer samt Fortegnelse over de i Danmark fundne, saakaldte myrmecophile Biller. Ent. Meddel. II p. 217—265.

*Johnson F. (1). Siehe Slingerland & Johnson 1.

Johnson (1). (*Dytisciden* in Co. Down). The Entom. 1904 p. 93.

Jordan K. (1). Some new Oriental *Anthribidae.* Nov. zool. XI. p. 230—237. (17 n. spp., Einzelb.).

— (2). Some new African *Anthribidae.* ibid. p. 238—241. (8 n. spp., Einzelb.).

— (3). American *Anthribidae.* ibid. p. 242—309. (143 n. spp., Einzelb.).

— (4). Some new African *Cerambycidae.* ibid. p. 364—365. (4 n. spp., Einzelb.).

— (5). Some new Oriental *Anthribidae.* Ann. Mus. Gen. 41. p. 80—91. (1 *Phaeochrotus,* 1 *Eusintor,* 1 *Callanthribus,* 2 *Rawasia,* 1 *Eucorynus,* 2 *Apatenia,* 1 *Hypseus,* 1 *Uncifer,* 1 *Xenocerus,* 1 *Phloeobius,* 1 *Misthosima,* 2 *Doticus* n. spp., Einzelb.).

Joutel L. H. (1). On the stridulation of *Cychrus viduus.* J. N. York Ent. Soc. XII p. 60. (Beschreibung des Apparates).

— (2). Siehe Felt & Joutel 1.

Joy N. H. (1). *Euconnus Mäklini,* Mannerh. A new british beetle. Ent. Mont. Mag. 40. p. 6. (Neu für England, Einzelb.).

— (2). *Bembidium obliquum,* Sturm., etc. in Berkshire. ibid. p. 14. (*Bemb.* u. *Medon*).

— (3). *Coleoptera* from Berkshire. ibid. p. 39—40, 182. (Sammelbericht).

— (4). *Orochares angustatus* Er. ibid. p. 182—183.

— (5). *Bledius taurus,* Germ., from Norfolk, and *B. femoralis,* Gyll., from Berkshire. ibid. p. 237.

— (6). Further captures of *Coleoptera* in Berkshire. ibid. p. 279.

— (7). Siehe Allg. Joy 1. (*Col.* als Vertilger von *Cossus*-Larven).

*Judulien F. (1). Quelques notes sur plusieurs *Coprophages* de Buenos Aires. Rev. Mus. La Plata IX. p. 371—380, 1 tab.

Kayser R. (1). *Laemostenus* (*Antisphodrus* Schauf.) *schreibersi* Küst. auf einem Berggipfel in Tirol. Soc. ent. 19. p. 20. — Referat von Schaufuss 1.

*Kellogg V. L. ˙(1). Siehe Allg. Kellogg 1. (Eibildung bei *Hydrophilus*).

— (2). Siehe Allg. Kellogg 5. (*Hippodamia convergens* in Californien schaarenweis überwinternd).

*— (3). Siehe Kellogg & Bell 1.

*Kellogg & Bell (1). Siehe Allg. Kellogg & Bell 1. (Das Variiren der Ins.).

Kerremans C. (1). Faune entomologique de l'Afrique tropicale. *Buprestides.* 1. Introduction. *Julodiens.* Ann. Mus. Congo III fasc. 1 65 pp. 1 tab. (Umfass. Arb.).

·— (2). Monographie des *Buprestides.* Livr. 1, 2. p. 1—84. Brüssel 1904. (Umfass. Arb.).

*Kershaw (1). (*Col.* in den Buffalo Mountains). Vict. Nat. XX. p. 150—151.

Keys J. H. (1). *Coleoptera* in the Plymouth district. Ent. Mont. Mag. 40. p. 14—15. (Sammelbericht, 13 spp.).

*Kincaid T. (1). The metamorphoses of some Alaska *Coleoptera.* Merriam, Alaska p. 187—210. tab. XIII—XVII.

*Kirby W. F. (1). A formidable Enemy to the Cotton Plant. Nature 69. p. 499—500. (*Anthon. grandis*).

Kirkaldy G. W. (1). Siehe Allg. Kirkaldy 2. (Literatur über Forstins. Belgiens).

Kletke P. (1). (Über *Carpophilus xanthopterus* Muls.) Zeit. Ent. Bresl. 29. p. XV.

Klima A. (1). Die paläarktischen Arten des *Staphyliniden*-Genus *Trogophloeus* Mannh. Münch. Kol. Z. II p. 43—66. (Umf. Arbeit).

Klöcker A. (1). Referat über Lesne 1. Allg. Z. Ent. IX p. 460.

*Knaus W. (1). The *Coleoptera* of the Sacramento Mountains of New Mexico. II. Ent. News 15. p. 152—157.

*Knoche E. (1). Beiträge zur Generationsfrage der Borkenkäfer. Forstwirtsch. Centralblatt 1904 p. 324—?, 536—?, 371—?, 73 pp. — Referat von Dickel 1905 Ins.-Biol. I. p. 226, von Heymons 1905 Zool. Centr. XII. p. 99—101 und von Eckstein 1905 p. 15. (*Hylesinus, Tomicus*).

Knuth P. (1). Siehe Allg. Knuth 1. (Blütenbiologie).

Kolbe H. J. (1). Die morphologischen Verhältnisse der Arten-gruppen der afrikanischen *Coleopteren*gattung *Tefflus*. Berl. ent. Z. 1904 p. 117—158. — Referat von Schaufuss 1. (Umfass. Arb.).

— (2). Über einige interessante *Lamellicornier* und *Tenebrioniden* Afrikas. ibid. p. 282—302. — Referat von Schaufuss 1905 p. 73. (Geographische Verbreitung von *Tefflus*, 15 *Scarab.* u. 3 *Tenebr.* n. sp., Einzelb. u. 1 dich. Tab.).

— (3). Gattungen und Arten der *Valgiden* von Sumatra und Borneo. Stett. ent. Z. 45. p. 3—57. (Umfass. Arb.).

Koltze W. (1.) Siehe Kraatz, Heyden, Koltze etc.

König E. (1). Zweiter Beitrag zur *Coleopteren*-Fauna des Kaukasus. Wien. ent. Z. 23. p. 140—142. — Referat von Daniel 3. (*Tetracha*, 1 *Tribax* n. sp., Einzelb., *Scarites*, umfass. Arb.).

*Kosanin N. (1). Index *Coleopterorum* in Museo historico-naturali Serbico. Belgrad 1904. 26 pp.

*Kotinsky J. (1). (Über *Coccinelliden*). U. S. Dep. Agr. Div. Ent. Bull. 40. 1903 p. ?. — Referat von Schaufuss 1.

*Kowatschew W. (1). (Beitrag zur bulgarischen Fauna. Soc. bulg. Sc. nat. 6. 7. 8. 1902—1904 p. ?. — Referat von Schaufuss 1905 p. 154. (193 *Col.*, 150 *Lep.*, 13 *Dipt.*, 80 *Orth.*, 5 *Neur.*, 32 *Rhynch.*).

Kraatz G. (1). Allgemeine Angelegenheiten. I. Deut. ent. Z. 1904 p. 5—8.

— (2). Id. II. p. 459—460.

— (3). (Bemerkungen zum Stand seiner Sammlung). ibid. p. 463 —464.

— (4). Siehe Kraatz, Heyden, Koltze etc.

Kraatz G., Heyden L. v., Koltze W., Roeschke H., Horn W. (1). Das Deutsche Entomologische National-Museum. Deut. ent. Z. 1904 p. 461—463.

Krancher O. (1). *Niptus hololeucus* Falderm., der Messingkäfer. Ins.-Börse 21. p. 252—253. (Als Schädling).

*— (2). Siehe Allg. Krancher 1.

*Krasa Th. & Rambouska F. J. (1). Fauna bohemica. I. (Für die böhmische Fauna neue Käfer). Act. Soc. ent. Boh. I. p. 81—83.

*Krassilschtschik J. M. (1). Siehe Allg. Krassilschtschik 1. (Wirkung von Giften auf *Col.*).

Kraus Herm. (1). „Weitere Beiträge zur Kenntnis der Käferfauna der unterirdischen Höhlen". Mitt. Nat. Ver. Steierm. 41. 1904 XCIII—XCVII. — Referat von Schaufuss 1905 p. 108. (Phylogenie u. Descendenztheorie).

Krauss H. (1). Sammelanweisung für Käfersammler. Ent. Jahrb. XIV. p. ?.

— (2). Beiträge zur *Coleopteren*fauna der sächsischen Schweiz. ibid. p. 129—161.

*Krausse A. H. (1). Varietäten der *Adalia bipunctata* L. aus Nord-Thüringen. Ent. Zeit. Guben 18 p. 112, 15 figg.

*Kress C. (1). Die Maikäferplage im Kgl. bayr. Forstamt Langenberg und ihre Bekämpfung. Forstwirt. Centralbl. 1904 p. 265. — Referat von Eckstein 1905 p. 15.

Künckel d'Herculais J. (1). Successions de générations et retard dans l'évolution chez l'*Hesperophanes griseus* Fbr. Bull. Fr. 1904 p. 68. — Referat von Daniel 3. (Biol. Notiz).

Kusnetzow N. J. (1). Referat über Ssemënow 18. Rev. russe d'Ent. IV p. 188, über Beswal 1 p. 234, Otfinovski 1 p. 238, Ssemënow 19, 20 p. 239, über Ssilantjev 1, Wassiljev 1 p. 328. (Russisch).

Lambertie M. (1). Remarques sur quelques *Coléoptères*. Proc.-Verb. Soc. Linn. Bord. 59. p. CXX—CXXII.

Lameere A. (1). Revision des *Prionides*. IX. *Callipogonines*. X. *Titanines*. Ann. Belg. 48. p. 7—78, 309—352. — Referat von Schaufuss 1. (Umfass. Arb.).

Lampa Sv. (1). Siehe Allg. Lampa 1. (*Cicind.*, *Carab.*, *Staph.*, *Coccin.* als nützlich angeführt).

*Lankester E. R. (1). Siehe Allg. Lankester 1. (Morph. u. Syst. der *Arthrop.*).

*Lapouge G. de (1). Phylogenie des *Carabes*. 3 Suites: XII, XIII, XIV, XV. Bull. Soc. Sc. Méd. Ouest. 1903 u. 1904 p. ?. — Referat von Speiser 1905 Z. Ins.-Biol. I. p. 311. (Forts. von 1903).

— (2). Tableaux de determination des formes du genre *Carabus*. Ech. 20. p. 5, 15—16, 20—21, 38. (Umfass. Arbeit).

Lauffer J. (1). Diagnosis breve de una forma melánica de la *Leptura distigma* Charp. Bol. Esp. IV. p. 374—375.

*Lauterborn R. (1). Siehe Allg. Lauterborn 1. (Biol. Notizen über *Col.* am Ober-Rhein).

Lea A. M. (1). Descriptions of Australian *Curculionidae*, with notes on previously described species. P. II. *Brachyderides*. Tr. R. Soc. S. Austr. 28. p. 77—134. (Umfass. Arb.).

— (2). Descriptions of new species of Australian *Coleoptera*. P. VII. Pr. Linn. Soc. N. S. Wales 29. p. 60—107, tab. IV. (2 *Oedichirus*, 1 *Suniopsis*, 3 *Sunius*, 1 *Cryptobium*, 2 *Dicax*, 6 *Laemophloeus*, 1 *Dryocora*, 2 *Phycochus*, 2 *Emenadia*, 1 *Evaniocera*, 1 *Danerces*, 1 *Chrysolophus*, 1 *Hylesinus*, 1 *Chalcolampra* n. spp., Einzelb. u. *Rhysodes* umfass. Revision).

*— (3). Siehe Froggatt 1.

— (4). Notes on Australian and Tasmanian *Cryptocephalides* with Description of New Species. Tr. ent. Soc. Lond. 1904 p. 329 —461, tabb. 22—26. (Umfass. Arb.).

*— (5). Siehe Goudie & Lea 1.

Le Comte G. (1). Renseignements sur la chasse aux insectes et leur rangement. (Suite). Ech. 20. p. 7—8, 22—24. (Fortsetz. von 1903).

— (2). La chasse dans les bouses. ibid. p. 55—56, 59—60. (Sammelmethoden).

— (3). Tableaux de determination des *Cetonides* de France. Bull. Soc. Nimes. 32. 1904 p. ?, 12 pp. (Umfass. Arb.).

Leesberg A. F. A. (1). (Über die Schimmelfauna auf Weinfässern). Tijdschr. Ent. 47. p. LI—LII. (21 Arten aufgezählt).

— (2). Eene schimmelfauna. Ent. Berichten no. 17 p. 152—153. (*Holoparamecus Ragusae* Reitt. scheint Cosmopolit).

— (3). *Coleoptera*, gevonden op eene excursie te Wylre, Juli 1904. ibid. p. 184. (13 sp.).

— (4). *Coleoptera*, in Arachiden-noten gevonden. August—September 1904 ibid. p. 184—185. (15 spp., *Attagenus cinnamomeus* Roth. u. *Opetiopalpus scutellaris* Pz. neu für Holland).

Lefèvre E. † (1). Siehe Pavie 1: p. 146—157. Fam. *Chrysomelides*, Tribus *Clytrines* et *Eumolpines*. (Aufzählung von 27 Arten u. Wiederholung von 11 Beschreibungen von 1890).

*Léger L. & Dubosq O. (1). Nouvelles recherches sur les Grégarines et l'épithelium intestinal des Trachéates. Arch. Protistenk. Jena IV p. 335—383, figg. 13, 14. — Referat von Mayer 1905 *Protozoa* p. 20. (Entwickelung von Gregarinen im Darm von *Blaps*.).

*Léger L. (1). Siehe Léger & Dubosq 1.

*Leinemann K. (1). Über die Zahl der Facetten in denzusammengesetzten Augen der *Coleopteren*. Inaugural-Dissertation. Hildesheim 1904. 64 pp.

Lendenfeld R. v. (1). Referat über Molisch 1. Zool. Centr. XI. p. 420—422.

Leng (1). A few beetles taken at Lakehurst. J. N. York ent. Soc. XII p. 64.

Leoni G. (1). Alcune note sull' *Anthypna Carceli* Lap. Riv. Col. ital. II p. 116—119. — Referat von Daniel 3. (1 n. var.).

Lesne P. (1). Notes biologiques sur l'*Hispa testacea* L. Bull. Fr. 1904 p. 68—70, fig. — Referat von Klöcker 1, von Ssemënow 1 und von Daniel 3 (Larve).

— (2). Siehe Pavie: p. 44—57: Contributions générales. (Alle Familien besprochen. — Neu).

— (3). Idem: Fam. *Cicindelides*. p. 58—61 tab. VIII fig. 1a, 1b u. IX bis fig. 1. (22 spp. aufgezählt, 3 *Collyris* - Arten wiederholt beschrieben).

— (4). Idem: Fam. *Carabides*. p. 62—81 tab. VIII fig. 2—13. (57 spp. aufgezählt, 15 Arten wiederholt beschrieben und abgebildet).

— (5). Idem: Fam. *Bostrychides*. p. 105—108 tab. IX u. IX bis (6 spp. aufgezählt, 3 wiederholt beschrieben u. abgebildet).

— (6). Idem: Fam. *Anthribides*. p. 127—130. (3 Beschreibungen wiederholt, 2 Abbildungen).

— (7). Supplement au Synopsis des *Bostrychides* paléarctiques. Ab. XXX 1904 p. 153—168 tab. III, IV. — Referat von Daniel 3. (Nachtrag zu 1903, 5. Umfass. Arb.).

Lewis G. (1). On new species of *Histeridae* and notices of others. Ann. Mag. nat. Hist. XIV p. 137—151 tab. VI. (16 n. sp., Einzelb.).

Linden M. Gräfin v. (1). W. Biedermann's Untersuchungen über geformte Sekrete. Biol. Centr. 24. p. 182—189. (Referat über Biedermann 1903, 1).

*Lokay E. (1). Fauna bohemica II. (Für die böhmische Fauna neue Käfer). Ac. Soc. ent. Boh. I p. 31—33.

— (2). Siehe Petschirka u. Lokay 1.
*— (3). *Cephennium fossulatum* n. sp. ibid. p. 40—41, 2 figg.
*Lomnicki A. M. (1). (Für die Fauna Galiziens neue Käfer). Kosmos
    Lwow. 29. p. 367—373. (Polnisch).
Losy J. (1). (Ueber pflanzenfressende *Carabiden*). Rov. Lap. XI.
    p. 75—76, 7. — Referat von Schaufuss 1. (*Harpalus* u.
    Ophonus als Schädlinge).
— (2). (Die Verbreitung von *Melolontha hippocastani*). ibid. p. 204
    —208, 19.
*— (3). (*Melolontha*). Allatt. közl. Mag. Tars. III p. 301, 304.
Lucas H. (1). Description d'une larve geante appartenant à la
    Fam. des *Lampyrides*. Miss. Pavie III p. 104—105 (Abdruck
    aus Bull. Fr. 1887).
Luff W. A. (1). *Calosoma sycophanta* in Guernsey. Ent. Mont.
    Mag. 40. p. 59.
*Luigioni P. (1). Sul *Carabus Ullrichi* Germ. del Museo zoologico
    di Napoli. Ann. Mus. zool. Univ. Napoli N. S. I. no. 19. 2 pp.
    — Referat von Schaufuss 1.
— (2). Risposta al Prof. Lucas v. Heyden. Riv. Col. ital. II
    p. 37—39. — Referat von Daniel 3.
Luze G. (1). Zwei neue Käfer-Arten aus Russisch-Central-Asien.
    Münch. Kol. Z. II. p. 69—70. (1 *Coprophilus*, 1 *Psilotrichus*,
    n. spp., Einzelb.).
— (2). Beitrag zur *Staphyliniden* - Fauna von Russisch - Central-
    Asien. Hor. Soc. ent. Ross. 37. p. 74—115. (32 n. spp.,
    Einzelb.).

Maindron M. (1). Notes sur quelques *Cicindelidae* et *Carabidae* de
    l'Inde, et description d'espèces nouvelles. Bull. Fr. 1904
    p. 263—265. (1 *Tricondyla*, 1 *Crepidopterus* n. spp., Einzelb.).
*Marchal P. (1). La petite *Chrysomèle* verte de l'Osier. Bull. Soc.
    Acclimat. France 51. 1904 p. 19—25. (*Phyllodecta*).
*Marchand E. (1). Anomalie d'un tarse chez *Lucanus cervus*. Bull.
    Soc. Sc. nat. Ouest. Nantes. XIII. p. XXXVII—XXXVIII, fig.
Marlatt C. L. (1). Siehe Allg. Marlatt 1. (Importirte *Coccinellid.*).
Marshall G. A. K. (1). A monograph of the *Coleoptera* of the
    genus *Hipporhinus* Schh. Pr. Zool. Soc. Lond. 1901 I p. 6
    —141 tab. I—IV. (Umfass. Arb.).
Martinez-Escalera M. de la (1). Dos especies nuevos de *Bu-
    préstidos* paleárticos. Bol. Soc. esp. IV p. 224—226. (2 *Ac-
    maeodera* n. spp., Einzelb.)
— (2). Don Serafin de Uhagon. Noticia necrologica (con un
    retrato). ibid. p. 287—291. (Biographie u. Bibliographie).
Masaraki W. (1). (Ueber *Apalus bimaculatus* L. bei St. Peters-
    burg). Rev. russe d'Ent. IV. p. 145.
— (2). (Ueber *Dromius cordicollis* Vorbr.) Hor. ross. 37. p. XIV
    —XV. (Bei St. Petersburg.)

— (3). (Ueber die interessantesten Käfer aus der 1902 in dem Forstrevier bei „Rehbinder" im Gouvernement Kursk zusammengebrachten Sammlung des gelehrten Försters A. W. Sserebrenikov.) ibid. p. XX—XXI. — Referat von Ssemënow 17. (25 sp., *Akimerus* neu für Russland).

— (4). (Zur Käfer-Fauna des St. Petersburger Gouvernements). ibid. p. XXIII—XXIV. — Referat von Ssemënow 17 u. von Schaufuss 1905 p. 26.

Maskew F. (1). Report of investigations and experiments on Fuller's rose beetle in southern California. U. S. Dep. agric. Div. Ent. Bull. 44. p. 46—50. — Referat von Dickel 1905 Z. Ins.-Biol. I p. 395. (*Aramigus* als Schädling der Erdbeer- u. Himbeerplantagen).

*Maudson (1). (*Col.* in Canterbury.) Rep. E. Kent Soc. (2) I. p. 46, III. p. 24.

Mayer P. (1). Siehe Allg. Mayer 1 p. 59—64: *Coleoptera*. (Bericht über Biedermann 1903 (1) p. 20, Bongardt 1903 (1) p. 62—63, Breed 1903 (1) p. 61—62, Ganglbauer 1903 (6) p. 64, Grünberg 1903 (1) p. 36, Münch 1903 (1) p. 48, Peyerimhoff 1903 (3) p. 61, Radl 1903 (1) p. 20, Tower 1903 (2) p. 59—60, Voinov 1903 (1) p. 63 —64, Wasmann 1903 (1) p. 60—61).

Mayet O. (1). Causerie d'un Entomologiste. Ech. 20. p. 29—30, 39, 42 - 44. (Tödtungsmethoden.)

Mayet V. (1). Description d'un *Aphodius* nouveau de France. Bull. Tr. 1904 p. 130—132. — Referat von Daniel 3. (1 n. sp. Einzelb.).

*— (2). Description d'une espèce nouvelle des genre *Diaprysius*. Bull. Soc. Nimes XXXI. p. 30—31. (Dasselbe wie 1903, 1).

*— (3). Description d'un *Aphodius* nouveau de France. ibid. XXXII. p. ?. (Dasselbe wie 1).

— (4). Contribution à la fauna entomologique des Pyrénées-Orientales. (suite,) Misc. ent. XII. p. 17—23, 33—42, 65—70, 97—102. (Fortsetz. von 1903, 2. *Chrysom., Cocc.*, Suppl., Corrigenda, 1 *Ptenidium* n. sp. von Abeille beschrieben).

*Mc. Clenahan E. M. (1). The development of the rostrum in *Rhynchophorous Coleoptera*. Psyche XI. p. 89—102 tab. VI —IX.

*Melander A. L. (1). Destructive Beetles: A Note on Landscape Gardening. Ent. News 15. p. 19—20, tab.

Méquignon A. (1). *Coléoptères* de Tourraine. Contribution à la faune du département d'Indre-et-Loire. Ab. XXX. p. 229 —234. (Sammelberichte).

Mjöberg E. (1). Siehe Allg. Mjöberg 1. (1 *Agathidium*, 1 *Dermestes* neu für Schweden).

*Mokrshetzki Ss. A. (1). Siehe Allg. Mokrshetzki 1. (*Col.* als Schädlinge des Weinstocks).

*Molisch H. (1). Leuchtende Pflanzen. Eine physiologische Studie. Jena 1904. 169 pp. — Referat von Lendenfeld 1. (Auch das Licht von *Lampyris* erwähnt).

Möllenkamp W. (1). Beitrag zur Kenntnis der *Lucaniden.* Ins. Börse XXI p. 341, 347—348, 372—373, 402—403. (2 *Odontolabis,* 1 *Metopodontus,* 2 *Cyclommatus,* 1 *Prosopocoelus,* 1 *Hexarthrius* n. spp. Einzelb.)

Mollison Th. (1). Die ernährende Tätigkeit des Follikelepithels im Ovarium von *Melolontha vulgaris.* Zeit. wiss. Zool. 77. p. 529—545, 2 tabb. — Ref. von Fick. 1905 Zool. Centr. XII p. 35 u. von Mayer 1905 p. 61. (*Melol., Geotrupes*).

*Morley C. (1). The *Coleoptera* of Norfolk and Suffolk. Tr. Norfolk. Soc. VII p. 706—721.

— (2). Stridulating *Coleoptera*: a correction. Ent. Mont. Mag. p. 138. (*Hydrobius, Geotrupes*).

Morse E. W. (1). *Coleoptera* in Dean Forest. Ent. Mont. Mag. 40. p. 138.

Moser J. (1). Neue afrikanische *Cetoniden*-Arten. Berl. ent. Z. 1904 p. 59—70. (12 n. spp., Einzelb.).

— (2). Neue *Valgiden*-Arten. ibid. p. 266—272. (2 *Spilovalgus,* 6 *Dasyvalgus,* 2 *Hybovalgus* n. spp. Einzelb.)

— (3). Synonymische Bemerkungen. ibid. p. 273. (*Theodosia*).

— (4). *Dischista marginata* Moser. ibid. Sitzb. p (6). (1 n. sp. Einzelb.)

— (5). (Ueber *Cetoniden*). ibid. p. (15). (*Cetonia*).

Muchardt H. (1). ˙Nya fyndorter för *Coleoptera.* Ent. Tids. 25. p. 106. (Sammelbericht über 16 spp.)

Muir F. (1). Siehe Muir & Sharp 1.

Muir F. & Sharp D. (1). On the egg-cases and early stages of some *Cassididae.* Tr. ent. Soc. Lond. 1904 p. 1—24 tab. I— V. — Referat von Neresheimer 1905 Z. Ins.-Biol. I p. 439 u. von Mayer 1905 p. 61. (Eier, Larven u. Puppen, auch Morph. u. 1 n. sp.)

Müller J. (1). Coleopterologische Notizen. V. Wien. ent. Z. 171— 177. — Referat von Schaufuss 1. (*Aphodius, Staphylinus, Acritus, Cetonia, Henicopus, Otiorhynchus, Parmena, Coccinella, Platynus, Nargus, Leptorhabdium, Xylosteus*).

— (2). Zwei neue Höhlen*silphiden* von der Balkanhalbinsel. Münch. Kol. Z. II p. 38—42. (*Antroherpon* umfass. Arb., 1 *Bathyscia* n. sp. Einzelb.)

— (3). Beschreibungen neuer dalmatinischer *Koleopteren.* II. ibid. p. 208—210.

— (3a). Zur Kenntnis der Koleopterenfauna der österreichischen Küstenländer. ibid. p. 314—320. (62 Arten aufgeführt).

— (4). Referat über Apfelbeck 1. Verb. Zool. bot. Ges. Wien 54. 1904. p. 361--363.

*Needham J. G. (1). Beetle Drift of Lake Michigan. Can. Ent. 36. p. 294—296, 335.

Netuschell Fr. (1). Ueber die Käferfauna der Insel Pelagosa. Mitt. Nat. Ver. Steiermark. 41. 1904. p. LXXXVIII— XCIII. (33 Arten genannt).

Newbery E. A. (1). *Tetropium castaneum*, L., and *T. fuscum*, F.: supplementory note. Ent. Mont. Mag. 40. p. 86.

— (2). *Ceuthorrhynchus angulosus*, Boh., at King's Lynn. ibid. p. 86.

— (3). On *Coleoptera* in the Power Collection. ibid. p. 133.

— (4). *Ocyusa nigrata*, Fairm., a species of *Coleoptera* new to Britain, with remarks on the other British species of *Ocyusa*. ibid. p. 251—253. (Umfass. Arb.)

*— (5). Remarks on M. Louis Bedel's „Coléoptères du Bassin de la Seine V. fasc. 2. Ent. Rec. XVI p. 80—83.

Newell W. (1). Siehe Allg. Newell 1. U. S. Dep. Agr. Div. Ent. Bull. 46. p. 103—105. (*Chilocorus*, *Scolytus*, *Dendroctonus*).

Nicolas A. (1). Variétés nouvelles de *Dorcadion* espagnols. Ech. 20. p. 82— 83.

— (2). *Carabus auratus* L. var. *Ventouxensis*. ibid. p. 84.

*— (3). Note critique sur les *D. neilense* Esc., *almarzense* Esc. (et varr. urbionense Esc. et *costatum* Esc.) *villosladense* Esc. Bol. Soc. Aragon. III p. 35—40. — Referat von Pic 44.

Nordström A. (1). En för finska faunan ny skalbagge, *Cassida murraea* L. Medd. Soc. Fauna Flora Fenn. 30. p. 11—13. (Geogr., Larve).

Normand H. (1). Catalogue raissonné des *Pselaphides* de Tunisie Ab. XXX p. 209—222. (Aufzählung von 36 Arten, 3 *Euplectus*, 1 *Amauronyx*, 1 *Brachygluta*, 1 *Desimia* n. spp., Einzelb.)

— (2). La chasse aux *Coléoptères* hypogés dans les Albères. Ech. 20. p. 63—64, 69—70, 76—79. (Sammelmethoden u. Sammelbericht, zur Biologie von *Paussus*).

— (3). Remarques synonymiques sur quelques *Euplectus* des Pyrénées-Orientales et description du mâle *d'Euplectus sulciventris* Guilleb. Bull. Fr. 1904 p. 199—200.

*Nüsslin O. (1). Die Generationsfrage bei den Borkenkäfern. Forstwiss. Centr. 1904 p. 1—15 — Referat von Eckstein 1905 p. 16.

*Ohaus Fr. (1). Zur Biologie des *Geotrupes vernalis* L. Verh. Ver. nat. Unterhalt. Hamburg XII. p. 103—108, 4 figg. — Referat von Sch. 1. (*Geotr. stercocrarius* u. *vernalis*).

— (2). Revision der *Anoplognathiden*. Stett. ent. Z. 65 p. 57—175 tab. I, II. (Umf. Arb.)

— (3). Revision der Amerikanischen *Anophymathiden*. P. I. ibid. p. 254—341 tab. III (Umf. Arb.)

*Oldham (1). (*Prionus* in Chelford). The Natural. 1904 p. 315.

— (2). (*Lampyris* in Knutsford). ibid. p. 316.

— (3). (*Geotrupes typhoeus* in England). ibid. p. 284.

Orbigny H. d'. (1). *Onthophagides* africains de la collection de Musée civique de Gênes. Ann. Mus. Gen. 41 p. 253—331. (3 *Caccobius*, 25 *Onthophagus* n. spp., Einzelb.)
— (2). *Onthophagides* provenant du voyage de M. L. Fea dans l'Afrique occidentale. ibid. p. 417—448. (4 *Caccobius*, 11 *Onthophagus* n. spp., Einzelb.)
— (3). Espèces nouvelles *d'Onthophagus* africains de la collection de Musée royal de Belgique. Ann. Belg. 48. p. 204—222. (14 n. spp., Einzelb.).
*Otfinovski (1). Siehe Referat von Kusnetzow 1.
Ott J. (1). *Ocypus similis* Fbr. Ins. Börs. XXI p. 380. (Verkümmerte Flügel).
Packard A. (1). Siehe Allg. Packard 1. (Lehrbuch).
*Panton (Uber *Antichira*). Bull. Dep. Agric. Jamaica II p. 117.
Pavie A. (1). Siehe Allg. Pavie 1. (Neue Arbeiten: Allard 1, 2, 3, Fairmaire 5, 6, Fleutiaux 2, Grouvelle 1, Lesne 2, Régimbart 2, Tertrin 1, 2. — Wiederholt abgedruckt: Aurivillius 2, Bourgeois 2, Brenske 1, Brogniart 1, Lefèvre 1, Lesne 3—6, Lucas 1, Pic 43.
*Pedemonte E. (1). *Cordylomera cylindricollis* n. sp. — *Callichroma calceatum* n. sp. — Un nuo Género de la Familia dels *Cerambicidae: Metallichroma*. — Nova Especie: *Metallichroma excellens* Auriv. (fig.). Institucio Catalana de Ciencias naturales (Butlleti) IV 1904 p. 25—26. (3 spp. von Aurivillius 1903 wiederholt abgedruckt).
Penecke A. (1). Ein neuer *Microsaurus* aus der Herzegowina. Wien. ent. Z. 23. p. 135. — Referat von Daniel 3. (1 *Quedius* n. sp. Einzelb.)
— (2). Die ersten in Steiermark aufgefundenen Höhlen-Koleopteren. Mitt. nat. Ver. Steiermark 40. 1903. p. LX—LXI.
— (3). Die bis jetzt beobachteten Arten der *Staphyliniden*-Tribus *Stenini*. ibid. 41. 1904 p. LXXVI—LXXX. (78 Arten aus Steiermark aufgezählt).
*Pérez J. (1). (*Col.* bei Bordeaux). Pr. verb. Soc. Linn. Bord. 59. p. XLIX.
Perez. Siehe Stefani-Perez.
Péringuey L. (1). Descriptive catalogue of the *Coleoptera* of South Africa. Tr. S. Afric. Soc. XIII. p. 1—293 tab. I—IV. (Umfaß. Arb., *Scarabaeidae* Fortsetzung).
— (2). Sixth contribution of the South African *Coleopterous* fauna. Description of new species of *Coleoptera* in the collection of the South African Museum. Ann. S. Afr. Mus. III p. 167—299. tab. XIII. (*Cic., Car., Pauss., Staph., Copr., Ptinid., Ten., Meloid., Lagr.* 200 n. spp.)
— (3). Some new *Coleoptera* collected by Rev. Henri A. Junod et Shilouvane, near Leydsdorp, in the Transvaal. Nov. Zool. XI p. 448—450. (2 *Cicindelid.*, 3 *Tenebrionid.* n. spp. Einzelb.).

Petri K. (1). Fünf neue *Lixus*-Arten. Ann. hist. nat· Mus. Hung. II. 1904. p. 233—236.

— (2). Beschreibung einiger neuer *Lixus*-Arten. Wien. ent. Z. 23. p. 65—77. — Referat von Daniel 3 u. von Ssemënow 10. (18 n. spp., Einzelb.).

— (3). Bestimmungs-Tabelle der mir bekannt gewordenen Arten der Gattung *Lixus* Fbr. aus Europa und den angrenzenden Gebieten. ibid. p. 184—198 u. 24. 1905 p. 33—48, 101—116, 155—167. — Referat von Schaufuss 1. (Umf. Arb.).

*Petschirka J. & Lokay E. (1). Fauna bohemica. (Für die böhmische Fauna neue Käfer). Ac. Soc. ent. Boh. I p. 106 —110.

Peyerimhoff P. de. (1). Description d'un nouveau *Silphide* cavernicole de l'Ardèche. Bull. Fr. 1904 p. 185--187. — Referat von Daniel 3. (1 *Diaprysius* n. sp., Tab. über n. spp.).

— (2). *Coléoptères* cavernicoles inédits recueillis dans les Basses-Alpes. ibid. p. 201—203, 214—215. (2 *Anophthalmus*, 1 *Bythinus* n. sp., 2 *Bathyscia* n. varr. Einzelb.).

— (3). Études sur le genre *Tychus* Leach. Ab. XXX 1904 p. 169 —180. — Referat von Daniel 3.

Pic M. nach Zeitschriften geordnet.

Bull. Fr. 1904.

— (1). Un nouveau *Malacoderme* de l'Afrique australe. loc. cit. p. 12—13. (1 *Sphinginopalpus* n. sp. Einzelb.)

— (2). Captures en Grèce de divers *Malachius* F. et description d'un sexe inedit. ibid. p. 42—43.

— (3). A propos de ˙ quelques femelles brachyptères du genre *Cantharis* L. ibid. p. 71. (Morphologie u. 1 n. var.).

— (4). Descriptions de *Coléoptères* nouveaux de Madagascar. ibid. p. 72—73. (2 *Salpingus*, 2 *Euglenes* n. spp. Einzelb.)

— (5). Description d'un *Anthicus* nouveau de l'Amérique Méridionale. ibid. p. 118—119. (1 n. sp. Einzelb.).

— (6). Sur un certain nombre de variétés de *Coléoptères* omises dans le „Catalogue" de Reitter. ibid. p. 143—144. — Referat von Daniel (3). (Literatur).

— (6a). Description du mâle de *Malachius akbesianus* Pic. ibid. p. 216.

— (7). Notes entomologiques diverses et habitats nouveaux de plusieurs *Coléoptères*. ibid. p. 216—218.

— (8). Sur *Malthinus maritimus* Pic et ses habitats. ibid. p. 266.

— (9). *Coléoptères* asiatiques nouveaux. ibid. p. 287—289. (2 *Malachius*, 1 *Prionychus* n. spp. (Einzelb.)

— (10). Description d'un *Cardiophorus* Eschsch. de Syrie. ibid. p. 298—299. (1 n. sp. Einzelb.)

L'Echange. 20. 1904.

— (11). *Coléoptères* français nouveaux. loc. cit. p. 2. — Referat
    von Daniel 3. (2 *Telephorus*, 2 *Ernobius* n. varr., Einzelb.)
— (12). Notes et Descriptions. ibid. p. 2—4, 9—11. — Referat
    loc. cit. (1 *Attagen.*, 2 *Danacaea*, 2 *Telephorus*, 2 *Cyrtosus*,
    4 *Malthodes*, 1 *Malachius*, 1 *Anthicus*, 1 *Rhinosimus*, 1 *Gibbium*,
    1 *Polydrosus*, 1 *Ptochus*, 1 *Elytrodon* n. spp., Einzelb.)
— (13). Sur le parasol entomologique et divers instruments simi-
    laires. ibid. p. 6—7.
— (14). *Coléoptères* africains nouveaux. ibid. p. 11—12. (2 *Pseudo-
    colotes*, 1 *Xamerpus*, 1 *Theca*, 1 *Mesocoelopus*, 3 *Anthicus*,
    1 *Euglenes* n. spp., Einzelb.)
— (14a). Châtel et l'Entomologie. Fin. ibid. p. 16. (Fortsetzung
    von 1903 (42)., Sammelbericht).
— (15). *Longicornes* paléarctiques nouveaux. ibid. p. 17—18. —
    Referat von Daniel 3. (1 *Obrium*, 1 *Dorcadion*, 1 *Phytoecia*,
    1 *Oberea*, 2 *Clytus*, Einzelb.)
— (16). Diagnoses de seize *Coléoptères* exotiques appartenant à
    diverses Familles. ibid. p. 18—20. (2 *Ozognathus*, 3 *Thaptor*,
    3 *Eupactus*, 1 *Catorama*, 1 *Mesocoelopus*, 2 *Priotoma*,
    1 *Ptinus*, 1 *Scraptia*, 1 *Malegia* n. spp., Einzelb.)
— (17). Diagnoses de *Coléoptères* asiatiques provenant surtout de
    Sibérie. ibid. p. 25—27. — Referat von Daniel 3.
    (1 *Chrysobothris*, 1 *Campylus*, 1 *Podabrus*, 1 *Dichelotarsus*,
    1 *Telephorus*, 1 *Pyrochroa*, 1 *Cteniopus*, 1 *Cteniopinus*,
    1 *Microcistela*, 1 *Isomira*, 1 *Procas* n. spp , Einzelb.)
— (18). Diagnoses de *Malacodermes* africains et américains. ibid.
    p. 27—29. (1 *Anthocomus*, 1 *Ebaeus*, 1 *Attalus*, 1 *Ebaeo-
    morphus*, 1 *Hapalochrus*, 1 *Xamerpus*, 1 *Astylus* n. spp.,
    Einzelb.).
— (19). A propos de certains insects décrits par Rey. ibid. p. 30
    (Polemik gegen Bourgeois).
— (20). Histoire d'un *Polydrosus*. ibid. p. 31. (Polemik gegen
    einen nicht genannten Autor).
— (21). Essai dichotomique sur les *Eupactus* Lec. et genres
    voisins du Brésil. ibid. p. 31—32, 36—38. (Umfass. Arb.)
— (22). Diagnoses de *Coléoptères* paléarctiques et exotiques. ibid.
    p. 33—36. — Referat von Daniel 3. (1 *Attagenus*, 1 *Serica*,
    1 *Attalus*, 1 *Cyrtosus*, 1 *Apalochrus*, 2 *Ptinus*, 1 *Notoxus*,
    1 *Salpingus*, 1 *Myllocerus*, 1 *Bruchus*, 2 *Malegia*, 1 *Hypo-
    lixus* n. spp., Einzelb.)
— (23). Sur divers *Lariidae* ou *Bruchidae* et *Urodon*. ibid. p. 39
    —40, 42. — Referat von Daniel 3. (4 *Bruchus*, 2 *Urodon*
    n. spp.)
— (24). Necrologie. ibid. p. 41. (Vauloger de Beaupré†).
— (25). Six *Anthicides* nouveaux du Brésil. ibid. p. 44—45.
    (6 *Anthicus* n. sp.)

— (26). Descriptions d'un *Bryaxis* et de plusieurs *Malacodermes* ou *Rhynchophores*. ibid. p. 49—51. — Referat von Daniel 3. (1 *Bryaxis*, 1 *Malthinus*, 1 *Malthodes*, 1 *Ebaeus*, 1 *Foucartia*, 2 *Bagous* n. spp., Einzelb.)
— (27). Sur les *Rhagonycha* (*Armidia*) voisins de *ericeti* Kiesw. ibid. p. 54—55. (Umfass. Arb.).
— (28). Diagnoses de divers *Coléoptères* d'Europe et Turquie d'Asie. ibid. p. 57—58. (1 *Chrysanthia*, 1 *Tituboea*, 1 *Crepidodera*, 1 *Dorcadion*).
— (29). Quelques chasses faites avant et après le coucher du soleil. ibid. p. 60—61. (1 n. var. Einzelb., Sammelmethoden u. Sammelbericht).
— (30). Diagnose d'un *Clytus* du Mont Taurus. ibid. p. 65. — Referat von Daniel 3. (1 n. sp., Einzelb.).
— (31). Nouveaux *Coléoptères* de l'Afrique australe. ibid p. 65—67. (3 *Sphinginopalpus*, 1 *Calosites*, 1 *Pagurodactylus*, 1 *Dunbrodianus* n. spp., Einzelb.).
— (32). *Coléoptères* nouveaux de la Turquie d'Asie. ibid. p. 73—74. — Referat von Daniel 3. (1 *Telopes*, 2 *Danacaea*, 2 *Anthicus*, 1 *Mycetochara*, 1 *Osmoderma*).
— (33). Nouvelles espèces et variétés de *Coléoptères* paléarctiques. ibid. p. 81—82. (3 *Anthicus*, 1 *Tychius* n. spp., Einzelb.).
— (34). Les *Osmoderma* paléarctiques. ibid. p. 83—84. (Umfass. Arbeit).
— (35). Diagnoses ou descriptions abrégées de *Coléoptères* paléarctiques. ibid. p. 89—94. (1 *Bembidium*, 1 *Graniger*, 1 *Acupalpus*, 1 *Ctenistes*, 1 *Mycetina*, 1 *Melyris*, 1 *Myiodes*, 1 *Zonitis*, 1 *Oedemera*, 13 *Curculion.*, 2 *Labidostomis* n. spp., Einzelb.)

Bull. Soc. zool. Fr. 29.

— (36). Sur les *Buprestides* principalement paléarctiques du Genera de Wytsman. loc. cit. p. 135—138.

Bull. Mus. Hist. nat. Paris 1904.

— (37). *Anthicides* nouveaux des collections du Muséum de Paris. loc. cit. p. 119—122.
— (38). Description de deux *Ptinides* et d'un *Notoxus* faisant partie des collections du Muséum de Paris. ibid. p. 226—228. (2 *Ptinus*, 1 *Notoxus* n. spp., Einzelb.)

Le Naturaliste. 26. 1904.

*— (39). Description de *Coléoptères* nouveaux. loc. cit. 1904 p. 56—57, 103—104.

Miscell. entom. XII.

— (39a). Nouveaux renseignements sur la nappe montée. loc. cit. 55—56. (Sammelgerät).

Bull. Soc. hist. nat. Autun XV. 1902.
*— (39b). (*Col.* Saône-et-Loire) loc. cit. p. 251—254.
*— (39c). *Coléoptères* recueillis dans ledépar tement en 1904. ibid.
XVII. 1904. p. 128—132.

Rivista Coleotterologica italiana II.
— (40). Sull' *Attelabus coryli* L. e forme vicine. loc. p. 205—207.
(Kritik über Gortani u. Grandi 1).

Ann. Mus. civ. Genova. 41.
— (41). Un *Anthicus* nouveau de la Somalie. loc. cit. p. 92. (1 n. sp.
Einzelb.).

Annuaire Mus. Zool. St. Petersb. IX. 1904.
— (42). Notes sur diverses espèces *d'Anthicides* de Motschulsky
et descriptions de plusieurs nouveautés du même groupe.
loc. cit. p. 490—494. (1 *Formicilla*, 4 *Anthicus* n. spp.,
Einzelb.)

Selbständig erschienene Arbeiten.
— (43). Siehe Pavie 1. p. 109—110. *Anthicides,* (1 *Formicomus*
wiederholt u. abgebildet).
— (44). Materiaux pour servir à l'étud. des *Longicornes.* V. 1.
1904. — Notes diverses et diagnoses. p. 3—6. — Descriptions de divers *Longicornes* d'Europe et d'Asie. p. 7—9. —
Descriptions de *Longicornes* de la Chine méridionale p. 9
—12. — Liste de *Longicornes* recueillis sur les bords du
fleuve Amour. p. 12—18. — Sur les *Dorcadion kasikopo-
ranum* Pic et voisins. p. 18—19. — Renseignements synoptiques et complementaires sur divers *Dorcadion* d'Espagne.
p. 19—21. — Description d'un *Obrium* du Japon et note
de chasse. p. 22.
*Pierce W. D. (1). Siehe Allg. Pierce 1. (*Meloid., Rhipiph.,*
Strepsipt.).
Pietsch (1). (Über *Pityophthorus micrographus* Eichh. u. *macrographus* Eichh.). Zeit. Ent. Bresl. 29. p. IV.
— (2). (Über *Laemophloeus ater* var. *capensis* Waltl) ibid. p. V.
— (3). (Über *Elater elegantulus, Deronectes semirufus* u. *Campylus
rubens*). ibid. p. V—VI.
*Planet L. (1). *Cerambyx* et *Prionus.* Le Nat. 1904 p. 48—51.
— Referat von Sch. 1. (Biologie).
*Plotnikow W. (1). Siehe Allg. Plotnikow 1. (Exuvialdrüsen
bei den Larven von *Tenebrio molitor,* von *Chrysomeliden* u.
Coccinelliden).
Pomeranzev D. (1). (Biologische Notizen über Käfer, die der
Waldkultur nützlich sind u. unter Baumrinde leben). Rev.
russe d'Ent. IV. p. 85—89. (*Malacod., Tenebrion*). Fortsetz.
u. Schluss von 1903, (2).

*Pool C. J. C. (1). *Aulonium sulcatum* Oliv. (*trisulcum* Fourcr.). A species of *Colydiid Coleoptera* new to Britain. Ent. Rec. XVI p. 310.

*Poppe S. A. (1). (Über den Inhalt eines Storchnestes). Mitt. Ver. Nat. Vegesack III. 1904. p.? — Referat von Schaufuss 1905 p. 50.

Poppius B. (1). *Brychius rossicus* Sem. i Kivinebb. Medd. Soc. Faun. Flor. Fenn. 30. p. 27—28.

— (2). Tvä för norden nya *Atheta*-arter. ibid. p. 85—87. (*A. procera* Kr. u. *allocera* Epp.).

— (3). Zwei synonymische Bemerkungen. Ann. Mus. zool. Pet. VIII. 1903. p. 364—367. — Referat u. Kritik von Ssemënow 7. (*Elaphrus*, *Aphodius* n. nom.).

— (4). Neue paläarctische *Coleopteren*. Öfv. Finsk. Vet.-Soc. Förb. 46. 1904 No. 16 p. 1—14. — Referat von Ssemënow 18. (1 *Mycetoporus*, 1 *Choleva*, 1 *Epuraea* n. spp. Einzelb., *Simplocaria* umfass. Arb.).

— (5). Drei neue Arten der Gattung *Tachinus* Grav. aus Ost-Sibirien. ibid. No. 13 p. 1—6. (3 *Tachinus* n. spp., Einzelb.).

— (6). Siehe Allg. Poppius 1. p. 64—68 (*Col.* auf der Reise nach Kanin).

Porta A. (1). Revisione degli *Stafilinidi italiani* I. Part. *Stenini.* Riv. Col. ibid. II p. 1—16, 21—36, 53—100. (Umfass. Arb.).

— (2). Recensioni. ibid. p. 47—52: Deville 1903 (6), Pic 1903 (25, 28), Normand 1903 (2), Carret 1903 (2), Pic 1903 (31, 32, 33, 36, 37, 38), — p. 119—124: Régimbart 1903 (5, 1), Luigioni 1903 (1), 1, Pic 1903 (38), Bourgeois 1903 (2a, 2, 4), Abeille 1903 (2), Chobaut 1903 (2, 5, 6), — p. 150—164: Reitter 10, Sangiorgi 2, Carret 3, Gestro 1903 (1), Solari 1903 (1), Desbrochers 1, Brenske 1903 (3), Spaeth 1903 (1), Aurivillius (1), Mallasz 1903 (1), — p. 180—184: Ganglbaur 1, Müller 1903 (4), Luze 1903 (1, 2, 3, 4).

— (3). Il Catalogo dei *Coleotteri* d'Italia del Dott. Stefano Bertolini. ibid. p. 102—104.

— (4). *Atheta (Liogluta) Bertolinii* n. sp. ibid. p. 130—131. — Referat von Daniel 3. (1 n. sp. Einzelb.).

— (5). Per una proposta. ibid. p. 185—186.

*— (6). Sulla filogenio degli *Scarabaeidi* e dei *Curculionidi.* Atti Soc. Mod. 35. p. 1—6.

*Potschoski J. K. (1). Siehe Allg. Potschoski 1. (Schädlinge).

Poulton E. B. (1). Siehe Allg. Poulton 2. (*Dorcadion* u. *Coccinella* scharenweis auf Berggipfeln).

Powell B. P. (1). The development of wings of certain beetles, and some studies of the origin of the wings of insects. J. N. York Ent. Soc. 12. 1904 p. 237—243 tab. XI—XVII,

13. 1905 p. 5—22. (1 *Tomicus* u. 1 *Dendroctonus* auf Ent-
wicklung der Flügel untersucht).
Prediger G. (1). Zum Vorkommen von *Rhizotrogus cicatricosus*
Muls. in Thüringen. Ins. Börs. 21. p. 147.
Preiss P. (1). Neue *Cetoniden* aus Deutsch-Ostafrika. Jahrb.
nassau. Ver. Nat. 57. 1904 p. 15—28 tab. I. (1 *Fornasinius*,
1 *Paraleucocelis*, 4 *Leucocelis* n. spp., Einzelb.).
***Prenant A.** (1). Questions relatives aux cellules musculaires. IV.
La substance musculaires. Arch. Zool. exp. 1904. Notes
p. C—CIV, CXIII—CXXII, CXXIX—CXXXVIII. (*Col.*).
Prout (1). (Über *Sora*). The Ent. 1904 p. 115.
Puel L. (1). Description d'un *Anisodactylus* nouveau du Midi de
la France. Bull. Fr. 1904 p. 160. — Referat von Daniel 3.
*— (2). Description d'un *Anisodactylus* nouveau du Midi de la
France. Bull. Soc. Nimes. 32. p.? (Dasselbe wie 1).

***Quairière** (1). Le *Dendroctonus micans*. Bull. Soc. centr. forest.
Belg. 1904 p. 626.

Raffray A. (1). Genera et Catalogue des *Pselaphides*. Suite et
fin). Ann. Fr. 73. p. 1—476, 635—658 tab. I—III. Umfass.
Arbeit, Fortsetzung u. Schluss von 1903, 3).
Ragusa E. (1). Osservazioni su alcuni *Coleotteri* di Sicilia, ·notati
o omessi nel nuovo Catalogo dei *Coleotteri* d'Italia del Dott.
Stefano Bertolini. Nat. Sic. 17 p. 1—9. — Referat von
Daniel 3. (2 *Otiorhynchus* var. n.).
— (2). Catalogo ragionato dei *coleotteri* di Sicilia. *Curculionidae.*
ibid. p. 21--24, 55—59, 99—100. (2 *Otiorhynch.* n. var.,
2 *Chaerocephalus* n. spp.).
— (3). *Coleotteri* nuovi o poeo conosciuti della Sicilia. ibid. p. 49
—54, 84—92. (1 *Carabus*, 1 *Cicindela* n. varr.).
— (4). Catalogo dei *Coleotteri* di Sicilia. ibid. Beilage p. 73—80.
(*Alleculidae* — *Pythid.*).
***Rainbow W. J.** (1). Note on *Cicindela jungi* and Descriptions
of two new Beetles. Rec. Austral. Mus. 5. p. 245—247,
3 figg. (1 *Stigmodera*, 1 *Horistonotus* n. spp.).
Rambouska F. J. (1). Siehe Krasa & Rambouska 1.
***Range P.** (1). Das Diluvialgebiet von Lübeck und seine Dryastone
nebst einer vergleichenden Besprechung der Glazialpflanzen
führenden Ablagerungen überhaupt. Zeitschr. Nat. 76.
p. 161—272. (Auch *Col.*).
Régimbart M. (1). *Dytiscides* et *Gyrinides* recueillis au Vénézuéla
et à la Guyane par M. T. Geay et faisant partie des
collections du Muséum d'histoire naturelle. Bull. Mus. Hist.
nat. Par. 1904. p. 224—226. (2 *Dytisc.*, 1 *Gyrin.* n. spp.).
— (2). Siehe Pavie 1 p. 81—82 Fam. *Dytiscides*, *Gyrinides*,
Hydrophilides. (Aufzählung von 12, 4 u. 7 spp.).
— (3). *Dytiscidae* et *Gyrinidae* recueillis par L. Fea en Afrique
occidentale. Ann. Mus. Gen. 41. p. 65—68. (19 *Dytiscid.*

u. 5 *Gyrinid.* aufgeführt, 1 *Hyphydrus,* 1 *Copelatus,*
1 *Dineutes* n. spp., Einzelb.).

Reitter E. (1). Übersicht der mir bekannten palaearktischen Arten
der *Coleopteren*-Gattung *Dicerca* Eschsch. Wien. ent. Z. 23.
p. 21—24. — Referat von Daniel 3 u. von Ssemënow 7.
(Umfass. Arb.).

— (2). Coleopterologische Notizen. ibid. p. 24—25 (*Schistocometa,
Sphenaria*), p. 83—84 (*Himatismus, Polydrosus, Lethrus*),
p. 259—260 (*Cionus, Eusomus, Ophonus, Trichodes, Cetonia,
Bathyscia*). — Referat von Daniel 3 u. von Ssemënow
7, 10.

— (3). Eine neue *Bathyscia* aus der Herzegowina. ibid. p. 26.
— Referat von Daniel 3. (1 n. sp. Einzelb.).

— (4). Bericht über Seidlitz 1903 (1). ibid. p. 27.

— (5). Bericht über Rybinski 1903 (1, 2) ibid. p. 27—28.

— (6). Über neue und wenig gekannte *Histeriden.* ibid. 29—36.
— Referat von Daniel 3. (5 n. sp. Einzelb. u. 2 umfass.
Arbeiten).

— (7). Eine neue *Mycetaeiden*-Gattung aus Italien. ibid. p. 41
—42. — Referat von Daniel 3 u. von Ssemënow 7.
(Umfass. Arbeit).

— (8). Über *Enicmus minutus* Lin. und *anthracinus* Mnnh. ibid.
p. 43—45. — Referat von Schaufuss 1, von Ssemënow 7
u. von Daniel 3.

— (9). *Alexia maritima* n. sp. ibid. p. 45. — Referat von
Daniel 3. (1 n. sp. Einzelb.).

— (10). *Pselaphus globiventris* n. sp. ibid. p. 46. — Referat von
Daniel 3. (1 n. sp. Einzelb.).

— (11). Bestimmungs-Tabelle der *Coleopteren*-Gattung *Cionus*
Clairv. aus Europa und den angrenzenden Ländern. ibid.
p. 47—64. — Referat von K. Schenkling 2 und von
Daniel 3 u. von Ssemënow 10. (Umfass. Arb.).

— (12), Referat über Schilsky 1903 (1). ibid. p. 80.

— (13). Über vier *Coleopteren* aus der palaearktischen Fauna.
ibid. p. 81—82. — Referat von Daniel 3 u. von Ssemënow 10. (1 *Penetretus* n. var., 1 *Eurostus* n. sp., 1 *Clytus*
n. var., 1 *Apthona* n. sp., Einzelb.).

— (14). Analytische Revision der Coleopteren-Gattung *Eusomus*
Germ. ibid. p. 86—91. — Referat von Daniel 3 u. von
Ssemënow 10. (Umfassende Arb.).

— (15). Referat über Müller 1903 (5) und über Engelhart
1903 (1). ibid. p. 92.

— (16). Abbildungen von Grottenkäfern aus Bosnien und der
Herzegowina. ibid. p. 146 tab. I. — Referat von Daniel 3.
(8 *Silph.,* 1 *Anophthalm.* abgebildet).

— (17). Drei neue *Coleopteren* aus Europa. ibid. p. 147—148.
— Referat ibid. (1 *Neuraphes,* 1 *Loricaster,* 1 *Elater* n. spp.,
Einzelb.).

— (18). Sechzehn neue *Coleopteren* aus Europa und den angrenzenden Ländern. ibid. p. 151—160. (1 *Anophthalm.*, 1 *Stenichnus*, 1 *Euconnus*, 1 *Pholeuonopsis*, 1 *Anemadus*, 1 *Agathidium*, 1 *Acritus*, 1 *Alexia*, 1 *Corticaria*, 1 *Trox*, 1 *Hoplia*, 1 *Agriotes*, 1 *Ebaeus*, 1 *Otiorhynchus* n. spp., Einzelb.).

— (19). Übersicht über die mit *M. piceus* F. zunächst verwandten *Mycetophagus*-Arten aus Europa und den angrenzenden Ländern. ibid. p. 165—166. — Referat von Ssemênow 17. (Umfass. Arb.).

— (20). Ein neuer blinder *Brachynus* aus Deutsch-Ostafrika. ibid. p. 178—179. (1 n. g., 1 n. sp. Einzelb.).

— (21). Sechs neue *Coleopteren* aus der palaearktischen Region. ibid. p. 255—258. (1 *Apholeuonus* n. var., 1 *Ammoecius*, 1 *Lethrus*, 2 *Acmaeodera*, 1 *Prosodes* n. spp., Einzelb.).

— (22). Bericht über Seidlitz 1. ibid. p. 286.

— (23). Max Freiherr von Hopfgarten †. ibid. p. 288.

— (24). Neue Arten des *Coleopteren*-Genus *Athous* Eschsch. aus Spanien. Bol. R. Soc. esp. Hist. nat. 1904 p. 236—239. (5 n. spp., Einzelb.).

— (25). Una nuova varietà della *Akis spinosa* L. Nat. Sicil. XVII p. 97.

— (26). Bestimmungstabelle der Europäischen *Coleopteren*. 53. *Tenebrionidae* III. Verh. Nat. Ver. Brünn. 1904 p. 25—189. — Referat von Schaufuss 1905 p. 13.

*Remer W. (1). Die Weichkäfergattung *Telephorus*. 81. Jahrber. Schles. Ges. 1904. Zool. bot. Sekt. p. 12—14. (Biologie der Larve).

* — (2). Der Getreidelaufkäfer, *Zabrus gibbus* F. ibid. p. 17—18.

Reutter O. M. (1). Ett nytt fynd af *Tribolium ferrugineum* F. Medd. Soc. Faun. Flor. fenn. 30. p. 99.

*Revon M. (1). Histoire naturelle de *Galerucella luteola*. Le Nat. 26. p. 261.

*Richir (1). L'*Hylobe*. Bull. Soc. centr. forest. Belg. 1904 p. 558. — Referat von Eckstein 1905 p. 17.

Ritsema C. (1). Four new species of the Melolonthid genus *Apogonia* from Borneo. Not. Leyd. Mus. XXV p. 103—109. (4 n. spp. Einzelb.)

— (2). Second supplementary list of the described Species of the *Melolonthid* genus *Apogonia*. ibid. p. 111—116. (62 spp. mit Citaten verzeichnet).

— (3). Eight new Asiatic species of the *Coleopterous* genus *Helota*. ibid. p. 117—132. (8 n. spp., Einzelb.).

— (4). A new West-African species of the *Coleopterous* genus *Helota*. ibid. p. 163—165. (1 n. sp., Einzelb.).

— (5). A new species of the *Rhynchophorus* genus *Cryptoderma*. ibid. p. 169 (1 n. sp., Einzelb.).

— (6). The hitherto known African species of the genus *Ilelota*.
ibid. p. 203—215. (Umfass. Arbeit.)
— (7). Second supplementary list of the described species of the
genus *Helota*. ibid. p. 216—218. (Verz. von 25 Arten mit
Literaturangabe).
*Rivera M. J. (1). El bruco de los arvejas (*Bruchus pisi*). Rev.
chil. VIII p. 25—42.
*— (2). Biologia de dos *Coleópteros* chileños cuyas larvas atacan
al trigo. ibid. p. 241—254.
*— (3). Desarollo i costumbres di algunos insectos de Chile. Act.
Soc. scient. Chili XIV p. 21—73, 4 figg.
*— (4). Nuevas observationes sobre algunos *Coleopteros* cuyas
larvas atacan el trigo. ibid. p. ?.
*— (5). Cambios producidos en la vegetacion por las siembras de
trigo i por larvas de Lamellicornios. ibid. p. ?.
Roeschke H. (1). Siehe Kraatz, Heyden, Koltze etc.
Ronchetti V. (1). Nuove indicazione topografiche. Riv. Col. ital.
II p. 145—146. (*Carabus, Abax*).
*Roubal J. (1). (Ueber einige neue Monstrositäten bei *Coleopteren*).
Sitzb. Kgl. böhm. Ges. Wiss. Prag. 1904. p. ? tab. —
Referat von Thon 1905. Zool. Centr. XII p. 664—665.
(Tschechisch. *Car., Dyt., Omal., Halyz., Geotr., Morimus,*
Chrysom.).
— (2). Ueber einige für Böhmen neue Käfer. Verb. Zool. bot.
Ges. Wien 54. 1904. p. 643—645 (18 Arten aufgezählt).
*Roule L. (1). Le negris des luzernes, ses moeurs et les moyens
de lutter contre lui. Progr. agr. vitic. 1903 p. 1—10. —
Referat von Dickel 1905. Z. Ins.-Biol. I p. 431. (*Cola-*
spidema).
*Rovara F. (1). (Ueber *Cleonus punctiventris*). Verh. Ver. Press-
burg 1903 p. 51—70. (Magyarisch).
Rudow Fr. (1). Einige Betrachtungen der Wohnungen von Käfern.
Ins. Börs. 21. p. 179—180, 187—188, 196—197. (*Carabid.,*
Dytiscid., Scarabaeid., Lucanid., Chrysomel., Scolytid., Cur-
culion., Bruchid. u. *Cerambycid.*)
— (2). Ueber *Niptus hololeucus*. ibid. p. 325.

*Sanderson E. D. (1). Insects mistaken for the Mexican Cotton
Boll. weevil. Tex. Agr. exp. Stat. Bull. 74, 12 pp.
*— (2). The cotton boll weevil in Texas. ibid. Circ. 3. 16 pp.
*— (3). Two Plum weevils. ibid. p. ? 4 tabb.
— (4). Siehe Allg. Sanderson 3. (*Chilocorus similis.*)
— (5). Siehe Allg. Sanderson 1. (*Epicauta, Cylas*).
Sangiorgi V. (1). Note topografiche. Riv. Col. ital. II p. 146—150
(*Carab.*)
*— (2). Appunti Zoologici sull'isola di Cefalonia. Att. Soc. Nat.
Modena (4) V. 36. 1903 p. 72—93. — Referat von Porta 2.
(Auch andere Ordnungen).

Sch. S. (1). Referat über Bongardt 1903 (1) Ins. Börs. XXI
p. 60—61. über Xambeu 1903 (3) p. 102, über Xambeu
5 p. 125, über Planet 1 p. 172—173, über Mitchell 1903
(1) p. 277, über Ohaus 1 p. 285, über Lapouge 1903 (2)
p. 380—381.

Schäffer C. (1). New genera and species of *Coleoptera*. J. N. York
Ent. Soc. XII p. 197—236. (1 *Car.*, 2 *Erot.*, 1 *Cuc.*, 2 *Crypt.*,
1 *Hist.*, 1 *Nit.*, 1 *Heteroc.*, 10 *Bupr.*, 3 *Malac.*, 11 *Cler.*,
5 *Cer.*, 4 *Chrys.*, 4 *Bruch.*, 2 *Curc.*, 5 *Anthr.* n. spp., Einzelb.
u. mehrere dichot. Tabellen.

— (2). (Über *Heterachthes, Compsa, Ibidion, Pyrassa* u. *Elaphidion*).
ibid. p. 61—62.

Schatzmayr A. (1). Drei neue Arten der Kärntner *Koleopteren*-Fauna.
Münch. Kol. Z. II p. 210—214.

Schaufuss C. (1). Referate über Fleischer 1903 (1) Ins. Börs.
XXI. p. 10, über Murtfeldt 1903 (1) p. 34, über Reitter
1903 (30) p. 41, über Moser 1903 (2) p. 58, über Luigioni 1903 (2) p. 66, über Lameere (1) p. 73, über
Bertolini (1) p. 98, über Marlatt 1902 (2) p. 106, über
Felscher & Orbigny 1903 (1) p. 113, über Reitter (8)
p. 114, über Desbrochers (2) p. 122, über Apfelbeck
(1) p. 130, über Chittenden 1902 (3) p. 130, über Lósy
(2) p. 153, über Kayser (1) p. 154, über Lameere 1903
(1a) p. 161, über Xambeu (6) p. 162, über Beare &
Donisthorpe (1) p. 169, über Leoni (1) p. 170, über
Luigioni (1) p. 170, über Burgess 1903 (1) p. 194, über
Kotinsky (1) p. 194, über Fiske (1) p. 194, über
Fletscher 1903 (2) p. 195, über K. Schenkling 1903 (1)
p. 202, über Fairmaire 1903 (1) p. 202, über Csiki (8)
p. 210, über Ganglbauer (1) p. 233, über Lecaillon (1)
p. 258, über Sturgis (1) p. 259, über Wilson (1) p. 259,
über Kolbe (1) p. 281—282, über Vorbringer (1) p. 313
—314, über Pocock 1903 (1) p. 322, über Lameere (1)
p. 330, über Wasmann (1) p. 345—346, über Xambeu
(7) p. 346, über Müller (1) p. 353—354, über Gabriel (1)
p. 361, über Jänner (1) p. 378, über Petri (3) p. 410,
über Fleischer (3) p. 410.

— (2). Ueber die Sammlung von Clemens Müller. ibid. p. 218.

— (3). Necrolog auf Ernst Brenske. ibid. p. 297. (Portrait).

Schenkling K. (1). Die Rüsselkäfergattung *Sitona* Ger. = *Sitones*
Schönh. und Bemerkungen zur neuesten Bestimmungstabelle
derselben. Ins. Börse 21. p. 4—5 (Referat über Reitter
1903, 29).

— (2). Die Rüsselkäfergattung *Cionus* betrachtet auf Grund der
neuesten Bestimmungstabelle derselben. ibid. p. 370—371.
[Referat über Reitter (1)].

Schenkling S. (1). Die *Cleriden*gattung *Phloeocopus* Guér. Ann. Mus. civ. Gen. 41. 1904 p. 169—186. — Referat von Speiser 1905 Z. Ins.-Biol. I. p. 354. (Umf. Arb.)

— (2). Referat über Rosenberg 1903 (1), über Peyerimhoff 1903 (4), über Reitter 1903 (22), über Sanderson 1902 (2), über Brèthes 1902 (1) und über Marchall 1903 (2). Allg. Z. Ent. 9. p. 349—350, 354.

Schilsky J. (1). Diagnosen neuer *Urodon*-Arten. Wien. ent. Z. 23. p. 78. — Referat von Daniel 3 u. von Ssemënow 10. (3 n. spp., Einzelb.).

— (2). Synonymische Bemerkungen zur Gattung *Bruchus* L. (*Mylabris* Geoffr.). Deut. ent. Z. 1904 p. 455—456.

*****Schmitt P. J.** (1). *Galerita janus* bombarding. Ent. News 15. p. 42.

Schnee P. (1). Siehe Allg. Schnee 1. (26 *Col.* von den Marshall-Inseln, von Kolbe bestimmt: 2 *Carab.*, 1 *Hist.*, 3 *Nit.*, 1 *Cuc.*, 2 *Hydr.*, 1 *Cler.*, 3 *El.*, 2 *Oed.*, 6 *Ten.*, 2 *Curc.*, 1 *Scol.*, 2 *Cer.*)

Scholz R. (1). *Patrobus assimilis* Chaud. Ins. Börs. 21. p. 115.

— (2). Verölung bei *Dorcadion* und *Rosalia* durch Kochen beseitigt. ibid. p. 133.

— (3). *Ancylus fluviatilis* Müller auf *Dyticus marginalis* L. ibid. p. 140. (Eine Schnecke, die sich festgesetzt hatte).

— (4). Der Tonapparat (Stridulationsorgan) bei *Leptura maculata* Poda. ibid. p. 268—269 fig. 1—3.

— (5). Was ist eine Art? ibid. p. 410—412.

*****Schreiner J. Th.** (1). (*Lethrus apterus* und die Mittel zu seiner Bekämpfung). (Arb. Bur. Ent. Minist. Landw. Peterh. IV no 11. 46 pp. 10 figg.) — Referat von Ssemenow 3.

***— (2). (Rüsselkäfer, die in Russland dem Mohn schädlich sind). ibid. no. 4. 16 pp., 7 figg. — Referat von Tschitscherin 1. (*Ceutorhynchus, Coeliodes*).

***— (3). Siehe Allg. Schreiner 1. (*Col.* als Schädlinge des Kohls).

Schröder Chr. (1). Referat über Chittenden 1902 (3 u. 7), über Chittenden 1902 (4 u. 6), über Fletcher 1903 (2), über Quintance & Smith 1902 (1), über E. Schwarz 1903 (1), über Marlatt 1902 (1) ü. über Marlatt 1902 (2). Allg. Z. Ent. 9. p. 78—82.

— (2). Siehe Allg. Schröder 35. (Auch *Col.*, *Coccinellen* als Schädlinge).

Schultze A. (1). Zwei neue paläarktische *Baris*-Arten. Münch. Kol. Z. II. p. 36—38. (2 n. spp. Einzelb.).

Schuster (1). *Lucanus cervus*. Zool. G. 1904 p. 388—389. (Biol. Notiz über 1 ♂).

— (2). Maikäfernahrung der Katzen. ibid. p. 389. (Katzen fraßen Mai- u. Junikäfer).

Schwarz E. A. (1). The Cotton-Boll Weevill in Cuba. (*Anthonomus grandis* Boh.). Proc. ent. Soc. Wash. VI. p. 13—17.

— (1a). (*Diaxenes Dendrobii* in N.-Amerika). ibid. p. 21.
— (1b). (*Col.* aus Maryland). ibid. p. 11. (*Hornops*).
— (2). A new *Coccinellid* Enemy of the San Jose Scale. ibid.
     p. 118—119.
*— (3). Siehe Allg. Merriam 1. *Coleoptera.* VIII. p. 169—185.
     (154 Arten aufgezählt, 1 *Nebria* n. sp., Larven von *Carab.*,
     Dyt., *Byrrh.*, *El.*, *Chrysom.* = Schwarz 1900, 1).
— (4). Siehe Uhler & Schwarz 1.
Schwarz O. (1). Bemerkung zu *Anoplischius mutabilis* Schw. Deut.
     ent. Z. 1904 p. 11.
— (2). Synonymische Bemerkung zu *Anoplischius basalis* Schw.
     und *femoralis* Schw. ibid. p. 15.
— (3). Neue *Elateriden* aus Süd-Amerika. ibid. p. 49—80.
     (2 *Semiotus*, 5 *Anoplischius*, 5 *Ischiodontus*, 2 *Atractosomus*,
     1 *Pomachilus*, 7 *Cardiorhinus*, 1 *Comesus* n. spp., Einzelb.).
— (4). Diagnosis of a new species of *Elateridae* in the Colombo
     Museum. Spol. Zeylan. II. p. 46. (1 *Adelocera* n. sp.,
     Einzelb.).
Seidlitz G. (1). Siehe Seidlitz Allg. 1. *Coleoptera.* p. 47—290.
— (2). *Dytiscidae* et *Gyrinidae* de la Faune européenne. (Suite
     et fin). Misc. ent. XII. p. 3—6, 42—54. (Umf. Arb.).
*— (3). Id. Separatum des Ganzen. Narbonne 1905.
***Selys-Longchamps M. de.** (1). Recherches sur le développement
     embryonnaire de l'appendice du premier segment abdominal
     chez *Tenebrio molitor.* Communication préliminaire. Bull.
     Ac. Belg. 1904 p. 413—417, 1 tab. — Referat von Mayer
     1905 p. 61.
Semënow siehe Ssemënov.
***Severin G.** (1). L'invasion de l'Hylesine géante. Bull. Soc. centr.
     forest. Belg. 1902 p. 145—152.
*— (2). Le genre *Hylobius* Schönherr. ibid. p. 689—712, figg.
     2 tabb. (*H. abietis*, *pinastri* u. *piceus*).
*— (3). Le genre *Myelophilus.* ibid. p. 754—769, figg. 3 tabb.
     (*M. piniperda* u. *minor*).
*— (4). Le genre *Pissodes* Germar. ibid. p. 775—801, 15 figg.,
     2 tabb. (7 spp.).
*— (5). Le role de l'Entomologiste en Sylviculture. ibid. 1903
     p. 152—162.
*— (6). Le *Dendroctonus micans.* ibid. p. 244—263. (Scheint
     = 1903, 1).
— (7). Siehe Severin & Brichet 1.
***Severin G. & Brichet O.** (1). Le *Dendroctonus micans* en Belgique.
     Bull. Soc. centr. forest. Belg. 1902 p. 72—83.
Sharp D. (1). Siehe Allg. Sharp 1. p. 131—212.
— (2). Siehe Muir & Sharp 1.
— (3). The stridulation of *Passalidae.* Ent. Month. Mag. 40.
     p. 273—274. (Flügel von *Porculus* zum Fliegen ungeeignet,
     aber zur Stridulation geeignet, Brutpflege).

Sharp W. E. (1). Variety of *Hyphydrus ovatus* L. Ent. Mont. Mag. 40. p. 43. (1 var. ohne Benennung).
— (2). Some Surrey *Coleoptera* captured during 1903. ibid. p. 43—44. (Sammelbericht).
*— (3). *Agabus (E·iglenus) unguicularis*, Thoms., and *A. (Gaurodytes) affinis*, Payk. Rec. Ent. XVI p. 90—91.
*****Sherman Fr. jr.** (1). List of the *Cicindelidae* of North Carolina, with Notes on the Species. Ent. News 15. p. 26—32, 112.
*****Silvestri F** (1). Contribuzione alla conescenza della metamorfosi e dei costumi della *Lebia scapularis* Fourcr., con descrizione dell' apparato sericiparo della larva. Redia II p. 68—84 tab. 3—7. — Referat von Neresheimer 1905 Z. Ins.-Biol. I. p. 439. u. von Schaufuss 1905 p. 97. (Die malpighischen Gefässe als Spinnapparat).
— (2). Al Prof. A. Porta. Riv. Col. ital. II. p. 254—255. (National-Museum für Naturwissenschaft).
*****Skinner H.** (1). New *Meloidae* from Arizona. Ent. News 15. p. 217.
*****Slingerland M. V.** (1). Siehe Slingerland & Johnson 1.
*****Slingerland M. V. & Johnson F.** (1). Siehe Allg. Slingerland & Johnson 1. (*Chrys.*, Schädlinge).
Sloane T. G. (1). Studies in Australian entomology. XIV. New species of *Geodephagous Coleoptera* from tropical Australia. Pr. Linn. Soc. N. S. Wales 29. p. 527—538. (2 *Cicindela*, 1 *Distypsidera*, 1 *Masoreus*, 2 *Carpaulum* n. spp. Einzelb., u. *Morio* umfass. Revision).
— (2). Revisional notes on Australian *Carabidae*. P. 1. Tribes *Carabini, Pamborini, Pseudozaenini, Clivinini*; and the genus *Nebriosoma*. ibid. p. 699—733. (Umfass. Arb.).
Smith J. B. (1). Siehe Allg. Smith 1903 (1). (p. 589—595: (Biologie von *Chilocorus similis*).
Smith R. S. (1). *Odontaeus mobilicornis*, F., at Downham, Norfolk. Ent. Mont. Mag. 40. p. 210.
*****Snow F. H.** (1). Siehe Allg. Snow 1. (*Col.* aus Arizona).
*****Sograf J. N.** (1). Siehe Allg. Sograf 1. (*Col.* an der Oka).
Sokolowski (1). (Ueber Fundorte schlesischer Käfer). Zeit. Ent. Bresl. 29. p. XV. (10 spp. genannt).
Solari A. & Solari F. (1). *Curculionidi* della fauna palearctica. Ann. Mus. Gen. 41. p. 525—538. (1 *Caenopsis*, 1 *Meira*, 1 *Tanymecus*, 1 *Conorhynchus*, 2 *Acalles*, 2 *Baris* n. spp., Einzelb.)
Sopp E. J. B. (1). *Ptinus tectus*, Boield., in Hoylake. Ent. Mont. Mag. 40 p. 108.
Spaeth F. (1). Zur Kenntnis der *Cassiden* des ostindischen Archipels. Ann. Mus. Gen. 41. p. 69—79. (1 *Megapyga*, 1 *Cassida*, 2 *Aspidomorpha*, *Rhacocassis* n. gen., 1 *Metriona* n. spp., Einzelb.)

*Spaulding P. (1). Two fungi growing in holes made by wood-
boring insects. 15. Ann. Rep. Missouri Gardens. 1904 p. 73.
— Referat von Schaufuss 1905 p. 89. (Pilzzüchtende
Solyt.)

Speiser P. (1). Referat über Dahl 1, über Lameere 1903 (3),
über Holdhaus 1903 (2), über Hormazaki 1903 (1), über
Weber 1903 (1), über Sharp 1903 (5), über Bruyant
& Eusebio 1902 (1), über Schilsky 1903 (1) und über
Heyne & Taschenberg 1902 (1), 1903 (1). Allg. Z. Ent.
9 p. 156—203.

Ssemënow A. (1). Synopsis *Elaphrorum* palaearcticorum subgeneris
Elaphroteri Sem. gregem *El. riparii* (L.) efficientium. Rev.
russe d'Ent. IV. p. 19—22. — Referat von Daniel 3.
(Umfass. Arbeit).

— (2). Analecta coleopterologica. VI – IX. ibid. p. 37—39, 119
—121, 201—202, 313—315. *Trachypachys, Aphodius, Scolytus,
Dryocoetes, Tomicus, . Prionus, Cicind., Leistus, Elaphrus
Peltis, Clon, Semijulistus, Sachalinobia, Tichonia, Eriocypas,
Broscus, Clivina, Trechus, Discoptera, Cicindela, Notiophilus,
Dromius, Haliplus, Notiophilus, Brychius, Lathridius, Orchesia,
Xylotrechus.*

— (3). Referate über Brenske 1902 (2), Daniel & Daniel
1903 (2), K. Daniel 1903 (7), Fleischer 1903 (1), Holdhaus 1903 (2), Jacobson 1903 (5), Reitter 1903 (25, 26),
Schreiner 1. ibid. p. 47—53.

— (4). (Zum Andenken an Tichon Ssergeiewitsch Tschitscherin. † 22. März 1904. (Russisch). ibid. p. 69—76,
Portrait.

— (5). (Kritische Notiz über *Elaphrus Jokovlevi* Sem., *longicollis*
Sahlb. u. *angusticollis* Sahlb.). ibid. p. 102—105. (Russisch).

— (6). (Notizen über Käfer des europäischen Russland und des
Kaukasus. Neue Ser. 21—30). ibid. p. 111—116, 300—308.
(Russisch. *Carabus, Chlaenius, Anomala, Anisoplia, Trachys-
scelis, Phymatodes, Neodorcadion, Notiophilus, Dromius,
Brychius, Tritoma, Mycetophagus, Coccinella, Aphodius, Or-
chesia, Xylotrechus*).

— (7). Referat über Poppius 3, Reitter 1, 2, 6, 8, R. Schmidt
1903 (1). ibid. p. 129 – 130. (Russisch.)

— (8). De duabus novis speciebus generis *Stomis* Clairv. e
Transcaucasia. ibid. p. 152—153. — Referat von Daniel 3.
(2 n. spp., Einzelb.)

— (9). (Notiz über *Dromius longulus* Friv., eine für die Fauna
Russlands neue Art). ibid. p. 167—169. (Russisch, Beschreibung lateinisch).

— (10). Referat über K. Daniel 1, Daniel & Daniel 1,
Escherich 4, Formanek 1, Heyden 1903 (1), Jakowleff

1, Klima 3, Lameere 1902 (1), 1903 (1, 1a), Lesne 7,
Luze 1, 2, Olsufieff 1903 (1), Petri 2, Peyerimhoff 1903
(4), Pic 1903 (13), Poppius 1903 (2, 4), , Reitter 11,
13, 2, 14, Schilsky 1. ibid. p. 176—188.
— (11). De nova specie generis *Haliplus* Latr. e Rossia europaea.
ibid. p. 216—217. (1 n. sp. Einzelb.).
— (12). (Ueber die Lebensbedingungen und die zoogeographische
Bedeutung des *Callipogon* (*Eoxenus*) *relictus* Sem.) ibid.
p. 220—224. (Russisch. Biologie).
— (13). Referate über Bedel 1, Boileau 1, Bourgeois 1,
H. Buyssou 1, François 1, Grouvelle 1903 (1, 2),
Jakowleff 2, König 1, Künckel 1, Lesne 1, Pic 1903
(17), 3, Portevin 1903 (1) (p. 234—239).
— (14). (Zur Frage der systematischen Stellung der Flöhe.
Aphaniptera s. *Siphonaptera* auctorum). ibid. p. 277—288.
(Russisch. Systematik).
— (15). Novae *Coleopterorum* formae e Sibiria. ibid. p. 289—291.
(1 *Lathridius*, 1 *Dapsa*, 1 *Lycoperdina* n. spp., Einzelb.)
— (16). Novae *Cicindelidarum* formae e fauna Rossiae. ibid.
p. 295—297 (4 n. varr.).
— (17). Referate über Bedel 2, Faust 1 u. Heller 2, Fiori 3,
Fleischer 1, Ganglbauer 1903 (6, 9), Kolbe 1903 (3),
Lameere 1903 (2), Masaraki 3, 4, Müller 1, Poppius 4,
Reitter 18, 19, Vorbringer 1, 2, Weise 2, 3. ibid. p. 321
—329.
— (18). (Zur Insekten-Fauna der Insel Kolgujev). Hor. ross. 37.
p. 116—126. — Referat von Kusnetzow 1. (6 *Carab.*,
2 *Dytisc.*, 1 *Staph.*, 1 *Silph.*, 1 *Curcul.* aufgezählt, 1 *Elaphr.*
n. var., 1 *Pterostichus* n. sp. Tschitsch. Einzelb.).
— (19). Synopsis praecursoria generum et specierum subtribum
Stomini efficientium. ibid. p. 187—193. — Referat loc. cit.
(Umfass. Arb.).
— (20). (Ergänzende Notiz über die Arten der Gattung *Nycti-*
phantus Sem.). ibid. p. 194—196 (Russisch, 1 n. sp. lateinische
Einzelb.)
*Ssilantjev A. (1). (Der „türkische Weinberg-Rüsselkäfer"). (Der
Bote des Weinbaues). 1904 no. 5—7 p.?, 30 pp. — Referat
von Kosnetzov 3. (*Otiorhynchus turca*).
*Stamm R. H. (1). Siehe Allg. Stamm 1. (Befestigung der Mus-
keln auch an *Col.* untersucht).
*Stanton W. (1). Siehe Allg. Stanton 1. (*Oryctes rhinoceros* als
Schädling, Biologie).
*Stebbing E. P. (1). Siehe Allg. Stebbing 1. (*Vedalia* als Feind
einer Blattlaus, Biologie).
Stefani-Perez T. de. (1). Nota biologica sull' *Apion violaceum*
Kirby. Nat. Sic. 17 p. 177—179. — Referat von Speiser
1903. Z. Ins. Biol. I p. 519.

*— (2). Siehe Allg. Stefani 1. (*Anobium* mit *Hym.* als Schmarotzer).
*— (3). Siehe Allg. Stefani 3. (Galle von *Mecinus barbarus* Sch.)
Sternberg Chr. (1). Zur Gattung *Aegopsis* Burmeister. Deut.
    ent. Z. 1904 p. 17—32. (Umfass. Arb., *Scarab.*).
***Stevenson Ch.** (1). *Aphodius erraticus* Linn. on Montreal Island.
    Can. Ent. 36. p. 164.
Stierlin G. (1). Tableaux analytiques des *Rhynchophores* européens.
    II. *Brachyderidae.* Misc. ent. XII. p. 78—94, 102—112,
    129—136, 145—160, 161—174, 177—190. (Umf. Arb.).
— (2). Curculionides de Sicile de la collection du Dr. Stierlin.
    Nat. Sic. XVII. p. 217—218.
***Störmer K.** (1). Siehe Allg. Störmer 1. (*Calandra granaria* als
    Schädling).
Strand E. (1). Bemerkninger til Myntmester Münsters „Nye
    norske *Coleoptera".* Nyt Mag. Naturv. 42. 1904 p. 180
    —182. (Berichtigungen).
— (2). Mindre Meddelelser verörende Norges Coleopterfauna. Arch.
    Math. Nat. XXIV 1904 III p.? 31 pp. — Referat von
    Speiser 1905 Z. Ins. Biol. I p. 353. (271 Arten, 2 *Carab.*,
    1 *Staph.*, 1 *Derm.*, 1 *Scar.*, 1 *Malac.*, 2 *Curc.*, 2 *Scol.*,
    1 *Chrys.* für Skand. neu).
Sturgis W. C. (1). Beetles injurious to herbarium fungi. U. S.
    Dep. Agr. Div. Ent. Bull. 44. p. 85. — Referat von Schau-
    fuss 1. (*Arrhenoplita, Sphindus, Liodes* u. *Boeocera* als Zer-
    störer einer Pilzsammlung).
Symons T. B. (1). Entomological notes of the year in Maryland.
    U. S. Dep. Agr. Div. Ent. Bull. 46 p. 97—99. (*Anthonomus,
    Scolytus, Diabrotica, Crioceris, Lasioderma* als Schädlinge).
***Taschenberg.** (1). Siehe Heyne & Taschenberg 1.
Taylor J. K. (1). Occurence of *Cryptocephalus coryli* in Sherwood
    Forest. Ent. Mont. Mag. 40 p. 32.
— (2). *Meloë brevicollis,* in the Buxton district. ibid. p. 136.
— (3). *Rhinomacer attelaboides,* F., at Sherwood. ibid. p. 158.
— (4). Rare *Coleoptera* at Sherwood. ibid. p. 258.
Tertrin P.† (1). Siehe Pavie 1. p. 84—85. Fam. *Paussides, Sil-
    phides, Temnochilides, Lucanides, Scarabaeides.* (Aufzählung
    von 1, 1, 2, 8 u. 31 Arten. — Opus posthumum!).
— (2). Idem: p. 93 Fam. *Buprestides, Clerides, Meloides* (Aufzählung
    von 9, 3 u. 5 Arten. — Opus posthumum!)
***Theobald F. V.** (1). Siehe Allg. Theobald (1). (Schädlinge).
Théry A. (1). Espèces nouvelles de *Buprestides* exotiques. Bull.
    Fr. 1904 p. 73—76. (1 *Cardiaspis,* 1 *Strobilodera,* 1 *Cono-
    gnatha* n. sp. Einzelb.).
— (2). *Buprestides* récoltés par le Dr. Horn à Ceylan. Ann. Belg.
    48. p. 158—167. (1 *Sphenoptera,* 1 *Chrysobothris,* 1 *Na-
    landa,* 7 *Agrilus,* 4 *Trachys* n. spp., Einzelb.).
***Thunberg T.** (1). Mikro-respiratorische Untersuchungen. Centr.
    Physiol. 18. p. 553—556 (*Tenebrio* untersucht).

Titus E. S. G. (1). Some preliminary notes on the Clover-Seed Chalcis-Fly. U. S. Dep. Agr. Div. Ent. 44. p. 77—80. — Referat von Schaufuss 1. (*Bruchophagus*, als vermeintliche Schmarotzer von *Bruchus*).

Tomlin R. (1). *Oxypoda misella*, Er. etc. at Brandon. Ent. Mont. Mag. 40. p. 60.

— (2). *Longitarsus curtus*, Allard, in the isle of Man. ibid. p. 60.

— (3). Some Notes on Manx *Coleoptera*. ibid. p. 177—179. — (Zahlreiche spp. aufgeführt, von denen 53 für die Insel Man neu).

— (4). *Lochmaea suturalis*, Thoms., var. *nigrita*, Weise. ibid. p. 183—184.

*— (5). (*Latridius angusticollis* in S. Wales). Ent. Rec. XVI p. 18.

*Torka V. (1). *Pissodes validirostris* Gyllh. = *strobili* Redth. Zeitschr. Naturw. Abt. Deut. Ges. f. Kunst u. Wiss. Posen. XI. 1. 1904 p. 6—9. — Referat von Speiser 1905 Z. Ins. Biol. I. p. 480.

*Townsend A. B. (1). The Histology of the Light Organs of *Photinus marginellus*. Amer. Natural. 38. p. 127—151, 10 figg. — Referat von Mayer 1905 p. 61.

*Trotter A. (1). Siehe Allg. Trotter 5. (Zoocecidien).

Tschitscherin T. † (1). Referate über Horn 1903 (7), Schreiner (2). Rev. russe d'Ent. IV p. 50, 53.

— (2). Zur Kenntniss einiger caucasischen *Trechus*-Arten. ibid. p. 147—149. — Referat von Daniel 3. (2 n. nom., n. sp. Einzelb.).

— (3). Notice sur la sous-tribu des *Stomini* et description d'une nouvelle espèce du genre *Stomis* Clairv. du Nord de la Perse. ibid. p. 150—151. — Referat loc. cit. (1 n. sp. Einzelb.).

— (4). Extrait d'une lettre à M. Thomas G. Sloane. ibid. p. 229. (Über *Notomus*).

— (5). Fragments d'une revision des *Scaritini* des régions palé-arctique et paleanarctique: Synopsis des genres et de *Scarites* Fahr. ibid. p. 257—265. (Umfass. Arb.).

— (6). *Dyschirius unicolor* Motsch. et ses races. ibid. p. 266—267.

— (7). Siehe Ssemënow 18.

Tullgreen A. (1). Siehe Allg. Tullgren 1. (*Lasioderma, Sitodrepa, Bruchus, Crioceris, Zabrus, Calandra, Galeruca* genannt resp. besprochen).

Turner (1). Siehe Allg. Turner (1). (*Col.* in England).

Uhagon S. de. (1). Ensayo sobre los *Zabrus* de España y Portugal. Mem. Soc. Esp. II p. 363—436. (fass. Arb.).

Uhler. (1). Siehe Uhler & Schwarz 1.

Uhler & Schwarz E. A. (1). Siehe Allg. Uhler & Schwarz 1. (*Col.* aus West-Indien).

Uyttenboogaart D. L. (1). (*Bembidium velox* u. varr.) Tijdschr.
    Ent. 47. p. LII—LIII. (var. *bimaculatum* u. var. *irregulare*
    n. var.?)
— (2). *Carabus monilis* F. var. *interruptus* Beuth. Ent. Berichten
    No. 16 p. 128.
— (3). *Donacia marginata* Hopp. ibid. p. 128—129.
— (4). *Pteleobius vittatus* F. ibid. p. 143.

Vaney C. & Conte A. (1). Utilisation des Champignons ento-
    mophytes pour la destruction des larves *d'Altises.* C. R.
    Acad. Sc. Par. 159—161. — Referat von Dickel 1905
    Z. Ins.-Biol. I. p. 431—432. (*Haltica*).

*****Varendorff v.** (1). Welche Vorteile gewährt die jährliche An-
    einanderreichung der Schläge beim Kiefernkohlschlage-
    betrieb? Z. Forst- u. Jagdw. 1904 p. 172. — Referat von
    Eckstein 1905 p. 17. (Biologisches über *Hylobius Abietis*).

Varenius B. (1). Några nya fyndorter för *Coleoptera.* Ent. Tids.
    25. p. 88. (4 spp. genannt).
— (2). Några Coleopterfynd. ibid. p. 132. (3 spp. genannt).
— (3). En för Skandinavien ny Skalbagge. ibid. p. 300. (*Leptura
    livida* Fbr.).

Vázquez Figuera y Mohedano A. (1). Un nuevo *Coleoptero.* Bol.
    Esp. IV. p. 374. (1 *Coptocephala* n. var.).

*****Veen** (1). (*Goliathus*). Bull. kol. Mus. Haarlem. XXX. p. 64—66,
    tab. (1 n. var.).

*****Veneziani A.** (1). Siehe Allg. Veneziani 2. (Zahl der Malpigh.
    Gefässe bei *Col.*).

Viré A. (1). Siehe Allg. Viré. (Höhlenkäfer).

Vitale Fr. (1). Osservazioni su alcune specie die Rincofori Messi-
    nesi. Nota I. Riv. ital. Sc. nat. XXII. 1902. p. ?, 140—143
    Sep. 9 pp. — Referat von Daniel 3. (*Phyllobius, Sitona,
    Brachycerus, Lixus, Orthochaetes, Styphlus*).
— (1a). Un giorno di caccia entomologica. ibid. p. ? Sep. 7 pp.
    (Sammelbericht).
— (2). Tavola sinotica delle specie siciliane del genere *Brachy-
    cerus* Oliv. ibid. XXIII. 1903 p. 2—5. Sep 3 pp. (Umfass.
    Arb.).
— (2a). Chiacchierata bio-entomologica. ibid. p. ? Sep. 4 pp.
    (Sammelbericht).
*— (2b). Le somiglianze protettive nei *Curculionidi.* ibid. 24.
    1904 p. 141—145. (Fortsetzung von 1903, 4).
*— (2c). Notizie di cacce entomologiche. Boll. Nat. XXIII. 1903.
    p. 19—20.
*— (2d). I *Coleotteri* Messinesi. ibid. XXIV. 1904. p. 26—28, 37
    —40, 54—56, 74—76.
— (3). Note topografiche. Riv. Col. ital. II p. 39—46.
— (4). Rettificazioni e sinonimie. ibid. p. 46—47.

— (5). Specie e varietá nuove di *Curculionidi* Siciliani. ibid.
p. 125—129. — Referat von Daniel 3. (1 *Mylacus*, 1 *Cathor-miocerus*, 1 *Larinus* n. spp., Einzelb.).
— (6). I *Cossonini* siciliani. Nota VIII. Nat. Sic. XVII. 14—17,
26—41. (Umfass. Arbeit.)
— (7). Osservazioni su alcune specie di Rincofori Messinesi.
Nota II. ibid. p. 77—81, 101—107, 129—134, 165—172.
(Zahlreiche spp. besprochen u. 3 *Anisorhynchus* dichotomisch
behandelt).
— (8). Contributo a lo studio dei *Coleotteri* di Sicilia. I *Cocci-nellidi*. ibid. p. 193—200, 219—229. (Verz. von 44 spp. u.
var., die bei Messina, u. von 81, die in Sicilien gefunden
wurden).
— (9). Siehe Ragusa 2. (1 *Otiorh.* n. subvar. p. 24).
— (10). Contribuzione allo studio della Entomologia Sicula. I
Rincofori Messinesi. Atti Acad. Pelor. XV. 1901. p. ? Sep.
38 pp. (Aufzählung der Arten).
— (11). Rincofori Siciliani. Catalogo generale sinonimico-topo-grafico. Atti Acad. Dafn. Acireale. VII 1899—1900. p. ?
Sep. 52 pp. (Aufzählung der Arten Siciliens).
— (12). Id. — Primo Supplemento. ibid. X. 1903—1904. p. ?
Sep. 10 pp.

Vorbringer G. (1). Sammelbericht aus Ostpreussen. Deut. ent. Z.
1904 p. 43—45, 453—454. Referat von Daniel 3. (*Hist.*,
Byrrh., *Nit.*, *Lathr.*, *Cuc.*, *Cryptoph.*, *Ciss.*, *Psel.*, *Staph.*,
Anob., *Curc.*, *Bruch.* für Ostpreussen neu).
— (2). Über *Dromius cordicollis* Vorbg. ibid. p. 45—46. — Referat
von Ssemënow 17.

*__Vosseler.__ (1). Siehe Allg. Vosseler 1. (Schädlinge).

Wagner H. (1). Beiträge zur Kenntnis der Gattung *Apion* Herbst.
Münch. Kol. Z. II. p. 373—379. (3 n. sp. Einzelb., Geograph.,
Biolog.).
*__Wahl.__ (1). Der Buchenrüsselkäfer ein gelegentlicher Schädling
des Apfelbaums. Wiener landw. Z. No. 55. — Referat von
Eckstein 1905 p. 17.
Walker J. J. (1). *Oxylaemus variolosus*, and *Choleva colonoides*.
Ent. Mont. Mag. 40. p. 138.
— (2). Re-occurence of *Bagous brevis*, Gyll., at Woking. ibid.
p. 158—159.
— (3). Re-occurence of *Cryptocephalus bipunctatus*, L., var.
thomsoni, Weise, at Woking. ibid. p. 183.
— (4). *Podagrica fuscicornis*, L., a garden pest at Oxford. ibid.
p. 183.
— (5). *Plagiodera versicolora*, Laich., in abundance at Oxford
ibid. p. 210.
— (6). *Coleoptera* in the isle of Sheppey. ibid. p. 259.

— (7). Siehe Allg. •Walker 1. (*Col.* in Neu-Seeland).
— (8). Siehe Broun 2.
*Washburn F. L. (1). *Cryptorhynchus lapathi* in Minnesota. Psyche. XI. p. 104.
— (2). Siehe Allg. Washburn (*Anthonomus, Tribolium, Lyctus*).
Wasmann E. (1). Zur Kenntnis der Gäste der Treiberameisen und ihrer Wirthe am oberen Congo, nach den Sammlungen und Beobachtungen von P. Herm. Kohl C. SS. C. bearbeitet. Zool. Jahrb. Suppl. XII. 1904. p. 611—682. tab. 31—33. — Referat von Escherich 2 u. 1905 Z. Ins. Biol. I p. 48, von Hetschko 1 u. von Schaufuss 1. (38 n. spp. *Staph.*).
— (2). Ein neuer *Atemeles* aus Luxemburg. Deut. ent. Z. 1904 p. 9—11. — (1 n. sp. Einzelb. u. dich. Tab.).
— (3). Referat über Everts 1903 (2 u. 3). ibid. p. 304.
— (4). Siehe Allg. Wasmann 1. (3 *Rhysopaussidae*, 1 *Cossyphide*, 2 *Tenebrion*. n. spp.).
— (5). Contribuçāo para o estudo dos hospedes de abelhas brazileiras. Rev. Mus. Paul. VI 1904 p. 482—487. (*Staph.* u. *Silph.* in Bienennestern schmarotzend).
— (6). Neue Beiträge zur Kenntniss der *Paussiden* mit biologischen und phylogenetischen Bemerkungen. Notes Leyd. Mus. XXV. 1904. p. 1—82, 110 tab. I—VI. — Referat von Escherich 1905 Zool. Centr. XII p. 50, von Mayer 1905 p. 60, von Schaufuss 1905 p. 73 u. von Speiser 1905 Zeit. wiss. Biol. I p. 515—516. (Umfass. Arb.).
*Wassiljev E. (1). (Über die Beschädigung der Erbsen durch den „gestreiften Rüsselkäfer" und über ein neues Mittel gegen ihn). (Nachr. Landwirt. u. Handel). 1904 p. ?, 4 pp. — Referat von Kusnetzov 3.
Waterhouse C. O. (1). Observations on *Coleoptera* of the family *Buprestidae*, with descriptions of new species. Ann. nat. Hist. XIV p. 245—267, 314—348.
Weber L. (1). Zur Kenntnis der *Carabus*-Larven. Allg. Z. Ent. IX p. 414—418, fig. 1—5. — Referat von Schaufuss 1905 p. 6. (Larve von *C. Ulrichii, nemoralis, catenulatus.*)
*Webster F. M. (1). Studies of the Life History, Habits and Taxonomic Relations of a New Species of *Oberea* (*O. ulmicola* Chittenden). Bull. Illin. Laborat. Nat. Hist. VII. 1904. p. 1—14. tab. I, II. — Referat von May 7, u. von Dickel 1905 Z. Ins.-Biol. I p. 227 (Biologie, 1 n. sp. von Chittenden beschrieben).
*— (2). Relation of the Systematic to the Economic Entomologist. Ent. New II p. 193—202.
— (3). Some Distribution Notes. U. S. Dep. Agr. Div. Ent. Bull. 46. p. 46—47. (*Myochrous*).
Weise J. (1). Synonymische Bemerkungen. Deut. ent. Z. 1904 p. 16. (*Cryptocephalus*).

— (2). Über *Sclerophaedon orbicularis* Instr. ibid. p. 47—48. —
Referat von Daniel 3 u. von Ssemënow 17. (Larve).
— (3). *Pseudocolaspis substriata* n. sp. ibid. p. 100. — Referate
loc. cit.
— (4). Synonymische Bemerkungen zu Gorham, Biologia Centrali-
Americana, Vol. VII. *Coccinellidae.* ibid. p. 357—364.
— (5). *Haptoscelis melanocephala* Panz. var. *baltica* Ws. ibid.
p. 368. — Referat von Daniel 3.
— (6). Einige neue *Cassidinen* und *Hispinen.* ibid. p. 433—452.
(4 n. gen., 19 n. spp., Einzelb.)
— (7). Synonymische Bemerkungen über *Hispinen.* ibid. p. 457.
— (8). Referat über den coleopterologischen Inhalt von Krancher
1903 (1). ibid. p. 8.
— (9). Referat über Schilsky 1903 (1). ibid. p. 458.
— (10). *Chrysomeliden* und *Coccinelliden* aus Afrika. Arch. Nat.
70. I. 1904 p. 35—62.
— (11). Über bekannte und neue *Chrysomeliden.* ibid. p. 157
—178.
— (12). Über einige *Chrysochloa*-Varietäten. Münch. Kol. Zeitschr.
II. p. 234—237. (*Oreina* varr. u. Biol.).

Wheeler W. M. (1). Siehe Allg. Wheeler 2. (*Anthonomus grandis*
als Schädling der Baumwollstaude).

*Wickham H. F. (1). The Metamorphoses of *Aegialites.* Canad.
Ent. 36. p. 57—60, tab.
*— (2). On the systematik position of the *Aegialitidae.* ibid.
p. 356—357.
*— (3). The influence of the mutations of the pleistocene lakes
upon the present distribution of *Cicindela.* Am. Nat. 38.
p. 643—654.
*— (4). Reduplication of the Tarsus in *Hydrocharis.* Ent. News
15. p. 237—238 fig.

Wickström D. A. (1). Ett egendomligt foll af öfvervintring.
Medd. Soc. Fauna Flora Fenn. 28 A. 1902. p. 49—50. (*Ph.
vitellinae*).

*Wielandt E. (1). En Samling *Coleoptera* fra Fort Trekroner.
Ent. Med. del. (2) II p. 334.

Wielowieyski H. R. (1). Siehe Allg. Wielowieyski 1. (Eibildung
auch bei *Col.* untersucht).

Williams (1). (*Clytus arcuatus* in England). The Ent. 1904 p. 167.

Wilson B. D. (1). *Agonoderus pallipes* a permanent enemy of
sprouting corn. U. S. Dep. Agr. Dis. Ent. Bull. 44. p. 90. —
Referat von Schaufuss 1. (Schädling des keimenden Maises).

*Wize C. (1). (*Pseudomonas ucrainicus*, eine Insekten-tödtende
Bakterie in der Larve des Rüben-Rüsslers, *Cleonus puncti-
ventris* Germ.). Akad. Um. Krak. 1904 p. ? (Siehe Danysz
& Wize 1903).

*— (2). (Die Krankheiten des *Cleonus punctiventris* Germ. verursacht durch Pilze, die besonders die neuen Individuen
befallen). ibid. p.?
*— (3). Les maladies du *Cleonus punctiventris* Germ. causées par
des Champignons entomophytes, en insistant particulièrement
sur les espèces nouvelles. Acad. des Sc. Crac. Bull. internat.
1904 p.? (Referat über 2).
Wood Th. (1). Is *Leptidia brevipennis* a British insect? Ent. Mont.
Mag. 40. p. 60.
— (2). Re-appearance of *Cis bilamellatus*, Wood, at West Wickham. ibid. p. 238.
— (3). *Coleoptera* in Scottland. ibid. p. 260.
— (4). *Strangalia aurulenta*, F., at Looe. ibid. p. 261.
*****Woronkow N. W.** (1). Siehe Allg. Woronkow 1. (*Col.* in Russ-
land genannt).
Xambeu V. (1) Description de la larve de *l'Anophthalmus* Bugezi
Dev. Bull. Fr. 1904 p. 106—107. — Referat von Daniel 3.
(Larve).
— (2). Faune entomologique des Pyrénées-Orientales p. 19—66.
Ech. 20. Beilage (Forts. von 1903, 6. *Dytiscidae — Elateridae*).
— (3). Moeurs et metamorphoses des Insectes. Mélanges entomologiques. (Suite). Ann. Soc. Linn. Lyon 50. 1903 (1904) p.
79—129, 167—225. (Im Bericht pro 1903 nicht aufgeführt,
aber ausführlich bei den einzelnen Familien referirt.[1]).
— (3a). Id. ibid. 49. 1902 (1903) p. 2—54, 95—160. (Im Bericht
pro 1903 aufgeführt, aber nicht referirt).
— (3b). Id. 14. Mem. Larves de Madagascar. ibid. 51. 1904 (1905)
p. 67—164.
*— (4). Mélanges entomologiques. (Seite 5—8). Soc. Pyr. or.
45. p. 45—72.
*— (5). Moeurs et Metamorphose de l'*Amphimallus fuscus* Scop.
Le Nat. 1904 p. 33. — Referat von Sch. 1.
*— (6). Moeurs et Metamorphose du *Larinus ferrugatus* Gyllh.
ibid. p. 81—82. — Referat von Schaufuss 1.
*— (7). Moeurs et Metamorphoses des *Celéoptères* du genre *Baris*
Germ. ibid. p. 213, 223. — Rft. von Schaufuss 1.
Yerbury J. W. (1). Siehe Allg. Yerbury 1. (*Col.* auf den Scilly-
Inseln).
*****Yurkewitsch M. W.** (1). Siehe Allg. Yurkewitsch 1. (*Col.* in
Bulgarien).
Zacher F. (1). Siehe Allg. Zacher (1). (Sammelbericht, Deutsch-
land).
Zang R. (1). *Parapelopidas* and *Ophrygonius*, zwei neue Gattungen
der *Passaliden*. Zool. Anz. 27. 1904. p. 694—701, 3 figg.
(3 n. spp. Einzelb.)

_____

[1]) Die Citate bei den einzelnen Familien beziehen sich alle auf diese
Abhandlung u. nicht auf 3a.

— (2). Über einige *Passaliden* aus der Sammlung der koninklijk
zoologisch Genootschap Natura Artis Magistra. Tijdschr.
Ent. 47. p. 181—185.
— (3). *Passalidarum* synonymia. Kritische Revision der von
Kuwert und anderen Autoren aufgestellten Gattungen u.
Arten. I. Not. Leyd. Mus. 25. p. 221—232. (Zahlreiche
Synonyme, 3 n. gen.)
— (4). Zwei neue *Passaliden* aus den Gattungen *Comacupes* Kp.
u. *Aceraeus* Kp. ibid. p. 233—238. (2 n. spp. Einzelb.)
*Zimmermann A. Siehe Allg. Zimmermann 1. (Schädlinge).
Zodda G. (1). Recensioni. Riv. Col. ital. II. p. 17—20. (*Sipalia,
Omalium, Lesteva*).
*— (2). I *Bolitobiini* d'Italia. Saggio di un catalogo descrittivo
dei *Coleotteri* italini. Riv. ital. Sc. nat. XXII. 1902 p. 153
—155. (Fortsetzung von 1902, 2).
Zoufal V. (1). *Antroherpon Loreki* n. sp. Wien. ent. Z. XXIII
p. 20. — Referat von Daniel 3. (1 n. sp. Einzelb.)

B. Uebersicht nach Zeitschriften.

(Die mit * versehenen Zeitschriften waren dem Ref. nicht zugänglich.)

I. Europa.

a) Deutschland, Oestreich, Schweiz, Balkanstaaten.

Selbständig erschienene Schriften: Apfelbeck 1, Ganglbauer 1,
Kosanin 1, Leinemann 1, Molisch 1, Seidlitz 1.

Entomologische Zeitschriften.

Münchner Koleopterologische Zeitschrift II. 1. 2. 1904:
Breit (1) p. 28—29. — Csiki (9) p. 120—121. — J. Daniel
(1) p. 237—297, (2) p. 237. — K. Daniel (1) p. 1—15, (2)
p. 66—68, (3) p. 71—75, (3a) p. 182—185, (3b) p. 201—208,
(4) p. 301—314, (5) p. 320—349, (6) p. 355—371, (7) p. 380
—389. — Daniel & Daniel (1) p. 76—95, (2) p. 96—150, (3)
p. 119—150. — Escherich (4) p. 30—35. — Formanek (1)
p. 16—28, 151—182, (2) p. 297—300. — Ganglbauer (2)
p. 186—200, (3) p. 350—354. — Hagedorn (5) p. 228—233,
(5a) p. 372—373. — Holdhaus (1) p. 215—227, (2) p. 102, 106.
— Klima (1) p. 43—66. — Luze (1) p. 69—70. — Müller (2)
p. 38—42, (3) p. 208—210, (3a) p. 314—320. — Schatzmayer
(1) p. 210—214. — Schultze (1) p. 36—38. — Wagner (1)
p. 373—379. — Weise (12) p. 234—237.
Zeitschrift für Entomologie, herausgeg. vom Ver. für schlesische
Insektenkunde zu Breslau. Neue Folge. 29. Heft 1904: Dietl

(1) p. XIV. — Gabriel (1) p. 85—89. — Gerhardt (1) p. 71
—76, (2) p. 77—78, (3) p. 79—82, (4) p. 83—84, (5) p. 84.
— Kletke (1) p. XV. — Pietsch (1) p. IV, (2) p. V, (3) p. V
—VI. — Sokolowski (1) p. XV.

Stettiner entomologische Zeitung. 65. 1904: Bernhauer (1)
p. 217—242. — Hagedorn (6) p. 404—413. — Heller (5)
p. 381—401, (6) p. 401—403. — Kolbe (3) p. 3—57. —
Ohaus (2) p. 57—175, (3) p. 254—341.

Deutsche entomologische Zeitschrift 1904: Bickhardt (1)
p. 303. — Faust (1) p. 177—302. — Gebien (1) p. 101—176,
305—356. — Gerhardt (6) p. 365, (7) p. 366—368, (8) p. 368.
— Hartmann (1) p. 369—419. — Hauser (1) p. 33—41, (2)
p. 42. — Heller (1) p. 12, (2) p. 284—302, (3) p. 303. —
Heyden (3) p. 13—15. — Hintz (1) p. 420—422. — Horn (1)
p. 81—99, (2) p. 423—427, (3) p. 427—428, (4) p. 429—431,
(5) p. 431, (6) p. 432. — Kraatz (1) p. 5—8, (2) p. 459—460,
(3) p. 463—464. — Kraatz, Heyden, Koltze, Roeschke,
Horn p. 461—463. — Schilsky (2) p. 455—456. — Schwarz
(1) p. 11, (2) p. 15, (3) p. 49—80. — Sternberg (1) p. 17—32.
— Vorbringer (1) p. 43—45, 453—454, (2) p. 45—46. —
Wasmann (2) p. 9—11, (3) p. 304. — Weise (1) p. 16, (2)
p. 47—48, (3) p. 100, (4) p. 357—364, (5) p. 368, (6) p. 433
—452, (7) p. 457, (8) p. 8, (9) p. 458.

Berliner entomologische Zeitschrift 1904: Kolbe (1) p. 117
—158, (2) p. 282—302. — Moser (1) p. 59—70, (2) p. 266
—272, (3) p. 273, (4) p. (6), (5) p. (15).

Wiener entomologische Zeitung 23. 1904: Csiki (1) p. 85. —
Fleischer (1) p. 161, (2) p. 166, (3) p. 251—254, (4) p. 261. —
Hetschko (1) p. 149—150. — König (1) p. 140—142. —
Müller (1) p. 171—177. — Penecke (1) p. 135. — Petri (1)
p. 233—236, (2) p. 65—77, (3) p. 183—198. — Reitter (1)
p. 21—24, (2) p. 24—25, 83—84, 259—260, (3) p. 26, (4)
p. 27, (5) p. 27—28, (6) p. 29—36, (7) p. 41—42, (8) p. 43
—45, (9) p. 45, (10) p. 46, (11) p. 47—64, (12) p. 80, (13)
p. 81—82, (14) p. 86—91, (15) p. 92, 16 p. (146), (17) p. 147
—148, (18) p. 151—160, (19) p. 165, (20) p. 178—179, (21)
p. 255—258, (22) p. 286. — Schilsky (1) p. 78. — Zoufal
(1) p. 20.

Allgemeine Zeitschrift für Entomologie IX. 1904: Bergmann
(1) p. 262—264. — Escherich (1) p. 314—318. — Klöcker
(1) p. 460. — Schenkling (1) p. 349—351, 354. — Schröder
(1) p. 78—82. — Speiser (1) p. 156—203. — Weber (1)
p. 414—418.

Insekten-Börse XXI. 1904: Born (1) p. 35—36, (2) p. 43—44,
51—52, 59—60, 67, 75—76, (3) p. 92—93, 100—101, (4)
p. 162—164, (5) p. 227. — Holtz (1) p. 275—276, 284—285,
292—293. — Jacoby (10) p. 155—156, (11) p. 301. — Krancher

(1) p. 252—253. — Möllenkamp (1) p. 341, 347—348, 372—
373, 402—403. — Prediger (1) p. 147. — Rudow (1) p. 179
180, 187—188, 196—197, (2) p. 325. — Sch. (1). p. 60, 102,
125, 172, 277, 285, 380. — Schaufuss (1) p. 10, 34, 41, 58,
66, 73, 98, 106, 113, 114, 122, 130, 153, 154, 161, 162, 169,
170, 194, 195, 202, 233, 258, 259, 281, 313, 322, 330, 345,
346, 353, 354, 361, 378, 410, (2) p. 218, (3) p. 266, 267, 297.
— Schenkling (1) p. 4—5, (2) p. 370—371. — Scholz (1)
p. 115, (2) 133, (3) p. 140, (4) p. 268, (5) p. 410—412.
*Entomologisches Jahrbuch. XIV auf das Jahr 1905 (1904):
Alisch (1) p. ?, Jänner (1) p. ?, Krauss (1) p. ?, Zacher (1) p. ?.
*Entomologische Zeitschrift, Guben. XVIII. 1904: Bickhardt
(2) p. 81—83, Bocklet (1) p. 38—39. — Gauckler (1) p. 75. —
Krausse (1) p. 112.
Societas Entomologica XIX. Beuthin (1) p. 114. — Born (7)
p. 42—44, 50—51, (8) p. 113—114. — Hirsch (1) p. 82, 89,
97. — Kayser (1) p. 20.
Rovartani Lapok XI. 1904: Csiki (6) p. 147—149, 157—161, (7)
p. 170, (8) p. 15—39, 56—60, 79—83, 98—104, 122—123,
135—144, 166—170, 187—190, 208—210, (9) p. 4—8, 23,
(10) p. 12—15, (11) p. 149—150, (12) p. 150—151, (13) p. 173,
16, (14) p. 151—154, 110, 66, 42—43, 174—175. — Hajoss
(1) p. 8—10. — Lósy (1) p. 75—76, (2) p. 204—208, 19.
*Acta Societatis entomologicae Bohemiae I. 1904: Krasa &
Rambouska (1) p. 81—83. — Lokay (1) p. 31—33, (3) p. 40
—41. — Petschirka & Lokay (1) p. 106—110.

Zoologische Zeitschriften.

Zoologischer Anzeiger 27, 28. 1904: Csiki (2) 28, p. 266—267.
— Enderlein (1) 27. p. 668—675. — Zang (1) p. 694—701.
Idem. 27. Bibliographia Zoologica. IX. 1904: Field (1) p. 18, 79,
226, 338, 451.
Zoologisches Centralblatt. XI. 1904: Escherich (2) p. 48—53,
136—140. — Heymons (1) p. 134—135. — Lendenfeld (1)
p. 420—422.
Zoologischer Jahresbericht. Neapel, für 1903: Mayer (1)
Arthropoda p. 59—64.
Zeitschrift für wissenschaftliche Zoologie. 77. 1904: Mollison
(1) p. 529—545.
Zoologisches Jahrbuch. Suppl. VII. 1904: Wasmann (1) p. 611
—682.
Id. Anatomie XX. 1904: Deegener (1) p. 499—676.
Zoologischer Garten. 1904: Heyden (6) p. 87—88. — Schuster
(1) p. 388—389, (2) p. 389.
*Centralblatt für Physiologie. 18. 1904: Thunberg (1) p. 553
—556.

*Jahresbericht Schlesischen Gesellschaft. Zoologische Sektion.
1903: Remer (1) p. 12—13, (2) p. 17—18.

Naturwissenschaftliche Zeitschriften.

Archiv für Naturgeschichte 70. 1904. I. Weise (10) p. 35—62,
(11) p. 157—178.
*Archiv für Protistenkunde IV. 1904: Léger & Dubosq (1)
p. 335—383.
Biologisches Centralblatt. 24. Linden (1) p. 182—189.
*Naturwissenschaftliche Wochenschrift. 19. 1904: Bongardt
(1) p. 305—310.
*Zeitschrift für Naturwissenschaften. 76. Range(1) p. 161—272.
*Zeitschrift für Naturwissenschaft. Abteilung der Deut-
schen Gesellschaft für Kunst u. Wissenschaft in Posen.
XI. 1. 1904: Torka (1) p. 6—9.
Verhandlungen der Zoologisch-botanischen Gesellschaft
Wien. 54. 1904: Bernhauer (2) p. 4—24. — Ganglbauer (4)
p. 645—660. — Müller (4) p. 361—363. — Roubal (2) p. 643
—645.
Mitteilungen des naturwissenschaftlichen Vereins für Steier-
mark 40. 1903, 41. 1904: Kraus (1) 41. p. XCIII—XCVII. —
Netuschell (1) 41. p. LXXXVIII—XCIII. — Penecke (2) 40.
p. LX—LXI, (3) 41. p. LXXVI—LXXX.
Verhandlungen des Naturforsch. Vereins Brünn. 1904:
Reitter (26) p. 25—189.
*Bulletin Société Histoire naturelle Colmar 1897—1904:
Bourgeois (4) 1897—98 p. 29—106, 1899—1900 P. 1—106,
1901—1902 p. 1—102, 1903—1904 p. 1—93.
*Verhandlungen des Vereins für naturwissenschaftliche
Unterhaltung. Hamburg. XII: Hagedorn (2) p. 101—102. —
Ohaus (1) p. 103—108.
*Jahrbuch Nassauischen Vereins Naturgeschichte. 57. 1904:
Preiss (1) p. 13—28.
*Mitteilungen des Vereins Natur . . . . Vegesack. III. 1904: Poppe
(1) p. ?.
*Verhandlungen des naturwissenschaftl. Klubs Prosnitz. II. 1900.
Fleischer (5) p. 25—56. — Formanek (3) III p. 119—145.
Annales historico-naturales Musei Hungarici. II. 1904:
Csiki (3) p. 302—303, (4) p. 565—566, (5) p. 591—593. —
Petri (1) p. 233—236.
*Société bulgare Science naturelle. 6. 7. 8. 1902—1904: Ko-
watschew (1) p. ?.

Allgemein-wissenschaftliche Zeitschriften.

*Sitzungsberichte der Kgl. Böhmischen Gesellschaft der Wissen-
schaften in Prag. 1904: Roubal (1) p. ?.

*Allatt . . Közl . . Mag . . Tars . . III: Lósy (3) p. 301, 304.
*Verhandlungen . . . Vereins . . . Pressburg 1903: Rovara
(1) p. 51—70.
*Kosmos Lwow. 29. 1904: Lomnicki (1) p. 367—373.
*Academie des Sciences Cracovie. Bulletin international. 1904:
Wize (3) p. ?.
*Akademii umiejetnosci w Krakowie. 1904: Wize (1) p. ?, (2) p. ?
*Bulletin Société Science Bucarest. XIII. 1904: Born (6)
p. 117—120. — Fleck (1) p. 308—346. — Hormuzaki (1)
p. 52—65, (2) p. 120—121. — Jaquet (1) p. 66—69.
*(Sammelwerk für Völkerkunde, Wissenschaft u. Literatur)
XX. 1904: Joakimow (1) 2. p. 1—45.

Land- u. Forstwirthschaftliche Zeitschriften.

*Naturwissenschaftliche Zeitschrift für Land- und Forstwirt-
schaft 1904: Egger (1) p. 88. — Fuchs (1) p. 253, (2) 193.
— Jacobi (1) p. 353—357, (2) p. 448.
*Forstwissenschaftliches Centralblatt. 1904: Hess (1) p. 427.
— Knoche (1) p. 324—?, 336—?, 371—?. — Kress (1) p. 265.
— Nüsslin (1) p. 1—15.
*Zeitschrift für Forst- und Jagdwesen. 1904: Eckstein (1)
p. 243—?. — Guse (1) p. 768. — Varendorff (1) p. 172—?.
*Allgemeine Forst- und Jagdzeitung. 1904. Eckstein (3).
*Neue Forstliche Blätter. 1904: Bergmiller (1) p. 145—?.
*Wiener Landwirtschaftliche Zeit . . 1904: Wahl (1) no. 55 p. ?.
*Schweizerische Zeitschrift für Forstwesen. 1904: Enderlin
(1) p. 279.

b) Dänemark, Schweden, Norwegen, Finnland.

Selbständig erschienene Werke: Boas 1.

Zeitschriften.

*Entomologisk Meddelanden II: Fleck (1) p. 266—282. —
Johannsen (1) p. 217—265. — Wielandt (1) p. 334.
*Nyt Magazin Naturv. . . . 42. 1904: Strand (1) p. 180—182.
*Archiv Mathemat. . . . Nat. . . . XXIV. 1904: Strand (2) no. 3
p. 1—31.
Entomologisk Tidskrift. 25. 1904: Aurivillius (1) p. 205—208.
— Felsche (1) p. 110. — Heller (4) p. 161—201. — Lampa
(1) p. 209—216. — Mjöberg (1) p. 133. — Muchardt (1)
p. 106. — Tullgren (1) p. 217—229. — Varenius (1) p. 88,
(2) p. 133, (3) p. 300.
Arkiv för Zoologie II. no. 5. 1904: Gebien (2) p. 1—31.

Meddelanden af Societas pro Fauna et Flora fennica 30.
1904: Nordström (1) p. 11—13. — Poppius (1) p. 27—28,
(2) p. 85—87. — Reuter (1) p. 99. — Wickström (1) 28.
1902 p. 49—50.
Öfversigt Finska Vetenskaps Societas Förhandlingar. 46.
1904: Poppius (4) no. 16 p. 1—14, (5) no. 13 p. 1—6.

c) Russland.

Selbständig erschienene Werke: Bronevski (1) ?

Zeitschriften.

Revue Russe d'Entomologie. IV. 1904: Baeckmann (1) p. 311.
— Jacobson (1) p. 268—276. — Jakowleff (1) p. 309—310.
— Jakowlew (1) p. 65—66. — Kusnezow (1) p. 188, (2)
p. 234, 238, 239, (3) p. 328. — Masaraki (1) p. 145. — Pomeranzev (1) p. 85—89. — Ssemënow (1) p. 19—22, (2) p. 37
—39, 119—121, 201—202, 313—315, (3) p. 47—53, (4) p. 69
—76 (5) p. 102—105, (6) p. 111—116, 300—308, (7) p. 129
—130, (8) p. 152—153, (9) p. 167—169, (10) p. 176—188,
(11) p. 216—217, (12) p. 220--224, (13) p. 234—239, (14)
p. 277—288, (15) p. 289—291, (16) p. 295—297, (17) p. 321
—329. — Tschitscherin (1) p. 50, 53, (2) p. 147—149, (3)
p. 150—151, (4) p. 229, (5) p. 257—265, (6) p. 266—267.
Horae Societatis Entomologicae Rossicae. 37. 1904 I, II: Luze
(2) p. 74—115. — Masaraki (2) p. XIV—XV, (3) p. XX
—XXI, (4) p. XXIII—XXIV.
Annuaire du Musée Zoologique de l'Academie Imp. des Sciences
de St. Petersbourg IX. 1904: Jacobson (2) p. XXXII, (3)
p. XXXIII—XXXVI. — Jakowleff (3) p. XV—XVII. — Pic
(42) p. 490—494. — Poppius (3) VIII. p. 364—367 (NB. p. 391
—537 u. XXXIII—LXXXVI erschien erst im August 1905).
*(Arbeiten des Bureaus für Entomologie beim Ministerium der
Landwirthschaft in St. Petersburg). IV: Schreiner (1) no. 11
p. 1—46, (2) no. 4 p. 1—16.
*(Der Bote des Weinbaues). 1904: Ssilantjew (1) no. 5—7 p. 1—30.
*(Nachrichten über Landwirtschaft und Handel). 1904: Wassiljev
(1) p. ?

d) Frankreich.

Selbständig erschienene Werke: Bedel 4, Pavie 1, Pic 44.

Entomologische Zeitschriften.

Abeille XXX. 1904: Bedel (5) p. 223—228, (6) p. 221—228, (7)
p. 234—235. — Deville (3) p. 181—208. — Méquignon (1)

p. 229—234. — Normand (1) p. 209—222. — Peyerimhoff (3) p. 169—180.

Le Frelon XII, XIII. 1904: Desbrochers (1) XII p. 53—64, (2) p. 65—104, (3) p. 104, (4) p. 105—109, (4a) p. 109—118, (5) p. 119—132, (6) p. 133—196, XIII p. 1—36, (7) p. 37—40.

Bulletin de la Société entomologique de France. 1904: Abeille (1) p. 198—199, (2) p. 226, (3) p. 242—243, (4) p. 280—282. — Bedel (1) p. 23—24, (2) p. 138—139, (3) p. 210—212. — Beguin (1) p. 54, 103—104. — Boileau (1) p. 27—28, (2) p. 39—40. — Bourgeois (1) p. 25—26. — Buysson (1) p. 58 —60, (2) p. 156—157. — Carret (1) p. 170—173. — Chobaut (1) p. 212—214, (2) p. 228—232, (3) p. 243—245, (4) p. 283 —284, (5) p. 284. — Clement (1) p. 245. — Clermont (1) p. 102, (2) p. 104—106. — Demaison (1) p. 285, (2) p. 286 —287. — Deville (1) p. 29, (2) p. 160—162. — Dodero (1) p. 40—42. — Fairmaire (1) p. 61—64, (2) p. 117, (3) p. 127, (4) p. 128—130, (5) p. 154—156. — Fleutiaux (1) p. 12. — François (1) p. 64—67, 139—143. — Guerry (1) p. 157—159. — Heyden (1) p. 102. — Künkel (1) p. 68. — Lesne (1) p. 68—70. — Maindron (1) p. 263—265. — Mayet (1) p. 130—132. — Normand (3) p. 199—200. — Peyerimhoff (1) p. 185—187, (2) p. 201—203, 214—215. — Pic (2) p. 12—13, (2) p. 42—43, (3) p. 71, (4) p. 72—73, (5) p. 118—119, (6) p. 143, (7) p. 216—218, (8) p. 266, (9) p. 287—289, (10) p. 298—299. — Puel (1) p. 160. — Thery (1) p. 73—76. — Xambeu (1) p. 106—107.

Annales de la Société entomologique de France. 73. 1904: Raffray (1) p. 1—476, 635—658.

Revue d'Entomologie publiée par la Société française d'Entomologie. 23. 1904: Boucomont (1) p. 209—252. — Buysson (3) p. 5—8, (4) p. 42. — Fauvel (1) p. 43—70, (2) p. 43, (3) p. 71—74, (4) p. 75, (5) p. 76—112, (6) 113—208, (7) p. 275, (8) p. 276—283, (9) p. 284—294, (10) p. 294—296, (11) p. 294 —322.

Miscellanea entomologica XII: Abeille (6) p. 100. — Barthe (1) p. 6—8, 56—63, 70—77. — Buysson (6) XI. 1903 p. 31 —32. — Mayet (3) XII p. 17—23, 33—42, 65—70, 97—102. — Pic ( ) p. 55—56. — Seidlitz (2) p. 3—6, 42—55. — Stierlin (1) p. 78—94, 102—112, 129—136, 145—160, 161 —174, 177—190.

Zoologische Zeitschriften.

Bulletin Société Zoologique de France. 29. 1904: Pic (36) p. 135—138.

Archives Zoologie expérimentale. 1904: Prenant (1) Notes p. C—CIV, CXII—CXXII, CXXIX—CXXXVIII.

Naturhistorische Zeitschriften.

Compte rendu de la Société Biologique Paris. 56. 1904:
Bordas (1) p. 1100—1102. — H. Buysson (7) p. 554—555.
Compte rendu Academie Sciences Paris. 139: Boutan (1)
p. 932—934. — Vaney (1) 138. p. 159—161.
Bulletin Museum Histoire naturelle Paris. 1904: Hagedorn
,   (1) p. 122—126. — Pic (37) p. 119—122, (38) p. 226—228. —
Régimbart (1) p. 224—226.
L'Echange Revue Linnéenne. 20. 1904: Agnus (1) p. 21—22, (2)
p. 94. — Buysson (3) p. 5—8, (4) p. 42, (5) 94—95. — Carret
(2) p. 45—47, 51—53, 58—59, 67—69, 75—76. — Dayrem
(1) p. 87—88. — Deville (4) p. 47—48, 53—54. — Lapouge
(2) p. 5, 15—16, 20—21, 38. — Le Comte (1) p. 7—8, 22—
24, (2) p. 55—56, 59—60. — O. Mayet (1) p. 29—30, 39, 42
—44. — Nicolas (1) p. 82—83, (2) p. 84. — Normand (2)
p. 63—64, 69—70, 76—79. — Pic (11) p. 2, (12) p. 2—4, 9
—11, (13) p. 6—7, (14) p. 11—12, (14a) p. 16, (15) p. 17—18,
(16) 18—20, (17) p. 25—27, (18) p. 27—29, (19) p. 30, (20)
p. 31, (21) p. 31—32, 36—38, (22) p. 33—36, (23) p. 39—40,
42, (24) p. 41, (25) p. 44—45, (26) p. 49—51, (27) p. 54—55,
(28) p. 57—58, (29) p. 60—61, (30) p. 65, (31) p. 65—67, (32)
p. 73—74, (33) p. 81—82, (34) p. 83—84, (35) p. 89—94. —
Xambeu (2) Beilage.
*Le Naturaliste. 26. 1904: Boileau (3) p. 277—278, 284—285. —
Houlbert (3) p. 184, 195—196, 219, 232, 243, 255. — Pic
(39) p. 56—57, 103—104. — Planet (1) p. 48—51. — Revon
(1) p. 261. — Xambeu (5) p. 33, (6) p. 81, (7) p. 213, 223.
*La Feuille des jeunes Naturalistes. 34. 1904: Agnus (3) p. 31.
— Bruyant & Dufour (1) p. 219. — Dumé (1) p. 108. —
Falcoz (1) p. 32.
Procès-Verbaux de la Société Linnéenne de Bordeaux. 59.
1904: Lambertie (1) p. CXX—CXXII. — Grouvel (1) 1896—
1897 p. 70—75. — Pérez (1) 59. p. XLIX.
*Bulletin Société Sciences naturelles d'Elboeuf. 1903—1904
Coulon (1) p. ?
*Bulletin Société histoire naturelle Aude XV. 1904: Gavoy (1)
p. 167—207.
*Bulletin Société histoire naturelle Autun XVII. 1902: Pic (39b)
p. 251—254, (39c) XVII 1904 p. 128—132.
*Bulletin Société Sciences Naturelles à Vienne. 1. 1903
Carret (3) p. 49.
*Bulletin Société Sciences Naturelles Nimes. XXXI. 1903, XXXII.
1904: Chobaut (6) 31. p. 76, (7) p. 84—90, (8) p. 90—92, (9)
p. 92—99. — Le Comte (3) 32. p. ? — Mayet (2) 31. p. 30—
31, (3) 32. p. ? — Puel (2) p. ?

*Bulletin Société Sciences et Medicine. Ouest France. XIII: Houlbert (1) Append. p. 1—16. — Houlbert & Bétis (1) Suppl. p.? — Lapouge (1)?
*Bulletin Société Sciences naturelles Ouest. Nantes. XIII: Marchand (1) p. XXXVII—XXXVIII.
Annales de la Société Linnéenne de Lyon 50. 1904: Xambeu (3) p. 79—129, 167—221.
*Annales de la Société agricole des Pyrénées orientales. 45: Xambeu (4) p. 45—72.
*Bulletin Société Nord France XVI: Colin (1) p. 112—114.

Landwirtschaftliche Zeitschriften.

*Bulletin de la Société Nationale d'Acclimatation de France: 51. 1904: Marchal (1) p. 19—25.
*Union apicole 1904: Gestro (4) p.?
*Bulletin du Jardin Colonial etc. 1904: Fleutiaux (3) p. 759.
*Progr .. agr .. vitic. 1903: Roule (1) p. 1—10.

e) Holland, Belgien.

Selbständig erschienene Schriften: Jacoby 12, Jacoby & Clavareau 1, 2, Kerremans 2.

Zeitschriften.

Annales Museum Congo Zoologie. Ser. III: Kerremans (1) T. III fasc. 1 p. 1—65.
Annales de la Société Entomologique de Belgique. 48. 1904: Fairmaire (7) p., 225—276. — Grouvelle (2) p. 181—185. — Heller (7) p. 290—295. — Jacoby (4) p. 380—406. — Lameere (1) p. 7—78, 309—352. — Orbigny (3) p. 204—222. — Thery (1) p. 158—167.
Notes Leyden Museum. XXV. 1904: Horn (9) p. 219—220, Ritsema (1) p. 103—109, (2) p. 111—116, (3) p. 117—132, (4) p. 163—165, (5) p. 169, (6) p. 203—215, (7) p. 216—218. — Wasmann (6) p. 1—82, 110. — Zang (3) p. 221—232, (4) p. 233 —238.
Bulletin Academie Belgique. 1904. Selys-Longchamps (1) p. 413—417.
Bulletin van het kolonial Museum te Haarlem XXX: Veen (1) p. 64—66.
*Bulletin Société central forestière Belgique. 1902: Henry (1) p. 31. — Quarrière (1) p. 626. — Richir (1) p. 558. — Severin & Brichet (1) p. 72—83. — Severin (1) p. 145—152, (2) p. 689—712, (3) p. 754—769, (4) p. 775—801, (5) 1903 p. 152—162, (6) p. 244—263.

Tijdschrift voor Entomologie. 47. 1904: Everts (1) p. 172—
176, (2) p. VIII—X, (3) p. X, (4) p. LXIV—LXV. — Leesberg
(1) p. LI—LII. — Zang (2) p. 181—185.
Entomologische Berichten. no. 15—20. 1904: Everts (5) p. 117
—118, (6) p. 179—180, (7) p. 181—184. — Leesberg (2)
p. 152—153, (3) p. 184, (4) p. 184—185. — Uyttenboogaart
(2) p. 128, (3) p. 128—129, (4) p. 143.

f) England.

Selbständig erschienene Werke: Beare & Donisthorpe 1, Blandford 1, Farren 1.

Entomologische Zeitschriften.

Transactions of the Entomological Society of London. 1904:
Arrow (1) p. 709—750. — Bates (1) p. 249—276. — Bedwell (2) p. I—II. — Champion (9) p. 81—99. — Chapman (1)
p. 100—102. — Donisthorpe (2) p. XXXIX. — Lea (2) p. 329
—461. — Muir & Sharp (1) p. 1—24.
The Entomologist's Monthly Magazine. 40. 1904: Arrow (4)
p. 35—36. — Atmare (1) p. 85, (2) p. 238. — Bagnall (1)
p. 59, (2) p. 86, (3) p. 108, (4) p. 108, (5) p. 159, (6) p. 210,
(7) p. 259—260. — Bailey (1) p. 137, (2) p. 180—181. —
Barnes (1) p. 14. — Beare (1) p. 4—5, (2) p. 85, (3) p. 257
—258. — Bedwell (1) p. 60. — Cameron (1) p. 157. —
Champion (2) p. 36, (3) p. 78, (4) p. 79, (5) p. 85, (6) p. 85
(7) p. 183, (8) p. 256. — Chitty (1) p. 100—103, (2) p. 109.
— Elliman (1) p. 152. — Evans (1) p. 238. — Fowler (1)
p. 238, (2) p. 238. — Holland (1) p. 38, (2) p. 108. —
Jackson (1) p. 211. — Jennings (1) p. 87. — Keys (1)
p. 14—15. — Luff (1) p. 59. — Morley (1) p. 138. — Morse
(1) p. 138. — Newbery (1) p. 86, (2) p. 86, (3) p. 133, (4)
p. 251—253. — Norman (1) p. 6, (2) p. 14, (3) p. 39—40,
182, (4) p. 182—183, (5) p. 237, (6) p. 279. — D. Sharp (3)
p. 273—274. — W. Sharp (1) p. 43, (2) p. 43—44. — Smith
(1) p. 210. — Sopp (1) p. 108. — Taylor (1) p. 32, (2) p. 136
(3) p. 158, (4) p. 258. — Tomlin (1) p. 60, (2) p. 60, (3)
p. 177—179, (4) p. 183—184. — Walker (1) p. 138, (2)
p. 158—159, (3) p. 183, (4) p. 183, (5) p. 210, (6) p. 259. —
Wood (1) p. 60, (2) p. 238, (3) p. 260, (4) p. 261.
*Entomologist's Record etc. etc. XVI. 1904: Bagnall (8) p. 260
—262. — Beare (4) p. 29—30, (5) p. 310. — Beare & Donisthorpe (2) p. 289—291. — Black (1) p. 17. — Chaster (1)
p. 18—19. — Day (1) p. 135—136. — Donisthorpe (2) p. 325,
(3) p. 206, (4) p. 149, (5) p. 150. — Edwards (1) p. 187. —
Gordon (1) p. 18. — Joy (7) p. 89—90. — Newbery (5)

p. 80. — Pool (1) p. 310. — W. Sharp (3) p. 90—91. —
Tomlin (5) p. 18.
The Entomologist etc. 37. 1904: Ansorge (1) p. 117. — Heath
(1) p. 101—102. — Jacoby (1) p. 63—68, (2) p. 197—202,
(3) p. 293—296. — Johnson (1) p. 93. — Prout (1) p. 115.
Williams (1) p. 167.

Zoologische Zeitschriften.

Proceedings Zoological Society London 1904. I, II: Jacoby
(5) I p. 230—270, (6) II p. 396—413. — Marshall (1) I
p. 6—141.
Novitates Zoologicae XI. 1904: Jordan (1) p. 230—237, (2) p. 238
—241, (3) p. 242—309, (4) p. 364—365. — Péringuey (3)
p. 448—450.

Naturwissenschaftliche Zeitschriften.

Annales and Magazin natural History 1904. XIII, XIV: Arrow
XIV (2) p. 30—33. — Bourgeois (3) XIII p. 89—102. —
Broun (1) XIV p. 41—50, 105—127, (2) p. 273—274. —
Lewis (1) p. 137—151. — Waterhouse (1) p. 245—267, 314
—348.
*The Naturaliste 1904: Armitt (1) p. 316. — Bayford (1) p. 280
—282. — Carter (1) p. 148—150. — Oldham (1) p. 315, (2)
p. 316, (4) p. 284.
*Transactions Norfolk Society. VII: Edwards (2) p. 744—746.
Morley (1) p. 706—721.
*Report E. . . Kent Society (2) I: Maudson (1) p. 46 u. III p. 24.
*Transactions Leicester Society VIII: Donisthorpe (1) p. 135
—143.

g) Italien.

Selbständig erschienene Schriften: Bertolini 1.

Zeitschriften.

Rivista Coleotterologica italiana II. 1904: Amore (1) p. 255
—260. — Carret (4) p. 172—180, 208—216. — Cavazza (1)
p. 105—116. — Fiori (1) p. 131—136, (2) p. 136—144, 216
—232, (3) p. 186—205, (4) p. 233—254. — Gortani & Grandi
(1) p. 166—171. — Heyden (5) p. 17. — Leoni (1) p. 116
—119. — Luigioni (2) p. 37—39. — Pic (40) p. 205—207. —
Porta (1) p. 1—16, (2) p. 21—36, 53—100, (2) p. 47—52,
119—124, 150—164, 180—184. — Ronchetti (1) p. 145—146.
— Sangiorgi (1) p. 146—150. — Silvestri (2) p. 254—255.
— Vitale (3) p. 39—46, (4) p. 46—47, (5) p. 125—129. —
Zodda (1) p. 17—20.

Bulletino Societá Entomologica Italiana 36. 1904: Bargagli
(1) p. 3, (2) p. 8—10. — Gestro (3) p. 171—178.
Annali Museo Zoologico Universita Napoli N. S. I. 1904:
Luigioni (1) no. 19 p. 1—2.
Annali del Museo civico di Storia Naturale di Genova 41. 1904:
Dodero (2) p. 52—59, (3) p. 466—468. — Gestro (1) p. 95
—152, (2) p. 455—465, 515—524. — Jacoby (7) p. 469
514. — Jordan (5) p. 80—91. — Orbigny (1) p. 253—331,
(2) p. 417—448. — Pic (41) p. 92. — Régimbart (3) p. 65
—68. — Schenkling (1) p. 169—186. — Solari & Solari (1)
p. 525—538. — Spaeth (1) p. 69—79.
Naturalista Siciliano. XVII. 1904—1905: Dodero (4) p. 121—
123. — Fiori (5) p. 74—76 (6) p. 269—272. — Ragusa (1)
p. 1—9, (2) p. 21—24, 55, 73, (3) p. 49—54, 84—92. —
Reitter (1) p. 97. — Stefani (1) p. 177—179. — Stierlin (2)
p. 217—218. — Vitale (6) p. 14—17, 26—41, (7) p. 77—81,
101—107, 129—134, 165—172, (8) p. 193—200, 219—229.
*Rivista italiana Science Naturali. Siena. 22. 1902, 23. 1903,
24. 1904: Vitale (1) 22. p. ?, 140—143, (1a) p. ?, (2) 23.
1903 p. 2—5, (2a) p. ?, (2b) 24. p. 141—145. — Zodda (2)
22. 1902 p. 153—155.
*Bolletino del Naturalista. Siena 23. 1903, 24. 1904[1]): Vitale
(2c) 23 p. 19—20, (2d) 24 p. 26—28, 37—40, 54—56, 74—76.
*Atti Societá Naturalisti Modena. 35: Porta (6) p. 1—6. —
Sangiorgi (2) 36. 1903 p. 72—93.
*Redia II: Silvestri (1) p. 68—84.

h) Spanien u. Portugal.

Boletin de la Real Sociedad Española de Historia natural. IV.
1904: Abeille (5) p. 206—224. — Escalera (1) p. 224—226,
(2) p. 287—291. — Fuente (1) p. 382—389. — Lauffer (1)
p. 374—375. — Reitter (24) p. 236—239. — Vazquez (1) p. 374.
Memorias de la Sociedad Española de Historie Natural. II. M.
8. 1904: Uhagon (1) p. 363—436.
*Boletino Sociedad Aragon II. 1903. III. 1904: Fuente (2) II
p. 232—233. — Nicolas (3) III. p. 35—40.
*Institucio Catalana de Ciencias naturales. Butlleti I. 1901,
IV. 1904: Ferrer (1) I. p. 14, 15, 78, 80, 105—111. — Font
(1) p. 116—119. — Pedemonte (1) p. 25—26.

---

[1]) Nach Sharp (Record) ist diese Zeitschrift dieselbe wie die vorhergehende,
nach Friedländer eine andere.

II. Nord-Amerika.

Selbständig erschienene Werke: Kincaid 1.

Entomologische Zeitschriften.

*The Canadian Entomologist. 36. 1904: Casey (1) p. 312—324.
Needham (1) p. 294—296, 335. — Stevenson (1) p. 164. —
Wickham (1) p. 57—60, (2) p. 356—357.
Proceeding of the Entomological Society of Washington.
VI. Chittenden IX (5) p. 130—137, (6) p. 127—130. — Schwarz
(1) p. 13—17, (1a) p. 21, (1b) p. 11, (2) p. 118—119.
Journal New York Entomological Society. XII. 1904: Beyer
(1) p. 30—31, (2) p. 168—169. — Chittenden (7) p. 27—30,
(8) p. 166—167. — Davis (2) p. 88—90. — Joutel (1) p. 60.
— Leng (1) p. 64. — Powell (1) p. 237—243. — Schäffer (1)
p. 197—236, (2) p. 61—62.
*Entomological News. 15. 1904: Blanchard (1) p. 187—188. —
Brues (1) p. 250. — Davis (1) p. 34—35. — Dury (1) p. 52
—53. — Fuchs (1) p. 337—339. — Houghton (1) p. 310. —
Girault (1) p. 189—193, (2) p. 299—300. — Knaus (1) p. 152
—157. — Melander (1) p. 19—20. — Sherman (1) p. 26—32,
112. — Skinner (1) p. 217. — Webster (2) p. 193—202,
— Wickham (4) p. 237—238.
*Psyche. XI. 1904: Hayward (1) p. 14. — Washburn (1) p. 104.

Naturwissenschaftliche Zeitschriften.

*Bulletin Illinois Laboratory of natural History. VII. 1904
Webster (1) p. 1—14.
*The Ohio Naturalist. 4. 1904: Burgess (1) p. 49—50.
*The American Naturalist. 38: Townsend (1) p. 127—151. —
Wickham (3) p. 643—654.
*Annual Report Missouri Gardens. 1904: Spaulding (1) p. 73.
Bulletin New York State Museum. 74. Entomology 20. 1904:
Felt & Joutel (1) p. 3—86.
*Springfield Museum of natural History. Bull. I: Dimmock
& Knab (1) p. 1—55.
*The Nature 69. 1904: Kirby (1) p. 499—500.
*Science Amer. . . 90. 1904: Aaron (1) p. 179.

Landwirtschaftliche Zeitschriften.

United States Departement of Agricultur Division of Ento-
mology Bulletin 44, 45, 46. 1904: Aiken (1) p. 91. —
Bridwell (1) 44. p. 44—46. — Britton (1) p. 105—106. —
Burgess (2) 46. p. 62—65. — Chittenden (1) 44. p. 24—39,

(2) p. 39—43, (4) p. 96. — Clark (1) p. 90—91. — Fiske (1)
40. p.? — Hunter & Hinds (1) 45. p. 1—116. — Kotinsky (1)
40. p.? — Maskew (1) 44. p. 46—50. — Newell (1) 46.
p. 103—105. — Sturgis (1) 44. p. 85. — Symons (1) 46.
p. 97—99. — Webster (3) p. 46—47. — Wilson (1) 44. p. 90.
*Idem Circular. 1904: Hopkins (1) no. 55 p. 1—5. — Hunter (1)
no. 56 p. 1—7.
*Idem Farmers Bulletin 1904: Hunter (2) no. 189 p. 1—29.
*Texas Agricultur Experiment Station. Bulletin 74: Sander-
son (1) p. 1—12.
*Idem. Circular. 3: Sanderson (2).
*Annual Report Missouri Gardens. 15. 1904: Spaulding (1) p. 73.

III. Australien, Südamerika, Afrika, Asien.

Selbständig erschienene Werke: vacat.

Zeitschriften.

Proceedings Linnean Society N. S. Wales. 29. 1904: Black-
burn (2) p. 481—526. — Lea (2) p. 60—107. — Sloane (1)
p. 527—538, (2) p. 699—733.
*Record Australian Museum V: Rainbow (1) p. 245—247.
Transactions of the Royal Society of South Australia. 28.
1904: Blackburn (1) p. 281—297. — Lea (1) p. 77—134.
Proceedings Society Victoria. XVII. 1904: Blackburn (3)
p. 145—181.
*The Victoria Naturaliste XXI: Goudie & Lea (1) p. 51—56.
— Kershaw (1) XX p. 150—151.
*Agricultur Gazette N. S. Wales. 15. Froggat (1) p. 514—518.
*Revista Chileña Historia natural. VIII. 1904: Rivera (1) p. 25
—42, (2) p. 241—254.
*Acta Societatis scient . . Chili XIV: Rivera (3) p. 21—73, (4)
p. ?, (5) p. ?.
*Revista do Museu Paulista. VI. 1904: Wasmann (5) p. 482—487.
*Revista del Museo La Plata. IX, XI: Bruch (1) XI p. 315—328.
— Judulien (1) IX p. 371—380.
*Anales Museo Buenos Aires. XI. 1904: Brèthes (2) p. 329—347.
*Boletin Agricultur . . . Rep. . . . Argentin . . I. 1901 (?):
Brèthes (1) p. 20—31.
*Bulletin Departement Agricultur Jamaica. II: Panton (1) p. 117.
*Memorias de la Sociedad Cientifica „Antonio Alzate“.
XIX: Herrera (1) p. 327—331.
Transactions South African Society. XIII. 1904: Péringuey
(1) p. 1—293.
*Annals South African Museum. III. 1904: Péringuey (1) p. 167
—299.
Spolia Zeylanica II: Horn (8) p. 30—44. — Schwarz (4) p. 46.

C. Arbeiten nach Inhalt.

I. Literarische und technische Hülfsmittel.

a) **Hand- u. Lehrbücher:** Henneguy 1, Knuth 1, Packard 1.[1])
b) **Bibliographie, Geschichte:** Field 1, Gestro 1, Heller 3, Kirkaldy 1, Kraatz 1, Mayer 1, Seidlitz 1, Sharp 1.

Heller (3) gab einen Nachtrag zu seinem Verzeichnisse von **Faust's** Schriften 1903 (4).

Field (1) gab eine Aufzählung der Publicationen aus dem Gebiete der Coleopterologie theils von 1903, theils von 1904, die leider in grösster, wie es scheint, absichtlicher **Unordnung** aufgeführt werden.[2])

Gestro (1) zählte die Literatur über Fea's Ausbeute, u. die von ihm gesammelten Arten auf.

Kirkaldy (1) berichtete über Literatur über Forstinsekten in Belgien.

Kraatz (1, 2) berichtete über allgemeine Vorkommnisse.

Mayer (1) bearbeitete im Zoologischen Jahresbericht pro 1903 die *Arthropoden* u. führte auch 10 Arbeiten über *Col.* auf. Siehe Referate.

Seidlitz (1) gab den Jahresbericht pro 1902, in welchem 1035 Titel aufgeführt werden (p. 49—94), von denen 23 Arbeiten als selbständige Werke, die übrigen in 153 Zeitschriften erschienen. Die 76 umfassenden Arbeiten wurden ausführlicher behandelt als die 252, nur **Einzelbeschreibungen** enthaltenden Abhandlungen. Im Ganzen wurden 230 neue Gattungen, 3207 neue Arten und zahlreiche neue Untergattungen und Varietäten nachgewiesen.

Sharp (1) gab den Jahresbericht für 1903, in welchem 468 Titel der wichtigeren Arbeiten mit coleopterologischem Inhalt (unter denen aus den anderen Ordnungen p. 5—90) aufgeführt sind (während mehrere andere ohne Nennung ihres Titels gelegentlich citirt werden), und dann eine orientirende Uebersicht ihres Inhaltes in Bezug auf Morphologie, Biologie und Faunistik, zusammen mit den übrigen Ordnungen gegeben ist (p. 90—131). Das Verzeichnis der beschriebenen *Coleopteren* (p. 131—212) weist 290 neue Gattungen und 4348 neue Arten nach (von letzteren gehören 434 zu 1904 resp. 1902), auch zahlreiche neue Untergattungen, aber nur wenige der neu beschriebenen Varietäten.

c) **Biographieen, Necrologe:** Csiki 11, Gestro 1, Jacobson 2, Marling 2, Pic 24, Reitter 23, Schaufuss 3, Ssemënow 4.

Ernst **Brenske** † 1904 . . . . . . Csiki 11, Schaufuss 3.
Leonardo **Fea** † 1903 . . . . . Gestro 1.
Max Freiherr von **Hopfgarten** † 1904 Reitter 23.
Tichon Sergeiewitsch **Tschitscherin**
† 1904 . . . . Csiki 11, Jacobson 2, Ssemënow 4.
Serafin de **Uhagon** † 1903 . . . Martinez 2.
Vauloger de Beaupré † 1904 . . Pic 24.

---

[1]) Ausserdem sind hier die meisten der, im Allgemeinen Teil aufgeführten Hand- u. Lehrbücher zu nennen.

[2]) Es ist dieser Umstand sehr zu bedauern, da es dadurch zu den zeitraubendsten Aufgaben gehört, eine bestimmte Arbeit, die man sucht, in dem Berichte aufzufinden.

d) Referate: Amore 1, Brants 1, Csiki 10, 12, 13, 14, 15, Daniel & Daniel 2, 3, Eckstein 3, Escherich 1, 2, Everts 2, Fiori 2, Goldschmidt 1, Gorka 1, Hetschko 1, Heymons 1, Holdhaus 2, Jacobi 2, Klöcker 1, Kusnetzow 1, Lendenfeld 1, Linden 1, Mayer 1, Müller 4, Porta 2, 3, Reitter 4, Sch. 1, Schaufuss 1, Schenkling 1, Schröder 1, Seidlitz 1, Sharp 1, Speiser 1, Ssemënow 3, Tschitscherin 1, Wasmann 3, Weise 8, 9.

Amore (1) referirte über Dodero 2 u. druckte 3 Beschreibungen desselben ab.

Brants (1) referirte über ein geplantes Werk über schädliche Insekten.

Csiki (9) referirte über Petri 2 u. 1901, Ganglbauer 1, Apfelbeck 1, Reitter 11, Breit 1, Müller 2, Vollenhofer 1903 (1), Formanek 1, Born 3, 4, Csiki 1902 (12) u. 1903 (3).

Daniel & Daniel (2) brachten über 139 Publikationen über paläarctische *Coleopteren* von 1903 kurze aber ausreichende Referate u. (3) über 86 Publikationen von 1904.

Eckstein (3) referirte über 15 Arbeiten von 1903.

Escherich (1, 2) referirte ausführlich über 8 Publicationen von 1901—1903 u. über 2 von 1904.

Everts (2) referirte über Fleischer 1903 (1) u. über Dierckx 1899 u. 1901.

Fiori (2) referirte über 39 Arbeiten von 1903 u. 16 Arbeiten von 1904, z. T. mit Wiederabdruck oder italienischer Uebersetzung der Beschreibungen, die sich auf italienische Arten beziehen.

Goldschmidt (1) referirte über Voinov 1903 (1).

Gorka (1) referirte über Csiki 1903 (3).

Hetschko (1) referirte über Wasmann 1.

Heymons (1) referirte über Verson 1902 (1).

Holdhaus (1) referirte über Bongardt, Voinov u. Deegener 1903.

Jacobi (2) referirte über Stebbing 1903 (4).

Klöcker (1) referirte über Lesne 1.

Kusnetzow (1) referirte über 6 russische Arbeiten von 1904.

Lendenfeld (1) referirte über Molisch 1.

Linden (1) referirte über Biedermann 1903 (1).

Mayer (1) referirte über 10 Arbeiten von 1903.

Müller (4) referirte über Apfelbeck 1.

Porta (2, 3) referirte über 38 Arbeiten, mit Wiederabdruck resp. italienischer Uebersetzung der Beschreibungen von italienischen Arten.

Reitter (4) referirte über Seidlitz 1903 (1), (5) über Rybinski 1903 (1, 2), (12) über Schilsky 1903 (1), (15) über Müller 1903 (5) u. Engelhardt 1903 (1), u. über Seidlitz 1.

Sch. (1) referirte über 7 Arbeiten von 1903 u. 1904.

Schaufuss (1) referirte über 42 Arbeiten von 1903 u. 1904.

K. Schenkling (1) referirte über Reitter 1903 (29) u. 1904 (1).

S. Schenkling (2) referirte über 5 Arbeiten von 1903.

Schröder (1) referirte über 9 Arbeiten von 1904 u. 1902.

Seidlitz (1) gab kurze Notizen über Morphologie, Biologie u. Geographie aus 570 Abhandlungen von 1902, ausführliche Analysen von 74 umfassenden

Arbeiten und Citate der Einzelbeschreibungen aus 252 Abhandlungen. — Siehe auch Bibliographie und Kritik.

Sharp (1) klassificirte zahlreiche Arbeiten von 1903 nach ihrem Inhalt in Bezug auf Morphologie, Biologie und Faunistik zusammen mit den anderen Ordnungen (p 90—131).

Speiser (1) referirte über 10 Arbeiten von 1903 u. 1904.

Ssemönow (3) referirte über 9 Arbeiten, (7) über 6 Arbeiten, (10) über 27 Arbeiten, (13) über 14 Arbeiten, (17) über 19 Arbeiten von 1903 u. 1904.

Tschitscherin (1) referirte über H o r n 1903 (7) u. S c h r e i n e r 2.

Wasmann (3) referirte über E v e r t s 1903 (2, 3).

Weise (8, 9) referirte über K r a n c h e r 1903 (1) u. S c h i l s k y 1903 (1).

e) Kritik u. Polemik: Csiki 10, K. Daniel 3, 4, 6, 7, Dodero 3, Ganglbauer 1, Heyden 5, Luigioni 2, Pic 6, Seidlitz 1.

Csiki (1) kritisirte P e t r i 1901.

Daniel (3) polemisirte gegen T s c h i t s c h e r i n 1903 (2), u (4, 6, 7) kritisirte P i c's Publicationen.

Dodero (3) kritisirte F i o r i 4.

Ganglbauer (1) kritisirte gelegentlich D e e g e n e r 1900 (1) (p. 229) u K a d i t s c h 1901 (1) (p. 230).

Heyden (5) kritisirte L u i g i o n i 1903 (2), u. **Luigioni** (2) antwortete.

Pic (6) kritisirte den Catalog von R e i t t e r u. führte mehrere ausgelassene Varietäten auf, polemisirte (19) gegen B o u r g e o i s, (20) gegen einen ungenannten Autor, kritisirte (36) K e r r e m a n s 1902 (2) u. führte mehrere ausgelassene Namen auf, kritisirte (40) G o r t a n i & G r a n d i 1.

Seidlitz (1) machte gelegentlich auch kritische Bemerkungen über 16 Arbeiten von 1902: Buysson (p. 210), Desbrochers (p. 251), Kerremans (p. 199, 205), Lapouge (p. 128), Leng (p. 122), Lea (p. 230), Ohaus (p. 175), Orbigny (p. 176), Pic (p. 271, 279), Reitter (p. 189), Schröder (p. 288), Schultze (p. 254), Ssemenow (p. 272), Weise (p. 282, 283), Xambeu (p. 266) und polemisirte möglichst scharf gegen die modernen Auswüchse der Nomenclatur (p. 47—122).

f) Technik: Bickhardt 1, Krauss 1, Le Comte 1, 2, Pic 13, Scholz 2.

Bickhardt (1) machte Angaben über das Sammeln der *Cerambyciden*.

Krauss (1) und **Le Comte** 1, 2 gaben Anweisungen zum Sammeln.

Pic (13, 39 a) beschrieb einen Klopfschirm,[1]) gab (29) Sammelmethoden an.

Scholz (2) reinigte verölte Käfer durch Kochen.

g) Sammlungen: Heyden 3, Kraatz 3, Kraatz, Heyden, Koltze, Roeschke & Horn 1, Porta 5, Schaufuss 2.

Schaufuss (2) berichtete über den Verbleib der Sammlung von C l e m e n s M ü l l e r.

Heyden (3) berichtete über den Stand seiner Sammlung paläarctischer *Coleopteren* im Januar 1903: 19893 Arten.

Kraatz (3) berichtete über den Stand seiner Sammlung.

Kraatz, Heyden, Koltze, Roeschke u. **Horn** (1) berichteten über die Gründung des Deutschen entomologischen Nationalmuseums.

Porta (5) regte die Gründung eines italienischen National-Museums für *Arthropoden* an, und **Silvestri** (2) ein solches für alle Naturwissenschaften.

---

[1]) Es scheint genau der einst von Kiesenwetter verwendete zu sein.

II. Systematik.

a) Nomenclatur, Synonymie: Bedel 1, 7, Bourgeois 1, Champion 2, Chobaut 8, Csiki 1, K. Daniel 2, Fairmaire 2, Heyden 1, 5, Luigioni 1, Poppius 3, Schilsky 2, O. Schwarz 1, 2, Seidlitz 1, Ssemënow 5, Weise 1, 4, 7, 12.

Bedel (1) behandelte die Nomenclatur eines *Curculioniden* u. (7) zahlreicher paläarctischer Coleopteren.

Bourgeois (1) behandelte die Synonymie von *Acanthocnemus*.

Champion (2) gab die Synonymie von *Pharaxonota Kirschii* Reitt., u. (5) verwarf den Namen *Hylophilus* Bert. wegen *Hylophilus* Temm.

Chobaut (8) gab die Synonymie der in Frankreich gefundenen *Rhyssemus*-Arten.

Csiki (1) ertheilte neue Speciesnamen u. (2) einen neuen Gattungsnamen.

Daniel (3) brachte Beiträge zur Synonymie von *Harpalus*-Arten u. besprach (5) die Prinzipien der Nomenclatur.

Heyden (1) gab synonymische Bemerkungen über *Pterostichus* und (5) *Anthypna*.

Luigioni (1) gab synonymische Auskunft über *Carabus*-Arten, u. (2) über *Anthypna*.

Poppius (1) gab synonymische Bemerkungen zu *Elaphrus* u. *Aphodius*.

Schilsky (2) gab synonymische Bemerkungen zu *Bruchus*.

O. Schwarz (1, 2) gab synonymische Bemerkungen zu *Anoplischius*.

Ssemënow (5) gab synonymische Berichtigungen über *Elaphrus*-Arten.

Weise (1, 4, 7, 12) gab zahlreiche synonymische Bemerkungen über *Chrysomeliden*.

Seidlitz (1) polemisirte möglichst scharf gegen gewisse moderne Umsturzbestrebungen in der Nomenclatur (p. 47, 122).

b) Systematische Fragen: Börner 1, Ganglbauer 1, Jacobson 1, Jacoby 10, Lankester 1, Scholz 5, Ssemënow 14, Wickham 1.

Börner (1) u. **Lankester** (1) behandelten die systematischen Beziehungen aller Ordnungen zu einander.

Jacoby (10) verrieth, dass er nicht wisse, was eine Art sei.

Scholz (5) handelte über den Begriff der Art.

Ganglbauer (1) besprach die Systematik der *„Diversicornia"* p. 1—3.

Jacobson (2) besprach die Systeme von Latreille (1825), Crotch 1873 Seidlitz 1872—75, Leconte & Horn 1883, Ganglbauer 1892 und 1903, Sharp 1899, Lameere 1900 u. 1903 u. Kolbe 1901.

Ssemënow (14) besprach die systematische Stellung der *Puliciden*, die er mit Lameere für *Coleopteren* erklärt und in die Nähe der *Staphyliniden* gestellt wissen will.

Wickham (1) handelte über die systematische Stellung der *Aegialitiden*.

c) Umfassende Arbeiten: Apfelbeck 1, Bates 1, Blackburn 1, 2, 3, Blandford 1, Born 2, Boucomont 1, Buysson 2, Chittenden 5, 6, Chobaut 2, 4, Csiki 8, J. Daniel 1, K. Daniel 4, 6, Desbrochers 2, 5, 6, Distant 1, Enderlein 1, Faust 1, Fauvel 6,

Felt & Joutel 1, Fiori 3, Fleischer 5, Formanek 1, Gabriel 1, Ganglbauer 1, Gebien 1, Gortani & Grandi 1, Heller 3, 4, Houlbert 1, 3, Houlbert et Betis 1, Jacoby & Clavareau 1, 2, Kerremans 1, 2, Klima 1, Lameere 1, Lapouge 2, Lea 1, 2, 4, Le Comte 3, Lesne 7, Marshall 1, Ohaus 2, 3, Peringuey 1, Petri 3, Pic 21, 27, 34, Pierce 1, Poppius 4, Porta 1, Raffray 1, Reitter 1, 6, 7, 11, 14, 19, 26, Ritsema 6, Schenkling 1, Seidlitz 2, Sloane 2, Ssemënow 1, 19, Sternberg 1, Stierlin 1, Tschitscherin 5, Ubagon 1, Vitale 2, 4, Wasmann 6.

Apfelbeck (1) siehe *Cicindelidae, Carabidae, Dytiscidae* u. *Gyrinidae.*

Bates (1) u. **Blackburn** (1, 2, 3) siehe *Scarabaeidae.* — **Blandford** (1) siehe *Scolytidae.* — **Born** (2) siehe *Carabidae.* — **Boucomont** (1) siehe *Scarabaeidae.* — **Buysson** (6) siehe *Chrysomelidae.*

Champion (1) siehe *Curculionidae.* — **Chittenden** (5, 6) siehe *Curculionidae.* — **Chobaut** (2) siehe *Rhipiphoridae,* (4) siehe *Tenebrionidae.* — **Csiki** (8) siehe *Cerambycidae.* — **J. Daniel** (1) siehe *Chrysomelidae,* **K. Daniel** (4, 6) siehe *Cerambycidae.* — **Desbrochers** (2, 5) siehe *Curculionidae,* (6) siehe *Carabidae.* — **Distant** (1) siehe *Cerambycidae.*

Enderlein (1) siehe *Curculionidae.*

Faust (1) siehe *Curculionidae* — **Fauvel** (1) siehe *Buprestidae, Tenebrionidae.*

Felt & Joutel (1) siehe *Cerambycidae.* — **Fiori** (3) siehe *Dytiscidae.* — **Fleischer** (5) siehe *Carabidae.* — **Formanek** (1) siehe *Curculionidae,* (3) *Scolytidae.*

Gabriel (1) siehe *Cryptophagidae.* — **Ganglbauer** (1) siehe *Dermestidae, Byrrhidae, Georyssidae, Parnidae, Heteroceridae, Hydrophilidae.* — **Gebien** (1) siehe *Tenebrionidae.* — **Gortani & Grandi** (1) siehe *Curculionidae.*

Heller (3, 4) siehe *Curculionidae.*

Houlbert (1) siehe *Allgemeines,* (3) siehe ? — **Houlbert et Bétis** (1) siehe *Cleridae.*

Jacoby (12) siehe *Chrysomelidae.* — **Jacoby & Clavareau** (1, 2) siehe *Chrysomelidae.*

Kerremans (1, 2) siehe *Buprestidae.* — **Klima** (1) siehe *Staphylinidae.* — **Kolbe** (1) siehe *Carabidae,* (3) siehe *Scarabaeidae.* — **König** (1) siehe *Carabidae.*

Lameere (1) siehe *Cerambycidae.* — **Lapouge** (2) siehe *Carabidae.* — **Lea** (1) siehe *Curculionidae,* (2) siehe *Rhysodidae,* (4) siehe *Chrysomelidae.* — **Le Comte** (3) siehe *Scarabaeidae.* — **Lesne** (7) siehe *Bostrychidae.*

Marshall (1) siehe *Curculionidae.*

Ohaus (2, 3) siehe *Scarabaeidae.*

Peringuey (1) siehe *Scarabaeidae.* — **Petri** (3) siehe *Curculionidae.* — **Pic** (21) siehe *Anobiidae,* (27) siehe *Malacodermata,* (34) siehe *Scarabaeidae.* — **Pierce** (1) siehe *Rhipiphoridae.* — **Poppius** (4) siehe *Byrrhidae.* — **Porta** (1) siehe *Staphylinidae.*

Raffray (1) siehe *Pselaphidae.* — **Reitter** (1) siehe *Buprestidae,* (6) siehe *Histeridae,* (7) siehe *Endomychidae,* (11) siehe *Curculionidae,* (14) siehe *Scydmaenidae,* (17) siehe *Mycetophagidae,* (26) siehe *Tenebrionidae.* — **Ritsema** (6) siehe *Erotylidae.*

S. Schenkling (1) siehe *Cleridae*. — **Seidlitz** (2) siehe *Dytiscidae* u.
Gyrinidae. — **Sloane** (1, 2) siehe *Carabidae.* — **Ssemёnow** (1, 19) siehe
Carabidae. — **Sternberg** (1) siehe *Scarabaeidae.* — **Stierlin** (1) siehe
Curculionidae.
Tschitscherin (5) siehe *Carabidae.*
Uhagon (1) siehe *Carabidae.*
Vitale (2, 6) siehe *Curculionidae.*
Wasmann (6) siehe Paussidae.

Nach Familien geordnet.

Alle Familien: Fauvel 6, Houlbert 1, 3.
Cicindelidae: Apfelbeck 1.
Carabidae: Apfelbeck 1, Born 2, Desbrochers 6, Fleischer 5, Kolbe 1, König 1,
   Lapouge 2, Sloane 1, 2, Ssemёnow 1, 19, Tschitscherin 5, Uhagon 1.
Dytiscidae: Apfelbeck 1, Fiori 3, Seidlitz 2.
Gyrinidae: Apfelbeck 1, Seidlitz 2.
Paussidae: Wasmann.
Rhysodidae: Lea 2.
Hydrophilidae, Georyssidae, Parnidae, Heteroceridae: Ganglbauer 1.
Staphylinidae: Klima 1, Porta 1.
Pselaphidae: Raffray 1.
Scydmaenidae: Reitter 14.
Endomychidae: Reitter 7.
Erotylidae: Ritsema 6.
Cryptophagidae: Gabriel 1.
Histeridae: Reitter 6.
Mycetophagidae: Reitter 19.
Dermestidae: Ganglbauer 1.
Byrrhidae: Ganglbauer 1, Poppius 4.
Scarabaeidae: Bates 1, Blackburn 1, 2, 3. Boucomont 1, Kolbe 3, Le Comte 3,
   Ohaus 2, 3, Peringuey 1, Pic 34, Sternberg 1.
Buprestidae: Kerremans 1, 2, Reitter.
Malacodermata: Pic 27.
Cleridae: Houlbert & Bétis 1, Schenkling 1.
Bostrychidae: Lesne 7.
Anobiidae: Pic 21.
Tenebrionidae: Chobaut 4, Gebien 1, Reitter 26.
Rhipiphoridae: Chobaut 2, Pierce 1.
Curculionidae: Champion 1, Chittenden 5, 6, Desbrochers 2, 5, Enderlein 1,
   Faust 1, Formanek 1, Gortani & Grandi 1, Heller 3, 4, Lea 1, Marshall 1,
   Petri 3, Reitter 11, Stierlin 1, Vitale 2, 6.
Scolytidae: Blandford 1, Formanek 3.
Cerambycidae: Csiki 8, K. Daniel 4, 6, Distant 1, Felt & Joutel 1, Lameere 1.
Chrysomelidae: Buysson 6, J. Daniel 1, Jacoby 12, Jacoby & Clavareau 1, 2,
   Lea 4.

d) Einzelbeschreibungen: Abeille 4, 5, 6, Arrow 2, Aurivillius 1,
   2, Baeckmann 1, Bargmann 1, Bedel 3, 4, Beguin 1, Bernhauer 1, 2, Beuthin 1, Blanchard 1, Bocklet 1, Boileau 1, 2,

3, Born 1, 3, 4, 5, 6, Breit 1, Brèthes 2, Broun 1, 2, Brues
1, Buysson 1, 3, 4, Cameron 1, Carret 1, Casey 1, Chittenden
5, 6, 9, Chobaut 1, 3, 5, 6, Clement 1, Csiki 3—6, K.
Daniel 1, 3, Daniel & Daniel 1, Demaison 1, 2, Desbrochers 1, 3, 4,
7, Deville 1, Dodero 1, 2, 4, Fairmaire 1, 3 -7, Farren 1,
Fauvel 1—5, 7—11, Fiori 5, Fleischer 1, 2, 4, Fleutiaux 1,
Formanek 2, François 1, Fuente 1, Ganglbauer 2—5, Gerhardt
2, 3, 4, 7, Gestro 2, 3, Grouvelle 2, Hagedorn 1, 3—6, Hartmann 1, Hauser 1, 2, Heath 1, Heller 1, 3, 4, 7, Heyne &
Taschenberg 1, Hintz 1, Holdhaus 1, Horn 2—6, 8, 9, Jacoby
1—7, Jakowleff 1, 2, 3, Jakowlew 1, Jordan 1—5, Joy 1,
Kolbe 2, König 1, Krause 1, Lauffer 1, Lea 2, 3, 5, Leoni 1,
Lewis 1, Lockay 3, Luze 1, 2, Maindron 1, Martinez 1, Mayet
1, 2, 4, Mc Clenahan 1, Möllenkamp 1, Moser 1, 2, 4, Müller
2, 3, Muir & Sharp 1, Nicolas 1, 2, 3, Normand 1, 3, Orbigny 1, 2, 3, Pedemonte 1, Penecke 1, Peringuey 2, 3, Petri
1, 2, Peyerimhoff 1, 2, 3, Pic 1—5, 6a, 9—12, 14, 15 -18,
22, 23, 25, 26, 29—33, 35, 37, 38, 39, 41, 42, 43, Poppius
4, 5, Porta 4, Preiss 1, Puel 1, Ragusa 1, 3, Rainbow 1,
Régimbart 1, 3, Reitter 3, 6, 9, 10, 13, 17, 18, 20, 21, 24,
25, Ritsema 1, 3, 4, 5, Schaeffer 1, Schilsky 1, Scholz 1,
Schultze 1, O. Schwarz 3, 4, Sloane 1, Skinner 1, Solari & Solari
1, Spaeth 1, Ssemënow 8, 9, 11, 15, 16, 18, 20, Thery 1,
2, Tschitscherin 2, 3, 6, Vazquez 1, Veen 1, Vitale 5, Wagner
1, Wasmann 1, 2, 4, Weise 3, 6, 10, 11, Zang 1—4, Zoufal 1,

III. Descendenztheorie.

a) **Phylogenie:** Brunelli 1, Kraus 1, Lapouge 1, Porta 6, Powels 1.
Brunelli (1) behandelte die Phylogenie der *Col.* im Allgemeinen.
Kraus (1) handelte über die Phylogenie der Höhlenkäfer.
Lapouge (1) behandelte die Phylogenie der *Carabiden.*
Porta (1) handelte über die Phylogenie der *Scarabaeiden* u. *Curculioniden.*
Powell (1) siehe Morphologie.

b) **Anpassung, Schutzfärbung, Mimicry:** Kraus (1), Sharp 3,
Vitale 2b.
Sharp (3) behandelte die Anpassung der zum Fluge untauglich ge-
wordenen Flügel zur Function der Stridulation u. zur Brutpflege bei *Porculus*
(*Passalide*)
Vitale (2b) handelte über die Schutzfärbung bei *Curculioniden.*
Kraus (1) handelte über die Anpassung der Höhlenkäfer (speciell von
Leptoderus u. *Androherpon*) an das Leben in Höhlen.

c) **Variabilität:** Kellogg & Bell 1, W. Sharp 1.

d) **Missbildung, Atavismus:** Hayward 1, Marchand 1, Ott 1, Roubal 1, Wickham 4.

Hayward (1) berichtete über ein abnormes *Bembidium Scudderi.*
Marchand (1) schilderte eine Missbildung bei *Lucanus cervus.*
Ott (1) berichtete über *Ocypus similis* mit verkümmerten Flügeln.
Roubal (1) berichtete über mehrere Missbildungen an *Col.*
Wickham (4) berichtete über 1 doppelten Tarsus bei *Hydrocharis.*

IV. Morphologie (äussere und innere), Histologie, Physiologie, Embryologie.

a) Allgemeines: Arrow 1, Biedermann 1, Bordas 1, Buysson 1, Deegener 1, Ganglbauer 1, Gruvel 1, Haller 1, Kellogg 1, Krassilschtschik 1, Leinemann 1, Mollison 1, Muir & Sharp 1, Plotnikow 1, Powell 1, Prenant 1, Selys-Longchamps 1, Stamm 1, Thunberg 1, Townsend 1, Venetiani 1, Wielowieyski 1, Giardina 1, Roubel 1.

Arrow (1) behandelte die Stridulationsapparate der *Scarabaeiden* u. ihrer Larven mit Anführung auch anderer Familien.

Biedermann (1) untersuchte histologisch die, durch Interferenz Schillerfärbungen hervorrufenden Verhältnisse der Chitinhaut bei *Cetonia.*

Bordas (1) untersuchte die Histologie des Darmkanals von *Hydrophilus piceus* L. ü. *Hydrous caraboides* L.

Buysson (1) handelte über die Eier von *Dytiscus.*

Deegener(1) untersuchte die Entwickelung des Darmkanals bei *Cybister Roeselii.*

Ganglbauer (1) sprach sich für den Gebrauch der Ausdrücke „Sternit" statt Abdominalsegment und „Tergit" statt Dorsalsegment aus (p. 6).

Giardina (1) untersuchte die Eibildung bei *Dytiscus.*

Gruvel (1) untersuchte die Histologie der Muskeln an *Hydrophilus.*

Haller (1) handelte über das Syncerebrum auch bei *Coleopteren.*

Kellogg (1) handelte über die Eibildung bei *Hydrophilus.*

Krassilschtschik (1) untersuchte die Wirkung von Giften auf verschiedene Käfer.

Leinemann (1) zählte die Facetten der Augen bei *Col.*

Mollison (1) handelte über die ernährende Thätigkeit des Follikelepithels im Ovarium bei *Melolontha vulgaris* u. *Geotrupes stercorarius.*

Muir & Sharp (1) untersuchten den Generationsapparat bei einigen *Cassididen.*

Plotnikow (1) untersuchte die Exuvialdrüsen bei der Larve von *Tenebrio molitor,* von *Chrysomeliden* u. *Coccinelliden.*

Powell (1) handelte über die Entwicklung der Flügel bei den *Col.* u. über die Herkunft der Flügel überhaupt.

Prenant (1) handelte über die Muskelzellen bei *Col.*

Roubal (1) berichtete über Missbildungen.

Selys-Longchamps (1) siehe Biologie, Larven.

Stamm (1) untersuchte die Befestigung der Muskeln auch bei Käfern.

Thunberg (1) stellte mikro-respiratorische Untersuchungen auch an *Tenebrio* an.

Townsend (1) untersuchte die Histologie der Leuchtorgane von *Photinus marginellus.*

Venetiani (1) untersuchte die Zahl der Malpighischen Gefässe bei den verschiedenen Ordnungen der *Col.*

Wielowieyski (1) untersuchte die Eibildung auch bei *Col.*

b) **Pigment:** vacat.

c) **Leuchten u. Gesichtssinn:** Molisch 1, Townsend 1.

Molisch (1) erwähnte auch das Leuchten an *Lampyris.*

Townsend (1) siehe „Morphologie“.

d) **Töne und Gehör:** Arrow 1, Hirsch 1, Joutel 1, Morley 2, Scholz 4, Sharp 3.

Arrow (1) behandelte ausführlich die Stridulationsvorrichtungen der *Lamellicornier.*

Hirsch (1) handelte von allen möglichen Geräuschen, die durch *Col.* hervorgerufen werden.

Joutel (1) beschrieb den Stridulations-Apparat von *Cychrus viduus.*

Morley (2) gab eine Anmerkung über die Stridulation bei *Hydrobius* und *Geotrupes.*

Scholz (4) beschrieb den Stridulations-Apparat von *Leptura maculata.*

Sharp (3) siehe „ Anpassung.“

e) **Düfte, Geruchssinn:** vacat.

f) **Geschlechtsunterschiede:** Bickhardt 1, Fiori 4, Jacoby 11.

Bickardt (1) berichtete über ein ♂ von *Leptura rubra,* welches einige weibliche Merkmale aufweist.

Fiori (4) handelt über secundäre Geschlechtsmerkmale bei *Bythinus* u. *Hydraena.*

Jacoby (11) handelte über die Geschlechtsmerkmale bei *Sagra.*

g) **Histologie der Metamorphose:** Bauer 1.

Bauer (1) siehe Allg. p. 39.

V. Biologie.

a) **Metamorphose:** Bruch 1, Brunelli 1, Girault 2.

Bruch (1) beschrieb die Metamorphose von 3 *Chrysomeliden.*

Brunelli (1) handelte über die Metamorphose der Insekten.

Girault (2) berichtete über die Metamorphose von *Dysphaga tenuipes* Hall.

b) **Larven, Eier, Puppen:** Chapman 1, Dimmock & Knab 1, Girault 1, Jacobi 1, Kincaid 1, Lesne 1, Lucas 1, Muir & Sharp 1, Nordström 1, Plotnikow, Remer 1, Selys-Longchamps 1, Silvestri 1, Weber 5, Weise 2, 12, Wickham 1, Wielowieyski 1, Xambeu 1.

Chapman (1) schilderte die ganze Biologie von *Xyleborus dispar.*

Dimmock & Knab (1) behandelten die Biologie der *Carabiden.*

Girault (1) berichtete über die Eiablage von *Attelabus bipustulatus.*

Jacobi (1) beschrieb die Larve von *Brachyderes incanus.*

Kincaid (1) beschrieb die Metamorphose zahlreicher *Col.* aus Alaschka.

Lesne (1) beschrieb die Larve von *Hispa testacea.*.
Lucas (1) beschrieb die Larve eines *Lampyriden.*
Muir & Sharp (1) beschrieben die Eier, Larven u. Puppen mehrerer
Cassididen.
Nordström (1) beschrieb die Larve von *Cassida murraea.*
Plotnikow (1) untersucht die Larven von *Tenebrio, Chrysomeliden* u. *Cocci-nelliden.* Siehe Morphologie.
Remer (1) behandelte die Biologie der Larve von *Cantharis.*
Selys-Longchamps (1) untersuchte die embryonale Entwickelung von
Tenebrio molitor.
Silvestri (1) schilderte die Metamorphose von *Lebia scopularis* u. fand,
dass die Malpighischen Gefässe der Larve als Spinnapparat dienen.
Weber (1) beschrieb die Larven von *Carabus Ulrichii, nemoralis* u. *cate-nulatus.*
Weise (2) beschrieb die Larve von *Sclerophaedon orbicularis* u. (2) das
Ei von *Oreina tristis.*
Wickham (1) behandelte die Biologie von *Aegialites.*
Wielowieyski (1) siehe „Morphologie.“
Xambeu (1) beschrieb die Eier, Larven u. Puppen zahlreicher Arten.

c) **Lebensweise, Nahrung, Feinde, Fortpflanzung:** Agnus 1, 2,
3, Alisch 1, Bargagli 1, Bergmiller 1, Beyer 1, 2, Bongardt 1,
Buysson 5, Chapman 1, Chittenden 7, Chobaut 9, Cook 1, 2,
Dayrem 1, Dumé 1, Dury 1, Gaukler 1, Guerry 1, Hajoss 1,
Jacobson 4, Jakowlew 1, Joy 7, Kayser 1, Knoche 1, Knuth
1, König 1, Künkel 1, Lauterborn 1, Leesberg 1, 4, Marchal
1, Masaraki 1, Normand 1, Ohaus 1, Planet 1, Poulton 1,
Rudow 1, Scholz 3, Schuster 1, 2, Sharp 3, Smith 1, Ssemenow
12, Stanton 1, Stebbing 1, Stefani 1, Wagner 1, Webster 1,
Fleischer 3, Heyden 2, 6, Hüeber 1, Losy 1, 2, Luigioni 2.

Agnus (1, 2, 3) gab eine biologische Notiz über *Aphodius liguricus* Dan.
Alisch (1) gab biologische Schilderungen.
Bargagli (1) gab die Lebensweise einiger *Curculioniden* u. *Bruchiden* an.
Bergmiller (1) behandelte die Beziehungen zwischen *Dendroctonus micans*
u. *Rhizophagus grandis.*

Beyer (1) berichtete über *Lyctus, Elasmocerus, Tillus, Tarsostenus* und
Teretrius aus der Wand eines Hauses (Die *Cleriden* nennt er irrthümlich
„Parasiten“ des *Lyctus,* während sie einfache Feinde desselben sind) u. (2) über
6 *Brenthiden.*

Bongardt (1) behandelte die Biologie der Leuchtkäfer Deutschlands.
Buysson (5) gab Biologisches über *Ophonus.*
Chapman (6) siehe b).
Chobaut (9) behandelte die auf Genista vorkommenden *Col.*
Chittenden (7) gab biologische Notizen über *Languria.*
Cook (1, 2) behandelte die dem *Anthonomus grandis* feindliche Ameise.
Dayrem (1) gab biologische Notizen über Lebensweise von *Carterophonus
ditomoides.* — **Dumé** (1) gab eine Notiz über *Oryctes nasicornis.*
Fleischer (3) berichtete über die Biologie mehrerer *Anisotoma*-Arten.

Gaukler (1) berichtete über Käfer, die an den Schmetterlingsköder kamen.

Guerry (1) berichtete über das Vorkommen von *Drymochares Truquii*.

Hajoss (1) behandelte die Biologie von *Lethrus cephalotes*.

Heyden (2) gab mehrere biologische Notizen und (6) drei biologische Mittheilungen.

Hüeber (1) gab Beiträge zur Biologie deutscher *Coleopt.*

Jacobson (4) gab biologische Notizen über *Col.* aus Turkestan.

Jakowlew (1) gab biologische Notizen über *Dytisciden* u. über *Apalus*.

Joy (7) berichtete über *Coleopteren* als Vertilger von Schmetterlingsraupen.

Kayser (1) fand *Laemostenus Schreibersii* im Freien.

Knoche (1) u. **Nüsslin** (1) gaben Beiträge zur Generationsfrage der Borkenkäfer.

Knuth's (1) Blütenbiologie erschien in weiterer Auflage.

König (1) berichtete über das Fliegen von *Tetracha*.

Künkel (1) gab eine biologische Notiz über die Entwickelung von *Hesperophanes griseus*.

Lauterborn (1) gab biologische Notizen.

Leesberg (1, 2) berichtete über 22 an Schimmel auf Weinfässern gefundene Arten, u. (4) über 15 in Spinnen-Netzen gefundene Arten.

Losy (1, 2) handelte über *Melolontha* u. *Harpalus*.

Luigioni (2) gab biologische Notizen über *Anthypna Carcelii*.

Marchal (1) behandelte die Lebensgeschichte von *Phyllodecta vitellinae*.

Masaraki (1) gab Notizen über das Vorkommen von *Apalus bimaculatus*.

Normand (1) gab Notizen zur Biologie von *Paussus*. Siehe auch *Myrmecophilen*.

Ohaus (1) schilderte die Biologie von *Geotrupus vernalis* u. *stercorarius*.

Planet (1) behandelte die Biologie von *Cerambyx* u. *Prionus*.

Poulton (1) besprach das schaarenweise Vorkommen von *Col.* auf Berggipfeln (z. B. *Dorcadion* u. *Coccinell.*).

Rudow (1) besprach die Wohnungen der Käfer.

Schmitt (1) beobachtete, dass *Galerita Janus* bombardirt.

Scholz (3) fand auf *Dytiscus marginalis* eine festsitzende Schnecke (*Ancylus fluviatilis*).

Schuster (1) gab eine Notiz über *Lucanus cervus* und (2) dass die Hauskatze *Melolontha* u. *Rhizotrogus* frisst.

Sharp (3) besprach die Brutpflege bei *Porculus*. Siehe „Anpassung".

J. Smith (1) erörterte die Biologie von *Chilocorus similis*.

Ssemenow (12) behandelte die Biologie von *Callipogon relictus*.

Stanton (1) behandelte die Biologie von *Oryctes Rhinoceros*.

Stebbing (1) behandelte die Biologie von *Vedalia* (*Coccinellid.*).

Stefani (1) gab eine Notiz über die Biologie von *Apion violaceum*.

Wagner (1) gab die Futterpflanzen von 12 *Apion*-Arten an.

Webster (1) beschrieb die Biologie von *Oberea ulmicola*.

e) **Myrmecophilie, Termitophilie:** Barnes 1, Brues 1, Fauvel 8, Holland 1, Normand 2, Wasmann 1, 2, 4, 5, 6.

Barnes (1) vermuthet, dass *Leptidia ferruginea* myrmecophil sei, was **Holland** (1) bezweifelt.

Brues (1) beschrieb eine *Ecitopora* u. (2) handelte über *Ecitonidia.*
Fauvel (8) beschrieb 7 myrmecophile *Staphyliniden* aus Brasilien.
Normand (2) siehe „Lebensweise".
Wasmann (1, 2, 4, 5, 6) brachte zahlreiche Arbeiten über myrme-
cophile *Col.*

f) Parasiten, Parasitenwirte: Beck 1, Beyer 1, Girault 2, Hennings 1, Léger & Dubosq 1, Pierce, Stefani 2, Titus 1, Wasmann 5, Wize 1.

Beck (1) berichtete über die *Laboulbaeniacee Stigmadomyces Baerii* Peyr.
auf *Bembidium* bei Wien.
Beyer (1) erwähnte eine Wespe ohne Namen als Parasiten von *Lyctus*
oder von *Cleriden.*
Girault (2) berichtete über einen Parasiten von *Dysphaga tenuipes* Hald.
Hennings (1) berichtete über parasitische Pilze, die in die Larve ein-
dringen, aus der Puppe herauswachsen und sie töten.
Léger & Dubosq (1) untersuchten die Gregarinen im Darm von *Blaps.*
Pierce (1) behandelte die *Meloiden* als Parasiten u. ihre Wirte.
Stefani (2) handelte über Schmarotzer von *Anobium.*
Titus (1) führte einen angeblichen Schmarotzer von *Bruchus* an.
Wasmann (5) behandelte mehrere in Brasilien in Bienennestern gefundene
Staph. u. *Silph.*
Wize (1) berichtete über eine Bacterie, die im Darm von *Cleonus puncti-*
ventris mit tödtlicher Wirkung auftritt.

g) Gallenerzeuger: Stefani 1, 3, Trotter 1.
Stefani (3) beschrieb die Galle von *Mecinus barbarus* u. (1) von *Apion*
violaceum.

h) Höhlenfauna: Abeille (1, 2, 3), Chobaut 6, 7, Florentin 1, Kraus
1, Penecke 1, Peyerimhoff 1, 2, Reitter 16, Viré 1.

i) Ueberwinterung: Kellogg 2, Wickström 1.

VI. Oeconomie.

a) Schädlinge in Land- u. Forstwirtschaft: Aiken 1, Aaron 1,
Boas 1, Boutan 1, Brèthes 1, Bridwell 1, Britton 1, Bronevski
1, Burgess 2, Chittenden 1—4, Cook 1, 2, Eckstein 1, 2, Ender-
lin 1, Felt 2, Froggatt 1, Fuchs 1, Garman 1, Gestro 4, Guse
1, Hagedorn 1, 2, Henry 1, Herrera 1, Hess 1, Hopkins 2,
Hunter 1, 2, Hunter & Hinds 1, Kirby 1, Kirkaldy 1, Knoche
1, Krassilschtschik 1, Kress 1, Lampa 1, Losy 1, 2, 3, Maskew
1, Melander 1, Newell 1, Panton 1, Potschoski 1, Quarière 1,
Remer 2, Revon 1, Richir 1, Rivera 2, 4, 5, Roule 1, Rovara 1,
Sanderson 1, 2, Schreiner 1, 2, 3, Schröder 2, E. Schwarz 1,
Severin 1—6, Severin & Brichet 1, Slingerland & Johnson 1,
Ssilantjev 1, Stanton 1, Störmer 1, Symons 1, Theobald 1,

Torka 1, Tullgren 1, Vaney & Conte 1, Varendorff 1, Vosseler 1, Wahl 1, Webster 2, 3, Wheeler 1, Wilson 1, Wize 1, 2, Zimmermann 1.

b) **Anderweitige Schädlinge:** Hagedorn 4, Hopkins 1, Krancher 1, Rivera 1, Rudow 2, Sturgis 1.

c) **Nützliche resp. verwendete Coleopteren:** Burgess 1, 2, Clark 1, Fiske 1, Kolinsky 1, Marlatt 1, Newell 1, Pomeranzev 1, Sanderson 4, J. Smith 1.

Burgess (1, 2) u. **Sanderson (4)** berichten über *Chilocorus similis* der nach *Ohio* eingeführt war.

Clark (1) berichtete über Larven von *Anthrenus verbasci* L., die als Vertilger von Schmetterlings-Eiern beobachtet wurden.

Fiske (1), Kolinsky (1), Marlatt (1), E. Schwarz (2), Newell 1 handelten über *Coccinelliden.*

Pomeranzev (1) berichtete über nützliche *Col.* unter Baumrinden.

Smith (1) behandelte die Biologie vom *Chilocorus similis.*

VII. Geographische Verbreitung.

a) **Allgemeines u. Fauna der ganzen Erde:** Raffray 1, Ritsema 2, 7.

b) **Circumpolare Fauna:** Poppius 6, Ssemënow 18.

c) **Palaearktische Fauna:**

1. **Im Allgemeinen:** Abeille 5, Daniel & Daniel 1, Desbrochers 1, 2, 3, Faust 1, Fleischer 5, Formanek 1, Jacobson 3, Jakowleff 2, Klima 1, Poppius 4, Reitter 2, 6, 11, 13, 18, 21, Ssemënow 2, 6, 9, Solari 1.

2. **Europa:** Ansorge 1, Apfelbeck 1, Armitt 1, Arrow 4, Atmore 1, Bagnall 1—8, Bailey 1, 2, Barnes 1, Beare 1—5, Beare & Donisthorpe 1, 2, Bedel 3, Bedwell 1, 2, Bertolini 1, Black 1, Born 1 —8, Bourgeois 1, Bruyant & Dufour 1, Carret 2, 3, 4, Carter 1, Cavazza 1, Champion 3, 4, 6—9, Chaster 1, Chitty 1, 2, Clermont 1, 2, Colin 1, Coulon 1, Csiki 9, 13, Day 1, Deville 2, 3, 4, Dietl 1, Donisthorpe 1—5, Edwards 1, 2, Elliman 1, Evans 1, Everts 1, 3, 4, 6, 7, Falcoz 1, Fiori 1, 3, Fischer 1, Fleck 1, 2, Font 1, Fowler 1, 2, Fredericq 1, Fuente 2, Gavoy 1, Gebien 1, Gerhardt 1—7, Gordon 1, Halbert 1, Heyden 2, Holland 1, 2, Holtz 1, Hormuzaki 1, 2, Jackson 1, Jänner 1, Jennings 1, Joakimow 1, Jaquet 1, Johanson 1, Johnson 1, Joy 1—6, Keys 1, Kletke 1, Kowatschew 1, Kosanin 1, Krasa & Rambuska 1, Krauss 2, Lambertie 1, Leesberg 1—4, Lokay 1, Lomnicki 1, Luff 1, Masaraki 1—4, Maudson 1, Mayet 1—4, Meguignon 1, Mjöberg 1, Morley 1, Morse 1, Muchardt 1, Müller 1, Netuschell 1, Newbery 1—3, Nicolas 1, 2, 3, Nordström 1, Normand 2, Oldham 1, 2, 3, Penecke 3, Pérez 1, Petschirka & Lokay 1, Pic 7, 8, 14a, 29, 39b, Pietsch 1, 2, 3, Pool 1, Poppe 1, Poppius

1, 2, 6, Prediger 1, Ragusa 2, Range 1, Reitter 2, Reuter 1,
Ronchetti 1, Roubal 2, Sangiorgi 1, 2, Schatzmayer 1, W. Sharp
2, 3, R. Smith 1, Sograf 1, Sokolowski 1, Sopp 1, Strand 1, 2,
Taylor 1—4, Tomlin 1—5, Turner 1, Uyttenboogaart 1—4,
Varenius 1, 2, 3, Vitale 1, 2, 3, 5, 6, Vorbringer 1, 2, Walker 1
—4, Wielandt 1, Wood 1—4, Woronkow 1, Xambeu 2, Zacher
1, Yerbury 1, Yurkewitsch 1.

3. **Nord-Afrika:** Bedel 6, Normand 1.

4. **Asien:** Jacobson 4, Luze 1, 2, Poppius 5.

d) **Indo-China:** Allard 1, 2, 3, Aurivillius 1, Bourgeois 2, Brenske 1,
Brogniart 1, Fairmaire , Fleutiaux 2, Grouvelle 1, Lefèvre 1,
Lesne 2—6, Pavie 1, Regimbart 2, Tertrin 1, 2.

e) **Australien u. stiller Ocean:** Blackburn 1, 2, 3, Broun 1, 2,
Goudie & Lea 1, Fauvel 6, Lea 1—4, Kershaw 1, Rainbow 1,
Schnee 1, Sloane 1, 2, Walker 7.

f) **Afrika:** Bourgeois 3, Hartmann 1, Peringuey 1, 2, 3, Preiss 1.

g) **Madagascar:** Beguin 1, Fairmaire.

h) **Neoarctisch:** Chittenden 8, Fuchs 1, Houghton 1, Knaus 1, Leng
1, Needham 1, Schwarz 1a, 3, Sherman 1, Skinner 1, Snow 1,
Stevenson 1, Schäffer 1, Washburn 1, Webster 3, Wickham 3.

i) **Neotropisch u. Südamerika:** Aurivillius 1, Brèthes 2, Judulien
1, Rivera 1—5, Uhler & Schwarz 1.

k) **Antarktisch:** Enderlein 1.

D. Die behandelten *Coleopteren* nach Familien.

Fam. *Cicindelidae.*

(0 nov. gen., 23 nov. spp.).

Apfelbeek 1, Beuthin 1, Fairmaire 3, Horn 1—9, König 1, Lesne
3, Maindron 1, Peringuey 2, 3, Ragusa 3, Rainbow 1, Sherman 1,
Ssemënow 2. 16, Sloane 1, Wickham 3, Bourgeois 4,

Morphologie.

König (1) berichtete, das *Tetracha euphratica* var. *armeniaca*
Dokht. im Kaukasus nicht flügellos sei, wie Schneider für Egypten
angiebt, sondern gut fliegen könne.

Biologie.

Bourgeois (4) berichtete, dass *Cicindela sylvatica* L. sich bisweilen auf Bäume setzt (p. 19).

Geographisches.

Bourgeois (4) führte 4 Arten aus den Vogesen auf (p. 19—20). **Sherman** (1) führte die *Cicindeliden* von Nord-Carolina auf. **Ssemënow** (2) gab Notizen über *Cicindela.* **König** (1) berichtete über das Vorkommen von *Tetracha euphratica* var. *armeniaca* Dokht. im Kaukasus. **Horn** (1) besprach die Verbreitung von *Cicindela singularis* Chaud. (p. 90), und (8) behandelte die *Cicindeliden* Ceylons. **Wickham** (3) behandelte die Verbreitung der *Cicindelen* in Nord-Amerika.

Systematik.
Umfassende Arbeiten.

Apfelbeck.

Die Käferfauna der Balkanhalbinsel, mit Berücksichtigung Klein-Asiens und der Insel Kreta. I. Bd. *Caraboidea.* Fam. *Cicindeliden.* Berlin 1904. p. 1—14.

Eine umfassende faunistische Bearbeitung, bei der alle Arten der Gattung *Cicindela* dichotomisch aus einander gesetzt sind. In den folgenden Familien ist das nicht mehr der Fall.

Die behandelten Arten.

Cicindela soluta Dej., *C. silvatica* L. var. *fasciatopunctata* Herm., *C. silvicola* Dej. *C. hybrida* L. mit var. *rumelica* n. var. (p. 5) Ost-Rumelien, *C. campestris* L. mit var. *pontica* Mot., var. *Suffrianii* Loew u. var. *herbacea* Kl., *C. ismenia* Gor., *C. germanica* L., *C. hispanica* Gor. var. *turcica* Sch., *C. circumdata* Dej. var. *dilacerata* Dej., *C. elegans* Fisch. var. *Seidlitzii* Kr., *C. chiloleuca* Fisch., *C. melancholica* Fbr., *C. trisignata* Dej., *C. viennensis* Schrk., *C. concolor* Dej., *C. Fischeri* Ad., *C. lunulata* Fbr., *C. flexuosa* Fbr.

Horn.

The *Cicindelidae* of Ceylon.
(Spolia Zeylan. II. p. 30—45 tab.)

Die 42 Arten von Ceylon werden mit Literatur- u. Synonymie-Angabe aufgezählt (p. 30—35) u. dann dichotomisch (*Euryoda* nur als Gattung) aus einander gesetzt (p. 37—44), nachdem die neuen Arten u. Varietäten ausführlicher beschrieben wurden (p. 35—37). Dass der Autor alle Speciesnamen klein schreibt, ist eine bedauerliche Concession an die neue Mode, die in englischen u. amerikanischen Zeitschriften bereits abzunehmen anfängt.

Die behandelten Gattungen u. Arten.

Collyris (*Archicollyris*) *Dohrnii* Chaud., — *C.* (*Neocollyris*) *crassicornis* Dej., *C. Saundersii* Chaud. mit var. *laetior* n. var. (p. 35 [1]), *C. punctatella* Chaud., *C. plicaticollis* Chaud., *C. ceylonica* Chaud.

---

[1]) Der Autor schreibt „subsp. *laetior* u. var."

Tricondyla granulifera Mot., *Tr. coriacea* Chor., *nigripalpis* Horn, — *Tr.* (*Derocrania*) *Nietneri* Mot., *Tr. fusiformis* n. sp. (p. 35, 39, tab., fig. 1), *Tr. gibbiceps* Chaud., *Tr. flavicornis* Horn (tab. fig. 2), *Tr. nematodes* Sch., *Tr. concinna* Chaud., *Tr. Schaumii* Horn, *Tr. scitiscabra* Walk., *Tr. Halyi* Horn (tab. fig. 3). *Euryoda paradoxa* (tab. fig. 5). *Cicindela corticata* Putz. (tab. fig. 6) mit var. *laeticolor* n. var. (p. 36), *C. biramosa* Fbr. (tab. fig. 7), *C. quadrilineata* Fbr. var. *Renei* Horn (*Renati* Maindr.) (tab. fig. 8), *C. Waterhousei* Horn (tab. fig. 9), *C. Willeyi* n. sp. (p. 36, 41 tab. fig 4), *C. Dormeri* Horn (tab. fig. 10), *C. Ganglbauerii* Horn (tab. fig. 11), *C. discrepans* Walk. (tab. fig. 12), *C. sexpunctata* Fbr. (tab. fig. 14), *C. aurovittata* Br. (tab. fig. 15), *C. haemorrhoidalis* Wiedm. (tab. fig. 16), *C. catena* Fbr. (tab. fig. 20), *C. ceylonensis* Horn (tab. fig. 18) mit var. *diversa* n. var. (p. 37 tab. fig. 19), *C. calligramma* Sch. (tab. fig. 17), *C. Cardonis* Fleut. (tab. fig. 21), *C. sumatrensis* Hrbst. (tab. fig. 22), *C. limosa* Saund. (tab. fig. 23), *C. distinguenda* Dej. (tab. fig. 26), *C. undulata* Dej. (tab. fig. 24), *C. fastidiosa* Dej. (tab. fig. 25), *C. lacunosa* Putz. (tab. fig. 28), *C. labiouenea* Horn (tab. fig. 27), *C. Nietneri* Horn (tab. fig. 27).

Einzelbeschreibungen.

Amblychila Baronis Riv., *A. cylindriformis* Say mit var. *Piccolominii* Reich. u. *A. Schwarzi* Horn (*Piccolominii* Riv.) besprach **Horn** (Deut. ent. Z. 1904 p. 97). *Chiloxia longipennis* Horn = *binotata* Cast. var. nach **Horn** (Deut. ent. Z. 1904 p. 93). *Cicindela amoenula* Chaud. = *argentata* Fbr. var. nach **Horn** (Deut. ent. Z. 1904 p. 86), *C. affinis* Horn = *venustula* Gory u. *nebulosa* Bat. von *venustula* verschieden (p. 86), *C. semicircularis* Chaud. = *rugatilis* Bat., *C. longula* Chaud. = *marginella* Bat. var., *C. discreta* Schm. var. *subfasciata* n. var. (p. 87), *C. nivicincta* Chvr. var. *inspecularis* n. var. (p. 87), *C. nivicinctoides* Horn = *limosa* Saund. var., *C. dubia* Horn = *undulata* Dej. var., *C. barbata* Horn = *funerata* Boisd., *C. Livingstonei* Horn = *saraliensis* Guér. (p. 87), *C. tetragramma* Boisd. (p. 88), *C. Bramanii* Dokht. (*interruptofasciata* Fleut. nec Schm.), *elegantula* Dokht. (*tritoma* Fleut.), *cariana* Gestro, *Goebelii* Horn (*tritoma* Gestr.) u. *anometallescens* Horn = *Mouhotii* Chaud. varr. (p. 89), siehe auch *Dromica Gerstäckeri*, — *C. Proserpina* n. sp. (p. 424) Kaffa, *C. Oscari* n sp. (p. 425) Arabien, *C. innocentior* n. sp. Neu-Guinea, *C. Arnoldii* n. sp. (p. 430) Kamerun. — *C. Schrenkii* Gebl. var. *Benjamini* n. var. u. var. *ordinaria* n. var. **Ssemënow** (Rev russe 1904 p. 295), *C. decempustulata* Men. var. *leucomelaena* n. var. u. var. *sapphirea* n. var. (p. 297), *C. turkestanica* Ball. (p. 313). — *C. aphrodisia* Baudi var. *luctuosa* n. var. **Ragusa** (Nat sic. XVII p. 85). — *C. Jungii* besprach u. bildete ab **Rainbow** Rec. Austr. Mus. V. p. 245. — *C. Frenchii* n. sp. **Sloane** (Pr. Linn. Soc. N. S. Wales 29. p 527) u. *C. aurita* n. sp. (p. 528) Australien. — *C. germanica* var. *Bleusei* n. var. **Beuthin** (Soc. ent. XIX. p. 114), var. *Oberthürii* n. var. (p. 115). — Siehe auch Horn oben u. Apfelbeck pag. 131.

Collyris gigas Lesn. 1901 wiederholt abgedruckt durch **Lesne** (Miss. Pavie III p. 58), *C. rufipalpis* Chaud. (tab. VIII fig. 1b). *C. similis* Lesn. 1891 (p. 59 tab VIII fig. 1a). — *C. gigas* Lesn. vielleicht = *Mniszechii* Chaud. nach **Horn** (Deut. ent. Z. 1904 p. 83), *C. similis* Lesn. u. *Lesnei* Horn unterschieden (p 83), *C pseudosignata* Horn von *Mouhotii* Chaud u. *signata* Horn von *fasciata* Chaud. unterschieden (p 83), *C. tonkinensis* Fleut. = *bicolor* Horn (p. 84). -- Siehe auch Horn pag. 131.

Cosmema siehe *Dromica.*

Ctenostoma Batesii Chd. var. *rugicollis* n. var. **Horn** (Deut. ent. Z. 1904 p. 82) Ecuador.

Derocrania siehe Horn pag. 132.

Distypsidera orbicollis n. sp. **Sloane** (Pr. Linn. Soc. N. S. Wales 29. p. 529) Australien.

Dromica (Cosmema) sexmaculata Pér. nec Chaud. = *citreoguttata* Chaud. var. nach **Horn** (Deut. ent. Z. 1904 p. 90), *Dr. (Cosmema) Grutii* Pér. nec Chaud. = *sexmaculata* Chaud. (p. 91), *Dr. micans* Horn = *Gunningii* Pér. var., *Dr. (Myrmecoptera) algoensis* Pér. = *Junodii* Pér., *Dr. (Myrm.) Ritsemae* Horn = *spectabilis* Pér. var., *Dr. (Myrm.) mima* Pér. = *polyhirmoides* Bat. var., *Dr. polyhirmoides* var. *irregularis* n. var. (p. 91), *Dr. (Myrm.) Bertolonii* Thms. var. *quadricostata* Horn, var. *fossulata* Wall. u. var. *costata* Pér. (p. 92), *Dr. (Myrm.) limbata* Chaud. = *Saundersii* Chaud. (p. 92), *Dr. (Myrm.) Gerstäckeri* Horn gehört zu *Cicindela* (p. 93), *Dr. (Myrm.) Erlangeri* n. sp. (p. 426) Arabien. -- *Dr. (Cosmema) concinna* n. sp. **Péringuey** (Nov. zool. XI p. 448) u. *Dr. specialis* n. sp. (p. 448) Transvaal, *Dr. foveolata* Pér. = *granulata* Dokht. (p. 449).

Euryoda tenuicollis n. sp. **Fairmaire** (Bull. Fr. 1904 p. 128), *Eu. virgulata* n. sp. (p. 128) u. *Eu. laetecyanea* n. sp. (p. 129) Madagascar. -- *Eu. breviformis* n. sp. **Horn** (Deut. ent. Z. 1904 p. 85) Madagascar. Siehe Horn pag. 132.

Hiresia, mehrere Arten besprach **Horn** (Deut. ent. Z. 1904 p. 84).

Megacephala Neumannii Klb. = *excelsa* Bat. var. nach **Horn** (Deut. ent. Z. 1904 p 94), *M. Baxteri* Bat., *M. Revoilii* Luc. (p. 94), *M. Péringuei* Horn = *regalis* Chaud , *M. Frenchii* Sloan. = *cylindrica* Chaud. (p. 94), *M. (Styphloderma) asperata* Wat. umfasst alle übrigen Arten der Untergatt. als varr. (p. 94 --95), *M. asperata* var. *gratiosa* n. var. (p. 95), *M. (Tetracha) sobrina* Duj. umfasst *infuscata* Mannh., *Sommeri* Chaud., *punctata* Cast , *confusa* Chaud., *longipennis* Chaud. u. *Erichsonis* als Varietäten (p. 96), *M. (Tetracha) lucifera* Er. u. *bilunata* Kl. unterschieden (p. 96), *M. (Tetracha) coerulea* Luc. u. *femoralis* Perty unterschieden (p. 97), *M. Oscari* n. sp. (p. 423) am rothen Meer, *M. sebakuana* Per. 1903 (p. 424), *M. Schultzeorum* n. sp. (p. 430) Kamerun, *M. Ertlii* n. sp. (p. 432) Deutsch Ostafrika. -- Siehe auch *Tetracha.*

Myrmecoptera siehe *Dromica.*

Odontochila cinctula Bat. = *ignita* Chaud. nach **Horn** (Deut ent. Z. 1904 p. 86), *O. secedens* Steinh. = *Salvinii* Bat. (p. 86), *O. rufiscapis* Bat. u. *trilbyana* Thms. unterschieden (p. 86). -- *O. curvipenis* n. sp. **Horn** (Not. Leyd. Mus. 25. p. 220) Amazonien.

Ophriodera rufomarginata var. *circumcinctoides* n. var. **Horn** (Deut. ent. Z. p. 431 Sambesi.

Pogonostoma besprach **Horn** (Deut. ent. Z. 1904 p. 81), *P. Brullei* G. & Lap) var. *subtilis* n. var. (p. 81) Diego-Suarez.

Pseudoxychila ceratoma Chaud. u. *tarsalis* Bat. = *bipustulata* Latr. varr. nach **Horn** (Deut. ent. Z. 1904 p. 93).

Styphloderma siehe *Megacephala* u. *Tetracha.*
Tetracha (Styphloderma) Dodsii n. sp. **Peringuey** (Ann. S. Afr. Mus III p. 167)
Rhodesia. — *T. lateralis* n. sp. **Horn** (Not. Leyd. Mus. 25 p. 219) Amazonien.
— Siehe auch *Megacephala.*
Tricondyla Hornii n. sp. **Maindron** (Bull. Fr. 1904 p. 263 figg.) Indien. — Siehe
auch **Horn** pag. 132.

Fam. Carabidae.

(8 nov. gen., 170 nov. spp.).

Abeille 1, Apfelbeck 1, Bedel 2, 6, 7, Born 1—8, Breit 1, Broun
1, Bruyant & Dufour 1, Buysson 5, Carret 2, 3, Cavazza 1, Chobaut 1,
Clement 1, Csiki 6, 7, Daniel 1, 2, 3, Daniel & Daniel 1, Dayrem 2,
Desbrochers 6, Deville, 3, Dietl 1, Dimmock & Knab 1, Fairmaire 3,
7, Fiori 2, Fleischer 5, Ganglbauer 2—5, Gerhardt 2, 6, Hayward
1, Holdhaus 1, 3, Hormuzaki 2, Kolbe 1, 2, König 1, 2, Lapouge 1, 2,
Lesne 4, Maindron 1, Müller 1, Nicolas 2, Peringuey 2, Peyerimhoff
2, Pic 35, Porta 2, Puel 1, Reitter 16, 18, 20, Ragusa 3, Ronchetti
1, Sangiorgi 1, Schaeffer 1, Schatzmayr 1, Schmitt 1, Sloane 1, 2,
Ssemënow 1, 2, 5, 6, 8, 9, 18, 19, Strand 2, Tschitscherin 2, 3, 5, 6,
Uhagon 1, Uyttenboogaart 1, 2, Vitale 3, Vorbringer 2, Weber 1,
Wilson 1, Xambeu 1, 3a, Bocklet 1, Bourgeois 4, Heyden 1, Jänner 1,
Joutel 1, Joy 2, Kayser 1, Losy 1, Luff 1, Luigioni 1, Masaraki 2,
Remer 2, Roubal 1, Rudow 1, Schnee 1, Scholz 1, Schwarz 3,
Silvetri 1. Beck 1, Carter 1, Fowler 2.

Morphologie.

Hayward (1) beschrieb eine Missbildung von *Bembidium
Scudderi.*

Joutel (1) beschrieb den Stridulationsapparat von *Cychrus viduus.*

Silvestri (1) fand die malpighischen Gefässe der Larve von
Lebia scapularis Fourcr. als Spinnapparat functionirend.

Roubal (1) handelte über Missbildungen nnd **Xambeu** (1)
beschrieb eine Missbildung an *Elaphrus uliginosus* var. *pyrenaeus*
Mot. (p. 7).

Biologie.

Weber (1) beschrieb die Larve von *Carabus Ulrichii* ausführlich
(p. 414—418 fig. 1, 4, 5) und bildete Theile der Larven von *C. nemoralis* (fig. 2) und *C. catenulatus* (fig. 3) ab.

Dimmock & Knab (1) behandelten die Larven der *Carabiden*
im Allgemeinen (p. 1—21) und beschrieben im Speciellen die Larven
u. Puppen von *Dicaelus purpuratus* (p. 21—30 tab. 1 u. 2), *Brachinus
janthinipennis* (p. 30—40 tab. 3), *Pterostichus stygicus* (p. 40—46
tab. 4 fig. 1—5), *Pt. adoxus* (p. 46—48 tab. 4 fig. 6), *Pt. nigrita*
(p. 48—49 fig. 7).

E. Schwarz (3) beschrieb die Metamorphose von *Carabus
truncaticollis* Fisch.

Dayrem (2) berichtete über den Abendflug von *Carterophonus
ditomoides* Dej.

Beck (1) berichtete, dass bei Wien die *Bembidien* oft mit dem Pilze *Stigmatomyces Baerii* behaftet sind.

Buysson (5) berichtete über die Gewohnheiten einiger *Ophonus-*Arten u. **Bemer** (2) über *Zabrus gibbus.*

Kayser (1) fand *Laemosthenes Schreibersii* auf einem Berggipfel.

Losy (1) berichtete über *Harpalus-* u. *Ophonus-*Arten als Schädlinge auf Getreidefeldern.

Rudow (1) handelte über die „Wohnungen" von *Carabiden.*

Silvestri (1) beschrieb die Larve von *Lebia scapularis* Fourcr.

Schmitt (1) berichtete, dass *Galerita Janus* bombardirt.

Wilson (1) stellte fest, dass *Agonoderus pallipes* in Amerika den keimenden Mais zerstört.

Xambeu (1) beschrieb die Larve von *Anophthalmus Bugezii* Dev., — (3a) die Larve von *Amara erratica* Duft. (p. 8), *A. meridionalis* Putz. (p. 22[1]) u. *A. pyrenaea* Dej. (p. 154), das Ei von *Anchomenus pallipes* Fbr. (p. 17), die Puppe von *Calathus fulvipes* Gyll., das Ei von *Carabus punctato-auratus* Germ. (p. 39), die Puppe von *Feronia nigrita* Fbr. (p. 19), die Larve von *F. platyptera* Fairm. (p. 30), das Ei von *F. madida* Fbr. (p. 35), von *Leistus spinibarbis* Fbr., von *Licinus silphoides* Fbr., von *Nebria Jockischii* Strm. (p. 25) u. von *Zabrus gibbus* Fbr. (p. 39), — (3b) die Larve von *Sphaerostylus Goryi* Lap. (p. 68) u. von *Platymetopus exaratus* Kl. (p. 70), die Puppe von *Harpalus* sp. (p. 71) aus Madagaskar.

Geographisches.

König (1) berichtete über *Eucarterus sparsutus* Reitt. aus dem Caucasus.

Müller (1) berichtete über das Vorkommen von *Anchomenus livens* Gyll. in Steyermark.

Reitter (2) berichtete über das Vorkommen von *Ophonus ferrugatus* Reitt. in Sicilien.

Dietl (1) berichtete über das Vorkommen von *Pterostichus negligens* in den bayrischen Alpen, u. von *Panagaeus crux major* var. *trimaculatus* Dej. in Schlesien.

Strand (2) fand *Notiophilus hypocrita* Putz. u. *Metabletus maurus* Strm. in Norwegen.

Deville (3) berichtete über die Verbreitung mehrerer Arten in Frankreich, von denen die bemerkenswerthesten *Atranus collaris* Men. u. *Perigona nigriceps* Dej. sind.

Vorbringer (2) berichtete über das Vorkommen des *Dromius cordicollis* Vorbr. bei Petersburg u. Mogilno.

Gerhardt (2 u. 6) berichtete über *Agonum Mülleri* Hrbst. var. *tibiale* Heer aus Schlesien.

---

[1]) Die Beschreibung dieser Larve ist nicht leicht zu finden; denn im alphabetischen Verzeichnisse, welches (50. p. 219) zur Aufklärung des wüsten Durcheinanders der Beschreibungen gegeben ist, findet sich irrthümlich die Seitenzahl „116". Nach dem mit „49. p. 6" angegebenen *Dromius linearis* sucht man überhaupt vergeblich; denn er ist erst 50. p. 189 behandelt.

Kolbe (2) stellte die *Tefflus*-Arten und -Varietäten 5 verschiedener Gegenden Afrikas einander gegenüber (p. 284—285).

Csiki (6) führte 25 Arten aus Serbien auf, von denen 1 *Platynus* u. 1 *Carabus* var. neu.

Ssemënow (6) handelte über die Verbreitung von *Carabus aurolimbatus* Dej., *C. marginalis* Fbr., *C. Schtscheglovii* Mannh. var. *Sacharshevskii* Mot., *C. Menetriesii* Humm. u. *Chlaenius dimidiatus* Chaud., *Notiophilus Reitteri* Spaeth u. *Dromius quadraticollis* Mor. (*cordicollis* Vorbr.) in Russland, (18) über das Vorkommen von 6 Arten auf der Insel Kolgujev: *Nebria Gyllenhalii* var. *arctica* Dej., *Elaphrus latipennis* Sahlb., *Notiophilus aquaticus* L., *Diachila polita* Fald., *Pterostichus aquilonius* Tschit., *Amara alpina* Payk., (2) über *Trachypachys* u. *Elaphrus* u. (9) über *Dromius longulus* Friv. in Russland.

Bourgeois (4) führte 325 Arten aus den Vogesen auf (p. 20 — 65), von denen 1 *Amara* als neu beschrieben wurde.

Bruyant & Dufour (1) besprachen das Vorkommen von *Bothriopterus angustatus*.

Vitale (3) berichtete über das Vorkommen von *Calosoma inquisitor* var. *coeruleum* Rag., *Notiophilus quadripunctatus* Dej., *Bembidium combustum* Men., *Masoreus Wetterhalii* Gyll. u. *Brachynus bellicosus* Duft. in Italien.

Ronchetti (1) berichtete über das Vorkommen von *Carabus sylvestris* var. *nivosus* Heer u. von *Abax continuus* Baudi in Italien.

Sangiorgi (1) berichtete über mehrere Artenr in Italien.

Ganglbauer (4) führte zahlreiche Arten von der Insel Meleda auf (p. 647—649).

Schnee (1) führte 2 *Carabiden* von den Marshall-Inseln auf.

Schwarz (3) führte 154 Arten aus Alaska auf.

Masaraki (2) berichtete über *Dromius cordicollis* Vorbr. bei S . Petersburg.

Jänner (1) behandelte die Thüringer Laufkäfer.

Uyttenboogaart (2) berichtete über *Carabus monilis* Fbr. var. *interruptus* Beuth. in Holland u. (1) über Varietäten von *Bembidium velox*.

Carter (1) handelte über die Laufkäfer Yorkshires.

Joy (2) berichtete über *Bembidium obliquum*, **Luff** (1) über *Calosoma sycophanta*, **Fowler** (2) über *Panagaeus* in England.

Lesne (4) zählte 57 Arten aus China auf.

Systematik.
Umfassende Arbeiten.
Apfelbeck.

Die Käferfauna der Balkanhalbinsel, mit Berücksichtigung Klein-Asiens und der Insel Kreta. I. Bd. *Caraboidea*. Berlin 1904. Fam. *Carabidae*. p. 14—358.

Eine umfassende faunistische Bearbeitung, bei der aber die meisten Arten (nämlich die in Ganglbauer's Käf. Mitteleur. ent-

haltenen) nicht beschrieben werden. Nur bei einigen Gattungen
(z. B. *Bembidium, Trechus, Pachycarus, Carterus, Ditomus, Platyderus,
Zabrus, Brachynus*) sind einige oder alle Arten, wie in der Fam.
Cicindelidae, dichotomisch aus einander gesetzt. Das Fehlen ge-
nügender Citate erschwert, besonders bei Apfelbeck'schen Varietäten, das Unterscheiden der ebenfalls mit dem Autornamen (statt
mit „nov. var.") bezeichneten neuen Varietäten. Wenn das Verzeichnis der Novitäten (401—404) nicht wäre, könnte man sich
garnicht zurecht finden. Leider aber ist auch dieses Verzeichnis
stellenweise irreführend. (Vergl. *Trechus, Harpalus, Molops, Lae-
mostenes).* — Die Gatt. *Microlestes* ist von Holdhaus bearbeitet.

Die näher beschriebenen Arten.

Procerus scabrosus Ol., *Pr. Duponchelii* Dej.
Carabuus (Procrustes) coriaceus var. *Foudrasii* Dej., var. *Cerisyi* Dej., mit subvar.
    Emgei Gangl., subvar. *punctulatus* Reiche u. subvar. *Kindermannii* Waltl
    var *caraboides* Waltl, *C. Banonis* Dej., — *C. (Lamprostus* Mot.) *torosus* Fr.,
    — *C. (Pachystus* Mot.) *morio* Mannh. mit var. *thessalonicensis* n. var.
    (p. 24 [1]) Thessalonien, *C. graecus* Dej., *C. trojanus* Dej. mit var. *Oertzenii*
    Gangl. — *C. (Megadontus* Sol.) *caelatus* var. *dalmatinus* Duft., var. *sara-
    jevensis* Apf. mit subvar. *volujakianus* Apf., *C. croaticus* Dej. mit var. *bos-
    nicus* Apf. subvar. *Kobingeri* n. subvar. (p. 26 [2]) u. ab *travnikanus* n. ab.
    (p. 26) Bosnien, subvar. *durmitorensis* n subvar. (p. 26 [2]) Montenegro u. var.
    Schmidtii Apf., *C. violaceus* L. var. *azurescens* Dej subvar. *vlasuljensis* Apf.
    u. var. *rilvensis* Klb., — *C. (Chaetocarabus) Krüperi* Reitt., *C. Adonis* Hamp.,
    — *C. (Hygrocarabus) variolosus* Thr. var. *hydrophilus* Reitt, var. *costulifer*
    Fleisch., — *C.* (in sp.) *cancellatus* Ill. mit var. *emarginatus* Duft., var.
    intermedius Dej., var. *graniger* Pall., var. *alessiensis* Apf., *C. granulatus* L.
    mit var. *interstitialis* Duft., var. *miridita* Apf., var. *aetolicus* Schm.,
    C. Ullrichii Herm. var. *superbus* Kr., var. *rhlensis* Kr. u. var. *slivensis* n.
    var. (p. 35 [3]) Ost-Rumelien, *C. catenatus* Pz. var. *Fontanellae* Reitt. mit
    subvar. *dinaricus* n. subvar. (p. 36 [4]), *C. Parreyssii* Pall. var. *Gattereri* Geb.
    subvar. *Ganglbaueri* Apf., *C. Scheidleri* Pz. var. *versicolor* Friv., var.
    simulator Kr., *C. Kollarii* Pall. var. *negotinensis* Reitt.

C. (Deuterocarabus) montivagus Pall. mit var. *ponticus* n. var. (p. 38) var.
    kalofirensis n. var. (p. 38) Ost-Rumelien mit subvar. *rosalitanus* n. sub-
    var. (p. 39 [5]) Balkan, *C. Wiedemannii* Men. mit var. *burgassiensis* n. var.

---

[1]) pag. 24 als var., pag. 201 aber als subsp. bezeichnet.

[2]) Auf pag. 26 nicht als neu bezeichnet, auf pag. 401 aber als „n. subsp."
von *croaticus* (nicht von *bosnicus*) aufgeführt. Was ist nun die wirkliche Meinung
des Autors?

[3]) Auf pag. 26 resp. pag. 35 nicht als neu bezeichnet.

[4]) Auf pag. 36 als Unterrasse von *Fontanellae* bezeichnet, auf pg. 401 aber
als subsp. von *catenatus.*

[5]) Pag. 39 als Unterrasse von *kalofirensis* beschrieben, pag. 401 aber als
subsp. von *montivagus* bezeichnet.

(p. 39[1]), — *C (Tomocarabus) convexus* Fbr., var. *dilatatus* Dej. mit subvar. *kionophilus* n. subvar. (p. 40[2]) Bulgarisches Hochgebirge, var. *Weisei* Rtt. mit subvar. *cernogorensis* n. subvar. (p. 40[3]), var. *perplexus* Schm., var. *moreanus* Reitt., — *C. (Euporocarabus) hortensis* L. mit var. *rhodopensis* n. var. (p. 41) Balkan, var. *Neumayeri* Schm. mit subvar. *herzegovinensis* n. subvar. (p. 41), var. *Presslii* Dej. mit subvar. *pindicus* n. subvar. (p. 42) Pindus u. subvar. *jonicus* n. subvar. (p. 42) Korfu.

Cychrus punctipennis Reitt. var. *Reiseri* n. var. (p. 47) Herzegowina, *C. semigranosus* Pall. var. *montenegrinus* n. var. (p. 47), var. *travnikanus* Apf. (p 48[4]), *C. rugicollis* Dan.

Leistus spinibarbis Reitt. var. *rufipes* Chaud. *(punctatus* Reitt.), *L. parvicollis* Chaud. *(atticus* Reitt.) mit var. *bjelasnicensis* n. var. (p. 50) Sarajevo, *L. caucasicus* Chaud.

Nebria Merkliana n. sp. (p. 52) Türkei, *N. testacea* Ol., *N. Kratteri* Dej. mit var. *valonensis* n. var. (p. 55) Albanien, *N. Heydenii* Dej., *N. Dahlii* Sdrm. mit var. *litoralis* Dej. *(Bonellii* Dej.), var. *montenegrina* n. var. (p. 56) Montenegro, *N. Reichii* Dej. var. *Speiseri* Ganglb., *N. rhilensis* Friv., *N. Eugeniae* n. sp. (p. 57) Bulgarien, *N. Germarii* Heer var. *durmitorensis* n. var. (p. 58) Montenegro, var. *hybrida* Rottb., *N. aetolica* n. sp. (p. 59[5]) mit var. *peristerica* n. var. (p. 59) Griechenland, *N. taygetana* Rottb.

Notiophilus interstitialis Reitt. *N. hypocrita* Putz., *N. laticollis* Chaud, *N. Danielii* Reitt. *(orientalis* Reitt. ol.)

Epactius variegatus Ol.

Scarites Eurytus Fisch.

Clivina laevifrons Chaud.

Dyschirius numidicus Putz., *D. caspius* Putz., *D. bacillus* Schm., *D. salinus* Schm. var. *simplicifrons* Apf. (p. 72[6]) Türkei, Griechenland, *D. gibbifrons* Apf., *D. similis* Petri, *D. Lafertei* Putz.

Reicheia corcyrea Reitt.

Morio olympicus Redtb.

Broscus nobilis Dej.

Asaphidion Stierlinii Heyd., *A. flavicornis* Solsk.

Bembidium (Platytrachelus Mot.) *inserticeps* Chaud., — *B. (Neja* Mot.) *curtulum* Duv., — *B. (Testedium* Mot.) *quadrifossulatum* Schm., *B. trebinjense* Apf., *B. laetum* Br., — *B. (Notaphus* St.) *rumelicum* Apf., — *B. fasciolatum* Duft. var. *ascendens* Dan., *B. coeruleum* Serv., *B. tibiale* Duft., *B. rhodopense* Apf., *B. Redtenbacheri* Dan., *B. complanatum* Heer var. *relictum* Apf.·

---

[1]) Auf pag. 39 nicht als neu bezeichnet.

[2]) Auf pag. 4 als Unterrasse von *dilatatus* beschrieben, auf pag. 401 als subsp. von *convexus* bezeichnet.

[3]) pag. 40 als Unterrasse von *Weisei*, pag. 401 als subsp. von *convexus* bezeichnet.

[4]) Diese var. ist vielleicht neu, aber nicht als neu bezeichnet.

[5]) Wurde zwar schon 1901 beschrieben, aber nur in bosnischer Sprache, ohne lateinische Diagnose.

[6]) Vielleicht neu, aber nicht als neu bezeichnet.

(p. 90) Bosnien, Griechenland, *B. combustum* Men., *B. castaneipenne* Duv.
B. oblongum Dej , *B. serdicanum* n. sp. (p. 92, 114) Bulgarien, *B. signati-*
penne Duv., *B. siculum* Dej., *B. praeustum* Dej., *B. parnassium* Mill., *B.*
grandipenne Schm., *B. nitidulum* Marsh. mit var. *hybridum* n. var. (p. 96),
B pindicum Apf. 1902, *B. brunnicorne* Dej , *B. Milleri* Duv., *B. aetolicum*
Apf., *B. cordicolle* Duv., — *B. (Synechostictus* Mot.) *stomoides* Dej., — *B.*
(*Emphanes* Mot.) *minimum* Fbr. mit var. *rivulare* Dej. u var. *euxinum* n.
var. (p. 102) Ost-Rumelien, *B. normannum* Dej. mit var. *meridionale* Ganglb.
n. var. *orientale* n. var. (p. 103) Türkei, *B. latiplaga* Chaud., — *B.*
(*Testediolum* Ganglb) *turcicum* Gemm., *B. planipenne* Duv., *B. Reiseri* Apf.
B. vranense Apf., *B. balcanicum* Apf., dichot. Tab. über 8 *Testediolum*-
Arten (p. 107), — *B.* (i sp.) *Menetriesii* Kol., — *B.* (*Trepanes* Mot) *ser-*
bicum Apf., — *B.* (*Philochthus) vicinun* Luc., dich. Tab. über 36 *Peryphus*-
Arten (p. 113—116).

Tachys pallidus Chaud., *T. cardioderus* Chaud., *T.* (*Elaphropus* Mot.) *Krüperi*
n. sp. (p. 120) Ost-Rumelien.

Scotodipnus serbicus Ganglb., *Sc. perpusillus* Rottb., *Sc. Mülleri* Glb.

Anillus abnormis Sahlb., dichot. Tab. über die 3 Untergatt. nach Ganglbauer (p. 124).

Trechus subnotatus Dej. mit var. *byzantinus* Holdh. 1902[1]), *Tr. quadrinotatus*
Reitt., *Tr. pallidipennis* Schm , *Tr. bradycelloides* n. sp. (p. 129) Bosnien,
Tr. angusticeps n. sp. (p. 130) Türkei, *Tr. majusculus* Dan , *Tr. Kobingeri*
Apf. (p. 131[2]) mit var. *hiemalis* Apf. (p. 131[2]) Bosnien, *Tr. Priapus* Dan.
var. *pygmaeus* Apf. (p. 132[2]), var. *temporalis* Apf. (p. 132[2]), *Tr. serbicus*
Apf. (p. 132[2]) Serbien, *Tr. rhilensis* Kaufm., *Tr. validipes* Dan., *Tr. osmanlis*
Dan., *Tr. bosnicus* Ganglb. mit var. *frigidus* n. var. (p. 134), *Tr. acutangulus*
Apf. (p. 134[2]) mit var. *socius* Apf. (p. 135[2]) Bosnien, *Tr. Brandisii* Ganglb.,
Tr. Leonhardii Reitt., *Tr. Sturanyi* n. sp. (p. 136) Bosnien, *Tr. diaphanus*
Rottb., — *Tr.* (*Anophthalmus) balcanicus* Friv., *Tr. turcicus* Friv., *Tr.*
Speiseri Ganglb., *Tr. durmitorensis* n. sp. (p. 138) Montenegro, *Tr Styx* n.
sp. (p. 139), *Tr. Krüperi* Schm., *Tr. Oertzenii* Mill , *Tr. dalmatinus* Mill. mit
var. *jablanicensis* n. var. u. var. *Halmae* n var. (p. 141), *Tr. suturalis*
Schauf. mit var. *trebinjensis* n. var. u var. *metohiensis* n. var. (p. 141), *Tr.*
Erichsonis Schauf., *T. amabilis* Schauf., *Tr. Paganettii* Ganglb., dichot. Tab.
über 39 Arten.

Pogonus reticulatus Schm., *P. persicus* Manch. mit var. *Peisonis* Ganglb., *P.*
punctulatus Dej., *P. convexicollis* Chaud., *P. testaceus* Dej. var. *graecus* Apf.,
P. liliputanus n. sp. (p. 151) Griechenland.

Apotomus rufithorax Pecch.

---

[1]) A pfelbeck hatte die var. zwar schon 1901 beschrieben, aber nur in
bosnischer Sprache ohne lateinische Diagnose. Sie hat daher den Autornamen
Holdhaus zu tragen.

[2]) Diese 7 Arten u. Varietäten sind irrthümlich als „nova" bezeichnet. Sie
sind schon 1902, zwar in bosnischer Sprache, aber mit lateinischer Diagnose
publicirt worden. Vergl. Bericht pro 1902 p. 134.

Chlaenius (*Dinodes* Bon.) *decipiens* Duf. var. *laticollis* Chaud. mit subvar. *Schaumii* n. subvar. (p. 154) Griechenland, *Ch. cruralis* Fisch., — *Ch.* (*Paradinodes* n. subg. p. 155) *viridis* Mem., — *Ch.* (i. sp.) *festivus* Fbr. var. *caspicus* Mat. *Oodes* (*Lochnosternus* Laf.) *mauritanicus* Luc.

Licinus silphoides Rossi mit var. *byzantinus* n. var. (p. 160), *L. punctulatus* Fbr., *L. aegyptiacus* Dej., *L. Merklii* Friv., *L. cassideus* Fbr. mit var. *Dohrnii* Fairm. u. var. *graecus* n. var. (p. 162), *L. (Orescius* Bed.) *Oertzenii* Reitt.

Badister unipustulatus Bon. (p. 163 fig. a) mit var. *trapezicollis* n. var. (p. 163) Griechenland, *B. bipustulatus* Fbr. (p. 163 fig. b), — *B.* (*Baudia* Rag.) *dilatatus* Chaud. (p. 164 fig. b), *B. peltatus* Pz. (fig. c), *B. gladiator* n. sp. (p 164 fig. a) Herzegowina.

Siagona depressa Fbr. (p. 357 Nachtrag).

Amblystomus levantinus Reitt., *A. picinus* Baud.

Pachycarus mit 4 Arten (p. 167—168): *P. aculeatus* Reich., *P. cyaneus* Ol., *P. coerul+us* Br., *P. brevipennis* Chaud.

Carterus mit 11 Arten (p. 169—171): *C. fulvipes* Dej., *C. rufipes* Chaud , *C. dama* Ross., *C. gilvipes* Brül., *C. angustipennis* Chaud., *C. cordatus* Dej., *C. asiaticus* Chaud., *C. robustus* Dej.

Ditomus mit 4 Arten (p. 175): *D. obscurus* Dej., *D. eremita* Dej.. dich. Tab. über 4 Arten (p. 175).

Penthus tenebrioides Walti.

Acinopus subquadratus Brull., *A. laevigatus* Men., *A: emarginatus* Chaud.

Harpalus (*Ophonus*) *oblongus* Schm., *H. diffinis* Dej. mit var. *rotundicollis* Fairm., *H. azureus* Fbr. (p. 184 fig. a), *H. cribricollis* Dej. (p. 184 fig. b), *H. Krüperi* Apf. (p 185[1]) Griechenland, *H. hirsutulus* Dej. (= *pubipennis* Küst.), *H. planicollis* Dej. (p. 187 fig. b), *H. suturalis* Chaud. (p. 187 fig a), — *H.* (*Harpalophonus* Ganglb.) *hospes* Strm. mit var. *Gaudionis* Reich., — *H.* (*Artabas*) *rumelicus* n. sp. (p. 188) Ost-Rumelien, — *H.* (i. sp.) *polyglyptus* Schm.. *H. metallinus* Men., *H. subtruncatus* Chaud., *H. saxicola* Dej., *H. polychromus* Tschitsch., *H. euchlorus* Men., *H. Karamanii* Apf. (p. 193[1]) Herzegowina, *H. serdicanus* n. sp. (p. 195) Bulgarien, *H. fuscipalpis* Strm. *H. serripes* Quens., *H. taciturnus* Dej , *H. triseriatus* Fleisch., *H. albanicus* Reitt.

Asmerinx Tsch.

Anoplogenius procerus Schm.

Stenolophus proximus Dej, mit var. *narentinus* Apf. (p. 203[2]).

Egadroma Mot.

Acupalpus planicollis Schm , *A. paludicola* Reitt., *A. immundus* Reitt.

Anthracus insignis Reitt.

Tetraplatypus Tschit.

Bradycellus Ganglbaueri n. sp. (p. 209) Herzegowina.

Dichirotrichus punicus Bed.

---

[1] Diese beiden Arten sind irrthümlich als „n. sp." bezeichnet. Sie wurden schon 1902, zwar in bosnischer Sprache, aber mit lateinischer Diagnose publicirt, was zu citiren der Autor vergessen hat. Vergl. Bericht pro 1902 p. 133.

[2] Vielleicht neu, aber nicht als neu bezeichnet.

Xenion ignitum Kr.
Myas chalybaeus Pall. = *rugicollis* Brull.
Molops mit 33 Arten (p. 217—219): *M. robustus* Dej. (p. 219 fig. 3), *M. bosnicus*
Ganglb. (p. 219 fig. 1), *M. parnassico'a* Kr. (p. 219 fig. 2), *M. peristericus*
n. sp. (p 221 [1]) Epirus, *M spartanus* Schm, *M. Purreyssii* Kr. (p. 219 fig. 5),
M. elatus Fbr. (p. 219 fig. 4), *M. klisuranus* Apf. (p. 222, 219 fig. 10 [2]) Bulgarien, *M albanicus* n sp. (p 222, 219 fig. 12) Albanien, *M. Reiseri* n. sp.
p. 223, 219 fig. 11), *M. rhodopensis* n. sp. (p. 223, 219 fig. 6), *M. dilatatus*
Chaud., *M. alpestris* Dej. (p. 219 fig. 7) mit var. *rhilensis* n. var. (p. 225), *M.*
vlasuljensis Ganglb. (p. 219 fig. 8), *M. obtusangulus* Ganglb. (p. 219 fig. 9ä)
mit var. *hybridus* Apf. (p. 226, 219 fig. 9b [2]) mit subvar *bilekensis* n. subvar.
u. subvar. *narentinus* n. subvar. (p. 226) var. *Pentheri* n. var. (p. 226) var.
dinaricus n. var. (p. 227, 219 fig. 9c), var. *mendax* Apf. (p. 227, 219 fig. 9b [2])
mit subvar. *preslicensis* n. subvar. (p. 227), var. *vranensis* n. var., *M. prenjus*
Apf. (p. 228 [2]) Herzegowina, *M. curtulus* Ganglb, *M. rufipes* Chaud., *M. os-*
manlis n. sp. (p. 229) Albanien, *M. latiusculus* Kr., *M. planipennis* Apf.
(p 230 [2]) Bosnien, *M. piceus* Pz mit var. *mostarensis* n. var. (p. 231) Herzegowina. *M. byzantinus* Apf. (p. 231 [2]) Konstantinopel.

Pterostichus (Percosteropus) agonoderus Chaud., — *Pt. (Hypogium* Tsch.) *albanicus*
Tsch., — *Pt. (Tapinopterus) speluncicola* Chaud., *Pt. Oertzenii* Kr., *Pt.*
anophthalmus Reitt., *Pt. setipennis* Apf., *Pt. Kaufmannii* Ganglb., *Pt.rebellis*
Reich. mit var. *kumanensis* Reitt., *Pt. molopinus* Chaud., *Pt. miridita* n. sp.
(p. 244) Albanien, *Pt. ovicollis* Reitt., *Pt. insulicola* Tsch., *Pt. laticornis*
Fairm., *Pt. insularis* Ganglb., *Pt. creticus* Friv., *Pt. Attemsii* n. sp. (p. 247)
Kreta, *Pt. imperialis* Reitt., *Pt. Duponchelii* Dej., *Pt. atticus* n. sp. (p. 249)
Griechenland, *Pt. filigranus* Mill, *Pt. protensus* Schm., *Pt. thessalicus* Reitt.,
Pt. aetolicus Ganglb., *Pt. peristericus* n. sp. (p. 251) Epirus, *Pt. extensus* Dej.
mit var. *convexiusculus* n. var. (p. 251), *Pt. Fairmairei* Chaud., — *Pt. (Poecilus)*
Koyi Germ. mit var. *dinaricus* n var. (p. 253) dinarische Alpen, *Pt. cupreus*
L. mit var. *graecus* Reitt, *Pt. Rebelii* n. sp. (p. 254) Herzegowina mit var.
hellenicus n. var. (p. 254) Griechenland, *Pt cursorius* Dej. mit var. *Gotschii*
Chaud.. *Pt. lissoderus* Chaud, — *Pt. (Pseudopedius) crenatus* Dej., — *Pt.*
(Lagarus) Leonisii n. sp. (p. 257) Griechenland, *Pt. chamaeleon* Mot., — *Pt.*
(Bothriopterus) oblongopunctatus Fbr. var. *bosnicus* n. var. (p. 259), *Pt. an-*
gustatus Duft. var. *octopunctatus* n. var. (p. 259), — *Pt. (Omaseus) vulgaris*
L. mit var. *nivalis* n. var. (p. 259), — *Pt. (Pseudomaseus* Chaud.) *anthracinus*
Ill. mit var. *biimpressus* Küst., — *Pt. (Argutor) convexiusculus* n. sp.
(p. 261 [3]) Albanien, *Pt. tarsalis* n. sp. (p. 262), — *Pt. (Haptotapinus) crassi-*
usculus Chaud., — *Pt. (Haptoderus) properans* Chaud., *Pt. vecors* Tsch., —

---

[1] Zwar nicht als „nov. sp." bezeichnet, aber doch neu; denn die bosnische
Beschreibung von 1901 war ohne lateinische Diagnose.

[2] Diese 6 Arten u. Varietäten sind im Text richtig, im Verzeichnis der
neuen Arten aber irrthümlich als „neu" bezeichnet, wodurch auch Sharp ge-
täuscht wurde. Sie sind alle schon 1902 mit lateinischer Diagnose publicirt
worden. Vergl. Bericht pro 1902 p. 133.

[3] Der Name ist bereits pag. 251 vergeben. Der Autor hat die Wahl,
welchen er ändern will.

Pt. (i sp.) *serbicus* Apf. mit var. *unistriatus* n. var. (p. 265), *Pt. Merklii*
Friv., *Pt. corax* Ganglb., *Pt. Meisteri* Reitt., *Pt. Reiseri* Gang[l]b. var. *coarcti-*
collis n. var. (p. 268) Bosnien, *Pt. incultus* Kr., *Pt. rhilensis* Rottb., dichot.
Tab. über 25 *Tapinopterus* p. 238—240).

Omphreus mit 6 Arten (p. 270—271): *O. Apfelbeckii* Reitt var. *dinaricus* n. var.
u. var. *plasensis* n. var (p. 272), *O. Krüperi* Reitt., *O. aetolicus* n. sp. (p. 271,
272) Griechenland.

Laemosthenes (*Aechmites*) *conspicuus* Waltl, *L. Stussineri* Ganglb., *L.* (*Spho-*
droides) *picicornis* Dej., *L* (*Pristonychus*) *Krüperi* Mill., *L. Plasonis* Reitt.,
L. (*Antisphodrus*) *cavicola* Sch. mit subvar. *nivalis* Apf. (p. 277[1]), subvar.
bosnicus Reitt., subvar. *Mülleri* Ganglb. u. subvar. *Ganglbaueri* Apf. (p. 278[1]),
var. *modestus* Schauf. mit subvar. *Erberi* Schauf., subvar. *Redtenbacheri*
Schauf., var. *Aeacus* Mill.

Platyderus mit 6 Arten (p. 279): *Pl. dalmatinus* Mill. var. *nivalis* n. var. (p. 280),
Pl. atticus n. sp. (p. 279, 280) Griechenland, *Pl. minutus* Reich. mit var.
aetolicus n. var. (p. 280), *Pl. graecus*, *Pl.* (*Platyderodes* n. subg. p. 179) *Merklii*
n. sp. (p. 279, 281) Türkei.

Calathus giganteus Dej., *C. corax* Reitt., *C. ellipticus* Reitt. mit var. *taygetanus*
n. var. u. var. *dissimilis* n. var. (p. 283), *C. fuscipes* var. *punctipennis* Germ ,
var. *syriacus* Chaud.

Platynus scrobiculatus Fbr. var. *turcicus* n. var. (p. 288), *Pl. proximus* Friv., —
Pl. (*Agonum*) *Birthleri* Hopff., *Pl. versutus* Gyll., *Pl. viduus* Pz. mit var.
fallax n. var. (p. 292), *Pl. hypocrita* n. sp. (p. 292) Herzegowina, *Pl. an-*
gustatus Dej., *Pl. Holdhausii* n. sp. (p. 293, 297) Balkanhalbinsel, *Pl. Dahlii*
Preud., *Pl. atratus* Duft., *Pl. lucidulus* Schm., dichot. Tab. über 10 Arten
(p. 296—297).

Amara nitida Strm., *A. pindica* n. sp. (p. 300) Griechenland, — *A.* (*Celia*) *muni-*
cipalis Duft., — *A.* (*Leiocnemis*) *serdicana* n. sp. (p. 303) Bulgarien, *A.*
dichroa Putz., — *A.* (*Bradytus*) *Krüperi* n. sp. (p. 305), — *A.* (*Amathitis*)
rufescens Dej., — *A.* (*Euderocycla* Tsch.) *Fleischeri* Tsch. (*harpaloides*
Fleisch.).

Zabrus mit 23 Arten (p. 308—309): *Z. tenebrioides* Goez. var. *longulus* Reich.,
Z. incrassatus Germ., *Z. graecus* Dej. mit var. *convexus* Zimm., var. *subtilis*
Schm., var. *intermedius* Zimm., var. *orientalis* n. var. (p. 312) Klein-Asien,
Z. aegaeus n. sp. (p. 312) Griechenland, *Z. laticollis* n. sp. (p. 312) Rhodos,
Z. punctiventris Schm , *Z. validus* Schm., *Z. taygetanus* Heyd., *Z. robustus*
Zimm , *Z. Fontenayi* Dej , *Z. rhodopensis* n. sp. (p. 315) Bulgarien, *Z. Oertzenii*
Reitt. mit var. *creticus* Reitt., *Z. albanicus* n. sp. (p. 316) Albanien, *Z.*
balcanicus Heyd., *Z. aetolus* Schm., *Z. Reitteri* n. sp. (p. 317) Klein-Asien,
Z. hellenicus Heyd., *Z. peristericus* n. sp. (p. 318) Epirus, *Z. brevicollis* Schm.
mit var. *veluchianus* n. var. (p. 319), *Z. rotundicollis* Men , *Z corpulentus*
Schm., *Z. rufipalpus* Schm., *Z. reflexus* Schm , *Z. tumidus* Reich. mit var.
Bittneri n. var. (p. 321) Parnass, *Z. asiaticus* Cost., *Z. femoratus* Dej.

Lebia festiva Fald. mit var. *Krüperi* n. var. (p. 323) Thessalien, *L. lepida* Brull.

---

[1]) Diese beiden Subvarietäten sind im Text richtig als alt, im Verzeichnis
der neuen Arten etc. aber irrthümlich als „neu" bezeichnet. Vergl. Bericht
pro 1902 p. 133.

Microdaccus opacus Schm.

Metabletus exclamationis Men., *M. paracenthesis* Mot., *M. signifer* Reitt., *M. impressus* Dej. var. *montenegrinus* n. var. (p. 328).

Microlestes mit 6 Arten (p. 329 [1]): *M. minutulus* Goez. mit var. *Apfelbeckii* n. var. Holdhaus (p. 330), *M. exilis* Schmidt-Goeb. mit var. *luctuosus* n. nom. Holdhaus (p. 330) für *exilis* Schm. nec Schmidt-Goeb. u. var. *mauritanicus* Luc., *M. maurus* Strm., *M. fissuralis* Reitt., *M. Abeillei* Bris., *M. plagiatus* Duft. mit var. *fulvibasis* Reitt., var. *escorialensis* Bris. u. var. *corticalis* Duft., dichot. Tab. über die 4 Varietäten (p. 334).

Dromius strigifrons Reitt., *Dr. crucifer* Luc.

Trichis maculata Kl.

Glycia ornata Kl.

Singilis fuscipennis Schm.

Cymindis sinuata Reich., *C. kalavrytana* Reitt., *C. axillaris* Fbr. mit var. *palliata* Fisch , var. *lineola* Duft. u. var. *moreana* Apf., *C. korax* Reitt., *C. lineata* Quens., *C. imitatrix* n. sp. (p. 343) Herzegowina, *C. naxiana* n. sp. (p. 343) Griechenland.

Polystichus fasciolatus Ross.

Brachynus mit 14 Arten (p. 347, 354 fig. 1—14): *Br. crepitans* L. mit var. *fallax* n. var. (p. 348), *Br. efflans* Dej. mit var. *orientalis* n. var. (p. 348), *Br. Ganglbaueri* n. sp. (p. 348) Bosnien, *Br. psophia* Serv., *Br. plagiatus* Reich., *Br. berytensis* Reich , *Br. Bayardii* Dej., *Br. incertus* Brull., *Br. ejaculans* Fisch., *Br. peregrinus* n. sp. (p. 351) Balkan-Halbinsel, *Br. Bodemeyeri* n. sp. (p. 352) von Spanien bis zum Caucasus, *Br. explodens* Duft. mit var. *strepens* Fisch., var. *obscuricornis* Men., var. *glabratus* Dej. u. var *sichemita* Reich.

Aptinus acutangulus Chaud., *A. ponticus* n. sp. (p. 355) Türkei, *A. lugubris* Schm.

Bedel.

Catalogue raisonné des *Coléoptères* du Nord de l'Afrique.
p. 221—228.
(Ab. XXX no. 9 Beilage.
Die Fortsetzung von 1902 (3).

Die behandelten Gattungen u. Arten.

Olistopus mit 6 Arten (p. 221—222) von denen 2 in Nordafrika: *O. fuscatus* Dej. mit var. *elongatus* Woll. (*interstitialis* Cogn.), *O. glabricollis* Germ. (*punctulatus* Dej.) mit var. *hispanicus* Dej. u. subvar. *puncticollis* Luc.

Zargus Woll. mit 5 Arten (p. 224), alle nur auf den Inseln.

Aephnidius barbarus n. sp. (p. 225) Algier.

Masoreus mit 3 Arten (p. 226—227): *M. orientalis* Dej., *M. Wetterhallii* Gyll. mit var. *axillaris* Küst., var. *testaceus* Luc. u. var. *aegyptiacus* Dej., u. *M. orbipennis* n. sp. (p. 226) Marocco.

---

[1]) Diese Gattung ist von Holdhaus bearbeitet.

Born.

Carabus monilis Fbr. und seine Formen.

(Ins.-Börse 21 p. 43—44, 51—52, 59 -60, 67, 75—76).

Eine Darlegung der geographischen Verbreitung und phylogenetischen Abstammung der vom Autor zu Rassen u. Varietäten des *Carabus monilis* Fbr. degradirten Arten: *C. Hampei* Küst., *C. Rothii* Thoms., *Kollarii* Palld., *Scheidleri* Pz., *Illigeri* Dej., *C. consitus* Pz. u. *C. monilis* Fbr.

Es werden 3 Formen-Gruppen angenommen u. (p. 75—76) charakterisirt, unter denen 2, 8 resp. 11 Rassen mit ihren Unterrassen u. Varietäten vereinigt, aber leider nicht alle charakterisirt werden (p. 75—76).

Desbrochers

Faunule des *Coléoptères* de la France et de la Corse. *Carabides* de la Tribu des *Lebiidae* et des Tribus voisines. (Frelon 12. 1904. p. 133—196, 13. 1904 p. 1—36.)

Fortsetzung von 1902, wo die *Tenebrioniden* bearbeitet wurden. Zuerst wird eine dichotomische Auseinandersetzung der 6, die *Truncatipennes* bildenden Tribus gegeben (p. 136—137), dann folgen 2 Tabellen, in welchen die 14 Gattungen in 2 verschiedenen Anordnungen, aber kein mal nach ihrer natürlichen Verwandtschaft unterschieden sind (p. 138—142, 142—145). Bei den Gattungen wiederholen sich die doppelten Tabellen mit sorgfältiger Vermeidung der natürlichen Gliederung. Den Schluss bildet ein alphabetisches (p. 29 - 30) u. 1 systematisches Verzeichnis der Arten (p. 32 —36).

Die behandelten Gattungen u. Arten.

Lebiadae.

Lebia mit 9 Arten, *Somotrichus* mit 1 Art, *Plochionus* mit 1 Art, *Cymindis* mit 6 Arten.

Pseudomasoreus n. gen. (p. 140, 143, 163) für *Cymindis canigulensis* Fairm.

Cymindoidea Lap. mit 3 Arten, *Dromius* mit 13 Arten, *Apristus* mit 1 Art, *Metabletus* mit 10 Arten, *Lionychus* mit 3 Arten, *Polystichus* mit 1 Art, *Zuphium* mit 2 Arten, *Drypta* mit 2 Arten, *Odacantha* mit 1 Art, *Masoreus* mit 1 Art.

Cymindis macularis Steph. (p. 15), *Dromius fenestratus* Fbr. (p. 14), *Metabletus (Blechrus) fulvibasis* Reitt. (p. 14).

Brachinidae.

Brachynus mit 7 Arten, *Aptinus* mit 3 Arten.

Fleischer.

(Tabellen zur Bestimmung der paläarctischen Fauna, Fam. *Carabidae*, Trib. *Scaritini*, Gen. *Dyschirius*.)

([Bote des Klubs der Naturforscher] II. 1900 p. 25—56.)

Die Bestimmungstabelle von Fleischer & Reitter 1899 (1) in tschechischer Sprache. Dass die 1899 publicirten neuen Arten u.

Varietäten hier nochmals als „neu" auftreten, ist weiter kein Fehler, wenn der Charakter der Arbeit als einer blossen Uebersetzung betont ist.[1])

Die behandelten Gattungen und Arten.

Dieselben wie im deutschen Original. Vergl. Bericht pro 1899 p. 238—239.

Ganglbauer.

Nova aus Judicarien. (Ueber die Untergattungen von *Trechus*). (Münch. Kol. Z. II p. 190—194.)

Endlich ist es dem Autor gelungen, ein ausreichendes Merkmal zu finden, welches diejenigen blinden *Trechus*-Arten, die nicht zu *Anophthalmus* gehören, von dieser Untergattung zu unterscheiden ermöglicht. Auf Grund dieses, den Rückenpunkten entnommenen Merkmales gibt der Autor eine dichotomische Begründung der 3, die blinden *Trechus*-Arten umfassenden Untergattungen.

Die behandelten Untergattungen u. Arten.

Tr. (Duvalius Delar.) mit *Tr. Bielzii* Sdl., *Budae* Friv., *Merklii* Friv., *Redtenbacheri* Friv., *Euridice* Schf., *Reitteri* Mill., *Knauthii* Gangl. etc., — *Tr. (Anophthalmus* Strm.) mit der Mehrzahl der als *Anophthalmus* beschriebenen Arten, auch *Tr. Apfelbeckii* Ganglb., *lucidus* Müll. u. *velebiticus* Ganglb., — *Tr. (Aphaenops* Bonv.) mit den Arten aus Südfrankreich.

Kolbe.

Die morphologischen Verhältnisse der Artengruppe der afrikanischen Coleopterengattung *Tefflus*. (Berl. ent. Z. 1904 p. 117—158.)

Nach eingehender Erörterung der äusseren Morphologie und Phylogenie der Gattung (p. 117—125), folgt eine eingehende Auseinandersetzung der 5 Untergattungen und 20 Arten (p. 125—155). Zum Schluss wird die geographische Verbreitung der Arten dargelegt (p. 155—158).

Die behandelten Arten.

Tefflus (Archotefflus Klb.) *muansanus* Klb., *T. gallanus* Klb., — *T. (Stictotefflus* Klb.) *angustipes* Klb. mit var. *uvinsanus* Klb.[2]), *T. viridanus* Klb., *T. carinatus* Klg. mit var. *nigrocyaneus* Klb., *T. violaceus* Klg. mit var. *purpureipennis* Chaud. u. var. *wituensis* Klb. 1903 (p. 134[2]), — *T. (Heterotefflus* Klb.)

---

[1]) Wenn man das aber vergisst u. meint, Fleischer habe 1900 in dieser Arbeit 9 neue Arten u. Varietäten *Dyschirius* u. 5 dito *Scarites* rite beschrieben, so begeht man einen dreifachen Irrthum; denn erstens können in tchechischer Sprache keine *nova* rite beschrieben werden, zweitens waren diese Arten schon 1899 beschrieben worden u. drittens war *Scarites* von Reitter u. nicht von Fleischer bearbeitet. (Vergl. Sharp Record 1904 p. 130, 131).

[2]) Irrthümlich als „neu" u. ohne Citat bezeichnet.

camerunus Klb., — *T. (Mesotefflus* Klb.) *kinganus* Klb., *T.* (i. sp.) *gracilentus*
Klb., *T. tenuicollis* Fairm., T. *Hacquardii* Chaud., *T. Delegorguei* Guér.,
T. Fischeri Klb , *T. Chandoirii* Raffr., *T. Megerlei* Fbr., *T. kilimanus* Klb.,
T. sansibaricus Klb. mit var. *praecursor* Klb., var. *gogonicus* Klb. u. var.
finitimus Klb., *T. transitionis* Klb., *T. zebulianus* Raffr., *T. Erlangeri* Klb

König.

Zweiter Beitrag zur Coleopteren-Fauna des Kaukasus.

Scarites (Parallelomorphus) salinus Dej.

(Wien. ent. Z. 23. p. 141—142.).

Eine dichotomische Auseinandersetzung der 3 Arten der Untergattung *Parallelomorphus*, mit einer neuen Varietät.

Die behandelten Arten.

Scarites (Parallelomorphus) eurytus Fisch., *Sc. salinus* Dej. mit var. *Reitteri* n.
var. (p. 142), *Sc. cylindronotus* Fald.

Lapouge.

Tableaux de determination des formes du genre *Carabus.*

(Ech. 20. p. 5, 15—16, 20—21, 38).

Fortsetzung von 1903.

Die behandelten Arten.

Groupe des „*Granulatus*" (p. 5, 15).

Carabus granulatus L. mit var. *sculpturatus* Men., subvar. *corticalis* Mot. u.
subvar. *aetolicus* Sch., var. *palustris* Dej., var. *debilicostis* Kr., subvar.
interstitialis Duft.[1]), var. *parallelus* Fald. mit 4 abb., var. *granulatus* i. sp.,
subvar. *forticostis* Kr. mit 1 ab., — *C. Menetriesii* Fisch., — *C. clathratus*
L. mit var. *stygius* Ganglb., subvar. *laccophilus* Reitt., subvar. *Arelatensis*
Lap. (p. 15[2]), var. *clathratus* i. sp., subvar. *Jansonis* Kr., subvar. *detritus*
Letzn., subvar. *multipunctatus* Kr., subvar. *foveolatostriatus* Reitt., — *C.
variolosus* Fbr. mit var. *hydrophilus* Reitt.

Groupe des *Sphodristocarabus* (p. 15—16, 20—21).

C. macrogonus Chaud. mit var. *Kindermannii* Chaud., var. *Theophilei* Dyr., var.
Gilnickii Deyr. u. var. *acutus* Lap. (p. 16[2]), — *C. Adamsii* Ad. mit var.
Hollbergii Mannh., subvar. *Bohemanii* Men., var. *varians* Fisch., var. *armeniacus* Mannh., subvar. *scintillans* Reitt., subvar. *incatenus* Mannh., var.
chiragricus Fisch., var. *Eichwaldii* Fisch. mit subvar. *janthinus* Gangl.

---

[1]) Diese subvar. schwebt in der Luft; denn es ist nicht zu ersehen, zu
welcher var. sie gehören soll.

[2]) Diese subvarr. sind vielleicht n e u, aber nicht als neu bezeichnet, sondern
mit einem Autornamen versehen, also als a l t behandelt.

Groupe *Cechenus* (p. 38).

C. Tschitscherinii Sem. mit var. *Jakowlewii* Sem., subvar. *flagrans* Sem., — *C. Boeberi* Ad. mit var. *Kokujewii* Sem., — *C. Prichodkonis* Sem. mit var. *euxinus* Sem.

1. Sloane.

Revisional Notes on Australian *Carabidae*. Part I.

Tribes *Carabini, Pamborini, Pseudozaenini, Clivini*; and the Genus *Nebriosoma*.

(Proc. Linn. Soc. N. S. Wales 29. p. 699—733).

Nachdem die genannten 4 Tribus, dazu als 3. Tribus die Gattung *Nebriosoma* u. als 6. Tribus die *Scaritini* dichotomisch charakterisirt wurden (p. 699), sind fast aus jeder Tribus einige Gattungen mit einigen Arten besprochen oder dichotomisch aus einander gesetzt u. die Gattung *Clivina* ausführlich behandelt.

Die behandelten Gattungen u. Arten.

Trib. I. *Carabini.*

Calosoma Web. mit 3 Arten (p. 700): *C. Schayeri* Er., *C. australe* Hop. u. *C. Walkeri* Waterh.

Trib. II. *Pamborini.*

Pamborus Latr. mit 8 Arten (p. 702): *P. alternans* Latr. (*elongatus* Gor., *viridiaureus* Macl., *P. morbillosus* Boisd. (*Cunninghamii* Cast.), *P. viridis* Gor., *P. opacus* Geh., *P. Macleayi* Cast., *P. brisbanensis*, *P. Pradieri* Chaud., *P. Guerinii* Gor.

Trib. III. — ?

Nebriosoma fallax Cast. (p. 703).

Trib. IV. *Pseudozaenini.*

Mystropomus Horn (p. 704).

Trib. V. *Clivinini.*

Clivinarchus (p. 710).

Platysphyrus n. gen. (p. 710) *tibialis* n. sp. (p. 711).

Clivina Latr. mit 2 Gruppen: 1. *Cl. Olliffii* Sl., *Cl. Blackburnii* Sl., *Cl. lobipes* Sl., *Cl. sulcicollis* Sl., *Cl. punctaticeps* Putz., *Cl. tumidipes* Sl., *Cl. Doddii* n. sp. (p. 714, 715), *Cl. cribrifrons* n. sp. (p. 714, 716), *Cl. odontomera* Putz., *Cl. heterogena* Putz., *Cl. Bovillae* Blackb., *Cl. Oodnadattae* Blackb., *Cl. flava* Putz., *Cl. australica* Sl., *Cl. atridorsis* n. sp. (p. 715, 718), — 2. *Cl. vittata* Sl., *Cl. sellata* Putz., *Cl. inconspicua* Sl., *Cl. ferruginea* Putz., *Cl. nigra* n. sp. (p. 720, 722), *Cl. occulta* Sl., *Cl. nana* Sl., *Cl. Australasiae* Boh., *Cl. lepida* Putz., *Cl. Dingo* n. sp. (p. 720, 724), *Cl. queenslandica* Sl., *Cl. angustipes* Putz., *Cl. simulans* Sl., *Cl. pectonoda* n. sp. (p. 720, 724), *Cl. dilutipes* Putz., *Cl. vagans* Putz., *Cl. misella* n. sp. (p. 720, 727), *Cl. Leae* Sl., *Cl. basalis* Chaud., *Cl. felix* Sl., *Cl. eximia* Sl., *Cl. pallidiceps* n. sp. (p. 721, 728), *Cl. obliterata* Sl., *Cl. cylindripennis* n. sp. (p. 721, 729), *Cl. pectoralis* Putz., *Cl. procera*

10*

Putz., *Cl. obscuripes* Blackb., *Cl. elegans* Putz., *Cl. robusta* n. sp. (p. 731), *Cl. obliquicollis* n. sp. (p. 732), *Cl. nyctosyloides* Putz., *Cl. ovalipennis* n. nom. (p. 733[1]) für *Cl. ovipennis* Sl. 1896 nec Chaud.

2. Sloane.

Studies in Australian Entomology. XIV. New Species of Geodephagus Coleoptera from Tropical Australia. *Carabidae.* Tribe *Platysmatini*. Group *Morionides*. (Proc. Linn. Soc. N. S. Wales 29. p. 530—534).

Eine kurze Revision der australischen Arten der Gattung *Morio*, die der Autor (p. 530) zu den *Feroniini* stellt, was er im Haupttheil (p. 527) noch nicht zum Ausdruck bringt. Die Gattung ist in 2 Gruppen getheilt (p. 530), von denen die erste nur eine Art enthält. Eine dichotomische Auseinandersetzung der 8 Arten fehlt leider, u. 7 sind nur durch kurze Notizen gekennzeichnet, nur die neue Art ist ausführlich beschrieben.

Die behandelten Arten.

Morio longipennis Putz., *M. australis* Cast., *M. Victoriae* Cast., *M. longicollis* Macl., *M. Novae-Hollandiae* Cast. (*Australasiae* Chaud., *seticollis* Macl.), *M. germanus* Chaud., *M. pachysomus* Chaud., *M. crassipes* n. sp. (p. 533).

1. Ssemënow.

Synopsis *Elaphrorum* **palaearcticorum subgeneris** *Elaphroteri* **Sem. gregem** *El. riparii* **(L.) efficientium.** (Rev. russe d'Ent. IV. p. 19—22).

Eine ausführliche dichotomische Beschreibung von 5 Arten, von denen 1 neu.

Die behandelten Arten.

Elaphrus (Elaphroterus) smaragdiceps Sem., *E. riparius* L., *E. latipennis* Sahlb. mit var. *costulifer* Sem. u. var. *orientalis* n. var. (p. 20) Lena, *E. trossulus* n. sp. (p. 21), Mongolei, *E. tibetanus* n. sp. (p. 22) Thibet.

2. Ssemënow.

Synopsis praecursoria generum et specierum subtribum *Stomini* **efficientium.** (Hor. ross. p. 187—193).

Eine dichotomische Auseinandersetzung von 2 Gattungen und 10 Arten.

Die behandelten Gattungen u. Arten.

Eustomis formosus Sem.
Stomis pumicatus Pz., *Stomis Tschitscherinii* Sem., *St. Danielanus* Sem., *St. hyrcanus* Tschit., *St. elegans* Chaud., *St. rostratus* Strm.

---

[1]) Vom Autor u. von **Sharp** (Rec. p. 129) irrthümlich als „n. sp." bezeichnet.

Tschitscherin †.

Fragments d'une revision des *Scavitini* des régions palé-
arctique et paléanarctique: Synopsis des genres et des
Scarites (Fabr.).
(Rev. russe d'Ent. IV p. 257—265).

Aus dem Nachlass des leider so früh verstorbenen, aus-
gezeichneten Entomologen veröffentlicht Ssemënow mit einigen
Ergänzungen die dichotomische Tabelle der 8 Gattungen (p. 257—
259) und eine der 21 Arten der Gattung *Scarites* (p. 259—265).

Die behandelten Gattungen u. Arten.

Scarites abbreviatus Dej., *Sc. buparius* Forst., *Sc. occidentalis* Bed., *Sc. bucida*
Pall., *Sc. turkestanicus* Heyd., *Sc. striatus* Dej., *Sc. saxicola* Bon., *Sc. cyclo-
pius* Reitt., *Sc. basiplicatus* Heyd., *Sc. salinus* Dej., *Sc. procerus* Dej., *Sc.
eurytus* Fisch., *Sc. sulcatus* Ol., *Sc. bengalensis* Dej., *Sc. cylindronotus* Fold.,
Sc. angustus Chaud., *Sc. subcylindricus* Chaud., *Sc. terricola* Bon., *Sc.
israëlita* Reitt., *Sc. laevigatus* Fbr., *Sc. aterrimus* Mor.
Distichus planus Bon.
Clivina Latr., *Coryza* Putz., *Spelaeodytes* Mill., *Reicheia* Saulc., *Clivinopsis* Bed.,
Dyschirius Bon.

Uhagon.

Ensayo sobre los *Zabrus* de España y Portugal.
(Mem. Soc. Espan. hist nat. II p. 363—436).

Die *Zabrus*-Arten der pyrenäischen Halbinsel werden einer
eingehenden Revision unterworfen, wobei die 21 angenommenen
Arten erst dichotomisch begründet (p. 365—370) und dann ausführlich beschrieben werden.

Die behandelten Arten.

Zabrus rotundatus Ramb. mit var. *crepidoderus* Schm., *(rotundicollis* Ramb. nec.
Men. u. var. *ambiguus* Ramb.), *Z. gravis* Dej., *Z. silphoides* Dej. (*dentipes*
Zimen.) mit var. *asturiensis* Heyd., *Z. obesus* Dej., *Z. notabilis* Mart., *Z.
marginicollis* Dej., *Z. Castronis* Mart., *Z. vasconicus* n. sp. (p. 368, 393), *Z.
neglectus* Sch. mit var. *arragonicus* Heyd., *Z. inflatus* Dej., *Z. Thevenetii*
Dej., *Z. constrictus* Gr., *Z. angustatus* Ramb., *Z. Seidlitzii* Sch., *Z. estrellanus*
Heyd., *Z. consanguineus* Chevr., *Z. flavangulus* Chevr., *(silphoides* Zimm.
nec. Dej.), *Z. humeralis* n. sp. (p. 370, 424), *Z. pinguis* Dej., *Z. tenebrioides*
Goez., *(gibbus* Fbr., *madidus* Ol., *tenebrosus* Fbr., *piger* Fourcr.), *Z. piger* Dej.

Einzelbeschreibungen.

Abacetus auspicatus n. sp. **Péringuey** (Ann. S. Afr. Mus. III p. 189), *A. vexator*
n. sp. (p. 190), *A. diversus* n. sp. (p. 191), *A. lautus* n. sp., *A. dilucidus* n. sp.,
A. mimus n. sp., *A. jucundulus* n. sp., (p. 193), *A. servitulus* n. sp., *A. malvernensis* n. sp. (p. 194), *A. optimus* n. sp. (p. 195), *A. clarus* n. sp., *A. vertagus*
n. sp. (p. 196), *A. discrepans* n. sp. (p. 197), *A. evulsus* n. sp., *A. shilouvanus*

n. sp. (p. 198), *A. inopinus* n. sp., *A. effulgens* n. sp. (p. 199), *A. jubatulus*
n. sp. u. *A. pilosulus* n. sp., (p. 200) Süd-Afrika, *A. emeritus* Per. (p. 190),
A. capicola Tschit. 1900 = *perturbator* Per. 1898 (p. 296).

Acinopus megacephalus Ross., (*sabulosus* Strm., *bucephalus* Dej., *emarginatus*
Chaud., *rotundicollis* Carr.) u. *gutturosus* Buq. (*elongatus* Luc., *medius* Reiche,
megacephalus Reitt.) unterschied **Bedel** (Bull. Fr. 1904 p. 139). — Siehe
auch **Apfelbeck** pag. 140.

Acupalpus (Balius) Dourei n. sp. **Pic** (Sch. 20 p. 89) Bagdad. — Siehe auch
Apfelbeck pag. 140.

Aephnidius siehe **Bedel** pag. 143.

Amara Güntheri Sahlb. = *nitida* Strm. var. nach **Bedel** Ab. XXX p. 235). —
A. graja Dan. u. *Cardui* Dej. unterschied **Carret** (Ech. 20. p. 68). — *A.*
(*Leiromorpha*) *Uhligii* n. sp. **Holdhaus** (Münch. Kol. Z. II p. 226) Monte
Cavallo. *A. vogcsiaca* n. sp. **Bourgeois** (Cat. Col. Vosges fasc. I 1898 p. 49)
Elsass, *A. anthobia* Vill. von *familiaris* Duft. unterschieden (p. 49). — Siehe
auch **Apfelbeck** p. 142.

Anchonemus siehe *Platynus*, *Amblystus*, *Anillus* siehe **Apfelbeck** pag. 139, 140.

Anisodactylus Crouzetii n. sp. **Puel** (Bull. Fr. 1904 p. 160 u. Bull. Soc. Nimes
32. p. ?) Südfrankreich. — *A. nemorivagus* var. *atripes* Ganglb. = var. *atri-*
cornis Steph. nach **Bedel** (Ab. XXX p. 235).

Anophthalmus Hilfii Reitt. bildete ab **Reitter** (Wien. ent. Z. 23. p. 146 tab. I
fig. 9), *A. Setnikii* n. sp. (p. 151) Bosnien. — *A. Sziladyi* n. sp. **Csiki** (Rov.
Lap. 1904 p. 170) Ungarn. — *A. Robertii* Ab. italienische Uebersetzung von
Porta (Riv. Col. ibid. II p. 121). — Siehe auch *Trechus* u. **Ganglbauer**
pag. 145.

Anoplogenius, *Anthracus*, *Apotomus*, *Aptinus* siehe **Apfelbeck** pag. 140, 139, 143.
— *Aphoenops* siehe **Ganglbauer** pag. 145. — *Apristus*, *Aptinus* siehe **Des-**
brochers p. 144.

Aristodacnus n. nom. **Maindron** (Bull. Fr. 1904 p. 265) für *Macrotelus* Chaud.,
1879 nec Klug 1842.

Asaphidion, *Asmerinx*, *Baudia* siehe **Apfelbeck** pag. 138, 140.

Badister siehe **Apfelbeck** p. 140.

Bembidium (Philochthus) inoptatum Sch. var. *Moricei* n. var. **Pic** (Ech. 20. p. 89)
Zante. — *B. Scudderi* besprach **Hayward** (Psyche XI p. 14). — Siehe auch
Apfelbeck p. 138.

Brachinus Paviei Lesn. 1896 wiederholte **Lesne** (Mus. Pavie III p. 79 tab. VIII
fig. 12). — *Br. mactus* n. sp. **Péringuey** (Ann. S. Afr. Mus. III p. 171)
Rhodesia, *Br. umvatianus* n. sp. (p. 172) Natal. — Siehe auch **Apfelbeck**
pag. 143 u. **Desbrochers** pag. 144.

Brachynillus n. gen. *Varendorffii* n. sp. **Reitter** (Wien. ent. Z. 23. p. 178) Deutsch-
Ostafrika.

Brachyonychus sublaevis Chaud. besprach **Lesne** Miss. Pavie III p. 69).

Bradycellus siehe **Apfelbeck** pag. 140.

Broscus declivis Sem. besprach **Ssemënow** (Rev. russe IV p. 301). — Siehe auch
Apfelbeck pag. 138.

Calathus siehe **Apfelbeck** pag. 142. — *Caletor* siehe *Tichonia*.

Callida nigripes n. sp. **Péringuey** (Ann. S. Afr. Mus. p. 173) u. *C. fervida* n. sp.
(p. 173) Natal.

Callistomimus placens n. sp. **Périuguey** (ibid. p. 186) Rhodesia.

Calosoma Dietzii n. sp. **Schaeffer** (J. N. York Ent. Soc. XII p. 197). Californien.
— Siehe auch Sloane pag. 147.

Carabus Scheidleri Pz. var. *Koschaninii* n. var. **Csiki** (Ann. Mus. nat. Hung. IV
p. 591[1]), *C. Ullrichii* Germ. var. *pernix* n. var. (p. 592 u. Rov. Lap. XI
p. 147). Serbien. — *C. auratus* L. var. *Ventouxensis* n. var. **Nicolas** (Ech.
20. p. 84) Frankreich. — *C. morbillosus* var. *viridulus* n. var. **Ragusa** (Nat.
Sic. XVII p. 49) Sicilien. — *C. Ulrichii* Costa = *italicus* var. *Rostagnonis*
Luig. nach **Luigioni** (Ann. Mus. zool. Univ. Nap. (N. S.) I no. 19). — *C.
auratus* var. *laticollaris* n. var. **Bocklet** (Zeit. Ent. Guben 18. 1904 p. 38),
var. *quadricostatus* n. var. u. var. *confluentinus* n. var. (p. 39) Coblenz. —
C. auratus var. *Labittei* n. var. **Clément** (Bull. Fr. 1904 p. 245) Frankreich.
— *C. (Tribax) Bibersteinii* Men. var. *Maljushenkonis* n. var. **König** (Wien.
ent. Z. 23. p. 140) Caucasus. — *C. alpestris* var. *adamellicola* n. var. **Gangl-
auer** (Münch. Kol. Z. II p. 186) Judicarien. — *C. violaceus* L. var. *kraj-
nensis* n. var. **Born** (Ins. Börs. XXI p. 163) Serbien, *C. cancellatus* Jll. var.
Apfelbeckii n. var. (p. 163) Bosnien, *C. montivagus* Pall. var. *Leonhardii* n.
var. (p. 164) Bosnien, *C. italicus* = *Ulrichii* Germ. var. (p. 227). — *C. monilis*
Fbr. behandelte **Bourgeois** Cat. Col. Vosges (p. 26) mit var. *affinis* Pz., var.
regularis Wiesm., var. *interpositus* Geh., var. *subaudus* Geh., var. *consitus*
Pz. u. var. *Schartowii* Heer (p. 26), *C. catenulatus* var. *gallicus* Geh. (p. 21).
— Siehe auch Apfelbeck pag. 137, Born pag. 144 u. Lapogne pag. 146.

Carpaulum n. gen. **Sloane** (Pr. Linn. Soc. N. S. Wales 29 p. 536), *C. inflaticeps*
n. sp. (p. 537) u. *C. porosum* n. sp. (p. 538) Australien.

Carterus siehe Apfelbeck pag. 140. — *Cechenus* siehe Lapouge pag. 147.

Chaetoleistus siehe *Leistus.*

Chlaenius dilutus n. sp. **Péringuey** (Ann. S. Afr. Mus. III p. 184) *Chl. pronus*
n. sp. (p. 185) Rhodesia. — Siehe auch Apfelbeck pag. 140.

Clibanorius Goz. 1882 = *Idiochroma* Bed. 1902 nach **Bedel** (Ab. XXX p. 235).

Clivina parallela Lesn. 1896 wiederholt abgedruckt durch **Lesne** (Miss. Pavie
III p. 64 fig. 2 tab. VIII fig. 3), *Cl. Julienii* Lesn. 1896 (p. 66 tab. VIII
fig. 4), *Cl. alutacea* Lesn. 1896 (p. 67 fig. 3 tab. VIII fig. 5), *Cl. mekongensis*
Lesn. 1896 (p. 67 fig. 4 tab. VIII fig. 6). — *Cl. carinifrons* Reitt. = *Coryza*
nach **Ssemënow** (Rev. russe IV p. 202). — Siehe auch Apfelbeck pag. 138
Sloane pag. 147 u. Fleischer pag. 144.

Clivinarchus siehe Sloane pag. 147.

Coleolissus biseriatus Lesn. 1896 wiederholte **Lesne** (Miss. Pavie III p. 74 tab.
VIII fig. 9 *Hypolithus*).

Colpodes validus n. sp. **Fairmaire** (Bull. Tr. 1904 p. 129) Madagascar.

Coptoptera indotata n. sp. **Péringuey** (Ann. S. Afr. Mus. III p. 175) Rhodesia.

Coryza siehe *Clivina.*

Craspedophorus laticollis n. sp. **Péringuey** (Ann. S. Afr. Mus. III p. 187) u. *Cr.
merus* n. sp. (p. 187) Rhodesia.

Crepidopterus Favrei n. sp. **Maindron** (Bull. Fr. 1904 p. 164 fig.) Indien.

---

[1]) Da der geehrte Autor die Schreibweise des Speciesnamens auch in
russischer Schrift erläutert, so ergiebt sich, das er wie oben und nicht „Ko-
shaninii" geschrieben werden muss.

Cymindis, Cychrus siehe Apfelbeck pag. 143, 148, *Cymindis, Cymindoidea* siehe Desbrochers pag. 144.

Dichirotrichus siehe Apfelbeck pag. 140.

Diodaptus birmanus Bat. bildete **Lesne** ab (Miss. Pavie III tab. VIII fig. 10).

Diplochilus laevis Lesn. 1896 wiederholte **Lesne** (Miss. Pavie III p. 72 fig. 8 tab. VIII fig. 8 *Rhembus*).

Discopterella siehe *Discopterus.*

Discopterus (subg. *Discopterella* n. subg.) für *D. Przevalskii* Sem. **Ssemènow** (Rev. russe IV p. 202).

Disphaericus rhodesianus n. sp. **Péringuey** (Ann. S. Afr. Mus. III p. 188) Süd-Afrika.

Distichus siehe Tschitscherin pag. 149. — *Ditomus* siehe Apfelbeck p. 140.

Dromius cordicollis Vorbr. 1898 beschrieb eingehender **Vorbringer** (Deut. ent. Z. 1904 p. 46). — *Dr. longulus* Friv. beschrieb ausführlich Ssemènow (Rev. russe d'Ent. IV p. 148), *Dr. cordicollis* Vorbr. = *quadraticollis* Mor. (p. 300, 314), *Dr. fenestratus* var. *obscurus* Arn. 1902 = *quadraticollis* Mor. (p. 314), *Dr. uralensis* Sem. = *angusticollis* Sahlb. (*longicollis* Sahlb. err. typ.) (p. 302, 314). — *Dr. cribricollis* n. sp. **Fairmaire** (Ann. Belg. 48 p. 225) Madagascar. — Siehe auch Desbrochers pag. 144 u. Apfelbeck pag. 143.

Drypta siehe Desbrochers pag. 144.

Dyschirius Fleischeri n. sp. **Deville** (Bull. Fr. 1903 p. 29) Südfrankreich und Algier. — *D. unicolor* Mot. beschrieb **Tschitscherin** (Rev. russe d'Ent. IV p. 266) mit var. *baicalensis* Mot. u. var. *beludsha* n. var. (p. 267) Persien. — Siehe auch Apfelbeck pag. 138 u. Fleischer pag. 144.

Duvalius siehe *Trechus* u. Ganglbauer pag. 145. — *Egadroma* siehe Apfelbeck pag. 140.

Elaphrus Jakowlewii Sem. besprach Ssemènow (Rev. russe d'Ent. IV. p. 103, 119), *E. longicollis* Sahlb. = *angustus* Chaud. (p. 104. 119), *E. angusticollis* Sahlb. (p. 105, 120). — *E. latipennis* Sahlb. beschrieb ausführlich Ssemènow (Hor. ross. 37. p. 124) mit var. *costuliferus* n. var. (p. 125) Insel Kolgujev. — *E. Jakowlewii* Sem. = *longicollis* Sahlb. nach **Poppius** (Ann. Mus. Zool. Pet. VIII p. 364), *E. angusticollis* Sahlb. (p. 365). — Siehe auch Ssemènow.

Elaphroterus siehe Ssemènow pag. 148. — *Elaphropus, Epactius* siehe Apfelbeck p. 139, 138. — *Epinebriola* siehe *Nebria.*

Eriocypus Tsch. = *Eristomus* Brul. nach Ssemènow (Rev. russe IV p. 201).

Eristomus siehe *Eriocypus.*

Euderocycla siehe Apfelbeck pag. 142. — *Eustomis* siehe Ssemènow p. 148.

Extromus pusillus Per. = *Perigona nigriceps* Dej. nach **Péringuey** (Ann. S. Afr. Mus. III p. 296), *Extromus* Per. = *Perigoaa* Cast.

Forcipator n. nom. **Maindron** (Bull. Fr. 1904 p. 265) für *Oxystomus* Latr. 1825 nec Rafinesque 1820.

Gazanus n. gen. **Péringuey** (Ann. S. Afr. Mus. III p. 204), *G. elegans* n. sp. (p. 205) Rhodesia.

Glycia siehe Apfelbeck pag. 143.

Graniger (*Coscinia*) *rufotestaceus* n. sp. **Pic** (Ech. 20. p. 89) Bagdad.

Graphipterus shebanus n. sp. **Péringuey** (Ann. S. Afr. Mus. III p. 183) Transvaal.

Harpalus pexus Mén. = *Ophonus circumpunctatus* nach **Daniel** (Münch. Kol. Z. II p. 67). — Siehe auch Apfelbeck pag. 140.

Hexagonia venusta n. sp. **Péringuey** (Ann. S. Afr. Mus. III p. 168), *H. umtalina* n. sp. u. *H. angustula* n. sp. (p. 169) Rhodesia.

Holcogasert siehe *Lioscarites*.

Hystrichopus velox n. sp. **Péringuey** (Ann. S. Afr. Mus. III p. 174) Süd-Afrika.

Klepsiphrus angusticollis n. sp. **Péringuey** (Ann. S. Afr. Mus. III p. 175) Natal.

Laemosthenes naniscus Per. gehört zu *Platynus* nach **Péringuey** (Ann. S. Afr. Mus. III p. 296). — Siehe auch Apfelbeck pag. 142.

Lebia indagacea n. sp. **Fairmaire** (Ann. Belg. 48. p. 225) Madagascar. — *L. phantasma* n. sp. **Péringuey** (Ann. S. Afr. Mus. III p. 178), *L. simulatoria* n. sp. (p. 178), *L. umtalina* n. sp., *L. inedita* n. sp. (p. 179), *L. evicta* n. sp. (p. 180) Süd-Afrika. — Siehe auch Apfelbeck pag. 142 u. Desbrochers pag. 144.

Lebistina spectabilis n. sp. **Péringuey** (Ann. S. Afr. Mus. III p. 181) Transvaal.

Leistus (*Chaetoleistus* n. subg.) **Ssemënow** (Rev. russe d'Ent. IV p. 119) für *L. relictus* Sem. — Siehe auch Apfelbeck pag. 138.

Licinus siehe Apfelbeck pag. 140.

Lionychus laetulus n. sp. **Péringuey** (Ann. S. Afr. Mus. III p. 176) Cap. — Siehe auch Desbrochers pag. 144.

Lioscarites n. nom. **Maindron** (Bull. Fr. 1904 p. 265) für *Holcogaster* Chaud.

Macrochilus longicollis n. sp. **Péringuey** (Ann. S. Afr. Mus. III p. 170), *M. spectandus* n. sp. (p. 170), *M. varians* n. sp. (p. 171) Rhodesia.

Macrotelus siehe *Aristodacnus*.

Masoreus australis n. sp. **Sloane** (Pr. Linn. Soc. N. S. Wales 29. p. 535) Australien. — Siehe auch Bedel pag. 143 u. Desbrochus pag. 144.

Mecodema laeviceps n. sp. **Broun** (Ann. Mag. nat. Hist. XIV p. 41), *M. striatum* n. sp. (p. 42), *M. Walkeri* n. sp. (p. 43) Neu-Seeland.

Megalodes politus Lesn. 1896 wiederholt abgedruckt durch **Lesne** (Miss. Pavie III p. 71 fig. 5 tab. VIII fig. 7).

Megalonychus siehe *Platynus*, *Metabletus*, *Microlestes* siehe Apfelbeck p. 143, *Metabletus* siehe Desbrochers pag. 144.

Metallica mashunensis n. sp. **Péringuey** (Ann. S. Afr. Mus. III p. 180) Rhodesia. — Siehe auch *Umgenia*.

Metaxymorphus robustus n. sp. **Péringuey** (Ann. S. Afr. Mus. III p. 174) Natal.

Microdaccus, *Molops* siehe Apfelbeck pag. 143, 141.

Morio, *Mystropomus* siehe Sloane pag. 148, 147. — *Morio* siehe auch Apfelbeck pag. 138.

Myas siehe Apfelbeck pag. 141.

Nebria Kincaidii Schw. 1900 wiederholt abgedruckt **Schwarz** (Merriam, Alaska VIII p. 169) Alaska. — *N. Atropos* Dan. beschrieb ausführlicher **Daniel** (Münch. Kol. Z. II p. 74), *N.* (*Epinebriola* n. subg. p. 77) *oxyptera* n. sp. (p. 76) Turkestan. — *N. Lafresnayei* Serv. u. *Foudrasii* Dej. unterschied **Carret** (Bull. Soc. Nat. Vienne I p. 49). — Eine italienische Uebersetzung dieser Unterscheidung gab **Porta** (Riv. Col. ital. II p. 151). — Siehe auch Apfelbeck pag. 138.

Nebriosoma siehe Sloane pag. 147.

Notiophilus Semenowii Tsch. beschrieb **Ssemënow** (Rev. russe IV p. 313). — Siehe auch Apfelbeck pag. 138.

Notonomus parallelomorphus Chaud. = *auricollis* Cast. nach **Tschitscherin**
(Rev. russe IV p. 229), *N. excisipennis* Sl. = *Kingii* Chaud. (p. 229).
Odacantha siehe D e s b r o c h e r s pag. 144. — *Olistopus* siehe B e d e l pag. 143. —
Omphreus, Oodes siehe A p f e l b e c k p. 142, 140. — *Oxystomus* siehe *Forcipator*.
Ophonus brevicollis Dej. var. *nigripes* n. var. **Gerhardt** (Deut. ent. Z. 1904 p. 365
u. Z. Ent. Bresl. 29. p. 77). — *O. (Harpalophonus) hospes* Strm., *Stevenii*
Dej. u. *circumpunctatus* Chaud. unterschied dichotomisch **Daniel** (Münch.
Kol. Z. II p. 3—4), *O. Stevenii* var. *festivus* n. var. u. var. *vulpinus* n. var.
(p. 8), *O. circumpunctatus* var. *sareptanus* n. var., var. *anatolicus* n. var.
(p. 12) u. var. *italus* Sch. (*insularis* Rag.). — Siehe auch *Harpalus* u. *Pseudophonus*.

Orthogonius apicalis n. sp. **Fairmaire** (Bull. Fr. 1904 p. 129) Madagascar.

Pachycarus siehe A p f e l b e c k pag. 140, *Pachyteles spissicornis* Fairm. 1888
beschrieb nochmals **Lesne** (Miss. Pavie III p. 62 tab. VIII fig. 13 *Pseudozaena*).

Pamborus siehe S l o a n e pag. 147.

Paradinodes siehe A p f e l b e c k pag. 140.

Patrobus assimilis Chaud. unterschied von *excavatus* Payk. **Scholz** Ins. Börs.
21. p. 115.

Penetretus rufipennis Dej. var. *semipunctatus* n. var. **Reitter** (Wien. ent. Z. 23.
p. 81) Portugal.

Pentagonica dispar n. sp. **Péringuey** (Ann. S. Afr. Mus. III p. 191) Natal.

Penthus siehe A p f e l b e c k pag. 140.

Perigona rufilabris Macl. var. *infuscata* n. var. **Sloane** (Pr. Linn. Soc. N. S
Wales 29. p. 534) Australien. — Siehe auch *Extromus*.

Phloeozetus cribricollis n. sp. **Péringuey** (Ann. S. Afr. Mus. III p. 177) u. *Phl.
umtalinus* n. sp. (p. 177) Rhodesia.

Platyderodes, Platyderus siehe A p f e l b e c k pag. 142.

Platynus serbicus n. sp. **Csiki** (Rov. Lap. XI p. 148 u. Ann. Mus. nat. Hung. II
p. 593) Serbien, dich. Tabelle über 4 Arten (loc. cit. p. 148—149). — *Pl.
(Megalonychus) umtalianus* n. sp. **Péringuey** (Ann. S. Afr. Mus. III p. 201),
Pl. (Anchomenus) insuetus n. sp. (p. 201), *Pl. emeritus* n. sp., *Pl. insolitus* n.
sp. (p. 202), *Pl. obsequiosus* n. sp. (p. 203) u. *Pl. latiusculus* n. sp. (p. 204)
Süd-Afrika. — Siehe auch A p f e l b e c k pag. 142.

Platysma siehe *Pterostichus*.

Platysphyrus siehe S l o a n e pag. 147.

Plochionus siehe D e s b r o c h e r s pag. 144.

Pogonus (Pogonoidius Carr.) italienisch von **Porta** (Riv. Col. ital. II p. 49). —
Siehe auch A p f e l b e c k pag. 139.

Polyhirma commista n. sp. **Péringuey** (Ann. S. Afr. Mus. III p. 184) S.-Afrika.

Polystichus, Procerus siehe A p f e l b e c k p. 143, 137. — *Polystichus* siehe D e s -
b r o c h e r s pag. 144.

Pseudomasoreus siehe D e s b r o c h e r s pag. 144.

Pseudophonus terrestris Motsch. = *Ophonus Stevenii* nach D a n i e l (Münch. Kol.
Z. II p. 67).

Pseudozaena siehe *Pachyteles*.

Pterostichus metallicus Fbr. var. *viridinitidus* Pic 1893 = var. *virens* Schlsk.
1888 nach **Heyden** (Bull. Fr. 1904 p. 102). — *Pt. (Pseudocryobius) aquilonius*

n. sp. **Tschitscherin** (Hor. ross. 37. p. 125 *Platysma*) Russland. — *Pt. bicolor*
Ar., *Jurinei* Pz. u. *Xatartii* Dej. unterschied **Cavazza** (Riv. Col. ital. II
p. 115). — Siehe auch A p f e l b e c k pag. 141.
Reicheia siehe A p f e l b e c k pag. 138.
Scarites cyclopius Fleisch. = *saxicola* Bon. nach **Bedel** (Abb. XXX p. 235 [1]), *Sc.*
saxicola Fleisch. = *hespericus* Dej. (p. 235). — Siehe auch A p f e l b e c k
pag. 138, K ö n i g pag. 146 u. T s c h i t s c h e r i n pag. 149.
Scotodipnus, Siagona, Singilis, Stenolophus siehe A p f e l b e c k p. 139, 140, 143.
— *Somotrichus* siehe D e s b r o c h e r s pag. 144.
Stomis hyrcanus n. sp. **Tschitscherin** (Rev. russe d'Ent. IV p. 150) Persien. —
St. Tschitscherinii n. sp. **Ssemënow** (ibid. p. 152) u. *St. Danielanus* n. sp.
(p. 153) Caucasus. — Siehe auch S s e m ë n o w pag. 148.
Styphromerus plausibilis n. sp. **Péringuey** (Ann. S. Afr. Mus. III p. 173).
Tachys siehe A p f e l b e c k p. 139.
Tanythrix ticinensis Stierl. wiederholt abgedruckt von **Fiori** (Riv. Col. ital. II.
p. 227).
Tefflus siehe K o l b e pag. 145. — *Tetraplatypus* siehe A p f e l b e c k pag. 140.
Thalassophilus siehe *Trechus.*
Thlibops Paviei Lesn. 1896 wiederholt abgedruckt durch **Lesne** (Misc. Pavie III
p. 63 fig. 1 tab. VIII fig. 2).
Thyreopterus angusticollis n. sp. **Péringuey** (Ann. S. Afr. Mus. III p. 182), *Th.*
lugubrinus n. sp. (p. 182) Süd-Afrika.
Tichonia n. nom. **Ssemënow** (Rev. russe IV p. 201) für *Caletor* Tsch. nec
Loman.
Trachypachys transversicollis Mot. u. *laticollis* Mot. = *Zetterstedtii* Gyll. nach
Ssemënow (Rev. Russe d'Ent. IV p. 37).
Trechus (Anophthalmus) Vulcanus n. sp. **Abeille** (Bull. Fr. 1904 p. 198) Frank-
reich, *Tr. (Anoph.) Orpheus* var. *subparallelus* n. var. (p. 199) Frankreich. —
Tr. (Anophth.) diniensis n. sp. **Peyerimhoff** (Bull. Fr. 1904 p. 261 fig. 1) mit
var. *cautus* n. var. (p. 201 fig. 2) u. *Tr. (Anophth.) convexicollis* n. sp. (p. 202
fig. 3) Frankreich. — *Tr. (Anophth.) Puelii* n. sp. **Chobaut** (Bull. Fr. 1904
p. 212) Pyrenäen. — *Tr. inornatus* n. nom. **Tschitscherin** (Rev. russe d'Ent.
IV p. 148) für *quadrimaculatus* Fleisch. nec Mot., *Tr. caucasicola* n. nom.
(p. 148) für *caucasicus* Reitt. nec Chaud. nec Putz., *Tr. concinnus* n. sp.
(p. 148) Caucasus. — *Tr. (Anophth.) vranensis* n. sp. **Breit** (Münch. Kol. Z.
II p. 28) Herzegowina. — *Tr. (Anophth.) Mariae* n. sp. **Schatzmayr** (ibid.
p. 210) Kärnten. — *Tr. baldensis* Putz. var. *tombeanus* n. var. **Ganglbauer**
(Münch. Kol. Z. II p. 187, 188), var. *pasubianus* Ganglb. mit subvar. *picescens*
n. subvar. (p. 188), var. *Spaethii* n. var. (p. 188, 189) u. var. *Breitii* Ganglb.
dich. Tab. der Varietäten (p. 188—189), *Tr. Longhii* Com. var. *Wingelmülleri*
n. var. (p. 189) Judicarien. — *Tr. (Duvalius) Knauthii* n. sp. (p. 189) Judicarien, *Tr. (Anophthalmus) Holdhausii* n. sp. (p. 224) Venetianer Alpen, aus
Laub gesiebt, *Tr. (Anophth.) velebiticus* n. sp. (p. 350, 351) Croatien, *Tr.*
(Anoph.) Erichsonis Schf., *Paganettii* Ganglb. u. *amabilis* Schf., dich. Tab.
über die 4 Arten (p. 350—351). — *Tr. baldensis* var. *Spaethii* Ganglb.

---

[1] B e d e l nennt hier irrthümlich „F l e i s c h e r" statt R e i t t e r als Autor.
(Vergl. Bericht pro 1899 p. 238).

wiederholte **Holdhaus** (ibid. p. 225). — Siehe auch *Anophthalmus* und
Ganglbauer pag. 145 u. Apfelbeck pag. 139.
Trichis siehe Apfelbeck pag. 143.
Tribax siehe *Carabus.*
Trichosternus Hudsonis n. sp. **Broun** (Ann. Mag. nat. hist. XIV p. 44) Neu-
Seeland.
Trigonotoma aurifera Tschit. 1899 besprach **Lesne** (Miss. Pavie III p. 77
tab. IXbis fig. 1), *Tr. morosa* Tschit. (p. 78).
Umgenia Per. 1898 = *Metallica* Chaud. 1872 nach **Péringuey** (Ann. S. Afr.
Mus. III p. 296 [1]).
Xenitenus natalicus n. sp. **Péringuey** (ibid. p. 176) Natal.
Xenion siehe Apfelbeck pag. 141.
Zabrus siehe Uhagon pag. 149 u. Apfelbeck pag. 142. — *Zargus* siehe
Bedel p. 143. — *Zaphium* siehe Desbrochers pag. 144.
Zeloticus mutalianus n. sp. **Péringuey** (Ann. S. Afr. Mus. III p. 185) Rhodesia.

Fam. Dytiscidae.

(1 n. gen., 7 n. spp.).

Abeille 2, Apfelbeck 1, Bedel 7, Deegener 1, Deville 2, 3,
Fiori 3, Fuente 1, Ganglbauer 3, 4, Giardina 1, Poppius 1, Régimbart
1, 2, 3, Schwarz 3, Seidlitz 2, 3, W. Sharp 1, Ssemènow 2, 6, 11,
18, Xambeu 3b, Bourgeois 4, Edwards 1, Johnson 1, Pietsch 3,
Roubal 1, Rudow 1, Scholz 3.

Morphologie.

Deegener (1) untersuchte die Entwicklung des Darmkanals bei
Cybister Roeselii.
Giardina (1) untersuchte die Eibildung bei *Dytiscus.*
Roubal (1) berichtete über Missbildungen an *Dytisciden.*

Biologie.

Rudow (1) handelte über die „Wohnungen" einiger *Dytisciden.*
Scholz (3) berichtete über einen *Dytiscus marginalis*, auf dem
sich eine Schnecke festgesetzt hatte.
E. Schwarz (3) beschrieb die Metamorphose von *Dytiscus
dauricus* Gebl. u. von *Agabus tristis* Aub.
Abeille (2) beschrieb eine blinde Höhlenart, die erste, die aus
dieser Familie bekannt geworden ist, einen *Hydroporiden: Siettitia* [2]).

---

[1]) Der Name *Metallica* kann als einfaches Adjectiv nicht Gattungsname
sein, da diese Substantiva sein müssen. Vergl. Gesetze der entomologischen
Nomenclatur § 4. (Berl. ent. Z. 858).
[2]) Näheres über die Lebensweise dieses merkwürdigen Käfers berichtete
Abeille 1905 (Bull. Fr. p. 225), über die systematische Stellung Regimbart
(ibid. p. 252).

Xambeu (3b) beschrieb die Larve von *Cybister tripunctatus* Ol. (p. 73) und von *Hydrovatus separandus* Reg. (p. 74) aus Madagascar.

Geographisches.

Bourgeois (4) führte 117 Arten aus den Vogesen auf (p. 65—80). **Edwards** (1) berichtete über *Agabus unguicularis* Thoms. und *A. affinis* Payk. in England.

Johnson (1) berichtete über die *Dytisciden* in Down.

Pietsch (3) berichtete über *Deronectes semirufus* in Schlesien.

Deville (2) berichtete über das Vorkommen von *Agabus affinis* Payk., *subtilis* Er. u. *neglectus* Er. u. (3) von *Deronectes hispanicus* Rosh. u. *Dytiscus lapponicus* Gyll. in Frankreich.

Régimbart (2) zählte 12 von Pavie in China u. (3) 14 von Fea in Westafrika gesammelte Arten auf.

Poppius (1) berichtete über das Vorkommen von *Brychius rossicus* in Finnland.

Ganglbauer (4) führte 8 Arten von der Insel Meleda auf (p. 649).

Ssemënow (18) führte *Cymatopterus dolabratus* Payk. und *Gaurodytes Thomsonis* Sahlb. von der Insel Kolgujev auf (p. 120).

Systematik.

Umfassende Arbeiten.

Apfelbeck.

Die Käferfauna der Balkanhalbinsel etc. etc.

Fam. *Haliplidae, Hygrobiidae, Dytiscidae* p. 358—389.

Es werden 127 Arten aufgezählt und mehrere näher behandelt.

Die behandelten Arten.

Haliplus siculus Wehnk., *H. variegatus* Strm. var. *leopardinus* Sahlb. *Cnemidotus conifer* Seidl. (p. 362).

Hygrotus (Coelambus) saginatus Sch., *H. corpulentus* Sch., *H. lernaeus* Sch., *H. pallidus* Aub.

Bidessus exornatus Reich. (p. 367).

Hydroporus parvicollis Seidl. (p. 370), *H. variegatus* Aub., *H. fractus* Sh. (p. 372), *H. obliquestriatus* Bielz (p. 373), *H. Bodemeyeri* Ganglb. (p. 374), *H. tartaricus* Lec. (p. 375).

Agabus Merklii Reg. (p. 380), *A. dilatatus* Brull. (p. 381).

Melanodytes pustulatus Ross. (p. 384) Dalmatien, Albanien, Griechenland. *Cybister tripunctatus* Ol.

Fiori.

Studio critico dei *Dyticidi* italiani. (Riv. Col. ital. II p. 186—205).

Eine Revision der *Haliplini* Italiens, von denen 3 Gattungen u. 18 Arten erst dichotomisch aus einander gesetzt und dann ausführlicher beschrieben werden.

Die behandelten Gattungen u. Arten.

Brychius elevatus Pz., *glabratus* Villa.
Haliplus varius Nic., *H. amoenus* Ol., *H. confinis* Steph., *H. mucronatus* Steph.
(*siculus* Wchnk.), *H. guttatus* Aub., *H. fulvus* Fbr., *H. variegatus* Strm., *H.*
flavicollis Strm., *H. laminatus* Schall., *H. lombardus* n. sp., *H. ruficollis* Dej.,
mit ab. *confluens* n. ab. (p. 199) u. var. *pedemontanus* n. var. (p. 200), *H.*
fulvicollis Er. mit var. *romanus* n. var. (p. 201), *H. lineatocollis* Marsh.
Cnemidotus caesus Pz., *Cn. conifer* Sdl., *C. rotundatus* Aub.

Seidlitz.

Dytiscidae et *Gyrinidae* de la faune européenne.
(Misc. ent. XI p. 3—6, 42—54 Schluss. Das Ganze auch separat).

Zum Schluss bringt der ungenannte Uebersetzer der „Bestimmungstabelle" von 1887 das Verzeichnis der Arten, die
lateinischen Diagnosen der damals neuen Arten und das Register
zum Abdruck, dessen Seitenzahlen-Angaben ganz räthselhaft sind;
denn auf die Jahrgänge und Seiten der Zeitschrift beziehen sie sich
nicht. Vielleicht gehören sie zur Separatausgabe, die Ref. nicht
zu Gesicht bekommen hat.

Einzelbeschreibungen.

Agabus femoralis Payk. 1798 = *labiatus* Brahm 1790 nach **Bedel** (Ab. XXX
p. 234).

Brychius rossicus Sem. = *cristatus* Sahlb. var. nach **Ssemënow** (Rev. Russe IV
p. 303, 314). — Siehe auch Fiori oben.

Cnemidotus siehe auch Fiori oben.

Copelatus internus n. sp. **Régimbart** (Ann. Mus. Gen. 41 p. 66) Fernando Po. —
C. Geayi n. sp. **Régimbart** (Bull. Mus. Paris 1904 p. 225) Guiana.

Deronectes Aubei Muls. (*semirufus* Sdl.) erörterte **Ganglbauer** (Münch. Kol. Z.
II p. 354) mit var. *semirufus* Germ. (*Aubei* Sdl.) u. var. *Delarouzei* Duv.

Haliplus flavicollis St. var. *pallidus* n. var. **Ssemënow** (Rev. Russe IV p. 202),
H. Jakovlewii Sem. = *fulvicollis* Er., *H. Schaumii* Solsk. = *fluviatilis* Aub.
(p. 202), *H. maculatus* Mat. — *variegatus* Strm. (p. 216), *H. transvolgensis* n.
sp. (p. 216, 314) Saratow. — Siehe auch Fiori oben.

Hydroporus Kocae n. sp. **Ganglbauer** (Münch. Kol. Z. II. p. 352) Slavonien. —
H. Normandii Reg. 1903 neu abgedruckt von **Fuente** (Bol. Esp. IV p. 382).

Hyphydrus ovatus var. (ohne Namen) beschrieb **W. Sharp** (Ent. monthl. Mag. 40
p. 43). — *H. caviceps* n. sp. **Régimbart** (Ann. Mus. Gen. 41 p. 64).

Laccophilus flaviventris n. sp. **Régimbart** (Bull. Mus. Paris 1904 p. 224) Guiana.
L. obscurus Pz. 1794 = *virescens* Brahm 1790 nach **Bedel** (Ab. XXX p. 235).

Siettitia n. gen. **Abeille** (Bull. Fr. 1904 p. 226), *S. balsentensis* n. sp. (p. 227)
Frankreich, in einer Höhle, blind.

*Fam. **Gyrinidae.***

(0 n. gen., 2 n. spp.).

Apfelbeck 1, Bourgeois 4, Régimbart 1, 2, 3, Seidlitz 2, 3.

Geographisches.

Bourgeois (4) führte 6 Arten aus den Vogesen auf (p. 80). **Régimbart** (2) führte 4 von Pavie in China u. (3) 5 von Fea in West-Afrika gesammelte Arten auf.

Systematik.

Umfassende Arbeiten.

Apfelbeck.

Die Käferfauna der Balkanhalbinsel etc. etc.

Fam. *Gyrinidae.* p. 389—391.

Es werden 12 Arten aufgezählt, von denen eine (*Gyrinus siculus*) besprochen ist (p. 391).

Seidlitz.

Siehe *Dytiscidae.*

Einzelbeschreibungen.

Dineutes subserratus n. sp. **Régimbart** (Ann. Mus. Gen. 41 p. 67) Fernando Po.
Gyrites Geayi n. sp. **Régimbart** (Bull. Mus. Pav. 1904 p. 226) Guiana.

*Fam. **Paussidae.***

(0 n. gen., 16 n. spp.).

Apfelbeck 1, Normand 2, Péringuey 2, Tertrin 1, Wasmann 6.

Biologie.

Normand (2) beobachtete *Paussus Favieri* (in den Nestern von *Pheidole pallidulus*) bedeckt von einer „gelben staubartigen Materie", die von den Ameisen abgeleckt wurde.

Wasmann (6) brachte viele biologische Angaben über mehrere Arten.

Geographisches.

Tertrin (1) führte eine von Pavie in China gesammelte Art auf.

Wasmann (6) machte zahlreiche Angaben über die geographische Verbreitung der Gattungen und Arten.

Systematik.
Umfassende Arbeiten.
Apfelbeck.
Die Käferfauna der Balkanhalbinsel etc. *Caraboidea*.
Fam. *Paussidae*. p. 394—396.

Es wird der *Paussus turcicus* Friv. ausführlich beschrieben.

Wasmann.
Neue Beiträge zur Kenntniss der Paussiden, mit biologischen und phylogenetischen Bemerkungen.
(Not. Leyd. Mus. XXV. 1904. p. 1—82, 110, tab. 1—6).

Nach kurzer Darlegung der Phylogenie der *Paussiden* (p. 1), die in den einzelnen Gattungen ausführlicher wiederkehrt, kurzer Erörterung ihrer Eiröhren (p. 2) u. ihrer Biologie (p. 2) werden 13 Gattungen einzeln behandelt (wobei eine dichotomische Begründung leider vermisst wird). Die Arten sind bei den meisten Gattungen bloss genannt oder erwähnt. Nur in den Gattungen *Pleuropterus, Platyrhopalus* u. *Paussus* sind die Arten entweder alle (*Pleuropterus*) oder zum Theil charakterisirt. Am ausführlichsten ist *Paussus* behandelt, indem eine „Systematisch-biologische Uebersicht" (p. 32—50) 31 Gruppen erkennen lässt,[1]) die zwar nicht dichotomisch, aber immerhin ausreichend charakterisirt sind. Von der 30. Gruppe (p. 48ε) sind alle Arten dichotomisch auseinander gesetzt (p. 67—71). In einer „Ergänzung der Paussiden-Wirthe" (p. 71—73) sind die Arten nach den Ameisen geordnet. Die 6 photographischen Tafeln geben naturgemäss nur ganz grobe Anschauungsbilder (von 32 Arten), aber keinerlei feinere Details.

Die behandelten Gattungen und Arten.

Protopaussus Gestr. mit 2 Arten.

Homopterus Westw. mit 2 Arten.

Arthropterus Macl. (= *Phymatopterus* Westw.) mit 50 Arten, die nicht genannt sind.

Cerapterus Swed. mit 15 Arten: *C. concolor* Westw. (p. 7 tab. I fig. 1), *C. laceratus* Dohrn? (p. 74 resp. *C. Oberthürii* n. sp.?).

Pleuropterus Westw. mit 11 Arten, von denen 2 neu: *Pl. Oberthürii* n. sp. (p. 9, 14), Victoria Nyanza, *Pl. brevicornis* n. sp. (p. 10, 14, tab. I fig. 3) Ost-Afrika, *Pl. hastatus* Westw. (tab. I fig. 2), *Pl. Westermannii* Westw., *Pl. Dohrnii* Rits. (p. 11, 13, tab. II fig. 1), *Pl. alternans* Westw., *Pl. Allardii* Raffr., *Pl. flavolineatus* Kr., *Pl. laticornis* Klb., *Pl. Cardonis* Gestr. (*Westermannii* Wasm. p. 11, 14, 110 tab. I fig. 4), *Pl. taprobanensis* Gestr., dichot. Tab. (p. 12—14).

Pentaplatarthrus Westw. mit 5 Arten, von 3 Arten die Wirtsameise, *Plagiolepis custodiens* Sm., bekannt.

---

[1]) Eine wiederholte Uebersicht dieser Gruppen (p. 79—80) berücksichtigt nur 23 derselben.

Ceratoderus Westw. mit 2 Arten.
Merismoderus Westw. mit 2 Arten.
Lebioderus Westw. mit 5 Arten: L. Goryi tab. III fig. 1.
Platyrhopalus Westw. mit 17 Arten in 3 Gruppen (p. 18): a) *Pl. Mellyi* Westw.
u. *Pl. Pictetii* Westw., — b) *Pl. denticornis* Donov. (tab. III fig. 2), *Pl. West-*
woodii Saund., *Pl. Cardonis* n. sp. (p. 18, 19) Chota-Nagpore, *Pl. angustus*
Westw. mit var. *major* n. var. (p. 20), *Pl. paussoides* n. sp. (p. 18, 20 tab. III
fig. 3) Bootang, — c) *Pl. aplustrifer* Westw. (fig. a p. 22), *vexillifer* Westw.
(fig. b, p. 22 tab. III fig. 4).
Paussomorphus Raffr. mit 1 Art.
Paussus L. mit zahlreichen (171) Arten, die in 31 annähernd dichotomisch
charakterisirte Gruppen vertheilt, aber leider nur theilweise [1]) charakterisirt
werden: *P. Hearseyanus* West. var. *parvicornis* n. var. (p. 33, 50, 76) Indien,
P. sesquisulcatus Wasm. var. *brevicornis* n. var. (p.´33, 50) Barway, *P.*
Hornii Wasm. (p. 34 tab. III fig. 5), *P. propinguus* Per. (p. 35, 76), *P. sphae-*
rocerus Afz. (p. 35), *P. Favieri* Fairm. (p. 35), *P. liber* Wasm. (p. 36), *P.*
spinicoxis West. (p. 37), *P. Klugii* Westw. (p. 37 tab. IV fig. 1), *P. Water-*
housei West. (p. 38, 68), *P. Curtisii* West. (p. 38 tab. III fig. 6), *P. Pasteurii*
Wasm. (p. 39, 68), *P. cerambyx* n. sp. (p. 39, 51 tab. IV fig. 3) Congo, *P.*
elaphus Dohrn (p. 39 tab. II fig. 4), *P. dama* Dohrn (p. 39 tab. IV fig. 4),
P. Grandidieri Pouj. (p. 40), *P. Aldovrandii* Gestr. (p. 40), *P. granulatus*
Westw. (p. 41), *P. bicornis* n. sp. (p. 41, 52 tab. IV fig. 2), *P. Kannegieteri*
Wasm. (p. 41, 64, 68 tab. IV fig. 5), *P. pandamanus* n. sp. (p. 42, 64, 69
tab. IV fig. 6), *P. javanus* Wasm. (p. 42, 69), *P. Burmeisteri* Westw. (p. 42),
P. refitarsis Sam. (p. 42, 53 tab. V fig. 1), *P. Boysii* Westw. (p. 43, 54 tab. V
fig. 2), *P. Wroughtonis* Wasm. (p. 43 tab. V fig. 3), *P. soleatus* Wasm. (p. 77),
P. asperulus Fairm. (p. 43), *P. trigonicornis* Latr. *(thoracicus* Donov.) (p. 44,
54), *P. suavis* Wasm. (p. 44, 54 tab. V fig. 4), *P. howa* Dohrn (p. 44 tab. II
fig. 3), *P. semicucullatus* n. sp. (p. 46, 53) Cap, *P. Fichtelii* Donov. (p. 47, 55
tab. V fig. 5), *P. denticulatus* Westw. (p. 47, 55 tab. VI fig. 1), *P. nauceras*
Bens. (p. 47, 56 tab. VI fig. 2), *P. Cardonis* n. sp. (p. 47, 57 tab. V fig. 6)
Barway, *P. Assmuthii* n. sp. (p. 47, 58 tab. VI fig. 4) Bombay, *P. seriesetosus*
n. sp. (p. 48, 59 tab. VI fig. 3) Biru, *P. quadratidens* n. sp. (p. 48, 60) Ost-
Indien, *P. aureofimbriatus* n. sp. (p. 48, 61 tab. VI fig. 5) Ost-Indien, *P. Lude-*
kingii Voll. (p. 48, 69), *P. nigrita* n. sp. (p. 49, 65, 70), *P. Ritsemae* Wasm.
(p. 49, 70) mit var. *buitenzorgensis* n. var. (p. 49, 67, 70, 77), *P. Lucassenii*
n. sp. (p. 49, 71), *P. semirufus* Wasm. (p. 49, 69), *P. spiniceps* n. sp. (p. 50,
63 tab. VI, fig. 6).
Hylotorus Dalm. mit 3 Arten.

Einzelbeschreibungen.

Arthropterus, Cerapterus, Ceratoderus, Homopterus siehe Wasmann pg. 160, oben.
Hylotorus sebakuanus n. sp. **Péringuey** (Ann. S. Afr. Mus. III p. 205) Rhodesia.
Lebioderus, Merismoderus, Paussus, Paussomorphus, Pentaplatarthrus, Phymato-
pterus Platyrhopalus, Pleuropterus, Protopaussus siehe Wasmann oben.

---

[1]) Die 11 Arten des Sunda-Archipels sind dichotomisch aus einander gesetzt
(p. 68—71).

Fam. Rhysopaussidae.

Wasmann brachte die Familie zu den *Heteromeren.*

Fam. Rhysodidae.
(0 n. gen., 5 n. spp.).
Apfelbeck 1, Lea 2.

Systematik.

U mfassende Arbeiten.

Apfelbeck.

Die Käferfauna der Balkanhalbinsel etc. *Caraboidea.*
Fam. *Rhysodidae.* p. 392—394.

Es werden 3 Arten aufgezählt, von denen eine (*Clinidium
canaliculatum*) ausführlich beschrieben ist (p. 393).

Lea.

New Species of Australian *Coleoptera. Rhysodidae.*
(Proc. Linn. Soc. N. S. Wales 29. p. 78—82 tab. IV).

Es werden 6 australische Arten dichotomisch aus einander
gesetzt u. ausführlich beschrieben, von denen 5 neu sind.

Die behandelten Arten.

Rhysodes ichthyocephalus n. sp. (p. 78, 79), *Rh. abbreviatus* n. sp. (p. 78, 79), *Rh.
mirabilis* n. sp. (p. 78, 80 tab. IV fig. 7), *Rh. trichosternus* n. sp. (p. 78, 81),
Rh. planatus n. sp. (p. 78, 82), *Rh. lignarius* Ol.

Fam. Cupedidae.
Xambeu (3b).

Biologie.

Xambeu (3b) beschrieb die Larve u. die Puppe von *Cupes
Raffrayi* Fairm. (p. 113) aus Madagaskar.

Fam. Hydrophilidae.
(1 n. gen., 2 n. spp.).

Broun 2, Deville 2, 3, Fiori 4, Fuente 1, Ganglbauer 1, 4,
Houghton 1, Kellogg 1, Porta 2, Régimbart 2, Walker 8, Xambeu 3b,
Bordas 1, Bourgeois 4, Gruvel 1, Morley 2, Schnee 1, Wickham 4.

Morphologie.

Bordas (1) untersuchte die Histologie des Darmkanals bei *Hydrophilus piceus* u. *Hydrous caraboides.*

Gruvel (1) untersuchte die Histologie der Muskeln von *Hydrophilus.*

Morley (2) gab eine Notiz über die Stridulation bei *Hydrobius.*

Wickham (4) berichtete über eine Missbildung, Verdoppelung eines Tarsus, bei *Hydrocharis.*

Kellogg (1) berichtete über amitotische Zelltheilungen in den oberen Eikammern des Ovarialtubus bei *Hydrophilus* und über zahlreiche grosse Chromatinballen im Kern des Eies.

Biologie.

Ganglbauer (1) schilderte die Larven im Allgemeinen (p. 146 —148), die der *Helophorinae* (p. 153), von *Helophorus* (p. 155—156), *Helophorus aquaticus* (fig. 7 p. 146), von *Ochthebius* (p. 182—183), von *Spercheus* (p. 216, 217—218, fig. 6 p. 146, fig. 11 p. 147), der *Hydrophilinae* (p. 219—220), von *Berosus* (p. 222—223), *Berosus spinosus* (fig. 8 p. 146), von *Hydrous* (p. 229—231), von *Hydrophilus* (p. 233—234), *H. caraboides* (fig. 9 p. 146, fig. 12 p. 147), der *Hydrobiini* (p. 235), von *Hydrobius* (p. 237—238), von *Phylydrus* (p. 243), der *Sphaeridiinae* (p. 265), von *Sphaeridium* (p. 270), *Sph. scarabaeoides* (fig. 10 p. 146), von *Cercyon* (p. 273—274).

Xambeu (3b) beschrieb die Larve von *Dactylosternum depressum* Kl. aus Madagaskar.

Geographisches.

Bourgeois (4) führte 99 Arten aus den Vogesen auf.

Schnee (1) führte 2 *Hydrophiliden* von den Marshall-Inseln auf.

Deville (2) berichtete über das Vorkommen von *Helophorus strigifrons* Th. u. *crenatus* Rey u. (3) über die Verbreitung mehrerer Arten in Frankreich, von denen am bemerkenswerthesten *Ochthebius exsculptus* var. *Halbherrii* Reitt. u. *Hydraena Bensae* Ganglb. zu sein scheinen.

Ganglbauer (1) stellte die Cycladen als das Vaterland der *Limnebius crassipes* Kuw. fest (p. 260), u. (4) führte 9 Arten von der Insel Meleda auf (p. 652).

Régimbart (2) führte 7 von **Pavie** in China gesammelte Arten auf.

Fuente (1) führte *Ochthebius sericeus* Muls. aus Spanien auf.

Houghton (1) berichtete über *Sphaeridium scarabaeoides* in N. Amerika.

Systematik.
Umfassende Arbeiten.
Ganglbauer.
Die Käfer von Mitteleuropa. IV. 1. p. 141—286.

40. Fam. *Hydrophilidae.*

Nach gründlicher Darstellung der Morphologie, Systematik und Biologie (p. 141—152), wird die Familie in 5 Unterfamilien getheilt (p. 152—153), von denen die 2. in 2 u. die 4. in 4 Tribus zerfällt.

Die behandelten Gattungen u. Arten.

I. Subfam. *Helophorinae* (p. 152, 153).

Helophorus Fbr. (*Empleurus* Hop.) mit 5 Arten (p. 156—157, 160), — *H.* (*Cyphelophorus* Kuw.) mit 1 Art (p. 156), — *H.* (*Trichelophorus* Kuw.) mit 2 Arten (p. 157), — *H.* (*Megalelophorus* Kuw.) mit 1 Art (p. 157): *H. aquaticus* L. mit var. *aequalis* Thoms. (*frigidus* Bed.), var. *frigidus* Graëll., var. *Milleri* Kuw. u. var. *syriacus* Kuw., — *H.* (*Atractelophorus* Kuw.) mit 9 Arten (p. 157): *H. brevitarsis* Kuw. (*Deubelii* Krauss), *H. glacialis* Vill. mit var. *insularis* Reich., *H. confrater* Kuw. mit var. *Knothyi* Gglb., *H. brevipalpis* Bed. (*granularis* Thms., *griseus* Rey) mit var. *montenegrinus* Kuw., — *H.* (s. str.) mit 15 Arten (p. 157, 158): *H. fulgidicollis* Mot. (*asturiensis* Kuw.), *H. griseus* Hrbst. (*elongatus* Kuw.), *H. viridicollis* Steph. (*aquaticus* Er.) *aeneipennis* Thoms., *planicollis* Thoms., *Seidlitzii* Kuw., *balticus* Kuw.), *H. dorsalis* Marsh. (*Mulsanti* Rye) mit var. *emaciatus* Kuw., *H. Zoppae* Gglb. mit var. *Pinkeri* n. var. (p. 171) Oestreich, *H. crenatus* Rey (*asperatus* Rey, *umbilicicollis* Kuw.), *H. quadrisignatus* Bach (*Demoulinii* Math., *dorsalis* Crot.), *H. croaticus* Kuw. (*moscoviticus* Sem.), *H. fallax* Kuw. (*pumilio* Muls.), *H. pumilio* Er. mit var. *Redtenbacheri* Kuw., *H. nanus* Strm. mit var. *pallidulus* Thoms.

II. Subfam. *Hydraeninae* (p. 152, 175).

1. Trib. *Hydrochoini* (p. 176).

Hydrochous Leach mit 6 Arten (p. 177): *H. elongatus* Schall. mit var. *sibiricus* Mot., *H. grandicollis* Kiesw. (*impressus* Rey), *H. angustatus* Germ. mit var. *foveostriatus* Fairm., var. *bicolor* Rey (*fossula* Rey) u. var. *flavipennis* Küst. (*testaceipennis* Kuw.)

2. Trib. *Hydraenini* (p. 176, 180).

Ochthebius Leach (*Henicocerus* Steph.) mit 5 Arten (p. 183), — *O.* (*Aulacochthebius* Kuw.) mit 2 Arten (p. 184), — *O.* (*Asiobates* Thms.) mit 6 Arten (p. 184): *O. montanus* Friv. (*opacus* Baud., *Barnevillei* Rey, — *O.* (*Homalochthebius* Kuw.) mit 2 Arten (p. 184): *H. impressus* Marsh. (*minimus* Fbr., *pygmaeus* Payk., *riparius* Jll.) mit var. *lutescens* Kuw. u. var. *Eppelsheimii* Kuw., *O. aeneus* Steph. (*fallax* Rey), — *O.* (*Bothochius* Rey) mit 2 Arten (p. 184): *O. nobilis* Vill. (*hybernicus* Strm., *fluviatilis* Guill.), — *O.* (*Hymenodes* Muls.) mit 6 Arten (p. 184): *O. nanus* Steph. (*difficilis* Kuw.), *O. difficilis* Muls. (*aeratus* Kuw., *O. metallescens* Roch. (*puberulus* Reitt., *fuscipalpis* Rey),

O. foveolatus Germ. mit var. *pedicularis* Kuw., — *O.* (s. str.) mit 6 Arten
(p. 184, 185): *O. marinus* Payk. mit var. *pallidipennis* Cast. u. var. *deletus*
Rey, *O. evanescens* Sahlb. (*alutaceus* Reitt.), — *O.* (*Cobalius* Rey) mit 3 Arten
(p. 183—184), — *O.* (*Calobius* Woll.) mit 2 Arten (p. 184).

Hydraena Kug. (*Photydraena* Kuw.) mit 2 Arten (p. 199), — *H.* (*Holcohydraena*
Kuw.) mit 1 Art (p. 199), *H.* (s. str.) mit 14 Arten (p. 199): *H. riparia* Kug.
mit var. *sternalis* Rey, *H. nigrita* Germ. mit var. *subimpressa* Rey (*Kiesen-
wetteri* Kuw.), *H. regularis* Rey (*croatica* Kuw.), *H. angustata* Strm. (*intermedia* Roch., *subdepressa* Rey), — *H.* (*Haenydra* Rey) mit 15 Arten (p. 200):
H. gracilis Germ. mit var. *excisa* Ksw., var. *subintegra* Gglb., var. *elongata*
Curt. u. var. *emarginata* Rey, *H. italica* Gglb. mit var. *discreta* n. nom.
(p. 209) für *monticola* Gglb. nec Rey, *H. pulchella* Germ. (*perparvula* Kuw.),
— *H.* (*Hadrenya* Kuw.) mit 2 Arten (p. 200) *atricapilla* Wat. (*minutissima*
Wat., *flavipes* Strm., *pulchella* Heer), *H. pygmaea* Wat. (*Sieboldii* Rosh.,
lata Kiesw.).

III. Subfam. *Spercheinae* (p. 153, 215).

Spercheus Kug. mit 1 Art.

IV. Subfam. *Hydrophilinae* (p. 153, 220).

1. Trib. *Berosini* (p. 220).

Berosus Leach (*Enoplurus* Hop.) mit 2 Arten (p. 223): *B. spinosus* Stev.
(*Schusteri* Kuw.), *B. guttalis* Rey (*spinosus* Kuw.), — *B.* (s. str.) mit
3 Arten (p. 223): *B. signaticollis* Charp. mit var. *dispar* Reich. et Saulc.,
B. luridus L. (*lapponus* Sahlb. *B. affinis* Brull. (*suturalis* Kuw.).

2. Trib. *Hydrophilini* (p. 220, 226).

Hydrous Dahl mit 3 Arten (p. 231): *H. aterrimus* Ent. (*africanus* Kuw.)
Hydrophilus Deg. mit 2 Arten.

3. Trib. *Hydrobiini* (p. 220, 235—236).

Limnoxenus Rey mit 1 Art (p. 235, 236).
Hydrobius Leach mit 2 Arten (p. 236, 238): *H. fuscipes* L. mit var. *subrotundatus*
Steph. (*picicrus* Thms.) u. var. *Rottenbergii* Gerh.

Anacaena Thms. mit 3 Arten (p. 239): *A. globulus* Payk. (*limbata* Fairm.), *A.
limbata* Fbr. (*globulus* Seidl., *ambigua* Rey) mit var. *ochracea* Steph. (*imma-
tura* Ab., var. *nitida* Heer (*limbata* Er., *ovata* Reich., *carinata* Thms., *variabilis* Sh.), *A. bipustulata* Marsh. (*similis* Cast., *Kiesenwetteri* Reitt.).

Paracymus Thms. mit 3 Arten (p. 241: *P. aeneus* Germ. (*punctulatus* Strm.,
salinus Bielz), *P. scutellaris* Rosh. (*nigroaeneus* Sahlb.).

Crenitis Bed. mit 1 Art.

Philydrus Sol. (*Enochrus* Thms.) mit 1 Art (p. 243): *Ph. melanocephalus* Ol. mit
var. *italus* Kuw., — *Ph.* (*Methydrus* Rey) mit 2 Arten (p. 244): *Ph. coarctatus* Gredl. (*suturalis* Sh.), — *Ph.* (s. str.) mit 6 Arten (p. 244): *Ph. fuscipennis* Thms. (*berolinensis* Kuw., *melanocephalus* varr. Kuw.), *Ph. quadripunctatus* Hrbst. (*melanocephalus* Fbr., *minutus* Payk.), *Ph. bicolor* Fbr.
(*ferrugineus* Küst., *maritimus* Thms., *sternospina* Kuw., *Sahlbergii* Kuw.,

Levanderi Sahlb., *mediterraneus* Sahlb.) mit var. *halophilus* Bed. (*salinus* Kuw.), *Ph. testaceus* Fbr. mit var. *lineatus* Kuw.

Helochares Muls. (*Crepidelochares* Kuw.) mit 1 Art (p. 248), — *H.* (s. str.) mit 2 Arten (p. 248): *H. lividus* Forst. (*Ludovici* Schf.), *H. griseus* Fbr. (*subcompressus* Rey, *punctulatus* Rey).

Cymbiodyta Bed. mit 1 Art p. 250.

Laccobius Er. (*Compsolaccobius* n. subg. p. 251) für *L. decorus* Gglb., *L.* (*Ortholaccobius* n. subg. (p. 251) für *L. Pommayi* Bed., — *L.* (s. str.) mit 10 Arten (p. 251): *L. minutus* L. var. *nanulus* Rottb., *L. biguttatus* Gerh. (*bipunctatus* Bed.), *L. bipunctatus* Fbr. (*albipes* Kuw.), *L. nigriceps* Thms. (*striatulus* Fbr., *sinuatus* Kuw.) mit var. *maculiceps* Rottb. (*signiceps* Kuw.), *L. sinuatus* Mot. (*obscuratus* Rey), *L. scutellaris* Mot. (*nigriceps* var. Rottb., *obscurus* Gerh., *regularis* Rey) mit var. *laevis* Gerh., *L. alutaceus* Thms. (*biguttatus* Kuw.) mit var. *graecus* Rottb., *L. gracilis* Mot. (*viridiceps* Rottb., *intermittens* Kiesw., *subtilis* Ksw.) mit var. *sardeus* Baud. (*thermarius* Tourn., *Sellae* Sh.), *L. alternus* Mot. mit var. *nigritus* Rottb. (*sardeus* Rey), *L. pallidus* Muls. mit var. *debilis* Rottb. u. var. *femoralis* Rey.

4. Trib. *Chaetarthriini* (p. 220, 255).

Chaetarthria Steph. mit 1 Art.

5. Trib. *Limnebiini* (p. 220, 257).

Limnebius Leach (s. str.) mit 12 Arten (p. 259—260): *L. Paganettii* n. sp. (p. 259, 261) Dalmatien, *L. crinifer* Rey (*barbifer* Kuw., *nitidus* Kuw.), *L. stagnalis* Guill. (*nitidus* Gerh.), *L. furcatus* Baudi (*nitidus* Muls., *similis* Baudi, *fallax* Kuw.), *L. nitidus* Marsh. (*sericans* Muls., *Fussii* Gerh., *dissimilis* Kuw.), *L. aluta* Bed. (*picinus* Gerh., *atomus* Gerh.), — *L.* (*Bolimnius* Rey) mit 2 Arten (p. 259): *L. picinus* Marsh. (*sericans* Gerh.).

V. Subfam. *Sphaeridiinae* (p. 153, 265).

Dactylosternum Woll. mit 1 Art.

Cyclonotum Er. mit 2 Arten.

Sphaeridium Fbr. mit 2 Arten.

Cercyon Leach (*Ercycon* Rey) mit 1 Art (p. 274), — *C.* (*Paraliocercyon* n. subg. p. 274) mit 2 Arten (p. 276): *C. depressus* Steph. u. *C. arenarius* Rey, — *C.* (*Dicyrtocercyon* n. subg. p. 274) mit 1 Art: *C. ustulatus* Preyssl., — *C.* (s. str.) mit 16 Arten (p. 274—275): *C. haemorrhoidalis* Fbr. mit var. *erythropterus* Muls., *C. melanocephalus* L. (*ovillum* Mot.) mit var. *rubripennis* Kuw., *C. bifenestratus* Küst. (*palustris* Thoms.), *C. quisquilius* L. mit var. *Mulsantii* n. nom. (p. 280[1]) für *scutellaris* Muls. nec Steph., — *C.* (*Paracercyon* Seidl.) mit 1 Art (p. 274).

Pelosoma Muls. mit 1 Art. — *Megasternum* Muls. mit 1 Art. — *Cryptopleurum* Muls. mit 2 Arten.

————   •

[1]) Diese Namensänderung ist nicht nothwendig, da *C. scutellaris* Steph. als Synonym von *C. terminatus* March. eingeht.

Einzelbeschreibungen.

Anacaena, Asiobates, Atractelophorus, Aulacochthebius siehe **Ganglbauer** pag. 165, 164.

Berosus, Bolimnius, Bothochius siehe **Ganglbauer** pag. 165, 166, 164.

Calobius, Cercyon, Chaetarthria, Cobalius, Compsolaccobius, Crepidelochares, Crenitis, Cryptopleurum, Cyclonotum, Cymbiodyta, Cyphelophorus siehe **Ganglbauer** pag. 165, 166, 163.

Dactylosternum, Dicyrtocercyon siehe **Ganglbauer** pag. 166.

Empleurus, Enochrus, Enoplurus, Ercycon siehe **Ganglbauer** pag. 164, 165, 166.

Hadrenya, Haenydra, Helochares, Helophorus, Henicocerus, Holcohydraena, Homalochthebius siehe **Ganglbauer** pag. 165, 166, 164.

Hydraena sternalis Rey = *riparia* var. nach **Deville** (Ab. XXX. p. 187), *H. regularis* Rey u. *bicuspidata* Ganglb. sind gute Arten u. in Frankreich vertreten. — *H. decolor* Dev. italienisch von **Porta** (Riv. Col. ital. II p. 57). — *H. italica* Ganglb. (fig. 4) aberr. ♂ *prolongata* n. ab. **Fiori** (Riv. Col. Ital. II p. 250), var. ♀ *Portae* n. var., var. *Ganglbaueri* n. var. (p. 251), *H. gracilis* Grm. (fig. 5) var. *samnitica* n. var. (p. 252). — Siehe auch **Ganglbauer** pag. 165.

Hydrobius, Hydrochus, Hydrophilus, Hydrous, Hymenodes siehe **Ganglbauer** pag. 165, 164.

Laccobius siehe **Ganglbauer** pag. 166.

Limnebius Paganettii Ganglb. italienische Uebersetzung von **Porta** (Riv. Col. ital. II p. 182). — Siehe auch **Ganglbauer** pag. 166.

Limnoxenus siehe **Ganglbauer** pag. 165.

Megalelophorus, Megasternum, Methydrus, Ochthebius, Ortholaccobius siehe **Ganglbauer** pag. 164, 166, 165.

Paracercyon, Paracymus, Paraliocercyon, Pelosoma, Photydraena siehe **Ganglbauer** pag. 166, 165.

Philhydrus Morenae Heyd. 1870 (*Hydrobius*) neu abgedruckt durch **Fuente** (Bol. Esp. IV p. 383). — Siehe auch **Ganglbauer** pag. 165.

Spercheus, Sphaeridium siehe **Ganglbauer** pag. 165, 166.

Thomosis n. gen. **Broun** (Ann. Mag. nat. Hist. XIV p. 273), *Th. guanicola* n. sp. (p. 274) Freundschaftsinsel.

Trichelophorus siehe **Ganglbauer** pag. 164.

Fam. Parnidae.

(0 n. gen., 3 n. sp.)

Bourgeois 4, Ganglbauer 1, Porta 2.

Biologie.

Ganglbauer (1) beschrieb die Larven im Allgemeinen (p. 97—98), die von *Potamophilus* (p. 101), von *Parnus* (p. 103, *Dryops*), von *Helichus* (p. 107), von *Elmis* (p. 121), *Elmis Maugei* (fig. 4 p. 97), u. von *Macronychus* (p. 125).

Geographisches.

Bourgeois (4) führte 23 Arten aus den Vogesen auf (p. 81—90).

Systematik.

Umfassende Arbeiten.

Ganglbauer.

Die Käfer von Mitteleuropa. IV. 1. p. 95—126.
28. Fam. *Dryopidae.*

Nach allgemeiner Darlegung der Morphologie, Systematik und
Biologie (p. 95—99) wird die Familie in 2 Unterfamilien getheilt
(p. 99), von denen die erste in 2 Tribus zerfällt (p. 99). Mehrere
nomenclatorische Aenderungen sind zu verzeichnen.

Die behandelten Gattungen u. Arten.

I. Subfam. Dryopinae.

1. Trib. *Potamophilini.*

Potamophilus Germ. mit 1 Art.

2. Trib. *Dryopini* (p. 102).

Dryops Ol. (= *Parnus* Fbr.) mit 10 Arten (p.104): *Dr. viennensis* Heer (*obscurus*
Duft., *auriculatus* Kuw.), *Dr. auriculatus* Fourcr. (*prolifericornis* Fbr., *sericeus*
Sam., *impressus* Curt., *bicolor* Curt., *hirsutus* Seidl.), *Dr. rufipes* Kryn.
(*pilosellus* Er., *puberculus* Reich.), *Dr. Ernesti* Goz. (*auriculatus* Panz.,
Schneideri Reitt.), *Dr. algericus* Luc. (*striatellus* Fairm.) mit var. *hydro-
bates* Kiesw.

Helichus Er. (= *Dryops* Leach, *Pomatinus* Strm.) mit 1 Art.

II. Subfam. Helminthinae.

3. Trib. *Helminthini* (p.108—110).

Stenelmis Duf. mit 3 Arten (p.111): *St. puberula* Reitt. (*Apfelbeckii* Kuw.).
Limnius Müll. mit 3 Arten (p.113): *L. variabilis* Steph. (*rivularis* Rosh., *neuter*
Kuw.), *L. tuberculatus* Müll. (*subparallelus* Fairm., *interruptus* Fairm.), *L.
troglodytes* Gyll. (*brevis* Sh.).
Dypophilus Muls. mit 1 Art.
Esolus Muls. mit 4 Arten (p. 115): *E. angustatus* Müll. (*galloprovincialis* Ab.),
E. Solarii n. sp. (p.115, 116) Genua, *E. parallelepipedus* Müll. (*Czwalinae*
Kuw., *Dossowii* Kuw., *politus* Kuw., *Künowii* Kuw.), *E. pygmaeus* Müll.
(*subparallelus* Kuw.).
Latelmis Reitt. mit 5 Arten (p.117): *L. subopaca* n. sp. (p.117, 118) Oberitalien,
L. opaca Müll. (*rufiventris* Kuw., *lepidoptera* Kuw.).
Riolus Muls. mit 4 Arten (p.119): *R. cupreus* Müll. (*Erichsonis* Kuw.) mit var.
Steineri Kuw. (*Lentzii* Kuw.), *R. subviolaceus* Müll. (*Mulsantii* Kuw., *sodalis*
Kuw.), *R. nitens* Müll. mit var. *Seidlitzii* Kuw. u. var. *Sauteri* Kuw., *R.
sodalis* Er. (*meridionalis* Grouv.).
Helmis Latr. mit 3 Arten (p. 123): *H. Latreillei* Bed. (*Maugeti* Er.), *H. Maugei*
Latr. (*confusa* Cast., *similis* Flach) mit var. *Megerlei* Duft. (*Kirschii* Gerh.,

rioloides Kuw.), var. *aenea* Müll. (*Latreillei* Flach) u. var. *longicollis* Kuw.,
H. obscura Müll. (*caliginosa* Cast., *croatica* Kuw.).
Macronychus Müll. mit 1 Art.

Einzelbeschreibungen.

Dryops, Dypophilus, Elmis siehe Ganglbauer pag. 168.
Esolus Solarii Ganglb. italienische Uebersetzung von **Porta** (Riv. Col. ital. II
    p. 181). — Siehe auch Ganglbauer pag. 168.
Helichus, Helmis siehe Ganglbauer pag. 168.
Latelmis subopacus Ganglb. italienische Uebersetzung von **Porta** (loc. cit. p. 182).
    — Siehe auch Ganglbauer pag. 168.
Limnius, Macronychus, Potamophilus, Parnus, Pomatinus siehe Ganglbauer
    pag. 168 u. oben.
Riolus Apfelbeckii n. sp. **Ganglbauer** (Münch. Kol. Z. IV p. 354) Serbien. —
    Siehe auch Ganglbauer pag. 168.
Stenelmis siehe Ganglbauer pag. 168.

Fam. *Georyssidae.*

Bourgeois 4, Ganglbauer 1.

Geographisches.

Bourgeois (4) führte 3 Arten aus den Vogesen auf (p. 89—90).

Systematik.

Umfassende Arbeiten.

Ganglbauer.

Die Käfer von Mitteleuropa. IV. 1. p. 91—95.
37. Fam. *Georyssidae.*

Nach der allgemeinen Schilderung der morphologischen u.
systematischen Verhältnisse (p. 91—93) werden 5 Arten der einzigen
Gattung dichotomisch aus einander gesetzt und dann einzeln ausführlicher beschrieben, wobei eine Art als Synonym eingezogen wird.

Die behandelten Arten.

Georyssus Latr. mit 5 Arten (p. 93): *G. crenulatus* Rossi (*integrostriatus* Mot.,
    siculus Rey., *canaliculatus* Reich.)

Fam. *Heteroceridae.*

(0 n. gen., 2 n. sp.).

Bourgeois 4, Fuente 1, Ganglbauer 1, Grouvelle 1, Schaeffer 1.

Biologie.

Ganglbauer (1) schilderte die Larven der Familie im Allgemeinen (p. 129) und bildete die von *Heterocerus fenestratus* ab
(fig. 5 p. 129).

Geographisches.

Bourgeois (4) führte 7 Arten aus den Vogesen auf (p. 93—94).

Systematik.

Umfassende Arbeiten.

Ganglbauer.

Die Käfer von Mitteleuropa. IV. 1. p. 126—141.

39. Fam. *Heteroceridae.*

Nach eingehender Behandlung der allgemeinen Morphologie u. Biologie (p. 126—128), wurden 2 Gattungen dichotomisch unterschieden (p. 128), von denen die erste 20 Arten enthält.

Die behandelten Arten.

Heterocerus Fbr. (s. str.) mit 10 Arten (p. 131): *H. fossor* Ksw. (*Apfelbeckii* Kuw.), *H. flexuosus* Steph. (*archangelicus* Sahlb., *dentifasciatus* Kuw., *Damryi* Kuw.), *H. obsoletus* Curt. mit var. *quadrimaculatus* Hochh., *H. marginatus* Fbr. (*sulcatus* Kuw.), *H. holosericeus* Rosh. (*Ragusae* Kuw.) mit var. *pustulatus* Schlsk., *H. fusculus* Ksw. (*similis* Kuw., *pulchellus* Kuw., *oblongulus* Kuw.), *H. arragonicus* Kiesw. (*mendax* Kuw., *coxaepilus* Kuw.), — *H. (Littorimus* Goz.) mit 10 Arten (p. 131): *H. intermedius* Ksw. (*maritimus* Mot.), *H. maritimus* Guer. (*burchanensis* Schn.), *H. marmota* Ksw. (*funebris* Schf.), *H. sericaus* Ksw. (*minutus* Ksw.).
Micilus Muls. (= *Micromicilus* Sahlb.) mit 1 Art.

Einzelbeschreibungen.

Heterocerus (Littorimus) conjungens n. sp. **Grouvelle** (Miss. Pavie III p. 83) Siam. — *H. senescens* Kiesw. 1865 neu abgedruckt durch **Fuente** (Bol. Esp. IV p. 383). — Siehe auch **Ganglbauer** oben.

Littorimus siehe *Heterocerus* u. **Ganglbauer** oben.

Micilus, Micromicilus siehe **Ganglbauer** oben.

Throscinus Schwarzii n. sp. **Schaeffer** (J. N. York ent. Soc. XII p. 204) Texas.

Fam. *Staphylinidae.*

(26 n. gen., 358 n. spp.).

Bernhauer 1, 2, **Breit** 1, **Broun** 1, **Brues** 1, 2, **Cameron** 1, **Casey** 1, **Deville** 3, **Fauvel** 1—5, 7—11, **Fiori** 2, **Ganglbauer** 2, 3, 4, **Gerhard** (2, 6), **Joy** 2, 4, 5, **Klima** 1, **Lea** 2, **Luze** 1, 2, **Newbery** 4, **Penecke** 1, 3, **Péringuey** 2, **Poppius** 2, 4, 5, **Porta** 1, 2, **Schatzmayr** 1, **Ssemënow** 18, **Strand** 2, **Vorbringer** 1, **Wasmann** 1, 2, **Xambeu** 3a, 3b, **Zodda** 1, **Bedwell** 1, **Bourgeois** 4, **Champion** 7a, 8, **Donisthorpe** 4, **Fowler** 1, **Ott** 1, **Roubal** 1, **Tomlin** 1.

Morphologie.

Roubal (1) berichtete über eine Missbildung bei *Omalium*.
Ott (1) berichtete über verkümmerte Flügel bei *Ocypus similis* Fbr.

Biologie.

Bourgeois (4) gab eine biologische Notiz über die Larve von *Oligota flavicornis* Lac. (p. 123).

Wasmann (1) behandelte die Biologie der *Doryliden*-Gäste im Allgemeinen (p. 611—616) und im Speciellen die von *Dorylomimus Kohlii* (p. 660), *Aenictonia Kohlii* u. *anommatophila* (p. 665), *Sympolemon, Anommatis, Doryloxenus eques* (p. 667) u. *Pygostenus pusillus* (p. 668), und (5) berichtete, dass *Belonuchus mordens* ein regelmässiger Gast von *Melipona*-Arten ist.

Fauvel (8) berichtete über 18 Myrmecophilen aus Brasilien (p. 276—277), von denen 8 neue beschrieben werden,

Brues (2) besprach *Ecitonidia* in ihrem Verhältnisse zu *Eciton*.

Xambeu (3a) beschrieb die Larve von *Bolitobius exoletus* Er. (p. 114), von *Ocypus cyaneus* Payk. (p. 13) u. von *O. ater* Grav. (p. 46), das Ei von *O. picipennis* Fbr. (p. 113) u. von *O. cyaneus* Payk. (p. 147), die Larve von *Quedius cruentus* Ol. (p. 50), — (3b) die Larve und die Puppe von *Leptochirus convexus* Fairm. (p. 76) aus Madagascar.

Geographisches.

Bedwell (1) berichtet über das Vorkommen von *Quedius longicornis* Kr., **Donisthorpe** (4) von *Omalium septentrionis*, **Fowler** (1) von *Callicerus rigidicornis* Grav. u. **Tomlin** (1) von *Oxypoda misella* Er. in England.

B urge i (4) führte 638 Arten aus den Vogesen auf (p. 94 —183)o o s

Strand (2) fand *Tachyporus formosus* Matth. in Norwegen.

Deville (3) berichtete über das Vorkommen von *Planeustomu elegantulus* Kr. in Frankreich.

Vorbringer (1) fand *Stenus flavipalpis* Thms. u. *excubitor* Er. (p. 43), *Kolbei* Gerh. (?) u. *paganus* Er. (p. 454), *Lathrobium fovulum* Steph. (p. 454), *Quedius boops* var. *fallaciosus* Kr. (p. 44), *Qu. maurus* Sahlb., *Mycetoporus Bruckii* Pand., *Myrmedonia Haworthii* Steph. (p. 454), *Homalota clancula* Er. u. *fallax* Kr. (p. 44), *corvina* Thoms. u. *myrmecobia* Kr. (p. 454), *Oxypoda obscura* Kr., *exigua* Er. u. *advena* Mäkl. (p. 454), *planipennis* Thms. u. *Skalitzkyi* Bernh. (p. 44), *Liogluta brunnea* Fbr., *rufotestacea* Kr. u. *microstera* Thms. *Placusa atrata* Sahlb. (p. 44) in Ostpreussen.

Gerhardt (2 u. 6) berichtete über *Homalota clavigera* Scr. aus Schlesien.

Poppius (2) berichtete über *Atheta procera* Kr. u. *allocera* Epp. aus Finnland.

Joy (2) berichtete über das Vorkommen von *Medon dilutus* Er., (5) von *Bledius femoralis* Gyll. u. mehreren anderen *Bledius*-Arten, u. (4) von *Orochares angustatus* Er. in England.

Champion (8) berichtete über das Vorkommen von *Bledius femoralis* Gyll. u. 4 anderen Arten in England, u. (7a) von *Ocyusa nigrata* Fairm. auf Malta.

Ganglbauer (4) führte mehrere Arten von der Insel Meleda auf, von denen 1 *Phyllodrepa* neu (p. 649—650).

Ssemënow (18) berichtete über das Vorkommen von *Olophrum boreale* Payk. auf der Insel Kolgujev.

Lea (2) führte 102 Arten aus Australien auf (p. 61—77).

Penecke (3) führte 78 in Steiermark aufgefundene *Stenus*-Arten auf.

Systematik.

Umfassende Arbeiten.

Fauvel.

Les Staphylinides du Thierwelt Deutsch-Ost-Africa.
Notes et Descriptions.
(Rev. d'Ent. 23 p. 284—294).

Eine Aufzählung von 68 Arten aus Deutsch-Ost-Afrika, von denen 14 als neu beschrieben werden, als Nachtrag zu Kolbe 1897 (1).

Die behandelten Arten.

Coenonica aethiopica n. sp. (p. 284) Usambara.

Aenictonia Raffrayi n. sp. (p. 285) Usambara.

Placusa simulans n. sp. (p. 286) Usambara.

Anisolinus Klb. i. l. = *Anisolinus* Sharp.

Belonuchus quadriceps n. sp. (p. 287) u. *B. holisinus* n. sp. (p. 288) Usambara.

Xantholinus (Nudobius) pictipennis n. sp. (p. 289) Usambara.

Stilicus quadrimaculatus n. sp. (p. 289) Usambara.

Paederus Usambarae n. sp. (p. 290) Usambara.

Osorius sparsior n. sp. (p. 291) Usambara.

Omalium (Phloeostiba) Usambarae n. sp. (p. 291 *Homalium*) Usambara.

Eleusis Conradtii n. sp. u. *K. Kolbei* n. sp. (p. 292) Usambara.

Lispinus Usambarae n. sp. u. *L. insignicollis* n. sp. (p. 293) Usambarae.

Klima.

Die paläarktischen Arten des Staphyliniden-Genus
Trogophloeus Mannh.
(Münch. Kol. Z. II p. 43—66).

Eine dichotomische Auseinandersetzung von 49, auf 6 Untergattungen vertheilten Arten des paläarctischen Faunengebietes, die nachher noch einzeln ansführlicher beschrieben sind. Vier Arten sind neu.

Die behandelten Arten.

Trogophloeus (Thinodromus) dilatatus Er., *Tr. hirticollis* Mnls., *Tr. Bernhaueri* n. sp. (p. 44, 50) Sibirien, — *Tr. (Carpalimus) distinctus* Fairm., *Tr. Mannerheimii* Kol., *Tr. corsicus* n. sp. (p. 45, 51) Corsica, *Tr. transversalis* Woll., *Tr. Bodemeyeri* Bernh. (*corcyreus* Sahlb.?), *Tr. Kiesenwetteri* Hochh., *Tr. arcuatus* Steph., *Tr. pilosellus* Epp., *Tr. dilaticollis* Epp., *Tr. armicollis* Fauv., — *Tr.* (i. sp.) *opacus* Baud., *Tr. Klimae* Bern., *Tr. bilineatus* Steph., *Tr. Augustae* Bernh., *Tr. rivularis* Mot. (*corticinus* Gyll, *obscurus* Steph., *bilineatus* Er., *Erichsonis* Sharp, *metuens* Muls., *subaequus* Muls.), — *Tr. (Boopinus* u. subg. p. 46) *memnonius* Er., *Tr. anthracinus* Muls., *Tr. Reitteri* n. sp. (p. 46, 57) Korfu, *Tr. nigrita* Woll. (*insularis* Kr., *bilineatus* Woll., *oculatus* Woll.), *Tr. politus* Kuw., *Tr. fuliginosus* Grav., *Tr. tener* Bernh., — *Tr. (Taenosoma* Mannh.) *elongatulus* Er. (*brevipennis* Hochh.), *Tr. impressus* Boisd. (*inquilinus* Er., *affinis* Heer., *incrassatus* Ksw., *obsoletus* Muls.), *Tr. costicinus* Grav. (*minimus* Rund., *atratus* Steph., *nanus* Woll., *exiguus* Woll., *fulvipennis* Fauv.), *Tr. Ganglbaueri* Bernh., *Tr. nitidus* Baud., *Tr. punctatellus* Er., *Tr. Heydenii* n. sp. (p. 47, 59) Caucasus, *Tr. foveolatus* Sahlb., *Tr. siculus* Muls., *Tr. Zellichii* Bernh., *Tr. troglodytes* Er., *Tr. punctipennis* Kiesw., *Tr. rufipennis* Epp., *Tr. halophilus* Kiesw., *Tr. alutaceus* Fauv., *Tr. apicalis* Epp., *Tr. niloticus* Er., *Tr. pusillus* Grov., *Tr. parvulus* Muls., *Tr. gracilis* Mannh., *Tr. subtilis* Er., — *Tr. (Troginus) despectus* Baud., *Tr. exiguus* Er., *Tr. Schneideri* Gangl.

Newbery.

Ocyusa nigrata, Fairm., a species of *Coleoptera* new to Britain, with remarks on the other British species of *Ocyusa*.
(Ent. Mont. Mag. 40. p 251—253).

Eine dichotomische Auseinandersetzung der 4 englischen Arten und ausführlichere Beschreibung von *O. nigrata* Fairm.

Die behandelten Arten.

Ocyusa nigrata Fairm., *O. picina* Aub., *O. maura* Er., *O. hibernica* Rye.

Porta.

Revisione degli Stafilinidi italiani. I. Part. *Stenini*.
(Riv. Col. ital. II p. 1—16, 21—36).

Eine dichotomische Auseinandersetzung der italienischen 2 Gattungen (p. 4), 6 Untergattungen (p. 4—5) u. 93 Arten (p. 6—16, 21—26), gefolgt von kurzen Beschreibungen von 92 Arten u. 2 Varietäten mit ausführlichen Citaten der Synonymie.

Die behandelten Arten.

Dianous coerulescens Gyll.

Stenus biguttatus L., *St. longipes* Heer, *St. bipunctatus* Er., *St. guttula* Müll. *St. laxigatus* Muls., *St. stigmula* Er., *St. bimaculatus* Gyll., *St. gracilipes*

Kr., *St. asphaltinus* Er., *St. Guynemeri* Duv., *St. fossulatus* Er., *St. aterrimus*
Er., *St. alpicola* Fauv., *St. Juno* Fbr., *St. longitarsis* Thms., *St. intricatus*
Er., *St. clavicornis* Scop. (*buphthalmus* Schr., *boops* Gyll.), *St. scrutator* Er.,
St. proditor Er. (*ripaecola* Sahlb.), *St. sylvester* Er., *St. providus* Er. mit var
Rogeri Kr., *St. lustrator* Er., — *St.* (*Nestus*) *incanus* Er., *St. mendicus* Er.,
St. strigosus Fauv., *St. nanus* Steph. (*circularis* Grav., *declaratus* Er.,
pumilio Baud.), *St. humilis* Er., *St. carbonarius* Gyll., *St. pumilio* Er., *St.*
circularis Grav., *St. pusillus* Steph., *St. ruralis* Er., *St. melanopus* Mash.,
St. buphthalmus Grav., *St. umbrinus* Baud., *St. melanarius* Steph. (*cinerascens*
Er.), *St. incrassatus* Er., *St. atratulus* Er., *St. niteus* Steph. (*aemulus* Er.),
St. canaliculatus Gyll., *St. piscator* Saulc., *St. morio* Grav., *St. vafellus* Er.
St. cautus Er., *St. argus* Grav., *St. fuscipes* Grov., — *St.* (*Hemistenus*)
canescens Roch., *St. pubescens* Steph., *St. salinus* Bris., *St. binotatus* Ljung.,
St. pallitarsis Steph., *St. bifoveolatus* Gyll., *St. foveicollis* Kr., *St. picipes*
Steph. (*rusticus* Er.), *St. picipennis* Er., *St. languidus* Er., *St. nitidiusculus*
Steph. (*tempestivus* Er.), *St. flavipes* Steph. (*filum* Er.), — *St.* (*Mesostenus*)
pallipes Grav., *St. cordatus* Grav., *St. glacialis* Heer, *St. hospes* Er., *St.*
cribratus Kiesw., *St. subaeneus* Er., *St. elegans* Rosh., *St. ossium* Steph.,
St. sparsus Fauv., *St. fuscicornis* Er., *St. flavipalpis* Thoms., *St. scaber*
Fauv., *St. geniculatus* Grav., *St. aceris* Steph. (*aerosus* Er.), *St. palustris*
Er., *St. Lichtensteinii* Bernh., *St. impressus* Germ., *St. Erichsonis* Rye
(*flavipes* Er.), *St. coarcticollis* Epp., *St. montivagus* Heer, — *St.* (*Tesnus*)
eumerus Kiesw., *St. opticus* Grav., *St. formicetorum* Mannh., *St. crassus*
Steph. (*nigritulus* Er.), *St. nigritulus* Gyll. mit var. *lepidus* Weis., *St.*
brunnipes Steph., — *St.* (*Hypostenus*) *Kiesenwetteri* Rosh.[1]), *similis* Hrbst.,
St. tarsalis Ljung., *St. fulvicornis* Steph. (*paganus* Er.), *St. latifrons* Er.,
St. solutus Er., *St. cicindeloides* Schall., *St. fornicatus* Steph. (*contractus* Er.).

Einzelbeschreibungen.

Aenictonia anommatophila n. sp. **Wasmann** (Zool. Jahrb. Suppl. VII p. 637
tab. 32 fig. 9) u. *Ae. Kohlii* n. sp. (p. 637) Congo, *Ae. cornigera* Wasm.
(tab. 32 fig. 10). — Siehe auch F a u v e l pg. 172.

Agerodes Germainii n. sp. **Bernhauer** (Stett. ent. Z. 65 p. 295), *A. pulcher* n. sp.
(p. 225), *A. semiviolaceus* n. sp. (p. 226), *A. capitalis* n. sp. (p. 227), *A. denticulatus* n. sp. (p. 228), *A. frater* u. sp. u. (*A. quadriceps* n. sp. (p. 229) Süd-
Amerika.

Aleochara Andrewesii n. sp. **Fauvel** (Rev. d'Ent. 23 p. 66) u. *A. viatica* n. sp.
(p. 67) Indien. — *A.* (*Heterochara*) *Glasunowii* u. sp. **Luze** (Hor. ross. 32
p. 113) Central-Asien. — *A. parvicollis* n. sp. **Bernhauer** (Stett. ent. Z. 65
p. 240) Peru.

Alianta phloeoporina n. sp. **Fauvel** (Rev. d'Ent. 23 p. 72) Sinai.

Aloconota siehe *Atheta*.

Ancaeus cordicollis n. sp. **Fauvel** (Rev. d'Ent. 23. p. 296) Madagascar. — Siehe
auch *Parasorius*.

Anisolinus siehe F a u v e l pag. 0ₒ0.

---

[1]) Nur in der Tabelle.

Anisopsis n. gen. *flexuosa* n. sp. **Fauvel** (Rev. d'Ent. 23. p. 108) Zambesi, *A. carinata* n. sp. (p. 109) Zanzibar.

Anommatophilus n. gen. **Wasmann** (Zool. Jahrb. Suppl. VII p. 642), *A. Kohlii* n. sp. (p. 643 tab. 33 fig. 13), *A. minor* n. sp. u. *A. tenellus* n. sp. (p. 643) Congo.

Anommatoxenus n. gen. **Wasmann** (Zool. Jahrb. Suppl. VII 1904 p. 656), *A. clypeatus* n. sp. (p. 656 tab. 33 fig. 16) Congo.

Anthobium Sikkimi n. sp. **Fauvel** (Rev. d'Ent. 23. p. 88) Sikkim.

Apatetica semiviolacea n. sp. **Fauvel** (Rev. d'Ent. 23. p. 85) Java, *A. rotundicollis* n. sp. (p. 85) Ostindien, *A. sparsicollis* n. sp. (p. 86) Lombock, *A. laevicollis* n. sp. (p. 86) Tongking.

Astenus melanurus Küst. var. *subnotatus* n. var. **Fauvel** (Rev. d'Ent. 23. p. 51) Java.

Astilbus incola n. sp. **Fauvel** (Rev. d'Ent. 23. p. 63) Hindostan. — *A. Akininii* Epp. (*Drusilla*) beschrieb ausführlicher **Luze** (Hor. ross. 37. p. 111).

Atemeles pratensoides n. sp. **Wasmann** (Deut. ent. Z. 1904 p. 10) Luxemburg.

Atheta (Dimotrota) procera Kr. beschrieb **Poppius** (Medd. Soc. Faun. Flor. fenn. 30. p. 85) u. *A. allocera* Epp. (p. 86) aus Finnland. — *A. nilgiriensis* n. sp. **Fauvel** (Rev. d'Ent. 23. p. 62) Hindostan, *A. (Hydrosmecta) Orientis* n. sp. (p. 71) Sinai. — *A. (Aloconota) frontalis* n. sp. **Luze** (Hor. ross. 37. p. 108) Central-Asien. — *A. pubicollis* n. sp. **Bernhauer** (Stett. ent. Z. 65. p. 238), *A. Dohrnii* n. sp. (p. 239) Ecuador. — *A. Bertolinii* n. sp. **Porta** (Riv. Col. ital. II p. 130) Italien.

Belonuchus mordens Er. von **Wasmann** photographiert (Rev. Mus. Paul. VI. tab. XVII fig 1). — Siehe auch **Fauvel** pag. 172.

Bledius bellicosus n. sp. **Fauvel** (Rev. d'Ent. 23. p. 111) Sumatra, *Bl. conicicollis* n. sp. (p. 111) Tongking, *Bl. arenicola* n. sp. (p. 112) Malabar, *Bl. Helferi* n. sp. (p. 112) Birma, *Bl. distans* n. sp. (p. 304), *Bl. Perrieri* n. sp. u. *Bl. lugubris* n. sp. (p. 305) Madagascar. — *Bledius Glasunowii* n. sp. **Luze** (Hor. ross. 37. p. 87) Central-Asien.

Bolbophites n. gen. **Fauvel** (Rev. d'Ent. 23. p. 278), *B. pustulosus* n. sp. (p. 279 tab. I fig. 2) u. *B. asperriceps* n. sp. (p. 279) Brasilien.

Bolitochara semiaspera n. sp. **Fauvel** (Rev. d'Ent. 23. p. 65) Hindostan.

Bombylius siehe *Bombylodes.*

Bombylodes n. nom. **Fauvel** (Rev. d'Ent. 23. p. 43) für *Bombylius* Fauv. 1902 nec Linné.

Boopinus siehe **Klima** pag. 173, *Trogophloeus.*

Bryoporus gracilis Luz. italienische Uebersetzung von **Porta** (Riv. Col. ital. II. p. 184).

Bryothinusa n. gen. **Casey** (Canad. Ent. XXXVI p. 312), *Br. Catalinae* n. sp. (p. 313) Californien.

Carpalimus siehe **Klima** pag. 173 u. *Trogophloeus.*

Coenonica siehe **Fauvel** pag. 172.

Coprophilus alticola n. sp. **Fauvel** (Rev. d'Ent. 23. p. 93) Himalaya. — *C. (Zonoptilus) Reitteri* n. sp. **Luze** (Münch. Kol. Z. II p. 69) Central - Asien. — *C. bimaculatus* n. sp. **Luze** (Hor. ross. 37. p. 79) mit var. *obscurus* n. var. (p. 80) Central-Asien, *C. striatipennis* Epp. von *pennifer* Mot. gut unterschieden (p. 80).

Coryphium Gredleri Kr. var. *dilutipes* n. var. **Ganglbauer** (Münch. Kol. Z. II p. 197) Judicarien.

Crymus n. gen. **Fauvel** (Rev. d'Ent. 23. p. 92), *Cr. antarcticus* n. sp. (p. 93) Neu-Georgien.

Cryptobium extraneum n. sp. **Fauvel** (Rev. d'Ent. 23. p. 55) Bengalen. — *Cr. myrmecocephalum* n. sp. **Lea** (Pr. Linn. Soc. N. S. Wales 29. p. 71 tab. IV fig. 3) Australien, *Cr. Mastersii* Marl. ♂ (p. 73)

Delopsis microphthalma n. sp. **Fauvel** (Rev. d'Ent. 23. p. 95) Java.

Demera Kohlii n. sp. u. *D. nitida* n. sp. **Wasmann** (Zool. Jahrb. Suppl. VII Fest. Weismann 1904 p. 630) Congo.

Diaonous siehe *Porta* pag. 173.

Dicax ventralis n. sp. **Lea** (Pr. Linn. Soc. N. S. Wales 29. p. 73 tab. IV fig. 12) u. *D. ruficollis* n. sp. (p. 74) mit var. *nigriventris* n. sp. (p. 75) Australien.

Diglossa Peyerimhoffii n. sp. **Fauvel** (Rev. d'Ent. 23. p. 73) u. *D. Cameronis* n. sp. (p. 74) Arabien. — *D. testacea* n. sp. **Cameron** (Ent. month. Mag. 40. p. 157), *D. subtilissima* n. sp. (p. 157) Perim.

Dimotrota siehe *Atheta*.

Discoxenus n. gen. **Wasmann** (Zool. Jahrb. Suppl. VII p. 655), *D. Lepisma* n. sp. (p. 656) Kendal, *D. Assmuthii* n. sp. (p. 656) Bombay.

Dorylocerus n. gen. **Wasmann** (Zool. Jahrb. Suppl. VII p. 627), *D. fossulatus* n. sp. (p. 628) Congo.

Dorylogaster n. gen. **Wasmann** (Zool. Jahrb. Suppl. VII p. 625), *D. longipes* n. sp. (p. 626 tab. 31 fig. 4) Congo, bei *Anomma*.

Dorylomimus n. gen. **Wasmann** (Zool. Jahrb. Suppl. VII p. 620), *D. Kohlii* n. sp. (p. 622 tab. 31 fig. 3—3e) Congo.

Dorylonia n. gen. *laticeps* n. sp. **Wasmann** (Zool. Jahrb. Suppl. VII p. 635 tab. 32 fig. 8) Congo.

Dorylonilla n. gen. *spinipennis* n. sp. **Wasmann** (Zool. Jahrb. Suppl. VII p. 631 tab. 31 fig. 6) Congo.

Dorylophila n. gen. **Wasmann** (Zool. Jahrb. Suppl. VII tab. 632), *D. rotundicollis* n. sp. (p. 633 tab. 32 fig. 7) Congo.

Dorylopora n. gen. **Wasmann** (Zool. Jahrb. Suppl. VII p. 628), *D. costata* n. sp. (p. 629 tab. 31 fig. 5) u. *D. Kohlii* n. sp. (p. 629) Congo.

Doryloxenus Wasm. *annulatus* n. sp. **Wasmann** (Zool. Jahrb. Suppl. VII Fest. Weismann 1904 p. 653), *D. cornutus* Wasm., *D. eques* n. sp. (p. 654 tab. 33 fig. 14), *D. Kohlii* n. sp. (p. 654 tab. 33 fig. 15), *D. Lujae* Wasm. u. *D. hirsutus* n. sp. (p. 654) Congo, *D. transfuga* n. sp. u. *termitophilus* n. sp. (p. 655) Bombay.

Dromeciton n. gen. **Fauvel** (Rev. d'Ent. 23 p. 282), *Dr. Wagneri* n. sp. (p. 283 tab. I fig. 4) Brasilien.

Dropephylla siehe *Phyllodrepa*.

Drusilla siehe *Astilbus*.

Eccoptoglossa n. gen. **Luze** (Hor. ross. 37. p. 105), *E. obscura* n. sp. (p. 106) Central-Asien.

Ecitogaster Schmalzii Wasm. bildete ab **Fauvel** (Rev. d'Ent. 23 tab. I fig. 5).

Ecitonides tuberculosus Wasm. bildete ab **Fauvel** (Rev. d'Ent. 23 tab. I fig. 1).

Ecitonidia besprach **Brues** (Psyche XI p. 21).

Ecitopora nitidiventris n. sp. **Brues** (Ent. News XV p. 250) Texas.

Ediquus siehe *Quedius*.

Eleusis rufiventris n. sp. **Fauvel** (Rev. d'Ent. 23. p. 81) u. *E. conifrons* n. sp.
(p. 82) Sumatra, *E. Warburgii* n. sp. (p. 82) Celebes, *E. discalis* n. sp. (p. 83)
Sumatra, *E. plagiata* (p. 83) u. *E. rotundiceps* n. sp. (p. 83) Sikkim, *E.
quadridens* n. sp. (p. 84) Perak, *E. lunigera* n sp. (p. 84) Java, *E. Perrieri*
n. sp., *E. apicalis* n. sp. (p. 298), *E. heterodera* n. sp., *E. boops* n. sp. (p. 299)
u. *E. hydrocephala* n. sp. (p. 300) Madagascar. — *E. spectabilis* n. sp., **Bernhauer** (Verh. Zool. bot. Ges. 54 p. 4), *E. propinqua* n. sp. (p. 5), *E. brachyptera* n. sp., *E. rectangulum* n. sp. (p. 6), *E. bicarinata* n. sp. (p. 7) u. *E.
bisulcata* n. sp. (p. 8) Madagascar, *E. mutica* n sp. (p. 9) Gabun. — *E. cephalotes* n. sp. **Bernhauer** (Stett. ent. Z. 65. p. 218) Mexico. — *E. australis*
Fauv. = *planicollis* Macl. nach **Lea** (Pr. Linn. Soc. N. S. Wales 29. p. 77).
— Siehe auch **Fauvel** pag. 172.

Erchomus aluticollis n. sp. **Fauvel** (Rev. d'Ent. 23. p. 295) Neu-Guinea.

Eulissus silvaticus n. sp. **Bernhauer** (Stett. ent. Z. 65. p. 230) Madagascar, *Eu.
purpuripennis* n. sp. (p. 231) China.

Eunonia n. gen. **Casey** (Canad. Ent. 36. p. 313), *Eu. Keeniana* n. sp. (p. 314)
Columbien.

Eupsorus n. gen. **Broun** (Ann. Mag. nat. Hist. XIV p. 45[1]), *Eu. costatus* n.
sp. (p. 46) New Seeland.

Falagria nilgiriensis n. sp. **Fauvel** (Rev. d'Ent. 23. p. 62) Hindostan.

Geodromicus punctulatus n. sp. **Luze** (Hor. ross. 37. p. 77) u. *G. ovalis* n. sp.
(p. 78) Central-Asien.

Geostiba aurogemmata n. sp. **Fauvel** (Rev. d'Ent. 23. p. 75) Algier. — Siehe
auch *Sipalia*.

Glyptomerus siehe *Lathrobium*.

Haplodenus speculiventris n. sp. **Fauvel** (Rev. d'Ent. 23. p. 97) Java.

Hemistenus siehe **Porta** pag. 174. — *Heterochara* siehe *Aleochara*.

Holosus parcestriatus n. sp. **Fauvel** (Rev. d'Ent. 23. p. 76) Java, *H. pennifer* n.
sp. (p. 76) Annam, *H. brevipennis* n. sp. (p. 77) Hongkong, *H. insularis* n.
sp. (p. 77) Java, *H. aberrans* n. sp. (p. 78) Ceylon. — *H. tenuicornis* n. sp.
Bernhauer (Verh. Zool. bot. Ges. 54. p. 13) Gabun, *H. plicatus* n. sp. (p. 14),
H. elegans n sp. u. *H. sumatrensis* n. sp. (p. 15) Sumatra. — *H. sinuatus*
n. sp. **Bernhauer** (Stett. ent. Z. 65. p. 217) Mentawei.

Holotrochus coriaceus n. sp. **Fauvel** (Rev. d'Ent. 23. p. 306), *H. nigrita* n. sp.,
H. nitescens n. sp. (p. 307), *H. marginicollis* n. sp., *H. specularis* n. sp. (p. 308)
u. *H. Fairmairei* n. sp. (p. 309) Madagascar.

Homalium siehe *Omalium*.

Homalota crenulata n. sp. **Fauvel** (Rev. d'Ent. 23. p. 65) Hindostan.

Hoplandria mirabilis n. sp. **Bernhauer** (Stett. ent. Z. 65. p. 237) Peru.

Hoplitodes n. gen. **Fauvel** (Rev. d'Ent. 23. p. 109), *H. Echidne* n. sp. (p. 110)
Natal.

Hydrosmecta siehe *Atheta*. — *Hypostenus* siehe **Porta** pag. 174.

Lathrobium sinaicum n. sp. **Fauvel** (Rev. d'Ent. 23. p. 71) Sinai. — *L. (Glyptomerus) Wingelmülleri* n. sp. **Breit** (Münch. Kol. Z. II p. 29) Adamello-Alpen.

Leistotrophus africanus n. sp. **Bernhauer** (Stett. ent. Z. 65 p. 236) Kamerun.

---

[1]) Die Zugehörigkeit zur Familie fraglich, Aehnlichkeit mit *Micropeplus*
vorhanden, aber auch Anklänge an die *Carabidae*.

Leptacinus apicipennis n. sp. **Bernhauer** (ibid. p. 234) St. Thomas.

Leptusa (Typhlopasilia) Pinkeri n. sp. **Ganglbauer** (Münch. Kol. Z. II p. 196) Judicarien.

Lesteva turkestanica n. sp. **Luze** (Hor. ross. 37. p. 76) Asien. — *Lesteva foveolata* Luz. italienisch von **Zodda** (Riv. Col. ital. II p. 19).

Lispinus macropterus n. sp **Fauvel** (Rev. d'Ent. 23. p. 78) Celebes, *L. validicornis* n. sp. (p. 79) Australien, *L. sulcatus* n. sp (p. 79) Neu-Guinea, *L. rugipennis* n. sp., *L. acicularis* n. sp. u. *L. quadrinotatus* n. sp. (p. 80) Java, *L. binotatus* n. sp (p. 81) Neu-Guinea, *L. varians* n. sp. (p. 296), *L. agnatus* n. sp. (p. 297) u. *L. obscurellus* n. sp. (p. 298) Madagascar. — *L. pubiventris* n. sp. **Bern.** **hauer** (Verh. Zool. bot. Ges. 54. p. 10) Gabun, *L. specularis* n. sp. (p. 11) Nias-Insel, *L. curticollis* n. sp., *L. elongatus* n. sp. (p. 12) Sumatra. — Siehe auch Fauvel pag. 172.

Maseochara indica n. sp. **Fauvel** (Rev. d'Ent. 23. p. 66) Hindostan, *M. javana* n. sp. (p. 66) Java.

Medon mimeticus n. sp. **Bernhauer** (Stett. ent. Z. 65 p. 224) Madagascar.

Megacronus lineipennis n. sp. **Fauvel** (Rev. d'Ent. 23. p. 60) Hindostan.

Megalops hova n. sp. **Fauvel** (Rev. d'Ent. 23. p. 309), *M. bifenestratus* n. sp. n. sp. (p. 309), *M. cribriceps* n. sp. (p. 310) Madagascar. — *M. brevipennis* n. sp. **Bernhauer** (Stett. ent. Z. 65 p. 222) Brasilien.

Megarthrus bimaculatus n. sp. **Fauvel** (Rev. d'Ent. 23) Ceylon, *M. basicornis* n. sp. (p. 87) Sikkim. — *M. Prossenii* n. sp. **Schatzmayr** (Münch. Kol. Z. II (p. 212) Villach.

Mesostenus siehe Porta pag. 174.

Microglossa rugipennis n. sp. **Luze** (Hor. ross. 37. p. 114) Asien.

Microsaurus siehe *Quedius*.

Mimophites n. gen. **Fauvel** (Rev. d'Ent. 23. p. 280), *M. Bouvieri* n. sp. (p. 281 tab. I fig. 3) u. *M. laticeps* n. sp. (p. 281) Brasilien.

Mitomorphus obsoletus n. sp. **Fauvel** (Rev. d'Ent. 23. p. 56) Hindostan.

Mycetoporus sibiricus n. sp. **Poppius** (Oefv. Finsk. Förh. 46 no. 16 p. 1).

Myrmedonia Kohlii n. sp. **Wasmann** (Zool. Jahrb. Suppl. VII p. 634) u. *M. pedisequa* n. sp. (p. 634) Congo. — *M. termitobia* n. sp. **Péringuey** (Ann. S. Afr. Mus. III p. 206), *M. termitophila* n. sp. (p. 207), *M. compransor* n. sp. (p. 208), *M. simplex* n. sp. (p. 208), *M. uncinata* n. sp. (209), *M. praecox* n. sp. (p. 210), *M. puncticollis* n. sp. (p. 211), *M. mima* n. sp. (p. 212), *M. capicola* n. sp., *M. gentilis* n. sp. (p. 213), *M. jucunda* n. sp., *M. gravidula* n. sp. (p. 214), *M. illotula* n. sp. (p. 215), *M. hirtella* n. sp., *M. conifera* n. sp. (p. 216), *M. contristata* n. sp., *M. anthracina* n. sp. (p. 217) u. *M. gracilicornis* n. sp. (p. 218) Süd-Afrika. — *M. clavigera* Fvl. besprach **Lea** (Pr. Linn. Soc. N. S. Wales 29).

Myrmoecia besprach **Luze** (Hor. ross. 37. p. 112).

Nestus siehe Porta pag. 174, *Nudobius* siehe Fauvel pag. 172.

Ocalea siehe *Sorecocephala.*

Ocypus siehe *Staphylinus.*

Ocyusa hibernica Rye besprach **Champion** (Ent. month. Mag. 40 p. 253). Siehe auch Newbery pag. 173.

Oedichirus ventralis n. sp. **Fauvel** (Rev. d'Ent. 23. p. 318), *Oe. rufitarsis* n. sp. p. 318) u. *Oe. Kolbei* n. sp. (p. 319) Madagascar. — *Oe. tricolor* n. sp. **Lea**

(Pr. Linn. Soc. N. S. Wales 29. p. 61 tab. IV fig. 1), *Oe. terminalis* n. sp. (p. 62) Australien.

Omalium sulcicolle n. sp. **Fauvel** (Rev. d'Ent. 23. p. 89 *Homalium*) Sumatra, *O. chlorizans* n. sp., *O. obesum* n. sp. u. *O. rude* n. sp. (p. 90) Sumatra, *O. hova* n. sp. (p 300) u. *H. costipenne* n. sp. (p. 301) Madagascar. — *O. arenarium* n. sp. **Bernhauer** (Verh Zool. bot. Ges. 54. p. 16) Cap. — *O. italicum* Bernh. italienisch von **Zodda** (Riv. Col. ital. II p. 18). — Siehe auch **Fauvel** ˙pag. 172.

Osorius strangulatus n. sp. **Fauvel** (Rev. d'Ent. 23. p. 47) Hindostan, *O. impennis* n. sp. (p. 306) Madagascar. — *O. alutaceus* n. sp. **Bernhauer** (Verh. Zool. bot. Ges. 54. p. 17) Madagascar, *O. truncorum* n. sp. (p. 17) Zanzibar, *O. Eppelsheimii* n. sp (p. 18) Mentawei, *O. Eggersii* n. sp. (p. 19) St. Thomas. — Siehe auch **Fauvel** pag. 172.

Oxypoda arabs n. sp. **Fauvel** (Rev. d'Ent. 23. p. 72) Sinai.

Oxytelopsis madecasssa n. sp. **Fauvel** (Rev. d'Ent. 23. p. 96) Madagascar, *O. genalis* n. sp. (p. 96) Perak.

Oxytelus bubalus n. sp. **Fauvel** (Rev. d'Ent. 23 p. 97) Java, *O. atriceps* n. sp. (p. 98) Celebes, *O. megacephalus* n. sp. (p. 99) Sikkim, *O. gigantulus* n. sp. (p. 99) Siam, *O. migrator* n. sp. (p. 100) Siam, *O. ruptus* n. sp. (p. 100) Java, *O. heterophthalmus* n. sp. (p. 101) Australien, *O. dilutipennis* n. sp. (p. 101) Gabun, *O. planus* n. sp. (p. 102) Abyssinien, *O. nitidipennis* n. sp. (p. 102) Madagascar, *O. claviger* n. sp. (p. 103) Abyssinien, *O. incisicollis* n. sp. (p. 103) Deutsch-Ost-Afrika, *O. bicolor* n. sp. (p. 104) Madagascar, *O. heterocerus* n. sp. (p. 104) Gabun, *O. sculptiventris* n. sp. (p. 105) Madagascar, *O. crassus* n. sp. Bolivien, *O. speculum* n. sp. (p. 106) Peru. *O. dentifrons* n. sp. (p. 107) Amazonien, *O. scorpio* n. sp. (p 107) S. Domingo, *O. lobatus* n. sp. (p. 303) u. *O. anticus* n. sp. (p. 304) Madagascar. — *O. curtus* n. sp. **Bernhauer** (Stett. ent. Z. 45. p. 219) u. *O. rugicollis* n. sp. (p. 220) Australien, *O. opacinus* n. sp (p. 221) Brasilien. — *O. excellens* n. sp. **Luze** (Hor. ross. 37. p. 81), *O. robusticornis* n. sp. (p. 82), *O. africanus* n. nom. (p. 83) für *O. flavipennis* Epp. nec. Kr. *O. luridipennis* n. sp. (p. 84) Central-Asien.

Pachycorinus Ganglbaueri n. sp. **Bernhauer** (Stett. ent. Z. 65. p. 234) Madagascar.

Paederus Andrewesii n. sp. **Fauvel** (Rev. d'Ent. 23. p. 53) u. *P. gratiosus* n. sp. (p. 54) Hindostan, *P. trimerus* n. sp. (p. 294) Neu - Guinea. — Siehe auch **Fauvel** pag. 172.

Palaminus Simonis n. sp. **Fauvel** (Rev. d'Ent. 23. p. 50) Ceylon, *P. suturalis* n. sp. (p. 319), *P. madecassa* n. sp., *P. pennifer* n. sp., *P. nossibianus* n. sp. (p. 320), *P. allocerus* n. sp., *P. brunneus* n. sp., *P. circumflexus* n. sp. (p. 321) u. *P. transmarinus* n. sp. (p. 322) Madagascar.

Parasorius n. gen. **Bernhauer** (Stett. ent. Z. 65. p. 222) für *Ancaeus Försteri* Bernh.

Philonthus tantalus n. sp. **Luze** (Hor. ross. 37. p. 94), *Ph. indubius* n. sp. (p. 95), *Ph. elegantulus* n. sp. (p. 97), *Ph. (Gabrius) insignis* n. sp. (p. 98) Central-Asien. — *Ph. tirolensis* Luz. italienische Uebersetzung von **Fiori** (Riv. Col. ital. II p. 232). — *Ph. ebeninus* Gr. u. *concinnus* Gr; nebst varr. unterschied dichotomisch **Bourgeois** (Cat. Col. Vosg. fasc. 1899 p. 143).

Phloeostiba siehe **Fauvel** pag. 172.

Phyllodrepa (Dropephylla) Gobanzii n. sp. **Ganglbauer** (Verh. Zool. bot. Ges. 54. p. 650) Dalmatien.

Pinophilus piceus n. sp. **Fauvel** (Rev. d'Ent. 23. p. 51) Hindostan. — *P. Eppelsheimii* n. sp. **Bernhauer** Stett. ent. Z. 65. p. 223) Sumatra.

Placusa siehe **Fauvel** pag. 172.

Planeustomus indicus n. sp. **Fauvel** (Rev. d'Ent. 23. p. 94) Birma.

Platyprosopus niloticus n. sp. **Fauvel** (Rev. d'Ent. 23. p. 275) Abyssinien.

Platystethus spinicornis n. sp. **Luze** (Hor. ross. 37. p. 85) u. *Pl. flavipennis* n. sp) (p. 86) Central-Asien.

Polychelus n. gen. **Luze** (Hor. ross. 37. p. 74), *P. aeneipennis* n. sp. (p. 75, Central-Asien.

Psilotrichus n. gen. **Luze** (ibid. p. 69), *Ps. elegans* n. sp. (Münch. Kol. Z. II p. 70) Turkestan.

Pygostenus pusillus n. sp. **Wasmann** (Zool. Jahrb. Suppl. VII p. 646), *P. bicolor* n. sp. (p. 647), *P. laevicollis* n. sp. (p. 647 tab. 33 fig. 18), *P. Fauvelii* n. sp. (p. 648), *P. splendidus* n. sp. (p. 648 tab. 33 fig. 17), *P Lujae* n. sp., *P. pubescens* n. sp. (p. 648), *P. setulosus* n. sp., *P. Kohlii* n. sp. mit var. *piceus* n. var., *P. longicornis* n. sp. u. *P. alutaceus* n. sp. (p. 649) Congo.

Quedius (Microsaurus) Kraussii n. sp. **Penecke** (Wien. ent. Z. 23. p. 135) Herzegowina. — *Qu. (Ediquus) Solskyi* n. sp. **Luze** (Hor. ross. 37. p. 99), *Qu. rufilabris* n. sp. (p. 100), *Qu. (Microsaurus) fusicornis* n. sp. (p. 101), *Qu. (Sauridus) imitator* n. sp. (p. 102) Central-Asien. — *Qu. semiviolaceus* Blackb. = *luridipennis* Macl. nach **Lea** (Pr. Linn. Soc. N. S. Wales 29. p. 65).

Sauridus siehe *Quedius*.

Scopaeus triangularis n. sp. **Luze** (Hor. ross. 37. p. 90) Central-Asien.

Scytoglossa n. gen. **Luze** (Hor. ross. 37. p. 109), *Sc. delicata* n. sp. (p. 110) Central-Asien.

Sipalia (Geostiba) Solarii Bernh. ins Italienische übersetzt durch **Zodda** (Riv. Col. ital. II p. 19). — Siehe auch *Geostiba*.

Staphylinus (Ocypus) similis Fbr. var *semialatus* n. var. **Müller** (Wien. ent. Z. 23. p. 172) Dalmatien u. Triest. — *St. suspectus* n. sp **Fauvel** (Rev. d'Ent. 23. p. 57) Hindostan. — *St. (Ocypus) Langei* n. sp. **Bernhauer** (Stett. ent. Z. 65. p. 235) Congo. — *St. (Trichoderma) Glasunowii* n. sp. **Luze** (Hor. ross. 37. p. 92), *St. (Tasgius) transversiceps* n. sp. (p. 93) Central-Asien. — *St. (Ocypus) olens* Müll. u. *tenebricosus* Grav. unterschied **Bourgeois** (Cat. Col. Vosg. fasc. II. 1899. p. 138).

Stenus sylvester Er. besprach **Gerhardt** (Zeit. ent. Bresl. 29. p. 73). — *St. Bellii* n. sp. **Fauvel** (Rev. d'Ent. 23. p. 47), *St. ventricosus* n. sp. (p. 48), *St. Andrewesii* n. sp., *St consors* n. sp. u. *St. millepunctus* n. sp. (p. 49) Hindostan, *St. protector* n. sp., *St. irroreus* n sp. (p. 311), *St. uniformis* n. sp., *St. volvulus* n. sp. (p. 312), *St. obconicus* n. sp., *St. mirus* n. sp. (p. 313), *St. Alluaudii* n. sp., *St. Sicardii* n. sp. (p. 314), *St. Goudotii* n. sp., *St. dieganus* n. sp. (p. 315), *St. chloropterus* n. sp., *St. pluvipunctus* n. sp., *St. creberrimus* n. sp. (p. 316), *St. troile* n. sp. u. *St delphinus* n. sp. (p. 317) Madagascar. — *St. parilis* n. sp. **Luze** (Hor. ross. 37. p. 88) Central-Asien. — Siehe auch **Porta** pag. 173

Stilicoderus umbratus n sp. **Fauvel** (Rev. d'Ent. 23. p. 52) Hindostan.

Stilicus anommatophilus n. sp. **Wasmann** (Zool. Jahrb. Suppl. VII p. 658) Congo. — Siehe auch **Fauvel** pag. 172.

Suniopsis politus n. sp. **Lea** (Pr. Linn. Soc. N. S. Wales 29. p. 67 tab. IV fig. 2).

Sunius gracilicornis n. sp. **Luze** (Hor. ross. 37. p. 89), *S. lithocharoides* Solsk. var. *quadrimaculatus* n. var. (p. 90) Central - Asien. — *Sunius apiciflavus* n. sp. **Lea** (Pr. Linn. Soc. N. S Wales 29. p. 68), *S. trilineatus* n. sp. (p. 69), *S. brevicollis* n. sp. (p. 70 tab. IV fig. 13) Australia.

Sympolemon tiro n. sp. **Wasmann** (Zool. Jahrb. Suppl. VII p. 641 tab. 33 fig. 12) Congo, *S. Anommatis* Wasm (tab. 32 fig. 11a, b, 33 fig. 11c).

Tachinus tundrae n. sp. **Poppius** (Öfv. Finska Förh. 46. no. 13 p. 1), *T. jacuticus* n. sp. (p. 2) u. *T. ochoticus* n. sp. (p. 5) Ost - Sibirien. — *T. splendens* n. sp. **Luze** (Hor. ross. 37. p. 103) Central-Asien).

Tachyporus gracilicornis n. sp. **Luze** (Hor. ross. 37. p. 104) Central-Asien).

Taenosoma siehe **Klima** pag. 173. — *Tasgius* siehe *Staphylinus*. — *Tesnus* siehe **Porta** pag. 173.

Tetradelus n. gen. **Fauvel** (Rev. d'Ent. 23. p. 90), *T. trigonuroides* n. sp. (p. 91) Sikkim.

Thinodromus siehe *Trogophloeus* u. **Klima** p. 173. — *Trichoderma* siehe *Staphylinus*.

Trilobitideus Raffr. *paradoxus* n. sp. **Wasmann** (Zool. Jahrb. Suppl. VII p. 619 tab. 31 fig. 2) Cap, *Tr. mirabilis* Raffr., *Tr. insignis* n. sp. (p. 620 tab. 31 fig. 1) Congo.

Troginus siehe **Klima** pag. 173.

Trogophloeus fuscipalpis n. sp. **Fauvel** (Rev. d'Ent. 23. p. 94) Ceylon, *Tr. lepidicornis* n. sp. (p. 94) Celebes, *Tr. Perrieri* Fam. 1898 (p. 301), *Tr. Alluaudii* n. sp., *Tr. dieganus* n. sp. (p. 302), *Tr. malgaceus* n. sp. u. *Tr. boops* n. sp. (p. 303) Madagascar. — *Tr. (Thinodromus) brevicornis* n. sp. **Luze** (Hor. ross. 37. p. 80) Central-Asien. — *Tr. pustulatus* n. sp. **Bernhauer** (Verh. Zool. bot. Ges. 54. p. 20), *Tr. socius* n. sp. (p. 21) Annam, *Tr. brasiliensis* n. sp. (p. 21) u. *Tr. fortepunctatus* n. sp. (p. 22) Brasilien, *Tr. Caseyi* n. sp. (p. 23) Nordamerika, *Tr. varicornis* n. sp. (p. 24) Grenada. — *Tr. (Carpalimus) corsicus* Kl. italienische Uebersetzung von **Fiori** (Riv. Col. ital. II p. 223). — Siehe auch **Klima** pag. 173.

Typhlopasilia siehe *Leptusa*.

Xantholinus Olliffii Lea von *phaenicopterus* Er. verschieden nach **Lea** (Pr Linn. Soc. N. S. Wales 29 p. 65). — *X. cinctus* n. sp. **Fauvel** (Rev. d'Ent. 23. p. 56) Indien. — *X. insularis* n. sp. **Bernhauer** (Stett. ent. Z. 65. p. 232), *X. Bilimekii* n. sp. (p. 233) Mexico. — Siehe auch **Fauvel** pag. 172.

Xerophygus ocularis n. sp. **Fauvel** (Rev. d'Ent. 23. p. 95) Sumatra.

Zyras forticornis n. sp. **Fauvel** (Rev. d'Ent. 23. p. 64) u. *Z. hastatus* n. sp. (p. 64) Hindostan. — *Z. Plasonis* n. sp. **Bernhauer** (Stett. ent. Z. 45. p. 240) Indien.

Fam. *Clavigeridae.*

(2 n. gen., 3 n. spp.).

Bourgeois 4, Fairmaire 2, Raffray 1.

Biologie.

Bourgeois (4) schilderte die Lebensweise von *Claviger* (p. 191).

Geographisches.

Bourgeois (4) führte 2 Arten aus den Vogesen auf (p. 191).

Systematik.

Umfassende Arbeiten.

Raffray.

Genera et Catalogue des *Pselaphides*. II. Sous-famille
Clavigerini.

(Am. Fr. 73. 1904 p. 444—471, 640—658 tab. II.)

Die *Clavigeriden* sind als Unterfamilie der *Pselaphiden* aufgefasst und bilden den Schluss der grossen, 1903 begonnenen Arbeit,
der erst im März 1905 erschien. Im Uebrigen vergl. *Pselaphidae*
pag. 183.

Die behandelten Gattungen und Arten.

Anaclasiger Rffr., *Disarthricerus* Rffr., *Mastiger* Mob.
Articerus Dahm. in 6 Gruppen getheilt (p. 454—455).
Elasmotus Rffr., *Theocerus* Rffr., *Amblycerus* Rffr., *Neocerus* Wasm., *Comma-
tocerus* Rffr.

Fustiger Brend. *Schmithii* n. sp. (p. 455) Antillen.

Apoderiger Wasm., *Trymalius* Fairm. *foveicollis* Frm. (tab. II fig. 1), *Hadrophorus*
Fairm. *humerosus* Fairm. (fig. 2), *Novofustiger* Wasm., *Pseudofustiger* Reitt.,
Commatoceropsis Rffr., *Andranes* Lec., *Rhynchoclaviger* Wasm., *Articeropsis*
Wasm., *Articeronomus* Rffr., *Diartiger* Sh., *Fustigerodes* Reitt., *Articerodes*
Rffr.

Fustigeropsis Rffr. *simplex* n. sp. (p. 455) Süd-Afrika.
Thysdarius Fairm. *Perrieri* Fairm. (tab. II fig. 3).
Radamellus n. gen. (p. 450, 456) für *Radamides minutus* Rffr. u. *Radama
spinipennis* Rffr.

Radama Rffr., *Radamides* Wasm., *Imerina* Rffr., *Microclaviger* Wasm., *Fusifer*
Rffr., *Paussiger* Wasm., *Commatoceroides* Per., *Syrraphesina* Rffr., *Clavi-
gerodes* Rffr., *Hironia* Rffr., *Braunsiella* Rffr., *Clavigeropsis* Rffr.

Claviger Pr. in 7 Gruppen getheilt (p. 457), *Cl. Montandonis* n. sp. (p. 457)
Rumänien.

Semiclaviger Wasm., *Pseudacerus* Rffr.

Verzeichnis der Abbildungen (p. 475).

Trymalius foveicollis Fairm. tab. II fig. 1.
Hadrophorus humerosus Fairm. tab. II fig. 2.
Thysdarius Perrieri tab. II fig. 3.

Einzelbeschreibungen.

Claviger, Fustiger, Fustigeropsis, Radamellus, siehe Raffray oben.
Thysdarius n. nom. **Fairmaire** (Bull. Fr. 1904 p. 117) für *Thysdrus* Fairm.
1898 nec. Stål 1874 (*Orthoph.*). — Siehe auch Raffray oben.

Fam. **Pselaphidae.**
(40 n. gen., 282 n. spp.)

Amore 1, Dodero 1, 2, 3, Fiori 4, Ganglbauer 2, 4, Holdhaus 1, Méquignon 1, Müller 3, Normand 1, 3, Peyerimhoff 2, 3, Pic 26, 35, Porta 2, Raffray 1, Reitter 10, Schatzmayr 1, Vorbringer 1, Wasmann 4, Bourgeois 4, Broun 1, Joy 1.

Morphologie.

Dodero (3) behandelte die secundären Geschlechtsmerkmale der ♂♂ von *Bythinus*[1]). Kritik contra Fiori (4).

Peyerimhoff (3) handelte über Poecilandrie u. Poecilogynie bei Pselaphiden (p. 179—180).

Biologie.

Wasmann (4) behandelte die Biologie von *Connodontus acuminatus* Raffr. (p. 3) u. mehrerer *Pselaphiden*.

Geographisches.

Joy (1) berichtete über *Euconnus Mäklinii*, neu für England.

Bourgeois (4) führte 49 Arten aus den Vogesen auf.

Vorbringer (1) fand *Bythinus Stussineri* in Ostpreussen (p. 43).

Ganglbauer (4) führte 9 Arten von der Insel Maleda auf (p 651).

Systematik.

Umfassende Arbeiten.

Raffray.

Genera et Catalogue des *Pselaphides*.

(Ann. Fr. 73. p. 1—444, 472—476, 635—658 tab. I—III).

Fortsetzung und Schluss der grossen, 1903 begonnenen Arbeit, der von pag. 401 an erst im März 1905 erschienen ist. Leider ist die Benutzbarkeit der schönen Arbeit durch unpraktische Anordnung sehr erschwert. Die Reihenfolge der Gattungen in der Tabelle ist nicht genau dieselbe wie bei den speciellen Besprechungen (mit den Artbeschreibungen) und nicht dieselbe wie im „Catalogue", was um so störender ist, als man oft erst im letzteren den Fundort einer neuen Art aufsuchen oder nachsehen muss, für welche Arten eine neue Gattung aufgestellt ist. Ganz schlimm wird dieses Aufsuchen, wenn man die Abbildungen der 3 Tafeln benutzen will; denn im Text sind sie nicht citirt. Zum Glück hilft hier ein alphabetisches Register, welches nebst einem Literaturverzeichnis, den Schluss der Arbeit bildet, der im April 1905 erschien. Sehr zu bedauern ist die vom Autor selbst so genannte „Confusion", die (auf Bedel's Rathschlag) mit den Namen *Bryaxis* u. *Bythinus* angerichtet ist. (Vergl. pag. 188 Anm.)

---

[1]) pag. 59 Z. 1 soll es *Bythinus* heissen statt *Bathyscia,*

Die behandelten Gattungen u. Arten.

6. Trib. *Batrisini*. (p. 1—105.)

Batrisoschema Reitt., *Batrisodema* Rffr., *Panaphysis* Reitt.
Hapochraeus n. gen. (p. 2, 13), *H. granosus* n. sp. (p. 14) Sumatra.
Trichonomorphus Rffr., *Ceroderma* Raffr.
Diaugis n. gen. (p. 3, 14), *D. granulosa* n. sp. (p. 15) Sumatra.
Batrisoplatus Rffr.
Batriplica n. gen. (p. 3) für *B. Dohrnii* Schauf. (*plicatula* Mot.), *B. longicollis*
     Raffr. u. *B. termitophila* Raffr. (p. 67).
Connodontus Raffr.
Diaposis n. gen. (p. 3, 38) für *Batrisus carinicollis* Raffr. (fig. 29).
Amaurops Fairm. in 5 Gruppen zerlegt (p. 15).
Bergrothiella Reitt., *Arianops* Brend., *Syrmocerus* Raffr., *Oxartrius* Reitt.
Arthmius Lec. (s. str.) in 8 Gruppen zerlegt (p. 16), *A. pedestrianus* n. sp. (p. 16)
     Mexico, *A. transversalis* n. sp. (p. 17 fig. 18), *A. labiatus* n. sp. (p. 17), *A.*
     (*Syrbatus* Reitt.) in 6 Gruppen zerlegt (p. 15—16).
Exallus n. gen. (p. 5, 18) für *Oxarthrius semiopacus* Raffr.
Exedrus Rffr.
Cliarthrus Rffr. *semirugosus* n. sp. (p. 18) Afrika.
Iteticus n. gen. (p. 5, 19) für *Syrbatus princeps* Reitt. u. 5 andere Arten.
Batrisus Aub.
Batrisodes Reitt. in 40 Gruppen zerlegt (p. 20—23), *B. obesus* n. sp. (p. 23), *B.*
     luteolus n. sp. (p. 24), *B. tricarinatus* n. sp., *B. tuberculatus* n. sp. (p. 25),
     B. acinosus u. sp. (p. 26 fig. 19), *B. ferinus* n. sp. (p. 27 fig. 20), *B. tenuicornis*
     n. sp. (p. 28 fig. 28), *B. multiforus* n. sp. (p. 28), *B. infandus* n. sp. (p. 29),
     B. patranus n. sp. (p. 30), *B. nodosus* n. sp. (p. 30 fig. 21), *B. indecorus* n.
     sp. (p. 31), *B. mavortius* n. sp. (p. 31 fig. 22), *B. irritus* n. sp. (p. 32 fig. 25),
     B. demissus n. sp. u. *B. sagax* n. sp. (p. 33) Sumatra, *B. Harmandii* n. sp.
     (p. 34 fig. 23) u. *B. epistomalis* n. sp. (p. 35 fig. 24) Japan.
Batrisophyma n. gen. (p. 6) für *Batrisus granosus* Rffr. (p. 90).
Nenemeca n. gen. (p. 6, 37) *bidentata* n. sp. (p. 37 fig. 28) Sumatra.
Stictus Rffr., *Podus* Rffr.
Batoctenus Sh. *dimidiatus* n. sp. (p. 39) Bolivien, *B. incertus* n. sp. (p. 39) Ama-
     zonien.
Adiastulus n. gen. (p. 7, 40) für *Oxarthrius ophthalmicus* Rffr.
Oxyomera Rffr., *Trabisus* Rffr., *Apobatrisus* Rffr., *Probatrisus* Rffr., *Amana* Rffr.
Ophelius n. gen. (p. 9, 36) *simplex* n. sp. (p. 36 fig. 26) Sumatra.
Cylindroma Rffr., *Trisinus* Rffr.
Batrisocenus Rffr. in 41 Gruppen geteilt (p. 40—43), *B. siamensis* n. sp. (p. 43
     fig. 30) Siam, *B. furcifer* n. sp. (p. 43 fig. 31), *B. tumorosus* n. sp. (p. 44),
     B. triangulatus n. sp. (p. 44 fig. 32), *B. truncatus* n. sp. (p. 45 fig. 33), *B.*
     mitratus n. sp. (p. 45 fig. 34), *B. vulneratus* n. sp. (p. 46 fig. 35), *B. carinatus*
     n. sp. (p. 46), *B. trigona* n. sp. (p. 47 fig. 36), *B. longipes* n. sp. (p. 36 fig. 37),
     B. cameratus n. sp. (p. 48), *B. fornicatus* n. sp., *B. binodosus* n. sp. (p. 49)
     u. *B. calcaratus* n. sp. (p. 50) Sumatra, *B. sauciipes* n. sp. (p. 50 fig. 38)
     China, *B. deformipes* n. sp. (p. 51 fig. 39), *B. cultripes* n. sp. (p. 52 fig. 40)
     u. *B. major* n. sp. (p. 53) Sumatra, *B. sinensis* n. sp. (p. 53) China, *B. inde-*

corus n. sp. (p. 54) Sumatra, *B. annamita* n. sp. (p. 54) Annam, *B. quadraticeps* n. sp. (p. 55), *B. immundus* n. sp. u. *B. capitatus* n. sp. Sumatra, *B. carinicollis* n. sp. (p. 57 fig. 41) Australien.

Cratna Rffr., *Atheropterus* Rffr.

Batrisinus Rffr. *elegans* n. sp. (p. 58 tab. III fig. 14) u. *B. gravidus* n. sp. (p. 58) Sumatra.

Batoxyla Rffr., *Batrisomina* Rffr., *Batrisopsis* Rffr.

Mina Rffr. *nasuta* n. sp. (p. 59) Sumatra.

Batrisiella n. gen. (p. 11, 59) für *Eubatrisus caviventris* Rffr.

Eubatrisus Rffr.

Batribolbus n. gen. (p. 12, 60) für *Epatrinus palpator* Rffr. (fig. 42), *dentipes* Rffr. u. *pubescens* Rffr. (fig. 43).

Borneana Schf.

Batrisomalus n. gen. (p. 12, 60) *infossus* n. sp. (p. 60) Indien, *B. hemipterus* Rffr. (fig. 44).

Namunia Reitt.

Sathytes Westw. *gracilis* n. sp. (p. 65 fig. 47) Sumatra.

Acnyllium Reitt. in 2 Gruppen zerlegt (p. 64).

Phalepsoides Rffr.

Euphalepsus Reitt. in 5 Gruppen zerlegt (p. 61), *Eu. tricarinatus* n. sp. (p. 61 fig. 45) u. *Eu. fasciculatus* n. sp. (p. 62) Brasilien, *Eu. dentipes* n. sp. (p. 63) Nord-Amerika, *Eu. tibialis* n. sp. (p. 64) Amazonien.

Morana Sh. (gen. inc. sedis) nur aufgeführt (p. 105).

7. Trib. *Metopiini.* (p. 106—107)

Metopias Gor. *carinipes* n. sp. (p. 106) Bolivien.

Metopioxys Reitt.

8. Trib. *Brachyglutini.* (p. 108—254).

Arachis Rffr., *Obricala* Raffr.

Batraxis Rtt. in XVI Gruppen getheilt (p. 117—118), *B. tumorosa* n. sp. Sumatra, *B. indica* n. sp. (p. 119) Indien, *B. parvispina* n. sp. (p. 119) Sumatra, *B. obesa* n. sp. (p. 120) Philippinen.

Diroptrus Mot.

Comatopselaphus Schf. *parcepunctatus* n. sp. (p. 120) Sumatra.

Atenisodus n. gen. (p. 109, 121) *macrophthalmus* n. sp. (p. 121) Sumatra.

Bythinogaster Schf.

Globa Rffr. *laevis* n. sp. (p. 122) Bolivien.

Berdura Rtt., *Berlara* Rtt.

Eupines King. in 2 Untergattungen u. 20 Gruppen getheilt (p. 122—123), *Eu. minima* n. sp. (p. 123) Australien, *Eu. (Byraxis* Reitt.) *longiceps* n. sp. (p. 124 fig. 48) Neu-Seeland.

Scalenarthrus Lec. in 4 Gruppen getheilt (p. 125), *Sc. subcarinatus* n. sp. (p. 125), *Sc. Schaufussii* n. sp. (p. 125) Brasilien, *Sc. simplex* n sp. (p. 126) Bolivien, *Sc. obliquus* n. sp. (p. 126 fig. 49) Mexico, *Sc. clavatus* n. sp. (p. 127 fig. 50) u. *Sc. pectinicornis* n. sp. (p. 127 fig. 51) Antillen.

Pselaptus Lec. *politissimus* n. sp. (p. 128) Brasilien, *Ps. sternalis* n. sp. (p. 128) Antillen.

Eupinopsis Rffr.

Mitona n. gen. (p. 111, 129) *quadraticeps* n. sp. (p. 129 fig. 52) u. *M. bisulciceps*
n. sp. (p. 130) Bolivien, *M. Mniszechii* n. sp. (p. 130) Columbien, *M. nigra*
n. sp. (p. 131) Venezuela.

Anchylarthron Brend.
Xybaris quadraticeps n. sp. (p. 131), *X. atomaria* n. sp. (p. 132) Brasilien.
Cryptorhinula xybaridoides n. sp. (p. 132) Brasilien.
Rabyxis Rffr., *Bryaxella* Rffr., *Eupinoda* Rffr.
Xybarida Rffr. *punctulum* n. sp. (p. 133) Brasilien.
Strombopsis n. gen. (p 112, 133) *breviventris* n. sp. (p. 134) Brasilien.
Nisaxys Cas, *Briaraxis* Brend.
Achillia Reitt. in 13 Gruppen getheilt (p. 134—135), *A. convexiceps* n. sp. (p. 135),
    A. picea n. sp., *A. cordicollis* n. sp. (p. 136), *A. clavata* n. sp. (p. 137 fig. 53),
    A. quadraticeps n. sp. (p. 137), *A. latifrons* n. sp. (p. 138), *A. Blanchardii* n.
    nom. (p. 138) für *A. valdiviensis* Reitt. nec Blanch., *A. nasuta* Rtt. (*nasina*
    Rtt.) = *valdiviensis* Blanch., *A. chilensis* Reitt. = *cosmopterus* Blanch.
    (p. 138), *A. Elfridae* n. sp. (p. 139 fig. 54), *A. brevicornis* n. sp. (p. 139) Chili.
Bryaxina n. gen. (p. 113, 140) mit 10 Arten (p. 141—142), *Br. torticornis* n. sp.
    (p. 141, fig. 55), *Br. fraudatrix* Schf., *Br. armiceps* n. sp. (p. 141, 142 fig. 58),
    Br. lucida n. sp., *Br. clavata* n. sp., *Br. dimidiata* n. sp. (p. 141, 143), *Br.*
    Schaufussii n. sp. (p. 141, 144), *Br. cavifrons* Schf., *Br. foveifrons* n. sp.
    (p. 142, 144) u. *Br. crassicornis* n. sp. (p. 142, 145) Brasilien.
Braxyda n. gen. (p. 113, 145) *hamata* n. sp. (p. 145 fig. 56) u. *Br. crassipes* n.
    sp. (p. 146) Bolivien.
Anarmoxys Rffr., *Briara* Reitt., *Tribatus* Mot., *Physoplectus* Reitt.
Triomicrus Sh. *cavernosus* n. sp. u. *Tr. humilis* n. sp. (p. 147) China.
Pedinopsis Rffr., *Bryaxonoma* Rffr.
Drasinus n. gen. (p. 114, 148) *binodulus* n. sp. (p. 148 fig. 57) Mexico.
Ectopocerus n. gen. (p. 114, 149) für *Decarthron verticicornis* Rtt.
Ephymata n. gen. (p. 115, 149) für *Bryaxis mucronata* Rffr. (tab. III fig. 6, 7).
Brachygluta Th. in 11 Gruppen zerlegt (p. 150): *Br. Aubei* Tourn. var. *Picii* n.
    var. (p. 150) Tunis, *Br. haematica* Reichb. var. *simplicior* n. var. (p. 151)
    Biscaya, *Br. Leprieurii* Saulc. var. *elevata* n. var. (p. 151) Algier.
Bunoderus n. gen. (p. 115, 151) *carinicollis* n. sp. (p. 152 fig. 58) Mexico, *B. lon-*
    gipilis n. sp. (p. 152) Brasilien.
Nodulina n. gen. (p. 115, 153) für *Bryaxis convexa* Schf. (fig. 59).
Reichenbachia Leach in 58 Gruppen zerlegt (p. 153—156): *R. addahensis* n. sp.
    (p. 156) Westafrika, *R. nava* n. sp. (p. 156) Sumatra, *R. infelix* n. sp. (p. 157)
    Westafrika, *R. breviventris* n. sp. (p. 157), *R. bengalensis* n. sp. (p. 158) Indien,
    R. Grouvellei n. sp. (p. 158) Mexico, *R. nitella* n. sp. (p. 159) Sumatra, *R.*
    boliviensis n. sp. (p. 159) Bolivien, *R. pygidialis* n. sp. (p. 160) Nord-Amerika,
    R. cicatricosa n. sp. (p. 160) Sumatra, *R. muscorum* n. sp. Penang, *R. cur-*
    vipes n. sp. (p. 161) Brasilien, *R. arabica* n. sp. (p. 162) Arabien, *R. irrita*
    n. sp. (p. 162) u. *R. luteola* n. sp. (p. 163) Mexico, *R. Chevrolatii* n. sp. (p. 164)
    Brasilien, *R. pilosa* n. sp. (p. 164), *R. illepida* n. sp. (p. 165) Brasilien, *R.*
    fasciculata n. sp. (p. 165) u. *R. compressipes* n. sp. (p. 166 fig. 60) Sumatra,
    R. orientalis n. sp. (p. 167 fig. 62) Kurdistan, *R. maroccana* n. sp. (p. 168
    fig. 61) Marocco, *R. grenadensis* n. sp. (p. 168 fig. 63), *R. vincentiana* n. sp.

(p. 169) Antillen, *R. cultrata* n. sp. (p. 169 fig. 64) Sumatra, *R. falsa* n. sp.
(p. 170 fig. 67) Yukatan, *R. sarcinaria* Schf. (fig. 65), *R. callosa* Rffr. (fig. 66),
R. globulosa n. sp. (p. 171 fig. 68) Brasilien, *R. chiricahuensis* n. sp. (p. 172)
Nord - Amerika, *R. mexicana* n. sp. (p. 173 fig. 69) Mexico, *R. Oberthürii*
n. sp. (p. 173) Neu - Granada, *R. appendiculata* n. sp. (p. 174 fig. 70) Mexico,
R. obnubila n. sp. (p. 175) Yukatan, *R. immodica* n. sp. (p. 175) Columbien,
R. infossa n. sp. (p. 635) Sumatra.

Acamaldes Reitt.

Phoberus n. gen. (p. 115, 176) *armatus* n. sp. (p. 176 fig. 71) Bolivien.

Eremomus n. gen. (p. 115, 177) *obesus* n. sp. (p. 177 fig. 72) Bolivien, *E. crassicornis* n. sp. (p. 178) Para.

Gastrobothrus Broun.

Anasis Rffr. *impunctata* n. sp. (p. 178) Sumatra.

Anasopsis n. gen. (p. 116, 179 fig. 73) für *Anasis Savesii* Rffr. u. *adumbrata*
Rffr., hierher wahrscheinlich auch *Anasis armipes* Fauv. und *distans* Fauv.
1903.

Startes Broun *foveata* Br. (tab. II fig. 6).

Baraxina Raffr. (p. 116 „*Bryaxina*" err. typ.) *Françoisii* Rffr. (tab. II fig. 5).

Physa Raffr.

Rybaxis Saulc. (p. 116 „*Ryxabis*" err. typ.) in 17 Gruppen zerlegt (p. 180), *R.
villosa* n. sp. (p. 181) Tongking, *R. convexa* n. sp. (p. 181) Sumatra, *R. bicarinata* n. sp. (p. 182 fig. 74) Australien.

Euteleia n. gen. (p. 116, 183) *Lewisii* n. sp. (p. 183), *Eu. recens* Schf. (fig. 75),
Eu. trifoveata n. sp. (p. 184) Brasilien, *Eu. nodosa* n. sp. (p. 184) Mexico.

Decarthron Brend. in 15 Gruppen zerlegt (p. 185—187 fig. 76), *D. bicolor* n. sp.
(p. 187) Chili, *D. Hetschkonis* n. sp. (p. 187) Brasilien, *D. sulcipes* n. sp.
(p. 188) Bolivien, *D. tritomum* n. sp. (p. 188) Brasilien, *D. arthriticum* n. sp.
(p. 189) Mexico, *D. insulare* n. sp. (p. 189 fig. 78) Antillen, *D. quadraticeps*
n. sp. (p. 190 fig. 86) Mexico, *D. planiceps* n. sp. (p. 190 fig. 79) Columbien,
D. Schmittii n. sp. (p. 191 fig. 80) Mexico, *D. spinosum* n. sp. p. 192 fig. 81),
Antillen, *D. vulneratum* n. sp. (p. 192 fig. 82), *D. brasilianum* n. sp. (p. 193
fig. 83) u. *D. minutum* n. sp. (p. 193) Brasilien, *D. tomentosum* n. sp. (p. 194)
Columbien, *D. Schaufussii* n. sp. (p. 194) Amazonien, *D. planifrons* n. sp.
(p. 194) Mexico, *D. longicorne* n. sp. (p. 195), *D. frontale* n. sp. (p. 195 fig. 84,
85) Columbien.

Itamus n. gen. (p. 117, 196) *laticeps* n. sp. (p. 196 fig. 87) Brasilien.

Eupsenius Lec. *gracilis* n. sp. (p. 197) Antillen.

Barada Rffr.

Acetalius Sh. (gen. incertae sedis) ohne Beschreib. (p. 254).

9. Trib. *Tychini.* (p. 254—258)

Decatocerus Saulc., *Trichobythus* Dod., *Machaerites* Mill., *Bythoxenus* Mot.,
Linderia Saulc., *Eccoptobythus* Dev., *Xenobythus* Peyerim.

Glyphobythus n. gen. (p. 255, 274) für *Machaerites Doriae* Schf., *maritimus*
Reitt., *gracilipes* Dev. u. *Bythoxenus Vaccae* Dod.

Bolbobythus n. gen. (p. 255, 289) für *Bythinus securiger*, *Burellii* u. 12 andere
europäische *Bythinus*-Arten.

Pselaptrichus Brend., *Tychobythinus* Ganglb., *Machaerodes* Brend.
Bryaxis Kug. (= *Bythinus* Leach[1])) in 54 Gruppen getheilt (p. 258—265), *Br.*
sculptifrons Reitt. var. *Roumaniae* n. var. (p. 263) u. *Br. nodicornis* Aub.
var. *Montandonis* n. var. (p. 263) Rumänien.
Tychus Leach in 21 Gruppen zerlegt (p. 264—265), *T. ibericus* Mot. mit var.
corsicus Rtt., var. *monilicornis* Guill. 1888, var. *monilicornis* Reitt. 1880,
var. *mutinensis* Reitt. u. var. *creticus* Reitt. (p. 265—266), *T. niger* Payk.
mit *dichrous* Schm. u. var. *colchicus* Saulc. (p. 266), *T. bryaxioides* Guill. mit
var. *Picii* Croiss., var. *Raffrayi* Peyerim. u. var. *Poupillieri* n. var. (p. 267),
T. bispina n. sp. (p. 267) Tanger, *T. sternalis* n. sp. (p. 267) Nord-Amerika.
Cylindrarctus Schf., *Atychodea* Rtt., *Valda* Cas., *Bythinoderes* Rtt.
Harmomima n. gen. (p. 257, 269) *grandiceps* n. sp. (p. 269) u. *H. impressicollis*
n. sp. (p. 270 fig. 89) Bolivien.
Harmophola Rffr., *Sunorfa* Rffr.
Acrocomus Rffr. *cribratus* Rffr. (tab. III fig. 15).
Dalmodes Reitt. *gracilipes* n. sp. (p. 270) Brasilien.
Harmophorus Schf., *Batrybraxis* Reitt., *Gnesion* Rffr., *Dalmophysis* Rffr.
Tanypleurus megacephalus n. sp. (p. 271) Sumatra.
Nedorassus Rffr., *Apoplectus* Rffr.

10. Trib. *Goniacerini* (p. 302—303).

Anagonus Fauv., *Ogmocerus* Rffr., *Simus* Rffr., *Listriophorus* Schf., *Goniacerus*
Mot., *Adrocerus* Raffr., *Goniastes* Westw.

11. Trib. *Cyathigerini* (p. 304).

Cyathiger King in 7 Gruppen getheilt (p. 305), *C. gracilis* n. sp. (p. 305 fig. 93),
C. patruelis n. sp. (p. 306 fig. 90), *C. nodicornis* n. sp. (p. 306 fig. 91) u. *C.*
truncatus n. sp. (p. 307 fig. 92) Sumatra.

12. Trib. *Hybocephalini* (p. 309—310).

Mestogaster Schm., *Metaxoides* Schf.
Filiger Schf. *validus* n. sp. (p. 310 fig. 94), *F. opacus* n. sp. (p. 311 fig. 95)
Sumatra.
Hybocephalus Reitt., *Pseudopharina* Rffr.
Apharina Reitt. *nodula* n. sp. (p. 311), *A. armata* n. sp. (p. 312 fig. 96) Sumatra.
Apharinodes Rffr., *Stipesa* Sharp.
Ephimia Reitt. *subnitida* n. sp. (p. 312) Antillen.
Hybocephalus Mot. (incertae sedis) ohne Beschreibung (p. 316).

13. Trib. *Holozodini* (p. 316).

Holozodus Fairm. *Raffrayi* Fairm. (tab. II fig. 4), *Caccoplectus* Sh.

---

[1]) Den wohlbegründeten Namen *Bythinus* Leach 1817 durch den gar nicht
begründeten Namen *Bryaxis* Kug. 1794 zu ersetzen, ist ganz unzulässig,
denn Kugelann's absolut undefinirbarer *Bryaxis Schneideri* ist sicher gar kein
Pselaphide und daher längst u. mit Recht annulirt worden, so dass die Gattung
Bryaxis Leach 1817 allgemein angenommen werden konnte.

D. *Pselaphidae.* (Raffray).   189

14. Trib. *Pselaphini* (p. 317—318).

Pselaphus Hrbst. in 28 Gruppen getheilt (p. 318—321), *Ps. pubescens* n. sp. (p. 321)
Annam, *Ps. vestitus* n. sp. (p. 321) Sumatra, *Ps. squamosus* n. sp. (p. 321) Cap.
Dicentrius Reitt., *Pselaphischnus* Rffr., *Pselaphoxys* Rffr., *Pselaphophus* Rffr.,
Pselaphoptrus Reitt., *Margaris* Schf.
Curculionellus Westw. *hirtus* n. sp. (p. 323 fig. 97) Sumatra.
Tyraphus Sh. in 4 Gruppen getheilt (p 323), *T. vestitus* n. sp. (p. 636) Sumatra.
Mentraphus Sh., *Psilocephalus* Rffr.

15. Trib. *Ctenistini* (p. 335—338).

Biotus Cas., *Atinus* Horn, *Chennium* Latr., *Anitra* Cas.
Chenniopsis n. gen. (p. 335, 338) *madecassa* n. sp. (p. 339 fig. 98).
Centrotoma Heyd.
Ctenistes Reichb. in 7 Gruppen getheilt (p. 339—340), *Ct. palpalis* u. *Staudingeri*
verglichen (p. 340), *Ct. crassicornis* n sp. (p. 340) Birma
Ctenisomorphus Rffr.
Ctenisomimus n. gen. (p. 336, 341) für *Sognorus Oneilii* Rffr.
Sognorus Reitt. in 9 Gruppen getheilt (p. 341—342).
Cteniosophus Rffr. in 5 Gruppen getheilt (p. 342), *Ct. validicornis* n. sp. (p. 343.)
Sumatra, *Ct. Bowringii* n. sp. (p. 343 fig. 99) Siam, *Ct. squamosus* Rffr., *Ct.
irregularis* n. sp. (p. 344 fig. 100) Sumatra, *Ct. vernalis* King (fig. 101).
Ctenicellus n. gen. (p. 337, 344) *major* n. sp. (p. 345 fig. 102) hierher auch
Ctenisophus laticollis Rffr.
Ctenisodes Rffr.
Desimia Reitt. in 4 Gruppen getheilt (p. 346), *D. caviceps* n. sp. (p. 346) Süd-
Afrika.
Ctenisis Rffr., *Laphidioderus* Rffr.
Enoptostomus Schm. in 4 Gruppen getheilt (p. 346—347), *E. crassicornis* n. sp.
(p. 347) Sumatra.
Poroderus Sh., *Epicaris* Reitt.
Odontalgus Rffr. in 3 Gruppen getheilt (p. 347—348), *O. gracilis* n. sp. u. *O.
validus* n. sp. (p. 348) Sumatra.
Narcodes King (*Edocranes* Reitt. p. 637).

16. Trib. *Tyrini* (p. 362—372).
Somatipion Schf.
Enantius Schf. *fortis* Rffr. (tab. III fig. 10, 11).
Centrophthalmus Schm. in 11 Gruppen zerlegt (p. 372—373), *C. guinaeensis*
n. sp. (p. 373) Guinea, *C. abyssinicus* n. sp. (p. 373) Abyssinien, *C. birmanus*
n. sp. (p. 374) Birma, *C. sinensis* n. sp. (p. 374) China, *C. papuanus* n. sp.
(p. 375) Neu Guinea, *C. angustipalpus* n. sp. (p. 375) Java, *C. bicarinatus* n.
sp. (p. 375) West-Afrika.
Centrophthalmosis n. gen. (p. 363, 376 fig. 103), *C. inexpectus* n. sp. (p. 376)
West-Afrika, *C. sulcatus* n. sp. (p. 377), *C. Reitteri* n. sp. (p. 377) Abyssinien.
Acylopselaphus Rffr., *Zeatyrus* Sh., *Ctenotillus* Rffr., *Leanymus* Rffr., *Ceophyllus*
Lec., *Cedius* Lec., *Pselaphocerus* Rffr.
Sintectodes Reitt. *tortipalpus* Rffr. (tab. III fig. 8, 9).
Tmesiphorus Lec. in 10 Gruppen zerlegt (p. 377—378), *Tm. punctatus* n. sp.
(p. 378 fig. 104, 105) West-Afrika, *Tm. Arrowii* n. sp. (p. 379 fig. 106)

Australien, *Tm. bispina* n. sp. (p. 380 fig. 107), *Tm. squamosus* n. sp. (p. 380) fig. 108) u. *Tm. aspericollis* n. sp. (p. 381 fig. 109) Sumatra.

Raphitreus Sh., *Eulasinus* Sh.

Labomimus Sh. *Harmandii* n. sp. (p. 382 fig. 110) Indien.

Pselaphodes Westw., *Tyrus* Aub., *Lasinus* Sh.

Subulipalpus Schf. *myrmecophilus* n. sp (p. 383) Hongkong.

Ancystrocerus carinatus n. sp. (p. 383) Sumatra.

Marellus Mot

Didymoprora Rffr. *semipunctata* n. sp. (p. 384) Australien.

Spilorhombus Rffr. *hirsutus* Rffr. (tab. III fig. 12, 13), *Lethenomus* Rffr. *villosus* Schf. (fig. 4, 5), *Tyrogetus* Brouu, *Neotyrus* Rffr. *gibbicollis* Rffr. (fig. 2, 3).

Tyropsis Saulc. in 3 Gruppen zerlegt (p. 385).

Schaufussia Rffr. *nasuta* n. sp. (p. 385) Australien.

Durbos Sh.

Gerallus Sh. in 2 Gruppen zerlegt (p. 386).

Hamotulus Schf., *Abascantus* Schf.

Tyromorphus Rffr. in 2 Gruppen zerlegt (p. 386).

Taphrostethus Schf.

Aploderina n. gen. (p. 369, 386) *sulcicornis* n. sp. (p. 386 fig. 111) Bolivien.

Horniella n. nom. für *Hornia* Rffr. (p. 369, 434).

Hamotopsis Rffr., (*Homatopsis* err. typ. p. 434, 644)., *Apharus* Reitt.

Cercoceropsis n. gen. (p. 370, 387) *longipes* u. sp. (p. 387 fig. 112) Brasilien.

Cercocerus Lec.

Hamotus Aub. mit 2 Untergatt. u. 71 Arten (p. 388—408[1]): *H.* (i. sp.) *sternalis* n. sp. (p. 389 fig. 114) Bolivien, *H. grandipalpis* Sh., *H. rostratus* Sh. *H. gracilicornis* Reitt., *H. boliviensis* n. sp. (p. 390 fig. 117) Bolivien, *H. badius* Schf., *H parviceps* Reitt., *H. subtilis* Schf., *H. inaequalis* Reitt., *H. Aubeanus* Reitt., *H. appendicularis* Sch., *H. globulifer* n. sp. (p. 392 fig. 116) Brasilien, *H. brunneus* Schf., *H. tibialis* n. sp. (p. 393 fig. 122), *H. frontalis* Reitt., *H. clavicornis* Reitt., *H. punctipennis* n. sp. (p. 393 fig. 118) Columbien, *H. vesiculifer* Rffr. 1891 (p. 394[2]), *H. globifer* Reitt., *H. auricapillus* Reitt., *H. robustus* Schf, *H. bulbifer* n. sp. (p. 395) Columbien, *H. bryaxoides* Aub., *H. inflatus* Rffr., *H. transversalis* Reitt., *H. barbatus* Schf., *H. fuscopilosus* Reitt., *H. impunctatus* Reitt, *H. crassipalpus* Rffr., *H. brevicornis* Reitt., *H. laetus* n. sp. (p. 397) Paraguay, *H. cavicornis* n. sp. (p. 398 fig. 120) Guatemala, *H. rugosus* n. sp. (p. 398), *H. bicolor* n. sp. u. *H. Fauvelii* n. sp. (p. 399) Bolivien, *H. cavipalpus* Rffr., *H. sulcipalpus* n. sp. (p. 400 fig. 119) Bolivien, *H. Grouvellei* n. sp. (p. 400) Brasilien, *H. parvipalpis* Sh., *H. ursulus* Schf., *H. simplex* n. sp. (p. 401) Brasilien, *H. setipes* Sh., *H. singularis* Reitt., *H. centralis* Reitt., *H. brevimarginatus* Schf., *H. vulpinus* Reitt. (fig. 121), *H. soror* n. sp. (p. 403) Venezuela, *H. lateritius* Aub, *H. decipiens* n. sp. (p. 404) Columbien, *H. longepilosus* n. sp. (p. 404 fig. 115) Bolivien, *H. micans* Reitt., *H. longiceps* n. sp. (p. 405 fig. 113) Brasilien, — *H.* (*Hamotoides* Schf.) *nodicollis* Rffr., *H. pubiventris* Sh., *H. appendiculatus* Reitt, *H. sanguinifer* Schf., *H. vicinus* Sh., *H. difficilis* Sh., *H. monachus* Reitt.,

---

[1]) Die Fundorte aber nur p. 435—439 zu finden.

[2]) In Folge eines Druckfehlers als „n. sp." bezeichnet.

H. tritomus Reitt., *H. nigropilosus* n. sp. (p. 407) Para, *H. suturalis* Schf., *H. commodus* Schf., *H. Reichei* Rffr., *H. hilaris* Schf., *H. flavopilosus* Rffr., *H. bellus* Schf., *H. hirtus* n. sp. (p. 408) Antillen.

Phamisulus Reitt.

Pseudohamotus Rffr. mit 3 Arten (p. 409): *Ps. inflatipalpus* Reitt., *Ps. conjunctus* Reitt., *Ps. planiceps* n. sp. (p. 409) Brasilien.

Cercoceroides Rffr. mit 3 Arten (p. 409—410): *C. Germainii* Rffr., *C. simplex* n. sp. u. *C. tuberculatus* n. sp. (p. 410) Brasilien.

Cercocerulus n. gen. (p. 371, 411) für *Phalepsus hirsutus* Schf. (fig. 123).

Rytus King in 3 Gruppen getheilt (p. 411).

Pseudotychus Rffr., *Eudranes* Sh., *Ryxabis* Westw.

Pseudophanias Rffr. mit 10 Arten (p. 411—416): *Ps. elegans* n. sp. (p. 413 fig. 124) u. *Ps. robustus* n. sp. (p. 413) Sumatra, *Ps. pilosus* Rffr., *Ps. tuberculatus* n. sp. (p. 414) Sumatra, *Ps. punctatus* n. sp. (p. 414) Singapur, *Ps. heterocerus* Rffr., *Ps. malaianus* Rflr., *Ps. puberulus* n. sp. (p. 415) Penang, *Ps. clavatus* n. sp. (p. 415) Sumatra, *Ps. cribricollis* Rffr.

Phalepsus vulgaris n. sp. (p. 416) Paraguay, *Ph. cavicornis* n. sp. (p. 416) Brasilien.

17. Trib. *Schistodactylini* (p. 442).

Schistodactylus Rffr.

18. Trib. *Arhytodini* (p. 442).

Arhytodes brevicornis n. sp. (p. 443) Brasilien, *A. boliviensis* n. sp. (p. 443) Bolivien.

Verzeichniss der Abbildungen auf den 3 Tafeln (p. 475—476).

Aulaxus trisulcatus Rffr. tab. I fig. 1, 2.
Diastictulus punctipennis Rffr. tab. I fig. 3, 4, 5.
Capnites angustus Rffr. tab. I fig. 6, 7.
Lioplectus nitidus Rffr. tąb. I fig. 8, 9, 10.
Vidamus convexus Sh. tab. I fig. 11, 12.
Brouniella laevifrons Broun tab. I fig. 13, 14, 15.
Euglyptus elegans Broun tab. I fig. 16.
Zelandius obscurus Broun tab. I fig. 17, 18.
Tomoplectus cordicollis Rffr. tab. I fig. 19, 20.
Melba parmata Reitt. tab. I fig. 21, 22.
Plectomorphus spinifer Broun tab. I fig. 23, 24.
Pseudotrimium microcephalum Rffr. tab. I fig. 25.
Euplectodina hipposideros Schauf. tab. I fig. 26, 27, 28.
Holzodus Raffrayi Fairm. tab. II fig. 4.
Boraxina Franzoisii Rffr. tab. II fig. 5.
Startes foveata Broun tab. II fig. 6.
Exeirarthron enigma Broun tab. II fig. 7, 8. 9.
Deroplectus pubescens King tab. III fig. 1.
Neotyrus gibbicollis Rffr. tab. III fig. 2, 3.
Lethonomus villosus Schf. tab. III fig. 4, 5.
Ephymata mucronata Rffr. tab. III fig. 6, 7.
Sintectodes tortipalpus Rffr. tab. III fig. 8, 9.
Emantius fortis Rffr. tab. III fig. 10, 11.

Spilorhombus hirtus Rffr. tab. III fig. 12, 13.
Batrisinus elegans Rffr. tab. III fig. 14.
Acrocomus cribratus Rffr. tab. III fig. 15.

Einzelbeschreibungen[1]).

Achillia, Acnyllium, Acrocomus, Adiastulus siehe **Raffray** pag. 186, 185, 188, 184.
Amauronyx Bedelii n. sp. **Normand** (Ab. XXX p. 213) Tunis.
Amaurops Pinkeri n. sp. **Ganglbauer** (Münch. Kol. Z. II p. 195) Judikarien. —
    Siehe auch **Raffray** pag. 184.
Anasis, Anasopsis, Ancystrocerus, Apharina, Aploderina, Arhytodes, Arthmius,
    Atenisodus siehe **Raffray** pag. 184, 187, 190, 188, 191, 184, 185.
Baraxina siehe **Raffray** pag. 187.
Batoctenus, Batraxis, Batribolbus, Batriplica, Batrisiella, Batrisinus, Batrisocenus,
    Batrisodes, Batrisomalus, Batrisophyma siehe **Raffray** pag. 185, 184.
Bibloporus Chambovetii Guill. besprach **Méquignon** (Ab. XXX p. 233).
Bolbobythus siehe **Raffray** pag. 187.
Brachygluta bicaudata n. sp. **Normand** (Ab. XXX p. 215) Tunis, *Br. caligata*
    Saulcy var. *depressifrons* n. var. (p. 215). — Siehe auch **Raffray** pag. 186.
Braxyda siehe **Raffray** pag. 186.
Bryaxina siehe **Raffray** pag. 186.
Bryaxis impressa Pz. besprach **Gerhardt** (Zeit. Ent. Bresl. 29. p. 73). — *Br.*
    (Reichenbachia) mundicornis n. sp. **Pic** (Ech. 20. p. 49) Bagdad. — *Br.*
    (Brachygluta) Cameronis Reitt. italienische Übersetzung von **Porta** (Riv.
    Col. ital. II p. 137). — Siehe auch **Raffray** p. 188.
Bunoderus siehe **Raffray** pag. 186.
Bythinus (Bythoxenus) Guinardii n. sp. **Peyerimhoff** (Bull. Fr. 1904 p. 214)
    Frankreich. — *B. Noesskei* n. sp. **Ganglbauer** (Münch. Kol. Z II p. 194)
    Rhaetische Alpen. — *B. trigonoceras* n. sp. **Holdhaus** (ibid. p. 227 fig.) Mte.
    Cavallo. — *B. heterocerus* n. sp. **Müller** (ibid. p. 208 fig. 1) Dalmatien,
    B. Burellii Denn. (fig. 2). — *B. (Bythoxenus) Aymerichii* n. sp. **Dodero**
    (Ann. Mus. 41. p. 53) Sardinien. — *B. Porsenna* Reitt. (fig. 1) aberr. ♂
    diversicornis nov. ab. **Fiori** (Riv. Col. ital. II p. 234), aberr. ♂ *simplicipes*
    nov. ab. (p. 235), *B. collaris* Baud. (fig. 2) aberr. ♂ *foemineus* n. ab. (p. 237),
    B. Picteti Tourn. (p. 238), *B. simplex* Baud. (p. 239), *B. bulbifer* Reich. (fig. 3)
    u. *italicus* Baud. (p. 240). — *B. Aymerichii* Dod. wiederholt abgedruckt von
    Amore (ibid. p. 256). — Siehe auch **Raffray** pag. 188.
Centrophthalmosis, Centrophthalmus, Cercoceroides, Cerceropsis, Cercocerulus,
    Chenniopsis, Cliarthrus, Comatopselaphus, Cryptorhinula, Ctenicellus, Cteni-
    somimus, Ctenisophus siehe **Raffray** pag. 189, 191, 190, 184, 185, 186, 187.
Ctenistes Vaulogeri n. sp. **Pic** (Ech. 20. p. 89) Tunis. — Siehe auch **Raffray**
    pag. 189.
Curculionellus, Cyathiger siehe **Raffray** pag. 189, 188.
Cyrtoplectus siehe *Euplectus.*
Dalmodes, Decarthron siehe **Raffray** pag. 188, 187.

---

[1]) In dieses Verzeichniss sind aus **Raffray**'s Arbeit nur diejenigen Gattungen
aufgenommen, die ausführlicher behandelt sind.

Desimia ferruginea n. sp. **Normand** (Ab. XXX p. 219) Tunis. — Siehe auch
Raffray pag. 189.

Diaposis, Diaugis, Didymoprora, Drasinus siehe Raffray pag. 184, 190, 186.

Ectopocerus, Eleusomatus, Enantius, Ephimia, Ephymata, Eremomus, Euphalepsus, Eupines siehe Raffray pag. 186, 189, 188, 187, 185.

Euplectus crassus n. sp. **Normand** (Ab. XXX p. 210), u. *Eu. Picii* n. sp. (p. 210)
mit var. *scillarum* n. var. (p. 211), u. *Eu. fedjensis* n. sp. (p. 212) Tunis. —
Eu. Guillebeaui Xamb. = *Amauronyx Barnevillei* Saulc. nach **Normand**
(Bull. Fr. 1904 p. 200), *Eu. (Cyrtoplectus* n. subg.) *sulciventris* Guill. ♂
(p. 200). — *Eu. caviceps* n. sp. **Broun** (Ann. Mag. nat. Hist. XIV p. 48),
Eu. sulciceps n. sp. (p. 49) Neu-Seeland. — *Eu. Peyerimhoffi* Norm. italienisch
von **Porta** (Riv. Col. ital. II p. 48).

Eupsenius, Euteleia, Exallus siehe Raffray pag. 187, 184.

Filiger, Gerallus, Globa, Glyphobythus siehe Raffray pag. 188, 190, 184, 187.

Hamotoides, Hamotus, Hapochraeus, Harmomima, Horniella, siehe Raffray
pag. 190, 184, 188.

Itamus, Iteticus, Labomimus siehe Raffray pag. 187, 184, 190.

Machaerites, Metopias, Mina siehe Raffray pag. 187, 185.

Mirus Lavagnei n. sp. **Dodero** (Bull. Fr. 1904 p. 40) Südfrankreich.

Mitona siehe Raffray pag. 186.

Nenemeca, Nodulina, Odontalgus, Ophelius siehe Raffray pag. 184, 186, 189.

Patreus n. gen. *Lewisii* n. sp. **Broun** (Ann. Mag. nat. Hist. XIV. p. 47) Neu-
Seeland.

Phalepsus, Phoberus siehe Raffray pag. 191, 187.

Pselaphus globiventris n. sp. **Reitter** (Wien. ent. Z. 23. p. 46) Sicilien. —
Italienische Übersetzung dieser Art von **Porta** (Riv. Col. ital. II. p. 150).
— Siehe auch **Raffray** pag. 189.

Pselaptus, Pseudohamotus, Pseudophanias siehe Raffray pag. 185, 191.

Reichenbachia, Rybaxis, Rytus siehe Raffray pag. 186, 187, 191.

*Sathytes, Scalenarthrus, Schaufussia, Sintectodes, Sognorus, Startes, Strombopsis,
Subilipalpus* siehe Raffray pag. 185, 190, 189, 187, 186.

Tanypleurus, Tmesiphorus, Triomicrus siehe Raffray pag. 188, 189, 186.

Tychus Jacquelinii Boield. (*cornutus* Croiss.) besprach **Peyerimhoff** Ab. XXX.
p. 169, *T. tuberculatus* Aub. (p. 170), *T. bryaxioides* Guill. (*Koziorowiczii*
Croiss.) mit var. *Picii* Croiss. u. var. *Raffrayi* n. var. (p. 170), *T. algericus*
Guill. (*tuniseus* Pic), *T. armatus* Saulc. = *castaneus* Aub. (p. 175), *T. ibericus*
Mot. (*striola* Guill., *rufopictus* Guill., *moniticornis* Guill.) (p. 177). — Siehe
auch Raffray pag. 188.

Tyraphus, Tyromorphus, Tyropsis siehe Raffray pag. 189, 190.

Tyrus Tillyi n. sp. **Schatzmayr** (Münch. Kol. Z. II. p. 213) Kärnthen.

Xybarida, Xybaris siehe Raffray pag. 186.

Fam. Scydmaenidae.
(0 n. gen., 3 n. spp.)

Bourgeois 4, Ganglbauer 4, Gerhardt 2, Reitter 17, 18.

Geographisches.

Bourgeois (4) führte 30 Arten aus den Vogesen auf.

Gerhardt (2) berichtete über *Neuraphes carinatus* Muls. aus Schlesien (p. 77).

Joy (1) berichtet über das Vorkommen von *Euconnus Mäklinii* Mannh. neu für England.

Ganglbauer (4) führte 10 Arten von der Insel Meleda auf (p. 651).

Systematik.

Einzelbeschreibungen.

Euconnus Solarii n. sp. **Reitter** (Wien. ent. Z. 23. p. 152) Italien. — *Eu. Mäklinii* Mannh. beschrieb **Joy** (Ent. Mont. Mag. 40. p. 6).

Neuraphes bescidicus n. sp. **Reitter** (Wien. ent. Z. 23. p. 147) Beskiden, *N. Antoniae* Reitt. = *N. parallelus* Chaud. ♀ (p. 147).

Stenichnus pilosissimus n. sp. **Reitter** (Wien. ent. Z. 23. p. 151) Italien.

Fam. Silphidae.

(0 n. gen., 15 n. spp.)

Abeille 3, Amore 1, Champion 3, Chobaut 6, Csiki 4, Dodero 2, 4[1]). Elliman 1, Ganglbauer 2, Jacobson 3, Mayet 2, Müller 1, 2, Peyerimhoff 1, 2, Poppius 4, Porta 2, Reitter 1, 3, 16, 17, 18, 21, Ssemënow 18, Tertrin 1, Wasmann 5, Xambeu 3a, Zoufal 1, Bourgeois 4.

Biologie.

Bourgeois (4) besprach die Lebensweise von *Leptinus testaceus* (p. 195).

Wasmann (5) berichtet über *Scotocryptus melittophilus* Rttr., *Goeldii* Wasm. u. *Meliponae* Gir. als Gäste in *Melipona*-Nestern (p. 483, 486—487) und beschrieb die Larve von *Scot. parasita* (p. 485—486 tab. XVII fig. 3).

Xambeu (3b) beschrieb die Larve von *Bathyscia ligurica* Reitt. (p. 106) und von *Silpha tristis* Ill. (p. 44), und das Ei von *Silpha sinuata* Fbr. (p. 32).

Geographisches.

Bourgeois (4) führte 65 Arten aus den Vogesen auf.

Dodero (4) führte 22 *Bathyscia*-Arten aus Italien auf.

Reitter (1) schilderte das Vorkommen *Silphanillus Leonhardii* Reitt. in der Herzegowina.

Müller (1) berichtete über das Vorkommen von *Nargus Kraatzii* Reitt. in Bosnien.

Tertrin (1) führte eine von Pavie in China gesammelte Art auf.

---

[1]) In Folge eines sehr fatalen Druckfehlers (pag. 59 Z. 1) scheint es, als ob Dodero (3) ebenfalls hierher gehöre; es soll jedoch dort *Bythinus* statt „*Bathyscia*" heissen.

Champion (3) u. **Elliman** (1) berichteten über das Vorkommen von *Catops sericatus* Chaud., neu für England.

Ganglbauer (4) führte 3 Arten von der Insel Meleda auf (p. 652).

Jacobson (3) führte *Ptomascopus plagiatus* Men. aus Sibirien auf (XXXIII).

Ssemënow (18) führte eine Art von der Insel Kolgujew auf.

Systematik.

Umfassende Arbeiten.

Müller.

Zwei neue Höhlensilphiden von der Balkanhalbinsel. (Münch. Kol. Z. II. p. 38—41).

Bei Gelegenheit einer neu beschriebenen Art, giebt der Autor eine sehr willkommene dichotomische Auseinandersetzung aller 8, in kurzer Zeit einander gefolgten Arten (p. 41). Hierbei zieht er seine früher aufgestellte Untergattung *Eumecosoma* als „unnatürlich" wieder ein (p. 39).

Die behandelten Arten.

Antroherpon cylindricolle Apf., *A Ganglbaueri* Apf., *A. Matulitschii* Reitt. *A. Leonhardii* Reitt., *A. Hörmannii* Apf., *A. stenocephalum* Apf., *A. pyg maeum* Apf., *A. Kraussii* n. sp. (p. 38, 41) Herzegowina.

Einzelbeschreibungen.

Anemadus Leonhardii n. sp. **Reitter** (Wien. ent. Z. 23. p. 154) Herzegowina.

Anillocharis Ottonis Reitt. bildete ab **Reitter** (Wien. ent. Z. 23. p. 146 tab. I fig. 5).

Antroherpon Lorekii n. sp. **Zoufal** (Wien. ent. Z. 23. p. 20) Herzegowina. — *A. Kraussii* Müll. = *A. Lorekii* Zouf. nach **Reitter** (Wien. ent. Z. 23. p. 84 146), *A. Leonhardii* Reitt. (p. 146 tab. I fig. 1), *A. Matulitschii* Reitt. (fig. 2), *A. Lorekii* Zouf. (fig. 3). — Siehe auch **Müller** oben.

Apholeuonus nudus Apf. var. *longicollis* n. var. **Reitter** (Wien. ent. Z. 23. p. 255) Herzegowina.

Bathyscia Aubei Ksw. var. *Champsaurii* n. var. **Peyerimhoff** (Bull. Fr. 1904 p. 215) u. var. *foveicollis* n. var. (p. 216) Frankreich. — *B. Jeannelii* n. sp. **Abeille** (Bull. Fr. 1904 p. 242) u. *B. Elgueae* n. sp. (p. 243) Pyrenäen. — *B.* (*Aphaobius*) *eurycnemis* n. sp. **Reitter** (Wien. ent. Z. 23. p. 26, 146 tab. I fig. 8) Herzegowina, *B. Neumannii* Apfb. gehört zur subg. *Aphaobius* (p. 260). — *B.* (*Aphaobius*) *Fabianii* n. sp. **Dodero** (Ann. Mus. Gen. 41 p. 55) Venedig, *B. Ravelii* n. sp. (p. 57) Capri, *B. Lostiae* n. sp. (p. 58) Sardinien. — Über die Artberechtigung von *B. Destefanii* handelte **Dodero** (Nat. Sic. 17. p. 121). — *B. serbica* n. sp. **Müller** (Münch. Kol. Z. II p. 41) Serbien. — *B. nemausica* n. sp. **Chobaut** (Bull. Soc. Nimes 31. p. 76) Nimes. — *B. Puelii* Chob. italienische Uebersetzung von **Porta** (Riv. Col. ital. II p. 124). — *B. Fabianii* Dod., *Ravelii* Dod. u. *Lostiae* Dod. wiederholt abgedruckt von **Amore** (ibid. p. 257, 258).

Blattodromus siehe *Pholeuonopsis.*
Choleva pallida n. sp. **Poppius** (Öfv. Finska Förh. 46. No. 16 p. 2) Sibirien.
Diaprysius Serullazii n. sp. **Peyerimhoff** (Bull. Fr. 1904 p. 185, 187) Frankreich,
dichot. Tab. über 4 Arten (p. 186—187). — *D. Mazauricii* May. **Mayet** (Bull.
Soc. Nimes 31. p. 31[1]) Frankreich.
Ecanus siehe *Hadrambe.*
Eumecosoma siehe Müller pag. 195.
Hadrambe Thoms. 1859 = *Ecanus* Steph. 1839 nach **Bedel** (Ab. XXX p. 235),
H. glabra Payk. 1798 = *glabra* Fbr. 1792 (p. 235).
Leonhardella angulicollis Reitt. bildete ab **Reitter** (Wien. ent. Z. 23. p. 146
tab. I fig. 6).
Pholeuon (Parapholeuon) hungaricum n. sp. **Csiki** (Ann. Mus. nat. Hung. II
p. 565) Ungarn.
Pholeuonopsis Sequentis Reitt. bildete ab **Reitter** (Wien. ent. Z. 23. p. 146 tab. I
fig. 4), *Ph.* (*Blattodromus* n. subg. p. 153) *herculeana* n. sp. (p. 153) Bosnien.
Ptomascopus plagiatus Men. (*quadrimaculatus* K., *Davidis* Fairm., *plagiatipennis*
Lew.) mit var. *morio* Kr. besprach **Jacobson** (Ann. Mus. Pet. IX p. XXXIII).
Scotocryptus Meliponae Gir. beschrieb **Wasmann** (Rev. Mus. Paul. VI p. 484),
Goeldii Wasm. (p. 484 tab. XVII fig. 5), *Sc. melittophilus* Reitt. (p. 485 fig. 4)
u. *Sc. parasita* Reitt. (p. 485 fig. 2).
Silphanillus Leonhardii Reitt. bildete ab **Reitter** (Wien. ent. Z. 23. p. 146
tab. I fig. 7).

Fam. *Anisotomidae.*

(0 n. gen., 1 n. sp.)

Fleischer 1—4, Ganglbauer 4, Jacobson 3, Mjöberg 1, Reitter
18, Sturgis 1, Bourgeois 4, Chaster 1.

Biologie.

Fleischer (3) theilte Beobachtungen über die Biologie verschiedener *Anisotoma*-Arten mit.
Sturgis (1) berichtete über *Loides obsoleta* Horn als Zerstörer
von Pilzsammlungen.

Geographisches.

Bourgeois (4) führte 42 Arten aus dem Vogesen auf.
Chaster (1) berichtete über *Agathidium badium* Er. als neu
für England.
Mjöberg (1) berichtete über das Vorkommen von *Agathidium
varians* Beck in Schweden.
Ganglbauer (4) führte 1 Art von der Insel Meleda auf (p. 652).
Jacobson (3) berichtete, dass *Hydnobius strigosus* Schm. von
Ssumakow in Dorpat gefunden wurde.

---

[1]) Diese als „nov. spec." wiederholt beschriebene Art ist nicht neu, sondern
schon 1903 publicirt worden. Vergl. Bericht 1903 p. 207.

Systematik.
Einzelbeschreibungen.
Agathidium laevigatulum n. sp. **Reitter** (Wien. ent. Z. 23. p. 154) Italien.
Anisotoma curvipes Schm. (*macropus* Rye) unterschied von *calcarata* Er. **Fleischer**
(Wien. ent. Z. 23. p. 162 „*Liodes*"), *A. calcarata* Er. var. *ruficornis* n. var.
(p. 163 [1]), *A. ovalis* Schm. var. *nigricollis* n. var. (p. 166 [1]) Brünn, *A. dubia,*
calcarata, hybrida u. *litura* besprochen (p. 253—254), — *A.* (*Trichosphaerula*
n. subg. p. 261) *scita* Er. ♂ (p. 262).

Fam. Corylophidae.
(0 n. gen., 1 n. spp.)
Bourgeois 4.

Geographisches.
Bourgeois (1) führte 5 Arten aus den Vogesen auf.

Fam. Clambidae.
(0 n. gen., 1 n. spp.)
Bourgeois 4, Ganglbauer 4, Reitter 17.

Geographisches.
Bourgeois (1) führte 8 Arten aus den Vogesen auf.
Ganglbauer (4) führte 2 Arten von der Insel Meleda auf (p. 652).

Systematik.
Einzelbeschreibungen.
Loricaster cribripennis n. sp. **Reitter** (Wien. ent. Z. 23. p. 147) Frankreich.

Fam. Trichopterugidae.
(0 n. gen., 1 n. sp.)
Abeille 6, Bourgeois 4, Ganglbauer 4.

Geographisches.
Bourgeois (1) führte 33 Arten aus den Vogesen auf.
Ganglbauer (1) führte 1 *Actinopteryx* von der Insel Meleda
auf (p. 652).
Einzelbeschreibungen.
Ptenidium laevipenne n. sp. **Abeille** (Misc. ent. XII p. 100) Pyrenäen.

---

[1]) Der Verf. nennt diese varr. „ac.", was ganz unverständlich ist. Vielleicht
ist es ein Druckfehler statt „ab."

Fam. Scaphidiidae.

(0 n gen., 2 n. spp.)

Bourgeois 4, Csiki 1, Ganglbauer 4, Sturgis 1, Xambeu 3b.

Biologie.

Xambeu (3b) beschrieb die Larve von *Scaphidium unicolor* Cast. (p. 80) aus Madagascar.

Sturgis (1) berichtete über *Boeocera* sp. als Zerstörerin einer Pilzsammlung.

Geographisches.

Bourgeois (1) führte 5 Arten aus den Vogesen auf.

Ganglbauer (4) führte 1 *Scaphosoma* von der Insel Meleda auf (p. 652).

Systematik.

Einzelbeschreibungen.

Scaphosoma Reitteri n. nom. **Csiki** (Wien. ent. Z. 23. p. 85) für *Sc. laeve* Guill. nec Reitter.

Scaphidium Matthewsii n. nom. **Csiki** (Wien. ent. Z. 23. p. 85) für *Sc. unicolor* Matth. nec Cast.

Fam. Byturidae.

Bourgeois 4.

Geographisches.

Bourgeois (4) führte 2 Arten aus den Vogesen auf.

Fam. Phalacridae.

Bourgeois 4, Ganglbauer 4.

Biologie.

Bourgeois (4) gab Notizen über die Nahrung u. über die Larven.

Geographisches.

Bourgeois (4) führte 14 Arten aus den Vogesen auf.

Ganglbauer (4) führte 1 *Phalacrus* u. 1 *Olibrus* von der Insel Meleda auf (p. 655).

Fam. Endomychidae.

(1 n. gen., 6 n. spp.)

Allard 1, Ganglbauer 4, Pic 35, Porta 2, Reitter 7, 9, 18, Semënow 15, Bourgeois 4.

Geographisches.

Allard (1) führte 2 von **Pavie** in China gesammelte Arten auf.

Bourgeois (4) führte 10 Arten aus den Vogesen auf.

Ganglbauer (4) führte 1 *Hylaia* von der Insel Meleda auf (p. 654). **Jacobson** (3) berichtete über das Vorkommen von *Symbiotes gibberosus* Lac. im Tambow'schen Gouvernement (p. XXXV).

Systematik.

Umfassende Arbeiten.

Reitter.

Eine neue *Mycetaeiden*-Gattung aus Italien. (Wien. ent. Z. 23. p. 41—42.)

Eine dichotomische Auseinandersetzung von 6 Gattungen, von denen eine neu.

Die behandelten Gattungen.

Mycetaea Steph., *Symbiotes* Rdtb., *Agaricophilus* Mot. *Aclemmysa* n. gen. (p. 41), *A. Solarii* n. sp. (p. 42) Italien. *Clemmys* Hamp., *Mychophilus* Friv.

Einzelbeschreibungen.

Aclemmysa, Agaricophilus siehe Reitter oben.
Aclemmysa Solarii Reitt. italienische Uebersetzung von **Porta** (Riv. Col. ital. II p. 143). — Siehe auch Reitter oben.
Alexia maritima n. sp. **Reitter** (Wien. ent. Z. 23. p. 45) Seealpen, *A. Solarii* n. sp. (p. 155 *Sphaerosoma*) Italien. — *A. maritima* Reitt. italienische Übersetzung von **Porta** (Riv. Col. ital. II p. 144).
Clemmys siehe Reitter oben.
Dapsa Roddiana n. sp. **Ssemënow** (Rev. russe 1904 p. 289) Sibirien.
Lycoperdina (Golgia) Jakowlewii n. sp. **Ssemënow** (ibid. p. 290) Sibirien.
Mycetaea siehe Reitter oben.
Mycetina inapicalis n. sp. **Pic** (Ech. 20. p. 90) Syrien.
Mychophilus siehe Reitter oben.
Sphaerosoma siehe *Alexia.*
Symbiotes siehe Reitter oben.

Fam. Erotylidae.
(0 n. gen., 13 n. spp.)

Allard 1, Champion 2, Chittenden 7, Jacobson 3, Reitter 18, Ritsema 3, 4, 6, 7, Schaeffer 1, Ssemënow 6, Bagnall 4, 6, Bourgeois 4.

Biologie.

Chittenden (7) schilderte die Lebensweise von *Languria Mozardii* Latr., *L. bicolor* Fbr., *L. trifasciata* Say, *L. gracilis* Newm. u. erwähnte *L. laeta* Lec.

Geographisches.

Allard (1) führte 6 von Pavie in China gesammelte Arten auf. **Bagnall** (4, 6) berichtete über *Triplax aenea* Schall u. *russica* L. in England.

Bourgeois (4) führte 9 Arten aus den Vogesen auf.
Jacobson (3) führte *Triplax cinnabarina* aus Wladiwostok auf.

Systematik.
Umfassende Arbeiten.
Ritsema.

The hitherto known African species of the genus *Helota*.
(Not. Leyd. Mus. 25. p. 203—215).

Es werden 7 afrikanische Arten ausführlich beschrieben u.
dann auch dichotomisch auseinander gesetzt (p. 214—215), von
denen 2 neu sind. Die Zahl der beschriebenen Arten, von denen
der Autor in der folgenden Arbeit eine Ergänzungsliste giebt, steigt
dadurch auf 69.

Die behandelten Arten.

Helota guineensis Rits., *H. Sjöstedtii* Rits., *H. africana* Olliff, *H. costata* Rits.
mit var. *stigma* Rits. (p. 210[1]), *H. semipurpurea* n. sp. (p. 210, 215) Usambara,
H. Pauli Ws., *H. tripartita* n. sp. (p. 212, 215) Kamerun.

Einzelbeschreibungen.

Helota Fruhstorferi n. sp. **Ritsema** (Not. Leyd. Mus. 25. p. 117), *H. tonkinensis*
n. sp. (p. 119) u. *H. elongata* n. sp. (p. 121) Tongking, *H. Renati* n. sp. (p. 123[2])
China, *H. intermedia* n. sp. (p. 125) u. *H. Durelii* n. sp. (p. 127) British Bhotan,
H. Montonis n. sp. (p. 129) China, *H. indicator* n. sp. (p. 130) Tenasserim,
H. Sjöstedtii n. sp. (p. 163) West-Afrika, Liste über 25 Arten (p. 216—218).
— Siehe auch **Ritsema** oben.

Dasydactylus Cnici n. sp. **Schaeffer** (J. N. York Ent. Soc. XII p. 201[3]) Texas
auf *Cnicus virginianus*.

Languria apicalis n. sp. **Schaeffer** (ibid. p. 198) Texas, dich. Tab. über 15 Arten.

Pharaxonotha siehe *Thallisella*.

Thallisella Conradtii Gorh. = *Pharaxonotha* Kirschii Reitt. nach **Champion,** Ent.
Month. Mag. 40. p. 36.

---

[1]) Ob diese var. neu oder alt ist, giebt der Autor nicht an. Wegen des
Fehlens eines Citates muss man sie für neu halten, durch die Hinzufügung
eines Autornamens ist sie aber als alt gekennzeichnet; denn ein Autorname ist
abgekürztes Citat.

[2]) Dieser Name ist ein gutes Beispiel für die Nützlichkeit der alten Genitiv-
bildung auf ii, die es gestattet, zwischen einem *H. Renatii* (Herrn Renat gewidmet) u. *H. Renati* (Herrn René Oberthür gewidmet) zu unterscheiden. —
Siehe auch *Dasydactylus*.

[3]) Es ist erfreulich, dass der geehrte Autor den Genitiv der nomina propria
richtig auf „ii“ endigen lässt, so dass man bei obigen Speciesnamen sogleich
sieht, dass die Art nicht etwa nach einem Mr. Cnic benannt ist. Um so mehr
ist es zu bedauern, dass er nicht auch sonst korrekt, sondern alle Speciesnamen
gleichmässig klein schreibt. — Vergl. auch *Helota*.

Tritoma sibirica Sem. 1898 = *Jakowlewii* Sem. 1898 = *subbasalis* Reitt. 1896
nach Ssemênow (Rev. russe d'Ent. IV. p. 304[1]), *Tr. consobrina* Reitt. 1896
= *sobrina* Lew. 1887 (p. 304).
Triplax Marseulii var. *discicollis* n. var. **Reitter** (Wien. ent. Z. 23. p. 156)
Italien. — *Tr. (Pselaphandra* n. subg.) **Jacobson** (Ann. Mus. Pet. IX
p. XXXV[2]) für *Tr. cinnabarina* Reitt.

Fam. *Cryptophagidae.*
(0 n. gen., 2 n. spp.)
Bedel 7, Gabriel 1, Ganglbauer 4, Gerhardt 4, Schaeffer 1,
Vorbringer 1, Bourgeois 4.

Biologie.
Bourgeois (4) gab Notizen über die Lebensweise von *Anthero-
phagus* u. *Cryptophagus.*

Geographisches.
Bourgeois (4) führte 67 Arten aus den Vogesen auf. .
Vorbringer (1) fand *Cryptophagus distinguendus.* Strm. und
Milleri Reitt. (p. 453) und *Telmatophilus Schönherrii* Gyll. in Ost-
preussen.
Ganglbauer (4) führte 8 Arten von der Insel Meleda auf
(p. 655).

Systematik.
Umfassende Arbeit.
Gabriel.
Ein Hilfsmittel bei Bestimmung der *Atomarien.*
(Zeit. Ent. Bresl. 29. p. 85—89).
Es wurden die schlesischen Arten der Gattungen *Atomaria* u.
Anchicera nach einem neuen Merkmal, der Behaarung des Hals-
schildes entnommen, einer Revision unterzogen und nach dem
Ergebnis dieser Untersuchung dichotomisch auseinander gesetzt.

Die behandelten Arten.
Atomaria fimetarii Hrbst., *A. nigriventris* Steph., *A. diluta* Er., *A. linearis* Er,.
herminea Er., *pumila* Reitt., *A. procerula* Er., *prolixa* Er., *Wollastonis* Sh,.
A. Baranii Bris. var. *pilosella, A. atrata* Reitt., *A. alpina* Heer.
Anchicera Thms. *cognata* Heer, *A. fuscipes* Gyll., *A. impressa* Er., *nitidula* Heer,
A. plicata Reitt., *A. analis* Er., *A. gibbula* Er., *A. clavigera* Gyll., *A. meso-
melaena* Hrbst., *apicalis* Er., *atilla* Reitt., *A. gutta* Steph., *A. turgida* Er.,
A. nigripennis Payk., *A. munda* Er., *A. gravidula* Er., *A. atricapilla* Steph.,
A. fuscata Sch.
Einzelbeschreibungen.
Anchicera siehe Gabriel oben.
Atomaria prolixa Er. u. *pulchra* Er. spezifisch unterschieden noch **Gerhardt**
(Zeit. Ent. Bresl. 29. p. 83). — Siehe auch Gabriel oben.

---
[1]) Soll aber trotzdem *Tr. Jakowlewii* Sem. heissen (p. 306).
[2]) Mit lateinischer Diagnose.

Diphyllus lunatus Fbr. 1792 = *lunatus* Ol. 1790 nach **Bedel** (Ab. XXX p. 235).
Diplocoelus serratus Duf. = *fagi* Chevr. nach **Bedel** (Ab. XXX. p. 235).
Loberus ornatus n. sp. **Schaeffer** (J. N. York ent. Soc. XII. p. 201) Texas.
Tomarus chamaeropis n. sp. **Schaeffer** (ibid. p. 202) Texas,

Fam. *Lathridiidae*.
(0 n. gen., 2 n. spp.)

Deville 3, Ganglbauer 4, König 1, Reitter 8, 18, Ssemënow 2, 15, Tomlin 5, Vorbringer 1, Bourgeois 4, Chitty 2.

Biologie.
Bourgeois (4) gab Notizen über die Larven von *Lathridius* u. *Corticaria*.

Geographisches.
Bourgeois (4) führte 33 Arten aus den Vogesen auf.

Chitty (2) berichtete über *Lathridius Bergrothii* u. **Tomlin** (5) über *L. angusticollis* in England.

König (1) berichtete über *Cartodere costulata* Reitt. aus dem Caucasus.

Deville (3) berichtete dass *Lathridius brevicollis* Thoms. nur irrtümlich für Frankreich aufgeführt worden war.

Vorbringer (1) fand *Cartodere elongata* Curt., *Corticaria saginata* Mannh. (p. 453) und *Enicmus fungicola* Thoms. in Ostpreussen.

Ganglbauer (4) führte 5 Arten von der Insel Meleda auf (p. 655).

Systematik.
Einzelbeschreibungen.

Corticaria Solarii n. sp. **Reitter** (Wien. ent. Z. 23. p. 156) Italien.
Enicmus minutus L. u. *anthracinus* Mannh. unterschied **Reitter** (Wien. ent. Z. 23. p. 44, 80), *E. Mannerheimii* ♂ berichtigt (p. 43).
Lar siehe *Lathridius*.
Lathridius (*Lar* n. subg.) *Bergrothii* Reitt. (*microps* Erics. nach **Ssemënow** (Rev. russe 1904 p. 314), *L. Poppii* n. sp. (p. 289 „*Poppiusi*") Ost-Sibirien.

Fam. *Colydiidae*.
(0 n. gen., 2 n. spp.)

Arrow 4, Beare 5, Bedel 7, Ganglbauer 4, Grouvelle 2, Pool 1, Walker 1, Xambeu 3 b, Bourgeois 4.

Biologie.
Xambeu (3b) beschrieb die Larve von *Holocephala chlorotica* Fairm. (p. 83) u. von *Cicones Madagascariensis* Gr. (p. 88) aus Madagascar.

Geographisches.

Arrow (4) berichtete über das Vorkommen von *Minthea rugi-
collis* Walk. in England.
Bourgeois (4) führte 24 Arten aus den Vogesen auf.
Ganglbauer (4) führte 5 Arten von der Insel Meleda auf (p. 655).
Pool (1) u. **Beare** (5) berichteten über das Vorkommen von
Aulonium sulcatum, neu für England.
Lea (2) führte 2 Arten aus Australien auf (p. 78).
Walker (1) berichtete über das Vorkommen von *Oxylaemus
variolosus* in England.

Systematik.

Einzelbeschreibungen.

Caprodes ater n. sp. **Grouvelle** (Ann. Belg. 48. p. 181) Congo.
Cerylon ovale n. sp. **Grouvelle** (ibid. p. 182) Congo. •
Ditoma siehe *Minthea.*
Endophloeus spinosulus Latr. 1807 = *Markovichianus* Pill. 1783 nach **Bedel** (Ab.
   XXX p. 236).
Eulachus hispidus Blackb. = *Minthea rugicollis* Walk. nach **Arrow** (Ent. month.
   Mag. 40. p. 36).
Lyctopholis foveicollis Reitt. = *Minthea rugicollis* Walk. nach **Arrow** (Ent. month.
   Mag. 40. p. 36).
Minthea similata Pasc. = *rugicollis* Walk. (*Ditoma*) nach **Arrow** (Ent. month.
   Mag. 40. p. 35, 36). — Siehe auch *Eulachus* u. *Lyctopholis.*

Fam. Cucujidae.

(0 n. gen., 11 n. spp.)

Arrow 4, Deville 3, Fauvel 6, Ganglbauer 4, Grouvelle 2,
Lea 2, Pietsch 2, Schaeffer 1, Schnee 1, Vorbringer 1, Xambeu 3b,
Bourgeois 4, Felt 2.

Biologie.

Bourgeois (4) gab Notizen über die Larven von *Laemophloeus.*
Felt (2) handelte über *Silvanus* als Schädling.
Lea (2) beschrieb die Larve von *Platisus integricollis* Reitt.
(p. 88 tab. IV fig. 6).
Xambeu (3b) beschrieb die Larve u. die Puppe von *Brontes
atratulus* Grouv. (p. 90) aus Madagaskar.

Geographisches.

Arrow (4) berichtete über das Vorkommen von *Laemotmetus
rhizophagoides* Walk. in England.
Bourgeois (4) führte 29 Arten aus den Vogesen auf.
Pietsch (2) berichtete über *Laemophloeus ater* var. *capensis*
Waltl in Schlesien.
Schnee (1) führte eine Art von den Marshall-Inseln auf.

Deville (3) berichtete über das Vorkommen von *Laemophloeus alternans* Er. in Frankreich.

Ganglbauer (4) führte 7 Arten von der Insel Meleda auf, von denen *Laemophloeus Krüperi* Reitt. bemerkenswerth (p. 655).

Lea (2) führt 10 Arten aus Australien auf.

Vorbringer (1) fand *Laemophloeus corticinus* Er. in Ostpreussen.

Systematik.

Fauvel (6) änderte den Namen seiner Tribus *Protherinini* (1903, 8, p. 305, *Cucujidae*) in *Aglycyderini* und fügte die Gattung *Aglycederes* Westw. (= *Platycephala* Montr.) hinzu ohne die zugehörigen 2 Arten zu nennen u. ohne die Gattung *Protherinus* zu erwähnen. Dagegen sagt er, dass vielleicht eine besondere Familie vorliege, womit er die *Protheriṇidae* zu meinen scheint (p. 208).

Einzelbeschreibungen.

Asana rhizophagoides Oll. = *Laemotmetus rhizophagoides* Walk. nach **Arrow** (Ent. month. Mag. 40. p. 36).

Dryocera Walkeri n. sp. **Lea** (Pr. Linn. Soc. N. S. Wales 29. p. 87 tab. IV fig. 5) Australien.

Laemophloeus subopacus n. sp. **Lea** (ibid. p. 82), *L. ubiquitosus* n. sp. (p. 83), *L. pilosus* n. sp. (p. 84), *L. testaceorufus* n. sp., *L. Eucalypti* n. sp. (p. 85) u. *L. pallidus* n. sp. (p. 86) Australien, *L. Diemensis* Blackb. ♀ (p. 87 tab. IV fig. 14), *L. Frenchii* Blackb. (p. 87 fig. 4). — *L. notabilis* n. sp. **Grouvelle** (Ann. Belg. 48. p. 183) Congo.

Laemotmetus ferrugineus Gerst. = *rhizophagoides* Walk. (*Trogosita*) nach **Arrow** (Ent. month. Mag. 40. p. 36). — Siehe auch *Asana* u. *Oryzaecus*.

Oryzaecus cathartoides Reitt. = *Laemotmetus rhizophagoides* Walk. nach **Arrow** (Ent. month. Mag. 40. p. 36).

Rhinomalus texanus n. sp. **Schaeffer** (J. N. York ent. Soc. XII p. 201) Texas.

Silvanus proximus n. sp. **Grouvelle** (Ann. Belg. 40. p. 183) Kamerun, *S. frater* n. sp. (p. 184) Congo.

Fam. *Trogositidae.*

(0 n. gen., 0 n. spp.)

Bourgeois 4, Ganglbauer 4, Ssemënow 2, Tertrin 1, Xambeu 3 b.

Biologie.

Xambeu (3 b) beschrieb die Larve u. die Puppe von *Alindria spectabilis* Kl. (p. 85) aus Madagaskar.

Geographisches.

Bourgeois (4) führte 7 Arten aus den Vogesen auf.

Tertrin (1) führte 2 von Pavie in China gesammelte Arten auf.

Ganglbauer (4) führte 2 Arten von der Insel Meleda auf (p. 654).

Systematik.
Einzelbeschreibungen.

Peltis Jakowlewii Sem. = *ferruginea* L. var. nach **Ssemënow** (Rev. russe d'Ent. IV p. 120).

Fam. Nitidulidae.
(0 n. gen., 3 n. spp.)

Bedel 7, Fauvel 6, Ganglbauer 4, Grouvelle 2, Jacobson 3, Kletke 1, Poppius 4, Schaeffer 1, Vorbringer 1, Xambeu 3a, 3b, Bergmiller 1, Bourgeois 4, Schnee 1.

Biologie.

Bergmiller (1) handelte über die Beziehungen zwischen *Rhizophagus grandis* u. *Dendroctonus micans.*

Bourgeois (4) gab Notizen über die Larve der Brachypterien, von *Epuraea, Nitidula, Soronia, Amphetis, Meligather* u. *Rhizophagus.*

Xambeu (3a) beschrieb die Puppe von *Pocadius ferrugineus* Fbr. (p. 108), — (3b) die Larve von *Lordites* sp.? (p. 82) aus Madagaskar.

Geographisches.

Bourgeois (4) führte 101 Arten aus den Vogesen auf.

Schnee (1) führte 3 Arten von den Marshall-Inseln auf.

Kletke (1) berichtete über *Carpophilus xanthopterus* der massenhaft in kalifornischen Aprikosen nach Breslau importirt wurde.

Vorbringer (1) fand *Epuraea nana* Reitt. (p. 43) u. *thoracica* Tourn. (p. 453) u. *Meligethes ovatus* Strm. (p. 43) in Ostpreussen.

Ganglbauer (4) führte 6 Arten von der Insel Meleda auf (p. 654—655).

Jacobson (3) berichtete über das Vorkommen von *Atarphia fasciculata* Reitt. in Sibirien.

Systematik.
Einzelbeschreibungen.

Amphicrossus siehe *Camptodes.*

Camptodes texanus n. sp. **Schaeffer** (J. N. York ent. Soc. XII p. 203) Texas, dichot. Tab. über diese u. 5 Gattungen: *Psilopyga* Lec., *Amphicrossus* Er., *Cyllodes* Er., *Pallodes* Er., *Cychramus* Ving.

Epuraea opacula n. sp. **Poppius** (Öfv. Finska Förh. 46. no. 16. p. 5) Ost-Sibirien.
— **Fauvel** (6) änderte die dichot. Tabelle der 2 Arten von 1903 (8) um (p. 302).

Cyllodes, Cychramus siehe *Camptodes.*

Glisrochilus (Librador) Olivieri Bed. 1891 = *hortensis* Fourcr. 1785 nach **Bedel** (Ab. XXX p. 236).

Meligethes atomus n. sp. **Grouvelle** (Ann. Belg. 48. p. 181) Congo.

Pallodes siehe *Camptodes.*

Pocadius ferrugineus Fbr. nec. L. = *striatus* Ol. nach **Bedel** (Ab. XXX p. 236).

Psilopyga siehe *Camptodes.*

Fam. *Histeridae.*

(3 n. gen., 25 n. spp.)

Davis 2, Ganglbauer 4, Lewis 1, Reitter 6, 18, Schaeffer ⱡ, Schnee 1, Vorbringer 3, Bourgeois 4.

Biologie.

Bourgeois (4) gab Notizen über die Larven.
Davis (2) berichtete, dass Hister *interruptus* Bauv., *biplagiatus* u. *sexstriatus* Lec. lebende Schmetterlingsraupen frassen.

Geographisches.

Bourgeois (4) führte 71 Arten aus den Vogesen auf.
Schnee (1) führte 1 Art von den Marshall-Inseln auf.
Vorbringer (1) fand *Platysoma deplanatum* Gyll. in Ostpreussen.
Ganglbauer (4) führte 11 Arten von der Insel Meleda auf (p. 652).

Systematik.
Umfassende Arbeiten.

1. Reitter.

Über die Arten der Gattung *Gnathoncus* Duv. (Untertitel von Reitter 6).
(Wien. ent. Z. 23, p. 35—36).

Eine dichotomische Auseinandersetzung von 3 Arten und 3 Varietäten.

Die behandelten Arten.

Gnathoncus punctulatus Thoms. (*rotundatus* Mars.), *Gn. Schmidtii* Reitt. mit var. *punctator* Reitt., var. *urganensis* Reitt. u. var. *Potaninii* Reitt., *Gn. rotundatus* Küst. (*manketensis* Mars.).

2. Reitter.

Über die *Saprinus*-Arten aus der Verwandtschaft des *Sap. lateristrius* Solky mit einem abgekürzten Latural-streifen auf dem Halsschilde. (Untertitel in Reitter 6).
(Wien. ent. Z. 23. p. 31—33).

Eine dichotomische Auseinandersetzung von 3 Arten, von denen 2 neu.

Die behandelten Arten.

Saprinus lateristrius Slsk. mit var. *laterimargo* n. var. (p. 32) Bucharei, *S. refector* n. sp. (p. 32) Turkestan, *S. Netuschilii* n. sp. (p. 33) Mongolei.

Einzelbeschreibungen.

Acritus seminulum n. *nigricornis* besprach **Reitter** (Wien. ent. Z. 23. p. 36), *A. italicus* n. sp. (p. 155) Italien. — *A. nigricornis* besprach **Müller** (Wien. ent. Z. 23. p. 172). — *A. nigricornis* u. *siminulum* 1903 berichtigte **Gerhardt** (Zeit. ent. Bresl. 29. p. 84 u. Deut. ent. Z. 1904 p. 368).

Enicosoma n. gen. *vespertinum* n. sp. **Lewis** (Ann. Mag. nat. Hist. XIV p. 149
  tab. VI fig. 5) Brasilien.
Eutidium lepidum n. sp. **Lewis** (ibid. p. 138) Brasilien.
Gnathoncus siehe **Reitter** pag. 206.
Hister Bellii n. sp. **Lewis** (loc. cit. p. 146), *H. pachysoma* Anc. (p. 146),
  H. Walkeri n. sp. (p. 147) Australien.
Hololepta dux n. sp. **Lewis** (ibid. p. 138) Kamerun, *H. pervalida* Blaisd. und
  neglecta Blaisd. 1892 abgedruckt (p. 139).
Lioderma intersectum n. sp. **Lewis** (ibid. p. 139) Peru.
Macrolister n. gen. **Lewis** (ibid. p. 145) für *Hister gigas* Payk., *H. validus* Er.,
  H. latipes Beaud., *H. fortis* Sch., *H. robusticeps* Mars., *H. tardigradus, sagi-
  natus, robusticollis, intrepidus* u. *Colensoi* Lew., *H. major* L., *H. pilicollis*
  Sch., *H. lotobius, ignavus* u. *maurus* Mars.
Niponicus striaticeps n. sp. **Lewis** (ibid. p. 137 tab. VI fig. 4) Borneo, *N. canali-
  collis* Lew. (tab. VI fig. 1), *N. parvulus* Lew. (fig. 2), *N. Andrewesii* Lew.
  (fig. 3).
Omalodes mestino n. sp. **Lewis** (ibid. p. 144) Peru.
Orectoscelis humeralis Lew. bildet ab **Lewis** (ibid. tab. VI fig. 6).
Pachycraerus cylindricus Lew. beschrieb genauer **Lewis** (ibid. p. 148).
Pachylister n. gen. **Lewis** (ibid. p. 145) für *Hister caffer* Er., *H. inaequalis* Ol.,
  H. nigrita Er., *H. rocca* Mars., *H. conilabris* Sch., *H. spinipes* Mars.,
  H. bengalensis Wied., *H. reflexilabris* Mars., *H. ceylonus* Mars., *H. lutarius*
  u. *scaevola* Dr., *H. congener* Sch. u. *H. chinensis* Quens.
Pachylomalus Andrewesii n. sp. **Lewis** (ibid. p. 147) Indien.
Placodes Braunii n. sp. **Lewis** (ibid. p. 142) Süd-Afrika.
Plaesius Mouhotii Lew., *planulus* Lew. u. *laevis* Lew. beschrieb genauer **Lewis**
  ibid. p. 140, 141.
Platylister sororius n. sp. **Lewis** (ibid. p. 142) Indien.
Platysoma ruptistriatum n. sp. **Lewis** (ibid. p. 143) Java, *Pl. capense* Wied.
  (*Henningiii* Strm., *sculptum* Fåhr., *punctulatum* Lew.) (p. 144).
Probolosternus termitophilus n. sp. **Lewis** ibid. (p. 148) Süd-Afrika.
Saprinus mimulus n. sp. **Reitter** (Wien. ent. Z. 23. p. 29) Astrachan, *S. Syphax*
  n. sp. (p. 30) Algier, *S. duriculus* n. sp. (p. 31) Transcaspien, *S. pseudolautus*
  n. sp. (p. 33) Transcaucasien, *S. pseudognathoncus* n. sp. (p. 34) Caucasus. —
  S. pulcherrimus Web. 1801 = *politus* Brahm 1790 nach **Bedel** (Ab. XXX.
  p. 236). — *S. dichrous* n. sp. **Lewis** (Ann. Mag. nat. Hist. XIV p. 150)
  u. *S. flavopictus* n. sp. (p. 150) Süd-Amerika. — Siehe auch **Reitter** pag. 206.
Stenotrophis cavifrons Lew. bildete ab **Lewis** (loc. cit. tab. VI fig. 7).
Teinotarsus latipes n. sp. **Lewis** (ibid. p. 145) Alt-Calabar.
Teretriosoma sexuale n. sp. **Schaeffer** (J. N. York ent. Soc. XII. p. 203) Texas,
  T. chalybaeum Horn (p. 202).

Fam. *Thorictidae.*

(0 n. gen., 1 n. sp.)

Chobaut 3.

Systematik.

Einzelbeschreibungen.

Thorictus Peyerimhoffii n. sp. **Chobaut** (Bull. Fr. 1904 p. 243) Arabien.

Fam. *Mycetophagidae.*

(0 n. gen., 3 n. spp.)

Bedel 7, Bourgeois 4, Grouvelle 2, Reitter 19, Ssemënow 6, Xambeu 3 b.

Biologie.

Xambeu (3 b) beschrieb die Larve von *Triphyllus Madagascariensis* Kn. (p. 92) aus Madagaskar.

Geographisches.

Bourgeois (4) führte 11 Arten aus den Vogesen auf.

Systematik.

Umfassende Arbeiten.

Reitter.

Übersicht über die mit *M. piceus* F. zunächst verwandten *Mycetophagus*-Arten aus Europa und den angrenzenden Ländern. (Wien. ent. Z. 23. p. 165—166).

Eine dichotomische Auseinandersetzung von 3 Arten, von denen eine neu.

Die behandelten Arten.

Mycetophagus decempunctatus Fbr. mit var. *syriacus* n. var. (p. 165) Syrien, *M. piceus* Fbr., *M. ramosus* n. sp. (p. 166) Caucasus.

Einzelbeschreibungen.

Lithargus trimaculatus n. sp. **Grouvelle** (Ann. Belg. 48. p. 184), *L. variegatus* n. sp. (p. 185) Congo.

Mycetophagus Tschitscherinii Reitt. = *iroratus* Reitt. nach **Ssemënow** (Rev. russe IV p. 305). — Siehe auch Reitter pag. 5ç9.

Typhaea fumata L. 1761 = *stercorea* L. 1758 nach **Bedel** (Ab. XXX p. 235).

Fam. *Byrrhidae.*

(0 n. gen., 6 n. spp.)

Brown 1, Ganglbauer 1, 4, Poppius 4, E. Schwarz 1, Vorbringer 1, Xambeu 3 a, Bourgeois 4.

Biologie.

Ganglbauer (1) schilderte die Larven der Gattungen *Byrrhus*, *Curimus* u. *Simplocaria* zusammen (p. 50—51), die von *Byrrhus* speciell (p. 70—71 fig. 2 p. 50) und die von *Nosodendron* p. 89—90 fig. 3).

E. Schwarz (1) beschrieb die Metamorphose von *Byrrhus fasciatus* Fbr.

Xambeu (3a) beschrieb die Larve von *Curimus lariensis* Vill. (p. 123).

Geographisches.

Bourgeois (4) führte 22 Arten aus den Vogesen auf.

Vorbringer (1) fand *Byrrhus fasciatus* Fbr. var. *subornatus* Reitt. in Ostpreussen (p. 43).

Ganglbauer (4) führte 1 *Bothriophorus* von der Insel Meleda auf (p. 654).

Systematik.

Umfassende Arbeiten.

Ganglbauer.

Die Käfer von Mitteleuropa IV. 1. p. 48—90. 35. Fam. *Byrrhidae*, 36. Fam. *Nosodendridae*.

Nach einer allgemeinen Darlegung der morphologischen, systematischen u. biologischen Verhältnisse (p. 48—51), wird die Familie *Byrrhidae* dichotomisch in 3 Tribus zerlegt (p. 51), die zusammen 12 Gattungen enthalten. Die 4. Tribus mit der 13. Gattung (*Nosodendron*) ist, hauptsächlich der abweichenden Larve wegen, als besondere Familie behandelt.

Die behandelten Arten.

Fam. Byrrhidae.

1. Trib. *Limnichini* (p. 51, 52).

Pelochares Muls. mit 1 Art, *Limnichus* Latr. mit 5 Arten.

·2. Trib. *Botriophorini* (p. 51—55).

Bothriophorus mit 1 Art.

3. Trib. *Byrrhini* (p. 51, 56—58).

Simplocaria (s. str.) mit 5 Arten (p. 59) von denen 1 neu: *S. nivalis* n. sp. (p. 61) Süd-Tyrol, — *S.* (*Trinaria* Muls.) mit 1 Art (p. 59).

Morychus Er. (s. str.) mit 1 Art (p. 63): *M. aeneus* Fbr., — *M.* (*Lasiomorychus* Gglb.) mit 1 Art (p. 63): *M. Apfelbeckii* Reitt.

Pedilophorus Steff. (*Lamprobyrrhulus* Gglb.) mit 1 Art (p. 65): *P. nitidus* Schall., *P.* (*Trichobyrrhulus* Gglb.) mit 1 Art (p. 65): *P. rufipes* Muls., — *P.* (s. str.) mit 1 Art (p. 65): *P. auratus* Duft., *P. Piochardii* Heyd. = *variolosus* Perr.

Carpathobyrrhulus Gglb. *transsylvanicus* Suffr.

Cytilus Er. mit 2 Arten.

Byrrhus L. (s. str.) mit 4 Arten (p. 72), *B.* (*Seminolus* Muls.) mit 7 Arten (p. 72—73).

Porcinolus Muls. mit 1 Art, *Curimus* mit 5 Arten (p. 81).

Syncalypta Steph. (*Curimopsis* Gglb.) mit 5 Arten (p. 84), — *S.* (s. str.) mit 1 Art (p. 84).

Fam. Nosodendridae (p. 86).

Nosodendron mit 1 Art.

Poppius.

Neue paläarctische *Coleopteren.* Uebersicht der nordeuropäischen und sibirischen Arten der Gattung *Simplocaria.* (Öfv. Finsk. Vet. Soc. Förh. 46. 1904 no. 16 p. 5—12). Im Anschluss an 4 Neubeschreibungen (p. 5—10) wird eine dichotomische Auseinandersetzung von 9 nordischen Arten gegeben (p. 10—12).

Die behandelten Arten.

Simplocaria semistriata Fbr., *S. basalis* Sahlb., *S. obscuripes* n. sp. (p. 5, 10) Sibirien, *S. macularis* Reitt., *S. Palmenii* n. sp. (p. 6, 11) Kanin, *S. arctica* n. sp. (p. 7, 11) Kanin, *S. metallica* Strm., *S. elongata* Sahlb., *S. nebulosa* n. sp. (p. 9, 12) Sibirien.

Einzelbeschreibungen.

Bothriophorus, Byrrhus, Carpathobyrrhulus siehe Ganglbauer pag. 209.

Byrrhus picipes var. *judicarius* n. var. Ganglbauer (Münch. Kol. Z. II p. 200) Judicarien.

Curimus vestitus n. sp. Broun (Ann. Mag. nat. Hist. XIV p. 49) Neu-Seeland. — Siehe auch Ganglbauer pag. 209.

Curimopsis siehe *Syncalypta, Cytilus* siehe Ganglbauer pag. 209.

Lamprobyrrhulus siehe *Pedilophorus, Lasiomorychus* siehe *Morychus, Limnichus* siehe Ganglbauer pag. 209.

Morychus, Nosodendron, Pedilophorus, Pelochares, Porcinolus siehe Ganglbauer pag. 209.

Simplocaria nivalis Gangl. Ganglbauer (Münch. Kol. Z. II p. 198[1])) Adamello. — Siehe auch Ganglbauer pag. 209 u. Poppius oben.

Syncalypta, Trichobyrrhulus, Trinaria siehe Ganglbauer pag. 209.

Fam. Dermestidae.

(1 n. gen , 4 n. spp.)

Allard 1, Clark 1, Ganglbaur 1, 4, Gerhardt 2, Mjöberg 1, Pic 11, 22, 32, Strand 2, Bourgeois 4.

Biologie.

Ganglbauer (1) schilderte die Larven der *Dermestiden* im Allgemeinen (p. 6—7), von *Dermestes* (p. 11), *D. lardarius* (fig. 1 p. 6), von *Attagenus* (p. 21, 22—23), der *Megatomini* (p. 27), von *Trogoderma* (p. 35), von *Anthrenus* (p. 38), von *Trinodes* (p. 45).

Clark (1) berichtete über die Larven von *Anthrenus verbasci* L. als Vertilger von *Lepidopteren*-Eiern.

---

[1]) Es ist dieselbe Art, die in den Käf. Mitt. (früher) beschrieben wurde, und daher hier nicht wieder als n. sp. zu bezeichnen.

Geographisches.

Bourgeois (4) führte 32 Arten aus den Vogesen auf.
Mjöberg (1) berichtete über das Vorkommen von *Dermestes haemorrhoidalis* Küst. in Schweden.
Allard (1) führte eine von P a v i e in China gesammelte Art auf.
Strand (2) fand *Anthrenus fuscus* Latr. in Norwegen.
Gerhardt (2) berichtete über *Anthrenus scrophulariae* L. var. *gravidus* Küst. aus Schlesien (p. 000).
Ganglbauer (4) führte 4 Arten von der Insel Meleda auf (p. 654).

Systematik.
Umfassende Arbeiten.
Ganglbauer.
Die Käfer von Mitteleuropa. IV. 1. p. 3—48.
34. Fam. *Dermestidae.*

Die Familie wird, nach allgemeiner Erörterung der morphologischen, systematischen und entwicklungsgeschichtlichen Verhältnisse (p. 3—8), dichotomisch in 6 Tribus getheilt (p. 8—9), von denen nur die dritte aus mehr als einer einzigen Gattung besteht.

Die behandelten Arten.
1. Trib. *Dermestini.* (p. 8, 9).
Dermestes L. (s. str.) mit 19 Arten (p. 12—13): *D. Erichsonis* n. nom. (p. 16) für *D. tessellatus* Er. nec Fbr., *D. (Montandonia* Jacq.) mit 1 Art.

2. Trib. *Attagenini.* (p. 8, 21).
Attagenus Latr. (s. str.) mit 3 Arten (p. 23), — *A. (Lanorus* Muls.) mit 4 Arten (p. 23).

3. Trib. *Megatomini.* (p. 8, 26—27).
Megatoma Hrbst. mit 3 Arten.
Globicornis Latr. (*Hadrotoma* Er.) mit 2 Arten (p. 30), — *Gl.* (s. str.) mit 7 Arten (p. 30), — *Gl. (Elania* Muls.) *depressa* Muls. (p. 33).
Entomotrogus n. gen. (p. 27, 33) *Megatomoides* Reitt.
Phradonoma Duv. (p. 27, 35) *villosulum* Duft.
Trogoderma Latr. mit 2 Arten.
Ctesias Steph. (*Tiresias* Steph.[1]) mit 1 Art, dazu (ganz versteckt beschrieben: *Ct. syriaca* n. sp. (p. 37) Syrien.

4. Trib. *Anthrenini.* (p. 8, 37).
Anthrenus Fbr. (s. str.) mit 3 Arten (p. 40), — *A. (Nathrenus* Cas.) mit 2 Arten (p. 40), — *A. (Florilinus* Muls.) mit 1 Art (p. 40), — *A. (Helocerus* Muls.) mit 1 Art (p. 40).

---

[1] Der geehrte Autor unterlässt es leider, uns darüber aufzuklären, warum der allgemein gangbare Name *Tiresias*, den S t e p h e n s an Stelle von *Ctesias* einführte, weil letzterer vergeben war, jetzt aufgegeben werden soll.

5. Trib. *Trinodini*. (p. 8, 44).

Trinodes Latr. mit 1 Art.

6. Trib. *Orphilini*. (p. 9, 46).

Orphilus Er. mit 1 Art.

Einzelbeschreibungen.

Anthrenus siehe Ganglbauer pag. 211.

Attagenus biskrensis n. sp. **Pic** (Ech. 20. p. 2) Algier, *A. longipennis* n. sp. (p. 33) Kaschgar. — Siehe auch Ganglbauer pag. 211.

Ctesias, Dermestes, Entomotrogus, Florilinus, Globicornis, Helocerus siehe Ganglbauer pag. 211.

Ignotus aenigmaticus[1]) wurde abgebildet (Ent. News XV. p. 36).

Megatoma, Orphilus, Phradonoma, Trinodes, Trogoderma siehe Ganglbauer pag. 211.

Telopes brunnescens n. sp. **Pic** (Ech. 20. p. 73) Klein-Asien.

Fam. *Passalidae*.

(5 n. gen., 7 n. spp.)

Arrow 1, Sharp 3, Zang 1—4.

Morphologie u. Physiologie.

Sharp (3) betonte den vollständigen Funktionswechsel bei den Flügeln der Gattung *Porculus*, die zum Fliegen untauglich und zu Stridulationsorganen geworden sind.

Arrow (1) behandelte die Stridulationsorgane von *Passalus* (p. 733), *Phoronaeus* (p. 733), *Proculejus* (p. 733), *Proculus* (p. 733).

Biologie.

Arrow (1) und **Sharp** (3) handelten über die Stridulation der *Pass liden*.

Geographisches.

Zang (2) berichtet über die Verbreitung von *Passalus distinctus* Wat. (p. 181).

Systematik.

Einzelbeschreibung.

Aceraius minutifrons Kuw. u. *addendus* Kuw. = *grandis* Burm. nach **Zang** (Tijdschr. Ent. p. 184, 185). — *A. palawanus* n. sp. **Zang** (Not. Leyd. Mus. 25. p. 236) Palawan, *A. emarginatus* Kuw. von *laevicollis* Ill. (*emarginatus* Web.) verschieden (p. 225).

Aulacocyclus aliicornis var. *sulcatifrons* Kuw. = *aliicornis* nach **Zang** (Not. Leyd. Mus. 25. p. 230). — Siehe auch *Auritulus* u. *Comacupes*.

Aurelius siehe *Pelopides*.

---

[1]) Siehe Bericht pro 1903 pag. 229.

Auritulus n. gen. **Zang** (Not. Leyd. Mus. 25. p. 229[1]) für *Aulacocyclus patalis* Lew.
Basilianus convexifrons n. sp. **Zang** (Zool. Anz. 27. p. 698) Assam. — *B. certus*
Kuw. 1898 = *neelgherriensis* Perch. nach **Zang** (Not. Leyd. Mus. 25. p. 223),
B. neelgherriensis Kuw. 1898 = *B. certus* Kuw. 1891 (p. 223).
Comacupes cormocerus n. sp. **Zang** (Not. Leyd. Mus. 25. p. 233) Sumatra,
C. Westermannii Kuw. = *cavicornis* Kaup (p. 226), *C. pugnax* Fauv. 1903
gehört zu *Aulacocyclus* Kp. (p. 228), *C. angusticornis* Kuw. = *Masonis* Stol.,
C. Masonis Kuw. nec Stol. unaufgeklärt, vielleicht = *cormocerus* (p. 231).
— Siehe auch *Tristorthus*.
Coniger n. nom. **Zang** (Not. Leyd. Mus. 25. p. 232[2]) für *Rimoricus ridiculus* Kuw.
Episphenoides siehe *Mastochilus*.
Erionomus siehe *Eriosternus*.
Eriosternus Kuw. = *Erionomus* Kaup nach **Zang** (Not. Leyd. Mus. 25. p. 230)
Hyperplisthenes, Kaupiolus, Labienus siehe *Pelopides*.
Leptaulacides siehe *Trichostigmus*.
Leptaulax glabricollis Kuw. = *timoriensis* Perch. nach **Zang** (Not. Leyd. Mus.
25. p. 283).
Mastochilus capitalis Blackb. 1900 = *Episphenoides quaestionis* Kuw. 1891 nach
Zang (Not. Leyd. Mus. 25. p. 223).
Nasoproculus n. nom. **Zang** (Not. Leyd. Mus. 25. p. 226[3]) für *Oileus* Kuw.
nec Kaup, mit *N. heros* Truq. u. *N. bifidus* n. nom. (p. 232) für *O. heros*
Kp. nec Truq.
Neleus Kp. u. *Odontotaenius* siehe *Passalus* u. *Passalotaenius*.
Oileus Kaup ist 1871 von **Kaup** auf *sagittarius* Smith beschränkt worden u. hat
für diese Art zu gelten nach **Zang** (Not. Leyd. Mus. 25. p. 226). — Siehe
auch *Rimoricus, Coniger* u. *Nasoproculus*.
Ophrygonius n. gen. **Zang** (Zool. Anz. 27. p. 697), *O. quadrifer* n. sp. (p. 699)
Borneo.
Parapelopides n. gen. **Zang** (ibid. p. 694), *P. symmetricus* n. sp. (p. 695) Borneo.
Passalotaenius Kuw. vielleicht = *Odontotaenius* Kuw. nach **Zang** (Not. Leyd.
Mus. 25. p. 225).
Passalus Stanley Kuw. = *distinctus* Wat. nach **Zang** (Tijd. Ent. 47. p. 181). —
Passalus Fbr. ist auf *Neleus* Kaup. *interruptus* I. zu beschränken nach
Zang (Not. Leyd. Mus. 25. p. 224), *Passalus* Kuw. = *Odontotaenius* Kuw.
(p. 224), *P. distinctus* Web. u. *cornutus* Fbr. = *Odontotaenius disjunctus* Ill.
(*Passalus*) (p. 225), *P. furcilabris* Esch. gehört zur Gattung *Verroides* Kuw.
(p. 227). — Siehe auch *Verres*.

---

[1]) *Auritulus* ist als Gattungsname falsch gebildet.
[2]) Da nach Ausschluss des *Rimoricus sagittarius* Sm. (der zu *Oileus* kommen
soll) nur *R. ridiculus* K. übrig bleibt, wird die ganze Gattung neu benannt u.
„*Coniger*" ist daher nicht, wie der Autor schreibt, „nov. gen." sondern nov.
nom., übrigens aber eine ganz unzulässige Neubenennung; denn dass nur
R. sagittarius u. nicht ebenso gut *ridiculus* der „Typus" der Gattung *Rimoricus* sein könne, ist eine irrige Annahme. Zum Ueberfluss ist *Coniger*
als Gattungsname falsch gebildet.
[3]) Vom Autor ebenfalls irrthümlich für eine neue Gattung erklärt. Vergl.
Coniger.

Paxilloides Kuw. u. *Paxillosomus* Kuw. = *Paxillus* M. L. nach **Zang** (Not.
Leyd. Mus. 25. p. 222).

Pelopides Kuw. ist selbständige Gattung nach **Zang** (Not. Leyd. Mus. 25. p. 227),
auf *P. Schraderi* Kuw. zu beschränken u. bildet mit *Kaupiolus* Zg., *Labienus*
Kp., *Protomocoelus* Zg., *Aurelius* Kuw. u. *Hyperplisthenes* Kuw. die Gruppe
Kaupiolinae (p. 227).

Phoronaeosomus occipitalis Kuw. *binominatus* Perch. nach **Zang** (Not. Leyd. Mus.
25. p. 239).

Pelopes triumphator n. sp. **Zang** (Tijd. Ent. 47. p. 182) Molukken.

Platyverres intermedius Kp. ist mit *Verres* am nächsten verwandt nach **Zang**
(Not. Leyd. Mus. 25. p. 231).

Protomocoelus siehe *Pelopides*.

Rimorius siehe *Coniger*.

Trichostigmus glaber Kirsch gehört zu *Leptaulacides* Zg. nach **Zang** (Not. Leyd.
Mus. 25. p. 227).

Tristorthus cavicornis Kuw. von *Comacupes cavicornis* Kaup verschieden nach
Zang (Not. Leyd. Mus. 25. p. 226).

Verres furcilabris Kuw. von *Passalus furcilabris* Esch. verschieden nach **Zang**
(Not. Leyd. Mus. 25. p. 227).

Verroides siehe *Passalus*.

Fam. Lucanidae.
(0 n. gen., 20 n. spp.)

Arrow 1, Boileau 1, 2, 3, Bourgeois, Broun 1, Ganglbauer 4,
Heyden 6, Marchand 1, Möllenkamp 1, Rudow 1, Schuster 1, Tertrin 1.

Morphologie.

Marchand (1) berichtete über eine Missbildung bei *Lucanus
cervus*.

Arrow (1) handelte über den Stridulationsapparat von *Chia-
sognathus Grantii* (p. 736).

Biologie.

Arrow (1) handelte über die Stridulation der *Lucaniden*.

Heyden (6) und **Schuster** (1) gaben eine biologische Notiz
über *Lucanus cervus*.

Rudow (1) handelte über die „Wohnungen" der *Lucaniden*.

Geographisches.

Bourgeois (4) führte 5 Arten aus den Vogesen auf.

Tertrin (1) führte 8 von Pavie in China gesammelte Arten auf.

Ganglbauer (4) führte 1 *Dorcus* von der Insel Meleda auf
(p. 660).

Systematik.
Einzelbeschreibungen.

Cyclommatus giraffa n. sp. **Möllenkamp** (Ins. Börs. 1904 p. 372) u. *C. montanellus*
n. sp. (p. 372) Borneo.

Dorcus (Eurytrachelus) brachycerus n. sp. **Boileau** (Bull. Fr. 1904 p. 27) Kaschmir,
D. (Macrodorcus) rugosus n. sp (p. 39) Madura.
Eurytrachelus Prostii Boil., *Castelnaudii* Deyr. u. *Hansteinii* Alb. behandelte
Möllenkamp (Ins. Börs. 1904 p. 402).
Hemisodorcus Axis n. sp. **Boileau** (Le Nat. 1904 p. 284) Sumatra.
Hexarthrius Deyrollei var. *rufipes* n. var. **Boileau** (ibid. p. 277). — *H. Rollei*
n. sp. **Möllenkamp** (Ins. Börs. 1904 p. 403) Kina-Balu.
Homoderus variegatus n. sp. **Boileau** (Le Nat. 1904 p. 277) Kamerun.
Lucanus cervus L. var. *capreolus* Sulz. u. var. *dorcas* Panz. unterschied **Bourgeois**
(Cat. Col. Vosg. p. 283).
Metopodontus mirabilis n. sp. **Boileau** (ibid. p. 278) Usambara, *M. speciosus*
n. sp. (p. 278) Indien. — *M. Felschei* n. sp. **Möllenkamp** (Ins. Börse 1904
p. 372) West-Afrika.
Mitophyllus curvidens n. sp. **Broun** (Ann. Mag. nat. Hist. XIV. p. 50) Neu-
Seeland).
Odontolabris Waterstradtii var. *Kinabaluensis* n. var. **Möllenkamp** (Ins. Börse
1904 p. 341) Borneo, *O. Leuthneri* Boil. (p. 341), *O. instabilis* n. sp. (p. 347)
Sumatra, *O. imperialis* n. sp. (p. 348) Kina-Balu.
Prismognathus lucidus n. sp. **Boileau** (Le Nat. 1904 p. 278) Sikkim.
Prosopocoelus Borelii n. sp. **Boileau** (ibid. p. 284) Assam, *Pr. specularis* n. sp.
(p. 284) Tanganyika, *Pr. mordax* n. sp. (p. 285) Burma. — *Pr. laticeps* n. sp.
Möllenkamp (Ins. Börs. 1904 p. 403) Himalaya.
Sphenognathus bellicosus n. sp. **Boileau** (Le Nat. 1904 p. 284) u. *Sph. spinifer*
n. sp. (p. 284) Süd-Amerika.

Fam. Scarabaeidae.
(65 n. gen., 494 n. spp.)

Agnus 1, 2, 3, Aiken 1, Arrow 1, 2, Bates 1, Blackburn 1, 2, 3,
Boucomont 1, Brethes 2, Broun 1, Clermont 2, Deville 3, Fairmaire
5, 7, François 1, Fuente 1, Ganglbauer 4, Hauser 1, Heath 1,
Heyden 5, Jacobson 3, Jakoweff 3, Kolbe 2, 3, König 1, Lea 2,
Le Comte 3, Leoni 1, Lesne 2, Luigioni 2, Mayet 1, Moser 1, 2,
Müller 3a, Ohaus 1, 2, 3, Orbigny 1, 2, 3, Péringuey 1, 2, Pic 22,
32, Poppius 3, Preiss 1, Reitter 2, 18, 21, Ritsema 1, 2, Ssemënow 2,
6, Stanton 1, Sternberg 1, Strand 2, Tertrin 1, Veen 1, Wasmann 1,
Xambeu 3a, 3b, 5, Armitt 1, Atmore 2, Boas 1, Bourgeois 4, Dumé
2, Hajoss 1, Heyne & Taschenberg 1, Judulien 1, Kress 1, Losy 2,
3, Mollison 1, Morley 2, Oldham 3, Prediger 1, Rivera 1, Roubal 1,
Rudow 1, Schreiner 1, Schuster 1, Smith 1, Stevenson 1, Maskew 1,
Panton 1.

Morphologie.
Arrow (1) behandelte die Stridulationsapparate von *Ischiopsopha*
(p. 715), *Macraspis* (p. 712), *Lagochile* (p. 714), *Geniates catoxanthus*
Burm. (p. 714, tab. 36 fig. 11), *Serica* (p. 715), *Heteronychus* (p. 718),
Pentodontoschema (p. 719), *Callistemonus* (p. 719), *Podalgus* (p. 719),

Crator (p. 719), *Pimelopus* (p. 719), *Xenodorus* (p. 719), *Golofa* (p. 720), *Thronistes* (p. 718), *Scaptophilus* (p. 717), *Corynoscelis* (p. 718), *Melissius* (p. 718), *Acerus* (p. 719), *Lochnotus* (p. 718), *Camelonotus* (p. 719), *Dipelicus* (p. 718), *Angosoma* (p. 718), *Oryctes* (p. 716), *Trichogonophus* (p. 716), *Xyloryctes* (p. 718), *Scapanes* (p. 718), *Stypotrupes* (p. 718), *Cyphonistes* (p. 718), *Megaceras* (p. 720), *Dichodontus* (p. 718), *Coelosis* (p. 718), *Heterogomphus* (p. 718), *Podischnus* (p. 718), *Enema* (p. 716), *Strategus* (p. 716), *Ligyrus* (p. 720), *Phileurus* (p. 721), *Pseudosyrichthus* (p. 720), *Copris* (p. 721), *Heliocopris* (p. 722), *Synapsis* (p. 723), *Trox* (p. 722), *Taurocerastes* (p. 723), *Frickius* (p. 723), *Fr. variolosus* Germ. (tab. 36 fig. 5, 5 a), *Orphnus* (p. 724), *Hybalus* (p. 724), *Sissantobius* (p. 724), *Aegidium* (p. 724), *Ae. colombianum* Westw. (tab. 36 fig. 10), *Aegidinus* (p. 724), *Idiostoma* (p. 724), *I. rufum* Arr. (tab. 36 fig. 1 a), *Ochodaeus* (p. 725), *O. campsognathus* Arr. (tab. 36 fig. 2 a, b, c), *O. maculipennis* Arr. (tab. 36 fig. 3 a, b), *O. ferrugineus* Esch. (tab. 36 fig. 4), *Geotrupes* (p. 727), *Bolboceras* (p. 727), *B. rhinoceros* Macl. (tab. 36 fig. 6), *B. frontale* Guer. (tab. 36 fig. 7, 7 a), *B. Reichei* Guer. (tab. 36 fig. 8), *B. gallicum* Muls. (tab. 36 fig. 9, 9 a, b).

Mollison (1) untersuchte die ernährende Thätigkeit des Follikelepithels im Ovarium *Melolontha vulgaris* u. *Geotrupes*.

Roubel (1) berichtete über Missbildungen an *Geotrupes*.

Biologie.

Bourgeois (4) berichtete über die Metamorphose der *Coprini* (p. 285), der *Melolonthini* (p. 299), der *Cetoniini* (p. 308), des *Valgus hemipterus* (p. 310) u. der *Trichiini* (p. 311).

Boas (1) berichtete über *Melolontha* als Schädling in Dänemark, u. **Kress** (1) in Bayern.

Dumé (1) berichtete über massenhaftes Auftreten von *Oryctes nasicornis*.

Morley (1) handelte über die Stridulation bei: Geotrupes.

Rudow (1) handelte über die „Wohnungen" der Scarabaeiden.

Schreiner (1) handelte über *Lethrus cephalotes* als Schädling.

Schuster (2) berichtete, dass Maikäfer von Katzen gefressen werden.

Stevenson (1) berichtete über *Aphodius erraticus* L. von der Insel Montreal.

Clermont (2) berichtete über die Biologie von *Amphimallus pygialis*.

Stanton (1) schilderte die Biologie von *Oryctes rhinoceros* L.

. **Wasmann** (1) berichtet über einen *Caccobius* als *Doryliden*-Gast.

Agnus (1, 2, 3) berichtete über die Gewohnheiten des *Aphodius liguricus* Dan.

Arrow (1) handelte über die Stridulation der *Scarabaeiden*.

Aiken (1) berichtete über massenhaftes Auftreten von *Dynastes tityus* u. **Maskew** (1) über *Aramigus Fulleri* in Amerika.

Ohaus (1) behandelte die Biologie von *Geotrupes vernalis* und *stercorarius.*

Hajoss (1) berichtete über Kämpfe von *Lethrus cephalotes.*

Lósy (2, 3) berichtete über das periodische Auftreten von *Melolontha* in Ungarn (p. 301, 304).

Rivera (2) berichtete über die Schädlichkeit der Larven von *Phytolaema Herrmannii* u. *Rivera plebeja* (p. 241).

Panton (1) berichtete über die Schädlichkeit von *Antichira meridionalis* in Jamaica (p. 117).

Leoni (1) schilderte das Vorkommen von *Anthypna Carcelii* (p. 117).

Xamben (5) schilderte die Metamorphose von *Amphimallus fuscus* (p. 33), — (3a) beschrieb die Larve u. die Puppe von *Amphimallus pini* Ol. (p. 138[1]) u. A. die Larve von *A. rufescens* Latr. (p. 144[1]), die Larve u. die Puppe von *Aphodius parallelus* Muls. (p. 156[1]), das Ei, die Larve u. die Puppe von *Ateuchus sacer* L. (p. 149), die Larve von *Cetonia affinis* Aud. (p. 101), das Ei u. die Larve von *Gymnopleurus flagellatus* Fbr. (p. 102[1]), die Larve und die Puppe von *Onthophagus lemur* Fbr. (p. 95), von *O. Amyntas* Ol. (p. 109) u. von *O. furcatus* Fbr. (p. 128) u. die Puppe von *O. taurus* L. (p. 119), die Larve von *Oryctes grypus* Ill. (p. 145), die Larve von *Serica brunnea* L. (p. 136), — (3b) die Larve und die Puppe von *Aphodius* sp.? (p. 94), die Larve u. die Puppe von *Enaria adusta* Fairm. (p. 95) u. von *Coptomia sexmaculata* Cast. (p. 97), u. die Larve von *Anochilia puncticollis* Fairm. (p. 100).

Geographisches.

Armitt (1) und **Oldham** (1) berichteten über *Geotrupes typhoeus,* **Atmore** (1) und **Smith** (1) über *Odontaeus mobilicornis* in England.

Bourgeois (4) führte 124 Arten aus den Vogesen auf.

Clermont (2) berichtete über die Verbreitung von *Amphimallus pygialis* u. *pini.*

König (1) berichtete über das Vorkommen von *Ochodaeus Alleonis* im Caucasus.

Reitter (2) berichtete über das Vorkommen von *Cetonia* (*Potosia*) *Königii* Reitt. in der Herzegowina.

Tertrin (1) führte 31 von Pavie in China gesammelte Arten auf.

Strand (2) fand *Aphodius gibbus* Germ. in Norwegen.

Deville (3) berichtete über das Vorkommen mehrerer *Aphodius*-Arten in Frankreich.

---

[1]) Die vier Arten sind im alphabetischen Register mit falschen Seitenzahlen versehen u. im Text schwierig zu finden, weil sie hier in heilloser Unordnung abgehandelt sind.

Kolbe (2) stellte die in Kamerun gefundenen 10 Arten *Diastellopalpus* zusammen (p. 288—289).

Agnus (1) berichtete über das Vorkommen von *Aphodius liguricus* Dan. in den französischen Alpen.

Ssemënow (6) berichtete über das Vorkommen von *Anomala holosericea* Fbr. bei Orenburg u. bei Nishni-Nowgorod u. von *Anisoplia deserticola* Fisch. im Räsan'schen Gouvernement, von *Aphodius tunicatus* Reitt. u. *tomentosus* Müll. in Sibirien.

Ganglbauer (4) führte 28 Arten von der Insel Meleda auf (p. 660).

Jakowleff (3) berichtete über das Vorkommen von *Pentodon caminarius* Fald. im Europäischen Russland (p. XVII).

Jacobson (3) berichtete über das Vorkommen von *Proagopertha lucidula* Fald. (*acutispina* Fairm.), *Popilia japonica* Newm. und *Anomala (Euchlora) mongolica* Fald. (*anomala* Kr.) in Sibirien (p. XXXVI).

Lea (2) führte 4 Arten aus Australien auf (p. 89—90).

Müller (3a) fand *Psammodius basalis* Muls. bei Görz auf (p. 317).

Judulien (1) berichtete über *Coprophagen* in Buenos-Aires.

Prediger (1) berichtete über *Rhizotrogus cicatricosus* Muls. in Thüringen.

Systematik.

Umfassende Arbeiten.

Bates.

A Revision of the subfamily *Pelidnotinae* of *Coleopterous* family *Rutelidae*, with descriptions of new genera and species.

(Tr. ent. Soc. Lond. 1904 p. 249—276.)

Eine leider durch den Tod des Autors unvollendete Revision der Unterfamilie, von Arrow zum Druck befördert. Es ist die dichotomische Auseinandersetzung der 13 Gattungen (p. 252—253) ganz vorhanden, die dichot. Auseinandersetzung der grossen Gattung *Pelidnota* aber nicht überall bis auf die Arten durchgeführt. Ferner sind nur noch die 4 neuen Gattungen (eine davon durch Arrow) eingehender beschrieben u. ebenso die neuen Arten. Von 8 Gattungen erfährt man nicht den Bestand an Arten[1]). Es ist erfreulich, dass die Speciesnamen richtig (nicht alle klein) geschrieben sind, worin übrigens Arrow auch bei seinen eigenen Arbeiten dieselbe löbliche Gewohnheit zeigt.

Die behandelten Gattungen und Arten.

Odontognathus Lap. ohne Angabe der Arten.

Pelidnota Macl. *quadripunctata* n. sp. (p. 253, 260) Cayenne, *P. rostrata* Burm. (*viridana* Bl.), *granulata* Gor., *P. rugulosa* Burm., *P. aciculata* n. sp. (p. 254,

---

[1]) Die in einer Anmerkung aufgestellte Gattung *Microrutela* gehört nicht zu den *Pelidnotinae* u. wird daher unter den Einzelbeschreibungen aufgeführt.

261) Cayenne, *P. Kirschii* n. sp. (p. 254, 261) Columbien, mit var. *tenuistriata* n. var. (p. 254, 262) Venezuela, *P. rubriventris* Bl., *P. dubia* n. sp. (p. 254, 262) Columbien, *P. Beltii* Sh., *P. acutipennis* n. sp. (p. 255, 263) Venezuela, *P. glaberrima* Bl., *P. cupripes* Pert,. *P. testaceovirens* Bl., *P. purpurea* Burm., *P. xanthospila* Germ., *P. pulchella* Kirb., *P. vittipennis* n. sp. (p. 256, 264) Brasilien, *P. gracilis* Gor., *P. liturella* Kirb., *P. rufipennis* Wat.. *P. nitescens* Vig., *P. tibialis* Burm., *P. bivittata* Swed. (*vitticollis* Burm.), *P. lucida* Burm., *P. cupritarsis* Bat., *P. notata* Bl. *P. chiriquina* n. sp. (p. 257, 265) Panama, *P. punctulata* Bat., *P. virescens* Burm., *P. strigosa* Cast., *P. prolixa* Sh., *P. Lucae* Lec., *P. lugubris* Lec., *P. costaricensis* Bat., *P. punctata* L., *P. polita* Lat, *P. unicolor* Drur., *P. bonariensis* Burm., *P. paraguayensis* n. sp. (p. 258, 266) Paraguay, *P. Championis* n. sp. (p. 258, 267) Argentinien, *P. fulva* Bl., *P. ancilla* n. sp. (p. 258, 267), *P. pallidipennis* n. sp. (p. 258, 268) Brasilien, *P. laevissima* Burm., *P. fracida* n. sp. (p. 258, 269), *P. cayennensis* n. sp. (p. 258, 269) Guiana, *P. chalcothorax* Pert., *P. sordida* Germ., *P. cyanipes* Kirb., *P. Chevrolatii* Sol., *P. sumptuosa* Vig., *P. cyanitarsis* Gor., *P. Langsdorffii* Mannh., *P. emerita* Ol., *P. ignita* Ol. mit var. *chamaeleon* Hrbst.

Mecopelidnota n. gen. (p. 252, 270) *Arrowii* n. sp. (p. 271) Ecuador, *M. cylindrica* Wat. (p. 271).

Plusiotis cupreomarginata n. sp. (p. 272) Costa Rica, *Pl. Beckeri* Bat. (*Chrysina*) u. noch 2 Arten nur genannt (p. 272).

Chrysina Krb, *Chrysophora* Serv., *Chalcoplethis* Burm.

Epichalcoplethis n. gen. (p. 253, 272) für *Pelidnota velutipes* Arrow.

Aglycoptera Sh, *Homonyx* Guér.

Lasiocala Bl. *Ohausii* n. sp. (p. 273) Columbien.

Hoplopelidnota n. gen. (p. 253, 274) *Candezei* u. sp. (p. 274) Cayenne.

Xenopelidnota n. gen. (p. 253, 275) für *Plusiotis anomala* Burm.

1. Blackburn.

A revision of the Australian species of *Bolboceras*, with descriptions of new species.

(Pr. Linn. Soc. N. S. Wales 29 p. 481—526).

Eine dichotomische Revision u. ausführliche Beschreibung der australischen Arten, die in 3 Gruppen getheilt (p. 487) u. in der 1. u. 2. Gruppe nach ♂ ♂ u. ♀ ♀ gesondert behandelt wurden. Von mehreren Arten sind die ♀ ♀ noch unbekannt. Die Speciesnamen sind wie gewöhnlich in den Arbeiten des geehrten Autors richtig geschrieben. Vergl. 3. Blackburn pag. 221.

Die behandelten Arten.

Bolboceras mit 3 Gruppen (p. 487): I. Gruppe: *B. angulicorne* Macl., *B. Albertisii* Har., *B. cavicolle* Macl., *B. Sloanei* Blackb., *B. Reichei* Guér., *B. hippopus* Macl., *B. rhinoceros* Macl., *B. neglectum* Westw. (*cornutum* Macl.), *B. cornigerum* Macl., *B. Tatei* Blackb., *B. Macleayi* n. sp. (p. 488, 489, 500), *B. aratum* n. sp. (p. 489, 502), *B. Bovillii* n. sp. (p. 489, 503), *B. Carpentariae* Macl., — II. Gruppe: *B. proboscideum* Schreib., *B. Froggattii* n. sp. (p. 490, 509), *B. armigerum* Macl., *B. tenax* n. sp. (p. 490, 491, 507), *B. truncatum* n. sp.

(p. 490, 509), *B. ingens* Macl., *B. frontale* Guer., *B. taurus* Westw., *B. Richard-sae* Blackb., *B. laticorne* Macl., *B. chelyum* Blackb., *B. Bainbridgei* Westw., *B. recticorne* Guer., *B. fissicorne* Bainb., — III. Gruppe: *B. gayndahense* Macl., *B. Basedowii* n. sp. (p. 492, 512), *B. clypeale* n. sp. (p. 492, 511), *B. mandibulare* n. sp. (p. 492, 513), *B. Loweri* n. sp. (p. 492, 515), *B. fenestratum* Blackb., *B. nitidiceps* n. sp. (p. 492, 516), *B. laevipes* n. sp. (p. 492, 517), *B. fraternum* n. sp. (p. 492, 517), *B. subretusum* n. sp. (p. 492, 518), *B. nitens* n. sp. (p. 493, 519), *B. rotundatum* Hop., *B. rubescens* Hop., *B. impressicolle* n. sp. (p. 493, 520), *B. globuliforme* Macl., *B. obscurius* n. sp. (p. 493, 522), *B. carinatum* n. sp. (p. 493, 523), *B. simpliciceps* Blackb., *B. planiceps* Macl., *B. pontiferum* n. sp. (p. 525).

2. Blackburn.

Further Notes on Australian *Coleoptera*, with Descriptions of new Genera and Species. 34. *Lamellicornes*, *Trogides*.
(Pr. R. Soc. S. Austral. 28. p. 281—297.)

Eine Auseinandersetzung der australischen Arten, die auf die 3 Gattungen *Trox*, *Liparochus* u. *Antiochrus* redicirt und dichotomisch unterschieden sind (p. 282). Bisher liegt nur die Gattung *Trox* mit 33 dichotomisch begründeten Arten vor. Die 5 neuen Arten sind ausserdem eingehender beschrieben. Die Speciesnamen sind, wie gewöhnlich, richtig geschrieben. Vergl. 3. Blackburn pag. 221.

Die behandelten Gattungen u. Arten.
Trox (Megalotrox) Dohrnii Har., *Tr. gigas* Har., *Tr. Elderi* Bl., *Tr. Tatei* Bl., — *Tr.* (i. sp.) *tasmanicus* n. sp (p. 288, 292), *Tr. Augustae* Bl., *Tr. dilaticollis* Macl., *Tr. setosipennis* n. sp. (p. 288, 292), *Tr. eremita* Bl., *Tr. Crotchii* Har., *Tr. semicostatus* Macl., *Tr. eyrensis* n. sp. (p. 289, 293), *Tr. quadridens* Bl., *Tr. alatus* Macl., *Tr. stellatus* Har., *Tr. curvipes* Har., *Tr. fenestratus* Har., *Tr. nodicollis* Macl., *Tr. Bruckii* Har., *Tr. velutinus* Bl., *Tr. insignicollis* Bl., *Tr. litigiosus* Har., *Tr. strzeleckianus* Bl., *Tr. eucleusis* Bl., *Tr. mentitor* Bl., *Tr. tricolor* n. sp. (p. 291, 295), *Tr. vitreomaculatus* Macl., *Tr. squamosus* Macl., *Tr. Australasiae* Er., *Tr. candidus* Har., *Tr. perhispidus* n. sp. (p. 291, 296), *Tr. sabulosus* Fbr., *Tr. scaber* Ill.

3. Blackburn.

Revision of the Australian *Aphodiidae*, and descriptions of three new species allied to them.
(Pr. Soc. Victoria XVII p. 145—181).

Eine Revision der australischen *Aphodiini*, die zuerst eine dichotomische Auseinandersetzung von 8 Gattungen bringt (p. 150), deren Arten (mit Ausnahme derer von *Proctamnodes* u. *Rhyssemus* über die man nichts erfährt) sodann dichotomisch und ausführlicher auch einzeln behandelt worden. Aus den Tribus *Scatonomini* und *Onthophagini* sind 3 Einzelbeschreibungen neuer Arten hinzugefügt. (Siehe *Thyregis* u. *Onthophagus* Einzelbeschr.). Zu bemerken ist, dass die sonst in allen Arbeiten des geehrten Autors wohlthuend auffallende richtige Schreibweise der Speciesnamen hier vermisst wird und der modernen Manier, schablonenhaft alle Speciesnamen klein zu schreiben, Platz gemacht hat. Doch ist der geehrte Autor hieran nicht schuld; denn der Herausgeber der Zeitschrift ist zu der Erklärung genöthigt worden, dass er eigenmächtig die richtige Schreibart des Manuscripts verballhornt habe! (p. 181 Note).

Die behandelten Gattungen u. Arten.

Aphodiides. (8 Gattungen p. 150).

Aphodius Albertisii Har., *A. Australasiae* Boh., *A. Candezei* Har., *A. erosus* Er., *A. Yorkensis* Blackb., *A. Andersonis* n. sp. (p. 152, 154), *A. Tasmaniae* Hop., *A. Howittii* Hop., *A. granarius* L , *A. Frenchi* Blackb., *A. lividus* Ol., *A. Victoriae* Blackb., *A. suberosus* n. sp. (p. 153, 155), *A. insignior* n. sp. (p. 153, 156), *A. baldiensis* n. sp. (p. 153, 156), *A. callabonensis* Blackb., *A. lindensis* Blackb., dich. Tab. über die letzten 13 Arten.

Proctammodes n. nom. (p. 149, 150) für *Proctophanes.* Die dazugehörige Art ist nicht genannt.

Ataenius moniliatus n. sp. (p. 159, 161), *A. Koebelii* n. sp. (p. 159, 162), *A. imparilis* n. sp. (p. 159, 163), *A. Palmerstonis* Blackb., *A. speculator* Blackb., *A. australis* Har., *A. sparsicollis* n. sp. (p. 159, 164), *A. semicornutus* Macl., *A. deserti* Blackb., *A. tweedensis* n. sp. (p. 160, 165), *A. nudus* n. sp. (p. 160, 166), *A. gibbus* n. sp. (p. 160, 166), *A. macilentus* n. sp., (p. 160, 167), *A. gayderensis* Blackb., *A. spissus* n. sp. (p. 160, 167), *A. consors* n. sp. (p. 161, 168), *A. semicoecus* Macl., *A. coloratus* n. sp. (p. 161, 169), *A. torridus* Blackb., *A. Walkeri* n. sp. (p. 161, 170), *A. obscurus* Macl., dich. Tab. über 21 Art. (p. 158—161).

Euparia Olliffii n. sp. (p. 171).

Rhyssemus. Die dazu gehörige Art ist nicht genannt.

Psammodius australicus n. sp. (p. 173), *Ps. obscurior* n. sp. (p. 173), *Ps. Zietzii* Blackb., dich. Tab. der 3 Arten p. 174.

Saprosites mansuetus n. sp. (p. 175, 177), *S. sternalis* n. sp. (p. 176, 178), *S. mendax* Black., *S. nitidicollis* Macl., dich. Tab. über die 4 Arten (p. 177—178).

Saprus n. gen. (p. 150, 178), *S. Griffithii* n. sp. (p. 179).

Hybosorides.

Phloeochrous hirtipes Macl. (*Silphodes*).

Boucomont.

Étude sur les *Enoplotrupes* et *Geotrupes* d'Asie. (Rev. d'Ent. 23. p. 209—252).

Eine dichotomische Auseinandersetzung von 9 *Enoplotrupes*-Arten (p. 211—214), dann von 10 Untergattungen (p. 214—216) mit 42 Arten von *Geotrupes.* Es folgen bei jeder Untergattung ausführliche Beschreibungen einiger, aber nicht aller Arten. In den dichot. Tabellen sind die Arten leider ohne Autornamen gelassen, so dass man diesen jedes mal erst im Catalog der Arten, der den Schluss der Arbeit bildet (p. 247—252) u. nicht überall klar ist, aufsuchen muss.

Die behandelten Arten.

Enoplotrupes Chaslii Fairm., *E. yunnanus* Fairm., *E. sinensis* Luc. mit var. *crassicornis* n. var. (p. 212[1]), *E. Largeteaui* Oberth., *E. barmanicus* Gestr., *E. Sharpii* Jord., *E. variicolor* Fairm., *E. splendens* Jord.[2]), — *E. (Gynoplotrupes* Oberth.) *Bietii* Oberth. mit var. *serricornis* Bat. 1891[3]). *Geotrupes kashmirensis* Sh., *G. turkestanicus* Bouc., *G. impressus* Gebl., *G. castanipennis* Reitt. (*infraopacus* Fairm.) mit var. *crenulipennis* Fairm. u. var. *kuluensis* Bat., *G. Genestieri* n. sp. (p. 218, 220) China, *G. Jakowlewii* Sem. 1891 (*impressus* Fairm. 1891, *foveatus* Solsk. 1876[4]), *G. corinthius* Fairm. (*semicupreus* Reitt.), *G. stercorarius* L. mit var. *baicalicus* Reitt. u. var. *Koltzei* Reitt., — *G.* (*Phelotrupes* Jek.) *bicolor* Fairm., *G. variolicollis* n. sp. (p. 222, 226) Yunnan, *G. indicus* n. sp. (p. 222, 226) Indien, *G. Haroldii* n. nom. (p. 223, 227, 250) für *Jekelii* Har. (*tenebrosus* Fairm. 1901[5]) *G. scutellatus* Fairm., *G. substriatellus* Fairm., *G. immarginatus* n. sp. (p. 223, 231) Su-Tehuan, *G. tenuestriatus* Fairm., *G. Davidis* Deyr., *G. orientalis* Westw., *G. compressidens* Fairm., *G. metallescens* Fairm., *G. laevistriatus* Mot. (*Deyrollei* Jek.), *G. Oberthürii* n. sp. (p. 224, 232) Siau-Lu, *G. auratus* Mots. (*japonicus* Jek., *purpurascens* Wat.), *G. denticulatus* n. sp. (p. 225, 250) Su-Tschuan, *G. armicrus* Fairm.. *G. laevifrons* Jek. (*obscuratus* Fairm.) mit var. *amethystinus* Jek., *G. oshimanus* Fairm., — *G. (Odontotrupes* Fairm.) *cariosus* Fairm., *G. orichalceus* Fairm., *G. purpureipunctatus* n. sp. (p. 237, 239) Su-Tschuan, *G. semicribrosus* Fairm., *G. taurus* n. sp. (p. 237, 240) Central-Asien, *G. rufipes* n. sp. (p. 237, 242) Su-Tschuan, *G. radiosus* Fairm., *G. biconiferus* Fairm., — *G. (Thorectes* Muls.) *impressiusculus* Fairm., *G. semirugosus* Fairm., *G. cribripennis* Fairm., *G. Semenowii* Reitt., *G. Banghaasii* Reitt., *G. Roborowskyi* Reitt., *G. armatus* n. sp. (p. 244, 246) Su-Tschuan.

Kolbe.

Gattungen u. Arten der *Valgiden* von Sumatra u. Borneo. Stett. ent. Z. 65. p. 3—57).

Eine umfassende Bearbeitung der *Valgini*, die hier als besondere, in 2 Unterfamilien getheilte Familie aufgefasst sind.

---

[1]) Als Synonym ist (p. 248) *E. splendens* Jord. 1899 hinzugefügt, ein Druckfehler, der p. 323 berichtigt ist.

[2]) Im „Catalogue" p. 248 in Folge eines offenbaren Druckfehlers als Synonym von var. *crassicornis* aufgeführt.

[3]) Als Synonym dieser Varietät ist im „Catalogue" p. 248 *E. Potaninii* Sem. 1889 aufgeführt. Dann müsste die Varietät den letzteren Namen tragen. Ein Druckfehler, wie bei *E. splendens*, scheint nicht vor zu liegen, weil *E. Potaninii* in der Tabelle fehlt. Also soll das Synonym wohl zu *Bietii* gehören.

[4]) Warum die Art nicht den ältesten Namen tragen soll, ist nicht gesagt.

[5]) Warum die Art nicht *tenebrosus* Fairm. heissen soll, wie der Autor sie p. 227 selbst nennt, ist nicht gesagt.

Die behandelten Gattungen u. Arten.

I Subfam. *Valgidae ordinis antiqui.*

1. Gruppe. *Sphinctovalginae.*

Sphinctovalgus n. gen. (p. 51) *Conradtii* n. sp. (p. 53) Kamerun.

2. Gruppe. *Ischnovalginae.*

Hierher *Ischnovalgus* Klb. mit 3 Arten aus Afrika.

3. Gruppe. *Microvalginae.*
(4 gen. p. 13—14.)

Paediovalgus n. gen. (p. 13, 14) *micros* n. sp. (p. 15) mit var. *parcus* n. var., var. *lineellus* n. var. u. var. *morio* n. var. (p. 17) Borneo.

Microvalgus Kr. Australien, *Synistovalgus* Klb. Afrika, *Stenovalgus* Klb. Afrika.

II. Subfam. *Valgidae genuinae.*

4. Gruppe. *Cosmovalginae.*

Oreovalgus n. gen. (p. 18), *montuosicollis* n. sp. (p. 19).

5. Gruppe. *Valginae.*

Charitovalgus n. gen. (p. 20) *andamanicus* n. sp. (p. 22) Andamanen-Inseln. Hierher noch *Valgus pulcher* Kr., *Doriae* Gestr. und wahrscheinlich *longulus* Gestr.

6. Gruppe. *Dasyvalginae.*
(9 gen. p. 23—25.)

Comythovalgus Klb. Afrika.

Oreoderus Burm. mit 2 Arten.

Hybovalgus n. gen. (p. 24, 55) *bioculatus* n. sp. (p. 56) Tongking.

Nannovalgus n. gen. (p. 24, 26) *pusio* n. sp. (p. 27) Borneo.

Syngonovalgus n. gen. (p. 24, 28) *subnitidus* n. sp. (p. 29) Borneo.

Anepsiovalgus n. gen. (p. 24, 30) *mimus* n. sp. (p. 32) Sumatra.

Spilovalgus n. gen. (p. 24, 32) *Modiglianii* Gestr. mit var. *bimaculatus* Kr. (p. 34).

Dasyvalgus n. gen. (p. 25, 34) mit 11 Arten (p. 35—36): *D. Vethii* Rits. mit var. *nigrescens* n. var. (p. 36), var. *subaequidens* n. var. (p. 37), *D. sellatus* Kr., *D. infuscatus* n. sp. (p. 37) Borneo, *D. testaceus* Kr., *D. Udei* n. sp. (p. 38) Sumatra, *D. Rollei* n. sp. (p. 39) Borneo, *D. monachus* n. sp. Borneo mit var. *polyxanthus* n. var. (p. 40) Sumatra *D. Dohrnii* n. sp. (p. 41), *D. eucharis* n. sp. (p. 36, 42) Sumatra, mit var. *bruneensis* n. var. (p. 43) Borneo, — *D.* (*Trichovalgus* n. subg. p. 36, 44), *D. niger* Kr.

Plocovalgus n. gen. (p. 25, 45) *Waterstradtii* n. sp. (p. 45) Borneo mit var. *rufosquamosus* n. var. (p. 46) Sumatra.

7. Gruppe. *Acanthovalginae.*

Acanthovalgus Kr. mit 2 Arten.

Hoplitovalgus n. gen. (p. 47, 49) *fallaciosus* n. sp. (p. 49) Borneo.

Le Comte.

Tableaux de Determination des *Cétonides* de France.
(Bull. Soc. Nimes 1904 p. ? 12 pp.)

Eine Uebersicht der *Cetoniden* Frankreichs, in welcher nur die Gattungen dichotomisch begründet, die Untergattungen, die 20 Arten

u. 21 Varietäten dagegen nur durch Einzeldiagnosen charakterisirt
werden. Litterarische Citate sind keine vorhanden. Von der sonst
in Frankreich allgemeinen richtigen Schreibweise der Speciesnamen
ist der Autor leider abgewichen, indem er alle Namen gross
schreibt, was ebenso unrichtig ist, als wie sie alle klein zu
schreiben. Das vom Autor freundlichst übersandte Separatum enthält keine Angabe über die Original-Seitenzahlen.

Die behandelten Gattungen und Arten.

Epicometis 2 Arten, *Oxythyrea* 1 Art.

Cetonia aurata L. mit 10 varr.: var. *piligera* Muls., var. *hispanica* Er., var. *pur-*
purata Heer., var. *praeclara* Muls., var. *valiesiaca* Heer., var. *Delfieni* n.
var. (p.?[1]), var. *cyanicollis* Reitt., var. *meridionalis* Muls. mit var. *Min-*
gardii Chob, var. *nigra* Gaut.

Potosia (Cetonischema Reitt.) mit 1 Art u. 1 var., — *P.* (i. sp.) mit 4 Arten u. 7 varr.,
— *P.* (*Netocia* Costa) mit 3 Arten u. 2 varr.

Pachnotosia 1 Art, *Valgus* 1 Art, *Osmoderma* 1 Art, *Gnorimus* 2 Arten, *Trichius·*
3 Arten.

1. Ohaus.

Revision der *Anoplognathiden.*
(Stett. ent. Z. 45. p. 57—175 tab. I, II).

Eine Auseinandersetznng der australischen *Anoplognathiden*,
von denen 15 dichotomisch unterschieden (p. 66—68) und 71 Arten
beschrieben werden, leider ohne dichotomische Begründung, obgleich
die Zahl der Arten (bis 40 in einer Gattung) eine solche sehr
wünschenswerth macht. Die Abbildungen sind im Text nicht citirt,
was zu Irrungen führen kann. Vergl. *Pseudoschizognathus.*

Die behandelten Gattungen u. Arten.

Repsimus aeneus Fbr. (tab. I fig. 6, 8), *R. purpureipes* Macl., (fig. 7, 9).

Calloodes Grayanus White (tab. I fig. 11), *C. Atkinsonis* Wat., *C. Rayneri* Macl.
(tab. I fig. 10).

Anoplognathus viridiaeneus Donov., *A. rhinastus* Blanch. (tab. I fig. 13), *A. longi-*
pennis M. L., *A. reticulatus* Boisd. (tab. I fig. 12), *A. viridicollis* Macl., *A.*
analis Dalm. (tab. I fig. 2, 5), *A. montanus* Macl., *A. Olivieri* Dalm., *A. Du-*
ponti Boisd., *A. rugosus* Kirby, *A. pectoralis* Burm., *A. dispar* Macl., *A. luridus*
Arr., *A. smaragdinus* Oh. (*prasinus* Macl.), *A. concinnus* Blackb., *A. aureus*
Wat., *A. aeneus* Wat., *A. chloropyrus* Drap., *A. porosus* Dulm., *A. Boisduvalii*
Boisd., *A. prasinus* Cast., *A. concolor* Burm., *A. pallidicollis* Bl., *A. Macleayi*
Blackb., *A. Odewahnii* Macl., *A. rubiginosus* Macl., *A. nebulosus* Macl. (tab. I
fig. 15), *A. acuminatus* n. sp. (p. 105, fig. 16), *A. punctulatus* Oliff, *A. insu-*
laris Oh., *A. abnormis* Macl., *A. Rothschildtii* Oh., *A. velutinus* Boisd., *A.*
suturalis Boisd., *A. hirsutus* Burm., mit var. *qudraticeps* n. var. (p. 113),
A. explanatus Arr., *A. brunnipennis* Gyll., *A. flavipennis* Boisd., *A. quadri-*
macutatus Oh., *A. Daemelii* Oh., *A. parvulus* Wat.

Anoplostethus opalinus Br. (tab. I fig. 17), *A. laetus* Rothsch. & Jord., *A. roseus* Bl.

---

[1] p. 7 des Separatums.

Epichrysus lamprimoides Whit.

Paraschizognathus n. gen. (p. 67, 125) *nigripennis* Bl. (tab. I fig. 18), *P. prasinicollis* n. sp. (p. 128 fig. 19) Australien, *P. prasinus* Boisd. (fig. 20), *P. olivaceus* n. sp. (p. 132 fig. 21) Australien.

Trioplognathus n. gen. (p. 68, 133) für *Anoplognathus griseopilosus* Oh. (tab. II fig. 22).

Schizognathus (tab. II fig. 23) mit 5 Arten (p. 137—138): *Sch. Macleayi* Fisch. (pg. 23), *Sch. Burmeisteri* n. sp. (p. 138 fig. 24), *Sch. viridiaeneus* n. sp. (p. 140 fig. 25), *Sch. compressicornis* Oh. (fig. 26), *Sch. lucidus* n. sp. (p. 142 fig. 27) Australien.

Pseudoschizognathus n. gen. (p. 68, 135) *variicollis* n. sp. (p. 146 tab. II fig. 28 „*prasinicollis*"), *Ps. Schönfeldtii* n. sp. (p. 147 fig. 29).

Homotropus luridipennis Wat. (tab. II fig. 30), *H. testaceipennis* Oh. (fig. 31).

Amblochilus bicolor Bl. (tab. II fig. 32).

Saulostomus villosus Wat. (tab. II fig. 33), *S. Felschei* n. sp. (p. 156 fig. 34), *S. Weiskei* n. sp. (p. 157 fig. 35) Australien.

Mimadoretus flavomaculatus Macl. (tab. II fig. 36).

Mesystoechus ciliatus Wat.

Amblyterus cicatricosus Gyll. (tab. II fig. 37), *A. clypealis* n. sp (p. 165).

2. Ohaus.

Revision der Amerikanischen *Anoplognathiden.* P. I.
(Stett. ent. Z. 45. p. 254--341 tab. III).

Eine eingehende Bearbeitung der amerikanischen 43 *Anoplognathiden*, die in 3 Gruppen getheilt werden (p. 261), von denen die erste keinen Namen bekommen hat u. die dritte 1905 folgen soll. Die zahlreichen Arten der Gattung *Platycoelia* sind leider ohne dichotomische Auseinandersetzung geblieben.

Die behandelten Gattungen u. Arten.
1. Gruppe: Phalangoniidae.[1])
Phalangogonia Lacordairei Bat. (tab. III fig. 4), *Ph. obesa* Burm. (fig. 5), *Ph. sperata* Sh. (tab. III fig. 2, 3), *Ph. parilis* Bat. (fig. 6), *Pl. debilidens* n. sp. (p. 271 fig. 7) Costa-Rica.

2. Gruppe: Platycoeliidae. (p. 261, 273).
Platycoelia marginata Burm. (tab. III fig. 10, 11, 14), *Pl. scutellata* Guér., *Ph. nervosa* Kirsch. (fig. 15), *Pl. inflata* n. sp. (p. 286 tab. III fig. 9) Bolivien, *Pl. limbata* n. sp. (p. 288) Argentinien, *Pl. alternans* Er., *Pl. Steinheilii* n. sp. (p. 291 fig. 16) Columbien, *Pl. forcipalis* n. sp. (p. 293 fig. 17) Ecuador, *Pl. valida* Burm., *Pl. occidentalis* n. sp. (p. 296) Columbien, *Pl. pomacea* Er., *Pl. abdominalis* n. sp. 299) Peru, *Pl. mesosternalis* n. sp. (p. 300 fig. 18) Costa-Rica, *Pl. boliviensis* Bl., *Pl. flavostriata* Latr.[2]) mit var. *herbacea* n. var.

---

[1]) Der Autor hat dieser Gruppe keinen Namen gegeben.

[2]) tab. III fig. 8 gehört nach der „Erklärung der Abbildungen" (p. 340) zu *Pl. flavolineata* Latr., die unter den beschriebenen Arten nicht vorkommt, offenbar ist *flavostriata* gemeint.

(p. 303), *Pl. variolosa* n. sp. (p. 304) Columbien, *Pl. nigrosternalis* n. sp.
(p. 305) mit var. *laevigata* n. var. u. var. *pygidialis* n. var. (306) Columbien,
Ecuador, *Pl. humeralis* Bat. (tab. III fig. 1, 12, 13), *Pl. puncticollis* n. sp.
(p. 307 fig. 19) mit var. *bilineata* n. var. u. var. *unicolor* n. var. (p. 309), *Pl.
Tschudii* n. sp. (p. 309 fig. 20) Peru, *Pl. Wallisii* n. sp. (p. 311) Columbien,
Pl. Burmeisteri n. sp. (p. 312) Bolivien, *Pl. unguicularis* n. sp. (p. 314 fig. 21)
Venezuela, *Pl. flavoscutellata* n. sp., *Pl. hirta* n. sp. (p. 317), *Pl. confluens* n.
sp. (p. 318), *Pl. chrysotina* n. sp. (p. 320) u. *Pl. pulchrior* n. sp. (p. 321) Bolivien, *Pl. prasina* Er., *Pl. Gaujonis* n. sp. (p. 323) Ecuador, *Pl. parva* Kirsch
(fig. 22), *Pl. nigricauda* Bat. (fig. 23, „*nigriconda*" err. typogr.), *Pl. quadrilineata* Burm. *Pl. rufosignata* n. sp. (p. 331) Bolivien.
Callichloris signaticollis Burm. (tab. III fig. 24), *C. Helleri* n. sp. (p. 334 fig. 25),
C. Kirschii n. sp. (p. 335 fig. 27) u. *C. Baessleri* n. sp. (p. 336 fig. 26) Peru.

3. Gruppe: *Brachysternidae.* (p. 261).

Péringuey.

Descriptive catalogue of the *Coleoptera* of South Africa
(*Lucanidae* u. *Scarabaeidae*).
(Trans. South Afric. Soc. XIII. 1904 p. 1—293 tab. XLIII—XLVI).

Die Fortsetzung von 1902 mit sehr zahlreichen neuen Arten
und Gattungen, deren Namen nicht immer glücklich gewählt sind.[1])
Alle Gattungen und Arten sind dichotomisch aus einander gesetzt
u. dann einzeln ausführlich beschrieben. Auf den 4 beigegebenen
Tafeln sind viele noch nicht abgehandelte Arten abgebildet u. umgekehrt sind im Text mehrfach Tafeln citirt, die theils früher erschienen (XLI), theils später zu erwarten sind (LI).

Die behandelten Gattungen u. Arten.
Subfam. *Sericinae.*
Tribus *Sericini.* (22 Gatt. p. 3—6).

Pleophylla mit 3 Arten (p. 7): *Pl. navicularis* Burm. (tab. XLIII fig. 21), *Pl.
fasciatipennis* Bl. (tab. XLIII fig. 19, 20, tab. XLVI fig. 32), *Pl. tongaatsana*
n. sp. (p. 9 tab. XLIII fig. 18) Natal.
Autoserica mit 9 Arten (p. 10—11): *Au. tessellata* n. sp. (p. 11 tab. XLVI fig. 18),
Au. (*Lepiserica*) *lucidula* Per. (tab. XLVI fig. 20), *Au. annectens* n. sp. (p. 12)
Rhodesia, *Au.* (*Lepiserica*) *fartula* n. sp. (p. 12) Rhodesia, *Au.* (*Lepiserica*)
proteana n. sp. (p. 13 tab. XLVI fig. 19) Natal, *Au.* (*Lepis.*) *australis* n. sp.
(p. 13 tab. XLVI fig. 21), *Au. rhodesiana* n. sp. (p. 14), *Au. concordans* n. sp.
(p. 14), *Au. distinguenda* n. sp. (p. 15), dazu 6 Brenske'sche *Lepiserica*-
Arten u. 1 Burmeister'sche *Serica*-Art ins Englische übersetzt (p. 15—20).
Nedymoserica flavida Br. ins Englische übersetzt.
Neoserica carneola Per. (*barbara* Br.) (tab. XLVI fig. 26), *N. transvaalensis* n. sp.
(p. 22 tab. XLVI fig. 23), *N. natalensis* Br. (tab. XLVI fig. 25), *N. obesa* Per.
Etiserica n. gen. (p. 23) *simplex* n. sp. (p. 24).
Stenoserica delagoana n. sp. (p. 25), *St. deceptor* Per., *St. zambesicola* n. sp. (p. 25).

---

[1]) Vergl. Anm. pag. 231.

Diaphoroserica n. gen. (p. 26 tab. XLVI fig. 3) *mashona* n. sp. (p. 26).
Hyboserica n. gen. (p. 27), *H. globuliformis* Br., *K. caffra* Fåhr.
Philoserica vittata Bl.
Gryphonycha n. gen. (p. 29) *puberula* Fåbr. (tab. XLVI fig. 2).
Euronycha n. gen. (p. 30 tab. XLVI fig. 1, 1a) mit 4 Arten (p. 31): *Eu. sericans*
  Fåhr., *Eu. rhodesiana* n. sp. (p. 32), *Eu. modesta* Per., *Eu. sebakuana* n. sp.
  (p. 32).
Idaeserica n. gen. (p. 32) *gratula* n. sp. (p. 33).
Camentoserica (tab. XLVI fig. 4) *livida* Boh.
Mesoserica transvaalensis Br. ins Englische übersetzt.
Allokotarsa n. gen. (p. 36 tab. XLVI fig. 4, 15, 15a) mit 2 Arten (p. 37):
  A. rotundicollis n. sp. (p. 37). *A. clypeata* n. sp. (p. 37).
Dolerotarsa n. gen. *emendatrix* n. sp. (p. 38).
Arraphytarsa n. gen. *damarina* n. sp. (p. 39).
Alogistotarsa n. gen. (p. 39) mit 2 Arten (p. 40): *A. straminea* n. sp. (p. 40),
  A. ovampoana n. sp. (p. 40).
Trochalus Cast. mit 18 Arten (p. 42—43): *Tr. vagus* n. sp. (p. 42, 44 tab. XLVI
  fig. 31), *Tr. damarus* n. sp. (p. 42, 44), *Tr. lucidalus* Burm. (*chloris* Fåhr.,
  Tr. mashunus n. sp. (p. 43, 45 tab. XLVI fig. 29, 30), *Tr. inops* n. sp. (p. 46),
  Tr. exasperans n. sp. (p. 46). *Tr. rubricatus* Boh. (tab. XLVI fig. 27), *Tr. byr-
  rhinus* Fåhr. (?*atratus* Burm.), *Tr. orbiculatus* n. sp. (p. 43, 48), *Tr. modestus*
  Per., *Tr. badius* Boh., *Tr. placens* n. sp. (p. 43, 49), *Tr. fulgidus* Fåhr.
  (?*splendidus* Fåhr.), *Tr. Bohemanii* Gerst. (*picipes* Fåhr.), *Tr. aerugineus*
  Burm. (*ferrugineus* Fåhr.), *Tr. lepidus* n. sp., *Tr. urbanus* n. sp., *Tr. seba-
  kuanus* n. sp. (p. 43, 51), dazu *Tr. piceus* Fbr. u. *Tr. picipes* Kl. ins
  Englische übersetzt (p. 52).
Doleroserica n. gen. (p. 53) mit 5 Arten (p. 53): *D. curtula* Fåhr., *D. gentilis*
  n. sp., *D. laetula* n. sp. (p. 53, 54), *D. festa* n. sp., *D. auspicata* n. sp. (p. 53,
  55), dazu *Serica carbonaria* Burm. ins Englische übersetzt.
Microtrachelus plagiger Per. (*bipunctatus* Br.), dazu *M. xanthocerus* Burm. ins
  Englische übersetzt. (p. 57).
Ablaberoides Bl. mit 20 Arten (p. 59—61): *A. aeneus* Bl. (*longicornis* Burm.),
  A. ditissimus n. sp., *A. pavoninus* n. sp. (p. 59, 62), *A. crassus* Fåhr. (*inter-
  punctatus* Boh., *moerens* Per., *moestus* Per., *plagiatus* Per.), *A. rufovittatus*
  Per., *A. emeritus* n. sp., *A. laetulus* n. sp. (p. 60, 64), *A. Fahraei* Per. (*aeneus*
  Fåhr.), *A. turdus* n. sp., *A. pauper* n. sp., *A. cognatus* n. sp. (p. 60, 66),
  A. obtusus Fåhr., *A. namaquanus* n. sp. (p. 60, 68), *A. testaceus* Fåhr., *A. te-
  nellus* Fåhr. (*pallidipennis* Fåhr.), *A. flavipennis* Fåhr., *A. quaesitus* n. sp.
  (p. 60, 69), *A. decedens* n. sp. (p. 60, 70), *A. ominosus* n. sp. (p. 61, 70),
  A. breviusculus Fåhr., dazu die englische Uebersetzung von 2 *Triodonta-* u.
  3 *Serica*-Arten.

Tribus *Ablaberini.*

(10 Gatt. p. 75).

Ablabera (Parablabera n. subg. p. 77) mit 6 Arten (p. 77): *A. splendida* Fåhr.
  (*clypeata* Gyll., *emarginaticeps* Bl., *lateralis* Wied., *luridipennis* Bl., *notata*
  Wied., *totta* Thunb.), *A. hottentota* n. sp. (p. 77, 79), *A. hirsuta* Bl., *A. transvaalica* n. sp., *A. hirticollis* n. sp. (p. 77, 80), *A. pilosula* Fåhr. (*pulicaria*
  Fåhr.), — *A.* (i. sp.) mit 10 Arten (p. 78): *A. capicola* n. sp. (p. 78, 81),

A. Lalandei Bl., *A. gravidula* n. sp., *A. gratula* n. sp. (p. 78, 82), *A. modesta*
n. sp., *A. amoena* n. sp. (p. 78, 83), *A. matabelena* n. sp. (p. 78, 84), *A. fusci-*
pennis Bl. (*infuscata* Bl.), *A. hopeiana* n. sp. (p. 78, 84), *A. rufa* Fbr., dazu
1 Art ins Englische übersetzt.
Microcamenta mit 3 Arten (p. 86—87): *M. transvaalensis* Br., *M. sebakuensis*
n. sp. (p. 87), *M. ovampoënsis* n. sp. (p. 87, 88).
Tulbaghia n. gen. (p. 75, 88) *Lightfootii* n. sp. (p. 89), *T. cereris* n. sp.
(p. 89, 90).
Camenta mit 6 Untergattungen u. 26 Arten (p. 92—94[1]): *C.* (*Eucamenta*) *castanea*
Boh., *C. transvaalensis* n. sp. (p. 92, 94), *C.* (i. sp.) *innoena* Boh., *C. lyden-*
burgiana n. sp., *C. càpicola* n. sp. (p. 92, 95), *C. salisburiana* n. sp. (p. 92, 96),
— *C.* (*Hybocamenta*) *modesta* n. sp. (p. 92, 96), *C. nigrita* Bl. (*intermedia* Bl.,
rufipennis Fåhr.), *C. coriacea* n. sp. (p. 93, 97), *C. pallidula* Fåhr., *C. rufina*
Fåhr., *C. unicolor* Boh., *C. simillima* n. sp., *C. inops* n. sp. (p. 93, 98), *C. ton-*
gaatsana n. sp. (p. 93, 99), *C. variabilis* Fåhr., *C. pilosella* n. sp. (p. 93, 100),
C. morio Fåhr., *C. caffrina* n. sp. (p. 93, 100), *C. tumida* n. sp. (p. 93, 101),
— *C.* (*Empecamenta*) *rhodesiana* n. sp. (p. 93, 101), *C. nigra* Arr., *C. mata-*
belena n. sp., *C. zambesina* n. sp. (p. 93, 102), *C. mashona* n. sp. (p. 93, 103),
C. boromensis Br., — *C.* (*Archocamenta*) *pilosa* Fåhr., dazu eine B o h e -
m a n 'sche Art ins Englische übersetzt (p. 104).
Pericamenta n. gen. (p. 75, 105) *paupercula* n. sp. (p. 105).
Oocamenta n. gen. (p. 75, 105) *rufiventris* Burm., *Oo.* (*Pseudocamenta* n. subg.
p. 106) *transvaalia* n. sp. (p. 107).
Diplotropis nigrina Fåhr., *D. castanea* Fåhr.
Paracamenta n. gen. (p. 75, 108) mit 6 Arten (p. 109): *E. Bohemanii* Br.,
P. conspicua n. sp. (p. 109, 110), *P. suturalis* n. sp., *P. lydenburgiana* n. sp.
(p. 109, 111), *P. verticalis* Boh., *P. calva* n. sp. (p. 109, 112).
Idaecamenta n. gen. (p. 75, 112) *jucunda* n. sp. (p. 112).
Leribe n. gen. (p. 75, 113) *vesca* n. sp. (p. 114).

Subfam. *Melolonthinae.*
(3 tribus p. 115).

Trib. *Pachypodini.*
(23 Gatt. p. 118—120).

Onochaeta porcata Sw.
Aegostetha mit 4 Arten (p. 122): *Ae. simplex* n. sp. (p. 122), *Ae. ciliata* Hrbst.
(*maritima* Cast.), *Ae. brachiata* n. sp. (p. 122, 124), *Ae. longicornis* Fbr.
Macrophylla mit 5 Arten (p. 127): *M. natalensis* n. sp. (p. 127), *M. capicola*
n. sp., *M. nigricollis* n. sp., (p. 127, 128), *M. pubens* n. sp. (p. 127, 129),
M. maritima Burm. (tab. XLIV, fig. 9).
Pleiophylla n. gen. (p. 118, 130) *vestita* n. sp. (p. 131).
Eucylophylla lata Waterh.
Tlaocera n. gen. (p. 118, 133) *saga* n. sp. (p. 133).
Kraseophylla n. gen. (p. 118, 134) *distincta* n. sp. (p. 135).
Pasaphylla n. gen. (p. 119, 135) *libens* n. sp. (p. 136).

---

[1]) Einige der Untergattungen sollen neu sein, sind aber nicht als neu
bezeichnet.

Cyclomera mit 3 Arten (p. 138—139): *C. dispar* Kl. (*natalensis* Boh.), *C. rikatlensis* n. sp. (p. 139, 140), *C. delagoënsis* Er. (*Diaclaspus*), dazu *C. castanea* Kl. ins Englische übersetzt.

Periclitopa mit 4 Arten (p. 142): *P. Fischeri* Br., *P. gariepina* n. sp. (p. 142, 143), *P. varicornis* n. sp., *P. dubiosula* n. sp. (p. 142, 144), dazu 1 Art von Klug u. 1 von Brancsik ins Englische übersetzt, *Paraclitopa lanuginosa* Waterh. ins Englische übersetzt.

Clitopa mit 5 Arten (p. 149): *Cl. Bohemanii* Bl., *Cl. zambesina* n. sp., (p. 149, 150), *Cl. rufiventris* Boh. (*capra* Arr.), *Cl. praecalva* n. sp. (p. 149, 151), *Cl. nitidipennis* Arr.

Achelyna clypeata Burm., *A. testacea* n. sp. (p. 154).

Pleistophylla n. gen. (p. 155) *singularis* n. sp. (p. 156).

Trichiodera bicarinata Gyll.

Pseustophylla n. gen. (p. 155) *pretoriana* n. sp. (p. 158).

Gamka n. gen. (p. 159) *minuta* n. sp. (p. 160).

Aipeiopsis n. gen. (p. 160) *hirsuta* n. sp. (p. 161), *Ai. hirticollis* Wat.

Pseudachloa n. gen. (p. 162) *leonina* n. sp. (p. 163).

Trichinopus Wat. *flavipennis* Wat., *Tr. titania* n. sp. (p. 165).

Achloa mit 5 Arten (p. 167): *A. helvola* Er., *A. delicatula* n. sp., *A. blandula* n. sp., *A. echinaticeps* n. sp. (p. 167, 168), *A. caffra* Er.

Oedanomerus hirsutus Waterh.

Trib. *Sparrmanniini.*

(2 Gatt. p. 171).

Sparrmannia mit 12 Arten (p. 173—174): *Sp. vertumnus* Pall. (*Alopex* Fbr., *brunnipes* Ol.) (tab. XLIV fig. 8), *Sp. Leo* Gyll., *Sp. transvaalica* n. sp. (p. 173, 176), *Sp. capicola* n. sp. (p. 174, 176 tab. XLVI fig. 47), *Sp. Prieska* n. sp. (p. 173, 177 tab. XLVI fig. 46[1]), *Sp. namaqua* n. sp. (p. 174, 177 tab. XLVI fig. 41), *Sp. boschimana* n. sp. (p. 174—177 tab. XLVI fig. 42), *Sp. fusciventris* Boh., *Sp. gonaqua* n. sp. (p. 174, 178 tab. XLVI fig. 43), *Sp. distincta* Per. (tab. XLVI fig. 48), *Sp. discrepans* n. sp. (p. 174, 179), *Sp. flavofasciata* Burm. (tab. XLVI fig. 36, 37, 45), *Sp. bechuana* n. sp. (p. 174, 180).

Sebaris palpalis Cast.

Trib. *Melolonthini.*

(3 Gruppen p. 182—183).

Gruppe *Schizonychides.*

(13 Gatt. p. 184—185).

Beriqua n. gen. (p. 184, 185) *modesta* n. sp. (p. 186).

Glyptoglossa mit 4 Arten (p. 187—188): *Gl. dispar* n. sp. (p. 187, 188 tab. XLVI fig. 9), *Gl. namaquensis* n. sp. (p. 187, 188 tab. XLVI fig. 52), *Gl. lurida* Burm. (tab. XLVI fig. 50), *Gl. Burmeisteri* Br. (tab. XLVI fig. 51).

Schizonycha mit 77 Arten (p. 193—201): *Sch. saginata* n. sp. (p. 193, 201), *Sch. boschimana* n. sp. (p. 193, 202), *Sch. ciliata* Burm. (tab. XLIII fig. 58), *Sch. crinita* Br., *Sch. globator* Fbr., *Sch. idonea* n. sp. (p. 193, 205), *Sch. comosa* Burm. (tab. XLIII fig. 52), *Sch. fartula* n. sp. (?*unicolor* Hrbst.) (p. 193, 206),

---

[1]) Vergl. die Anm. zu *Sebakue* pag. 231.

Sch. infantilis n. sp. (p. 194, 207 tab. XLI fig. 55), *Sch. transvaalica* n. sp.
(p. 194, 208 tab. XLI fig. 53), *Sch. parilis* n. sp. (p. 194, 208), *Sch. puerilis*
n. sp. (p. 194, 209 tab. XLI fig. 65), *Sch. disputabilis* n. sp. (p. 194, 209
tab. XLI fig. 69), *Sch. mediastina* n. sp. (p. 194, 209 tab. XLI fig. 64), *Sch.
inedita* n. sp. (p. 194, 210 tab. XLIII fig. 40), *Sch. meracula* n. sp. (p. 194,
211), *Sch. exasperous* n. sp. (p. 195, 211), *Sch. insuesa* n. sp. (p. 195, 212
tab. XLI fig. 68), *Sch. gonaqua* n. sp. (p. 195, 212), *Sch. exacerbans* n. sp.
(p. 195, 213 tab. XLIII fig. 41), *Sch. profuga* n. sp. (p. 195, 213 tab. LI
fig. 84), *Sch. continens* n. sp. (p. 195, 214 tab. XLI fig. 80), *Sch. carbonaria*
Boh., *Sch. quaesita* n. sp. (p. 195, 214 tab. XLIII fig. 60), *Sch. squamifera*
Well. (*liliputana* Br.), *Sch. borda* Burm., *Sch. minima* n. sp. (p. 195, 218
tab. XLI fig. 70), *Sch. saga* n. sp. (p. 196, 219 tab. XLI fig. 59), *Sch. durbana*
n. sp. (p. 196, 219), *Sch. perplexabilis* n. sp. (p. 196, 220), *Sch. dissimilis* n. sp.
(p. 196, 220), *Sch. constrata* n. sp. (p. 196, 221 tab. XLI fig. 75), *Sch. rurigena*
Br. (tab. XLI fig. 76), *Sch. neglecta* Boh. (*puncticollis* Boh.) (tab. XLI fig. 52),
Sch. plausibilis n. sp. (p. 196, 223), *Sch. rufina* Boh. (tab. XLI fig. 73), *Sch.
valida* Boh. (tab. XLIII fig. 62), *Sch. citima* n. sp. (p. 196, 225 tab. XLIII
fig. 61), *Sch. tumida* Cast. (tab. XLI fig. 58), *Sch. fraudulenta* n. sp. (p. 197,
226), *Sch. villosa* Br., *Sch. dissensa* n. sp. (p. 197, 227 tab. XLIII fig. 53),
Sch. infarsa n. sp. (p. 197, 228), *Sch. neutra* n. sp. (p. 197, 229), *Sch. immixta*
n. sp. (p. 197, 230 tab. LI fig. 67), *Sch. fraudigera* n. sp. p. 197, 231), *Sch.
vaalensis* n. sp. (p. 198, 231 tab. XLIII fig. 50), *Sch. manicana* n. sp. (p. 198,
232 tab. LI fig. 72), *Sch. affinis* Boh. (*oblonga* Boh.) (tab. LI fig. 66 „per-
fidiosa“), *Sch. languens* n. sp. (p. 198, 234 tab. LI fig. 63), *Sch. ignava* n. sp.
(p. 198, 234 tab. XLIII fig. 56), *Sch. egens* n. sp. (p. 198, 235 tab. XLIII
fig. 24), *Sch. paupercula* n. sp. (p. 198, 235 tab. XLIII fig. 42), *Sch. ovampoana*
n. sp. (p. 198, 236 tab. XLIII fig. 55), *Sch. spuria* n. sp. (p. 198, 237 tab. LI
fig. 74), *Sch. natalensis* Br. (tab. LI fig. 71), *Sch. russula* Boh. (tab. XLIII
fig. 12), *Sch. spectabilis* n. sp. (p. 199, 239 tab. XLIII fig. 39), *Sch. algoa* n.
sp. (p. 199, 240 tab. XLIII fig. 83[1]), *Sch. zambesiana* n. sp. (p. 199, 240
tab. XLI fig. 81), *Sch. salisburiana* n. sp. (p. 199, 241 tab. XLIII fig. 38).
Sch. elegans n. sp. (p. 200, 242), *Sch. furva* n. sp. (p. 200, 242 tab. XLI fig.
60, 61), *Sch. noscitata* n. sp. (p. 200, 243 tab. XLIII fig. 43), *Sch. valvata* Br.,
Sch. rugosa Br., *Sch. indotata* n. sp. (p. 200, 245 tab. XLIII fig. 67), *Sch. fati-
dica* n. sp. (p. 200, 246 tab. XLIII fig. 45), *Sch. scabiosa* n. sp.
(p. 200, 246 tab. XLIII fig. 44), *Sch. caffra* n. sp. (p. 201, 247), *Sch. debilis*
Burm., *Sch. increta* n. sp. (p. 201, 248 tab. XLVI fig. 54), *Sch. confinis* n. sp.
p. 201, 249 tab. XLIII fig. 40), *Sch. divulsa* n. sp. (p. 201, 249 tab. XLI fig. 79),
Sch. inops n. sp. (p. 201, 250 tab. XLIIII fig. 60), *Sch. nigricornis* Burm.
(tab. XLIII fig. 48), *Sch. vicaria* n. sp. (p. 201, 251 tab. XLIII fig. 54), dazu
2 **Burmeister**'sche Arten ins Englische übersetzt (p. 252).
Atys mit 10 Arten (p. 253): *A. hybrida* n. sp. (p. 253), *A. inscita* n. sp. (p, 253,
254), *A. inverta* n. sp. (p. 253, 254), *A. ovatula* Br., *A. infans* n. sp. (p. 253
256 tab. LI fig. 62), *A. straminea* n. sp. (p. 253, 256), *A. fallax* n. sp. (p. 253,
257), *A. hypocrita* n. sp. (p. 253, 257), *A. simplex* n. sp. (p. 253, 258), *A. humilis* n. sp. (p. 253, 258).

---

[1]) Auf pag. 199 ist die Art „*algoënsis*“ genannt.

Entyposis mendax n. sp. (p. 259 tab. XLI fig. 78).

Holisonycha n. gen. (p. 184, 260) *mellila* n. sp. (p. 260).

Syngeneschiza omrramba n. sp. (p. 261 [1]).

Suntemnonycha n. gen. (p. 184, 262) *collusor* n. sp. (p. 262).

Spathoschiza debilis Arr.

Sebakue n. gen. (p. 185, 264 [2]) *coriacea* n. sp. (p. 264).

Psilonychus mit 8 Arten (p. 266—267): *Ps. deridens* n. sp. (p. 267 tab. XLIII
fig. 28), *Ps. Ecklonis* Burm. (*ferrugineus* Boh.) (tab. XLIII fig. 29), *Ps. Bar-keri* n. sp. (p. 266, 268), *Ps. gracilis* Burm. (*decorus* Boh.) (tab. XLIII fig. 27),
Ps. Dupontii Burm., *Ps. perturbator* n. sp. (p. 267, 269), *Ps. Grondahlii* Burm.
(*costicollis* Boh.), *Ps. pilosicollis* Boh. (*pruinosus* Gerst).

Coniopholis lepidiota Burm. (tab. XLIII fig. 24, 25), *C. proxima* n. sp. (p. 272, 273
tab. XLIII fig. 26).

Rhabdopholis mit 3 Arten (p. 274—275): *costipennis* Boh. (tab. XLIII fig. 23),
Rh. albostriata Burm. (*sulcipennis* Boh.) (tab. XLIII fig. 27), *Rh. irrorata*
Per.

Gruppe *Leucopholides.*
(6 Gatt. p. 277).

Hypopholis Sommeri Burm. (*sulcicollis* Boh., *vittata* Fåhr.) (tab. XLIII fig. 36).

Pegylidius n. gen. (p. 277, 279) *mashunus* n. sp. (p. 280 tab. XLIII fig. 37).

Pegylis conspurcata Gerst.

Eulepida mit 4 Arten (p. 283): *Eu. mashona* Arr. (tab. XLIII fig. 31), *Eu. ana-tina* Br. (tab. XLIII fig. 30), *Eu. tschindeana* n. sp. (p. 285 tab. XLVI fig. 12),
Eu. lepidota Kl.

Asthenopholis subfasciatus Bl. (*dasypus* Burm., *adspersus* Boh., *minor* Br.),
A. crassus Arr.

Brachylepis Hauseri n. sp. (p. 288).

Gruppe *Diplotaxides.*

Apogonia mit 4 Arten (p. 290—291): *A. curtula* Per. (*Schizonycha*), *A. improba*
n. sp:, *A. mashona* n. sp. (p. 290, 292), *A. (Catagonia) ovata* Fåhr. (*Kolbei* Kr.)
(tab. XLVI fig. 17), *A. (Caratogonia) Marshallii* Arr. (tab. XLVI fig. 9, 16).

Pic.

Les *Osmoderma* paléarctiques.
(Ech. 20. p. 83—84).
Eine dichotomische Auseinandersetzung der 3 Arten.

Die behandelten Arten.

Osmoderma barnabita Mot., *O. eremita* L., *O. brevipennis* Pic 1904.

---

[1]) Vergl. die Anm. zu *Sebakue.*

[2]) Auf pag. 185 ist die Gattung „Sebakwe" genannt. Die Verwendung
eines beliebigen Ortsnamens im Nominativ als Gattungs- oder als Speciesnamen
muss entschieden abgelehnt werden. Man denke sich „*Grunewald*" als Gattungs-
u. „*Pasewalk*" dazu als Speciesname!

Sternberg.

Zur Gattung *Aegopsis* Burmeister.
(Deut. ent. Z. 1904 p. 17—32).

Eine dichotomische Auseinandersetzung (p. 17—18) mit nach-folgenden ausführlichen Beschreibungen der 6 Arten, von denen 4 neu.

Die behandelten Arten.

Aegopsis curvicornis West., *Ae. atra* n. sp. (p. 18, 21) Central-Amerika, *Ae. trinidadensis* n. sp. (p. 24), *Ae. nigricollis* n. sp. (p. 26) u. *Ae. rubricollis* n. sp. (p. 28) Columbien, *Ae. Westwoodii* Thoms.

Einzelbeschreibungen.

Coprini.

Aegidinus n. gen. *brasiliensis* n. sp. **Arrow** (Tr. ent. Soc. Lond. 1904 p. 739) Brasilien.

Aegidium colombianum Bat. = *asperatum* Borre nach **Arrow** (ibid. p. 738).

Allotrypes siehe *Geotrupes.*

Ammoecius Felscheanus n. sp. **Reitter** (Wien. ent. Z. 23. p. 255) Algier.

Anachalcos Schulzii n. sp. **Kolbe** (Berl. ent. Z. 1904 p. 285) Dar-es-Salaam.

Aphodius (Esymus) cuniculorum n. sp. **Mayet** (Bull. Fr. 1904 p. 131) Frankreich. — *A. cribrarius* u. *thermicola* berichtigte **Müller** (Wien. ent. Z. 23. p. 171). — *A. Segonzacii* n. sp. **Bedel** (Segonzac Voyag. Maroc. p. 368 u. Ab. XXX p. 225) Marocco. — *A. liguricus* Dan. von *praecox* Ev. specifisch verschieden nach **Agnus** (Ech. 20. p. 21), ♀ u. ♂ unterschieden (p. 94). — *A. moscoviticus* Sem. = *A. rufus* Moll. var. nach **Ssemënow** (Rev. russe d'Ent. IV p. 37). — *A. breviciliatus* n. nom. **Poppius** (Ann. Mus. Zool. Pet. VIII p. 367), für *A. fimbriolatus* Reitt. nec Mannh., *A. fimbriolatus* Mannh. (p. 366). — Siehe auch **Blackburn** pag. 221.

Ataenius rugiceps Dury = *Pleurophorus caesus* nach **Bede** (Ab. 30. p. 152) — Siehe auch **Blackburn** pag. 221.

Bolboceras siehe **Blackburn** pag 219.

Caccobius (Cacconemus Jek.) *castaneus* Kl. besprach **Orbigny** (Ann. Mus. Gen. 41. p. 253), — *C. (Tomogonus* n. subg. p. 254) für *C. (Cacconemus) crassus* Orb., — *C.* (i. sp.) *reticuliger* n. sp. (p. 255) Bogos, *C. gananensis* n. sp. (p. 256) Somali-Land, *C. longipennis* n. sp. (p. 258) Abyssinien, *C. lateralis* n. sp. (p. 417), *C. anthracites* Orb. 1904 (*Onthophagus*), *C. Aubertii* Orb., *C. tuberculifer* Orb., *C. setifer* n. sp. (p. 426), *C. callosifrons* n. sp. (p. 421) u. *C. uniseries* n. sp. (p. 423) Guinea.

Diastellopalpus Albrechtianus n. sp. **Kolbe** (Berl. ent. Z. 1904 p. 290) u. *D. Zeuneri* n. sp. (p. 291) Kamerun, *D. Hauseri* Orb. = *Füllebornii* Klb., *D. tridepressus* Orb. = *nyassicus* Klb. (p. 292), *D. bidentulus* Klb. u. *nigerrimus* Klb. von *Murrayi* verschieden (p. 289). — *D. Orbignyi* n. sp. **Péringuey** (Ann. S. Afr. Mus. III p. 224) Rhodesia.

Enoplotrupes siehe **Boucomont** pag. 222.

Epirrhinus granulatus Ol. = *flagellatus* Fbr. nach **Bedel** (Ab. XXX p. 152).

Euparia siehe **Blackburn** pag. 221.

Frickius siehe *Taurocerastinae.*

Geotrupes (Allotrypes n. subg.) **François** (Bull. Fr. 1904 p. 65) für *G. mandibularis* Reitt., — *G. (Thorectes) distinctus* Mars. von *marginatus* specifisch verschieden (p. 65), *G. (Thor.) hemisphaericus* Ol. u. *rotundalus* Luc. = *marginatus* Poiret, *G. (Thor.) hemisphaericus* Ross., *laevigatus* auctor. nec Fbr. u. *Cheronis* Costa = *intermedius* Costa, *G. (Th.) hemisphaericus* auct. nec Ol. = *laevigatus* Fbr. (p. 67), *G. (Th.) nitidus* Jek. von *intermedius* Costa specifisch verschieden (p. 140) mit var. *Heydenii* Reitt. u. var. *Reitteri* n. nom. für *chalconotus* Reitt. nec Chevr. (p. 140), *G. (Thor.) inflatus* Reitt. = *latus* Strm. (p. 140), *G. (Thor.) rugosicollis* Jek. 1866 = *chalconotus* Chvr. 1840 (p. 141), *G. (Thor.) semisericeus* Jek. = *rugatulus* Jek. (p. 141), *G. (Th.) Branczikii* Apfb. 1890 = *punctulatus* Jek. 1866 (p. 141), *G. (Thor.) punctatolineatus* n. sp. (p. 141) Südspanien. — *Geotrupes mutator* Marsh., *stercorarius* L., *spiniger* Marsh. u. *hypocrita* Serv. unterschied dichotomisch **Bourgeois** (Cat. Col. Vosg. p. 297). — Siehe auch Boucomont pag. 222.

Geotrupinae siehe *Idiostominae.*

Gymnopleurus flagellatus Fbr. = *coriarius* Hrbst. nach **Bedel** (Ab. XXX p. 152). — *G. pilularius* L., *Sturmii* Macl. u. *cantharus* Er. unterschied dichotomisch **Bourgeois** (Cat. Col. Vosg. p. 286).

Heliocopris Felschei n. sp. **Kolbe** (Berl. ent. Z. 1904 p. 286) Deutsch-Ost-Afrika.

Heptaphylla Heydenr. 1883 = *Eutomus* Lac. 1866 = *Rhipidandrus* Lec. 1862 nach **Arrow** (Ann. Mag. nat. Hist. XIV p. 30) u. gehört zu den *Cissidae.*

Idiostoma n. gen. **Arrow** (Tr. ent. Soc. Lond. 1904 p. 740), *I. rufum* n. sp. (p. 741 tab. 36 fig. 1 u. *I. Medon* n. sp. (p. 741) Patagonien.

Idiostominae unterschied **Arrow** (ibid. p. 747) dichotomisch von *Geotrupinae, Orphninae, Tauroceratinae* u. *Ochodaeinae.*

Lethrus dispar, longimanus u. *bulbocerus* Fisch. besprach **Reitter** (Wien. ent. Z. 23 p. 83), *L. (Microlethrus) Mithras* n. sp. (p. 256) Persien.

Liatongus basicornis n. sp. **Fairmaire** (Ann. Belg. 48. p. 225) Madagascar.

Liparetrus tuberculatus Leo berichtigte **Lea** (L. Linn. Soc. N. S. Wales 29. p. 89).

Milichus rhodesianus n, sp. **Péringuey** (Ann. S. Afr. Mus. III p. 222) Süd-Afrika.

Ochodaeinae siehe *Idiostominae.*

Ochodaeus Alleonis Fairm. beschrieb genauer **König** (Wien. ent. Z. 23. p. 142). — *O. maculipennis* n. sp. **Arrow** (Tr. ent. Soc. Lond. 1904 p. 743 tab. 36 fig. 3) Java, *O. decoratus* n. sp. (p. 744) Penang, *O. comprognathus* n. sp. (p. 744 tab. 36 fig. 2) Argentinien, *O. tridentatus* n. sp. (p. 745) Columbien.

Odontotrupes siehe Boucomont pag. 222.

Oniticellus tibatensis n. sp. **Kolbe** (Berl. ent. Z. 1904 p. 295) Kamerun.

Onthophagus lineatus Reitt. = *O. transcaspicus* Kön. nach **Reitter** (Wien. ent. Z. 23. p. 25). — *O. Ragazii* n. sp. **Orbigny** (Am. Mus. Gen. 41. p. 261), *O. picticollis* Gerst. mit var. *impicticollis* n. var. (p. 260), *O. Traversii* n. sp. (p. 262), *O. aeremicans* n. sp. (p. 264), *O. rufovirens* n. sp. (p. 266), *O. Blanchardii* Hor. (p 267), *C. columella* Fåhr. = *binodis* Thun. (p. 268), *O. calvus* n. sp. (p. 268), *O. carbonarius* Kl. (p. 270), *O. lacustris* Har. (p. 271), *O. impunctatus* n. sp. (p. 271), *O. astigma* n. sp. (p. 273), *O. flavibasis* n. sp. (p. 274) mit var. *lineiger* n. var. u. var. *mundatus* n. var. (p. 275), *O. stillatus* n. sp. (p. 277), *O. ineptus* Har., *O. choanicus* n. sp. (p. 279), *O. laevis* n. sp. (p. 281), *O. hirtipodex* n. sp. (p. 283), *O. longiceps* n. sp. (p. 285), *O. Gestronis* n. sp.

(p. 287), *O. bituber* n. sp. (p. 289), *O. Sidama* Gestr., *O. decolor* Orb., *O. carinifer* n. sp. (p. 292), *O. concavifrons* n. sp. (p. 294), *O. scaberrimus* n. sp. p. 296), *O. unicarina* n. sp. (p. 298), *O. Schimperi* Orb. = *helciatus* Har., *O. investis* n. sp. (p. 301), *O. piceus* Fåhr. = *fimetarius* Roth (p. 302), *O. rectilamina* Orb., *O. piceiceps* n. sp. (p. 304), *O. frontalis* Raffr. von *parvulus* Fbr. verschieden (p. 306), *O. suffusus* Kl., *O. excisiceps* Orb., *O. ganalensis* Gestr., *O. depressus* Har. var. *marmoreus* n. var. (p. 309), *O. granulum* n. nom. (p. 326) für *O. granum* Och. 1902 nec Lansberg 1885, *O. rusticus* Boh. = *minutus* Hausm., *O. cretus* Per. = *setosus* Fåhr., *O. criniger* n. nom. (p. 326) für *O. crinitus* Orb. 1902 nec Har., *O. rostrifer* n. nom. (p. 327) für *O. rostratus* Orb. nec. Har., *O. ribellum* Orb. (p. 424) mit var. *flavens* n. var. (p. 425), *nitidifrons* n. sp. (p. 425), *O. inconstans* n. sp. (p. 426) mit var. *ruficolor* n. var. (p. 427), *O. miles* n. sp. (p. 428), *O. denudatus* Orb., *O. nonstriatus* n. sp. (p. 430), *O. fossifrons* Orb., *O. bidentiger* n. sp. (p. 433), *O. imbellis* n. sp. (p. 434), *O. Feae* n. sp. (p. 436), *O. fasciculiger* Orb., *O. androgynus* n. sp. (p. 439), *O. curtipilis* n. sp. (p. 440), *O. mucronifer* n. sp. (p. 442) u. *O. altidorsis* n. sp. (p. 443) Afrika, *O. nigrivestis* Orb., *O. flaviclava* Orb. (p. 446), — *O. (Phalops) gallanus* n. sp. (p. 309), *O. (Phal.) sinuaticeps* Orb. mit var. *aereus* Orb. u. var. *aethiops* n. var. (p. 312), *O. (Phal.) Bonhourei* Orb. var. *subcyaneus* n. var. u. var. *lineifer* n. sp. (p. 312), — *O. (Praogoderus) nigricornis* Fairm. var. *cyanosoma* n. var. (p. 314), *O. (Praog.) flexicollis* n. sp. (p. 314), *O. lanista* Cast. (*tuberculicollis* Cast.), *O. armicollis* n. nom. (p. 317) für *O. tuberculicollis* Har. u. Orb. 1902 nec Cast., *O. atrosetosus* Orb. (p. 318), — *O. (Praog.) triarmatus* n. sp. (p. 320), *O. (Pr.) Bottegonis* Gestr., *O. (Pr.) loricatus* Kl., *O. auratus* Fbr. var. *flavilaterus* n. var. (p. 324), *O. boranus* Gestr., *O. laticollis* Kl., *O. Plato* Bat. von *O. furcifer* verschieden (p. 327), — *O. (Diastellopalpus) Hauseri* Orb. = *Füllebornii* Klb., *O. tridepressus* Orb. =*nyassicus* Klb. p. 328, — *O. cupreovirens* n. sp. **Orbigny** (Ann. Belg. 48 p. 204) *O. adornatus* n. sp. (p. 205), *C. arcifer* n. sp. (p. 206), *O. anthracites* n. sp. (p. 208 [1]) *O. Bocandei* n. sp. (p. 209), *O. minax* n. sp. (p. 210), *O. Duvivieri* n. sp. (p. 211), *O. semiviridis* n. sp. (p. 212), *O. Tschoffenii* n. sp. (p. 213), *O. flavorufus* n. sp. (p. 215), *O. rufaticollis* n. sp. (p. 216), *O. (Proag.) superbus* n. sp. (p. 217), *O. praedentatus* n. sp. (p. 218) u. *O. marginidens* n. sp. (p. 220) Afrika. — *O. placens* n. sp. **Péringuey** (Ann. S. Afr. Mus. III. p. 219), *O. praetortus* n. sp., *O. decedens* n. sp. (p. 220), *O. serenus* n. sp. (p. 221) u. *O. rhynchophorus* n. sp. (p. 222) Süd-Afrika. — *O. Carteri* n. sp. **Blackburn** (Pr. Soc. Victoria XVII. p. 147) u. *O. Jungii* n. sp. (p. 148) Australien.

Orphninae siehe *Idiostominae.*

Panelus Arthuri Blackb. = *P. (Temnoplectron) pygmaeus* Macl. nach **Lea** (Pr. Linn. Soc. N. S. Wales 29. p. 89).

Phelotrupes siehe B o u c o m o n t p. 222. — *Phloeochrous* siehe B l a c k b u r n pag. 221.

Phycochus sulcipennis n. sp. **Lea** (ibid. p. 89 tab. IV fig. 10) Tasmanien, Tarsenbildung der Gattung (p. 90).

Pleurophorus siehe *Ataenius.*

Proctammodes, Proctophanes, Psammodius siehe B l a c k b u r n p. 221.

---

[1] Gehört zu *Caccobius*. Vergl. *Caccobius.*

Rhyssemus. Die Synonymie der französischen Arten behandelt Chobaut (Bull.
Soc. Nimes 31 p. 90—92). — Siehe auch Blackburn p. 221.
Saprosites, *Saprus* siehe Blackburn pag. 221.
Taurocerastinae mit *Taurocerastes* u. *Frickius* siehe *Idiostominae*.
Thorectes siehe *Geotrupes* u. Boucomont pag. 222.
Thyregis n. gen. Blackburn (Pr. Soc. Victor. XVII p. 145) *Kershawii* n. sp.
(p. 146) Australien.
Tomogonus siehe *Caccobius*.
Trox Demaisonis n. sp. Reitter (Wien. ent. Z. 23. p. 156) Kleinasien. — *Tr.
nigrociliatus* n. sp. Kolbe (Berl. ent. Z. 1904 p. 292) Abyssinien, *Tr. radu-
loides* n. sp. (p. 292), *Tr. annexus* n. sp. (p. 293) u. *Tr. massaicus* n. sp. *(p.* 293)
Massailand, *Tr. Erlangeri* n. sp. (p. 293) Süd-Gallaland, *Tr. Neumannii* n. sp.
(p. 293) Massailand, *Tr. amitinus* n. sp. (p. 294) British-Ost-Afrika, *Tr. melancholicus* Boh. (*larvatus* Gerst.) (p. 294). — Siehe auch Blackburn pag. 220.

Melolonthini.

Ablabera, *Ablaberoides*, *Achelyma*, *Achloa*, *Aegostetha*, *Aipeiopsis*, *Allokotarsa*,
Alogistotarsa siehe Péringuey pag. 227, 229, 228.
Anoxiella siehe *Schistocometa*.
Apogonia Waterstradtii n. sp. Ritsema (Not. Leyd. Mus. 25. p. 103), *A. speculifera*
n. sp. (p. 105), *A. lobata* n. sp. (p. 106) u. *A. Halleri* n. sp. (p. 108) Borneo,
Verzeichnis von 62 Arten (p. 111—116). — Siehe auch Péringuey
pag. 231.
Arraphytarsa, *Asthenopholis*, *Atys* siehe Péringuey pag. 227, 231, 230.
Autoserica probangana Brensk. 1899 wiederholte Brenske (Miss. Pavie III p. 90),
Au. eluctabilis Br. (p. 91), *Au. eclogaria* Br. (p. 91). — Siehe auch
Péringuey pag. 226.
Beriqua, *Brachylepis*, *Camenta*, *Camentoserica*, *Clitopa* siehe Péringuey pag. 229,
231, 228, 227.
Clypeasta n. nom. Fairmaire (Ann. Belg. 48. p. 226) für *Clypearia* Fairm. 1903
nec Saussure.
Coniopholis, *Cyclomera*, *Diaphoroserica*, *Diplotropis*, *Doleroserica*, *Dolerotarsa*
siehe Péringuey pag. 231, 229, 227, 228.
Empecta latipennis n. sp. Fairmaire (Ann. Belg. 48. p. 126) Madagascar.
Emphania subcostata n. sp. (ibid. p. 226) Madagascar.
Entyposis, *Etiserica*, *Eucylophylla*, *Eulepida*, *Euronycha*, *Gamka*, *Glyptoglossa*,
Gryphonycha, *Holisonycha* siehe Péringuey pag. 231, 226, 228, 231, 227, 229.
Hoplia (Decamera) Hauseri n. sp. Reitter (Wien. ent. Z. 23. p. 157) Turkestan.
Hoplolontha n. gen. Fairmaire (Miss. Pavie III p. 87), *H. Paviei* n. sp. (p. 87
tab. IV bis fig. 3) Cambodge.
Hymenoplia clypealis Reitt. 1902 neu abgedruckt durch Fuente (Bol. Esp. IV
p. 384).
Hyboserica, *Hypopholis*, *Idaecamenta*, *Idaeserica*, *Kraseophylla* siehe Péringuey
pag. 227, 231, 228.
Lachnosterna pinguis n. sp. Fairmaire (Misc. Pavie III p. 88) Camobdge.
Liparetrus tuberculatus besprach Lea (Pr. Linn. Soc. N. S. Wales 29. p. 89).
Leribe, *Macrophylla*, *Mesoserica*, *Microcamenta*, *Microtrachelus* siehe Péringuey
pag. 228, 227.

Melolontha Hippocastani, vulgaris u. *pectoralis* nebst ihren Varietäten unterschied dichotomisch **Bourgeois** (Cat. Col. Vosg. p. 302).

Mycernus n. gen. *elegans* n. sp. **Broun** (Ann. Mag. nat. Hist. XIV p. 52) Neu-Seeland.

Nedymoserica siehe Péringuey pag. 226.

Neoserica Pavieana Br. 1899 wiederholte **Brenske** (Miss. Pavie III p. 92), *picea* Nonfr. ♂ (p. 92). — Siehe auch Péringuey pag. 226.

Oedanomerus, Onochaeta, Oocamenta, Parablabera, Paracamenta, Paraclitopa, Pasaphylla, Pegylidius, Pegylis, Pericamenta, Periclitopa siehe Péringuey pag. 229, 228, 227, 231.

Philoserica, Pleiophylla, Pleistophylla, Pleophylla siehe Péringuey pag. 227, 228, 229, 226.

Prodontria n. gen. **Broun** (Ann. Mag. nat. Hist. XIV p. 53), *Pr. Lewisii* n. sp. (p. 54) Neu-Seeland.

Pseudochloa, Pseudocamenta, Pseustophylla, Psilonychus, Rhabdopholis siehe Péringuey pag. 229, 228, 231.

Rhizotrogus variolatus Fairm. 1880 neu abgedruckt durch **Fuente** (Bol. Esp. IV p. 383).

Schistocamenta Brensk. 1903 = *Anoxiella* Reitt. 1902 nach **Reitter** (Wien. ent. Z. 23. p. 24).

Schizonycha, Sebakue, Sebaris siehe Péringuey pag. 229, 231.

Serica (Ophthalmoserica) Rosinae n. sp. **Pic** (Ech. 20. p. 33) Amur.

Sparrmannia, Spathoschiza, Stenoserica, Suntemnonycha, Syngeneschiza, Tlaocera, Trichinopus, Trichiodera, Trochalus, Tulbaghia siehe Péringuey pag. 229, 226, 231, 228, 227.

Rutelina.

Adoretus ampliatus n. sp. **Fairmaire** (Ann. Belg. 48. p. 226 u. *A. rugosohirtus* n. sp. (p. 227) Madagascar.

Aglycoptera siehe Bates pag. 219.

Amblochilus, Amblyterus siehe Ohaus pag. 225.

Anomala (Euchlora) mongolica Fald. (*anomala* Kr.) var. *coerulea* n. var. i. l. **Jacobson** (Ann. Mus. Pet. IX. p. XXXVI[1]).

Anoplognathus, Anoplostethus, Callichloris, Calloodes siehe Ohaus pag. 224, 226.

Chalcoplethis, Chrysina, Chrysophora siehe Bates pag. 219.

Epichalcoplethis Bat. besprach **Arrow** (Tr. ent. Soc. Lond. 1904 p. 272). — Siehe auch Bates pag. 219.

Epichrysus siehe Ohaus pag. 225.

Homonyx, Hoplopelidnota siehe Bates pag. 219.

Homotropus siehe Ohaus pag. 225.

Hoplognathus siehe *Pelidnota.*

Lasiocala, Mecopelidnota siehe Bates pag. 219.

Mesystochus, Mimadoretus siehe Ohaus pag. 225.

Microrutela n. gen. **Bates** (Tr. ent. Soc. Lond. 1904 p. 250) für *Chalcentis lauta* Burm. u. *coerulea* Perty.

Paraschizognathus siehe Ohaus pag. 225.

---

[1]) Die neue Varietät wurde in russischer Sprache beschrieben, bleibt daher vorläufig nur nom. i. lit.

Pelidnota bimaculata Cast. = *Hoplognathus maculatus* nach **Arrow** (Tr. ent. Soc.
  Lond. 1904 p. 260), *P. venezuelensis* G. & H. = *Rutela versicolor* Latr.
  (p. 260). — Siehe auch *Epichalcoplethis* u. **Bates** pag. 218.
Phalangogonia, Platycoelia siehe **Ohaus** pag. 225.
Plusiotis siehe **Bates** pag. 219.
Pseudoschizognathus, Saulostomus, Schizognathus, Trioplognathus siehe **Ohaus**
  pag. 225.
Repsimus siehe **Ohaus** pag. 224.
Xenopelidnota siehe **Bates** pag. 219.

Dynastini.

Aegopsis siehe **Sternberg** pag. 232.
Alcidosoma siamensis Cast. ♂ besprach u. bildete ab **Lesne** (Miss. Pavie III
  p. 51 tab. IX bis fig. 2, 2 a).
Cyclocephala tucumana n. sp. **Brèthes** (An. Mus. Buen. Air. XI p. 330) u.
  C. andina n. sp. (p. 331) Tucuman.
Peltonotus morio Burm. ♂ beschrieb **Fairmaire** (Miss. Pavie III p. 88).
Pentodon Reitteri n. nom. i. l. **Jakowleff** (Ann. Mus. Pet. IX p. XVI[1]) für
  P. subdilatatus Reitt. nec Motsch., *P. subdilatatus* Mot. = *idiota* Hrbst.
  (p. XVI).
Pericoptus frontalis n. sp. **Broun** (Ann. Mag. nat. Hist. XIV p. 55) Neu-Seeland.
Temnorhynchus Glauningii n. sp. **Kolbe** (Berl. ent. Z. 1904 p. 295) Tschad-See.

Glaphyrini.

Anthypna Carcelii var. *Duponchelii* Luig. = *Carcelii* Lap. i. sp. nach **Heyden**
  (Riv. Col. ital. II p. 17). — *A. Carcelii* Lap. (*romana* Dup.) von var. *Dupon-
  chelii* unterschieden nach **Luigioni** (ibid. p. 37—39). — *A. carcelii* var.
  Laportei n. var. **Leoni** (ibid. p. 118, 119).

Cetoniini.

Amaurina polysticta Klb. var. *picticollis* n. var. **Moser** (Berl. ent. Z. 1904 p. 66).
Anepsiovalgus siehe **Kolbe** pag. 223.
Anochilia subvidua n. sp. **Fairmaire** (Ann. Belg. 48. p. 227), *A. laterivirens* n.
  sp. (p. 228) Madagascar.
Bothrorrhina Nickerlii Hell. ♀ beschreibt **Heller** (Deut. ent. Z. 1904 p. 12) =
  B. rufonasuta Fairm. 1902 (p. 303).

---

[1]) Dass der neue Name in der That nur die Geltung eines nom. i. lit. haben
kann, wird dadurch bewiesen, dass z. B. **Sharp** (Rec. p. 156) nicht angeben
konnte, wofür der neue Name eingeführt werden sollte. Uebrigens ist die
Namensänderung überflüssig; denn falls **Jakowleff**'s Deutung sicher ist,· verschwindet der **Motschulsky**sche Name unter den Synonymen, falls sie aber
unsicher ist (und das ist sie, da **Jakowleff** nur ein von **Motschulsky**
10 Jahre nach der Publikation seiner Art bestimmtes aus ganz anderer Gegend
stammendes Exemplar untersucht hat), so bleibt **Reitter**'s Deutung zu Recht
bestehen.

Brachymitra n. gen. *Thomasii* n. sp. **Kolbe** (Berl. ent. Z. 1904 p. 297) British-
Ost-Afrika, dichot. Tab. über diese u. 2 andere Gattungen: *Stephanocrates*
Klb. u. *Compsocephalus* White.

Callinomus rufiventris n. sp. **Fairmaire** (Miss. Pavie III p. 86) Laos.

Cetonia (Potosia) affinis And. u. *cuprea* Fbr. unterschied **Müller** (Wien. ent. Z.
172), *C. incerta* Costa = *cuprea* Fbr. (p. 173). — *C. cupripes* Wied. =
Protaetia nach **Moser** (Berl. ent. Z. 1904 p. 15), *Pr. cupripes* u. *Fruhstorferi*
Hell. unterschieden (p. 15). — Siehe auch Le Comte pag. 224.

Charitovalgus siehe Kolbe pag. 223.

Clinteria usambarica n. sp. **Moser** (Berl. ent. Z. 1904 p. 60) Usambarica.

Coelorhina cornuta n. sp. **Heath** (The Ent. 1904 p. 101 fig. 2) Ost-Africa.

Compsocephalus siehe *Brachymitra*.

Coptomia castanoptera n. sp. **Fairmaire** (Ann. Belg. 48. p. 228) Madagascar,
C. Bontempsii Fairm. (p. 229).

Cyclophorus marginicollis n. sp. **Moser** (Berl. ent. Z. 1904 p. 59) Süd-Afrika.

Dasyvalgus pygidialis n. sp. **Moser** (Berl. ent. Z. 1904 p. 267 Sumatra, *D. striatipennis* n. sp. (p. 268), *D. bipustulatus* n. sp. (p. 269) Borneo, *D. fraterculus*
n. sp. (p. 269) Sumatra, *D. piceus* n. sp. (p. 270) Tongking, *D. nigerrimus*
n. sp. (p. 271) Borneo. — Siehe auch Kolbe pag. 223.

Diphrontis Hintzii n. sp. **Moser** (Berl. ent. Z. 1904 p. 70) Ost-Afrika.

Dischista marginata n. sp. **Moser** (Berl. ent. Z. 1904 p. 6) Ost-Afrika.

Discopeltis picta n. sp. **Moser** (Berl. ent. Z. 1904 p. 66), *D. variabilis* n. sp.
(p. 67) mit var. *ornaticollis* n. var., var. *fulvipennis* n. var. (p. 68), var.
nigripennis n. var. u. var. *ruficollis* n. var. (p. 69).

Euchilia laxecostata n. sp. **Fairmaire** (Ann. Belg. 48. p. 230), *Eu. saturata* n. sp.,
Eu. protensa n. sp. u. *Eu. externecostata* n. sp. (p. 230) Madagascar.

Eucosma flavosignata n. sp. **Moser** (Berl. ent. Z. 1904 p. 64) Süd-Afrika.

Eudicella immaculata n. sp. **Heath** (The ent. 37. p. 102 fig. 1) Uganda.

Fornasinius Hirthii n. sp. **Preiss** (Jahrb. nass. Ver. 57 p. 15 tab. 1 fig. 1) Ost-
Afrika.

Goliathopsis Lameyi Fairm. 1893 wiederholte **Fairmaire** (Miss. Pavie III p. 90
tab. IX bis fig. 5, 5a, 5b).

Goliathus giganteus Lam. var. *connectens* n. var. **Csiki** (Ann. Mus. nat. hung. II.
p. 302 fig.). — *G. giganteus* var. *grandis* n. var. **Veen** (Bull. kol. Mus. Haarlem XXX p. 64 tab.).

Hoplitovalgus siehe Kolbe pag. 223.

Hybovalgus tonkinensis n. sp. **Moser** (Berl. ent. Z. 1904 p. 272) u. *H. fulvo*
squamosus n. sp. (p. 272) Tongking. — Siehe auch Kolbe pag. 223.

Ischyrocera n. gen. **Hauser** (Deut. ent. Z. 1904 p. 34), *I. Darcisii* n. sp. (p. 35)
Afrika.

Leucocelis elegans Klb. var. *ornaticollis* n. var. **Moser** (Berl. ent. Z. 1904 p. 66),
— *L. Ertlii* n. sp. **Preiss** (Jahrb. Nass. Ver. 57. p. 22 tab. I fig. 4, *L. buco-
bensis* n. sp. (p. 24 fig. 5), *L. irentina* n. sp. (p. 25 fig. 6), *L. angustiformis* n.
sp. (p. 26 fig. 5) Ost-Afrika.

Nannovalgus siehe Kolbe pag. 223.

Neophoedimus melaleucus Fairm. 1899 wiederholte **Fairmaire** (Miss. Pavie III
p. 89 tab. IX bis fig. 4, 4a).

Neptunides polychrous Thms. var. *marginipennis* n. var. **Moser** (Berl. ent. Z. 1904 p. 59) Ost-Afrika.

Oreovalgus siehe K o l b e pag. 223.

Osmoderma brevipennis n. sp. **Pic** (Ech. 20. p. 74, 83) Klein-Asien. — Siehe auch P i c pag. 232.

Oxythyrea albomaculata n. sp. **Moser** (Berl. ent. Z. 1904 p. 65) Deutsch-Ost-Afrika.

Pachnoda Säuberlichii n. sp. **Hauser** (Deut. ent. Z. 1904 p. 36) Englisch-Ostafrika. *P. testaceipennis* n. sp. **Moser** (Berl. ent. Z. 1904 p. 61) Ost-Afrika. — *P. discolor* var. besprach **Preiss** (Jahrb. Nass. Ver. 57. p. 19 tab. I fig. 19) Ost-Afrika.

Paediovalgus siehe K o l b e pag. 223.

Paraleucocelis n. gen. *Conradsii* n. sp. **Preiss** (Jahrb. Nass. Ver. 37. p. 21 tab. I fig. 3).

Parapoecilophila n. gen. **Hauser** (Deut. ent. Z. 1904 p. 36), *P. Kraatzii* n. sp. (p. 37) Englisch-Ostafrika.

Piochilia Scalabrii Fairm. ♂ beschrieb **Fairmaire** (An. Belg. 48. p. 227). — Siehe auch *Prochyta*.

Plocovalgus siehe K o l b e pag. 223.

Poecilophila tesselata n. sp. **Moser** (Berl. ent. Z. 1904 p. 69) Ost-Afrika.

Potosia siehe *Cetonia*.

Prochyta Fairm. = *Piochilia* Fairm. nach **Fairmaire** (Ann. Belg. 48. p. 227)·

Pseudinca Moseri n. sp. **Hauser** (Deut. ent. Z. 1904 p. 38) Nyassa.

Pygora prasinella n. sp. **Fairmaire** (Ann. Belg. 48. p. 229) Madagascar, *P. lucifera* Fairm. mit var. *nigrina* n. var. (p. 229), var. *elegantula* Fairm. u. var. *ruficollis* Fairm. (p. 230).

Ranzania Bertolonii Luc. var. *minor* n. var. **Kolbe** (Berl. ent. Z. 1904 p. 298).

Sphinctovalgus siehe K o l b e p. 223.

Spilovalgus biguttatus n. sp. **Moser** (Berl. ent. Z. 1904 p. 266) Perak, *Sp. propygidialis* n. sp. (p. 267) Assam. — Siehe auch K o l b e p. 223.

Stephanocrates Klb. siehe *Brachymitra*.

Syngonovalgus siehe K o l b e pg. 223.

Systellorhina tricolor n. sp. **Moser** (Berl. ent. Z. 1904 p. 62) u. *S. Kolbei* n. sp. (p. 63) Ost-Afrika.

Theodosia Rothschildii Jans. = *telifer* Bat. nach **Moser** (Berl. ent. Z. 1904 p. 273).

Trapezorrhina n. gen. **Hauser** (Deut. ent. Z. 1904 p. 33), *T. sordida* n. sp. (p. 34) Afrika.

Trichovalgus siehe K o l b e pag. 223.

Valgus Keysseri n. sp. **Hauser** (Deut. ent. Z. 1904 p. 40) Neu-Guinea.

Fam. *Buprestidae*.

(3 n. gen., 101 n. sp.)

Abeille 4, 5, Escalera 1, Fairmaire 7, Ganglbauer 4, Gerhardt 2, Fauvel 6, Fuente 1, Jacobson 3, Jakowleff 1, 2, Kerremans 1, 2, Pic 17, Rainbow 1, Reitter 1, 21, Schaeffer 1, Tertrin 2, Thery 1,

2, Waterhouse 1, Xambeu 3a, 3b, Bourgeois 4, Donisthorpe 2, Heyne & Taschenberg 1, Hüeber 1.

Biologie.

Abeille (5) gab eine kurze Notiz über die Larven von *Julodis* (p. 207).

Bourgeois (4) gab biologische Notizen über die Larven (p. 312, 316, 322).

Hüeber (1) gab eine biologische Notiz.

Xambeu (3a) beschrieb die Larve von *Acmaeodera pilosellae* Bon. (p. 52) u. von *Julodis setifensis* Luc. (p. 134), — (3b) die Larve u. die Puppe von *Polybothris obscura* Thoms. (p. 102) u. die Larve von *P. pulchriventris* Fairm. (p. 103) aus Madagascar.

Geographisches.

Bourgeois (4) führte 66 Arten aus den Vogesen auf.

Donisthorpe (2) berichtete über *Trachys parvulus* in England.

Tertrin (2) führte 9· von *Pavie* in China gesammelte Arten auf.

Gerhardt (2) berichtete über *Anthaxia nitidula* L. var. *signaticollis* Kryn.

Ganglbauer (4) führte 23 Arten von der Insel Meleda auf (p. 653—654).

Jacobson (3) berichtete über das Vorkommen von *Ancylocheira aurulenta* L. (*splendida* Payk.) in Europa u. vermuthet, dass sie mit Holz aus Nord-Amerika eingeschleppt werde.

Systematik.

Umfassende Arbeiten.

Fauvel.

Faune analytique Col. Nouv.-Caledonie.
Buprestidae.
(Rev. d'Ent. 23. p. 113—119).

Fortsetzung von 1903: Die Arten sind, sofern mehr als eine zu einer Gattung gehört, dichotomisch, die Gattungen aber gar nicht charakterisirt, die 1 neue Art ist ausführlich beschrieben.

Die behandelten Arten.

Phospheres chrysocomus Faur., *Ph. aurantipictus* Lap.

Blapharus Thms. mit 1 Art.

Chrysodema artensis Montr., *Chr. convexa* Montr., *Chr. Varennesii* Montr., *Chr. erythrocephala* Montr. (p. 115), *Chr. Deplanchei* Fauv.

Astraeus caledonicus n. sp. (p. 116).

Melobasis scutata Fauv., *M. senata* Montr., *M. viridipes* Fauv., *M. auribasis* Fauv., *M. paitana* Fauv.

Anthaxia cordicollis Fauv., *A. excavata* Fauv.

Cisseis sexnotata Fauv.

Sambus mit 1 Art.

1. Kerremanns.

Faune entomologique de l'Afrique tropicale. *Buprestides.*
I. Introduction. — *Julodines.* p. 5—65. tab. 1.
(Ann. Mus. Congo Zoologie Ser. III. fasc. 1.)

Nach Charakterisirung der Familie (p. 5—11) wird eine dichotomische Begründung aller 12 Tribus (p. 13) und eine Darlegung der geographischen Verbreitung aller 232 Gattungen mit ihren 6108 Arten gegeben (p. 14—31). Es folgt eine dichotomische Auseinandersetzung der 8 in Afrika vertretenen Tribus (p. 31), der 3 Gattungen der 1. Tribus (p. 32) u. der Arten jeder Gattung nebst ausführlicher Beschreibung.

Die behandelten Gattungen u. Arten.

Sternocera mit 24 Arten (p. 32—35): *St. Hildebrandtii* Har. mit var. *Eschscholtzii* Thoms. u. var. *laevigata* Klb., *St. Gerstaeckeri* Kerr. (*Fischeri* Gerst.) (tab. 1 fig. 1) mit var. *concolor* Kerr., *St. castanea* Ol. mit var. *irregularis* Latr. u. var. *abyssinica* Ther., *St. cariosicollis* Fairm., *St. Hunteri* Wat. (tab. I fig. 2) mit var. *fasciata* Wat., *St. feldspathica* Whit. mit var. *tristis* Kerr., var. *Groultii* Ther. u. var. *Campanae* Luc., *St. Zechiana* Klb., *St. syriaca* Saund. (*aeneocastanea* Fairm.), *St. Revoilii* Fairm., *St. foveopubens* Fairm. (tab. I fig. 3) mit var. *apicipennis* Fairm., *St. Benningsenii* Kerr. (tab. I fig. 4), *St. pulchra* Wat. mit var. *simplex* Kerr., var. *clara* Kerr. u. var. *Cambieri* Preud., *St. Fischeri* Qued. (*atrovirens* Anc., *viridimicans* Kerr.) (tab. I fig. 5) mit var. *salamita* Kerr., *St. Iris* Har. (fig. 6), *St. variabilis* Kerr. (fig. 7) mit var. *humeralis* Kerr. u. var. *versicolor* Kerr., *St. rufipennis* Kerr., *St. tricolor* Kerr., *St. luctifera* Klug (tab. I fig. 8) mit var. *funebris* Boh., var. *plagiativentris* Kerr. u. var. *morio* Har., *St. orissa* Buqu. mit var. *Bertolonii* Thms., var. *elliptica* Kerr., var. *lanifica* Er., var. *liturata* Whit., var. *Reimeri* Klb., *St. funeraria* Kerr. u. var. *monacha* Klug, *St. Colmantii* Kerr. (tab. I fig. 9), *St. Duvivieri* Kerr. (tab. I fig. 10), *St. interrupta* Kerr. mit var. *reticulata* Kerr., var. *Klugii* Thms. u. var. *Mephisto* Thms.

Julodis mit 2 Untergattungen (p. 58): *J.* (i. sp.) *Caullaudii* Latr., *J. Hohnelii* Fairm. (tab. I fig. 11), *J. Heva* Kerr., *J. dimidiatipes* Kerr. (tab. I fig. 12), *J.* (*Neojulodis*) *vagevittata* Fairm., *J. vittipennis* Fåhr. (*transvalensis* Thoms., *acutipennis* Kerr.).

Amblysterna natalensis Fåhr. (*Johnstonis* Wat.) mit var. *splendens* Klug, *A. stictica* Kerr.

2. Kerremanns.

Monographie des Buprestides.
T. I. Introduction — *Julodini* — *Polycestini* (pars) Bruxelles 1904
—1906. 533 pp. tab. 1—10.

Von dieser umfangreichen Monographie wurden im Nov. u. Dec. 1904 nur die 4 ersten Bogen (Historisches und Geographisches enthaltend) ausgegeben, das Uebrige des 1. Bandes erschien zumeist 1905 u. wird daher erst im nächstjährigen Bericht referirt.

Reitter.

Uebersicht der mir bekannten paläarctischen Arten der
Coleopteren-Gattung *Dicerca* Eschsch.
(Wien. ent. Z. 23. p. 21—24).
Eine dichotomische Auseinandersetzung von 8 Arten, von denen
eine neu.

Die behandelten Arten.

Dicerca (s. str.) *aenea* L., *D. validiuscula* Sem., *chorostigma* Mannh., *D. berolinensis* Hrbst., *D. alni* Fisch., *D. fritillum* Mén., *D. furcata* Thunb. (*acuminata* Pall.), *D. miranda* n. sp. (p. 24) Herzegowina, — *D.* (*Argante* Ksw.).

Einzelbeschreibungen.

Acherusia Saundersii n. sp. **Waterhouse** (Ann. Mag. nat. Hist. XIV p. 249)
Brasilien.

Acmaeodera suturifera n. sp. **Reitter** (Wien. ent. Z. 23. p. 256) Afghanistan,
B. filiformis n. sp. (p. 257) Wüste Gobi. — *A. longissima* n. sp. **Abeille** (Bol.
Soc. espan. IV p. 218) Persien, *A. densesquamis* n. sp. (p. 218) Taurus, *A.
simulans* Ab. var. *albipilis* n. var. u. *A. coluber* n. sp. (p. 219) Persien, *A.
variivestis* n. sp. (p. 220) Tunis, *A. crucifera* n. sp. (p. 221) u. *A. hirsutula*
Gor. var. *aequistriata* n. var. (p. 221) Persien, *A. pilivestis* n. sp. Spanien,
A. nigellata n. sp. (p. 222) Portugal, *A. laticornis* Ab. var. *olivacea* n. var.
(p. 223). — *A. Akbesiana* n. sp. **Escalera** (ibid. p. 224) Syrien, *A. Segurensis*
n. sp. (p. 225) Spanien. — *A. rubescens* n. sp. **Schaeffer** (J. N. York ent. Soc.
XII p. 210) Kalifornien. — *A. Saundersii* n. sp. **Waterhouse** (Ann. Mag.
nat. Hist. XIV p. 261) u. *A. sumptuosa* n. sp. (p. 261) Süd-Afrika, *A. Ja-
mesii* n. sp. (p. 262) Somali-Land, *A. Degeeri* n. sp. (p. 263) Transvaal, *A. tricolor* n. sp. (p. 264) Damara, *A. Brooksii* n. sp. (p. 264) Buluwayo, *A. Yer-
buryi* n. sp. (p. 265) Arabien, u. 12 Arten besprochen (p. 258—261).

Actenodes flexicaulis n. sp. **Schaeffer** (ibid. p. 209) Texas, dichot. Tab. über
5 Arten (p. 209).

Agrilus sexguttata Hrbst. = *sexguttatus* Brahm 1790 nach **Bedel** (Ab. XXX
p. 236). — *A. chlorophyllus* n. sp. **Abeille** (Bol. Soc. ent. IV p. 223) Syrien.
— *A. Hornii* n. sp. **Théry** (Ann. Belg. 48. p. 161), *A. aurociliatus* n. sp.,
A. Nalandae n. sp. (p. 162), *A. kandyanus* n. sp., *A. atomus* n. sp. (p. 163),
A. Motschulskyi n. sp. (p. 164) u. *A. Walkeri* n. sp. (p. 165) Ceylon. — *A.
Dollii* n. sp. **Schaeffer** (J. N. York ent. Soc. XII p. 210) Texas. — *A. ros-
cidus* var. *subalpinus* Ab. 1897 wiederholt abgedruckt durch **Fuente** (Bol.
Esp. IV p. 385).

Amblysterna siehe **Kerremans** pag. 241.

Ancylocheira severa n. sp. **Abeille** (Bol. Soc. espan. IV p. 213) Syrien, *A. Sibirica*
Fl., *A. araratica* Mars., *T. tursensis* Mars., *T. octoguttata* L. ♂ besprochen
(p. 214). — *A. splendida* Payk. = *aurulenta* Lin. nach **Jacobson** (Ann. Mus.
Petr. IX. p. XXXIV).

Anthaxia Schah n. sp. **Abeille** (Bol. Soc. espan. IV p. 215) Persien, *A. fulgenti-
pennis* n. nom. (p. 215) für *A. fulgidipennis* Mars. nec Luc., *A. ignipennis* Ab.
von *Olympiae* Ks. unterschieden (p. 216), *A. fulgurans* Schr. var. *nigricollis*
n. var. (p. 217), *A. permira* n. sp. (p. 217 „*permisa*" err. typ.) Persien.

D. *Buprestidae.* (Einzelbeschreibungen).   **243**

Astraeus siehe **Fauvel** pag. 240.

Aurigena aereiventris var. *europaea* **Ab.** = *lugubris* **Fbr.** 1776 nec **Fbr.** 1792 nach **Bedel** (Ab. XXX p. 236). — *Au. guttipennis* n. sp. **Abeille** (Bol. Soc. espan. IV p. 213) Persien.

Buprestis alternans n. sp. **Abeille** (ibid. p. 212) Syrien, *B. Escalerae* n. sp. (p. 212) Persien.

Capnodis miliaris var. *aurata* n. var. **Abeille** (ibid. p. 211) Griechenland, *C. Henningii* Fald. var. *cribricollis* n. var. (p. 212) Syrien.

Cardiaspis pisciformis n. sp. **Théry** (Bull. Fr. 1904 p. 73 fig. 1) Indien.

Castalia pulchra n. sp. **Waterhouse** (Ann. Mag. nat. Hist. XIV p. 252), *C. auromaculata* Saund., *C. Fairmairei* n. sp. (p. 253) Tongking, *C. Bettonis* n. sp. (p. 253) Ost-Afrika.

Cathoxantha Sarrazinorum Flach unterschied von *C. Castelnaudii* Deyr. **Thery** (Ann. Belg. 48. p. 158).

Chalcophoropsis Rothschildii Gah. beschrieb nochmals **Fairmaire** (Ann. Belg. 48 p. 231), gehört zu *Madecassia* Kerr.

Chrysaspis glabra n. sp. **Waterhouse** (Ann. Mag. nat. Hist. XIV p. 344), *Chr. aurata* Fbr., *Chr. tincta* n. sp., *Chr. dubia* n. sp, *Chr. Bennettii* n. sp. (p. 346) u. *Chr. Higlettii* n. sp. (p. 347) Afrika.

Chrysobothris amurensis n. sp. **Pic** (Ech. 20. p. 25) Amur. — *Chr. Musae* n. sp. **Théry** (Ann. Belg. 48. p. 160) Ceylon. — *Chr. purpureoplagiata* n. sp. **Schaeffer** (J. N. York ent. Soc. XII p. 206) Arizona, *Chr. Beyeri* n. sp., *Chr. peninsularis* n. sp. (p. 207) u. *Chr. subopaca* n. sp. (p. 208, „subapaca" err. typ.) Californien.

Chrysochroa Frustorferi n. sp. **Waterhouse** (Ann. Mag. nat. Hist. XIV p. 266) Tongking, *Chr. Thelwallii* n. sp. (p. 266) Nyassa.

Cinyra prosternalis n. sp. **Schaeffer** (J. N. York ent. Soc. XII p. 205) Texas.

Compsoglypha n. gen. *Perrieri* n. sp. **Fairmaire** (Ann. Belg. 48. p. 233) Madagascar.

Conognatha Mayeti n. sp. **Thery** (Bull. Fr. 1904 p. 75 fig. 4) Peru.

Coraebus Helichrysi n. sp. **Abeille** (Bull. Fr. 1904 p. 282) Frankreich.

Cylindromorphus Turkestanicus n. sp. **Abeille** (Bol. Soc. espan. IV p. 224) Turkestan.

Demochroa Bowringii n. sp. **Waterhouse** (Ann. Mag. nat. Hist. XIV p. 265) u. *D. Meldolana* n. sp. (p. 265) Indien.

Dicerca siehe **Reitter** pag. 242.

Discoderus polychrous n. sp. **Fairmaire** (Ann. Belg. 48. p. 234 u. *D. cavifrons* n. sp. (p. 234) Madagascar.

Julodis Escalerae n. sp. **Abeille** (Bol. Soc. espan. IV p. 206) u. *J. Onopordi* Fbr. var. *longicollis* n. var. (p. 207), var. *pilosissima* n. var, var. *longiseta* n. var., var. *Caiffensis* n. var., var. media n. var., var. *tenuelineata* n. var., var. *subviolacea* n. var. u. var. *derasa* n. var. (p. 208), 28 varr. aufgezählt, *J. variolaris* Pall. mit 5 varr. (p. 211[1]). — Siehe auch **Kerremans** pag. 241.

Lampropepla n. nom. **Fairmaire** (Ann. Belg. 48. p. 231) für *Madecassia* Kerr. nec Fairm., *L. ophthalmica* n. sp. (p. 231) Madagascar. — Siehe auch *Chalcophoropsis.*

---

[1] Von denen 3 vielleicht neu, aber nicht als neu bezeichnet sind.

16*

Latipalpis stellio Ksw. berichtigte **Ganglbauer** (Verh. Zool. bot. Ges. Wien 54.
　p. 653).

Madecassia siehe *Lampropepla.*

Mastogenius reticulaticollis n. sp. **Schaeffer** (J. N. York ent. Soc. XII p. 210) Texas.

Melanophila sumptuosa n. sp. **Abeille** (Bol. Soc. espan. IV p. 214) Spanien.

Nalanda n. gen. **Théry** (Ann. Belg. 48 p. 160), *N. Hornii* n. sp. (p. 160) Ceylon.

Paracastalia longipennis n. sp. **Waterhouse** (Ann. Mag. nat. Hist. XIV p. 249),
　P. Duvivieri Kerr., *P. Bettonis* n. sp. (p. 250) u. *P. variegata* n. sp. (p. 251)
　Afrika.

Polybothris pulchriventris n. sp. **Fairmaire** (Ann. Belg. 48. p. 232) u. *P. pygidi-*
　alis n. sp. (p. 233) Madagascar.

Polycesta carnifex = *costata* Sol. nach **Waterhouse** (Ann. Mag. nat. Hist. XIV
　p. 254), *P. depressa* L., *P. Olivieri* n. nom. (p. 255) für *P. depressa* Ol. nec
　L., *P. alternans* n. sp. (p. 256) Mexico, *P. regularis* n. sp. (p. 256) St. Domingo,
　P. Gossei n. sp. (p. 257) Jamaica, *P. variegata* n. sp. (p. 258) Mexico.

Ptosima undecimmaculata Hrbst. var. *intermedia* n. var. **Demaison** (Bull. Fr.
　1904 p. 285) Klein-Asien. — *P. amabilis* var. *hieroglyphica* n. var. **Théry**
　(Ann. Belg. 48. p. 158) Ceylon.

Rhaeboscelis texana n. sp. **Schaeffer** (J. N. York ent. Soc. XII p. 211) Texas.

Sphenoptera Hornii n. sp. **Théry** (Ann. Belg. 48. p. 159) Ceylon, *Sph. Perrotetii*
　Guer. var. *rugosiventris* p. 159) Ceylon. — *Sph. (Hoplandrocneme) venusta*
　n. sp. **Jakowleff** (Rev. russe IV p. 309) Tiflis, *Sph. luctifica* n. nom. (p. 310)
　für *Sph. luctuosa* Jak. nec Thoms. — *Sph. longipennis* n. sp. **Jakowleff**
　(Hor. ross. 37. p. 174) Issik-Kul, *Sph. caesia* n. sp. (p. 175) Bucharei, *Sph.*
　luctuosa n. sp. (p. 177) Dschungarei, *Sph. (Hoplistura) ligulata* n. sp. (p. 178)
　u. *Sph. grata* n. sp. (p. 180) Cairo, *Sph. (Chrysoblemma) seriola* n. sp. (p. 181)
　Algier, *Sph. (Chilostetha) cauta* n. sp. (p. 183) Syrien, *Sph. (Dendora) caspica*
　n. sp. (p. 184) Caspi-See. — *Sph. minutissima* Desbr. Heyd. 1870 neu ab-
　gedruckt durch **Fuente** (Bol. Esp. IV p. 385).

Steraspis arabica n. sp. **Waterhouse** (Ann. Mag. nat. Hist. XIV p. 348) Muscat.

Sternocera aequisignata u. *aurosignata* unterschied **Waterhouse** (Ann. Mag. nat.
　Hist. XIV p. 245), *St. sternicornis, St. multipunctata* Saund., *St. punctato-*
　foveata Saund,, *St. ruficornis* Saund., *St. Kerremansii* Kerr., *St. Druryi* n. sp.
　(p. 247) Sudan, *St. Stevensii* n. sp. (p. 247) West-Afrika, *St. Zechiana* Klb.
　— Siehe auch K e r r e m a n s pag. 241.

Stigmodera cydista n. sp. **Rainbow** (Rec. Austral. Mus. V p. 246) Australien.

Strobilodera Gastonis n. sp. **Théry** (Bull. Fr. 1904 p. 74 fig. 2) Deutsch-Ostafrika.

Trachys Hornii n. sp. **Théry** (Ann. Belg. 48. p. 165), *Tr. bellicosa* n. sp. (p. 166),
　Tr. pretiosus n. sp. u. *Tr. centrimaculatus* n. sp. (p. 167) Ceylon.

Fam. Eucnemidae.

(0 n. gen., 6 n. spp.)

Blanchard 1, Bourgeois 4, Dury 1, Fairmaire 7, Fauvel 6.

Geographisches.

Bourgeois (4) führte 13 Arten aus den Vogesen auf.
Dury (1) berichtete über *Eucnemiden* aus Ohio.

Systematik.

Umfassende Arbeiten.

Fauvel.

Faune analytique Col. Nouv. Caledonie.
Melasidae.
(Rev. d'Ent. 23. p. 119—124).

Fortsetzung von 1903: Die Arten sind, mit Ausnahme der einzelnen Gattungsrepräsentanten, dichotomisch, die Gattungen gar nicht charakterisirt, die 4 neuen Arten ausführlicher beschrieben.

Die behandelten Arten.

Soleniscus mit 1 Art. — *Mesogenus* mit 1 Art. — *Galba* mit 1 Art. — *Balistica* mit 1 Art.

Fornax caledonicus n. sp. (p. 121), *F. ferrugineus* n. sp., *F. brevicornis* n. sp., *F. soricinus* n. sp. (p. 122), *F. additus* Bonv., *F. parvulus* Bonv.

Einzelbeschreibungen.

Cephalodendron Sicardii n. sp. **Fairmaire** (Ann. Belg. 48. p. 235) Madagascar.
Dromaeolus hospitalis n. sp. **Blanchard** (Ent. News XV p. 187) Californien.
Fornax siehe **Fauvel** oben.

Fam. *Elateridae.*

(1 n. gen., 71 n. spp.)

Carret 1, Buysson 1, 3, 4, Daniel & Daniel 1, Fairmaire 7, Fauvel 6, Fiori 2, Fleutiaux 1, Fuente 1, Ganglbauer 4, Gerhardt 2, Pic 10, 17, Rainbow 1, Reitter 17, 18, 24, E. Schwarz 3, O. Schwarz 1—4, Xambeu 3a, 3b, Bourgeois 4, Pietsch 3, Schnee 1.

Biologie.

Bourgeois (4) gab biologische Notizen über die Larven (p. 326, 334, 335, 337, 341).

E. Schwarz (3) beschrieb wiederholt die Metamorphose von *Hypnoides musculus* Esch. u. *Cryptohypnus littoralis* Esch.

Xambeu (3a) beschrieb das Ei von *Corymbites haematodes* Fbr. (p. 12) u. von *C. amplicollis* Germ. (p. 160), die Larve u. die Puppe von *Cryptohypnus riparius* Fbr. (p. 141) und von *Lacon murinus* L. (p. 41), — (3b) die Larve u. die Puppe von *Ctenicera insignis* Kl. (p. 105) und die Puppe von *Elastrus cardioderus* Cand. (p. 108) aus Madagaskar.

Geographisches.

Bourgeois (4) führte 92 Arten aus den Vogesen auf.
Fleutiaux (2) zählte 24 von Pavie in China gesammelte Arten auf.

Gerhardt (2) berichtete über *Agriotes sputator* L. var. *brevis*
Cand. u. **Pietsch** (3) über *Elater elegantulus* aus Schlesien.
Ganglbauer (4) führte 11 Arten von der Insel Meleda auf, von
denen *Alaus Parreyssii* Sher. und *Spheniscosomus sulcicollis* Muls.
sehr bemerkenswert (p. 653).
Schnee (1) führte 3 Arten von den Marshall-Inseln auf.

Systematik.
Umfassende Arbeiten.

Fauvel.

Faune analytique des *Coléoptères* de la Nouvelle-Caledonie.
Elateridae.
(Rev. d'Ent. 23. p. 124—135).

Fortsetzung von 1903: Die Arten sind, mit Ausnahme der
einzelnen Gattungsrepräsentanten, dichotomisch, die Gattungen gar
nicht charakterisirt, die 8 neuen Arten sind ausführlich beschrieben.

Die behandelten Arten.
Adelocera mit 1 Art.
Alaus Montravelii Montr., *A. farinosus* Montr.
Simodactylus mit 1 Art.
Monocrepidius limbithorax Fleut., *M. ferrugineus* Montr., *M. brachypterus* n. sp.
 (p. 126, 127).
Elater nigrita n. sp. (p. 127, 128), *E. frontalis* n. sp. (p. 127, 128), *E. Boisduvalii*
 Fauv., *E. Candezei* Fauv., *E. marginellus* n. sp. (p. 128, 129), *E. Fauvelii*
 Fleut., *E. Guillebeaui* Perr.
Megapenthes tricarinatus Fleut, *M. puberulus* Montr., *M. caledonicus* Fleut.
Melanoxanthus picturatus n. sp. (p. 131), *M. gratus* n. nom. (p. 131) für *pictus*
 Montr. nec Mot., mit var. *personatus* n. var. (p. 131).
Chrosis mit 1 Art.
Nycterilampus lifuanus Montr., *N. vetulinus* Fleut.
Ochosternus pacificus n. sp. (p. 133, 134), *O. kanalensis* Fleut., *O. Montrousieri*
 Fleut., *O. dubius* Fleut., *O. punctipes* Fleut., *O. cribriceps* n. sp. (p. 133, 134),
 O. potensis Montr. (*caledonicus* Fleut.), *O. caledonius* Fleut. (*Macromalocera*).

Einzelbeschreibungen.
Adelocera subaurata n. sp. **Schwarz** (Spol. Zeylan. II p. 46) Ceylon.
Aeolus dimidiatofasciatus n. sp. **Schwarz** (Deut. ent. Z. 1904 p. 71) Brasilien.
Agriotes nigropubens n. sp. **Reitter** (Wien. ent. Z. 23. p. 158) Kleinasien. —
 A. conspicuus Schw. unterschied dichotomisch von *A. nuceus* Fairm. u.
 Starkii Schw. **Buysson** (Rev. d'Ent. 23. p. 5), *A. dilaticoxis* n. sp. (p. 42)
 Marocco.
Alaus siehe **Fauvel** oben.
Anoplischius mutabilis Schw. besprach **Schwarz** (Deut. ent. Z. 1904 p. 11), *A. ba-
 salis* Schw. u. *femoralis* Schw. = *anguineus* Er. (*Dicronychus*) (p. 15), *A. mu-
 tabilis* n. sp. (p. 51), *A. aeneipennis* n. sp. (p. 52), *A. trivittatus* n. sp. (p. 53),
 A. punctatissimus n. sp. (p. 54), *A. nigrolaterus* n. sp. (p. 55).

Athous bagdanensis n. sp. **Buysson** (Rev. d'Ent. 1904 p. 6) Bagdad, *A. Uhagonis*
n. sp. (p. 7) Monsagro. — *A. eximius* n. sp. **Buysson** (Bull. Fr. 1904 p. 58)
Sibirien, *A. insulsus* n. sp. (p. 59) Sibirien, *A. Nadarii* n. sp. (p. 60) Pyrenäen,
A. bagdanensis Buyss:, *eximius* Buyss. u. *insulsus* Buyss. nochmals besprochen
(p. 156—157). — *A. Villardii* n. sp. **Carret** (Bull. Fr. 1904 p. 170) Ligurien.
— *A. (Stenagostus) Laufferi* n. sp. **Reitter** (Bol. Soc. esp. Hist. nat. 1904 p. 236)
Escorial, *A. (Pleurathous) uncicollis* Perr. var. *gredosanus* u. var. *Uhagonis*
n. var. (p. 236 [1]), *A. (Nomopleus) discors* n. sp. (p. 237), *A. Martinezii* n. sp.,
A. longissimus n. sp. (p. 238) u. *A. (Grypathous* Reitt.) *Bolivari* n. sp. (p. 239)
Spanien. — *A. rhombeus* var. *obscuratus* n. var. **Pic** (Ech. 90. p. 61) Frank-
reich. — *A. subvirgatus* n. sp. **Daniel** (Münchn. Kol. Z. II p. 79) Venedig,
ins Italienische übersetzt von **Fiori** (Riv. Col. ital. II p. 224), *A. Villardii*
Carr. wiederholt abgedruckt (p. 229).

Atractosomus angustus n. sp. **Schwarz** (Deut. ent. Z. 1904 p. 59) u. *A. pedestris*
n. sp. (p. 60) Brasilien, *A. testaceipennis* n. sp. (p. 70) Brasilien.

Campylus Korbii n. sp. **Pic** (Ech. 90 p. 25) Amur.

Cardiophorus aeneipennis n. sp. **Fleutiaux** (Bull. Fr. 1905 p. 12) Madagascar. —
C. Eliae n. sp. **Pic** (Bull. Fr. 1904 p. 298, „Eliasi") Syrien. — *C. castillanus*
Buyss. 1902 wiederholt abgedruckt durch **Fuente** (Bol. Exp. IV p. 385).

Cardiorhinus divaricatus n. sp. **Schwarz** (Deut. ent. Z. 1904 p. 62), *C. intermedius* n. sp. (p. 63), *C. ruficollis* n. sp. (p. 64), *C. infernus* n. sp. (p. 65),
C. dimidiatus n. sp. (p. 66), *C. collaris* n. sp. (p. 67) u. *C. cylindricus* n. sp.
(p. 68) Brasilien.

Clon cerambycinus Sem. ♀ beschrieb **Ssemenow** (Rev. russe d'Ent. IV p. 120).

Corymbites (Corymbitodes n. subg.) **Buysson** (Bull. Fr. 1904 p. 58), *C. longicollis*
n. sp. (p. 58, „Ludius") Sibirien.

Corymbitodes siehe *Corymbites.*

Cosmesus posticinus n. sp. **Schwarz** (Deut. ent. Z. 1904 p. 69) Brasilien, *C. cru-
ciger* n. sp. (p. 79) Argentinien, *C. minusculus* n. sp. (p. 80) Chili, *C. atomus*
n. sp. (p. 80) Argentinien.

Didymolophus n. gen. **Fairmaire** (Ann. Belg. 48. p. 235) u. *D. Perrieri* n. sp.
(p. 236) Madagascar.

Elater Gelinekii n. sp. **Reitter** (Wien. ent. Z. 23. p. 148) Herzegowina. — Siehe
auch **Fauvel** pag. 246.

Grammophorus Bruchii n. sp. **Schwarz** (Deut. ent. Z. 1904 p. 71) Argentinien,
Gr. minor n. sp. (p. 72) Chili.

Heristonotus bicolor n. sp. **Rainbow** (Rec. Austral. Mus. V p. 246) Australien.

Ischiodontus laterus n. sp. **Schwarz** (Deut. ent. Z. 1904 p. 55), *I. testaceus* n. sp.
(p. 56), *I. aeneus* n. sp. (p. 57), *I. bivittatus* n. sp. (p. 58) u. *I. ellipticus* n.
sp. (p. 59) Süd-Amerika.

Ischnodes languidus Buyss. var. *syriacus* n. var. **Pic** (Ech. 20 p. 81) Syrien.

Isidus besprach **Buysson** (Rev. d'Ent. 23. p. 7).

Ludius siehe *Corymbites.*

Megapenthes, Melanoxanthus siehe **Fauvel** pag. 246.

Monocrepidius chilensis n. sp. **Schwarz** (Deut. ent. Z. 1904 p. 70) Chili. — Siehe
auch **Fauvel** pag. 246.

---

[1]) = *A. Uhagonis* Buyss., der im Januar erschien.

Nycteriolampus, Ochosternus siehe Fauvel pag. 246.
Paracosmesus chiliensis n. sp. **Schwarz** (Deut. ent. Z. p. 80) Chili.
Pomachilius brevicornis n. sp. **Schwarz** (Deut. ent. Z. 1904 p. 61) Brasilien,
  P. fulvescens n. sp., *P. apicatus* n. sp. (p. 73), *P. perterminatus* n. sp.
  P. scriptus n. sp. (p. 74), *P. multimaculatus* n sp. (p. 75), *P. variegatus* n.
  sp. (p. 76), *P. cinctipennis* n. sp. (p. 77), *P. Krugii* n. sp. u. *P. polygrammus*
  n. sp. (p. 78) Süd-Amerika.
Semiotus subvirescens n. sp. **Schwarz** (Deut. ent. Z. 1904 p. 49) Ecuador, *S. alter-natus* n. sp. (p. 50) Venezuela.

Fam. *Rhipiceridae*.
(1 n. gen., 1 n. sp.)

Bourgeois 2, 3, Fauvel 6.

Geographisches.

Bourgeois (2) führte 1 von Pavie aus China u. (3) von Burchell in Süd-Afrika u. Brasilien gesammelte Arten auf.

Systematik.
Umfassende Arbeiten.
Fauvel.
Faune analytique des *Coléoptères* de la Nouvelle-Calédonie.
Rhipicerides
(Rev. d'Ent. 23. p. 136—137).
Fortsetzung von 1903: 1 neue Art ausführlich beschrieben.

Die behandelten Arten.
Agathorhipis n. gen. *bifossata* n. sp. (p. 136).

Einzelbeschreibungen.
Callirhipis marmorea Fairm. 1878 beschrieb **Bourgeois** (Miss. Pavie III p. 97).

Fam. *Dascillidae*.
(0 n. gen., 5 n. spp.)
Bourgeois 2, 4, Fairmaire 1, 4, 5' Fauvel 6, Xambeu 3a.

Biologie.
Bourgeois (4) gab biologische Notizen über die Larven von *Dascillus* u. über die im Wasser lebenden Larven der *Helodini* (p. 345).
Xambeu (3a) beschrieb die Larve u. die Puppe von *Hydrocyphon australis* Lind. (p. 120).

Geographisehes.

Bourgeois (2) führte 2 von Pavie in China gesammelte
Arten u. (4) 15 Arten aus den Vogesen auf.

Systematik.

Umfassende Arten.

Fauvel.

Faune analytique des *Coléoptères* de la
Nouvelle Calédonie.
Dascillidae.
(Rev. d'Ent. 23. p. 137—139).

Fortsetzung von 1903: 3 *Cyphon*-Arten sind dichotomisch, die
Arten der übrigen Gattungen u. diese selbst nicht charakterisirt.

Die behandelten Arten.

Ptilodactyla mit 1 Art.
Cyphon oceanicus Bourg., *C. luteus* Bourg., *C. longipilis* Bourg.
Helodes mit 1 Art. — *Scirtes* mit 1 Art.

Einzelbeschreibungen.

Cladotoma Bruchii n. sp. **Fairmaire** (Bull. Fr. 1904 p. 61) Argentinien, *Cl. russula*
n. sp. (p. 154) Brasilien, *Cl. maculicollis* n. sp. (p. 155) Brasilien.
Cyphon siehe **Fauvel** oben.
Eubrianax insignis n. sp. **Fairmaire** (Miss. Pavie III p. 87) China.
Lichas phoca Bourg. 1890 wiederholte **Bourgeois** (Miss. Pavie III p. 97).
Pseudolichas nivipictus n. sp. **Fairmaire** (Miss. Pavie III p. 86) Laos, mit var.
suturella n. var. (p. 87) Tongking.

Fam. *Malacodermata.*

(2 n. geu., 51 n. spp.)

Bourgeois 2, 3, 4, Carret 4, Fairmaire 7, Fauvel 6, Fiori 5,
Fuente 1, Ganglbauer 4, Lea 2, Lucas 1, Pic 1, 6a, 9, 11, 13, 17,
18, 22, 26, 31, 32, 35, Pomeranzev 1, Porta 2, Reitter 18, Schaeffer
1, Townsend 1, Xambeu 3a, 3b, 4, Bongardt 1, Heyne & Taschenberg 1, Oldham 2, Remer 1, Ssemënow 2.

Morphologie.

Townsend (1) untersuchte das Leuchtorgan von *Photinus*
marginellus histologisch.

Biologie.

Bourgeois (4) berichtete über die Lebensweise der Larven
der *Lycini* (p. 349), der *Drilini* (p. 352), der *Cantharidini* (p. 353),
der *Malachiini* (p. 364), der *Dasytini* (p. 368).

Bongardt (1) behandelte die Biologie der Leuchtkäfer.

Pic (3) berichtete über flügellose *Cantharis* ♀♀ mit verkürzten Flügeldecken.

Lucas (1). Die Beschreibung der Riesenlarve eines *Lampyriden* wurde wieder abgedruckt.

Pomeranzev (1) berichtete über *Anthocomus equestris* und *Malachius bipustulatus* als wahrscheinliche Feinde von *Scolytus intricatus* u. *Hylesinus crenatus.*

Remer (1) berichtete über die Larve von *Cantharis fusca* (p. 12).

Xambeu (3a) beschrieb die Puppe von *Danacaea pallipes* Panz. (p. 154), von *Drilus flavescens* Fbr. (p. 6), von *Malachius dilaticornis* Germ. (159) und von *Rhagonycha femoralis* Br. (p. 1), das Ei von *Rh. nigripes* Redtb. (p. 11) u. die Larve von *Cantharis obscura* L., — (3b) die Larve von *Luciola Gaiffei* All. (p. 109), von *Cautires Klugii* Fairm. (p. 110) und von einem *Lampyriden?* (p. 112) aus Madagaskar, — (4) beschrieb die Larve von *Malachius lusitanicus* (p. 58—63).

Geographisches.

Oldham (2) berichtete über *Lampyris* in England und **Ssemênow** (2) über *Semijulistus* in Russland.

Pic (2) berichtete über das Vorkommen von *Malachius spinipennis, dilaticornis* und *labiatus* auf Korfu, (8) über *Malthinus maritimus.*

Bourgeois (2) führte 22 von Pavie in China und (3) von Burchell in Süd-Afrika u. Brasilien gesammelte Arten u. 102 Arten aus den Vogesen auf.

Strand (2) fand *Absidia rufotestacea* Letz. in Norwegen.

Ganglbauer (4) führte 19 Arten von der Insel Meleda auf (p. 652—653).

Lea (2) führte 2 Arten aus Australien auf (p. 91) und bildete sie ab.

Systematik.

Umfassende Arbeiten.

Fauvel.

Faune analytique des *Coléoptères* de la Nouvelle-Calédonie. *Cantharidae.*

Fortsetzung von 1903: nur 1 Art von Montrousier wird besprochen und gedeutet, die übrigen 5 sind nur aufgeführt.

Die behandelten Arten.

Luciola mit 1 Art. — *Rhagophthalmus* mit 1 Art. — *Malthodes* mit 1 Art. — *Laius* mit 1 Art.

Attalus australis Montr. (*Lomechusa*) (p. 141).

Acanthocnemis mit 1 Art.

Pic.

Sur les *Rhagonycha* (*Armidia*) voisins de *ericeti* Kiesw. (Ech. 20. p. 54—55).

Eine dichotomische Auseinandersetzung von 5 Arten u. einigen Varietäten.

Die behandelten Arten.

Rhagonycha Moricei Pic, *Rh. ionica* Pic, *Rh. nobilissima* Reitt., *Rh. ericeti* Kiesw., *Rh. signata* Germ. mit var. *insignata* Pic, var. *Apfelbeckii* Pic, var. *paulosignata* Pic.

Einzelbeschreibungen.

Acanthocnemus Truquii Baudi, *A. Fauvelii* Bourg. und *A. Kraatzii* Schlsk. = *A. ciliatus* Perr. nach **Bourgeois** (Bull. Fr. 1904 p. 25). — Siehe auch *Eurema* n. *Hovacnemus*.

Anthocomus Martinii n. sp. **Pic** (Ech. 20. p. 27 „*Anthonomus*" err. typ.) mit var. *natalensis* n. var. (p. 27) Natal.

Apalochrus Martinii n. sp. **Pic** (Ech. 20. p. 28 *Hapalochrus*) Natal, *A. appendicifer* n. sp. (p. 33) Süd-Afrika.

Astylus longipennis n. sp. **Pic** (Ech. 20. p. 29) Brasilien.

Attalus africanus n. sp. **Pic** (Ech. 20. p. 28) Natal, *A. (Mixis) rufithorax* n. sp. (p. 33) Süd-Afrika, *A. semitogatus* Fairm. var. *Henonis* n. var. (p. 90) Algier. — *A. melitensis* var. *testaceipes* Pic italienische Uebersetzung von **Porta** (Riv. Col. ital. II p. 52).

Balanophorus Macleayi Lea bildete ab **Lea** (Pr. Linn. Soc. N. S. Wales 29. p. 91 tab. IV fig. 8).

Calosotis Barkeri n. sp. **Pic** (Ech. 20. p. 66) Natal.

Cantharis abdominalis Fbr. var. *maculithorax* n. var. **Pic** (Ech. 20. p. 2) u. *C. nigricans* Müll. var. *pallidosignatus* n. var. (p. 2) Frankreich, *C. ponticus* n. sp. u. *C. cilicius* n. sp. (p. 9) Cilicischer Taurus, *C. raddensis* n. sp. (p. 26) Amur. — *C. fibulata* Märk. besprach **Carret** (Riv. Col. ital. II p. 212). — *C. malatiensis* Pic var. *detectiventris* n. var. **Pic** (Bull. Fr. 1904 p. 71) Akbes. *C. lividus* var. *Varrendorffii* n. var. **Reitter** (Wien. ent. Z. 23. p. 159) Norditalien. — *C. Paviei* Bourg. 1890 wiederholte **Bourgeois** (Miss. Pavie III p. 102).

Celetes Burchellii n. sp. **Bourgeois** (Ann. Mag. nat. Hist. XIII p. 93) Brasilien.

Cenophengus pallidus n. sp. **Schaeffer** (J. N. York ent. Soc. XII p. 213) Texas. — Siehe auch *Paraptorthodius*.

Charopus plumbeomicans Goez. (*flavipes* Payk.) u. *pallipes* Ol. unterschied **Bourgeois** (Cat. Col. Vosg. p. 365).

Chlamydolycus Burchellii n. sp. **Bourgeois** (Ann. Mag. nat. Hist. XIII p. 91) Süd-Afrika.

Cyrtosus frigidus Peyr. var. *syriacus* n. var. **Pic** (Ech. 20. p. 3) Syrien, *C. subcylindricus* n. sp. (p. 3) Syrien, *C. diversicornis* n. sp. (p. 33) Algier, *C. meridionalis* Ab. var. *parvulus* n. var. Algier.

Danacaea Martinii n. sp. **Pic** (Ech. 20. p. 2) Spanien, *D. Holtzii* n. sp. (p. 3) cilicischer Taurus, *D. tauricola* n. sp. u. *D. nitidissima* n. sp. (p. 73) Klein-Asien, *D. acutangula* Schlsk. var. *nevadensis* n. var. **Pic** (Ech. 20. p. 81) Sierra Nevada.

Diaphanus pygidialis Bourg. 1890 wiederholte **Bourgeois** (Miss. Pavie III p. 99),
  D. patruelis Bourg. (p. 99), *D. fenetrella* Bourg. 1890 (p. 100).
Dichelotarsus sulcithorax n. sp. **Pic** (Ech. 20. p. 26) Japan.
Ebaeomorphus n. gen. *ramicornis* n. sp. **Pic** (Ech. 20. p. 28) Natal.
Ebaeus italicus n. sp. **Reitter** (Wien. ent. Z. 23. p. 159) Mittelitalien. — *E. ba-
  hiensis* n. sp. **Pic** (Ech. 20. p. 28) Brasilien, *E. amurensis* n. sp. (p. 50) Amur.
Eurema dilutum Ab. = *Acanthocnemus ciliatus* Perr. nach **Bourgeois** (Bull.
  Fr. 1904 p. 26).
Euryopa siehe *Paraptorthodius.*
Hapalochrus siehe *Apalochrus.*
Henicopus plumbeus Schl. mit *H. pilosus* nah verwandt nach **Müller** (Wien. ent.
  Z. 23. p. 175).
Hovacnemus pallitarsis Fairm. = *Acanthocnemus ciliatus* Perr. nach **Bourgeois**
  (Bull. Fr. 1904 p. 26).
Laius amoenus Bourg. 1890 wiederholte **Bourgeois** (Miss. Pavie III p. 103).
Lampyris noctiluca L. var. *parvicollis* Ol. 1901 italienische Uebersetzung von
  Carret (Riv. Col. ital. II. p. 212).
Luciola immarginata Bourg. 1890 wiederholte **Bourgeois** (Miss. Pavie III p. 100),
  L. Anceyi Ol. 1883 ♂♀ (p. 101), *L. succincta* Bourg. 1890 (p. 102). —
  L. xanthochroa n. sp. **Fairmaire** (Ann. Belg. 48. p. 236) Madagascar.
Malachius elaphus Ab. ♀ **Pic** (Bull. Fr. 1904 p. 42), *M. akbesianus* Pic ♂
  (p. 216) *M. arctelimbatus* n. sp. (p. 287) u. *M. japonicus* n. sp. (p. 288) Japan.
  — *M. cressius* n. sp. **Pic** (Ech. 20. p. 10) Creta, *M. montanus* var. *anti-
  cenotatus* n. var. (p. 57) Taurus, *M. abdominalis* Fbr. var. *subcrucifer* n. var.
  (p. 90) Algier. — *M. cyanipennis* var. *angustimargo* Uhag. ♂ **Fuente** (Bol.
  Esp. IV p. 386).
Malthinus flavicollis n. sp. **Pic** (Ech. 20. p. 4) Tunis, *M.* (*Progeutes*) *Drurei*
  n. sp. (p. 49) Mesopotanien. — *Malthinus seriepunctatus* Kiesw. unterschied
  von *fasciatus* Ol. **Bourgeois** (Cat. Col. Vosg. p. 361).
Malthodes (*Podistrina*) *arbaensis* n. sp. **Pic** (Ech. 20. p. 3) Tunis, *M. validicornis*
  Suffr. var. *escorialensis* n. var. (p. 9), *M. Holtzii* n. sp. (p. 9) Creta, *M. Mal-
  colmii* n. sp. (p. 49) Malta. — *M.* (*Malthinellus*) *messenius* n. sp. **Fiori** (Nat.
  Sicil. XVII p. 74) u. *M.* (*Podistrina*) *Ragusae* n. sp. (p. 75) Sicilien. —
  M. romanus Pic italienische Uebersetzung von **Porta** (Riv. Col. ital. II
  p. 52), *M.* (*Podistrina*) *Cameronis* Pic (p. 52), *M.* (*Pod.*) *Doderonis* Pic
  (p. 121), *M.* (*Malthinell.*) *decorus* Bourg. (p. 122).
Mastinocerus siehe *Paraptorthodius.*
Megalophthalmus ptiliniformis n. sp. **Bourgeois** (Ann. Mag. nat. Hist. XIII
  p. 98) Para.
Melyris crenicollis n. sp. **Pic** (Ech. 20. p. 90) Algier.
Microjulistus subconvexus Pic var. *fulvithorax* n. var. **Pic** (Ech. 20. p. 33) Süd-
  Afrika.
Neocarphurus impunctatus Lea bildete ab **Lea** (Pr. Linn. Soc. N. S. Wales 29.
  p. 91 tab. IV fig. 9).
Pagurodactylus apicalis n. sp. **Pic** (Ech. 20. p. 66) Natal.
Paraptorthodius n. gen. *mirabilis* n. sp. **Schaeffer** (J. N. York ent. Soc. XII
  p. 212) Texas, dich. Tab. über diese u. 4 Gattungen: *Ptorthodius* Gorh.,
  Euryopa Gorh., *Mastinocerus* Lec. u. *Cenophengus* Lec. (p. 214).

Plateros variicostatus n. sp. **Bourgeois** (Ann. Mag. nat. Hist. XIII p. 94) Brasilien.
Platycis Cosnardii var. *raddensis* n. var. **Pic** (Ech. 20. p. 25) Amur.
Podabrus Rosinae n. sp. **Pic** (Ech. 20. p. 25) Amur, *P. macilentus* Kiesw. var.
  bilineatus n. var. (p. 33) Japan.
Podistrina siehe *Malthodes.*
Pseudocolotes capensis n. sp. **Pic** (Ech. 20. p. 11) u. *Ps. notatithorax* n. sp. mit
  var. *flavonotatus* n. var. (p. 11) Süd-Afrika.
Ptorthodius siehe *Ptoraptorthodius.*
Rhagonycha testacea L. u. *limbata* Thoms. unterschied **Bourgeois** (Cat. Col. Vosg.
  p. 360). — Siehe auch Pic pag. 251.
Semijulistus Schlsk. beschrieb ausführlicher **Ssemênow** (Rev. russ. d'Ent. IV
  p. 121).
Silis nigrifrons n. sp. **Fairmaire** (Ann. Belg. 48. p. 237) Madagascar.
Sphinginopalpus Barkeri n. sp. **Pic** (Ech. 20. p. 65) Natal, *Sph. formicoides* n. sp.
  u. *Sph. limbatus* n. sp. (p. 65) Cap. — *Sph. Martinii* n. sp. **Pic** (Bull. Fr.
  1904 p. 12) Natal.
Tytthonyx ruficollis n. sp. **Schaeffer** (J. N. York ent. Soc. XII p. 214) Texas.
Xamerpus rubronotatus n. sp. **Pic** (Ech. 20. p. 11) Madagaskar, *X. obscurus* n. sp.
  (p. 28) Zululand.

Fam. *Lymexylonidae.*
Fairmaire 7.

Einzelbeschreibung.
Atractocerus madagascariensis Cast. beschrieb **Fairmaire** (Ann. Belg. 48. p. 237)
nach einem ziemlich abweichenden Exemplar.

Fam. *Cleridae.*
(0 n. gen., 14 n. spp.)

Beyer 1, Fauvel 6, Houlbert & Bétis 1, Ganglbauer 4, Schaeffer
1, Schenkling 1, Tertrin 2, Xambeu 3a, Bourgeois 4, Schnee 1.

Biologie.
Beyer (1) berichtete, dass er *Elasmocerus californicus* Fall,
Tillus occidentalis Gorh. u. *Tarsostenus univittatus* Ross. unter Um-
ständen gefunden habe, die sie unzweifelhaft als Feinde von *Lyctus
californicus* Cas. erkennen liessen. „Parasiten", wie der Autor es
thut, kann man sie aber nicht nennen.
  Bourgeois (4) berichtete über die Larven der *Cleridae* (p. 372).
  Xambeu (3a) beschrieb das Ei von *Corynetes coeruleus* Deg.
(p. 14).

Geographisches.
Tertrin (2) führte 3 von Pavie in China gesammelte Arten auf.
  Ganglbauer (4) führte 4 Arten von der Insel Meleda auf
(p. 653).
  Schnee (1) führte 1 Art von den Marshall-Inseln auf.

Systematik.

Umfassende Arbeiten.

Fauvel.

Faune analytique des *Coléoptères* de la Nouvelle-Calédonie. *Cleridae.*
(Rev. d'Ent. 23. p. 142—147).

Fortsetzung von 1903: Von 4 Gattungen sind die Arten dichotomisch charakterisirt, von 4 anderen, ebenso wie die Gattungen selbst, nicht, die 1 neue Art ist ausfürlich beschrieben.

Die behandelten Arten.

Cylidrus cyaneus Fbr., *C. gagates* Montr., *C. discoideus* Perr. *Paratillus* mit 1 Art. *Natalis Dregei* Perr., *N. triangularis* Perr. *Aulicus* mit 1 Art. — *Tarsosternus* mit 1 Art. — *Scrobiger* mit 1 Art. *Omadius Castelnaui* Montr., *O. diversicollis* n. sp. (p. 145, 146). *Necrobia ruficollis* Fbr., *N. rufipes* Deg. (*Konowii* Hoffm., *pilifera* Reitt.).

Houlbert & Bétis.

Faune entomologique Armoricaine. 52. Famille *Clérides*.
(Boll. Soc. Sci. Med. Ouest Fr. XIII Beilage. 21 pp.).

Dem Ref. nicht zugänglich.

Schenkling.

Die Cleridengattung *Phloeocopus* Guér.
(Ann. Mus. civ. Genua 41. 1904 p. 169—186).

Eine dichotomische Auseinandersetzung der 23 Arten, der die ausführlicheren Beschreibungen folgen. *Phloeocopus Kuwertii* Hintz gehört zu *Strotocera* und *Phl. Bayonnei* Chob. wahrscheinlich in eine andere Gattung.

Die behandelten Arten.

Phloeocopus tricolor Guér. mit var. *inaequalis* Reitt., *Phl. basalis* Kl., *Phl. apicalis* Schk., *Phl. vinctus* Gerst., *Phl. rugulosus* Hintz, *Phl. Guerinii* White, *Phl. nigricornis* Kuw., *Phl. Ferretii* Reich. (*vestitus* Gerst.), *Phl. nudulatus* Gorh., *Phl. consobrinus* Boh., *Phl. Buquetii* Spin., *Phl. costipennis* Fairm., *Phl. costatus* Schkl., *Phl. anguinus* Fairm., *Phl. biguttulus* Fairm., *Phl. suberosus* Kl. (*tuberosus* Fairm.), *Phl. geniculatus* Fairm., *Phl. incongruus* Fairm., *Phl. verticalis* n. sp. p. 172, 183) Somaliland, *Phl. mediozonatus* Fairm., *Phl. quadriplagiatus* Fairm., *Phl. obscurus* n. sp. (p. 173, 184) Madagascar, *Phl. pallicolor* Fairm.

Einzelbeschreibungen.

Clerus Palmii n. sp. **Schaeffer** (J. N. York ent. Soc. XII p. 218) Arizona. *Colyphus furcatus* n. sp. **Schaeffer** (ibid. p. 218) Texas. *Cylidrus* siehe **Fauvel** oben.

Cymatodera peninsularis n. sp. **Schaeffer** (ibid. p. 214) Californien, *C. oblique-fasciata* n. sp. (p. 215) u. *C. Fuchsii* n. sp. (p. 216) Texas, *C. latefascia* n. sp. (p. 216) Arizona, *C. Vandykei* n. sp. (p. 217) Californien.

Enoplium granulatipenne n. sp. **Schaeffer** (ibid. 220), *E. nigrescens* n. sp. (p. 221) Texas.

Hydrocera tricolor n. sp. **Schaeffer** (ibid. p. 219) Texas, *H. omogera* Horn.

Natalis, Necrobia, Ommadius siehe **Fauvel** pag. 254.

Pelonium maculicolle n. sp. **Schaeffer** (loc. cit. p. 219) Texas.

Phloeocopus siehe **Schenkling** pag. 254.

Trichodes Kraatzii Reitt. u. *turkestanicus* Kr. besprach **Reitter** (Wien. ent. Z. 23. p. 259). — *Tr. turkestanicus* Kr. (*Kraatzii* Reitt.) var. *interruptus* n. var. **Hintz** (Deut. ent. Z. 1904 p. 422) var. *immarginatus* n. var. u. var. *humeralis* n. var. (p. 422) Bucharei.

Fam. *Bostrychidae.*

(0 n. gen., 3 n. spp.)

Beyer 1, Fauvel 6, Ganglbauer 4, Hopkins 1, Lea 2, Lesne 5, 7, Xambeu 3a.

Biologie.

Hopkins (1) berichtete über *Lyctus planicollis* als Holz-Schädling.

Beyer (1) berichtete, dass *Lyctus californicus* Cas. wahrscheinlich 3 *Cleriden* zu Feinden (irrthümlich nennt er sie „Parasiten") habe. (Siehe *Cleridae*). Eine kleine Wespe ist vielleicht (wirklicher) Parasit des *Lyctus*.

Xambeu (3a) beschrieb das Ei, die Larve u. die Puppe von *Lyctus canaliculatus* Fbr. (p. 98).

Geographisches.

Lesne (7) berichtete, dass *Dinoderus pilifrons* Lesn. u. *brevis* Horn in Marseille gefangen wurden, u. (5) zählte 6 von Pavie in China aufgefundene Arten auf.

Lea (2) gab ein Verzeichnis der 18 *Bostrychiden* Australiens (p. 91—93).

Ganglbauer (4) führte 7 Arten von der Insel Meleda auf (p. 654).

Systematik.
Umfassende Arbeiten.
Fauvel.

Faune analytique des *Coléoptères* de la Nouvelle-Calédonie. *Lyctidae, Bostrychidae.* (Rev. d'Ent. 23. p. 154—159).

Fortsetzung von 1903: Von 3 Gattungen sind die Arten nur genannt, von den 3 anderen dichotomisch charakterisirt, die neue Art ist ausführlich beschrieben.

Die behandelten Arten.

Lyctus brunneus Steph., *L. punctipennis* n. sp. (p. 154, 155).
Dinoderus bifoveolatus Woll., *D. minutus* Fbr.
Rhizopertha mit 1 Art. — *Heterobostrychus* mit 1 Art. — *Xylothrips* mit
2 Arten.
Xylopsocus capucinus Fbr., *X. edentatus* Montr.

Lesne.

Supplement au Synopsis des *Bostrychides* paléarctiques.
(Abeille XXX p. 153—168 tab. I—IV).

Es wird meist nur die geographische Verbreitung der Arten
durch neue Fundorte ergänzt, ausserdem aber werden noch 2 neue
Arten beschrieben (p. 153—162). Dann folgt die Erklärung von
4 Tafeln, die jetzt zu der ganzen Arbeit von 1902 u. 1903 nachträglich geliefert werden (p. 163—167).

Die behandelten Arten.

Psoa sanguinea Giorna (März 1792) = *Ps. dubia* Rossi (Fbr. 1792).
Dinoderus pilifrons Lesn. u. *D. brevis* Horn in Marseille gefangen.
Xylopertha pustulata Beck. aus Süd-Russland ist wahrscheinlich *X. Chevrieri* Villa.
Xylogenes Semenovii n. sp. (p. 157, 158 fig. 1, 3) Central-Asien, *X. dilatatus*
(fig. 2).
Sinoxylon pugnax n. sp. (p. 159, 161 fig. 4) Belutschistan u. Ost-Afrika.

Einzelbeschreibungen.

Apatodes siehe *Xylobosca*.
Coccographis nigrorubra Lesn. 1901 beschrieb nochmals **Lesne** (Miss. Pavie III
p. 107 tab. IX bis fig. 6). .
Dinoderus siehe **Fauvel** oben.
Heterobostrychus hamatipennis Lesn. 1895 beschrieb nochmals **Lesne** (Miss. Pavie
III p. 105 tab. IX fig. 1, 1a, 1b, 2, 2a, 2b), *H. aequalis* Wat. (p. 106 fig. 3,
3a, 3b, 4, 4a).
Lyctus siehe **Fauvel** oben.
Psoa siehe **Lesne** oben.
Sinoxylon siehe **Lesne** oben.
Xylobosca Lesn. = *Apatodes* Blackb. nach **Lea** (Pr. Linn. Soc. N. S. Wales
29. p. 92).
Xylogenes siehe **Lesne** oben.
Xylopertha compressa Lea, *hirsuta* Lea u. *parva* Lea gehören zu *Xeloborus* nach
Lea (Pr. Linn. Soc. N. S. Wales 29. p. 106). — Siehe auch **Lesne** oben.
Xylopsocus siehe **Fauvel** oben.

Fam. *Anobiidae*.
(1 n. gen., 53 n. spp.)

Beare 1, 2, Champion 6, Chitty 2, Fauvel 6, Ganglbauer 4,
Krancher 1, Péringuey 2, Pic 11, 13, 16, 21, 22, 38, 39, Porta 2,
Reitter 13, Sopp 1, Stefani 2, Symons 1, Tullgren 1, Vorbringer 1,
Xambeu 3a.

Biologie.

Champion (6) handelte über die Biologie von *Ptinus tectus* Boield.

Ganglbauer (4) berichtet, dass *Ernobius mollis* var. gigas Muls. in den Früchten von *Cupressus horizontalis* lebt.

Krancher (1) berichtete über den beträchtlichen Schaden, den *Niptus hololeucus* an Tuchwaaren und an den Balken eines Hauses in Leipzig angerichtet, und aus dem ein Prozess zwischen dem Tuchhändler und dem Hausbesitzer entstand.

Stefani (2) stellte 2 *Hymenopteren* als Schmarotzer von *Anobium paniceum* L. u. *striatum* Ol. fest.

Symons (1) berichtete über *Lasioderma serricorne* als Schädling.

Tullgren (1) berichtete über *Lasioderma*.

Xambeu (3a) beschrieb die Larve u. die Puppe von *Anobium paniceum* L. (p. 2) u. von *Dorcatoma flavicornis* Fbr. (p. 28).

Geographisches.

Vorbringer (1) fand *Ernobius tabidus* Ksw. (p. 44) u. *Ptinus subpilosus* Strm. (p. 454) in Ostpreussen.

Beare (1, 2), **Chitty** (2) u. **Sopp** (1) berichteten über das Vorkommen von *Ptinus tectus* Boield., neu für England.

Ganglbauer (4) führte 6 Arten von der Insel Meleda auf.

Systematik.

Umfassende Arbeiten.

Fauvel.

Faune analytique des *Coléoptères* de la Nouvelle-Caledonie.
Ptinidae:
(Rev. d'Ent. 23 p. 147—154).

Fortsetzung von 1903: Von 7 Gattungen je eine Art nur aufgeführt, von 3 Gattungen 4 neue Arten beschrieben.

Die behandelten Arten.

Mezium mit 1 Art. — *Gibbium* mit 1 Art. — *Ptinus* mit 1 Art. — *Anobium* mit 1 Art. — *Xestobium* mit 1 Art. — *Ernobius* mit 1 Art. — *Lasioderma* mit 1 Art.

Leptotheca n. gen. (p. 151), *L. laticornis* n. sp. (p. 152).

Theca figurata n. sp. (p. 152), *Th. semirufa* n. sp. (p. 153).

Dorcatoma lanatum n. sp. (p. 154).

Pic.

Essai dichotomique sur les *Eupactus* Lec. et genres voisins, du Brésil.
(Ech. 20. p. 31—32, 36—38).

Eine dichotomische Auseinandersetzung von 18 Arten, von denen 14 neu. *Thaptor* Gorh. ist dabei als synonym von *Eupactus* Lec. angenommen.

Die behandelten Arten.

Eupactus cribripennis n. sp., *Eu. gibbosiceps* n. sp. u. *Eu. subopacus* n. sp. (p. 31)
Süd-Amerika, *Eu. tessellatus* Pic, *Eu. nigromaculatus* n. sp. u. *Eu. brunneo-
notatus* n. sp. (p. 32) Südamerika, *Eu. brevipennis* Pic, *Eu. argentifer* n. sp.
(p. 32), *Eu. pubescens* Pic, *Eu. variegatus* Pic, *Eu. subnotatus* n. sp., *Eu. suturalis* Pic, *Eu. rufescens* Pic, *Eu. brunneus* n. sp. (p. 36), *Eu. Gounellei* n.
sp. mit var. *angustatus* n. var. (p. 37), *Eu. barranus* n. sp., *Eu. Theresae* Pic
var. *bahiensis* n. var., *Eu. minasensis* n. sp., *Eu. brevis* n. sp., *Eu. nigricolor*
n. sp. mit var. *subattenuatus* n. var., *Eu. rufonitens* n. sp. u. *Eu. humilis* n.
sp. mit var. *nitidissimus* n. var. (p. 37) Süd-Amerika.

Einzelbeschreibungen.

Cathorama Baerii n. sp. **Pic** (Ech. 20 p. 19) Peru. — *C. diversestriata* n. sp. **Pic**
(Le Nat. 1904 p. 56), *C. rudepunctata* n. sp., *C. argentina* n. sp. (p. 57) Süd-
Amerika, *C. rubriventris* n. sp. (p. 57) Mexico, *C. thecaoides* n. sp., *C. tijucana*
n. sp., *C. holosericea* n. sp., *C. fulvopubens* n. sp., *C. subpubescens* n. sp. (p. 103),
C. minutissima n. sp. (p. 104) Süd-Amerika.

Dorcatoma siehe **Fauvel** pag. 257.

Ernobius Kiesenwetteri Schlsk. var. *subopacus* n. var. **Pic** (Ech. 20. p. 2) Süd-
Frankreich, *E. incisus* n. sp. (p. 2) Süd-Frankreich.

Eupactus Funkii n. sp. **Pic** (Ech. 20. p. 19) Columbien, *Eu. Donckieri* n. sp.
(p. 19) Mexico, *Eu. distinctipennis* n. sp. (p. 19) Peru. — Siehe auch **Pic**
oben.

Eurostus cylindricornis n. sp. **Reitter** (Wien. ent. Z. 23. p. 81) Kleinasien.

Gibbium aegyptiacum Pic von *aequinoctiale* Boield. verschieden **Pic** (Ech. 20. p. 10).

Hedobia angustata var. *corsica* Pic italienisch von **Porta** (Riv. Col. ital. II p. 50).

Lasioderma Redtembacheri Bach var. *caucasica* n. var. **Pic** (Ech. 20. p. 34)
Caucasus.

Leptotheca siehe **Fauvel** pag. 257.

Mesocoelopus rufithorax n. sp. **Pic** (Ech. 20. p. 12) Congo, *M. sumatrensis* n. sp.
(p. 19) Sumatra, *M. venezuelensis* n. sp. (p. 19) Venezuela.

Microptinus melitensis Pic italienische Uebersetzung von **Porta** (Riv. Col. ital.
II p. 120).

Ozognathus inarmatus n. sp. **Pic** (Ech. 20. p. 18) u. *O. rufescens* n. sp. (p. 18)
Chili.

Priotoma peruviana n. sp. **Pic** (Ech. 20. p. 19) Peru, *Pr. flaviventris* n. sp. (p. 19)
Columbien.

Ptinus (Pseudoptinus micans Reitt. ♂ **Pic** (Bull. Er. 1904 p. 217). — *Pt. Falkii*
n. sp. **Pic** (Ech. 20. p. 19) Nord-Amerika, *Pt. Gandolphei* n. sp. (p. 34)
Amerika, *Pt. paulonotatus* n. sp. (p. 34) Nord-Amerika. — *Pt. multimaculatus*
n. sp. **Pic** (Bull. Mus. Pav. 1904 p. 226) u. *Pt. Decorsei* n. sp. (p. 227) Madagascar. — *Pt. elegans* n. sp. **Péringuey** (Ann. S. Afr. Mus. III p. 225)
Natal.

Thaptor sublineatus n. sp. **Pic** (Ech. 20. p. 18) Chili, *Th. australiensis* n. sp. (p. 18)
Australien, *Th. mexicanus* n. sp. (p. 18) Mexico. — Siehe auch *Eupactus*.

Theca Oneilii n. sp. **Pic** (Ech. 20. p. 11) Süd-Afrika, *Th. pruinosa* n. sp. (p. 11)
Madagascar. — Siehe auch **Fauvel** pag. 257.

Xyletinus pectinatus Fbr. var. *Schaelkownikowii* n. var. **Pic** (Ech. 20. p. 34)
Caucasus.

Fam. *Cissidae.*

(0 n. gen., 9 n. spp.)

Arrow 2, Fauvel 6, Gerhardt 2, 6, Sturgis 1, Vorbringer 1, Wood 2, Xambeu 3b.

Biologie.

Xambeu (3b) beschrieb die Larve von *Xylographus anthracinus* Mell. (p. 116) aus Madagaskar.

Sturgis (1) berichtete über *Sphindus americanus* als Zerstörer einer Pilzsammlung.

Geographisches.

Wood (2) berichtete über *Cis bilamellatus* Wood in England, **Vorbringer** (1) fand *Cis comptus* Gyll. und *castaneus* Mell. in Ostpreussen.

Gerhardt (2 u. 6) berichtete über *Cis hispidus* Payk. var. *albohispidulus* Reitt. aus Schlesien.

Systematik.

Umfassende Arbeiten.

Fauvel.

Faune analytique des *Coléoptères* de la Nouvelle-Calédonie. *Cisidae.*

(Rev. d'Ent. 23. p. 160—163.)

Fortsetzung von 1903: 7 neue Arten beschrieben.

Die behandelten Arten.

Cis notatus n. sp. (p. 160), *C. litteratus* n. sp. (p. 161), *C. minimus* Montr., *C. elongatus* Montr., *C. biscutatus* n. sp. (p. 161), *C. cribrellus* n. sp , *C. porcellus* n. sp., *C. micros* n. sp. (p. 162).
Ennearthron nigricans n. sp. (p. 163).

Einzelbeschreibungen.

Cherostus cornutus n. sp. **Arrow** (Ann. Mag. nat. Hist. XlV p. 31[1]) u. *Ch. jamaicensis* n. sp. (p. 32) Jamaica.

Cis, Ennearthron siehe **Fauvel** oben.

Eutomus Lac. 1866 = *Rhipidandrus* Lec. 1862 nach **Arrow** (Ann. Mag. nat. Hist. XIV p. 31[1]).

Octotemnus besprach **Gerhardt** (Zeit. Ent. Bresl. 29. p. 75).

Rhipidandrus siehe *Eutomus* u. *Heptaphylla* (*Coprini*).

---

[1]) Nach Sharp (Record pro 1904 p. 165) gehören *Cherostus* u. *Rhipidandrus* zu den *Tenebrioniden.* (Siehe auch 1905 *Tenebrionidae*).

Fam. *Tenebrionidae.*

(11 n. gen., 236 n. spp.)

Allard 2, Arrow 2, Broun 1, Chittenden 8, Chobaut 4, Demaison 2, Fairmaire 1, Fauvel 6, Ganglbauer 4, Gebien 1, 2, Kolbe 2, Léger & Dubosq 1, Müller 3, Péringuey 2, 3, Plotnikow 1, Pomeranzev 1, Poppius 4, Reitter 21, Reuter 1, Schnee 1, Ssemënow 6, Thunberg 1, Wasmann 4, Xambeu 3a, 3b.

Morphologie.

Plotnikow (1) untersuchte die Exuvialdrüsen bei den Larven von *Tenebrio molitor.*

Thunberg (1) machte micro-respiratorische Untersuchungen an *Tenebrio.*

Biologie.

Wasmann (4) berichtete über die Biologie von *Endostomus sudanensis* n. sp. (p. 10), *Mimocellus trechoides* n. sp., *M. Braunsii* n. sp. u. *Alphitobius viator* Muls. (p. 12).

Pomeranzev (1) berichtete über *Hypophloeus castaneus* Fbr., *fasciatus* Fbr., *pini* Pz., *bicolor* Ol., *linearis* Fbr., *parvulus* Payk., *ferrugineus* Cr., *longulus* Gyll. u. *suturalis* Payk. als Feinde von *Platypus cylindrus, Taphrorhynchus villifrons* Duft., *Dendroctonus micans, Tomicus stenographus* Duft. u. *acuminatus* Gyll., *Xyleborus dispar* Fbr., *Scolytus Ratzeburgii* Jans., *destructor* Ol. u. *carpini* Ratz., *Pityogenes bidens* Fbr., *quadridens* Hort. u. *chalcographus* L., *Myelophilus piniperda* L., — ferner über *Boros Schneideri* Pz. in den Gängen von *Scolytus Ratzeburgii* Jans.

Xambeu (3a) beschrieb das Ei von *Helops pyrenaeus* Muls. (p. 122), — (3b) die Larve von *Opatrum micans* Germ. (p. 117), von *Nycteropus suturatus* Fairm. (p. 119), *N. Coquerelii* Fairm. (p. 121) u. von *Hoplocephala palliditarsis* Cust. (p. 123), die Larve u. die Puppe von *Heterophylus chrysomelinus* Kl. (p. 124), die Larve von *H. Goudotii* Fairm. (p. 126), von *Platydema Coquerelii* Fairm. (p. 128), von *Alphitophagus subfasciatus* Walt. (P. 129) u. von *Alphitobius diaperinus* Panz. (p. 131) aus Madagascar.

Léger & Dubosq (1) untersuchten parasitische Gregarinen im Darm von *Blaps.*

Plotnikow (1) siehe Morphologie.

Geographisches.

Schnee (1) führte 6 *Tenebrioniden* von den Marshall-Inseln auf.
Reitter (2) berichtete über *Himatismus villosus* aus Kreta.[1])

---

[1]) Die Bemerkung „neu für Europa" ist jedoch ein Irrthum, da Escherich die Art schon vor vielen Jahren auf einer kleinen Insel bei Sicilien sammelte. Vergl. Erichson Ins. Deutschl. V. 1 p. 490 u. 820.

Allard (2). Aufzählung von 33 von Pavie in China gesammelten Arten.

Reuter (1) berichtete über das Vorkommen von *Tribolium ferrugineum* in Finnland.

Ssemënow (6) berichtete über die Verbreitung von *Trachyscelis aphodioides* Latr. am schwarzen Meer.

Ganglbauer (4) führte 27 Arten von der Insel Meleda auf, von denen *1 Alphitophagus* neu, und *Gonocephalum costatum* Brull. u. *Lyphia ficicola* Muls. sehr bemerkenswerth (p. 657).

Systematik.
Umfassende Arbeiten.
Chobaut.
Sur le genre *Platynosum* Muls.
(Bull. Fr. 1904 p. 283—284).

Eine dichotomische Auseinandersetzung der 3 Arten von *Platynosum* Muls. (= *Melanimon* Mot.).

Die behandelten Arten.
Platynosum Paulinae Muls., *Pl. collare* Mot., *Pl. sabulorum* Chob.

Fauvel.
Faune analytique des *Coléoptères* de la Nouvelle-Calédonie. *Tenebrionidae.*
(Rev. d'Ent. 23. p. 164—208).

Fortsetzung von 1903: von 13 Gattungen werden die Arten (je 1) nur aufgeführt, von den übrigen 23 Gattungen sind alle Arten dichotomisch charakterisirt resp. (die neuen) ausführlich beschrieben. Die Gattungen sind nicht charakterisirt.

Die behandelten Arten.
Gonocephalum seriatum Boisd., *G. aterrimum* Montr., *G. ochthebioides* Fauv., *G. irroratum* Fauv.

Mesomorphus mit 1 Art.

Caedius globosus n. sp. (p. 166).

Hyocis Championis n. sp. (p. 166).

Bolitotherus cordicollis n. sp. (p. 167), *B. cancroides* n. sp. (p. 168).

Calymmus mit 1 Art. — *Bradymerus* mit 1 Art. — *Dechius* mit 1 Art.

Diphyrrhynchus halorhageos Montr., *D. caledonicus* Bat., *D. ovalis* Bat.

Ceropria coerulea n. sp. (p. 171).

Platydema mit 1 Art.

Arrhenoplita ensifera n. sp. (p. 172).

Paita n. gen. *setosella* n. sp. (p. 173).

Uloma cornuta Fbr., *U. maxillosa* Fbr.

Tribolium mit 1 Art. — *Circomus* mit 1 Art.

Palorus laxipunctus n. sp. (p. 176).

Iscanus n. gen. (p. 176), *I. Kuniensis* n. sp. (p. 177).

Lorelus ocularis n. sp. (p. 178), *L. armatus* Montr.
Ocholissa mit 1 Art.
Melasia pachysoma Montr., *M. apicipennis* n. sp. (p. 180), *M. fortestriata* n. sp.
(p. 179, 180), *M. emarginata* Montr., *M. punctata* n. sp., *M. microcephala* n.
sp. (p. 180, 181), *M. opacipennis* n. sp. (p. 180, 182), *M. sexdecimlineata*
Montr., *M. isoceroides* n. sp. (p. 180, 182), *M. miriceps* n. sp. (p. 179, 183).
Alphitobius ovatus Hrbst., *A. piceus* Ol.
Diaclina picta n. sp. (p. 184).
Sciophagus mit 1 Art. — *Entochila* mit 1 Art.
Clamoris mlt 1 Art. — *Tenebrio* mit 1 Art.
Cilibe asidaeformis n. sp. (p. 188).
Adelium pustulosum n. sp. (p. 189), *A. austrocaledonicum* Montr.
Pseudelops externecostatus Bat., *Ps. fossatus* n. sp. (p. 190, 191), *Ps. Fairmairei*
Bat., *Ps. remotus* n. sp. (p. 190, 191), *Ps. marginatus* Bat., *Ps. annulipes* n.
sp., *Ps. macellus* n. sp. (p. 190, 192), *Ps. trapezus* n. sp. (p. 190, 193).
Cymbeba Bavayi n. sp. (p. 194), *C. dissimilis* Pasc., *C. sulcipennis* n. sp., *C. mu-*
scorum n. sp., (p. 194, 195), *C. indigacea* n. sp., *C. planipennis* n. sp. (p. 194,
196), *C. exul* Montr.
Acrothymus mit 1 Art.
Isopus kanak n. sp. (p. 197, 198), *I. obtusus* n. sp. (p. 197, 199), *I. cyaneus* Bat.,
I. robustus Bat., *I. caledonicus* Bat,, *I. Allardii* Bat., *I. Blonehardii* Montr.,
I. productus n. sp. (p. 198, 200), *I. apicipennis* n. sp. (p. 198, 201), *I. sulcifer*
n. sp. (p. 197, 201), *I. oxygaster* Montr., *I. morychoides* n. sp. (p. 198, 202).
Episopus politus Bat., *E. convexus* Montr., *E. cavipennis* n. sp. (p. 203), *E. Cham-*
pionis n. sp., *E. viridipennis* n. sp. (p. 203, 204), *E. violaceipennis* n. sp.
(p. 203, 205).
Chlorocamma sulcatum Bat., *Chl. Iris* Fauv.
Ceramba n. gen. *hydrovatina* n. sp. (p. 206).

Gebien.

Revision der *Pycnocerini* Lacord.
(Deutsch. ent. Z. 1904 p. 101—176, 305—356).

Eine kritische Revision von 14 hierhergehörenden Gattungen,
die zuerst dichotomisch auseinandergesetzt werden (p. 107—109) und
zusammen 43 Arten enthalten, die in den umfangreicheren Gattungen
ebenfalls erst dichotomisch auseinandergesetzt und dann ausführlich
beschrieben werden. 28 Arten wurden als Synonyme resp. Varietäten
eingezogen, 7 als neu beschrieben.

Die behandelten Gattungen u. Arten.

Chiroscelis Lam. *digitata* Fbr. (*bifenestrata* Lam., *striatopunctata* Fbr., *Ch. bi-*
fenestrella Westw.
Chirocharis Klb. *australis* Westw.
Hemipristis Klb. *ukamia* Klb., *H. Mülleri* Kr., *H. stygica* Klb., *H. Kraatzii*
n. sp. (p. 22, 27) Tanganyika.
Prioproctus Klb. *Oertzenii* Klb. mit var. *centralis* Klb.
Pristophilus Klb. *passaloides* Westw.

Prioscelis Hop. *Westwoodii* Klb. (*serrata* Westw.) mit var. *kameruna* Klb.'
Pr. *serrata* Fbr. (*Raddonis* Westw.) mit var. *haesitans* Klb., Pr. *Fabricii*
Hop. (*clauda* Thoms., *Preussii* Klb.), Pr. *humeridens* Dohrn, Pr. *Thomsonis*
n. nom. (p. 148) für Pr. *clauda* Klb. nec Thoms., Pr. *tridens* Klb. (*rugati-
frons* Fairm.).
Pheugonius Fairm. *borneensis* Fairm., *Ph. giganteus* n. sp. (p. 157) Borneo.
Prioscelides Klb. (= *Gabonia* Fairm., *Gabonisca* Fairm.) *rugosus* Klb., Pr.
Pr. *striatus* Klb., Pr. *denticulatus* Fairm.
Sipirocus Fairm. *Ritsemae* Fairm., *S. Kolbei* n. sp. (p. 166, 169) Java.
Calostega Westw. (= *Apristopus* Klb.) *crassicornis* Westw. (*obsoleta* Fairm.,
C. purpuripennis Westw., *C. cylindrica* n. sp. (p. 172, 175) Congo.
Odontopezus All. (= *Odontopus* Silb.) *cupreus* Fbr. (*violaceus* Westw., *tristis*
Westw. mit var. *lucens* n. var. (p. 311). var. *regalis* Har. (*major* Fairm.),
var. *O. asper* All. u. var. *obsoletus* Thoms.
Metallonotus Westw. (= *Aspidosternum* Mäkl.) *aerugineus* Gerst. mit var.
festivus Gerst. (*purpurinus* Fairm.), *M. splendens* n. sp. (p. 315, 318), *M. tenue-
costatus* Fairm., *M. cariosus* Fairm., *M. physopterus* Har., *M denticollis* Gr.,
(*gibbosus* Gr., *metallonotus* Gr.) mit var. *antiquus* Har. (*rugulosus* Fairm.)
u. *rugosus* n. var. (p. 327), *M. metallicus* Fbr. (*cyaneus* Fbr., *speciosus*
Bertol.) mit var. *elegans* n. var., var. *simulator* n. var., var. *prasinus* n. var.
(p. 330), var. *sumptuosus* Har. u. var. *gloriosus* n. var. (p. 331), *M. violaceus*
Fairm., *M. asperatus* Pasc. (*costatus* Har.).
Pycnocerus Westw. (= *Pachylocerus* Hop.) *sulcatus* Fbr. (*costatus* Silb. mit var.
exaratus Har., P. *Westermannii* Hop. (*impressicollis* Dohrn), P. *rugosus*
n. sp. (p. 340, 343) Congo, P. *gracilis* n. sp. (p. 340, 344) Congo, — P. (*Dinoscelis* Gerst.) *cyanescens* Fairm., P. *Passerinii* Bertol. (*caeruleatus* Fairm.,
P. *validus* Fairm., — P. (*Amorphochirus* n. subg. p. 339) *Hercules* Fairm.
Catamerus Fairm. *Revoilii* Fairm. mit var. *laevis* n. var. (p. 356), var. *transvaalensis* Pering., var. *intermedius* Goh. u. var. *rugosus* Goh.

Reitter.

Bestimmungstabelle der Europäischen *Coleopteren*. 53.
Tenebrionidae. III: *Lachnogyini, Akidini, Pedinini, Opatrini* und
Trachyscelini.
(Verh. Nat. Ver. Brünn. 1904 p. 25—189).

Eine ausgezeichnete dichotomische Auseinandersetzung der
Gattungen u. Arten der im Titel genannten 5 Unterfamilien[1]. Als
Einleitung sind alle Unterfamilien der paläarktischen Fauna dichotomisch begründet (p. 27—34), wobei sie in 5 Reihen zusammengefasst sind, deren Begründung aber (vielleicht durch Druckfehler)
nicht überall befriedigt. Es müsste nämlich, nach der gegebenen
dichotomischen Begründung, die 1. Reihe nicht hinter „B", sondern
hinter „A" beginnen, und die 5. Reihe müsste entweder nicht hinter

---

[1] In Heft 42 wurden die Unterfamilien *Tentyriini* u. *Adelostomini*, in
Heft 25 die unechten *Pimeliini* behandelt.

6' (p. 33), sondern hinter 1' (p. 32) beginnen (denn sonst würde
die 5. Reihe nur einen integrirenden Theil der 4. Reihe bilden),
oder sie müsste anders dichotomisch begründet werden.

Die behandelten Unterfamilien.
1. Reihe.

Zophosimi, Erodiini, Adesmiini (incl. *Megagenini*), *Tentyriini, Adelostomini,
Epitragini, Lachnoguini, Leptodini, Elenophorini, Stenosini.*

2. Reihe.

Asidini, Sepidiini, Akidini, Apolitini.

3. Reihe.

Scaurini, Pimeliini, Blapini, Platyscelini.

4. Reihe.

Pedinini, Opatrini, Trachyscelini, Phaleriini, Crypticini.

5. Reihe.

*Bolitophagini, Diaperini, Ulomini, Cossyphini, Heterotarsini, Tenebrionini,
Helopini, Strongyliini.*

Die behandelten Gattungen u. Arten.
Subfam. *Lachnogyini.*
(2 Gatt. p. 34).

Lachnogyia Men., *squamosa* Men.
Netuschilia n. gen. (p. 34) für *Lanopus Hauseri* Reitt.

Subfam. *Akidini.*
(5 Gatt. p. 36—37).

Morica planata Fbr., *M. grossa* L. (*octocostata* Sol.), *M. hybrida* Charp. (*obtusa*
Sol.), *M. Jevinii* Luc., *M. Favieri* Luc., *M. Pharao* n. sp. (p. 38) Aegypten.
Akis tingitana Luc., *A. reflexa* Fbr., *A. bacarozzo* Schr. (*punctata* Thunb.) mit var.
tuberculata Kr., *A. subterranea* Sol., *A. melitana* n. sp. (p. 40) Malta, *A. opaca*
Heyd. mit var. *anatolica* n. var. (p. 40) Anatolien, *A. elongata* Br. (*deplanata*
Waltl), *A. acuminata* Hrbst. (p. 40) mit var. *dorsigera* n. var. (p. 45) Portugal,
A. Sansii Sol. mit var. *duplicata* n. var. (p. 41) Spanien, *A. discoidea* Quens.
mit var. *Salzei* Sol., *A. algeriana* Sol. mit var. *planicollis* Sol., *A. granulifera*
Sol. (p. 42) mit var. *lusitanica* Sol. u. var. *Bayerdii* Sol. (p. 39), *A. spinosa*
L. (*sardoa* Sol., *Olivieri* Sol., *angusticollis* Baud.), *A. Genei* Sol., *A. biskrensis*
n. sp. (p. 43) Algier, *A. elegans* Charp., (*carinata* Sol., *Kobeltii* Heyd.),
A. Goryi Guer., *A. elevata* Sol., *A. subtricostata* Redtb., *A. Heydenii* Haag,
A. italica Sol. mit var. *barbara* Sol., *A. Latreillei* Sol.
Sarathropus depressus Zubk. (*gibbus* Men.).
Cyphogenia (Lechriomus) limbata Fisch., *C. lucifuga* Ad. (*acuminata* Fisch.,
aurita Men., *depressa* Küst.), *C. funesta* Fald. (*rugipennis* Fald., *sepulchralis*
Fald.), — *C.* (s. str.) *gibba* Fisch. (*angustata* Zubk., *Zablotzkii* Zubk.) mit
var. *persica* Baud., *C. aurita* Pell. (*truncata* Gebl., *Zablotzkii* Kr.) mit var.
Kraatzii Mor., subvar. *brevicostata* Kr. u. subvar. *unicostata* Kr., *C. humeralis*
Bat. (*semicarinata* Reitt.).
Solskyia depressiuscula Fairm., *S. peregrina* Ersch., *S. subperegrina* n. sp. (p. 49)
Turkestan.

Subfam. *Pedinini.*
(2 Gruppen p. 49—50).
Pedinina.
10 Gatt. p. 50—51).

Pedinus mit 4 Untergatt. (p. 51—52): *P.* (*Vadalus*) *punctulatus* Muls., *P. cir-cassicus* Reitt., — *P.* (i. sp.) *Olivieri* Muls. (*punctulatus* Kiesw.), *P. qua-dratus* Br., *O. Reitteri* Seidl, *P. intermedius* Seidl., *P. punctatostriatus* Muls., *P. siculus* Seidl., *P. aetolicus* Apf., *P. peristericus* Apf., *P. oblongus* Muls., *P. podager* Seidl., *P. subdepressus* Br., (*cylindricus* Walt.), *P. balcanicus* Apf., *P. Schaumii* Muls., *P. Kiesenwetteri* Seidl., *P. Bodemeyeri* n. sp. (p. 56) Anatolien, *P. affinis* Br., *P. Krüperi* Seidl., *P. olympicus* Kiesw., *P. longulus* Rott., *P. taygetanus* Kiesw., *P. meridianus* Muls. mit var. *androgyne* Seidl., *P. helopioides* Ahr., *P. fallax* Muls. (*gracilis* Muls.), *P. curvipes* Muls. (*tauricus* Kiesw.), *P. Strabonis* Seidl., *P. natolicus* Muls., *P. Ulrichii* Seidl., *P. simplex* Seidl., *P. fatuus* Muls., *P. hungaricus* Seidl., *P. paradoxus* n. sp. (p. 59) Syrien, *P. femoralis* L., *P. aequalis* Fald., *P. curtulus* Muls., *P. tau-ricus* Muls., *P. volgensis* Muls., *P. Clementis* Seidl., *P. strigicollis* n. sp. (p. 61) Taurien, — *P.* (*Pedinulus*) *jonicus* Kiesw., *P. Ragusae* Baud., — *P.* (*Blindus*) *strigosus* Pall., *P. fulvicornis* Reitt, *P. japonicus* Seidl.

Colpotus similaris Muls., *C. byzantinus* Walt., *C. angustulus* Reitt., *C. sulcatus* Muls., *C. Godartii* Muls., *C. strigosus* Costa (*strigicollis* Muls.), *C. pectoralis* Muls. (*ruficornis* Reitt.), *C. punctipleuris* n. sp. (p. 63) Klein-Asien.

Cabirus dentimanus n. sp. (p. 64) Bucharei, *C. pusillus* Men., *C. tibialis* Reitt., *C. validipes* Reitt., *C. obtusicollis* Reitt., *C. procerulus* n. sp. (p.65) Central-*Asien*, *C. puncticollis* n. sp. (p. 66) Bucharei, *C. gracilis* n. sp. (p. 66) Klein-Asien, *C. obsoletus* Baud. (*latiusculus* Desbr.), *C. castaneus* n. nom. (p. 67) für *rotundicollis* Desbr. nec Mill., *C. rotundicollis* Mill. (*pubescens* Desbr.) *C. subpubescens* n. sp. (p. 67) Syrien, *C. amphiatus* Desbr., *C. minutissimus* Muls. (*rectangulus* Desbr.), *C. Desbrochersii* n. sp. (p. 68) Syrien, *C. Simonis* n. sp. (p. 68) Syrien.

Heterophylus seriepunctatus n. sp. (p. 69) Algier, *H. substriatus* Reitt., *H. picipes* Fald., *H. pygmaeus* Fisch. (*latiusculus* Mot.), *H. parvulus* Reitt., *H. ellipticus* Desbr., *H. tibialis* n. sp. (p. 70) Transcaspien, *H. angustitarsis* Reitt., *H. amphicollis* Reitt.

Dilamus Faustii Reitt., *D. Böhmii* n. sp. (p. 71) Aegypten, *D. rufipes* Luc. (*congener* Rottb., *Andalusiae* Baud.), *D. planicollis* Fairm., *D. obsoletus* Baud., *D. tangerianus* Desbr., — *D.* (*Ochrolamus* n. subg. p. 73) *pictus* Mars.

Mesomorphus n. gen. (p.51), *Varendorffii* n. sp. (p. 74) Madeira, *M. murinus* Baud., *M. dermestoides* n. sp. (p. 74) China, *M. longulus* Reich., (*minutus* Muls.).

Pseudolamus seriatoporus Fairm. (*pusillus* Baud.).

Pachypterus niloticus Mill., *P. serrulatus* n. sp. Caucasus, *P. mauritanicus* Luc.

Trachymetus n. gen. (p.51, 76) *elongatus* Muls.

Opatrinus corvinus Muls.

Dendarina.
(4 Gatt. p. 77.)

Isocerus Latr. *purpurascens* Hrbst. mit var. *lusitanicus* Reitt. u. var. *Cameronis* n. var. (p. 78) Portugal, *I. ferrugineus* Reitt., *I. balearicus* Schauf.

Dendarus mit 8 Untergatt. (p. 78—79): *D. (Pandarinus) simius* Muls., *D. Seidlitzii* n. sp. (p. 80) Dalmatien, *D. dalmatinus* Germ., *D. orientalis* Seidl., *D. messenius* Br. (*gravidus* Br., *tentyrioides* Br., *ottomanus* Muls.), *D. caelatus* Br., *D. moesiacus* Muls., *D. crenulatus* Men. (*dardanus* Fald.) mit var. *cribratus* Walt., *D. punctatus* Serr., *D. scrobiculatus* Seidl., *D. Alleonis* Seidl., *D. foveolatus* Seidl., *D. extensus* Fald., *D. tenellus* Muls., *D. armeniacus* Baud., *D. simplex* Seidl., *D. vagabundus* n. nom. (p. 84) für *D. vagans* Reitt. nec Muls., — *D.* (s. str) *pectoralis* Muls., *D. castilianus* Pioch., *D. tristis* Cast. (*coarcticollis* Muls.), *D. Aubei* Muls., *D. insidiosus* Muls., *D. scoparipes* n. sp. (p. 86) Insel Cerigo. *D. carinatus* Muls. (*corsicus* Perr.), — *D. (Pandarus) graecus* Br., *D. sinuatus* Muls., *D. stygius* Walt., *D. calcaratus* Baud., *D. Victoris* Muls., — *D. (Dichromma) tibialis* Seidl., *D. lugens* Muls., *D. plicatulus* Br., — *D. (Paroderus) foraminosus* Küst. mit var. *politus* n. var. (p. 89) Creta, *D. rhodius* Baud., *D. elongatus* Muls. (*nevadensis* Pioch.), — *D. (Rhizalus) piceus* Ol. (*tenuicornis* Mill.), *D. syriacus* Reich., — *D. (Rhizalemus* n. subg. p. 79) *Oertzenii* Seidl., *Reitteri* Seidl., *D. pauper* Muls., *D. vagans* Muls., *D. impressus* Muls., *D. crassiusculus* Muls., *D. saginatus* Baud. (*plorans* Muls.), — *D. (Dendaroscelis* n. subgen. p. 79) *serripes* n. sp. (p. 92) Spanien.[1]) *Olocrates gibbus* Fbr., *O. italicus* n. sp. (p. 93) Italien, *O. foveipennis* Muls., *O. lineatopunctatus* Muls., *O. abbreviatus* Ol. (*hybridus* Latr., *dubius* Baud.), *O. hamilcaris* n. sp. (p. 94) Andalusien, *O. indiscretus* Muls., (*nivalis* Baud.), *O. Subheliopates* n. sp. (p. 95) Spanien, *O. foveolatus* Gr. mit var. *fossulatus* Muls., — *O. (Litororus* n. subg. p. 96) *semicostatus* Muls. (*balearicus* Schauf.), — *O. (Meladocrates* n. subg. p. 96) *planiusculus* Muls., *O. viaticus* Muls., *O. (Meladeras) quadratulus* Muls., *O. obscurus* Muls., *O. amoenus* Muls. *Heliophilus (Heliocrates* n. subg. p. 98) *strigosus* n. sp. (p. 98) Spanien, *H. humerangulus* n. sp. (p. 99) Jaen., *H. sulcipennis* n. sp. (p. 99) Escorial, — *H.* (s. str.) *interstitialis* Muls., *H. cribratostriatus* Muls., *H. parcefoveatus* n. sp. (p. 100) Portugal, *H. lusitanicus* Hrbst., *H. immarginatus* n. sp. (p. 101) Cartagena, *H. conjunctus* n. sp. (p. 101) Arragonien, *H. Heydenii* n. sp. (p. 102) Aranjuez, *H. sculpturatus* n. sp. (p. 102) Cartagena, *H. subimpressus* n. sp. (p. 103) Ronda, *H. rotundicollis* Luc., *H. emarginatus* Fbr. (*subvariolaris* Luc.), *H. avarus* Muls , (*ambiguus* Baud., *Neptunius* Baud.), *H. batnensis* Muls., *H. cribratus* Chor., *H. agrestis* Muls., *H. luctuosus* Muls., *H. ibericus* Muls., *H. Perroudii* Muls. (*simulans* Chvr.), *H. montivagus* Muls.

Subfam. *Opatrini.*
(4 Gruppen p. 107).

1. *Phylacina.*
(6 Gatt. p. 107—108).

Bioplanes meridionalis Muls. *Phylax picipes* Ol. (*fraternus* Muls., *ingratus* Muls., *littoralis* Muls.) mit var. *melitensis* Baud. u. var. *dalmatinus* n. var. (p. 109), *Ph. insignis* n. sp. (p. 110), *Ph. brevicollis* Baud., *Ph: costatipennis* Luc. mit var. *Sicardii* n. var. (p. 111) Algier, *Ph. undulatus* Muls., *Rh. variolosus* Ol., *Ph. segnis* Muls , *Ph. ovipennis* Fairm., *Ph. ignavus* Muls., *Ph. incertus* Muls. (*serripes* Destr., *oxyholmus* Fairm.).

---

[1]) Nach Heyden nur in Tanger (Wien. ent. Z. 24. p. 154.

Litoborus Olcesii Fairm., *L. Moreletii* Luc. mit var. *Baudii* n. var. (p. 113) Marocco, *L. subtilimargo* n. sp. (p. 113) Algier, *L. planicollis* Waltl.

Melambius (Hoplambius n. subg. p. 114) *melamboides* Fairm., — *M.* (s. str.) *breviusculus* Fairm., *M. asperocostatus* Fairm., *M. Teinturieri* Muls., *M. barbarus* Er.

Micrositus (Hoplariobius n. subg. p. 115) *decurvatus* Fairm., *M. distinguendus* Muls., *M. granulosus* Billb. (*plicatus* Muls.), — *M.* (s. str.) *orbicularis* Muls., *M. opacus* n. sp. (p. 116) Kleinasien, *M. ulissiponensis* Germ. mit var. *ventralis* Mars. (*obesus* Muls., *lusorius* Muls.), var. *montanus* Muls. (*agricola* Muls.) u. var. *Paivae* Per., *M. obesus* Waltl., *M. miser* Muls., *M. saxicola* Muls. (*saxeticola* Gr.), — *M.* (*Platyolus*) *tenebrioides* n. sp. (p. 118), *M. longulus* Muls., *M. gibbulus* Mot., *M. melancholicus* Muls., *M. Milleri* n. sp. (p. 120) Andalusien, *M. subcylindricus* Mot., *M. lapidarius* n. sp. (p. 121) Andalusien, *M. furvus* Muls., *M. Heerii* Muls.

Hoplarion tumidum Muls., *H. compactum* Fairm.

2. Sclerina.
(7 Gatt. p. 122—123).

Scleron fossulatum Muls. (*angustum* Mill.) mit var. *Mariae* Muls. (*carinatum* Baud.), *Scl. humerosum* Mill., *Scl. multistriatum* Forsk. (*foveolatum* Ol., abbreviatum* Reich.), *Scl. aequale* n. sp. (p. 124), *Scl. armatum* Walt. (*damascenum* Baud., *algiricum* Luc.), *Scl. subclathratum* n. nom. (p. 125) für *Scl. orientale* Muls. nec Fbr., *Scl. orientale* Fbr., *Scl. discicolle* n. sp. (p. 126) Indien.

Eurycaulus hirsutus Mill., *Eu. Marmottanii* Fairm., — *Eu. (Scleronimon* n. subg. p. 127) *Peyerimhoffi* n. sp. (p. 127) Sinai, *Eu. granulatus* n. sp. (p. 127) Aegypten.

Platynosum collare Mot., *Pl. Paulinae* Muls.

Cnemeplatia Atropos Cost. (*anticipes* Woll., *rufa* Tourn.).

Psilachnopus cribratellus Reitt.

Melanimon (=*Microzoum* Redt.) *tibialis* Fbr. mit var. *subaereus* n. var. (p.129) Bucharei.

Anemia sardoa Gen., *A. dentipes* Ball. (*Microzoum*), *A. Reitteri* Pic (*rotundicollis* Reitt. nec Desbr.) mit var. *Chobautii* Reitt., *A. submetallica* Raffr., *A. pilosa* Tourn., *A. Fenyesii* Reitt., *A. sinuatifrons* Reitt., *A. fissidens* Reitt., *A. palaestina* Pic, — *A.* (*Ammidanemia* n. subg. p. 132) *asperula* Reitt., *A. Faustii* Solsk., *A. Hauseri* Reitt., *A. Pharao* Reitt. (*rotundicollis* Desbr.?)

3. Opatrina.
(18 Gatt. p. 133—136).

Scleropatrum sexcostatum Mot. (*scleroides* Baud.), *Scl. carinatum* Gell. (*Prescottii* Fald.), *Scl. horridum* Reitt., *Scl. tuberculatum* Reitt., *Scl. tuberculiferum* Reitt., *Scl. striatogranulatum* Reitt., *Scl. hirtulum* Baud , *Scl. breviusculum* Reitt., *Scl. turanicum* Reitt., *Scl. Seidlitzii* Reitt.

Hadrus sepinus Woll., *H. carbonarius* Quens., *H. illotus* Woll., *H. subellipticus* Desbr., *H. europaeus* Mot.

Gonocephalum subrugulosum Reitt., *G. pygmaeum* Stev., *G. mongolicum* Reitt. (*reticulatum* Mot.), *G. setulosum* Fald. (*minutum* Men., *Demaisonis* All.) mit var. *pubiferum* n. var. (p. 142) Centralasien, *G. Schneideri* Reitt., *G. curvicolle* Reitt., *G. sexuale* Mars., *G. coriaceum* Mot., *G. rugulosum* Küst., *G. costatum*

Br., *G. pusillum* Fbr., *G. assimile* Küst., *G. perplexum* Luc., *G. strigosum*
Reich., *G. prolixum* Er. (*lugens* Küst., *obscurum* Küst., *parvulum* Luc.),
G. rusticum Ol., *G. quadrinodosum* n. sp. (p. 146) China, — *G. (Megadasus*
n. subg. p. 146) *Lefrancei* Fairm., *G. inquinatum* Sahlb., *G. subsetosum* n. sp.
(p. 147) Canton.

Sinorus Colliardii Fairm. (*ciliatus* Muls.).

Opatrum (Colpopatrum n. subg. p. 148) *asperipenne* Reitt., — *O. (Colpophorus)*
emarginatus Luc. mit var. *inaequalis* n. var. (p. 149), *O porcatum* Fbr.,
O. validum Rottb., *O. granuliferum* Luc , *O. baeticum* Rosh. (*granatum* Fairm.)
mit var. *gregarium* Rosh., *O. Hookeri* Bat., *O. nivale* Gen., *O. thalense* Mayet,
— *O.* (s. str.) *excisum* Seidl., *O. perlatum* Germ., *O. riparium* Gerh., *O.*
O. tebessaneum n. sp., *O. alternatum* Küst., *O. geminatum* Br. mit var.
asiaticum n. var. (p. 153), *O. asperidorsum* Fairm., *O. Grenieri* Perr., *O.*
obesum Ol., *P. cypraeum* n. sp. (p. 155) Cypern, *O. sculpturatum* Fairm.,
O. Libanii Baud., *O. verrucosum* Germ., *O. italicum* n. sp. (p. 156) Italien,
O. Dahlii Küst., *O. subaratum* Fald., *O. sabulosum* L. mit var. *guttifer*
Seidl., *O. melitense* Küst., *O. lucifugum* Küst., *O. triste* Stev. (*politum* Bess.,
granulatostriatum Küst., *areolatum* Küst.), *O. alutaceum* n. sp. (p. 158)
Chartum.

O p a t r o p i s n. gen. (p. 134, 159) *hispida* Br. (*virgata* Er.).

Opatroides punctulatus Br. (*parvulus* Fald., *subcylindricus* Men.), *O. angulatus*
Baud., *O. thoracicus* Rosh., *O. curtulus* Fairm., *O. judaeus* Baud.

Lobothorax mit 7 Untergatt. (p. 161[1]): *L. (Discotus* n. subg. p. 161), *L. dilectans*
Fald., *L. Netuschilii* n. sp. (p. 162), — *L.(Penthomegus* n. subg. p. 161) *granulosus*
Men. mit var. *semigranosus* n. var. (p. 162) Bucharei, *L. corpulentus* Reitt.,
L. fartilis Reitt., *L. iners* Men. (*molestum* Fald.), — *L.* (s. str.) *pinguis* Fald.
(*molestus* Muls.), *L. auliensis* n. sp. (p. 163) Central-Asien, *L. samgarensis*
Reitt., *L. oblongopunctatus* n. sp. (p. 164) Transcaspien, *L. rufescens* Muls.,
— *L. (Stonavus* n. subg. p. 161) *remotus* Reitt., *L. alaiensis* Reitt., —
L. (Myladion) poricollis Reitt., *L. humeridens* Reitt., *L. explanatus* Reitt.,
L. Sequentis Reitt., *L. acuticollis* Reitt., *L. vulneratus* Kr. mit var. *tene-*
brioides Reitt., *L. tuberculosus* Heyd., *L. truncatus* Reitt., *L. serpens* Reitt.,
L. Heydenii Reitt., *L. Reitteri* Cs., — *L. (Aulonolcus* n. subg. (p. 161),
altaicus Gebl. mit var. *sulcibasis* n. var. (p. 169) Mongolei, — *L. (Hemi-*
trichestes n. subg. p. 161) *hirsutus* Reitt. — *L. (Japetus* n. subg.) *melanarius*
n. sp. (p. 160) Angola.

Myladina unguiculina Reitt., — *M. (Eumylada* n. subg. p. 161) *punctifera* Reitt.,
M. Potaninii Reitt., *M. ordosana* Reitt.

Penthicinus Koltzei Reitt., *P. pedinoides* Reitt.

Aphaleria capnisoides Reitt.

Melanesthes (Miglica n. subg. p. 171) *laticollis* Gebl., *M. opaca* Reitt., — *M.*
(s. str.) *maxima* Mot., *M. Faldermannii* Muls. (*laticollis* Fald.), *M. sibirica*
Fald. (*alutacea* Men.), *M. mongolica* Cs., *M. ciliata* Reitt., — *M. (Lesbidana*
n. subg. p. 173) *simplex* Reitt., *M. coriaria* n. sp. (p. 173) Turkestan,
M. subcoriacea Reitt., — *M. (Monogolesthes* n. subg. p. 174) *Heydenii* Cs.,

---

[1]) Charakterisirt ist die Gattung als *Penthicus* Fald. (p. 135).

— *M.* (*Opatronesthes* n. subg. p. 174) *punctipennis* Heyd., *M. rugipennis* Reitt., *M. tuberculosa* Reitt.
Brachyesthes approximans Fairm., *Br. chrysomelinus* Costa, *Br. brevior* Fairm., (*pilosellus* Fairm.), *Br. Gastonis* Fairm.
Weisea sabulicola Sem.
Udebra fimbriata Men. (*Hauseri* Reitt.).
Ammobius rufus Luc., *A. insularis* Reitt., *A. dilatatus* Reitt., *A. Pseudocaedius* Reitt.
Caedius aegyptiacus Muls.
Clitobius (*Pentholasius* n. subg. p. 178) *variolatus* All. (*subpubescens* Reitt.), — *Cl.* (s. str.) *ovatus* Er. (*subplumbeus* Fairm., *sabulicola* Muls.), *Cl. oblongiusculus* Fairm., *Cl. rugulipennis* Fairm.

4. *Lichenina.*
(1 Gatt. p. 179—180).

Lichenum pictum Fbr., *L. caucasicum* Reitt., *L. mucronatum* Küst., *L. caudatum* Reitt., *L. incisum* Reitt., *L. pulchellum* Küst., *L. variegatum* Küst. (*pulchellum* Luc.), *L. foveistrium* Mars.

Subfam. *Trachyscelini.*
(2 Gruppen p. 182—183).

1. *Lachnodactylina.*
Lachnodactylus digitatus Seidl.

2. *Trachyscelina.*
Trachyscelis aphodioides Latr., *Tr. sabuleti* Lew.

Einzelbeschreibungen.

Acanthomera cursor n. sp. **Péringuey** (Ann. S. Afr. Mus. III p. 252) Cap.
Acastus sebakuensis n. sp. **Péringuey** (ibid. p. 260) Süd-Afrika.
Adelium siehe **Fauvel** p. 262.
Adesmia (Macropoda) khoikoina n. sp. **Péringuey** (Ann. S. Afr. Mus. III p. 226).
   A. damara n. sp. (p. 226), *A. (Onymachrys) Laskari* n. sp. (p. 227) Süd-Afrika.
Akis spinosa L. var. *Ragusae* n. var. **Reitter** (Nat. Sic. XVII p. 97) Sicilien. — Siehe auch **Reitter** pag. 264.
Alcyonotus purpuripennis n. sp. **Gebien** (Ark. Zool. II no. 5 p. 22) Kamerun.
Almyon siehe *Ghaleca.*
Alphitobius viator Muls. bildete **Wasmann** ab (Term. Sudan p. 12 tab. I fig. 4). — Siehe auch **Fauvel** p. 262.
Alphitophagus obtusangulus n. sp. **Müller** (Münch. Kol. Z. II p. 209) Dalmatien.
Amenophis angustata n. sp. **Gebien** (Ark. Zool. II no. 5 p. 16) u. *A. epipleuralis* n. sp. (p. 16) Kamerun, *A. Mechowii* Klb. = *Fairmairei* Thms. (p. 18) dichot. Tab. über 9 Arten (p. 17—18).
Ametrocera siehe *Idricus.*
Amiantus pusillus n. sp. **Péringuey** (Ann. S. Afr. Mus. III p. 235).
Ammidanemia, Ammobius siehe **Reitter** pag. 267, 269.
Amorphochirus siehe **Gebien** pag. 263.
Anatolica Hammarströmii n. sp. **Poppius** (Öfr. Finsk. Förh. 46. no. 16 p. 12) Mongolei.

Anchophthalmus indigus n. sp. **Péringuey** (Ann. S. Afr. Mus. III p. 237), *A. al-goënsis* n. sp. (p. 237), *A. plicipennis* n. sp. (p. 238) Süd-Afrika, *A. salis-buriensis* (tab. XIII fig. 16.[1])

Anemia siehe **Reitter** pag. 267.

Anomalipus Marshallii Per. = *granatus* Fairm. nach **Péringuey** (ibid. p. 297), *A. notaticollis* Per. = *obscurus* Ol. (p. 297), — *A. mashunus* n. sp. (p. 239 tab. XIII fig. 10), *A. gasanus* n. sp. (p. 239 fig. 9), *A. barbentoniensis* n. sp. (p. 240), *A. pauxillus* n. sp. u. *A. hypocrita* n. sp. (p. 241) Süd-Afrika. — *A. spectandus* n. sp. **Péringuey** (Nov. Zool. XI p. 449), *A. deceptor* n. sp., *A. amplipennis* n. sp. u. *A. selatinus* n. sp. (p. 450) Transvaal.

Aphaleria siehe **Reitter** pag. 268.

Aphrotus n. nom. **Péringuey** (Ann. S. Afr. Mus. III p. 252) für *Xenus* Pér., *A. obortus* n. sp. (p. 252) Namaqua-Land.

Apristopus siehe **Gebien** pag. 263.

Arrhenoplita siehe **Fauvel** pag. 261.

Asemogena n. gen. **Péringuey** (Ann. S. Afr. Mus. III p. 281), *A. simplex* n. sp. (p. 281), *A. humilis* n. sp. (p. 282) Cap.

Asida natalis Pér. = *Machla mendica* Fåhr. nach **Péringuey** (Ann. S. Afr. Mus. III. p. 296), *A. legitima* Per. = *Machleida nodulosa* Fåhr. (p. 296).

Aspidosternum siehe **Gebien** pag. 263, — *Aulonolcus* siehe **Reitter** pag. 268.

Bioplanes, Blindus, Brachyestes, Cabirus siehe **Reitter** pag. 266, 265, 269.

Bolitotherus siehe **Fauvel** pag. 261.

Caedius siehe **Fauvel** pag. 261, **Reitter** pag. 269.

Calostega siehe **Gebien** pag. 263.

Catamerus manicatus n. sp. **Péringuey** (Ann. S. Afr. Mus. III p. 250 tab. XIII fig. 11) u. *C. gasanus* n. sp. (p. 251 fig. 12) Süd-Afrika. — Siehe auch **Gebien** pag. 263.

Ceramba siehe **Fauvel** pag. 262.

Ceropria Romandii Cast. besprach **Gebien** (Ark. Zool. II no. 5 p. 9 tab. II fig. 7), *C. anthracina* Qued. (p. 10 fig. 8). — Siehe auch **Fauvel** pag. 261.

Cherostus siehe *Cissidae*. — *Chirocharis, Chiroscelis* siehe **Gebien** pag. 262.

Chlorocamma, Cilibe, Cymbeba siehe **Fauvel** pag. 262.

Clitobius, Cnemeplatia, Colpopatrum, Colpophorum, Colpotus siehe **Reitter** pag. 269, 267, 268.

Cryptochile echinata Per. = *echinata* Fbr. nach **Péringuey** (Ann. Afr. Mus. III p. 296).

Cyphogenia, Dendarus, Dendroscelis siehe **Reitter** pag. 264, 266.

Derosimus n. gen. *quadricollis* n. sp. **Fairmaire** (Bull. Fr. 1904 p. 62) Buenos-Ayres.

Derosphaerus besprach **Gebien** (Ark. Zool. II no. 5 p. 18), *D. globicollis* Thus. (p. 18). — Siehe auch *Nyctobates* u. *Notiolesthus*.

Diaclina siehe **Fauvel** pag. 262.

Dichastops mashunus n. sp. **Péringuey** (Ann. S. Afr. Mus. III p. 244) Süd-Afrika.

---

[1]) Im Text kommt diese Art überhaupt nicht vor u. es ist daher fraglich, ob der Name in der Tafel-Erklärung richtig ist. Ein neuer Beweis, dass man Abbildungen keinen nomenclatorischen Werth beimessen kann.

Dichromma, Dilamus siehe Reitter pag. 266, 265.

Diestesoma n. gen. **Péringuey** (ibid. p. 271), *D. pulchrum* n. sp. (p. 272) Cap.

Dinoscelis siehe Gebien pag. 263.

Diphyrrhynchus siehe Fauvel pag. 261. — *Discotus* siehe Reitter pag. 268.

Dorelogena n. gen. *castanea* n. sp. **Péringuey** (ibid. p. 280) u. *D. angusta* n. sp. (p. 281) Rhodesia.

Doryagus talpa Pasc. — *Zophodes tristis* nach **Péringuey** (ibid. p. 297).

Dysgena durbania n. sp. **Péringuey** (ibid p. 276), *D. decipiens* n. sp., *D. plebeja* u. sp. (p. 277), *D. Delagoana* n. sp., *D. foveaticollis* n. sp. (p. 278), *D. capicola* n. sp., *D. luctuosa* n. sp., *D. servilis* n. sp. (p. 279) Süd-Afrika.

Endostomus sudanensis n. sp. **Wasmann** (Term. Sudan no. 13 p. 10 tab. I fig. 3, 3a) am weissen Nil. — *E. rhodesianus* n. sp. **Péringuey** (Ann. S. Afr. Mus. III p. 242) Süd-Afrika.

Epairops levigata Per. = *Trachynotus frontalis* Haag nach **Péringuey** (Ann. Afr. Mus. III p. 297).

Epipedonota strigicollis n. sp. **Fairmaire** (Bull. Fr. 1904 p. 63) Argentinien.

Episopus siehe Fauvel pag. 262.

Eumylada, Eurycaulus siehe Reitter pag. 268, 267.

Eupezus minor n. sp. **Gebien** (Ark. Zool. II. No. 5 p. 25) Kamerun.

Gabonia, Gabonisca siehe Gebien pag. 263.

Ghaleca laeta Per. = *Almyon prolatus* Pasc. nach **Péringuey** (Ann. S. Afr. Mus. III. p. 297).

Gonocephalum siehe Fauvel pag. 261 u. Reitter pag. 267.

Gonocnemis siehe *Rhysopaussidae*.

Hadrus siehe Reitter pag. 267.

Haemus n. gen. **Péringuey** (Ann. S. Afr. Mus. III p. 228), *H. carinatipennis* n. sp. (p. 229 tab. XIII fig. 13[1]) Rhodesia.

Heliocrates, Heliophilus, Hemitrichestes siehe Reitter pag. 266, 268.

Hemipristis siehe Gebien pag. 262.

Herpiscius damarinus n. sp. **Péringuey** (loc. cit. p. 229) Süd-Afrika.

Heterophylus, Hoplambius, Hoplariobius, Hoplarion siehe Reitter pag. 265, 267.

Hoplonyx siehe *Rhysopaussidae*.

Hyocis siehe Fauvel pag. 261.

Hypamarygmus n. gen. **Gebien** (Ark. Zool. II No. 5 p. 27), *H. coccinelloides* n. sp. (p. 28 tab. II fig. 6) Kamerun.

Idricus Fairm. = *Ametrocera* Fåhr. nach **Péringuey** (Ann. S. Afr. Mus. III p. 296), *I. pacificus* Pér. = *A. aurita* Fåhr. (p. 296).

Iscanus, Isopus siehe Fauvel pag. 261, 262. — *Isocerus* siehe Reitter pag. 265.

Latheticus prosopis n. sp. **Chittenden** (J. N. York ent. Soc. XII p. 167 fig. 3) Arizona.

Lachnodactylus, Lachnogyia, Lechriomus, Lesbidana, Lichenum, Litoborus, Litororus, Lobothorax siehe Reitter pag. 269, 264, 267, 266, 268.

Lorelus siehe Fauvel pag. 262.

Lyprochelida picta n. sp. **Gebien** (Ark. Zool. II No. 5 p. 20 tab. II fig. 4) Kamerun, *L. purpurina* Fairm. (fig. 3).

---

[1]) Im Text ist die Abbildung nicht citirt.

Lyprops mosambicus n. sp. **Péringuey** (Ann. S. Afr. Mus. III p. 243), *L. nama-quensis* n. sp. (p. 243) Süd-Afrika.

Machla echinodermata Fairm. = *mendica* Fåhr. nach **Péringuey** (Ann. Afr. Mus. p. 296). — Siehe auch *Asida*.

Machleida siehe *Asida*.

Megacontha dentata Fbr. besprach **Gebien** (Ark. Zool. II No. 5 p. 25).

Megadasus, Meladeras, Meladocrates, Melambius, Melanesthes, Melanimon siehe Reitter pag. 268, 266, 267.

Melasia siehe Fauvel pag. 262.

Menephilus camerunus n. sp. **Gebien** (Ark. Zool. II No. 5 p. 19) Kamerun.

Mesomorphus siehe Reitter pag. 265.

Metallonotus siehe Gebien pag. 263.

Micrantereus capicola n. sp. **Péringuey** (Ann. S. Afr. Mus. III p. 245), *M. pro-cursus* n. sp. (p. 245 tab. XIII fig. 1, 2), *M. zoutpansbergianus* n. sp. (p. 247 fig. 8), *M. lugdenburgiensis* n. sp. (p. 247 fig. 7), *M. gasanus* n. sp. (p. 247 fig. 5, 6). *M. hirsutus* n. sp. (p. 248 fig. 4) u. *M. vicarius* n. sp. (p. 249 fig. 3) Süd-Afrika.

Micrositus, Microzoum, Miglica siehe Reitter pag. 267, 269.

Mimocellus n. gen. **Wasmann** (Term. Sudan p. 11), *M. trechoides* n. sp. (p. 12 tab. I fig. 5) Sudan, *M. Braunsii* n. sp. (p. 12) Oranje-Freistaat.

Moluris Mülleri gehört zu *Psammodes* nach **Péringuey** (Ann. S. Afr. Mus. III p. 297).

Monogolesthes, Morica, Myladion, Myladina siehe Reitter pag. 268, 264.

Nannocerus angustulus n. sp. **Péringuey** (ibid. p. 270) u. *N. beiranus* n. sp. (p. 271) Mozambique.

Nesioticus flavopictus Westw. besprach **Gebien** (Ark. Zool, II No. 5 p. 29).

Nesogena caffra n. sp. **Péringuey** (loc. cit. p. 262) Süd-Afrika.

Netuschilia siehe Reitter pag. 264.

Notiolesthus siehe *Nyctobates*.

Nyctelia grandis n. sp. **Fairmaire** (Bull. Fr. 1904 p. 62), *N. vageimpressa* n. sp. (p. 62), *N. rotundipennis* n. sp. (p. 63) u. *N. quadriplicata* n. sp. (p. 63) Argentinien.

Nyctobates rotundicollis Westw. u. *Notiolesthus morosus* Mot. = *Derosphaerus globicollis* Thoms. nach **Gebien** (Ark. Zool. II. No. 5 p. 18).

Ochrolamus siehe Reitter pag. 265.

Odontopezus, Odontopus siehe Gebien pag. 363.

Olocrates siehe Reitter pag. 266.

Oochrotus glaber n. sp. **Demaison** (Bull. Fr. 1904 p. 287) Kleinasien.

Opatrinus opacus n. sp. **Gebien** (Ark. Zool. II p. 4 tab. I fig. 2) Kamerun. — Siehe auch Reiter pag. 265.

Opatroides, Opatronesthes, Opatropis, Opatrum siehe Reitter pag. 268.

Pachychila (*Neacisba*) *prosternalis* n. sp. **Bedel** (Segonzac Voy. Maroc. p. 369 u. Ab. XXX p. 226) Marocco.

Pachylocerus siehe Gebien pag. 263. — *Pachypterus* siehe Reitter pag. 265.

Paita, Palorus siehe Fauvel pag. 261.

Pandarinus, Pandarus siehe Reitter pag. 266.

Paragonocnemis siehe *Rhysopaussidae*.

Paramarygmus figuratus n. sp. **Gebien** (Ark. Zool. II No. 5 p. 28) Kamerun. — *P. gratulus* n. sp. **Péringuey** (Ann. S. Afr. Mus. III p. 261), *P. amoenus* n. sp. (p. 261) u. *P. gratiosus* n. sp. (p. 262) Süd-Afrika.

Paraphylax sternalis n. sp. **Broun** (Ann. Mag. nat. Hist. XIV p. 57) Neu-Seeland.

Paroderus, Pedinulus, Pedinus, Penthicinus, Penthicus, Pentholasius, Penthomegus siehe **Reitter** pag. 266, 265, 268.

Perichilus brevicornis Quens. besprach **Gebien** (Ann. Zool. II No. 5 p. 23). — *P. ditissimus* n. sp. **Péringuey** (Ann. S. Afr. Mus. III p. 270) Süd-Afrika.

Pheugonius siehe **Gebien** pag. 263.

Philigra haematicollis n. sp. **Péringuey** (Ann. S. Afr. Mus. III p. 235), *Ph. minuta* n. sp. (p. 236) Cap.

Phymatosoma rutilans n. sp. **Fairmaire** (Miss. Pavie III p. 88) China.

Phylax siehe **Reitter** pag. 266.

Platydema tomentosum n. sp. **Gebien** (Ark. Zool. II No. 5 p. 5), *Pl. nigrobrunneum* n. sp. (p. 5), *Pl. macularium* Geum. (*maculosum* Thoms.), *Pl. Holmii* n. sp. (p. 6 tab. I fig. 3) *Pl. Schröderi* n. sp. (p. 7 tab. I fig. 4) u. *Pl. abnorme* n. sp. (p. 8 tab I fig. 5) Kamerun, dichot Tab. über 7 Arten (p. 9).

Platynosum siehe **Chobaut** pag. 261, **Reitter** pag. 267. — *Platyolus* siehe **Reitter** pag. 267.

Praogena nigritarsis Makl. besprach **Gebien** (Ark. Zool. II no. 5 p. 29). — *Pr. cyaneipennis* n. sp. **Péringuey** (Ann. S. Afr. Mus. III p. 273), *Pr. ditissima* n. sp., *Pr. affinis* n. sp. (p. 274), *Pr. natalensis* n. sp., *Pr. capicola* n. sp., *Pr. bechuana* n. sp. (p. 275), *Pr. gloriosa* n. sp., *Pr. timida* n. sp. (p. 276) Süd-Afrika.

Prioproctus siehe **Gebien** pag. 262.

Prioscelides, Prioscelis, Pristophilus siehe **Gebien** pag. 263, 262.

Prosodes Mithras n. sp. **Reitter** (Wien. ent. Z. 23. p. 258) Persien.

Psammodes Rehbockii n. sp. **Kolbe** (Berl. ent. Z. 1904 p. 299) Süd-West-Afrika, *Ps. Ertlii* n. sp. (p. 301) u. *Ps. spinosocostatus* n. sp. (p. 302) Deutsch-Ost-Afrika. — *Ps. discrepans* n. sp. **Péringuey** (Ann. S. Afr. Mus. III p. 230 tab. XIII fig. 15 [1]), *Ps. damarinus* n. sp. (p. 231), *Ps. zoutpansbergianus* n. sp. (p. 231 tab. XIII fig. 14), *Ps. farctus* n. sp. (p. 232) u. *Ps. illotus* n. sp. (p. 233) Süd-Afrika, *Ps. adventitus* Pér. = *volvulus* Haag, *Ps. cinctipennis* Fairm. = *volens* Per., *Ps. exilis* Pér. = *rugulosus* Sol., *Ps. praestans* Per. = *tricostatus* Fåhr., *Ps. Junodii* Fairm. = *Junodii* Per. (p. 297). Siehe auch *Moluris.*

Psectrascelis cariosicollis n. sp. **Fairmaire** (Bull. Fr. 1904 p. 64) Argentinien.

Pseudelops siehe **Fauvel** pag. 262. — *Pseudolamus, Psilachnopus* siehe **Reitter** pag. 265, 267.

Pycnocerus siehe **Gebien** pag. 263.

Rhizalemus, Rhizalus siehe **Reitter** pag. 266.

Sarothropus, Scleron, Scleronimon, Scleropatrum siehe **Reitter** pag. 264, 267.

Scythis rectangulus n. sp. **Poppius** (Öfv. Fisks. Förh. 46 no. 16 p. 14) Mongolei.

Selinus convexipennis n. sp. **Gebien** (Ark. Zool. II no. 5 p. 2 tab. I fig. 1) u. *S. calcaripes* n. sp. (p. 3) Kamerun.

---

[1]) Im Text ist die Abbildung nicht citirt, nur in der Tafel-Erklärung.

Sinorus siehe Reitter pag. 268. — *Sipirocus* siehe Gebien pag. 263.
Solskyia siehe Reitter pag. 264.
Sphenaria rubripes, vestita u. *Komarowii* Reitt. 1889 vor *Sph. tomentosa, vestita*
u. *Komarowii* Sem. 1890 prioritätsberechtigt nach **Reitter** (Wien. ent. Z.
23. p, 24).
Stenocara jurgatrix n. sp. **Péringuey** (Ann. S. Afr. Mus. III p. 227) Namaqua-
Land, *St. distincta* Pér. = *albicollis* Haag (p. 296).
Stonavus siehe Reitter pag. 268.
Strongylium crenatostriatum All. 1896 wiederholt **Allard** (Miss. Pavie III p. 109
tab. IX fig. 5). — *Str. cyanipes* Fbr. (*nigrum* Dohrn) besprach **Gebien** (Ark.
Zool. II no. 5 p. 29). — *Str. perturbator* n. sp. **Péringuey** (Ann. S. Afr.
Mus. III p. 263), *Str. indigens* n. sp. (p. 263), *Str. rhodesianum* n. sp., *Str.*
ovampoense n. sp. (p. 264), *Str. lautum* n. sp., *Str. discrepans* n. sp. (p. 265),
Str. algoense n. sp., *Str. imitator* n. sp. (p. 266), *Str. natalense* n. sp. (p. 267),
Str. auspicatum n. sp., *Str. plausibile* n. sp. (p. 268), *Str. laetum* n. sp. u. *Str.*
caelatum n. sp. (p. 269) Süd-Afrika. — Siehe auch *Xanthotopia.*
Syrphetodes nodosalis n. sp. **Broun** (Ann. Mag. nat. Hist. XIV p. 56) Neu-
Seeland.
Taraxides ruficrus Fairm. besprach **Gebien** (Ark. Zool. II no. 5 p. 13), *T. sinuatus*
Fbr. (p. 13) mit var. *lugens* Mot., var. confusus Westw., *luniferus* Fairm. u.
pictus Champ. (p. 14).
Tenebrio foveicollis Thoms. = *guineensis* Imh. nach **Gebien** (Ark. Zool. II no. 5
p. 19).
Toxicum tenuiclavum Schf. u. *nitidifrons* Schf. = *taurus* Fbr. nach **Gebien**
(Ark. Zool. II no. 5 p. 13).
Trachymetus, Trachyscelis siehe Reitter pag. 265, 269.
Trachynotidus damarinus n. sp. **Péringuey** (Ann. S. Afr. Mus. III p. 233
„*Trachynotideus*" err. typ. [1]) Süd-Afrika, *Tr. manifestus* Pér. = *rufozonatus*
Fairm. (*Trachynotus*) (p. 297).
Trachynotus resolutus n. sp. **Péringuey** ibid. (p. 234) Transvaal, *Tr. latemarginatus*
Per. = *Stålii* Haag, *Tr. plicipennis* Per. = *silphoides* Fåhr., *Tr. tantillus*
Per. = *pygmaeus* Fåhr. (p. 297). — Siehe auch *Epairops.*
Udebra siehe Reitter pag. 269.
Uloma Sjoestedtii n. sp. **Gebien** (Ark. Zool. II no. 5 p. 10 tab. I fig. 6) u. *U. lae-*
sicollis Thms. (p. 11 tab. II fig. 1) Kamerun. — Siehe auch Fauvel pag. 261.
Vadalus siehe Reitter pag. 265.
Vutsimus propinquus n. sp. **Péringuey** (Ann. S. Afr. Mus. III p. 253) u. *V. by-*
zacnoides n. sp. p. 254) Transvaal.
Weisea siehe Reitter pag. 269.
Xanthotopeia Delagoae n. sp. **Péringuey** (ibid. p. 273) Mozambique, *X. fusco-*
cyanescens Fairm. = *Strongylium sulcipenne* Mäkl. (p. 297).
Xyloborus crenipennis Mot. gehört zu *Cherostus* nach **Arrow** (Ann. Mag. nat.
Hist. XIV p. 32).
Zophodes siehe *Doryagus.*

---

[1]) Die Gatt. heisst *Trachynotidus* Per. 1899.

Wasmann 4.

Fam. Rhysopaussidae.
(0 gen., 16 n. sp.)

Biologie.

Wasmann (4) berichtete über die Biologie einer *Gonocnemis-*, einer *Paragonocnemis-* u. einer *Hoplonyx*-Art u. zählte die 13 zur Familie gehörenden Gattungen auf, die alle gesetzmässige Termitophilen sind.

Systematik.

Wasmann (4) hob die Verwandtschaft der *Rhysopaussiden* mit den *Tenebrioniden* hervor und verwies sie unter die *Heteromeren* (p. 5—6), gab auch eine Aufzählung der 13 Gattungen.

Einzelbeschreibungen.

Gonocnemis Jaegerskioeldii n. sp. **Wasmann** (Term. Sudan p. 7 tab. I fig. 2) am weissen Nil.

Hoplonyx termitophilus n. sp. **Wasmann** (loc. cit. p. 9 tab. I fig. 7) am weissen Nil. — *H. evanescens* n. sp. **Gebien** (Ark. Zool. II no. 5 p. 23 tab. II fig. 5) u. *H. cameruna* n. sp. (p. 24) Kamerun. — *H. insignis* n. sp. **Péringuey** (Ann. S. Afr. Mus. III p. 255), *H. granulipennis* n. sp. (p. 255), *H. perforatus* n. sp., *H. extraneus* n. sp. (p. 256), *H. gratulus* n. sp., *H. refertus* n. sp (p. 257), *H. pudens* n. sp., *H. spectandus* n. sp. (p. 258), *H. amoenus* n. sp., *H. probus* n. sp. (p. 259) u. *H. luscus* n. sp. (p. 260) Süd-Afrika.

Paragonocnemis Trägårdhii n. sp. **Wasmann** (loc. cit. p. 8 tab. I fig. 8) am weissen Nil.

Fam. Alleculidae.
(1 n. gen., 6 n. spp.)

Ganglbauer 4, Gerhardt 3, 7, Lea 2, Pic 9, 17, 32, Porta 2.

Geographisches.

Ganglbauer (4) führte 3 Arten von der Insel Meleda auf (p. 656). **Lea** (2) führte 1 *Synatrochus* u. 1 *Homotrysis* aus Australien auf.

Systematik.
Einzelbeschreibungen.

Cteniopinus koreanus Sdl. var. *atricornis* n. var. **Pik** (Ech. 20. p. 26) Amur.

Cteniopus tokatensis n. sp. **Pic** (Ech. 20. p. 26) Tokat. — *Ct. trifossus* Pic italienisch von **Porta** (Riv. Col. ital. II p. 48).

Isomira arenaria n. sp. **Gerhardt** (Zeit. Ent. Bresl. 29. p. 79 u. Deut. ent. Z. 1904 p. 366) Schlesien, *I. semiflora* Küst. (p. 81 resp. p. 368). — *I. testaceicornis* n. sp. **Pic** (Ech. 20. p. 26) Wladiwostok, *I. rufipennis* Mot. var. *obscurissima* n. var. (p. 34) Japan. — *I. murina* var. *Aemiliae* n. var. **Bedel** (Bull Fr. 1904 p. 211) Frankreich.

Microcistela n. gen. *Rosinae* n. sp. **Pic** (Ech. 20. p. 26) mit var. *infernalis* n. var. (p. 26) Amur.

Mycetochara (Ernocharis) striatipennis n. sp. **Pic** (Ech. 20. p. 74) Klein-Asien.

Prionychus nitidissimus n. sp. **Pic** (Bull. Fr. 1904 p. 288) Klein-Asien.

Fam. *Melandryidae.*

Bagnall 3, Ganglbauer 4, Lea 2, Ssemenow 2, 6, Xambeu 3a.

Biologie.

Xambeu (3a) beschrieb die Larve u. die Puppe von *Eustrophus dermestoides* Fbr. (p. 116).

Geographisches.

Bagnall (3) berichtete über *Clinocara undulata* Kr. aus England.
Lea (2) führte *Mystes planatus* Champ. aus Australien auf.
Ganglbauer (4) führte *Conopalpus brevicollis* von der Insel Meleda auf (p. 656).

Systematik.
Einzelbeschreibungen.

Orchesia Nadeshdae Sem. = *fusiformis* Solsk. nach **Ssemenow** (Rev. russe IV p. 305, 315).

Fam. *Lagriidae.*
(0 n. gen., 14 n. spp.)

Péringuey 2, Xambeu 3a.

Biologie.

Xambeu (3a) beschrieb das Ei von *Lagria glabrata* Ol. (p. 38).

Systematik.
Einzelbeschreibungen.

Lagria procera n. sp. **Péringuey** (Ann. S. Afr. Mus. III p. 287), *L. praedita* n. sp., *L. pustulosa* n. sp. (p. 288), *L. mashuna* n. sp., *L. rhodesiana* n. sp. (p 289), *L. imitatrix* n. sp. (p. 290), *L. lydenburgiana* n. sp., *L. promontorii* n. sp. (p. 291), *L. vittatipennis* n. sp. (p. 292), *L. capicola* n. sp., *L. Elisabethae* n. sp. (p. 293), *L. plumbea* n. sp., *L. impressicolllis* n. sp. (p. 294), *L. annectens* n. sp. (p. 295) Süd-Afrika.

Fam. *Oedemeridae.*
(0 n. gen., 3 n. spp.)

Ganglbauer 4, Lea 2, Pic 28, 35, Prout 1, Schnee 1.

Geographisches.

Ganglbauer (4) führte 8 Arten von der Insel Meleda auf, von denen *Xanthochroina Aubertii* M. u. *Chrysanthia varipes* Ksw. bemerkenswerth.

Lea (2) beschrieb 1 *Danerces* aus Australien.
Schnee (1) führte 2 *Oedemeriden* von den Marshall-Inseln auf.

Systematik.
Einzelbeschreibungen[1]).

Chrysanthia distinctithorax n. sp. **Pic** (Ech. 20. p. 57) Taurus.
Danerces bicolor n. sp. **Lea** (Pr. Linn. Soc. N. S. Wales 29. p. 100 tab. IV fig. 11) Australien.
Oedemera amuriensis Heyd. var. *obscurior* n. var. **Pic** (Ech. 20. p. 27) Amur, *Oe. hispanica* n. sp. (p. 91) Granada.
Sora Hein. = *Sora* Walker 1859 nach **Prout** (The Ent. 1904 p. 115).

Fam. *Aegialitidae.*
Wickham 1, 2.

Biologie.
Wickham (1) beschrieb die Metamorphose von *Aegialites* (p. 57—60 tab. II).

Systematik.
Wickham (2) behandelte die systematische Stellung der Familie (p. 356—357).

Fam. *Pythonidae* incl. *Mycterini.*
(0 n. gen., 3 n. spp.)
Ganglbauer 4, Lea 2, Pic 4, 12, 22, Pomeranzev 1, Porta 2.

Biologie.
Pomeranzev (1) berichtete, dass *Pytho depressus* L. an der Larve von *Criocephalus ferus* Kr. fressend getroffen wurde u. zwar von Bronevski.[1])

Geographisches.
Ganglbauer (4) führte 1 *Mycterus curculionoides* von der Insel Meleda auf (p. 656).
Lea (2) führte *Lissodema hybridum* Er. aus Australien auf.

Systematik.
Einzelbeschreibungen.
Rhinosimus aeneus Ol. var. *numidica* n. var. **Pic** (Ech. 20. p. 10) Algier.

---

[1]) Auch auf eine Arbeit von Bronevski bezieht sich *Pomeranzev* mehrfach, leider ohne sie zu nennen.

Salpingus distincticollis n. sp. **Pic** (Bull. Fr. 1904 p. 72) u. *S. bisbimaculatus* n. sp. (p. 72) Madagascar. — *S. Oneilii* n. sp. **Pic** (Ech. 20. p. 35) Süd-Afrika. — *S. mutilatus* var. *impressithorax* Pic ins Italienische übersetzt von **Porta** (Riv. Col. ital. II p. 51).

Fam. Euglenidae.
(0 n. gen., 3 n. spp.)
Champion 5, Pic 4, 13.

Euglenes angusticollis n. sp. **Pic** (Bull. Fr. 1904. p. 72 *Hylophilus*) u. *Eu. Decorsei* n. sp. (p. 72) Madagascar. — *Eu. grandis* n. sp. **Pic** (Ech. 20. p. 12 *Hylophilus*) Süd-Afrika.

Hylophilus kann nach **Champion** (Ent. mont. Mag. 40. p. 85) nicht für *Euglenes* gebraucht werden, weil der Name von **Temmink** 1823 an eine Vogelgattung vergeben ist[1]).

Fam. Mordellidae incl. Scraptiini.
(0 n. gen., 2 n. spp.

Chobaut 3, Ganglbauer 4, Lea 2, Pic 16, 22, Vorbringer 1.

Geographisches.

Vorbringer (1) fand *Cyrtanaspis phalerata* Germ. u. *Anaspis ruficollis* in Ostpreussen (p. 44).

Lea (2) führte 5 *Mordella*-Arten aus Australien auf, die er alle als Varietäten zusammenzieht (p. 95—96).

Ganglbauer (4) führte 6 Arten *Mord.* u. 1 *Scraptia* von der Insel Meleda auf (p. 656).

Systematik.
Einzelbeschreibungen.

Mordella trivialis Wat., *fugitiva* Lea, *aemula* Lea u. *Raymondii* Lea beschrieb **Lea** (Pr. Linn. Soc. N. S. Wales 29. p. 95—96) als Varietäten von *M. communis* Wat.

Mordellistena arabica n. sp. **Chobaut** (Bull. Fr. 1904 p. 244) Arabien. — *M. brunnea* Fbr. var. *sibirica* n. var. **Pic** (Ech. 20. p. 34) Sibirien.

Scraptia chinensis n. sp. **Pic** (Ech. 20. p. 20) China.

---

[1]) Abgesehen von **Temmink**'s (vielleicht anfechtbarer) Vorbenutzung des Namens, ist „*Hylophilus*" kein berechtigter Name, weil er nur einem Druckfehler (für *Xylophilus*) seine Entstehung verdankt. Vergl. Bericht pro 1902 p. 237, pro 1903 p. 280). Uebrigens hat nicht **Pic** die „Confusion" begangen, *Xylophilus* Latr. 1825 wegen *Xylophilus* Mannh. 1823 ausser Gebrauch zu setzen, sondern das ist schon 1875 geschehen (vergl. **Seidlitz**, Fauna baltica p. 381) u. zwar wurde schon damals der Name *Euglenes* Westw. 1829 (für *Xylophilus* Latr.) eingeführt, der dadurch vor *Aderus* Westw. 1829 schon seit 30 Jahren den Vorzug hat. **Reitter**, den der Autor hierfür verantwortlich macht, ist ganz unschuldig daran.

Fam. Pedilidae.

Pic 37.

(0 n. gen., 1 n. sp.)

Systematik.

Einzelbeschreibungen.

Macratria Decorsei n. sp. **Pic** (Bull. Mus. Par. 1904 p. 119) Madagascar.

Fam. Anthicidae.

(3 n. gen., 38 n. spp.)

Casey 1, Lea 2, Pic 5, 12, 13, 22, 25, 32, 33, 37, 38, 41, 42.
Porta 2.

Geographisches.

Pic (7) berichtete über *Anthicus tarifanus* aus Andalusien, (12)
A. opaculus Wol. aus Spanien (p. 4).
Lea (2) führte 4 *Anthicus* aus Australien an.

Systematik.

Einzelbeschreibungen.

Anthicus foedus n. sp. **Pic** (Ann. Mus. Pet. IX. p. 492), *A.* (*Lappus*) *proprius* n. sp
(p. 492) u. *A. distincticeps* n. sp. (p. 493) Peru, *A. scapularis* Laf. var. *medius*
n. var. (p. 493), *A. Herzii* n. sp. (p. 493) Transcaspien, *A. palustris* n. nom.
für *A. lacustris* Mot. p. 490, — *A. decerptus* n. sp. **Pic** (Bull. Fr. 1904
p. 118) Buenos-Ayres, — *A. tarifanus* n. sp. **Pic** (Ech. 20. p. 4) Spanien,
A. basinotatus n. sp., *A. tuberculatus* n. sp. u. *coeruleipennis* n. sp. (p. 12)
Süd-Afrika, *A.* (*Lappus*) *postobscurus* n. sp., *A.* (*Lappus*) *goyasensis* n. sp.,
A. (*Acanthinus*) *minasensis* n. sp. (p. 44), *A. sculptus* n. sp., *A. bicallosus*
n. sp. u. *A. finitimus* n. sp. (p. 45[1]) Brasilien, *A. episcopalis* var. *insignatus*
n. var. (p. 57) Bagdad, *A. Boyadjeanii* n. sp. (p. 73) u. *A. tauricus* n. sp.
(p. 74) Klein-Asien, *A. Escalerae* n. sp. (p. 81) Spanien, *A. balearicus* n. sp.
(p. 81) Balearen, *A. Uhagonis* n. sp. (p, 81) Spanien, *A. nectarinus* Pz. var.
atriceps n. var. (p. 82) Bucharei. — *A. Chevalieri* n. sp. **Pic** (Bull. Mus. Par.
1905 p. 121) u. *A. guyanensis* n. sp. (p. 121) Guyana, *A. Ragazzii* var.
Michelii n. var. (p. 121). — *A.* (*Aulacoderus*) *Citernii* n. sp. **Pic** (Ann. Mus.
Gen. 41 (p. 92) Somali-Land. — *A. Floridanus* n. sp. **Casey** (Canad. Ent. 36.
p. 320), *A. plectrinus* n. sp. (p. 320) Nord-Amerika. — *A. melitensis* Pic ins
Italienische übersetzt von **Porta** (Riv. Col. ital. II p. 50). — Siehe auch
Formicomus.

---

[1]) Die letzte Art ist zwar durch Hinzufügung eines Autornamens als alt
bezeichnet, muss aber trotzdem neu sein, da der Titel des Aufsatzes von 6 neuen
Arten spricht.

Euvacusus n. gen. **Casey** (Can. Ent. 36. p. 318), *Eu. Coloradanus* n. sp. (p. 319) Colorado.

Formicilla punctata n. sp. **Pic** (Ann. Mus. Pet. IX p. 491) Nord-Amerika. *Formicomus Paviei* Pic 1896 wiederholte **Pic** (Miss. Pavie III p. 109 tab. IX fig. 6). — *F. armipes* n. sp. **Pic** (Bull. Mus. Paris 1904 p. 120) u. *F. Decorsei* n. sp. (p. 120) Madagascar, *F. Potteri* n. sp. (p. 120) Abyssinien. — *F. fortipes* var. *anguliceps* n. var. **Pic** (Bull. Mus. Par. 1904 p. 119). — *F. elegans* Lea, *posticalis* Lea u. *obliquefasciatus* King gehören zu *Anthicus* nach **Lea** (Pr. Linn. Soc. N. S. Wales 29. p. 95).

Leptoremus n. gen. **Casey** (Canad. Ent. 36. p. 314), *L. argenteus* n. sp. (p. 315) Californien.

Liobaulius n. gen. **Casey** (ibid. p. 316), *L. subtropicus* n. sp., *L. Lulingensis* n. sp. u. *L. spectans* n. sp. (p. 317) Texas, *L. Fronteralis* n. sp. (p. 318) Mexico.

Notoxus Oneilii n. sp. **Pic** (Ech. 20. p. 35) Süd-Afrika. — *N. peruvianus* n. sp. **Pic** (Bull. Mus. Par. 1904 p. 228) Peru.

Fam. *Pyrochroidae.*

Pic 17.

(0 n. gen., 1 n. sp.)

Systematik.

Einzelbeschreibungen.

Pyrochroa innotaticeps n. sp. **Pic** (Ech. 20. p. 26) Amur.

Fam. *Meloidae.*

(1 n. gen., 20 n. spp.)

Brèthes I, Czerski 1, Escherich 4, Garman 1, Jakowlew 1, Masaraki 1, Péringuey 2, Pic 35, Pierce 1, Sanderson 5, Skinner 1, Tertrin 2.

Embryologie.

Czerski (1) untersuchte die Mitteldarmanlage bei *Meloë violaceus.*

Biologie.

Pierce (1) handelte über die Biologie der *Meloiden* (p. 154, 170). **Brèthes** handelte über die Biologie von *Epicauta adspersa.* **Garman** (1) handelte über 1 *Epicauta* als Schädling in Kentucki.

A. **Jakowlew** (1) berichtete, dass *Apalus bimaculatus* nur im ersten Frühjahr (Mitte April) auf sandigen Flächen fliegt, und spricht die Vermuthung aus, dass die Larve vielleicht parasitisch von einer Heuschrecken-Art lebt.

Sanderson (5) berichtete über *Epicauta vittata* als Schädling.

Geographisches.

Tertrin (2) führte 5 von Pavie in China gesammelte Arten auf.
Jakowlew (1) handelte über die Verbreitung von *Apalus bimaculatus* L.
Masaraki (1) erinnerte an das Vorkommen von *Apalus bimaculatus* L. bei St. Petersburg.

Systematik.
Einzelbeschreibungen.

Apalus (Stenoria) Hauseri n. sp. **Escherich** (Münch. Kol. Z. II p. 34) u. *A. tibetanus* n. sp. (p. 34) Kuku-noor, *A. (Sitaris) pallens* n. sp. (p. 35) Turkestan.

Calospasta Wenzeli n. sp. **Skinner** (Ent. News XV p. 217) Arizona.

Ctenopus lama n. sp. **Escherich** (Münch. Kol. Z. II p. 35) Turkestan.

Decatoma vexator n. sp. **Péringuey** (Ann. S. Afr. Mus. III p. 284), *D. transvaalica* n. sp. (p. 284) Transvaal.

Epicauta abadona n. sp. **Skinner** (Ent. News XV p. 217) u. *E. alastor* n. sp. (p. 217) Arizona.

Hapalus siehe *Apalus.*

Lagorina mus n. sp. **Escherich** (Münch. Kol. Z. II p. 32) Algier.

Lytta tibetana n. sp. **Escherich** (ibid. p. 30) Kuku-noor, *L. poeciloptera* var. *satiata* n. var. (p. 31 fig. 1). — *L. damarina* n. sp. **Péringuey** (Ann. S. Afr. Mus. III p. 286) u. *L. spilotella* n. sp. (p. 286) Süd-Afrika.

Meloë rhodesiana n. sp. **Péringuey** (ibid. p. 282) Süd-Afrika. — *M. intermedius* n. sp. **Escherich** (Münch. Kol. Z. II p. 30) Turkestan.

Mylabris lucens n. sp. **Escherich** (ibid. p. 32), *M. crux* var. *opulenta* n. var. (p. 33), *M. Voigtsii* n. sp. (p. 33 fig. 2), *M. aurora* n. sp. (p. 34 fig. 3) Turkestan. — *M. (Ceroctis) mosambica* n. sp. **Péringuey** (Ann. S. Afr. Mus. III p. 283) Süd-Afrika.

Paractenodia n. gen. *parca* n. sp. **Péringuey** (ibid. p. 285) Cap.

Sitaris, Stenoria siehe *Apalus.*

Zonitis praeusta Fbr. var. *nigrithorax* n. var. **Pic** (Ech. 20. p. 90) Algier.

Fam. *Rhipiphoridae.*
(1 n. gen., 11 n. spp.)

Bagnall 5, Broun 1, Chobaut 2, Fairmaire 4, Lea 2, Pic 31, 35, Pierce 1, Schaeffer 1.

Biologie.

Pierce (1) behandelte die Biologie von *Myiodites Solidaginis* ausführlich (p. 172—180).

Geographisches.

Bagnall (5) berichtete über *Metoecus paradoxus* in England.
Lea (2) führte 6 Arten aus Australien auf (p. 96—99), von denen 2 *Emenadia* u. 1 *Evaniocera* neu.

Systematik.
Umfassende Arbeiten.
Chobaut.
Description d'un *Rhipidius* nouveau de la France méridionale avec tableau dichotomique des *Rhipidiini*. (Bull. Fr. 1904 p. 228—232).

Eine dichotomische Auseinandersetzung von 3 Gattungen mit zusammen 12 Arten, wobei leider alle Citate vermisst werden, so dass man leicht auf den Gedanken kommen kann, dass die eine oder die andere der Gattungen vielleicht neu sei. (Vergl. Sharp Rec. 1904 p. 170).

Die behandelten Arten.
Blattivorus Chob. 1891[1]) *lusitanicus* Gerst.
Pseudorhipidius Chob.[2]) *canaliculatus* Chob.
Rhipidius Thunb. *Fairmairei* Chob., *Rh. parisiensis* Lesne, *Rh. kabylianus* Chob., *Rh. quadraticeps* Ab., *Rh. apicipennis* Kr., *Rh. natalensis* Gerst., *Rh. pectinicornis* Thunb., *Rh. Abeillei* Chob., *Rh. Vaulogeri* Chob., *Rh. Guignotii* n. sp. (p. 228, 232) Seealpen.

Pierce.
Some hypermetamorphic Beetles and their *Hymenopterous* Hosts. (Stud. Univ. Nebraska IV. p. 153—190).

Eine Auseinandersetzung der nordamerikanischen Arten von *Myodites* (p. 157—62) und *Rhipiphorus* (p. 164). Dem Ref. leider nicht zugänglich, so dass nur die neuen Arten (nach Sharp) genannt werden können.

Die neuen Arten nach Sharp (Rec. p. 170).
Myiodites minimus n. sp. (p. 159) Nebraska, *M. fasciatus* var. *brunneus* n. sp (p. 160).
Rhipiphorus acutipennis n. sp. p. 163.

Einzelbeschreibungen.
Ancholaemus acuminatus n. sp. **Fairmaire** (Bull. Fr. 1904 p. 155) Brasilien.
Blattivorus siehe **Chobaut** oben.
Dunbrodianus n. gen. *longicollis* n. sp. **Pic** (Ech. 20. p. 66) Cap.
Emenadia pictipennis n. sp. **Lea** (Pr. Linn. Soc. N. S. Wales 29. p. 97), *E. semipunctata* n. sp. (p. 97) Australien.
Evaniocera pallidipennis n. sp. **Lea** (ibid. p. 99) Australien, *E. Gerstäckeri* Macl. (p. 98).
Myiodes syriacus n. sp. **Pic** (Ech. 20. p. 90) Syrien. — Siehe auch **Pierce** oben.

---

[1]) Le Coleopterist 1891 p. 237.
[2]) Ann. Mus. Genova 1894 p. 145.

Pelecotoma, Pelecotomoides u. *Toposcopus* unterschied **Schaeffer** (J. N. York
ent. Soc. XII p. 231).
Pseudorhipidius. Siehe Chobaut pag. 282.
Rhipidius Vaulogeri u. *Guinotii* unterschied **Chobaut** (Bull. Fr. 1904 p. 284). —
Siehe auch Chobaut pag. 282.
Rhipiphorus siehe Pierce pag. 282.
Rhypistena cryptarthra n. sp. **Broun** (Ann. Mag. ent. Hist. XIV p. 58) u. *Rh.
sulciceps* n. sp. (p. 59) Neu-Seeland.
Toposcopus siehe *Pelecotoma.*

Fam. Strepsiptera.
(0 n. gen., 1 n. sp.)
Pierce I.

Biologie.
Pierce (1) handelte über die *Triungulinen* der *Stylopiden*
(p. 170).

Systematik.
Einzelbeschreibungen.
Xenos fulvinipes n. sp. **Pierce** (Stud. Univ. Nebraska IV p. 167) Nebraska auf
Panurginus, X. sp. (p. 169) auf *Andrena.*

Fam. Curculionidae.
(56 n. gen., 629 n. spp.)

Abeille 4, Aurivillius 2, Bailey 2, Bargagli 2, Bedel I, Beguin
1, Bridwell , Broun 1, Casey 1, Champion 1, 4, Chittenden 1, 2,
3, 5, 6, Csiki 5, K. Daniel 3a, Daniel & Daniel 1, Desbrochers 1
—5, 7, Deville 3, Donisthorpe 5, Enderlein 1, Fairmaire 7, Falcoz
1, Faust 1, Fiori 2, Formanek 1, 2, Froggat 1, Fuente 1, Ganglbauer 4, Girault 1, Gortani & Grandi 1, Hartmann 1, Heller 2, 4,
7, Heyne & Taschenberg I, Holland 1, Hüeber 1, Hunter 1, 2,
Hunter & Hinds 1, Jacobi 1, Jacobson 3, Kirby 1, Lea I, 2, Marshall 1, Mc. Clenahan 1, Newbery 2, Petri 1, 2, 3, Pic 11, 17, 26,
33, 35, Porta 2, Ragusa 2, Reitter 11, 14, 18, Rovara 1, Sanderson
1, 2, Schaeffer 1, Schnee 1, Schreiner 2, Schultze 1, E. Schwarz
1, Severin 2, 4, Solari 1, Ssemënow 1, 8, Ssilantjew 1, Stefani 1,
3, Stierlin 1, 2, Strand 2, Symons 1, Titus 1, Torka 1, Varendorff 1, Vitale 1—12, Vorbringer 1, Wagner 1, Walker 2, Wize 1,
2, Xambeu 3a, 3b, 6, 7, Ritsema 5.

Biologie.
Bedel (1) berichtete über die Biologie von *Stenopelmus rufinasus* Sch.
Chittenden (1) beschrieb die Larve von *Balaninus proboscideus*
(p. 28 fig. 7), berichtete über die Schädigung der Kastanien durch

B. proboscideus u. *rectus*, ferner über die Parasiten der letzteren u. dass *Balaninus confusor* aus einer Galle erzogen wurde, (2) über die Larve u. Puppe von *Chalcodermus aeneus* Bot. als Schädling der Baumwollstaude (p. 40 fig. 13 b, c, d, 15) u. gab (3) biologische Notizen (nebst Abbild.) über *Conotrachelus nenuphar.*

Froggatt, W. W. (1) berichtete über *Neosyagrius cordipennis* Lea 1904, *Syagrius fulvitarsis* u. *Baris orchivora* Blackb. als Schädlinge.

Schreiner (2) handelte über *Ceutorhynchus macula-alba* Hrbst. u. *Coeliodes fuliginosus* Marsh. als Schädlinge des Mohnes u. **Ssilanjtev** über *Otiorhynchus turca* als Schädiger des Weines.

Severin (2, 4) handelte über *Hylobius* u. *Pissodes.*

Kirby (1), **Hunter** (1, 2), **Sanderson** (1, 2), **E. Schwarz** (1) u. **Wheeler** (1) handelten über die Biologie von *Anthonomus grandis* u. **Hunter & Hinds** behandelten sie ganz ausführlich.

Varendorff (1) handelte über *Hylobius Abietis.*

Wagner (1) berichtete über die Futterpflanzen von *Apion insignicolle* Desbr., *velatum* Gerst., *compactum* Desbr., *elongatulum* Desbr., *aestivum* var. *hipponense* Desbr., *alcyoneum* Germ. (p. 378 —379).

Symons (1) berichtete über *Anthonomus signatus* Say als Schädling.

Titus (1) berichtete, dass der vermeintliche Feind(„Schmarotzer") von *Anthonomus grandis*, der *Chalcidide Bruchophagus Herrerae* Ashm. wahrscheinlich nur Pflanzen zerstört. Vergl. *Bruchus.*

Girault (1) behandelte die Biologie von *Attelabus bipustulatus.*

Xambeu (3 a) beschrieb die Larve u. die Puppe von *Apion Sedi* Germ. (p. 15) u. von *Otiorhynchus auropunctatus* Gyll. (p. 32), — (3 b) die Larve u. Puppe von *Trophoderes verrucosus* Ol. (p. 132), die Larve von *Tr. frenatus* Kl. u. das Ei von *Atractocerus madagascariensis* (p. 137), — (7) die Metamorphose von *Baris* im Allgemeinen (p. 213—214) mit Angabe der Futterpflanzen von *B. morio* Sch., *Artemisiae* Hrbst., *picinus* Germ., *spoliatus* Sch., *cuprirostris* Sch., *Lepidii* Müll., *nivalis* Bris., *analis* Ol., *Abrotani* Germ., *chloris* Zieg., *chlorizans* Germ., *trinotatus*, *vestitus* Sch., — (6) die Metamorphose von *Larinus ferrugatus* (p. 81).

Jacobi (1) beschrieb die Metamorphose von *Brachyderes incanus.*

Bargagli (2) berichtete über die Futterpflanzen von 21 *Sitona*-Arten (p. 8—10).

Bridwell (1) behandelte die Biologie von *Trichobaris mucorea* Lec. (p. 44—46).

Stefani (1) beschrieb die Galle von *Apion violaceum* Kirb. auf *Rumex pulcher* L. (p. 178) u. (3) von *Gymnetron barbarum* Sch. auf *Plantago serraria* L.

Torka (1) handelte über *Pissodes validicornis* Gyll. als Schädling.

Vitale (7) berichtete über die Biologie von *Phytonomus pasti-nacae* u. *Mecinus circulatus* Marsh., über die Futterpflanze von *Ceutorhynchus melanostictus* Marsh., *Apion Kraatzii* Wenck., *A. sedi* Germ.

Falcoz (1) berichtete über ausnahmsweises Vorkommen von *Mecinus pyraster* Hrbst.

Hess (1) berichtete über *Balaninus nucum* L.

Rovara (1) u. **Wize** (1, 2) handelten über *Cleonus punctiventris*.

Rudow (1) handelte über die „Wohnungen" von *Curculioniden*.

Geographisches.

Aurivillius (2) zählte 87 von Pavie in China gesammelte Arten auf.

Strand (2) fand *Apion livescerum* Sch. u. *Strophosomus Des-brochersii* Tourn. in Norwegen.

Deville (3) besprach die Verbreitung mehrerer *Otiorhynchus*-Arten in Frankreich (p. 194—201), das Vorkommen von *Ceutorhynchus similis* Bris. in Frankreich.

Vorbringer (1) fand *Otiorhynchus lepidopterus* Fbr. (häufig), *Dorytomus flavipes* Panz., *Bagous tempestivus* Hrbst. var. *tessellatus* Först., *Rhyncholus elongatus* Gyll. u. *turbatus* Sch., *Coeliodes ruber* Marsh., *Ceutorhynchus Sahlbergii*, *Javeti* Bris., *Moelleri* Thms. u. *hirtulus*, *Miarus micros* Germ. in Ostpreussen (p. 44).

Casey (1) berichtete, dass *Centrinus lineellus* nicht in Nord-Amerika, sondern in Guatemala vorkommt (p. 324).

Bailey (2) führte 9 *Otiorhynchus*-Arten von der Insel Man auf.

Champion (4) wies *Rhynchites sericeus* Hrbst. als nicht in England vorkommend nach.

Walker (2) berichtete über das Vorkommen von *Bagous brevis* Gyll. in England.

Ganglbauer (4) führte zahlreiche Arten von der Insel Meleda auf (p. 658—660).

Solari (1) berichtete über das Vorkommen von *Phytonomus signatus* Sch. in Italien, neu für Europa.

Fuente (1) führte *Ceutorhynchus africanus* Schltz., *picipennis* Schltz. u. *flavomarginatus* Luc. aus Spanien auf, neu für Europa.

Jacobson (3) berichtete über das Vorkommen von *Cyphus mutus* Faust, *Euops Lespedezae* Sharp (*punctatostriatus* Motsch.), u. *Pissodes nemerensis* Germ. (*nitidus* Roel.) in Sibirien und über *Pissodes rotundi-collis* Desbr. im europäischen Russland (p. XXXV—XXXVI).

Ssemënow (18) führte *Phytonomus elongatus* Payk. von der Insel Kolgujev auf (p. 121).

Wagner (1) führte 25 von Woerz u. Moczarski auf Korfu gesammelte *Apion*-Arten auf (p. 375—376) u. berichtete über *Apion velatum* Gerst., *A. compactum* Desbr., *A. elongatulum* Desbr., *A. flavipes* var. *Lederi* Kirsch., *A. aestivum* var. *hipponense* Desbr., *A. Gribodonis* Desbr., *A. aeneomicans* Wenck. aus Oesterreich.

Lea (2) führte 2 *Chrysolophus*-Arten aus Australien auf, von denen 1 neu (p. 101).

Donisthorpe (5) berichtete über *Peritelus,* **Holland** (1) über *Apion brunnipes* Sch., **Newbery** (2) über *Ceutorhynchus angulosus* in England.

Schnee (1) führte 2 Arten von den Marshallinseln auf.

Stierlin (2) zählte die *Curcul.* seiner Sammlung aus Sicilien auf.

Vitale (1) berichtete über das Vorkommen von *Phyllobius Reicheidius* Desbr., *Sitona limosa* Ross. var. *mauritanica* Sch. u. *S. flavescens* Marsh., *Brachycerus junix* Licht., *Lixus cylindrus* Fbr., *Orthochoetes insignis* Aub. u. *O.* (*Styphlus*) *corcyreus* Reitt. in Sicilien, zählte (10) die *Curcul.* bei *Messina,* (11, 12) die *Curcul.* Siciliens auf, berichtete (3), dass *Gymnetron lanigerum* Bois. nicht, wohl aber *G. griseohirtellum* Desbr. in Sicilien vorkommt, berichtete (7) über *Otiorhynchus meridionalis* Sch., *O. difficilis* Stierl., *O. elatior* Stierl., *Sitona virgata* Sch. var. *molithensis* Reitt., *Rhinocyllus conicus* Fröhl. var. *Olivieri* Sch., *Stolatus crinitus* Sch., *Gronops lunatus* Fbr., *Hypera cyrta* Germ., *H. oblonga* Sch., *Phytonomus punctatus* Fbr. var. *rufus* Sch., *Ph. contaminatus* Hrbst., *Ph. pastinacae* Ross. var. *tigrinus* Sch., *Notaris scirpi* Fbr., *Rhyncolus culinaris* Germ., *Ceutorhynchus italicus* Bris., *C. melanostictus* Marsh., *C. resedae* Marsh., *Mecinus circulatus* Marsh., *Apion Kraatzii* Wenk., *A. sedi* Germ.

Ragusa (2) führte *Curculionen* Siciliens auf, von denen 2 *Chaerocephalus* als nov. spp. u. 2 *Otiorhynchus* als nov. varr. (eine durch Vitale) beschrieben werden.[1]

Systematik.

Umfassende Arbeiten.

Champion.

Biologia centrali-americana. *Coleoptera* IV. 4. *Curculionidae.* (p. 313—440 tab. XVII—XXI).

Die Fortsetzung von 1903 (6) bringt z. Th. dichotomische Begründungen der zahlreichen neuen Arten, nämlich in der Gattung *Chalcodermus,* u. in den Gattungen *Rhyssomatus* (mit 27 Arten) u. *Conotrachelus* (mit 180 Arten!) sind wenigstens die Gruppen so behandelt.

Die behandelten Gattungen u. Arten.

Dionychus Germ. *parallelogrammus* Germ. (*sulcatus* Stor.).
Solenopus Sch. *bilineatus* Luc. (p. 313 tab. XVI fig. 25).
Sclerosomus Sch. *laticauda* n. sp. (p. 314 tab. XVI fig. 26, 26a) Mexico.

Cryptorhynchina.
Cleogonus Sch. *rubetra* Fbr. (*gagates* Ol.), *Cl. armatus* n. sp. (p. 315 tab. XVII fig. 1, 1a, b).

---

[1]) Bei Ragusa (1) steht in Folge eines Druckfehlers (pag. 86) ebenfalls die Notiz „(2 *Otiorhynchus* var. n.)", die zu streichen ist.

Chalcodermus Sch. dichot. Tab. über 19 Arten (p. 316—317), v. d. 12 neu: *Ch. dentiferus* Fst. (p. 317 tab. XVII fig. 2, 2a, 2b), *Ch. collaris* Horn, *Ch. nigroaeneus* n. sp., *Ch. cupreipes* n. sp. (p. 316, 318) Mexico, *Ch. angularis* n. sp. (p. 316, 319 tab. XVII fig. 3, 3a) Panama, *Ch. aeneus* Sch., *Ch. angulicollis* Sch. (p. 319 fig. 4, 4a, 4b), *Ch. calidus* Fbr. (p. 320 fig. 5, 5a, 5b) *Ch. dentipes* n. sp. (p. 317, 321 fig. 6, 6a, 6b) Panama, *Ch. foveolatus* n. sp. (p. 317, 321 fig. 7, 7a), *Ch. variolosus* n. sp. (p. 317, 322) Mexico, *Ch. curvipes* n. sp. (p. 317, 322 fig. 8, 8a, 8b) Honduras, *Ch. lineatus* n. sp. (p. 317, 323 fig. 9, 9a, 9b) Mexico, *Ch. radiatus* n. sp. (p. 317, 323), *Ch. vittatus* n. sp. (p. 317, 324) Guatemala, *Ch. mexicanus* n. sp. (p. 317, 324 fig. 10, 10a, 10b) Mexico, *Ch. longirostris* Sch. (p. 325 fig. 11, 11a, 11b), *Ch. serripes* Sch. (p. 325 fig. 12, 12a, 12b), *Ch. crassipes* n. sp. (p. 317, 325 fig. 13, 13a, 13b) Guatemala.

Rhyssomatus Sch. dichot. Tab. über 17 Gruppen (p. 326—327): *Rh. rugosus* n. sp. (p. 327 tab. XVII fig. 14, 14a, 14b), *Rh. rugulipennis* n. sp. (p. 328 fig. 15, 15a), *Rh. yucatanus* n. sp. (p. 328) Mexico, *Rh. dilaticollis* n. sp. (p. 329 fig. 16, 16a), *Rh. acutecostatus* n. sp. (p. 329 fig. 17, 17a) u. *Rh. crenatus* n. sp. (p. 329) Mexico, *Rh. latus* n. sp. (p. 330 fig. 18, 18a, 18b) Panama, *Rh. latipennis* n. sp. (p. 330 fig. 19, 19a) Guatemala, *Rh. parvulus* n. sp. (p. 331) Mexico, *Rh. laticollis* n. sp. (p. 331 fig. 20, 20a) Panama, *Rh. biseriatus* n. sp. (p. 332), *Rh. sculpticollis* n. sp. (p. 332 fig. 21, 21a), *Rh. sculpturatus* n. sp. (p. 333), *Rh. punctato-sulcatus* n. sp. (p. 333) u. *Rh. debilis* n. sp. (p. 334 fig. 22, 22a), *Rh. alternans* n. sp. (p. 334) Panama, *Rh. subcostatus* Sch. (p. 334 fig. 23, 23a), *Rh. rufus* Sch. (p. 335 fig. 24), *Rh. rufescens* n. sp. (p. 335 fig. 25, 25a) Panama, *Rh. ovalis* Cas., *Rh. subrufus* n. sp. (p. 336 fig. 26) Mexico, *Rh. pruinosus* Sch. (p. 336 fig. 27), *Rh. nigerrimus* Sch. (p. 337 fig. 28), *Rh. morio* Sch. (fig. 29), *Rh. viridipes* Sch., *Rh. puncticollis* n. sp. (p. 338) Mexico, *Rh. nitidus* n. sp. (p. 338 tab. XVII fig. 30) Panama.

Conotrachelus Sch. in 49 Gruppen getheilt (p. 340—343): *C. quadridens* n. sp. (p. 343 tab. XVIII fig. 1), *C. inaequidens* n. sp. (p. 344 fig. 2), *C. tridens* n. sp. (p. 344 fig. 3), *C. serratidens* n. sp. (p. 345 fig. 4), *C. truncatidens* n. sp. (p. 345 fig. 5), *C. tetrastigma* n. sp. (p. 346 fig. 6, 7), *C. quadrinotatus* Sch., *C. rectirostris* n. sp. (p. 347 fig. 8), *C. fulvescens* n. sp. (p. 347 fig. 9), *C. latidens* n. sp. (p. 348 fig. 10), *C. varicolor* n. sp. (p. 348 fig. 11), *C. oculatus* n. sp. (p. 349 fig. 12), *C. triannulatus* n. sp. (p. 349), *C. squamulatus* n. sp. (p. 350 fig. 13), *C. armatus* n. sp. (p. 350), *C. laevirostris* n. sp. (p. 351 fig. 14), *C. flexuosus* n. sp. (p. 351 fig. 15), *C. fulvomaculatus* n. sp. (p. 352 fig. 16), *C. robustus* n. sp. (p. 352), *C. longipennis* n. sp. (p. 353 fig. 17), *C. rugulosus* n. sp. (p. 353 fig. 18), *C. rugiventris* n. sp. (p. 354 fig. 19), *C. longirostris* n. sp. (p. 354 fig. 20), *C. latefasciatus* n. sp. (p. 355), *C. sqamosus* n. sp. (p. 355 fig. 21), *C. glabriventris* n. sp. (p. 356), *C. anthonomoides* n. sp. (p. 356 fig. 22), *C. subulatus* n. sp. (p. 357 fig. 23), *C. brevicollis* n. sp. (p. 357 fig. 24), *C. alboplagiatus* n. sp. (p. 358 fig. 25), *C. albosignatus* n. sp. (p. 359 fig. 26), *C. curvidens* n. sp. (p. 359 fig. 27), *C. inexplicatus* Faust (p. 360 fig. 28), *C. quadripustulatus* n. sp. (p. 360 fig. 29), *C. signatus* Kirsch (p. 361 fig. 30), *C. cribratus* n. sp. (p. 361), *C. impressicollis* n. sp. (p. 362), *C. brevirostris* n. sp. (p. 362 tab. XIX fig. 1), *C. flavibasis* n. sp. (p. 363 fig. 2), *C. foveicollis*

n. sp. (p. 364 fig. 3), *C. griseus* n. sp. (p. 364), *C. unidentatus* n. sp. (p. 365), *C. fasciculatus* n. sp. (p. 365), *C. picticollis* n. sp. (p. 366 fig. 4), *C. lineatipes* n. sp. (p. 366), *C. multiguttatus* n. sp., *C. curtirostris* n. sp. (p. 367), *C. rufitarsis* n. sp. (p. 368), *C. sinuaticollis* n. sp. (p. 368 fig. 5), *C. germanus* n. sp., *C. nigricans* n. sp. (p. 369), *C. fulvopictus* n. sp., *C. flavangulus* n. sp. (p. 370), *C. maculipes* Sch., *C. annulipes* n. sp., *C. duplicatus* n. sp. (p. 372), *C. bispinis* n. sp. (p. 373 fig. 6), *C. mixtus* n. sp (p. 373 fig. 7), *C. continuus* n. sp., *C. bilineatus* n. sp. (p. 374 fig. 8), *C. cristatus* Sch. (p. 375 fig. 9), *C. divirgatus* n. sp. (p. 375 fig. 10). *C. dentiferus* Sch. (p. 376 fig. 11), *C. venustus* n. sp. (p. 376 fig. 12), *C. albolineatus* n. sp. (p. 377 fig. 13), *C. eburneus* n. sp. (p. 377 fig. 14), *C. albinus* n. sp. (p. 378 fig. 15), *C. sellatus* n. sp. (p. 379), *C. curvilineatus* n. sp. (p. 379 fig. 16), *C. minutus* n. sp., *C. dimidiatus* n. sp. (p. 380), *C. deplanatus* n. sp. (p. 381 fig. 17), *C. praestans* n. sp. (p. 381 fig. 18), *C. trilineatus* n. sp. (p. 382 fig. 19), *C. nodulosus* n. sp. (p. 383), *C. discifer* n. sp. (p. 383 fig. 20), *C. corallinus* n. sp. (p. 384 fig. 21), *C. striatirostris* n. sp., *C. crenatus* n. sp. (p. 385), *C. quadrinodosus* n. sp. (p. 386 fig. 22), *C. gibbipennis* n. sp. (p. 386 fig. 23), *C. hybophorus* n. sp. (p. 387 fig. 24), *C. caerulescens* n. sp. (p. 387 fig. 25), *C. cestrotus* Faust (p. 388 fig. 26), *C. spinifer* n. sp. (p 388 fig. 27), *C. reticulatus* n. sp. (p. 389 fig. 28). *C. piliventris* n. sp. (p. 399 fig. 29), *C. granulicollis* n. sp. (p. 390 fig. 30), *C. unifasciatus* n. sp. (p. 391 tab. XX fig. 1), *C. ulbofasciatus* n. sp. (p. 391 fig. 2), *C. vittaticollis* n. sp. (p. 392 fig. 3), *C. megalops* n. sp. (p. 392 fig. 4), *C. constrictus* n. sp., *C. sextuberculatus* n. sp. (p. 393), *C. leucophaeatus* Sch. (p. 394 fig. 5), *C. umbrosus* n. sp. (p. 394), *C. canaliculatus* n. sp. (p. 395), *C. opacus* n. sp. (p. 395 fig. 6), *C. arachnoides* n. sp. (p. 396 fig. 7), *C. albifrons* n. sp. (p. 396 fig. 8), *C. cordatus* n. sp. (p. 397 fig. 9), *C. gibbirostris* n. sp. (p. 398 fig. 10), *C. excavatus* n. sp. (p. 398), *C. sulcicollis* n. sp. (p. 399), *C. cavicrus* n. sp. (p. 399 fig. 11), *C. fulvibasis* n. sp., *C. rufescens* n. sp. p. 400), *C. nemorivagus* n. sp. (p. 401), *C. divisus* n. sp. (p. 401 fig. 12), *C. obliquelineatus* n. sp. (p. 402 fig. 13), *C. brevisetis* n sp. (p. 402 fig. 14), *C. squamifrons* n. sp. (p. 403 fig. 15), *C. posticatus* Sch., *C. suturalis* n. sp. (p. 404 fig. 16), *C. albopictus* n. sp. (p. 404 fig. 17), *C. scoparius* n. sp. (p. 405 fig. 18), *C. lobatus* n. sp. (p. 405 fig. 19), *C. compressus* n. sp. (p. 406 fig. 20), *C. rubidus* n. sp. n. sp. (p. 406 fig. 21), *C. isthmicus* n. sp. (p. 407), *C. fulvolineatus* n. sp., *C. silvicola* n. sp. (p. 408), *C. uncifer* n. sp. (p. 409 fig. 22), *C. lineatus* n. sp. (p. 409), *C. parvulus* n. sp. (p. 410), *C. adustus* n. sp. (p. 410 fig. 23), *C. candidus* n. sp. (p. 411 fig. 24), *C. farinosus* n. sp. (p. 411), *C. parvicollis* n. sp. (p. 412), *C. crucifer* n. sp. (p. 412 fig. 25), *C. cinerascens* n. sp. (p. 413 fig. 26), *C. subfasciatus* Sch. (p. 413 fig. 27), *C. semirufus* n. sp. (p. 414 fig. 28), *C. dilatirostris* n. sp. (p. 415 fig. 29), *C. sinuatocostatus* n. sp. (p. 415), *C. segregatus* n. sp. (p. 416), *C. latirostris* n. sp. (p. 416 fig. 31), *C. nodifer* n. sp. (p. 417 tab. XXI fig. 1), *C. elongatus* n. sp. (p. 418 fig. 2), *C. ridicundulus* Sch. (*pilosellus* Sch.), *C. hystricosus* n. sp. (p. 419 fig. 3), *C. bicarinatus* n. sp. (p. 419 fig. 4), *C. anaglypticus* Say (*rubiginosus* Sch.) (p. 420 (fig. 5), *C. insularis* n. sp. (p. 421 fig. 6), *C. tuberculatus* n. sp. (p. 421 fig. 7), *C. quadrilineatus* n. sp. (p. 422 fig. 8), *C. mexicanus* n. sp. (p. 423 fig. 9), *C. ramifer* n. sp. (p. 423), *C. punctiventris* n. sp. (p. 424), *C. uniformis* n. sp. (p. 424 pg. 20), *C. humerosus* Sch. (p. 425 fig. 11), *C. nodifrons* n. sp. (p. 425),

C. ovalis n. sp., *C. alternans* n. sp. (p. 426), *C. validus* n. sp. (p. 427 p. 12), *C. lateralis* n. sp. (p. 427 fig. 13), *C. longidens* n. sp. (p. 428 fig. 14), *C. dentimanus* n. sp. (p. 429 fig. 15), *C. tenuipes* n. sp. (p. 429), *C. scapularis* Sch. (p. 430 fig. 16), *C. aristatus* n. sp. (p. 430 fig. 17), *C. curtus* n. sp., *C. paleatus* n. sp. (p. 431), *C. guatemalensis* n. sp (p. 432), *C. subtilis* Sch., *C. conicicollis* n. sp. (p. 432 fig. 18), *C. serpentinus* Sch. (p. 433 fig. 19), *C. incanus* n. sp. (p. 434 fig. 20), *C. sulcipectus* n. sp. (p. 434), *C. spinipennis* n. sp. (p. 434 fig. 21), *C. sobrinus* Sch. (p. 435 fig. 22), *C. glabricollis* n. sp. (p. 436), *C. ciliatus* n. sp. (p. 436 fig. 23), *C. sublineatus* n. sp., *C. tabogensis* n. sp. (p. 437), *C. cucullatus* n. sp., *C. insignis* n. sp., *C. angusticollis* n. sp. (p. 438), *C. curvimanus* n. sp. (p. 439 fig. 24), *C. verticalis* Sch. (p. 439 fig. 25), *C. rufifrons* n. sp., *C. planifrons* n. sp. (p. 440), *C. costiferus* (fig. 26), *C. nigricollis* (fig. 27), *C. setosus* (fig. 28), die drei letzten ohne Text, der erst 1905 folgte.

1. u. 2. Chittenden.

On the species of *Sphenophorus* hitherto considered as *simplex* Leconte.

On the species of *Sphenophorus* hitherto considered as *placidus* Say.

(Proc. ent. Soc. Wash. VI p. 127—130, 130—137).

Eine dichotomische Auseinandersetzung zuerst von 3 Arten, von denen 2 neu, u. dann von 7 Arten, von denen 5 neu sind.

Die behandelten Arten.

Sphenophorus simplex Lec., *Sph. mormon* n. sp. (p. 128), *Sph. Distichlidis* n. sp. (p. 128, 130), — *Sph. venatus* Say (*placidus* Say, *rectus* Say, *immunis* Say, *confusus* Sch., *fallax* Sch.), *Sph. confluens* n. sp. (p. 132, 133), *Sph. vestitus* n. sp. (p. 132, 134), *Sph. neomexicanus* n. sp. (p. 132, 134), *Sph. phoeniciensis* n. sp. (p. 132, 135), *Sph. reticulaticollis* Sch., *Sph. coactorum* n. sp. (p. 132, 136).

1. Desbrochers.

Etudes sur les *Curculionides* de la faune européenne et des bassins de la Mediterranée, en Afrique et en Asie, suivies de tableaux synoptiques.

(Frelon XII p. 65—104).

Eine dichotomische Auseinandersetzung der Arten der alten Gattung *Lixus,* die dadurch einen Mangel an einheitlicher Durcharbeitung zeigt, dass zuerst 4 Gattungen angenommen u. dichotomisch begründet werden (p. 80—81), dann aber noch eine 5. Gattung (p. 91), eine 6. Gattung (p. 95) u. endlich noch eine 7. Gattung (p. 103 im „Catalogue"[1]) neu aufgestellt werden, die der dichotomischen Begründung entbehren, während umgekehrt eine zuerst neu begründete Gattung (*Prionolixus* Desbr.) später spurlos verschwindet, ohne dass ihre Arten beschrieben werden. Im „Cata-

---

[1] Diese versteckte Gattung (Gasteroclisus), deren Art als *Lixus* beschrieben ist, wurde daher von Sharp übersehen.

logue" tritt sie wieder auf, dafür verschwindet hier der Name *Hy-polixus*, indem er in Folge eines Druckfehlers durch „*Paralixus*" ersetzt ist.[1])

Die behandelten Gattungen u. Arten.

Lixus subulipennis Sch., *L. anguinus* L., *L. castellanus* Chor., *L. vibex* Pall., *L. striatopunctatus* n. sp. (p. 72, 83[2]) Syrien, *L. Junci* Sch., *L. Ascanii* L. mit var. *albomarginatus* Sch., *L. paraplecticus* L., *L. mucronatus* Latr., *L. Reichei* Cap., *L. Iridis* Ol. mit var. *Beckerii* n. var. (p. 84), *L. canescens* Fisch. mit var. *connivens* Sch., *L. posticus* Fst., *L. augurius* Sch.[3]), *L. brevirostris* Sch., *L. acicularis* Germ., *L. confusus* Desbr., *L. villosulus* n. sp. (p. 86) Algier, *L. coarctatus* Luc., *L. difficilis* Cap., *L. subtilis* Sch. mit var. *italicus* n. var. (p. 87), *L. scabricollis* Sch., *L. incanescens* Sch., *L. cinerascens* Sch. mit var. *scapularis* Fst., *L. lateralis* Panz., *L. elegantulus* Germ., *L. Rosenschoeldii* Sch., *L. trivittatus* Chvr., *L. cylindricus* Fbr., *L. hypocrita* Chvr. mit var. *parallelus* Sch., *A. siculus* Cap., *L. Umbellatarum* Fbr., *L. bidens* Cap., *L. Cottyi* Desbr., *L. vulneratus* Sch., *L. Spartii* Ol., *L. cribricollis* Sch., *L. vilis* Sch. mit var. *longithorax* n. var. (p. 90), *L. quadraticollis* n. sp. (p. 90) Klein-Asien, *L. punctiventris* Sch., *L. Myagri* Ol., *L. algirus* L., *L. flavescens* Sch., *L. Bardanae* Fbr., *L. elongatus* Germ., *L. impressiventris* Desbr., *L. lutescens* Cap., *L. scolopax* Sch., *L. curvinasus* Desbr., *L. Cardui* Ol., *L. filiformis* Fbr. mit var. *scrobirostris* Sch.

Broconius n. gen. (p 91—92, 102[4]) mit 8 Arten (p. 93—95): *Br. rectirostris* n. sp. (p. 74, 93) Biskra. *B. tibiellus* n. sp. (p. 94) Algier, *Br. Salicorniae* Fst., *Br. rubripes* Desbr., *Br. Kraatzii* Cap., *Br. professus* Fst., *Br. biskrensis* Cap., *Br. subulatus* Fst.

Microcleonus n. gen. (p. 95[5]) mit 2 Arten (p. 95): *M. distinguendus* Desbr., *B. tigratus* Reitt. u. *M. nubianus* Cap. (p. 102) ohne Beschreibung hinzugefügt.

Hypolixus ornatus Reich., *H. nubilosus* Sch. (*pulviscalosus* Sch. p. 103), *H. siamensis* n. sp. (p. 96[6]) Siam.

Prionolixus n. gen. (p. 80) für *Lixus seriemaculatus* Desbr. u. *soricinus* Mars. (p. 103 ohne Beschreibung).

---

[1]) *Paralixus* Desbr. ist daher (p. 102) ebenso zu streichen resp. in *Hypolixus* zu corrigiren, wie *Pseudolixus* (p. 80 Z. 4), u. Csiki that des Guten zu viel, seinetwegen *Paralixus* Csiki in *Perilixus* zu ändern.

[2]) Diese Art u. *Broconius rectirostris* sind in der Tabelle nicht als neu bezeichnet, aber in der Einleitung ganz versteckt als neu beschrieben.

[3]) Für diese Art wurde im „Catalogue" die Gattung *Gasteroclisus* neu aufgestellt.

[4]) Diese Gattung wurde im Text als eventuelle Untergattung von *Lixus* charakterisirt, im „Catalogue" aber als volle Gattung behandelt.

[5]) Diese Gattung wurde von Csiki in *Paralixus* umgetauft (wegen *Microcleonus* Fst., der 3 Monate früher erschien), u. später in *Perilixus*, was aber unnöthig ist. Vergl. pag. 290 Anm. 1.

[6]) Diese Art, die in der Tabelle fehlt, ist in einer Anmerkung so versteckt beschrieben, dass sie leicht übersehen werden muss.

Gasteroclisus n. gen. (p. 103) für *Lixus augurius* Sch. (p. 85).
Ileomus Sch., *pacatus* Sch. (p. 96 mit Wiedergabe der Diagnose von **Gyllen-hal**), *I. perplexus* Fbr. (p.103 ohne Beschreibung).

2. Desbrochers.

Révision des *Curculionides* d'Europe et confins appartenant au genre *Eusomus*.
(Frelon XII p. 119—132).

Eine dichotomische Auseinandersetzung von 13 Arten mit nachfolgenden ausführlichen Einzelbeschreibungen. Dazu in einer Anmerkung eine persische Art, die kurz vorher (p. 104) als neu beschrieben worden war, und nachträglich im „Catalogue" noch eine europäische Art, die weder in der Tabelle noch unter den Beschreibungen berücksichtigt ist.

Die behandelten Arten.

Eu. ovulum Germ., *Eu. planidorsum* Desbr., *Eu. Königii* Desbr., *Eu. persicus* Desbr., *Eu Beckeri* Tourn., *Eu. laticeps* Stierl., *Eu. taeniatus* Kryn., *Eu. virens* Sch., *Eu. elongatus* Sch., *Eu. grisescens* Desbr.[1]), *Eu. pilosus* Sch., *Eu. armeniacus* Kirsch., *Eu. pulcher* Kryn., *Eu. furcillatus* Mot., dazu ohne Beschreibung *Eu. elegans* Stierl. (*pulcher* Tourn.).

Enderlein.

Die Rüsselkäfer der Crozet-Inseln, nach dem Material der Deutschen Südpolar-Expedition.
(Zool. Anz. 27. p. 668—675).

Eine dichotomische Darlegung der 3, die *Ectomnorhini* bildenden Gattungen (p. 670), von denen eine neu, u. dichotomische Revision der 7, die Gatt. *Ectomnorhinus* bildenden Arten (p. 672 —673), von denen 2 neu.

Die behandelten Gattungen u. Arten.

Canonopsis Wat. ohne Anführung von Arten.
Xanium n. gen. *Vanhoeffenianum* n. sp. (p. 670 fig. 4, 5).
Ectomnorhinus Wat. *Richtersii* n. sp. (p. 672, 673), *crozetensis* n. sp. (p. 672, 674), *Ect. Eatonis* Wat., *Ect. viridis* Wat. mit var. *fuscus* End. 1903, *Ect. gracilipes* Wat., *Ect. angusticollis* Wat., *Ect. brevis* Wat.

Faust. †

Revision der Gruppen *Cleonides* vrais.
(Deut. ent. Z. 1904 p. 177— 284).

Aus Faust's Nachlass ist diese ausgezeichnete, leider nicht ganz vollendete dichotomische Revision durch **Heller** publicirt

---

[1]) pag. 130 irrthümlich als „n. sp." bezeichnet.

worden, der auch einen Index dazu geliefert hat. Die erste Tabelle giebt eine Eintheilung der *Cleonini* in 5 Gruppen (p. 181—182), von denen nur die zweite (*Paracleoninae*) in 8 und die dritte (*Cleoninae*) in 52 Gattungen zerlegt werden (p. 181—190), deren Arten grösstentheils in der zweiten Tabelle (p. 191—262) auseinander gesetzt sind. In der Gattung *Bothynoderes* findet sich eine grössere Lücke, indem 27 Arten in der Tabelle fehlen, in der Gattung *Chromonotus* fehlen 2 Arten, bei *Pycnodactylus* eine. Es folgt der Katalog, der auch die Litteraturnachweise enthält. Am fühlbarsten ist die grosse Lücke in der Gattung *Bothynoderes*. Es ist daher sehr dankenswerth, dass Reitter sie 1905 (D. ent. Z. p. 193—205) ausgefüllt hat.

Die behandelten Gattungen u. Arten.

1. *Lepyrinae* (p. 181).

Hierher *Chrysolopus* Sch., *Lepyrus* Sch.

2. *Paracleoninae* (p. 181).

Leucochromus Mot. *imperialis* Zubk., *L. Lehmannii* Men., mit var. *L. consobrinus* Fst.

Pentatropis n. gen. (p. 181, 192) *sparsus* Sch. (*cristatus* Chvr.), *R. formosus* Sch, *P. blandus* n sp. (p. 193) Cap.

Koenigius Heyd. *palaestinus* Heyd.

Cossinoderus Chor. (= *Porocleonus* Mot.) *candidus* Ol. mit var. *Maresii* Luc. (p. 230).

Trichocleonus Mot. für *Cleonus leucophyllus* Fisch.

Chromonotus Mot. (p. 182, 196) mit 8 Arten (p. 218–221): *Chr. pictus* Pall., *Chr. vittatus* Zubk. (*leucographus* Sch., *hemigrammus* Chr.) mit var. *funestus* n. var. (p. 219), var. *interruptus* Zubk. (*variegatus* Mot., *costipennis* Sch., *suturalis* Gibl.), var. *Zubkowii* Fst. u. *virginalis* Fst.), *Chr. humeralis* Zubk. (*delumbis* Fst.) mit var. *bipunctatus* Zubk., *Chr. margelanicus* Fst., *Chr. pilosellus* Sch. mit var. *proximus* Fst., *Chr. hirsutus* Fst. (*vehemens* Fst.) mit var. *Eversmannii* Fst., *Chr. confluens* Sch. mit var. *confluens* Fst., *Chr. Staudingeri* Fst.,[1]) *Chr. albolineatus* Men., *Chr. Menetriesii* Fst. mit var. *sellatus* Fst.

Monolophus n. gen. (p. 182, 196, 229) für *Mecaspis praeditus* Fst.

Pleurocleonus Mot. (p. 182) mit 3 Arten (p. 207): *Pl. quadrivittatus* Zubk. (*exaratus* Gebl., *bicarinatus* Sch.), *Pl. sexmaculatus* Kryn. (*squalidus* Sch., *bicarinatus* Gebl.), *Pl. sollicitus* Sch. (*sexmaculatus* Sch., *obliteratus* Sch., *variegatus* Chvr. nec Mot., *torpescens* Chvr.).

3. *Cleoninae* (p. 182).

Tetragonothorax Chvr. *retusus* Fbr., *T. curvipes* n. sp. (p. 197) Abyssinien, *T. senectus* Gyll., *T. parvulus* n. sp (p. 197) Scioa, *T. quadraticollis* Sch. (*quadratithorax* err. typ.), *T. Gyllenhalii* Fst. (*macilentus* Sch.?) mit var. *Herbstii*

---

[1]) Fehlt im Catalog u. ist offenbar = *Conorhynchus Staudingeri*, während die beiden folgenden Arten nur im Catalog stehen (p. 263) und in der Tabelle fehlen.

n. var. (p. 198), *T. cinereus* Hbst. (*cinerifer* Sch., *macilentus* Ol.), *F. Feae*
Fst., *T. angulicollis* Fåhr.

Microcleonus n. gen. (p. 183, 198, 225) *Panderi* Fisch. (*Sedakovii* Sch.)
(p. 198, 225, 264).

Centrocleonus Char. *fallax* Sch.

Cnemodontus gypsatus Chvr. (*oblongus* Chvr.), *Cn. pauper* Fst., *Cn. ambitiosus*
n. sp., *Cn. limpidus* Sch., *Cn. natalensis* n sp. (*scrobicollis* Sch.?)

Prionorhinus Chvr. *canus* Wied. (*guttatus* Chvr., *lacrimosus* Sch), *Pr. lacrimans*
n. sp. (p. 200) Süd-Afrika, *Pr. stillatus* Sch. (*sulcirostris* Sparrm.), *Pr. Peringueyi* n. sp. (p. 200) Betschuana, *Pr. compressithorax* Sch. (*litigiosus* Fst.).

Xenomacrus n. gen. (p. 186) *glacialis* Hrbst. (*nebulosus* Sparrm.) mit var.
Thunbergii Sch. (*assimilis* Fst, *insidiosus* Chvr.), *X. quadrimaculatus* Per.

Neocleonus Chvr. *sannio* Hrbst. (*mucidus* Germ., *veletus* Sch., *Coquerelii* Chvr.,
trifasciatus Chvr., *subsignatus* Wak.) mit var. *modestus* n. var. (p. 201), var.
arenarius Sch. (*maculipes* Sch.) u. var. *frater* Chvr.

Pycnodactylus Chvr. *tomentosus* Sch. (*fuscoirroratus* Chvr.) mit var. *ephippium*
n. var. (p. 202) Aden, *P. albogilvus* Sch. mit var. *ophionotus* Sch., *P. interstitialis* Kld., *P. tibialis* n. sp. (p. 202) Deutsch-Ostafrika. mit var. *grisescens*
n. var. (p. 202), *P. mitis* Grst., *P. hypocrita* Chvr., *P. fumosus* Sch. (*rufirostris*
Chvr.), *P. cretosus* Fairm.[1]

Dicranotropis n.gen. (p. 186) *quadrimaculatus* Mot., *D. Ganglbaueri* n. sp.
(p. 203), *D. hieroglyphicus* Ol. (*senegalensis* Sch., *molitor* Sch.), *aschabadensis*
Fst. (*brahminus* Fst.).

Leucosomus Mot. *pedestris* Pod. (*Momus* Scop., *quadripunctatus* Schrk., *ophthal-
micus* Ross., *distinctus* Fbr , *ocellatus* Sch.) mit var. *Martorellii* Fairm., var.
pasticus Sch. u. var. *pruinosus* Sch. (*coccus* Desbr.).

Amblysomus n. gen. (p. 185[2]) *brevis* Sch. (? *crassiusculus* Fairm.).

Phaulosomus n.gen. (p. 187) *signatellus* n. sp. (p. 204) Senegal, *Ph. mus* Klb.,
Ph. kilimanus n. sp. (p. 205) Kilimanjaro, mit var. *insularis* n. var. (p. 205)
Zanzibar.

Gonocleonus Chvr. *Helferi* Chvr., *G. heros* Chvr. (*multicostatus* Chvr., *Munieri*
Bed. ♂), *G. Munieri* Bed. mit var. *foveatus* n. var. (p. 206) Nemours, *G. insignis* Desbr., *G. scalptus* n. sp. (p. 206) Sicilien, *G. margaritifer* Luc. (*angulatus* Chvr., *fuscifrons* Mot.), *G. cristulatus* Fairm. (*Weisei* Reitt.).

Eumecops Hochh. *Kittaryi* Hochh., *Eu. lutulentus* Fairm., *Eu. tuberculatus* Gebl ,
Eu. fasciculifer Reitt.

Epilectus n. nom. (p. 183) für *Exochus* Chvr., *E. gigas* Mars. (*ellipticus* Fairm.),
E. Lehmannii Men. (*latus* Chvr.?) mit var. *consobrinus* n. var. (p. 208).

Isomerus Mot. mit 1 Art: *I. granosus* Zubk. (*caspicus* Sch., *torosus* Sch.).

Chromosomus Mot. *ostentatus* n. sp. (p. 208) Turkmenien, *Chr. Fischeri* Sch.
(*granulatus* Fisch., *rugifer* Mot.), *Chr. Schach* n. sp. (p 208) Persien.

Bothynoderes Sch. (*Menecleonus* n. subg. p. 184) *signaticollis* Sch., *B. anxius* Sch.
(*basigranatus* Fairm., *picticollis* Fairm., *Wagae* Chvr., *virgatus* Sch.) mit
var. *simplicirostris* Chvr., — *B.* (*Stephanophorus* Chvr.) *lagopus* Sch. (*obliquatus*
Men.), *B. buteo* Sch., *B. pilipes* Sch., *B. Gebleri* Sch., *B. mimosae* Ol., *B.*

---

[1] Diese Art steht nur im Catalog (p. 270) u. fehlt in der Tabelle.

[2] Die Bezeichnung als „subg." ist offenbar nur Druckfehler.

verrucosus Gebl. (*aquila* Sch., *austerus* Men.), *B. armeniacus* Fst., *B. melancholicus* Men. mit vár. *tekkensis* n. var. (p. 211), *B. absolutus* n. sp. (p. 211)
Chorasan, *B. obnoxius* Sch., *B. strabus* Sch. (*stratus* err. typ., *volvulus* Sch.),
B. crispicollis Ball., *B. leucophaeus* Men., *B. aemulus* Fst., *B. subfuscus*
· Fst. mit var. *innocuus* Fst. (*Ballionis* Fst.), — *B.* (s. str.) *Bohemanii* Fst.,
B. carinicollis Sch. (*cognatus* Sch.) mit var. *angulicollis* Chvr. (*bugiensis* Muls.
u. God.), *B. kahirinus* n. sp. (p. 212) Kairo, *B. foveicollis* Gebl. (*fatuus* Sch.,
? *musculus* Sch., *communis* Mot., *podolicus* Chvr.) mit var. *salebrosicollis*
Sch. (*atrirostris* Gebl.), *B. Stevenii* Fst. mit var. *Emgei* Strl.[1])
Conorhynchus Mot. *conirostris* Gebl. (*Bartelsii* Sch., *subcylindricus* Fst.) mit var.
pulverulentus Zubk., *C. lacerta* Chvr., *C. nigrivittis* Pall. (*plumbeicollis* Chvr.)
mit var. *Kindermannii* n. var. (p. 214) Transbaikalien, *C. candidulus* Fst.,
C. Faldermannii Sch. (*gibbirostris* Chvr., *Heydeni* Desbr.), *C. dissimulatus*
Men. (*cretaceus* Rdtb.), *C. pistor* Chvr. (*palumbus* Ol.?), *C. globifrons* n. sp.
(p. 214) Mongolei, *C. Schrenkii* Gebl., *C. arduus* n. sp. (p. 214) Mongolei, *C.*
excavatus Zubk. (*Parreyssii* Sch.), *C. acentatus* n. sp. (p. 215) Kirgisensteppe,
Turkestan, *C. argillaceus* Mot., *C. Balassoglonis* Fst , *C. Staudingeri* Fst.[2]),
—*C.* (*Temnorhinus* Chvr.) *elongatus* Gebl. (*oryx* Reitt.), *C. nasutus* Hochh.,
C. arabs Ol. (*Dohrnii* Fst.), *C. perforatus* n. sp. (p. 216, 278[3]), *C. mendicus*
Sch. (*orbitalis* Sch., *bispinosus* Chvr.), *Ç. kirghisicus* Chvr., *C. turbinatus*
Chvr., *C. brevirostris* Sch. (*Saucerottii* Chvr., *aegyptius* Chvr., *rufulus* Chvr.),
C. verecundus Fst., *C. surdus* Sch., *C. longulus* Sch., *C. seductus* n. sp.
(p. 218), *C. conicirostris* Ol. (*Jekelii* Woll., *serieguttatus* Desbr.), *C. Martinii*
n. sp. (p. 218) Cap Palos, *C. limbifer* n. sp. (p. 218) China, *C. hololeucus*
Pall. (*pacificus* Ol.).
Entymetopus Mot. *Perovskyi* Fst. mit var. *lineolatus* n. var. (p. 221 [4]) Kirgisen-
Steppe, — *En.* (*Eurysternus* Fst.) *limis* Men. mit var. *indutus* Fst.
Epirhynchus Sch. *argus* Sparrm. (*nigripes* Per.), *E humerosus* n. nom. (p. 221)
für *argus* Per. nec Sparrm.
Nomimonyx n. gen. (p. 186 [5]) *perturbans* n. sp. (p. 222) Cap.
Mesocleonus n. gen. (p. 189) für *implicatus* Fst.
Pachycerus Sch. *scabrosus* Brull. (*echii* Chor., *albarius* Sch., *altaicus* err. typ.),
P. planirostris Sch., *P. Badenii* Fst. (*spinipennis* Fairm.), *P. cordiger* Germ.
(*segnis* Germ), *P. latirostris* Fst., *P. obliquatus* Fst., *P. desertorum* n. sp.
(p. 223) Kisil-kum, *P. sellatus* n. sp. (p. 223) Bengalen, *P. costulatus* Fst.,
P. vestitus Sch., *P. opimus* Sch., *P. granulatus* Ol.

---

[1]) Weitere 27 Arten, die im „Katalog" (p. 276—277) dieser Untergattung
hinzugezählt sind, fehlen leider in der Tabelle. Sie wurden von Reitter 1905
ergänzt (D. ent. Z. 1905 p. 193—205).

[2]) Auch als *Chromonotus Staudingeri* beschrieben.

[3]) Im Text als alte, im Katalog aber als neue Art bezeichnet.

[4]) *Entymetopus* ist p. 184 als selbstständige Gattung u. *Eurysternus* als
dazugehörige Untergattung behandelt, p. 221 sind beide als Untergattungen
von *Chromonotus* behandelt u. im „Katalog" (p. 274) beide als selbstständige
Ga'tungen.

[5]) p. 222 als Untergattungen von *Epirhynchus* behandelt.

Rhabdorhynchus Mot. *varius* Hrbst. (*seriegranosus* Chor.), *Rh. Karelinii* Sch., *Rh. mixtus* Fbr., *Rh. crassicornis* n. sp. (p. 224) Haifa, *Rh. Menetriesii* Sch. *atomarius* Sch.), *Rh. Grummii* Fst. (*crucifer* Hochh.?), *Rh. anchusae* Chvr. *Anisocleonus* n. gen. (p. 185, 224[1]) *atrox* Fst., *A. taciturnus* Fst. *Mecaspis* Sch. *emarginatus* Fbr. (*palmatus* Sch.), *M. barbatus* Fst. (*barbirostris* err. typ.), *M. Bedelii* n. sp. (p. 225) Oran, *M. costicollis* Sch., *M. incisuratus* Sch. (*Reitteri* Retow.), *M. obvius* Fst., *M. Pallasii* Sch., *M. sexguttatus* Rdtb., *M. lentus* n. sp. (p. 227) Turkestan, *M. octosignatus* Sch., *M. coenobita* Ol., *M. nanus* Sch. mit var. *misellus* Sch., *M. Darwinii* Fst., *M. Baudii* Fst., *M. alternans* Hrbst. (*lucrans* Hrbst.), *M. caesus* Sch. (*cunctus* Sch., *moerens* Sch.), *M. albovirgatus* Chvr.

Pseudocleonus Chvr. (= *Oosomus* Mct.) *cinereus* Schk. (*costatus* Fbr.), *Ps. carinatus* Sch. (*fimbriatus* Chvr.) mit var. *senilis* Rosh., *Ps. grammicus* Pz., *Ps. dauricus* Gebl. (*obsoletus* Sch., *fatalis* Chvr., *superciliosus* Chvr., *sinuatus* Fst.), *Ps. marginicollis* Sch., *Ps. glabratus* Fst., *Ps. pustulosus* Chvr., *Ps. libanicus* n. sp. (p. 229) Libanon.

Cosmogaster n. gen. (p. 185) *lateralis* Sch. mit var. *impeditus* n. var. (p. 230), *C. dealbatus* Sch. (*dentatus* err. typ.) mit var. *venustus* Walk. (*virgo* Chvr.), *cordofanus* Sch. (*costulatus* Chvr., *pudendus* Chvr., *thibetanus* Chvr., *nossibianus* Fairm.).

Atactogaster n. gen. (p. 188) *Dejeanii* Fst., *A. conjunctus* Fst, *A. orientalis* Chvr. (*inflatus* Fst.) mit var. *fractus* Fst., *A. insularis* n. sp. (p. 231) Zanzibar, *A. suspectus* n. sp. (p. 231) Vorderindien, *A. finitimus* n. sp. (p. 231) Calcutta, *A. consonus* Fst. (*nervosipennis* Fairm.), *A. paraleucosomus* Desbr. Die 3 letzten Arten (p. 232) siehe bei *Nemoxenus*.

Nemoxenus n. gen. (p. 188, 232[2]) *zebra* Chvr., *N. bimaculatus* Chvr. (*bisignatus* Roel., *vagesignatus* Fairm., *inducens* Walk.), *N. affixus* Fst.

Calodemas n. gen. (p. 185) *errans* Fåhr., *C. Nickerlii* Fst., *C. vetustum* n. sp. (p. 233) Angola, *C. pullum* n. sp. (p. 233), *C. dissimile* Per., *C. biguttatum* n. sp. (p. 233) Masinde, *C. suillum* Sch. mit var. *prolixum* n. var. (p. 234) Namaqua, *C. puberulum* n. sp. u. *C. invidum* n. sp. (p. 234) Ostafrika.

Ephimeronotus n. gen. (p. 187) *Miegii* Fairm., (*Piochardii* Bris., *Korbii* Strl.).

Cyphocleonus Mot. *cenchrus* Pall., *C. sparsus* Sch., *C. tigrinus* Pz., *C. achates* Sch. (*achatesides* Chvr.), *C. morbillosus* Fbr. mit var. *Hedenborgii* Sch. (*ibex* Sch.) u. var. *testatus* Sch., *C. Lejeunii* Fairm. mit var. *exanthematicus* Fairm., *C. trisulcatus* Hrbst., *C. altaicus* Gebl. mit var. *adumbratus* Sch., *samaritanus* Reich.

Adosomus n. gen. (p. 188, 189) *Samsonovii* Gebl., *A. granulosus* Mannh., *A. mongolicus* Fald., *A. melogrammus* Mot., *A. roridus* Pall. (*Fabricii* Gemm.), *A. Karelinii* Sch. mit var. *sabulosus* Mot.

Brachycleonus n. gen. (p. 190) *fronto* Fisch. mit var. *pudicus* Men.

Cleonus Sch. *piger* Scop. (*sulcirostris* L.) mit var. *scutellatus* Boh. (*impexus* Mot.), *Cl. japonicus* n. sp. (p. 237) Japan, *Cl. sardous* Chvr. mit var. *Raymondii* Perr.

---

[1]) p. 224 als subgen. von *Microcleonus* behandelt.

[2]) Die Gattung ist p. 188 ganz scharf von *Atactogaster* unterschieden, p. 232 aber mit dieser Gattung vereinigt und nicht einmal als Untergattung geschieden.

Liocleonus Mot. *clathratus* Ol. (*leucomelas* Sch., *amoenus* Chvr.), *L. umbrosus*
Chvr.

Coniocleonus Mot. (= *Plagiographus* Chvr.) *Schönherrii* Gebl. (*carinirostris* Sch.),
C. variolosus Woll. (*Saintpierrei* Chvr., *Bonnairei* Fairm.). *C. ferrugineus*
Fisch. (*hexastictus* Sch.), *C. cineritius* Sch., *C. glaucus* Fbr. (*Hollbergii* Sch.)
var. *turbatus* Sch. (*glaucus* Sch.), *C. nebulosus* L, (*carinatus* Deg., *ericeti*
Duf., *Lethierryi* Chvr., *guttulatus* Sch., ?*incanescens* Pz.), *C. Graëllsii* Chvr.,
C. excoriatus Sch. (*lacunosus* Sch., *megalographus* Sch., *tabidus* Sch.), *C.
sulcicollis* Sch., *C. nigrosuturatus* Goez. (*obliquus* Fbr., *albirostris* Chvr.,
leucomelas Hop.), *C. fastigiatus* Er., *C. callosus* Bach (*Ericae* Sch., *arciferus*
Chvr.), *C. planidorsis* Fairm., *C. crinipes* Sch. (*signifer* Chvr.), *C. gaditanus*
Chvr. (*Amoris* Mars.), *C. riffensis* Frm. (*fasciculosus* Reitt.), *C. tabidus* Ol.
(*Pelletii* Fairm., *montalbicus* Cost.), *C. vittiger* Sch. (*frenatus* Reich.) *C. meso-
potamicus* Ol. (*Lederi* Fst.).

Chromoderus Mot. *fasciatus* Müll. (*affinis* Schrk., *nixeus* Bonsd, *albidus* Fbr.,
berolinensis Gm.), *Chr. declivis* Ol. (*scalaris* Fisch., *hamatus* Gebl., *picipes* Sch.).

Leucomigus Mot. *candidatus* Pall. (*quagga* Hrbst., *farinosus* Ol.), *L. albo-
tessellatus* Fairm., (*tessellatus* Luc., *Lucasii* Chvr.), *L. tessellatus* Fairm.
(*Abeillei* Chvr.).

Stephanocleonus Mot. *thoracicus* Fisch. (*puncticollis* Sch.) mit var. *leprosus* Fst.,
St. Ehnbergii Fst., *St. luctuosus* Fst., *St. excisus* Reitt., *St. trifasciatus* Fst.,
St. persimilis n. sp. (p. 244) Mongolei, *St. opportunus* Fst., *St. Jacobsonis*
n. sp. (p. 244 [1]), *St. Sahlbergii* Fst, *St. Ssemenovii* Fst., *St. Köppenii* n. sp.
(p. 245) Mongolei, *St. Waldheimii* n. sp. (p. 245) Irkutsk, *St audax* Fst.,
St. flaviceps Fald. (*frontatus* Fisch.), *St. fenestratus* Pall. (*foveolatus* Fisch.),
St. impressicollis Sch. mit var. *loquans* n. var. (p. 246), *St. paradoxus* Sch.,
St. spissus n. sp. (p. 246) patria?, *St. dubius* n. sp. (p. 246) patria?, *St. favens*
Fst., *St. hexagrammus* Sch. (*margineguttatus* Chvr.) mit var. *feritus* n. var.
(p. 247) Dod-nor, *St. confessus* n. sp. (p. 247) Transbaikalien, *St. versutus*
n. sp. (p. 247) Daurien, *St. Johannis* Reitt., *St. leucopterus* Fisch., *St. ju-
cundus* Fst., *St. ferox* Fst., *St. bicostatus* Gelbl., *St. planirostris* Fst., *St.
Hammerströmii* Fst., *St. perscitus* Fst. mit var. *connectus* Fst. [2]), *St. Henningii*
Sch. (*niveus* Chvr.), *St. Korinii* Sch., *St. simulans* Fst., *St. timidus* Fst.,
St. ignobilis Fst., *St. deportatus* Chvr. (*Edithae* Reitt.), *St. lobatus* Chvr.
St. hirtipes n. sp. (p. 250) Daurien, *St. audax* Fst., *St. comicus* n. sp. (p. 251)
Mongolei, *St. corrugatus* Fst., *St. Mannerheimii* Chvr., *St. brunnipes* n. sp.
(p. 251) Nan-shan, *St. exiguus* n. sp (p. 251) Schangai, *St. tricarinatus* Fisch.
(*frontatus* Sch., *lineirostris* Chvr.), *St. coelebs* Fst., *St. chinensis* n. sp.
(p. 253) China, *St. Potaninii* Fst., *St. sejunctus* n. sp. (p. 253) Granada,
St. eruditus Fst., *St. Jakovlevii* Fst., *St. Albinae* Reitt., *St. anceps* Chvr.

---

[1]) Der Fundort fehlt in der Tabelle, es ist aber wahrscheinlich, dass diese
Art, die sonst im „Katalog" fehlt, der nur dort aufgefürte *St. spoliatus* Fst. i. l.
aus der Mongolei ist.

[2]) Die Varietät scheint nicht hierher, sondern zu *St. fossulatus* Fisch. zu
gehören. Vergl. „Katalog" p. 268.

(*vagabundus* Fst.), *St. fossulatus* Fisch. (*rubifrons* Fisch., *scriptus* Sch.[1])
St. marginatus Fisch., *St. nubilus* Sch. (*semicostatus* Chor.), — *St. (Eury-
metopus* n. subg. p. 255[2]) *microgrammus* Sch., *St. colossus* n. sp. (p. 256)
Schangai, *St. setinasus* Fst., *St. Ithae* Reitt. mit var. *melandarius* n. var.,
St. acerbus n. sp. (p. 257) West-Victoria, *St. suspiciosus* n. sp. (p. 257) Kuku-
nor, *St. suffusus* n. sp. u. *tardus* n. sp. (p. 257) Mongolei, *St. indutus* Chvr.
(*forveifrons* Chvr.) mit var. *brevicollis* n. var. (p. 258), *St. felicitanus* Reitt.,
St. Chevrolatii Fst., *St. labilis* Fst., *St. Przewaldskyi* Fst., *St. illex* n. sp.
(p. 258) Mongolei, *St. fascicularis* Gebl.
Eucleonus n. gen. (p. 188, 259[3]) *tetragrammus* Pall. (*concinnus* Sch.).
Xanthochelus Chvr. *Eversmannii* Sch. (*omogeron* Hrbst.), *X. cinctiventris* Sch.
mit var. *Marmottanii* Bris., *X. longus* Chvr. (*postumus* Fst.), *X. nomas* Pall.
(*firmus* Sch., *montivagus* Chvr.), *X. perlatus* Fbr. (?*faunus* Ol., *coelestis*
Chvr.), *X. tropicus* n. sp., *X. beatus* n. sp. u. *X. nepotalis* n. sp. (p. 260)
Süd-Afrika, *X. superciliosus* Sch. (*inquinatus* Sch., *mixtus* Sch., *major*
Hrbst.), *X. permutatus* n. nom. (p. 260, 283) für *coelestis* Fst. nec Chvr.,
X. assamensis n. sp. (p. 261) Assam, *X. insubidus* n. sp. (p. 261) Ostindien,
X. vulneratus Sch. (*canescens* Chvr., *X. figuratus* n. sp. (p. 261) Uzugora,
X. insolens n. sp. (p. 261) Niam-Niam, *X. miscellanus* Fst., *X. eruditus* Fst.
Aparotopus n. gen. (p. 190, 284) für *Pachyc. cribrosus* Fairm. (*Lar. mada-
gassus* Fst.).
Apleurus Chvr (= *Cleonurus* Lec.) mit 1 Art: *A. fossus* Chvr.
Dinocleus Cas. (= *Centrocleonus* Lec. nec Chvr.) mit 1 Art: *D. angularis* Lec.
Cleonidius Cas. für *Cl. vittatus* Kirby u. 1 Theil von *Apleurus* Chvr.
Cylindropterus Chvr. mit 1 Art: *C. Luxerii* Chvr.
Lixomorphus n. gen. (p. 189, 284) für *ocularis* Fbr.
Trachydemus Chvr. (p. 188, 284) für *rugosus* Luc. (*Larinus basalis* Chvr.).

4. Rhinocyllinae. (p. 182).

Hierher *Rhinocyllus* Germ. u. *Bangasternus* Goz.

5. Lixinae (p. 182).

Hierher *Larinus* Germ., *Hypolixus* Desbr., *Larinodontus* Fst., *Lixus* Fbr.,
Ileonus Sch., *Stolatus* Muls., *Microlarinus* Hochh.

Formanek.

Zur näheren Kenntniss der Gattung *Barypithes* Duval und *Omias* Schönherr sensu Seidlitz.

(Münch. Kol. Z. II. p. 16—28, 151—182).

Eine monographische Bearbeitung der beiden Gattungen, deren
Arten erst dichotomisch auseinander gesetzt und dann einzeln ein-

---

[1]) Hierher u. nicht zu *St. perscitus* Fst. scheint auch die var. *connectus*
Fst. (p. 248) zu gehören.

[2]) Diese Untergattung scheint neu zu sein, obgleich sie nicht als neu
bezeichnet ist.

[3]) p. 188 als Gattung, p. 259 als Untergattung von *Stephanocleonus* (ohne
Namen) charakterisisirt.

gehender behandelt werden. Die Gattung *Omias* ist in 3 Untergattungen zerlegt, die leider nicht dichotomisch begründet werden.
Wenn der Autor nicht mehrfach erwähnte, dass er diese 3 Untergattungen wirklich als solche betrachte, würde man annehmen
müssen, dass er sie für 3 selbstständige Gattungen hält; denn er
behandelt sie durchaus wie Gattungen und trennt sie sogar, durch
Zwischenschieben der Gattung *Barypithes*, vollständig von einander.

Die behandelten Arten.

Omias (*Urometopus* n. subg. p. 17) *longicornis* Stierl. (*Rostii* Reitt. p. 19 fig. 1),
O. imereticus Reitt. (p. 19 fig. 2), *O. circassicus* Reitt. (p. 20 fig. 3), *O. swa-*
neticus Reitt. (p. 21 fig. 4), *O. mingrelicus* Reitt. (p. 21 fig. 5), *O. georgicus*
Reitt. (*talyschensis* Reitt., *strigifrons* Seidl. ex part. p. 22 fig. 6), *O. inflatus*
Kol. (*strigifrons* Seidl. ex part. p. 22 fig. 7), *O. longicollis* Reitt. (p. 23), —
O (*Rhinomias*) *forticornis* Sch. (*gracilipes* Sch., *rugicollis* Sch., *validicornis*
Märk. p. 24 fig. 8), *O. Viertli* Ws. (p. 25 fig. 9), *O. austriacus* Reitt. (p. 26
fig. 10), *O. pyrorhinus* Dan. (p. 26 fig. 11), *O. maxillosus* Petri (p. 27 fig. 12),
O. Peneckei Reitt. 1894 (*Gattereri* Stierl. 1883 ex p. p. 27 fig. 13), — *O.* (i. sp.)
Hanakii Friv. (p. 175 fig. 25), *O. Brandisii* Apf. (p. 176 fig. 26), *O. rufipes*
Sch. (p. 176 fig. 27), *O. nitidus* Sch. (p. 177), *O. metallescens* Sdl. (p. 178), *O.*
cypricus Sdl. (p. 178), *O. concinnus* Sch. (p. 179 fig. 28), *O. Heydenii* Stierl.
(p. 180), *O. castilianus* Dan. (p. 180 fig. 29), *O. mollinus* Sch. (p. 181 fig. 30).
Barypeithes globus Sdl. (♂ *sphaeroides* Sdl. (p. 154 fig. 1), *B. bosnicus* Apf.
(p. 154 fig. 2), *B. virguncula* Sdl. (p. 155 fig. 3), *B. osmanlis* Apf. (p. 156
fig. 4), *B. metallicus* St. (p. 157 fig. 5), *B. indigens* Sch. (p. 158 fig. 6), *B.*
Companyonis Sch. (p. 158 fig. 7), *B. curvimanus* Duv. (p. 159 fig. 8), *B. lipto-*
viensis Weis. (p. 160 fig. 9). *B. montanus* Chvr. (p. 161 fig. 10), *B. aranei-*
formis Schk. (*brunnipes* Ol., *gracilis* Beck. p. 162 fig. 11), *B. Chevrolatii*
Sch. (*ruficollis* Sch., *subnitidus* Sch. p. 163 fig. 12), *B. armiger* Dan. (p. 163
fig. 13), *B. pellucidus* Sch. (p. 164 fig. 14), *B. trichopterus* Gant. (*violatus*
Sdl. p. 165 fig. 15), *B. styriacus* Sdl. (*Ganglbaueri* Apf. p. 166 fig. 16), *B*
gracilipes Pz. (*scydmaenoides* Sdl., *Pirazzolii* Stierl. p. 166 fig. 17), *B. car-*
pathicus Reitt. (p. 167 fig. 18), *B. pyrenaeus* Sdl. (p. 168 fig. 19), *B. molli-*
cornus Ahr. (*punctirostris* Sch. p. 169 fig. 20), *B. Albinae* Form. (p. 170 fig. 21),
B. vallestris Hamp. (*validus* Stierl. p. 171 fig. 22), *B. tener* Sch. (p. 172
fig. 23), *B. sulcifrons* Sch. (*rhyditipes* Chvr., *asturiensis* Kirsch. (p. 172 fig. 24),
B. cinerascens Rosh. (p. 173).

Gortani & Grandi.

Le forme italiane del genere *Attelabus*, Linné.
(Riv. Col. ital. II. p. 165—171 figg.).

Eine dichotomische Auseinandersetzung von 3 Arten und
4 Varietäten, von denen 2 als neu beschrieben werden, nach
Pic (40) jedoch vielleicht mit bereits beschriebenen zusammenfallen.

Die behandelten Arten u. Varietäten.

Attelabus erythromerus Gmel. (*intermedius* Ill.), *A. Coryli* L. (fig. 1), *Coryli* i. sp.
mit subvar. *rubricollis* n. subvar., subvar. *dubius* n. subvar. u. subvar. *lineatus*

n. subvar. (p. 170), var. *morio* Bon. u. var. *Ludyi* Reitt., *A. avellanae* L. (fig. 2), *avellanae* i. sp. mit subvar. *Fiorii* n. subvar., subvar. *collaris* Scop. u: subvar. *atricollis* n. subvar. (p. 171), var. *niger* u. var. u. var. *cornicus* n. var. (p. 171).

1. Heller.
Alphabetischer Index zu Faust's Revision der *Cleonides* vrais.
(Deut. ent. Z. 1904 p. 294—302).

Ein Register sowohl der Gattungen (p. 285) als auch der Arten zu Faust's Arbeit, das zur Orientirung in dieser unentbehrlich ist.

2. Heller.
Ischnotrachelus Schönh.
(Beiträg. Ins. Kamerun Ent. Tids. 25. p. 168—178).

Da der geehrte Autor sich nicht auf die Einzelbeschreibung der 3 neuen Arten beschränkt, sondern eine dankenswerthe dichotomische Auseinandersetzung aller Arten giebt, können wir diese Revision als umfassende Arbeit behandeln. Von den 3 Untergattungen, in welche die Gattung zerlegt wird, ist subg. *Astycomerus* nur als Theil von subg. *Ischnotrachelus* s. str. charakterisirt, was eigentlich hätte vermieden werden sollen.

Die behandelten Arten.
Ischnotrachelus (*Anasticomerus* n. subg. p. 169) für *I. mutabilis* Fst., — *I.* (s. str.) *viridipennis* Fst., *I. abnormis* Klb., *I. anchoralis* Fst., *I. Ischnomias* n. sp. (p. 169, 175 „ischomias" err. typ.), *I. setosus* Fst., *I. Thomsonis* Fst., *I. crux* Fst., *I. marginipennis* Thoms. mit var. *argentatus* Fst., *I. tuberculifer* Fst., *I. uniformis* Thms. (*calochloris* Chvr.), *I. viridisparsus* Fst., *I. viridanus* Thms., *I. vicinus* Fst., *I. scutellaris* Chvr., *I. vinaceus* Fst., *I. longicollis* Chvr., *I. humeralis* Fst., *I. plicatus* Fst., *I. elongatus* Qued., *I. solitus* Fst., *I. fastidiosus* u. *cinerarius* Thoms., *I. nanus* Fst., *I. dorsalis* Chvr. (*inermis* Kolb.), *I. granulicollis* Sch. (*immundus* Chvr.), *I. trilineatus* Chvr., — *I.* (*Astycomerus* Kolb.) *aspericollis* Chvr., *I. variegatus* Fst., *I. spurius* Klb., *I. privignus* Klb, *I. alternans* n. sp (p. 174, 176), *I. gentilis* Fst, *I. satelles* Fst., *I. concinnus* Fst., *I. elegans* n. sp. (p. 175, 177).

3. Heller.
Bryochaeta Pascoe.
(Beiträg. Ins. Kamerun. Ent. Tids. 25. p. 180—185).

Da der geehrte Autor sich nicht auf die Beschreibung der 3 neuen Arten beschränkt, sondern eine dichotomische Auseinandersetzung aller Arten giebt, können wir diese Revision als umfassende Arbeit behandeln. Die Gattung *Syntaphocerus* Thoms. (mit 1 Art) wird von *Bryochaeta* unterschieden, aber mehrere von Chevrolat als *Syntophocerus* beschriebenen Arten kommen zu *Bryochaeta*.

Die behandelten Arten.

Bryochaeta acanthoides Ol., *Br. Pascoei* Fst., *Br. sellata* n. sp. (p. 181, 183), *Br. subcruciata* Chvr. (*palliata* Pasc.) *Br. apicalis* n. sp. (p. 182, 183), *Br. Sjöstedtii* n. sp. (p. 182, 184 fig.), *Br. sulcipennis* Thms., *Br. nigrita* Chvr. (*viridis* Pasc.), *Br. lineata* Fst., *Br. interrupta* Fst.

4. Heller.
Mechistocerus und *Rhadinomerus*.
(Beitr. Ins. Kamerun. Ent. Tids. 29. p. 186—191).

Da der geehrte Autor sich nicht mit der Beschreibung einer neuen Art begnügt, sondern eine dichotomische Auseinandersetzung aller Arten giebt, können wir diese Revision als umfassende Arbeit behandeln. Die Gattung *Rhadinomerus* Fst. wird als Untergattung mit *Mechistocerus* vereinigt.

Die behandelten Arten.

Mechistocerus (s. str.) *Quedenfeldtii* Fst., *M. planidorsis* Thoms., *M. Fauvelii* Fst., *M. ludificator* Fst., *M. transversofasciatus* Fst., *M. serenus* Fst., *M. socius* Fst., *M. apicalis* Fst., *M. maculipes* Fst., *M. adumbratus* Fst., *M. ruralis* Fst., — *M. (Rhadinomerus* Fst.) *cicur* Fst., *M. miser* Fst., *M. vulgaris* n. sp. (p. 190), *M. ocellopunctatus* Thms.

Lea.
Descriptions of Australian *Curculionidae*, with notes du previously described species. II.
(Tr. R. Soc. S. Aust. 28. p. 77—134).

Eine Fortsetzung von 1899 (2). Es werden jetzt die „Subfam." *Brachyderides, Otiorhynchides, Leptopsides, Amycterides, Rhyparosomides, Tanyrhynchides, Aterpides, Belides, Balaninides, Laemosaccides.* behandelt.

Die behandelten Gattungen u. Arten.[1])
Brachyderides.

Evas elliptica n. sp. (p. 77), *latipennis* n. sp. (p. 78).
Evadodes rugiceps n sp. (p. 79).
Prosayleus phytolymus Oll. gehört zu *Eutinophaea* oder zu *Maleuterpes* (p. 79).
Eutinophaea dispar n. sp. (p. 79), *Eu. falcata* n. sp. (p. 80).
Rhadinosomus Lacordairei Pasc.
Euthyphasis sordidata n. sp., *Eu. lineata* n. sp. (p. 82).
Ophthalmorychus spongiosus n. sp. (p. 83), *O. (Mathypora) parallelus* Lea (p. 84).
Homoetrachelus hadromerus n. sp. (p. 84).

Otiorhynchides.

Myllocerus carinatus n. sp. (p. 85), *M. usitatus* n. sp. (p. 86).
Titinia brevicollis Blackb.
Matesia n. gen. *maculata* n. sp. (p. 87).

---

[1]) Die neu aufgezählten Arten sind hier nicht mit aufgeführt.

Leptopsides.

Polyphrades vitis n. sp. (p. 88), *P. despicatus* n. sp., *P. exoletus* n. sp. (p. 89), *P. extenuatus* n. sp., *P. setosus* n. sp. (p. 90), *P. granulatus* n. sp. (p. 91).

Esmelina stenocera n sp. (p. 92), *E. flavivittata* Pasc.

Cherrus plebejus Ol., *Ch. iodimerus = infaustus* Ol. (p. 93), *Ch. caenosus* Sch., *Ch. punctipennis* Pasc.

Essolithna Pasc. (= *Pephricus* Pasc.) *pluviata* Pasc., *E. Rhombus* Pasc., *E. echimys* Pasc., *E. nana* Blackb., *E. seriata* Blackb., *E. squalida* Blackb., *E. fissiceps* n. sp. (p. 95, 96), *E. militaris* n. sp. (p. 95, 96), *E. maculata* n. sp., *E. terrena* n. sp. (p. 95, 96), *E. cordipennis* n. sp., *E. Kingiae* n. sp. (p. 96, 98), dich. Tabelle über 11 Arten (p. 95—96).

Leptops granulatus n. sp. (p. 99), *L. nodicollis* n. sp., *L. maleficus* n. sp. (p. 100), *L. setosus* n. sp. (p. 101), *L. canaliculatus* n. sp. (p. 102), *L. brachystylus* n. sp. (p. 103), *L. horridus* n. sp. (p. 104), *L. elegans* n. sp. (p. 105), *L. spinosus* Sch., *L. Echidna* Macl.

Ethemaia apicalis n. sp. (p. 107), *E. emarginata* n. sp. (p. 108), *E. vagans* n. sp. *E. funerea* n. sp. (p. 109), *E. sellata* Pasc.

Hyphaeria assimilis Pasc.

Medicasta leptopsoides n. sp. (p. 110).

Amycterides.

Amycterus draco Macl.

Aedriodes humeralis n. sp. (p. 113).

Acherres globicollis n. sp. (p. 114).

Oditesus tibialis n. sp. (p. 114).

Rhyparosomides.

Zephryne personata n. sp. (p. 115).

Mandalotus campylocnemis n. sp., *M. piliventris* n. sp. (p. 116), *M. scaber* n. sp (p. 117), *M amplicollis* n. sp., *M. spurcus* n. sp. (p. 118), *M. excavatus* n. sp., *M. suturalis* n. sp. (p. 119), *M. pinguis* n. sp., *M. pallidus* n. sp. (p. 120), *M. reticulatus* n. sp., *M. pusillus* n. sp. (p. 121), *M. subglaber* n. sp. (p. 122).

Tanyrhynchides.

Xynaea uniformis n. sp. (p. 123).

Aterpides.

Pelororhinus amplipennis n. sp. (p. 124).

Rhinaria caudata n. sp., *Rh. concavirostris* n. sp. (p. 125, 130), *Rh. sulcirostris* n. sp., *Rh. bisulcata* n. sp. (p. 126, 131), *Rh. favosa* n. sp., *Rh. tragocephala* n. sp. (p. 127, 131), *Rh. simulans* n. sp. (p. 128, 131), *Rh. aberrans* n. sp., *Rh. convexirostris* n. sp. (p. 129, 131), *Rh. transversa* Boi., *Rh. signifera* Pasc., *Rh. stellio* Pasc., *Rh. cavirostris* Pasc., *Rh. granulosa* Sch., *Rh. calignosa* Pasc., *Rh. rugosa* Boi., *Rh. tessellata* Pasc., *Rh. tibialis* Blackb., dichot. Tabelle über 18 Arten (p. 130—131).

Belides.

Belus granulatus Lea = *centralis* var. (p. 132), *B. abdominalis* Black. = *parallelus* Pasc. (p. 132).

Balaninides.

Balaninus amoenus Fbr., *B. Mastersii* Pasc., *B. intricatus* n. sp., *B. aequalis*
n. sp. (p. 132, 133), *B. delicatulus* n. sp., *B. submaculatus* n, sp. (p. 132, 134).

Laemosaccides.

Laemosaccus Rectification (p. 134).

Marshall.

A Monograph of the *Coleoptera* of the genus
Hipporhinus Sch.
(Pr. Zool. Soc. Lond. 1904 I. p. 6—141 tab. I—IV).

Die Tribus *Hipporhinidae* wird zunächst dichotomisch in
5 Gattungen getheilt (p. 10—11), von denen 2 neu, dann folgt eine
dichotomische Auseinandersetzung (p. 14 -- 22) und die ausführliche
Beschreibung der 138 Arten der Gattung *Hipporhinus*, zum Schluss
die Charakterisirung der 2 neuen Gattungen, deren Arten nur aufgezählt werden. 40 Arten sind abgebildet.

Die behandelten Gattungen und Arten.

Cyclomus Sch., *Epichthonius* Sch.

Hipporhinus appendiculatus Sch., *H. cornirostris* Sch., *H. verrucosus* L., *H. oaxus*
Mshl. (tab. I fig. 1), *H. rugirostris* Sch., *H. serienodosus* Sch., *H. seriatus*
Sch., *caffer* Thunb. (*calvus* Hrbst.), mit var. *rhamphastus* Sch., *H. quadri-*
lineatus Sch., *H. setulosus* Sch., *H. gravidus* n. sp. (p. 15, 30) Namaqua-
Land, *H. verrucellus* Sch., *H. obesus* Sch., *H. congestus* Mshl. (fig. 2), *H.*
numaquus n. sp. (p. 15, 34) Namaqua-Land, *H. subquadratus* Sch., *H. albi-*
cinctus Sch., *H. Janus* Mshl. (fig. 3), *H. corpulentus* Sch., *H. curtus* Sch.,
H. inflatus n. sp. (p. 15, 38), *H. bituberculatus* Sch. (*costatus* Sch., *puncti-*
rostris Sch.), *H. angustus* n. sp. (p. 15, 40, fig. 5), *H. capensis* L. (*capi-*
stratus Fbr.), *H. Péringueyi* n. sp. (p. 15, 42 fig. 4), *H. lacunosus* Sch., *H.*
criniger Mshl. (fig. 8), *H. deceptor* Mshl. (fig. 7), *H. sparsus* Mshl. (fig. 6),
H. suturalis n. sp. (p. 16, 46, fig. 9) Cap, *H. granulatus* Sch., *H. granulosus*
Thunb., *H. Aurivillii* Per., *H. severus* Sch., *H. variegatus* n. sp. (p. 16, 50)
Süd-Afrika, *H. pilularius* Fbr. (*armillatus* Sparrm., *pastillarius* Sch., *turpis*
Sch.), *H. furvus* Fåhr., *H. tenuegranosus* Fairm. (*viator* Klb.), *H. spectrum*
Fbr., *H. abruptecostatus* Sch., *H. spinifer* Sch., *H. humeralis* n. sp. (p. 17,
57, fig. 10) Namaqualand, *H. Nestor* Mshl. (tab. II fig. 1), *H. nodulosus* Fbr.,
H. occidentalis Mshl. (fig. 2), *H. fictilis* Mshl. (fig. 3), *H. canaliculatus* Mshl.
(fig. 5), *H. Hornii* Mshl. (fig. 4), *H. rubifer* Fbr. (*condecoratus* Sch., *rubro-*
spinosus Sch.), *H. Ecklonis* Sch., *H. Bohemanii* Fåhr., *H. chirindensis* Mshl.
(fig. 6), *H. sulcirostris* Fåhr., *H. recurvus* Fbr. (*Sparrmanii* Sch.), *H. albo-*
lineatus Sch., *H. Gyllenhalii* Sch., *H. nivosus* Sparrm. (*nodulosus* Hrbst.,
recurvus Sch.), *H. maculatus* Mshl. (fig. 9), *H. globifer* Fbr. (*tuberifer* Sch.,
misumenus Sch., *rubifer* Sch), *H. spinulosus* Sch. (*glandifer* Fbr., *globifer*
Hrbst.), *H. insignis* Fåhr., *H. vafer* Sch., *H. Knysnae* n. sp. (p. 18, 77,
„*knysna*"[1]) Cap, *H. sexvittatus* Fbr. (*nycthemerus* Sparrm.), *H. trans-*

---

[1] Da Knysna der Fundort ist, kann er nicht im Nominativ als Speciesname gebraucht werden.

vaalensis Per., *H. delectans* Hrbst., *H. caudatus* Fåhr., *H scaber* n. sp.
(p. 17, 81) Cap, *H. tricostatus* Mshl. (fig. 7), *H. ferus* Sch. (*pollinarius* Sch.),
H. mammillatus Sch., *H. lobatus* Mshl. (fig. 8), *H. exilis* n. sp. (p. 17, 86
fig. 10) Gabun, *H. Nyassae* n. sp. (p. 18, 86 tab. III fig. 1) Central-Afrika,
H. angolensis n. sp. (p. 19, 87 fig. 4) Angola, *H. ovampoënsis* Per., *H. asper*
Mshl. (fig. 2), *H. Wahlbergii* Sch., *H. serratus* Mshl. (fig. 3), *H. deplo-
rabundus* Fåhr., *C. crispatus* Fbr., *C. infacetus* Sch., *C. frontalis* Sparrm.,
H. tuberosus Sch , *H. pilosus* n. sp. p. 19, 95) Cap, *H. thoracicus* Sch., *H. acu-
leatus* Mshl. (fig. 7), *H. spinicollis* Sch., *H. seriespinosus* Sch. (*perfunctorius*
Sch.), *H. carinirostris* Sch., *H. affinis* Fåhr., *H. binodus* Sch. (*contortus* Sch.),
H. fallax Fåhr., *H. quadrinodis* Sch., *H. Braunsii* Mshl. (fig. 6), *H. errans*
Mshl. (fig. 5), *H. squalidus* Sch., *H. modestus* n. sp. (p. 20, 106) Transvaal,
H. granatus Sch., *H. partitus* Sch., *H. permixtus* n. sp. (p. 20, 108 fig. 8)
Transvaal, *H. albicans* Sch., *H. capicola* Sch., *H. cinereus* n. sp. (p. 20, 111
fig. 9) Cap, *H. setiferus* Sch., *H. pilifer* Fåhr., *H. laticeps* Mshl. (fig. 10),
H. Gunwingii Mshl. (tab. IV fig. 2), *H. constrictus* Sch., *H. incisirostris* Mshl.
(fig. 3), *H. Dregei* Sch., *H. brachyceroides* Mshl. (fig. 1), *H. armatus* Fåhr.,
H. monitor Fåhr., *H. nasutus* Fåhr., *H. coronatus* Fst., *H. consors* Mshl.
(fig. 4), *H. corniculatus* Fåhr., *H. propinquus* n. sp. (p. 21, 123 fig. 5)
Maschunaland, *H. bimaculatus* Mshl. (fig. 6), *H. cervinus* n. sp. (p. 21, 125
fig 7), Transvaal, *H. talpa* Fåhr., *H. vicinus* Mshl. (fig. 8), *H. brevis* Mshl.
(fig. 9), *H. incertus* Mshl. (fig 10), *H. arenarius* Fåhr., *H. seriegranosus* Sch.,
H. longulus Sch., *H. Sjöstedtii* n. sp. (p. 21, 131) Cap, *H. granicollis* Sch.
(*cicatricosus* Sch.), *H. porculus* Sparrm., *H. varius* Fåhr., *H. Oneillii* n. sp.
(p. 22, 134) Natal, *H. lineatus* Fåhr., *H, vittatus* Fåhr., *H. sublineatus* Sch.,
H. subvittatus Sch. (*cinerascens* Fåhr., *H. dolorosus* Fåhr.).

Stramia n. gen. (p 10, 140) für *Tanyrhynchus costirostris* Sch. (*laticollis* Fst.),
  Hipporhinus pygmaeus Sch. (*biguttatus* Sch., *Fåhraei* Fst.), *H. alternans*
  Sch., *T. ellipticus* Paÿ., *H. Bertinae* Fst.
Origenes n. gen. (p. 10, 141) für *Hipp. callidus* Sch.

Petri.

Bestimmungstabelle der mir bekannt gewordenen Arten
der Gattung *Lixus* Fab. aus Europa und den angrenzenden Gebieten.
(Wien. ent. Z. 23. 1904 p. 183—198, 24. 1905 p. 33—48, p. 101
—116, p. 155—166).

Diese Bestimmungstabelle weicht von den übrigen bei Reitter
erscheinenden dadurch unvortheilhaft ab, dass die 4 angenommenen
Untergattungen nicht dichotomisch begründet sind. Diese Unter-
lassung hat sich sofort bitter gerächt, indem die Einzeldiagnose von
Lixus i. sp. (p. 189) die Klauen als „frei“ bezeichnet, während hier
auf p. 185, wo die Besprechung der Untergattungen so leicht in
Tabellenform hätte gebracht werden können, ganz richtig „verwachsen“ genannt werden.

Die behandelten Gattungen u. Arten.

Lixus (*Phillixus* n. subg. p. 186) *biscrensis* Cap., *L. subulatus* Fst., *L. professus*
Fst., *L. confinis* n. sp. (p. 187), *L. Kraatzii* Cap., — *L.* (*Hypolixus* Desbr.)
augurius Sch., *L. denticollis* Petri, — *L.* (i. sp.) *paraplecticus* L., *L. brevi-*
rostris Sch., *L. umbellatarum* Fbr., *L. canescens* Fisch., *L. siculus* Sch.
(*tenuirostris* Sch.), *L. Iridis* Ol. mit var. *caucasicus* n. var. (p. 192), var.
levantinus n. var. (p. 192) Sicilien, Persien, var. *tauricus* n. var. (p. 192)
Taurien, var. *conformis* Cap., var. *brevicaudis* n. var., var. *asiaticus* n. var.
(p. 193) Transcaspien n. var. *balcanicus* n. var. (p. 193) Serbien, *L. Reichei*
Cap., *L. Nordmannii* Hochh., *L. posticus* Fst., *L. tricolor* Cap., *L. coloratus*
n. sp. (p. 194) Turkestan, *L. imitator* Fst. mit var. *Eylandtii* n. var. (p. 195),
L. diutinus Fst., *L. pubirostris* Petri, *L. hirticollis* Men., *L. recto-dorsalis*
Petri, *L. bidens* Cap., *L. turanicus* Reitt., *L. desertorum* Gebl., *L. fecundus*
Fst., *L. Lecontei* Fst., *L. Euphorbiae* Cap., *L. lateralis* Pz., *L. Myagri* Ol.
mit var. *rugifer* n. nom. (p. 35) für *punctirostris* Cap. nec Sch., var. *irro-*
ratus Reitt. u. var. *Lepidii* Mot., *L. punctirostris* Sch., *L. cleoniformis* n. sp.
(p. 36) Aegypten, *L. subtilis* Strm., *L. scabricollis* Sch., *L. incanescens* Sch.,
L. baculiformis Petri, *L. Salsolae* Fst., *L. difficilis* Cap. mit var. *brevipes*
Bris., *L. sinuatus* Mot., *L. subquadratothorax* Desbr., *L. puncticollis* Sch.,
L. mucronatus Ol., *L. amurensis* Fst., *L tibialis* Sch., *L. acicularis* Germ.
mit var. *trinarius* n. var. (p. 42) Sicilien u. var. *cinerascens* Sch., *L. tri-*
vittatus Cap., *L. Rosenschöldii* Sch., *L. curvirostris* Cap. (*Saintpierrei* Cap.),
L. curtirostris Tourn., *L. coarctatus* Luc., *L. macer* Petri, *L. sanguineus*
Rossi, *L. elegantulus* Sch., *L. convexicollis* Petri, *L. amplirostris* Petri, *L.*
colchicus Petri, *L. Ibis* Petri, *L. furcatus* Ol. mit var. *longicollis* n. var.,
var. *ferrulaginis* Apf. u. var. *inops* Sch. (*Olivieri* Fst.), *L. obesus* Petri, *L.*
tschemkenticus Fst., *L. albopictus* Reitt., *L. cylindricus* L. mit var. *acupictus*
Villa, *L. bifasciatus* Petri, *L. motacilla* Sch., *L. farinifer* Reitt., *L. vibex*
Pall., *L. meles* Sch., *L. nubianus* Cap., *L. anguinus* L., *L. castellanus* Chvr.,
L. excellens Fst., *L. junci* Sch., *L. Linnaei* Fst., *L. Apfelbeckii* Petri,
L. Ascanii L. mit var. *circumdatus* Sch., var. *sicanus* Cap., var. *albomargi-*
natus Sch. u. var. *Wagneri* Luc., *L. ochraceus* Sch., *L. Laufferi* n. nom.
(p. 109) für *L. lateralis* Bris. nec Panz., *L. operculifer* Petri, *L. Spartii* Ol.
mit var. *mogadorus* Heyd., *L. circumcinctus* Sch. mit var. *turkestanicus* Fst.,
L. noctuinus Petri, *L. sulphureovittis* Branc., *L. Reitteri* Fst., *L. polylineatus*
Petri, *L. flavescens* Sch., *L. gibbirostris* Petri, *L. algirus* L. mit var. *suetus*
Sch. u. var. *hungarus* n. var. (p. 115), *L. speciosus* Mill., *L. vulneratus* Sch.,
L. probus Fst., *L. ornatus* Reich. mit var. *nubilosus* Sch., *L. astrachani-*
cus Fst., *L. triginus* Reitt., *L. vilis* Rossi, *L. orbitalis* Sch., *L. malatianus*
n. sp. (p. 158), *L Salicorniae* Fst., *L. punctiventris* Sch. mit var. *laticollis* n.
var. (p. 160) Caucasus, *L. Korbii* Petri, *L. causticus* Fst., *L. elongatus* Germ.
(*fasciculatus* Sch., *globicollis* Reitt.) mit var. *oblongus* n. var. (p. 161) Altai,
L. filiformis Fbr. mit var. *constrictus* Sch., *L. Cardui* Ol., *L. ulcerosus* Petri,
L. scolopax Sch., *L. lutescens* Cap., *L. strangulatus* Fst., — *L.* (*Ileomus* Sch.)
pacatus Gyll., *L. perplexus* Fst., *L. ferrugatus* Ol., *L. Bardanae* Fbr. mit
var. *Paulmeyeri* n. var., var. *irresectus* Sch., var. *scutulatus* n. var. u. var.
tristis Sch.

1. Reitter.

Bestimmungs-Tabelle der *Coleopteren*-Gattung *Cionus* Clairv. aus Europa und den angrenzenden Ländern. (Wien. ent. Z. 23. p. 47—64).

Eine dichotomische Auseinandersetzung von 24 Arten, von denen 2 neu.

Die behandelten Arten.

Cionus (s. str.) *tuberculosus* Scop. (*verbasci* Fbr.), *C. Scrophulariae* L. mit var. *ferrugatus* n. var. (p. 49) Dalmatien, *C. hortulanus* Fourcr. (*dependens* Fst.) mit var. *auriculus* n. var. (p. 50) Transcaucasien u. var. *Gebleri* Germ. Transcaucasien—Sibirien, *C. Schultzei* n. sp. (p. 50) Griechenland, *C. subsquamosus* Reitt., *C. Thapsi* Fbr. mit var. *nigritarsis* n. var. (p. 52) Tyrol, Galizien u. var. *semialbellus* n. var. (p. 52) Sarepta, *C. simplex* Rosen. mit var. *bipunctatus* n. var. (p. 52) Ungarn, Süd-Russland u. var. *uniformis* n. var. (p. 52) Caucasus, *C. Olivieri* Rosen., *C. subalpinus* n. sp. (p. 54) Tyrol, *C ungulatus* Germ., *C. Schönherrii* Bris., *C. longicollis* Bris., *C. distinctus* Desbr., *C. Helleri* n. sp. (p. 56) Japan, *C. goricus* Schltz., *C. caucasicus* Reitt., *C. olens* Fbr. mit var. *Merklii* Stierl., *C. Wittei* Kirsch, *C. pulverosus* Gyll. mit var. *densenotatus* n. var. (p. 59) Erivan, var. *impunctatus* Gyll., var. *Donkieri* Pic u. var. *albopubens* n. var. (p. 59) Armenien, *C. alauda* Hrbst. mit var. *Villae* Com., — *C.* (*Cleopus* Steph.) *Solani* Fbr., *C. pulchellus* Hrbst., — *C.* (*Stereonychus* Suffr.) *thoracicus* Fst., *C. telonensis* Gren. (*Globulariae* Kiesw.), *C. Fraxini* Deg. (*rectangulus* Hrbst.) mit var. *obscurus* n. var. u. var. *Phyllireae* Chvrl., — *C.* (*Cionellus* n. subg. p. 63) *gibbifrons* Ksw.

2. Reitter.

Analytische Revision der Coleopteren-Gattung *Eusomus* Germ. (Wien. ent. Z. 23. p. 86—91).

Eine dichotomische Auseinandersetzung von 12 Arten, von denen eine neu, mit Aufstellung zweier neuen Untergattungen.

Die behandelten Arten.

Eusomus (*Eusomatulus* n. subg. p. 86) *laticeps* Stierl., *Eu. virens* Sch. (*elegans* Stierl.), *Eu. taeniatus* Kryn., *Eu. obovatus* Sch., — *Eu.* (s. str.) *smaragdulus* Fairm. (*aurovittatus* Stierl.), *Eu. ovulum* Germ. mit var. *griseus* Hochh., *Eu. Beckeri* Tourn., — *Eu.* (*Euidosomus* n. subg. p. 89) *acuminatus* Sch. (*mucronatus* Hochh., *furcillatus* Mot.); *Eu. elongatus* Sch., *Eu. Sandneri* n. sp. (p. 90) Transcaucasien, *Eu. pilifer* Sch. (*armeniacus* Kirsch), *Eu. pilosus* Sch. (*pulcher* Kirsch).

1. Vitale.

I Cossonini Siciliani. VIII.
(Natural. Siciliano XVII p. 14—17, 26—41).

Nach einer ausführlichen Einleitung über die Classification der Insekten und der Käfer durch Latreille (p. 14—17), werden die Gattungen der *Cossonini* besprochen p. 26—29, u. die 7 in Sicilien vertretenen Gattungen dichotomisch charakterisirt (p. 29—30) und ausführlicher mit ihren 10 Arten beschrieben.

Die behandelten Gattungen u. Arten.

Dryophthorus corticalis Payk.
Choerorhinus squalidus Fairm.
Amaurorhinus Bonnairei Fairm.
Codiosoma spadix Bed.
Mesites pallidipennis Sch.
Eremotes punctatulus Boh., *E. (Brachytemnus) submuricatus* Sch.
Rhynchotus (Hexarthrum) culinaris Germ., *Rh. cylindricus* Sch., *Rh. gracilis* Rosh. (*angustus* Fairm.).

2. Vitale.

Tavola sinottica delle specie siciliane del genere Brachycerus Oliv.
(Riv. ital. Sc. Nat. 1902 p. ?[1])

Eine kurze dichotomische Auseinandersetzung von 8 Arten, wobei 8 schematische Zeichnungen die verwandten Gegensätze sehr günstig erläutern.

Die behandelten Arten.

Brachycerus undatus Fbr. (fig. 1a) mit var. *mauritanicus* Ol., *Br. Chevrolatii* Fbr. (fig. 3a), *Br. cinereus* Ol. (fig. 5a) mit var. *lutosus* Sch., *Br. algirus* Fbr. mit var. *cirrosus* Sch. (fig. 6a), *Br. albidentatus* Sch., *Br. barbarus* L., *Br. junix* Linck (fig. 7a) mit var. *aegyptiacus* Ol., *Br. foveicollis* Sch. (fig. 8a) mit var. *pygmaeus* Vit.[2]).

Einzelbeschreibungen.

Acalles italicus n. sp. **Solari** (Ann. Mus. Gen. 41 p. 529) Italien, *A. lusitanicus* n. sp. (p. 530) Portugal.

Acalyptops n. gen. **Hartmann** (Deut. ent. Z. 1904 p. 400), *A. ornatus* n. sp. (p. 401) Ostafrika.

Acherres, Aedriodes siehe Lea pag. 301.

Achymus tessellatus n. sp. **Fairmaire** (Ann. Belg. 48. p. 243) Madagascar.

---

[1]) Der Separatabzug, dessen Kenntniss der Ref. der Freundlichkeit des Autors verdankt, lässt leider die Seitenzahlen des Originales nicht erkennen u. scheint eine unrichtige Jahreszahl zu tragen.

[2]) Diese var. ist vielleicht neu, aber durch Hinzufügung eines Autornamens als alt bezeichnet.

Adosomus siehe **Faust** pag. 295.

Alcides interruptus Sch. var. *bilineellus* n. var. **Heller** (Ent. Tids. 25. p. 186) Kamerun. — *A. affaber* Aur. 1891 wiederholte **Aurivillius** (Miss. Pavie III p. 122), *A. clathratus* Aur. 1891 (p. 122), *A. decemvittatus* Aur. 1891 (p. 123), dich. Tab. über 6 Arten (p. 123). — *A. albopictus* n. sp. **Fairmaire** (Ann. Belg. 48. p. 247) Madagascar.

Amaurorhinus siehe **Vitale** pag. 306. — *Amblysomus* siehe **Faust** pag. 293.

Amycterides, Amycterus siehe **Lea** pag. 301.

Anasticomerus siehe **Heller** pag. 299. — *Anisocleonus* siehe **Faust** pag. 295.

Anisorhynchus monachus Germ, *bajulus* Ol. u. *Sturmii* Sch. unterschied dichot. **Vitale** (Nat. Sic. XVII p. 170).

Anthonomus brevispinus n. sp. **Pic** (Bull. Autun XV p. 139), *A. latior* n. sp. (p. 140) Araxes-Thal.

Aparotopus, Apleurus siehe **Faust** pag. 297.

Aphanomastix n. gen. **Heller** (Ent. Tids. 25. p. 196), *A. cryptophodus* n. sp. (p. 197 fig.) Kamerun.

Aphyomerus n. gen. *obliquus* n. sp. **Hartmann** (Deut. ent Z. 1904 p. 409).

Apion hydropicum Wenk. unterschied von *melancholicum* Wenk. **Daniel** (Münch. Kol. Z. II. p. 182). — *A. (Aspidapion) Alluaudii* n. sp. **Beguin** (Bull. Fr. 1904 p. 54), *A. Bouvieri* n. sp. (p. 54), *A. malgasicum* n. sp. (p. 55), *A. bicarinatum* n. sp., *A. denudatum* n. sp., *A. pamanzianum* n. sp. (p. 56), *A. madagascariense* n. sp., *A. inornatum* n. sp. (p. 57), *A. insulare* n. sp. (p. 103) u. *A. albosquamosum* n. sp. (p. 103) Madagascar. — *A. tropicum* n. sp. **Hartmann** (Deut. ent. Z. 1904 p. 393), *A. Kwaiense* n. sp. (p. 393), *A. sulcatipenne* n. sp. (p. 394), *A. vetulum* n. sp. (p. 395) u. *A. amabile* n. sp. (p. 395) Ostafrika. — *A. (Ceratapion) austriacum* n. sp. **Wagner** (Münch. Kol. Z. II. p. 374) Oestreich, *A. Woerzii* n. sp. (p. 377) u. *A. Moczarskii* n. sp. (p. 378) Corfu. — *A. Gavoyi* n. sp. **Desbrochers** (Frelon XII. p. 53) Frankreich, *A. Vincentii* n. sp. (p. 54) Cairo, *A. semicyanescens* n. sp. (p. 54) Turkestan, *A. foveatum* n. sp. (p. 55) Caucasus, *A. approximatum* n. sp. (p. 55), Marocco, *A. rectinasus* n. sp. (p. 56) Frankreich, *A. italicum* n. sp. (p. 57) Piemont, *A. subconiceps* n. sp (p. 57) Carcassonne, *A. subplumbeum* n. sp. (p. 108) Arabien, *A. subcaviceps* DB. von *A. Caulei* unterschieden (p. 108), *A. subconiceps* Desbr. var. *tenuirostre* n. var. (p. 109). — *A. rectinasus* Desbr. u. *italicum* Desbr. wiederholt abgedruckt durch **Porta** (Riv. Col. ital. II p. 161).

Apsophus n. gen. **Hartmann** (Deut. ent. Z. 1904 p. 407), *A. fasciatus* n. sp. (p. 408) Ostafrika.

Astratus n gen. *cristulicollis* n. sp. **Fairmaire** (Ann. Belg. 48 p. 249) Madagascar.

Astycomerus siehe **Heller** pag. 299.

Atactogaster siehe **Faust** pag. 295.

Attelabus flaviceps Desbr. beschrieb **Aurivillius** (Miss. Pavie III p. 111). — *A. Coryli* u. *avellanae* varr. Gort. & Grand. kritisirte **Pic** (Riv. Col ital. II (p. 205). — Siehe auch **Gortani & Grandi** pag. 298.

Baeosomus n. gen. **Broun** (Ann. Mag. nat. Hist. XIV p. 118), *B. tacitus* n. sp. (p. 119) Neu-Seeland.

Bagous fastosus n. sp. **Hartmann** (Deut. ent. Z. 1904 (p. 391) Ostafrika. — *B. latepunctatus* n. sp. **Pic** (Ech. 30 (p. 50) u. *B. bagdatensis* n. sp (p. 51) Bagdad. — *B. striatulus* n. sp. **Fairmaire** (Ann. Belg. 48. p. 241) Madagascar.

Balaninus victoriensis n. sp. **Chittenden** (Bull. U. S. Dep. Agrik. Div. Ent. 44 p. 31 fig. 9) Texas, *B. proboscideus* Fbr. (p. 28 fig. 6), *B. rectus* Say (p. 28 fig. 8). *B. Caryae* Horn (p. 32 fig. 11). — Siehe auch Lea pag. 301.

Baris striolata Aur. 1891 wiederholt **Aurivillius** (Miss. Pavie III p. 125), *B. strigosa* Aur. (p. 126). — *B. minima* n. sp. **Hartmann** (Deut. ent. Z. 1904 p. 414) Ostafrika. — *Baris quadraticollis* var. *semirubra* n. var. **Bedel** (Segonzac Voy. Mar. p. 370 u. Ab. XXX p. 228) Marocco. — *B. distinguenda* n. sp. **Fairmaire** (Ann. Belg. 48. p. 251) Madagascar. — *B. corsicana* n. sp. **Schultze** (Münch. Kol. Z. II p. 36) Corsica, *B. mauritanica* n sp. (p. 37) Algier. — *B. rufescens* n. sp. **Solari** (Ann. Mus. Genov. 41. p 532) u. *B. violaceomicans* n. sp. (p. 534) Moldau. — *B. corsicana* Schlz. italienische Uebersetzung von **Fiori** (Riv. Col. ital. II p. 222).

Barypeithes maritimus n. sp. **Formanek** (Münch. Kol. Z. II p. 297) Seealpen. Siehe auch Formanek pag. 298.

Belus siehe Lea pag. 301.

Blosyrus Haroldii n. sp. **Hartmannn** (Deut. ent. Z. 1904 p. 369) Ost-Afrika.

Bothynoderes, Brachycleonus siehe Faust pag. 293, 295.

Brachycerus, Brachytemnus siehe Vitale pag. 306.

Broconius siehe Desbrochers pag. 290.

Bryochaeta siehe Heller pag. 299.

Byctiscus Paviei Aur. 1891 wiederholte **Aurivillius** (Miss. Pavie III. p. 112).

Caenopsis maroccana n. sp. **Solari** (Ann. Mus. Gen. 41. p. 525) Marocco.

Calodemas siehe Faust pag. 295.

Canoixus nigroclavatus Aur. 1891 wiederholte **Aurivillius** (Miss. Pavie III· p. 118).

Canonopsis siehe Enderlein pag. 291.

Cathormiocerus semidepressus n. sp. **Pic** (Ech. 20. p. 92) u. *C. Vaulogeri* n. sp. (p. 93) Algier. — *C. Ragusae* n. sp. **Vitale** (Riv. col. ital. II p. 127) Sicilien.

Catoptes vexator n. sp. **Broun** (Ann. Mag. nat. Hist. p. 108), *C. egens* n. sp. (p. 109) u. *C. duplex* n. sp. (p. 110) Neu-Seeland.

Cecyropa alternata n. sp. **Broun** (ibid. 105) u. *C. discors* n. sp. (p. 106) Neu-Seeland.

Centrocleonus siehe Faust pag. 293 u. pag. 297.

Cercidocerus viduus Chvr. 1883 besprach **Aurivillius** (Miss. Pavie III p. 126).

Ceutorhynchus albolimbatus n. sp. **Pic** (Ech. 20. p. 93) Tunis, *C. baborensis* n. sp. (p. 93) Algier.

Chaerocephalus grandis n. sp. **Pic** (Ech. 20. p. 92) Algier. — *Ch. hyperoides* n. sp. **Ragusa** (Nat. Sic. XVII p. 99) u. *Ch. siculus* n. sp. (p. 100) Sicilien.

Chaerodrys siehe *Polydrosus*.

Chaerorhinus siehe Vitale pag. 306.

Chalcodermus semicostatus n. sp. **Schaeffer** (J. N. York ent. Soc. XII p. 232) Texas, *Ch. serripes* Sch., *Ch. vittatus* Champ. (p. 233), *Ch. aeneus* Sch. beschrieb **Chittenden** (U. S. Agr. Div. Ent. Bull. 44 p. 39 fig. 13a, 14), *Ch. collaris* (p. 41 fig. 16). — Siehe auch Champion pag. 287.

Chaunoderus sternalis n. sp. **Hartmann** (Deut. ent. Z. 1904 p. 381) u. *Ch. apicalis* n. sp. (p. 382) Ostafrika.

Cherrus siehe Lea pag. 301.

Chromoderus, Chromonotus, Chromosomus siehe Faust pag. 296, 292, 293.

Chrysolophus foveatus n. sp. **Lea** (Pr. Linn. Soc. N. S. Wales 29, p. 101) Australien, *Chr. spectabilis* Dej.

Cionellus siehe **Reitter** pag. 305.

Cionus Fraxini var. *obscurus* Reitt. = var. *flavoguttatns* Stierl. nach **Reitter** (Wien. ent. **Z** 23. p. 259). — *C. albopunctatus* Aur. 1891 wiederholt **Aurivillius** (Miss. Pavie III p. 121). — *C. (Stereonychus) Fraxini* var. *atticus* n. var. **Pic** (Ech. 20. p. 50) Attica. — *C. elegantulus* n. sp. **Fairmaire** (Ann. Belg. 48. p. 251) Madagascar. — Siehe auch **Reitter** pag. 305.

Cleogonus siehe **Champion** pag. 287. — *Cleonidius, Cleonurus* siehe **Faust** pag. 296.

Cleonus Varquesii n. sp. **Desbrochers** (Frelon XII p. 106) Toledo. — Siehe auch **Faust** pag. 295.

Cleopus siehe **Reitter** pag. 305.

Clypeorhynchus inophlaeoides n. sp. **Broun** (Ann. Mag. nat. Hist. XIV p. 117) Neu-Seeland.

Cnemodontus siehe **Faust** pag. 293.

Cneorhinus depilatus n. sp. **Desbrochers** (Frelon XII p. 105[1]) Tunis.

Codiosoma siehe **Vitale** pag. 306.

Coenopsimorphus tenietensis n. sp. **Pic** (Ech. 20. p. 91) u. *C Desbrochersii* n. sp. (p. 91) Algier.

Conapion constricticolle n. sp. **Hartmann** (Deut. ent. Z. 1904 p. 396), *C. cognatum* n. sp. (p. 397) Ostafrika.

Coniocleonus siehe **Faust** pag. 296.

Conorhynchus Luigionii n. sp. **Solari** (Ann. Mus. Gen. V. p. 528) Rom. — Siehe auch **Faust** pag. 294.

Conotrachelus rubescens n. sp. **Schaeffer** (G. N. York ent. Soc. XII p. 232) Texas. — Siehe auch **Champion** pag. 287.

Copturodes Cas. = *Cylindrocopturus* nach **Casey** (Canad. Ent. 36. p. 324).

Copturus (Eucopturus) Papei n. sp. **Heller** (Ann. Belg. 48. p. 292) u. *C. spinithorax* n. sp. (p. 393) Brasilien.

Corigetus Paviei Aur. 1891 wiederholte **Aurivillius** (Miss. Pavia III p. 114), *C. lineatus* Aur. 1891 (p. 115).

Cosmogaster, Cossinoderus siehe Faust p. 295, 292.

Cossonus camerunus n sp. **Heller** (Ent. Tids. 25. p. 200) Kamerun. — *C. corvinus* n. sp. **Hartmann** (Deut. ent. Z. 1904 p. 418) u. *C. brevinasus* n. sp. (p. 419) Ostafrika. – Siehe auch **Vitale** pag. 306.

Crisius dorsalis n. sp. **Broun** (Ann. Mag. nat. Hist. XIV p. 123) Neu-Seeland.

Cryptoderma lobatum n. sp. **Ritsema** (Nat. Leyd. Mus. 25. p. 169) Sumatra.

Cyclobarus foveicollis n. sp. **Desbrochers** (Frelon XII p. 59) Algier.

Cyclomaurus subfuscus n. sp. **Pic** (Ech. 20. p. 91) Algier.

Cyclomus siehe **Marshall** pag. 302.

Cylindrocopturus siehe *Copturodes.* — *Cylindropterus* siehe **Faust** p. 297.

Cylindromus Aur. 1891 wiederholt **Aurivillius** (Miss. Pavie III p. 117), *C. plumeus* Aur. 1891 (p. 117).

---

[1]) Diese Art ist zwar als alt bezeichnet (durch Hinzufügung eines Autornamens), scheint aber dennoch neu zu sein.

Cyphicerus nigrofasciatus Aur. 1891 wiederholt **Aurivillius** (Miss. Pavie III p. 118).

Cyphocleonus siehe **Faust** pag. 295.

Degorsia Champenoisii Bed. = *Stenopelmus rufinasus* Gyll. nach **Bedel** (Bull. Fr. 1904 p. 23).

Derelomus fasciatus n. sp. **Hartmann** (Deut. ent. Z. 1904 p. 406) u *D. pallidus* n. sp. (p. 407) Ostafrika.

Desmidophorus griseipes n. sp. **Fairmaire** (Ann. Belg. 48 p. 247) Madagascar, *centralis* Fairm. = *galericulus* Fairm. (p. 247). — *D. fasciatus* Aur. 1891 wiederholte **Aurivillius** (Miss. Pavie III p. 124).

Dicasticus lateralis n. sp. **Hartmann** (Deut. ent. Z. 1904 p. 375) Usambara.

Dichelotrox n. gen. **Heller** (Ent. Tids. 25. p. 193), *D. bimbianus* n. sp. (p. 194 fig.) Kamerun.

Dichotrachelus Bensae Solar. u. *sardous* Solar. wiederholt abgedruckt von **Porta** (Riv. Col. ital. II p. 158, 159).

Dichthorrhinus albozebrinus n. sp. **Fairmaire** (Ann. Belg. 48. p. 252) Madagascar.

Dicranotropis siehe **Faust** pag. 293.

Dinocleus porcatus n. sp. **Casey** (Canad. Ent. 36. p. 321), *D. interruptus* n. sp. (p. 322) Utah, *D. mexicanus* n. sp. (p. 322) Mexico. — Siehe auch **Faust** p. 297.

Dinosius n. gen. **Fairmaire** (Ann. Belg. 48. p. 238), *D. asperipennis* n. sp. (p. 238) Madagascar.

Dionychus siehe **Champion** pag. 286.

Dryophthorus siehe **Vitale** pag. 306.

Echinocnemus gracilirostris n. sp. **Fairmaire** (ibid. p. 241). Madagascar.

Ectemnorhinus siehe **Enderlein** pag. 291.

Ellimenistes amoenus n. sp. **Hartmann** (Deut. ent. Z. 1904 p. 386) Ostafrika.

Elytrodon dilaticollis n. sp. **Pic** (Ech. 20. p. 10) Insel Cerigo. — *E. ferox* n. sp. **Daniel** (Münch. Kol. Z. II p. 82) Klein-Asien.

Engallus galactoderus n. sp. **Fairmaire** (Ann. Belg. 48. p. 239) Madagascar.

Entymetopus, Ephimeronotus, Epilectus siehe **Faust** pag. 294, 295, 293.

Epichthonius siehe **Marshall** pag. 302.

Epiphylax apicalis Fairm. gehört zu *Metialma* nach **Fairmaire** (Ann. Belg. 48. p. 248).

Epirhynchus siehe **Faust** pag. 294, 297.

Eremotes siehe **Vitale** pag. 306.

Esmelina, Essolithna, Ethemaia siehe **Lea** pag. 301.

Eucleonus siehe **Faust** pag. 297.

Eudipnus Raverae Solar. druckte nochmals ab **Porta** (Riv. Col. ital. II p. 158).

Euidosomus siehe **Reitter** pag. 305, *Eumecops* siehe **Faust** pag. 293.

Eurysternus, Eurymetopus siehe **Faust** pag. 294.

Eusomatulus siehe **Reitter** pag. 305.

Eusomus planidorsum n. sp. **Desbrochers** (Frelon XII p. 104) Caucasus, *Eu. Koenigii* n. sp. (p. 104) Caucasus, *Eu. grisescens* n. sp. (p. 104) Caucasus, *Eu. persicus* n. sp. (p. 104) Persien. — *Eu. persicus* Desbr. = *Beckeri* Tourn. nach **Reitter** (Wien. ent. Z. 23. p. 259). — Siehe auch **Desbrochers** pag. 291 u. **Reitter** pag. 305.

Euthyphasis, Eutinophaea, Evadodes, Evas siehe **Lea** pag. 300.

Exochus siehe *Epilectus*.

Foucartia notatipennis n. sp. **Pic** (Ech. 20. p. 50) mit var. *subobliterata* n. var. (p. 50) Zante.

Gasteroclisus siehe Desbrochers pag. 291.

Gonocleonus siehe Faust pag. 293.

Gonoropterus n. gen. *spinicollis* n. sp. **Broun** (Ann. Mag. nat. Hist. XIV p. 122) Neu-Seeland.

Hectaeus n. gen. **Broun** (Ann. Mag. nat. Hist. XIV p. 124), *H. rubidus* n. sp. (p. 125).

Heliophilus siehe *Sciaphobius*.

Heterostylus elongatus n. sp. **Hartmann** (Deut. ent. Z. 1904 p. 374) Ostafrika.

Hexarthrum siehe Vitale pag. 306.

Hipporhinus siehe Marshall pag. 302.

Holonychus curtipennis n. sp. **Fairmaire** (Ann. Belg. 48. p. 237) Madagascar.

Homoetrachelus siehe Lea p ag. 300.

Hypera oblonga Sch. von *H. ovalis* Sch. verschieden nach **Solari** (Ann. Mus. Gen. 41 p. 536). — *H. abrutiana* n. sp. **Desbrochers** (Frelon XII p. 63) Italien, — wiederholt abgedruckt von **Porta** (Riv. Col. ital. II p. 162).

Hyphaeria siehe Lea pag. 301.

Hypolixus paulonotatus n. sp. **Pic** (Ech. 20. p. 36) Algier. — Siehe auch *Lixus*, Desbrochers pag. 304 u. Petri pag. 290.

Hypophylax n. nom. **Fairmaire** (Ann. Belg. 48. p. 241) für *Stenophylax* Fairm. nec Kolenati (*Phrygan.*).

Ileomus siehe Desbrochers pag. 291 u. Petri pag. 304.

Inophloeus sternalis n. sp. **Broun** (Ann. Mag. nat. Hist. XIV p. 111), *I. discrepans* n. sp. (p. 112) u. *I. longicornis* n. sp. (p. 113) Neu-Seeland.

Ischnotrachelus siehe Heller pag. 299.

Isomerus siehe Faust pag. 293.

Isomicrus n. gen. **Hartmann** (Deut. ent. Z. 1904 p. 413), *I. castaneus* n. sp. (p. 414) Ostafrika.

Koenigius siehe Faust pag. 292.

Laemosaccus siehe Lea pag. 301.

Laparocerus obesulus n. sp. **Desbrochers** (Frelon XII p. 63) Madeira.

Larinus zancleanus n. sp. **Vitale** (Riv. Col. it. II p. 128) Sicilien.

Leptops siehe Lea pag. 301.

Leucochromus, Leucomigus, Leucosomus siehe Faust pag. 292, 296, 293.

Limnobaris lineigera n. sp. **Hartmann** (Deut. ent. Z. 1904 p. 415) Ostafrika.

Liocleonus siehe Faust pag. 296.

Lithinus Perrieri n. sp. **Fairmaire** (Ann. Belg. 48. p. 242) u. *L. parcelacteus* n. sp. (p. 242) Madagascar.

Lixomorphus siehe Faust pag. 297.

Lixus gigas n. sp. **Fairmaire** (Ann. Belg. 48. p. 243), *L. floccosus* n. sp., *L. albicornis* n. sp., *L. dorsotinctus* n. sp. (p. 244), *L. bituberosus* n. sp. (p. 245) u. *L. humerosus* n. sp. (p. 246) Madagascar. — *L. (Hypolixus) impressifrons* n. sp. **Petri** (Ann. Mus. Hungr. II p. 233), *L. subdentatus* n. sp. (p. 233) u. *L. Xantussii* n. sp. (p. 234) Borneo, *L. semilunatus* n. sp. (p. 235) Madeira, *L. coloratus* Petri (p. 235 [1]) Turkestan — *L. (Hypolixus) denticollis* n. sp.

---

[1] Irrthümlich als „n. sp." bezeichnet (vergl. Petri pag. 304).

Petri (Wien. ent. Z. 23. p. 65) Syrien, — *L.* (s. str.) *pubirostris* n. sp. (p. 65),
Klein-Asien, *A. rectodorsalis* n. sp. (p. 66) Mardin, *L. macer* n. sp. (p. 67)
Tonja, *L. convexicollis* n. sp. (p. 67) Caucasus, *L. amplirostris* n. sp. (p. 68)
Akbes, *L. colchicus* n. sp. (p. 69) Caucasus, *L. ibis* n. sp. (p. 69) Syrien, *L.
obesus* n. sp. (p. 70) Caucasus, *L. baculiformis* n. sp. (p. 71) Caucasus, *L. bifasciatus* n. sp. Samarkand, *L. Apfelbeckii* n. sp. (p. 72) Ungarn, *L. operculifer* n.
sp. (p. 73) Caucasus, *L. noctuinus* n. sp. (p. 74) Caucasus, *L. polylineatus* n.
sp. (p. 74) Transcaucasien, *L. gibbirostris* n. sp. (p. 76) Griechenland, *L. Korbii*
n. sp. (p. 76) Anatolien, *L. ulcerosus* n. sp. (p. 77) Sicilien, Spanien, Marocco.
— *L. caffrarius* n. nom. **Csiki** (Wien. ent. Z. 23. p. 85) für *carinicollis* Fåhr.
nec Sch., *L. Petrii* n. nom. (p. 85) für *L. macer* Petri nec Lec., *L. Fåhraei*
n. nom. (p. 85) für *L. hypocrita* Fåhr. nec Chvr. — *L. Weisei* n. sp. **Hartmann** (Deut. ent. Z. 1904 p. 390) Ostafrika. — *L. tunisiensis* n. sp. **Desbrochers** (Frelon XII p. 60) u. *L. confusus* n. sp. (p. 61) Tunis, *L. inermi-
pennis* n. sp. (p. 62) Kleinasien. — Siehe auch D e s b r o c h e r s pag. 290 u.
P e t r i pag. 304.

Mamuchus n. gen. *squamosopictus* n. sp. **Fairmaire** (Ann. Belg. 48. p. 249),
M. inornatus n. sp. (p. 250) Madagascar.

Mandalotus, Matesia siehe L e a pag. 301, 300. — *Mecaspis* siehe F a u s t pag. 295.
Mechistocerus siehe H e l l e r pag. 300.

Mecysmoderus rhomboidalis Aur. 1891 wiederholte **Aurivillius** (Miss. Pavie III
p. 124).

Medicasta siehe L e a pag. 301.

Megarhinus tanganus n. sp. **Hartmann** (Deut. ent. Z. 1904 p. 402), *M. distinctus*
n. sp. (p. 403), *M. frater* n. sp. (p. 404) u. *M. interstitialis* n. sp. (p. 405)
Ostafrika.

Meira Amorei n. sp. **Solari** (Ann. Mus. Gen. p. 526) Abruzzen. — *M. variegata*
Solar. neu abgedruckt von **Porta** (Riv. Col. ital. II p. 155)

Menecleonus, Mesocleonus siehe F a u s t pag. 293, 294.

Mesites siehe V i t a l e pag. 306.

Metallites aquisextanus n. sp. **Abeille** (Bull. Fr. 1904 p. 280) Frankreich, dichot.
Tab. über 11 Arten (p. 280—281).

Methypora siehe Lea pag. 300.

Metialma neptis n. sp. **Heller** (Ent. Tids. 25. p. 196) Kamerun. — *M. usambarica*
n. sp. **Hartmann** (Deut. ent. Z. 1904 p. 412) Ostafrika. — *M. pusilla* n. sp.
Fairmaire (Ann. Belg. 48. p. 248) Madagascar.

Miarus Abeillei Desbr, unterschied von *M. campanulae* **Deville** (Ab. XXX p. 202).
Microcleonus siehe Desbrochers pag. 290, Faust pag. 293 u. *Paralixus.*
Mimus usambaricus n. sp. **Hartmann** (Deut. ent. Z. 1904 p. 417) Ostafrika.
Molytophilus n. gen. *carinatus* n. sp. **Hartmann** (Deut. ent. Z. 1904 p. 388)
Ostafrika.

Monolophus siehe F a u s t pag. 292.

Mylacus nitidulus n. sp. **Vitale** (Riv. Col. ital. II p. 126) Italien.

Myllocerus plebejus n. sp. **Hartmann** (Deut. ent. Z. 1904 p. 387) Ostafrika. —
M. raddensis n. sp. **Pic** (Ech. 20. p. 34) mit var. *obscuricolor* n. var. (p. 34)
Sibirien. — *M. crassicornis* n. sp. **Desbrochers** (Frelon XII p. 105) Klein-
Asien. — Siehe auch Lea pag. 300.

Nanophyes spinicrus n. sp. **Fairmaire** (Ann. Belg. 48. p. 250), *N. magnus* n. sp. (p. 250) Madagascar.

Nemoxenus, Neocleonus siehe **Faust** pag. 295, 293.

Neosyagrius n. gen. **Lea** (Agr. Gaz. N. S. Wales XV p. 515) *cordipennis* n. sp. (p. 516) Sidney.

Nomimonyx siehe Faust pag. 294.

Nycterorhinus n. gen. *ebenus* n sp. **Fairmaire** (Ann. Belg. 48. p. 252).

Ochtharthrum Aurivillii n. sp. **Heller** (Ent. Tids. 25. p. 178) Kamerun.

Oditesus siehe Lea pag. 301.

Omias haifensis n. sp. **Formanek** (Münch. Kol. Z. II p. 298) Syrien, *O.* (*Urometopus*) *ferrugineus* n. sp. (p. 299) Astrabad. — Siehe auch **Formanek** pag. 298.

Omotemnus rhinocerus Chvr. 1883 ♀ beschrieb **Aurivillius** (Miss. Pavie III p 126).

Oosomus siehe **Faust** pag. 295.

Ophthalmorychus siehe Lea pag. 300.

Oreocharis ferruginea n. sp. **Broun** (Ann. Mag. nat. Hist. XIV p. 120), *O. pullata* n. sp. (p. 121) Neu-Seeland.

Origenes siehe **Marshall** pag. 303.

Orthochaetes alpicola n. sp. **Daniel** (Münch. Kol. Z. II p. 26), — italienische Uebersetzung von **Fiori** (Riv. Col. ital. II p. 226). — *O. insignis* Aub. u. 3 andere Arten unterschied (nach **Bedel**) dichotomisch **Vitale** (Riv. ital Sc. nat. 1902 p. ?, separ. p. 7). — Siehe auch *Styphlus.*

Osphilia ikuthana n. sp. **Heller** (Ann. Belg. 48. p. 290) Ost-Afrika.

Otiorhynchus (*Arammichnus*) *amanus* n. sp. **Reitter** (Wien. ent. Z. 23. p. 159) Kleinasien. — *O. alutaceus* var. *angustior* Müll. 1902 besprach **Müller** (Wien. ent. Z. 23. p. 175) — *O. cordiniger* var. *brattiensis* n. var. **Müller** (Münch. Kol. Z. II p. 209). — *O. caesipes* Muls. unterschied von *O. Simonis* Bed. **Deville** (Ab. XXX p. 195). — *O. Lazarevicii* n. sp. **Csiki** (Ann. Mus. nat. Hung. II p. 591[1]) Serbien. — *O. armatus* Sch. var. *romanus* Sch. subvar. *minor* n. subvar. **Vitale** (Nat. Sicil. XVII p. 24) Sicilien, *O. rhacusensis* Germ. var. *nigripes* n. var. **Ragusa** (ibid. p. 21) Sicilien. — *O. Beauprei* n. nom. **Solari** (Ann. Mus. Gen. 41. p. 536), *O. albocoronatus* Stierl. = *Peritelus nigrans* (p. 536). — *O. nigerrimus* Solar., *Doderonis* Solar. u. *Gestronis* Solar. neu abgedruckt von **Porta** (Riv. Col. ital. II p. 153, 154, 155). — *O. ligneoides* Stierl. u. *O. rufiventris* Stierl. neu abgedruckt von **Fiori** (ibid. p. 228).

Oxystoma laeviuscula n. sp. **Desbrochers** (Frelon XII p. 58) Algier.

Pachycerus siehe **Faust** pag. 294.

Pachyprypnus modicus n. sp. **Broun** (Ann. Mag. nat. Hist. XIV p. 117) Neu-Seeland.

Paralixus n. nom. **Csiki** (Wien. ent. Z. 23. p. 85) für *Microcleonus* De sbr 1904 (April) nec Faust 1904 (Januar). — Siehe auch *Perilixus* u. **Desbrochers** pag. 290 Anm.

Paraplesius n. gen. *plebejus* n. sp. **Hartmann** (Deut. ent. Z. 1904 p. 376) Ostafrika.

Pelororhinus siehe **Lea** pag. 301.

---

[1]) Der Name wird wahrscheinlich *Lazarevitschii* geschrieben werden müssen

Pentarthrum crassellum n. sp. **Broun** (Ann. Mag. nat. Hist. XIV p. 123) Neu-
Seeland.

Pentatropis siehe **Faust** pag. 292.

Pephricus siehe *Essolithna.*

Per i l i x u s n. nom. **Csiki** (Zool. Anz. 28. 1904 p. 267 [1]) für *Paralixus* Csiki
1904 nec Desbr. 1904.

Peritelus siehe *Otiorhynchus.*

Phaulosomus siehe **Faust** pag. 293.

Philacta maculifera n. sp. **Broun** (Ann. Mag. nat. Hist. XIV p. 119) Neu-Seeland,

Phillixus siehe **Petri** pag. 304.

Phylaitis sanguinosa n. sp. **Fairmaire** (Ann. Belg. 48. p. 248) Madagascar.

Phyllobius italicus Solar., *lucanus* Solar. u. *Raverae* Solar. druckte nochmals ab
Porta (Riv. Col. ital. II p. 156, 157).

Phytonomus Horvathii n. sp. **Csiki** (Ann. Mus. nat. Hung. II p. 592) Serbien. —
Ph. depressidorsum n. sp. **Desbrochers** (Frelon XII p. 59), *Ph. strictus* u. sp.
(p. 60) Caucasus.

Phytoscaphus interstitialis Aur. 1891 wiederholte **Aurivillius** (Miss. Pavie III
p. 119), *Ph. setosus* Aur. 1891 (p. 119).

Piezotrachelus foveicollis n. sp. **Hartmann** (Deut. ent. Z. 1904 p. 398) u. *P. vicinus*
n. sp. (p. 399) Ostafrika.

Plagiographus siehe **Faust** pag. 296.

Platycopes globulus n. sp. **Fairmaire** (Ann. Belg. 48. p. 239) Madagascar.

Platyomida brevicornis n. sp. **Broun** (Ann. Nat. Hist. XIV p. 107) Neu-Seeland.

Plectromodes Cas. = *Sternechus* nach **Casey** (Canad. Ent. 36. p. 324).

Pleurocleonus siehe **Faust** pag. 292.

Polydrosus (Chaerodrys) cresssius n. sp. **Pic** (Ech. 20 p. 4) Kreta, *P. Moricei*
Pic von *P. insignis* Dau. verschieden (p. 4). — *P. (Chaer.) cressius* Pic nach
Reitter (Wien. ent. Z. 23. p. 83) = *pictus* Stierl. und nach **Pic** (Bull. Fr.
1904 p. 217) = *pictus* var. — *P. (Chaerodrys) Manteronis* Sol. ♂ beschrieb
Solari (Ann. Mus. Gen. 41. p. 536), *P. lateralis* Gyll. var. *inermis* n. var. (p. 527)
Ligurien. — *P. (Chaerodr.) Manteronis* Solar. druckte nochmals ab **Porta**
(Riv. Col. ital. II p. 158). — *P. alveolus* Desbr. Heyd. 1870 wiederholt ab-
gedruckt durch **Fuente** (Bol. Esp. IV p. 386).

Polyphrades siehe **Lea** pag. 301.

Porocleonus siehe **Faust** pag. 292.

Pp a r c h u s n. gen. *Lewisii* u. sp. **Broun** (Ann. Mag. nat. Hist. XIV p. 114) Neu-
Seeland.

Prionolixus siehe **Desbrochers** pag. 290. — *Prionorhinus* siehe **Faust** pag. 293.

Procas sibiricus n. sp. **Pic** (Ech. 20. p. 27) Sibirien, *Pr. fastidiosus* n. sp. (p. 93)
Tunis.

Prosayleus siehe **Lea** pag. 300.

Pseudocleonus siehe **Faust** pag. 295. — *Pseudolixus* siehe pag. 290 Anm.

Pseudomimus corpulentus n. sp. **Hartmann** (Deut. ent. Z. 1904 p. 416) Usambara.

P s e u d o s t r o m b o r r h i n u s n. gen. **Heller** (Ent. Tids. 25. p. 191 „*Pseudo-*
stroborrhinus" err. typ.), *Ps. dorsalis* n. sp. (p. 192 fig.) Kamerun.

---

[1] Diese Namensänderung ist nicht zulässig, da **Desbrochers** *Paralixus*
als Druckfehler ebenso fortfällt wie *Pseudolixus.* Vergl. pag. 290, 291 Anm.

Ptochus cretensis n. sp. **Pic** (Ech. 20. p. 4) Creta. — *Pt. (Argoptochus) ophthal-micus* n. sp. **Daniel** (Münch. ent. Z. II p. 83) Italien, — italienische Ueber-setzung von **Fiori** (Riv. col. italiana II p. 223).

Pycnodactylus, Rhabdorhynchus siehe **Faust** pag. 293, 295.

Rhadinomerus siehe **Heller** pag. 300.

Rhadinosomus, Rhinaria siehe **Lea** pag. 300, 301.

Rhinocles modestus n. sp. **Heller** (Ent. Tids. 25. p. 199 fig.) Kamerun.

Rhinomias siehe **Formanek** pag. 298.

Rhyncholus siehe **Vitale** pag. 306.

Rhypastus n. gen. **Fairmaire** (Ann. Belg. 48. p. 239), *Rh. truncatulus* n. sp. (p. 240) Madagascar.

Rhyssommatus siehe **Champion** pag. 287.

Rhytiphloeus ovipennis n. sp. **Fairmaire** (Ann. Belg. 48. p. 240) u. *Rh. holo-nychinus* n. sp. (p. 241) Madagascar.

Sciaphilus diversepubens n. sp. **Pic** (Ech. 20. p. 91), *Sc. dividuus* n. sp. (p. 91), *St. nitens* n. sp. u. *Sc. minutissimus* n.s p. (p. 92) Algier.

Sciaphobus n. nom. **Daniel** (Münch. Kol. Z. II p. 86) für *Heliophilus* Fst. nec Meig., *Sc. psittacinus* n. sp. (p. 85) Italien, — italienische Uebersetzung von **Fiori** (Riv. Col. ital. II p. 226).

Sclerosomus 'siehe **Champion** pag. 286.

Scotoephilus n. gen. *odiosus* n. sp. **Hartmann** (Deut. ent. Z. 1904 p. 411).

Scythropus eusomoides n. sp. **Desbrochers** (Frelon XII p. 107) Marocco.

Sepiomus Aur. 1891 wiederholte **Aurivillius** (Miss. Pavie III p. 116), *S. frontalis* Aur. 1891 (p. 117), *S. tuberculatus* Aur. (p. 1891 (p. 117).

Solenopus siehe **Champion** pag. 286.

Sphenophorus siehe **Chittenden** pag. 289.

Sphrigodes variegatus n. sp. **Hartmann** (Deut. ent. Z. 1904 p. 383) Ostafrika u. *Sphr. vicinus* n. sp. (p. 385).

Stenolandra n. gen. *lacteostrigata* n. sp. **Fairmaire** (Ann. Belg. 48. p. 254) Madagascar.

Stenopelmus rufinasus Sch. besprach **Bedel** (Bull. Fr. 1904 p. 23). — Siehe auch *Degorsia.*

Stephanocleonus, Stephanophorus siehe **Faust** pag. 296, 293.

Stereonychus siehe *Cionus* u. **Reitter** pag. 305.

Sternechus siehe *Plectromodes.*

Stomodes Amorei n. sp. **Desbrochers** (Frelon XII p. 64) Italien, — wiederholt abgedruckt von **Porta** (Riv. Col. ital. II p. 163).

Stramia siehe **Marshall** pag. 303.

Styphlus corcyreus Reitt. (*Adexius*) beschrieb ausführlich **Vitale** (Riv. ital. Sc. nat. 1902 p. ? separ. p. 8).

Sympiezomias basalis Aur. 1891 wiederholte **Aurivillius** (Miss. Pavie III p. 112), *S. setosus* Aur. 1891 (p. 113).

Synaptoplus dentipennis n. sp. **Hartmann** (Deut. ent. Z. 1904 p. 370) Ostafrika.

Systates collaris n. sp. **Hartmann** (Deut. ent. Z. 1904 p. 377), *S. denticollis* n. sp. u. *S. tuberculifer* n. sp. (p. 379) Ostafrika.

Tanymecus piliscapus Aur. 1891 wiederholte **Aurivillius** (Miss. Pavie III p. 113). — *T. crassicornis* n. sp. **Solari** (Ann. Mus. Gen. 41. p. 527) Rom.

Tapinomorphus n. gen. *setosus* n. sp. **Hartmann** (Deut. ent. Z. 1904 p. 372)
u. *T. metallicus* n. sp. (p. 373) Ostafrika.
Temnorhinus, Tetragonothorax siehe **Faust** pag. 294, 292.
Thylacites Laufferi n. sp. **Desbrochers** (Frelon XIII p. 37) Spanien, *Th. Barrosii*
n. sp. (p. 38) Portugal, *Th. minimus* n. sp. (p. 39) Bosnien, *Th. umbrinus*
Sch. ♀ (p. 40). — *Th. inflaticollis* Fairm. 1879 u. *Th. Fuentei* Desbr.
wiederholt abgedruckt durch **Fuente** (Bol. Esp. IV p. 387, 388).
Tigones dispar n. sp. **Broun** (Ann. Mag. nat. Hist. XIV p. 107) Neu-Seeland.
Timorus maximus n. sp. **Heller** (Ann. Belg. 48. p. 294) Brasilien.
Titinia siehe **Lea** pag. 300.
Tocris n. gen. **Broun** (Ann. Mag. nat. Hist. XIV p. 115), *T. latirostris* n. sp.
(p. 116) Neu-Seeland.
Trachydesmus, Trichocleonus siehe **Faust** pag. 297, 292.
Tychius nigricollis var. *trilineatus* n. var. **Pic** (Ech. 20. p. 50) Algier, *T. Lepri-*
eurii n. sp. (p. 82) Algier, *T. hypaetrus* Tourn. var. *akbesianus* n. var. (p. 82)
Syrien.
Urometopus siehe **Formanek** pag. 298.
Xanium siehe **Enderlein** pag. 291.
Xanthochelus, Xenomacrus siehe **Faust** pag. 297, 293.
Xynaea siehe **Lea** pag. 301.
Yuccaborus lentiginosus n. sp. **Casey** (Canad. Ent. 36. p. 323) Texas.
Zantes convexicollis n. sp. **Fairmaire** (Ann. Belg. 48. p. 246) u. *Z. rufinus* n. sp.
(p. 246) Madagascar.
Zephryne siehe **Lea** pag. 301.
Zurus spilothorax n. sp. **Heller** (Ann. Belg. 48. p. 291) Brasilien.

Fam. Scolytidae.

(5 n. g., 66 n. sp.).

Bergmiller 1, Blandford 1, Bronovski 1, Broun 1, Chapman 1,
Egger 1, Enderlin 1, Formanek 3, Fuchs 1, 2, Ganglbauer 4,
Gerhard 2, 6, Hagedorn 1—6, Hopkins 2, Knoche 1, Lea 2,
Newell 1, Nüsslin 1, Pietsch 1, Powell 1, Quairrière 1, Rudow 1,
Schnee 1, Severin 1, 3, 6, Severin & Brichet 1, Spaulding 1,
Ssemënow 2, Symons 1, Uyttenboogaart 4, Xambeu 3b.

Morphologie.

Powell (1) untersuchte die Flügelbildung bei *Tomicus plasto-*
graphus Lec. u. *Dendroctonus valens* Hopk. histologisch.

Biologie.

Xambeu (3b) beschrieb die Larve u. die Puppe von *Diamerus*
hispidus Kl. (p. 137) u. von einem *Scolytiden*, genus? (p. 139).
Bergmiller (1) berichtete über *Dendroctonus micans* u. *Rhizo-*
phagus grandis.

Nüsslin (1) behandelte die Generationsfrage.
Quairrière (1), **Severin** (1, 6), **Severin & Brichet** (1) handelten über *Dendroctonus micans.*

Hagedorn (4) beschrieb die Larve von *Coccotrypes Eggersii* n. sp. (fig. 2—12), fand *Xyleborus perforans* in den Nüssen von *Phytelephas* (p. 449) u. (5a) beschrieb die Bruträume von *Cryphalus Grothii* (p. 372—373 fig. 1, 2).

Knoche (1) behandelte die Biologie von *Hylesinus piniperda* u. *Fraxini* und von *Tomicus typographus.*

Rudow (1) behandelte die „Wohnungen" der *Scolytiden.*

Hopkins (2) gab photographische Abbildungen von Fraassstücken zahlreicher *Scotyliden.* (22 tabb.).

Symons (1) berichtete über *Scolytus rugulosus* Ratz. als Schädling.

Severin (3) handelte über *Myelophilus piniperda* u. *minor.*

Powell (1) gab eine Notiz über die Biologie von *Dendroctonus valens* (p. 239), u. behandelte ausführlicher die Biologie von *Tomicus plastographus* (p. 238).

Spaulding (1) berichtete über pilzzüchtende *Scolytiden.*

Chapman (1) behandelte die Biologie von *Xyleborus dispar* (p. 100—102 fig. 1—5).

Newell (1) berichtete über *Scolytus rugulosus* u. *Dendroctonus frontalis* als Schädlinge.

Geographisches.

Egger (1) führte 67 Arten aus Hessen auf, **Formanek** (3) behandelte die *Scolytiden* der Sudetenländer.

Strand (2) fand *Tomicus cembrae* in Norwegen.

Pietsch (1) berichtete über *Pityophthorus micrographus* u. *macrographus* in Schlesien.

Enderlin (1) berichtete über *Scolytiden* in Graubünden, **Fuchs** (1) über die der bayerischen Hochebene.

Gerhardt (2, 6) berichtete über *Polygraphus grandiclava* Thms. aus Schlesien.

Ssemënow (2) berichtete über das Vorkommen von *Scolytus ensifer* in Russland.

Ganglbauer (4) führte 17 Arten von der Insel Meleda auf (p. 660).

Lea (2) führte 7 Arten aus Australien auf, von denen 1 *Hylesinus* u. 1 *Platypus* neu.

Schnee (1) führte 1 Art von den Marshall-Inseln auf.

Systematik.
Umfassende Arbeiten.
Blandford.
Biologia Centrali-Americana. *Coleoptera.* IV. 6.
Scolytidae.
(p. 225—280 tab. VIII).

Die Fortsetzung von 1898 (1) bringt bei den 3 grösseren Gattungen (*Pityophthorus, Corthylus, Pterocyclon*) dichotomische Begründungen der Arten u. zwar bei den 2 letztgenannten für ♂♂ u. ♀♀ gesondert. Auch die Gattungen der 3 behandelten Gruppen sind jedesmal dichotomisch auseinandergesetzt.

Die behandelten Gattungen u. Arten.
Hylocurus spinifex n. sp. (p. 225 tab. VII pg. 23).

4. *Cryphali.*
Cryphalus jalapae.
Hypothenemus erectus Lec., *H. validus* n. sp. (p. 228), *H. eruditus* Westw., *H. laevigatus* n. sp. (p. 230).

5. *Pityophthori.*
(5 gen. p. 231).

Styphlosoma n. gen. (p. 231) *granulatum* n. sp. (p. 232 tab. VII fig. 24).
Dendroterus n. gen. (p. 231) *mexicanus* n. sp. (p. 233 fig. 25), *D. Sallaei* n. sp. (p. 233).
Pityophthorus mit 19 Arten (p. 235—236): *P. nigricans* n. sp. (p. 235, 236), *P. amoenus* n. sp., *P. confusus* n. sp. (p. 235, 237), *P. poricollis* n. sp., *P. cacuminatus* n. sp. (p. 235, 238), *P. guatemalensis* n. sp. (p. 235, 239), *P. diglyphus* n. sp. (p. 235, 240), *P. obtusipennis* n. sp. (p. 236, 240), *P. timidus* n. sp., *P. confinis* n. sp. (p. 236, 241), *P. cincinnatus* n sp., *P. obsoletus* n. sp. (p. 236, 242), *P. pubipennis* Lec., *P. incompositus* n. sp. (p. 236, 243), *P. carinifrons* n. sp., *P. politus* n. sp. (p. 236, 244), *P. Deyrollei* n. sp., *P. incommodus* n. sp. (p. 236, 245).
Gnathotrichus consentaneus n. sp. (p. 247) tab. VII fig. 26), *Gn. bituberculatus* n. sp. (p. 248).

6. *Corthyli.*
(7 gen. p. 251).

Corthylus mit 13 Arten (p. 253 ♂♂, 254 ♀♀): *C. compressicornis* Fbr. (p. 255 tab. VIII fig. 1), *C. flagellifer* n. sp. (p. 253, 254, 255 fig. 2), *C. luridus* n. sp. (p. 254, 256 fig. 4), *C. ptyocerus* n. sp. (p. 253, 255, 257 fig. 5, 6), *C. comatus* n. sp. (p. 254, 258 fig. 7), *C. castaneus* Ferr., *C. Redtenbacheri* Ferr., *C. panamensis* n. sp. (p. 253, 254, 259 fig. 8), *C. rubricollis* n. sp. (p. 253, 254, 260 fig. 9), *C. collaris* n. sp. (p. 253, 261), *C. parvulus* n. sp. (p. 253, 261), *C. fuscus* n. sp. (p. 254, 262), *C. discoideus* n. sp. (p. 253, 262).
Metacorthylus n. gen. (p. 251) *nigripennis* n. sp. (p. 263 tab. VIII fig. 10).
Brachyspartus ebeninus n. sp. (p. 265 fig. 11), *Br. barbatus* n. sp. (p. 265 fig. 12).
Glochinocerus n. gen. (p. 251) *retusipennis* n. sp. (p. 266 tab. IX fig. 1), *G. gemellus* n. sp. (p. 267).

Pterocyclon mit 15 Arten (p. 269—270 ♂♂, p. 270—271 ♀♀): *Pt validum* Ferr., *Pt. melanura* n. sp. (p. 270, 272 tab. VIII fig. 13), *Pt. praeruptum* n. sp. (p. 270, 273 fig. 14), *Pt. tomicoides* n. sp. (p. 273, fig. 15), *Pt. Hoegei* n. sp. (p. 270, 274), *Pt. umbrinum* n. sp. (p. 271, 275), *Pt. consimile* n. sp. (p. 271, 275), *Pt. difficile* n. sp. (p. 271, 276), *Pt. luctuosum* n. sp. (p. 270, 276), *Pt. bidens* n. sp. (p. 270, 277 fig. 16), *Pt. glabrifrons* n. sp. (p. 270, 278), *Pt. punctifrons* n. sp. (p. 270, 271, 278), *Pt. mali* Fitch. (*longulum* Eichh.), *Pt. cordatum* n. sp. (p. 271, 279), *Pt. terminatum* n sp. (p. 270, 280 tab. VIII fig. 17), *Pt. egenum* n. sp. (p. 270, 280), *Pt. sulcatum* n. sp. (p. 269[1]), *Pt. laterale* (fig. 18), *Pt. bispinum* (fig. 19), *Pt. vittatum* (fig. 20), *Pt. lobatum* (fig. 21, 22), *Pt. Ferrarii* (fig. 23), *Pt. fimbriaticorne* (fig. 24[2]).

Formanek.

(Die Borkenkäfer der Sudetenländer).

(Verb. des nat. Klubs Prosnitz III p. 119—145).

Diese, dem Ref. nicht zugängliche Publikation scheint, nach dem Umfang von 26 pp. zu urtheilen, keine blosse Aufzählung, sondern eine umfassende Bearbeitung zu sein. (Tschechisch).

Einzelbeschreibungen.

Amasa thoracica Lea = *Xyleborus truncatus* Er. (*Tomicus*) nach **Lea** (Pr. Linn. Soc. N. S. Wales 29. p. 106).

Apate collaris French = *Xyleborus solidus* Eichh. nach **Lea** (ibid. p. 106).

Brachyspartus siehe Blandford pag. 318.

Coccotrypes Eggersii n. sp. **Hagedorn** (Allg. Z. Ent. IX p. 447) in importirten Steinnüssen.

Corthylus siehe Blandford pag. 318.

Cryphalus (*Trypophloeus*) *granulatus* Ratz. beschrieb **Hagedorn** (Münch. Kol. Z. II p. 229), var. *Tredli* n. var. (p. 232) Ostpreussen, *Cr. asperatus* Gyll., (*binodulus* Ratz.) (p. 230), *Cr. Grothii* n. sp. (p. 232) Hamburg u. Württembg.

Dendroterus, Glochinocerus, Gnathotrichus siehe Blandford pag. 318.

Hylesinus Fici n. sp. **Lea** (Pr. Linn. Soc. N. S. Wales 29. p. 103 tab. IV fig. 15) Australien.

Hylocurus, Hypothenemus siehe Blandford pag. 318.

Ips siehe *Tomicus*.

Mesoscolytus n. gen. **Broun** (Ann. Mag. nat. Hist. XIV p. 125), *M. inurbanus* n. sp. (p. 126) Neu-Seeland.

Pithyophthorus siehe Blandford pag. 318.

Platypus omnivorus n. sp. **Lea** (Pr. Linn. Soc. N. S. Wales 29. p. 104) Tasmanien, *Pl. australis* Chap. ♀ (p. 105).

Pterocyclon siehe Blandford oben.

Pteleobius vittatus Fbr. ♂ beschrieb **Uyttenboogaart** (Ent. Ber. Nederl. I p. 143).

---

[1] Nur in der dichotomischen Tabelle, die ausführliche Beschreibung erst 1905.

[2] Die letzten 6 nur abgebildet, erst 1905 beschrieben.

Scolytoplatypus fasciatus n. sp. **Hagedorn** (Stett. ent. Z. p. 405) Kafferland,
Sc. permirus Schf, *muticus* Hagd., *raja*, *Micado*, *daimio* u. *siomia* Bland.
besprochen (p. 408—410), die Gattungsbeschreibung berichtigt (p. 406—407,
411—412 [1]), Aufzählung aller (14) Arten (p. 413). — *Sc. hamatus* n. sp.
Hagedorn (Ins. Börse 1904 p. 260 fig. 1--4) Java. — *Sc. pubescens* n. sp.
Hagedorn (Bull. Mus. Par. 1904 p. 123) u. *Sc. minimus* n. sp. (p. 125) Indien,
Sc. muticus n. sp. (p. 124) Japan
Scolytus unispinosus Schev. 1890 nec Lec. = *Sc. Jaroschevskii* Schev. 1893 nach
Ssemënow (Rev. russe d'Ent IV p. 38), *Sc. pruni* Ratz. (*piri* Ratz.,
castaneus Ratz. = *Sc. mali* Bechst. nach Schevyrev 1893 (p. 38), *Sc.
ventricosus* Reitt. = *ventrosus* Schev. (p. 38).
Styphlosoma siehe Blandford pag. 318.
Tomicus curvidens besprach mit seinen Variationen **Bargmann** (All. Z. Ent.
IX p. 262 fig. 1—5, *Ips*), *T. spinidens* Reitt. (fig. 6, 7, 8), *T. Vorontzovii*
Jac. (fig. 9). — Siehe auch *Amasa*.
Xyleborus hirtus n. sp. **Hagedorn** (Bull. Mus. Paris 1904 p. 126) Indien. —
Siehe auch *Amasa*, *Apate* u. *Xylopertha* (*Bostrychidae*).

Fam. *Brenthidae*.

Beyer 2, Heller 5, Sanderson 5.

Biologie.

Heller (5) beschrieb die Larve von *Brenthus lineicollis* (p. 397
tab. V fig. 8, 9, 10).
Beyer (2) beschrieb die Lebensweise von *Cylas formicarius* Fbr.,
Eupsalis minuta Drus., *Trachelicus miamana* Boh., *Vaseletia vaseleta*
Boh., *Brenthus anchorago* Linn. u. *Br. peninsularis* Horn.
Sanderson (5) handelte über *Cylas*.

Fam. *Anthribidae*.
(24 n. gen., 192 n. spp.)

Jordan 1, 2, 3, 5, Pic 23, Schaeffer 1, Schilsky 1.

Systematik.
Einzelbeschreibungen.

Acorynus tonkinianus n. sp. **Jordan** (Nov. Zool. XI p. 232) u. *A. mosonicus* n.
sp. (p. 232).
Allandrus indistinctus n. sp. **Jordan** (ibid. p. 242) Bolivien.
Anthrenosoma n. gen. **Jordan** (ibid. p. 281), *A. tibialis* n. sp., *A. Bohlsii* n. sp.
u. *A. Gounellii* n. sp. (p. 282) Süd-Amerika.

---

[1] Der Vorschlag des Autors den Gattungsnamen durch einen anderen zu
ersetzen, weil er „unglücklich gewählt" sei, ist aber, nach bekannten Nomen-
claturregeln, unannehmbar.

Anthribus macrocerus n. sp. **Jordan** (ibid. p. 235) Sikkim, *A. frontalis* n. sp.
(p. 235) Sumatra, *A. Wallacei* var. *philippinensis* n. var. u. var. *malaicus* n.
var. (p. 235), *A. planatus* n. sp. (p. 239) Goldküste, *A. farinatus* n. sp., *A.*
Gounellei n. sp. (p. 296), *A. laevipennis* n. sp., *A. picticollis* n. sp. (p. 297)
A. frenatus n. sp., *A. analis* n. sp. (p 298), *A. lineiger* n. sp., *A. collaris* n.
sp., *A. inaequalis* n. sp. (p. 299) u. *A plagiatus* n. sp. (p. 300) Süd-Amerika.
— *A. bipunctatus* n. sp. **Schaeffer** (J. N. York. ent. Soc. XII p. 235) u.
A. penicillatus n. sp. (p. 236) Texas, dichot. Tab. über 5 Arten (p. 236).

Apatenia poecila n. sp. **Jordan** (Ann. Mus. Gen. 31. p. 85) u. *A. gularis* n. sp.
(p. 86) Neu-Guinea.

Apolecta tonkiniana n. sp. **Jordan** (Nov. Zool. XI p. 236) Manson-Berge, *A. di-*
versa n. sp. (p. 237) Borneo.

Asemorhinus sportella n. sp. **Jordan** (ibid. p. 234) Sumatra.

Barra n. gen. **Jordan** (ibid. p. 274), *B. Gounellei* n. sp. (p. 275) Bahia.

Blaberops n. gen. **Jordan** (ibid. p. 238), *Bl. macrocerus* n. sp. (p. 239) Usambara.

Caccorhinus obscurus n. sp. **Jordan** (ibid. p. 236) Celebes.

Callanthribus n. gen. **Jordan** (Ann. Mus. Gen. 41. p. 82), *C. xanthomelas* n.
sp. (p. 83) Neu-Guinea.

Corrhecerus melaleucus n. sp. **Jordan** (Nov. Zool. XI p. 271) u. *C. aequalis* n. sp.
(p. 271) Süd-Amerika.

Dasyrhopala n. gen. *tarsalis* n. sp. **Jordan** (ibid. p. 272) Brasilien.

Dendrotrogus colligens var. *papuanus* n. var. **Jordan** (Ann. Mus. Gen. 41. p. 84)
Neu-Guinea.

Discotenes consors n. sp. **Jordan** (Nov. Zool. XI p. 272) Peru.

Domoptolis n. gen. **Jordan** ibid. (p. 252) für *Gymnognathus Menetriesii* Boh.

Doticus convexus n. sp. **Jordan** (Ann. Mus. Gen. 41. p. 90) u. *D. planatus* n. sp.
(p. 91) Neu-Guinea.

Epitaphius lunatus n. sp. **Jordan** (Nov. Zool. XI p. 240) Ost-Afrika.

Erotylopsis n. gen. **Jordan** (ibid. p. 308), *E. Pujolii* n. sp. (p. 309) Brasilien.

Eucorynus unicolor n. sp. **Jordan** (Ann. Mus. Gen. 41. p. 85) Ternate.

Eucyclotropis n. gen. *pustulata* n. sp. **Jordan** (Nov. Zool. XI p. 273) u. *Eu.*
striata n. sp. (p. 273) Brasilien, *Eu. Pylades* n. sp. (p. 274) Mexico.

Eugigas Harmandii Lesn. 1891 wiederholte **Lesne** (Miss. Pavie III p. 129
tab. VIII fig. 15, 16).

Eugonodes n. gen. *marmoreus* n. sp. **Jordan** (Nov. Zool. XI p. 302) u. *Eu. bre-*
virostris n. sp. (p. 302) Brasilien.

Eugonops n. gen. *Germainii* **Jordan** (ibid. p. 285) Bolivien, *Eu. clericus* n. sp.
(p. 285) Bahia.

Eugonus simplex n. sp. **Jordan** (ibid. p. 300), *Eu. tenuis* n. sp. (p. 300), *Eu. ro-*
bustus n. sp., *Eu. ornatus* n. sp. u. *Eu. particolor* n. sp. (p. 301) Süd-Amerika.

Euparius polius n. sp. **Jordan** (ibid. p. 303), *Eu. obesus* n. sp., *Eu. calcaratus* n.
sp. (p. 303), *Eu. molitor* n. sp., *Eu. similis* n. sp. (p. 304), *Eu. consors* n. sp.,
Eu. nodosus n. sp., *Eu. rufus* n. sp. (p. 305), *Eu. nigritarsis* n. sp. (p. 306),
Eu. albiceps n. sp., *Eu. parvulus* n. sp., *Eu. hypsideres* n. sp. (p. 307), *Eu.*
Quagga n. sp. u. *Eu. suturalis* n. sp. (p. 308) Süd-Amerika.

Euphloeobius n. gen. *asellus* n. sp. **Jordan** (ibid. p. 239) Ost-Afrika.

Eusintor n. gen. **Jordan** (Ann. Mus. Gen. 41. p. 80), *Eu Loriae* n. sp. (p. 81)
Neu-Guinea.

Eusphyrus scutellaris n. sp. **Jordan** (Nov. Zool. XI p 290), *Eu. hamatus* n. sp., *Eu. lateralis* n. sp., *Eu. nubilus* n. sp. (p. 291) Süd-Amerika.

Exechontis n. gen. **Jordan** (ibid. p. 283), *E. sparsa* n. sp. (p. 284) Brasilien.

Goniocloeus n. gen. **Jordan** (ibid. p. 260), *G. baccatus* n. sp., *G. melas* n. sp. (p. 261), *G. minor* n. sp., *G. hirsutus* n. sp. u. *G. apicalis* n. sp. (p. 262) Süd-America, *G. tarsalis* n. sp. (p. 263), *G. capucinus* n. sp. (p. 264) Peru, *G. umbrinus* n. sp. (p. 264).

Gymnognathus decorus Perr. = *ophiopsis* Dalm. nach **Jordan** ibid. (p. 242), *G. extensus* n. sp. (p. 242), *G. Marianna* n. sp., *G. Ada* n. sp., *G. Blanca* n. sp. (p. 243), *G. Hilda* n. sp., *G. Emma* n. sp. (p. 244), *G. Clara* n. sp., *G. Bella* n. sp. (p. 245 [1]), *G. coronatus* n. sp., *G. nubilus* n. sp. (p. 246), *G. Alma* n. sp., *G. Irma* n. sp. (p. 247), *G. Clelia* n. sp., *G. Erna* n. sp., *G. nanus* n. sp. (p. 248) u. *G. soror* n. sp. (p. 249) Brasilien, *G. Helena* n. sp. (p. 249) Columbien, *G. Editha* n. sp., *G. Martha* n. sp. (p. 250), *G. hamatus* n. sp., *G. leucomelas* n. sp. (p. 251), *G. comptus* n. sp. (p. 252), *G. scolytinus* n. sp. (p. 252) Peru. — Siehe auch *Domoptolis*.

Habrissus tonkinianus n. sp. **Jordan** (ibid. p. 234) Tongking.

Homocloeus n. gen. *concolor* n. sp. **Jordan** (ibid. p. 264), *H. femoralis* n. sp. (p. 265) Nicaragua, *H. vestitus* n. sp. (p. 265) u. *H. dorsalis* n. sp. (p. 266) Süd-Amerika.

Hypseus axillaris Jord. var. *major* n. var. **Jordan** (Ann. Mus. Gen. 41. p. 87) Neu-Guinea, *H. vestitus* n. sp. (p. 87) Celebes, *H. frenatus* var. *morio* n. var. (p. 88) Borneo.

Lagopezus lugubris n. sp. **Jordan** (Nov. Zool. XI p. 275) Rio Janeiro.

Litocerus Paviei Lesn. 1891 wiederholt **Lesne** (Miss. Pavie III p. 128 tab. VIII fig. 14). — *L. histrio* var. *fluviatilis* n. var. **Jordan** (Ann. Mus. Gen. 41. p. 85). — *L. sticticus* n. sp. **Jordan** (Nov. Zool. XI (p. 233) Tongking.

Mecocerus callosus n. sp. **Jordan** (ibid. p. 231) Tongking, *M. Hauseri* n. sp. (p. 238) West-Afrika.

Mecotropis cylindricus n. sp. **Jordan** (ibid. p. 230) Tongking.

Misthosima crucifera n. sp. **Jordan** (Ann. Mus. Gen. 41. p. 90) Neu-Guinea.

Monocloeus n. gen. *elaphrinus* n. sp. **Jordan** (Nov. Zool. XI p. 255), *M. spiniger* n. sp. (p. 255), *M. annulipes* n. sp., *M. basalis* n. sp. (p. 256), *M. rhombifer* n. sp., *M. or* n. sp. (p. 257), *M. sordidus* n. sp. (p. 258) Süd-Amerika, *M. idaeus* n. sp. (p. 258) Mexico, *M. costatus* n. sp. (p. 259) Bolivien, *M. centralis* n. sp. (p. 259) Pora, *M. niger* n. sp. (p. 260) Costa Rica.

Nemotrichus vitticollis n. sp. **Jordan** (ibid. p. 267) Cayenne, *N. armatus* n. sp (p. 267) Costa Rica, *N. niger* n. sp., *N. poecilus* n. sp. (p. 268), *N. fuscus* n. sp. u. *N. obtusus* n. sp. (p. 269) Süd-Amerika, *N. Jekelii* var. *andicolor* n. var. u. var. *uniformis* n. var. (p. 269), dichot. Tab. über 10 Arten (p. 270—271).

---

[1]) Der Autor schreibt „*clara*" u. „*bella*", was ihm künftig unfehlbar in „*clarus*" u. „*bellus*" corrigirt werden wird; denn nur an den übrigen 12 Mädchen-Namen lässt sich errathen, dass auch jene 2 Mädchennamen sein sollen. Einen schöneren Beweis für die Unvernunft der modernen unorthographischen Schreibweise kann man nicht wünschen. Vergl. auch den prachtvollen Fall einer solchen Correctur: Bericht pro 1901 pag. 186.

Nessiara armata n. sp. **Jordan** (ibid. p. 233) u. *N. mosonica* n. sp. (p. 234) Tongking.

Ormiscus cupreus n. sp. **Jordan** (ibid. p. 286), *O. ornatus* n. sp., *O. annulifer* n. sp., *O. ancora* n. sp., *O. costifer* n. sp. (p. 287), *O. sparsilis* n. sp., *O. vulgaris* n. sp. (p. 288), *O. discifer* u. sp., *O. spilotus* n. sp., *O. lineatus* n. sp., *O. costifrons* n. sp. (p. 287), *O. brevis* n. sp. u. *O. angulatus* n. sp. (p. 290) Süd-Amerika.

Orthotropis n. gen. *quadrata* n. sp. **Jordan** (ibid. p. 254) Brasilien.

Paranthribus n. gen. *rufescens* n. sp. **Jordan** (ibid. p. 283) Bahia.

Parexillis n. gen. *lineatus* n. sp. **Jordan** (ibid. p. 284) u. *P. variegatus* n. sp. (p. 285) Brasilien.

Phaenithon tibialis u. sp. **Jordan** (ibid. p. 292), *Ph. longitarsis* n. sp. (p. 292), *Ph. longicornis* n. sp. u. *Ph. laevipennis* n. sp. (p. 293) Süd-Amerika, *Ph. nigritarsis* n. sp. (p. 294) Central-Amerika, *Ph. similis* n. sp. (p. 294), *Ph. pictus* n. sp. u. *Ph. ruficollis* n. sp. (p. 295) Süd-Amerika.

Phaeochrotus phorcas u. sp. **Jordan** (Ann. Mus. Gen. 41. p. 80) Burma.

Phanosolena n. gen. **Schaeffer** (J. N. York Ent. Soc. XII p. 234), *Ph. nigrotuberculata* n. sp. (p. 235) Texas.

Phloeobius lineifer u. sp. **Jordan** (Nov. Zool. XI p. 240), *Phl. striga* n. sp., *Phl. pachymerus* n. sp. (p. 241) Ost-Afrika. — *Phl. papuanus* n. sp. **Jordan** (Ann. Mus. Gen. 41. p. 89) Neu-Guinea.

Phloeopemon acuticornis Fbr. ♂ beschrieb **Lesne** (Miss. Pavie III p. 130).

Physopterus oculatus u. sp. **Jordan** (Nov. Zool. XI p. 231) Tongking.

Piezocorynus brevis n. sp. **Jordan** (ibid. p. 277) *P. plagifer* n. sp., *P. compar* n. sp. (p. 277), *P. verrucatus* n. sp., *P. suturalis* n. sp. (p. 278), *P. dorsalis* n. sp., *P. homoeus* n. sp., *P. alternans* n. sp. (p. 279) u. *P. basalis* n. sp. (p. 280) Süd-Amerika, dich. Tab. über 12 Arten p. 280—281).

Piezonemus n. gen. **Jordan** (ibid. p. 275), *P. durus* n. sp., *P. lateralis* n. sp. (p. 276) Brasilien.

Rawasia Gestronis n. sp. **Jordan** (Ann. Mus. Gen. 41. p. 83) Celebes, *R. convexa* n. sp. (p. 84) Java.

Scymnopis n. gen. *suturalis* n. sp. **Jordan** (Nov. Zool. XI p. 282) Bolivien.

Strobops n. gen. *insignis* n. sp. **Jordan** (ibid. p. 253) Amazonien.

Sympaector Fruhstorferi u. sp. **Jordan** (ibid. p. 233) Tongking.

Toxotropis irroratus n. sp. **Schaeffer** (J. N. York ent. Soc. XII p. 233) u. *T. submetallicus* n. sp. (p. 234) Texas.

Trachytropis n. gen. *asper* n. sp. **Jordan** (Nov. Zool. XI p. 266) Mexico.

Tropideres pudens Schh. besprach **Gerhardt** (Zeit. Ent. Bresl. 29. p. 75).

Uncifer n. gen. *sticticus* n. sp. **Jordan** (Ann. Mus. Gen. 41. p. 88) Burma.

Urodon ciliatus n. sp. **Schilsky** (Wien. ent. Zeit. 1904 p. 78) Bucharei, *U. granulatus* n. sp. (p. 78) Algier, *U. Korbii* n. sp. (p. 78) Anatolien. — *U. granulatus* Schlsk. = *Baudii* Desbr. nach **Pic** (Bull. Fr. 1904 p. 218). — *U. anatolicus* n. sp. **Pic** (Ech. 20. p. 40) u. *U. Rosinae* n. sp. (p. 40) Anatolien.

Xenocerus lautus n. sp. **Jordan** (Nov. Zool. XI p. 230) Tongking. — *X. suturalis* n. sp. **Jordan** (Ann. Mus. Gen. 41. p. 89) Insel Ron.

Fam. *Bruchidae.*

(0 n. gen., 9 n. sp.)

Bargagli 1, Daniel & Daniel 1, Fuente 1, Ganglbauer 4, Pic 23, Rivera 1, Rudow 1, Schaeffer 1, Schilsky 2, Titus 1, Vorbringer 1.

Biologie.

Bargagli (1) berichtete über die Futterpflanze von *Caryoborus pallidus* (p. 3).

Titus (1) berichtete, dass die vermeintlichen Feinde („Schmarotzer") von *Bruchus,* die *Chalcididen Bruchophagus funebris* How., *borealis* Ashm. u. *mexicanus* Ashm. wahrscheinlich nur Pflanzen zerstören.[1]) Vergl. *Curcul.*

Vorbringer (1) fand *Bruchus rufipes* Hrbst. u. *marginalis* Fbr. in Ostpreussen (p. 45).

Ganglbauer (4) führte 14 Arten von der Insel Meleda auf, von denen *Bruchus stylophorus* Dan. bemerkenswerth (p. 658).

Rivera (1) handelte über *Bruchus pisi.*

Fuente (1) führte *Bruchus Poupillieri* var. *lateobscura* Pic aus Spanien auf, neu für Europa.

Rudow (1) behandelte die „Wohnungen" der *Bruchiden.*

Systematik.

Einzelbeschreibungen.

Bruchus canus Germ. = *olivaceus* Germ. ♀ nach **Schilsky** (Deut. ent. Z. 1904 p. 455), Auskunft über mehrere Arten aus **Fabricius'** Sammlung (p. 455), *Br. bipustulatus* Fbr. (p. 455). — *Br. soarezicus* n. sp. **Pic** (Ech. 20. p. 35) Madagascar, *Br. quinqueguttatus* Ol. var. *laterufus* n. var. (p. 40 *Laria*) Sicilien, *Br. Poupillieri* All. var. *lateobscurus* n. var. (p. 40) Algier, *Br. Mellyi* n. sp. (p. 40) Egypten, *Br monstrosicornis* n. sp. (p. 40) Anatolien, *Br. olivaceus* Germ. var. *anatolicus* n. var. (p. 40) Anatolien, *Br. biguttatus* Fbr. var. *palaestinus* n. var. (p. 40) Jaffa, *Br. tonkineus* n. sp. (p. 42) Tonking. — *Br. stylophorus* n. sp. **Daniel** (Münch. Kol. Z. II p. 87 *Laria*) Constantinopel. — *Br. arizonensis* n. sp. **Schaeffer** (F. N. York ent. Soc. XII p. 229), *Br. gibbithorax* n. sp. (p. 230) Arizona, *Br. texanus* n. sp. (p. 231) Texas, *Br. julianus* Horn (p. 229).

Spermophagus eustrophoides n. sp. **Schaeffer** (J. N. York ent. Soc. XII p. 228) Florida.

Fam. *Cerambycidae.*

(9 n. gen., 97 n. sp.)

Ansorge 1, Atmore 1, Aurivillius 1, Baeckmann 1, Bagnall 1, Barnes 1, Bickhardt 1, Boutan 1, Brogniart 1, Broun 1, Chittenden 9,

---

[1]) Das Gleiche dürfte dann von *Bruchobius laticeps* Ashm. (Mem. Carneg. Mus. I. 4. p. 314) zu erwarten sein.

Csiki 8, K. Daniel 4, 6, Davis 1, Distant 1, Fairmaire 5, 7, Felt & Jontel 1, Gahan 1, Ganglbauer 4, Gavoy 1, Girault 2, Guerry 1, Hauser 2, Heller 5, Holland 1, Hüeber 1, Jackson 1, Jordan 4, Künkel 1. Lameere 1, Lauffer 1, Müller 1, Newbery 1, Nicolas 1, 3, Oldham 1, Pedemonte 1, Pic 15, 28, 30, 44, Planet 1, Poulton 1. Roubal 1, Rudow 1, Schaeffer 1, 2, Schnee 1, Scholz 2, 4, E. Schwarz 1a, Ssemënow 2, 6, 12, Varenius 3, Webster 1, Williams 1, Wood 1, 4, Xambeu 4, 3a, 3b.

Morphologie.

Bickhardt (1) beschrieb einen Zwitter von *Leptura rubra* L.

Scholz (4) beschrieb den Stridulationsapparat von *Leptura maculata* Pod. (p. 268 14. 1—3).

Pic (44) berichtete über Missbildungen bei *Leptura arcuata* Pz. (p. 14), *Cyrtoclytus capra* (p. 16) u. **Roubal** (1) über solche bei *Morimus.*

Heller (5) handelte über die äussere u. innere Morphologie der Larve von *Parandra* (p. 383—386).

Biologie.

Künkel (1) gab eine Notiz über die Biologie von *Hesperophanes griseus.*

Guerry (1) berichtete über das Vorkommen von *Drymochares Truquii* in abgestorbenen Erlenstöcken und in Nussbaumstöcken.

Webster (1) beschrieb die Metamorphose von *Oberea ulmicola* Chitt. (p. 5—13).

Hüeber (1) gab eine biologische Notiz über *Cerambyciden.*

Poulton (1) erklärte das scharenweise Auftreten von *Dorcadion* auf Berggipfeln,

Rudow (1) behandelte die „Wohnungen" der *Cerambyciden.*

Heller (5) beschrieb die Larven von *Parandra glabra* Geer. (p. 383 tab. V fig. 2, 3, 5), *Ctenoscelis atra* Ol. (p. 388 tab. V p. 6, 7, 11), *Mallodon spinibarbis* L. (p. 391 tab. V fig. 12), *Polyoza Lacordairei* Serv. (p. 392 tab. V fig. 1), *Oncoderes Dejeanii* Thoms. (p. 395 tab. V fig. 13), *Xixuthrus lineicollis* (p. 401), die Puppen ohne Bezeichnung tab. IV nach Erklärung (p. 401).

Girault (2) handelte über die Metamorphose und die Parasiten von *Dysphaga tenuipes* (p. 299).

Boutan (1) behandelte die Biologie und den Schaden von *Xylotrechus quadrupes* (p. 932—934).

Barnes (1) fand *Leptidia brevipennis* in Gesellschaft von *Formica sanguinea* (nicht im Nest).

Holland (1) handelte über die Lebensweise von *Leptidia brevipennis.*

Wood (4) berichtete über den merkwürdigen Fang einer *Strangalia aurulenta* im Fluge (durch Geruch angelockt?).

Planet (1) schilderte die Biologie von *Prionus coriarius* u. von *Cerambyx cerdo* L. (*heros* Scop.).

Scholz (4) handelte über die Stridulation bei *Cerambyciden*.

Pic (44) berichtete über das Vorkommen von *Callidium coriaceum* Payk.

Ssemënow (12) handelte über die Lebensbedingungen von *Callipogon relictus*.

Felt & Joutel (beschrieben die Biologie der nordamerikanischen *Saperda*-Arten mit zahlreichen Abbildungen von Larven, Puppen und Fraasstücken.

Xambeu (4) behandelte die Biologie von *Cartallum ebulinum* (p. 45—58), — (3a) beschrieb das Ei von *Cerambyx velutinus* L. (p. 18), von *Lamia textor* L. (p. 20), von *Sympiezocera Laurazii* Luc. (p. 143) u. von *Judolia cerambyciformis* Schr. (p. 21), die Larve u. die Puppe von *Diaxenes Dendrobii* Gah. (p. 124), die Larve von *Leiopus Bedelii* Pic (p. 107), — (3b) die Larve u. die Puppe von *Macrotoma crassa* Fairm. (p. 141) u. von M. sp.? (p. 146), die Larve von *M. corticina* Kl. (p. 143), die Puppe von *Auxa Alluaudii* Fairm. (p. 148), die Larve von *Ranova pictipes* Waterh. (p. 149), von *Eumenetes sparsus* Kl. (p. 150), von *Sternotomis maculata* Ol. (p. 151) u. von *Phymasterna annulata* Fairm. (p. 152) aus Madagascar.

Distant (1) beschrieb das Ei von *Macrotoma Natala* Thoms. (p. 13 fig. 15) u. die Puppe von *Mallodon Downesii* Hop. (p. 104 fig. 16).

Geographisches.

Müller (1) berichtete über das Vorkommen von *Leptorhabdium gracile* und *Xylosteus Spinolae* in Bosnien.

Varenius (3) berichtete über das Vorkommen von *Leptura livida* Fbr. in Schweden.

Brogniart (1). Aufzählung von 67 von Pavie in China gesammelten Arten.

Ssemënow (2) berichtete über das Vorkommen von *Xylotrechus* in Russland, (6) von *Phymatodes puncticollis* Muls. im Räsan'schen Gouvernement und von *Neodorcadion bilineatum* bei Kischinew, und behandelte die Verbreituug von *Xylotrechus adspersus* Gebl. u. *pantherinus* Sav. (p. 307) u. (12) die geographische Verbreitung von *Callipogon relictus*.

E. Schwarz (1a) berichtete über das Vorkommen von *Diaxenes Dendrobii* in Nord-Amerika (p. 21).

Barnes (1) fand *Leptidia brevipennis* in England.

Holland (1) u. **Wood** (1) vermuthen, dass *Leptidia brevipennis* nicht importirt wurde.

Ganglbauer (4) führte 26 Arten von der Insel Meleda auf, von denen *Callimus abdominalis* u. *Pogonochaerus Perroudii* Muls. bemerkenswerth (p. 657).

Pic (44) zählte 65 Arten auf, die von Korb am Amur gesammelt wurden (p. 12—19).

Gavoy (1) zählte 95 Arten aus dem Departement Aude auf.
Ansorge (1) berichtete über *Morimus funereus,* **Atmore** (1)
über *Tetropium castaneum,* **Bagnall** (1) über *Monohammus sutor* L.,
Jackson (1) über *Lamia textor* L., **Newbery** (1) über *Tetropium
castaneum* u. *fuscum,* **Oldham** (1) über *Prionus* u. **Williams** (1)
über *Clytus arcuatus* in England.
Schnee (1) führte 2 Arten von den Marshall-Inseln auf.

Systematik.
Umfassende Arbeiten.
Csiki.
Die *Cerambyciden* Ungarns.
(Rov. Lap. XI p. 35—39, 56—60, 79—83, 98—104, 122—123, 135
—144, 166—170, 187—190, 208—210 u. deutsches Referat p. 3, 6,
8, 9—10, 12, 13, 16, 15 bis, 19—20).

Die Fortsetzung der Bestimmungstabelle von 1903 (8); wobei
die *Cerambycini* und der Anfang der *Lamiinae* behandelt werden.
Der Schluss ist im folgenden Jahrgang 1905 erschienen.

Die behandelten Gattungen u. Arten.
4. *Cerambycini.*
(24 Gatt. p. 35—38).

Stenopterus mit 3 Arten, *Callimoxys* mit 1 Art, *Callimus* mit 1 Art, *Dilus* 1 Art,
  Obrium 2 Arten, *Leptidea* 1 Art, *Gracilia* 1 Art.
Liagrica Costa (*Exilia* Muls.) mit 1 Art.
Axinopalpis Dup. & Chevr. (*Axinopalpis* Redtb.) mit 1 Art.
Cerambyx mit 6 Arten, *Icosium* 1 Art, *Stromatium* 2 Arten, *Saphanus* 2 Arten,
  Criocephalus 1 Art, *Asemum* 1 Art, *Tetropium* 2 Arten.
Cyamophthalmus moesiacus Friv. (*ferrugineus* Kr.).
Anisarthron 1 Art.
Callidium mit 14 Arten und mit 6 Untergatt., von denen 1 neu: subg. *Proto-
  callidium* u. subg. (p. 10[1]) für *C. angustum* Kriechb.
Semanotus mit 3 Arten, *Hylotrupes* 1 Art, *Rhopalopus* 6 Arten, *Rosalia* 1 Art,
  Aromia 1 Art, *Purpuricenus* 4 Arten, *Clytus* mit 4 Untergattungen u.
  19 Arten, *Neoclytus* 1 Art, *Anaglyptus* 2 Arten.

II. *Lamiinae.*
(23 Gatt. p. 167—169).

Parmena 3 Arten, *Dorcadium* 9 Arten.
Neodorcadium 1 Art: *bilineatum* Germ. mit var. *unicolor* n. var. (p. 208, 19).
Dorcatypus 1 Art, *Morimus* 2 Arten, *Lamia* 1 Art, *Monohammus* 2 Arten,
  Acanhoderes 1 Art.

---

[1] S h a r p citirt „p. 99". Hier findet sich aber nur eine Beschreibung in
magyarischer Sprache u. die Untergattung müsste als nom. i. lit. angesehen
werden, wenn sich nicht in der deutschen Uebersicht p. 9—10 eine kurze Begründung in deutscher Sprache fände.

1. K. Daniel.

Die *Cerambyciden*-Gattung *Mallosia* Muls.
(Münch. Kol. Z. II. p. 301—314).

Eine dichotomische Revision der Gattung, die jetzt 4 Untergattungen mit zusammen 11 Arten aufweist. Jede Art wird
ausserdem besprochen u. den Schluss bilden synonymische, kritisch
motivirte Aufschlüsse über die Pic'schen Arten und Varietäten.
Uebrigens ist die Zugehörigkeit der ersten Untergattung zur Gattung
Mallosia noch nicht erwiesen.

Die behandelten Arten.

Mallosia (*Mallosiola* Sem.) *regina* Heyd., — *M.* (i. sp.) *graeca* Strm., — *M.*
(*Semnosia* n. subg. p. 302) *tristis* Reitt., *M. mirabilis* Fald. (*Kotschyi* Hamp.,
Ganglbaueri Kr.), *M. Scoritzii* Fald., *M. Angelicae* Reitt., *M. Herminae* Reitt.,
M. imperatrix Ab. mit var. *tauricola* n. var. (p. 308) Taurus u. var. *cribrato-
fasciata* n. var. (p. 309) Transcaucasien, *M. Jakowlevii* Sem., — *M.* (*Micro-
mallosia* Pic) *Heydenii* Ganglb., *M. Theresae* Pic.

2. K. Daniel.

Ueber *Leptura revestita* L., *verticalis* Germ. und ihre
Verwandten.
(Münch. Kol. Zeit. II. p. 355—371).

Eine gründliche dichotomische Revision der kleinen Gruppe,
die als neue Untergattung *Sphenalia*, charakterisirt wird. Es folgt
die Besprechung der einzelnen Arten nebst Varietäten.

Die behandelten Arten.

Leptura (*Sphenalia* n. subg. p. 355) *imberbis* Men. mit var. *holomelaena* n. var.
(p. 360), var. *lucida* n. var., var. *signatipennis* n. var. u. var. *rufopicta* n. var.
(p. 361), *L. revestita* L. mit var. *fulvilabris* Muls., var. *discicollis* Scr., **var.**
rufomarginata Muls., var. *rubra* Geoffr., var. *labiata* Muls. u. var. *vitticollis*
Muls., *L. pubescens* Fbr. mit var. *auriflua* Redtb., *L. Ariadne* n. sp. (p. 358,
365) Creta, *L. emmipoda* Muls., *L. verticalis* Germ. mit var. *Adaliae* Reitt.
u. var. *taygetana* n. var. (p. 366) u. var. *verticenigra* Pic (*graeca* Pic), *L.
Erinnys* n. sp. (p. 360, 370) Amasia, *L. femoralis* Motsch.

Distant.

Insecta Transvaaliensia. A contribution to a Knowledge
of the Entomology of south Africa. Part V, VI. *Coleoptera*.
Fam. *Cerambycidae*. p. 98—158 tab. IX—XV.

Es werden die *Cerambyciden* Süd-Afrikas mit kurzen Einzel-
diagnosen versehen und mit Abbildungen vorgeführt. Die neuen
Arten sind (z. Th. von Gahan) ausführlicher beschrieben. Der
Schluss der Fam. fehlt noch.

Die behandelten Gattungen u. Arten.

Subf. Prioninae.

Cacosceles Newmanii Thoms. 1877 (*Lacordairei* Bat., *crassicornis* Per., *Oedipus* Lac. 1876[1]) (p. 100 tab. IX fig. 1, 2[2]).

Pixodarus pretorius Dist. (*Hoploderes Nyassae* Lam.) (p. 101 tab. IX fig. 6).

Tithoes confinis Cast. (*maculatus* Gerst., *mandibularis* Thoms., *intermedius* Thoms., *crassipes* Qued., *falcatus* Klb., *gularis* Klb., *gnatho* Klb., *longicornis* Klb.) (p. 101 tab. IX fig. 18).

Aulacopus natalensis Whit. (p. 102 tab. IX fig. 19).

Macrotoma palmata Fbr. (*senegalensis* Ol., *spinipes* Ill., *humeralis* Wh., *caelaspis* Wh., *Böhmii* Reitt.) (p. 102 tab. IX fig. 4), *M. Natala* Thoms. (p. 103 tab. IX fig. 20).

Mallodon Downesii Hop. (*laevipenne* Whit., *costipenne* Wh, *proximum* Thoms.) (p. 103 tab. IX fig. 17).

Subfam. Cerambycinae.

Zamium incultum Pasc. (p. 105 tab. X fig. 2), *Z. bicolor* Dist. (p. 105 tab. X fig. 3), *Z. prociduum* Pasc. (p. 101 tab. X fig. 1), *Z. bimaculatum* Fbr. (*succineum* Pasc., *quadrisignatum* Fåhr.) (p. 105 tab. IX fig. 16).

Hypoeschrus strigosus Gyll. (p. 105 tab. X fig. 4).

Xystrocera marginalis Goldf. (*globosa* Dist.) (p. 106 tab. IX fig. 13, 14), *X. erosa* Pasc. (*juvenca* Pasc.) (p. 106).

Oemida n. gen. (p. 106[3]) für *Paraeme Gahanii* Dist. 1892 (p. 106 tab. XI fig. 8).

Oemodana n. gen. (p. 107[4]) *quadrinotata* n. sp. (p. 107) tab. XIII fig. 5[4]).

Psathyrus suturalis n. sp. (p. 107 tab. XIII fig. 1[4]), *Ps. modestus* Dist. (p. 109 tab. XIII fig. 2), *Ps. lineatus* Dist. (p. 109 tab. XIII fig. 3).

Lygrus testaceus n. sp. (p. 109 tab. X fig. 9[4]), *L. apicalis* Fåhr. (p. 109 tab. X fig. 15).

Lyramela n. gen. (p. 109[4]) *sulcipennis* n. sp. (p. 110 tab. X fig. 22).

Coptoeme Krantzii Dist. (*oculata* Aur.) (p. 110 tab. XI fig. 16).

Taurotagus Klugii Lac. (p. 111 tab. IX fig. 7)

Coelodon servus White 1853 (*cinereus* Serv. 1832[5]) (p. 111 tab. IX fig. 9).

Prosphilus serricornis Dalm. (*pilosicollis* Thoms.) (p. 111 tab. IX fig. 11).

Plocederus denticornis Fbr. (*serraticornis* Bertol.) (p. 112 tab. IX fig. 8).

Tapinolachnus Gyllenhalii Fåhr. (*Oatesii* Olliff) (p. 112 tab. IX fig. 5), *T. Aurivillianus* n. sp. (p. 112 tab. IX fig. 15).

Pachydissus natalensis Whit. (p. 113 tab. IX fig. 12), *P. pauper* n. sp. (p. 113 tab. X fig. 8[4]), *P. lineatus* Gah. (p. 113 tab. X fig. 7).

Derolus brunneipennis n. sp. (p. 113 tab. X fig. 5).

Hesperophanes amicus Whit (p. 114 tab. IX fig. 10).

---

[1]) Da Lacordaire nur 1 Abbildung u. keine Beschreibung gegeben hat, ist es ganz richtig, seinem Namen keine Prioritätsberechtigung einzuräumen.

[2]) Das Citat „fig. 11" (p. 100) ist falsch.

[3]) Von Gahan beschrieben.

[4]) Von Gahan beschrieben.

[5]) Warum der ältere Name nicht die Priorität hat, ist leider nicht angegeben.

Gnatholea picicornis Fairm. (p. 114 tab. IX fig. 3).
Hercodera pulchella n. sp. (p. 115 tab. X fig. 24[1]).
Cordylomera elegans n. sp. (p. 115 tab. X fig. 6), *C. zambeziana* Per. (p. 115 tab. XIII fig. 6).
Ossibia fuscata Pasc. (p. 116 tab. X fig. 11).
Myrsinus n. gen. (p. 116[1]) *modestus* n. sp. (p. 116 tab. X fig. 21[1]).
Merionoeda africana Dist. (p. 117 tab. X fig. 10).
Ionthodes sculptilis Whit. (p. 117 tab. X fig. 20).
Compsomera elegantissima Whit (*fenestrata* Gerst.) (p. 118 tab. X fig. 14).
Eugoa Dalmanii Fåhr. (p. 118 tab. X fig. 12).
Phyllocnema Geinzii Whit. (p. 118 tab. X fig. 13), *Ph. latipes* Deg. (*platypus* Gmel.) (p. 119 tab. X fig. 16), *Ph. pretiosa* Per. (p. 119 tab. X fig. 17).
Callichroma cupreum Fbr. (p. 119 tab. X fig. 19), *C. Nyassae* Bat. p. 119 tab. X fig. 18), *C. Friesii* Fåhr. (p. 120 tab. XIII fig. 7).
Litopus dispar Thoms. (p. 120 tab. X fig. 23).
Anubis clavicornis Fbr. 1775 (*grossicornis* Deg. 1771[2]) (p. 120 tab. X fig. 25), *A. Mellyi* Whit. (p. 120 tab. XI fig. 2), *A. scalaris* Pasc. (p. 121 tab. XI fig. 4).
Closteromerus viridis Pasc. (p. 121 tab. XI fig. 1), *Cl. Dejeanii* Dist. (p. 121 tab. XI fig. 3), *Cl. fulvipes* Fåhr. (p. 121 tab. XI fig. 6), *Cl. regalis* n. sp. (p. 121 tab. XI fig. 7).
Agaleptus n. gen. (p. 122[3]) für *Closteromerus quadrinotatus* Per. (p. 122 tab. XI fig. 5).
Helymaeus notaticollis Pasc. (*cyanipennis* Thoms.) (p. 122 tab. XI fig. 10), *H. albicornis* Dist. (p. 123 tab. XI fig. 9).
Caloclytus Krantzii n. sp. (p. 123 tab. XI fig. 19[3]).
Clytanthus capensis Lap. & Gor. (p. 123 tab. XI fig. 18).
Plagionotulus Westringii Fåhr. (*cinereus* Jord.) (p. 124 tab. XI fig. 14).
Dere nigrita n. sp. (p. 124 tab. XI fig. 22[3]).
Zosterius laetus Thoms. (p. 125 tab. XI fig. 17).
Ochimus laetipennis Whit. (p. 125 tab. XI fig. 23).
Evander analis Ol. (*quadridens* Serv.) (p. 125 tab. XI fig. 20).
Philagathes laetus Thoms. (p. 126 tab. XI fig. 25).
Eleanor Dohrnii Fåhr. (p. 126 tab. XI fig. 24), *E. tragocephaloides* Thoms. (p. 126 tab. XIII fig. 4).

Subfam. Lamiinae.

Phantasis carinata Fåhr. (p. 127 tab. XI fig. 11), *Ph. mystica* n. sp. (p. 127 tab. XI fig. 13).
Brimus Rendallii Dist. (p. 128 tab. XI fig. 12).
Hepomidion stygicum Thoms. (*Pascoei* Per.) (p. 128 tab. XI fig. 15).
Lasiopezus marmoratus Fbr. (p. 129 tab. XI fig. 21).
Anthores leuconotus Pasc. (*fasciatus* Fåhr.) (p. 129 tab. XIII fig. 19).
Coptops aedificator Fbr. (*fusca* Ol., *parallela* Serv.) (p. 130 tab. XII fig. 19).

---

[1]) Von Gahan beschrieben.
[2]) Warum der ältere Name nicht prioritätsberechtigt sein soll, ist leider nicht angegeben.
[3]) Von Gahan beschrieben.

Prosopocera falcata Dist. (p. 131 tab. XII fig. 3, 3 a).

Timoreticus armaticeps Per. (p. 131 tab. XII fig. 12), *T. Dejeanii* Gah. (p. 131 tab. XII fig. 11), *T. aspersus* Gah. (p. 131 tab. XII fig. 10), *T. imbellis* n. sp. (p. 132 tab. XII fig. 1¹).

Protomocerus pulchra Per. (p. 132 tab. XIII fig. 17, 17 a).

Alphitopola maculosa Pasc. (p. 132 tab. XII fig. 2), *A. reticulata* Dist. (p. 133 tab. XII fig. 4), *A. murraea* Dist. (p. 133 tab. XII fig. 5), *A. lapidaria* Dist. (p. 133 tab. XII fig. 6), *A. octomaculata* Gah. (p. 133 tab. XII fig. 7), *A. Wahlbergii* Aur. (p. 133 tab. XII fig. 9).

Anoplostetha lactator Fbr. (*radiata* Gor.) (p. 134 tab. XII fig. 8).

Dinocephalus ornatus Per. (p. 134 tab. XIV fig. 5).

Zographus plicaticollis Thoms. (p. 134 tab. XIII fig. 20), *Z. nivisparsus* Chvr. (p. 135 tab. XII fig. 16).

Quimalanca modesta Per. (p. 135 tab. XIII fig. 9).

Sternotomis Bohemanii Chevr. (*Ferretii* Westw.) (p. 135 tab. XII fig. 18).

Tragocephala variegata Bert. (*venusta* Thoms.) (p. 136 tab. XII fig. 15), *Tr. vittata* Fåhr. (*sulphurata* Dist.) (p. 136 tab. XII fig. 14), *Tr. gemina* n. sp. (p. 136 tab. XII fig. 13).

Tragiscoschema Wahlbergii Fåhr. (p. 137 tab. XII fig. 20), *Tr. apicalis* Per. (p. 137 tab. XIII fig. 18).

Rhaphidopsis melaleuca Gerst. (p. 137 tab. XIII fig. 21), *Rh. zonaria* Thoms. (p. 137 tab. XV fig. 23).

Ceroplesis caffer Thunb. (p. 138 tab. XII fig. 22), *C. Thunbergii* Fåhr. p. 138 tab. XII fig. 21), *C. hottentotta* Fbr. (*Ianius* Voet) (p. 138 tab. XII fig. 24), *C. militaris* Gerst. (p. 139 tab. XII fig. 23), *C. ferrugator* Fbr. (*ahena* Newm.) var. *marginalis* Fåhr. (p. 139 tab. XIII fig. 16), *C. Capensis* L. (p. 139 tab. XII fig. 25), *C. quinquefasciata* Fbr. (*capensis* var. Sch., *taeniatus* Perr.) (p. 139 tab XII fig. 17).

Titoceres jaspideus Serv. (p. 140 tab. XIII fig. 15 *Caralites*).

Pycnopsis brachyptera Thoms. (p. 140 tab. XIII fig. 23).

Cochliopselaphus catherina White (p. 141 tab. XIII fig. 8) mit var. *maricovensis* n. var. (p. 141 fig. 17).

Phryneta spinator Fbr. (p. 141 tab. XIII fig. 11, 12).

Chreostes obesus Westw. (p. 142 tab. XIII fig. 13, 14), *Chr. cinereolus* Whit. (p. 142 tab. XIII fig. 24), *Chr. ephippiatus* Pasc. (p. 142 tab. XIII fig. 19).

Mallonia granulata Dist. (p. 143 tab. XIII fig. 22).

Idactus tridens Pasc. (p. 143 tab. XIII fig. 25).

Olenecamptus olenus n. sp. (p. 143 tab. XIV fig. 1¹).

Nemotragus helvolus Westw. (p. 144 tab. XIV fig. 3).

Ecyroschema favosum Thoms. (p. 144 tab. XIV fig. 2).

Frea reticulata n. sp. (p. 144 tab. XIV fig. 4).

Eumimetes Barbertonis Dist. (p. 145 tab. XIV fig. 6).

Crossotus Klugii Dist. (p. 145 tab. XIV fig. 8), *Cr. aethiops* Dist. (p. 145 tab. XIV fig. 9), *Cr. penicillatus* n. sp. (p. 146 tab. XIV fig. 10¹), *Cr. plumicornis* Serv. (p. 146 tab. XIV fig. 7).

Dichostates Ayresi Diss. (p. 146 tab. XIV fig. 11, 11 a).

---

¹) Von Gahan beschrieben.

Tetradia fasciatocollis Thoms. *(frontalis* Pasc.) (p. 146 tab. XIV fig. 12, 12a).
Hecyrida terrea Bertol. (p. 147 tab. XIV fig. 13), *H. plagicollis* n. sp. (p. 147 tab. XV fig. 5[1]).
Niphona appendiculata Gerst. (p. 148 tab. XIV fig. 14).
Alyattes Rustenburgi Dist. (p. 148 tab. XIV fig. 15[2]).
Apomecyna binubila Pasc. (p. 148 tab. XIV fig. 16).
Hyagnis fistularius Pasc. (p. 149 tab. XV fig. 4).
Eunidia maculiventris Thoms. (p. 149 tab. XIV fig. 17), *Eu. piperita* Gah. (p. 149 tab. XIV fig. 23), *Eu. plagiata* n. sp. (p. 149 tab. XIV fig. 24[1]), *Eu. aspera* n. sp. (p. 150 tab. XIV fig. 25[1]), *Eu. spilota* n. sp. (p. 150 tab. XIV fig. 21[1]), *Eu. modesta* n. sp. (p. 150 tab. XIV fig. 22[1]), *Eu. Thomsenii* Dist. (p. 151 tab. XIV fig. 18), *Eu. euzonata* n. sp. (p. 151 tab. XIV fig. 19[1]), *Eu. fasciata* n. sp. (p. 151 tab. XIV fig. 20[1]).
Syessita divisa Pasc. (p. 152 tab. XV fig. 1).
Enaretta Castelnaudii Thoms. (p. 152 tab. XV fig. 6), *Eu. exigua* n. sp. (p. 152 tab. XV fig. 7[1]).
Thercladodes Kraussii Whit. (p. 153 tab. XV fig. 3, 3a).
Amblesthis insignis Dist. (p. 153 tab. XV fig. 8).
Amblesthidus plagiatus Fåhr. (p 153 tab. XV fig. 9).
Apodasya pilosa Pasc. (p. 153 tab. XV fig. 10).
Sophronica fulvicollis n. sp. (p. 154 tab. XV fig. 15).
Elithiotes hirsuta Pasc. (p. 154 tab. XV fig. 2).
Hyllisia stenideoides Pasc. (p. 155 tab. XV fig. 16), *H. subvirgata* Fairm. (p. 155 tab. XV fig. 17).
Tetraglenes Pienaari Dist. (p. 155 tab. XV fig. 19[3]).
Exocentrus lateralis n. sp. (p. 155 tab. XV fig. 11[1]), *E. echinulus* n. sp. (p. 156 tab. XV fig. 12[1]), *E. exiguus* n. sp. (p. 156 tab. XV fig. 14[1]), *E. inermis* n. sp. (tab. XV fig. 13[1]).
Volumnia Westermannii Thoms. (p. 157 tab. XV fig. 18).
Nupserha globiceps Har. (tab. 157 tab. XV fig. 20).
Oberea scutellaris Gerst. (p. 157 tab. XV fig. 21), *O. Kaessneri* Dist. (? *Saperda Naroldii* Fåhr.) (p. 157 tab. XV fig. 22).
Nitocris nigricornis Ol. (p. 158 fig. 18), *N. similis* Gah. (p. 158 fig. 19).
Blepisanis Bohemanii Pasc. (p. 158 tab. XV fig. 24), *Bl. porosa* (p. 159 tab. XV fig. 25).

Felt u. Joutel.

Monograph of the genus *Saperda*.
(Bull. N. York Mus. 74. Entomol. 20. p. 3—86 tab. I—XIV.)

Eine monographische Bearbeitung der 15 in Nord-Amerika vorkommenden Arten. Nach der dichotomischen Auseinandersetzung (p. 15—16) werden die Arten ausführlich einzeln beschrieben und

---

[1]) Die Beschreibungen sind von Gahan.
[2]) Nicht nach einem Herrn Rustenburg, sondern nach dem Ort Rustenburg benannt, daher nicht *Rustenburgii*.
[3]) Nach einem Fluss benannt, daher nicht *Pienaarii*.

besonders ihre Biologie eingehend behandelt. *Saperda moesta* Lec. wird bald als Varietät von *S. populnea* (p. 7, 13, 15, 70), bald als selbständige Art behandelt (p. 8, 71). 27 Figuren zeigen die Klauenbildung (p. 13—15).

Die behandelten Arten.

Saperda obliqua Say (tab. V fig. 6), *S. mutica* Say (fig. 4 (2) p. 22 tab. VII fig. 2), *S. Hornii* Jout. (p. 22 fig. 4 (1) tab. VII fig. 3), *S. candida* Fbr. (tab. I fig. 1), *S. calcarata* Say (tab. II fig. 1) mit var. *adspersa* Lec. (tab. VII fig. 1), *S. tridentata* Ol. (fig. 5a p. 59, tab. III fig. 3), *S. cretata* Newm. (tab. IV fig. 2), *S. discoidea* Fbr. (tab. III fig. 5, 6), *S. vestita* Say (tab. V fig. 5), *S. imitans* n. sp. (p. 16, 58 fig. 5b, tab. III fig. 4), *S. lateralis* Fbr. (p. 61 fig. 6a—g tab. VII fig. 8) mit var. *connecta* n. var. (p. 16, 60 fig. 6h, i, tab. VII fig. 9), *S. Fayi* Blandf. (tab. VI fig. 4), *S. puncticollis* Say (tab. VI fig. 9), *S. populnea* L. (tab. VII fig. 4) mit var. *moesta* Lec. u. var. *Tularei* n. var. (p. 15, 70 tab. VII fig. 6), *S. moesta* Lec. (tab. VII fig. 5), *S. concolor* Lec. (tab. IV fig. 3) mit var. *unicolor* n. var. (p. 16, 74 tab. 6 fig. 15).

Lameere.

Revision des *Prionides*. 9. mémoire. *Callipogonines.*
10. mém. *Titanines.*
(Ann. Belg. 48. p. 7—78, 309—352.)

Die Fortsetzung von 1903 (1) behandelt 2 Gruppen mit zusammen 15 Gattungen und 51 Arten.

Die behandelten Gattungen u. Arten.

Callipogonines. (10 gen. p. 74—75).

Hystatus Thms. *javanus* Thms. (*Thomsonis* Lac., *Bouchardii* Fairm.).

Eurypoda Saund. (*Neoprion* Lac.) *parandraeformis* Lac., *Eu. Batesii* Gah., — *Eu.* (i. sp.) = *Sarax* Pasc.) *nigrita* Thms. (*eurypodioides* Pasc.), *Eu. antennata* Saund. (*Davidis* Fairm.), dichot. Tab. der 4 Arten (p. 14).

Platygnathus Serv. *octangularis* Ol. (*parallelus* Serv.).

Cacodacnus Thms. *hebridanus* Thms. (*Deplanchei* Thoms., *rasilis* Oll.), *C. planicollis* Blackb. (p. 20).

Toxeutes Newm. (*Catypnes* Pasc.) *Pascoei* n. sp. (p. 21) Australien, *T. Macleayi* Pasc. (*punctatissimus* Thms.), — *T.* (i. sp.) *arcuatus* Fbr. (*curvus* Gm.), dich. Tab. der 3 Arten (p. 26).

Stictosomus Serv. *semicostatus* Serv., — *St.* (*Anacanthus* Serv.) *tricostatus* Thms. (*badius* Thms.), *St. aquilus* Thms., *St. costatus* Serv., dich. Tab. der 4 Arten (p. 32).

Hoploderes Serv. (*Pixodarus* Fairm.), *Nyassae* Bat. (*pretorius* Dist.), — *H.* (i. sp.) *aquilus* Coq. (*Grandidieri* Fairm., *H. rugicollis* Wat., *H. spinipennis* Serv., *H. laevicollis* Pasc.), dich. Tab. der 5 Arten (p. 40).

Jamwonus Har. *subcostatus* Har. (*Stichelii* Kolb.).

Ergates Serv. *faber* L. (*portitor* Schr., *pulzanensis* Laich., *serrarius* Pz., *obscurus* Ol., *opifex* Muls., *grandiceps* Tourn.), — *E.* (*Trichocnemis* Lec.) *spiculatus* Lec. (*californicus* White, *spiculigera* White, *neomexicanus* Cas., — *E.* (*Caller-*

gates n. subg. p. 47, 49) *Guillardos* Chevr. (*akbesianus* Pic), dich. Tab. der 3 Arten (p. 49).

Callipogon Serv. (*Spiloprionus* Aur.) *sericeomaculatus* Aur., — *C.* (i. sp) *Lemoinei* Reich., *C. barbatus* Fbr., (*Hauseri* Nonfr., *Friedlaenderi* Nonfr.), *C. senex* Dup. (*barbatus* Serv.), *C. Beckeri* n. sp. (p. 56, 71) Mexico, — *C.* (*Eoxenus* Sem.) *relictus* Sem., — *C.* (*Orthomegas* Serv.) *Pehlkei* n. sp. (p. 60, 72) Peru, *C. similis* Gah., *C. jaspideus* Bnq., *C. cinnamomeus* L. (*corticinus* Ol.), — *C.* (*Enoplocerus* Serv.) *armillatus* L., — *C.* (*Callomegas* n. subg. p. 64, 73) *proletarius* n. sp. (p. 66, 73) Porto-Rico, *C. sericeus* Ol., — *C.* (*Navosoma* Blanch.) *luctuosus* Sch. (*biimpressus* Dup., *Hubertii* Buq., *triste* Blanch., *Blanchardii* Thoms.), dich. Tab. der 7 Untergatt. u. der 14 Arten (p. 72—73).

Titanines. (5 gen. p. 350).

Ctenoscelis Serv. (*Apotrophus* Bat.) *simplicicollis* Bat. (*Olivieri* Thoms.), — *Ct.* (i. sp.) *Dyrrachus* Buq. (*Nausithous* Buq.), *Ct. acanthopus* Germ., (*Coeus* Pert.), *Ct. atra* Ol. (*Ct. forceps* Voet), dich. Tab. der 4 Arten (p. 316).

Titanus Serv. *giganteus* L., — *T.* (*Braderochus* Buq. = *Aulacocerus* Wh.), *T. mundus* Whit., *T. Levoiturieri* Buq., dich. Tab. der 3 Arten (p. 321).

Macrodontia Serv. *flavipennis* Chvr. (*impressicollis* Bl.), *M. Dejeanii* Gor., *M. crenata* Ol. (*quadrispinosa* Sch., *castanea* Bl., *Ehrenreichii* Klb.), *M. cervicornis* L., dich. Tab. der 4 Arten (p. 336).

Chalcoprionus Bat., *Badenii* Bat.

Ancistrotus Serv. *uncinatus* Kl. (*hamaticollis* Serv., *aduncus* Buq., — *A.* (*Acanthinodera* Hop., *Amallopodes* Lequ., *Malloderes* Dup., *Acalodegma* Thoms), *A. Servillei* Bl., *A. Cumingii* Hop. (*A. scabrosus* Lequ., *Mercurius* Er., *microcephalus* Dup.), dich. Tab. über die 3 Arten p. 348.

Einzelbeschreibungen.

Acanthoderes clavipes Schr. var. *obscurior* n. var. **Pic** (Mat. V p. 17) Amur.

Agaleptus siehe **Distant** pag. 330.

Agapanthia (*Calamobiomorphus* n. subg.) **Pic** (Mat. V p. 6) für *A. leucaspis* Stev., *A. lais* Reich. var. *violaceipennis* n. var. (p. 9) Persien.

Aliturus fusculus n. sp. **Fairmaire** (Ann. Belg. 48. p. 254) Madagascar.

Alphitopola, Alyattes, Amblesthis, Amblesthidus siehe **Distant** pag. 331, 332.

Anaesthetis confossicollis Baeckm. besprach **Pic** (Mat. V p. 17).

Anauxesis simplex n. sp. **Jordan** (Nov. Zool. XI p. 365) Ostafrika.

Ancistrotus siehe **Lameere** oben.

Anisogaster brunneus n. sp. **Fairmaire** (Ann. Belg. 48. p. 254) Madagascar.

Anoplistes Jacobsonis n. sp. **Baeckmann** (Rev. russe IV p. 311) Syr-Darja.

Anoplostetha, Anthores, Anubis **Distant** p. 331, 330.

Apatophysis ocularis Pic = *toxotoides* Chr. var. nach **Pic** (Mat. V p. 3).

Apodasya, Apomecyna siehe **Distant** pag. 332. — *Apotrophus* **Lameere** oben.

Aristobia approximator Th. **Brogniart** (Miss. Pavie III p. 140).

Aromia basifemorata **Pic** var. *distinctipes* n. var. **Pic** (Mat. V p. 11) China.

Artelida caligata n. sp. **Fairmaire** (Ann. Belg. 48. p. 255) Madagascar.

Astynoscelis n. gen. *longicornis* n. sp. **Pic** (Mat. V p. 8) Mandschurei.

Ataxia spinicauda n. sp. **Schaeffer** (J. N. York ent. Soc. XII p. 224) Florida.

Aulacopus siehe D i s t a n t pag. 329.

Bisaltes bimaculatus n. sp. **Aurivillius** (Ent. Tids. 25. p. 207) Bolivien.

Blepisanis, Brimus siehe D i s t a n t p. 332, 330. *Cacodacnus* siehe L a m e e r e p. 333.

Cacosceles siehe D i s t a n t pag. 329.

Caedomaea Blucheaui n. sp. **Fairmaire** (Ann. Belg. 48. p. 259), *C. nebulosa* n. sp. (p. 259), *C. griseotincta* n. sp. (p. 260) Madagascar.

Calamobiomorphus siehe *Agapanthia.*

Calanthemis Hauseri n. sp. **Jordan** (Nov. Zool. XI p. 364) Ost-Afrika.

Callergates siehe L a m e e r e pag. 333.

Callichroma calceatum Aur. wiederholt abgedruckt **Pedemonte** (Inst. Catal. Butl. IV p. 2[1]). — Siehe auch D i s t a n t pag. 330.

Callidium siehe C s i k i pag. 327.

Callipogon (Eoxenus) relictus besprach **Ssemënew** (Rev. russ. IV p. 220—224). Siehe auch L a m e e r e pag. 334.

Callomegas siehe L a m e e r e pag. 334.

Caloclytus siehe D i s t a n t pag. 330. — *Catypnes* siehe L a m e e r e pag. 334.

Cerambyx Lucasii Brog. 1891 wiederholt abgedruckt **Brogniart** (Miss. Pavie III p. 133 tab. IX ter fig. 1).

Ceresium vittidorsum n. sp. **Pic** (Mat. V p. 10) China.

Ceroplesis, Chreostes siehe D i s t a n t pag. 331.

Chalcoprionus siehe L a m e e r e pag. 334.

Closteromerus siehe D i s t a n t pag. 330.

Clytanthus taurusiensis Pic besprach **Pic** (Mot. V p. 3). — Siehe auch D i s t a n t pag. 330.

Clytus Rhamni var. *longicollis* n. var. **Reitter** (Wien. ent. Z. 23. p. 82) Dobrutscha. — *Cl. fulvohirsutus* n. sp. **Pic** (Ech. 20. p. 18 u. Mat. Long. V p. 15) u. *Cl. Raddensis* n. sp. (p. 18 resp. p. 16) Sibirien, *Cl. gulekanus* n. sp. Ech. p. 65) Taurus.

Cochliopselaphus, Coelodon siehe D i s t a n t pag. 331, 329.

Compsa, Ibidion u. *Heterachthes* verglich **Schaeffer** (J. N. York ent. Soc. XII. p. 61).

Compsomera, Coptoeme siehe D i s t a n t pag. 330, 329.

Coptops nivisparsa n. sp. **Fairmaire** (Miss. Pavie III p. 145) Tongking. — Siehe auch D i s t a n t pag. 330.

Cordylomera cylindricollis Auriv. wiederholt abgedruckt von **Pedemonte** (Inst. Catalan. Butl. IV. p. ?[2]). — Siehe auch D[i]s t a n t pag. 330.

Crossotus hovanus n. sp. **Fairmaire** (Ann. Belg. 41. p. 257) Madagascar. — Siehe auch D i s t a n t pag. 331.

Ctenoscelis siehe L a m e e r e pag. 334. — *Cyamophthalmus* siehe C s i k i pag. 327.

Cymatura mashuna Per. = *spumans* Guer. nach **Péringuey** (Ann. S. Afr. III p. 297).

Cyrtophorus siehe *Pentanodes.*

Demonax mongtsenensis n. sp. **Pic** (Mat. V p. 12).

Dere, Derolus siehe D i s t a n t pag. 330, 329.

Derotus argentifer n. sp. **Pic** (Mat. V p. 11) China.

Desmiphora grisea n. sp. **Aurivillius** (Ent. Tids. 25. p. 208) Bolivien.

---

[1]) Im Titel irrthümlich als „nov. sp." angekündigt.
[2]) Im Titel irrthümlich als „n. sp." angekündigt.

Diadelia atomosparsa n. sp. **Fairmaire** (Ann. Belg. 48. p. 260) Madagascar.
Dichostates, Dinocephalus siehe D i s t a n t pag. 331.
Dorcadion subbrevipenne n. nom. **Pic** (Ech. 20. p. 5) für *D. brevipenne* Pic 1903,
D. terolense Esc. var. *Georgei* n. var. u. *D. granulosum* n. sp. (p. 17) Spanien,
D. Elvirae n. sp. (p. 58) Spanien. — *D. (Cribrodorcadion) Mniszechii* Kr.
var. *semibrunneum* Pic besprach nochmals **Pic** (Mat. V. p. 3), *D. infernale*
Muls. var. *immutatum* Pic u. var. *revestitum* Dan. (p. 4), *D. sericatum* Kryn.
var. *corallicorne* n. var. (p. 4), *D. peloponesium* Pic von *Emgei* Ganglb. unterschieden (p. 4), *D. Saulcyi* Thoms. u. *Javetii* Thoms. = *aleppense* Kr. varr.,
D. arcivagum Thoms. var. *cilicium* n. var. ♀ (p. 4), *D. Destinonis* Fairm.
var. *adanense* n. var. (p. 4), *D. scabricolle* Dalm. var. *Mesminii* Pic = *semi-*
lucens Kr. var. (p. 4), *D. subbrevipenne* Pic (p. 5), *D. cercedillanum* Pic
(*Laufferi* Esc.) var. *Schrammii* Pic 1903 (p. 5 [1]), *D. villosladense* Esc. var.
logronense Pic 1903 = *neilense* Esc var. (p. 5 [1]), Tabelle (nicht dichot.) der
6 von N i c o l a s unterschiedenen Varietäten des *D. neilense* + var. *logronense*
(p. 6), *D. terolense* Esc. var. *glabripenne* n. var. (p. 6), *D. grandevittatum*
n. sp. (p. 7) Türkei, *D. subjunctum* n. sp. (p. 7) Griechenland, *D. Malju-*
shenkonis n. sp. (p. 8) Caucasus, *D. Kasıkoporanum* Pic von *Bodemeyeri*
Dan. unterschieden (p. 19), *D. pruinosum* Esc. = *Uhagonis* var. *inhumerale*
Pic (p. 20), *D. Dejeanii* var. *Seeboldii* Esc = *tenuecinctum* Pic (p. 20), *D.*
segovianum Chvr. (p. 20), *D. terolense* Esc. var. *albarium* Esc. von *griseo-*
lineatum unterschieden (p. 21). — *D. neilense* Esc. var. *Urbionense* Esc.
subvar. *album* n. subvar. **Nicolas** (Ech. 20. p. 82), *D. Perezii* Gr. var. *ruti-*
lipes n. var. (p. 82), *D. albicans* Chvr. var. *inalbicans* n. var., *D. Marmottanii*
Esc. var. *cabrasense* n. var. u. *D. Mosquerulense* Esc. var. *carbonarium* n. var.
(p. 83) Spanien. — *D. neilense* Esc. nebst varr. besprach **Nicolas** (Bol. Sol.
Aragon. Ci. nat. III p. 35), var. *almarzense* Esc., var. *Urbionense* Esc. u.
var. *costatum* Esc., *D. villoslatense* Esc. var. *Vicentei* n. var. u. var.
Schrammii n. var. (p 40 [2]).
Ecyroschema siehe D i s t a n t pag. 331.
Elaphidion u. *Psyrassa* verglich **Schaeffer** (J. N. York ent. Soc. XII p. 61),
    E. subdepressum n. sp. (p. 222) Californien.
Eleanor, Elithiotes, Enaretta siehe D i s t a n t pag. 330, 332.
Eoxenus, Ergates siehe L a m e e r e pag. 334, 333.
E r l a n d i a n. gen. **Aurivillius** (Ent. Tids. 25. p. 205, fig.), *E. inopinata* n. sp.
    (p. 206) Bolivien.
Euderces siehe *Pentanodes*.
Eugoa, Eumimetes, Evander, Eunidia siehe D i s t a n t pag. 330, 331, 332.
Eurypoda siehe L a m e e r e pag. 333.
Evodinus (Brachyta) borealis Gyll. var. *obscurissimus* n. var. **Pic** (Mat. V p. 3),
    E. bifasciatus Ol. (p. 13).
Exocentrus, Frea, Gnatholea, Hecyrida, Hercodera siehe D i s t a n t p. 332, 331, 330.
Haplocnemia (Mesosa) curculionoides L. var. *tokatensis* n. var. **Pic** (Mat. V p. 6).
Helymaeus, Hepomidion, Hesperophanes siehe D i s t a n t pag. 330, 329.

---

[1]) Diese beiden Varietäten wurden schon 1903 (Ech. 19. p. 178) publizirt,
aber so versteckt, dass sie vom Ref. übersehen wurden.

[2]) Der Name ist von P i c 1903 vergeben. Vergl. Anm. 1.

Heterachthes siehe *Compsa*.

Holangus Guerryi n. sp. **Pic** (Mat. V p. 10) China.

Hoploderes siehe *Pixodorus* und La meere pag. 333.

Hoplorama Perrieri n. sp. **Fairmaire** (Ann. Belg. 48. p. 258) Madagascar.

Hyagnis, Hyllisia, Hypoeschrus siehe D i s t a n t pag. 332, 329.

Hystatus siehe La meere pag. 333.

Ibidion siehe *Compsa*.

Icariotis alboscutata n. sp. **Fairmaire** (ibid. p. 255) Madagascar.

Idactus, Ionthodes siehe D i s t a n t pag. 331, 330.

Jamwonus siehe La meere pag. 333. — *Lasiopezus* siehe D i s t a n t pag. 330.

Lentalius n. gen. **Fairmaire** (ibid. p. 256), *L. obliquepictus* n. sp. (p. 257) Madagascar.

Leontium binotatum Brog. 1891 (wiederholt) **Brogniart** (Miss. Pavie III p. 139 tab. IX ter fig. 9).

Leptura distigma var. *Lopez Bayonis* n. var. **Lauffer** (Bol. Soc. espan. IV p. 374).
— *L. (Strangalia) duodecimguttata* Fbr. var. *bisbijuncta* n. var. **Pic** (Mot. V p. 14) Amur. — Siehe auch D a n i e l pag. 328.

Liagrica siehe C s i k i pag. 327. — *Litopus* siehe D i s t a n t pag. 330.

Lygrus, Lyramela siehe D i s t a n t pag. 329.

Macrodontia siehe La meere pag. 324. — *Macrotoma* siehe D i s t a n t pag. 329.

Mallodon, Mallonia siehe D i s t a n t pag. 329, 331.

Mallosia, Mallosiola siehe D a n i e l pag. 328.

Marocaulus granicollis n. sp. **Fairmaire** (Ann. Belg. 48. p. 254) Madagascar.

Merionoeda siehe D i s t a n t pag. 330. — *Mesoprionus* siehe *Prionus*.

Metallichroma excellens Auriv. wiederholt abgedruckt von **Pedemonte** (Inst. Catalan. Butl. IV p. ?).

Microclytus siehe *Pentanodes*. — *Micromallosia* siehe D a n i e l pag. 328.

Mimocoptops bipenicillatus n. sp. **Fairmaire** (ibid. p. 256) Madagascar.

Mylothris bimaculatus Brog. 1891 (wiederholt) **Brogniart** (Miss. Pavie III p. 144 tab. IX ter fig. 11) = *Campocnema lateralis* White nach einer Anm. wahrscheinlich von L e s n e (p. 144).

Myrsinus siehe D i s t a n t pag. 330. — *Navosoma* siehe La meere pag. 334.

Nemophas Helleri n. sp. **Hauser** (Deut. ent. Z. 1904 p. 42) Key-Inseln.

Nemotragus siehe D i s t a n t pag. 331.

Neoclytus Joutelii n. sp. **Davis** (Ent. News XV p. 34 tab. VI) Neu-Jersey. — *N. magnus* n. sp. **Schaeffer** (J. N. York ent. Soc. XII p. 224) Californien.

Neodorcadion siehe C s i k i pag. 327.

Neopolyarthron siehe *Prionus*. — *Neoprion* siehe La meere pag. 333.

Nicarete albolineatus n. sp. **Fairmaire** (Ann. Belg. 48. p. 257), *N. vitticollis* n. sp. u. *N. submaculosus* n. sp. (p. 258) Madagascar. — Siehe auch *Omphalacra*.

Niphona, Nitocris siehe D i s t a n t pag. 332.

Nuphasia maculata Brog. 1891 (wiederholt) **Brogniart** (Miss. Pavie III p. 135 tab. IX ter fig. 3).

Nupserha siehe D i s t a n t pag. 332.

Oberea Rosinae n. sp. **Pic** (Ech. 20. p. 17 u. Mat. V p. 18) Amur. — *O. ulmicola* n. sp. **Chittenden** (Bull. Illin. Lab. VII p. 4). — Siehe auch D i s t a n t pag. 332.

Obrium obscuripenne n. sp. **Pic** (Ech 20. p. 17) Sibirien. — *O. japonicum* n. sp.
Pic (Mat. V p. 22), *O. brunneum* n. sp. **Schaeffer** (J. N. York ent. Soc. XII.
p. 223) Californien.

Ochimus, Oemida, Oemodana siehe **Distant** pag. 330, 329.

Olenecamptus nubilis n. sp. **Jordan** (Nov. Zool. XI p. 365) Ost-Afrika. — Siehe
auch **Distant** pag. 331.

Omphalacra = *Nicarete* nach **Fairmaire** (Ann. Belg. 48, p. 258).

Oncideres stillata n. sp. **Aurivillius** (Ent. Tids. 25. p. 208) Bolivien.

Orthomegas siehe **Lameere** pag. 334. — *Ossibia* siehe **Distant** pag. 330.

Pachydissus siehe **Distant** pag. 329.

Pachylocerus sulcatus Brog. 1891 (wiederholt) **Brogniart** (Miss. Pavie III p. 135
fig. 4).

Paraeme siehe *Oedina*.

Parmena baltens L. u. var. *unifasciata* Rossi unterschied **Müller** (Wien. ent. Z.
23. p. 176).

Pavieia Brog. *superba* Brog. 1891 (wiederholt) **Brogniart** (Mission Pavie III
p. 137 tab. IX ter fig. 6).

Pentanodes n. gen. *Dietzii* n. sp. **Schaeffer** (J. N. York ent. Soc. XII p. 222)
Texas, dich. Tab. über diese u. 5 Gattungen: *Microclytus, Cyrtophorus, Tillomorpha, Euderces* u. *Tetranodes* (p. 223).

Phantasis, Philagathes siehe **Distant** pag. 330.

Philematium capense Per. = *hottentottum* Buqu. nach **Peringuey** (Ann. S. Afr.
Mus. III p. 297).

Phryneta, Phyllocnema siehe **Distant** pag. 331, 330.

Phytoecia infernalis n. sp. **Pic** (Ech. 20. p. 17 u. Mat. V. p. 18) Amur.

Pidonia lurida Fbr. var. *rufithorax* Pic = *lurida* Fbr. typica nach **Pic** (Mat.
V p. 3).

Pixodarus siehe **Distant** pag. 329 und **Lameere** pag. 333.

Plagionotulus, Plocederus siehe **Distant** pag. 330, 329.

Platygnathus siehe **Lameere** pag. 333.

Praonetha fuscopunctata n. sp. **Fairmaire** (Ann. Belg. 48. p. 260), *Pr. bispina* n.
sp. (p. 261) Madagascar.

Prionus (Neopolyarthron) besprach **Ssemënow** (Rev. russ. d'Ent. IV p. 39), *Pr.
Ahngeri* Brans. = *Pr. (Mesoprionus) angustatus* Jakovl.

Prosopocera, Prosphilus siehe **Distant** p. 331, 329.

Protocallidium siehe **Csiki** pag. 327. — *Protomocerus* siehe **Distant** pag. 331.

Psathyrus siehe **Distant** pag. 329.

Purpuricenus fasciatus Brog. 1891 (wiederholt) **Brogniart** (Miss. Pavie III p. 136
tab. IX ter fig. 5) = *P. sanguinolentus* Ol. nach einer Anm. wahrscheinlich
von **Lesne** (p. 136). — *P. miniatus* n. sp. **Fairmaire** (Miss. Pavie III p. 145)
Tongking.

Pycnopsis, Quimalanca, Rhaphidopsis siehe **Distant** pag. 331.

Rosalia Lameerii Brog. 1891 wiederholt **Brogniart** (Miss. Pavie III p. 137
tab. IX ter pag. 7, 8).

Saperda perforata Pall. var. *pallidipes* n. var. **Pic** (Mat. V p. 9) Caucasus, *S.
(Eutetrapha) sedecimpunctata* var. *Rosinae* n. var. (p. 17) Amur. — Siehe
auch **Felt & Joutel** pag. 333.

Semnosia siehe **Daniel** pag. 328.

Somatitia testudo n. sp. **Broun** (Ann. Mag. nat. Hist. XIV p. 127) Neu-Seeland.
Sophronica siehe D i s t a n t pag. 332. — *Sphenalia* siehe D a n i e l pag. 328. —
Spiloprionus siehe L a m e e r e pag. 334.
Stenocorus (Anisorus) heterocerus Gangl. mit var. *homocerus* Dan. 1900 behandelte
Daniel (Münch. Kol. Z. II p. 205), *St. quercus* Goetz mit var. *unicolor* Fleisch.
(discolor err. typ. p. 204), var. *marginatus* Kr., var. *Magdalenae* Pic, var.
scutellaris Kr., var. *discoideus* Rtt , var. *subvittatus* Rttr. u. var. *subapicalis*
Rtt. (p. 205).
Sternotomis euchroma n. sp. **Fairmaire** (Ann. Belg. 48. p, 255) Madagascar. —
Siehe auch D i s t a n t pag. 331.
Stictosomus siehe L a m e e r e pag. 333.
Stratioceros princeps Lac. **Brogniart** (Miss. Pavie III p. 141 tab. IX ter fig. 10).
Syessita siehe D i s t a n t pag. 332.
Tapinolachnus, Taurotagus, Tetradia, Tetraglenes siehe D i s t a n t p. 329, 331, 332.
Tetranodes niveicollis Linell ♀ beschrieb **Schaeffer** (G. N. York ent. Soc. XII
p. 223 . — Siehe auch *Pentanodes.*
Thercladodes siehe D i s t a n t pag. 332.
Tillomorpha siehe *Pentanodes.*
Timoreticus, Tithoes, Titocerus siehe D i s t a n t pag. 331, 329.
Titanus siehe L a m e e r e pag. 334.
Toxeutes siehe L a m e e r e pag. 333.
Toxotus amurensis Kr. var. *lateobscurus* n. var. **Pic** (Mat. V p. 13).
Tragiscoschema, Tragocephala siehe D i s t a n t pag. 331.
Trichocnemis siehe L a m e e r e pag. 333.
Xoanodera Pascoei Brog. 1891 (wiederholt) **Brogniart** (Miss. Pavie III p. 134).
Xylotrechus adspersus Gebl. verschieden von *X. pantherinus* Sav. nach **Ssemënow**
(Rev. russe IV p. 315), *X. pantherinus* var. *Jakowlewii* Sem. (p. 307). —
X. multinotatus n. sp. **Pic** (Mat. V p. 11) China.
Xystrocera, Volumnia siehe D i s t a n t pag. 329, 332.
Zamium laevicolle n. sp. **Jordan** (Nov. Zool. XI p. 364) Ost-Afrika. — *Z. rusti-*
cum Per. = *incultum* Pasc. nach **Péringuey** (Ann. S. Afr. Mus. III p. 297).
— Siehe auch D i s t a n t pag. 329.
Zatrephus nebulosus Brog. 1891 (wiederholt) **Brogniart** (Miss. Pavie III p. 134
tab. IX ter fig. 2).
Zographus, Zosterius siehe D i s t a n t pag. 331, 330.

Fam. *Chrysomelidae.*
(27 n. gen., 444 n. spp.).

Abeille 4, Allard 3, Britton 1, Bruch 1, Burgess 2, Chittenden 4,
J. Daniel 1, Daniel & Daniel 1, Deville 3, Dury 1, W. Evans 1,
Fairmaire 7, Felt 2, Fuente 1, Ganglbauer 4, Garman 1, Gavoy 1,
Gerhardt 2, 6, Gestro 2, Heyden 6, Jacobson 3, Jacoby 1—11,
Jacoby & Clavarena 1, 2, Lea 2, 4, Lefèvre 1, Lesne 1, Marchall 1,
Muir & Sharp 1, Nordström 1, Pic 16, 28, 35, Plotnikow 1, Porta 2,
Reitter 13, Revon 1, Roubal 1, Roule 1, Rudow 1, Schaeffer 1,
E. Schwarz 3, Slingerland & Johnson 1, Spaeth 1, Ssemënow 20,

Strand 2, Symons 1, Tomlin 2, 4, Uyttenboogaart 3, Vásquez 1,
Vaney & Conte 1, Vorbringer 1, Weise 2, 3, 6, 11, 12, Wickström 1,
Xambeu 3a, 3b.

Morphologie.

Jacoby (11) berichtet über 1 Sagra ♂ mit den secundären
Geschlechtsmerkmalen eines ♀.

Muir & Sharp (1) beschrieben den Generationsapparat des ♀
von *Aspidomorpha puncticosta* (p. 5 tab. I fig. 7, 8) u. den Eierlege-
apparat von *Basipta stolida* (p. 8 tab. II fig. 17).

Plotnikow (1) untersuchte die Exuvialdrüsen auch bei den
Larven von *Chrysomeliden*.

Roubal (1) berichtete über Missbildungen bei *Chrysomeliden*.

Biologie.

Muir & Sharp (1) beschrieben die Eier (p. 2, 17, tab. I fig. 1
—6, 9), die Larve (p. 9, 20 tab. III fig. 20a—c) und die Puppe
(fig. d, e) von *Aspidomorpha puncticosta*, die Eier (p. 6, 17) u. die
Larve (p. 10, 20 tab. IV fig. 21a) von *A. tecta*, die Eier (p. 6, 17
tab. II fig. 10, 11) und die Larve (p. 11, 20 tab. IV fig. 22a) von
A. confinis, die Eier (p. 7, 17 tab. II fig 12, 13), die Larve (p. 11,
20 tab. IV fig. 23a—c) u. die Puppe fig. d von *A. tigrina*, die Eier
(p. 7, 17 tab. II fig. 14, 15, 16), die Larve (p. 12, 20 tab. V fig. 24a,
b) u. die Puppe (fig. c) von *Basipta stolida*, die Eier (p. 8, 17 tab. II
fig. 18, 19), die Larve (p. 14 tab. V 25a) u. die Puppe (fig. b) von
Cassida Muirana n. sp., die Eier (p. 8, 17), die Larve (p. 14 tab. V
fig. 26a u. die Puppe (fig. b) von *C. unimacula*, die Eier (p. 8. 17),
die Larve (p. 15, 20 tab. V fig. 27a) und die Puppe (fig. 27b) von
Laccoptera excavata.

Lesne (1) beschrieb die Larve von *Hispa testacea*.

E. Schwarz (3[1]) beschrieb die Metamorphose von *Chrysomela
subsulcata* Mannh.

Bruch (1) beschrieb die Eier, Larven und Puppen von *Plagiodera erythroptera* Blanch., *Calligrapha polyspila* Germ. u. *Chalepus
medius* Chap.

Weise (2) beschrieb die Larve von *Sclerophaedon orbicularis*
u. (12) das Ei von *Oreina tristis* (p. 235).

Nordström (1) beschrieb die Larve und die Puppe von *Cassida
murraea* L.

Slingerland & Johnson (1) berichteten über *Fidia viticola* als
Schädling.

Roule schilderte die Biologie von *Colaspidema atra*.

Vaney & Conte (1) handelten über *Haltica ampelophaga* als
Schädling.

---

[1]) Nach Bericht pro 1900 sind sämmtliche Larven (vergl. p. 92) nicht von
Schwarz sondern von Kinkaid beschrieben. Dem Ref. nicht zugänglich.

Fairmaire (7) beschrieb die Larve von *Aspidomorpha rotunda* Fairm. (p. 270).

Revon (1) beschrieb die Metamorphose von *Galerucella luteola* (p. 261).

Xambeu (3a) beschrieb den Eiersack von *Clytra* (*Tituboea*) *attenuata* Fairm. (p. 49) und das Ei von *Timarcha gallica* Fairm. (p. 40), — (3b) die Larve von *Lesna crispatifrons* Fairm. (p. 153), den Eiersack u. die Larve von *Cryptocephalus ebenus* Fairm. (p. 155), die Larve von *Colasposoma rutilans* Kl. (p. 156), von einer *Chrysomelida* sp.? (p. 158), von *Entomoseclis cincta* Ol. (p. 159), von *Galerucella pruinosa* Fairm. (p. 161) u. von *Graptodera madagascariensis* All. (p. 162) aus Madagascar.

Chittenden (4) berichtete über die Lebensweise von *Epitrix cucumeris* Harr.

Britton (1) u. Felt (2) berichtete über *Crioceris* u. *Galerucella* als Schädlinge.

Burgess (2) berichtete über *Fidia viticola* als Schädling.

Symons (1) berichtete über *Diabrotica* u. *Crioceris* als Schädlinge.

Garman (1) berichtete über *Phyllotreta*, *Systena* u. *Diabrotica* als Schädlinge.

Heyden (6) gab eine biologische Notiz über *Melasoma*.

Marchal (1) gab eine Notiz über *Phyllodecta*.

Plotnikow (1) siehe Morphologie.

Rudow (1) besprach die „Wohnungen" der *Chrysomeliden*.

Uyttenboogaart (3) handelte über *Donacia marginata*.

Wickström (1) berichtete über die Ueberwinterungen von *Phratora vitellinae*.

Geographisches.

Lefèvre (1). Aufzählung von 27 von Pavie in China gesammelten Arten.

Allard (3). Aufzählung von 67 von Pavie in China gesammelten Arten.

Strand (2) fand *Phratora atrovirens* Cornel. in Norwegen.

Deville (3) berichtete über die Verbreitung mehrerer Arten in Frankreich (p. 204—206).

Vorbringer (1) fand *Donacia Sparganii* Ahr. in Ostpreussen.

Gerhardt (2 u. 6) berichtete über *Chrysomela carpathica* var. *Gabrielii* Weis. aus Schlesien.

Nordström (1) berichtete über das Vorkommen von *Cassida murraea* L. in Finnland.

Evans (1) u. Tomlin (4) berichteten über das Vorkommen von *Lochmaea suturalis* Thoms. var. *nigrita* Ws. in England.

Ganglbauer (4) führte 27 Arten von der Insel Meleda auf (p. 657—658).

Jacobson (3) berichtete über das Vorkommen von *Cryptoce-phalus quindecimnotatus* Suffr. im Gouvernement Suwalki (p. XXXV). **Gavoy** (1) führte 282 Arten aus dem Departement Aude auf. **Tomlin** (1) berichtete über *Longitarsus curtus* All. in England.

Systematik.
Umfassende Arbeiten.
J. Daniel.
Revision der paläarctischen *Crepidodera*-Arten. (Münch. Kol. Z. II. p. 237—297).

Eine ausgezeichnete Monographie, die in jeder Hinsicht als mustergültig bezeichnet werden kann. Höchstens könnte man nur den Wunsch als noch unerfüllt bezeichnen, die Beziehungen der Gattung zu den nächstverwandten Gattungen (*Hippuriphila, Hypnophila, Orestia*), deren Gruppirung (nach der Bildung der Mittelbrust) nach **Weise** der Autor bemängelt, auf anderer Grundlage dichotomisch begründet zu sehen. Ausser der dichotomischen Begründung der 5 Gruppen (p. 241—242 fig. 1) und der Arten nach ihrer systematischen Verwandtschaft (p. 243—245, 260—261, 270, 275 —277) ist noch eine dichotomische Tabelle aller Arten, ohne Rücksicht auf ihre Verwandtschaft, nach leichter zu beobachtenden Merkmalen gegeben. (p. 294—295).

Die behandelten Arten.
Crepidodera transversa Marsh. (p. 245 fig. 2), *Cr. impressa* Fbr. (p. 247 fig. 3) mit var. *peregrina* Har. (p 248 fig. 4) Algier u. var. *obtusangula* n. var. (p. 249) Herzegowina, *Cr. brevicollis* n. sp. (p. 244, 249 fig. 5) Italien, *Cr. obscuritarsis* Mots. (p. 251 fig. 6), *Cr. ferruginea* Scop. (p. 252 fig. 7), *Cr. crassicornis*, Fald. (p. 253 fig. 8) mit var. *hispanica* n. var. (p. 255 fig. 9) Spanien, *Cr. interpunctata* Motsch. (p. 256 fig. 10), — *Cr. Peirolerii* Kutsch. (p. 261 fig. 11), *Cr. concolor* Dan. (*coeruleicollis* p. 263 fig. 12), *Cr. melanopus* Kutsch. (p. 266 fig. 13), *Cr. basalis* Dan. (p. 266 fig. 14), *Cr. femorata* Gyll., — *Cr. corpulenta* Kutsch. (p. 270 fig. 16), *Cr. rhaetica* Kutsch. (p. 271 fig. 17) mit var. *rufo-concolor* n. var. u. var. *spectabilis* n. var. (p. 273 fig. 19), — *Cr. transsylvanica* Fuss (p. 277 fig. 20), *Cr. obirensis* Ganglb. (p. 279 fig. 21), *Cr. norica* Weis. (p. 279 fig. 22), *Cr. nobilis* n. sp. (p. 276, 281 fig. 23) Grajische Alpen mit var. *interstitialis* n. var. (p. 282) Monte Rosa, *Cr. melanostoma* Redtb. (p. 282 fig. 24) mit var. *ligurica* n. var. (p. 285 fig. 25), *Cr. frigida* Weis. (*Theresae* Pic p. 286 fig. 26), *Cr. cyanescens* Duft. (p. 289 fig. 27), *Cr. cyanipennis* Kutsch. (*sabauda* Pic p. 290 fig. 28). — *Cr. nigritula* Gyll. (p. 293 fig. 30).

1. Jacoby u. Clavareau.
Coleoptera Phytophaga. Fam. *Donacidae.* (Wytsman Gen. Ins. fasc. 21. p. 1—14 tab. I.)

Es werden 5 Gattungen dichotomisch auseinandergesetzt (p. 1 —2) u. dann einzeln (mit alphabetischer Aufführung ihrer Arten) charakterisirt. Die Tafel enthält 13 Abbildungen.

Die behandelten Gattungen u. abgebildeten Arten.

Haemonia Latr. (= *Macroplea* Curt.) mit 8 Arten: *H. mutica* Fbr. var. *Curtisii* Lor. (fig. 13).

Donacia Fbr. mit 66 Arten: *D. Lenzii* Schf. (fig. 1), *D. semicuprea* Pz. (fig. 2), *D. cinerea* Hrbst. (fig. 3), *D. aeraria* Bal. (fig. 4), *D. longicornis* Jac. (fig. 5), *D. recticollis* Jac. (fig. 6), *D. gracilipes* Jac. (fig. 7), *D. simplex* Fbr. (fig. 8), *D. bicolora* Zschach (fig. 9), *D. coccineofasciata* Harr.

Plateumaris Thoms. mit 22 Arten: *Pl. sericea* L. (fig. 11), *Ol. braccata* Scop. (p. 12).

Donaciasta Fairm. (*Donacilla* Fairm.) mit 1 Art aus Madagascar.

Microdonacia Blackb. mit 1 Art aus Australien.

2. Jacoby u. Clavareau.

Coleoptera Phytophaga. Fam. Crioceridae.

(Wytsman Gen. Ins. fasc. 23. p. 1—40 tab. I—V.)

Nach dichotomischer Auseinandersetzung von 12 Gattungen, werden dieselben einzeln charakterisirt, mit Aufzählung ihrer geographisch u. alphabetisch geordneten Arten nebst Litteraturangaben. 54 Arten sind abgebildet und mehrere vergebene Namen geändert.

Die behandelten Gattungen u. abgebildeten Arten.

Psathyrocerus Bl. mit 12 Arten: *Ps. oblongus* Bl. (tab. I fig. 5, 5a).

Brachydactyla Lac. mit 2 Arten: *Br. discoidea* Guer. (tab. I fig. 2, 2a).

Macrolema Bal. mit 3 Arten: *M. longicornis* Jac. (fig. 7), *M. marginata* Jac. (p. 8).

Macrogonus Jac. mit 2 Arten: *M. quadrivittatus* Jac. (fig. 10).

Ovamela Fairm. (*Pionomela* Fairm.) mit 1 Art: *O. ornatipennis* Frm. (tab. I fig. 3).

Hemydacne Jac. mit 2 Arten: *H. maculicollis* Jac. (fig. 4).

Lema Fbr. mit 721 Arten: *L. Antonii* n. nom. (p. 6) für *L. Duvivieri* Jac. 1900, *L. orientalis* n. nom. (p. 10) für *L. malayana* Jac. 1900, *L. Rothschildii* n. nom. (p. 10) für *L. nigrilabris* Jac. 1894, *L. binominata* n. nom. (p. 11) für *L. Klugii* Jac. 1895, *L. Darwinii* n. nom. (p. 12) für *L. mutabilis* Bal. 1879, *L. Lefevrei* n. nom. (p. 12) für *L. foveipennis* Jac. 1895, *L. tsipangoana* n. nom. (p. 14) für *L. brevicornis* Jac. 1897, *L. Fairmairei* n. nom. (p. 14) für *L. fuscicornis* Fairm. 1899, *L. centralis* n. nom. (p. 17) für *L. apicicornis* Jac., *L. columbiana* n. nom. (p. 17) für *L. Haroldii* Jac. 1878, *L. Martini* n. nom. (p. 20) für *L. bisulcata* Jac., *L. rubifrons* n. nom. (p. 22) für *L. rugifrons* Jac., *L. Waterhousei* n. nom. (p. 23) für *L. Smithii*, *L. praeclara* Bal. (tab. II fig. 1), *L. transvalensis* Jac. (fig. 2), *L. Murrayi* Bal. (fig. 3), *L. longula* Qued. (fig. 4), *L. signatipennis* Jac. (fig. 5), *L. cribaria* Jac. (fig. 6), *L. bifoveata* Jac. (fig. 7), *L. sumbawaënsis* Jac. (fig. 8), *L. foveipennis* Jac. (fig. 9), *L. Andrewesii* Jac. (fig. 10), *L. unicincta* Guer. (fig. 1, 1a), *L. monstruosa* Bal. (fig. 2), *L. dimidiatipennis* Jac. (fig. 3), *L. Staudingeri* Jac. (fig. 4). *L. centromaculata* Weis. (fig. 5), *L. coeruleolineata* Jac. (fig. 6), *L. circumcincta* Jac. (fig. 7), *L. speciosa* Jac. (fig. 8), *L. latona* Bal. (fig. 9), *L. boliviana* Jac. (fig. 10).

Plectonycha Luc. mit 6 Arten: *Pl. variegata* Bal. (tab. I fig. 6, 6a).

Stethopachys Bal. mit 4 Arten: *St. Javetii* Bal. (tab. I fig. 9).

Sigrisma Fairm. mit 1 Art.

Crioceris Geoffr. mit 143 Arten: *Cr. Weisei* n. nom. (p. 30) für *Cr. crassicornis*
Weis., *Cr. sapphiripennis* Jac. (tab. IV fig. 1, 1a), *Cr. elongata* Jac. (fig. 2),
Cr. curvipes Jac. (fig. 3), *Cr. triplagiata* Jac. (fig. 4), *Cr. Clarkii* Bal (fig. 5),
Cr. aterrima Jac. (fig. 6), *Cr. fasciatipennis* Jac. (fig. 7), *Cr. latipennis* Cl.
(fig. 8), *Cr. Severinii* Jac. (fig. 9), *Cl. papuana* Jac. (fig. 10), *Cl. multimaculata*
Jac. (fig. 11), *Cl. flavipennis* Bal. (fig. 12), *Cr. scapularis* Bal. (tab. V fig. 1),
Cr. nigropunctata Lac. (fig 2), *Cr. cylindricollis* Jac. (fig. 3), *Cr. gibba* Bal.
(fig. 4), *Cr. madagascariensis* Jac. (fig. 5), *Cr. duodecimmaculata* Jac. (fig. 6),
Cr. africana Jac. (fig. 7), *Cr. binotata* Bal. (fig. 8), *Cr. rugata* Bal. (fig. 9),
Cr. quinquepunctata Fbr. (fig. 10), *Cr. transvalensis* Jac. (fig. 11), *Cr. philip-
pensis* Jac (fig. 12).
Pseudolema Jac. mit 1 Art: *Ps. suturalis* Jac. (tab. I fig. 1).
Amauropsis Fairm. mit 1 Art.
Cropalatus Fairm. mit 1 Art.

Lea.

Notes on Australian and Tasmanian *Cryptocephalidae*,
with descriptions of new species.
(Tr. ent. Soc. Lond. 1904 p. 329—461 tab. XXII—XXVI).

Eine dichotomische Auseinandersetzung von 173 Arten verschiedener Gattungen, die in der Tabelle bunt durch einander ge-
würfelt sind (p. 334—350). Es folgt dann die eingehendere Besprechung zahlreicher alter Arten, (p. 350—391) (die ebenfalls nicht
genau nach Gattungen geordnet sind und eine ganz andere Reihenfolge aufweisen, als die Tabelle, so dass die Benutzung beim Fehlen
eines Registers überaus schwierig ist) und endlich die ausführliche
Beschreibung der zahlreichen neuen Arten (p. 392—455), die
wenigstens nach Gattungen geordnet sind. Gattungsbeschreibungen
vermisst man überhaupt ganz. Dagegen sind die 200 Figuren der
6 Tafeln recht instructiv.

Die behandelten Arten nach Gattungen geordnet.

Lachnobothra braccata Kl. (*Hopei* Saund., *Breweri* Bal.) (p. 334, 350), *L. Saundersii* Bal. (p. 334, 351 tab. XXV, XXVI fig. 178, 180, 181), *L. Waterhousei*
Bal., *L. Wilsonis* Bal. (p. 334).
Prasonotus submetallicus Suffr. (*morbillosus* Bal., *Chapuisii* Blackb.) (p. 335, 351
tab. XXIV fig. 106), *Pr. ruficaudis* Bal. (p. 335).
Cadmus rugicollis Gr. (p. 337, 352 tab. XXII fig. 1, 2), *C. litigiosus* Bob. (p. 344,
352), *C. australis* Boi. (p. 344), *C. excrementarius* Suffr. (p. 344 tab. XXII
fig. 3), *C. pacificus* Suffr. (p. 345, 353), *C. purpurascens* Chp. (p. 344, 354),
C. stratioticus Chp. (p. 327), *C. sculptilis* Chp. (p. 347, 354), *C. scutatus* Chp.
(p. 347, 355 tab. XXIV fig. 107), *C. histrionicus* Chp. (p. 343, 355 tab XXII
fig. 4), *C. luctuosus* Chp. (*lucifugus* Bal., *maculicollis* Chp.) (p. 347, 354
tab. XXII, XXIV fig. 5, 6, 7, 108, 109, 110), *C. ornatus* Chp. (p. 337, 356
tab. XXII fig. 8, 9), *C. quadrivittatus* Chp. (p. 337, 357 tab. XXII, XXIV
fig. 10, 111), *C. strigillatus* Chp. (p. 344, 357), *C. trispilus* Chp. (p. 344, 357
tab. XXII fig. 11), *C. aurantiacus* Chp. (p. 346, 358 tab. XXIV fig. 112—115),
C. colossus Chp. (p. 334, 358), *C. T-niger* n. sp. (p. 346, 449), *C. calomeloides*

n. sp. (p 347, 450), *C. quadrifasciatus* n. sp. (p. 344, 451 tab. XXIV, XXV fig. 103, 104, 153), *C. fasciaticollis* n. sp. (p. 350, 452 tab. XXV fig. 154, 155), *C. apicirufus* n. sp. (p. 345, 453 tab. XXIV fig. 105), *C. perlatus* n. sp. (p. 348, 454), *C. nothus* n. sp. (p. 337, 454). *Cryptocephalus* pauperculus Germ. (p. 345, 358 tab. XXII fig. 12, 13, 14), *Cr. tricolor* Fbr. (p. 349, 359 tab. XXV fig. 156), *Cr. scabrosus* Ol. (*similis* Saund., *rugifrons* Chp., *eximius* Chp.) (p. 341, 360), *Cr. Jacksonis* Guer. (p. 338, 360), *Cr. salebrosus* Guer. (p. 361[1]), *Cr. haematodes* Boi. (*carnifex* Suffr. (p. 342, 361), *Cr. crucicollis* Boi. (*Hopei* Saund., *creek-nigra* Saund., *flavocincta* Saund., *C. cinnamomeus* Suffr., *amplicollis* Chp.) (p. 344, 362 tab. XXII, XXIV fig. 15—20, 116—119[2]), *Cr. consors* Boi. (*tricolor* Fbr., *Roei* Saund., *atripennis* Saund., *elegans* Saund., *plagicollis* Chp.) (p. 349, 363 tab. XXV fig. 136, 137, 157), *Cr. speciosus* Boi. (p. 342, 364 tab. XXII, XXV fig. 21, 138), *Cr. castus* Suffr. (p. 340, 364 tab. XXII fig. 22, 23), *Cr. parentheticus* Suffr. (p. 340, 364 tab. XXII, XXIV fig. 24—27, 120, 121), *Cr. viridinitens* Chp. (p. 338, 365), *Cr. Eumolpus* Chp. (p. 342, 365 tab. XXII, XXV p. 28, 29, 145), *Cr. clavicornis* Chp. (p. 338, 365 tab. XXVI fig. 183, 184), *Chr. bihamatus* Chp. (p. 336, 365 tab. XXII, XXV, XXVI fig. 30, 139—142, 158, 185, 186), *Cr. poecilodermis* Chp. (p. 339, 366), *Cr. terminalis* Chp. (*facialis* Chp.) (p. 342, 367 tab. XXII fig. 31), *Cr. antennalis* Chp. (p. 340, 367), *Cr. conjugatus* Chp. (p. 342, 368), *Cr. gracilior* Chp. (p. 342, 368 tab. XXII fig. 32), *Cr. chrysomelinus* Chp. (p. 343, 368 tab. XXII, XXV fig. 33, 159), *Cr. jocosus* Chp. (*postremus* Chp., *pretiosus* Bal.) (p. 346, 369 tab. XXII fig. 34, 35), *Cr. iridipennis* Chp. (*Chapuisii* Bal.) (p. 340, 369 tab. XXII fig. 36, 37), *Cr. aciculatus* Chp. (p. 339, 370 tab. XXII, XXV fig. 38, 39, 143, 144), *Cr. filum* Chp. (p. 336, 370 tab. XXII fig. 40), *Cr. argentatus* Chp. (*bellus* Bal.) (p. 370 tab. XXII fig. 41, 42[3]), *Cr. dichrous* Chp. (p. 342, 371 tab. XXIII fig. 43—47), *Cr. confinis* n. sp. (p. 340, 392), *Cr. mediocris* n. sp. (p. 341, 392 tab. XXV fig. 167), *Cr. appendiculatus* n. sp. (p. 342, 393), *Cr. vicarius* n. sp. (p. 343, 394), *Cr. blandus* n. sp. (p. 341, 395), *Cr. quadratipennis* n. sp. (p. 341, 396), *Cr. compositus* n. sp. (p. 341, 397), *Cr. aurifer* n. sp. (p. 342, 398), *Cr. purpureotinctus* n. sp. (p. 340, 398), *Cr. clarus* n. sp. (p. 343, 399 tab. XXIII fig. 68), *Cr. melanopus* n. sp. (p. 341, 400 p. XXIV fig. 125), *Cr. variipennis* n. sp. (p. 340, 401 tab. XXV fig. 146), *Cr. clypealis* n. sp. (p. 339, 402 tab. XXV fig. 147), *Cr. rubicundus* n. sp. (p. 339, 403 tab. XXV fig. 168), *Cr. rutilans* n. sp. (p. 349, 403), *Cr. Larinus* n. sp. (p. 339, 404), *Cr. cariniventris* n. sp. (p. 338, 405), *Cr. stenocerus* n. sp. (p. 339, 406), *Cr. sobrinus* n. sp. (p. 339, 407), *Cr. pallens* n. sp. (p. 341, 408 tab. XXV fig. 169), *Cr. lilliputanus* n. sp. (p. 341, 409 tab. XXIII, XXIV fig. 69, 126, 127), *Cr. tenebricosus* n. sp. (p. 339, 410), *Cr. distortus* n. sp. (p. 336, 410 tab. XXV, XXVI fig. 148, 192), *Cr. rufoterminalis* n. sp. (p. 346, 412 tab. XXIII, XXVI fig. 70, 193), *Cr. conspiciendus* n. sp. (p. 339, 413 tab. XXIII fig. 71, 72), *Cr. metallicus* n. sp. (p. 337, 414), *Cr. basizonis* n. sp.

---

[1] Nur erwähnt, nicht beschrieben, fehlt daher in der Tabelle.

[2] Steht in der Tabelle als *Cadmus* (p. 344).

[3] Fehlt in der Tabelle. Dagegen steht dort 1 *Cr. crassicornis* der zu *Schizosternus* gehört.

(p. 346, 414 tab. XXIII, XXV fig. 73, 170), *Cr. comptus* n. sp. (p. 349, 415
tab. XXIII, XXV fig. 74, 75, 149), *Cr. minusculus* n. sp. (p. 350, 416
tab. XXIII fig. 76—80), *Cr. T-viridis* n. sp. (p. 345, 417 tab. XXIII, XXV,
XXVI fig. 81, 150, 151, 194), *Cr. serenus* n. sp. (p. 344, 418), *Cr. scabiosus*
n. sp. (p. 341, 419 tab. XXIII fig. 82), *Cr. incoctus* n. sp. (p. 338. 420), *Cr.
comosus* n. sp. (p. 338, 421), *Cr. convexicollis* n. sp. (p. 338, 421 tab. XXVI
fig. 195), *Cr. ornatipennis* n. sp. (p. 347, 422 tab. XXIII fig. 83, 84), *Cr. coelestis* n. sp. (p. 343, 423 tab. XXVI fig. 196), *Cr. costipennis* n. sp. (p. 343,
424 tab. XXIV, XXVI fig. 171, 197).

Idiocephala catoxantha Saund. (p. 340, 372 tab. XXIII fig. 48), *I. tasmanica*
Saund. (*impressicollis* Boh.) (p. 344, 372) mit var. *crassicostata* Chp. (p. 373),
I. subbrunnea Saund. (p. 348, 373), *I. Bynoei* Saund. (*convexicollis* Chp.
p. 347, 373), *I. cyanipennis* Saund. (*condensatus* Suffr.) (p. 343, 374 tab. XXV,
XXVI fig. 161, 188), *I. pulchella* Saund. (p. 342, 343, 375 tab. XXV, XXVI
fig. 162, 189), *I. atra* Saund. (*nigrita* Chp.) (p. 349, 376), *I. albilinea* Saund.
(*marginicollis* Saund.) (p. 346, 377 tab. XXIII fig. 53), *I. flaviventris* Saund.
(p. 342, 377 tab. XXIII fig. 54, 55), *I. nigripennis* Bal. (p. 343, 377).

Ochrosopsis vermicularis Saund. (p. 346, 377), *O. subfasciatus* Saund. (*melanocephalus* Saund. (p. 348, 378 tab. XXV, XXVI fig. 163, 190), *O. rufescens*
Saund. (p. 347, 379), *O. apicalis* Saund. p. 347, 379), *O. erosus* Saund. (p. 339,
380), *O. australis* Saund. (p. 348, 380), *O. eruditus* Bal. (p. 339, 380 tab. XXIII,
XXV fig. 56, 164).

Rhombosternus antennatus Bal. (p. 346, 381), *Rh. sulphuripennis* Bal. (p. 346, 381
tab. XXIII fig. 57).

Prionopleura bifasciata Saund. (p. 337, 381), *Pr. cognata* Saund. (p. 337, 382),
Pr. erudita Blackb. (p. 344, 382 tab. XXIII, XXIV fig. 58, 122, 123).

Aporocera apicalis Saund. (p. 336, 382), *A. bicolor* Saund. (p. 336, 383).

Brachycaulus ferrugineus Fairm. (*Ewingii* Saund., *dorsalis* Saund., *tasmanica*
Saund, *foveicollis* Saund., *rufescens* Saund., *verrucosus* Chp.) (p. 343, 383),
Br. posticalis n. sp. (p. 334, 446), *B. mamillatus* n. sp. (p. 334, 447), *Br.
aterrimus* n sp. (p. 334, 447 tab. XXV fig. 175, 177, 179).

Onchosoma Klugii Saund. (p. 334, 385).

Chariderma pulchella Bal. (p. 335, 385 tab. XXIII, XXIV, XXVI fig. 59.
124, 191).

Diandichus analis Chp. (p. 335, 386 tab. XXV fig. 165), *D. foveiventris* n. sp.
(p. 335, 425).

Cyphodera chlamydiformis Germ. (p. 338, 386).

Schizosternus coccineus Chp. (p. 336, 386 tab. XXIII fig. 60, 61), *Sch. albogularis*
Chp. (*pectoralis* Bal.) (p. 336, 387 tab. XXIII fig. 62, 63), *Sch. delicatulus*
n. sp. (p. 335, 426 tab. XXV fig. 176), *Sch. trilineatus* n. sp. (p. 335, 427
tab. XXIV fig. 85), *Sch. marmoratus* n. sp. (p. 336, 427 tab. XXIV, XXV
fig. 86, 128, 172), *Sch. crassicornis* Chp. p. 336, 428 tab. XXIV, XXV fig. 87
88, 129, 130, 131, 173 [1]).

Chloroplisma viridis Saund. (*metallicus* Chp.) mit var. *corruscus* Chp. u. *chalybaeus*
Chp. (p. 349, 387).

---

[1] In der Tabelle als *Cryptocephalus* (p. 336).

Mitocera viridipennis Saund. (*perlongus* Chp.) (p. 340, 388 tab. XXIII, XXV fig. 64, 65, 166).

Loxopleurus auriculatus Suffr. (p. 348, 388), *L. gravatus* Chp. (p. 345, 389 tab. XXIII fig. 66), *L. obtusus* Chp. (p. 349, 389), *L. semicostatus* Chp. (p. 347, 389), *L. subvirens* Chp. (p. 349, 390), *L. atramentarius* Chp. (p. 348, 390), *L. erythrotis* Chp. (p. 348, 390 tab. XXIII fig. 67), *L. chalceus* Chp. (p. 341, 391), *L. laeviusculus* Chp. (p. 342, 391[1]), *L. conjugatus* Chp. (p. 349, 391), *L. piceitarsis* Chp. (p. 350, 391), *L. genialis* Chp. (p. 340, 391), *L. lateriflavus* n. sp. (p. 348, 430 tab. XXIV fig. 89), *L. pallidipes* n. sp. (p. 348, 431), *L. lugubris* n. sp. (p. 350, 431 tab. XXV fig. 132), *L. mixtus* n. sp. (p. 350, 433 tab. XXIV fig. 90), *L. acentetus* n. sp. (p. 345, 434), *L. Castor* n. sp. (p. 349, 435 tab. XXVI fig. 198), *L. Pollux* n. sp. (p. 346, 435 tab. XXVI fig. 199), *L. mitificus* n. sp. (p. 345, 436), *L. dolens* n. sp. (p. 349, 436), *L. microscopicus* n. sp. p. 348, 437 tab. XXIV fig. 91), *L. marginipennis* n. sp. (p. 348, 438 tab. XXIV, XXV fig. 92, 133), *L. castigatus* n. sp. (p. 348, 439 tab. XXIV fig. 93, 94), *L. inconstans* n. sp. (p. 348, 440 tab. XXIV fig. 95, 96, 97), *L. virgatus* n. sp. (p. 350, 441 tab. XXIV fig. 98), *L. fuscitarsis* n. sp. p. 345, 441 tab. XXIV, XXVI fig. 99, 200), *L. contiguus* n. sp. (p. 350, 442 tab. XXV fig. 134, 135), *L. absonus* n. sp. (p. 345, 443 tab. XXIV, XXVI fig 100, 101, 201), *L. immaturus* n. sp. (p. 348, 444), *L. disconiger* n. sp. (p. 350, 445 XXIV, XXV fig. 102, 152, 174).

Einzelbeschreibungen.

Abirus Harmandii Lef. 1890 (wiederholt) **Lefèvre** (Miss. Pavie III p. 152).

Acanthodes Donkieri n. sp. **Weise** (Deut. ent. Z. 1904 p. 444) Brasilien, *A. limbata* n. sp. (p. 445) Peru, *A. viridipennis* n. sp. (p. 446) Südamerika.

Acanthonycha peruana n. sp. **Jacoby** (Proc. Zool. Soc. Lond. 1904 II p. 403), *A. geniculata* n. sp., *A. dimidiata* n. sp. (p. 403), *A. Ståhlii* n. sp. (p. 404) Costa Rica, *A. costalipennis* n. sp. (p. 404) u. *A. antennata* n. sp. (p. 405) Brasilien.

Achaenops Oneilii n. sp. **Jacoby** (ibid. I p. 249) Cap, *A. mandibularis* Jac. = *Cryptocephalus polyhistor* (p. 247).

Acrocrypta discoidalis All. 1891 (wiederholt) **Allard** (Miss. Pavie III p. 162 tab. IX fig. 10).

Aenidea nasuta n. sp. **Jacoby** (Ann. Belg. 48. p. 401), *Ae. latifrons* n. sp. (p. 402) u. *Ae. nilgiriensis* n. sp. (p. 403) Indien. — Siehe auch *Platyxantha.*

Aetheomorpha coerulea Jac. = *Gynandrophthalma ochropus* Har. nach **Weise** (Arch. Nat. 70. I. p. 159). — Siehe auch *Diapromorpha.*

Agasicles n. gen. **Jacoby** (Pr. Zool. Soc. Lond. 1904 II p. 400), *A. vittata* n. sp. (p. 401) Peru.

Agelastica siehe *Diacantha.*

Agetocera flava n. sp. **Jacoby** (Ann. Belg. 48. p. 394) Indien.

Algoala n. gen. *fulvicollis* n. sp. **Jacoby** (Pr. Zool. Soc. Lond. 1904 I (p. 268) Süd-Afrika.

Amauropsis siehe Jacoby. & Clavareau pag. 344.

Amblynetes n. gen. **Weise** (Arch. Nat. 70. I p. 41), *A. morio* n. sp. (p. 42) Afrika.

Anisodera Zanzibaris u. *nigricauda* Mot. = *Micrispa* nach **Weise** (Deut. ent. Z. 1904 p. 457).

---

[1] In der Tabelle irrthümlich als n. sp. bezeichnet.

Antipha Blanchardii All. 1891 (wiederholt) **Allard** (Miss. Pavie III p. 163 tab. IX
fig. 13). — *A. bifasciata* n. sp. **Jacoby** (Ann. Belg. 48. p. 399) u. *A. orientalis*
n. sp. (p. 400) Indien.

Aphthona nigroscutellata n. sp. **Reitter** (Wien. ent. Z. 23. p. 82) Galizien. —
A. bicolorata n. sp. **Jacoby** (Ann. Mus. Gen. 41. p. 487) Neu-Guinea.

Apolepis indica n. sp. **Jacoby** (Ann. Belg. 48. p. 385) Indien.

Apophyllia (Malaxia) metallica n. sp. **Jacoby** (ibid. p. 397) Indien. — *A. hebes*
n. sp. **Weise** (Arch. 70. I p. 48) Afrika.

Aporocera siehe L e a pag. 346.

Arescus dubius Donk. = *perplexus* Wat. = *separatus* Bal. nach **Weise** (Deut.
ent. Z. 1904 p. 457).

Argopistes limbatipennis n. sp. **Jacoby** (Ann. Mus. Gen. 41. p. 491) Neu-Guinea.

Asbecesta breviuscula n. sp. **Weise** (Arch. Nat. 70. p. 48) Kilimandjaro.

Asphalesia tuta n. sp. **Weise** (Arch. Nat. 70. I p. 172) Usambara.

Aspidomorpha togoënsis n. sp. **Weise** (Arch. 70. I. p. 57) Afrika. — *A. sarawa-
censis* n. sp. **Spaeth** (Ann. Mus. Gen. 41. p. 73) Borneo, *A. sumatrana* n. sp.
(p. 74) Sumatra, *A. assimilis* Boh. var. *elegantula* n. var. (p. 75). — *A.
rotunda* Fairm. von *pontifex* Boh. unterschieden durch **Fairmaire** (Ann.
Belg. 48. p. 270).

Atelechira siehe *Miopristis*.

Atropidius robustus n. sp. **Jacoby** (Ann. Belg. 48. p. 383) Indien.

Aulacophora Loriana n. sp. **Jacoby** (Ann. Mus. Gen. 41. p. 494), *Au. pallidi-
fasciata* n sp., *Au. rigoënsis* n. sp. (p. 495) Neu-Guinea, *Au. cornuta* Bal.
von *Au. robusta* verschieden (p. 496).

Balyana reticulata Gestr. von *sculptilis* Fairm. verschieden nach **Gestro** (Ann.
Mus Gen. 41. p. 459).

Blepharida flavocostata n. sp. **Jacoby** (Pr. Zool. Soc. Lond. 1904 II p. 406),
Bl. multimaculata n. sp. (p. 407) Mexico. — *Bl. scripta* n. sp. **Weise** (Arch.
Nat. 70. p. 52) Ikuta.

Bothryonopa crassipes Mot. = *Hispopria foveicollis* Bal. nach **Weise** (Deut. ent.
Z. 1904 p. 457).

Brachycaulus siehe L e a pag. 346. — *Brachydactyla* siehe J a c o b y & C l a v a -
r e a u pag. 343.

B r a d a m i n a n. gen. *plicicollis* n. sp. **Fairmaire** (Ann. Belg. 48. p. 268)
Madagascar.

Bradylema subcastanea Ws. 1901 besprach **Weise** (Deut. ent. Z. 1904. p. 16). —
Br. transvaalensis Jac. ♂ beschrieb **Weise** (Arch. Nat. 70. I p. 157).

Brontispa u. *Oxycephala* behandelte **Gestro** (Ann. Mus. Gen. 41. p. 455—459),
Br. longissima Gestr. (fig. 1).

Buphonella elongata Jac. = *murina* Gerst (*Apophyllia*) nach **Weise** (Arch. Nat.
70 I p. 166).

Cadmus siehe L e a pag. 344.

Calligraphus polyspila Germ. beschrieb ausführlich **Bruch** (Rev. Mus. La Plata
XI p. 315 tab.).

Callispa unicolor n. sp. **Weise** (Arch. Nat. 70. I p. 171) Rhodesia.

Calomela dilaticornis n. sp. **Jacoby** (Ann. Mus. Gen. 41. p. 480) Neu-Guinea.

Candezea Loriae n. sp. **Jacoby** (ibid. p. 508) u. *C. sulcatipennis* n. sp. (p. 509)
Neu-Guinea. — *Candazea* = *Monolepta* nach **Weise** (Arch. Nat. 70. p. 50).

Casmonella n. gen. *natalense* n. sp. **Jacoby** (Pr. Zool. Soc. Lond. 1904 I p. 266) Natal.

Cassida sparsuta n. sp. **Weise** (Arch. Nat. 70. I p. 55) Afrika, *C. corpulenta* n. sp. (p. 173) Kamerun. — *C. Feae* n. sp. **Spaeth** (Ann. Mus. Gen. 41. p. 71) Burma, *C. nigrogibbosa* Sp. (p. 71). — *C. Muirana* n. sp. **Sharp** (Tr. ent. Soc. Lond. 1904 p. 13 tab. V fig. 25) Natal. — *C. exsanguis* n. sp. **Fairmaire** (Ann. Belg. 48. p. 270), *C. ovoidea* n. sp., *C. plicatula* n. sp., *C. rufomicans* n. sp. (p. 271), *C. latecincta* n. sp., *C. latericia* n. sp. (p. 272), *C. lyrica* u. sp., *C. dorsomicans* n. sp., *C. nigroscutata* n. sp. (p. 273), *C. breviuscula* n. sp., *C. fallaciosa* n. sp., *C. nigrotecta* n. sp. (p. 274), *C. funebris* n. sp. u. *C. nigroguttata* n. sp. (p. 275) Madagascar.

Cephalodonta calopteroides n. sp. **Weise** (Deut. ent. Z. 1904 p. 439), *C. humerosa* n. sp. (p. 441) Brasilien u. *C. clara* n. sp. (p. 442) Brasilien, *C Bruchii* n. sp. (p. 443) Argentinien, *C. Donckieri* n. sp. (p. 443) Brasilien, *C. gratiosa* Bal. = *Stethispa* (p. 457).

Cephalolia interstitialis n. sp. **Weise** (Deut. ent. Z. 1904 p. 437) Brasilien, *C. parenthesis* n. sp. (p. 437) u. *C. fasciata* n. sp. (p. 438) Venezuela, *C. tucumana* n. sp. (p. 439) Argentinien.

Ceralces occidentalis n. sp. **Weise** (Arch. Nat. 70. I p. 42) Afrika.

Cerophysa Andrewesii n. sp. **Jacoby** (Ann. Belg. 48. p. 396) u. *C. mandarensis* n. sp. (p. 397) Indien.

Chaetocnema Bellii n. sp. **Jacoby** (ibid. p. 392) Indien. — *Ch. Loriae* n. sp. **Jacoby** (Ann. Mus. Gen. 41. p. 489) u. *Ch. transversicollis* n. sp. (p. 490).

Chalcolampra rufinoda n. sp. **Lea** (Pr. Linn. Soc. N. S. Wales 29. p. 106) Tasmanica.

Chalepus medius Chap. beschrieb ausführlich **Bruch** (Rev. Mus. La Plata XI p. 315 tab.). — Siehe auch *Uroplata.*

Chariderma siehe **Lea** pag. 346.

Charidotella siehe *Coptocycla.*

Charidotis divisa n. sp. **Weise** (Arch. Nat. 70. I p. 176) Peru, *Ch. Drakei* n. sp. (p. 177) Paraguay, *Ch. redimita* n. sp. (p. 177) Bolivien.

Cheiridella n. gen. **Jacoby** (Pr. Zool. Soc. Lond. 1904 I p. 265), *Ch. zambesiana* n. sp. (p. 266) Natal.

Chirida breviuscula n. sp. **Weise** (Arch. Nat. 70. I p. 55) Afrika.

Chlamys trimaculata n. sp. **Jacoby** (The Ent. 1904 p. 197, *Chl. Donkieri* n. sp., *Chl. seminigra* n. sp. (p. 198) u. *Chl. semibrunnea* n. sp. (p. 199) Brasilien, *Chl. fulvimana* n. sp. (p. 200) Costa Rica, *Chl. surinamensis* n. sp. (p. 200) Surinam, *Chl. centromaculata* n. sp. (p. 201), *Chl. constrictipennis* n. sp. (p. 202), *Chl. semicristata* n. sp. (p. 293) Venezuela, *Chl. Balyi* n. sp. (p. 293) Mexico.

Chloroplisma siehe **Lea** pag. 346.

Chlorostola siehe *Labidostomis.*

Chrysochloa siehe *Oreina.*

Chrysolampra verrucosa Lef. 1890 (wiederholt) **Lefèvre** (Miss. Pavie III p. 149).

Chrysomela metallica Deg. besprach **Weise** (Arch. Nat. 70. p. 43), *Chr. opulenta* Reich. (p. 43) mit var. *obesa* Vog. u. var. *cupreolineata* n. var. (p. 44) Ost-Afrika, *Chr. mulsa* n. sp. (p. 44) Uhehe, *Chr. duodecimstillata* Ws., *Chr. Clarkii* Bely, *Chr. confluens* Gerst. (*dilocerata* Auc.), *Chr. superba* Thunb. mit var. *interversa* Fairm. u. var. *rubripennis* u. var. (p. 46).

Cleoporus variegatus n. sp. **Jacoby** (Ann. Belg. 48. p. 387) u. *Cl. maculicollis* n. sp. (p. 388) Indien.

Cleorina semipurpurea n. sp. **Jacoby** (Ann. Mus. Gen. 41. p. 473) u. *Cl. viridissima* n. sp. (p. 474) Neu-Guinea.

Clythropsis n. nom. **Jacoby** (The Ent. 36. 1903 p. 211 [1]) für *Micropyga* Jac. 1903.

Cnecodes Mot. = *Luperodes* Mot. nach **Weise** (Arch. Nat. 70. p. 50).

Cneorane siehe *Vitruvia.*

Coelaenomenodera speciosa n. sp. **Gestro** (Ann. Mus. Gen. 41. p. 461 fig. 2) u. *C. signifera* n. sp. (p. 462 fig. 3) Congo. — *C. sculptipennis* n. sp. **Fairmaire** (Ann. Belg. 48. p. 269) Madagascar.

Coenobius melanocephalus n. sp. **Jacoby** (Pr. Zool. Soc. Lond. 1904 I p. 248) Mashunaland. — *C. Hauseri* n. sp. **Weise** (Arch. Nat. 70. I p. 39) Afrika.

Colaspoides Paviei Lef. 1890 (wiederholt) **Lefèvre** (Miss. Pavie III p. 156), *C. ovalis* Lef. u. *C. prasina* Lef. 1890 (p. 156).

Colasposoma affine Lef. 1890 (wiederholt) **Lefèvre** (Miss. Pavie III p. 151). — *C. blandum* n. sp. **Weise** (Arch. Nat. 70. I p. 39), *C. tumidulum* n. sp. (p. 40) Afrika. — *C. Sheppardii* n. sp. **Jacoby** (Pr. Zool. Soc. Lond. 1904 I p. 258), *C. pusillum* n. sp. (p. 259), *C. piceitarse* n. sp. (p. 260), *C. Balyi* n. sp. (p. 261), *C. beiraënse* n. sp. (p. 261 tab. XVII fig. 10) u. *C. mirabile* n. sp. (p. 262) Afrika, *C. Junodi* Per. = *cyaneocupreum* (p. 262).

Coptocephala rubicunda Laich. var. *Fuentei* n. var. **Vazquez** (Bol. Soc. esp. hist. nat. IV p. 374) Spain.

Coptocycla Championis n. sp. **Weise** (Arch. Nat. 70. p. 174) Costa Rica, *C. suturalis* n. sp. (p. 175) Brasilien, *C. evanescens* Champ. gehört zu *Charidotella* (p. 175), *C. ludicra* Boh. (p. 175). — *C. piceidorsis* n. sp. **Fairmaire** (Ann. Belg. 48. p. 276) u. *C. trizonata* n. sp. (p. 276) Madagascar. — Siehe auch *Rhacocassis.*

Corynodes Paviei Lef. 1890 (wiederholt) **Lefèvre** (Miss. Pavie III p. 154), *C. deletus* Lef. u. *C. conspectus* Lef. 1890 (p. 155). — *C. plagiatus* n. sp. **Weise** (Arch. Nat. 70. I p. 162) Nyassa. — *C. clypeatus* n. sp. **Jacoby** (Ann. Belg. 48 p. 389) Indien.

Crepidodera femorata Gyll. var. *Kossmannii* n. var. **Gerhardt** (Deut. ent. Z. 1904 p. 365 u. Zeit. Ent. Bresl. 29. p. 78). — *Cr. sabauda* n. sp. **Pic** (Éch. 20. p. 57) Savoien. — *Cr. longicornis* n. sp. **Jacoby** (Pr. Zool. Soc. Lond. 1904 II p. 412) Peru. — Siehe auch **Daniel** pag. 342.

Crioceris fasciata n. sp. **Weise** (Arch. Nat. 70. p. 158) Ost-Afrika. — *Cr. discoidalis* n. sp. **Fairmaire** (Ann. Belg. 48. p. 262), *Cr. dilutipes* n. sp., *Cr. fuscopicta* n. sp. (p. 262), *Cr. semirufa* n. sp. (p. 263) Madagascar. — *Cr. fasciatipennis* n. sp. **Jacoby** (ibid. p. 381) u. *Cr. malabarica* n. sp. (p. 381) Indien. — Siehe auch **Jacoby** & **Clavareau** pag. 343.

Cropalatus siehe **Jacoby** & **Clavareau** pag. 343.

Cryptocephalus vittula Suffr. var. *lugubris* n. var. **Demaison** (Bull. Fr. 1904 p. 286) Kleinasien. — *Cr. nigriceps* All. 1891 (wiederholt) **Allard** (Miss. Pavie III p. 162 tab. IX fig. 8, 8a), *Cr. semimarginatus* All. 1891 (p. 162 tab. IX fig. 9). — *Cr. aggregatus* Jac. = *smaragdulus* Fbr. nach **Weise** (Deut. ent.

---

[1] Im Bericht pro 1903 fehlt dieser Gattungsname.

Z. 1904 p. 16) mit var. *guineensis* n. var. (p. 16[1]), *Cr. Severinii* Jac. = *Cr. oblongosignatus* Ws. var. (p. 16). — *Cr. centralis* n. sp. **Weise** (Arch. Nat. 70. I p 159), *Cr. Reineckii* n. sp. (p. 160), *Cr. Moseri* n. sp. (p. 160) Usambara, *Cr. pygidialis* n. sp. u. *Cr. Hofmannii* n. sp. (p. 37) Ikuta, *Cr. uhehensis* n. sp. (p. 38) Uhehe. — *Cr. Mannerheimii* Gebl. var. *medioflavus* n. var. u. var. *medioniger* n. var. Pic (Ech. 20. p. 27) Sibirien, *Cr. Raddei* Kr. var. *Rosinae* n. var. mit subvar. *raddensis* n. subvar. u. subvar. *obliteratithorax* n. subvar. (p. 27) Amur, *Cr. Tappesii* var. *disconiger* n. var. (p. 57) Taurus, *Cr. bilineatus* var. *bisbilineatus* n. var. (p. 57) Savoien, *Cr. elegantulus* var. *inadumbratus* n. var. (p. 57) Croatien u. Frankreich. — *Cr. Championis* n. sp. **Daniel** (Münch. Kol. Z. II 92) Spanien. — *Cr. Sheppardii* n. sp. **Jacoby** (Pr. Zool. Soc. Lond. 1904 I p. 242 tab. XVII fig. 6), *Cr. Oneilii* n. sp. (p. 243 fig. 7), *Cr. subconnectens* n. sp. (p. 243 fig. 3), *Cr. sobrinus* n. sp. (p. 244), *Cr. beiraënsis* n. sp. (p. 244 fig. 5), *Cr. capensis* n. sp. (p. 245), *Cr. semiregularis* n. sp. (p. 246), *Cr. sexplagiatus* n. sp. (p. 246 fig. 4) u. *Cr. flavofrontalis* n. sp. (p. 247) Afrika, *Cr. mandibularis* Suffr. = *polyhistor* Suffr. (p. 247), — *Cr. subcostatus* n. sp. **Jacoby** (Ann. Belg. 48. p. 382) Indien. — *Cr. nigrosparsus* n. sp. **Fairmaire** (Ann. Belg. 48. p. 264), *Cr. nigrotibialis* n. sp. (p. 264), *Cr. impressidorsis* n. sp., *Cr. multinotatus* n. sp., *Cr. anticus* n. sp. (p. 265[2]), *Cr. piceorufus* n. sp., *Cr. scripticollis* n. sp., *Cr. anthrax* n. sp., *Cr. laesicollis* n. sp. (p 266), *Cr. diversipes* n. sp., *Cr. cyaneocostatus* n. sp., *Cr. nedator* n. sp. (p. 267) u. *Cr. eucharis* n. sp. (p. 268) Madagascar. — *Cr. arizonensis* n. sp. **Schaeffer** (J. N. York ent. Soc. XII p. 225) *Cr. atrofasciatus* Jac., *Cr. quatuordecimpustulatus* Suffr. u. *Cr. brunneovittatus* n. sp. (p. 226) Texas. — Siehe auch *Achaenops* u. **Lea** pag. 345.

Ctenochira aberrata n. sp. **Weise** (Arch. Nat. 70. I p. 176) Costa Rica, *Ct. plicata* Boh. = *sagulata* Boh. (p. 175).

Cyanaspis n. gen. **Weise** (Deut. ent. Z. 1904 p. 433) *testaceicornis* n. sp. (p. 434) Bolivien.

Cynorta nigrobasalis n. sp. **Jacoby** (Ann. Belg. 48. p. 400) Indien.

Cyphodera siehe **Lea** pag. 346.

Dactylispa lateralis n. sp **Weise** (Deut. ent. Z. 1904 p. 450) Südafrika, *D. assamensis* n. sp. (p. 451) Assam, *D. sobrina* Per. = *spinulosa* var. *salaamensis* Ws. (p. 457).

Damia tibialis n. sp. **Weise** (Arch. Nat. 70. I p. 158) Ost-Afrika. — *D. strigatipes* n. sp. **Jacoby** (Pr. Zool. Soc. Lond. 1904 I p. 239) u. *D. trifasciata* n. sp. (p. 240 tab. XVII fig. 9) Afrika.

Decatelia n. gen. **Weise** (Deut. ent. Z. 1904 p. 435) *lema* n. sp. (p. 436) Bolivien.

Demotina Andrewesii n. sp. **Jacoby** (Ann. Belg. 48. p. 383) u. *D. fulvohirsuta* n. sp. (p. 384) Indien, *D. semifasciata* Jac. gehört zu *Hyperaxis* (p. 384).

Diacantha bimaculata Bertol. = *Agelastica* nach **Weise** (Arch. Nat. 70. I p. 51, 166), *D. Conradtii* Jac. = *Kolbei* Ws. (p. 167).

Diandichus siehe **Lea** pag. 346.

---

[1]) Die Varietät ist zwar nicht als neu bezeichnet, scheint aber trotzdem neu zu sein.

[2]) Der Name *anticus* ist bereits von **Suffrian** vergeben.

Diapromorpha (Aetheomorpha) variegata Lef. 1890 (wiederholt) **Lefèvre** (Miss.
Pavie III p. 148). — *D. Hauseri* n. sp. **Weise** (Arch. Nat. 70. I p. 35) Ost-
Afrika, *D. tigrina* Jac: = *trizonata* Fairm. (p. 36).

Dichirispa siehe *Platypria*.

Dioryctus laetus n. sp. **Weise** (Arch. Nat. 70. I. p. 161) China.

Disonycha amazonica n. sp. **Jacoby** (Pr. Zool. Soc. Lond. 1904 II p. 401)
Amazonien, *D. peruana* n. sp. u. *D. albicincta* n. sp. (p. 402) Peru.

Donacia microcephala n. sp. **Daniel** (Münch. Kol. Z. II p. 89) Klein-Asien. —
D. impressa var. *inermis* n. var. **Fuente** (Bol. Esp. IV p. 389) Spanien. —
Siehe auch **Jacoby & Clavareau** pag. 343.

Donaciasta, Donacilla siehe **Jacoby & Clavareau** pag. 343.

Dorcathispa extrema Per. besprach **Weise** (Deut. ent Z. p. 449).

Echtrusia capensis n. sp. **Jacoby** (Pr. Zool. Soc. Lond. 1904 I p. 264) Cap.

Eriotica perforata n. sp. **Weise** (Arch. Nat. 70. I p. 53) Afrika.

Eubrachys Oneilii n. sp. **Jacoby** (Pr. Zool. Soc. Lond. 1904 I p. 263) Süd-Afrika.

Eumoea interrupta n. sp. **Jacoby** (Ann. Mus. Gen. 41. p. 510) Neu-Guinea.

Euphitrea indica n. sp. **Jacoby** (Ann. Belg. 48 p. 391 Indien).

Eurydemus nigriceps n. sp. **Jacoby** (Pr. Zool. Soc. Lond. 1904 I p. 249), *Eu.
quadrimaculatus* n. sp. (p. 250) u. *Eu. geniculatus* n. sp. (p. 250 tab. XVII
fig. 12) Afrika.

Euryope Säuberlichii n. sp. **Weise** (Arch. Nat. 70. I p. 41) Afrika. — *Eu. Barkeri*
n sp. **Jacoby** (Pr. Zool. Soc. 1904 I p. 258) Natal.

Eustetha varians All. 1891 (wiederholt) **Allard** (Miss. Pavie III p. 163 tab. IX
fig. 11, 12).

Exosoma siehe *Hallirhotius*.

Fidia Clematis n. sp. **Schaeffer** (J. N. York ent. Soc. XII p. 227) Texas, dich.
Tab. über 5 Arten (p. 227—228).

Galeruca dorsata Say besprach **Dury** (Ent. News XV p. 53). — *G. sexcostata*
n. sp. **Jacoby** (Ann. Belg. 48. p. 405) Kaschmir. — *G. subrubra* Reitt.
italienische Uebersetzung von **Porta** (Riv. Col. ital. II p. 139).

Galerucella funesta Jac. besprach **Weise** (Arch. Nat. 70. 166).

Gonophora interrupta Duv. = *Oncocephala* nach **Weise** (Deut. ent. Z. 1904
p. 457), *G. orientalis* Guer. = *xanthomelaena* Wied. (p. 457).

Gronovius n. gen. *imperialis* n. sp. **Jacoby** (Ann. Mus. Gen. 41. p. 499) u.
Gr. andaiensis n. sp. (p. 500) Neu-Guinea.

Gynandrophthalma salisburiensis n. sp. **Jacoby** (Pr. Zool. Soc. Lond. 1904 I
p. 240), *G. scutellata* Ws. = *bicolor* Ws. = *basipennis* Lac., *G. varicolor*
n. sp. (p. 241) u. *G. hirtifrons* n. sp. (p. 242) Süd-Afrika. — Siehe auch
Aetheomorpha.

Haemonia siehe **Jacoby & Clavareau** pag. 343.

Hallirhotius marginatus Jac. = *Exosoma flavomarginatum* Jac. nach **Weise**
(Arch. Nat. 70. I p. 167).

Haltica bicolora n. sp. **Jacoby** (Ann. Mus. Gen. 41. p. 482) Neu-Guinea.

Haplosoma nilgiriensis n. sp. **Jacoby** (Ann. Belg. 48. p. 396) Indien.

Haptoscelis melanocephala Pz. var. *baltica* n. var. **Weise** (Deut. ent. Z. 1904
p. 368) Ostpreusen.

Hemydacne siehe **Jacoby & Clavareau** pag. 343.

Heteraspis aeneipennis Lef. 1890 (wiederholt) **Lefèvre** (Miss. Pavie III p. 150).

Heterotrichus Balyi Chap. **Lefèvre** (Miss. Pavie III p. 152).

Hippuriphila Catharinae n. sp. **Jacoby** (Pr. Zool. Soc. Lond. 1904 II p. 42) Brasilien.

Hispa opaca n. sp. **Weise** (Deut. ent. Z. 1904 p. 448) Südafrika, *H. subinermis* Fairm. = *Pleurispa*, *H. cyanipennis* Mot. u. *aenescens* Bal. = *armigera* Ol. (p. 448). — *H. aurichalcea* n. sp. **Weise** (Arch. Nat. 70. I p. 171) Ost-Afrika.

Hispopria coeruleipennis Duv. = *Bothryonopa imperialis* Bal. nach **Weise** (Deut. ent. Z. 1904 p. 457).

Hoplionota bioculata Wag. u. *circumdata* Wag. besprach **Spaeth** (Ann. Mus. Gen. 41. p. 69).

Horatopyga Reineckii n. sp. **Weise** (Arch. Nat. 70. I p. 163) Natal.

Hyperaxis variegata n. sp. **Jacoby** (Ann. Belg. 48. p. 385) Indien. — Siehe auch *Demotina*.

Hypocassida flavescens n. sp. **Weise** (Arch. Nat. 70. I p. 56) Afrika, *H. gibbosa* Gestr. (p. 57).

Idiocephala siehe **Lea** pag. 345.

Iphidea Bal. = *Luperodes* Mot. nach **Weise** (Arch. Nat. 70. p. 50).

Isnus suturalis n. sp. **Jacoby** (Ann. Mus. Gen. 41. p. 497) Natal.

Itylus n. gen. **Jacoby** (Ann. Mus. Gen. 41. p. 497) für *Yulenia bicolor* Jac.

Jacobya viridis n. sp. **Weise** (Arch. Nat. 70. I p. 167) Niger.

Jamesonia evanescens n. sp. **Weise** (ibid. p. 54) Afrika.

Khasia Andrewesii n. sp. **Jacoby** (Ann. Belg. 48. p. 398) Indien.

Labidostomis testaceipes n. sp. **Pic** (Ech. 20. p. 94) u. *L. Delagrangei* n. sp. (p. 94) Syrien. — *L. (Chlorostola) nevadensis* n. sp. **Daniel** (Münch. Kol. Z. II p. 91) Spanien.

Lachnobothra siehe **Lea** pag. 344.

Lactica Nicotinae n. sp. **Jacoby** (Pr. Zool. Soc. Lond. 1904 II p. 396) Mexico, *L. decorata* n. sp. (p. 397), *L. maculicollis* n. sp., *L. posticata* n. sp. (p. 398), *L. discicollis* n. sp., *L. rufobrunnea* n. sp., *L. Baerii* n. sp. (p. 399), *L. argentinensis* n. sp. (p. 400) Tucuman.

Lefevrea fulvicollis n. sp. **Jacoby** (Pr. Zool. Soc. 1904 I p. 263) Natal.

Lema Weisei n. sp. **Jacoby** (ibid. p. 230), *L. malvernensis* n. sp., *L. Gerstaekeri* n. sp. (p. 231), *L. graminis* n. sp., *L. nigrofrontalis* n. sp. (p. 232), *L. aethiopica* n. sp. (p. 233 tab. XVII fig. 1), *L. humeronotata* n. sp. (p. 234 fig. 2), *L. icterica* Weis. u. *L. hirtipennis* n. sp. (p. 235) Afrika. — *L. paradoxa* n. sp. **Jacoby** (Ann. Belg. 48. p. 380) Ost-Indien. — *L. crispatifrons* n. sp. **Fairmaire** (Ann. Belg. 48. p. 261) Madagascar. — *L. bipunctata* Bal. besprach **Weise** (Arch. Nat. 70. p. 157) mit var. *icterica* Ws. u. var. *flavipennis* n. var. (p. 158) Natal. — Siehe auch **Jacoby** & **Clavareau** pag. 343.

Leptispa latifrons n. sp. **Weise** (Deut. ent. Z. 1904 p. 436) Ceylon, *L. nigra* n. sp. (p. 436) Pondychery.

Liniscus interstitialis n. sp. **Jacoby** (Pr. Zool. Soc. 1904 I p. 254) Beira.

Longitarsus kanaraënsis n. sp. **Jacoby** (Ann. Belg. 48. p. 389), *L. fulvobrunneus* n. sp. (p. 390) Indien. — *L. fulviceps* Chap. besprach **Weise** (Arch. Nat. 70. p. 55) Ikuta.

Loxopleurus siehe **Lea** pag. 347.

Luperodes obesa n. sp. **Jacoby** (Ann. Belg. 48. p. 398) Indien. — *L. lateralis* n. sp. **Jacoby** (The Ent. 1904 p. 296) Salomon-Inseln. — *L. impressus* n. sp.

Weise (Arch. Nat. 70. I p. 49) Afrika. — Siehe auch *Monolepta, Cnecodes* u. *Iphidea.*

Luperus alutaceus n. sp. **Weise** (ibid. p. 46), *L. stigmaticus* n. nom. (p. 47) für *L. apicalis* Ws. nec Demais., *L. tabidus* n. sp. u. *L. fasciculus* n. sp. (p. 47) Afrika. — *L. Loriae* n. sp. **Jacoby** (Ann. Mus. Gen. 41. p. 505) u. *L. papuanus* n. sp. (p. 505) Neu-Guinea.

Macetes rugicollis n. sp. **Jacoby** (Pr. Zool. Soc. Lond. 1904 I p. 257), *M. pusilla* n. sp. (p. 257) Natal.

Macrogonus, Macrolema siehe **Jacoby & Clavareau** pag. 343.

Macrolopha besprach **Jacoby** (ibid. p. 235).

Malacodora n. nom. **Bedel** (Ab. XXX p. 236[1]) für *Malacosoma* Chvr. nec Hübn.

Malacosoma siehe *Malacodora.*

Malaxia siehe *Apophyllia.*

Malegia caffer n. sp. **Pic** (Ech. 20. p. 20) Süd-Afrika, *M. pallidipes* n. sp. (p. 35) Madagascar, *M. Donkieri* n. sp. (p. 36) Arabien.

Mastostethus nigrovarians n. sp. **Jacoby** (The Ent. 1904 p. 63), *M. funereus* n. sp. (p. 63), *M. femoratus* n. sp., *M. Erichsonis* n. sp. (p. 64), *M. Lacordairei* n. sp., *M. argentinensis* n. sp. (p. 65), *M. nigricollis* n. sp., *M. Balyi* n. sp. (p. 66) *M. bolivianus* n. sp. u. *M. quadriplagiatus* n. sp. (p. 67) Süd-Amerika.

Megalognatha usambarica n. sp. **Weise** (Arch. Nat. 70. I p. 168) Usambara, *M. simplex* n. sp. (p. 168) Süd-Afrika, *M. apicalis* n. sp. (p. 169) Mozambique.

Megapyga brevis n. sp. **Spaeth** (Ann. Mus. Gen. 41. p. 69) Mentawei.

Melasoma spinata Krsch. besprach **Weise** (Arch. Nat. 70. I p. 164).

Melitonoma Hildebrandtii Har. = *Tituboea* nach **Weise** (Arch. Nat. 70. I p. 36), *M. galla* Gestr. (p. 37).

Menius brevicornis n. sp. **Jacoby** (Pr. Zool. Soc. Lond. 1904 I p. 251 tab. XVII fig. 11) Beira.

Mesotoma viridipennis Jac. = *Therpis smaragdina* Ws. nach **Weise** (Arch. Nat 70. p. 167).

Metriona Ferrarii n. sp. **Spaeth** (Ann. Mus. Gen. 41. p. 77) Java, *M. fulgida* Boh. = *catenata* var. (p. 79).

Microdonacia siehe **Jacoby & Clavareau** pag. 343.

Micropyga siehe *Clythropsis.*

Miltinaspis n. gen. **Weise** (Deut. ent. Z. 1904 p. 433) für *Cephalolia cassidoides* Guer.

Mimastra suturalis n. sp. **Jacoby** (Ann. Belg. 48. p. 395), *M. scutellata* n. sp. (p. 395) Indien.

Miopristis Braunsii n. sp. **Jacoby** (Pr. Zool. Soc. Lond. 1904 I p. 235), *M. Oneilii* n. sp. (p. 236 tab. XVII fig. 8), *M. (Atelechira) zambesiana* n. sp. (p. 236) u. *M. brevitarsis* n. sp. (p. 237) Afrika.

Mitocera siehe **Lea** pag. 347.

Monolepta nilgirensis n. sp. **Jacoby** (ibid. p. 403), *M. Duvivieri* n. sp., *M. nigrimana* n. sp. (p. 404) u. *M. bimaculicollis* n. sp. (p. 405) Indien. — *M. bicoloripes* n. sp. **Jacoby** (Ann. Mus. Gen. 41. p. 506), *M. hieroglyphica* n. sp.

---

[1]) Der Name ist schon von **Jacoby** in *Exosoma* geändert worden. (Bericht pro 1903 p. 343).

(p. 507) u. *M. Boisduvalii* n. sp. (p. 508) Neu-Guinea. — *M. famularis* n. sp.
Weise (Arch. Nat. 70. I p. 51), *Monolepta* u. *Luperodes* unterschieden (p. 50).

Morokasia n. gen. *nigromaculata* n. sp. **Jacoby** (Ann. Mus. Gen. 41. p. 498)
Neu-Guinea.

Mouhotina salomonensis n. sp. **Jacoby** (The Ent. 1904 p. 295) Salomo-Inseln.

Myochrous magnus n. sp. **Schaeffer** (J. N. York ent. Soc. XII p. 228) Texas,
dichot. Tab. über 4 Arten (p. 228).

Nerisella n. gen. *curculionoides* n. sp. **Jacoby** (Pr. Zool. Soc. Lond. 1904 I p. 267.

Nisotra corpulenta n. sp. **Weise** (Arch. Nat. 70. I p. 51) Afrika.

Nodostoma camerunense n. sp. **Jacoby** (Proc. Zool. Soc. Lond 1904 I p. 253)
Kamerun. — *N. fulvicorne* n. sp. **Jacoby** (Ann. Belg. 48. p. 387) Indien. —
N. minutum n. sp. **Jacoby** (Ann. Mus. Gen. 41. p. 473) Neu-Guinea.

Nyctiphantus n. sp. **Ssemёnow** (Hor. ross. 37. p. 194) Balkasch-See.

Ochrosopsis siehe **Lea** pag. 346. — *Odontata* siehe *Probaenia.*

Odontionycha sublesta n. sp. **Weise** (Arch. Nat. 70. I p. 173) Usambara.

Oides straminea n. sp. **Weise** (Arch. Nat. 70. I p. 166) Kamerun. — *O. kanaraënsis* n. sp. **Jacoby** (Ann. Belg. 48. p. 393) Indien. — *O. apicipennis* n. sp.
(p. 492) u. *O. Loriae* n. sp. (p. 493) Neu-Guinea.

Onchosoma siehe **Lea** pag. 346.

Oreina var. *fenestrellana* Dan. = var. *collucens* Dan. = *rugulosa* Suffr. var. nach
Weise (Münch. Kol. Z. II p. 234 *Chrysochloa*). — *O.* var. *fenestrellana* Dan.
von var. *collucens* Dan. verschieden nach **Daniel** (ibid. 236).

Ovamela siehe **Jacoby** & **Clavereau** pag. 343.

Oxycephala Wallacei Bal. = *tripartita* Fairm. **Weise** (Deut. ent. Z. 1904 p. 457).
— Siehe auch *Brontispa.*

Oxygona amazonica n. sp. **Jacoby** (Pr. Zool. Soc. Lond. 1904 II p. 411) Amazonien, *O. capitata* n. sp. (p. 411) Peru.

Pachybrachys rugifer n. sp. **Abeille** (Bull. Tr. 1904 p. 281) Frankreich.

Panilurus n. gen. **Jacoby** (Ann. Belg. 48. p. 392), *P. nilgiriensis* n. sp. (p. 393)
Indien.

Paumomua n. gen. *sulcicollis* n. sp. **Jacoby** (Ann. Mus. Gen. 41. p. 513) Neu-
Guinea.

Pausiris Oneilii n. sp. **Jacoby** (Pr. Zool. Soc. Lond. 1904 I p. 255), *P. longicollis*
n. sp., *P. femoralis* n. sp. (p. 255) u. *P. semirugosus* n. sp. (p. 256) Süd-Afrika.

Phascus bicolor n. sp. **Weise** (Arch. Nat. 70. I p. 39) Afrika.

Phaulosis n. gen. **Weise** (ibid. p. 162), *Ph. aeneipennis* n. sp. (p. 163) Cap.

Phygasia acutangula n. sp. **Weise** (ibid. p. 54) Afrika. — *Ph. nigripennis* n. sp.
Jacoby (Ann. Belg. 48. p. 391) Indien.

Phyllobrotica frontalis var. *conjuncta* n. var. **Pic** (Ech. 20. p. 58) Anatolien.

Phyllobroticella simplicipennis Jac. = *straminea* Ws. nach **Weise** (Arch. Nat.
70. I p. 167).

Phyllotreta ruficeps n. sp. **Weise** (ibid. p. 170), *Ph. costulata* n. sp. (p. 170) Afrika.

Plagiodera subparallela n. sp. **Weise** (ibid. p. 164) Kamerun. — *Pl. erythroptera*
Blanch. beschrieb **Bruch** (Rev. Mus. La Plata XI p. 315 tab.).

Plateumaris siehe **Jacoby** & **Clavareau** pag. 343.

Platymela fulvoplagiata n. sp. **Jacoby** (Ann. Mus. Gen. 41. p. 479) Neu-Guinea.

Platypria (Dichirispa) natalensis n. sp. **Gestro** (Ann. Mus. Gen. 41. p. 516 fig. 1)
Süd-Afrika, *Pl. (Dich.) mashuna* Per. (fig. 2), *Pl. (Dich.) funebris* n. sp.

(p. 518[1]) Fernando Poo, die Arten der Untergattung aufgezählt (p. 515—516), — *Pl.* (i. sp.) *paucispinosa* n. sp. (p. 520 fig. 3) St. Thomé, *Pl. Feae* n. sp. (p. 522 fig. 4) Prinzen-Insel.

Platyxantha Clavareaui Jac. = *Aenidea Hauseri* nach **Weise** (Arch. Nat. 70 I p. 167).

Plectonycha siehe Jacoby & Clavareau pag. 343.

Prasona peruviana n. sp. **Jacoby** (Pr. Zool. Soc. Lond. 1904 I p. 253) Natal.

Prasonotus siehe Lea pag. 344.

Prionopleura siehe Lea pag. 346.

Probaenia n. gen. **Weise** (Deut. ent. Z. 1904 p. 447) für *Odontata crenata* Bl., *Uroplata decipiens* Chap., *nobilis* Chap., *variegata* Bal., *jucunda* Chap. u. *venusta* Chap. — Siehe auch *Uroplata.*

Psathyrocerus, Pseudolema siehe Jacoby & Clavareau pag. 343.

Prosmidia amoena n. sp. **Weise** (Arch. 70. I p. 165) Rhodesia, *Pr. Suehelorum* var. *intima* n. var. (p. 165) Ost-Afrika, *Pr. magna* n. sp. (p. 165) Ost-Afrika.

Pseudivongius apicicornis n. sp. **Jacoby** (Pr. Zool. Soc. Lond. 1904 I p. 253) Natal.

Pseudocolaspis substriata n. sp. **Weise** (Deut. ent. Z. 1904 p. 100) Mesopotamien.

Pseudogona discoidalis n. sp. **Jacoby** (Pr. Zool. Soc. Lond. 1904 II p. 409), *Ps. militaris* n. sp. (p. 410) Panama, *Ps. pallida* n. sp. (p. 410) Costa Rica.

Pseudolema siehe Jacoby & Clavareau pag. 344.

Pseudosastra n. gen. **Jacoby** (Ann. Mus. Gen. p. 504) für *Sastra sulcicollis* Jac.

Psylliodes Loriae n. sp. **Jacoby** (ibid. p. 488) Neu-Guinea.

Rhacocassis n. gen. **Spaeth** (Ann. Mus. Gen. 41. p. 76) für *Coptocycla flavoplagiata* Bal. mit var. *Modiglianii* n. var. (p. 77).

Rhembastus insignitus Jac. = *Syagrus* nach **Jacoby** (Pr. Zool. Soc. Lond. 1904 I p. 253).

Rhombosternus siehe Lea pag. 346.

Rhyparida obscuripennis n. sp. **Jacoby** (Ann. Mus. Gen. 41. p. 469), *Rh. papuana* n. sp. (p. 470), *Rh. humeronotata* n. sp. (p. 471) u. *Rh. rivularis* n. sp. (p. 472) Neu-Guinea.

Sagra humeralis n. sp. **Jacoby** (The Ent. 1904 p. 294) Tongking.

Sastra quadripustulata n. sp. **Jacoby** (Ann. Mus. Gen. 41. p. 501), *S. rugicollis* n. sp. (p. 502), *S. olivacea* n. sp. (p. 503) Fergusson u. *S. abdominalis* n. sp. (p. 503) Neu-Guinea. — Siehe auch *Pseudosastra.*

Scelodonta rugipennis n. sp. **Jacoby** (Pr. Zool. Soc. 1904 I p. 264) u. *Sc. Lefevrei* n. sp. (p. 265) Süd-Afrika.

Schizosternus siehe Lea pag. 346.

Sclerophaedon orbicularis Suffr. und *carniolicus* Germ. unterschied **Weise** (Deut. ent. Z. 1904 p. 47).

Sebaethe palllidicincta n. sp. **Jacoby** (Ann. Belg. 48. p. 390) Indien.

Sigrisma siehe Jacoby & Clavareau pag. 343.

Solenia femorata n. sp. **Jacoby** (Ann. Mus. Gen. 41. p. 511), *S. papuana* n. sp. (p. 511) u. *S. intermedia* n. sp. (p. 512) Neu-Guinea.

Sophraenella n. gen. **Jacoby** (Pr. Zool. Soc. Lond. 1904 II p. 405), *S. fulva* n. sp. (p. 406) Amazonien.

---

[1]) Obgleich der Autor p. 515 betont, dass *Dichirispa* nur eine Untergattung von *Platypria* sei, wird sie (p. 518) trotzdem als vollgültige Gattung behandelt.

Sphaeroderma subimpressa n. sp. **Jacoby** (Ann. Mus. Gen. 41 p. 491) Neu-Guinea.

Stethispa siehe *Uroplata*. — *Stethopachys* siehe **Jacoby & Clavareau** pag. 343.

Stethotes Loriae n. sp. **Jacoby** (ibid. p. 475), *St. integra* n. sp. u. *St. minuta* n. sp. (p. 476) Neu-Guinea.

Stictomela siehe *Stigmomela*.

Stigmomela n. nom. **Csiki** (Wien. ent. Z. 23. p. 85) für *Stictomela* Weis. nec Gorh.

Sutrea triplagiata n. sp. **Jacoby** (Ann. Mus. 41. p. 484), *S. semirugosa* n. sp. (p. 485), *S. marginipennis* n. sp. (p. 486) u. *S. laevipennis* n. sp. (p. 487) Neu-Guinea.

Syagrus fulvimanus n. sp. **Jacoby** (Pr. Zool. Soc. Lond. 1904 1 p. 251) u. *S. tristis* n. sp. (p. 252) Afrika. — Siehe auch *Rhombastus*.

Sybriacus picipes n. sp. **Fairmaire** (Ann. Belg. 48. p. 263) Madagascar.

Systena melanocephala n. sp. **Jacoby** (Pr. Zool. Soc. Lond. 1904 II p. 408) Peru, *S. argentinensis* n. sp. (p. 408) Tucuman, *S. antennata* n sp. (p. 409) Amazonien.

Tenaspis squalidus All. 1891 (wiederholt) **Allard** (Miss. Pavie III p. 162 tab. IX fig. 7).

Terpnochlorus n. gen. *Perrieri* n. sp. **Fairmaire** (Ann. Belg. 48. p. 269) Madagascar.

Therpis siehe *Mesotoma*.

Thoracispa Brunnii n. sp. **Weise** (Deut. ent. Z. 1904 p. 449) Südafrika. — *Th. Dregei* besprach **Gestro** (Ann. Mus. Gen. 41. p. 463 figg.).

Timarchella n. gen. **Jacoby** (Pr. Zool. Soc. Lond. 1904 I p. 268), *T. Braunsii* n. sp. (p. 269) Cap.

Tituboea Paviei Lef. 1890 (wiederholt) **Lefèvre** (Miss. Pavie III p. 146). — *T. ciliciensis* n. sp. **Pic** (Ech. 20. p. 57) Cilicischer Taurus. — *T. umtaliensis* n. sp. **Jacoby** (Pr. Zool. Soc. 1904 I p. 238) u. *T. parvula* n. sp. (p. 239) Afrika. — *T. Hildebrandtii* Har. besprach **Weise** (Arch. Nat. 70. p. 36)· — Siehe auch *Melitonoma*.

Trichotheca Duvivieri n. sp. **Jacoby** (Ann. Belg. 48. p. 386) Indien.

Tricliona sulcipennis n. sp. **Jacoby** (ibid. p. 388) Indien. — *Tr. melanura* Lef. 1890 wiederholt **Lefèvre** (Miss. Pavie III p. 153).

Tricliophora n. gen. **Jacoby** (Ann. Mus. Gen. 41. p. 477), *Tr. nigra* n. sp. (p. 478) Neu-Guinea.

Uroplata plagipennis Chap. = *gemmata* Germ. var. nach **Weise** (Deut. ent. Z. 1904 p. 457), *U. duodecimmaculata* Bal. u. *parvula* Chap. = *Chalepus*, *U. Grayi* Bal. = *Probaenia*, *U. hastata* Fbr. = *Stethispa* (p. 457).

Vitruvia glabripennis Jac. = *unicolor* Jac. (*Cneorane*) nach **Weise** (Arch. Nat. 70. I p. 167).

Xenidea Loriae n. sp. **Jacoby** (Ann. Mus. Gen. 41. p. 483) u. *X. dimidiaticornis* n. sp. (p. 483) Neu-Guinea.

Xenolina n. gen. *marginata* n. sp. **Jacoby** (ibid. p. 481) Neu-Guinea.

Yulenia divisa n. sp. **Jacoby** (ibid. p. 496) Neu-Guinea. — Siehe auch *Itylus*.

Fam. *Coccinellidae.*

(0 n. gen., 7 n. sp.).

Allard 1, Burgess 1, 2, Clermont 1, Deville 3, Everts 1, Fiske 1, Ganglbauer 4, Gavoy 1, Heyden 6, Kellogg 2, Kolinsky 1, Krausse 1, Lampa 1, Marlatt 1, Müller 1, Newell 1, Plotnikow 1, Poulton 1, Roubal 1, Sanderson 4, Schröder 7, E. Schwarz 2, Smith 1, Stebbing 1, Weise 4.

Morphologie.

Plotnikow (1) untersuchte die Exuvialdrüsen auch bei Larven der *Coccinelliden.*

Roubal (1) berichtete über Missbildungen an *Coccinellen.*

Biologie.

Fiske (1) u. **Kotinsky** (1) handelten über *Coccinelliden.*

Heyden (6) gab eine biologische Notiz über *Coccinella.*

Kellogg (2) berichtete über das schaarenweise Ueberwintern von *Hippodamia convergens.*

Plotnikow (1) siehe Morphologie.

Poulton (1) handelte von schaarenweisem Auftreten von *Coccinellen* auf Berggipfeln.

Lampa (1) beschrieb die Larve und die Puppe von *Coccinella septempunctata* L. (p. 21 tab. I fig. 13, 14).

Marlatt (1) berichtete über die nach Californien eingeführten *Rhizobius ventralis* und *Vedalia*, die sich bewährten, u. *Coccinella septempunctata* u. *Erastria scitula*, die sich nicht bewährten.

Sanderson (4) berichtete über erfolgreiche Bekämpfung des *Aspidiotus perniciosus* durch *Chilocorus similis.*

Schröder (7) berichtete, dass *Adalia bipunctata* und *Coccinella septempunctata* schädlich auf Tannen auftraten.

Stebbing (1) behandelte die Biologie von *Vedalia Guerinii* p. 155—162 tab. XVII.

Smith (1) behandelte die Biologie von *Chilocorus similis* (p. 589 —595).

Burgess (1, 2) u. **Newell** (1) berichteten über *Chilocopus similis.*

Geographisches.

Clermont (1) berichtete über das Vorkommen von *Hippodamia septemmaculata* in Frankreich.

Allard (1) führte 5 von Pavie in China gesammelte Arten auf (p. 83) u. (3) noch eine dito (p. 161).

Deville (3) besprach die Verbreitung einiger Arten in Frankreich, von denen *Coccinella rufocincta* Muls. u. *Chelonitis venusta* die bemerkenswerthesten sind.

Ganglbauer (4) führte 12 Arten von der Insel Meleda auf
(p. 655—656).
Gavoy (1) führte 54 Arten aus dem Departement Aude auf.

Systematik.
Einzelbeschreibungen.

Adalia bipunctata L. und ihre Varietäten behandelte **Krausse** (Ent. Zeit. Gub.
18. p. 112).

Aulis annexa Muls. besprach **Weise** (Arch. Nat. 70. p. 60), *A. Gorhamii* n. sp.
(p. 61) Mashunaland.

Azya u. *Ladoria* gehören nicht zu den *Exoplectrinen* nach **Weise** (Deut. ent. Z.
1904 p. 362).

Brachyacantha Westwoodii Muls. var. *pulchella* n. var. **Weise** (Deut. ent. Z.
1904 p. 360), var. *Aymardii* Gorh. u. var. *cryptocephalina* Gorh., *Br. erythrocephala* Crot. nec Fbr. = *bistripustulata* Fbr.

Brumus septentrionis Ws. von *Exochomus marginipennis* Lec. ganz verschieden
nach **Weise** (Deut. ent. Z. 1904 p. 358). — Siehe auch *Exochomus.*

Coccinella lyncea var. *agnata* Rosh. besprach **Müller** (Wien. ent. Z. 23. p. 177).
— *C. septempunctata* bildete **Lampa** ab (Ent. Tids. 25. tab. I fig. 12). —
C. maculosa Gorh. 1891 = *conglobata* L. nach **Weise** (Deut. ent. Z. 1904
p. 357), *C. Gorhamii* n. nom. (p. 357) für *C. pantherina* Gorh. nec L, *C. Sallei*
Gorh. nec Muls. = *separata* Muls. (p. 358), *Cocc. erythrocephala* Fbr. (*Hyper-
aspis Fabricii* Muls.) gehört zu *Oxynychus* (p. 361).

Corystes besprach **Weise** (Deut. ent. Z. 1904 p. 358).

Cycloneda rubida u. *vigilans* Muls. besprach **Weise** (Deut. ent. Z. 1904 p. 358).

Epilachna pustulifera Gorh. 1897 = *bituberculata* Wat. 1879 nach **Weise** (Deut.
ent. Z. 1904 p. 364), *calligrapha* Gorh. = *vincta* Cr. var. (p. 364). — *E.
Hauseri* n. sp. **Weise** (Arch. Nat. 70. p. 57) Kilimandjaro, *E. fulvisignata*
Reich. (p. 58).

Exochomus Högei Gorh. = *Brumus septentrionis* Ws. nach **Weise** (Deut. ent. Z.
1904 p. 358).

Hyperaspis Kunzii Gorh. hat keine Aehnlichkeit mit *H. Kunzei* nach **Weise**
(Deut. ent. Z. 1904 p. 361), *H. elegans* Muls. = *undulata* Say, *H. albicollis*
Gorh. = *subsignata* Cr. (p. 362). — Siehe auch *Coccinella.*

Ladoria siehe *Azya.*

Neaporia Gorh. = *Prodilis* Muls. nach **Weise** (Deut. ent. Z. 1904 p. 363).

Prodilis siehe *Neaporia.*

Pseudoweisea suturalis n. sp. **Schwarz** (Pr. ent. Soc. Wash. VI p. 118).

Scymnus ferrugineus Gorh. kritisirte **Weise** (Deut. ent. Z. p. 363), *Sc. Jansonis*
Gorh. (p. 364), *Sc. pictus* Gorh. = *bilucernarius* Muls., *Sc. granum* Gorh. =
atomus Muls. (p. 364).

Solanophila triquestra n. sp. **Weise** (Arch. Nat. 70. p. 58) Nyassa, *S. labyrinthica*
n. sp. (p. 59) u. *S. nigricollis* n. sp. (p. 60) Kilimandjaro.

Vedalia Sieboldii Gorh. kritisirte **Weise** (Deut. ent. Z. 1904 p. 364).

Inhaltsverzeichnis.

Hymenoptera für 1904.

Bearbeitet von

Dr. Robert Lucas

in Rixdorf bei Berlin.

A. Publikationen (Autoren alphabetisch).

Aaron, S. Frank (1). 1901. The Life History of an Insect Parasite. Scient. Amer. vol. 84. p. 394, 3 figg. Rhogas harrisinae.

— **(2).** The Parasite of the Oak Pruner. Scient. Amer. vol. 90. p. 179 3 figg.

Acloque, A. (1). 1896. Les entomocécidies. Le Cosmos Ann. 45. vol. 1. p. 199—204, 8 figs.

— **(2).** Les guêpes entomophages. op. cit. Ann. 45. vol. 1. p. 137 —141, 1 fig.

— **(3).** 1900. Les hôtes des Fourmilières. op. cit. N. S. T. 43. p. 393 —397. 5 figgs.

— **(4). 1900.** Quelques ennemies des Pucerons. op. cit. N. S. T. 43. p. 740—744, 9 figs.

— **(5).** 1904. Sphex et Ichneumons. op. cit. Ann. 50. p. 361—363, 1 fig.

— **(6).** Les Hyménoptères à larves entomophages. Op. cit. N. S. T. 51. p. 232—236, 6 figs.

Adlerz, Gottfried (1). Utvecklingen af ett Polistes-samhälle. Entom. Tidskr. Årg. 25. p. 97—106.

— **(2).** Om cellbyggnad och tjufbin hos Trachusa serratulae Panz. t. c. p. 121—129.

— **(3).** La proie de Methoca ichneumonides Latr. Ark. Zool. Bd. 1. p. 255—258.

Alfken, J. D. (1). Beitrag zur Synonymie der Apiden. Zeitschrift für system. Hym. u. Dipt. 4. Jahrg. p. 1—3.
    Halictus frey-gessneri nom. nov. für H. subfasciatus Nyl. non Imh.

— **(2).** Über die von Brullé aufgestellten griechischen Andrena-Arten. t. c. p. 289—295.
    A. fimbriata var. paganettii n.

— (3). Andrena curvungula Thoms. und A. Pandellei (Pér.) Saund.
t. c. p. 320—321.
— (4). Neue paläarktische Prosopis-Arten und Varietäten. t. c.
p. 322—327.
3 neue Arten, 3 neue Varr.
— (5). Andrena Frey-Gessneri, eine neue alpine Andrena-Art aus
der Schweiz. Soc. entom. Jahrg. 19. p. 81—82.
— (6). Über einige Apiden-Zwitter. t. c. p. 122—123.
— (7). Notas himenopterolojicas. I. Sinonimia de abejas (Apidae)
chilenas. Rev. chilen. Hist. nat. Año 8. p. 141.
— (8). Beitrag zur Insektenfauna der Hawaiischen und Neusee-
ländisch. Inseln (Ergebn. einer Reise nach dem Pacific. Schauinsland 1896/1897). Zool. Jahrbb. Abth. f. System. 19. Bd.
p. 561—628. — Auszug: von Linden, Zool. Zentralbl.
1904, p. 211.
André, Ernest (I). Notice sur quelques Mutillides et Thynnides du Chili.
Zeitschr. f. system. Hym. u. Dipt. Jahrg. 4. p. 284—289,
305—319.
5 neue Arten: Pseudomethoca (1), Ephuta (1), Elaphroptera (1),
Pseudelaphroptera (1), Ornepetes (1).
— (2). Voyage de feu Leonardo Fea dans l'Afrique occidentale.
Ann. Mus. civ. Stor. nat. Genova (3) vol. 1. p. 221—252.
11 neue Arten: Myrmilla (1), Dolichomutilla (1), Barymutilla (1),
Mutilla (8 + 2 n. var.).
— (3). Examen critique d'une nouvelle classification proposée par
M. le Dr. W. H. Ashmead pour la famille des Mutillidae.
Rev. Entom. franc. T. XXIII. p. 27—41.
Anglas, J. (1). 1902. Nouvelles observations sur les métamorphoses
internes. Arch. Anat. microse. T. 5. p. 78—121, 1 pl. 1 fig.
— (2). De l'origine des cellules de remplacement de l'intestin chez
les Hyménoptères. Compt. rend. Soc. Biol. Paris. T. 56.
p. 173—175, 1 fig.
Antiga y Sunyer u. Bofill y Pichot, J. M. Catàlech de Insectes de
Catalunya. Hymenopters.
Veröffentlicht im Zusammenhange mit Butl. Inst. Catalan. Bisher
sind veröffentlicht Chrysididae, Sphegidae, Scoliidae und Mutillidae,
Vespida. Jeder Teil trägt besondere Paginierung.
Ashmead, William Harris (1). Classification of the Fossorial Predaceous
and Parasitic Wasps or the Superfamily Vespoidea. Canad.
Entomologist, vol. 36. p. 5—9.
Mutillidae: Ephutopsis n. g., Pycnomutilla n. g. für Mutilla Waco,
Reedia für M. atripennis.
— (2). Descriptions of Four New Horn-Tails. t. c. p. 63—64.
4 neue Arten u. zwar Sirex (2) u. Paururus (2).
— (3). Three New Ichneumon Flies from Russia. t. c. p. 101—102.
Pristomerus (1), Temelucha (1), Epiurus (1).
— (4). A New Genus and some New Species of Hymenoptera from
the Philippine Islands. t. c. p. 281—285.

8 neue Arten: Coelioxys (1), Halictus (1), Thyreosphex n. g. (1), Trypoxylon (1), Hedychrum (1), Telenomus (1), Colpomeria (1), Ischiogonus (1)..

— (5). 1904. A Hymenopterous Parasite of the Grape-berry Moth, Eudemis bortana Schiff. t. c. p. 333—334, 1 fig.
Thymaris slingerlandana n. sp.

— (6). Description of the Type of the Genus Curriea Ashm. Entom. News, Vol. 15. p. 18.
C. fasciatipennis n. sp.

— (7). A new Alysiid from Ceylon. t. c. p. 113.
Aspilota ceylonica n. sp.

— (8). A New Torymid from Utah. t. c. p. 302.

— (9). On the Discovery of Fig-insects in the Philippines. t. c. p. 342.
2 neue Arten: Kradibia (1), Sycoryctes (1).

— (10). Remarks on Honey Bees. Proc. Entom. Soc. Washington, vol. 6. p. 120—122.
Megapis n. sp. für Apis dorsata, Micrapis für A. florea.

— (11). New Generic Names in the Chalcidoidea. t. c. p. 126.
Eufroggattia nom. nov. für Froggattia Ashmead non Horvath, Eukoebelea pro Koebelea A. non Baker, Eusayia für Sayiella A. non Dall., Zaischnopsis für Ischnopsis A. non Walsingham, Prospaltella für Prospalta Howard non Walker, Alophomyia für Alophus A. non Schönherr.

— (12). Hymenoptera of Alaska. Harriman Alaska Exped. vol. 9. p. 119—269, 3 pls. — Reprinted from Proc. Washington Acad. Sci. vol. 4.

— (13). Descriptions of New-Genera and Species of Hymenoptera from the Philippine Islands. Proc. U. S. Nat. Mus. vol. 28. No. 1387. p. 127—158, 2 pls.
44 neue Arten: Megachile (1), Halictus (1), Dasyproctus (1), Rhopalum (1), Notogonia (1), Pison (1), Pisonitus (1), Megalomma (1), Agenia (1), Dissomphalus (1), Goniozus (1), Dryinus (1), Mutilla (1), Ceraphron (1), Chalcis (1), Arretocera (1), Taftia n. g. (1), Elasmus (1), Closterocerus (1), Asecodes (1), Aspidiotiphagus (1), Evania (1), Otacustes (1), Astomaspis (1), Bathrythrix (1), Paraphylax (1), Diatora (1), Agrothereutes (2), Mesostenoideus (1), Atropha (1), Atrometus (1), Mesochorus (1), Pristomerus (1), Macrocentrus (1), Euscelinus (1), Chelonus (1), Cremnops (1), Stantonia n. g. (1), Glyptapanteles (1), Eurytenes (1), Opius (1), Bracon (1), Spathius (1). — Pseudosalius n. g. für Salius bipartitus, Polistella für Polistes manillensis.

— (14). Classification of the Chalcid Flies of the Superfamily Chalcidoidea. With Descriptions of New Species in the Carnegie Museum. Collected in South America by Herbert H. S m i t h. Mem. Carnegie Mus. vol. 1. p. 225—551, pp. X. 9 pls.
206 neue Arten: Eisenia n. g. (1), Syntomaspis (3), Torymus (3), Physothorax (1), Plesiostigmodes n. g. (1), Hemithorymus n. g. (1), Ormyrus (1), Podagrion (1), Leucaspis (1), Trigonura (1), Thaumatelia (1), Pseudochalcis (2), Eustypiura n. g. (3), Spilochalcis 64 (S. andréi

23*

nom. nov. für Smicra flavescens), Thaumapus (1), Enneasmicra (n. g. für S. exinaniens) (2), Octosmicra (n. g. für Smicra laticeps) (2), Hepta-smicra (n. g. für S. obliterata) (5), Metadontia (3), Hexasmicra (n. g. für S. transversa) (2), Hontalia (2), Axima (3), Aximopsis n. g. (1), Isosomodes (2), Chryscida (1), Bephrata (1), Aximogastra n. g. (1), Prodecatoma n. g. (4), Systolodes (1), Neorileya n. g. (1), Rileya (1), Perilampus (1), Pseudochalcura n. g. (1), Stibula (1), Dicoelothorax (1), Kapala (1), Lasiokapala (1), Herbertia (2), Lelaps (8), Chalcedectes (1), Trigonoderus (1), Brasema (1), Ischnopsis (2), Eupelmus (12), Phlabo-phanes (2), Encyrtaspis (1), Anastatus (6), Trichencyrtus n. g. (1), Bothriothorax (1), Aphidencyrtus (1), Metopon (2), Acanthometopon n. g. (1), Acroclisis (1), Spalangia (1), Elasmus (3), Omphale (1), Ur-oentedon n. g. (1), Hoplocrepis (2), Eulophopteryx n. g. (1), Lopho-comus (1), Horismenus (5), Pelorotelus n. g. (1), Paracrias n. g. (1), Ametallon n. g. (1), Lophocomus (1), Horismenus (5), Pelorotelus n. g. (1), Paracrias n. g. (1), Ametallon n. g. (1), Trichoporus (3), Tetra-stichus (4), Euplectrus (4), Ardalus (1), Leucodesmia (1), Elacherto-morpha n. g. (1), Sympiesomorpha n. g. (2), Stenomesius (1), Alophus n. g. (1), Pentarthron (1), Polynema (2).

Neue Gattungen: Außer den zuvor erwähnten neu beschrieb. Gattungen werden noch folgende geschaffen: Apocryptophagus n. g. für Chalcis (?) explorator, Tetranemopteryx für Sycoscapter 4-setosa, Sycoscapteridea für S. monilifer, Sycoscapterella für S. anguliceps, Mischosmicra für Smicra kahlii, Macrorileya für Rileya oecanthi, Hypopteromalus für Pteromalus tabacum, Parapteromalus isosomatis, Zaommamomyia für Chrysocharis stigmata, Holcopeltoideus für Holcopelta petiolata, Chrysonotomyia für Eulophus auripunctatus, Diglyphomorpha für Diglyphus maculipennis, Cirrospiloideus für Mio-tropis platynotae, Zagrammosoma für Hippocephalus multilineata, Dimmockia für Eulophus incongruus, Westwoodella für Oligosita subfasciata, Xanthomelanus für Chalcis dimidiata, Melanosmicra für Ch. elavata [elevata?], Pentasmicra für S. brasiliensis, Trismicra für S. contracta, Tetrasmicra für S. concitata, Neocatolaccus für Catolaccus tylodermae, Packardiella für Pteratomus putnami.

Neue Namen: Eurycranium nom. nov. für Eurycephalus Ashmead, non Gray, Diaulus für Diglyphus Thoms. non Walk. Weitere neue Gattungen sind fraglich als solche aufzuführen wegen Undeutlichkeiten im Text: Koebelea, Froggattia, Schwarzella, Spathopus, Stigmato-crepis, Decatomothorax, Alladerma, Cecidoxenus, Paraterobia, Stylo-phorella, Brachycaudonia, Tachardiaephagus, Tachinaephagus, Blatti-cida, Microcerus, Bruchobius, Mormoniella, Nasonia, Scymnophagus, Epipteromalus, Tropidogastra, Pheidoloxenus, Aphobetoides, Para-saphes, Pachycrepoideus, Trigonogastra, Paraspalangia, Euophthalmo-myia, Hubbardiella, Chrysoatomus, Uroderostenus, Nesomyia, Scotolinx, Stenomesioideus, Notanisomorpha. — Ein „n. g." wurde bereits vom Autor 1900 aufgestellt.

Praeoccupata sind: Alophus, Diaulus, Eisenia, Eulophopteryx, Froggattia und Parasaphes.

— (15). A List of the Hymenoptera of the Philippine Islands, with Descriptions of New Species. Journ. New York Entom. Soc. vol. 12. p. 1—22.

31 neue Arten u. zwar: Ceratina (1), Hoplonomia n. g. (1), Paranomia (1), Prosopis (1), Pseudagenia (1), Scolia (1), Hadronotus (1), Chalcis (2), Haltichella (1), Eurytoma (1), Anastatus (1), Coccidencyrtus (1), Aphidencyrtus (1), Exoristobia n. g. (1), Tetrastichus (1), Euplectrus (2), Mesostenoideus (1), Enicospilus (1), Leptopygus (1), Temelucha (1), Meteorus (1), Phanerotoma (1), Apanteles (2), Urogaster (2), Microplitis (2), Monolexis (1).

— (16). Descriptions of New Hymenoptera from Japan. I. Journ. New York Entom. Soc. vol. 12. p. 65—84. II. t. c. p. 146 —165, 2 pls.

p. 65—84: 53 neue Arten: Clytochrysus (1), Cerceris (2), Epyris (1), Goniozus (1), Proctotrypes (2), Miota (1), Spilomicrus (1), Diapria (1), Lygocerus (2), Dendrocerus (1), Aphanogmus (1), Telenomus (5), Dissolcus (2), Hadronotus (2), Allotropa (1), Amblyaspis (1), Sactogaster (1), Anopedias (1), Polygnotus (1), Onychia (1), Xyalaspis (1), Xystus (1) Synergus (3), Ceroptres (2), Rhodites (1), Torymus (3), Monodontomerus (1), Podagrion (1).

p. 146—165: 64 neue Arten: Megastigmus (2), Anacryptus (2), Stomatoceras (2), Eurytoma (6), Decatoma (1), Perilampus (1), Schizaspidia (1), Tridymus (1), Halticoptera (1), Calosoter (1), Anastatus (4), Eupelmus (1), Copidosoma (1), Aphycus (1), Microterys (1), Syphophagus (1), Tachynaephagus (1), Cheiloneurus (1), Cerapteroceroides n. g. (1), Platyterma (1), Homoporus (1), Parasaphes (1), Pachyneura (3), Acroclisis (1), Trigonogastra (1), Cryptoprymnus (1), Elasmus (3), Pleurotropis (1), Derostenus (3), Nesomyia (2), Aphelimus (1), Tetrastichodes (1), Tetrastichus (3), Euplectrus (2), Sympiesomorpha (1), Ophelinoideus (1), Elachertus (2), Sympiesis (1), Eulophus (3), Trichogramma (1).

Aurivillius, Chr. Svensk Insektfauna. 13. Steklar. Hymenoptera. 1. Gaddsteklar. Aculeata. Andra familjen. Rofsteklar-Sphegidae. Entom. Tidskr. Årg. 25. p. 241—300.

Bachmetjew, P. Der Unterschied der sogenannten „falschen" Drohnen von den gewöhnlichen, betrachtet vom Standpunkt der analytisch-statistischen Methode aus. Insektenbörse, Jahrg. 21 p. 363—364, 371—372, 379.

Baer, W. (1). 1903. Beobachtungen über Lyda hypotrophica Htg., Nematus abietinus Chr. und Grapholitha tedella Cl. Tharand. forstl. Jahrb. Bd. 53. p. 171—208, 4 Taf. 3 Fig.

— (2). Zur Apidenfauna der preußischen Oberlausitz. Abhandlgn. nat. Ges. Görlitz Bd. 24. p. 107—121.

Ballantyne. 1898. Occurrence of Sirex gigas Linn., in Bute and Arran. Trans. nat. Hist. Soc. Glasgow N. S. vol. 5. p. 178—189.

Bals, Heinrich. 1903. Das Staatswesen und Staatsleben im Tierreiche. Naturwiss. Jugend- u. Volks-Bibliothek. VIII. Bändchen.

Regensburg, Verlagsanst. vormals G. J. Manz. 1904 [1903].
8⁰. 156 pp. 18 Figg. M. 1,20. [geb. M. 1,70].
Termiten, Ameisen, Wespen, Hummeln, Bienen.

Barthélemy, U. 1902. Une reine qui change de domicile. Rev. intern.
Apiculture vol. 24. p. 197—198.

Baudisch, Fr. 1899. Entomologisches. Centralbl. ges. Forstwesen.
Jahrg. 25. p. 158—162.
Schädliche Insekten.

Bauer, K. L. Über den Bau der Bienenzellen. Verhandlgn. nat.
Karlsruhe. Bd. 17. Sitz.-Ber. p. 8—11.

Ballerstedt, Max. Zurückziehung einer Ameisenkolonie durch den
Mutterstaat. Nat. Wochenschr. Bd. 19. p. 824—825.

Beard, J. Carter. 1901. Some New Features in Ant Life. Scient. Amer.
vol. 84. p. 265—266, figg.

Bengtsson, Simon. Reseberättelse för en zoologisk resa till Umeå
Lappmark 1903. Arsbok svensk. Vet.-Akad. 1904. p. 117
—131.
Auch Hymenoptera.

Benton, Frank. The specific Name of the Common Honeybee. Proc.
Entom. Soc. Washington, vol. 6. p. 71—73.
Apis mellifica.

Beresford, D. R. Pack. Another Nest of Vespa rufa-austriaca. Irish
Natural. vol. 13. p. 242—243.

Berthoumieu, G. C. Un nuevo „Ichneumónido" de España. Bol. Soc.
Españ. Hist. nat. T. 4. p.161—162. — Dos nuevas variedades.
t. c. p. 162.
p. 161—162: Catodelphus dusmeti n. sp.   p. 162: 2 neue Varr.
von Amblyteles.

Berthoumieu, V. (1). Nouveau cas de gynandromorphisme. Bull.
Soc. Entom. France 1904. p. 79—80.
Betrifft Ichneumon.

— **(2).** Ichneumoniens d'Espagne et des Canaries. Bull. Soc. Entom.
France 1904. p. 270—271.
7 neue Arten: Ichneumon (2), Neotypus (1), Platylabus (1),
Pheogenes (1), Ischnogaster (1), Heterischnus (1).

— **(3).** Supplément aux „Ichneumoniens" d'Europe. L'Echange
Rev. Linn. Ann. 20. p. 13—15.
11 neue Arten u. zwar: Ichneumon (3), Hybophorus (1), Platylabus (3), Pheogenes (4).

— **(4).** Hymenoptera, Fam. Ichneumonidae, subfam. Ichneumoninae,
87 pp., 2 pls.
Bildet Fasc. 18 von Wytsmans Genera Insectorum.

Beutenmüller, William (1). The Types of Cynipidae in the Collection
of the American Museum of Natural Hist. vol. 20. p. 23—28.

— **(2).** The Insect-galls of the vicinity of New York City. Amer.
Mus. Journ. vol. IV. p. 89—124, illustr.

Biedermann, W. Die Schillerfarben bei Insekten und Vögeln. Festschr. Häckel [Denkschr. Ges. Jena, Bd. 11] p. 215—300.

Billiard, R. Die Biene und die Bienenzucht im Altertume. Autoris. Übersetzung von B r e i d e n. Millingen. Th. Gödden. 8⁰. 108 pp. 25 Fig. M. 1,50.

Bingham, C. T. (1). 1896. New and Little-known Species of Indomalayan Hymenoptera, with a Key to the Genera of Indian Pompilidae, and a Note on Sphex flava of Fabricius, and Allied Species. Journ. Bombay nat. Hist. Soc. vol. 10. p. 195 —296, 2 pls.

11 neue Arten: Anthophora, Bombus, Megachile, Salius, Pseudagenia.

— **(2). 1897.** The Fauna of British India, including Ceylon and Burma. Edited under the Authority of the Secretary of State for India in Council. Hymenoptera. vol. I. Wasps and Bees. London, Taylor & Francis. 8⁰. XXXIX. 579 pp., 4 pls. 189 figg.

Bringt 100 neue Arten, die sich folgendermaßen verteilen: Tiphia (1), Myzine (3), Scolia (2), Elis (2), Pseudagenia (3), Salius (3), Pompilus (3), Tachytes (2), Tachysphex (2), Larra (3), Paraliris (1), Lyroda (1), Lianthrena n. g. (1), Miscophus (1), Pison (1), Ammophila (3), Sphex (1), Ampulex (1), Passaloecus (1), Helioryctes (1), Gorytes (3), Stizus (Cam. i. l.) (1), Cerceris (2), Oxybelus (2), Crabro (5), Zethus (1), Eumenes (1), Montezuma (2), Rhynchium (2), Odynerus (4), Alastor (1), Ischnogaster (2), Icaria (2), Polistes (2), Colletes (1), Halictus (3), Andrena (1), Nomia (1), Thaumatosoma (1), Osmia (1), Megachile (9), Anthidium (3), Stelis (1), Heriades (2), Melecta (1), Tetralonia (1), Habropoda (2), Anthophora (3), Bombus (3), Melipona (1).

— **(3). 1898.** The Aculeate Hymenoptera procured at Aden by Col. Y e r b u r y and Capt. N u r s e. Journ. Bombay nat. Hist. Soc. vol. 12. p. 101—114, 1 pl.

4 neue Arten: Philanthus (1), Trachypus (2), Prosopis (1).

— **(4). 1898.** On some New Species of Indian Hymenoptera. t. c. p. 115—130, 1 pl.

27 neue Arten: Allantus (1), Coelocentrus (1), Xylonomus (1), Chrysis (1), Mutilla (1), Pseudagenia (1), Pompilus (1), Tachytes (1), Cerceris (1), Crabro (1), Eumenes (1), Odynerus (1), Sphecodes (1), Halictus (4), Nomia (1), Megachile (3), Anthidium (1), Ceratina (1), Anthophora (3), Apis (1).

— **(5). 1899.** Note on Eumenes conica Fabr., and Megachile disjuncta Fabr., and their Parasites Chrysis fuscipennis Brullé, and Parevaspis abdominalis Smith. t. c. p. 585—587.

— **(6). 1899.** Note on Diacamma, a Ponerine Genus of Ants, and of the Finding of a Female of D. vagans Smith. t. c. p. 756 —757.

— **(7). 1900.** Account of a Remarkable Swarming for Breeding Purposes of Sphex umbrosus Christ, with notes on the Nests of two other Species of Sphex and of certain of the Pompilidae. op. cit. vol. 13 p. 177—180.

— **(8). 1903.** The Fauna of British India, including Ceylon and Burma. Published under the Authority of the Secretary of State for India in Council. Hymenoptera. vol. II. Ants and Cuckoo Wasps. London, Taylor u. Francis. 8⁰. XIX, 506 pp., 1 pl. 161 figg.

30 neue Arten: Aenictus (2), Myopopone (1), Lobopelta (1), Solenopsis (1), Tetramorium (1), Pheidole (4), Dolichoderus (1), Plagiolepis (1), Colobopsis (1), Polyrhachis (3), Holopyga (1), Chrysis (13).

Bisshop van Tuinen, [K.] (1). 1903. [Hollandsche Tenthrediniden]. Tijdschr. v. Entom. D. 45. Versl. p. 66—70.

— **(2).** Zaagwerktuigen van bladvespen. Tijdschr. v. Entom. D. 46. Versl. p. XX—XXI.
Betrifft Pteronus.

— **(3).** [Verschillende mededeelingen omtrent bladwespen]. Tijdschr. Entom. D. 47. p. XLVI—XLIX.

— **(4).** De zaagverktuigen der Cimbicini. t. c. p. 177—180, 2 pls.

Bourgeois, J. L'origine des fourmilières, état actuel de la question d'après les communications faites au congrès international de zoologie tenu à Berne en août 1904. Bull. Soc. Hist. Nat. Colmar N. S. T. 7. p. 121—127.

Bouvier, E. L. (1). 1901. Les habitudes de Bembex. Ann. Psychol. Ann. 7. p. 1—68, 4 figgs.

— **(2).** Les abeilles et les fleurs. Rev. gén. Sci. T. 15. p. 331—345, 9 figs.

— **(3).** Sur une nidification remarquable d'Apis mellifica L. observée au Muséum de Paris. Bull. Soc. Entom. France 1904. p. 187 —188.

Bradley, J. Chester (1). On Ropronia garmani Ashm. Entom. News vol. 15. p. 212—214, 1 pl.

— **(2).** Two New Species of Cratichneumon. Zeitschr. f. system. Hym. u. Dipt. 4. Jahrg. p. 106—108.

Brandicourt, V. 1898. Utilité des Abeilles en horticulture. Le Cosmos Ann. 47. vol. 2. p. 117—121.

Breddin, G. Rhynchoten aus Ameisen- und Termitenbauten. Ann. Soc. Entom. Belg. T. 48. p. 407—416, 1 Fig.
(2 neue Arten von Chilocoris).

Brèthes, F. J. (1). 1902. Notes biologiques sur trois Hyménoptères de Buenos Aires. Rev. Mus. La Plata T. 10. p. 193—205. 1 pl.
Oxybelus platensis n. sp.

— **(2).** Hymenópteros nuevos ó poco conocidos parásitos del Bicho de Cesto (Oeceticus platensis Berg). An. Mus. Nac. Buenos Aires (3). T. 4 p. 17—24.
5 neue Arten: Allocota (1), Pimpla (2), Phobotes (1), Tetrastichus (1).

Bruch, Carlos. Le nid de l'Eumenes caniculata (Oliv.) Sauss. (guêpe solitaire) et observations sur deux de ses parasites. Rev. Mus. La Plata T. 11. p. 223—226, 1 pl.

Brucs, Charles T. Some New Species of Parasitic Hymenoptera. Canad. Entom. vol. 36. p. 117—120.

3 neue Arten: Dryinus (1), Bocchus (1), Oxylabis (1).

Brunelli, Gustavo. Ricerche sull' ovario degli insetti sociali. Nota preliminare. Atti Accad. Lincei (5) T. 13. Sem. 1. p. 350 —356.

Bugnion, E. (1). L'estomac de Xylocopa violacea. Compt. rend. Assoc. Anat. Sess. 6. p. 24—37, 4 pls.

— **(2).** Les oeufs pédiculés de Rhyssa persuasoria. Bull. Soc. Entom. France 1904. p. 80—83, 2 figs.

— **(3).** Les oeufs pédiculés de Rhyssa persuasoria (Hymén.). Bull. Soc. vaud. Sci. nat. (4) vol. 40. p. 245—249, 1 pl.

Bulman, G. W. Bees and the Origin of Flowers. Nat. Sci. vol. 14. p. 128—130. — Note by F.W. H e a d l e y p. 250. —. T. D. A. C o c k e r e l l p. 143.

von Buttel-Reepen, H. (1). 1903. Die stammesgeschichtliche Entstehung des Bienenstaates. Titel p. 366 sub No. 1 d. Berichts f. 1903. — Ref. von B. W a n d o l l e c k , Arch. Rassen-Gesellsch.-Biol. Jahrg. 1. p. 299—302. — Von R. v. H a n - s t e i n , Nat. Rundschau Jahrg. 18. p. 262—265.

— **(2).** Über den gegenwärtigen Stand der Kenntnisse von den gegeschlechtsbestimmenden Ursachen bei der Honigbiene (Apis mellifica L.), ein Beitrag zur Lehre von der geschlechtlichen Präformation. Verhdlgn. deutsch. zool. Ges. 14. Vers. p. 48 —66, 1 Fig. — Diskussion p. 66—77.

— **(3).** Die Parthenogenesis bei der Honigbiene. Natur und Schule Bd. 1. p. 230—239. — Ausz. S c h r ö d e r , Allgem. Zeitschr. f. Entom. Bd. 9. p. 112.

— **(4).** Die Lebensweise der Hummeln. Nat. Wochenschr. Bd. 19. p. 299—300.

Bombus betreffend.

du Buysson, Robert (1). 1896. Première contribution à la connaissance des Chrysidides de l'Inde. Journ. Bombay nat. Hist. Soc. vol. 10. p. 462—481, 5 pls.

7 neue Arten: Hedychridium (1), Chrysis (6 + 2 n. varr.).

— **(2). 1903.** Nidification de quelques Mégachiles. Ann. Soc. Entom. France vol. 71. p. 751—755.

— **(3).** Espèces nouvelles d'Hyménoptères. Bull. Soc. Entom. France, 1904. p. 144—146.

3 neue Arten: Masaris (1), Parachartergus (1), Sapyga (1).

— **(4).** Hyménoptères nouveaux du Congo. Bull. Mus. Hist. nat. Paris 1902. p. 599—601.

3 neue Arten: Chalinus (1), Hedychrum (1), Megachile (1).

— **(5).** Contribution aux Chrysidides du Globe (5. Serie). Rev. Entom. franc. 1904. p. 253—273.

— **(6).** Monographie des guêpes ou Vespa (suite). Ann. Soc. Entom. France 1904. p. 485—556, 565—633. pls. V—X.

— **(7)** siehe d e S a u s s u r e , A n d r é u. B u y s s o n.

370   Dr. Rob. Lucas: Entomologie. Hymenoptera 1904.

Cameron, P. (1). 1901. Hymenoptera. Fauna and Geogr. Maldive Laccadive Archip. vol. 1. p. 51—63.

15 neue Arten: Zanthopimpla (1), Enicospilus (1), Crabro (2),
Trypoxylon (2), Bembex (2), Rhynchium (1), Halictus (1), Ceratina (1),
Allodape (1), Megachile (2), Xylocopa (2).

— (2). 1903. Descriptions of New Genera and Species of Hymenoptera
taken by Mr. Robert S h e l f o r d at Sarawak, Borneo.
Journ. Straits Branch R. Asiat. Soc. No. 39. p. 89—181.

98 neue Arten: Xiphydria (2), Monophadnus (1), Selandria (1),
Mesocynips (1), Leucospis (1), Megacolus (2), Megachalcis n. g. (1),
Epistenia (1), Evania (2), Foenatopus (1), Stephanus (1), Iphiaulax (21),
Chaoilta (1), Elphea n. g., Plesiobraon, Sigalphogastra n. g. (1),
Dedanima n. g. (1), Halycoea n. g. (1), Zele (1), Balcemena n. g. (1),
Troticus (1), Disophrys (1), Aglaophion n. g. (1), Enicospilus (1),
Epirhyssa (2), Echthromorpha (1), Trichiothecus (1), Xanthopimpla (4),
Poecilopimpla (1), Cyanoxorides n. g. (1), Spiloxorides n. g. (1), Lethulia
n. g. (1), Skeatia (3), Melcha (2), Friona (1), Cratojoppa (1), Mutilla (2),
Discolia (1), Triscolia (1), Agenia (1), Pompilus (1), Salius (2), Stizus (1),
Ampulex (2), Trirogma (1), Cerceris (1), Pison (1), Trypoxylon (1),
Montezumia (1), Zethus (1), Odynerus (3), Rhynchium (1), Ischnogaster
(1), Icaria (2), Megachile (4), Nomia (2), Ctenonomia n. g. (1), Xylo-
copa (1).

— (3). Descriptions of New Genera and Species of Hymenoptera from
Dunbrody, Cape Colony. Rec. Albany Mus. Grahamstown
S. Africa vol. 1. p. 125—160.

45 neue Arten: Schizanoplius n. g. (1), Anoplius (12) Pseudagenia
(4), Ceropales (1), Trypoxylon (1), Tanynotus n. g. (1), Ichneumon (1),
Eristicus (1), Cryptus (1), Mesostenus (1), Larpelites n. g. (1), Pimpla (2),
Lissonota (2), Metopius (1), Iphiaulax (8), Acanthobracon (1), Exo-
thecus (1), Megalommum (1), Xanthomicrodus n. g. (1), Microdus (1),
Gasteruption (1), Anacharoides n. g. (1).

— (4). On the Hymenoptera of the Albany Museum, Grahamstown,
South Africa I. t. c. p. 161—176.

19 neue Arten: Odontothynnus n. g. (2), Bothrocharis n. g. (1),
Iphiaulax (3), Exothecus (3), Trichiobracon (2), Schönlandella (3),
Mesoagathis n. g. (1), Apantheles (2), Ophiononeura n. g. (1),
Limneria (1).

— (5). Descriptions of three New Species of Hymenoptera from
Pearston, South Africa. Rec. Albany Mus. Grahamstown,
S. Africa vol. 1. p. 109—111.

Thorymus mesembryanthemi, Chelonus robertianus, Rethus
broomi.

— (6). On some Hymenoptera from the Raffles Museum, Singapore.
Journ. Straits Branch. R. Asiat. Soc. No. 41. p. 119—123.

5 neue Arten: Piagetia (1), Icaria (2), Bracon (2).

— (7). New Hymenoptera mostly from Nicaragua. Invertebrata
pacifica. vol. 1. p. 46—69.

53 neue Arten: Pristomeridia(?) (1), Bracon (6), Forsteria(?) (1), Chelonus (2), Phancratoma(?) (1), Microdus (1), Kareba n. g. (2), Opius (2), Macroteleia (2), Spilochalcis (6), Tetrasmicra (1), Plagiosmicra n. g. (1), Platychalcis n. g. (1), Megastigmus (1), Syntomaspis (1), Torymus (2), Perilampus (2), Lirata (4), Eudecatoma (1), Eurytoma (3), Tetrastichus (2), Macreupelmus (1), Brasema (1), Rekabia n. g. (1), Rhopalum (1), Cerceris (3), Polybia (1), Paratiphia (1), Tiphia (1).

— (8). Descriptions of Two New Species of Aculeate Hymenoptera from Japan. The Entomologist, vol. 37 p. 34—35.

Dielis (1), Eumenes (1).

— (9). On some New Genera and Species of Hymenoptera. The Entomologist, vol. 37. p. 109—111, 161—163, 208—210, 259—262.

12 neue Arten: Oxycoryphus n. g. (1), Coelochalcis n. g. (1), Oncochalcis n. g. (1), Coelojoppa n. g. (1), Spilojoppa n. g. (1), Prosopis (1), Andrena (1), Halictus (1), Odynerus (1), Crabro (2), Bembex (1).

— (10). Descriptions of a New Genus and Some New Species of East Indian Hymenoptera. The Entomologist, vol. 37. p. 306 —310.

5 neue Arten: Lithisia n. g. (1), Hapliphera (1), Epyris (1), Odynerus (2).

— (11). Descriptions of New Genera and Species of Hymenoptera collected by Major C. S. N u r s e at Deesa, Simla and Ferozepore. Journ. Bombay nat. Hist. Soc. vol. 14 p. 267—293, 419—449, I pl.

62 neue Arten: Mutilla (4), Myzine (1), Poecilotiphia n. g. (1), Meira (1), Nursea n. g. (1), Pompilus (10), Aporus (1), Notogonia (1), Gastrosericus (1), Oxybelus (1), Psen (2), Alyson (2), Zethus (1), Lamproapis n. g. (1), Melanapis n. g. (1), Andrena (1), Euchroeus (1), Glypta (1), Lissonota (3), Lapophras n. g. (1), Nothaima n. g. (1), Exochus (4), Bracon (2), Ditherus n. g. (1), Pycnobracon n. g. (1), Spilochalcis (1), Halticella (1), Fethalia n. g. (1), Lithracia n. g. (1), Pachyprotasis (1), Poecilosoma (1), Taxonus (4), Busarbia (1), Selandria (1), Monophadnus (1), Athalia (2), Cladius (2).

— (12). Descriptions of a New and of Four New Species of Hymenoptera. Trans. Amer. Entom. Soc. vol. 30. p. 93—96.

4 neue Arten: Zethoides n. g. (1), Paratiphia (1), Nysson (1), Polistomorpha (1).

— (13). Descriptions of New Species of Cryptinae from the Khasia Hills, Assam. t. c. p. 103—122.

26 neue Arten und zwar: Etha (2), Jotra (1), Cryptus (3), Umlima (1), Triona (3), Hemiteles (3), Mesostenus (9), Phygadeuon.

— (14). A new Species of Bembex from the Khasia-Hills, Bembex khasiana sp. nov. t. c. p. 123—124.

— (15). Descriptions of New Genera and Species of Hymenoptera from Mexico. Trans. Amer. Entom. Soc. vol. 30. p. 251 —267.

30 neue Arten: Hoplismenus(?) (1), Erythroischnus n. g.(1), Mesostenus (1), Mesostenoideus (1), Cryptanura (1), Oxytaenia (1),

Scopesis (1), Cerda n. g. (1), Limnerium (5), Campoplex (1), Epiurus (1), Paipila n. g. (1), Rhyssosigalphus n. g. (1), Urogaster (1), Chelonus (1), Euphoriella (1), Zelotypa (1), Epyris (2), Rhopalum (2), Holcorhopalum n. g. (1), Crabro (2), Entomognathus (1), Plesiomasaris n. g. (1).

— **(16).** Descriptions of New Genera and Species of Hymenoptera from India. Zeitschr. f. system. Hym. u. Dipt. 4. Jhg. p. 5—15.

13 neue Arten: Agathis (1), Mutilla (3), Scolia (1), Salius (1), Nysson (1), Piagetia (1), Odontolarra (1), Eumenes (1), Zethus (2), Megachile (1).

— **(17).** Description of a New Species of Juartinia from Deesa, India, etc. t. c. p. 89—90.

J. indica n. sp., synonyme Bemerkungen.

— **(18).** Description of a New Species of Athalia (Tenthredinidae) from India. t. c. p. 108.

A. leucostoma.

— **(19).** Description of a New Genus of Pimplina from South Africa. t. c. p. 143—144.

Spilopimpla n. g., rufithorax n. sp.

— **(20).** Description of a New Species of Apteropompilus from South Africa. t. c. p. 176.

A. dentatus n. sp.

— **(21).** Description of a New Genus of Ichneumonidae from Afrika (rect. Africa). t. c. p. 190—191.

Oneilella n. g. für Cryptus formosus.

— **(22).** Description of a New Species of Pristaulacus (Evaniidae) from Australia. t. c. p. 191—192.

P. flavoguttatus.

— **(23).** Description of New Genera and Species of Ichneumonidae from India. t. c. p. 217—224, 337—347.

14 neue Arten: Tanyjoppa n. g. (1), Hedyjoppa n. g. (1), Lynteria n. g. (1), Shalisha n. g. (1), Lodryca n. g. (1), Darymna n. g. (1), Faesula n. g. (1), Thascia n. g. (1), Alystria n. g. (1), Laegula n. g. (1), Ogulnia n. g. (1), Darpasus n. g. (1), Aconias n. g. (1), Cidaphurus (1).

— **(24).** Description of New Species of Aculeate and Parasitic Hymenoptera from Northern India. Ann. Nat. Hist. (7.) vol. 13. p. 211—233.

26 neue Arten: Nomia (4), Habropoda (1), Coelioxys (2), Megachile (1), Trypoxylon (4), Psen (1), Suvalta (2), Algathia (11).

— **(25).** On some New Species of Hymenoptera from Northern India. t. c. p. 277—303.

29 neue Arten: Hadrojoppa (1), Mutilla (3), Tiphia (8), Salius (3), Pseudagenia (1), Cerceris (2), Larra (3), Tachytes (5), Liris (1), Tachysphex (1), Halictus (1).

Carpentier, L. Sur quelques larves de Chalastogastra. Zeitschr. für system. Hym. u. Dipt. 4. Jahrg. p. 45—46.

Castle, W. E. Sex Determination in Bees and Ants. Science, N. S. vol. 19. p. 389—392.

Caudell, A. Branched Hairs of Hymenoptera. Proc. Entom. Soc. Washington, vol. 6. p. 5—6.

Cecconi, Giacomo. 1902. Note di entomologia forestale. Bull. Soc. Entom. ital. Ann. 34. p. 126—133.

Chapais, J. C. 1900. La mouche à scie du fraisier. Le ver des groseilles. Natural. canad. vol. 37. p. 17—20.

Emphytus maculatus, Dakruma convolutella.

Clément, A. L. L'art factice chez l'abeille domestique. La cire gaufrée. La Nature Ann. 32. Sem. 2. p. 20—22, 8 figs.

Cockerell, T. D. A. (1). Descriptions and Records of Bees. Ann. Nat. Hist. (7.) vol. 14. p. 21—30.

8 neue Arten: Exomalopsis (1), Melissodes (1), Pseudopanurgus (1), Andrena (2) [1 Viereck u. Cock.], Nomada (2), Xylocopa (1). — Synhalonia (3 neue Varr.), Melecta (2), Euglossa (1).

— **(2).** Some Parasitic Bees. Ann. Nat. Hist. (7.) vol. 13. p. 33—42.

7 neue Arten u. zwar: Triepeolus (4 + 2 n. varr.), Epeolus (3), Coelioxys (1 n. var.).

— **(3).** New and Little-known Bees in the Collection of the British Museum. op. cit. (7.) vol. 14. p. 203—208.

6 neue Arten: Anthoglossa (1), Leioproctus (2), Saropoda (1), Ctenoplectra (1), Macrotera (1).

— **(4).** The Halictine Bees of the Australian Region. t. c. p. 208 —213.

3 neue Arten: Parasphecodes (2), Halictus (1).

— **(5).** Notes on some Bees in the British Museum. Canad. Entom. vol. 36. p. 301—304.

— **(6).** The Bee-Genus Apista and Other Notes. Canad. Entom. vol. 36. p. 330—331.

— **(7).** The Bee-genus Apista etc. t. c. p. 357.

Egapista n. g. für Apista opalina, Serapista nom. nov. für Serapis Smith non Link.

— **(8).** Some Bees from San Miguel County, New Mexico. t. c. p. 5—9.

3 neue Arten u. zwar: Sphecodes (2), Megachile (1), Anthidium (1 n. var.).

— **(9).** New Records of Bees. t. c. p. 231—236.

4 neue Arten: Sphecodes (1), Proteraner (1), Greeleya n. g. (1). — Centris bicolorella nom. nov. für C. Smithii Friese non Cresson.

— **(10).** Some Little-known Bees of the Genus Colletes. Entom. Monthly Mag. (2.) vol. 15. p. 276—277.

— **(11).** Records of American Bees. Canad. Entom. vol. 36. p. 13 —14.

3 neue Arten u. zwar: Chelostoma (1), Halictus (1), Colletes (1).

— **(12).** Two new Bees. Entom. News, vol. 15. p. 32—34.

Anthophora stanfordiana n. sp., Megachile (1 n. subsp.)

— **(13).** Some Little-known Bees of the Genus Colletes. Entom. News vol. 15. p. 276—247.

— **(14).** New Genera of Bees. Entom. News vol. 15. p. 292.
Cladocerapis n. g. für Lamprocolletes cladocerus, Trichocerapis
n. g. für Tetralonia mirabilis, Heteranthidium für Anthidium dorsale,
Hypanthidium n. g. für Anthidium flavomarginatum.

— **(15).** The bees of the genus Nomada found in Colorado with a
table to separate all the species of the Rocky Mountains.
Bull. Colorado exper. Stat. vol. XCIV. p. 69—85.

— **(16).** The bees of Southern California. Bull. S. Calif. Acad. vol. III.
p. 3—6.

— **(17, 18).** Siehe S c u d d e r u. C o c k e r e l l , V i e r e c k u.
V i e r e c k und C o c k e r e l l.

Cook, O. F. (1). An Enemy of the Cotton Boll Weevil. Science N. S.
vol. 19. p. 862—864.
Ist eine Ameise.

— **(2).** Pupation of the Kelep Ant. Science N. S. vol. 20. p. 310—312.
E. tuberculatum. — Vergleiche dazu W h e e l e r (8), ferner
C o o k , t. c. p. 611. — Hierauf W h e e l e r, Science vol. 20. p. 766
—768.

— **(3).** Professor William Morton W h e e l e r on the Kelep. Science
N. S. vol. 20. p. 611—612.

— **(4).** Report on the Habits of the Kelep, or Guatemalan Cotton-
Boll-Weevil Ant. U. S. Dept. Agric. Div. Entom. Bull. 49.
15 pp. — Ferner S a n d e r s o n , Science vol. 20. p. 887.

Corti, A. Zoocecidii italici. Atti Mus. Milano vol. XLII. p. 337—381.

Coupin, Henri. Le monde des fourmis. Paris, Delagrave, 16 °. 160 pp.
— Rev. Nature, vol. 70. p. 29.

Cowan, T. W. The honey bee: its natural history, anatomy, and physiology. Second edition. London [1904]. 12 °. XII + 220 pp.

Crawford, J. C. jr. (1). Two New Halictus from New Jersey. Entom.
News vol. 15. p. 97—99.
2 neue Arten.

— **(2).** Siehe V i e r e c k.

Crawford, J. C. jr. and E. S. G. Titus. A New Bee in the Genus Diphaglossa. Canad. Entom. vol. 36. p. 48—51, 4 figg.
D. spinolae.

Cretin, Eug. 1903. Some Observations on Eumenes dimidiatipennis.
Journ. Bombay nat. hist. Soc. vol. 14. p. 820—824.

de Crombrugghe. Hyménoptères parasites obtenus de quelques nymphes
de microlépidoptéres et d'autres nymphes. Ann. Soc. Entom.
Belg. T. 48. p. 803.

von Dalla Torre, K. W. Hymenoptera, fam. Vespidae, 108 pp. 6 Taf.
Bildet Fasc. 19 von W y t s m a n s Genera Insectorum.

Dawson, Charles and S. A. Woodhead. 1899. Problem of Honeycomb.
Nat. Sci. vol. 15. p. 347—350.

Del Guercio, Giacomo (1). 1900. Insetti ed insetticidi contro le larve
delle cavolaie. Atti Accad. econ. agrar. Georgsfili Firenze.
vol. 78. p. 242—254, 3 figs.

— (2). 1902. Contribuzione allo studio delle più importante cocciniglie dell'olivo e sulle esperienze tentate per distruggerle. op. cit. vol. 80. p. 211—253, 16 figg.

Della Valle, A. 1898. A c h i l l e C o s t a. Rend. Accad. Sci. fis. mat. Napoli (3). Ann. 4. p. 429—432.

Цемокидовъ, К. З. **Demokidow, K. E.** Новый паразитъ лицъ лугового мотыліька изъ подотряда (Nouveau parasite des oeufs du Phlyctaenodes sticticalis appartenant au sous-ordre des Hymenoptera chalcidoidea). Русск. энгом. Обозр. Rev. russe Entom. T. 4. p. 207—209.

Desaulles, Paul. Rapport sur le Lophyre du pin ou grande mouche à scie (Kiefern-Kammhornwespe). Bull. Soc. industr. Mulhouse. T. 74 p. 422—424, 1 pl.

Dewitz, J. Künstliche Verfärbung bei Insekten. Zool. Anz. Bd. 28. p. 370—372.

Dickel, Otto. Entwicklungsgeschichtliche Studien am Bienenei. Zeitschrift f. wiss. Zool. Bd. 77. p. 481—527, 2 Taf. 46 Fig.

Diettrich, R. Über das Problem der Bienenzelle. 81. Jahresber. schles. Ges. vaterl. Kultur naturw. Abteilung. zool.-bot. Sektion. p. 11—12.

Doncaster, L. On the Early development of the Unfertilized Egg in the Sawfly, Nematus ribesii. Proc. Cambridge philos. Soc. vol. 12. p. 474—476.

Dreyling, L. (1). Weitere Mitteilungen über die wachsbereitenden Organe der Honigbiene. Zool. Anz. 27. Bd. p. 216—219.

— (2). Zur Kenntnis der Wachsabscheidung der Meliponen. op. cit. Bd. 28. p. 204—210, 2 Fig. ·

Ducke, Adolf (1). Zur Kenntnis der Sphegiden Nordbrasiliens. Zeitschr. f. system. Hym. u. Dipt. Jahrg. 4. p. 91—98.
3 neue Arten u. zwar: Bothynostethus (1), Solierella (1), Aulacophilus (1), Dolichurus (1 n. var.).

— (2). Zur Kenntnis der Diploptera vom Gebiete des unteren Amazonas. t. c. p. 134—143.
Eumenididae: 6 neue Arten u. zwar: Zethus (2), Eumenes (1), Nortonia (1), Montezumia (1), Monobia (1).

— (3). Nachtrag zu dem Artikel über die Sphegiden Nordbrasiliens. t. c. p. 189—190.
2 neue Arten u. zwar: Bothynostethus (1), Nysson (1).

— (4). Beitrag zur Bienengattung Centris F. Zeitschr. f. system. Hymen. u. Dipt. Jahrg. 4. p. 209—214.
2 neue Arten.

— (5). Revisione dei Crisididi dello stato brasiliano del Parà. Bull. Soc. entom. ital. Ann. 36. p. 13—48, 15 figg.
Chrysogona silvestrii n. sp.

— (6). Sobre as Vespidas sociaes do Pará. Bol. Mus. Goeldi Pará. vol.4 p. 317—374, 2 est. 4 figg.
24 neue Arten: Chartergus (4), Polybia (10), Megacanthopus (n. g. für P. filiformis) (5), Polistes (5).

Dudgeon, G. C. 1896. Note on Virachola perse Hewitson, a Lycaenid Butterfly. Journ. Bombay nat. Hist. Soc. vol. 10. p. 333 —334.
Beziehungen der Ameisen, die die Raupen begleiten.
— **(2).** Note on Lehera eryx Linnaeus, a Lycaenid Butterfly. t. c. p. 335.
Dusmet y Alonso, J. Maria. Euménidos de España. Primer Suplemento. Bòl. Soc. españ. Hist. nat. T. 4. p. 126—137.
Alastor merceti n. sp.
Eardley-Wilmot, S. 1898. Reasoning Power in Bees. Journ. Bombay Nat. Hist. Soc. vol. 11. p. 741—742.
Eckel, L. The Resin Gnat and Their Parasites. Biol. Bull. vol. 6. p. 325—326.
Elfving, K. O. (1). 1902. Pa tallbarr öfvervintrande ägg af röda tall-stekeln (Lophyrus rufus). Meddel. Soc. Fauna Flora fennica Häft 28. A. p. 27—28.
— **(2).** Die große Lärchenblattwespe (Nematus erichsonii Htg.) in Finland angetroffen. Meddel. Soc. Fauna Flora fennica Häft 30. p. 30—31.
— **(3).** Eine für Finland und Skandinavien neue Lärchenblattwespe. t. c. p. 84—85.
Nematus wesmaeli.
— **(4).** Om de i Finland förekommande Lophyrinerna. Meddel. Soc. Fauna Flora fennica Häft 30. p. 134—136.
Embleton, Alice L. On the anatomy and development of Comys infelix Embleton, a Hymenopterous parasite of Lecanium hemi-sphaericum. Trans. Linn. Soc. London, (2) vol. IX, p. 231 —254. pls. XI—XII.
Emery, Carlo. 1901. Studi sul polimorfismo et la metamorfosi nel genere Dorylus. Rend. Sess. R. Accad. Sci. Inst. Bologna U. S. p. 109—110.
Emery, Carlo (1). 1902. Note mirmecologiche. I. Revisione del gruppo dei generi affini a Cerapachys F. Sm. Rend. Accad. Sci. Ist. Bologna N. S. vol. 6. p. 22—34.
11 neue Arten: Cerapachys (1 + 1 n. var.), Phyracaces (2), Ecta-tomma (1), Diacamma (1), Ophthalmopone (2), Megaponera (1), Pachycondyla (1), Leptogenys (1 + 1 n. subsp.), Anochetus (1). — Cysias n. subg. 1 n. var. von Neoponera.
— **(2).** Zur Kenntnis des Polymorphismus der Ameisen. Zool. Jahrb. Suppl. 7. Festschr. Weismann p. 587—610, 6 Fig.
— **(3).** Le affinità del genere Leptanilla e i limiti delle Dorylinae. Arch. zool. ital. vol. II. p. 107—116.
Enderlein, Günther (1). Die Braconiden-Gattung Braunsia Kriechb. Zool. Jahrb. Abt. f. System. Bd. 20. p. 429—452.
14 neue Arten, 1 neue Varr.
— **(2).** Paniscomima, eine neue von Herrn Baron v. Erlanger aufgefundene Rhopalosomidengattung. Zool. Anz. Bd. 27. p. 464—466, 1 Fig.

— (3). Homalothynnus, eine neue Thynniden-Gattung. t. c. p. 466
—470, 1 Fig.

H. eburneus n. sp.

— (4). Neue afrikanische Arten der Ichneumonidengattung Arconus
Tosqu. 1896. Zool. Anz. Bd. 28. p. 65—69.

3 neue Arten.

Escherich, K. (1). [A collection of abstracts on recent biological works
on Ants]. Zool. Zentralbl. 1904. p. 457—466.

— (2). Siehe W a s m a n n.

Faes, H. (1). 1901. Nos auxiliaires. Ichneumons et Tachines
Chronique agric. Vaud. Ann. 14. p. 555—559.

— (2). **1902.** Sur quelques insectes nuisibles, au printemps. Chronique agric. Vaud. Ann. 15. p. 189—195, 297—305, 449
—459, 521—522, 17 figs.

Farren, W. and O t h e r s. The Insects of Cambridgeshire, in M a r r
and S h i p l e y, Nat. Hist. Cambridgeshire p. 139—183.

Hymenoptera von M o r l e y.

Fawcett, Waldon. 1901. Bee-keeping in the United States. Scient.
Amer. vol. 85. p. 281—282, 5 figg.

Fernald, H. T. The North American Species of Chlorion. Entom.
News vol. 15. p. 117—120.

Chl. cyaneum.

Fielde, M. (1). Observations on Ants in their Relation to Temperature
and Submergence. Biol. Bull. vol. 7. p. 170—174.

— (2). Portable Ant-nests. t. c. p. 215—220, 1 pl., 2 figg.

— (3). Power of Recognition among Ants. t. c. p. 227—250.

— (4). Tenacity of Life in Ants. t. c. p. 300—309, 2 figg.

— (5). Effects of Light-rays on an Ant. Biol. Bull. vol. 6. p. 309.

— (6). On the Artificial Creation of Mixed Nests of Ants. t. c. p. 326.

— (7). Three odd incidents in Ant-Life. Proc. Acad. Philad. 1904.
p. 639—641.

Fielde, Adele M. u. Parker, G. H. The reactions of ants to material
vibrations. Proc. Acad. Philad. 1904. p. 642—649.

Florentin, R. Provisions larvaires de Xylocope (Xylocopa violacea
Scop.). L'Interméd. Bombyc. Entom. Ann. 4. p. 374—375.

Forel, Auguste (1). 1900/1903. Les Formicides de l'Empire des Indes
et de Ceylan VI. Journ. Bombay nat. Hist. Soc. vol. 12.
p. 52—65, 303—332, 462—477; vol. 14 p. 520—546, 679
—715.

53 neue Arten: Amblyopone (2), Anochetus (2 + 1 n. st. + 2 n.
varr.), Leptogenys (10 + 5 n. st. + 2 n. var.), Platythyrea (2 + 1 n. st.),
Ectatomma (1 n. var.), Ponera (4 n. var.), Sphinctomyrmex (1), Cerapachys (1), Aenictus (11 + 9 n. varr.), Pheidole (22 + 6 n. subspp.
+ 8 n. varr.). — Odontomachus (1 n. st. + 1 n. var.), Ectomomyrmex
(1 n. st.), Lioponera (1 n. st.). — 5 neue Varr.: Centromyrmex (1),
Diacamma (3), Belonopelta (1).

— (2). **1903.** Note sur les Fourmis du Musée Zoologique de l'Aca-

démie Impériale des Sciences à St. Pétersbourg. Ann. Mus. zool. Acad. Sci. St. Pétersbourg T. 8. p. 368—388.
2 neue Arten: Strumigenys (1), Formica. — 6 neue Varietäten, 4 neue Rassen.

— (3). Dimorphisme du mâle chez les fourmis et quelques autres notices myrmécologiques. Ann. Soc. Entom. Belg. T. 48. p. 421—425.
Plagiolepis deweti n. sp., 1 n. var., 1 n. st.

— (4). Miscellanea myrmécologiques. Rev. suisse Zool. T. 12. p. 1 —52, 1 fig.
15 neue Arten: Oxyopomyrmex (1), Stenamma (1), Tapinoma (2 + 1 n. subsp.), Tetramorium (1), Leptothorax (1 + 1 n. var.), Cremastogaster (2 + 1 n. subsp. + 1 n. st. + 1 n. var.), Monomorium (1), Camponotus (2 + 1 n. subsp., 1 n. st. + 4 n. varr.), Polyrhachis (1), Atta (3 n. varr.), Pseudomyrma (1 n. subsp. + 2 n. varr.), Dory-myrmex (1). — 4 neue Varr.: Strongylognathus (1), Strumigenys (1), Tetramorium (1), Iridomyrmex (1).

— (5). The Psychical Faculties of Ants and Some other Insects. Ann. Rep. Smithson. Inst. 1903. p. 587—589. (Translated and condensed from the Proc. 5th Internat. Zool. Congr. Berlin. p. 141—169).

— (6). Über Polymorphismus und Variation bei den Ameisen. Zool. Jahrb. Suppl. 7. Festschr. Weismann p. 571—586.

— (7). Fourmis de British Columbia. Ann. Soc. Entom. Belg. T. 48. p. 152—155.
Carebara junodi n. sp. — 4 neue Varr.: Formica (2), Myrmica (2).

— (8). Fourmis du Musée de Bruxelles. Ann. Soc. Entom. Belg. T. 48. p. 168—177.
5 neue Arten: Acanthostichus (1), Eciton (1), Pheidole (1 + 1 n. sp. var.), Solenopsis (1 n. subsp. + 2 n. varr.), Megalomyrmex (1). — 2 nov. stat.: Camponotus (1), Polyrhachis (1). — 5 neue Varr.: Anomma (1), Pseudomyrma (1), Podomyrma (1), Ctenamma (1), Rhopalothrix (1).

— (9). Formiciden. Ergebn. Hamburg. Magalhaens. Sammmelr. Lief. 7. No. 8. 7 pp.
3 neue Arten: Melophorus (2), Dorymyrmex (1). — Monomorium (1 n. var.).

— (10). In und mit Pflanzen lebende Ameisen aus dem Amazonas-gebiete und aus Peru, gesammelt von Herrn E. Ule. Zool. Jahrb. Abt. f. System. Bd. 20. p. 677—707.
14 neue Arten: Pseudomyrma (2 + 4 n. varr. + 1 n. subsp.), Azteca (8 + 5 n. varr. + 1 n. subsp.), Myrmelachista (3), Campo-notus (1). — 4 n. Subspp.: Cryptocerus (1), Solenopsis (1), Pheidole (1), Cremastogaster (1 + 1 n. var.).

— (11). Ants and some other insects. An inquiry into the psychic powers of these animals with an appendix on the peculiarities of their olfactory sense. Translated from the German by

Prof. W i l l i a m M o r t o n W h e e l e r. Religion and
Science Library, No. 56. Chicago, 1904. 8⁰. 49 pp.
— (12). Siehe W a s m a n n.

Forsius, R. Tvänne for finska faunan nya bladsteklar; Trichiosoma
betuleti Kl. och Strongylogaster macula Kl. Meddel. Soc.
Fauna Flora fennica Häft 30. p. 63.

Frey-Gessner, E. Das Männchen von Andrena parviceps Kriechb.
Soc. entom. Jahrg. 19. p. 57—58.

Friese, H. (1). Eine metallisch gefärbte Vespide. Zeitschr. f. system.
Hym. u. Dipt. 4. Jhg. p. 16.
Eudiscoelius metallicus n. sp.

— (2). Zweiter Nachtrag zu den Bienengattungen Caupolicana,
Ptiloglossa und Oxaea. t. c. p. 17—20.
5 neue Arten: Caupolicana (3), Ptiloglossa (2).

— (3). Neue Arten der Bienengattung Ancyloscelis Latr. 1825.
t. c. p. 20—24.
3 neue Arten.

— (4). Zur Synonymie der Apiden. t. c. p. 98—100.

— (5). Neue Anthidium-Arten aus der neotropischen Region. t. c.
p. 101—106.
Bringt nur afrikanische Arten. 9 neue Arten u. zwar: Anthidium
(8), Serapis (1).

— (6). Beiträge zur Bienenfauna von Chile, Peru und Ecuador.
t. c. p. 180—188.
10 neue Arten: Caupolicana (1), Anthidium (4 + 1 n. var.), Megachile (5). — Bombus (5 n. varr.).

— (7). Neue afrikanische Bienenarten. (Besonders aus dem Sammel-
ergebnis des Missionar Junod in Shilouvene). t. c. p. 296
—303.
10 neue Arten: Nomia (1 + 2 n. subspp.), Eriades (3), Anthidium
(1), Megachile (5 + 1 n. var.).

— (8). Über einige Bienen von Chile. t. c. p. 303—304.
Anthidium melanotrichum n. sp.

— (9). Über Megachile heteroptera Sich. t. c. p. 327—330.
M. aberrans n. sp.

— (10). Neue afrikanische Megachile-Arten. III. t. c. p. 330—336.
11 neue Arten.

— (11). Über die Bienengattung Euaspis Gerst. Allgem. Zeitschr.
f. Entom. 9. Bd. p. 137—138.
E. smithi nom. nov. für E. abdominalis Sm. non F.

— (11). Über eine Koloniebildung bei der Mörtelbiene. (Chalicodoma
muraria Retz.). Allgem. Zeitschr. f. Entom. Bd. 8. p. 313
—315, 1 Fig.

— (13). Eine Bienenausbeute von Java. t. c. p. 138—140.

— (14). Über Hummelleben im arktischen Gebiete. t. c. p. 409
—414, 1 Fig.

— **(15).** Die Kegelbienen Afrikas. (Genus Coelioxys — Hym.). Arkiv
Zool. Bd. 2. No. 6. 16 pp.
17 neue Arten.

— **(16).** Nachtrag zur Monographie der Bienengattung Centris.
Ann. hist.-nat. Mus. nation. Hungar. Vol. 2. p. 90—92.
3 neue Arten.

Friese, H. und **F. v. Wagner.** Über die Hummeln als Zeugen natürlicher
Formenbildung. Zool. Jahrb. Suppl. 7. Festschr. Weismann
p. 551—570, 2 Taf.

Froggatt, Walter W. Experimental Work with the Peach Aphis [Aphis
persicae-niger Sm.]. Agr. Gaz. N. S. Wales vol. 15. p. 603
—612, 2 pls.
3 neue Arten: Micromus (1), Ephedrus (1), Hypodiranchis (1).

Fyles Thomas W. (1). Torymus thomsoni n. sp. Canad. Entom.
vol. 36. p. 106.

— **(2).** A New Ichneumon. Canad. Entom. vol. 36. p. 207—208, 1 fig.
Amesolytus pictus n. sp.

Gadeau de Kerville, Henri. Matériaux pour la faune des Hyménoptères
de la Normandie. Quatrième note. Familles des Chrysididés,
Vespidés et Euménidés. Bull. Soc. Amis Sci. nat. Rouen (4)
T. 39. p. 40—47.

Gale, Albert. 1903. Bee Matters. Agric. Gaz. N. S. Wales. Vol. 14.
p. 247—251, 2 figg.

de Gaulle, J. 1903/1904. Sur les Hyménoptères parasites. Ann. Ass.
Nat. Levallois-Perret Ann. 9. p. 7—10; Ann. 10. p. 11—17.

Garcia Mercet, Ricardo (1). Especies nuevas de crisididos. Bol. Soc.
españ. Hist. nat. T. 4. p. 83—89.
4 neue Arten: Cleptes (1), Hedychridium (1), Chrysis (2 + 2 n. var.),
Holopyga (1 n. var.).

— **(2).** Especies españolas del género „Hedychridium". t. c. p. 144
—152.
H. dubium n. sp., 1 neue Var.

— **(3).** Las „Bembex" de España. t. c. p. 341—356, 4 figg.
3 neue Arten.

— **(4).** Un Nisonino nuevo de España. t. c. p. 392—393.
Nysson laufferi n. sp.

Giard, A. Sur l'Agromyza simplex H. Loew parasite de l'Asperge.
Bull. Soc. Entom. France 1904. p. 179—181.
Dacnusa rondanii n. sp.

Gibbs, A. E. (1). 1896. The Wasp Infestation of 1893. Trans. Hertfordshire nat. Hist. Soc. vol. 8. p. 22—26.

— **(2).** On the Occurrence of Sirex noctilio and Sirex gigas in Hertfordshire. Trans. Hertfordshire Nat. Hist. Soc. vol. 12. p. 73—76.
2 figg.

Gillot, X. 1903. [Cécidies.] Bull. Soc. Hist. nat. Autun. No. 16.
Proc. Verb. p. 120—121.

Girault, A. Arsène (1). Dysphaga tenuipes Hald. Brief Notes; Record
of a Parasite. Entom. News, vol. 15. p. 299—300.

— (2). Anasa tristis De G.; History of Confined Adults; Another Egg Parasite. Entom. News vol. 15. p. 335—337.

— (3). A Supposed Cynipid Gall from the Roots of Goldenrod (Solidago). Psyche vol. 11. p. 82.

Goggia, P. 1899. Les armes des animaux. Le Cosmos. N. S. T. 41. p. 483—487, 520—524, 548—552, 584—587, 7 figs.

Goury, G. et J. Guignon. Les insectes parasites des Berbéridées. Feuille jeun. Natural. (4) Ann. 34. p. 238—243, 253—255, 3 figs.

Graenicher, S. Wisconsin Bees: Genus Andrena. Entom. News vol. 15. p. 64—67.

Andrena: 3 neue Arten.

Green, E. E. 1900. Note on Dorylus orientalis West. Indian Mus. Notes vol. 5. p. 39.

Vegetabilische Nahrung desselben.

Green, E. Ernest. 1900. Note on the Web-spinning Habits of the „Red Ant" Oecophila smaragdina. Journ. Bombay nat. Hist. Soc. vol. 13. p. 181.

Griffini, Achille. Gli uccelli insettivori non sono utili all' agricoltura. Siena, Rev. ital. Sci. nat. 8 °. 83 pp., 24 figg.

Gubler, Ulv. 1902. Une reine qui ne pond que des oeufs stériles. Rev. internat. Apiculture vol. 24. p. 149.

Grünberg, K. H. von Ihering. Biologie der stachellosen Honig-bienen Brasiliens. Biol. Centralbl. Bd. 24. p. 7—18.

Auszug aus der im vorigen Jahrè zitierten Arbeit.

Haberhauer, Jos. Gest. 1908 in Slivno, Bulgarien. Anzeige in d. Insekten-börse 20. Jhg. p. 186.

Heidrich. Beobachtungen und Bemerkungen über Nematus-Fraß. Allg. Forst-Jagd-Zeitg. Jahrg. 80. p. 281—283.

Hellwig, Th. 1903/1904. Zusammenstellung von Zoocecidien aus dem Kreise Grünberg i. Schles. Allg. bot. Zeitschr. Jahrg. 9. p. 129—130. — Jahrg. 10. p. 50—56, 155—157.

Henneguy, L. F. Les Insectes. Morphologie. Reproduction. Embryo-génie. Paris 1904. 8 °. XVIII + 804 pp. 4 pls. 622 illustr.

Hilzheimer, Max. Studien über den Hypopharynx der Hymenopteren. Jena. Zeitschr. Nat. Bd. 39. p. 119—150, 1 Taf. — Ausz. von Heymons, Zool. Zentralbl. 1905. p. 103.

Holliday, Margaret. A Study of Some Ergatogynic Ants. Zool. Jahrb. Abt. f. System. Bd. 19. p. 293—328, 16 figg. — Ref.: v. Han-stein, Nat. Rundschau Jahrg. 19. p. 99. — Desgl. von J. Meisenheimer, Nat. Wochenschr. Jahrg. 19. p. 762 —763.

Handelt über Ovarium u. Receptaculum bei Königin und Arbeitern.

Holmberg, E. L. Delectus hymenopterologicus Argentinus, Hyme-nopterorum Argentinorum et quorundam exoticorum observationes synonymicas, addendas, novorumque generum specierumque descriptiones continens. An. Mus. Buenos Aires (3). T. 2. p. 377—517.

Hommel, R. Anatomie et physiologie de l'Abeille domestique. Micr. prepar. XII. p. 49—60, etc. etc. pls. XXVII, XXVIII.

Hooper, D. Indian bees'-wax (Apis dorsata etc.). Agric. Ledger 1904, No. 7. p. 73—110.

Holmgren, Nils. Ameisen (Formica exsecta Nyl.) als Hügelbildner in Sümpfen. Zool. Jahrb. Abt. f. System. Bd. 20. p. 353 —370, 14 Fig. — Ref. von R. von Hanstein, Nat. Rundschau Jahrg. 19. p. 513—515.

Höppner, Hans (1). 1903. Weitere Beiträge zur Biologie nordwest-deutscher Hymenopteren. VII. Caenocryptus bimaculatus Grv. Allgem. Zeitschr. Entom. Bd. 8. p. 194—202, 4 Fig.

— **(2).** Zur Biologie der Rubus-Bewohner. t. c. Bd. 9. p. 97—103, 129—134, 161—171, 18 Fig.

von Ihering, H. Biologia das abelhas solitarias do Brazil. Rev. Mus. Paulista vol. 6. p. 461—481, 4 figg. — Ausz. von Dalla Torre, Zool. Zentralbl. 1904 p. 150. — Siehe auch Grünberg.

von Ihering, Rodolpho (1). 1903. Contribution à l'étude des Vespides de l'Amérique du Sud. Ann. Soc. Entom. France, vol. 72. p. 144—155.

6 neue Arten: Polistes (2), Polybia (3), Nectarinia (1 + 1 n. var.).

— **(2).** Notes sur des Vespides du Brésil. Bull. Soc. Entom. France 1904. p. 84—86.

Ob Übersetzung aus Revist. Mus. Paulista T. VI?

— **(3).** As Vespas sociaes do Brazil. Rev. Mus. Paulista vol. 6. p. 97 —315, 5 Est. 3 figg.

3 neue Arten: Paracharteryus n. g. (1), Polybia (2 + 2 n. varr.); — Caba 2 n. varr. — Nomina nova: Caba für Brachygastra Perty non Leach, Polybia septentrionalis für P. fasciata Lep. non Oliv., P. meridionalis für P. phthisica Sauss. Monogr. Fam. Vesp. non Atlas.

Jablonowski, J. A körtefának egy különös ellenségéröll. Rov. Lapok T. XI. p. 67—72, 89—94.

Jacobi [Arn.] Mitteilungen über Strongylogaster cingulatus (F.) und Chermes piceae. Ber. 48. Verh. sächs. Forstver. Wehlen p. 144—150.

Jacobs, J. C. Catalogue des Apides de Belgique. Ann. Soc. Entom. Belg. T. 48. p. 190—203.

Janet, Charles (1). Observations sur les Guêpes (Titel p. 400 des Berichts für 1903 sub No. 1).

Handelt über die Duplikatur der Vorderflügel.

— **(2).** Observations sur les fourmis. Limoges, Ducourtieux u. Gout. 8 °. 68 pp. 7 pls., 11 figs.

Johansen, Joh. P. Om Undersøgelse af Myretuer samt Fortegnelse over de i Danmark fundne saakaldte myrmecophile Biller. Entom. Meddels. Kjøbenhavn (2) Bd. 2. p. 217—265.

Johnson, W. F. Ichneumonidae and Braconidae from the North of Ireland. Irish Naturalist vol. 13. p. 255—256.

Караваевъ, В. А. **Karawaiew, W. 1900.** Внутренній метаморфозъ, у личинокъ муравъевъ. [La Métamorphose intérieure chez les Larves de fourmis]. Зап. Кіевск. общ. Естеств. — Mém. Soc. nat. Kiew T. 16. p. XLI—XLII.

Keller, C. (1). 1896. Beschädigungen der Eichen durch Gallwespen. Schweiz. Zeitschr. f. Forstw. Jahrg. 47. p. 41—46, 2 Fig.

— **(2).** Eichenbeschädigungen durch Cynips megaptera. t. c. p. 345 —350, 2 Fig.

— **(3). 1903.** Neue Beiträge zur Kenntnis der schweizerischen Forstfauna. Schweiz. Zeitschr. Forstw. Jahrg. 54. p. 46—48, 78—80.
Chermes sibiricus und Lophyrus rufus.

Kieffer, J. J. (1). (Titel p. 401 sub No. 6 d. Ber. f. 1903). Bringt sub No. I Bemerkungen zu den *Evaniidae.* Er teilt die Subfam. *Gasteruptioninae* in 3 Gattungen: Pseudofoenus, Hyptiogaster n. g. u. Gasteruption Latr. und unterscheidet:
1. Vflgl. ohne geschlossene Diskoidalzelle   *Pseudofoenus.*
   Vflgl. mit geschlossener Diskoidalzelle   2
2. Diskoidalzelle vor der inneren Submedianzelle gelegen; Pediculus des Abdomens auf einem Vorsprung des Mittelsegments fixiert
                                               Hyptiogaster **n. g.**
— Diskoidalzelle neben der inneren Submedianzelle gelegen; Ped. des Abdomens nicht auf einem Vorspr. des Mittelsgmts.
   inseriert   *Gasteruption* Latr.
australe Westw., Darwinii Westw., fallax Schlett., Hollandiae Guér., humerale Schlett., infumatum Schlett., macronyx Schlett., plicatum Schlett. u. rufum Westw. p. 94.

— **(2).** Descriptions of some New Hymenoptera from California and Nevada. Invertebrata pacifica vol. 1. p. 41—45.
9 neue Arten: Gasteruption (3), Callirhytis (5), Synergus (1).

— **(3).** Beschreibung neuer Proctotrypiden und Evaniiden. Ark. Zool. Bd. 1. p. 525—562.
41 neue Arten: Gonatopus (1), Epyris (2), Rhabdepyris (1), Goniozus (1), Scelio (2), Macroteleia (1), Hoploteleia (1), Trissacantha (1), Pentacantha (1), Lapitha (1), Hoplogryon (1), Telenomus (1), Hyptia (1), Evania (10 + 1 n. var.), Gasteruption (10 + 2 n. var.), Pristaulacus (2), Aulacus (1), Aulacinus (1).

— **(4).** Beiträge zur Kenntnis der Insektenfauna von Kamerun. No. 26. Beschreibung einer neuen Cynipide aus Kamerun. Entom. Tidskr. Årg. 25. p. 107—110.
Oberthurella tibialis n. sp.

— **(7).** Description de nouveaux Dryininae et Bethylinae du Musée civique de Gênes. Ann. Mus. civ. Stor. nat. Genova (3). vol. 1. p. 351—412.
61 neue Arten: Dryinus (2), Gonatopus (11), Mystrocnemis (1), Apenesia (6), Pseudisobrachium (3), Dissomphalus (1), Scleroderma (4), Parascleroderma (1), Ecitopria (2), Odontepyris (1), Parasierola (3),

Goniozus (1), Perisemus (4), Pristocera (1), Homoglenus (1), Holepyris (5), Epyris (12 + 1 n. var.), Rhabdepyris (2).
— (8). Description d'un nouveau genre et de nouvelles espèces de Proctotrypides du Chili. Rev. chilen. Hist. nat. Año. 8. p. 142—146, 4 figg.
3 neue Arten: Eupsenella (1), Proplatygaster n. g. (1), Proctotrypes (1).
— (9). Species des Hyménoptères. vol. VII bis, p. 497—748, pls. XVII—XXI.
Vervollständigt den betreffenden Band dieses Werkes. Trigonalidae, Agriotypidae u. Suppl. zu Cynipides.

Kieffer, J. J. u. Marshall, T. A. Proctotrypidae. 64 pp. pls. I—III.
Bildet Fasc. 85 das Vol. IX in André's Species des Hyménoptères et d'Algérie.

Kincaid, Trevor (1). The Tenthredinidae of the Expedition. Harriman Alaska Exped. vol. 9. p. 79—105.
Reprinted from Proc. Washington Sci. vol. 2.
— (2). The Sphegoidea and Vespoidea. t. c. p. 107—112.
Gleichfalls Abdruck aus vorhergehender Zeitschrift.

Klein, Edm. J. 1899. Die Rosenblattbiene (Megachile centuncularis). Fauna Luxemburg Jahrg. 9. p. 76—86, 10 Fig.

Kneucker, A. Zoologische Ausbeute einer botanischen Studienreise durch die Sinaihalbinsel im März und April 1902. Verhdlgn. k. k. zool.-bot. Gesellsch. Wien, 53. Bd. p. 575—587.

Кокуевъ, Никига. **Kokujev, Nikita (1).** Hymenoptera asiatica nova. III. Русск. энтом. Обозр. Rev. russe Entom. T. 4. p. 11—14. — IV. p. 106—108.
III. 4 neue Arten: Amblyteles (1), Ichneumon (3).
IV. 2 neue Arten: Exetastes (1 + 1 n. var.), Allexetastes nov. subg. (1).
— (2). Къ фаунѣ перепончатокрылыхъ Иркутской Губернiи. Ichneumonidae I. (Contribution à la fauna des Hyménoptères de la prov. d'Irkoutsk (Sibérie). Ichneumonidae I). Русск. энтом. Обозр. t. c. p. 80—84.
5 neue Arten; Ichneumon (1 n. var.).
— (3). Описанiе двухъ видовъ перепончатокрылыхъ изъ семейства Ichneumonidae (Description de deux nouvelles espèces de la famille Ichneumonidae). Русск. энтом. Обозр. t. c. p. 199—200.
2 neue Arten: Anisobas (1), Ephialtes (1).
— (4). Hymenoptera asiatica nova. V. Русск. энтом. Обозр. Rev. russe Entom. T. 4. p. 213—215.
4 neue Arten: Bracon (1), Vipio (Pseudovipio) (2), Cardiochiles (1).
— (5). Notice sur les Xylonomus sepulchralis Holmgr. et X. depressus Holmgr. Русск. энтом. Обозр. Rev. russe Entom. T. 4. p. 298—299.
Sie gehören zur Gattung Sichelia Först.

Konow, Fr. W. (1). Ein neuer Entodecta Knw. Zeitschr. f. system. Hym. u. Dipt. 4. Jahrg. p. 4—5.
E. beckeri n. sp.
— **(2).** Revision der Nematiden-Gattung Pteronus Jur. Forts. aus Jhg. 3. t. c. p. 33—44.
— **(3).** Ein neues Tenthrediniden-Genus. t. c. p. 45—46.
— **(4).** Neue paläarktische Chalastrogastra. t. c. p. 226—231, 260 —270.
14 neue Arten: Megalodontes (3), Pontania (2), Amauronematus (2), Pteronus (2), Poppia n. g. (1), Macrophya (2), Tenthredopsis (2). — 3 neue Varr.: Athalia (1), Emphytus (1), Tenthredo (1).
— **(5).** Chalastogastra (Fortsetz. v. Titel p. 403 sub No.1 d. Berichts f. 1903). t. c. 225—253 etc. — Sep.-Pag. p. 225—288.
— **(6).** Revision der Nematidengattung Lygaeonematus Knw. t. c. p. 193—208, 248—259.
9 neue Arten.
— **(7).** Über einige exotische Tenthrediniden. t. c. p. 231—248.
18 neue Arten: Labidarge (8), Arge (3), Ptilia (1), Periclista (1), Tomostethus (1), Waldheimia (3), Distega n. g. (1). — Lagium n. g., für Allantus atroviolaceum.
— **(8).** **1903/1904.** Revision der Nematidengattung Pachynematus Knw. Zeitschr. f. system. Hym. u. Dipt. Jahrg. 3. p. 377 —383. — Jahrg. 4. p. 25—32, 145—161.
15 neue Arten.
— **(9).** **1903.** Über neue oder wenig bekannte Tenthrediniden (Hymenoptera) des Russischen Reiches und Zentralasiens. Ann. Mus. zool. Acad. Sci. St. Pétersbourg. Ежегодн. зоол. Муз. Акад. Наукъ. Т. 8. p. 115—32. Дополненія Н. Аделунга. [Quelques mots supplémentaires par N. von Adelung] p. XXXVII—XXXVIII.
16 neue Arten: Trichiosoma (2), Athalia (1), Taxonus (1), Dolerus (2), Corymbas n. g. (1), Encarsioneura (1), Tenthredopsis (2), Sciopteryx (1), Allantus (1), Tenthredo (4 + 1 n. var.).
Kopp, C. Beiträge zur Biologie der Insekten. Jahreshefte Ver. Württemb. Bd. 60 p. 344—350.
Trägt auch eine besondere Paginirung p. 225—288.
Krausse, A. H. (1). Beobachtungen an einer Ameisenstraße. Entom. Jahrb. Jahrg. 13. p. 200—201.
Lasius.
— **(2).** Lasius flavus Ltr., Tetramorium caespitum L. und Formica nigra L. Biologische Beobachtungen. Entom. Jahrb. Jahrg. 14 p. 214—216.
Krieger, R. (1). Über die Ichneumonidengattung Trichomma Wesm. Zeitschr. f. system. Hym. u. Dipt. Jahrg. 4. p. 162—172.
2 neue Arten.
— **(2).** Zur Synonymik der Ichneumoniden. t. c. p. 172—176.

Krogerus, Rolf. Ett fynd af hannen till Schizocera cylindricornis Thoms. i Finland. Meddel. Soc. Fauna Flora fennica Häft 30. p. 29—30.

Kubes, Augustin (1). 1902. Osmia Pz. Casop české Společn. Entom. Acta Soc. entom. Bohemiae Ročn. 1. p. 1—14, 26 figg.

— **(2).** Fauna Bohemica. I. Conspectus Apidarum, quas in Bohemia collegi. t. c. p. 26—31.

— **(3).** Ze života mravenčíbo. t. c. 1. p. 46—49. Aus dem Leben der Ameisen nach W a s m a n n.

— **(4).** Fauna Bohemica. Mutillidae Latr. t. c. p. 50—51, 3 Fig.

— **(5).** Anthrena F. t. c. p. 86—99.

Laloy, L. Insectes, Arachnides et Myriapodes marins. La Nature Ann. 32. Sem. 1. p. 154—155, 4 figs.

de Lamarche, Cyrille. 1900. La cigale et la Fourmi. Le Cosmos N. S. T. 42. p. 423—425.

Langer, Joseph. 1898. Der Aculeatenstich. Arch. Dermat. Syphil. Bd. 43. p. 431—440. Erworbene Immunität.

Lauterborn, Robert. Beiträge zur Fauna und Flora des Oberrheins und seiner Umgebung. Mitt. Pollichia Jahrg. 60. No. 19. p. 42—130. Bringt auch Hymenoptera.

Le Cerf, F. Note hyménoptérologique. Ann. Ass. Nat. Levallois-Parret Ann. 10. p. 17.

Lefroy, H. Maxwell. A Note on the Habits of Chlorion (Sphex) lobatus. Journ. Bombay nat. Hist. Soc. vol. 15. p. 531—532.

Lewis, E. J. 1902/1904. The Oak Galls and Gall Insects (Cynipidae) of Epping Forest. Essex Natural. vol. 12. p. 267—286, 5 figg.

— vol. 13. p. 138—174.

Lewis, R. T. Note on some Insects sent from Queensland. Journ. Quekett micr. Club (2) vol. 8. p. 553—554.

Lucas, Robert. Hymenoptera. Bericht über die wissenschaftlichen Leistungen im Gebiete d. Entomologie während d. Jahres 1900. — Aus dem Archiv für Naturg. Bd. 69 Hft. 2 p. 289sq.

Ludwig. 1904. Nest und Vorratskammern der Loñalap von Ponape. Allgem. Zeitschr. f. Entom. Bd. 9. p. 225—227, 1 Fig. Megachile loñalap n. sp.

de Luze, J. J. 1901. Noch ein Feind der Rottanne. Schweiz. Zeitschr. Forstw. Jahrg. 52. p. 280—281, 1 Taf. — Encore un ennemi de l'épitecéa. Journ. forestier Suisse Ann. 52 p. 173—174, 1 pl. Nematus abietum.

Lutz, Frank E. Variation in Bees. Biol. Bull. vol. 6. p. 217—219.

Mangels, H. Wirtschaftliche, naturgeschichtliche und klimatologische Abhandlungen aus Paraguay. München, T. P. Datterer u. Comp. 8 °. VIII. 364 pp., 10 Taf. M. 6,—. Bringt darin auch Angaben über Ameisen.

Mantero, Giacomo (1). Res ligusticae. XXXIII. Materiali per un
catalogo degli Imenotteri liguri: Parte III. — Braconidi.
Ann. Mus. civ. Stor. nat. Genova (3), vol. 1. p. 14—51.

— **(2).** Descrizione di tre nuove specie di Braconidi del genere Rhogas
Nees, raccolte nell' Africa orientale. t. c. p. 413—416.

— **(3).** Materiali per una fauna dell' Arcipelago Toscana. Isola del
Giglio. II. Tre nuovi Imenotteri ed un caso di melanismo.
Ann. Mus. Civ. Stor. nat. Genova (3) vol. 1. p. 449—454.
Einschließlich einer Beschreib. vom verstorb. M a r s h a l l , T. A.
2 neue Arten: Ischnopus n. g. (Marshall) (1), Pompilus (1). — Lepto-
thorax (Emery) (1 n. var).

— **(4). 1902.** Enumerazione delle mutille raccolte nell' alto Paraguay
da Guido B a g g i a n i. Bull. Soc. entom. ital. Ann. 34.
p. 120—125.

— **(5). 1903.** Contributo alla conoscenza degli imenotteri di Sumatra
e delle isole Nias, Batu, Mentawei, Engano. Bull. Soc. entom.
ital. Ann. 35. p. 28—45.
19 Arten, 3 neue: Scolia (1), Elis (2).

Marchal, Paul (1). Le déterminisme de la polyembryonie spécifique
et le déterminisme du sexe chez les Hyménoptères à
développement polyembryonnaire. (Note préliminaire).
Compt. rend. Soc. Biol. Paris T. 56. p. 468—470.

— **(2).** Sur la formation de l'intestin moyen chez les Platygasters.
t. c. p. 1091.

— **(3).** Recherches sur la biologie et le développement des
Hyménoptères parasites. I. La polyembryonie spécifique ou
germinogonie. Arch. zool. expér. 1904. (4.) T, 2. p. 257
—335, 5 pls. (XI—XIII).

Marlatt, C. L. Importations of Beneficial Insects into California. U. S.
Dept. Agric. Div. Entom. Bull. 44. p. 50—56.

Mattei, G. E. Osservazioni biologiche intorno ad una galla. Bull. Ort.
bot. Napoli I. 1903. 13 pp. 1 pl.
Cynips mayri. Ausz.: Marcellia II. p. XLI, XLII.

Mayr, Gustav (1). Formiciden aus Ägypten und dem Sudan. Results
Swed. Zool. Exped. Egypt. Pt. 1. No. 6. 11 pp. — Jägerskiöld Exped. No. 9.
27 Arten: 2 neue u. zwar Anochetus (1), Prenolepis (1). — Pheidole
1 n. subsp.

— **(2).** Hymenopterologische Miscellen. III. Verhandlgn. zool.-
bot. Ges. Wien. Bd. 54. p. 559—598.
Inhalt: Die Ormyrus-Arten Europas. Neue Chalcididen u. Procto-
trupiden. Formiciden.
11 neue Arten: Ormyrus (2 + 1 n. var.), Eurytoma (2), Xenocrepis
(1), Plutothrix (1), Mesidia (1), Brachystira (Förster) (1), Anommatium
(1), Macrohynnis (1), Euponera (1). — Psychophagus nom. nov. für
Diglochis Thomson non Förster.

M'Clure, W. Frank. 1902. Bee Culture. Scient. Amer. vol. 86. p. 416
—418, 9 figg.

Mocsáry, Alexander (1). Chrysididae in Africa meridionale a Dr.
H. Brauns collectae. II. Ann. hist. Nat. Mus. nation. Hungar.
vol. 2. p. 403—413.
10 neue Arten von Chrysis.

— (2). Siricidarum species quinque novae. t. c. p. 496—498.
5 neue Arten: Syrista (2), Xiphydria (2), Tremex (1).

— (3). Observatio de Clepte aurora Smith. t. c. p. 567—569.
Cleptidea n. g. für Cleptes aurora.

— (4). [Ein Rückblick auf die Literatur der Hymenopteren].
Mathem.-nat. Ber. Ungarn Bd. 15. p. 115—121.

— (5). Über die Gattung Clavellaria Oliv. Zeitschr. f. system. Hym.
u. Dipt. Jahrg. 4. p. 350—352.
2 neue Arten.

Morice, Francis D. (1). Illustrations of the Male Terminal Segments
and Armatures in Thirty-five Species of the Hymenopterous
Genus Colletes. Trans. Entom. Soc. London 1904 p. 25—63
4 pls. (VI—IX).
6 neue Arten.

— (2). Help-Notes towards the Determination of British Tenthredinidae (8.). Entom. Monthly Mag. (2.) vol. 15. p. 33—35, 49
—51.

— (3). Help-notes towards the Determination of British Tenthredinidae etc. (9.). Argini. t. c. p. 127—130.

— (4). Help-notes towards the Determination of British Tenthredinidae etc. (10.) t. c. p. 174—176.

— (5). Rhadinoceraea micans Klug: a new British saw-fly. Entom.
Monthly Mag. (2.) vol. (15) 40 p. 99.

Morice, F. D. and Gy. Szépligeti. Hymenoptera aculeata from Egypt
and the White Nile. Results Swed. zool. Exped. Egypt.
Pt. 1. No. 15. 11 pp. Jägerskiöld-Exped. No. 14.
40 Arten, 3 neue, beschrieben von Morice: Rhynchium (1), Odynerus (1), Crocisa (1). — Iphiaulax Szépl. n. sp. — 1 neue Braconide.

Muchardt, Harald. Bidrag till humlornas och snylthumlornas utbredning.
Entom. Tidskr. Årg. 25. p. 204.

Muckermann, H. Formica sanguinea, subsp. rubicunda Em. and
Xenodusa cava Lec. or the Discovery of Pseudogynes in a
District of Xenodusa cava Lec. Entom. News vol. 15. p. 339
—341, 1 pl. (XX.).

Mücke. Siehe im folgenden Bericht.

Neumann, Otto. Zur Kasuistik des Bienenstiches. Wien. Med. Wochenschr. Bd. 54. p. 1661—1663.

Nielsen, J. C. (1). 1902. Biologiske og faunistiske Meddelelser om danske
Cynipider. Entom. Meddels. Kjøbenhavn (2). Bd. 1. p. 229
—233,1 fig. — A short résumé p. 234. — cf. Bericht f. 1902.

— (2). 1903. Om Bislaegten Sphecodes Latr. Entom. Meddels.
Kjøbenhavn (2.) Bd. 2. p. 22—28. — Résumé p. 29—30.

Nurse, C. G. (1). 1902/1903. New Species of Indian Chrysididae. The Entomologist vol. 35. p. 304—308. — vol. 36. p. 10—12, 40—42.

vol. 35: 10 neue Arten: Notozus (1), Ellampus (1), Holopyga (1), Hedychridium (2), Chrysis (5).

vol. 36: 9 neue Arten von Chrysis.

— **(2). 1902.** New Species of Indian Hymenoptera. Journ. Bombay Nat. Hist. Soc. vol. 14. p. 79—92, 1 pl.

26 neue Arten: Mutilla (4), Tiphia (3), Scolia (1), Pompilus (6), Ceropales (1), Gorytes (1), Philanthus (2), Crabro (6), Montezumia (1), Odynerus (1).

— **(3). 1903.** New Species of Indian Hymenoptera. Journ. Bombay Nat. Hist. Soc. vol. 15. p. 1—18.

28 neue Arten: Astata (1), Homogambrus (2), Tachytes (2), Larra (1), Palarus (3), Miscophus (2), Gastrosericus (1), Trypoxylon (1), Ammophila (2), Sphex (2), Psen (1), Stigmus (1), Passaloecus (1), Diodontus (3), Gorytes (2), Crabro (3),

— **(4).** Bee Culture in India. t. c. p. 175—176.

— **(5).** New Species of Indian Hymenoptera. Journ. Bombay Nat. Hist Soc. vol. 16. p. 19—26.

10 neue Arten: Hedychridium (2), Chrysis (4), Euchroeoides n. g. (1), Mutilla (1), Astata (1), Eumenes (1). — Halictus orpheus nom. nov. für H. testaceus Nurse praeocc.

— **(6).** New Species of Indian Hymenoptera. Apidae. t. c. p. 557 —585.

37 neue Arten: Andrena (15), Melanapis (1), Nomia (7), Ammobates (1), Nomada (2), Osmia (3), Ceratina (3), Eriades (1), Coelioxys (1), Eucera (5), Podalirius (3).

Oudemans, J. Th. Lijst van Bladwespen (Tenthredinidae), gevangen in de omstreken van Roermond en bij Houthem, na de Zomervergadering der Nederl. Ent. Ver., 7—8 Juni 1906. Entom. Berichten Bd. 1. p. 120—121.

Pavesi, P. Esquisse d'une faune valdôtaine. Atti Soc. ital. Sci. nat. Mus. civ. Stor. nat. Milano vol. 43. p. 191—260.

549 Arten.

Pechlauer, Ernst. Zum Nestbau der Vespa germanica. Verhdlgn. zool.-bot. Ges. Wien. 54. Bd. p. 77—79.

Pérez, J. (1). 1903. De l'attraction exercée par les couleurs et les odeurs sur les insectes. Mém. Soc. Sci. phys. nat. Bordeaux (6) T. 3. p. 1—36.

— **(2).** Suite de diagnoses d'espèces nouvelles de Mellifères. Actes Soc. Linn. Bordeaux. T. 58. p. LXXVIII—XCIII, CCVIII —CCXXXVI.

114 neue Arten: Andrena (39), Solenopalpa (1), Halictus (34), Sphecodes (8), Rhophites (1), Panurgus (1), Dasypoda (1), Colletes (14), Prosopis (15).

— **(3).** Supplément au Catalogue des Mellifères du Sud-Ouest. Actes Soc. Linn. Bordeaux T. 59. p. 5—7.

Pergande, Theodore. Formicidae of the Expedition. Harriman Alaska Exped. vol. 9. p. 113—117. — Reprinted from Proc. Washington Acad. Sci. Vol. 2.

Petrunkewitsch, Alexander. 1903. Das Schicksal der Richtungskörper im Drohnenei usw. — Ref. von R. v. H a n s t e i n, Nat. Rundschau, Jhg. 18. p. 327—329.

Phillips, Everett F. (1). Variation in Bees. A Reply to Mr. L u t z. Biol. Bull. vol. 7. p. 70—74.

— **(2).** The Structure and Development of the Compound Eye of the Bee. (Proc. Amer. Soc. Zool.). Amer. Natural. vol. 38. p. 520—521.

Phisalix, C. Recherches sur le venin des Abeilles. Bull. Soc. Entom. France 1904. p. 218—221. — Auch Compt. rend. Acad. Sci. T. 139. p. 326—329.

Pic, Maurice. 1902/1903. Les types d'Ichneumoniens de ma collection. L'Echange Rev. Linn. Ann. 17. (recte 18) p. 62, 70, 78; Ann. 19 p. 96, 104, 120, 136.

Pic, M. Quelques captures d'Ichneumoniens et variété nouvelle d'Amblyteles. L'Echange Rev. Linn. Ann. 20. p. 70—71.

Picard, F. Note sur l'instinct du Pompilus viaticus. Feuille jeun. Natural. 4. Ann. 34. p. 142—145.

Pictet, A. L'Instinct et le sommeil chez les Insectes. Arch. Sci. Phys. Nat. (4) T. XVII. p. 447—451.

Pierce, W. Dwight. Some Hypermetamorphic Beetles and their Hymenopterous Hosts. Univ. Stud. Nebraska vol. 4. p. 153 —190, 2 pls. 2 figg.

3 neue Arten: Myodites (1 + 1 n. var.), [Rhipiphorus (1), Xenos (1)].

Pieron, H. Du rôle du sens musculaire dans l'orientation des fourmis. Bull. Inst. gén. psychol. Paris T. 4. p. 168—185. — Discuss. p. 185—186.

Nach Analyse Rev. scient. (5.) T. 2. p. 603—604.

Pfankuch, K. Caenocryptus remex Tschek. ♀. Zeitschr. f. system. Hym. u. Dipt. Jahrg. 4. p. 225.

Ist = C. laticrus.

Plateau, F. A propos de la reproduction des abeilles. [lettre]. Le Naturaliste Ann. 26. p. 61.

Plettke, Fr. 1903. Kürzere Mitteilungen zur Fauna und Flora von Geestemünde und Umgegend. Jahrb. Ver. nat. Unterweser 1901/1902. p. 47—50.

Behandelt auch Libellula, Lepidoptera u. Mutilla.

Popenoe, E. A. Pogonomyrmex occidentalis. Canad. Entom. vol. 36. p. 360.

Porter, C. E. Lista de los Véspidos di Chile extractada del Genera insectorum de M. P. Wytsman i adicionada de notas. Revist. chilena T. VIII. p. 193—197.

Raciborski, M. 1902. Rośliny i mrówki. Kosmos Lwów Roczn. 27. p. 11—18.

Handelt über Pflanzen und Ameisen.

Reed, Edwyn C. 1898. Revision de las „Mutillarias" de la obra de Gay. Riv. chil. Hist. nat. T. 2. p. 1—4.

Reichert, Alex. Auffällige Eiablagen bei Insekten. Entom. Jahrb. Jahrg. 14. p. 66—67, 1 Taf.

Rettig, Ernst. Ameisenpflanzen — Pflanzenameisen. Ein Beitrag zur Kenntnis der von Ameisen bewohnten Pflanzen und der Beziehungen zwischen beiden. Botan. Centralbl. Bd. 17. Beih. p. 89—122.

Richters, F. Vorläufiger Bericht über die antarktische Moosfauna. Verhdlgn. Deutsch. zool. Ges. 14. Vers. p. 266—239. Bringt auch Hymenoptera.

Robertson, Charles (1). Synopsis of Antophila. Canad. Entom. vol. 36. p. 37—43.

— **(2).** Synopsis of Prosopis and Colletes, with Supplementary Notes and Descriptions. t. c. vol. 36. p. 273—276. 3 neue Arten: Prosopis (2), Megachile (1).

Roman, A. (1). Några svenska Ichneumonid-fynd. Entom. Tidskr. Årg. 25. p. 115—120.

— **(2).** Sibirische Ichneumonen im schwedischen Reichsmuseum. Entom. Tidskr. Årg. 25. p. 138—150. 6 Fig. Ichneumon (3 n. spp. + 4 n. varr.).

— **(3).** Tropistes rufipes Kriechb. und die systematische Stellung der Gattung Tropistes Grav. Zeitschr. f. system. Hym. u. Dipt. Jahrg. 4. p. 214—217.

Ross, H. Die Gallenbildungen (Cecidien) der Pflanzen, deren Ursachen, Entwicklung, Bau und Gestalt. Ein Kapitel aus der Biologie der Pflanzen. Stuttgart, 1904, 8°, 39 pp. 52 Fig. u. 1 Taf.

Rössig, Heinrich. Von welchen Organen der Gallwespenlarven geht der Reiz zur Bildung der Pflanzengalle aus? Untersuchung der Drüsenorgane der Gallwespenlarven, zugleich ein Beitrag zur postembryonalen Entwicklung derselben. Zool. Jahrb. Abt. f. System. Bd. 20. p. 19—90. 4 Taf. Ref. von J. Meisenheimer, Nat. Wochenschr. Bd. 19. p. 1004 —1005. — Ref. von R. v. Hanstein, Nat. Rundschau Bd. 19 p. 449—451. — Desgl. von Heymons im Zool. Zentralbl. 1905. p. 101—103.

von Rossum, A. J. (1). 1903. Invloed van het voedsel op de kleur der larven van Pteronus miliaris Pz. Entom. Berichten Bd. 1. p. 108—110.

— **(2).** Pteronus spiraeae Zdd. in Nederland. Entom. Berichten Bd. 1. p. 174—175.

— **(3).** Parthenogenesis bij bladwespen. Tijdschr. v. Entom. D. 46. Versl. p. XXI—XXIX. Betrifft Cimbicidae.

— **(4).** Parthenogenesis bij Cimbices. — Parthenogenetische wespen van Clavellaria americanae in 4de generatie. — Parthenogenetische larven. Arge coerulipennis (1), Pteronus mela- naspis, Pt. hypoxanthus, Pt. brevivalvus, Nematus luteus,

Pristiphora geniculata, Periclista melanocephala. Tijdschr.
Entom. D. 47. p. LIII—LXIII.
— (5). Levensgeschiedenis van Cimbex fagi Zadd. Tijdschr. Entom.
D. 47. p. 69—98, 3 pls.
Rudow, Ferd. (1). Einige Insektenbauten. Insektenbörse, Jahrg. 21,
p. 84—85, 91—92.
— (2). Einige Insektenbauten. t. c. p. 116—117, 123—125.
— (3). Einige Bauten von Hautflüglern aus Venezuela. Insekten-
börse, Jahrg. 21. p. 220—221.
— (4). Einige Ergebnisse der Sommerreise und andere Beobachtungen.
Insektenbörse, Jahrg. 21. p. 339—340, 347.
Nestbau und Eiablage von Insekten.
Ruzsky, M. Über die Ameisenfauna des Kaukasus und der Krim.
Protok. Kazan Univ. 1902—03. No. 206. 33 pp.
Sahlberg, J. Nykomlinger till Finlands insektfauna. Medd. Soc. Faun.
Fenn. 1902/1903, p. 77—80.
Sanderson, E. Dwight. The Kelep and the Cotton Plant. Science N. S.
vol. 20. p. 887—888.
Saunders, Edward (1). 1902. The Identity of Eucera longicornis Linn.
Entom. Monthly Mag. (2.) vol. 38. p. 159—160.
Ist gleich E. difficilis.
— (2). Two New Species of British Aculeate Hymenoptera. Entom.
Monthly Mag. (2.) vol. 15 (40) p. 10—12.
— (3). Halictus fulvicornis Kirby distinct from H. frey-gessneri
= subfasciatus Nyl. t. c. p. 250.
— (4). Hymenoptera aculeata from Majorca (1901) and Spain (1901
—1902). With Introduction, Notes and Appendix by Prof.
Edward B. Poulton. The Mimicry of Aculeata by the Asilidae
and Volucellla and its Probable Significance. Trans. Entom.
Soc. London 1904. p. 591—665.
5 neue Arten: Pompilus (1), Mimesa (1), Halictus (3).
de Saussure, H., André, E. u. du Buysson. Hyménoptères recueillis
par M. A. Pavie. Mission Pavie T. III. p. 188—203, pl. XII.
Schmiedeknecht, O. Opuscula Ichneumonologica. Fasc. V—VII.
p. 321—562.
Schiller-Tietz. 1902. Ameisen, Blattläuse und Honigtau an Kulturpflanzen. Schweiz. Bauer Jahrg. 56. No. 70.
Schmidt, Richard. 1903. Tiroler Zoocecidien. Ein Beitrag zur Kenntnis
ihrer geographischen Verbreitung. Sitz-Ber. nat. Ges. Leipzig.
Jahrg. 28/29. p. 47—57.
Auch Hymenoptera.
von Schmidtz, Carl und R. Oppikofer (1). Der deutsche Imker im Tessin
und an den oberitalienischen Seen. Ascona, Carl von Schmidtz.
12⁰. 94 pp. M. 1,—.
— (2). Die Feinde der Biene. Ascona, Carl von Schmidtz. 12⁰.
24 pp. 50 Cts.
Schneider, Oskar. Nekrolog nebst Photographie. Insektenbörse,
20. Jahrg. p. 313—314.

Schoenichen, Walther (1). Der Richtungssinn bei den solitären Wespen. Nat. Wochenschr. Bd. 19. p. 856—859, 1 Fig.
— (2). Die Spinnenmörder (Pompiliden). Prometheus Jahrg. 15. p. 89—92, 4 Fig.
— (3). Die stammesgeschichtliche Entstehung des Bienenstaates. t. c. p. 117—121, 8 Fig.
— (4). Ameisen als Schutztruppen. t. c. p. 548—551, 2 Fig.
— (5). Die Lebensgewohnheiten der Wirbelwespe (Bembex spinolae). t. c. p. 761—764, 2 fig.
Schrottky, C. Beitrag zur Kenntnis einiger südamerikanischer Hymenopteren. Allgem. Zeitschr. f. Entom. Bd. 9. p. 344—349.
Megacilissa matutina n. sp.
von Schulthess-Rechberg, A. Beiträge zur Kenntnis der Nortonia-Arten. Zeitschr. f. system. Hym. u. Dipt. Jahrg. 4. p. 270—283, 1 Fig.
4 neue Arten.
Schulz, W. A. (1). Kritische Bemerkungen zur Hymenopterenfauna des nordwestlichen Südamerika. Berlin. Entom. Zeitschr. 48. Bd. p. 253—262.
Polybia theresiana n. sp.
— (2). Ein Beitrag zur Kenntnis der papuanischen Hymenopteren-fauna. op. cit. Bd. 49. p. 209—239.
— (3). Hymenopteren Amazoniens. Sitz.-Ber. math.-phys. Kl. Akad. Wiss. München 1903. p. 757—832, 2 Figg.
3 neue Arten und zwar Ampulex (1), Podium (1 + 2 n. subspp.), Polybia (1).
— (4). Die mediterrane Grabwespengattung Nectanebus Spin. Allgem. Zeitschr. f. Entom. Bd. 9. p. 9—11.
N. fischeri subsp. algeriensis n.
— (5). Ein Beitrag zur Faunistik der paläarktischen Spheciden. Zeitschr. Entom. Breslau N. F. Heft 29. p. 90—102.
3 neue Subspp.: Cerceris (1), Gorytes (1), Crabro (1).
Sedlaczek, Walther. Über Schäden durch die kleine Fichtenblattwespe (Nematus abietinus Chr.). Centralbl. ges. Forstwesen Jahrg. 30. p. 401—492, 1 Fig.
Sekera, Jan. Fauna bohemica. 2. Příspěvek k fauně českých včel. Casop české Spolecn. Entom. Acta Soc. entom. Bohemiae Ročn. 1. p. 84.
Beitrag zur Fauna der böhmischen Bienen.
Semichon, L. (1). La formation des réserves dans le corps adipeux des Mellifères solitaires. Bull. Mus. Hist. nat. Paris 1904. p. 555—557.
— (2). Sur la ponte de la Melecta armata Panzer. Bull. Soc. Entom. France 1904. p. 188—189.
— (3). Sur l'épithelium de l'intestin moyen de quelques mellifères. Bull. Mus. Paris T. IX. p. 365—368.
Severin, G. (1). 1902. Le genre Lophyrus Latreille. Bull. Soc. centr. forestière Belg. vol. 9. p. 619—637, 2 pls. 5 figs.

— (2). 1903. Le Docteur Jules Tosquinet. Mém. Soc. Entom.
Belg. T. 10. p. I—XII, portr.

Sharp, D. Insecta. Zoolog. Record for 1903, 373 pp.

Silvestri, Filippo. 1903. Contribuzione alla conoscenza dei Termitidi
e Termitofili dell' America meridionale. Redia Giorn. Entom.
vol. 1. p. 1—234. 6 tav., 57 figg.
Bringt auch Hymenoptera.

Sintenis, T. 1903. Dipteren und Hymenopteren von der Halbinsel
Kanin. Прот. Общ. Естеств. Юрьевск Унив. Sitz.-Ber.
Nat. Ges. Univ. Jurjew T. 13. p. 331—338.

Slevogt, B. Haben Insekten Ortssinn? Societ. entom. T. XIX. p. 37.

Speiser, P. Lesefrüchte aus der Biologie der Hymenopteren. Insektenbörse, Jahrg. 21. p. 219—220, 228—229.

Stebbing, E. P. Insect Life in India and how to study it, being a simple
account of the more important families of insects with examples
of the damage they do to crops, tea, coffee and indigo con-
cerns, fruit and forest trees in India. Chapter V. Hymenoptera.
Journ. Bombay Soc. vol. XVI p. 115—131.

Stierlin, R. Über die Lebensgewohnheiten der Wespen. Mitteil. nat.
Ges. Winterthur Heft 5. p. 168—199, 6 Figg.

Stoyel, Aubrey C. 1901. A Curious Instance of the Labour-saving
Instinct in the Leaf-cutting Bees. Trans. Hertfordshire
Nat. Hist. Soc. vol. 10. p. 191—192.

Strobl, Gabriel. Ichneumoniden Steiermarks (und der Nachbarländer).
Schluß. Mitt. nat. Ver. Steiermark. Jahrg. 1903. Heft. 40.
p. 43—160.

54 neue Arten: Exetastes (2), Ophion (1), Campoplex (3), Casinaria (1), Pyracmon (2 + 1 n. var.), Nepiesta (2), Olesicampa (1),
Meloboris (1), Angitia (3), Anilasta (2 + 1 n. var.), Cremastus (1),
Porizon (1), Thersilochus (3, davon 1 mit Vorbehalt), Mesochorus (4
+ 1 n. subg. + 1 n. var.), Seleucus (1), Symplecis (1), Blapticus (1),
Entypoma (1), Catomicrus (1), Eusterinx (1), Holomeristus (1+1 n.var.)
Aperileptus (4 + 1 n.var.), Plectiscus (6), Proclitus (1), Pantisarthrus
(2), Aniseres (1), Helictes (1), Megastylus (1), Amblyteles (2), Hemiteles
(1), Exochus (1).

9 neue Varr.: Parabatus (1), Trachynotus (1), Charopus (1),
Limneria (1), Thymaris (1), Theroscopus (1), Lissonota (1), Euryproctus (1), Bassus (1).

1 neue Form: Microcryptus.

1 nomen novum: Mesochorus thomsoni für M. nigriceps Thms.
non Br.

Swenk, Myron H. (1). Two New Colletes from Costa Rica. Canad. Entom.
vol. 36. p. 76—78.

— (2). A new Colletes. Entom. News vol. 15 p, 251—253.
C. robustus n. sp.

Swezey, Otto H. Observations on the Life History of Liburnia campestris, with Notes on a Hymenopterous Parasite infesting
it. U. S. Dept. Agric. Div. Entom. Bull. 46. p. 43—46.

Gonatopus bicolor.
Szépligeti, Gy. Über Gnathobracon A Costa. Ann. Mus. zool. Univ.
Napoli N. S. vol. 1. No. 17. 2 pp.
1 neue Gruppe, 1 neue Subfamilie.
Szépligeti, V. (1). Südamerikanische Braconiden. Ann. Hist. nat. Mus.
Nation. Hungar. vol. 2. p. 173—197.
61 neue Arten: Iphiaulax (20), Bracon (13), Neorhyssa (2), Mega-
proctus (6), Macrostomion (1), Rhogas (2), Chelonus (1), Euagathis (2),
Agathis (1), Cenocoelius (1), Opius (1), Phaenocarpa (1).
— **(2).** Espèces nouvelles d'Ichneumonides et de Braconides du
Muséum d'histoire naturelle de Paris. Bull. Mus. Paris.
T. IX. p. 336—338.
— **(3).** Hymenoptera, Fam. Braconidae (Première partie). W y t s -
m a n , Gen. Ins. fasc. XXII, XXIII. 253 pp., 3 pls.
— **(4).** Siehe M o r i c e u. S z é p l i g e t i.
Taillandier. 1902. Les abeilles pourraient-elles transformer des larves
d'ouvrières en males? Rayons bâtis ou cire gaufrée. Rev.
intern. Apiculture vol. 24. p. 155—156.
Tavares, S. J. Descripção de um Cynipiide novo. Brotéria Rev. Scient.
Nat. vol. 3. p. 301—302.
Timaspis lusitanicus n. sp.
Tavares, J. de Silva. Instrucciones sobre el modo de recoger y enviar
las zoocecidias. Bol. Soc. espan. T. IV. p. 119—120.
Titus, E. S. G. (1). Some Preliminary Notes on the Clover Seed Chalcisfly.
U. S. Dept. Agric. Div. Entom. Bull. 44. p. 77—80.
Bruchophagus funebris.
— **(2).** Notes on Osmiinae with Descriptions of New Genera and
Species. Journ. New York Entom. Soc. vol. 12. p. 22—27.
2 neue Arten: Robertsonella n. g., Heriades (1 nov. trib.), Proteriades n. g. für Heriades semirubra.
— **(3).** Some New Osmiinae in the United States National Museum.
Proc. Entom. Soc. Washington, vol. 6. p. 98—102.
7 neue Arten: Ashmeadiella (5), Hoplitis (1), Acanthosmiades (1).
— **(4).** Siehe V i e r e c k.
Tullgren, Albert (1). 1903. Ur den moderna praktiskt entomologiska
Litteraturen. Entom. Tidskr. Årg. 24. p. 233—245.
— **(2).** Om ett nytt skadedjur på jordgubbar. Entom. Tidskr. Årg.
25. p. 230—236.
— **(3).** On some Hymenoptera Aculeata from the Cameroons with
an Appendix: On some type Species of the Genus Scolia
and Belenogaster in the Royal Museum at Stockholm. (Contributions to the knowledge of the Insect Fauna of the Cameroons. No. 24). Ark. Zool. Bd. 1. p. 425—463, 4 pls., 2 figg.
19 Arten: Mutilla (1), Aeluroides n. g. (1), Scolia (3), Salius (4),
Pompilus (1), Philantus (1), Eumenes (1), Synagris (4), Odynerus (1),
Belenogaster (1), Polistes (1).
— **(4).** On some Species of the Genus Scolia (s. l.) from the East-

Indies collected by Carl Aurivillius. Ark. Zool. Bd. 1.
p. 465—472, 4 figg.
4 neue Arten.

Vachal, J. (1). Halictus nouveaux au présumés nouveaux d'Amérique.
Bull. Soc. Correze T. XXVI p. 469—486.

— **(2).** Voyage de M. G. A. Baer au Tucuman (Argentine). Hym-
menoptera mellifica. Rev. Entom. franc. T. XXIII. p. 9
—26.

— **(3).** Etude sur les Halictus. Miscell. Entom. T. XII. p. 9—16,
113—128, 137—144.

— **(4).** Halictus et Sphecodes provenant de chasses de M. le Dr.
G. Rivet à Riobamba, Ecuador. Bull. Mus. Hist. nat. Paris
1904 p. 313—314.
4 neue Arten: Halictus (3), Sphecodes (1).

Vassiliev, Ivan. Über eine neue bei den Vertretern der Gatt. Telenomus parasitierende Encyrtusart. Русс. знгом. Обозр. Rev.
russ. Entom. T. 4. p. 117—118, 1 fig.
E telenomicida n. sp.

Viehmeyer, H. Experimente zu Wasmanns Lomechusa - Pseudo-
gynen-Theorie und andere biologische Beobachtungen an
Ameisen. Allgem. Zeitschr. f. Entom. Bd. 9. p. 334—344.

Viereck, Henry L. (1). The Species of Odontophotopsis. Trans. Amer.
Entom. Soc. vol. 30. p. 81—92.
11 neue Arten.

— **(2).** Additions to Sphegoidea (Hymenoptera). t. c. p. 237—244.
10 neue Arten: Nysson (3), Entomognathus (1), Anothyreus (1),
Paranothyreus (1), Stenocrabro (2), Diodontus (1), Passalaccus (!) (1).

— **(3).** The North American Cuckoo Wasps of the Genus Parnopes.
Trans. Amer. Entom. Soc. vol. 30. p. 245—250.
7 neue Arten.

— **(4).** One of the smallest Digger Wasps. Psyche, vol. 11. p. 72.
Ammoplanus ceanothae n. sp.

— **(5).** Two New Species of the Bee Genus Perdita from Indiana
and New Jersey. Entom. News vol. 15. p. 21—24.

— **(6).** A Handsome Species of Tachysphex from Arizona. t. c. p. 87
—88.
T. propinquus n. sp.

— **(7).** A Bee Visitor of Pontederia (Pickerel-weed). t. c. p. 244—246.
Conohalictoides n. g. lovelli n. sp.

— **(8).** The American Genera of the Bee Family Dufoureidae. t. c.
p. 261—262.
Cryptohalictoides n. g. spiniferus n. sp., Neohalictoides n. g.
für Halictoides maurus.

— **(9).** A New Cryptine from the Nest of Ceratina dupla. t. c. p. 333
—335.
Habrocryptus graenicheri n. sp.

— **(10).** Thyreopus latipes Sm. Canad. Entom. vol. 36. p. 51.

Viereck, H. L. und **T. D. A. Cockerell (1).** The Philantidae of New Mexico. Journ. New York Entom. Soc. vol. 12. p. 84—88. Eucerceris (3 n. sp. + 1 n. var.).

— **(2).** The Philantidae of New Mexico. II. t. c. p. 129—145. 18 neue Arten: Cerceris (16 + 1 n. var.), Philanthus (2).

Viereck, Henry L., T. D. A. Cockerell, E. S. G. Titus, J. C. Crawford jr. and **M. H. Swent.** Synopsis of Bees of Oregon, Washington, British Columbia and Vancouver. Canad. Entom. vol. 36. p. 93—100, 157—161.
Colletes fulgidus n. sp. etc.

— **(2).** Synopsis of Bees of Oregon, Washington, British Columbia and Vancouver. III. Canad. Entom. vol. 36. p. 189—196, 221—232.
51 neue Arten: Andrena (36), Pterandrena (11), Sphecodes (4) (Cock.).

von Wagner, F. Siehe F r i e s e u. W a g n e r.

Wasmann, E. (1). Menschen- und Tierseele. 2. Aufl. Köln, J. P. Bachem 8⁰. 16 pp. M. —,60.

— **(2).** Zur Kenntnis der Gäste der Treiberameisen und ihrer Wirte am oberen Kongo, nach den Sammlungen und Beobachtungen von P. Herm. K o h l C. SS. C. bearbeitet. (138. Beitrag zur Kenntnis der Myrmekophilen und Termitophilen). Zool. Jahrb. Suppl. 7. Festschr. Weismann p. 611—682, 3 Taf.
42 neue Arten, davon 41 neue Käfer u. 1 Ameisenart: Dorylus (1 n. subsp.).

— **(3).** Neue Beiträge zur Kenntnis der Paussiden, mit biologischen und phylogenetischen Bemerkungen (142. Beitrag zur Kenntnis der Myrmekophilen und Termitophilen). Notes Leyden Mus. vol. 25. p. 1—82, 6 Taf. — Ausz. von E s c h e r i c h , Zool. Zentralbl. 1905. p. 50—52.
17 neue Arten, davon 16 neue Käfer u. 1 neue Ameisenart von Pheidole.

Wassiliew, J. W. Über Parthenogenese bei den Arten der Schlupfwespengattung Telenomus. Zool. Anz. Bd. 27. p. 578—579.
Verf. hat durch Versuche zum ersten Male das Vorkommen der Parthenogenese in der Familie der Proctotruypidae etc. bei der Gattung Telenomus (T. wassiliewi Mayr u. Sokolowi Mayer) nachgewiesen (auf experimentellem Wege). Diese Parthenogenese ist eine arrenotokische (in allen Versuchen erzeugten die parthenogenetischen Weibchen ausschließlich Männchen) und repräsentiert eine n o r m a l e (nicht aber eine zufällige) Erscheinung, indem ein jedes Telenomus-Weibchens, nachdem es ein ihm zusagendes Substrat (Wanzenei) gefunden hat, unabhängig davon, ob es befruchtet ist oder nicht, sofort seine stets zur weiteren Entwicklung fähigen Eier ablegt. Man muß annehmen, daß der hauptsächlichste Zweck der arrenotokischen Parthenogenese bei Telenomus in der Regulierung des numerischen Verhältnisses der Geschlechter besteht.

Webster, F. M. 1903. Notes on Reared Hymenoptera from Indiana.
Proc. Indiana Acad. Sci. 1902. p. 101—103.
Neue Gattungen u. Arten, ohne Beschreibungen.

Wegelin, H. Verzeichnis der Hymenoptera des Kantons Thurgau.
Mitt. thurgau. nat. Ges. Heft 16. p. 203—221.

Wery, Josephine. Quelques expériences sur l'attraction des Abeilles
par les fleurs. Bull. Acad. Belg. Sci. 1904. p. 1211—1261. —
— Rapport de Fél. P l a t e a u p. 1191—1194, d e L e o
E r r e r a p. 1192.

Wheeler, Wm. Morton, (1). Dr. Castle and the Dzierzon Theory.
Science, N. S. vol. 19. p. 587—591.
Bezieht sich auf C a s t l e.

— **(2).** Three New Genera of Inquiline Ants from Utah and Colorado.
Bull. Amer. Mus. Nat. Hist. Vol. 20. p. 1—17. 2 pls.
4 neue Arten u. zwar Symmyrmica n. g. (1), Sympheidole n. g. (1),
Pheidole (1), Epipheidole n. g. (1).

— **(3).** The American Ants of the Subgenus Colobopsis. t. c.
p. 139—158, 7 figg.

— **(4).** A Crustacean-Eating Ant (Leptogenys elongata Buckley).
Biol. Bull. vol. 6. p. 251—259, 1 fig.

— **(5).** Ants from Catalina Islands, California. t. c. p. 269—271.
3 neue Subspp.: Monomorium (1), Solenopsis (1), Stenamma (1),
Camponotus (1 n. var.).

— **(6).** The Ants of North Carolina. t. c. p. 299—306.
Dolichoderus plagiatus var. beutenmülleri n.

— **(7).** New Type of Social Parasitism among Ants. t. c. p. 347—375.
Formica montigena n. sp., 4 neue Varr.

— **(8).** On the Pupation of Ants and the Feasibility of Establishing
the Guatemalian Kelep or Cotton-weevil Ant in the United
States. Science N. S. vol. 20. p. 437—440.

— **(9).** Some Further Comments on the Guatemalian Boll Weevil
Ant. t. c. p. 766—768.

— **(10).** Übersetzung von F o r e l (11).

Williamson, George A. 1901. Contribution à l'étude du rôle patho-
génique des insectes dans les pays chauds. Ann. Soc. Méd.
Gand. vol. 80. p. 248—254.
Aus dem Englischen übersetzt u. annotiert von Albert B o d -
d a e r t.

Wytsman, P. Genera Insectorum, siehe B e r t h o u m i e u, ferner
D a l l a T o r r e.

Xambeu [Vinc.] (1). 1901/1902. Moeurs et métamorphoses d'insectes.
(suite). Ann. Soc. Linn. Lyon T. 48. p. 1—40. — T. 49. p. 1
—53, 95—160. — T. 50. p. 79—129 u. 167—221.
Beigegeben ist ein Index u. zu den Serien in T. 48 u. 49 dieses
Werkes.

— **(2).** Mélanges entomologiques (Suite 5—8). Soc. Pyrénées-or.
T. XLV. p. 45—72.

Yerbury, J. W. Some Dipterological and other Notes on a visite to the Scilly Isles. Entom. Monthly Mag. (2) vol. 15. p. 154 —156.

Zavattari, Edoardo. Contributo alla conoscenza degli Imenotteri dei Pirenei. Boll. Mus. Zool. Anat. comp. Torino vol. 19. No. 482. 12 pp.

Ziegler, Heinrich Ernst. Der Begriff des Instinktes einst und jetzt. Zool. Jahrb. Suppl. 7. Festschr. Weismann p. 700—726.

. . . . Verbreitung der Vespa germanica F. Entom. Jahrb. Jahrg. 13. p. 135.

B. Die Arbeiten nach Form und Inhalt.

A. Nach der Form.

Literatur - Zusammenstellungen: über praktische Entomologie: Tullgren[1]).

Neuere Werke über Ameisen: Escherich.

— der Ameisen: Fielde.

Benutzung der Larven zum Spinnen usw.: Forel[4]).

Literaturrückblick: Mocsáry[4]).

Bibliographie: Ashmead[14]) (p. 365—393, der Gattungen der *Chalcididae*).

Kataloge: Antyga y Sunyer (*Hymenoptera* von Catalonien), Ashmead[14]) (Katalog der *Chalcidoidea* von Südamerika), Ashmead[15]) (*Hymenoptera* von den Philippinen), Jacobs (*Apidae* Belgiens), Mantero (Materialien zu einem K. von Ligurien), Strobl (*Ichneumonidae* von Steiermark, Schluß: im ganzen Teil I—IV 1206 Arten, dar. 165 neue).

Indices: Xambeu[1]) (zu seinen Serien in T. 48 u. 49).

Dissertationen : —

Verzeichnisse: Johansen (der Ameisen nebst Bewohnern in Dänemark), Wegelin (Hym. des Kantons Thurgau).

Listen: Berthoumieu (Arten der Subf. *Ichneumoninae*), Friese[13]) (Java-Ausbeute), Oudemans (*Tenthredinidae* von Roermond u. Houthem), Pavesi (Fauna des Tales von Aosta), Porter (*Vespidae* von Chile. Nach Wytsman).

Zusammenstellungen: Hellwig (Zoocecidien im Kreise Grünberg i. Schl.).

Aufzählungen: Mantero[4]) (*Mutillidae* von Paraguay).

Atlanten: Abbildungen: Morice[1]) (männlicher Kopulationsorgane). — Ferner im syst. Teil bei den einzelnen Arten angegeben.

Theorien: Wheeler[1]) (Dzierzons Theorie).

Probleme:

Problem des Bienenstockes: Dawson u. Woodhead.

Problem der Bienenzelle: Diettrich.

Gegenwärtiger Stand unserer Kenntnisse von den geschlechtsbestimmenden Ursachen: von Buttel-Reepen[2]).

Fragen betreffs der Bienenzelle: Dittrich.

Zusammenfassungen : —

Übersichten: Siehe im folgenden.

Tabellen: Ü b e r s i c h t s t a b e l l e n: Cockerell[15]) (*Nomada*), Ducke[5]) (*Chrysididae* von Para), Viereck u. Cockerell (*Philantidae* von Nordamerika).
Stammbäume: —; **Führer:** —
Separata: Siehe unter A b d r u c k e.
Publikationen: e n g l i s c h e und f r a n z ö s i s c h e: Sind hier nicht speziell aufgeführt.
b ö h m i s c h e: Kubes, Sekera.
d ä n i s c h e : Johansen.
h o l l ä n d i s c h e: Bisshop van Tuinen[1]), [2]), [3]), [4]), Oudemans, van Rossum.
i t a l i e n i s c h e: Cecconi, Corti (Zoocecidien), Del Guercio[1]), [4]), Emery, C.
[1]), [3]), Griffini, Mantero, Mattei, Silvestri, Zavattari.
l a t e i n i s c h e: Holmberg, Mocsary.
m ä h r i s c h e: Raciborski, Slaviček (*Vespidae*).
p o r t u g i s i s c h e: Tavares, S. J., Tavares, J. de Silva.
r u s s i s c h e: Demodikow, Karawaiew (innere Metamorphose bei den Ameisenlarven), Kokujev[1]), [2]), [3]), [4]), [5]).
s c h w e d i s c h e: Aurivillius, Bengtsson, Elfving[1]), [4]), Forsius, Krogerus, Muchard, Nielsen[1]), [2]), Roman[1]).
s p a n i s c h e: Antiga y Sunyer, Brèthes[1]), [2]), Ducke[5]), [6]), Dusmet y Alonso, Garcia Mercet[1]), [2]), [3]), [4]), v. Ihering, H., Porter, Reed, Tullgren.
u n g a r i s c h e: Jablonowski.
Übersetzungen: Forel[5]) (Psychical Faculties etc. — engl.), [11]) (Psychische Fähigkeiten, Geruchssinn, — englisch), Wheeler[10]) (von Forel[11]), Bodaert siehe Williamson.
Einzelwerke: Antyga y Sunyer u. Bofill y Pichot (Katalog der Insekten von Katalonien), Bals (Staatswesen u. Staatsleben im Tierreiche), Berthoumieu, V.[4]) (Wytsman, *Ichneumoninae*), Billiard (Biene und Bienenzucht im Altertume), Bingham[2]) (Fauna of British Indica, vol. II), Cameron[1]) (*Hymenoptera*. Fauna and Geogr. Maldive Laccadive), Coupin (le monde des fourmis), Cowan (the honey bee etc.), von Dalla Torre, Ducke[4]) (zu Centris), Forel[11]), Janet[2]) (Observations sur les formis), Kieffer u. Marshall (*Proctotrypidae*), Ross, Schmiedeknecht, von Schmidtz u. Oppikofer[1]) (Imker in Tessin), [2]) (Feinde der Biene).
G e n e r a   I n s e c t o r u m   W y t s m a n   siehe unter S y s t e m a t i k.
Monographien siehe weiter unten.
Beiträge: Alfken[1]) (Synon. der *Apidae*), [8]) (zur Insektenfauna von Neuseeland u. der Hawaiischen Inseln), von Buttel-Reepen[2]) (zur Lehre von der geschlechtlichen Präformation), du Buysson[1]) (*Chrysididae* von Indien. Erster Beitrag), [5]) (*Chrysididae* der ganzen Welt. 5. Serie), Del Guercio (zum Studium der wichtigeren Coccidien der Olive u. Bekämpfung), Friese[6]) (Bienenfauna von Chile, Peru, Ecuador), Höppner[1]) (zur Biologie nordwestdeutscher Hymenopteren), [2]) (Zur Biologie der *Rubus*-Bewohner), v. Ihering, R.[1]) (*Vespidae* von Südamerika), Keller[3]) (zur schweizerischen Forstfauna), Kieffer[4]) (Insektenfauna von Kamerun), Kopp (Biologie), Lauterborn (Fauna des Oberrhein), Mantero[5]) (*Hymenoptera* von Sumatra usw.), Rettig (Ameisenpflanzen u. Ameisen. Beziehungen zueinander), Rössig (postembryonale Entwicklung der Gallwespenlarven), Schrottky (südamerikan. *Hymenoptera*), von Schulthess-Rechberg (*Nortonia*-Arten), Schulz[2]) (pa-

puanische Fauna), [1]) (paläarkt. Spheciden), Sekera (zur böhmischen Fauna),
Wasmann (138. Zur Kenntnis der Gäste der Treiberameisen), Williamson
(zur pathogenen Rolle der Insekten), Zavattari (*Hymenoptera* der Pyreneen).
n e u e: Wasman [3]) (142. Zur Kenntnis der *Paussidae*).

Revisionen: Berthoumieu[2]) (subf. *Ichneumoninae*), Ducke[5]) (*Chrysididae* von Para),
Emery[1]) (*Cerapachys*), Konow[2]) (*Pteronus*), [6]) (*Lygaeonematus*), [8]) (*Pachy-
nematus*), Mayr (*Ormyrus*), Reed (der *Mutillaria* von Gay).
Materialien: Gadeau de Kerville (zur *Hym.*-Fauna der Normandie), Mantero[1])
(Fauna ligustica), [2]) (Fauna von d. Insel Giglio).
Fortsetzungen: du Buysson[3]) (Monographie von *Vespa*), Konow[5]) (*Chalastogastra*),
Schmiedeknecht, Xambeu[1]) (Lebensweise u. Metamorphose der Insekten).
Nachträge: Ducke [3]) (*Sphegidae* Nordbrasiliens), Friese [2]) (zu *Caupolicana* etc.
2. Nachtrag), [16]) (zur Monographie der Gatt. *Centris*).
Appendices: Tullgren[3]) (*Scolia* in Mus. Stockholm).
Zusätze: Porter (*Vespidae* von Chile. Nach Wytsman), Viereck[2]), André[7])
(zu *Cynipidae*), Dusmet y Alonso (*Eumenidae* Spaniens. 1. Supplem.),
Pérez[3]) (zum Katalog der *Mellifera* vom Süd-Westen).
Schlußbände: André[7]) (zu *Trigonalidae, Agriotypidae*).
Schlußarbeiten: Ashmead (*Mutillidae*), Strobl (*Ichneumonidae* von Steiermark).
Einleitungen siehe unter S y s t e m a t i k , weiter unten.
Fortlaufende Werke: Kieffer u. Marshall.
Bemerkungen: Alfken[7]) (Synonymie chilenischer *Apidae*), André[1]) (zu *Mutillidae*
u. *Thynnidae* von Chile), Ashmead[10]) (über *Apis*), Bingham[5]) (*Eumenes
conica* Fabr., *Megachile disjuncta* Fabr. u. ihre Parasiten *Chrysis* u. *Pare-
vaspis*, [6]) (zu *Diacamma*), [7]) (zu *Sphex*- u. *Pompiliden*-Nestern), Le Cerf,
Lewis, R. T. (Insekten von Queensland), Gadeau de Kerville (4. zur Hym.-
Fauna der Normandie), Girault (zu *Dysphaga tenuipes* Hald.), Green
(*Dorylus orientalis* West.), Headley u. Cockerell in Bulman, Heidrich (über
Nematus-Fraß), v. Ihering, R.[2]) (*Vespidae* von Brasilien), [3]) (*Vespidae* von
Brasilien), Mocsáry[3]) (*Cleptes aurora*), Silvestri (Termiten u. Termitophilen),
Swezey (zum Parasiten von *Liburnia campestris*), Titus[2]) (*Osmiinae*), Webster
(über gezogene *Hymenoptera* aus Indiana), Wheeler[9]) (weitere zum Boll Weevil
Ant von Guatemala).

e r g ä n z e n d e: v. Adelung (zu Konow[9]), siehe dort), Robertson[2]) (zu *Prosopis* u. *Colletes*).
n e u e: Ashmead[10]) (zu *Apis*).
s y s t e m a t i s c h e: Kieffer[1]) (*Evaniidae*).
ö k o l o g i s c h e: Popenoe (*Pogonomyrmex occidentalis*).
v o r l ä u f i g e: Marchal[1]) (Geschlechtsbestimmung usw.), T i t u s[1]) (zu
Bruchophagus funebris).
H i l f s b e m e r k u n g e n : Morice[2]) (8. zu British *Tenthred.*), [3]) (9. *Argini*),
[4]) (10. *Tenthred.*).

Studien: Henneguy (Hypopharynx), Holliday (über ergatogyne Ameisen),
Vachal (*Halictus*).

Untersuchungen: Marchal[3]) (über Biologie usw.).
Experimente: Wéry (über Anziehungskraft der Blüten auf Insekten).
Mitteilungen: Jacobi (über *Strongylogaster cingulatus* F.).

b i o l o g i s c h e   u n d   f a u n i s t i s c h e : Nielsen[2]) (dänische *Cynipidae*
  [3]) (Nestbau, *Sphecodes*).
k u r z e : Pletter (Fauna von Geestemünde).
v o r l ä u f i g e : Brunelli (Ovarium der sozialen Insekten).
Beobachtungen : Baer[1]) (über *Lyda hypotrophica* Htg., *Nematus abietinus* Chr. u.
  Grapholitha tedella Cl.), Cretin (betreffs *Eumenes dimidiatipennis*), Fielde[1])
  (an Ameisen), [7]) (desgl.), Heidrich (über *Nematus*-Fraß), Holmberg (argentinische *Hymenoptera*), Janet (über Duplikatur), [2]) (über Ameisen), Krausse[1])
  (an einer Ameisenstraße), Rudow[4]) (Nestbau u. Eiablage), Wasmann[2]),
  (über die Gäste der Treiberameisen am oberen Kongo).
b i o l o g i s c h e : Mattei (an der Galle von *Cynips mayri*), Mocsary[3]) (an
  Cleptes aurora).
s o n d e r b a r e : Fielde[7]) (im Ameisenleben).
Vergleiche : Emery (der Dorylinenformen usw.).
Auszüge, Referate : v. Buttel-Reepen[2]) (durch Wandolleck, ferner durch R.
  v. Hanstein), Grünberg (Auszug aus Ihering, cf. Bericht f. 1903), v. Ihering, H.
  (*Vespid. solit.* von Brasilien), Petrunkewitsch (Schicksal der Richtungs-
  körperchen im Drohnenei).
Z u s a m m e n s t e l l u n g   v o n   A u s z ü g e n : Escherich (biolog. Werke).
Lesefrüchte : Speiser (aus der Biologie der *Hymenoptera*).
Briefe : Plateau (betreffs Vermehrung der Bienen).
Abdrücke : Ashmead[12]) (*Hymenoptera* von Alaska), Kincaid[1]) (*Tenthredinidae*),
  [2]) (*Sphegoidea, Vespoidea*), Pergande.
Kasuistik siehe unter P h y s i o l o g i e (Bienenstich).
Nekrologe siehe weiter unten.
Miscellanea : Mayr[2]), Xambeu[2]).

B. Nach dem Inhalt.

I. L i t e r a r i s c h e   u n d   t e c h n i s c h e   H i l f s m i t t e l.
  (Die einzelnen Stichworte sind auch noch den in Frage kommenden Spezial-
    kapiteln eingereiht.)
a) H a n d - u n d L e h r b ü c h e r usw.
  S o n d e r a r b e i t e n : Siehe p. 400 unter Einzelwerke.
b) B i b l i o g r a p h i e, G e s c h i c h t e :
  B e r i c h t e : Cook[4]) (Cotton Boll Weevil), Plateau u. Errera in Wery.
  R e i s e b e r i c h t e : Bengtsson (*Hymenopt.* von Lappmark, Umeå).
  v o r l ä u f i g e : Richters (antarktische Moosfauna).
  J a h r e s b e r i c h t e : Lucas (für 1900), Sharpe (Record for 1903).
Separata : —
Prioritätsgesetze :
c) B i o g r a p h i e n, N e k r o l o g e :
Biographien : Della Valle, Schneider, Oskar (Deutsche Entom. Zeitschr. 1904 p. 7
  u. Münchener Koleopt. Zeitschr. Bd. II p. 94).
Nekrologe : Haberhauer, Schneider, Severin[2]) (Tosquinet).
Photographien : Schneider.
d) R e f e r a t e : Siehe oben, ferner am Schluß der in Frage kommenden
  Publikationen.

e) **K r i t i k u n d P o l e m i k :**

Kritik : André[3]) (der neuen Ashmeadschen Einteilung der *Mutillidae*).

Polemik : —

f) **T e c h n i k :** A n l e i t u n g z u m S a m m e l n u n d V e r s c h i c k e n v o n Z o o c e c i d i e n : Tavares de Silva.

Konservierung v o n G a l l e n : Zabriskie (Entom. News Philad. vol. XV p. 319).

Zucht siehe am Schluß von B i o l o g i e .

g) **S a m m l u n g e n :**

Museen : M u s . B r ü s s e l : Forel[8]).
M u s . C a r n e g i e : Ashmead[14]).
M u s . G e n u a : Kieffer[5]) (neue *Dryininae* u. *Bethylinae*).
M u s . H i s t . N a t . P a r i s : Szépligeti, V.[2]).
M u s . S t o c k h o l m : Tullgren[3]).
M u s . S t . P e t e r s b u r g : Forel[2]) .
M u s . U . S t a t . N a t . H i s t .: Titus [3]).
S c h w e d i s c h e s R e i c h s m u s e u m : Roman[2]).

Kollektionen : C o l l . B a s s e t t : Osten-Sacken.
C o l l . Y e r b u r y u . N u r s e : Bingham[3]) (*Aculeata* von Aden).

Expeditionen :
M a g a l h a e n s S a m m e l r e i s e : Forel[3]).
J ä g e r s k i ö l d - E x p e d i t i o n : Morice u. Szépligeti (*Aculeata*).

II. S y s t e m a t i k .

a) **S y s t e m a t i k :** André[3]) (Ashmeads neue Einteilung), Ashmead[1]) (*Mutillidae*, Schluß), [14]) (*Chalcidoidea*), Kieffer[1]) (Bemerk. zu *Evaniidae*), Konow[5]) (*Chalastogastra*), Roman[3]) (*Tropistes*).

Monographien : du Buysson[6]) (*Vespa*), Ducke (soziale *Vespidae* von S. Amerika).

m o n o g r a p h i s c h e B e a r b e i t u n g e n : Enderlein (*Braunsia*), Viereck[1]) (*Odontophotopsis*), [8]) (die amerikanischen Gatt. der *Dufoureidae*).

Genera Insectorum von W y t s m a n : Berthoumieu (Subfam. *Ichneumoninae*), Szépligeti, V.[3]) (*Braconidae* I.).

Synopsis : Konow[5]) (*Chalastogastra*), Robertson[1]) (*Anthophila*), [2]) (*Prosopis*, *Colletes*), Viereck etc.[1]), [2]) (*Apidae* von Oregon, Washington, Brit. Columb. usw.).

Synonymie : Alfken[1]) (*Apidae*), Holmberg (argentinischer *Hymenoptera*), Krieger[2]) (der *Ichneumonidae*).

I d e n t i t ä t : Saunders[1]) (von *Eucera longicornis* Linn. = *E. difficilis*).

Typen : Ashmead[6]) (von *Curriea*), [14]) (*Chalcidoidea*-Typen im Carnegie-Mus.), Beutenmüller[1]), [2]) (Typen von *Cynipidae*, coll. Bassett, Osten-Sacken), Pic (*Ichneumonidae*).

B r u l l é sche A r t e n : Alfken[2]) (griechische *Andrena*-Arten).

b) **N o m e n k l a t u r :**

Benennungen : Enderlein (Zool. Anz. Bd. 28 p. 146: Die Bezeichnungen *Apocrita* u. *Symphyta* sind anzuwenden, nicht *Chalastogastra* etc. Konows).

Nomina nova : Ashmead[14]), v. Ihering, R.[3]) usw.

c) **Umfassende Arbeiten und Bearbeitung einzelner Gruppen:**
Umfassende Arbeiten usw.: Sind aus dem system. Teile ersichtlich.
d) **Einzelbeschreibungen:** Siehe im systematischen Teil.

III. Descendenztheorie.

a) **Phylogenie:**
Stammesgeschichtliche Entstehung des Bienenstaates: v. Buttel-Reepen[1]), Schönichen[3]).
Bienen und Entstehung der Blumen: Bulman.
Ursprung der Ameisenhaufen: Bourgeois.
Hummeln als Zeugen natürlicher Formenbildung: Friese u. Wagner.
b) **Schutzfärbung und Mimikry:**
Mimikry: Schulz[3]) (bei *Aculeata*), Saunders[4]) (der *Aculeata* durch *Asilidae* usw.).
Verwandtschaft: Emery[3]) (*Leptanilla*). — Abgrenzung: Emery[3]) (*Dorylinae*).
Beziehungen zwischen *Anthophora* u. *Melecta*: Semichon.
c) **Variabilität:**
Variation: Forel[6]) (bei Ameisen), Friese u. Wagner (*Bombus*), Lutz (bei *Apidae*), Philipps (desgl.), Pic (*Amblyteles*).
Vergleichende Variation zwischen Drohnen u. Arbeiterbienen: Lutz.
d) **Mißbildungen (Abnormitäten):** —
e) **Vererbung:** —
f) **Konvergenzerscheinungen:** —
Ähnlichkeit zwischen *Hyperechia* u. *Xylocopa*: Poulton (Proc. Entom. Soc. London, 1904, p. LXXVI, mit Holzschnitt).
g) **Hybriden:** van Rossum (*Cimbex*).

IV. Morphologie (äußere und innere), Histologie, Physiologie, Embryologie.

a) **Morphologie, Anatomie:**
Morphologie: Henneguy.
Mundteile: usw.:
Labrum u. Hypopharynx: Hilzheimer.
Hypopharynx: Hilzheimer.
Augen: Philipps[2]) (Morphol. der zusammengesetzten Augen).
Haare: verzweigte: Caudell.
Kopulationsorgane: männliche: Morice[1]).
Endsegmente: männliche: Morice[1]).
Sägeorgane (Zaagwerktuingen): Bisshop van Tuinen[2]) (*Pteronus*), [4]) (*Cimbicini*).
Flügel: Duplikatur der Vorderflügel: Janet[2]).
Anatomie, Histologie:
Anatomie: Cowan (Biene), Embleton (einer *Chalcididae: Comys infelix*), Hommel (von *Apis mellifica*).
Drüsen: Rössig (bei *Cynipidae*-Larven).

Wachsabscheidende Organe: Dreyling[1]) (bei *Apis mellifica*), [2]) (bei den *Meliponae*).

Reservestoffe im Fettkörper: Semichon[1]) (der *Mellifera solitaria*).

Epithel des Mitteldarmes: Semichon[3]) (bei einigen *Mellifera*).

Ovarium: Brunelli (der sozialen Insekten), Holliday (bei Königin u. Arbeitern).

Receptaculum: Holliday (bei Königin u. Arbeitern).

Bewaffnung: Goggia.

Eiröhren u. gestielte Eier: Bugnion (bei *Rhyssa*).

Darmkanal: Anglas[2]) (Ursprung der Ersatzzellen des Darmes), Mantero[2]) (Entstehung und Anlage des Mitteldarmes bei den *Platygasteridae*), Semichon (Epithel des Mesenteron von *Bombus*).

b) P h y s i o l o g i e: Cowan (*Apis mellifica*).

Einwirkung von Lichtstrahlen: Fielde[5]) (bei Ameisen).

Reaktion auf Vibration: Fielde u. Parker.

Schlaf: Pictet.

Färbung und Pigment: V e r f ä r b u n g, k ü n s t l i c h e: Dewitz.

Geruchssinn: Forel[11]) (bei Ameisen).

Töne und Gehör: Die p. 443 d. Berichts f. 1903 unter Töne u. Gehör geratenen diesbezügl. Kapitel sind hier ebenfalls herzustellen.

G e h ö r: Fielde u. Parker.

Experimente bezüglich des Verhaltens der Ameisen gegen Temperatur - und Untertauchen: Fielde[1]).

Gifte: Phisalix (Beschaffenheit).

B i e n e n s t i c h: Neumann (Kasuistik).

c) H i s t o l o g i e: Ovarium: Siehe oben.

Receptaculum: Siehe oben.

Geschlechtszellen, Darmepithel: Anglas[2]) (Ursprung).

E r s a t z z e l l e n d e s D a r m e p i t h e l s: Anglas[2]).

E p i t h e l d e s M e s e n t e r o n: Semichon (von *Bombus*).

d) G e s c h l e c h t s f o r m e n, G e s c h l e c h t s u n t e r s c h i e d e u n d G e s c h l e c h t s b e s t i m m u n g:

Geschlechtsbestimmung: Castle, Marchal[1]), Plateau (*Apis mellifica*), Wheeler.

G e s c h l e c h t s b e s t i m m u n g u n d P a r t h e n o g e n e s i s: Buttel-Reepen u. Bresslau (bei *Apis mellifica*).

P r ä f o r m a t i o n, g e s c h l e c h t l i c h e: von Buttel-Reepen[2]).

G e s c h l e c h t s b e s t i m m e n d e U r s a c h e n: v. Buttel-Reepen[2]).

K ö n n e n B i e n e n A r b e i t e r l a r v e n i n m ä n n l i c h e u m - b i l d e n?: Taillandier.

Dimorphismus: Forel[3]) (der ♂ ♂ bei den *Formicidae*).

Polymorphismus: Emery (1901) (*Dorylus*), Emery[2]) (bei Ameisen).

Verhältnis der Geschlechter b e i e i n i g e n B r u t e n v o n *P t e r o n u s r i b e s i i*: Loiselle (Feuille jeun. Naturalist T. XXXIV p. 234.

Hermaphroditismus: Alfken (Soc. entom. T. XIX p. 123: europäische *Apidae*), Berthoumieu, V.[1]) (gynandromorpher *Ichneumon*).

Ergatogyne Formen: Holliday (Studien).

Pseudogyne Formen: Muckermann (in einem Distrikt von *Xenodusa cava* Lec.).

Zwitter: Alfken[6]).

Falsche Drohnen: U n t e r s c h i e d e: Bachmetjew.

e) **E m b r y o l o g i e** usw.:

Entwicklung: Adlerz[1]) (Entwicklung der *Polistes*-Kolonie), Dickel (entwicklungsgeschichtliche Studien am Bienenei), Embleton (einer *Chalcidide, Comys
infelix*), Marchal[3]) (*Ageniaspis fuscicollis*), *) (*Polygnotus minutus*),
Muchardt (*Bombus* u. *Psithyrus.* Beitrag), Phillips[2]) (der zusammengesetzten
Augen).

p o l y e m b r y o n a l e: Marchal[1]), Rössig (der Gallwespenlarven).

U r s p r u n g d e r G e s c h l e c h t s z e l l e n: Anglas[2]) (Ersatzzelle des Darmepithel).

E n t s t e h u n g u. A n l a g e d e s M i t t e l d a r m e s: Mantero[2]) (bei
Platygasteridae).

O o g e n e s i s: Brunelli (bei sozialen *Hymenoptera* u. anderen Insekten, Embleton (bei einer *Chalcidide*, eigenartige Eier).

G e r m i n o g o n i e oder s p e z i f i s c h e P o l y e m b r y o n i e: Marchal[1]),[3]) (*Proctotrypidae* u. *Chalcididae*).

E m b r y o g e n i e: Henneguy.

P a r t h e n o g e n e t i s c h e E n t w i c k l u n g (eines unbefruchteten
Eies) bei *Nematus ribesii:* Doncaster.

V. B i o l o g i e.

a) **M e t a m o r p h o s e:** Emery (1901) (*Dorylus*), Xambeu[1]).

i n n e r e: Anglas[1]) , Karawaiew (bei Ameisenlarven).

b) **L a r v e n, E i e r, P u p p e n:**

Eier (und E i r ö h r e n): Bugnion (bei *Rhyssa*).

Larven: van Rossum[1]) (*Pteronus miliaris* Pz.).

e n t o m o p h a g e: Acloque[6]).

c) **L e b e n s w e i s e (E t h o l o g i e, N a h r u n g, F o r t p f l a n z u n g):**

Biologie usw.: Aaron[1]) (eines Parasiten), Cowan (Naturgeschichte der Honigbiene), Höppner[1]) (nordwestdeutscher Hymenopteren),[2]) (der Rubus-
bewohner), v. Ihering, H. (*Vesp. solit.* von Brasilien), Kopp (Beiträge),
Grünberg (der stachellosen Bienen, Auszug aus v. Ihering), Krausse[2])
(an Ameisen), Kubes[3]) (Ameisen), Lefroy (*Chlorion [Sphex] lobatus*), Mangels
(Ameisen in Paraguay), Marchal[3]) (*Hymenopt. parasit.*), Mattei (*Cynips
mayri*), Speiser (Lesefrüchte), Swezey (Parasit von *Liburnia campestris*),
Wasmann[3]) (Myrmekophilen u. Termitophilen).

n e u e Z ü g e: Beard (im Ameisenleben).

L e b e n s w e i s e: Adlerz (Titel siehe Bericht f. 1903) (*Ceropales maculata*),
[1]) (*Polistes* in Schweden), Bouvier[1]) (von *Bembex*), v. Buttel - Reepen
(*Bombus*), Cook[4]) (Cotton - Boll -Weevil - Ameise), Ducke (*Chrysididae*
von Para), Kopp (einiger aculeaten *Hymenoptera*), Wellenius (*Tomognathus sublaevis*), Xambeu[1]).

L e b e n s g e w o h n h e i t e n: Schönichen (von *Bembex spinolae*).

N i s t g e w o h n h e i t e n: Adlerz[2]) (von *Trachusa serratulae*).

Beziehungen der Ameisen zu Pflanzen: K e l e p u n d B a u m w o l l e n -
p f l a n z e: Sanderson, Stierlin.

---

*) M a r c h a l, Arch. Zool. expér. T. XXXII p. 300—315.

Symbiose zwischen Ameisen und Pflanzen: Forel, Raciborski.

Ameisenpflanzen — Pflanzenameisen: Rettig.

In und mit Pflanzen lebende Ameisen: Forel[10]).

Kelep (Boll Weevil Ant) von Guatemala: Wheeler[8]), [9]).

Eiablage: Bugnion[2]), [3]) (bei *Rhyssa*), Rudow[4]), Semichon (*Melecta armata* Panzer).

auffällige: Reichert.

Königin, die nur sterile Eier legte: Gubler.

Fortpflanzung: Henneguy.

Vermehrung: Plateau (der Biene. Brief).

Parthenogenesis: v. Buttel-Reepen[3]) (*Apis*), van Rossum[3]) (bei Blattwespen), [4]) (bei *Cimbices*), Wassiliew (*Telenomus*).

arrenotokische: Wassiliew.

Parthenogenesis und Geschlechtsbestimmung: Buttel-Reepen[2]) [u. Bresslau] (*Apis mellifica*).

Verpuppung: Cook[2]) (*Ectatomma tuberculatum*, der Kelep-Ameise), Wheeler[8]) (von Ameisen).

Blütenbiologie: Bienen u. Blüten: Bouvier[2]), Wery.

Bienen u. Ursprung der Blüten: Bulman.

Anziehungskraft der Blüten: Pérez[1]) (Farbe u. Geruch), Wery (*Apidae*).

Nestbau und Nester: Nielsen[2]) (*Sphecodes*), Pechlauer (*Vespa germanica*), Rudow [1]), [2]), [3]), [4]) (aus Venezuela).

Nestbauten: du Buysson[2]) (von Megachile-Arten), [6]) (Wespennester), Brèthes[1]).

Zellbau u. Beute: Adlerz[2]) (von *Trachusa serratulae*).

Bau der Bienenzellen: Bauer.

Künstliche Waben: Taillandier.

Nestbau im Freien: Bouvier[3]) (*Apis mellifica*).

merkwürdiger: Bouvier[3]) (*Apis* bei Paris).

Nester: Beresford (Irish Natural 1904 p. 242: *Vespa austriaca* mit *rufa*). Brèthes (Titel siehe 1903) (eines *Anthidium* aus Patagonien), Bruch (*Eumenes caniculata* (Oliv.) Sauss.), Ducke[6]) (Nester brasilianischer sozialer *Vespidae*), Pechlauer (*Vespa germanica*, Schätzung).

Nest und Vorratskammern: Ludwig (der Lofialap von Ponape).

Ameisenhaufen (Ameisennester): Bourgeois (Ursprung der Ameisenhaufen).

Ameisenhaufen u. ihre Bewohner: Johansen (in Dänemark. Verzeichnis).

Stammesgeschichtliche Entstehung des Bienenstaates: v. Buttel-Reepen[1]), Schönichen[3]).

Ameisen als Hügelbildner in Sümpfen: Holmgren.

Zurückziehung einer Ameisenkolonie durch den Mutterstaat: Ballerstedt.

Ameisenstraße: Krausse[1]) (Beobachtungen).

Zusammensetzung der Kolonien aus jungen usw. Formen: Wasmann.

Künstliche Herstellung gemischter Nester: Fielde[6]) (bei Ameisen).

Tragbare Ameisennester: Fielde.

Staatsleben und Staatswesen im Tierreiche: Bals.

Ansiedlung, Möglichkeit einer solchen beim Kelep von Guatemala: Wheeler[8]).

Überwinterung: Elfving[1]) (des Eies von *Lophyrus rufus*).
Gewebespinnende Ameise: Green (*Oecophila smaragdina*).
Stopper headed *Colobopsis*: Wheeler[3]).
Koloniebildung: Friese[12]) (bei *Chalicodoma muraria*).
Schwärmen: Bingham[7]) (*Sphex umbrosus* Christ).
Lebenszähigkeit: Fielde[4]) (bei Ameisen).
Nahrung: Green (*Dorylus orientalis*).
K r u s t a c e e n - v e r z e h r e n d e A m e i s e: Wheeler[6]).
E n t o m o p h a g e W e s p e n: Acloque[2]).
S p i n n e n m ö r d e r: Schönichen[2]).
B e u t e t i e r e: Brèthes.
L a r v e n v o r r ä t e: Florentin (bei *Xylocopa violacea*).
A p i d a e a l s Ü b e r t r ä g e r v o n T r i u n g u l i n a e: Pierre.
A m e i s e n a l s S c h u t z t r u p p e n: Schönichen[4]).
K ö n i g i n, d i e i h r e W o h n u n g w e c h s e l t: Barthélemy.
Kleinste Grabwespe: Viereck[4]) (*Ammoplanus* n. sp.).
Zucht: Webster (*Hym.* aus Indiana).

d) I n s t i n k t u n d P s y c h o l o g i e:

Instinkt: Eardley-Wilmot, Picard (*Pompilus viaticus*), Pictet, Ziegler (Begriff desselben einst und jetzt).
„ A r b e i t s p a r e n d e r I n s t i n k t ": Stoyel (interessanter Beweis dafür).
S i n n e s f ä h i g k e i t e n: Wasmann[1]).
E r k e n n u n g s v e r m ö g e n: Fielde[3]) (bei Ameisen).
Psychologie: Forel.
M e n s c h e n - u n d T i e r s e e l e: Wasmann[1]).
O r i e n t i e r u n g s v e r m ö g e n:
H a b e n H y m e n o p t e r a O r t s s i n n ? Slevogt.
R i c h t u n g s s i n n b e i s o l i t ä r e n W e s p e n: Schönichen[1]).
S e n s u s m u s c u l a r i s b e i d e r O r i e n t i e r u n g d. A m e i s e n:
    Pieron.
Die einzelnen Formen der gesellschaftlichen Beziehungen:
Lestobiose: —
Myrmekophilie: Siehe sub e.
Symbiose:
Z w i s c h e n B i e n e n u. M i l b e n: (Spolia zeylan. vol. I p. 117—119).
Z w i s c h e n A m e i s e n u n d P f l a n z e n: Forel.
Z w i s c h e n A m e i s e n u. H o m o p t e r a a u f J a v a: Penzig.
n e u e r T y p u s v o n s o z i a l e n A m e i s e n: Wheeler[7]).
B e z i e h u n g e n z w i s c h. *Formica rubicunda* u. *Xenodusa*: Muckermann.
z w i s c h e n *Lomechusa* u. *Formica* b e z ü g l i c h d e r E r g ä n z u n g
    v o n P s e u d o g y n e n: Viehmeyer.
G r i l l e u n d A m e i s e: de Lamarche.
B e z i e h u n g e n d e r A m e i s e n z u R a u p e n: Dudgeon[1]), [2]).
e) M y r m e k o p h i l i e und T e r m i t o p h i l i e:
M y r m e k o p h i l i e (I n s e k t e n i m A m e i s e n n e s t e): Johansen,
    Silvestri.
Coleoptera i n d e m s.: Brues.

Myrmekophile *Coleopt.* in Dänemark: Johansen, Normand, Schmidt, Wasmann.

Ecitonidia u. ihr Wirt: Brues.

Paussidae: Wasmann.

Rhynchoten aus Ameisen u. Termitenbauten: Breddin.

Gäste: Gäste der Ameisenhaufen: Acloque[3]).

Gäste in italienischen Gallen: Stegnano (Marcellia vol. III p. 27 —44, 51—52).

Gäste und Wirte der Treiberameisen: Wasmann[2]) (am oberen Kongo. 138. Beitrag).

f) Parasiten. Parasitenwirte. Feinde.

Parasiten: Bruch (von *Eumenes caniculata*), Eckel (Harzmücke u. Parasiten).

neue: Wassiliew (*Encyrtus* n. sp.).

Wichtigkeit der Endoparasiten: Embleton.

Parasiten aus Microlepterennymphen und anderen Nymphen: de Crombrugghe.

Parasitismus, sozialer, bei Ameisen, neue Form: Wheeler).

sozialer: Wheeler[7]) (neuer Typ).

Parasitenwirte: Aaron [2]) (Oak-Pruner), Ashmead[5]) (*Eudemis portana*), Berg (Bicho de Cesto), *Oeceticus platensis*, Demokidow (Eier von *Phlyctaenodes sticticalis*), Froggatt (*Aphis persicae-niger*), Girault[2]) (*Anasa tristis*).

Inquilinen: Forel[6]) (neue), Wasmann (Rev. Mus. Paulista T. VI p. 482—487), Wheeler[3]) (neue Gatt. aus Utah u. Colorado).

Feinde: Cook[1]) (Cotton Boll Weevil).

der *Aphidae*: Acloque[4]).

g) Gallenerzeugung:

Bildung der Pflanzengalle. Betreffende Drüsen- organe der Gallwespen - Larven: Ross.

Cecidien: Gillot.

Entomocecidien: Acloque[1]).

Zoocecidien: Corti (italienische), Hellwig (im Kreise Grünberg i. Schl., Zusammenstellung), Schmidt.

Gallenbildungen (Cecidien) der Pflanzen, Ursachen, Entwicklung, Bau, Gestalt: Ross.

Gäste in italienischen Gallen: Acloque[3]), Stegnano (siehe oben).

Cynipidengallen auf anderen Pflanzen als auf der Eiche: Kieffer.

Eichengallen: Lewis (*Cynipidae*).

Galle an Solidago: Girault[3]) (*Cynip.*-Galle).

Parasiten an Berberideen: Goury u. Guignon.

Anleitung zum Sammeln und Verschicken von Zoo- cecidien: Tavares de Silva.

VI. Ökonomie.

Ökonomische Entomologie in Indien: Stebbing (*Hymenoptera*).

Forstfauna, schweizerische: Keller[3]).

Ameisen, Blattläuse und Honigtau an Kulturpflanzen: Schiller-Tietz.

K e l e p und B a u m w o l l e n p f l a n z e: Sanderson.
d i e i n s e k t e n f r e s s e n d e n V ö g e l s i n d f ü r d i e L a n d w i r t-
s c h a f t n i c h t n ü t z l i c h: Griffini.

Nützlinge und Schädlinge:
a) **Nützlinge:** B i e n e n w a c h s i n I n d i e n: Hooper.
W i c h t i g k e i t d e r E n d o p a r a s i t e n: Embleton.
F e i g e n i n s e k t e n: Ashmead[9]) (2 neue).
I m p o r t a t i o n n ü t z l i c h e r I n s e k t e n i n C a l i f o r n i e n: Marlatt.
B i e n e n z u c h t: M'Clure, Nurse[4]) (in Indien. — Journ. Bombay Soc.
    vol. XVI p. 175).
N u t z e n d e r B i e n e n f ü r d e n G a r t e n b a u: Brandicourt.
C a p r i f i c a t i o n ist auf p. 450 des Berichts unter Nützlinge zu stellen.
b) **Schädlinge:** Baudisch, Desaulles (Kammhornwespe), Sedlaczek (Schaden
    durch *Nematus abietinus* Chr.).
i n I n d i e n: Stebbing.
i m F r ü h l i n g: Faes[2]).

Schädlinge in Gartenbau, Land- u. Forstwirtschaft:
B i r n b a u m: Jablonowski (*Janus compressus*).
E i c h e n: Keller[1]) (*Cynipidae*), [2]) (*Cynips megaptera*).
I n d i g o: Stebbing.
K a f f e e: Stebbing.
L ä r c h e n: Eflving (*Nematus erichsoni*, Meddel. Soc. Fauna Fenn. 1902/1903,
    p. 72).
O r a n g e n (in Porto Rico): Barrett (*Solenopsis geminata*, The brown ant in
    Orange gardens. Bull. Dep. Agric. Jamaica II. p. 204—206).
R o t t a n n e: de Luze (*Nematus abietum*).
S p a r g e l: Giard.
S t a c h e l b e e r e n: Tullgren (*Blennocampa geniculata* in Schweden).
T e e : Stebbing.
W a l d b ä u m e: Stebbing.
c) **B e k ä m p f u n g s m i t t e l:** Del Guercio, Faes (*Ichneumonen* u. *Tachina*).
a) **K r a n k h e i t e n etc.**
pathogene Rolle der Insekten in warmen Ländern: Williamson, W.
Immunität gegen Aculeatenstich: Langer.

Fauna,. Verbreitung.

Verbreitung: . . . (cf. f. p. 399) (*Vespa germanica*).
Marine Formen: Laloy.
O h n e F u n d o r t siehe im system. Teil unter *Hyptia* u. *Gasteruption*, ferner
    Pristaulacus.

1. Inselwelt.

Ascension (Ponape): Ludwig (*Megachile loñalap*).
Andamanen: du Buysson[6]) (*Vespa* n. sp.).
Hawai: Alfken[8]).
Kanarische Inseln: Berthoumieu,V.[2]) (2 neue *Ichneumonidae*), Saunders[4]) (*Aculeata*,
    8 neue Arten).

Madeira : Forel[3]) (*Formicidae*).

M a l e d i v e n u. L a k a d i v e n: Cameron[1]).

Neu-Seeland : Alfken[8]), Cockerell[3]) (*Leioproctus* 2 neue Arten).

Nicobaren : Friese[9]) (*Megachile* 1 neue Art).

Neu-Guinea : Kieffer[5]) (neue *Proctotrypidae*), Krieger[1]) (*Trichomma* n. sp.), Schulz[2]) (*Coelioxys* n. sp., kurze Liste), Szépligeti[3]) (neue *Braconidae*).

Philippinen : Ashmead[4]) (*Apidae* neue Arten, *Fossores* 2 neue Arten, *Hedychrum*, *Telenomus*, *Braconidae* u. *Ichneumon*. je 1 neue Art), [13]) (*Apidae* 2 neue Arten, *Fossores* 7 neue Arten, *Mutillidae* 1 neue Art, *Chalcid.* 7 neue Arten, *Evaniidae* 1 neue Art, *Ichneumonid.* 12 neue Arten, *Braconidae* 10 neue Arten), [15]) (Katalog mit neuen Arten), [9]) (2 neue Feigeninsekten), Cockerell[3]) (*Ctenoplectra* n. sp.).

2. Arktisches und Antarktisches Gebiet.

Antarktische Moosfauna : Richters.

3. Paläarktisches Gebiet.

Palaearktisches Gebiet : Alfken[4]) (*Prosopis* 3 neue Arten), Berthoumieu[3]) (*Ichneumonidae* (11 neue Arten), Konow[4]) (*Sessiliventres*, neue Arten), Konow[8]) (*Pachynematus*, neue Arten), Schulz[5]) (paläarktische Fundorte f. *Sphegidae*).

a) **I n s g e s a m t   o d e r   m e h r e r e   d e r   f o l g e n d e n   G e b i e t e
z u s a m m e n :**

Nordeuropa und Ost - Sibirien : Roman[2]) (*Ichneumonidae*, *Braconidae* für die Fauna neue Formen).

b) **E u r o p ä i s c h e s   G e b i e t   i n s g e s a m t :**

Europa : Berthoumieu, V.[3]) (*Ichneumonidae*), Konow[3]) (*Pteronus*, neue Arten) Mayr (*Ormyrus*-Arten), Morice (*Colletes* neue Arten).

Nord- u. Mitteleuropa : Konow[6]) (*Lygaeonematus* Revision. 9 neue Arten).

Süd-Europa : Garcia[1]) (*Chrysididae*, 4 neue Arten), [2]) (*Hedychridium* n. sp.), Kieffer[3]) (*Proctotrypidae*, neue Arten, *Gasteruption* n. sp.).

Südeuropa und Tunis : Kieffer[3]) (*Proctotrypidae*: 23 neue Arten).

Südeuropa : Mayr[2]) (*Chalcid.*, *Proctotryp.* neue Arten, *Ormyrus*, Revision).

4. Europa.

Deutschland : Mayr[2]) (*Chalcid.*, *Proctotryp.* neue Arten. *Ormyrus* Revis.).

G r ü n b e r g i. Schl.: Hellwig (Zusammenstellung der Zoocecidien).

L o t h r i n g e n : B i t s c h : Kieffer[3]) (*Chalcididae* n. g. — Berlin. Entom. Zeitschr. Bd. 49 p. 258).

p r e u ß i s c h e   O b e r l a u s i t z : Baer (Apidenfauna).

S a c h s e n : Krieger (*Trichomma* n. sp.).

O b e r r h e i n   u n d   U m g e g e n d : Lauterborn.

P o m m e r n : Enderlein[1]) (*Braunsia* n. sp.).

N o r d w e s t d e u t s c h l a n d : Höppner[1]) (*Hym.*, Biologie).

G e e s t e m ü n d e   u.   U m g e g e n d : Plettke.

Schweiz : Schmiedeknecht (4 neue *Ichneumon*.), Alfken[5]) (*Andrena Frey-Gessneri* n. sp.).

W a a d t l a n d etc.: Forel[3]) (*Formicidae*).

W a l l i s : Alfken[1]) (*Andrena* n. sp.).

Österreich: B ö h m e n: Kubes[2] (*Apidae*), [4] (*Mutillidae*).
S t e i e r m a r k : Strobl (Schluß des Kataloges der *Ichneumonidae*).
T i r o l: Schmidt (Zoocecidien).
Rußland: Konow[9]) (*Tenthred.*).
S t. P e t e r s b u r g: Ashmead[3]) (*Parasitica*).
C h a r k o w: Wassiliew (*Encyrtus* n. sp.).
F i n n l a n d: Forsius (für die Fauna neue Formen, *Trichiosoma betuleti* Kl.,
Strongylogaster macula Kl.), Sahlberg, Wellenius (Medd. Soc. Fauna
Fenn. 1902/1903, seltene, auch neue Ameisen).
Frankreich: A r g e n t e u i l: Giard[1]) (*Dacnusa* n. sp.).
A u v e r g n e : Duchasseint (Feuille jeun. Natural. T. XXXIV p. 267:
Parnopes carnea).
F r a n z ö s i s c h e P y r e n ä e n: Zavatteri (allgem. Liste).
N o r m a n d i e: Gadeau de Kerville.
S ü d e n: Kieffer [3]) (*Evania* n. sp.).
S ü d w e s t: Pérez[3]) (Supplement zum Katalog).
Großbritannien: Morice[1]—[4]) (*Tenthredinidae* Forts.), [5]) (*Rhadinoceraea micans*
für die Fauna neu), Saunders (Entom. Monthly Mag. (2) vol. 40 p. 10: *Crabro
styrius* u. *Halictus semipunctulatus* f. die Fauna neu), [1]) (*Halictus freygessneri*).
E p p i n g F o r e s t: Lewis (Eichengallen u. Galleninsekten).
G u e r n s e y: Luff (Entom. Monthly Mag. (2) vol. 40 p. 281: *Aculeata,
Chrysididae*), Luff (The *Chrysididae, Ichneumonidae* and *Braconidae* of
Guernsey. Rep. Guernsey Soc. 1903 p. 245—247).
H e r t f o r d s h i r e: Gibbs[2]) (Entom. Monthly Mag. (2) vol. 40: *Sirex* u.
juvencus S. gigas), Gibbs (Trans. Hertfordshire Soc. vol. 12 p. 73—76:
Sirex noctilio u. *gigas*).
K i n g ' s L y n n: Malloch (Entom. Monthly Mag. (2) vol. 40. p. 63: *Aculeata*).
L y m e R e g i s: Nevinson (Entom. Monthly Mag. (2) vol. 40 p. 13).
L i n c o l n s h i r e: Stow (Naturalist 1904 p. 284—346: Hymenopteren-
Gallen).
L o u t h: Carter (Naturalist 1904 p. 377: *Sirex noctilio*).
M a r g a t e: Saunders (Entom. Monthly Mag. (2) vol. 40 p. 159: *Andrena
niveata*).
M i l f o r d - o n - S e a: Saunders (t. c. p. 280: *Aculeata*).
N e w F o r e s t: Bloomfield (t. c. p. 13: *Aculeata*).
N o r t h D u r h a m: Harrison (Entom. Monthly Mag. (2) vol. 40 p. 41:
Aculeata).
O x f o r d: Perkins etc. (Rep. Oxfordsh. Soc. 1900 ohne Seitenzahl: *Aculeata*).
P o r t h c a w l: Saunders (Entom. Monthly Mag. (2) vol. 40 p. 12).
R o c h e s t e r: Malloch, (Entom. Monthly Mag. (2) vol. 40 p. 87: *Aculeata*).
T o r c r o s s: Saunders (Entom. Monthly Mag. (2) vol. 40 p. 62: *Aculeata*).
W e l l i n g t o n: Banks (Entom. Monthly Mag. (2) vol. 40 p. 179: *Stelis
octomaculata*).
S c h o t t l a n d: Saunders (Entom. Monthly Mag. (2) vol. 40 p. 248—249:
Aculeata), Evans (Ann. Scott. Nat. Hist. 1904 p. 58: *Crabro styrius* u.
capitosus).
A v i e m o r e: Malloch (Entom. Monthly Mag. (2) vol. 40 p. 62: *Crabro
carbonarius*).

B u t e und A r r a n: Ballantyne (Trans. Soc. Glasgow T. VI. p. 178, 189 u. 305—306: *Sirex gigas* u. *S. juvencus*).

D u m b a r t o n s h i r e: Malloch (Entom. Monthly Mag. (2) vol. 40 p. 41 —43: *Tenthredinidae* u. *Aculeata*).

F o r t h: Carter (Ann. Scott. Nat. Hist. 1904 p. 248: *Andrena helvola*).

F o r t W i l l i a m: Rothney (Entom. Monthly Mag. (2) vol. 40 p. 280: *Aculeata*).

I r e l a n d: Johnson (Entom. Monthly Mag. (2) vol. 40 p. 262: *Ichneumonidae*).

N o r d: Johnson (Irish Naturalist 1904 p. 256: *Ichneumonidae* u. *Braconidae*).

Dänemark: Johansen (Ameisen u. ihre Gäste).

Norwegen: —.

Schweden: Aurivillius (*Sphegidae*).

Lappmark: U m e å: Bengtsson.

Belgien: Jacobs (Katalog der *Apidae*).

R o e r m o n d u. H o u t h e m: Oudemans (Entom. Ber. Nederl. Bd. I p. 120 —121 (*Tenthredinidae*, Liste), Severin (Ann. Soc. Entom. Belg. T. 48. p. 224: *Nematus abietum*).

Holland: Bisshop van Tuinen (*Tenthredinidae*).

Niederlande: van Rossum[2]) (*Pteronus spiraeae*). — Siehe ferner B e l g i e n und H o l l a n d.

Spanien: Berthoumieu, V. [2]), Berthoumieu, G. C. (neue Formen, *Ichneumonidae*), Garcia[1]) (*Chrysid.* n. sp.), [3]) (*Bembex* 3 neue Arten).
S p a n i e n und M a j o r k a: Saunders u. Poulton (*Aculeata* 5 neue Arten).
A l i c a n t e: Dusmet (*Alastor* n. sp.).
C a t a l o n i e n: Antyga y Sunyer (Katalog der *Hymenoptera*, *Aculeata* u. *Chrysidae*).
E s c o r i a l: Berthoumieu, G. C. (*Catadelphus* n. sp.).
M a d r i d: Garcia[4]) (*Nysson* n. sp.).

Italien: Stegnano (Gäste in Gallen — Titel siehe p. 409).
N o r d i t a l i e n: Mantero[1]) (*Braconidae:* 82 Arten).
I n s e l G i g l i o: Mantero[5]) (*Bracon.* n. g., *Pompilus* n. sp.).
T e s s i n: Schmidtz u. Oppikofer.

Balkanhalbinsel: Türkei: du Buysson[5]) (*Chrysis* n. sp.). ·
Griechenland: Z a n t e: du Buysson[5]) (*Hedychridium*).

5. Asien.

Amurland: Mocsáry[5]) (*Clavellaria* n. sp.).

Aden: Bingham[3]) (*Aculeata* nebst neuen Arten), Kokujev[1]), [4]) (Hym. *Ichneumon.*).

Assam: K h a s i a H i l l s: Cameron[13]) (*Cryptinae*), [14]) (*Bembex* n. sp.).

Buchara, Gobi: Forel[2]) (*Formica* n. sp.).

Ceylon: Ashmead[7]) (*Alysiidae* n. sp.); Cameron[16]) (*Megachile* n. sp.), Enderlein[1]) (*Braunsia* n. sp.), Forel[1]) (*Formicidae*).

China: du Buysson[6]) (*Vespa* n. sp.).
W e s t - C h i n a: Kokujev[1]) (*Ichneumonidae*, neue Arten), Kokujev[4]) (*Braconidae*, 4 neue Arten).

Formosa: Ashmead[6]) (*Eupelmus* n. sp.).

Halbinsel Sachalin: Konow[4]) (*Sessiliventres*, neue Art.).

Indien: Bingham[4]) (*Apidae, Fossores* etc. neue Arten), du Buysson[1]) (*Chrysididae*), Cameron[16]) (neue Arten von *Braconidae, Fossoria* u. *Vespidae*), [18]) (*Athalia* n. sp.), [23]) (*Ichneumonidae*, 14 neue Arten u. neue Gatt.), [9]) (*Apidae, Vesp., Fossores, Ichneumon., Chalcid.*), Forel[1]) (*Formicidae*), Kieffer[5]) (*Proctotryp.* n. sp.), Nurse[1]), [2]), [3]), [5]), [6]) (zahlr. auch neue *Apidae* etc.), Nurse[6]) (*Chrysid.* 7 neue Arten, *Fossores* 2 neue Arten, *Eumenes* 1 neue Art), Schulz (*Crabro* 1 Unterart).

I n d i e n , B u r m a: Kieffer (*Proctotryp.* 3 neue Arten).

D a r j e e l i n g: Cameron[10]) (*Odynerus* neue Arten, *Epyris* u. *Haliphera* n. sp., *Bracon.* n. g.).

D e e s a: Cameron[11]), [17]) (*Juartinia* n. sp.).

D e e s a , S i m l a u. F e r o z e p o r e: Cameron[11]).

N o r d i n d i e n: Cameron[24]) (*Apidae, Fossores, Ichneumonidae,* neue Arten), [25]) (*Apidae, Mutillidae, Fossores, Ichneumonidae,* neue Arten), Forel[4]) (neue *Formicidae*). — T o n k i n: Mocsary[2]) (*Siricidae* 4 neue Arten), [5]) (*Clavellaria* n. sp.),

K h a s i a H i l l s: Cameron[13]) (*Cryptinae* 26 neue Arten), [14]) (*Bembex* n. sp.).

B r i t i s h I n d i e n , C e y l o n u. B u r m a: Bingham[2]) (*Vespidae, Apidae*), [8]) (*Formicidae, Chrysididae*).

Japan: Ashmead[16]) (*Fossoria, Bethylidae, Proctotr., Cynip., Chalc.* neue Arten), Cameron[8]) (*Dielis* u. *Eumenes* n. sp.), [24]) (neue Arten von *Apidae, Mutillidae, Fossores* u. *Ichneumonidae*), [25]) (*Ichneum., Chrysid., Fossoria* etc.). Mocsary[2]) (*Siricidae* 1 n. sp.).

Kaschmir: Forel[4]) (neue *Formicidae*).

Kaukasus: Forel[4]) (Liste der Ameisen), Konow[1]) (*Entodecta* n. sp.).

Kaukasus und Krim: Ruzsky (*Leptothorax* n. sp.).

Kaukasus und Ural: siehe unter U r a l.

Indomalayisches Gebiet: Bingham[1]) (*Pompilidae* etc.).

Korea: Kokujew[1]) (*Exetastes*, 2 neue Arten).

Krim: Ruzsky (Ameisenfauna).

Oran: Schmiedeknecht (neue *Ichneumonidae*).

Palaestina: J e r u s a l e m: Forel[4]) (kurze Liste).

Ural und Kaukasus: Kokujew[3]) (*Ichneumonidae*, 2 neue Arten).

Zentralasien: Konow[9]) (*Tenthred.*).

Malacca: du Buysson[6]) (*Vespa* n. sp.).

S i n g a p o r e: Cameron[6]) (*Piagetia, Icaria, Bracon,* neue Arten).

Sibirien: Roman[2]) (*Ichneumon*, 2 neue Arten).

O s t s i b i r i e n: Konow[1]) (*Pteronus*, neue Art), Morice (*Colletes*, neue Art). — I r k u t s k: Kokujew[2]) (*Ichneumon.*, 5 neue Arten).

Syrien: Garcia[1]) (*Chrysid.* n. sp.).

Malayischer Archipel:

S u m a t r a: Kieffer[6]) (neue *Proctotrypidae*), Mantero[6]).

J a v a: du Buysson[6]) (*Chrysis*, 1 neue Art), Enderlein[1]) (*Braunsia*, 1 neue Art), Friese[1]) (*Megachile* n. sp.), [13]) (Liste), Kieffer[3]) (*Evaniidae* neue Arten), Tullgren[4]) (*Scolia*, 4 neue Arten).

L o m b o k: Enderlein[1]) (*Braunsia* 2 neue Arten).

B o r n e o: Saussure (*Megischus* n. sp.). — S a r a w a k: Cameron[2]).

C e l e b e s: Szépligeti[3]) (neue *Braconidae*).

Molukken: Ternate: Kieffer [5]) (neue *Proctotrypidae*).
Amboina Gruppe: Tenimber-Larat: Friese[1]) (*Vespidae* n.g.).
Nias: Mantero[3]).   Mentawei: Mantero[3]).
Batu: Mantero[3]).   Engano: Mantero[3]).

6. Afrika.

Afrika: du Buysson[5]) (*Chrysididae*, 5 neue Arten), Cameron[4]) (neue *Megachile*-
Arten), [11]) (*Thynnides, Ichneum., Bracon., Cynip.* 20 Arten u. verschiedene
neue Gatt.), [21]) (*Oneilella*), Friese[15]) (*Coelioxys*), Enderlein[1]) (*Braunsia*
9 neue Arten), Forel[7]) (*Carebara* n. sp.), Friese [5]) (*Anthidium* u. *Serapis*
8 neue Arten), [6]) (*Apidae* 10 neue Arten), [10]) (*Megachile* 12 neue Arten),
[15]) (*Coelioxys*, Revision, neue Arten), Kieffer[1]) (*Proctotrypidae* u. *Evaniidae*
neue Arten), [3]) (*Prototrypidae*, 17 neue Arten), [4]) (*Oberthurella* n. sp.), Konow[7])
(*Arge*, 3 neue Arten, *Distega* n. g.), Szépligeti[3]) (*Braconidae* n. spp.).
Shilouvane: Friese[7]) (neue Bienenarten).
Nordafrika:
Algier: Oran: Schmiedeknecht (neue *Ichneumon.*).
Tunis: Kieffer[1]) (*Proctotrypidae*, neue Arten).
Nordostafrika:
Ägypten:
Kairo: Forel[1]) (Liste, *Oxyopomyrmex* n. sp.), Garcia[1]) (*Chrysid.* n. sp.),
Mayr[1]) (*Formicidae*).
Biskra: Forel[1]) (*Stenamma*).
Centralafrika: Sudan: Mayr[1]) (*Formicidae*).
Kongo: Wasmann[2]) (*Dorylus* n. sp.).
Ostafrika: Mantero[2]) (*Rhogas* n. sp.).
Damaraland: du Buysson[3]) (*Masaris* n. sp.).
Somaliland: Enderlein[1]) (*Braunsia*, 8 neue Arten).
Tropisches Gebiet: Enderlein[4]) (*Ichneumonidae*).
Weißer Nil: Mayr[1]) (2 neue *Formicidae*), Morice u. Szépligeti (*Aculeata*: 3 neue
Arten, *Iphiaulax* n. sp.).
Westafrika: André[2]) (*Mutillidae*, 11 neue Arten).
Kamerun: Kieffer [4]) (neue *Cynipide*), Tullgren (*Diploptera* u. *Fossoria*,
14 neue Arten).
Liberia: Ashmead[6]) (*Curriea* n. sp.).
Südafrika: Cameron[19]) (*Pimplina* n. g.), Mocsáry[1]) (*Chrysis*, 9 neue Arten).
Kapkolonie: Mayr[2]) (*Ponera* n. sp.).
Dunbrody: Cameron[3]) (*Fossoria, Proctotryp., Ichneumon., Bracon.,
Cynip.*, neue Arten).
Natal: Forel[3]) (*Plagiolepis* n. sp.).
Pearston: Cameron[5]) (*Vespid., Braconid., Chalcid.* n. sp.).
Uitenhage: Cameron[20]) (*Apteropompilus* n. sp.).
Madagaskar: du Buysson[5]) (*Chrysididae* 2 neue Arten), Forel[2]) (*Strumigenys*),
Kieffer (Berlin. Entom. Zeitschr. Bd. 49 p. 240 folg. — *Chalcid.* neue
Gatt. u. Arten), Szépligeti [2]) (*Camarota* n. sp.).
Nossi-Bé: Kieffer (Berlin. Entom. Zeitschr. Bd. 49 p. 240 sq. — *Chalcididae*
neue Gatt. u. Arten).
Bourbon: Kieffer (l. c. *Chalcididae* neue Gatt. u. Arten).

7. Amerika.

Nordamerika: Ashmead [2]) (*Siricidae*, 4 neue Arten), Brues (*Proctotrupidae*, 3 neue Arten), Cockerell [2]) (*Epeolus*, 6 neue Arten), Fernald (*Chlorion*), Fyles[2]) (*Amesolytus* n. sp.), Kieffer[3]) (*Proctotrypidae* u. *Evaniidae*, neue Arten), Robertson[2]) (*Apidae*, 3 neue Arten), Titus[3]) (*Osmiinae*, neue Arten), Vachal[1]) (*Halictus* 4 neue Arten), Viereck[1]) (*Odontophotopsis* 11 neue Arten), [2]) (*Fossoria* 10 neue Arten), [3]) (*Parnopes* 7 neue Arten).

Alaska: Ashmead[12]), Kincaid[1]) (*Tenthredinidae*), [2]) (*Sphegoidea* u. *Vespoidea*), Pergande (*Formicidae*).

Arizona: Viereck[6]) (*Tachysphex* n. sp.).

Britisch Columbien: Forel[7]) (*Formicidae* neue Varr.), Viereck etc. (*Apidae*, Synopsis der neuen Arten).

Californien: du Buysson[5]) (*Chrysis* n. sp.), Cockerell[12]) (*Anthophora* n. sp.), Kieffer[2]), Marlatt (Einführung nützlicher Insekten).
S ü d - C a l i f o r n i e n: Cockerell[16]) (*Apidae* n. sp.).

Carolina: N o r d: Wheeler[6]) (61 Arten).

Catalina Islands: Wheeler[5]) (8 Arten).

Colorado: Cockerell[1]) (neue *Apidae*), [15]) (*Nomada*, 13 neue Arten), Wheeler [2]) (*Formicidae*, neue Arten), [7]) (*Formica* n. sp.).

Delaware: Viereck[7]) (*Apidae* n. g.).

Illinois: Titus [2]) (*Osmiin.* n. g.).

Indiana: Viereck [5]) (*Perdita* n. sp.).

Nebraska: Swenk [2]) (*Colletes* n. sp.).

Nevada: Kieffer[2]), Viereck[8]) (*Apidae* n. g.).

New Jersey: Crawford[1]) (*Halictus* 2 neue Art.), Viereck[5]) (*Perdita* 2 neue Art.).

New Mexico: Cockerell[1]) (neue *Apidae*), [11]) (*Apidae* 3 neue Art.), [1]) (*Apidae* 3 neue Arten), Cockerell (Entom. News Philad. vol. 15. p. 171), Viereck u. Cockerell (*Philantidae* 3 neue Arten).

„N e w M e x i c o": Cameron [12]) (*Nysson* n. sp.).

New York: U m g e g e n d: Beutenmüller [2]) (Insektengallen).

New York u. Colorado: Felt *) (*Ophionini* 4 neue Arten).

Oregon: Viereck etc. (*Apidae*, Synopsis der neuen Arten).

Oregon u. Colorado: Bradley[2]) (*Cratichneumon* 2 neue Arten).

Pennsylvanien: Viereck[4]) (*Ammoplanus* n. sp.).

Quebec: Fyles[1]) (*Torymus* n. sp.).

Südliche Vereinigte Staaten: Cockerell[9]) (neue Arten von *Apidae*).

Texas: Forel[8]) (*Acanthostichus* n. sp.), Konow[7]) (*Periclista* n. sp.), Wheeler[3]) (*Colobopsis* n. sp.).

Utah: Ashmead[8]) (*Torymus* n. sp.), Wheeler[2]) (*Formicidae* neue Arten).

Vancouver: Viereck[10]) (*Thyreopus laticeps*).

Wisconsin: Graenicher (*Andrena* 3 neue Arten), Viereck[9]) (*Habrocryptus* n. sp.).

Neotropisches Gebiet: Friese[5]) (neue *Anthidium*-Arten).

---

*) Nineteenth Report of the State Entomologist on injurious and other Insects of the State of New York 1903. Bull. New York Mus. vol. LXXVI Entomology 21, p. 91—235, pls. I—IV.

Mittelamerika (M e x i c o bis P a n a m a) **Centralamerika:** Kieffer[3]) (*Proctotrypidae* n. sp.), Vachal[3]) (neue *Heriades*).

Costa Rica: Friese[16]) (*Centris* n.sp.), Forel[10]) (*Azteca* n.sp.), Konow[7]) (*Labidarge*, *Ptilia* neue Arten), Swenk[1]) (*Colletes* n. sp.), Titus[2]) (*Heriades* n. sp.).

Mexico: du Buysson[5]) (*Parnopes* n.sp.), Cockerell[1]) (*Xylocopa* neue Art), [3]) (*Macrotera* neue Art), [11]) (*Trypetes carinatum*), Konow[7]) (*Labidarge*, *Ptilia* neue Arten), Szépligeti[2]) (*Trogus* n. sp.), Vachal[1]) (*Halictus* 26 neue Arten). S a n M i g u e l C o u n t r y: Cockerell[8]).

Nicaragua: Cameron[7]), Kieffer[5]) (*Proctotrypidae*. 4 neue Arten).

Panama: Cameron[12]) (*Masaridae* n. g. *Paratiphia*, neue Art, *Polistomorpha*, neue Art).

Vera Cruz: Cockerell[2]) (*Triepeolus*, neue Art).

Südamerika: Ashmead[14]) (*Chalcididae*, Katalog, zahlreiche neue Gatt. u. Arten), du Buysson[5]) (*Chrysididae*, 5 neue Arten) [3]), Ducke[6]) (soziale *Vespidae*), Forel[8]) (4 neue *Formicidae*), Friese[2]) (*Caupolicana* u. *Ptinoglossa*, neue Arten), Holmberg (*Apidae*, *Fossoria*, viele neue Gatt. u. Arten; Liste der *Tenthredinidae*), v. Ihering, R. [1]) (*Vespidae*), Kieffer [3]) (*Proctotrypidae* u. *Evaniidae*, neue Arten), [5]) (*Proctotryp.*, neue Arten), Konow[7]) (*Labidarge* u. *Waldheimia*), Schultheß-Rechberg (*Nortonia*. 4 neue Arten), Szépligeti[1]) (zahlreiche neue *Braconidae*), [3]) (*Braconidae* n. sp.), Vachal[1]) (*Halictus*, neue Arten), [3]) (*Halictus*, neue Arten).

Amazonas: Ducke[4]) (*Centris*, 2 neue Arten), Forel [14]) (*Formicidae*, 14 neue Arten inkl. einige aus Peru), Schultz (*Aculeata*. 3 neue Arten). U n t e r e r A m a z o n a s: Ducke (*Eumenidae*, 6 Arten).

Argentinien: Brèthes (Bericht, f. 1903) (Liste, *Meteorus* n. sp.). T u c u m a n: Brèthes [2]) (*Trimeria* n. sp. cf. Bericht f. 1903), Holmberg (*Apidae*, 91 Arten). Vachal[2]) (*Apidae*, 62 Arten, 39 neue).

Bolivia: Crawford u. Titus (*Diphaglossa* n. sp.).

Brasilien: Brèthes (cf. Bericht f. 1903) (n. sp.), Ducke[1]) (*Sphegidae*, 5 neue Arten), Forel[4]) (5 neue *Formicidae*), Friese[3]) (*Ancyloscelis*, neue Art), [6]) (*Centris* n. sp.), v. Ihering, R.[2]) (*Vespidae*), [3]) (*Vespid. sociales*). G u y a q u i l: Friese[3]) (*Ancyloscelis* n. sp.). M i n a s G e r a e s: du Buysson[3]) (*Sapyga* n. sp.), [6]) (*Vespidae* von Pará). P a r a: Ducke[5]) (*Chrysididae* mit *Chrysogona* n. sp.). T i j u c a: du Buysson[3]) (*Parachartergus* n. sp.), Friese (2 neue *Ancyloscelis*). **Buenos Aires:** Brèthes[1]) (*Oxybelus* n. sp.).

Chile: André[1]) (*Mutillidae*, *Thynnidae*, 5 neue Arten), Forel[10]) (2 neue *Formiciden*), [9]) (3 neue *Formicidae*), [4]) (*Tapinoma* n. sp.), Friese[2]) (*Caupolicana* u. *Ptinoglossa*, neue Arten), [6]) (neue *Apidae*), [8]) (*Anthidium* n. sp.), [6]) (*Centris* n. sp.), Kieffer *) (*Pseudochalcura*), [6]) (*Proctotryp.*: 3 neue Arten), Porter (Liste der *Vespidae*), Vachal[1]) (*Halictus*, neue Arten).

Ecuador: Friese[3]) (*Ancyloscelis*, neue Art), [6]) (neue *Apidae*), Vachal[4]) (*Halictus*, 3 neue Arten, *Sphecodes*, 1 neue).

La Plate: Brèthes (Monographie der *Eumenidae*, zahlr. neue Arten, cf. Ber. f.1903).

Paraguay: Mangels (Ameisen), Mantero[5]) (*Mutillidae*), Schrottky (Schätzung, 1 neue *Apidae*).

---

*) Berlin Entom. Zeitschr. Bd. 49 p. 242.

Patagonien: Brèthes (cf. Bericht f. 1903) (*Anthidium* n. sp.), Forel[9]) (neue
Formicidae-Arten), Kieffer[5]) (neue *Proctotryp.*).
Peru: Forel[10]) (*Formicidae*. 14 neue Arten inkl. einig. aus dem Amazonasgebiete),
Friese[6]) (neue *Apide*), Szépligeti[2]) (*Iphiaulax* n. sp.).

8. Australien und Tasmanien.

Neu-Seeland u. Neu-Guinea siehe unter **Inselwelt.**
Australien: Cameron[22]) (*Pristaulacus*), Cockerell[3]) (*Saropoda* u. *Anthoglossa*,
je 1 neue Art), [4]) (*Halictinae*. Revision. Neue Arten), Kieffer[3]) (*Evaniidae*,
neue Arten), Szépligeti[3]) (neue *Braconidae*). — **Adelaide:** Enderlein[3])
(*Thynnidae* n. g.).
Queensland: Lewis, R. T.

C. Systematischer Teil.
Subordo Heterophaga.
Aculeata.

Anwendung der Namen *Apocrita* und *Symphyta* für *Cha-
lastogastra* Konow, usw.: **Enderlein,** Zool. Anz. Bd. 28 p. 146.
Hypopharynx der *Hymenoptera*: **Hilzheimer.**
Hymenoptera von Alaska: **Ashmead, Kincaid, Pergande.**

Subfamilia Apoidea.
Apidae (Fam. I—XIV).

Es gehören hierher folgende Familien: *Apidae*, *Bombidae*, *Eu-
glossidae*, *Psithyridae*, *Anthophoridae*, *Nomadidae*,
Ceratinidae, *Xylocopidae*, *Megachilidae*, *Stelididae*,
Panurgidae, *Andrenidae*, *Colletidae* und *Prosopidae*.
Autoren: Adlerz, Alfken, Ashmead, Benton, Brèthes, Cameron, Caudell,
Cockerell, Crawford, Diettrich, Dreyling, Ducke, Friese, Friese u. Wagner,
Graenicher, Grünberg, Holmberg, Hooper, Höppner, Jacobs, Kopp, Morice,
Nurse, Pierce, Robertson, Saunders, Saussure, Schrottky, Schulz, Semichon,
Swenk, Titus, Vachal, Viereck.

Synopsis (Analyse) der Einteilung der *Anthophila* (*Apidae*) **- Familien:**
Robertson (1).
Apidae von Argentinien (91 Spp.) Übersicht: **Holmberg,** p. 377
—468.
Apidae. Bemerk. zu von Smith beschriebenen Formen:
Cockerell (5).
Apidae. **Wachsorgan und Wachsabscheidung** bei der *Melipona*-
Gruppe: **Dreyling (2)** p. 204—216 nebst Abbild.
— Wachsabscheidung bei *Apis mellifera*: **Dreyling.**
— Gift: **Phisalix (2)** p. 216.
Verzweigte Haare: Caudell.
Apidae als Träger von Triungulinen: **Pierce** p. 172—180.

A p i d a e und Blüten : Wery.
— Insekten in den Nestern ders. in Brasilien: **Wasmann,**
Rev. Mus. Paulista T. VI p. 482—487.

Acanthopus iheringi = (*excellens* Schr.) **Friese,** Zeitschr. f. syst. Hym. u. Dipt.
Jhg. 4. p. 100.

Acanthosmiades ashmeadii **n. sp. Titus,** Proc. Entom. Soc. Washington, vol. 6
p. 101 (Oregon).

Agapostemon viridulus (Fabr.) ♀ von Colorado Springs Co. auf Blüten von *Taraxacum.* **Cockerell,** Ann. Nat. Hist. (7.) vol. 14 p. 25.
— *azarae* **n. sp. Holmberg,** An. Mus. Buenos Aires (3) T. II p. 465. — *argentinus*
n. sp. p. 466. — *coryliventris* **n. sp.** p. 466. — *multicolor* **n. sp.** p. 467.
— *experiendus* **n. sp.** p. 468 (sämtlich aus Argentinien).

Ammobates solitarius **n. sp. Nurse,** Journ. Bombay Soc. vol. XV p. 570 (Quetta).
Ancyloscelis ecuadorius **n. sp. Friese,** Zeitschr. f. system. Hym. u. Dipt. Jahrg. 4.
p. 22 (Guyaquil). — *duckei* **n. sp.** p. 23 (Para). — *gigas* **n. sp.** p. 24 (Para).
— **Vachal** beschreibt in d. Revue Entom. franc. T. XXIII folgende n e u e
Arten aus Südamerika: *baeri* **n. sp.** p. 16. — *filitarsis*
n. sp. p. 17. — *turmalis* **n. sp.** p. 18. — *girardi* **n. sp.** p. 18. — *humulis*
n. sp. p. 19. — *analis* **n. sp.** p. 19.

Andrena. **Alfken** gibt in d. Zeitschr. f. system. Hym. u. Dipt. Jahrg. 4 p. 289
—295 Bemerkungen zu 10 Brulléschen Arten aus Griechenland.
— *curvungula* u. *pandellei* **Alfken,** Zeitschr. f. system. Hym. u. Dipt. Jahrg. 4
p. 320.
— *parviceps* Beschr. d. ♂. **Frey-Gessner,** Soc. entom. vol. XIX p. 57.
— *polemonii* gehört zu *Ptilandrena.* **Robertson,** Canad. Entom. vol. 26 p. 278.
— *porterae* Ckll., für Colorado neu, *erythrogastra* (Ashm.). Fundorte in Colorado.
Cockerell, Ann. Nat. Hist. (7.) vol. 14. p. 28.
Neue Arten:
aus der Schweiz: *frey-gessneri* **n. sp. Alfken,** Soc. entom. T. XIX p. 81.
aus dem Himalaya: *inoa* **n. sp. Cameron,** The Entomologist 1904,
p. 210.
aus Indien: beschreibt **Nurse** im Journ. Bombay Soc. vol. XV: *unita*
n. sp. p. 558. — *balucha* **n. sp.** p. 558. — *peshinica* **n. sp.** p. 559. —
niveobarbata **n. sp.** p. 560. — *cara* **n. sp.** p. 560. — *hera* **n. sp.** p. 561. —
flavofacies **n. sp.** p. 561. — *marmora* **n. sp.** p. 562. — *dolorosa* **n. sp.** p. 563.
— *collata* **n. sp.** p. 563. — *legata* **n. sp.** p. 564. — *biemarginata* **n. sp.**
— p. 564. — *flagella* **n. sp.** p. 565. — *halictoides* **n. sp.** p. 566. — *satellita*
n. sp. p. 566.
aus Oregon usw. beschreibt **Viereck** in Canad. Entom. vol. 36 eine Reihe
neuer Arten: *chlorogaster* **n. sp.** p. 196. — *piperi* **n. sp.** p. 196. —
chlorinella **n. sp.** p. 196. — *angustitarsata* **n. sp.** p. 196. —
mustelicolor **n. sp.** p. 196. — *trachandrenoides* **n. sp.** p. 221. — *pulverulenta* **n. sp.** p. 221. — *seminigra* **n. sp.** p. 221. — *indotata* **n. sp.** p. 222. —
solidula **n. sp.** p. 222. — *junonia* **n. sp.** p. 222. — *compactiscopa* **n. sp.**
p. 223. — *neurona* **n. sp.** p. 222. — *transnigra* **n. sp.** p. 223. — *seattlensis*
n. sp. p. 223. — *chapmanae* **n. sp.** p. 223. — *pullmani* **n. sp.** p. 223. —
longihirtiscopa **n. sp.** p. 223. — *vicinoides* **n. sp.** p. 223. — *saccata* **n. sp.**

p. 224. — *hemileuca* **n. sp.** p. 224. — *clypeoporaria* **n. sp.** p. 224. — *advarians* **n. sp.** p. 224. — *harveyi* **n. sp.** p. 224. — *asmi* **n. sp.** p. 225. — *semipolita* **n. sp.** p. 225. — *xanthoscurra* **n. sp.** p. 226. — *stigma* **n. sp.** p. 225. — *subcandida* **n. sp.** p. 225. — *decussatula* **n. sp.** p. 225. — *subdistans* **n. sp.** p. 226. — *plana* **n. sp.** p. 226. — *nubilipennis* **n. sp.** p. 226. — *scripta* **n. sp.** p. 226.

aus W i s c o n s i n charakterisiert **Graenicher** in den Entom. News Philad. vol. 15: *fragariana* **n. sp.** p. 64. — *wheeleri* **n. sp.** p. 65. — *persimilis* **n. sp.** p. 66.

aus C o l o r a d o beschreibt **Cockerell** in den Ann. Nat. Hist. (7.) vol. 14: *vierecki* **n. sp.** p. 26—27 ♀ (Colorado Springs, Co. auf Blüten von *Salix*). — *leptanthi* **n. sp.** Viereck u. Co. p. 27 ♂ (Manitou, 6630 ' auf Blüten von *Ribes leptanthum*).

Anthidium flavomarginatum var. *ecuadorium* **n. Friese,** Zeitschr. f. system. Hym. u. Dipt. Jhg. 4 p. 184.

— *porterae* var. *amabile* **n. Cockerell,** The Entomologist, 1904 p. 7.

— *bicoloratum* var. *tucumanum* **n. Vachel,** Revue d'Entom. franc. T. XXIII p. 14.

— *paulinieri* Beschr. des ♂. **Friese,** Zeitschr. f. system. Hym. u. Dipt. Jahrg. 4 p. 101. — *bicolor* Geschlechtsformen p. 101. — *niveocinctum* Beschr. d. ♀ p. 105. — *cordatum* Beschr. d. ♂ p. 105.

— *sticticum* gehört zu *Dianthidium* **Cockerell,** The Entomologist, 1904 p. 234.

— *jugatorium* gehört zu *Dianthidium* **Cockerell,** Entom. News Philad. vol. 15 p. 84.

N e u e A r t e n: **Friese** beschreibt in d. Zeitschr. f. system. Hym. u. Dipt. Jhg. 4 aus A f r i k a: *opacum* **n. sp.** p. 102. — *cucullatum* **n. sp.** p. 102. — *zebra* **n. sp.** p. 103. — *braunsi* **n. sp.** p. 103. — *abdominale* **n. sp.** p. 104. — *nigritarse* **n. sp.** p. 104. — *nigripes* **n. sp.** p. 105. — *fülleborni* **n. sp.** p. 105. — aus T r a n s v a a l: *junodi* **n. sp.** p. 299.

— **Friese** beschreibt t. c. ferner verschiedene Arten aus S ü d a m e r i k a: *aricensis* **n. sp.** p. 182 (Chile). — *22-punctatum* **n. sp.** p. 182. — *buchwaldi* **n. sp.** p. 183. — *dentiventris* **n. sp.** p. 184 (Ecuador). — *melanotrichum* **n. sp.** p. 303 (Chile).

— **Brèthes** beschreibt aus P a t a g o n i e n in den An. Mus. Buenos Aires (3.) T. 2: *caroli-ameghinoi* **n. sp.** p. 351, nebst Bau des Nestes p. 354—356.

Anthodioctes **n. g.** *D a s y g a s t r i n.* **Holmberg,** Ann. Mus. Buenos Aires (3) T. II p. 435. — *megachiloides* **n. sp.** p. 435. — *psaenythioides* **n. sp.** p. 436 (beide aus Argentinien).

Anthoglossa cygni **n. sp.** (verw. mit *plumata* Smith) **Cockerell,** Ann. Nat. Hist. (7.) vol. 14 p. 203 (Swan River, W. Austral.).

— *sericea* Sm. Untersch. von *plumata* u. *cygni* p. 203.

Anthophora chilensis gehört zu *Ancyla*. **Alfken,** Revist. Chilena T. VIII. p. 141 u. p. 180. — sp. die Meloide *Hornia minutipennis* Riley, zu Colorado Springs, aus dem Neste ders. **Cockerell,** Ann. Nat. Hist. (7.) vol. 14 p. 21.

— *euops* Ckll. Fundorte u. Pflanzen in New Mex. p. 24.

N e u: *stanfordiana* **n. sp. Cockerell,** Entom. News Philad. vol. 15 p. 32 (California). — *paranensis* **n. sp. Holmberg,** An. Mus. Buenos Aires (3)

T. II. p. 398. — *saltensis* **n. sp.** p. 399 (beide aus La Plata). — *hirpex*
n. sp. Vachal, Rev. Entom. franc. T. XXIII p. 16 (Südamerika).

Apis. Teilung der Gatt. in *Megapis* u. *Micrapis.* Liste der Arten. **Ashmead,**
Proc. Entom. Soc. Washington, vol. VI p. 120—123.
— *mellifera* L. 1758 = (*mellifica* L. 1761) **Benton,** Proc. Entom. Soc. Washington vol. VI p. 71—73.
— *mellifica.* Nestbau. **Bouvier,** Bull. Soc. Entom. France, 1904 p. 187.
— *dorsata, indica* usw. Nestbau; Wachs. **Hooper,** Agric. Ledger 1904 No. 7.

Apista Sm. Beschr. **Cockerell,** Canad. Entom. vol. XXXVI p. 330.

Ashmeadiella schwarzi **n. sp. Titus,** Proc. Entom. Soc. Washington, vol. VI
p. 98. — *coquilletti* **n. sp.** p. 99. — *rufipes* **n. sp.** p. 99. — *curriei* **n. sp.** p. 99.
— *gillettii* **n. sp.** p. 100 (sämtlich aus Nordamerika).

Augochlora. **Holmberg** beschreibt in d. An. Mus. Buenos Aires (3) T. II aus S ü d-
a m e r i k a: *pomona* **n. sp.** p. 456. — *egeria* **n. sp.** p. 458. — *terpsichore*
n. sp. p. 458. — *euphrosyne* **n. sp.** p. 459. — *polyhymnia* **n. sp.** p. 460. —
diana **n. sp.** p. 461. — *epipyrgitis* **n. sp.** p. 462. — *aglaia* **n. sp.** p. 463.

Bombus. Arten von M ä h r e n. **Slaviček,** Vestnik Klub. Prostejove vol. IV
p. 83—106. [Mährisch.]
— Lebensweise der arktischen Formen. **Friese,** Allg. Zeitschr. f. Entom.
Bd. 9 p. 409—414.
— *terrestris.* Erste Aushöhlung zum Nestbau durch das ♀. **Schuster,** Zool.
Garten Bd. 45 p. 98.
— Varietäten, darunter n e u e. **Friese** u. **Wagner,** Zool. Jahrb. Abt. f. Syst.
Suppl. VII p. 551—570, Taf. XXIX u. XXX.
— *robustus.* N e u e V a r r. **Friese,** Zeitschr. f. Hym. u. Dipt. Jhg. 4 p. 188.
— *thoracicus* var. *fuliginosus* **n. Friese,** t. c. p. 188.
N e u: *baeri* **n. sp. Vachal,** Rev. Entom. franc. T. XI p. 10 (Tucuman). —
tucumanus **n. sp.** p. 10 (beide aus Tucuman).

Camptopoeum rufiventre ♀ (= *mystica* Schr.) **Friese,** Zeitschr. f. Hym. u. Dipt.
Jhg. 4 p. 100.
— *pubescens* = (*herbsti* Fr.) **Alfken,** Rev. chilena T. VIII p. 141.
— *mystica* var. *baeriana* **n. Vachal,** Rev. Entom. franc. T. XXIII p. 23.
N e u: *herbsti* **n. sp. Friese,** Zeitschr. f. system. Hym. u. Dipt. Jhg. 4 p. 180.
— *rufipes* **n. sp. Friese,** t. c. p. 17. — *albiventris* **n. sp.** p. 17. — *nigri-*
ventris **n. sp.** p. 18 (alle vier aus Chile).

Centris. Nestbau. **Schrottky,** Allg. Zeitschr. f. Entom. Bd. 9 p. 347—348.
— *chilensis* = (*smithi* Friese) **Alfken,** Revist. Chilena T. VIII p. 141.
— *dorsata* = (*ehrhardti* Schr. = *pocograndensis* Schr.) **Friese,** Zeitschr. f.
system. Hym. u. Dipt. Jhg. 4. p. 100. — *obsoleta* = (*furcata* var. *friesei*
Schr.) p. 100.
— *furcata* u. Verwandte. Übersichtstabelle. **Ducke,** Zeitschr. f. Hym. u. Dipt.
Jhg. 4. p. 209—210.
— *bicolorella* **nom. nov.** für *smithii* Friese nec Cress. **Cockerell,** The Entomologist
1904 p. 235.
— *metatarsalis* Beschr. d. ♀. **Friese,** Ann. Mus. Hungar. T. II. p. 90. —
caelebs Beschr. d. ♀. p. 92.
N e u: *autrani* **n. sp. Vachal,** Rev. Entom. franc. T. XXIII p. 16 (S, Amer.).

— **Ducke** beschreibt in den An. Mus. Hungar. T. II: *C.* (*Epicharis*) *minima*
n. sp. p. 90 (Brasilien). — *labiata* **n. sp.** p. 91 (Costa Rica). — *mixta*
n. sp. p. 91 (Chile).

— **Friese** charakterisiert in d. Zeitschr. f. system. Hym. u. Dipt. Jhg. 4: *superba*
n. sp. p. 212. — *singularis* **n. sp.** p. 213 (beide von Obidos).

— D e r s e l b e beschreibt ferner t. c. von C h i l e: *mixta* **n. sp.** p. 187.

Ceratina philippinensis **n. sp.** **Ashmead**, Journ. New York Entom. Soc. vol. XII
p. 2 (Manilla).

— **Nurse** beschreibt im Journal Bombay Soc. vol. XV von Q u e t t a: *ino*
n. sp. p. 575. — *egeria* **n. sp.** p. 576. — *coriuna* **n. sp.** p. 576.

Coelioxys. **Friese**, Arkiv Zool. Bd. II No. 6. (16 pp.). Beschreibung der bisher
aufgestellten Arten sehr mangelhaft. Die Beschreibungen neuer *Coelioxys-*
Arten sollten unbedingt enthalten: 1. Angabe der Bekleidung, ob beschuppt
u. wo, oder ob nur behaart. — 2. Etwaige Kopfbewehrungen (Clypeusrand,
Kiele usw.). — 3. Bildung der Analsegmente, beim ♀ die Form am besten
im Vergleich mit den gut bekannten europäischen Arten oder durch lineare
Abbildungen; beim ♂ Zahl der Bewehrungen am 5. u. 6. Segm., sowie Form
Lage u. Länge.

Schmarotzen wohl durchweg bei *Megachile*-Arten. Verbreitung über
die ganze Erde, in Australien trotz der großen Zahl von *Megachile*-Arten
jedoch sehr spärlich.

Drei europäische *C.*-Arten finden sich im ganzen afrikanischen Kontinent vom Norden bis zum Süden.

Coelioxys afra Lep. — Ostküste bis zum Kap u. Togo.

  ,,   *decipiens* Spin. Ostküste bis zum Kap.

  ,,   *coturnix* Perez. Westküste bis Gambia.

Wahrscheinlich finden wir auch südeuropäische *Megachile*-Arten noch
am Kap wieder: *M. venusta, schmiedeknechti, xanthopyga* usw. Gruppierung
der 29 Arten, die der äthiopischen Region eigentümlich sind:

1. Gruppe: e r y t h r o p u s (ohne Beschuppung).
   1. *C. erythropus* Friese.

2. Gruppe: d e c i p i e n s (untere Analplatte fast so breit wie lang).
   2. *C. decipiens* Spin., 3. *C. sciöensis* Grib., 4. *C. torrida* Sm., 5. *C. ju-*
   nodi Friese.

3. Gruppe: a f r a (untere Analplatte stumpf, nur wenig länger als die obere).
   6. *C. afra* Lep., 7. *C. coturnix* Perez, 8. *C. difformis* Friese. 9. *C. caffra*
   Friese, 10. *C. convergens* Friese, 11. *C. penetratrix* Sm, 12. *C. sim-*
   plex Friese.

4. Gruppe: a r g e n t e a (Untere Analplatte parallel).
   13. *C. caeruleipennis* Friese, 14. *C. luteipes* Friese, 15. *C. incarinata*
   Friese, 16. *C. planidens* Friese.

5. Gruppe: n a s u t a (untere Analplatte sehr verlängert, zugespitzt),
   17. *C. nasuta* Friese, 18. *C. setosa* Friese, 19. *C. furcata* Friese, 20. *C.*
   glabra Friese, 21. *C. auriceps* Friese, 22. *C. aurifrons* Sm., 23. *C. afri-*
   cana Friese, 24. *C. sexspinosa* Friese.

A n h a n g: Sp. 25—32 (mit ev. Angabe der Größe, Bedornung des
Analsegments u. Fundort): 25. *C. argentipes* Sm., 26. *C. capensis* Sm.,

27. *C. carinata* Sm., 28. *C. faveolata* Sm., 29. *C. loricula* Sm., 30. *C. sub-
dentata* Sm., 31. *C. bouyssoni* Vach. 32. *C. nigripes* Vach.
— Bestimmungtabelle der Arten (p. 4—7) nach ♀ u. ♂.
— *sciö§nsis* Grib. Beschr. d. ♀ p. 7—8 (Abyssinien, Guinea).
— *torrida* (ähnelt *decipiens*) p. 8 (Westafr., Togo, Cinchoxo, Sm. ♀, Angola).
— Möglicherweise lassen sich bei erweitertem Artbegriff u. nach Bekanntwerden
   der ♂ die Arten *sciö§nsis, torrida* u. *junodi* als Rassen von *C. decipiens*
   auffassen.
— *afra* Lep. Syn., Fundorte p. 8—9. — *coturnix* Perez vom Senegal p. 9. —
   penetratrix Sm. ♂ p. 10.
— *aurifrons* Sm. (von *auriceps* versch. durch 4 spitze Enddorne). p. 15.
   Index zu (38) Arten p. 16.
   Die n e u e n A r t e n siehe unten.
N e u e V a r i e t ä t: *ribis* var. *kincaidi* n. **Cockerell,** Ann. Nat. Hist. (7.) vol. 13
     p. 33 (Olympia, Washington State). Erste *C.* vom Nordwesten. —
     Verwandtschaft usw. von *sodalis* p. 34.
N e u e A r t e n: **Friese** beschreibt aus A f r i k a im Arkiv Zool. vol. II No. 6:
   erytropus **n. sp.** (*elongata* ähnlich) p. 7 ♂ ♀ (Capland). — *junodi* **n. sp.**
   (kleiner als die ähnliche *C. decipiens*) p. 8. (N. Transvaal, Shilouvane. — Wohl Schmarotzer von *Meg. junodi*). — *difformis* **n. sp.** (*obtusa*
   Perez nahest.) p. 9 ♂ ♀ (Capland: Willowmore). — *caffra* **n. sp.** p. 9 ♀
   (Caffraria). — *convergens* **n. sp.** (verw. mit *difformis*) p. 10 ♀ ♂ (Capland).
   — *simplex* **n. sp.** (ähnelt *conoidea*) p. 10 ♀ ((Delagoabay). — *coeruleipennis* **n. sp.** (*argentea* nahest.) p. 11 ♀ (Nyassasee). — *luteipes* **n. sp.**
   (*argentea* nahest.) p. 11 ♀ (Capland). — *incarinata* **n. sp.** (*argentea* nahest.)
   p. 11 ♀ (Capland). — *planidens* **n. sp.** p. 12 ♂ (Nyassasee usw.). —
   nasuta **n.sp.** p.12 ♀ ♂ (N. Transvaal: Shilouvane. Kingonsera, beim Nyassasee). — *setosa* **n. sp.** (*nasuta* ähnlich) p. 13 ♀ (D. Ostafr.). — *furcata*
   n. sp. (*setosa* ähnlich) p. 13 ♀ ♂ (diverse Fundorte). — *glabra* **n. sp.**
   (*elongata* nahest.) p. 14 ♀ (N. Transvaal). — *auriceps* **n. sp.** (vielleicht
   = *C. aurifrons* u. als ♂ zu *C. glabra*?) p. 14 ♂ (Nyassasee). — *africana*
   n. sp. (vielleicht das ♂ zu *incarinata*?) p. 15 ♂ (Capland). — *sexspinosa*
   n. sp. (*afra* sehr ähnlich) p. 15 ♂ (Natal).
— *perseus* **n. sp. Nurse,** Journal Bombay Soc. vol. XV p. 577 (Indien).
— *cariniscutis* **n. sp.** (ähnelt *khasiana*) **Cameron,** Ann. Nat. Hist. (7.) vol. 13
     p. 213 ♂. — *khasiana* **n. sp.** (steht *basalis* Sm. nahe) (beide von den
     Khasia Hills).
Chacoana **n. g.** *X y l o c o p.* **Holmberg,** An. Mus. Buenos Aires (3) T. II p. 432.
— *melanoxantha* **n. sp.** p. 433 (Argentinien).
Chalepogenus **n. g. Holmberg,** t. c. p. 416. — *incertus* **n. sp.** p. 417 (Argentinien).
Chalicodoma combusta ♂ (von Port Natal) = (*Megachile coelocera*). **Cockerell,**
   Ann. Nat. Hist. (7.) vol. 14 p. 205.
Chelostoma neomexicanum **n. sp. Cockerell,** Canad. Entom. vol. XXXVI p. 13
   (New Mexico).
Chilicola ? orientalis **n. sp. Vachal,** Rev. Entom. franc. T. XXIII p. 24 (Tucuman).
Cladocerapis **n. g.** (Type: *Lamprocolletes cladocerus* Sm.) **Cockerell,** Entom.
   News Philad. vol. XV p. 292.
— *manilae* **n. sp. Ashmead,** Canad. Entom. vol. XXXVI. p. 281 (Philippinen).

— *weinlandi* **n. sp. Schulz,** Berlin. Entom. Zeitschr. Bd. 49. p. 235 (Neu
Guinea).
— *strigata* **n. sp. Vachal,** Rev. Entom. franc. T. XXIII p. 15. — *miranda* **n. sp.**
p. 15 (Südamerika).
— **Holmberg** beschreibt aus A r g e n t i n i e n: *cerasiopleura* **n. sp.** p. 442.
— *lynchii* **n. sp.** p. 445. — *lativalva* **n. sp.** p. 446. — *ameghinoi* **n. sp.**
p. 448. — *tucumana* **n. sp.** p. 449. — *mendozina* **n. sp.** p. 450. — *insolita*
n. sp. p. 450. — *chacoensis* **n. sp.** p. 451. — *vituperabilis* **n. sp.** p. 453.
— *quaerens* **n. sp.** p. 454.
Colletes. Bemerkungen zu einigen wenig bekannten Arten. **Cockerell,** Entom.
News Philad. vol. 15. p. 276.
— **Morice** bildet ab u. beschreibt die männlichen Begattungsorgane von
35 *Colletes*-Arten. Er gibt ferner eine tabellarische Übersicht üb. diese
Arten in d. Trans. Entom. Soc. London, 1904 p. 25—63. Taf. VI—IX.
Tabelle der äußeren Charaktere (p. 37—41) von 15. *nasutus,* 34. *formosus*
Pérez (? = *lacunatus* Dours), 33. *cunicularis* Linn., 16. *coriandri* Pérez, 5. *dimi-
diatus* Brullé, 30. *succinctus* Linn., 29. *frigidus* Pérez, 32. *acutus* Pérez, 14. *bra-
catus* Pérez, 3. *cecrops* **n. sp.,** 21. *nanus* Friese, 22. *pumilus* **n. sp.,** 17. *phale-
ricus* **n. sp.,** 26. *montanus* Morawitz, 31. *impunctatus* Nyl. (= *alpinus* Mor.),
25. *mongolicus* Pérez, 28. *graeffei* Alfken, 35. *cariniger* Pérez (? = *collaris*
Dours), 11. *abeillei* Pérez, 18. *daviesanus* Sm., *picistigma* Thoms., 12. *fodicus*
Kirby, 20. *spectabilis* Morawitz = (*niveo-fasciatus* Dours.), 13. *punctatus*
Mocs., 23. *brevicornis* Pérez, 24. *marginatus* Smith, 27. *ventralis* Pérez, 6. *ligatus*
Er., 4. *perezi* **n. sp.,** 9. *eatoni* **n. sp.,** 10. *chobauti* Pérez, 7. *hylaeiformis* Eversm.,
8. *caspicus* Morawitz, 1. *balteatus* Nyl., u. 2. *eous* **n. sp.**
Bemerk. zu den Abbildungen der Arten:
S p e c i e s w i t h u n i n c i s e d s t i p i t e s. No. 1—10. 1. *balteatus* Nyl.
p. 41—43 pl. VI fig. 1, 1a, 1b, IX, 63, 64 Vorkommen etc. — 2. *eous* **n. sp.**
(siehe unten). — 3. *cecrops* **n. sp.** (desgl.). — 4. *perezi* **n. sp.** (desgl.). —
5. *dimidiatus* Brullé p. 45—46 pl. VI fig. 5, 5a, 5b (Kanarische Inseln). —
6. *ligatus* Er. p. 46—47 pl. VI fig. 6, 6a, 6b pl. IX fig. 49. — 7. *hylaeiformis*
Evr. p. 47—49 pl. VI fig. 7, 7a, 7b, pl. IX fig. 46. — 8. *caspicus* Morawitz
p. 47—49 pl. VI fig. 8, 8a, 8b, pl. IX fig. 47. — 9. *eatoni* **n. sp.** (siehe unten).
— 10. *chobauti* Pérez p. 50 pl. VI fig. 10, 10a, 10b, pl. IX fig. 54 (S. Frankr.).
S p e c i e s w i t h n o t c h e d s t i p i t e s (No. 11—35). 11. *abeillei*
Pér. p. 50—51 pl. VII, fig. 11, 11a, fig. IX, 59. — 12. *fodicus* Kirby pl. VII,
fig. 12, 12a, IX, fig. 61 (Großbritannien, Schweiz). — 13. *punctatus* Morawitz
p. 52 pl. VII fig. 13, 13a (Pest). — 14. *bracatus* Pérez p. 52 pl. VII fig. 14,
14a. — 15. *nasutus* Sm. p. 52—53 pl. VII fig. 15, 15a, IX fig. 36. — 16. *coriandri* Pérez p. 53—54 pl. VII fig. 16, 16a, pl. IX fig. 37 (Algier). —
17. *phalericus* **n. sp.** (siehe unten). — 18. *daviesanus* Sm. p. 54 pl. VII, fig. 18,
18a pl. IX fig. 41, 50. — 19. *picistigma* **n. sp.** p. 54—55, pl. VII, fig. 19,
19a, pl. IX, fig. 53, 60. — 20. *spectabilis* Morawitz p. 55 pl. VII fig. 20, 20a.
— *nanus* Friese p. 55 pl. VII, fig. 21, 21a (bei Kairo). — 22. *pumilus* **n. sp.**
(siehe unten). — 23. *brevicornis* Pérez p. 56 pl. VII fig. 23, 23a, IX fig. 38,
56, 62. — 24. *marginatus* Smith p. 56—57 pl. VIII fig. 24, 24a. — 25. *mongolicus* Pérez p. 57—58 pl. VIII fig. 25, 25a. — 26. *montanus* Morawitz p. 58
pl. VIII fig. 26, 26a, IX fig. 42. — 27. *ventralis* Pérez p. 58 pl. VIII

fig. 27, 27a, pl. IX fig. 51. — *Graeffei* Alfken p. 58—59 pl. VIII, 28, 28a, pl. IX fig. 45. — 29. *frigidus* Pérez p. 59 pl. VIII, 29, 29a, IX, fig. 52. — 30. *succinctus* L. p. 59—60, pl. VIII, fig. 30, 30a, IX fig. 53 (Engl. bis Egypten). — 31. *impunctatus* Nyl. p. 60 pl. VIII fig. 31, 31a. — 32. *acutus* Pérez pl. VIII fig. 32, 32a, IX fig. 43, 43a (Algier). — 33. *cunicularis* L. p. 61 pl. VIII fig. 33, 33a, IX fig. 40, 48. — 34. *formosus* Pérez p. 61 pl. VIII fig. 34, 34a, IX fig. 39. — 35. *cariniger* Pérez p. 61 pl. VIII fig. 35, 35a. a bezeichnet die 7. Ventralplatte (außer bei 43 a).
— *occidentalis* Hal. = *chilensis* Spin., *cyaniventris* Hal. = *cyaniventris* Spin. **Alfken,** Revist. chilena T. VIII p. 141.

N e u e A r t e n: *moricei* **n. sp. Saunders,** Entom. Monthly Mag. (2) vol. 15 (40) p. 229 (Tenerifa).

— **Morice** beschreibt in d. Trans. Entom. Soc. London, 1904 folgende Arten: *eous* **n. sp.** p. 43—44 pl. VI fig 2, 2 a (Helenendorf, Transkaukasus ? Pola). — *cecrops* **n. sp.** p. 44—45 pl. VI fig. 3, 3a, 3b (Attika). — *perezi* **n. sp.** p. 45 ♂ pl. VI fig. 4, 4a (Kairo). — *eatoni* **n. sp.** (*caspicus* nahest.) p. 49 pl. VI fig. 9, 9a, 9b (Algier). — *phalericus* **n. sp.** p. 53 pl. VII fig. 17, 17a (Südeuropa: Griechenland, S. Italien). — *pumilus* **n. sp.** p. 56 pl. VII fig. 22, 22a (Algier).

— *similis* **n. sp. Robertson,** Canad. Entom. vol. XXXVI p. 276 (Nordamerika).

— *robustus* **n. sp. Swenk,** Entom. News Philad. vol. XV p. 257 (Nebraska).

— **Swenk** beschreibt im Canad. Entom. vol. XXXVI: *fulgidus* **n. sp.** p. 95 (Oregon etc.). — *niger* **n. sp.** p. 76. — *bruneri* **n. sp.** p. 77 (beide aus Costa Rica).

— **Vachal** beschreibt in d. Revue Entom. franc. T. XXIII aus S ü d - a m e r i k a: *catulus* **n. sp.** p. 26. — *virgatus* **n. sp.** p. 26.

— *cyaneus* **n. sp. Holmberg,** An. Mus. Buenos Aires (3) T. II. p. 468 (Argentinien)

Conohalictoides **n. g. Viereck,** Entom. News Philad. vol. XV p. 245. — *lovelli* **n. sp.** p. 245 (Delaware).

Crocisa jaegerskoeldi **n. sp. Moricc,** Jägerskiöld exp. No. 14 p. 9 (Khartoum).

Cryptohalictoides **n. g. Viereck,** Entom. News Philad. vol. XV p. 261 (Nebraska).

Ctenoapis lutea. Geschlechtsformen. **Nurse,** Journ. Bombay Soc. vol. XV p. 570.

Ctenoplectra vagans **n. sp. Cockerell,** Ann. Nat. Hist. (7) vol. 14 p. 204—205 ♂ (Philippinen). — In der Bestimmungstab. von Bingham kommt man auf *C. chalybea-terminalis* Sm. von Natal. Kennzeichen p. 205.

Dianthidium 11 Arten im Britisch. Mus. **Cockerell,** Ann. Nat. Hist. (7) vol. 14 p. 206, 207. — *maculatum* Sm., *deceptum* Sm., *chilense* Sm., *coloratum* Sm. gehören zu *Anthidium.*

Diadasia rinconis Ckll. in New Mexico. **Cockerell,** Ann. Nat. Hist. (7) vol. 14. p. 24.

Dialictus. Komponenten. **Cockerell,** The Entomologist 1904. p. 235.

Dioxys atlantica **n. sp. Saunders,** Entom. Monthly Mag. (2) vol. 40 p. 232 (Tenerifa).

Diphaglossa spinolae **n. sp. Crawford,** Canad. Entom. vol. XXXVI p. 50 (Bolivia). — (?) *gaullei* **n. sp. Vachal,** Rev. Entom. franc. T. XXIII p. 23 (Tucuman).

Egapista **nom. nov.** für *Apista* Sm. **Cockerell,** Canad. Entom. vol. XXXVI p. 357.

Energoponus **n. g.** *A n t h o p h o r i t.* **Holmberg,** An. Mus. Buenos Aires (3) T. II
p. 406. — *ameghoini* **n. sp.** p. 407. — *strenuus* **d. sp.** p. 408 (Argentinien).
Epeolus Latr. Übersicht über die folg. Arten ♀: *Triepeolus concavus* (Cress.),
Triep. penicilliferus (Brues), *bifasciatus* Cress., *crucis* Ckll., *Phileremus
americanus* Cress., *beulahensis* Ckll., *nevadensis* Cress., *donatus* Smith, *pri-
marum* Ckll., *mesillae* Ckll., *texanus* Cress., *occidentalis* Cress., *helianthi* Rob.
var., helianthi Rob. — ♂: *verbesinae* Ckll., *nautlanus* Ckll., *concolor* Rob.,
lunatus Say, *olympiellus* Ckll., *occidentalis* Cress., *helianthi* var. *arizonensis*
Ckll., *isocomae* Ckll., *Cressoni* var. *fraserae* Ckll. p. 34—35.
— *remigatus martini* (= *remigatus* var. *Martini* Ckll. 1900) ist eine gute Art.
    Cockerell, Ann. Nat. Hist. (7.) vol. 13 p. 24.
N e u: *crucis* **n. sp.** p. 39—40 ♀ (Las Cruces). — *beulahensis* **n. sp.** (verw. mit
autumnalis Rob.) p. 40—41 (New Mexico). — *olympiellus* **n. sp.** (verw. mit
E. interruptus Rob.) p. 41 ♂ (Olympia, Washington).
— (?) *baeri* **Vachal,** Rev. Ent. franc. T. XXIII p. 23 (Tucuman).
Epiclopus gayi Spin. = (*Melecta chilensis* Sm.) **Cockerell,** Ann. Nat. Hist. (7.)
    vol. 14 p. 207.
Epimonispractor **n. g. Holmberg,** An. Mus. Buenos Aires T. II p. 426. — *gratiosus*
n. sp. p. 427. — *bomanii* **n. sp.** p. 428 (sämtlich aus Argentinien).
Epinomia triangulifera. Naturgeschichte. Beziehungen zu anderen Insekten.
    Pierce, Stud. Univ. Nebraska vol. IV p. 181—189.
Eriades. **Friese** beschreibt in d. Zeitschr. f. system. Hym. u. Dipt. Jahrg. 4 aus
    S ü d o s t a f r i k a: *clypeatus* **n. sp.** p. 297. — *bicornutus* **n. sp.** p. 298.
— *eximius* **n. sp.** p. 298.
— *tenuis* **n. sp. Nurse,** Journ. Bombay Soc. vol. XV p. 577 (Indien).
Euaspis und *Parevaspis.* **Friese,** Allg. Zeitschr. f. Entom. Bd. 9. p. 137—138.
— *smithi* **nom. nov.** für *abdominalis* Sm.
Eucera flavitarsis (= *Tetralonia placens* Schlett.) **Alfken,** Revist. chilena T. VIII
    p. 141.
N e u: *medusa* **n. sp. Nurse,** Journal Bombay Soc. vol. XV p. 578. — *diana*
    n. sp. p. 579. — *E.* (*Macrocera*) *phryne* **n. sp.** p. 579. — *pomona* **n. sp.**
    p. 580. — *cassandra* **n. sp.** p. 581 (sämtlich aus Indien).
Euglossa cordata var. *townsendi* **n.** (vielleicht eine besondere Art) **Cockerell,**
    Ann. Nat. Hist. (7.) vol. 14 p. 24 (N. Mexico). — *superba* (Hoffm.) (als *Plusia*)
    = *smaragdina* Perty. **Friese,** Zeitschr. f. system. Hym. u. Dipt. Jahrg. 44
    p. 99.
Eulema surinamensis (L.) in New Mexico. **Cockerell,** Ann. Nat. Hist. (7.) vol. 14
    p. 23.
Exomalopsis verbesinae **n. sp.** (verw. mit *E.* (*Anthophorula*) *Bruneri* Crawf.)
    Cockerell, Ann. Nat. Hist. (7.) vol. 14 p. 23 ♀ (New Mexico: Mesilla Park,
    auf Blüten von *Verbesina exauriculata*). — *mellipes* Cress. in New Mexico
    p. 24.
Greeleyella **n. g.** *P a n u r g i n.* **Cockerell,** The Entomologist, 1904 p. 235. —
    beardsleyi **n. sp.** p. 236 (Colorado).
Habropoda fulvipes **n. sp. Cockerell,** Ann. Nat. Hist. (7.) vol. 13 p. 211—213
    (Khasia Hills).
Halictus. Synonyme Bemerkungen zu europäischen Arten. **Alfken,** Zeitschr.
    f. system. Hym. u. Dipt. Jahrg. 4 p. 1. — *frey-gessneri* **nom. nov.** für *sub-*

fasciatus Nyl. p. 3. — *orpheus* **nom. nov.** für *testaceus* Nurse. **Nurse,** Journ.
Bombay Soc. vol. XVI p. 26.
— australische und neuseeländische Formen. **Cockerell,** Ann. Nat. Hist. (7.)
vol. 14 p. 211—213. — Übersichtstab. über die Arten: *peraustralis*
n. sp., *bicingulatus* Sm. ♀ (**nov. syn.** *rufipes* Sm., *tertius* D. T.), *conspicuus*
Sm. ♀ (T.), *carbonarius* Sm. ♀ (T.), *oblitus* Sm. ♀ (T.), *lanuginosus* Sm.
(T.), *repraesentans* Sm. ♀ (T.), *lanarius* Sm. ♀ (T.), *convexus* Sm. ♀ (T.),
floralis Sm. ♀ (T.), (**nov. syn.** *vividus* Sm.), *punctatus* Sm. ♀ (T.), *vitri-*
pennis Sm. ♀ (T.), *sphecoides* Sm. ♀ (T.), *globosus* Sm. ♀ (T.), *urbanus*
Sm. ♀ (T.), *humilis* Sm. ♀ (T.), *inclinans* Sm. ♀ (T.) u. *limatus* Sm. ♀
(T.). — *familiaris* Erichs., *orbatus* Sm. u. *H. cognatus* Sm. hat Verf.
nicht gesehen, sie fehlen in der Übersicht.
— *floralis* stammt aus Australien, Dalla Torre gibt irrtümlich New Zealand an.
— Kurze Charakteristik der Arten aus Tasmanien: *Smithii* D. T., (= *familiaris*
Sm.) ♀ (T.), *sordidus* Sm. ♀ (T.), *Binghami* W. F. Kirby ♀ u. *Andrewsi*
W. F. Kirby ♀ (T). von New Zealand resp. Christmas Isl. p. 213. ♀ (T.)
— *gayi, posticus* u. *gayatinus* Spin. gehören zu *Ceratina.* **Alfken,** Revista
chilena T. VIII p. 141.
— **Vachal (3)** gibt in seinen Tabellen zahlreiche (etwa 100) Arten, die wahrscheinlich neu sind; viele dieser Namen kommen zweimal vor. Sie
stammen alle aus S ü d - u. Z e n t r a l a m e r i k a.
— **Saunders** beschreibt von M a j o r k a in d. Trans. Entom. Soc. London
1904: *dubitabilis* **n. sp.** (*punctatissimus* ähnlich) p. 613. — *hollandi* **n. sp.**
(*minutissimus* sehr nahe) p. 614 ♂ ♀. — *hammi* **n. sp.** (verw. mit *Smeath-*
manellus) p. 615 ♂ ♀. — Ferner von T e n e r i f f a im Entom. Monthly
Mag. (2.) vol. 15 (40): *dubius* **n. sp.** p. 231.
— **Cameron** beschreibt in d. Ann. Nat. Hist. (7.) vol. 13: *carinifrons* **n. sp.**
p. 303 ♀ (Nordindien) u. im Entomologist 1904: *himalayensis* **n. sp.**
p. 210 (Indien).
— *philippinensis* **n. sp. Ashmead,** Proc. U. S. Nat. Mus. vol. XXVIII p. 128
(Manila).
— *manilae* **n. sp. Ashmead,** Canad. Entom. vol. XXXVI p. 281 (Philippinen).
— *peraustralis* **n. sp. Cockerell,** Ann. Nat. Hist. (7.) vol. 14 p. 211 (S. Australien).
— **Crawford** beschreibt aus N e w J e r s e y in d. Entom. News Philad. vol. XV:
vierecki **n. sp.** p. 97. — *marinus* **n. sp.** p. 99.
— **Vachal** charakterisiert im Bull. Soc. Correze eine große Reihe n e u e r
a m e r i k a n i s c h e r A r t e n: *denticulus* **n. sp.** p. 469 (Nordamerika).
— *procerus* **n. sp.** p. 469 (Nordamerika). — *nearcticus* **n. sp.** p. 470
(Nordamerika). — *ochromerus* **n. sp.** p. 471 (Brasilien). — *citricornis*
n. sp. p. 471 (Chile). — *trichcus* **n. sp.** p. 471 (Mexico). — *transvorsus*
n. sp. p. 472 (Mexico). — *capitulatus* **n. sp.** p. 472 (Mexico). — *citerior*
n. sp. p. 473 (Fundort?). — *aequatus* **n. sp.** p. 473 (Mexico). — *linctus*
n. sp. p. 473 (Mexico). — *crocoturus* **n. sp.** p. 473 (Mexico). — *tricnienos*
n. sp. p. 474. — *jubatus* **n. sp.** p. 474 (Mexiko). — *circinatus* **n. sp.** p. 475
(Mexico). — *pharus* **n. sp.** p. 475 (Mexico). — *costalis* **n. sp.** p. 476
(Mexico). — *spinalis* **n. sp.** p. 476 (Mexico). — *egregius* **n. sp.** p. 476
British Columbia). — *colatus* **n. sp.** p. 476 (*Colorado*). — *pallicornis*
n. sp. p. 477 (Mexico). — *crassus* **n. sp.** p. 477 (Nordamerika). — *granosus*

n. sp. p. 477 (Nordamerika). — *occultus* n. sp. p. 478 (Nordamerika).
— *respersus* n. sp. p. 478 (Mexico). — *laneus* n. sp. p. 478 (Mexico). —
adelipus n. sp. p. 479 (Nordamerika). — *pallilabris* n. sp. p. 479 (Nordamerika). — *arctous* n. sp. p. 480 (Nordamer.) — *nigridens* n. sp. p. 480
(Nordamer.) — *nigricollis* n. sp. p. 480 (Nordamer.). — *gelidus* n. sp.
p. 481 (Nordamerik.) — *gularis* n. sp. p. 481 (Nordamer.). — *aratus*
n. sp. p. 481 (Mexico). — *diatretus* n. sp. p. 481 (Colorado). — *bivarus*
n. sp. p. 482 (Mexico). — *curtulus* n. sp. p. 482 (Mexico). — *fartus* n. sp.
p. 483 (Washington). — *sertus* n. sp. p. 483 (Mexico). — *coactilis* n. sp.
p. 484 (Mexico). — *ectypus* n. sp. p. 484 (Mexico). — *biseptus* n. sp.
p. 484 (Mexico). — *terginus* n. sp. p. 485 (Mexico). — *sudus* n. sp. p. 485
(Mexico). — *beskei* n. sp. p. 485 (S. Amer.). — *centranellus* n. sp. p. 485
(S.-Amer.). — *cubitalis* n. sp. p. 486 (Mexico). — *lanifer* n. sp. p. 486
(Fundort?). — *pisinnus* n. sp. p. 486 (Chile).
— *clematisellus* n. sp. **Cockerell,** Canad. Entom. vol. XXXVI p. 13 (New
    Mexico).
— *riveti* n. sp. **Vachal,** Bull. Mus. Hist. Nat. Paris 1904 p. 313. — *antarius*
    n. sp. p. 313. — *H. (Augochlora) notares* n. sp. p. 314 (sämtlich von
    Ecuador).
— *baeri* n. sp. **Vachal,** Rev. Entom. franc. T. XXIII p. 25. — *alticola* n. sp.
    p. 25 (beide von Tucuman).
H e r i a d i n i für *T r y p e t i n i* zu gebrauchen. **Titus,** Journ. New York
    Entom. Soc. vol. XII p. 23.
Heriades gracilior Ckll. von Las Vegas, N. Mexico usw. **Cockerell,** Ann. Nat. Hist.
    (7.) vol. 14 p. 25—26.
— *brunneri* n. sp. **Titus,** Journ. New York Entom. Soc. vol. XII p. 24.
Herianthidium n. g. (Type: *Anthidium dorsale* Lep.) Cockerell. **Cockerell,** Entom.
    News Philad. vol. 15 p. 292.
Hopliphora velutina = (*Oxynedis beroni* Schr.) **Friese,** Zeitschr. f. system. Hym.
    u. Dipt. Jhg. 4. p. 100.
Hoplitis sambuci n. sp. **Titus,** Proc. Entom. Soc. Washington vol. VI p. 101
    (Washington).
Hoplonomia n. g. *A n d r e n i d.* **Ashmead,** Journal New York Entom. Soc.
    vol. XII p. 4. — *quadrifasciata* n. sp. p. 4 (Philippinen).
Hypanthidium n. g. (Type: *Anthidium flavomarginatum* Sm.) **Cockerell,** Entom.
    News Philad. vol. XV p. 292.
Lanthanomelissa n. g. **Holmberg,** Ann. Mus. Buenos Aires (3) T. II. p. 418. —
    discrepans n. sp. p. 418 (Argentinien).
Leioproctus boltoni n. sp. **Cockerell,** Ann. Nat. Hist. (7.) vol. 14 p. 203 ♂ ♀. Ist eine
    Dasycolletes, doch Cock. kann sie nicht von *Leioproctus* trennen. Untersch.
    von *D. metallicus* u. *L. imitatus*. — *confusus* n. sp. (ähnelt *imitatus*) p. 204 ♀
    (beide von New Zealand).
Leptergatis n. sp. **Holmberg,** Ann. Mus. Buenos Aires (3) T. II p. 422. — *halictoides*
    n. sp. p. 424. — *mesopotamica* n. sp. p. 424. — *romeroi* n. sp. p. 425 (Argen-
    tinien).
Leptometria n. g. **Holmberg,** An. Mus. Buenos Aires (3) T. II p. 409. — *pereyrae*
    n. sp. p. 410. — *baraderensis* n. sp. p. 411. — *andina* n. sp. p. 412 (sämtlich
    aus Argentinien).

Lithurgopsis apicalis (Cresson) von Pecos, New Mexico. **Cockerell**, Ann. Nat. Hist.
(7.) vol. 14 p. 24.
Macrocera. **Vachal** beschreibt in d. Rev. Entom. franc. T. XXIII aus Südamerika:
baeri **n. sp.** p. 19. — *linearis* **n. sp.** p. 20. — *brethesi* **n. sp.** p. 20. — *buccosa*
n. sp. p. 20. — *curtata* **n. sp.** p. 21. — *discobola* **n. sp.** p. 21. — *arrhenica* **n. sp.**
p. 22. — *dama* **n. sp.** p. 22.
Macrotera secunda **n. sp.** (Unterschiede von *bicolor*) **Cockerell**, Ann. Nat. Hist.
(7.) vol. 14 p. 205 ♀ (Mexico).
Megachile. Untersuchung eines Nestes. **Ludwig**, Allgem. Zeitschr. f. Entom. Bd. 9
p. 225.
— *latimanus* **subsp.** *grindeliarum* **n. Cockerell**, Entom. News Philad. vol. XV
p. 33.
— *lachesis.* Beschr. des ♂. **Schulz**, Berlin. Entom. Zeitschr. Bd. 49 p. 234.
— *saulcyi* Guér. = *chilensis* Spin. **Alfken**, Revist. chilena T. VIII p. 141.
— *sparganotes* gehört zu *Lithurgus* **Friese**, Zeitschr. f. system. Hym. u. Dipt.
Jhg. 4 p. 99.
— *dubia* Sich. gehört zu *Lithurgus* **Friese**, t. c. p. 304.
N e u e A r t e n: **Friese** beschreibt in d. Zeitschr. f. system. Hym. u. Dipt.
Jhg. 4 folgende neue Arten aus A f r i k a: *damaraensis* **n. sp.** p. 330.
— *atripes* **n. sp.** p. 331. — *flavescens* **n. sp.** p. 332. — *marshalli* **n. sp.**
p. 333. — *malangensis* **n. sp.** p. 332. — *triangulifera* **n. sp.** p.333. — *quadrispinosa* **n. sp.** p. 334. — M. (*Chalicodoma*) *cariniventris* **n. sp.** p. 334. —
fulvohirta **n. sp.** p. 335. — *latitarsis* **n. sp.** p. 335. — *cornigera* **n. sp.** p. 336.
— *niveofasciata* **n. sp.** p. 336. — *volkmanni* **n. sp.** p. 299. — *kerenensis*
n. sp. p. 301. — *cyanescens* **n. sp.** p. 301. — *junodi* **n. sp.** p. 302. — *impunctata* **n. sp.** p. 302.
— *khasiana* **n. sp.** (steht *umbripennis* Sm. nahe) **Cameron**, Ann. Nat. Hist.
(7.) vol. 13 p. 216 ♀ (Indien: Khasia Hills).
— *taprobanae* **n. sp. Cameron**, Zeitschr. f. system. Hym. u. Dipt. Jhg. 4. p. 15
(Ceylon).
— *aberrans* **n. sp. Friese**, t. c. p. 329 (Nikobaren, Java usw.).
— *robbii* **n. sp. Ashmead**, Proc. U. S. Mus. vol. XXVIII p. 128 (Manila).
— *strophostylis* **n. sp. Robertson**, Canad. Entom. vol. XXXVI p. 277 (Nordamerika).
— *emoryi* **n. sp. Cockerell**, The Entomologist 1904 p. 7 (New Mexico).
— **Friese** beschreibt in d. Zeitschr. f. system. Hym. u. Dipt. Jhg. 4: *rufohirta*
n. sp. p. 185 (Chile). — *garleppi* **n. sp.** p. 186 (Ecuador). — *ecuadoria*
n. sp. p. 187 (Ecuador). — *aricensis* **n. sp.** p. 188 (Chile).
— **Vachal** charakterisiert in d. Rev. Entom. franc. T. XXIII: *arctos* **n. sp.** p. 11.
— *patagonica* **n. sp.** p. 11 (Santa Cruz). — *vetula* **n. sp.** p. 12. — *rufi-
plantis* **n. sp.** p. 12. — *baeri* **n. sp.** p. 12. — *laevinasis* **n. sp.** p. 13. —
eburnipes **n. sp.** p. 13. — *schrottkyi* **n. sp.** p. 13. — *nubila* **n. sp.** p. 14
(außer *patagonica* sämtlich von Tucuman).
Megacilissa tarsata = (*metatarsalis* Schr.) **Friese**, Zeitschr. f. system. Hym.
u. Dipt. Jhg. 4 p. 100. — *eximia* gehört zu *Ptiloglossa*. **Friese**, t. c. p. 19.
N e u: *matutina* **n. sp. Schrottky**, Allgem. Zeitschr. f. Entom. Bd. 9. p. 346
(Paraguay).

Megapis **n. g.** (Type: *Apis dorsata*) **Ashmead,** Proc. Entom. Soc. Washington, vol. VI p. 120.

Melanapis rufifrons **n. sp. Nurse,** Journal Bombay Soc. vol. XV p. 567 (Quetta).

Melecta interrupta in New Mexico. **Cockerell,** Ann. Nat. Hist. (7.) vol. 14 p. 23 ♀ (Pecos, N. M., Continental Divide, La Tenaja, N. M. auf Blüten von *Fallugia*). — *interr.* **var.** *fallugiae* **n.** — **var.** *rociadensis* **n.** p. 23 ♂ (Rociadia, N.W.). — *armata.* Biolog. Beziehungen zu *Anthophora.* **Semichon,** Bull. Soc. Entom. France 1904 p. 188.

— *baeri* **n. sp. Vachal,** Revue Entom. franc. T. XXIII p. 9.

— *ligata* Say in Mexico. **Cockerell,** Ann. Nat. Hist. (7.) vol. 14 p. 23.

Melissa diabolica = (*Cyphomelissa pernigra* Schr.) **Friese,** Zeitschr. f. system. Hym. u. Dipt. Jhg. 4. p. 100.

Melissodes californica gehört zu *Synhalonia.* **Cockerell,** The Entomologist, 1904 p. 235.

N e u : *machaerantherae* **n. sp. Cockerell,** Ann. Nat. Hist. (7.) vol. 14 p. 21 ♂ (New Mexico. White Sands usw., auf Blüten von *Machaeranthera* usw.), mutmaßliches ♀. — *M. bituberculata afflicta* u. *Sumichrastii* von Cress. gehören zu *Diadasia* p. 22.

Melissoptila bonaërensis **n. sp. Holmberg,** An. Mus. Buenos Aires (3) T. II p. 384 (Buenos Aires).

Micrapis **n. g.** (Type: *Apis florea*) **Ashmead,** Proc. Entom. Soc. Washington, vol. VI p. 122.

Monumetha argentifrons. Beschr. des ♂. **Titus,** Journ. New York Entom. Soc. vol. XII p. 26.

Morgania siehe *Pasites* und *Omachthes.*

— *dichroa* (Sm.) von Sierra Leone Beschr., *carnifex* u. *histrio* beide von Gerst. **Cockerell,** Ann. Nat. Hist. (7.) vol. 14 p. 208.

Nectarodiaeta **n. g. Holmberg,** An. Mus. Buenos Aires (3) T. II p. 420. — *oliveirae* **n. sp.** p. 421 (Argentinien).

Neohalictoides **n. g.** (Type: *H. maurus* Cress.) **Viereck,** Entom. News Philad. vol. XV p. 261.

Nomada suavis Cress., *ultima* Ckll., *fragilis* Cress. Fundorte in Colorado resp. Californ. **Cockerell,** Ann. Nat. Hist. (7.) vol. 14 p. 28.

— *fulvipes* = (*imperialis* Schm.) **Alfken,** Zeitschr. f. system. Hym. u. Dipt. Jhg. 4. p. 1. — *conjugens* = (*dallatorreana* Schm.) p. 1.

— *regana* ist eine gute Art. **Cockerell,** Bull. Colorado exp. Stat. 94 p. 76. — *veg.* **var.** *nitescens* **n.** p. 76. — *coloradensis* Beschr. des ♂ p. 84. — *vicinalis* **var.** *infrarubens* **n.** p. 84.

— *mutica* = (*olympica* Schm.) **Friese,** Zeitschr. f. system. Hym. u. Dipt. Jhg. 4 p. 99. — *sexfasciata* var. = (*fulvipes* Br. = *imperialis* Schm.) p. 99.

N e u e A r t e n: *detecta* **n. sp. Nurse,** Journ. Bombay Soc. vol. XV p. 571. — *annexa* **n. sp.** p. 572 (beide aus Indien).

— *frieseana* **n. sp.** (ähnelt *rubicunda*) **Cockerell,** Ann. Nat. Hist. (7.) vol. 14 p. 28 ♀ (Prospect Lake, Co.). — *semiscita* **n. sp.** (ähnelt *N. sitiformis*) p. 29 ♂ (auf Blüten von *Senecio,* Colorado Spring, Colorado).

— **Cockerell** beschreibt ferner im Bull. Color. exper. Stat. 94 folgende neue Arten aus C o l o r a d o: *N.* (*Gnathias*) *rubrella* **n. sp.** p. 75. — *N.* (*Micro-*

nomada) lamarensis **n. sp.** p. 76. — *uhleri* **n. sp.** p. 77. — *N.* (*Xanthidium*) *rhodoxantha* **n. sp.** p. 78. — *crawfordi* **n. sp.** p. 79. — *collinsiana* **n. sp.** p. 79. — *parvicincta* **n. sp.** (nebst var. *rufula* **n.**) p. 80. — *gillettei* **n. sp.** p. 81. *agynia* **n. sp.** p. 87. — *pallidella* **n. sp.** p. 82. — *coloradella* **n. sp.** p. 83. — *luteopicta* **n. sp.** p. 83. — *alpha* **n. sp.** p. 84.

Nomia rubella ♀, *scutellaris, maculata* u. *nigripes.* Neue Subspp. **Friese,** Zeitschr. f. system. Hym. u. Dipt. Jhg. 4. p. 296. — *tegulata.* Beschr. d. ♂. **Morice,** Jägerskiöld exp. No. 14 p. 6.

N e u: *rubra* **n. sp. Friese,** Zeitschr. f. system. Hym. u. Dipt. Jahrg. 4 p. 297 (Transvaal).

— *bahadur* **n. sp. Nurse,** Journ. Bombay Soc. vol. XV p. 568. — *kangrae* **n. sp.** p. 569 (beide aus Indien).

— **Cameron** beschreibt in Ann. Nat. Hist. (7.) vol. 13 aus N o r d i n d i e n: *pilosella* **n. sp.** p. 211 ♀ (Khasia Hills). — *rothneyi* **n. sp.** p. 214 ♀ (Mussorie). — *interrupta* **n. sp.** p. 215 ♀ (Khasia Hills). — *tuberculata* **n. sp.** p. 215 ♀ (Khasia Hills).

Omachthes carnifex und *histrio* gehören zu *Morgania.* **Cockerell,** Ann. Nat. Hist. (7.) vol. 14 p. 208.

Osiris fasciata = (*Euthyglossa fasciata* Rad.) **Friese,** Zeitschr. f. system. Hym. u. Dipt. Jhg. 4 p. 100.

Osmia. Die nordamerikanischen Vertreter der Gattung. **Titus,** Journ. New York Entom. Soc. vol. XII p. 26.

— *parvula, leucomelaena* u. ihr Parasit *Stelis ornatula.* **Höppner,** Allgem. Zeitschr. f. Entom. Bd. 9 p. 129—134.

— *bicornis* Nester. **Kopp,** Jahresh. Ver. Württemb. Bd. 40. p. 346—348.

N e u e A r t e n aus I n d i e n , Q u e t t a beschreibt **Nurse** im Journ. Bombay Soc. vol. XV: *sponsa* **n. sp.** p. 573. — *balucha* **n. sp.** p. 573. — *sita* **n. sp.** p. 574.

Oxaea festiva Beschr. d. ♂ **Friese,** Zeitschr. f. system. Hym. u. Dipt. Jhg. 4. p. 18.

Oxystoglossa decorata Sm. ♀ von Jamaica. Kurze Ergänz. zur Beschr. **Cockerell,** Ann. Nat. Hist. (7.) vol. 14 p, 208.

Parandrena chalybioides **n. sp. Viereck,** Canad. Entom. vol. 36 p. 229 (Oregon).

Paranomia stantoni **n. sp. Ashmead,** Journ. New York Entom. Soc. vol. XII p. 4 (Philippinen).

Paraspheeodes Sm. Übersichtstabelle über die Arten: *sulthica, altichus, stuchila* u. *hilactus* sämtl. Sm. (T.) — ♀: *lithusca* Sm. *tuchilas, lichatus, tilachus, lacthius,* sämtl. Sm. (T.) u. *taluchis* Sm. u. *hiltacus* Sm. Melbourne. N e u: *melbournensis* **n. sp.** (Unterschiede von den Vorw. Sp.) **Cockerell,** t. c. p. 210 ♀ (Melbourne). — *Frenchi* **n. sp.** p. 210 ♀ (beide aus Australien, Melbourne).

Parevaspis basalis u. *abdominalis.* Von Japan und China. **Cockerell,** Ann. Nat. Hist. (7.) vol. 14 p. 207.

Pasites dichrous gehört zu *Morgania.* **Cockerell,** Ann. Nat. Hist. (7.) vol. 14 p. 207.

Perdita gerhardi **n. sp. Viereck,** Entom. News Philad. vol. XV p. 21. — *monardae* **n. sp.** p. 22 (beide von New Jersey).

Podalirius orotavae **n. sp. Saunders,** Entom. Monthly Mag. (2) p. 40 p. 234 (Tenerifa).
— **Nurse** beschreibt aus **I n d i e n:** *vedettus* **n. sp.** p. 152. — *connexus* p. 583.
— *sergius* **n. sp.** p. 584.
Prochelostoma philadelphi Beschr. **Titus,** Journ. New York Entom. Soc. vol. XII p. 24.
Prosopis. Synonymie der europäischen Formen. **Alfken,** Zeitschr. f. system. Hym. u. Dipt. Jhg. 4 p. 1—2.
— *divergens* Ckll., *asinina* Ckll. u. Casad., *mesillae* Ckll. von Pecos, *divergens* für New Mexico neu. **Cockerell,** Ann. Nat. Hist. (7.) vol. 14 p. 26.
— *variegata* mit **var.** *integra* **n., var.** *obtusa* **n.** u. **var.** *maculata* **n. Alfken,** t. c. p. 322.
— *P.* und ihr Parasit *Gasteruption.* **Höppner,** Allgem. Zeitschr. f. Entom. Bd. 9 p. 97—103.
N e u e   A r t e n: *dubitata* **n. sp. Alfken,** Zeitschr. f. system. Hym. u. Dipt. Jahrg. 4 p. 323 (Südeuropa). — *persica* **n. sp.** p. 324 (Araxes). — *friesei* **n. sp.** p. 325 (Fiume).
— *basimacula* **n. sp. Cameron,** The Entomologist 1904 p. 209 (Darjiling).
— *philippinensis* **n. sp. Ashmead,** Journ. New York Entom. Soc. vol. XII p. 5 (Manila).
— *sayi* **n. sp. Robertson,** Canad. Entom. vol. XXXVI p. 273 (Nordamerika).
Proteraner leptanthi **n. sp. Cockerell,** The Entomologist, 1904 p. 232. — *rhois* **n. sp.** p. 233 (beide aus Colorado).
Proteriades **n. g.** (Type: *Heriades semirubra* Ckll.) **Titus,** Journ. New York Entom. Soc. vol. XII p. 25.
Psaenythia unizonata **n. sp. Holmberg,** An. Mus. Buenos Aires (3) T. II p. 455 (Argentinien).
Pseudopanergus = (*Proterandrenopsis* Craw. 1903) **Cockerell,** Ann. Nat. Hist. (7.) vol. 14 p. 26. — *fraterculus* Ckll. eine gute Art, kein Synonym zu *rugosus,* wie Robertson angibt.
N e u: *pectidellus* **n. sp.** (ähnelt *fraterculus*) p. 26 (New Mexico: zus. auf Blüten von *Pectis papposa* mit *Perdita solitaria* Ckll.).
Pterandrena. **Viereck** beschreibt im Canad. Entom. vol. XXXVI folgende neue A r t e n   a u s   O r e g o n: *oniscicolor* **n. sp.** p. 228. — *albuginosa* **n. sp.** p. 228.
— *pallidiscopa* **n. sp.** p. 228. — *nudiscopa* **n. sp.** p. 228. — *pallidifovea* **n. sp.** p. 228. — *complexa* **n. sp.** p. 228. — *erigenoides* **n. sp.** p. 228. — *crypta* **n. sp.** p. 228. — *acrypta* **n. sp.** p. 229. — *nudimediocornis* **n. sp.** p. 229.
Ptiloglossa aculeata **n. sp. Friese,** Zeitschr. f. system. Hym. u. Dipt. Jahrg. 4 p. 19 (Brasilien). — *eburnea* **n. sp.** p. 20 (Peru).
Ptilothrix nudipes Burm. (als *Meliphila*) = (*similis* Fr.) **Friese,** Zeitschr. f. syst. Hym. u. Dipt. Jahrg. 4 p. 100.
Rhathymus quadriplagiata Sm. v. Mexico u. *Eurytis funereus* Sm. Ergänz. Beschreib. **Cockerell,** Ann. Nat. Hist. (7.) vol. 14 p. 208
— *armatus* = (*Odyneropsis holosericea* Schr.) **Friese,** Zeitschr. f. system. Hym. u. Dipt. Jahrg. 4 p. 100.
Robertsonella **n. g.** O s m i i n. **Titus,** Journ. New York Entom. Soc. vol. XII p. 22. — *gleasoni* **n. sp.** p. 23 (Illinois).

Saropoda alpha **n. sp.** (Untersch. von *S. bombiformis* Sm.) **Cockerell,** Ann. Nat. Hist. (7.) vol. 14 p. 204 (Australien). — Ist Smiths *var. α. v. S. bombiformis* u. ähnelt oberflächlich der mexik. *Emphoropsis fulvus (Habropoda fulva* Sm.).

Scirtetica **n. g. E u c e r i t.** **Holmbcrg,** An. Mus. Buenos Aires (3) T. II p. 389. — *antarctica* **n. sp.** p. 391 (Patagonien).

Serapis rufipes **n. sp. Friese,** Zeitschr. f. system. Hym.-u. Dipt. Jhg. 4 p. 106 (Kapkolonie).

Serapista **nom. nov.** für *Serapis* Sm. **Cockerell,** Canad. Entom. vol. XXXVI p. 357.

Sphecodes pecosensis von Cheyenne Cañon, Col. auf *Prunus*-Blüten, für Colorado neu. **Cockerell,** Ann. Nat. Hist. (7.) vol. 14. p. 26.
— **Cockerell** beschreibt im Canad. Entom. vol. XXXVI aus O r e g o n usw.: (*Drepanium*) *olympicus* **n. sp.** p. 230. — *S.* (*Machaeris*) *Washingtoni* **n. sp.** p. 231. — *S.*. (*S.*) *hesperellus* **n. sp.** p. 232. — *arvensiformis* **n. sp.** p. 232.
— **Cockerell** beschreibt im Entomologist 1904 aus N e w M e x i c o: *veganus* **n. sp.** p. 5. — *pecosensis* **n. sp.** p. 5. — *arroyanus* **n. sp.** p. 231.
— *equator* **n. sp. Vachal,** Bull. Mus. Paris 1904 p. 314. — *lunaris* **n. sp. Vachal,** Rev. Entom. franc. T. XXIII p. 26 (Tucuman).

Stelis ornatula siehe *Osmia.*

Svastra fulgurans **n. sp. Holmberg,** An. Mus. Buenos Aires (3) T. II p. 388 (Argentinien).

Synhalonia frater **subsp.** *aragalli* **n. Cockerell,** Ann. Nat. Hist. (7.) vol. 14 p. 25. —(Prospect Lake, Colorado Springs, Co., auf Blüten von *Aragallus lamberti*). — *crenulaticollis* (Ckll.) **var.** *lippiae* **n.** p. 25 ♂ (La Cueva, Organ Mts., N. M., 5300 ′, desgl. Dripping Spring, O. Mts. N. M.)

Tapinotaspis **n. g. Holmberg,** An. Mus. Buenos Aires (3) T. II p. 413. — *chacabuensis* **n. sp.** p. 415. — *sabularum* **n. sp.** p. 415 (beide aus Argentinien).

Teleutemnesta **n. g. Holmberg,** An. Mus. Buenos Aires (3) T. II p. 400. — *fructifera* **n. sp.** p. 402. — *scalaris* **n. sp.** p. 403. — *relata* **n. sp.** p. 403. — *distincta* **n. sp.** p. 404. — *separata* **n. sp.** p. 405 (sämtl. aus La Plata).

Tetralonia melanura = (*Anthoph. grisea* Schl. u. *Megachile gasperini* Schl. auch *T. atrifrons* Sm.) **Friese,** Zeitschr. f. system. Hym. u. Dipt. Jhg. 4 p. 99. — *analis* = (*Macroglossa oribazi* Rad.) p. 100.

Tetrapedia mexicana Rad. als (*Epeicharis*) = (*fiorentinia* D. T. = *saussurei* Fr. **Friese,** Zeitschr. f. system. Hym. u. Dipt. Jhg. 4 p. 100.
N e u: *tucumana* **n. sp. Vachal,** Rev. Entom. franc. T. XXIII p. 22 (Tucuman). — *gaullei* **n. sp.** p. 22 (Tucuman).

Thygater chrysophora **n. sp. Holmberg,** An. Mus. Buenos Aires (3) T. II p. 386 (Argentinien).

Thyreothremma **n. g. E u c e r i t. Holmberg,** An. Mus. Buenos Aires (3) T. II p. 391. — *rhopalocera* **n. sp.** p. 393. — *desiderata* **n. sp.** p. 395. — *abscondita* **n. sp.** p. 396 (sämtlich aus La Plata).

Trachandrena. **Viereck** beschreibt im Canad. Entom. vol. XXXVI aus O r e g o n usw.: *amphibola* **n. sp.** p. 159. — *indotata* **n. sp.** p. 160. — *ochropleura* **n. sp.** p. 160. — *crassihirta* **n. sp.** p. 160. — *perdensa* **n. sp.** p. 160. — *hadra* **n. sp.**

p. 160. — *limarea* n. sp. p. 160. — *cleodora* n. sp. p. 161. — *fuscicauda* n. sp.
p. 161. — *auricauda* n. sp. p. 161. — *pernuda* n. sp. p. 161.
Trachusa serratulae. Lebensweise usw. **Adlerz**, Entom. Tidskr. Årg. 25. p. 121
—129.
Trichocerapis **n. g.** (Type: *Tetralonia mirabilis* Sm.) **Cockerell**, Entom. News
Philad. vol. XV p. 292.
Triepeolus helianthi **var.** *arizonensis* **n. Cockerell**, Ann. Nat. Hist. (7.) vol. 13
p. 39 ♂ (Phoenix, Arizona). — *cressoni* **var.** *fraserae* **n.** p. 39 ♂ (diverse Fundorte in New Mexico). — *nevadensis* von Albuquerque, N. Mexico p. 36. Berichtigung. — *donatus* Smith von San Bernardino County, Calif. p. 38. —
helianthi (Rob.) ähnelt sehr *Tr. Cressoni.* Fundorte: Illinois (von Robertson
als *Epeolus mercatus* erhalten) p. 39. — *degregatus* (= *E. occidentalis* var.
segregatus) scheint eine gute Art zu sein u. verw. mit *T. pectoralis* (Rob.)
p. 38—39.
N e u: *nautlanus* **n. sp.** (trop. Vertreter von *T. lunatus*) p. 36 ♂ (San Rafael,
Mexico). — *pimarum* **n. sp.** p. 36 ♀ (Alhambra, Salt River Valley,
Arizona). — *mesillae* **n. sp.** (Untersch. zw. *pimarum* u. *mesillae*) p. 36
(Mesillae). — *isocomae* **n. sp.** (Untersch. von. *Tr. occidentalis* ♂) p. 38
(mit Ausnahme von *nautlana* sämtlich von New Mexico).
Trigona heideri u. *occidentalis* **Schulz**, Sitz.-Ber. Acad. München 1904 p. 823.
N e u: *catamarcensis* **n. sp. Holmberg**, An. Mus. Buenos Aires (3) T. II p. 378.
— *remota* **n. sp.** p. 379 (Argentinien).
Xenoglossodes imitatrix Ckll. u. Porter in New Mexico (roter Strich auf Mandib.)
Cockerell, Ann. Nat. Hist. (7.) vol. 14 p. 24.
Xylocopa collaris **var.** *binghami* **n. Cockerell**, Ann. Nat. Hist. (7.) vol. 14 p. 31. —
brasilianorum (L.) in der Nähe von San Rafael, Vera Cruz, Mexico. Er-
gänzungen zur Beschr. **Cockerell**, Ann. Nat. Hist. (7.) vol. 14 p. 30.
— *colona* Lep. von San Rafael. Beschr. des ♀ p. 30.
— *violacea* zerbeißt Blüten, um zum Nektar zu gelangen. **Cobelli**, Allgem.
Zeitschr. f. Entom. Bd. 9 p. 11.
— *X.* u. Blüten in Paraguay. **Schrottky**, t. c. p. 346.
N e u: *nautlana* **n. sp.** (ähnelt *X. morio*). **Cockerell**, Ann. Nat. Hist. (7.) vol. 14
p. 30 ♀ (Mexico, Rio Nautla, bei San Rafael, State of Vera Cruz, Mexico).
Zacesta ist zu den *P a n u r g i d a e* zu stellen. Beschreib. **Titus**, Journ. New York
Entom. Soc. vol. XII p. 26.

Apistik.

S i e h e i m B e r i c h t f. 1 9 0 8.

Superfamilia II. Sphecoidea.

Fossoria (Fam. XV—XXVI, XXVII).

Es gehören hierher die Familien *O x y b e l i d a e , C r a b r o n i d a e ,
P e m p h r e d o n i d a e , B e m b i c i d a e , L a r r i d a e , P h i l a n t i d a e ,
T r y p o x y l o n i d a e , M e l l i n i d a e , N y s s o n i d a e , S t i z i d a e ,
S p h e g i d a e* und *A m p u l i c i d a e .*

Autoren: Adlerz, André, Ashmead, Aurivillius, Brèthes, du Buysson, Cameron, Ducke, Enderlein, Friese, Garcia, Kopp, Mantero, Nurse, Pechlauer, Picard, Saunders, Saussure, Schulz, Tullgren, Viereck, Viereck u. Cockerell.

Fossoria von Argentinien: **Holmberg** p. 469—504 (57 Spp.).

Anodontyna tricolor ♀. **André,** Zeitschr. f. system. Hym. u. Dipt. Jhg. 4 p. 317.
— *albofasciata* ♂ p. 318.

Ammoplanus ceanothae **n. sp. Viereck,** Psyche vol. XI p. 72 (Pennsylvanien).

Aulacophilus eumenoides **n. sp. Ducke,** Zeitschr. f. system. Hym. u. Dipt. Jhg. 4 p. 97 (Pará).

Bothynostethus collaris **n. sp. Ducke,** Zeitschr. f. system. Hym. u. Dipt. Jhg. 4 p. 95 (Pará). — *clypealis* **n. sp.** p. 189 (Alemquer).

Chlorion cyaneum. Synonymie. **Fernald,** Entom. News Philad. vol. 15. p. 120. — *lobatus.* Nahrungsgewohnheiten. **Maxwell-Lefroy,** Journ. Bombay Soc. vol. 15 p. 531.

Clytochrysus dubiosus **n. sp. Ashmead,** Journ. New York Entom. Soc. vol. 15 p. 65 (Japan).

Dasyproctus philippinensis **n. sp. Ashmead,** Proc. U. S. Nat. Mus. vol. XXVIII p. 129 (Manila).

Megalomma quadricinctum **n. sp. Ashmead,** Proc. U. S. Nat. Mus. vol. XXVIII p. 132 (Manila).

Nectanebus fischeri fischeri u. *fischeri algiriensis* **Schulz,** Allgem. Zeitschr. f. Entom. Bd. 9 p. 9—11.

Ochleroptera **n. g. Holmberg,** Ann. Mus. Buenos Aires (3) T. II p. 487. — *oblita* **n. sp.** p. 487 (Argentinien).

Piagetia varicornis **n. sp. Cameron,** Zeitschr. f. system. Hym. u. Dipt. Jhg. 4 p. 11 (Sikkim). — *ruficollis* **n. sp. Cameron,** Journal Straits Asiat. Soc. vol. XLI p. 119 (Singapore).

Pison pallidipalpe Beschr. **Schulz,** Berlin. Entom. Zeitschr. Bd. 49 p. 214. N e u : *lagunae* **n. sp. Ashmead,** Proc. U. S. Nat. Mus. vol. XXVIII p. 131 (Philippinen).

Pisonitus argenteus **n. sp. Ashmead,** Proc. U. S. Nat. Mus. vol. XXVIII p. 131 (Philippinen).

Soleriella canariensis **n. sp. Saunders,** Entom. Monthly Mag. vol 15 (40) p. 201 (Tenerife). — *amazonica* **n. sp. Ducke,** Zeitschr. f. system. Hym. u. Dipt. Jhg. 4 p. 96 (Alemquer).

Trachypus martialis **n. sp. Holmgren,** An. Mus. Buenos Aires (3) T. II p. 489 (Argentinien).

Oxybelidae (Fam. XV).

Oxybelus platensis **n. sp. Brèthes,** Revist. Mus. La Plata vol. X p. 195 (Buenos Aires). — Bemerk. über Lebensweise und Instinkte p. 196—200, Taf. I.

Crabronidae (Fam. XVI).

Anothyreus panurgoides **n. sp. Viereck,** Trans. Amer. Entom. Soc. vol. XXX p. 239 (Pennsylvania).

Crabro alatus **subsp.** *japonicus* **n. Schulz,** Zeitschr. Entom. Breslau Bd. XXIX p. 99.

28*

Neu: *trichiosomus* **n. sp. Cameron,** The Entomologist, 1904 p. 260. — *agycus*
  n. sp. p. 261 (beide vom Himalaya).
Enthomognathus lenapeorum **n. sp. Viereck,** Trans. Amer. Entom. Soc. vol. XXX
  p. 209 (Pennsylvania).
Ischnolynthus **n. g.** (steht *Crabro* am nächsten) **Holmberg,** An. Mus. Buenos Aires
  (2) T. III p. 472. — *foveolatus* **n. sp.** p. 472 (Argentinien).
Paranothyreus rugicollis **n. sp. Viereck,** Trans. Amer. Entom. Soc. vol. XXX
  p. 241 (New Jersey).
Rhopalum albocollare **n. sp. Ashmead,** Proc. U. S. Nat. Mus. vol. XXVIII p. 130
  (Manila).
— **Holmberg** beschr. im An. Mus. Buenos Aires (3) T. II aus A r g e n t i n i e n:
  patagonicum **n. sp.** p. 470. — *lynchii* **n. sp.** p. 471.
Solenius. Bemerk. über Lebensweise. **Kopp,** Jahresheft. Ver. Württemb. Bd. 60
  p. 348—350.
Stenocrabro nelli **n. sp. Viereck,** Trans. Amer. Entom. Soc. vol. XXX p. 241.
— *flavitrochantericus* **n. sp.** p. 242 (beide aus Nordamerika).

Pemphredonidae (Fam. XVII).

Diodontus gracilipes **n. sp. Saunders,** Entom. Monthly Mag. (2) vol. 15 (40) p. 202
  (Tenerifa). — *crassicornis* **n. sp. Viereck,** Trans. Amer. Entom. Soc. vol. XXX
  p. 243 (Oregon).
Mimesa palliditarsis **n. sp. Saunders,** Trans. Entom. Soc. London, 1904 p. 605
  —606 ♂ (Majorka; Little Albufera).
Passalaccus (?) *rivertonensis* **n. sp. Viereck,** Trans. Amer. Entom. Soc. vol. XXX
  p. 243 (New Jersey).
Psen rufobalteata **n. sp.** (steht *P. rufiventris* nahe). **n. sp. Cameron,** Ann. Nat.
  Hist. (7.) vol. 13 p. 219 ♀ (Khasia Hills).

Bembicidae (Fam. XVIII).

Bembex. B e s c h r e i b u n g d e r s p a n i s c h e n A r t e n. **Garcia,** Bol. Soc.
  espan. vol. IV p. 341—356.
Neu: *handlirschi* **n. sp. Garcia,** t. c. p. 343. — *miscella* **n. sp.** p. 345. — *hispanica*
  n. sp. p. 347. — *megadonta* **n. sp. Cameron,** The Entomologist, 1904.
  p. 261 (Darjiling).
— *khasiana* **n. sp.** (steht *B. fossoria* nahe) **Cameron,** Trans. Entom. Soc.
  London, 1904 p. 123 (Khasia Hills, Assam).
Bembidula simillima Sm. Neubeschreibung. **Ducke,** Zeitschr. f. system. Hym.
  u. Dipt. Jhg. 4. p. 91.
Monedula surinamensis Nistgewohnheiten. **Brèthes,** Revist. Mus. La Plata
  vol. 8IX p. 200—204.

Larridae (Fam. XIX).

Astata lucinda **n. sp. Nurse,** Journ. Bombay Soc. vol. XVI p. 25 (Quetta).
Larra bicolorata **n. sp. Cameron,** Ann. Nat. Hist. (7.) vol. XIII p. 294—295 ♀.
— *pygidialis* **n. sp.** p. 295—296 ♀. — *apicepennis* **n. sp.** p. 302 ♀ (alle drei
  aus Nordindien).

Liris violaceipennis **n. sp.** (steht *nigripennis* Cam. nahe) **Cameron,** Ann. Nat. Hist. (7.) vol. 13 p. 302 (Nordindien).

Odontolarra nigra **n. sp. Cameron,** Zeitschr. f. system. Hym. u. Dipt. Jhg. 4 p. 12 (Sikkim).

Tachytes rufipalpis **n. sp.** (steht *T. Saundersi* in Binghams Werk am nächsten) **Cameron,** Ann. Nat. Hist. (7.) vol. 13 p. 296 ♀. — *assamensis* **n. sp.** p. 297 ♀. — *fulvopilosa* **n. sp.** (verw. m. *T. Saundersi* u. *T. Rothneyi*) p. 297 ♀. — *fulvovestita* (steht *fulva-pilosa* nahe) **n. sp.** p. 298. — *maculipennis* **n. sp.** p. 299—300 ♀ ♂ (sämtlich von Nord-Indien).

Philantidae (Fam. XX).

P h i l a n t i d a e. N o r d a m e r i k a n i s c h e. Revision und Übersichtstabellen. **Viereck** u. **Cockerell,** Journ. New York Entom. Soc. vol. 12 p. 84, 129 sq.

Philanthus camerunensis **n. sp. Tullgren,** Arkiv Zool. vol. I p. 444 fig. 7 (Afrika). — *punctinudus* **n. sp. Viereck** u. **Cockerell,** Journal New York Entom. Soc. vol. 12 p. 144. — *crotoniphilus* **n. sp.** p. 145 (beide aus New Mexiko).

Trypoxylonidae (Fam. XXI).

Trypoxylon foveatum **n. sp. Cameron,** Record Albany Mus. vol. I p. 139 (Cape Colony).
— *philippinensis* **n. sp. Ashmead,** Canad. Entom. vol. XXXII p. 283 (Manila).
— **Cameron** beschreibt aus N o r d i n d i e n in Ann. Nat. Hist. (7.) vol. 13: *placidum* **n. sp.** p. 216 ♂ ♀ (Khasia Hills). — *fulvocollare* **n. sp.** (steht *coloratum* Sm. nahe) p. 217 ♀ (Khasia Hills). — *khasiae* **n. sp.** p. 218 (Khasia Hills). — *occidentale* **n. sp.** p. 218 ♀ (Khasia Hills) p. 218 ♀.

Mellinidae (Fam. XXII).

vacant.

Nyssonidae (Fam. XXIII).

Gorytes laevis **subsp.** *aegyptiacus* **n. Schulze,** Zeitschr. Entom. Breslau Bd. XXIX p. 96.
— *scutellaris* = (*Harpactes sanguinans* Dom.) **Ducke,** Zeitschr. f. system. Hym. u. Dipt. Jhg. 4 p. 92. — *triangularis* Sw. taxonomische Charakt. p. 92.

Nysson laufferi **n. sp. Garcia,** Bol. Soc. espan. T. IV p. 392 (Madrid). — *violaceipennis* **n. sp. Cameron,** Zeitschr. f. system. Hym. u. Dipt. Jhg. 4 p. 10 (Sikkim).
— **Viereck** beschreibt aus N o r d a m e r i k a in d. Trans. Amer. Entom. Soc. vol. XXX: *submellipes* **n. sp.** p. 237. — *tramosericus* **n. sp.** p. 237. — *daeckei* p. 238. — *cressoni* **n. sp. Cameron,** Trans. Amer. Entom. Soc. vol. XXX p. 95 (Mexico).
— *alfkeni* **n. sp. Ducke,** Zeitschr. f. system. Hym. u. Dipt. Jhg. 4 p. 190 (Amazonas).

Stizidae (Fam. XXIV).

Stizus poecilopterus Beschr. des ♂. **Morice**, Jägerskiöld exp. No. 14 p. 2.
— *tridens* u. *cyanescens* **Schulz**, Zeitschr. Entom. Breslau Bd. XXIX p. 95.

Sphegidae (Fam. XXV).

S p h e g i d a e v o n S c h w e d e n. **Aurivillius**, Entom. Tidskrift Årg. 25 p. 241
—300.
— p a l ä a r k t i s c h e. Fundorte. **Schulz** (5).
Ammophila bolanica ♂ **Nurse**, Journal Bombay Soc. vol. XVI p. 25. — *sabulosa.*
Lebensweise. **Kopp**, Jahresh. Ver. Württemberg Bd. 60 p. 344—346.
Cerceris rybensis **subsp.** *dittrichi* **n. Schulz**, Zeitschr. Entom. Breslau Bd. XXIX
p. 93.
N e u e A r t e n: **Cameron** beschreibt aus N o r d i n d i e n im Ann. Nat. Hist.
(7.) vol. 13: *violaceipennis* **n. sp.** p. 292 ♂. — *latibalteata* **n. sp.** p. 293 ♀.
— **Ashmead** schildert aus J a p a n im Journ. New York Entom. Soc. vol. XII:
japonica **n. sp.** p. 66. — *quinquecincta* **n. sp.** p. 66.
— Aus N e u - M e x i k o beschreiben **Viereck** u. **Cockerell** im Journ. New York
Entom. Soc. vol. XII: *nasica* **n. sp.** p. 132. — *fidelis* **n. sp.** p. 132. —
platyrhina **n. sp.** p. 133. — *macrosticta* **n. sp.** p. 133. — *ferruginior* **n. sp.**
p. 134. — *garciana* **n. sp.** p. 135. — *populorum* **n. sp.** p. 135. — *femur-
rubrum* **n. sp.** p. 135. — *convergens* **n. sp.** p. 136. — *chilopsidis* **n. sp.**
p. 136. — *rinconis* **n. sp.** p. 137. — *novomexicana* **n. sp.** p. 137. —
crotonella **n. sp.** p. 139. — *erigoni* **n. sp.** p. 139. — *townsendi* **n. sp.**
p. 140. — *vicinoides* **n. sp.** p. 140.
— **Holmberg** beschreibt aus A r g e n t i n i e n in An. Mus. Buenos Aires:
perspicua **n. sp.** p. 475. — *paupercula* **n. sp.** p. 476. — *laevigata* **n. sp.**
p. 476. — *moyanoi* **n. sp.** p. 477. — *caridei* **n. sp.** p. 478. — *proboscidea*
n. sp. p. 479. — *diademata* **n. sp.** p. 480. — *melanogaster* **n. sp.** p. 481.
— *gaudebunda* **n. sp.** p. 481. — *polychroma* **n. sp.** p. 483. — *campestris*
n. sp. p. 484. — *elephantinops* **n. sp.** nebst var. *dissita* **n. sp.** p. 485. —
bonaërensis **n. sp.** p. 486.
Eucerceris. Übersichtstabelle über die Arten. **Viereck** u. **Cockerell,** Journ. New York
Entom. Soc. vol. XII p. 84—88.
N e u: *striareata* **n. sp. Viereck** u. **Cockerell,** t. c. p. 85. — *chapmanae* **n. sp.**
p. 86. — *simulatrix* **n. sp.** p. 87 (alle drei aus New Mexico).
Notogonia manilae **n. sp. Ashmead,** Proc. U. S. Nat. Mus. vol. XXVIII p. 130
(Philippinen).
Podium (*Parapodium*) *batesianum* **n. sp. Schulz,** Sitz.-Ber. Akad. München
1903 p. 772.
Sceliphron spirifex L. Bemerk. zu Färbung u. Bewegung. **Saunders,** Trans. Entom.
Soc. London, 1904 p. 605.
Tachysphex tinctipennis **n. sp.** (*bengalensis* nahest.) **Cameron,** Ann. Nat. Hist.
(7.) vol. 13 p. 301 ♀ (Nordindien: Khasia Hills, Assam, Simla). — *pro-
pinquus* **n. sp. Viereck,** Entom. News Philad. vol. 15 p. 87 (Arizona).
Thyreosphex **n. g.** (*Tachysphex* nahest.) **Ashmead,** Canad. Entom. vol. XXXVI
p. 282. — *stantoni* **n. sp.** p. 283.

¯*Ampulicidae* (Fam. XXVI).

Ampulex hellmayri **n. sp. Schulz,** Sitz.Ber. Akad. München 1903 p. 760 (Amazonas).
Dolichurus obidensis **var.** *maranhensis* **n. Ducke,** Zeitschr. f. system. Hym. u. Dipt.
Jhg. 4 p. 91.

Superfamilia III. Vespoidea.

Umfaßt die Familien XXVII—XLII: *P o m p i l i d a e , V e s p i d a e ,
E u m e n i d a e , M a s a r i d a e , C h r y s i d i d a e , B e t h y l i d a e ,
T r i g o n a l i d a e , S a p y g i d a e , M y z i n i d a e , S c o l i i d a e , T i -
p h i i d a e , C o s i l i d a e , R h o p a l o s o m i d a e , T h y n n i d a e , M y r -
m o s i d a e* und *M u t i l l i d a e.*

Pompilidae (Fam. XXVII).

F o s s o r i a , P o m p i l i d a e von A r g e n t i n i e n. **Holmberg.**
Agenia cingulata **n. sp. Ashmead,** Proc. U. S. Nat. Mus. vol. XXVIII p. 133
(Manila).
— *lynchii* **n. sp. Holmberg,** An. Mus. Buenos Aires (3) T. II p. 494 (Buenos
Aires).
Anoplius **Cameron** beschreibt im Rec. Albany Mus. vol. I eine Reihe neuer Arten
aus C a p e C o l o n y: *johannis* **n. sp.** p. 126. — *oneili* **n. sp.** p. 127. —
A. (Ferreola?) gradatus **n. sp.** p. 128. — *A. (Schizosalius)? melanostomus*
n. sp. p. 128. — *argenteo-decoratus* **n. sp.** p. 129. — *dunbrodyensis* **n. sp.** p. 130.
— *labialis* **n. sp.** p. 131. — *spilopus* **n. sp.** p. 131. — *hirtiscapus* **n. sp.** p. 132.
— *trichiocephalus* **n. sp.** p. 133. — *A. (Homonotus) spilonotus* **n. sp.** p. 134.
— *? coenoceras* **n. sp.** p. 135.
Apteropompilus dentatus **n. sp. Cameron,** Zeitschr. f. system. Hym. u. Dipt.
Jhg. 4 p. 176 (Uiteinhage).
Ceropales maculata. Parasitische Lebensweise. **Adlerz,** Bih. Svenska Ak. Bd. 28
Afd. IV. 110. No. 14. 20 pp.
— *punctulata* **n. sp. Cameron,** Rec. Albany Mus. vol. I p. 138 (Capland).
Macromeris honestus Sm. (als *Pompilus*) = *aureopilosa* Cam. **Cameron,** Zeitschr.
f. system. Hym. u. Dipt. Jhg. 4. p. 90.
Pompilus viaticus. Lebensweise. **Picard,** Feuille jeun. Natural. vol. XXXIV
p. 142—145.
N e u e A r t e n: *doriae* **n. sp. Mantero,** Ann. Mus. Civ. Stor. Nat. Genova
vol. 41 p. 453.
— *poultoni* **n. sp. Saunders,** Trans. Entom. Soc. London, 1904 p. 600 ♂ ♀ (Majorca: Soller Paß, Soller to Lluch, Castle Bellver).
— *guimarensis* **n. sp. Saunders,** Entom. Monthly. Mag. vol. 15 (40) p. 200
(Tenerifa).
— *bifasciatus* **n. sp. Saunders,** Arkiv Zool. vol. I p. 441 pl. XXVIII fig. 6
(Kamerun).
— *suspectus* **n. sp. Saussure,** Mission Pavie vol. III p. 200 pl. XII fig. 4 (Kam-
bodscha).
— **Holmberg** beschreibt aus A r g e n t i n i e n im Ann. Mus. Buenos Aires (3)
T. II folgende n e u e A r t e n: *phoenicogaster* **n. sp.** p. 497. — *tobarum*

n. sp. p. 498. — *autrani* n. sp. p. 499. — *hermannii* n. sp. p. 501. — *yanketruz* n. sp. p. 502.

Prionocnemis parcedentatus n. sp. Saussure, Mission Pavie T. III p. 200 pl. XII fig. 3 (Tonkin).

— Holmberg beschreibt aus Argentinien im An. Mus. Buenos Aires (3) (3) T. II: *australis* n. sp. p. 490. — *pampicola* n. sp. p. 491. — *fratellus* n. sp. p. 491. — *atelerythrus* n. sp. p. 491. — *tenuis* n. sp. p. 492. — *ignitus* n. sp. p. 492. — *fidanzae* n. sp. p. 492. — *nigrorufus* n. sp. p. 493. — *carbonarius* n. sp. p. 493. — *silvicola* n. sp. p. 493.

Pseudagenia longitarsis n. sp. Cameron, Rec. Albany Mus. vol. I p. 135. — *robusta* n. sp. p. 136. — *iridipennis* n. sp. p. 137. — *aethiopica* n. sp. p. 137. (sämtlich von Cape Colony).

— *lepcha* n. sp. (verw. mit *P. blanda* u. *prophetica*). Cameron, Ann. Nat. Hist. (7.) vol. 13 p. 291—292 ♂ ♀ (Nordindien:· Simla u. Khasia). — *unifasciata* n. sp. Ashmead, Journal New York Entom. Soc. vol. XII p. 7 (Philippinen).

Pseudosalius n. g. (Type: *Salius bipartitus* Lep.) Ashmead, Proc. U. S. Nat. Mus. vol. XXVIII p. 132.

Salius bisdecoratus Cost. Fundorte auf Majorka nebst Bemerk. Saunders, Trans. Entom. Soc. London, 1904 p. 602.

— *ochropus* Stal. Beschr. Tullgren, Arkiv Zool. p. 435 p,. XXII fig. 1.

— *fulgidipennis* gehört zu *Pallosoma*. Ashmead, Proc. U. S. Nat. Mus. vol. XXVIII p. 132.

Neue Arten: Cameron beschreibt aus Nordindien im Ann. Nat. Hist. (7.) vol. 13: *trichiosoma* n. sp. p. 289 ♀ (ähnelt *S. anthracinus* Sm., doch gehört diese in die Gruppe mit zweiteil. Klauen). — *Frederici* n. sp. p. 290—291 ♂. — *lugubrinus* n. sp. p. 291 ♀. — *aeneus* n. sp. Cameron, Zeitschr. f. system. Hym. u. Dipt. Jhg. 4 p. 10 (Sikkim).

— *pavianus* n. sp. Saussure, Mission Pavie T. III p. 199 pl. II fig. 1, 2.

Schizanoplius n. g. *Ceropalin*. Cameron, Rec. Albany Mus. vol. I p. 125.

— *violaceipennis* n. sp. p. 126 (Cape Colony).

Vespidae (Fam. XXVIII).

Vespidae. Einteilung. Gattungen und Listen der Arten von Dalla Torre.
— von Mähren: Slavicek, Vestn. Klub. Prostejove vol. I p. 18—22.
— von Chile. Liste. Porter, Revist. chilen. T. VIII p. 193—197.
— von Südamerika u. Argentinien (1 n. sp.). Brèthes (Titel siehe Bericht f. 1903 p. 365 sub No. 2)
— Soziale Wespen von Südamerika. Monographie. Tafel mit Abb. von Nestern. Ducke, Bol. Mus. Goeldi T. IV p. 317—374.

Alastor merceti n. sp. Dusmet, Bol. Soc. espan. T. IV p. 126 (Alicante).

— Brèthes beschreibt aus S. Amerika im An. Mus. Buenos Aires (3) T. II: *anomalus* n. sp. p. 303. — *schrottkyi* n. sp. p. 305. — *argentinus* n. sp. p. 306. — *persimilis* n. sp. p. 308. — *elongatus* n. sp. p. 309. — *arcuatus* n. sp. p. 310.

Alpha nov. gr. von *Paragia* Dalla Torre, Vespidae p. 4.

Belenogaster petiolatus = (*brachycerus* Kohl) **Tullgren,** Arkiv Zool. vol. I p. 461.
— *junceus* Nester p. 453.
N e u: *occidentalis* **n. sp. Tullgren,** Arkiv Zool. vol. I p. 455 pl. XXV fig. 14
(Kamerun).
Beta **n. gr.** von *Paragia* **Dalla Torre,** Vespidae p. 4.
Chartergus. **Ducke** beschreibt im Bol. Mus. Goeldi vol. IV aus S.-A m e r i k a:
laticinctus **n. sp.** p. 330. — *rufiventris* **n. sp.** p. 335. — *pusillus* **n. sp.** p. 336.
— *nitidus* **n. sp.** p. 338.
Ctenochilus argentinus **n. sp. Brèthes,** An. Mus. Buenos Aires (3) T. II p. 232
(La Plata).
Deuterapoica **nom. nov.** für *Apioca* pt. **Dalla Torre,** Vespidae p. 79.
Deuterodiscoelius **nov. gr.** von *Discoelius.* **Dalla Torre,** Vespidae p. 18.
Discoelius. **Brèthes** beschreibt in An. Mus. Buenos Aires (3) T. II von L a P l a t a:
cuyanus **n. sp.** p. 234. — *paranensis* **n. sp.** p. 236. — *assimilis* **n. sp.** p. 238. —
ater **n. sp.** p. 239. — *auritulus* **n. sp.** p. 241. — *fluminensis* **n. sp.** p. 242. —
nitidus **n. sp.** p. 245. — *prixii* **n. sp.** p. 246. — *andinus* **n. sp.** p. 248.
Enalastor **n. gr.** für einen Teil von *Alastor.* **Dalla Torre,** Vespidae p. 60.
Enancistrocerus **nom. nov.** für *Ancistrocerus* s. str. Sauss. **Dalla Torre,** Vespidae
p. 36.
Euceramius **n. gr.** von *Cerannius.* **Dalla Torre,** Vespidae p. 5.
Eudiscoelius **n. g. Friese,** Zeitschr. f. system. Hym. u. Dipt. Jhg. 4 p. 16. —
metallicus **n. sp.** p. 16 (Tenimber-Larat).
Euepipona **nom. nov.** für *Epiponus* s. str. Sauss. **Dalla Torre,** Vespidae, p. 39.
Eumontezumia **nom. nov.** für eine Division von *Montezumia.* **Dalla Torre,** Vespidae
p. 27.
Euodynerus **nom. nov.** für *Odynerus* pt. Sauss. **Dalla Torre,** Vespidae p. 38.
Eupolistes **n. gr.** für einen Teil von *Polistes.* **Dalla Torre,** Vespidae p. 68.
Eupolybia **nov. subg.** von *Polybia* pt. **Dalla Torre,** Vespidae p. 76.
Eurrhynchium **nom. nov.** für *Rhynchium* div. I. Sauss. **Dalla Torre,** Vespidae,
p. 33.
Eusynagris **nom. nov.** für *Synagris* div. I. Sauss. **Dalla Torre,** Vespidae p. 30.
Euzethus **nov. gr.** für *Zethus* div. I. Sauss. **Dalla Torre,** Vespidae p. 14.
Hymenosmithia **nom. nov.** für *Smithia* Sauss. **Dalla Torre,** Vespidae p. 61.
Icaria singapurensis **n. sp. Cameron,** Journ. Straits Asiat. Soc. XLI. p. 120. —
rufinoda **n. sp.** p. 121 (beide von Singapore).
Icariastrum **nom. nov.** für *Icaria* Sect. I. Sauss. **Dalla Torre,** Vespidae p. 72.
Icariella **nom. nov.** für *Icaria* Sect. II. Sauss. **Dalla Torre,** Vespidae p. 72.
Icariola **nom. nov.** für *Icaria* Sect. III Sauss. **Dalla Torre,** Vespidae p.72.
Juartinia indica **n. sp. Cameron,** Zeitschr. f. system. Hym. u. Dipt. Jhg. 4 p. 89
(Deesa).
Leontiniella **n. g.** (*Monobia* nahest.) **Brèthes,** An. Mus Buenos Aires (3) T. II
p. 265. — *argentina* **n. sp.** p. 265 (Argentinien).
Macrovespa **nom. nov.** für einen Teil von *Vespa.* **Dalla Torre,** Vespidae, p. 64.
Megacanthopus **n. g.** (*Polybia* nahest.) **Ducke,** Bol. Mus. Goeldi, vol. IV p. 358.
— *collaris* **n. sp.** p. 361. — *lecointei* **n. sp.** p. 361. — *alfkenii* **n. sp.** p. 362. —
imitator **n. sp.** p. 362. — *punctatus* **n. sp.** p. 363 (sämtlich aus Südamerika).
Montezumia saussurei gehört zu *Nortonia.* **Schulthess-Rechberg,** Zeitschr. f. syst.
Hym. u. Dipt. Jhg. 4 p. 270.

Neu: *bruchii* n. sp. Schulthess-Rechberg, t. c. p. 263 (Argentinien). — *diffi-cilis* n. sp. Ducke, Zeitschr. f. system. Hym. u. Dipt. Jhg. 4 p. 141 (Pará).

Odynerus argentinus. Nestbau. Brèthes, Revist. Mus. La Plata vol. X p. 204 pl. I.

Neu: *eatoni* n. sp. Saunders, Entom. Monthly Mag. (2.) vol. 15 (40) p. 203

— *O.* (?) *Ancistrocerus) aberraticus* n. sp. Morice, Jägerskiöld exper. No. 14 p. 4 (Weißer Nil). cf. Bericht f. 1903 p. 546.

— *falcatus* n. sp. Tullgren, Arkiv. Zool. vol. I p. 452 pl. XXV fig. 13 (Kamerun).

— Cameron beschreibt in The Entomologist von Darjiling: 1904 *camicrus* p. 259. — *ripheus* n. sp. p. 308. — *tytides* n. sp. p. 309.

— Brèthes beschreibt im An. Mus. Buenos Aires von Südamerika, Bolivia und Patagonien: *declivus* n. sp. p. 273. — *acuminatus* n. sp. p. 274. – *montevidensis* n. sp. p. 276. *subtropicalis* n. sp. p. 278. – *lynchii* n. sp. p. 279. – *catamarcensis* n. sp. p. 283. – *arechavaletae* n. sp. p. 285. — *cuyanus* n. sp. p. 287. — *heptagonalis* n. sp. p. 289. — *punctatus* n. sp. p. 290. — *bruchii* n. sp. p. 292. — *ameghinoi* n. sp. p. 300. — *schrottkyi* n. sp. p. 302. — *patagonus* n. sp. p. 312.

Parachartergus u. *P. bentobuenoi* Ihering, Bull. Soc. Entom. France 1904 p. 84.

Neu: *wagneri* n. sp. du Buysson, Bull. Soc. Entom. France 1904 p. 145 (Tijuca).

Polistella n. g. (Type: *Polistes manillensis*) Ashmead, Proc. U. S. Nat. Mus. vol. XXVIII p. 133.

Polistes biglumis in Schweden. Lebensweise. Adlerz, Entom. Tidskr. Årg. 25 p. 17 —106.

— *tepidus* subsp. *novae-pomeraniae* n. Schulz, Berlin. Entom. Zeitschr. Bd. 49 p. 227. — *marginalis* subsp. *papuanus* n. p. 231.

— *crinitus* = (*annularis* + *pallipes* Schrottky). Brèthes, An. Mus. Buenos Aires (3) T. II. p. 24.

Neu: *inornatus* n. sp. Tullgren, Arkiv Zool. vol. I p. 456 pl. XXV fig. 15 (Kamerun).

— *niger* n. sp. Brèthes, An. Mus. Buenos Aires (2) T. II p. 20 (Brasilien).

— Ducke beschreibt aus Südamerika in Bol. Mus. Goeldi vol. IV: *goeldii* n. sp. p. 368. — *biglumoides* n. sp. p. 369. — *claripennis* n. sp. p. 370. — — *rufiventris* n. sp. p. 371. — *occipitalis* n. sp. p. 371.

Polistoides n. gr. für *Polistes.* Dalla Torre, Vespidae p. 68.

Polybia furnaria n. sp. Ihering, Bull. Soc. Entom. France 1904 p. 85. — *ypi-ranguensis* p. 86.

— *jurinei* var. *bonaerense* n. Brèthes, An. Mus. Buenos Aires (3) T. II p. 28.

Neu: *pseudomimetia* n. sp. Schulz, Sitz.-Ber. Akad. München 1903 p. 803 (Amazonas).

— Ducke beschreibt folgende neue Arten aus Südamerika im Bol. Mus. Goeldi vol. IV: *huberi* n. sp. p. 349. — *holoxantha* n. sp. p. 349. — *micans* n. sp. p. 351. — *rufitarsis* n. sp. p. 351. — *vulgaris* n. sp. p. 352. — *lutea* n. sp. p. 353. — *obidensis* n. sp. p. 354. — *lignicola* n. sp. p. 355. — *cae-mentaria* n. sp. p. 355. — *sculpturata* n. sp. p. 356.

Protapoica nom. nov. für *Apoica* pt. Dalla Torre, Vespidae p. 79.

Protodiscoelius n. gr. von *Discoelius.* Dalla Torre, Vespidae p. 18.

Tetrarthra **n. gr.** von *Monobia.* **Dalla Torre,** Vespidae p. 28.

Triarthra **n. gr.** von *Monobia.* **Dalla Torre.** Vespidae p. 28.

Tritodiscoelius **n. gr.** von *Discoelius.* **Dalla Torre,** Vespidae p. 18.

Vespa. **du Buysson, R.** beendet seine Monographie dieser Gatt. u. beschreibt verschied. neue Formen in d. Ann. Soc. Entom. France 1904 p. 485—556, pls. V—X. Von n e u e n V a r r. sind zu erwähnen: *orbata* **var.** *aurulenta* **n.** p. 591. — *rufa* **var.** *intermedia* **n.** p. 591. — **var.** *americanus* **n.** p. 592. — *norvegica* **var.** *adulterina* **n.** p. 600. — *silvestris* **var.** *sumptuosa* **n.** p. 603. — — *germanica* **var.** *stizoides* **n.** p. 615.

— *germanica.* Nest. Zählung. **Pechlander,** Verhandlgn. zool.-bot. Ges. Wien Bd. 54 p. 77.

— *rufa.* Nest mit *V. austriaca* zusammen. ˙**Beresford,** Irish Natural 1904 p. 242.

N e u e A r t e n: *barthelemyi* **n. sp. du Buysson,** Ann. Soc. Entom. France 1904 p. 618 (Cambodscha). — *variabilis* **n. sp.** p. 522 (China). — *binghami* **n. sp.** p. 523 (Yunnan). — *eulemoides* **n. sp.** p. 530 (Andamanen). — *mocsaryana* **n. sp.** p. 537 (Malakka). — *walkeri* **n. sp.** p. 539 (China).

Wettsteinia **n. g.** für *Labus* Sect. II Sauss. **Dalla Torre,** Vespidae p. 13.

Eumenidae (Fam. XXIX).

E u m e n i d a e von Spanien. Supplement. Bemerk. zu kritisch. Arten. **Dusmet,** Bol. Soc. espan. T. IV p. 126—137.

— von L a P l a t a. Monographie. **Brèthes,** An. Mus. Buenos Aires (3) T. II p. 230—231.

Eumenes latreillei, petiolaris u. *butonensis* **subspp. n. Schulz,** Berlin. Entom. Zeit. Bd. 49. p. 217—218.

— *coarctatus* u. *pomiformis* **Zavattari,** Boll. Mus. Torino vol. XIX No. 482 p. 8.

N e u e A r t e n: *gracillima* **n. sp. Tullgren,** Arkiv. Zool. vol. I p. 445 pl. XXIII fig. 8.

— *parvilineata* **n. sp. Cameron,** Zeitschr. f. system. Hym. u. Dipt. Jhg. 4 p. 12 (Sikkim).

— *montana* **n. sp. Nurse,** Journ. Bombay Soc. vol. XVI p. 26 (Quetta).

— *micado* **n. sp. Cameron,** The Entomologist, 1904 p. 35 (Japan).

— *alfkeni* **n. sp. Ducke,** Zeitschr. f. system. Hym. u. Dipt. Jhg. 4 p. 138 (Obidos).

— *autrani* **n. sp. Brèthes,** An. Mus. Buenos Aires (3) T. II p. 252 (La Plata). — *arechavaletae* **n. sp.** p. 256 (La Plata). — *magna* **n. sp.** p. 258 (Brasilien).

Monobia angulosa **var.** *cingulata* **n. Brèthes,** An. Mus. Buenos Aires (3) T. II p. 264.

N e u: *atrorubra* **n. sp. Ducke,** Zeitschr. f. system. Hym. u. Dipt. 4. Jhg. p. 142 (Pará).

Montezumia saussurei gehört zu *Nortonia.* Siehe unter *V e s p i d a e.*

Nortonia. Übersichtstabelle über die Arten. **Schulthess-Rechberg,** Zeitschr. f. system. Hym. u. Dipt. 4. Jhg. p. 270.

Neu: *polybioides* **n. sp.** p. 272 (Peru). — *lugens* **n. sp.** p. 274 (Peru). — *bifasciata* **n. sp.** p. 275 (Tucuman). — *steinbachi* **n. sp.** p. 277 (Tucuman). — *sulcata* **n. sp.** **Ducke**, Zeitschr. f. system. Hym. u. Dipt. Jhg. 4 p. 140 (Para).

Rhynchium haemorrhoidale subsp. *dohertyi* **n.** **Schulz**, Berlin. Entom. Zeitschr. Bd. 49 p. 223.

— *sirdari* (**n. sp.** **Morice**, Jägerskiöld exped. No. 14 p. 4 (Khartoum). — cf. Bericht f. 1903 p. 551.

Synagris. **Tullgren** beschreibt im Arkiv Zool. vol. I aus K a m e r u n: *trispinosa* **n. sp.** p. 447 pl. XXIX fig. 9. — *rufopicta* **n. sp.** p. 448 tab. cit. fig. 10. — *uncata* **n. sp.** p. 499 cit. fig. 11. — *4-punctata* **n. sp.** p. 450 tab. cit. fig. 12.

Zethus broomi **n. sp.** **Cameron**, Rec. Albany Mus. vol. I p. 110 (S. Afrika).

— **Cameron** beschreibt aus S i k k i m in d. Zeitschr. f. system. Hym. u. Dipt. Jahrg. 4: *himalayensis* **n. sp.** p. 13. — *3-maculatus* **n. sp.** p. 14.

— **Ducke** beschreibt t. c. aus P a r á: *corallinus* **n. sp.** p. 135. — *dimidiatus* **n. sp.** p. 136.

Masaridae (Fam. XXX).

Masaris alfkeni **n. sp.** **du Buysson**, Bull. Soc. Ent. France, 1904 p.144 (Damaraland).
Trimeria buyssoni **n. sp.** **Brèthes**, An. Mus. Buenos Aires (3) T. II p. 371 (Argentinien).

Zethoides **n. g.** *M a s a r i d.* **Cameron**, Trans. Amer. Entom. Soc. vol. 30 p. 93.
— *flavolineatus* **n. sp.** p. 94 (Panama).

Chrysididae (Fam. XXXI).

Liste n e b s t Ü b e r s i c h t ü b e r d i e G a t t. u. A r t e n d e r *C h r y s i d i d a e* von P a r á. **Ducke** (4).
Chrysis succincta var. ignifacies u. *alicantina* **Garcia**, Bol. Soc. espan. vol. IV p. 86.

— *acceptabilis* = (*thalia* Nurse) **Nurse**, Journ. Bombay Soc. vol. XVI p. 19.
— *chlorochrisa* = (*subcoerulea* Rad. = *hoggei* Nurse) **Nurse**, t. c. p. 21.
N e u e A r t e n: *C.* (*Tetrachrysis*) *escalerai* **n. sp.** **Garcia**, Bol. Soc. espan. T. IV p. 87 (Akbès). — *C.* (*Hexachrysis*) *dusmeti* **n. sp.** p. 88 (Kairo).
— **Mocsary** beschreibt aus S ü d a f r i k a im Ann. Mus. Hungar. vol. II *C.* (*Holochrysis*) *modesta* **n. sp.** p. 404. — *auronitens* **n. sp.** p. 405. — *pleuralis* **n. sp.** p. 405. — *C.* (*Tetrachrysis*) *cylindracea* **n. sp.** p. 406. — *gazella* **n. sp.** p. 407. — *chalcogaster* **n. sp.** p. 408. — *eusoma* **n. sp.** p. 409. — *grata* **n. sp.** p. 412.
— **Nurse** charakterisiert im Journal Bombay Soc. vol. XVI aus Q u e t t a als n e u: *sara* **n. sp.** p. 20. — *deposita* **n. sp.** p. 21. — *urana* **n. sp.** p. 22. — *reparata* **n. sp.** p. 22.
— **Buysson** beschreibt in d. Rev. Entom. franc. 1904: *cecilia* **n. sp.** p. 259 (Java). — *rüppelli* **n. sp.** p. 260 (Abyssinien). — *jheringi* **n. sp.** p. 260 (Brasilien). — *tellinii* **n. sp.** p. 262 (Ostafr.). — *scabiosa* **n. sp.** p. 262 (Ostafr.). — *districta* **n. sp.** p. 263 (Westafrika). — *goyasensis* **n. sp.** p. 264 (Südamerika). — *myops* **n. sp.** p. 264 (Südamerika). — *ypirangensis* **n. sp.** p. 265 (Südamerika). — *alfkenella* **n. sp.** p. 266 (Kalifornien).

— *kathederi* **n. sp.** p. 269 (Türkei). — *rubropicta* **n. sp.** p. 270 (Abyssinien). — *alluaudi* **n. sp.** p. 272 (Madagaskar).

Chrysogona silvestrii **n. sp.** **Ducke,** Bull. Soc. Entom. Ital. vol. XXXVI p. 32 (Südamerika).

Cleptes nigrita **n. sp.** **Garcia,** Bol. Soc. espan. vol. IV p. 83 (Spanien).

Cleptidea **n. g.** (Type: *Cleptes aurora*) **Mocsary,** Ann. Mus. Hungar. vol. II p. 567.
— Hierher gehören ferner *mutilloides, fasciata* u. *xanthomelaena.*

Ellampus hippocrita = (*timidus* Nurse) **Nurse,** Journ. Bombay Soc. vol. XVI p. 19.

Euchroeides **n. g.** **Nurse,** Journ. Bombay Soc. vol. XVI p. 23. — *oblatus* **n. sp.** p. 23 (Quetta).

Hedychridium. Übersichtstabelle über die spanischen Arten. **Garcia Mercet,** Bol. Soc. espan. T. IV p. 144 sq. — *minutum* **var.** *melanogaster* **n.** p. 146. N e u: *auriventris* **n. sp.** **Garcia,** t. c. p. 85 (Spanien). — *dubium* **n. sp.** **Garcia Mercet,** t. c. p. 147 (Segovia).

— *andreinii* **n. sp.** du **Buysson,** Rev. Entom. franc. 1904 T. XII p. 256 (Erythräa). — *moricei* **n. sp.** p. 256 (Zante).

— *amatum* **n. sp.** **Nurse,** Journ. Bombay Soc. vol. XVI p. 19. — *rotundum* **n. sp.** p. 20 (beide von Deesa).

Hedychrum alluaudi **n. sp.** du **Buysson,** Rev. Entom. franc. 1904 p. 258 (Madagaskar).

— *stantoni* **n. sp.** **Ashmead,** Canad. Entom. vol. XXXVI p. 283 (Philippinen).

Holopyga gloriosa **var.** *intermedia* **n.** **Ashmead,** Canad. Entom. vol. XXXVI p. 283 (Philippinen).

N e u: *wagneriella* **n. sp.** du **Buysson,** Rev. Entom. franc. 1904 p. 255 (Argentinien).

Notozus violasceus = (*kashmirensis* Nurse) **Nurse,** Journ. Bombay Soc. vol. XVI.
N e u: *decorsei* **n. sp.** du **Buysson,** Rev. Entom. Franc. 1904 p. 253 (Centralafrika).

Parnopes oberthüri **n. sp.** du **Buysson,** Rev. Entom. Franc. 1904 p. 273 (Silvapoora). — *diqueti* **n. sp.** p. 274 (Mexico). — **Viereck** beschreibt in d. Trans. Amer. Entom. Soc. vol. XXX a u s N o r d a m e r i k a: *hageni* **n. sp.** p. 246. — *henshawi* **n. sp.** p. 247. — *concinna* **n. sp.** p. 248. — *diadema* **n. sp.** p. 248. — *taeniata* **n. sp.** p. 249. — *arizonensis* **n. sp.** p. 249. — *excurvata* **n. sp.** p. 250.

Spintharis bispinosa ♂. **Mocsary,** Ann. Mus. Hungar. vol. II p. 404.

Stilbum cyanurum. Bemerk. **Tullgren,** Zool. Arkiv vol. I p. 426.

Bethylidae (Fam. XXXII).

vacant.

Trigonalidae (Fam. XXXIII).

vacant.

Sapygidae (Fam. XXXIV).

Sapyga wagneriella **n. sp.** du **Buysson,** Bull. Soc. Entom. France 1904 p. 146 (Minas Geraes).

Myzinidae (Fam. XXXV).

Myzine. *Apis fusiformis* De Geer hierherzustellen. **Tullgren,** Arkiv. Zool. vol. I
p. 462.

Scoliidae (Fam. XXXVI).

Dielis testaceipes **n. sp. Cameron,** Entomologist 1904 p. 34 (Japan)
Meria quadrimaculata gehört zu *Myzine.* **Cameron,** Zeitschr. f. system. Hym.
u. Dipt. Jhg. 4 p. 90.

Scolia. Bemerkungen zu j a v a n i s c h e n Arten. **Tullgren,** Arkiv Zool. T. I
p. 465—472.

— *erythrogaster* identifiziert u. neu beschrieben. **Tullgren,** t. c. p. 459. — *leonina*
desgl. p. 461.

N e u : **Tullgren** beschreibt im Arkiv Zool. vol. I aus K a m e r u n: *propinqua*
n. sp. p. 432. — *deserta* **n. sp.** p. 433. — *aethiopica* **n. sp.** p. 433. —
S. magnificus **n. sp.** p. 437 pl. XXII fig. 2. — *nigricans* **n. sp.** p. 438
fig. 3. — *S. (Cyphonyx) camerunensis* **n. sp.** p. 439 pl. XXIII fig. 4. —
nigricornis **n. sp.** p. 440 fig. 5. — *S. (Discolia) erythrotrichia* **n. sp.
Cameron,** Zeitschr. f. system. Hym. u. Dipt. Jahrg. 4 p. 9 (Nordindien).
— **Tullgren** beschreibt ferner im Arkiv Zool. T. I von J a v a : *S. (Triscolia) triangulifer* **n. sp.** p. 466. — *S. (Discolia) billitonensis* **n. sp.** p. 467.
— *S. (Dielis) simillima* **n. sp.** p. 470. — *fumata* **n. sp.** p. 471.

— *manilae* **n. sp. Ashmead,** Journ. New York Entom. Soc. vol. XII p. 8
(Philippinen).

Tiphiidae (Fam. XXXVII).

Paratiphia 12-maculata **n. sp. Cameron,** Trans. Amer. Entom. Soc. vol. XXX
p. 94 (Panama).

Tiphia. **Cameron** beschreibt aus N o r d i n d i e n in Ann. Nat. Hist. (7.) vol. 13:
I. Mediansegment mit 3 Kielen: *clarinerva* **n. sp.** p. 281 ♂. — *himalayensis*
n. sp. p. 282 ♀. — *robusta* **n. sp.** (steht *rufofemorata* u. *khasiana* nahe) p. 283 ♀.
— *denticula* **n. sp.** (*denticula* nahest.) p. 284 ♂. — *tuberculata* **n. sp.** (*spinosa*
nahest., doch kleiner) p. 285 ♀. — *fulvinerva* **n. sp.** (gehört in Binghams
Sekt. B, b², b³) p. 286. — *simlaensis* **n. sp.** p. 287 ♀ (Simla). — II. Mediansegment mit 5 Kielen: *quinquecarinata* **n. sp.** (gehört in Binghams Sekt. B, a²)
p. 288.

Cosilidae (Fam. XXXVIII).
vacant.

Rhopalosomidae (Fam. XXXIX).

Paniscomima **n. g.** R h o p a l o s o m i d a r u m **Enderlein,** Zool. Anz. Bd. 27.
p. 465. — *erlangeriana* **n. sp.** p. 466 (Somaliland).

Thynnidae (Fam. XL).

Aeluroides **n. g.** T h y n n i d a r u m. **Tullgren,** Arkiv Zool. vol. I p. 428. —
sjöstedti **n. sp.** p. 429 (Kamerun).

Elaphroptera herbsti **n. sp. André,** Zeitschr. f. system. Hym. u. Dipt. Jhg. 4 p. 308 (Chile).

Methoca ichneumonoides. Lebensweise. **Adlerz,** Arkiv. Zool. vol. I p. 255—258.

Odontothynnus **n. g.** *T h y n n i d.* **Cameron,** Record Albany Mus. vol. I p. 161. — *bidentata* **n. sp.** p. 162. — *lacteipennis* **n. sp.** p. 162 (beide aus Südafrika).

Ornepetes albonotata **n. sp. André,** Zeitschr. f. system. Hym. u. Dipt. Jahrg. 4 p. 314 (Chile).

Pseudelaphroptera flavomaculata **n. sp. André,** Zeitschr. f. system. Hym. u. Dipt. Jahrg. 4 p. 311 (Chile).

Myrmosidae (Fam. XLI).

vacant.

Mutillidae (Fam. XLII).

M u t i l l i d a e. **K l a s s i f i k a t i o n** (Schluß). **Ashmead,** Canad. Entom. vol. 36 p. 5—9.

B e s p r e c h u n g u. K r i t i k d e r G a t t u n g e n v o n A s h m e a d. André, Rev. Entom. franc. T. XXIII p. 27—41.

Barymutilla alticola **n. p. André,** Ann. Mus. Civ. Stor. Nat. Genova vol. XLI p. 226 (Westafrika).

Ephuta (*Photopsis*) *chilicola* **n. sp. André,** Zeitschr. f. system. Hym. u. Dipt. Jahrg. 4 p. 306 (Chile).

Ephutopsis **n. g.** *E p h u t i n a r u m* (Type: *E. trinidadensis* Ashm.) **Ashmead,** Canad. Entom. vol. XXXVI p. 6.

Dolichomutilla bolamana **n. sp. André,** Ann. Mus. Civ. Stor. Nat. Genova vol. XLI p. 223 (Westafrika).

Euspinolia. Beschreib. und Komponenten der Gatt. **André,** Zeitschr. f. system. Hym. u. Dipt. Jahrg. 4 p. 286.

Mutilla alecto. **André,** Ann. Mus. Genova Civ. Stor. Nat. vol. XLI p. 227. — *aestuans* Gerst. ist ein ♂ p. 227. — *atricolor* ♂ p. 233. — *atric.* **var.** *ochraceomaculata* **n.** p. 234. — *cyparissa* ♀ p. 236.

N e u e A r t e n: *sordida* **n. sp. Tullgren,** Arkiv Zool. Bd. 1 p. 427 (Kamerun). — **André** beschreibt in Ann. Mus. Civ. Stor. Nat. Genova vol. XLI aus **W e s t -a f r i k a:** *aurodecorata* **n. sp.** p. 229. — *omissa* **n. sp.** p. 231. — *ignota* **n. sp.** p. 240. — *principis* **n. sp.** p. 242. — *polyacantha* **n. sp.** p. 245. — *polyac.* **var.** *dichromatica* **n.** p. 246. — *sessiliventris* **n. sp.** p. 246. — *varians* **n. sp.** p. 247. — *spinicollis* **n. sp.** p. 250.

— *vesta* **n. sp. Nurse,** Journal of Bombay Soc. vol. XVI p. 24 (Indien). — *inoa* **n. sp.** (*perdita* Cam. sehr nahestehend). **Cameron,** Ann. Nat. Hist. (7.) vol. 13 p. 279 ♂. — *artaxa* **n. sp.** (vorig. sehr nahe) p. 280 (Simla). — *trebia* **n. sp.** (ähnelt *pandara* Cam.) p. 280 ♂ (alle drei aus Nordindien). — *sceva* **n. sp. Cameron,** Zeitschr. f. system. Hym. u. Dip^t. Jhg. 4 p. 6. — *gnathia* **n. sp.** p. 7. — *tiza* **n. sp.** p. 8 (alle drei von den Khasia Hills). — *semperi* **n. sp. Ashmead,** Proc. U. S. Nat. Nat. Mus. vol. XXVIII p. 135 (Manila).

Myrmilla subspinosa **n. sp. André,** Ann. Mus. Civ. Stor. Nat. Genova vol. XLI p. 222 (Westafrika).

Odontophotopsis. **Viereck** beschreibt in d. Trans. Amer. Entom. Soc. vol. XXX
folgende neue Arten aus N o r d a m e r i k a: *acmaeus* **n. sp.** p. 84. — *subtenuis* **n. sp.** p. 85. — *trunculus* **n. sp.** p. 85. — *crucis* **n. sp.** p. 86. — *sercus*
n. sp. p. 87. — *alamonis* **n. sp.** p. 87. — *avellanus* **n. sp.** p. 88. — *fallax* **n. sp.**
p. 89. — *indotatus* **n. sp.** p. 89. — *augustus* **n. sp.** p. 90. — *delodontus* **n. sp.**
p. 91.
Pycnomutilla **n. g.** (Type: *M. waco* L.) **Ashmead,** Canad. Entom. vol. XXXVI
p. 8.
Reedia **n. g.** (Type: *Mutilla atripennis* Spin.) **Ashmead,** Canad. Entom. vol. XXXVI
p. 9.
— Beschr. d. Gatt. **André,** Zeitschr. f. system. Hym. u. Dipt. Jhg. 4 p. 288.
— *gayi* Beschr. d. ♂ p. 305.
Pseudomethoca herbsti **n. sp. André,** Zeitschr. f. system. Hym. u. Dipt. Jhg. 4
p. 284 (Chile).

Superfamilia IV. Formicoidea (= Heterogyna [1]).

Hierher gehören die Familien XLIII—XLIX: D o r y l i d a e , P o n e -
r i d a e , M y r m i c i d a e , C r y p t o c e r i d a e , O d o n t o m a c h i d a e ,
D o l i c h o d e r i d a e u. F o r m i c i d a e.
Autoren : Cook, Emery, Fielde, Fielde u. Parker, Forel, Holmgren, Mayr,
Muckermann, Ruzsky, Wasmann, Wellenius, Wheeler.
Vergleich d e r D o r y l i n e n - F o r m e n u. Abgrenzung der Familie : Emery (3).
Welt der Ameisen: Doupin.
Biologie : Kubes (3).
Neue Inquilinen :. Wheeler (2).
Männliche ergatoide Ameisen : Wheeler (2).
Polymorphismus. D i s k u s s i o n: Emery (2), Forel (6).
Psychische Fähigkeiten : Wasmann (zur Kontroverse über die psychischen
    Fähigkeiten der Tiere, insbesondere der Ameisen. Natur u. Schule Bd. 3
    p. 20—26, 80—89, 133—142).
Ethologie siehe unter Ü b e r s i c h t n a c h d e m S t o f f.
Hügelbildner in Sümpfen (*Formica exsecta*): Holmgren.
Tragbare Nester. A n l e i t u n g z u r A n f e r t i g u n g : Fielde.

Acantostichus texanus **n. sp. Forel,** Ann. Soc. Entom. Belg. T. 48 p. 168 (Brownsville).
Anochetus traogaordhi **n. sp. Mayr,** Jägerskiöld exper. No. 9 p. 2 (Khartoum).
Anomma emeryi **var.** *pulsi* **n. Forel,** Ann. Soc. Entom. Belg. T. 48 p. 170.
Atta cephalotes **var.** *opaca* **n., var.** *integrior* **n. Forel,** Revue Suisse Zool. T. XII
    p. 31. — *rugosa* **var.** *rochai* d. p. 34.
— *coronata.* Arbeiter. **Forel,** Ann. Soc. Entom. Belg. T. 48. p. 176.
— *A.* (*Acromyrmex*) *emilii* **n. sp. Forel,** Rev. Suisse Zool. T. V p. 32 (Pará).
Azteca schumanni **var.** *taedicsa* **n. Forel,** Rev. Suisse Zool. T. XII p. 42. — *festai*
    var. *subdentata* **u.** *mediops* **n. subspp.** p. 43. — *chartifex* **var.** *decipiens* **n.** p. 44.
    — *alfaroi* **var.** *ovaticeps* **n.** p. 44. — *velox* **subsp.** *paraensis* **n.** p. 45.

---

[1]) Im Bericht f. 1903 p. 574 steht versehentlich Heterocera.

— *alfaroi* var. *aequilata* n. **Forel,** Zool. Jahrb. Abt. f. System. Bd. 20 p. 691.
— *traili* var. *filicis* n. p. 692. — *traili* var. *tococae* n. p. 693. — *longiceps*
var. *juruensis* n. p. 699.
N e u e A r t e n: *olitrix* n. sp. **Forel,** Zool. Jahrb. Abt. f. System. Bd. 20
p. 693. — *ulei* n. sp. p. 694 nebst var. *cordiae* n. u. var. *nigricornis* n.
p. 695. — *minor* n. sp. p. 696. — *duroiae* n. sp. p. 697. — *emeryi* n. sp.
p. 698. — *coussapoae* n. sp. p. 700. — *tachigaliae* n. sp. p. 701. — *emmae*
n. sp. p. 702 (letztere von Costa Rica, alle übrigen vom Amazonas).
Camponotus maculatus var. *atramentarius* n. **Forel,** Annuaire Mus. St. Pétersb.
T. VIII p. 379. — *herculeanus* var. *sachalinensis* n. p. 381.
— *maculatus* var. *cachmiriensis* n. **Forel,** Rev. Suisse zool. T. XII p. 29.
— *hyatti* var. *bakeri* n. **Wheeler,** Bull. Amer. Mus. vol. XX p. 271.
— *maculatus* st(atus) *sanctus* n. **Forel,** Revue Suisse Zool. T. XII p. 18.
— *maculatus* st. *ballioni* n. **Forel,** Ann. Soc. Entom. Belg. T. 48 p. 176. —
maculatus st. *xerres* n. **Forel,** t. c. p. 424.
— *herculeanus* var. *whymperi* Beschreib. **Forel,** t. c. p. 152.
— *senex.* Larve. **Forel,** Revue Suisse Zool. T. XII p. 45. — *urichii* var. *sculna* n.
u. subsp. *folicola* n. p. 46. — *melanoticus* eine gute Art p. 49. — *integellus*
(= *rudigenis* Em.) p. 49. — *femoratus* Neubschr. p. 49. — *novogranadensis*
var. *modestior* n. p. 51. — *rectangularis* var. *setipes* n. p. 51.
N e u e A r t e n: *socrates* n. sp. **Forel,** Rev. Suisse Zool. T. XII p. 27. — *ulei*
n. sp. **Forel,** Zool. Jahrb. Abt. f. System. Bd. 20 (Peru). — *amoris* n. sp.
Forel, Rev. Suisse Zool. T. XII p. 51 (Amazonas).
Cardiocondyla nuda ergatomorph, ♂, ♀. **Forel,** Revue Suisse Zool. T. XII p. 7.
Carebara sicheli Neubeschreibung. **Mayer,** Verhdlgn. zool.-bot. Ges. Wien Bd. 54
p. 596.
N e u: *junodi* n. sp. **Forel,** Ann. Soc. Entom. Belg. T. 48 p. 154 (Afrika).
Colobopsis oder „stopper-headed" Ameisen. Bericht über dieselben. **Forel,**
Ann. Soc. Entom. Belg. T. 48 p. 139—158. — Die amerikanischen Vertreter
der Gattung. **Wheeler (3).**
— *abditus* var. *etiolabus* n. **Wheeler,** Bull. Amer. Mus. vol. XX p. 150.
N e u: *pylartes* n. sp. **Wheeler,** t. c. p. 147.
Cremastogaster stollii var. *amazonensis* n. **Forel,** Zool. Jahrb. Abt. f. System.
Bd. 20 p. 682. — *limata* subsp. *parabiotica* n. p. 683.
— *dalyi* var. *sikkimensis* n. **Forel,** Rev. Suisse Zool. T. XII p. 24. — *inermis*
lucida ♂ **Forel,** t. c. p. 6. — *longispina* subsp. *tenuicola* n. p. 36. —
distans st. *paraensis* n. p. 37. **Forel,** t. c.
— N e u: *binghami* n. sp. **Forel,** t. c. p. 24. — *pygmaea* n. sp. p. 37 (Ceara).
Cryptocerus complanatus subsp. *ramophilus* n. **Forel,** Zool. Jahrb. Abt. f. System.
Bd. 20 p. 678.
Diacamma. Bemerk. zur Gatt. **Bingham (6).** — *vagans* ♀. **Bingham (6).**
Dolichoderus plagiatus var. *beutenmülleri* n. **Wheeler,** Bull. Amer. Mus. vol. XX
p. 304.
D o r y l i n a e Abgrenzung. **Emery (3).**
Dorylus orientalis. Bemerk. **Green.**
— *nigricans* varr. **Wasmann,** Zool. Jahrb. Suppl. VII p. 671. — *fulvus*
subsp. *dentifrons* n. p. 673.
N e u: (*Anomma*) *kohli* n. sp. **Wasmann,** t. c. p. 669 (Kongo).

Dorymyrmex goldii n. sp. **Forel,** Revue Suisse Zool. T. XII p. 41 (Para). — *antarcticus* n. sp. **Forel,** Hamburg. Magalhaens. Sammelreise Bd. XII p. 6 (Patagonien).

Eciton selysi n. sp. **Forel,** Ann. Soc. Entom. Belg. T. 48 p. 169 (Brasilien).

Ectatomma ferrugineum. Verpuppung. **Cook,** Science vol. XX p. 310. — **Wheeler,** t. c. p. 437—440.

Epipheidole n. g. (*Pheidole* nahest.) **Wheeler,** Bull. Amer. Mus. vol. XX p. 14. — *inquilina* n. sp. p. 15 (Colorado).

Euponera (*Mesoponera*) *sulcigera* n. sp. **Mayr,** Verhdlgn. zool.-bot. Ges. Wien Bd. 54 p. 593 (Kapkolonie).

Formica nigra L. Biologische Beobachtung. **Krausse (2).**
— *fusca* var. *rubescens* n. **Forel,** Ann. Soc. Entom. Belg. T. 48 p. 423.
— *rufa* var. *whymperi* n. **Forel,** t. c. p. 152. — *dacotensis* var. *wasmanni* n. p. 15g.
— *pallidefulva* var. *succinea* n. **Wheeler,** Bull. Amer. Mus. vol. XX p. 369. — *meridionalis* n. sp. p. 370. — *difficilis* var. *consocians* n. p. 371. — *microgyna* var. *nevadensis* n. p. 373.
— *rubicunda.* Pseudogynen; *Xenodusa.* **Muckermann,** Entom. News Philad. vol. 15 p. 339—349. pl. XX.
— *sanguinea* Lebensweise. **Wasmann (2).**
N e u e A r t e n: *adelungi* n. sp. **Forel,** Annuaire Mus. St. Pétersb. T. VIII p. 385 (Wüste Gobi).
— *montigena* n. sp. **Wheeler,** Bull. Amer. Mus. vol. XX p. 374 (Colorado).

Iridomyrmex anceps var. *sikkimensis* n. **Forel,** Rev. Suisse Zool. T. XII p. 27.

Lasius flavus Ltr. Biologische Beobachtung. **Krausse (2).**
— *niger* var. *flavescens* n. **Forel,** Annuaire Mus. St. Pétersb. T. VIII p. 386.

Leptanilla. Verwandtschaft. **Emery,** Arch. Zool. ital. T. II p. 107—116.

Leptogenys elongata Beschr. u. Lebensweise. **Wheeler,** Bull. Biol. T. VI p. 251 —259.

Leptothorax bulgaricus var. *melleus* n. **Forel,** Annuaire Mus. St. Pétersb. T. VIII p. 375.
— *unifasciatus* var. *tauricus* n. **Ruzsky,** Protok. Kazan Univ. 1902, 1903 No. 206 p. 22.
— *rothneyi* var. *simlensis* n. **Forel,** Rev. Suisse Zool. T. XII. p. 22.
— *tuberum* var. *dichroa* n. **Emery,** Ann. Mus. Civ. Stor. Nat. Genova vol. LXI p. 452.
N e u: *alpinus* n. sp. **Ruzsky,** Protok. Kazan Univ. 1902/1903 N. 206. p. 22 (Kaukasus).
— *wroughtonii* n. sp. **Forel,** Rev. Suisse Zool. T. III p. 22 (Nordindien).

Megalomyrmex emeryi n. sp. **Forel,** Ann. Soc. Entom. Belg. T. 48 p. 174 (Surinam).

Melophorus sauberi n. sp. **Forel,** Hamburg. Magalhaens. Sammelreise vol. VII p. 4 (Patagonien). — *valdiviensis* n. sp. p. 6 (Chile).

Monomorium minutum **subsp.** *ergatogyna* n. **Wheeler,** Bull. Amer. Mus. vol. XX p. 369.
— *denticulatum* var. *navarinensis* n. **Forel,** Hamburg Magalhaens. Sammelreise T. VII p. 7.
N e u: *luisae* n. sp. **Forel,** Rev. Suisse Zool. T. XII p. 25 (Kaschmir).

Myrmecocystus viaticus var. *abyssinicus* n. u. var. *adenensis* n. **Forel,** Annuaire
Mus. St. Pétersbg. T. VIII p. 382.
Myrmelachista ruzskyi für *ruszkii* **Forel,** Rev. Suisse Zool. T. XII p. 1.
N e u: *ulei* n. sp. **Forel,** Zool. Jahrb. Abt. f. System. Bd. 20 p. 704. — *chilensis*
n. sp. p. 704. — *rectinata* n. sp. p. 705 (Chile).
Myrmica var. *whymperi* n. u. var. *glacialis* n. **Forel,** Ann. Soc. Entom. Belg.
T. 48 p. 154. — *rubra* var. *tenuispina* n. **Forel,** Annuaire Mus. St. Pétersbg.
T. VIII p. 374. — *smythiesii* var. *fortior* n. p. 22. — *lutescens* p. 23.
Oecophila smaragdina. Gewebespinnende Ameise. **Green.**
Oxyopomyrmex santschii n. sp. **Forel,** Revue Suisse Zool. T. XII p. 8 (Kairouan).
Nest u. Lebensweise p. 10.
Paltothyreus tarsatus. Schutzgeruch. **Poulton,** Proc. Entom. Soc. London 1904
p. XL.
Pheidole sinaitica subsp. *laticeps* n. **Mayr,** Jägerskiöld exp. No. 9 p. 6. — *minutula*
subsp. *folicola* n. **Forel,** Zool. Jahrb. Abt. f. System. Bd. 20 p. 681.
— *ursus* var. *gracilinoda* n. **Forel,** Ann. Soc. Entom. Belg. T. 48 p. 172.
— *megacephala* subsp. *impressiceps* n. **Wasmann,** Notes Leyden Mus. vol. XXV
p. 72. — p. 110 in subsp. *impressifrons* n. umgeändert.
N e u e A r t e n: *termitophila* n. sp. **Forel,** Jägerskiöld exp. No. 13 p. 13 (Sudan).
— *ceres* n. sp. **Wheeler,** Bull. Amer. Mus. vol. XX p. 10 (Colorado).
— *severini* n. sp. **Forel,** Anni Soc. Entom. Belg. T. 48 p. 171 (Cayenne).
Plagiolepis brunni var. *nilotica* n. **Mayr,** Jägerskiöld exp. No. 9 p. 7.
N e u: *deweti* d. sp. **Forel,** Ann. Soc. Entom. Belg. T. 48 p. 423 (Natal).
Podomyrma silvicola var. *dimidiata* n. **Forel,** Ann. Soc. Entom. Belg. T. 48 p. 170.
Pogonomyrmex occidentalis. Ökologische Bemerk. **Popenoe,** Canad. Entom.
vol. XXXVI p. 360.
Polyrhachis gracilis alata. Arbeiter. **Forel,** Ann. Soc. Entom. Belg. T. 48 p. 177.
N e u: *menelas* n. sp. **Forel,** Rev. Suisse zool. T. XII p. 30 (Simla).
Ponera eduardi. Flügelloses ♂. **Forel,** Ann. Soc. Entom. Belg. T. 48 p. 421.
Prenolepis jägerskiöldi n. sp. **Mayr,** Jägerskiöld exp. No. 9 p. 8 (Kairo). — *trae-*
gaordhi n. sp. **Forel,** op. cit. No. 13 p. 14 (Sudan).
Procryptocerus hirsutus subsp. *convexus* n. **Forel,** Rev. Suisse Zool. T. XII p. 34.
Pseudomyrma. Die Smith'schen Arten sind unbestimmbar. **Forel,** Zool. Jahrb.
Abt. f. System. Bd. 20 p. 683.
— *dendroica* var. *emarginata* n. **Forel,** t. c. p. 684. — *latinoda* subsp. *tachi-*
galiae n. p. 686. — *caroli* var. *sapii* n. p. 688. — *sericea* var. *cordiae* n.
u. var. *longior* n. p. 690.
— *latinoda* var. *nigrescens* n. **Forel,** Rev. Suisse Zool. T. XII p. 38. — *arboris-*
sanctae symbiotica p. 38. — *kunckeli* var. *dichroa* n. p. 41.
— *latinoda* var. *opacior* n. **Forel,** Ann. Soc. Entom. Belg. T. 48 p. 170.
N e u e A r t e n aus dem A m a z o n a s g e b i e t e: *triplaridis* n. sp. **Forel,**
Zool. Jahrb. Abt. f. System. Bd. 20 p. 684. — *ulei* n. sp. p. 689. —
dendroica n. sp. **Forel,** Rev. Suiss. Zool. T. 48. p. 40.
Rhopalothrix procera var. *ballioni* n. **Forel,** Ann. Soc. Entom. Belg. T. 48 p. 175.
Sima sahlbergi var. *deplanata* n. **Forel,** Ann. Mus. St. Pétersb. T. VIII p. 375.
Solenopsis texana subsp. *catalinae* n. **Wheeler,** Bull. Amer. Mus. vol. XX p. 269.
— *corticalis* subsp. *amazonensis* n. **Forel,** Zool. Jahrb. Abt. f. System. Bd. 20
p. 680.

— *corticalis* var. *virgula* n. **Forel,** Ann. Soc. Entom. Belg. T. 48 p. 172. — *geminata* subsp. *pylades* n. p. 172.

— *geminata.* Verwüstungen in Porto Rico. **Barrett,** Bull. Dep. Agric. Jamaica vol. II p. 204.

N e u e A r t e n: *moelleri* d. sp. **Forel,** Ann. Soc. Entom. Belg. T. 48 p. 173 (Blumenau). — *moell.* var. *gracilior* n. p. 174.

Stenamma barbarus var. *persicus* n. **Forel,** Ann. Soc. Entom. Belg. T. 48 p. 175. — *patruele* subsp. *bakeri* n. **Wheeler,** Bull. Amer. Mus. .vol. XX p. 270. N e u: *S.* (*Messor*) *bugnioni* n. sp. **Forel,** Rev. Suisse Zool. T. XII p. 13 (Biskra).

Strongylogaster cingulatus F. u. *Chermes piceae.* **Jacobi.** — *macula* Kl. für finnische Fauna neu. **Forsius.**

Strongylognathus christophi var. *rehbinderi* n. **Forel,** Rev. Suisse zool. T. XII p. 2—4.

Strumigenys membranifera var. *santschii* n. **Forel,** t. c. p. 6. N e u: *ludovici* n. sp. **Forel,** Annuaire Mus. St. Pétersb. T. VIII p. 369 (Madagaskar).

Symmyrmica n. g. (*Formicoxenus* nahest.) **Wheeler,** Bull. Amer. Mus. vol. XX p. 3. — *chamberlini* n. sp. p. 5 (Colorado).

Sympheisole n. g. **Wheeler,** Bull. Amer. Mus. vol. XX p. 7. — *elecebra* n. sp. p. 8 (Colorado).

Tapinoma erraticum subsp. *israelis* n. **Forel,** Rev. Suisse Zool. T. XII p. 16. N e u: *wroughtonii* n. sp. **Forel,** t. c. p. 261 (Nord Indien). — *antarcticum* n. sp. p. 17 (Chile).

Tetramorium caespitum L. Biologische Beobachtung. **Krausse (2).** — *caespitum* var. *splendens* n. **Ruzsky,** Protok. Kazan Univ. 1902, 1903 No. 206 p. 33. — *caespitum* var. *biskrensis* n. **Forel,** t. c. p. 13. — *caespitum* var. *schmidti* n. p. 15. — *caespitum* var. *forte* n. **Forel,** Annuaire Mus. St. Pétersb. T. VIII p. 371. N e u: *elizabethae* n. sp. **Forel,** Revue Suisse Zool. T. XII p. 20 (Sind).

Tomognathus sublaevis. Lebensgewohnheiten. **Wellenius,** Meddel. Soc. Fauna Flora Fennica 1902/1903 p. 70—72.

Hymenoptera Parasitica.

Gäste in italienischen Gallen: Stegnano, Marcellia III, p. 27—44, 51—52.
Para iten, Liste, nebst Wirten: Jacobs.

Superfamilia Proctotrypoidea.

Hierher die Familien L—LVII Ashmeads: *P e l e c i n i d a e, H e l o - r i d a e, P r o c t o t r y p i d a e, B e l y t i d a e, D i a p r i i d a e, C e p h a - r o n i d a e, S c e l i o n i d a e* u. *P l a t y g a s t e r i d a e.*

Autoren: Ashmead, Brues, Cameron, Kieffer, Kieffer u. Marshall, Marchal, Mayr, Wassiliew.

Einleitung zu den *P r o c t r o t r y p i d a e* von Europa u. Algier: **Kieffer** u. **Marshall.**

Allotropa japonica **n. sp.** **Ashmead,** Journ. New York Entom. Soc. vol. 12 p. 74 (Japan).

Amblyaspis japonica **n. sp.** **Ashmead,** Journ. New York Entom. Soc. vol. 12 p. 74 (Japan).

Anommatium ashmeadi **n. sp.** **Mayr,** Verhdlgn. zool.-bot. Ges. Wien Bd. 54 p. 592 (Aachen).

Anopedias japonicus **n. sp.** **Ashmead,** Journ. New York Entom. Soc. vol. 12 p. 75 (Japan).

Apenesia. **Kieffer** beschreibt in Ann. Mus. Civ. Stor. nat. Genova vol. 41 p. 346 (Westafrika).
— *substriata* **n. sp.** p. 365 (Bolivia). — *punctata* **n. sp.** p. 366 (Westafrika). — *unicolor* **n. sp.** p. 366 (Westafrika). — *proxima* **n. sp.** p. 367 (Neu Guinea). — *levis* **n. sp.** p. 368 (Westafrika).

Aphanogmus hakonensis **n. sp.** **Ashmead,** Journ. New York Entom. Soc. vol. 12 p. 71 (Japan).

Bocchus atriceps **n. sp.** **Brues,** Canad. Entom. vol. 36 p. 118 (New York).

Ceraphron manilae **n. sp.** **Ashmead,** Proc. U. S. Nat. Mus. vol. XXXVIII p. 135 (Philippinen).

Dendrocerus. Beschreib. u. Verbesserung in ders. **Ashmead,** Journ. New York Entom. Soc. vol. 12 p. 71.
N e u: *ratzeburgi* **n. sp.** **Ashmead,** t. c. p. 70 pl. VII fig. 1 (Japan).

Diapria mitsukurii **n. sp.** **Ashmead,** Journ. New York Entom. Soc. vol. 12 p. 69 (Japan).

Discleroderma tuberculatum. Beschr. **Kieffer,** Ann. Mus. Civ. Stor. Nat. Genova vol. 41 p. 372.

Dissolcus japonicus **n. sp.** **Ashmead,** Journ. New York Entom. Soc. vol. 12 p. 73. — *flavipes* **n. sp.** p. 73 (beide aus Japan).

Dissomphalus tibialis **n. sp.** **Ashmead,** Proc. U. S. Nat. Mus. vol. XXVIII p. 134 (Manila).
— *brevinervis* **n. sp.** **Kieffer,** Ann. Mus. Civ. Stor. Nat. Genova vol. 41 p. 371 (Sumatra).

Dryinus stantoni .**n. sp.** **Ashmead,** Proc. U. S. Nat. Mus. vol. XXVIII p. 134 (Manila). — *nigrellus* **n. sp.** **Brues,** Canad. Entom. vol. 36 p. 117 (Long Island). — *brachycerus* **n. sp.** **Kieffer,** Ann. Mus. Civ. Stor. Nat. Genova vol. 41 p. 341 (Argentinien). — *niger* **n. sp.** p. 352 (Italien).

Ecitopria proxima **n. sp.** **Kieffer,** Ann. Mus. Civ. Stor. Nat. Genova vol. 41 p. 378 (Sardinien). — *fusca* **n. sp.** p. 378 (Sumatra.

Epyris bipartitus **var.** *sublevis* **n.** **Kieffer,** Ann. Mus. Civ. Stor. Nat. Genova vol. 41 p. 407.
— **Kieffer** beschreibt t. c. folgende n e u e A r t e n: *foveatus* **n. sp.** p. 396 (Italien). — *interruptus* **n. sp.** p. 398 (Neu-Guinea). — *armatitarsis* **n. sp.** p. 399 (Tunis). — *spiniscapus* **n. sp.** p. 400 (Erythräa). — *spinitarsus* **n. sp.** p. 402. — *breviscapus* p. 402. — *gracilipennis* **n. sp.** p. 403. — *pilosipes* **n. sp.** p. 403 (die letzten 4 Arten aus Westafrika). — *striatus* **n. sp.** p. 406 (Burma). — *feai* **n. sp.** p. 408 (Bombay). — *tridentatus* **n. sp.** p. 409 (Guinea). — *albopilosus* **n. sp.** **Cameron,** The Entomologist, vol. 37 (1904) p. 307 (Darjeeling).

— *atamensis* **n. sp. Asmead,** Journ. New York Entom. Soc. vol. 12 p. 67 (Japan).
— *flaviventris* **n. sp. Kieffer,** Arkiv Zool. Bd. I p. 526. — *reticulatus* **n. sp.** p. 527 (beide aus Texas).

Eupsenella herbsti **n. sp. Kieffer,** Revist. chilena T. VIII p. 142 (Concepcion).

Gonatopus sjöstedti **n. sp. Kieffer,** Arkiv Zool. Bd. I p. 525 (Texas).
— **Kieffer** beschreibt ferner im Ann. Mus. Civ. Stor. Nat. Genova vol. 41: *cilipes* **n. sp.** p. 355 (Paraguay). — *planiceps* **n. sp.** p. 355 (Toskana). — *breviforceps* **n. sp.** p. 356 (Patagonien). — *longicornis* **n. sp.** p. 357 (Bolivia). — *albosignatus* **n. sp.** p. 358 (Toskana). — *unilineatus* **n. sp.** p. 358 (Sardinien). — *bilineatus* **n. sp.** p. 359 (Toskana). — *bifasciatus* **n. sp.** p. 360 (Toskana). — *camelinus* **n. sp.** p. 361 (Toskana). — *gracili- cornis* **n. sp.** p. 361 (Toskana). — *dentiforceps* **n. sp.** p. 362 (Toskana).

Goniozus philippinensis **n. sp. Ashmead,** Proc. U. S. Nat. Mus. vol. XXVIII p. 134.
— *japonicus* **n. sp. Ashmead,** Journ. New York Entom. Soc. vol. 12 p. 67 (Gifu).
— *longiceps* **n. sp. Kieffer,** Arkiv Zool. vol. I p. 529 (Texas).
— *brevicornis* **n. sp. Kieffer,** Ann. Mus. Civ. Stor. Nat. Genova vol. 41 p. 382 (Kieffer).

Hadronotus carinatifrons Biologie. **Girault,** Entom. News Philad. vol. 15 p. 337. N e u: *philippinensis* **n. sp. Ashmead,** Journ. New York Entom. Soc. vol. 12 p. 11 (Manila). — *japonicus* **n. sp. Ashmead,** t. c. p. 74. — *hakonensis* **n. sp.** p. 74 (beide aus Japan).

Holepyris **Kieffer** beschreibt im Ann. Mus. Civ. Stor. Nat. Genova vol. 41: *africanus* **n. sp.** p. 391 (Erythrea). — *bidentatus* **n. sp.** p. 392 (Sardinien). — *pedestris* **n. sp.** p. 393. — *dubius* **n. sp.** p. 394 (Toskana). — *hyalinipennis* **n. sp.** p. 394 (Sardinien).

Homoglenus tripartitus **n. sp. Kieffer,** Ann. Mus. Civ. Stor. Nat. Genova vol. 41 p. 388 (Guinea).

Hoplogryon sulcatus **n. sp. Kieffer,** Arkiv Zool. Bd. I p. 538 (Texas).

Hoploteleia rufidorsum **n. sp. Kieffer,** Arkiv Zool. Bd. I p. 533.(Rio de Janeiro).

Lapitha nigriceps **n. sp. Kieffer,** Arkiv Zool. Bd. I p. 537 (Brasilien).

Lygoceros japonicus **n. sp. Ashmead,** Journ. New York Entom. Soc. vol. 12 p. 70. — *koebelei* **n. sp.** p. 70 (beide aus Japan).

Macrohynnis lepidus **d. sp. Mayr,** Verhdlgn. zool.-bot. Ges. Wien Bd. 54 p. 593 (Aachen).

Macroteleia punctata **n. sp. Kieffer,** Arkiv Zool. Bd. I p. 532 (Texas).

Miota hakonensis **n. sp. Ashmead,** Journ. New York Entom. Soc. vol. 12 p. 68 (Japan).

Mystrochemis africana **n. sp. Kieffer,** Ann. Mus. Civ. Stor. Nat. Genova vol. 41 p. 363 (Guinea).

Odontepyris flavinervis **n. sp. Kieffer,** Ann. Mus. Civ. Stor. Nat. Genova vol. 41 p. 378.

Oxylabis bifoveolatus **n. sp. Brues,** Canad. Entom. vol. 36 p. 119 (New Jersey).

Parascleroderma nigriceps **n. sp. Kieffer,** Ann. Mus. Civ. Stor. Nat. Genova vol. 41 p. 376 (Toskana).

Parasierola gestroi n. sp. Kieffer, Ann. Mus. Civ. Stor. Nat. Genova vol. 41
p. 380 (Sardinien). — *flavicoxis* n. sp. p. 381. — *nigricoxis* n. sp. p. 382
(Nicaragua).

Pentacantha longicornis n. sp. Kieffer, Arkiv Zool. Bd. I p. 536 (Texas).

Perisemus fulvicornis. Ergänzende Bemerk. Nielson, Entom. Meddel. vol. II
p. 333.
Neu: Kieffer beschreibt im Ann. Mus. Civ. Stor. Nat. Genova vol. 41
aus I t a l i e n: *coniceps* n. sp. p. 384. — *dubius* n. sp. p. 385. —
mandibularis n. sp. p. 385. — *gestroi* n. sp. p. 386.

Polygnotus minutus. Entwicklung. Marchal, Arch. Zool. exp. T. XXXII p. 300
—315.
Neu: *gifuensis* n. sp. Ashmead, Journ. New York Entom. Soc. vol. XII p. 75
(Japan).

Pristocera erythrura n. sp. Kieffer, Ann. Mus. Civ. Stor. Nat. Genova vol. 41
p. 387 (Somaliland).

Proctotrypes. Ashmead beschreibt im Journ. New York Entom. Soc. vol. 12
p. 67 aus J a p a n: *scymni* n. sp. p. 67. — *japonicus* n. sp. p. 68.
— Kieffer beschreibt in d. Revist. chilena T. VIII aus C h i l e: *unidentatus*
n. sp. p. 145.

Proplatygaster n. g. Kieffer, Revista chilena T. VIII p. 144. — *rufipes* n. sp. p. 145
(Chile).

Pseudisobrachium laticeps n. sp. Kieffer, Ann. Mus. Civ. Stor. Nat. Genova
vol. 41 p. 368. — *distinguendum* n. sp. p. 369 (Paraguay). — *intermedium*
n. sp. p. 369 (Sardinien).

Rhabdepyris armatus n. sp. Kieffer, Ann. Mus. Civ. Stor. Nat. Genova vol. 41
p. 410 (Neu-Guinea). — (?) *albipes* n. sp. p. 411 (Paraguay).
— *haemorrhoidalis* n. sp. Kieffer, Arkiv Zool. vol. I p. 528 (Texas).

Ropronia garmani Abb. Entom. News Philad. vol. 15 p. 212 pl. XIV.

Sactogaster hakonensis n. sp. Ashmead, Journ. New York Entom. Soc. vol. 12
p. 75 (Japan).

Scaphepyris rufus. Beschr. Kieffer, Ann. Mus. Civ. Stor. Nat. Genova vol. 41
p. 370.

Scelio striatigena n. sp. Kieffer, Arkiv Zool. Bd. I p. 530. — *bisulcatus* n. sp.
p. 531 (beide aus Texas).

Scleroderma. Kieffer beschreibt im Ann. Mus. Civ. Stor. Nat. Genova vol. 41:
cercicolle n. sp. p. 374 (Guinea und Italien). — *luticolle* n. sp. p. 374 (Burma).
— *nigrum* n. sp. p. 375 (Sumatra). — *castaneum* n. sp. p. 375 (Ternate).

Spilomicrus japonicus n. sp. Ashmead, Journ. New York Entom. Soc. vol. 12
p. 69 (Sapporo).

Tanynotus n. g. B e t h y l i n i d a r u m Cameron, Record Albany Mus. vol. I
p. 140. — *rufithorax* n. sp. p. 141 (Kapkolonie).

Telenomus. Parthenogenesis. Wassiliew, Zool. Anz. Bd. 26 p. 578.
Neu: *catacanthae* n. sp. Ashmead, Canad. Entom. vol. 36 p. 284 (Philippinen).
— Ashmead beschreibt aus J a p a n im Journ. New York Entom. Soc. vol. 12
atamiensis n. sp. p. 72. — *nawai* n. sp. p. 72. — *mitsukurii* n. sp. p. 72.
— *hakonensis* n. sp. p. 73. — *gifuensis* n. sp. p. 73.
— *fimbriatus* n. sp. Kieffer, Arkiv Zool. vol. I p. 539 (Wisconsin).

Trissacantha striaticeps n. sp. Kieffer, Arkiv Zool. vol. I p. 535 (Texas).

Superfamilia VI. Cynipoidea.

Figitidae (Fam. LVIII) und **Cynipidae** (Fam. LIX).

Autoren: Ashmead, Beutenmüller, Cameron, Froggatt, Kieffer, Mattei, Rössig.

C y n i p i d a e. Schluß des Bd. VII bis von **Kieffer** in A n d r é s Hym. Eur. Alg.
— Liste der Typen im Amer. Mus. Nat. Hist. **Beutenmüller (1)**.
— Postembryonale Entwicklung der Larven usw. **Rössig**.
— an Eichen: **Keller (1)**.

Anacharoides **n. g.** *A n a c h a r i n a r u m* **Cameron,** Rec. Albany Mus. vol. I
p. 160. — *striaticeps* **n. sp.** p. 160 (Kapkolonie).
Andricus targionii. Galle. **Trotter,** Marcellia vol. III p. 86.
N e u: *japonicus* **n. sp. Ashmead,** Journ. New York Entom. Soc. vol. 12 p. 81
(Hakone).
Bothrochalcis **n. g.** *E u c o i l i n a r u m.* **Cameron.** Rec. Albany Mus. vol. I
p. 163. — *erythropoda* **n. sp.** p. 164 (Grahamstown).
Callirhytis hakonensis **n. sp. Ashmead,** Journ. New York Entom. Soc. vol. 12
p. 81. — *tobiiro* **n. sp.** p. 82 (beide aus Japan).
Cynips **n. sp.** ? Galle. Abb. **Trotter,** Marcellia vol. III p. 10.
— *mayri.* Beobachtungen an der Galle. **Mattei.**
— *megaptera.* Eichenbeschädigungen. **Keller (2).**
Dryophanta. **Ashmead,** beschreibt im Journ. New York Entom. Soc. vol. 12
aus J a p a n: *japonica* **n. sp.** p. 79. — *serratae* **n. sp.** p. 80. — *brunneipes*
n. sp. p. 80. — *nawai* **n. sp.** p. 80. — *hakonensis* **n. sp.** p. 81. — *mitsukurii*
n. sp. p. 81.
Hypodiranchis aphidae **n. sp. Froggatt,** Agric. Gaz. N. S. Wales, vol. XV p. 612
(Australien).
Neuroterus. **Ashmead,** beschreibt aus J a p a n im Journ. New York Entom. Soc.
vol. 12: *nawai* **n. sp.** p. 79. — *atamiensis* **n. sp.** p. 79. — *hakonensis* **n. sp.**
p. 79.
Oberthurella tibialis **n. sp. Kieffer,** Entom. Tidskr. Arg. 25 p. 107 (Kamerun).
Onychia japonica **n. sp. Ashmead,** Journ. New York Entom. Soc. vol. 12 p. 76
(Japan).
Paraulax **n. g. Kieffer,** Revist. chilena T. VIII p. 43. — *perplexus* **n. sp.** p. 44
(Chile).
Rhodites hakonensis **n. sp. Ashmead,** Journ. New York Entom. Soc. vol. 12 p. 82
(Japan).
Synergus atamiensis **n. sp. Ashmead,** Journ. New York Entom. Soc. vol. 12
p. 77. — *gifuensis* **n. sp.** p. 78. — *hakonensis* **d. sp.** p. 78 (ebenfalls sämtlich
aus Japan).
Xyalaspis atamiensis **n. sp. Ashmead,** Journ. New York Entom. Soc. vol. 12
p. 76 (Japan).
Xystus japonicus **n. sp. Ashmead,** Journ. New York Entom. Soc. vol. 12 p. 77
(Japan).

Superfamilia **VII.** *Chalcidoidea.*

Es gehören hierzu Fam. LX—LXXIII: *A g a o n i d a e, T o r y m i d a e, C h a l c i d i d a e, E u r y t o m i d a e, P e r i l a m p i d a e, E u c h a r i d a e, M i s c o g a s t e r i d a e, C l e o n e m y d a e, E n c y r t i d a e, P t e r o m a l i d a e, E l a s m i d a e, E u l o p h i d a e, T r i c h o g r a m m i d a e* u. *M y m a r i d a e.*

Autoren: Ashmead, Cameron, Embleton, Files, Höppner, Kieffer, Marchal, Mayr, Wassiliew.

Systematik der *C h a l c i d i o i d e a.* 14 Familien, Übersichtstab. über die Gatt. Aufzählung der südamerikanischen Arten u. Beschreibung zahlreicher neuer: **Ashmead,** Mem. Carnegie Mus. vol. I No. 4 p. 225—551. Bibliographie der Gatt. der *C h a l c i d i d a e.* **Ashmead,** t. c. p. 365—393.

Acanthometopon **n. g.** (Type: *A. clavicornis* Ashm.) **Ashmead,** Mem. Carnegie Mus. vol. I p. 314. — *clavicorne* **n. sp.** p. 498 pl. XXXVIII fig. 3 (Brasilien).
Acroclisis coccidivora **n. sp. Ashmead,** Journ. NewYork Entom. Soc. vol. 12 p. 158 (Japan).
— *brasiliensis* **n. sp. Ashmead,** Mem. Carnegie Mus. vol. I p. 502 (Chapada).
Allochalcis **n. g. Kieffer,** Berlin. Entom. Zeitschr. Bd. 49 p. 256. — *nervosa* **n. sp.** p. 257 (Madagaskar).
Alloderma **n. g.** (Type: *A. macul'pennis* Ashm.) **Ashmead,** Mem. Carnegie Mus. vol. I p. 273.
Alophomyia **nom. nov.** für *Alophus* Ashm. **Ashmead,** Proc. Entom. Soc. Washington, vol. 6 p. 126.
Alophus **n. g.** (Type: *A. flavus* Ashm.) **Ashmead,** Mem. Carnegie Mus. vol. I p. 353. — *brasiliensis* **n. sp.** p. 520 (Brasilien).
Ametallon **n. g.** (Type: *A. chapadae* Ashm.) **Ashmead,** Mem. Carnegie Mus. vol. I p. 344. — *chapadae* **n. sp.** p. 511 (Brasilien).
Anacryptus japonicus **n. sp. Ashmead,** Journ. New York Entom. Soc. vol. 12. p. 147. — *koebelei* **n. sp.** p. 148 (Japan).
Anastatus japonicus **n. sp. Ashmead,** Journ. New York Entom. Soc. vol. 12. p. 153. — *gastropachae* **n. sp.** p. 153. — *brevipennis* **n. sp.** p. 154. — *albitarsis* **n. sp.** p. 154 (alle vier aus Japan).
— *stantoni* **n. sp. Ashmead,** t. c. p. 14 (Philippinen).
— **Ashmead** beschreibt ferner im Mem. Carnegie Mus. vol. I. aus Brasilien: *auriceps* **n. sp.** p. 493. — *coreophagus* **n. sp.** p. 494. — *pleuralis* **n. sp.** p. 494. — *basalis* **n. sp.** p. 494. — *punctiventris* **n. sp.** p. 494. — *unifasciatus* **n. sp.** p. 495.
Anthrocephalus punctatus **n. sp. Kieffer,** Berlin. Entom. Zeitschr. Bd. 49. p. 253 (Madagascar). — *rufipes* **n. sp.** p. 254 (Nossi-Bé).
Aphelinus japonicus **n. sp. Ashmead,** Journ. New York Entom. Soc. vol. 12. p. 161 (Atamé).
Aphidencyrtus pallidipes **n. sp. Ashmead,** Journ. New York Entom. Soc. vol. 12. p. 15.
— *brasiliensis* **n. sp. Ashmead,** Mem. Carnegie Mus. vol. I p. 497 (Chapada).

Aphobetoideus **n. g.** (Type: *A. comperei* Ashm.) **Ashmead,** Mem. Carnegie Mus. vol. I. p. 328.

Aphycus albopleuralis **n. sp. Ashmead,** Journ. New York Entom. Soc. vol. 12. p. 155 (Japan).

Apocryptophagus **n. g.** (Type: *Chalcis explorator* Coq.) **Ashmead,** Mem. Carnegie Mus. vol. I p. 238.

Ardalus howardii **n. sp. Ashmead,** Mem. Carnegie Mus. vol. I p. 517 (Brasilien).

Arretocera stantoni **n. sp. Ashmead,** Proc. U. S. Nat. Mus. vol. XXVIII p. 136 (Manila).

Asecodes elasmi **n. sp. Ashmead,** Proc. N. S. Nat. Mus. vol. XXVIII p. 138 (Manila).

Aspidiotiphagus aleyrodis **n. sp. Ashmead,** Proc. U. S. Nat. Mus. vol. XXVIII p. 139 (Manila).

Axima koebelei **n. sp. Ashmead,** Mem. Carnegie Mus. vol. I p. 459. — *brasiliensis* **n. sp.** p. 459. — *brevicornis* **n. sp.** p. 459. (Alle drei aus Brasilien).

Aximogastra **n. g.** (Type: *A. bahiae* Ashm.) **Ashmead,** Mem. Carnegie Mus. vol. I p. 261. — *bahiae* **n. sp.** p. 463 pl. XXXIII fig. 5 (Brasilien).

Aximopsis **n. g. Ashmead,** Mem. Carnegie Mus. vol. I p. 259. — *morio* **n. sp.** p. 460 pl. XXXII fig. 6 (Brasilien).

Bephrata striatipes **n. sp. Ashmead,** Mem. Carnegie Mus. vol. I p. 462 pl. XXXIII fig. 4 (Brasilien).

Blatticida **n. g.** (Type: *B. pulchra* Ashm.) **Ashmead,** Mem. Carnegie Mus. vol. I p. 305.

Bothriothorax brasiliensis **n. sp. Ashmead,** Mem. Carnegie Mus. vol. I p. 496 (Chapada).

Brachista Walt. ist keine gute Gatt. **Mayr,** Verhdlg. zool.-bot. Ges. Wien Bd. 54. p. 591.

Brachycaudonia **n. g.** (Type: *B. californica* Ashm.) **Ashmead,** Mem. Carnegie Mus. vol. I p. 283.

Brachystyra pungeus (Förster) **n. sp. Mayr,** Verhdlgn. deutsch. zool.-bot. Ges. Wien, Bd. 54 p. 590 (Deutschland).

Brasema fuscipennis **n. sp. Ashmead,** Mem. Carnegie Mus. vol. I. p. 486 (Brasilien).

Brachobius **n. g.** (Type: *B. laticeps* Ashm.) **Ashmead,** Mem. Carnegie Mus. vol. I p. 314.

Callismira **n. g. Kieffer,** Berlin. Entom. Zeitschr. Bd. 49. p. 247. — *flavocincta* **n. sp.** p. 248 (Madagascar).

Calosoter albitarsis **n. sp. Ashmead,** Journ. New York Entom. Soc. vol. 12 p. 153 (Japan).

Cecidoxenus **n. g.** (Type: *C. nigrocyaneus* Ashm.) **Ashmead,** Mem. Carnegie Mus. vol. I p. 274.

Cerapteroceroides **n. g.** (steht *Cerapterocerus* nahe) **Ashmead,** Journ. New York Entom. Soc. vol. 12. p. 156. — *japonicus* **n. sp.** p. 156 (Atambi).

Ceratosmicra **n. g.** (Type: *C. petiolata* Ashm.) **Ashmead,** Mem. Carnegie Mus. vol. I p. 251.

Chalcedectes annulipes **n. sp. Ashmead,** Mem. Carnegie Mus. vol. I. p. 483 pl. XXXVI fig. 2 (Brasilien).

Chalcis. **Kieffer** beschreibt in d. Berlin. Entom. Zeitschr. Bd. 49 folg. neue Arten: *flavitarsis* **n. sp.** p. 260 (Madagascar). — *tenuicornis* **n. sp.** p. 260 (Nossi-Bé). — *multicolor* **n. sp.** p. 261 (Madagaskar). — *saussurei* **n. sp.** p. 262. — *rufi-*

ventris **n. sp.** p. 622 (Nossi-Bé). — *ferox* **n. sp.** nebs; **var.** *coxalis* **n.** p. 263 (Nossi-Bé und Bourbon).
— *prodeniae* **n. sp.** **Ashmead,** Proc. U. S. Nat. Mus. vol. XXVIII p. 136 (Manila).
— **Ashmead** beschreibt von den Philippinen im Journ. New York Entom. Soc. vol. 12: *albotibialis* **n. sp.** p. 12. — *argentifrons* **n. sp.** p. 12.
Cheiloneurus japonicus **n. sp.** **Ashmead,** Journ. New York Entom. Soc. vol. 12 p. 156 (Gifu).
Chryseida aeneiventris **n. sp.** **Ashmead,** Mem. Carnegie Mus. vol. I p. 462 pl. XXXII fig. 3 (Brasilien).
Chrysoatomus **n. g.** (Type: *C. zealandicus* Ashm.) **Ashmead,** Mem. Carnegie Mus. vol. I p. 342.
Chrysonotomyia **n. g.** (Type: *Eulophus auropunctatus* Ashm.) **Ashmead,** Mem. Carnegie Mus. vol. I p. 344.
Cirrospiloideus **n. g.** (Type: *Miotropis platynotae* How.) **Ashmead,** Mem. Carnegie Mus. vol. I p. 354.
Closterocerus brownii **n. sp.** **Ashmead,** Proc. U. S. Nat. Mus. vol. XXVIII p. 138 (Manila).
Coccidencyrtus manilae **n. sp.** **Ashmead,** Journ. New York Entom. Soc. vol. 12. p. 14 (Philippinen).
Coelochalcis **n. g.** (*Halticella* nahest.) **Cameron,** The Entomologist, vol. 37 (1904) p. 111. — *carinifrons* **n. sp.** p. 111 (Sikkim).
Copidosoma japonicum **n. sp.** **Ashmead,** Journ. New York Entom. Soc. vol. 12 p. 154. (Gifu).
Cryptoprymnus japonicus **n. sp.** **Ashmead,** Journ. New York Entom. Soc. vol. 12 p. 159 (Japan).
Decatoma atamiensis **n. sp.** **Ashmead,** Journ. New York Entom. Soc. vol. 12 p. 151 (Japan).
Decatomothorax **n. g.** (Type: *D. gallicola* Ashm.) **Ashmead,** Mem. Carnegie Mus. vol. I p. 273.
Derostenus bifoveolatus **n. sp.** **Ashmead,** Journ. New York Entom. Soc. vol. 12. p. 160. — *mitsukurii* **n. sp.** p. 161 (Japan).
Diaulomorpha **n. g.** (Type: *D. australiensis* Ashm.) **Ashmead,** Mem. Carnegie Mus. vol. I p. 356.
Diaulus **n. g.** (Type: *D. begini* Ashm.) **Ashmead,** Mem. Carnegie Mus. vol. I p. 356.
Dicoelothorax platycerus **Ashmead,** Mem. Carnegie Mus. vol. I p. 470 **n. sp.** p. XXXV fig. 3 (Santarem).
Diglyphomorpha **n. g.** (Type: *Diglyphus maculipennis* Ashm.) **Ashmead,** t. c. p. 352.
Dimmockia **n. g.** (Type: *Eulophus incongruus* Ashm.) **Ashmead,** Mem. Carnegie Mus. p. 357.
Eisenia **n. g.** (Type: *E. mexicana* Ashm.) **Ashmead,** Mus. Mem. Carnegie vol. I p. 233.
Neu: *flaviscapa* **n. sp.** **Ashmead,** t. c. p. 394 (Pará).
Elachertomorpha **n. g.** (Type: *E. flaviceps* Ashm.) **Ashmead,** Mem. Carnegie Mus. vol. I p. 352.
Neu: *flaviceps* **n. sp.** **Ashmead,** t. c. p. 518 (Brasilien).

Elachertus atamiensis n. sp. Ashmead, Journ. New York Entom. Soc. vol. 12.
p. 164. — *basilaris* n. sp. p. 164 beide aus Japan).

Elasmus atamiensis n. sp. Ashmead, Journ. New York Entom. Soc. vol. 12
p. 159. — *hakonensis* n. sp. p. 159. — *japonicus* n. sp. p. 160 (alle drei aus
Japan).

— *philippinensis* n. sp. Ashmead, Proc. N. S. Nat. Mus. vol. XXVIII p. 138
(Manila).

— Ashmead beschreibt aus B r a s i l i e n in Mem. Carnegie Mus. vol. I:
brasiliensis n. sp. p. 502. — *peraffinis* n. sp. p. 503. — *chapadae* n. sp.
p. 503.

Encyrtaspis n. g. (Type: *E. brasiliensis* Ashm.) Ashmead, Mem. Carnegie Mus.
vol. I p. 290. — *braziliensis* n. sp. Ashmead, t. c. p. 492.

Encyrtus telenomicida n. sp. Wassiliew, Rev. Russe Entom. T. IV p. 117
(Charkow. — Auf *Telenomus*).

Enneasmicra n. g. (Type: *Smicra exinamius* Walk.) Ashmead, Mem. Carnegie
Mus. vol. I p. 252. — *incerta* n. sp. Ashmead, t. c. p. 449 (Brasilien).

Epipteromalus n. g. (Type: *E. algonquinensis* Ash.) Ashmead, Mem· Carnegie
Mus. vol. I p. 319.

Eufrogattia nom. nov. für *Froggattia* Ashm. Ashmead, Proc. Entom. Soc. Washington, vol. 6 p. 126.

Eukoebelea nom. nov. für *Koebelea* Ashm. Ashmead, Proc. Entom. Soc. Washington, vol. 6. p. 126.

Eulophopteryx n. g. (Type: *E. chapidae* Ashm.) Ashmead, Mem. Carnegie Mus.
vol. I p. 341. — *chapidae* n. sp. p. 506 pl. XXXVIII Fig. 6 (Brasilien).

Eulophus exiguus Nees gehört zu *Asynacta*. Mayr, Verhdlgn. zool.-bot. Ges.
Wien Bd. 54 p. 589.

N e u: *albitarsis* n. sp. Ashmead, Journ. New York Entom. Soc. vol. 12. p. 164.
striatipes n. sp. p. 165. — *japonicus* n. sp. p. 165 (alle drei aus Japan).

Euophthalmomyia n. g. (Type: *E. pallidipes* Ashm.) Ashmead, Mem. Carnegie
Mus. vol. I p. 339.

N e u: *formosae* n. sp. Ashmead, Journ. New York Entom. Soc. vol. 12 p. 154
(Formosa).

— Ashmead beschreibt ferner im Mem. Carnegie Mus. vol. I aus B r a s i l i e n:
koebelei n. sp. p. 488. — *acaudus* n. sp. p. 488. — *proximus* n. sp. p. 488.
— *compressiventris* n. sp. p. 489. — *aprilis* n. sp. p. 489. — *chapidae*
n. sp. p. 489. — *santaramensis* n. sp. p. 489. — *persimilis* n. sp. p. 489.
— *corumbae* n. sp. p. 490. — *unifasciata* n. sp. p. 490. — *simillimus*
n. sp. p. 490. — *magniclavatus* n. sp. p. 490.

Euplectrus manilae n. sp. Ashmead, Journ. New York Entom. Soc. vol. 16. —
philippinensis n. sp. p. 16 (beide von den Philippinen).

— D e r s e l b e beschreibt t. c. aus J a p a n: *japonicus* n. sp. p. 163. — *nigromaculatus* n. sp. p. 163.

— Ashmead beschreibt schließlich im Mem. Carnegie Mus. vol. I aus
B r a s i l i e n: *brasiliensis* n. sp. p. 516. — *corumbae* n. sp. p. 517. —
solitarius n. sp. p. 517. — *chapadae* n. sp. p. 517.

Euryophrys Först = (*Calypso* Hal.) Ashmead, Proc. Entom. Soc. Washington
vol. 6. p. 126.

Eurytoma rubicola. Biologie. **Höppner,** Allgem. Zeitschr. f. Entom. Bd. 9 p. 161—
—171.

N e u: *infracta* **n. sp. Mayr,** Verhdlgn. zool.-bot. Ges. Wien Bd. 54. p. 580
(Dalmatien). — *timaspidis* **n. sp.** p. 582 (Montpellier).

— **Ashmead** beschreibt im Journ. New York Entom. Soc. vol. 12 aus Japan:
nikkoensis **n. sp.** p. 149. — *atamiensis* **n. sp.** p. 149. — *japonica* **n. sp.**
p. 150. — *binotata* **n. sp.** p. 150. — *hakonensis* **n. sp.** p. 150. — *mitsukurii*
n. sp. p. 150 (Japan).

— *manilensis* **n. sp. Ashmead,** Journ. New York Entom. Soc. vol. 12 p. 13
(Philippinen).

Eusayia **nom. nov.** für *Sayiella* Ashm. **Ashmead,** Proc. Entom. Soc. Washington
vol. VI. p. 126.

Eustypiura **n. g.** (Type: *E. bicolor* Ashm.) **Ashmead,** Carnegie Mus. vol. I p. 251.
N e u: *bicolor* **n. sp.** p. 412 pl. XXXI fig. 4. — *sexmaculata* **n. sp.** p. 412 tab. cit.
fig. 5. — *smithii* **n. sp.** p. 413 (alle drei aus Brasilien).

Exoristobia **n. g.** E n c y r t i d. **Ashmead,** Journ. New York Entom. Soc. vol. 12.
p. 15. — *philippinensis* **n. sp.** p. 15 (Manila).

Froggattia **n. g.** (Type: *F. polita* Ashm.) **Ashmead,** Mem. Carnegie Mus. vol. I
p. 238.

Haltichella ludlowae **n. sp. Ashmead,** Journ. New York Entom. Soc. vol. 12.
p. 13 (Philippinen).

Halticoptera laticeps **n. sp. Ashmead,** Journ. New York Entom. Soc. vol. 12
p. 152 (Japan).

Hemitorymus **n. g.** (Type: *H. thoracicus* Ashm.) **Ashmead,** Mem. Carnegie Mus.
vol. I p. 243. — *thoracicus* **n. sp.** p. 401 (Chapada).

Heptasmicra **n. g.** (Type: *Smicra obliterata* Walk.) **Ashmead,** Mem. Carnegie Mus.
vol. I p. 252.

D e r s e l b e beschreibt t. c. als neu aus B r a s i l i e n: *persimilis* **n. sp.** p. 452.
— *affinis* **n. sp.** p. 452. — *longicaudata* **n. sp.** p. 452. — *lineaticoxus*
n. sp. p. 452. — *quadrimaculata* **n. sp.** p. 453.

Herbertia howardi **n. sp. Ashmead,** Mem. Carnegie Mus. vol. I p. 474 pl. XXXV
fig. 6. — *brasiliensis* **n. sp.** p. 474 (Brasilien).

Hexasmicra **n. g.** (Type: *Smicra transversa* Walk.) **Ashmead,** Mem. Carnegie Mus.
vol. I p. 252.

N e u: *trinidadensis* **Ashmead,** t. c. **n. sp.** p. 454. — *brasiliensis* **n. sp.** p. 454
(beide aus Brasilien).

Holcopeltoideus **n. g.** (Type: *H. petiolata* Ashm.) **Ashmead,** Mem. Carnegie Mus.
vol. 1 p. 341.

Holochalcis **n. g. Kieffer,** Berlin. Entom. Zeitschr. Bd. 49. p. 258. — *madagascariensis* **n. sp.** p. 258 (Madagascar). — *albipes* **n. sp.** p. 258 (Nossi-Bé).

Homoporus japonicus **n. sp. Ashmead,** Journ. New York Entom. Soc. vol. 12
p. 157 (Atami).

Hontalia cameroni **n. sp. Ashmead,** Mem. Carnegie Mus. vol. I p. 458 pl. XXXII
fig. 4. — *kirbyi* **n. sp.** p. 5 (Santarem).

Hoplocrepis bifasciata **n. sp. Ashmead,** Mem. Carnegie Mus. vol. I p. 505
pl. XXXVIII fig. 5. — *brasiliensis* **n. sp.** p. 505 (beide aus Brasilien).

Horismenus. **Ashmead** beschreibt in Mem. Carnegie Mus. vol. I: *bisulcus* **n. sp.**

p. 507. — *brasiliensis* **n. sp.** p. 507. — *corumbae* p. 508. — *persimilis* **n. sp.**
p. 508. — *aeneicollis* **n. sp.** p. 508.

Hubbardiella **n. g.** (Type: *H. arizonensis* Ashm.) **Ashmead,** Mem. Carnegie Mus.
vol. I p. 339.

Hydrorhoa **n. g.** *E u c h a r i n a r u m* **Kieffer,** Berlin. Entom. Zeitschr. Bd. 49.
p. 2$\$$0. — *striaticeps* **n. sp.** p. 241 (Madagaskar).

Hypopteromalus **n. g.** (Type: *P. tabacum* Fitch) **Ashmead,** Mem. Carnegie Mus.
vol. I p. 320.

Ichnopsis thoracica **n. sp.** **Ashmead,** Mem. Carnegie Mus. vol. I. p. 487. — *cyanea*
n. sp. p. 487 (beide aus Brasilien).

Isosomodes brasiliensis **n. sp.** **Ashmead,** Mem. Carnegie Mus. vol. I p. 460 pl. XXXII
fig. 1. — *nigriceps* **n. sp.** p. 461 tab. cit. fig. 2 (beide von Santarem).

Kapala furcata. Beschr. d. ♀. **Kieffer,** Berlin. Entom. Zeitschr. Bd. 49 p. 243.
N e u: *splendens* **n. sp.** **Ashmead,** Mem. Carnegie Mus. vol. I p. 473 pl.. XXXV
fig. 4 (Brasilien).

Koebelea **n. g.** (Type: *K. australiensis* Ashm.) **Ashmead,** Mem. Carnegie Mus.
vol. I p. 238. — Siehe *Eukoebelea.*

Kradibia brownii **n. sp.** **Ashmead,** Entom. News Philad. vol. 15. p. 342
(Philippinen).

Lasiokapala serrata **n. sp.** **Ashmead,** Mem. Carnegie Mus. vol. I p. 474 pl. XXXV
fig. 5 (Brasilien).

Lathromeris. Parasit im Ei von *Chrysopa.* **Kryger,** Entom. Meddel. II p. 340.

Lelaps apicalis **n. sp.** **Ashmead** beschreibt im Mem. Carnegie Mus. vol. I aus
B r a s i l i e n folgende n e u e A r t e n: p. 479. — *affinis* **n. sp.** p. 480. —
ferruginea **n. sp.** p. 480. — *aeneiceps* **n. sp.** p. 481. — *halidayi* **n. sp.** p. 481.
— *abdominalis* **n. sp.** p. 481 pl. XXXVI fig. 1. — *bimaculata* **n. sp.** p. 482.
— *stylata* **n. sp.** p. 482.

Leptochalcis **n. g.** **Kieffer,** Berlin. Entom. Zeitschr. Bd. 49. p. 251. — *filicornis*
n. sp. p. 252 (Madagaskar).

Leucodesmia flaviceps **n. sp.** **Ashmead,** Mem. Carnegie Mus. vol. I p. 518 (Brazil).

Leucospis japonica Beschr. des ♂. **Ashmead,** Journ. New York Entom. Soc.
vol. 12 p. 147.
N e u: *enderleini* **n. sp.** **Ashmead,** t. c. p. 405 pl, XXXI fig. 1 (Santarem).

Lophocomus cyaneus **n. sp.** **Ashmead,** Mem. Carnegie Mus. vol. I p. 506 (Brasilien).

Macrorileya **n. g.** (Type: *R. oecanthi* Ash.) **Ashmead,** Mem. Carnegie Mus. vol. I
p. 264.

Megastigmus japonicus **n. sp.** **Ashmead,** Journ. New York Entom. Soc. vol. 12
p. 146. — *koebelei* **n. sp.** p. 146 (beide aus Japan).

Melanosmicra **n. g.** (Type: *M. immaculata* Ashm.) **Ashmead,** Mem. Carnegie Mus.
vol. I p. 251. — *immaculata* **n. sp.** p. 448 (Chapada).

Mesidia pumila **n. sp.** **Verhoeff,** Verhdlgn. zool.-bot. Ges. Wien, Bd. 54 p. 588
(Aachen).

Metadontia flavolineata **n. sp.** **Ashmead,** Mem. Carnegie Mus. vol. I p. 453. —
similis **n. sp.** p. 453. — *affinis* **n. sp.** p. 454 (alle drei aus Brasilien).

Metopon brasiliense **n. sp.** **Ashmead,** Mem. Carnegie Mus. vol. I p. 497. — *magni-
clavatum* **n. sp.** p. 498 (beide aus Brasilien).

Microchalcis **n. g. Kieffer,** Berlin. Entom. Zeitschr. Bd. 49 p. 255. — *quadridens*
    n. sp. p. 256 (Bitsch).

Microterys japonicus **n. sp. Ashmead,** Journ. New York Entom. Soc. vol. 12
    p. 155 (Gifu).

Mirocerus **n. g.** (Type: *M. pyelae* Ashm.) **Ashmead,** Mem. Carnegie Mus. vol. I
    p. 309.

Mischosmicra **n. g.** (Type: *M. kahlii* Ashm.) **Ashmead,** t. c. p. 251.

Monodontomerus japonicus **n. sp. Ashmead,** Journ. New York Entom. Soc.
    vol. 12 p. 83 (Nikko).

Mormoniella **n. g.** (Type: *M. brevicornis* Ashm.) **Ashmead,** Mem. Carnegie Mus.
    vol. I p. 316.

Nasonia **n. g.** (Type: *N. brevicornis* Ashm.) **Ashmead,** Mem. Carnegie Mus. vol. I.
    p. 317.

Neocatolaccus **n. g.** (Type: *Cat. tylodermae* Ashm.) **Ashmead,** Mem. Carnegie
    Mus. vol. IV p. 320.

Neorileya **n. g.** (Type: *N. flavipes* Ashm.) **Ashmead,** Mem. Carnegie Mus. vol. I
    p. 264.

    N e u: *flavipes* **n. sp. Ashmead,** t. c. p. 466 pl. XXXVI fig. 2 (Brasil.).

Nesomyia **n. g.** (Type: *M. N. albipes* Ashm.) **Ashmead,** Mem. Carnegie Mus. vol. I
    p. 344.

    N e u: *albipes* **n. sp. Ashmead,** Journ. New York Entom. Soc. vol. 12 p. 161
    p. 161 (Japan). — *cinctiventris* **n. sp.** p. 161 (Japan).

Notanisomorpha **n. g.** (Type: *N. collaris* Ashm.) **Ashmead,** Mem. Carnegie Mus.
    vol. I p. 356.

Octosmicra **n. g.** (Type: *O. laticeps* Ashm.) **Ashmead,** Mem. Carnegie Mus. vol. I
    p. 252.

    N e u: *nigromaculata* **n. sp. Ashmead,** t. c. p. 450. — *trimaculata* **n. sp.** p. 451
    (beide aus Brasilien).

Omphale brasiliensis **n. sp. Ashmead,** Mem. Carnegie Mus. vol. I p. 504 (Chapada).

Oncochalcis **n. g. Cameron,** The Entomologist, vol. 37. 1904. p. 161. — *marginata*
    n. sp. p. 162 (Indien).

Ophelinoideus japonicus **n. sp. Ashmead,** Journ. New York Entom. Soc. vol. 12.
    p. 163 pl. VIII fig. 4 (Hakone).

Ormyrus. Revision der europäischen Formen. Wirtsgallen, Variation etc. **Mayr,**
    Verhdlg. zool.-bot. Ges. Wien, Bd. 54 p. 559—580.

    N e u: *destefanii* **n. sp. Mayr,** t. c. p. 566 (Sizilien). — *wachtli* **n. sp.** p. 564
    (Dalmatien).

    — *brasiliensis* **n. sp. Ashmead,** Mem. Carnegie Mus. vol. I p. 401 (Chapada).

Orthochalcis **n. g.** (Type: *Euchalcis fertoni*). **Kieffer,** Berlin. Entom. Zeitschr.
    Bd. 49. p. 265.

Oxycoryphus **n. g.** (steht *Stomatoceras* nahe) **Cameron,** The Entomologist, vol. 37
    (1904) p. 109. — *pilosellus* **n. sp.** p. 110 (Deesa).

Pachyneura nawai **n. sp. Ashmead,** Journ. New York Entom. Soc. vol. 12. p. 158.
    — *mitsukurii* **n. sp.** p. 158. — *gifuensis* **n. sp.** p. 158 (alle 3 aus Japan).

Pachycrepoideus **n. g.** (Type: *P. dubius* Ashm.) **Ashmead,** Mem. Carnegie Mus.
    vol. I p. 329.

Paracrias **n. g.** (Type: *P. laticeps* Ashm.) **Ashmead,** Mem. Carnegie Mus. vol. I
    p. 343.

N e u: *laticeps* **n. sp. Ashmead,** t. c. p. 510 pl. XXXIX fig. 1 (Brasilien).
Parapteromalus **n. g.** (Type: *P. isosomatis* Ashm.) **Ashmead,** Mem. Carnegie Mus. vol. I p. 320.
Parasaphes **n. g.** (Type *P. iceryae* Ashm.) **Ashmead,** Mem. Carnegie Mus. vol. I p. 328.
N e u: *japonicus* **n. sp. Ashmead,** Journ. New York Entom. Soc. vol. 12 p. 157. — *flavipes* **n. sp.** p. 157 (beide aus Japan).
Paraspalangia **n. g.** (Type: *P. annulipes* Ashm.) **Ashmead,** Mem. Carnegie Mus. vol. I p. 334.
Paratreobia **n. g.** (Type: *P. nigriceps* Ashm.) **Ashmead,** Mem. Carnegie Mus. vol. I p. 274.
Pelorotelus **n. g.** (Type: *P. caeruleus* Ashm.) **Ashmead,** Mem. Soc. Carnegie Mus. vol. I p. 341.
N e u: *caeruleus* **n. sp. Ashmead,** t. c. p. 509 (Brasilien).
Pentharthron brasiliensis **n. sp. Ashmead,** Mem. Carnegie Mus. vol. I p. 52 (Bahia).
Pentasmicra **n. g.** (Type: *P. brasiliensis* Ashm.) **Ashmead,** Mem. Carnegie Mus. vol. I p. 252.
Perilampus japonicus **n. sp. Ashmead,** Journ. New York Entom. Soc. vol. 12. p. 151 (Sapporo).
— *brasiliensis* **n. sp. Ashmead,** Mem. Carnegie Mus. vol. I p. 467 pl. XXXIV fig. 4 (Chapada).
Pheidolexenus **n. g.** (Type: *P. wheeleri* Ashm.) **Ashmead,** Mem. Carnegie Mus. vol. I p. 328.
Phlebopones abdominalis **n. sp. Ashmead,** Mem. Carnegie Mus. vol. I p. 492. — *pertyi* **n. sp.** p. 492 pl. XXXVII fig. 3 (beide aus Brasilien).
Platyterma atamiense **n. sp. Ashmead,** Journ. New York Entom. Soc. vol. 12 p. 156 (Japan).
Plesiostigmodes **n. g.** (Type: *P. brasiliensis* Ashm.) **Ashmead,** Mem. Carnegie Mus. vol. I p. 243.
N e u: *brasiliensis* **n. sp. Ashmead,** t. c. p. 400 (Corumba).
Pleurotropis atamiensis **n. sp. Ashmead,** Journ. New York Entom. Soc. vol. 12 p. 160 (Japan).
Plutothrix forsteri **n. sp. Mayr,** Verhdlgn. zool. bot. Ges. Wien, Bd. 54. p. 586 (Aachen).
Podagrion quinquedentatus **n. sp. Ashmead,** Journ. New York Entom. Soc. vol. 12 p. 84 (Japan).
— *cyaneus* **n. sp. Ashmead,** Mem. Carnegie Mus. vol. I p. 402 (Santarem).
Polistomorpha nigromaculata **n. sp. Cameron,** Trans. Entom. Soc. London vol. XXX p. 96 (Panama).
Polynema brasiliensis **n. sp. Ashmead,** Mem. Carnegie Mus. vol. I p. 521. — *rufescens* **n. sp.** p. 521 (beide aus Brasilien).
Prodecatoma **n. g.** (Type: *P. flavescens* Ashm.) **Ashmead,** Mem. Carnegie Mus. vol. I p. 261.
N e u: *bruneiventris* **n. sp. Ashmead,** t. c. p. 463. — *flavescens* **n. sp.** p. 464 pl. XXXIII fig. 6. — *thoracica* **n. sp.** p. 464. — *nigra* **n. sp.** p. 464 (sämtlich von Brasilien).
Prospaltella **nom. nov.** für *Prospalta* How. 1894. **Ashmead,** Proc. Entom. Soc. Washington, vol. 6. p. 126.

Pseudochalcis conica **n. sp. Ashmead,** Mem. Carnegie Mus. vol. I p. 407. — *flavopicta* **n. sp.** p. 407 (beide aus Brasilien).

Pseudochalcura nigrocyanea **n. sp. Ashmead,** Mem. Carnegie Mus. vol. I p. 468 pl. XXXIV fig. 6 (Brasilien).

— *chilensis* **n. sp. Kieffer,** Berlin. Entom. Zeitschr. Bd. 49 p. 242 (Chile).

Psilochalcis **n. g. Kieffer,** Berlin. Entom. Zeitschr. Bd. 49 p. 250. — *longigena* **n. sp.** p. 251 (Madagaskar).

Psychophagus **n. g.** für *Diglochis* Thoms. nec Först. **Mayr,** Verhdlgn. zool.-bot. Ges. Wien, Bd. 54 p. 598.

Rileya orbitalis **n. sp. Ashmead,** Mem. Carnegie Mus. vol. I p. 467 (Santarem).

Sayiella **n. g.** (Type: *Smicra debilis* Say) **Ashmead,** Mem. Carnegie Mus. vol. I p. 251.

Schizaspidia tenuicornis **n. sp. Ashmead,** Journ. New York Entom. Soc. vol. 12 p. 151 (Japan).

Schwarzella **n. g.** (Type: *S. arizonensis* Ashm.) **Ashmead,** Mem. Carnegie Mus. vol. I p. 256.

Scotolinx **n. g.** (Type: *S. gallicola* Ashm.) **Ashmead,** Mem. Carnegie Mus. vol. I p. 354.

Scymnophagus **n. g.** (Type: *S. townsendi* Ashm.) **Ashmead,** Mem. Carnegie Mus. vol. I. p. 319.

Spalangia brasiliensis **n. sp. Ashmead,** Mem. Carnegie Mus. vol. I p. 502 (Brasilien).

Spathopus **n. g.** (Type: *S. anomalipes* Ashm.) **Ashmead,** Mem. Carnegie Mus. vol. I p. 272.

Spilochalcis andrei **nom. nov.** für *flavescens* André **Ashmead,** Mem. Carnegie Mus. vol. I p. 418.

— **Ashmead** beschreibt t. c. folgende neue Arten aus S ü d a m e r i k a: *tarsalis* **n. sp.** p. 428. — *atrata* **n. sp.** p. 428. — *santaremensis* **n. sp.** p. 128. — *rufodorsalis* **n. sp.** p. 428. — *laticeps* **n. sp.** p. 429. — *nigropetiolata* **n. sp.** p. 429. — *rufoscutellaris* **n. sp.** p. 429. — *flavobasalis* **n. sp.** p. 430. — *janeiroensis* **n. sp.** p. 430. — *flavoorbitalis* **n. sp.** p. 430. — *persimilis* **n. sp.** p. 431. — *unimaculata* **n. sp.** p. 431. — *perplexa* **n. sp.** p. 431. — *imitator* **n. sp.** p. 432. — *simillima* **n. sp.** p. 432. — *chapadae* **n. sp.** p. 432. — *albomaculata* **n. sp.** p. 432. — *santarema* **n. sp.** p. 433. — *erythrogaster* **n. sp.** p. 433. — *flavoaxillaris* **n. sp.** p. 433. — *marginata* **n. sp.** p. 434. — *tuberculata* **n. sp.** p. 434. — *bidentata* **n. sp.** p. 434. — *maculata* **n. sp.** p. 435. — *hempeli* **n. sp.** p. 435. — *devia* **n. sp.** p. 435. — *nigropleuralis* **n. sp.** p. 436. — *corumbicola* **n. sp.** p. 436. — *mülleri* **n. sp.** p. 437. — *howardi* **n. sp.** p. 437. — *insularis* **n. sp.** p. 437. — *trinidadensis* **n. sp.** p. 437. — *incongrua* **n. sp.** p. 438. — *mayri* **n. sp.** p. 438. — *timida* **n. sp.** p. 438. — *biannulata* **n. sp.** p. 439. — *medius* **n. sp.** p. 439. — *cameroni* **n. sp.** p. 439. — *enocki* **n. sp.** p. 439. — *fusiformis* **n. sp.** p. 440. — *urichi* **n. sp.** p. 440. — *axillaris* **n. sp.** p. 440. — *trilineata* **n. sp.** p. 440. — *marshalli* **n. sp.** p. 441. — *morleyi* **n. sp.** p. 441. — *apiçalis* **n. sp.** p. 442. — *unilineata* **n. sp.** p. 442. — *lineocoxalis* **n. sp.** p. 442. — *fulleri* **n. sp.** p. 442. — *corumbensis* **n. sp.** p. 442. — *chapadae* **n. sp.** p. 443. — *brancensis* **n. sp.** p. 443. — *vagabunda* **n. sp.** p. 444. — *lanceolata* **n. sp.** p. 444. — *vau* **n. sp.** p. 444. — *incompleta* **n. sp.** p. 444. — *persimilis*

n. sp. p. 445. — *hollandi* **n. sp.** p. 445. — *corumbae* **n. sp.** p. 445. — *para-guayensis* **n. sp.** p. 446. — *dimidiata* **n. sp.** p. 446. — *meridionalis* **n. sp.** p. 446. — *tripunctata* **n. sp.** p. 446. — *bipunctata* **n. sp.** p. 447.

Stenemesioidea **n. g.** (Type: *S. mellea* Ashm.) **Ashmead,** Mem. Carnegie Mus. vol. I p. 355.

Stenomesius dimidiatus **n. sp. Ashmead,** Mem. Carnegie Mus. vol. I p. 379 pl. XXX pl. XXXeX fig. 3 (Brasilien).

Stibula nigriceps **n. sp. Ashmead,** Mem. Carnegie Mus. vol. I p. 469 pl. XXXV fig. 2 (Santarem).

Stigmatocrepis **n. g.** (Type: *S. americana* Ashm.) **Ashmead,** Mem. Carnegie Mus. vol. I p. 273.

Stomatoceras hakonensis **n. sp. Ashmead,** Journ. New York Entom. Soc. vol. 12 p. 148. — *clavicornis* **n. sp.** p. 148 (beide aus Japan).

Stylophorella **n. g.** (Type: *S. perplexa* Ashm.) **Ashmead,** Mem. Carnegie Mus. vol. I p. 275.

Sycoryctes philippinensis **n. sp. Ashmead,** Entom. News Philad. vol. XV p. 342 (Philippinen).

Sycoscapterella **n. g.** (Type: *Sycoscapter anguliceps* W.) **Ashmead,** Mem. Carnegie Mus. vol. I p. 239.

Sycoscapteridea **n. g.** (Type: *Sycoscapter monilifer*) **Ashmead,** Mem. Carnegie Mus. vol. I p. 239.

Sympiesis mikado **n. sp. Ashmead,** Journ. New York Entom. Soc. vol. 12 p. 164.

Sympiesomorpha **n. g.** (Type: *S. brasiliensis* Ashm.) **Ashmead,** Mem. Carnegie Mus. vol. I p. 352.

N e u: *brasiliensis* **n. sp. Ashmead,** t. c. p. 519. — *obscura* **n. sp.** p. 519 (beide aus Brasilien).

— *japonica* **n. sp. Ashmead,** Journ. New York Entom. Soc. vol. 12 p. 163 (Gifu).

Syntomaspis aprilis **n. sp. Ashmead,** Mem. Carnegie Mus. vol. I p. 397. — *hol-caspidea* **n. sp.** p. 397. — *flavicollis* **n. sp.** p. 398 (alle drei aus Brasilien).

Syrphophagus nigrocyaneus **n. sp. Ashmead,** Journ. New York Entom. Soc. vol. 12 p. 155 (Japan).

Systolodes brasiliensis **n. sp. Ashmead,** Mem. Carnegie Mus. vol. I p. 466 (Chapada).

Tachardiaephagus **n. g.** (Type: *T. thoracicus* Ashm.) **Ashmead,** Mem. Carnegie Mus. vol. I p. 303.

Tachinaephagus **n. g.** (Type: *T. zealandicus* Ashm.) **Ashmead,** Mem. Carnegie Mus. vol. I p. 304.

N e u: *fuscipennis* **n. sp. Ashmead,** Journ. New York Entom. Soc. vol. 12 p. 155 (Japan).

Taftia **n. g.** *E c t r o m i n o r u m* **Ashmead,** Proc. U. S. Nat. Mus. vol. XXVIII p. 137. — *prodeniae* **n. sp.** p. 137 (Manila).

Tetranemopteryx **n. g.** (Type: *Sycoscapter 4-setosa* Westw.) **Ashmead,** Mem. Carn gie Mus. vol. I p. 239.

Tetrasmicra **n. g.** (Type: *Smicra concitata* Walk.) **Ashmead,** Mem. Carnegie Mus. vol. I p. 252.

Tetrastichodes pallidipes **n. sp. Ashmead,** Journ. New York Entom. Soc. vol. 12 p. 162 (Japan).

Tetrastichus philippinensis **n. sp. Ashmead,** Journal New York Entom. Soc.
vol. 12 p. 15 (Philippinen).
— D e r s e l b e be:chreibt t. c. aus J a p a n: *hakonensis* **n. sp.** p. 162. —
atamiensis **n. sp.** p. 162. — *tricolor* **n. sp.** p. 162.
— **Ashmead** beschreibt auch aus B r a s i l i e n im Mem. Carnegie Mus. vol. I
albitarsis **n. sp.** p. 515. — *chapadae* **n. sp.** p. 515. — *brasiliensis* **n. sp.**
p. 515. pl. XXXIX fig. 2. — *incongruus* **n. sp.** p. 516.
Thaumapus acuminatus **n. sp. Ashmead,** Mem. Carnegie Mus. vol. I p. 448 (Brasilie:
Santarem).
Thaumatella pulchripennis **n. sp. Ashmead,** Mem. Carnegie Mus. vol. I p. 406
pl. XXXIX fig. 2 (Brasilien).
Torymus mesembryanthemi **n. sp. Cameron,** Rec. Albany Mus. vol. I p. 109
(S. Afrika).
— **Ashmead** beschreibt im Journ. New York Entom. Soc. vol. 12 aus J a p a n:
japonicus **n. sp.** p. 82. — *sapporoensis* **n. sp.** p. 82. — *gifuensis* **n. sp.**
p. 83.
— *thomsoni* **n. sp. Fyles,** Canad. Entom. vol. 36 p. 106 (Quebec).
— *wickhami* **n. sp. Ashmead,** Entom. News Philad. vol. XV p. 302 (Utah).
— **Ashmead** beschreibt im Mem. Carnegie Mus. vol. I aus B r a s i l i e n:
chapadae **n. sp.** p. 398. — *smithi* **n. sp.** p. 398. — *sylvicola* **n. sp.** p. 399.
Trichencyrtus **n. g.** (Type: *T. chapadae* Ashm.) **Ashmead,** Mem. Carnegie Mus.
vol. I p. 291.
N e u: *robustus* **n. sp. Ashmead,** t. c. p. 495 pl. XXXVII fig. 5 (Brasilien).
Trichochalcis **n. g. Kieffer,** Berlin. Entom. Zeitschr. Bd. 49 p. 254. — *inermis*
n. sp. p. 255 (Madagaskar).
Trichogramma japonicum **n. sp. Ashmead,** Journ. New York. Entom. Soc. vol. 12
p. 165 (Gifu).
Trichoporus. — **Ashmead** beschreibt im Mem. Carnegie Mus. vol. I aus B r a -
s i l i e n: *melleus* **n. sp.** p. 512, — *viridicyaneus* **n. sp.** p. 512. — *persimilis*
n. sp. p. 512.
Tridymus hakonensis **n. sp. Ashmead,** Journ. New York. Entom. Soc. vol. 12
p. 15 (Japan).
Trigonoderus brasiliensis **n. sp. Ashmead,** Mem. Carnegie Mus. vol. I p. 485
pl. XXXVI fig. 4 (Chapada).
Trigonogastra **n. g.** (Type: *T. aurata* Ashm.) **Ashmead,** Mem. Carnegie Mus.
vol. I p. 330.
N e u: *hakonensis* **n. sp. Ashmead,** Journ. New York Entom. Soc. vol. 12
p. 158 (Japan).
Trigonura dorsalis **n. sp. Ashmead,** Mem. Carnegie Mus. vol. I p. 406 (Santarem).
Trismicra **n. g.** (Type: *Smicra contracta* Walk.) **Ashmead,** Mem. Carnegie Mus.
vol. I p. 252.
Tropidogastra **n. g.** (Type: *T. arisonensis* Ashm.) **Ashmead,** Mem. Carnegie Mus.
vol. I p. 323.
Uroderostenus **n. g.** (Type: *U. pleuralis* Ashm.) **Ashmead,** Mem. Carnegie Mus.
vol. I p. 343.
Uroentedon **n. g.** (Type: *U. verticellata* Ashm.) **Ashmead,** Mem. Carnegie Mus.
vol. I p. 341.
N e u: *verticellatus* **n. sp. Ashmead,** t. c. p. 505 pl. XXXVIII fig. 4 (Brasilien).

Westwoodella **n. g.** (Type: *Oligosita subfasciata* Westw.) **Ashmead**, Mem. Carnegie Mus. vol. I p. 359.

Xanthoatomus **n. g. Ashmead**, Mem. Carnegie Mus. vol. I p. 360.

Xanthomelanus **n. g.** (Type: *Chalcis dimidiata* Fab.) **Ashmead**, Mem. Carnegie Mus. vol. I p. 251.

Xenocrepis pura **n. sp. Mayr**, Verhdlgn. zool.-bot. Ges. Wien Bd. 54 p. 584 (Aachen).

Zagrammosoma **n. g.** (Type: *Hippo multilineata* Ashm.) **Ashmead**, Mem. Carnegie Mus. vol. I p. 354.

Zaischnopsis **nom. nov.** für *Ischnopsis* Ashm. **Ashmead**, Proc. Entom. Soc. Washington vol. 6 p. 126.

Zaommomyia **nom. nov.** (Type: *Chrysocharis stigmata* Ashm.) **Ashmead**, Mem. Carnegie Mus. vol. I p. 340.

Superfamilia VIII. Ichneumonoidea.

Hierher die Familien LXXIV — LXXIX: *E v a n i i d a e , A g r i o - t y p i d a e , I c h n e u m o n i d a e , A l y s i i d a e , B r a c o n i d a e* u. *S t e p h a n i d a e.*

Evaniidae (Fam. LXXIV).

Autoren: Ashmead, Cameron, Höppner, Kieffer.

Aulacinus costulatus **n. sp. Kieffer**, Arkiv Zool. Bd. I p. 561 (Brasilien).

Aulacus erythrogaster **n. sp. Kieffer**, Arkiv Zool. Bd. I p. 561 (Nevada).

Evania striatifrons **Kieffer**, Arkiv Zool. Bd. I p. 543. — *versicolor* **n. sp.** p. 543 nebst **var.** *erythrogaster* **n.** p. 544. — *quinquelineata* **n. sp.** p. 544 (sämtlich aus Australien). — *villosicrus* **n. sp.** p. 545 (Australien). — *ferruginea* **n. sp.** p. 545 (Mexico). — *multicolor* **n. sp.** p. 546 (Java). — *levigena* **n. sp.** p. 547 (Caffraria). — *longitarsis* **n. sp.** p. 548. (Brasilien). — *brevigena* **n. sp.** p. 548 (Brasilien). — *incerta* **n. sp.** p. 550 (Süd-Frankreich).

— *annulipes* **n. sp. Ashmead**, Proc. U. S. Nat. Mus. vol. XXVIII p. 139 (Manila).

Gasteruption kriechbaumeri **var.** *striaticeps* **n. Kieffer**, Arkiv Zool. Bd. I p. 551.

— *assectator*. Naturgeschichte. **Höppner**, Allgem. Zeitschr. f. Entom. Bd. 9 p. 97—103.

N e u: **Kieffer** beschreibt im Arkiv Zool. Bd. I: *cultrigerum* **n. sp.** p. 552. — *sanguineum* **n. sp.** p. 553. — *sjöstedti* **n. sp.** p. 553 (alle drei vom Kap der guten Hoffnung). — *lativalva* **n. sp.** p. 544 (Australien). — *fulvivagina* **n. sp.** p. 555 (Caffraria). — *micrura* **n. sp.** nebst **var.** *nigripectus* **n.** p. 556 (beide aus N. Amerika). — *intricatum* **n. sp.** p. 556 (ebenfalls aus N. Amer.) · — *trifossulatum* **n. sp.** p. 557 (Egypten). — *leucopus* **n. sp.** p. 558 (Java). — *nigromaculatum* **n. sp.** p. 558 (Fundort?).

— *dunbrodyense* **n. sp. Cameron**, Rec. Albany Mus. vol. I p. 159 (Kapkolonie).

Hyptia argenteiceps **n. sp. Kieffer**, Arkiv Zool. Bd. I p. 540 (Fundort?). — *brevicalcar* **n. sp.** p. 541 (Wiskonsin). — *rufosignata* **n. sp.** p. 543 (Buenos Aires).

Pristaulacus flavoguttatus **n. sp. Cameron**, Zeitschr. f. system. Hym. u. Dipt. Jhg. 4 p. 191 (Australien). — *flavipes* **n. sp. Kieffer**, Arkiv Zool. Bd. I p. 559 (Illinois). — *muticus* **n. sp.** p. 560 (Fundort?).

Agriotypidae (Fam. LXXV). **Ichneumonidae** (Fam. LXXVI).

Strobl bringt den Schluß zu seinen Ichneumoniden von S t e i e r m a r k.
V. *O p h i o n i d a e* (p. 43—111): A. S u b f a m. *B a n c h o i d a e* Frst. pr.
1. *Banchus* (4 + varr.). 2. *Exetastes* (8 + 1 n.), Subg. *Leptobatus* (3 + 1 n.).
3. *Scolobatus* (1). — B. S u b f a m. *H e l l w i g o i d e a* Frst. 4. *Hellwigia* (1).
— C. S u b f a m. *O p h i o n o i d a e* Frst. 5. *Cidaphus* (2). 6. *Parabatus*
(5 + 1 n. var.). 7. *Paniscus* (6 + varr.). 8. *Absyrtus* (1 + 1 n. var.).
9. *Opheltes* (1). 10. *Ophion* (6 + 1 n. sp. + n. varr.). 11. *Enicospilus* Steph.
= *Allocamptus* Frst. (4). 12. *Allocamptus* (1), *Eremotylus* (1). — S u b f a m.
T r a c h y n o t o i d a e (1 + 1 n. var.). — E. S u b f a m. *A n o m a l o i d a e*:
15. *Schizoloma* (1). 16. *Exochilum* (1). 17. *Heteropelma* (1 + 1 var.). 18. *Habronyx* (1). 19. *Anomalon* (21 nebst nn. Varr.). 20. *Trichomma* (1). —
F. S u b f a m. *C a m p o p l e g i o i d a e* Frst. 21. *Campoplex* (37 + 3 n.).
22. *Charops* (1 + 1 n. var.). 23. *Sagaritis* (10 nebst neuen Varr.). 24. *Cymodusa* (3 + nn. varr.). 25. *Casinaria* (9 + 1 n.). 26. *Limneria* (11 + nn. varr.).
27. *Pyracmon* (8 + 2 n.). 28. *Canidia* (6). 29. *Nepiesta* (3 + 2 n.). 30. *Nemeritis* (1). 31. *Phobocampa* (6 & 1 n. var.). 32. *Spudastica* (1), *Ecphora* (1),
Omorga (11 + 1 n. var.). 35. *Nepiera* (1), *Tranosema* (1), *Olesicampa* (14
+ 1 n. + 1 n. var.). 38. *Meloboris* (3 + 1 n.). 39. *Angitia* (25 + 3 n.
+ 1 n. var.). 40. *Anilasta* (13 + 2 n. + 1 n. var.). 41. *Holocremna* (9 + 1 n. var.).
— G. S u b f a m. *C r e m a s t o i d e a* (incl. *P o r i z o n o i d a e*) Frst.:
42. *Cremastus* (8 + 1 n.). 43. *Pristomerus* (3 + 2 n. varr.). 44. *Dimophora* (2
+ 1 n. var.). 45. *Porizon* (7 + 1 n.). 46. *Thersilochus*. A. *Diaparsis* (6),
B. *Thersilochus* (14 + 1 n. + nn. varr.). — H. S u b f a m. *M e s o -
c h o r o i d a e* Frst. 47. *Mesochorus*. A. Subg. *Astiphromma* Frst. (7
+ 2 n. varr.), B. Subg. *Mesochorus* (21 + 2 n. sp. + nn. varr.), C. Subg.
Stictopisthus Thms. (1 + 1 n.), D. Subg. *Dolichoderus* n. g. (1 n.). 48. *Thymaris* (1 + [2 + 1 n.] varr.), *Seleucus* (1 n.).

Von dieser Fam. sind 356 Arten und 110 benannte und unbenannte Varr.
aufgeführt, aber 75 Arten u. 29 Varr. noch nicht aus Steiermark; also 281 steirische
Arten u. 71 Varr. Neu beschrieben wurden: 1 Subg., 29 Arten, 66 Varr., 21 ♂ oder ♀
von nur in einem Geschlecht bekannten Formen.

J e m i l l e r zählt aus Bayern auf 266 Arten (keine Varr.).

T s c h e k aus dem Hernsteiner Gebiete (Niederösterreich 121 Arten).

VI. Fam. *P l e c t i s c i d a e* Frst. (p. 111—142). 1. *Symplecis* (2 + 1 n.
+ varr, dar. 1 n.), 2. *Blapticus* (3 + 1 n.), 3. *Entypoma* (1 + 1 n.), 4. *Entelechia*
(1), 5. *Gnathocrisis* (1), *Catastenus* (1), *Catomicrus* (1 + 1 n.), 8. *Eusterinx* (1 n.),
9. *Holomeristus* (1 + 1 n. sp. + 1 n. var.), 10. *Aperileptus* (6 + 4 n. + varr.,
dar. 1 neue), 11. *Plecticus* (10 + 6 n. + varr.), 12. *Proclitus* (9 + 1 n.), 13. *Pantisarthrus* (3 + 2 n.), 14. *Apoclima* (1), 15. *Aniseres* (1 + 1 n.), 16. *Helictes* (4 + 1 n.)
17. *Megastylus* (2), Subg. *Myriarthrus* (3 + 1 n. var.), Subg. *Dicolus* (2 + 1 n.).

Übersicht. Aus dieser Familie sind 75 Arten u. 27 benannte oder nummerierte
Var. aufgeführt, davon nur 2 Arten + 3 Varr. noch nicht aus Steiermark. Neu
beschrieben wurden 22 Arten, 9 Varr. und das ♂ einer nur als ♀ bekannten Art,
ferner 13 Ergänzungen zu von Förster ganz ungenügend beschriebenen Arten
oder für Arten gehaltene Varr. In den Lokalfaunen ist diese Familie nur sehr
wenig bekannt.

J e m i l l e r führt aus Südbayern nur 5 Arten an, T s c h e k aus Niederösterreich nur 2. — B r i s c h k e zählt aus Preußen nur 36 auf, von denen jedoch
manche nur Varietäten sind.

I. Nachträge zum I. Teile (1901) zu *Ichneumon* (divers., dar. 2 n. var.),
Amblyteles (diverse, dar. 2 n. sp.), *Neotypus, Platylabus, Gnathonyx, Phaeogenes,
Aethecerus, Cryptus, Mesostenus, Stenocryptus, Microcryptus, Acanthocryptus,
Stylocryptus, Phygadeuon, Leptocryptus, Hemiteles* (1 n.), *Theroscopus, Pezo-
machus* (p. 143—151).

II. Nachträge zum II. Teile (1902) zu *Ephialtes, Pimpla, Glypta, Lissonota,
Lampronota, Aphanoroptrum, Acoenites* (p. 151—153).

III. Nachträge zum III. Teile (1903) zu *Mesoleptus, Mesoleius, Catoglyptus,
Euryproctus, Notopygus, Ctenopelma, Tryphon, Monoblastus, Polyblastus, Perilissus, Deletomus, Cteniscus, Exochus, Orthrocentrus, Bassus* (p. 153—156).

	Arten	Varietäten	Neu beschriebene Arten	Neu beschriebene Varietäten	Neu beschriebene ♂ oder ♀
I. Fam. *Ichneumonidae ge-* *nuinae*	178 (+ 68)	169	22	68	8
II. Fam. *Cryptidae* . . .	231 (+ 65)	138	31	73	9
III. Fam. *Pimplariae* . .	136 (+ 41)	97	22	61	5
IV. Fam. *Tryphonidae* . .	307 (+ 69)	198 (+ 35)	40	134	18
V. Fam. *Ophionidae* . .	281 (+ 78)	71 (+ 39)	29	66	22
VI. Fam. *Plectiscidae* . .	73 (+ 2)	24 (+ 3)	21	9	1
	1206	697	165	411	63

Mit Einschluß der eingeklammerten noch nicht in S t e i e r m a r k gefundenen
Formen: 1529 Arten u. 757 Varietäten.

J e m i l l e r aus S ü d b a y e r n: 1234 Arten.

T s c h e k aus N i e d e r ö s t e r r e i c h: 817 Arten.

Alphabetisches Gattungsregister zu den vier Teilen (p. 157—160).

Absyrtus luteus Hlg. in Steiermark. **Strobl** p. 52. — *lut.* **var. n.** (ohne schwarzen
Ocellenfleck) p. 52 (bei Seitenstetten). — Die Gatt. wird von Thomson
u. B. vielleicht richtiger zu den *T r y p o n i d a e* gestellt.

Acanthocryptus nigriceps Beschr. d. ♀. **Strobl** p. 148—149.

Acoenites. Nachtrag zu S t r o b l, Teil II. **Strobl** p. 153.

Aconias **n. g.** *C r y p t i n.* **Cameron**, Zeitschr. f. system. Hym. u. Dipt. Jahrg. 4
p. 345. — *spinitarsis* **n. sp.** p. 346 (Darjeeling).

Acronus saliiformis **n. sp. Enderlein**, Zool. Anz. Bd. 28 p. 67. — *niger* **n. sp.** p. 68.
— *auritus* **n. sp.** p. 68 (alle drei aus dem Tropischen Afrika).

Aethecerus. Nachtrag zu S t r o b l, Teil I. **Strobl** p. 147.

Agrothereutes unifasciatus **n. sp. Ashmead**, Proc. U. S. Nat. Mus. vol. XXVIII
p. 142. — *albicornis* **n. sp.** p. 142 (beide von Manila).

Algathia. **Cameron** beschreibt in d. Ann. Nat. Hist. (7) vol. 13 eine Reihe neuer
Arten von den Khasia Hills: *rufopetiolata* **n. sp.** p. 222 ♂. — *tibialis* **n. sp.**
(nahe verw. mit voriger) p. 223 ♀. — *latibalteata* **n. sp.** (in Färb. *zonata* ähnl.)

p. 224. — *rufipes* **n. sp.** p. 225. — *erythropoda* **n. sp.** (steht *parvimaculata*
nahe) p.226 ♂. — *varipes* **n. sp.** p. 227. — *Rothneyi* **n. sp.** (Färb. wie *varipes*)
p. 228 ♀. — *robusta* **n. sp.** (Form u. Färbung wie *maculiceps*) p. 229 ♂. —
flavo-alteata **n. sp.** p. 230 ♀. — *femorata* **n. sp.** p. 231 ♀. — *cariniscutis* **n. sp.**
p. 232 ♀.

Allexetastes **subg. n.** siehe *Exetastes.*

Allocamptus undulatus Gr. in Steiermark. **Strobl** p. 54.

Alystria **n. g. Cameron,** Zeitschr. f. system. Hym. u. Dipt. Jahrg. 4 p. 340. —
curvilineata **n. sp.** p. 341 (Darjeeling).

Amblyteles. Nachtrag zu S t r o b l, Teil I. **Strobl** p. 144—147. — N e u:
styriacus **n. sp.** (ähnlich *infractorius*) p. 144—146 ♂ (auf Dolden bei Radkers-
burg). — *denticornis* **n. sp.** (steht neben *albomarginatus*) p. 146—147 ♂
(auf Gebüsch bei Admont).

Amblyteles chalybeatus. Beschr. **Roman,** Entom. Tidskr. Årg. 25. p. 139.
N e u: *styriacus* **n. sp. Strobl,** Mitteil. Ver. Steiermark Hft. 40 p. 144. — *denticornis* **n. sp.** p. 146 (beide aus Steiermark).

— *catagraphus* **n. sp. Kokujew,** Rev. Russe Entom. T. IV p. 11 (Setschuan).

Amesolytus pictus **n. sp. Fyles,** Canad. Entom. vol. XXXVI p. 207 mit Holzschnitt (Nordamerika).

Angitia Hlg. u. Thms. decken sich, da Thms. auch viele Limnerien Hlg.'s
dazu rechnet. **Strobl** p. 83. — Arten von Steiermark: *elongata* Thms., *occulta*
Br., *fenestralis* Hlg., *chrysosticta* Gr., *monospila* Thms. p. 83. — *lateralis* Gr.,
cerophaga Gr. mit Var., *tenuipes* Thms., *armillata* Gr., *polyzona* Thms.,
tibialis Gr., **var. 1 n.** (Hschenkel ganz schwarz) p. 84 ♀ (am Lichtmeßberge
bei Admont). — *rufipes* Gr., *clavipennis* Thms., *majalis* Gr., *combinata* Hlg.
Hlg. p. 85. — *anthracostoma* **n. sp.** (dürfte neben *combinata* stehen) p. 85 ♀
(auf Alpenwiesen des Kreuzkogels bei Admont). — *parvicauda* Thms., *exa-
reolata* Ratz., *anura* Thms. p. 86. — *laricinella* **n. sp.** p. 86—87 ♂ ♀ (auf
Lärchen aus *Coleophora Laricinella* bei Admont gezogen). — *novakii* **n. sp.**
(vorig. sehr nahe) p. 87 ♂ ♀ (Zara in Dalmatien). — *nana* Gr., *Elisae* Bridg.,
pusio Hlg. Beschr. des noch unbek. ♂, (*rufata* Bridg. auf Wiesen bei Algeciras
in Südspanien). — *curvicauda* Hlg., *nigritarsa* Gr., *nematorum* Tschek, *maura*
Gr. Beschr. des ♂.

Angitia anthrocostoma **n. sp. Strobl,** Mitteil. Ver. Steiermark Bd. 40 p. 85. — *laricinella* (= *nana* Ratz. nec. Gr.) p.86. — *novakii* **n. sp.** p. 87 (sämtlich aus
Steiermark).

Anilasta rufocincta **var.** *maculipes* **n. Strobl,** t. c. p. 90. — N e u: *nigromaculata*
n. sp. p. 88. — *calcanea* **n. sp.** p. 90 (Steiermark).

Aniseres subalpinus **n. sp. Strobl,** t. c. p. 138 ♂ (Bergwälder um Admont). —
lubricus Frst. p. 138—139.

Anisobas tschitscherini **n. sp. Kokoujew,** Revue Russ. Entom. T. IV p. 199
(Transkaukasus).

Anomalon. Arten in Steiermark. **Strobl** p. 56—58: *xanthopus* Schrk., *bellicosum*
Wsm., *delarvatum* Gr., (*Wesmaeli* Hllg. in Preußen), (*biguttatum* Gr. in Lemberg
flavifrons Gr. mit **var. n.** p. 56 (bei Seitenstetten), *fibulator* Gr., **var.** 2 Hlg.,
procerum Gr., *perspicillator* Gr., *latro* Gr., *canaliculatum* Ratz., *rufum* Hlg.,
arquatum Gr., *anomelas* Gr., *flaveolatum* Gr. (in der Färbung der Hinter-
beine d. ♂ 4 Abänderungen), *trochanteratum* Hlg. mit **var. 1 n.** (Gesicht

schwarz, nur mit feingelben Augenrändern) p. 57 (auf Eichen bei Seiten-
stetten). — *clandestinum* Gr., *septentrionale* Hlg., *geniculatum* Hlg., *tenuicorne*
Gr., *flavitarsum* Br., *varitarsum* Wsm., *genuitarsum* Gr.
debile u. *varitarsum* Unterschiede. **Krieger,** Zeitschr. f. system. Hym. u. Dipt.
Jahrg. 4. p. 173. — *delarvatum* u. *trochanteratum* p. 174.
Apaeleticus brevicornis ♀ u. *inclytus* ♀. **Berthoumieu,** L'Echange 1904 p. 14.
Aperileptus in Steiermark. **Strobl** p. 119—125. — *albipalpus.* Charakteristik.
Strobl p. 119 mit *var. melanopsis, var. vanus, inamoenus* Frst., *var. exstirpator,*
var.? *trivittatus* **n.** p. 120—121 ♂ (an einem Waldbache bei Admont). — *infuscatus* Frst., *notabilis* Frst., *vilis* Frst., p. 121. — *minimus* **n. sp.** (*vilis*
äußerst ähnlich) p. 121—122 ♂ ♀ (an schattigen Stellen im Stiftsgarten
um Admont; im Wirtsgraben von Hohentauern). — *rufus* **n. sp.** p. 122 ♀
(auf Rainen bei Melk). — *nigrovittatus* **n. sp.** p. 123—124 ♂ ♀ (in Wäldern
um Admont u. im Gesäuse). — *languidus* Frst. p. 124. — *nigricarpus* **n. sp.**
p. 124—125 ♂ (im Gesäuse u. im Kematenwalde bei Admont).
Aphanoropterum. Nachtrag zu S t r o b l, Teil II. **Strobl** p. 153.
Apoclima signaticorne Frst. in Steiermark. **Strobl** p. 138.
Astomaspis methathoracica **n. sp. Ashmead,** Proc. U. S. Nat. Mus. vol. XXVIII
p. 140 (Manila).
Atrometus minutus **n. sp. Ashmead,** t. c. p. 144 (Manila).
Atropha clypearia **n. sp. Ashmead,** t. c. p. 143 (Manila).
Banchus falcator Fbr. nebst *var.* 1 Gr., *var.* 2 Gr., **var.** 3 **n.** auch die inneren Augen-
ränder gelb, **var.** 4 **n.** auch das Schildchen gelb **Strobl** p. 43. — *pictus* Gr.,
volutatorius L. p. 43. — *monileatus* Gr., **var.** 1 **n.** (äußere Außenränder fein
gelb, innere an der Einbuchtung der Augen mit gelb. dreieckig erweiterter
Linie, auch Kopfschild u. Kiefermitte gelblich), **var.** 2 **n.** (wie 1, aber nur die
inneren Augenränder gelb) am Zirbitzkogel p. 44.
Barichneumon heracleanae ♂. **Morley,** Entom. Monthly Mag. (2) vol. 15 (40) p. 37.
Bassus. Nachtrag zu einigen Arten in S t r o b l, Teil III. **Strobl,** S. 156. — N e u:
pulchellus **var.** *alpigena* **n.** p. 156 ♂ (auf Hochalpenwiesen des Scheiblstein
bei Admont).
Bathrytrix striatus **n. sp. Ashmead,** Proc. U. S. Nat. Mus. vol. XXVIII p. 141
(Manila).
Blapticus Frst. *leucostomus* Frst. Variation. **Strobl** p. 113. — *xanthocephalus*
n. sp. p. 113—114 ♂ (im Stiftsgarten, im Wiesen u. Wäldern un Admont).
— *dentifer* Thms., *crassulus* Thms.
Caenocryptus remex Tschek, Lebensweise = (*laticrus* Thoms.) **Pfankuch,** Zeitschr.
f. system. Hym. u. Dipt. Jahrg. 4 p. 225.
Camarota madagascariensis **n. sp. Szepligeti,** Bull. Mus. Paris T. IX p. 336
(Madagaskar).
Campoplex Hlg. Arten aus Steiermark. **Strobl** p. 58—65: *carinifrons* Hlg., *rugulosus* Frst., *canaliculatus* Frst., *infestus* Frst. p. 58. — *rugifer* Frst. p. 59.
— *polyxanthus* **n. sp.** p. 59 ♂ ♀ (auf Laub um Admont, Melk, Seitenstetten).
— *falcator* Thubg., *oxyacantha* Boie mit **var.** 1 **n.** (alle Hüften u. Schenkelringe, Vorderschenkel an der Basis, Mittelschenkel mit Ausnahme der Spitze
u. Hinterschenkel ganz schwarz, sonst normal) p. 60 (um Seitenstetten).
— *terebrator* Frst., *nitidulator* Frst., *var. martialis, nobilitatus* Hlg., *cultrator*
Gr. (3 Variationen d. Hinterschenkel des ♂), *pugillator* L., (3 Variationen der

Hinterschenkel des ♂), *stragifex* Frst., *adiunctus* Frst., *prominulus* Frst. Beschr. d. ♀, *validicornis* Hlg., *vigilator* Frst., *lapponicus* Hlg., *bucculentus* Hlg., *stygius* Frst. p. 61. — *rufiventris* **n. sp.** (*Cleptogaster* Hlg. nahe) p. 61 —62 ♀ (auf Waldgesträuch bei Admont). — *fatigator* Frst. p. 62. — *alpinus* **n. sp.** (*notabilis* Frst. nahest.) p. 62—64 ♀ (auf Krummholzwiesen des Kalbling u. Fichten des Lichtmeßberges). — *alticola* Gr., *monozonus* Frst., *obreptans* Frst., *aemulus* Frst. mit *var. parvulus* (Frst., Thms.), *var. discrepans* (Frst.) Thms., *blandus* Frst. ♂, *tenuis* Frst., *peraffinis* Frst., *agnatus* Frst., *anxius* Frst., *proximus* Frst., *annexus* Frst., *juvenilis* Frst., *politus* Frst., (*brevicornis* Br. in Preußen), *sericeus* Br. in Preußen, *viduus* wird besser zu *Casinaria* gezogen p. 65.

Canidia-Arten von Steiermark. **Strobl** p. 74—75.

Casinaria Hlg. Arten aus Steiermark. **Strobl** p. 67—69. — *alboscutellaris* Thms., *orbitalis* Gr., *stygia* Tschek. Abweich. eines ♀, *morionella* Hlg., *claviventris* Hlg., *moesta* Gr., *tenuiventris* Gr., *conspurcata* Hlg. mit *var. a ischnogaster* Thms. mit *f. genuina* auf Laub bei Seitenstetten, *vidua* Gr. — *cingulata* **n. sp.** (äußerst ähnlich *nigripes*) p. 68—69 ♀ ♂ (im Gehäuse).

Catadelphus dusmeti **n. sp. Berthoumieu**, Bol. Soc. espan. T. V p. 161 (Escorial).

Catastenus femoralis Frst. in Steiermark. **Strobl** p. 116.

Catoglyptus. Nachtrag zu S t r o b l, Teil III. **Strobl** p. 154.

Catomicrus alpigenus **n. sp.** (*trichops* ähnlich) **Strobl**, Mitteil. Ver. Steiermark Hft. 40. p. 116—7 ♀ (Steiermark, auf Alpenwiesen des Natterriegels). — *trichops* in Steiermark p. 116.

Charops decipiens Gr. in Steiermark. **Strobl** p. 65. — **var.** *nigropetiolatus* **n.** (auch der Hinterstiel des 1. Sgmts schwarz, 1. Sgm. also ganz schwarz, sonst normal) p. 65 (bei Steinbrück).

Cidaphurus flavomaculatus **n. sp. Cameron**, Zeitschr. f. system. Hym. u. Dipt. Jahrg. 4 p. 346 (Simla).

Cidaphus alarius Gr., *thuringiacus* B. in Steiermark. Beschr. d. ♀ aus den Voralpenregion des Natterriegels u. von Seitenstetten. **Strobl**, Mitteil. naturw. Ver. Steiermark (1903) Hft. 40. p. 50.

Coelichneumon derasus **var.** *pictus* **n. Roman**, Entom. Tidskr. Årg. 25. p. 115.

Coelojoppa **n. g. Cameron**, The Entomologist, 1904 p. 163. — *cariniscutis* **n. sp.** p. 208 (Darjeeling).

Colpomera flava **n. sp. Ashmead**, Canad. Entom. vol. XXXVI p. 284 (Philippinen).

Cratichneumon (*Melanichneumon*) *caesareus* **n. sp. Roman**, Entom. Tidskr. Årg. 25 p. 146 (Sibirien). — *rubicundus* **n. sp.** p. 106. — *davisi* **n. sp.** p. 107 (beide aus Nordamerika).

Cremastus dalmatinus **n. sp. Strobl**, Mitteilungen naturw. Ver. Steiermark (1903) Hft. 40 p. 92—94 ♀ ♂ (in Dalmatien anscheinend weit verbreitet). — *macrostigma* Thms. var. 1 (Mund schwarz, Hschienen außen rot p. 94 ♂ ♀. — *infirmus* Gr., *subnasutus* Thms. ♂, *interruptor* Gr., *decoratus* Gr., *confluens* Gr., *geminus* Gr. u. *bellicosus* Gr. p. 94—95.

Cryptus. Nachtrag zu S t r o b l, Teil I. **Strobl** p. 148.

verticalis Bingh. gehört zu *Agrothereutes*. **Ashmead**, Proc. U. S. Nat. Mus. vol. XXVIII p. 142. — *praepes* Bingh. gehört zu *Microcryptus* p. 142. N e u: *capensis* **n. sp. Cameron**, Rec. Albany Mus. vol. I p. 142 (Capcolonie).

— **Cameron** beschreibt in den Trans. Entom. Soc. London, 1904. aus A s s a m: *rufopetiolatus* **n. sp.** p. 105 ♀. — *himalayensis* **n. sp.** p. 106 ♀. — *bibulus* **n. sp.** p. 106 ♂.

Cteniscus similis Fundort: im Veitlgraben bei Admont. **Strobl** p. 156.

Ctenopelma. Nachtrag zu S t r o b l, Teil III. **Strobl** p. 154.

Cymodusa Hlg. Arten von Steiermark. **Strobl,** p. 66—97: *cruentata* Gr., *leucocera* Hlg., **var.** 2 Hlg., **var.** 3 **n.** (Basis aller Schenkel schwarz oder die Hinterschenkel fast ganz schwarz auf Alpenwiesen des Kalbling u. Naterriegel) p. 67. — *exilis* Hlg. aus Siebenbürgen p. 67. — *flavipes* Br. mit **var.** 1 **n.** (Basis der vorderen Hüften u. Schenkelringe schwarz) p. 67 ♂ (auf Blüten bei Ragusa). — **var.** 2 **n.** (alle Hüften u. Basis aller Schenkelringe schwarz) p. 67 (auf Voralpenwiesen des Kalblings).

Darpasus **n. g.** *A m b l y p y g.* **Cameron,** Zeitschr. f. system. Hym. u. Dipt. Jahrg. 4 p. 344. — *pilosus* **n. sp.** p. 344 (Himalaya).

Darymna **n. g.** **Cameron,** Zeitschr. f. system. Hym. u. Dipt. Jhg. 4. p. 224. — *pleuralis* **n. sp.** p. 337 (Darjeeling).

Deletomus coarctatus Hlg. **var.** 1 **n.** **Strobl,** p. 155 ♀ (auf Gebüsch bei Admont). — **var.** 2 **n.** p. 155 ♂ (auf Weidengebüsch der Eichelau bei Admont).

Dialipsis observatrix Frst. in Steiermark. **Strobl** p. 133.

Diatora prodeniae **n. sp.** **Ashmead,** Proc. U. S. Nat. Mus. vol. XXVIII p. 141 (Manila).

Dimophora Frst. (= *Demophorus* Thms.) in Steiermark. Normalform. **Strobl** p. 96. — **var.** b. **n.** (4 Vorderhüften u. Schenkelringe dunkelrot) p. 96. (Steinbrück). — *anellatus* Thoms. p. 96.

Ecphora viennensis Gr. in Steiermark (im Gesäuse) **Strobl** p. 78.

Enicospilus. Die nordamerikanischen Arten. **Felt,** Bull. New York Mus. vol. LXXVI p. 107—113.

— Steph. = *Allocamptus.* Arten von Steiermark. **Strobl,** Mitteil. naturw. Ver. Steiermark (1903) Hft. 40 p. 54: *repentinus* Hlg., *ramidulus* L., *unicallosus* Voll. ♀, *merdarius* Gr.

N e u: *ashbyi* **n. sp.** **Ashmead,** Journ. New York Entom. Soc. vol. XII p. 17 (Philippinen).

Entelechia suspiciosa Frst. in Steiermark. **Strobl** p. 115.

Entypoma rugosissimum **n. sp. Strobel,** Mitt. Ver. Steiermark Hft. 40 p. 114—115 ♀ (Steiermark, im Johnbachgraben). — *robustum* Frst. in Steiermark p. 114.

Ephialtes. Nachtrag zu S t r o b l, Teil II. S´robl p. 151.

Ephialtes carbonarius. Metamorphose. **Xambeu,** Ann. Soc. Linn. Lyon, T. 50 p. 170.

N e u: *tschitscherini* **n. sp.** **Kokujew,** Rev. Russe Entom. T. IV p. 200.

Epiurus carpocapsae **n. sp.** **Ashmead,** Canad. Entom. vol. 36 p. 102 (St. Petersburg).

Eremotylus. Die nordamerikanischen Arten. **Felt,** Bull. New York Mus. vol. LXXVI p. 101—107.

— *marginatus* Gr. in Steiermark **Strobl** p. 54.

Eristicus iridipennis **n. sp.** **Cameron,** Rec. Albany Mus. vol. I p. 142 (Kapkolonie).

Etha lacteiventris **n. sp.** **Cameron,** Trans. Entom. Soc. London, 1904 p. 103 ♀. — *khasiana* **n. sp.** p. 103 ♀ (beide von Khasia Hills, Assam).

Euryproctus. Nachtrag zu S t r o b l , Teil III. **Strobl,** p. 154.
N e u : *albopictus* **var.** *alpina* **n.** p. 154 ♀ (1900 am Kreuzkogel bei Admont).
Eusterinx hirticornis **n. sp. Strobl,** Mitteil. Ver. Steiermark, Hft. 40 p. 117—118 ♂
(Admont).
Exetastes formicator Fbr., (*tarsator* Fbr. nur aus Deutschland bekannt), *illusor*
Gr., *laevigator* Vill., *geniculosus* Hlg., *nigripes* Gr., *ichneumoniformis* Gr.,
(*gracilicornis* Gr.), *guttatorius* Gr. Fundorte in Steiermark. **Strobl,** p. 44.
— *albitarsus* Gr. mit 1 Normalform, 2 var. 2 n. Die ganze Spitzenhälfte der
Hinterschenkel schwarz, Hschienen bis auf den weißen Basalring fast ganz
schwarz. **var. 3 n.** ♂. Wie 2, aber Hinterschenkel nur an der Basis schmal
rot. p. 45. — *illyricus* **n. sp.** p. 45—46 ♀ (auf *Heracleum*-Dolden des Kru
in den Görzer Alpen).
Subg. *Leptobatus* Gr. mit *crassus* Gr., *degener* Gr., (kurze Charakteristik),
Ziegleri Gr. Beschr. des ♂ p. 45—46. — *multiguttatus* **n. sp.** (Unterschieds-
merkmale von *Ziegleri*) p. 46—47 ♂ (auf Fichten bei Seitenstetten).
— *csikii* **var.** *signata* **n. Kokujev,** Rev. Russe Entom. T. IV No. 108.
N e u e A r t e n : *illiricus* **n. sp. Strobl,** siehe oben.
— *E.* (*Allexetastes* **n. subg.**) **Kokujev,** Rev. Russe entom. T. IV p. 106. —
— *komarovi* **n. sp.** p. 106. — *coreanus* **n. sp.** p. 107 (beide von Korea).
Exochilum circumflexum L. nebst *varr.* in Steiermark **Strobl** p. 55.
Exochus multicinctus **n. sp. Strobl,** Mitt. Ver. Steiermark Hft. 40 p. 156 (Admont).
Faesula **n. g. Cameron,** Zeitschr. f. system. Hym. u. Dipt. Jhg. 4 p. 338. —
maculata **n. sp.** p. 138 (Himalaya).
Friona varipes **n. sp.** (Untersch. von *frontella* u. *curvicarinata*). **Cameron,** Trans.
Entom. Soc. London, 1904 p. 107. — *frondella* **n. sp.** p. 108 ♂. — *curvicarinata*
n. sp. p. 109 (alle drei aus Assam).
Gabunia Kriechb. = (*Nadia* Tosq.) **Krieger,** Zeitschr. f. system. Hym. u. Dipt.
Jhg. 4 p. 172.
Genophion **n. g. Felt,** Bull. New York Mus. vol. LXXVI p. 123. — *gilletti* **n. sp.**
p. 123. — *coloradensis* **n. sp.** p. 124 (beide aus Nordamerika).
Glypta. Nachtrag zu S t r o b l , Teil II. **Strobl,** p. 151—152.
Gnathocoris flavipes Frst. in Steiermark **Strobl** p. 115.
Gnathonyx. Nachtrag zu S t r o b l , Teil I. **Strobl** p. 147.
Gotra fulvipes **n. sp. Cameron,** Trans. Entom. Soc. London 1904 p. 104 ♀ (Assam).
Habrocryptus graenicheri **n. sp. Viereck,** Entom. News Philad. vol. 14 p. 333
(Wisconsin).
Habronyx heros Wsm. in Steiermark. **Strobl** p. 56.
Hadrojoppa fumipennis **n. sp. Cameron,** Ann. Nat. Hist. (7.) vol. 13 p. 278 (Nord-
Indien: Khasia Hills). — Übersicht über die 4 Khasia-spp.: *forticornis, macu-
liceps, fumipennis* u. *annulitarsis* p. 278—279.
Haliphera flavomaculata **n. sp. Cameron,** The Entomologist, vol. 37 (1904) p. 306
(Darjeeling).
Hedyjoppa **n. g. Cameron,** Zeitschr. f. system. Hym. u. Dipt. Jhg. 4 p. 219. —
aurantacea **n. sp.** p. 220 Darjeeling).
Helictes-Arten in Steiermark. **Strobl** p. 139—140: *erythrostomus* Gr., *mediator*
Schiödte, *nigricoxus* **n. sp.** p. 139—140 ♂ (bei Admont). — *pilicornis*
Thms., *conspicuus* Frst. p. 140.

Hellwigia obscura G. in Steiermark. Beschreib. des ♂. **Strobl,** Mitteil. naturw.
   Ver. Steiermark (1903) 40. Hft. p. 49—50.
Hemiteles. Nachtrag zu S t r o b l, Teil I. **Strobl** p. 149—151. — (Subg. *Spinolia*
   Frst.) *Schiefereri* **n. sp.** p. 149—150 ♂ (Graz, gezogen aus einer Raupe).
   — *geniculatus* **n. sp.** **Cameron,** Trans. Entom. Soc. London 1904 p. 110 ♀.
   — *pulcherrimus* **n. sp.** p. 111 ♀. — *ornatitarsis* **n. sp.** p. 111 ♂ ♀ (alle
   drei aus Assam: Khasia Hills).
Heterischnus hispanicus **n. sp.** *Berthoumieu,* Bull. Soc. Entom. France, 1904
   p. 271 (Ciudad-Real).
Heteropelma calcator Wsm. Fundorte in Steiermark. **Strobl** p. 55. — **var. 1 n.**
   (größer, Hüften u. Hleib ganz rot) p. 55 (im Gesäuse).
Holocremna? Arten von Steiermark. **Strobl** p. 91—92.
   N e u : *sordidella* **var. 1 n.** (Hleib oberseits ganz oder fast ganz schwarz) p. 92
   (im Admont u. Seitenstetten).
Holomeristus minimus **n. sp.** (*tenuicornis* sehr ähnlich) **Strobl,** Mitteil. Ver. Steier-
   mark Hft. 40 p. 119 (Steiermark: auf Alpenwiesen des Naterriegel).
   — *tenuicinctus* Frst. (im Admont) p. 118. — **var.** *subalpina* **n.** p. 118 (auf
   Krummholzwiesen des Naterriegel).
Hoplisus laticinctus. Metamorphose. **Xambeu,** Ann. Soc. Lyon T. L p. 172.
Hybophorus piceus **n. sp.** **Berthoumieu,** Echange 1904 p. 13 (Kaukasus).
Ichneumon. Nachtrag zu S t r o b l, Teil I **Strobl** p. 143—144, dar. neu: *confusorius*
   var. 1 n. (Fühlergeißel ganz schwarz. Auf Alpenwiesen am Scheiblstein
   p. 143. — *gracilicornis* **var. 9 n.** p. 143 (auf Alpenwiesen des Kreuz-
   kogel bei Admont).
   — *amphibolus* Beschr. **Roman,** Entom. Tidskr. Årg. 25. p. 116. — *didymus*
   Beschr. des ♂ p. 116.
   N e u e V a r i e t ä t e n : **Roman** beschreibt in d. Entom. Tidskr. Arg. 24:
   haglundi **var.** *pictus* **n.** p. 142. — *thompsoni* **var.** *connectens* **n.** p. 142.
   — *gravipes* **var.** *pictus* **n.** p. 143. — *melanobatus* **var.** *obscurior* **n.** p. 143.
   — **Kokujev** beschreibt in d. Rev. Russe Entom. T. 4: *cerebrosus* **var.** *picticornis*
   n. p. 82.
   N e u e A r t e n : **Bertoumieu** beschreibt im d'Echange 1904 p. 13—15: *ambi-
   facius* **n. sp.** (Haute Savoie). — *sabaudus* **n. sp.** (Haute Savoie). —
   tenuideus **n. sp.** (Kroatien).
   D e r s e l b e beschreibt ferner im Bull. Soc. Entom. France 1904 aus Spanien:
   lateritius **n. sp.** p. 270. — *reconditus* **n. sp.** p. 270.
   — **Roman** charakterisiert in d. Entom. Tidskr. Årg. 25 von J e n e s s e i:
   sibiricus **n. sp.** p. 139. — *fuscipictus* **n. sp.** p. 144.
   — **Kokujev** beschreibt von I r k u t s k in d. Rev. Russe Entom. T. IV: *assimilis*
   n sp. p. 80. — *jakolevi* **n. sp.** p. 81. — *versatilis* **n. sp.** p. 82. — *areolaris*
   n. sp. p. 83. — *ermak* **n. sp.** p. 83.
   — D e r s e l b e schildert in demselben Bande aus W e s t - C h i n a die neuen
   Arten: *potanini* **n. sp.** p. 12. — *gansuanus* **n. sp.** p. 13. — *chinensis* **n. sp.**
   p. 14.
   — **Cameron** beschreibt im Rec. Albany Mus. vol. I aus der C a p k o l o n i e:
   rubriornatus **n. sp.** p. 41.
Ischnogaster cabreroi **n. sp.** **Berthoumieu,** Bull. Soc. Entom. France, 1904 p. 271
   (Tenerifa).

Joppoides **n. g.** (Type: *xanthomelas* Tosq.) **Berthoumieu,** Gen. Ins. fasc. 18 p. 23.

Lagula **n. g. Cameron,** Zeitschr. f. system. Hym. u. Dipt. Jahrg. 4 p. 341. — *annulata* **n. sp.** p. 342 (Himalaya).

Lamprocryptus **n. g. Schmiedeknecht,** Opuscula Entom. p. 414.

Lampronota. Nachtrag zu S t r o b l, Teil II. **Strobl** p. 153.

Laphyctes. Synonymie. **Krieger,** Zeitschr. f. system. Hym. u. Dipt. Jahrg. 4. p. 173—174.

Leptobatus ziegleri. ♂. **Strobl,** Mitteil. Ver. Steiermark, Hft.40. p. 47.

Leptocryptus. Nachtrag zu S t r o b l, Teil I. **Strobl** p. 149.

Leptopygus stangli **n. sp. Ashmead,** Journ. New York Entom. Soc. vol. 12. p. 18 (Philippinen).

Limneria Hlg. Arten in Steiermark. **Strobl** p. 69: *albida* Gmel., *excavata* Br. (*pleuralis* Thms. Zara, *geniculata* Gr., *planiscapus* Thms., *turionum* Hart., *rufifemur* Thms., *conformis* Rtz. mit **var.** *melanostoma* **n.** (Kiefer schwarz, Hinterrücken viel schwächer gefeldert; sonst *costalis*) p. 70. (Auf Blumen bei Ragusa). — *difformis* Gmel., *hyperborea* Thms., mit **var. 1 n.** (Hschenkel schwarz, nur an Basis u. Spitze rot gefleckt) p 71 (im Veitlgraben bei Admont). — *arvensis* Gr. Beschreib., *xanthostoma* Gr. p. 71.

Limneria africana **n. sp. Cameron,** Rec. Albany Mus. vol. I.

Lissonota. Nachtrag zu S t r o b l, Teil II. **Strobl** p. 152—153 dar. n e u: *Fletcheri* Bridg. Schmied. **var.** *breviventris* **n.** p. 152 (auf Gebüsch in der Eichelau bei Admont).

N e u e A r t e n: *curvilineata* **n. sp. Cameron,** Rec. Albany Mus. vol. I p. 147. — *africana* **n. sp.** p. 147 (beide aus der Kapkolonie).

Lobocryptus **n. g. Schmiedeknecht,** Opusc. Entom. p. 414.

Lodryca **n. g. Cameron,** Zeitschr. f. system. Hym. u. Dipt. Jahrg. 4 p. 223. — *lineaticeps* **n. sp.** p. 223 (Darjeeling).

Lynteria **n. g. Cameron,** Zeitschr. f. system. Hym. u. Dipt. Jahrg. 4 p. 221. — *violaceipennis* **n. sp.** p. 221 (Himalaya).

Marpelites **n. g.** (*Listrognathus* nahest.) **Cameron,** Rec. Albany Mus. vol. 1 p. 144. — *ruficollis* **n. sp.** p. 145 (Kapkolonie).

Matara Hlmgr. steht *Cressonianus* nahe. Beschr. **Brêthes,** An. Mus. Buenos Aires vol. XI p. 335.

Megastylus. Arten in Steiermark. **Strobl** p. 140—142: *conformis* Frst., *nigriventris* Frst. — Subg. M y r i a r t h r u s Frst. mit *cingulator* Frst., *rufipleuris* Frst. mit **var. 1 n.** (auch Mesonotum rot, mit 3 schwarzen Striemen) p. 141 ♂ (auf Wiesen bei Admont). — *aemulus* Frst. p. 141. — Subg. D i - c o l u s Frst. mit *pectoralis* Frst., *insectator* Frst., p. 141. — *hirticornis* **n. sp.** (neben *subtiliventris* Frst.) p. 141—142 ♀ (am Lichtmeßberge bei Admont).

Meloboris. Arten von Steiermark. **Strobl** p. 82—83: *dorsalis* Gr., *carnifex* Gr., *crassicornis* Gr. p. 82. — *alpina* **n. sp.** (sehr ähnl. *crassicornis*) p. 82—83 (auf Hochalpenwiesen des Kreuzkogel bei Admont).

Mesochorus Gr. Arten in Steiermark. **Strobl** p. 102—109:
A. Subg. A s t i p h r o m m a Frst. mit *graniger* Thms., *dorsalis* Hlg., *varipes* Hlg., *strenuus* Hlg., *marginellus* Hlg., *leucogrammus* Hlg., *analis* Hlg. mit **var. 1 n.** u. **var.** *nigricoxatus* **n.** p. 103 (im Gesäuse, bei Admont u. auf Hochalpenwiesen des Kreuzkogels).

B. Subg. *Mesochorus* Frst. mit *Thomsoni* n. (= *nigriceps* Thms. non Br.)
punctipleuris Thms. Untersch. von vorig. p. 103. — *alpigenus* n. sp. (*puncti-
pleurus* sehr ähnl.) p. 104 ♂ ♀ (auf Hochalpenwiesen des Kreuzkogels bei
Admont). — *orbitalis* Hlg., *fulgurans* Curt., var. *fulvus*, var. *lapponicus*, *testaceus*, *vitticollis* m. var. 1, *confusus* mit var. 2 u. 3, 4 u. 5 (sämtl. von Hlg.,)
rufipes Br., *semirufus* Hlg., *thoracicus* Gr., *crassimanus* Hlg., *vittator* Hlg.,
tachypus Hlg. mit var. 1 n. (Thorax ganz schwarz, sonst normal) p. 105
(Bachschlucht bei Admont). — var. 2 n. (Thorax ganz schwarz, 3. Sgm.
teilweise rot) p. 105 (bei Melk). — *jugicola* n. sp. (*tachypus* sehr nahest.)
p. 105—106 (auf Hochalpenwiesen des Naterriegels bei Admont u. des Groß-
glockners). — *anomalus* Hlg., *pictilis* Hlg., *brevipetiolatus* Ratz., *velox* Hlg.,
pallidus Br., *curvulus* Thms. u. *fuscicornis* Br. p. 106. —
C. Subg. *Stictopisthus* Thms. mit *complanatus* Hal. p. 106. —
macrocephalus n. sp. (möglicherweise mit *laticeps* identisch) p. 106—108 ♂
(auf Krummholzwiesen des Kalbling).
D. Subg. *Dolichochorus* n. (differt capite longo, subtriangulari; clypeo
subangulato; segm. 1. aciculato, brevi) p. 108. — *longiceps* n. sp. p. 108
—109 ♀ in (Wäldern bei Admont u. Hohentauern).
— *leucogrammus* var. *nigrocoxatus* n. Strobl, Mitteil. Ver. Steiermark, Hft. 40.
p. 103.
— *confusus* van Rossum, Tijdschr. v. Entom. Deel 47. p. 72. pl. V fig. A, B.
Lebensweise.
— *philippinensis* n. sp. Ashmead, Proc. U. S. Nat. Mus. vol. XXVIII p. 144
(Manila).

Mesoleptus. Nachtrag zu Strobl, Teil III. Strobl p. 153.
Mesoleius. Nachtrag zu Strobl, Teil III. Strobl p. 153. — *flavipes* Beschr.
d. ♀. — *ruficollis* var. 2 n. p. 154 (am Kreuzkogel bei 1900 m).
Mesostenus. Nachtrag zu Strobl, Teil I. Strobl p. 148.
Neu: *on ili* n. sp. Cameron, Rec. Albany Mus. vol. I p. 143 (Kapkolonie).
Mesostenoideus octozonatus Ashmead, Proc. U. S. Nat. Mus. vol. XXVIII p. 143
(Manila).
— *philippinensis* n. sp. Ashmead, Journ. New York Entom. Soc. vol. XII
p. 17 (Manila).
Mesostenopsis n. g. Schmiedeknecht, Opusc. Entom. p. 561.
— Cameron beschreibt in den Trans. Entom. Soc. London, 1904 aus Assam:
respondens n. sp. p. 112 ♀. — *brahminus* n. sp. p. 113 ♀. — *misippus*
(verw. m. *respondens*) n. sp. p. 114 ♀. — *clarinervis* n. sp. p. 115 ♀.
— *reticulatus* n. sp. p. 116 ♀. — *caligatus* n. sp. p. 116—117 ♀. — *salu-
tator* n. sp. p. 117 ♀. — *versatilis* n. sp. p. 118 ♀. — *maculiceps* n. sp.
p. 119 ♀.
Metopius erythropus n. sp. Cameron, Rec. Albany Mus. vol. I p. 148 (Kapkolonie).
Microcryptus. Nachtrag zu Strobl, Teil I. Strobl, p. 148. — *sperator* forma *nigriventris* n. (Hleib fast ganz schwarz) p. 148 ♂ (auf Voralpen des Pyrgas).
Monoblastus longulus Frst. in Steiermark. Strobl p. 155.
Nemeritis. Arten in Steiermark. Strobl p. 77.
Neomesostenus n. g. Schmiedeknecht, Opusc. Entom. p. 562.
Neotypus. Nachtrag zu Strobl, Teil I. Strobl p. 147.

Neotypus cabrerai **n. sp. Berthoumieu,** Bull. Soc. Entom. France 1904 p. 270
(Tenerifa).
Nepiera concinna Hlg. in Steiermark. **Strobl** p. 80.
Nepiesta. Arten von Steiermark. **Strobl** p. 75—77: *aberrans* Gr. — *jugicola*
n. sp. (von *aberrans* sehr wenig verschieden) p. 75—76 ♂ ♀ (auf Alpenwiesen
des Kreuzkogels u. Bösenstein). — *immolator* Gr. p. 76. — *rufocincta* **n. sp.**
(am nächsten verw. mit *subclavata* Thms.) p. 76—77 ♂ ♀ (auf dem Kreuz-
kogel, im Kematenwalde bei Admont). — *subclavata* Thms. p. 77.
Notopygus. Nachtrag zu S t r o b l , Teil III. **Strobl** p. 154.
Ogulnia **n. g.** (*Haliphera* nahest.) **Cameron,** Zeitschr. f. system. Hym. u. Dipt.
Jahrg. 4. p. 343. — *fuscitarsis* **n. sp.** p. 343 (Darjeeling).
Olesicampa Frst. Arten in Steiermark. **Strobl** p. 80—82: *auctor* Gr. (Farbe der
Hschenkel sehr variabel), *fulviventris* Gmel., *binotata* Thms., *sericea* Hlg.,
alboplica Thms., *flavicornis* Thms. p.80—81. — *nigricornis* **n. sp.** (fast identisch
mit den typischen ♀ des *flavocirnis* Thms.) p. 81 ♂ (auf Dolden bei Melk).
— *gracilipes* Thms., *nigricoxa* Thms. p. 81. — *fulcrans* Thms., *subcallosa*
Thms., *sternella* Thms. mit **var. 1 n.** (Basis d. Hschenkel schwarz) p. 82 (auf
Voralpen des Scheiblsteins). — *proterva* Br., *punctitarsis* Thms. u. *simplex*
Thms. p. 82.
Omorga. Arten von Steiermark. Angabe der Fundorte. **Strobl** p. 78—80. —
gibbula **var. 1 n.** (Skulptur u. Geäder wie beim ♀, nur in d. Färbung ab-
weichend) p. 79 ♂ (am Lichtmeßberge bei Admont). — *dispar* Gr. Beschr.
d. ♂ p. 79—80.
Opheltes glaucopterus L. in Steiermark. **Strobl,** Mitteil. Ver. Steiermark (1903)
Hft. 40. p. 52.
Ophion costatus Rtz. bei Seitenstetten in Steiermark. Beschr. d. ♂ nebst *var. 1.*
Pteridis Kriechb., *luteus* L., var. *longigena* (Thms.), *obscurus* Fbr., *minutus*
Kriechb., *ventricosus* Gr., mit **var. 1 n.** (Mesothorax fast ganz rot), **var. 2 n.**
(Metathorax u. Brust fast ganz schwarz) p. 53. — *frontalis* **n. sp.** (eine der
größten Arten, etwa neben *luteus*) p. 53 ♂ (auf Laub am Blümelsberge bei
Seitenstetten).
Ophion abnormum **n. sp. Felt,** Bull. New York Mus. vol. LXXVI p. 121 (Colorado).
— *ferruginipennis* **n. sp.** p. 122 (Nordamerika).
Olesicampa nigricornis **n. sp. Strobl,** Mitteil. Ver. Steiermark Hft. 40 p. 81.
Omorga dispar Beschr. des ♂. **Strobl,** Mitteil. Ver. Steiermark Hft. 40 p. 79.
Oneilella **n. g.** (Type: *Cryptus formosus* Br.) **Cameron,** Zeitschr. f. system. Hym.
u. Dipt. Jhg. 4 p. 190. — Wirt: *Anaphe reticulata* p. 191.
Opheltes glaucopterus. Biologie. **van Rossum,** Tijdschr. v. Entom. D. 47 p. 71.
Ophioneura **n. g.** (*Ophionopterus* nahest.) **Cameron,** Rec. Albany Mus. vol. I
p. 174. — *flavomaculata* **n. sp.** p. 185 (Südafrika).
Orthocentrus. Nachtrag zu verschied. Arten in Steiermark. (S t r o b l , Teil III).
Strobl p. 156.
Paniscus Gr. Arten aus Steiermark **Strobl** p. 51—52: *cephalotes* Hlg., *gracilipes*
Thms., *ocellaris* Thms., *opaculus* Thms., *testaceus* Gr., var. *melanurus* Thms.,
Thomsonii B., mit var. *longipes.*
Pantisarthrus-Arten in Steiermark. **Strobl** p. 136—138: *inaequalis* Frst., *ochropus*
Frst. p. 137. — *pseudochropus* **n. sp.** p. 137 (in Wiesen u. Wäldern bei Admont).

— *luridus* Frst. p. 137. — *rudepunctatus* **n. sp.** p. 137—138 ♀ (zwischen Krummholz am Naterriegel).

Parabatus Thms. (wohl nur Subg. von *Paniscus*) Arten von Steiermark. **Strobl.** *nigricarpus* Thoms., var. *semifuscus* n. ♂ p. 50. — *virgatus* Frr., *latungula* Thms., *cristatus* Thms., u. *tarsatus* Br. p. 51.

Paraphylax fasciatipennis **n. sp. Ashmead,** Proc. U. S. Nat. Mus. vol. XXVIII p. 141 (Manila).

Perilissus vernalis forma genuina in Steiermark. **Strobl** p. 155.

Pezomachus. Nachtrag zu S t r o b l , Teil I. **Strobl** p. 151.

Phaeogenes. Nachtrag zu S t r o b l , Teil I. **Strobl** p. 147.

— **Berthoumieu** beschreibt in d. Echange T. XX aus H a u t e S a v o i e : *compar* **n. sp.** p. 14. — *tristis* **n. sp.** p. 14 — *tenuicornis* **n. sp.** p. 14. — *subniger* **n. sp.** p. 15.

— *nigellus* **n. sp. Berthoumieu,** Bull. Soc. Entom. France 1904 p. 271 (Spanien).

Pimpla. Nachtrag zu S t r o b l , Teil II. **Strobl** p. 151.

Phobocampa Frst., Thms. 6 Arten in Steiermark. **Strobl** p. 77—78. — *negl.* **var.** 1 n. (Kiefer u. Schüppchen schwarz, vielleicht eigene Art) p. 78 ♀ (auf Alpenwiesen des Sirbitzkogel).

Phygadeuon. Nachtrag zu S t r o b l , Teil I. **Strobl** p. 149.

— *latiannulatum* **n. sp.** (*labiale* nahest.) **Cameron,** Trans. Entom. Soc. London, p. 119. — *striatifrons* **n. sp.** p. 120 ♀. — *labiale* **n. sp.** p. 121 ♂. — *pallidinervis* **n. sp.** p. 121 ♀ (sämtlich aus Assam, Khasia Hills).

Pimpla diluta gehört zu *Epiurus.* **Ashmead,** Canad. Entom. vol. 36. p. 102. N e u : *shawi* **n. sp. Cameron,** Rec. Albany Mus. vol. I p. 145. — *spiloaspis* **n. sp.** p. 146 (beide aus der Kapkolonie).

Platylabus. Nachtrag zu S t r o b l , Teil I. **Strobl** p. 147.

— *calidus* **n. sp. Berthoumieu,** Bull. Soc. Entom. France, 1904. p. 270 (Spanien).

— *parvulus* **n. sp. Berthoumieu,** Echange 1904 p. 13 (Spanien). — *pimplarius* p. 13 (Schweiz). — *tricolor* **n. sp.** p. 14 (Savoyen).

Plectiscus. Arten in Steiermark. **Strobl** p. 125—133. — *communis* Frst. mit *var.* *nigritus* u. *var.* 2, *coxator* Frst. p. 125. — *quadrierosus* **n. sp.** (vorig. nahe, doch andere Fühlerbildung) p. 125—126 ♂ (auf Sumpfwiesen bei Admont). — *tenuecinctus* **n. sp.** p. 126—127 ♂ (in einem Voralpen-Walde bei Admont). — *collaris* Gr. u. *crassicornis* Frst. p. 127. — *grossepunctatus* **n. sp.** (*curticauda* nahe) p. 127—128 ♂ ♀ nebst **var.** 1 n. p. 128 (in Waldschluchten um Admont). — *pseudoproximus* **n. sp.** (steht neben *grossepunct.*) p. 128 —129 (im Kematenwalde bei Admont). — *monticola* Frst., *humeralis* Frst. mit *var. subtilis* p. 129—130. — *posticus* **n. sp.** (in d. Färb. *grossep.* u. *sodalis* nahest.) p. 130 ♂ (in Voralpenwäldern um Admont). — *petiolifer* **n. sp.** p. 130—131 ♀ (um Admont u. Hohentauern). — *var. eversorius* Frst., *incertus* Frst., *subsimilis* Frst. ♂ dazu 1. *cooperator* Frst., 2. *inanis* Frst. u. 3. *subtilicornis* Frst. p. 132. — *tenuicornis* Frst., *sodalis* Frst. mit *var.* 1 *moerens*, *var.* 2 *melanocerus* u. *var. integer.*

Polyblastus carbonarius forma genuina in Steiermark. **Strobl** p. 155.

Porizon. Arten von Steiermark. **Strobl** p. 96—98: *gravipes* Gr., *angustipennis* Hlg., *claviventris* Gr., *laeviceps* Thms., *annurus* Thms., p. 96 *harpurus* Schrk.

Varr. d. ♂: 1 Normalform *var.* 2, var. 3 u. **forma** *alpina* **n.** p. 96—97. — *erythrurus* **n. sp.** p. 97—98 ♀ (Admont). — *laevifrons* Thms. p. 98. *Pristomerus vulnerator* Pz. Gr. in Steiermark. **Strobl** p. 95. — *var.* 2 = *var.* 1 Br. ♀, *var.* 3 *orbitalis*, **var.** 4 **n.** (Fühlerschaft, äußere u. innere Augenränder, alle Schenkel rot, oder die Hschenkel schwarz. Hüften u. Hleib fast ganz schwarz. Mesonotum dicht punktiert u. ziemlich matt; als Übergangsform von 3 zu 1) p. 95 ♀ (an Waldrändern bei Melk, Zara). — **var.** 5 **n.** (Fühlerschaft, innere Augenränder u. Hleibsmitte breit rot, Hschenkel teilweise schwarzbraun; Mesonotum ziemlich matt) p. 95 ♂ (bei Steinbrück). — *pallidus* Thms. ♂ p. 95—96. — *schreineri* **n. sp. Ashmead**, Canad. Entom. vol. 36. p. 101 (St. Petersburg). — *flavus* **n. sp. Ashmead**, Proc. U. S. Nat. Nat. Mus. vol. **XXVIII** p. 145 (Manila).

Proclitus. Arten in Steiermark. **Strobl** p. 134—136: *spectabilis* Frst., *fulvocingulatus* **n. sp.** p. 134—135 ♀ (im Wirtsgraben bei Hohentauern). — *autumnalis* Frst., *evacuator* Frst., *grandis* Frst., *melanocephalus* Frst., *inquietus* Frst., *periculosus* Frst., *quaesitorius* Frst., *caudiger* Frst. p. 136.

Protocryptus **n. g. Schmiedeknecht**, Opusc. Entom. p. 414.

Pyracmon fumipennis Hlg. nebst Var., *truncicola* Thms., *xoridiformis* Hlg. in Steiermark. **Strobl** p. 71—72. — *xoridoideus* **n. sp.** (vorig. sehr ähnlich) p. 72—73 ♂ ♀ (auf Dolden u. Fichtenstämmen bei Admont). — *pectoralis* Kriechb., *obscuripes* Hlg., Beschr. d. ♂, mit **var.** *alpina* **n.** (Mittelschenkel unterseits u. Mittelschienen oberseits schwarz; Hbeine schwarz, nur das 2. Glied der Schenkelringe rot) p. 73 (auf Alpenwiesen bei Admont). — *melanurus* Hlg., *austriacus* Tschek, *bucculentus* Hlg. p. 73. — *aterrimus* **n. sp.** p. 74 ♂ (im Veitlgraben bei Admont auf Daphne).

Rhyssa persuasoria. Gestielte Eier; Ovarien, Eiablage. **Bugnion**, Bull. Soc. Vaudoise T. XL p. 245—249 pl. XL u. Bull. Soc. Entom. France, 1904 p. 80—83 nebst Textfig.

Sagaritis Hlg. Arten von Steiermark. **Strobl** p. 65—66: (*brachycera* bei Irun in Nordspanien), *crassicornis* Tschek nebst var. 1 **n.** ♂ (mit ganz roten Hinterschienen) in Siebenbürgen, *congesta* Hlg., *declinator* Gr., *femoralis* Gr., *raptor* Zett., *erythropus* Thms., *annulata* Gr., *zonata* Gr. (weit verbreitet), *latrator* Gr. u. *ebenina* Gr.

Scolobatus auriculatus Fbr. in Steiermark, nebst *var.* 1 auf Gesträuch bei Melk. **Strobl**, Mitteil. naturw. Ver. Steiermark, 40. Hft. (1903) p. 49.

Schizoloma amictum Fbr. in Steiermark. **Strobl** p. 55.

Seleucus exareolatus **n. sp. Strobl**, Mitteil. Ver. Steiermark Hft. 40. p. 109 (im Stiftsgarten von Admont).

Shalisha **n. g. Cameron**, Zeitschr. f. system. Hym. u. Dipt. Jahrg. 4 p. 221. — *fulvipes* **n. sp.** p. 222 (Darjeeling).

Spilocryptus frey-gessneri **n. sp. Schmiedeknecht**, Opusc. Entom. p. 526 (Sierra). — *subalpinus* **n. sp.** p. 528 (Altvater).

Spilojoppa **n. g. Cameron**, The Entomologist vol. 37 (1904) p. 208. — *fulvipes* **n. sp.** p. 209 (Darjeeling).

Spilopimpla **n. g. Cameron**, Zeitschr. f. system. Hym. u. Dipt. Jahrg. 4 p. 143. — *rufithorax* **n. sp.** p. 144 (Dunbrody).

Spinolia schiefereri **n. sp. Strobl**, Mitteil. Ver. Steiermark. Hft. 40. p. 149.

Spudastica rostralis Br. in Steiermark. **Strobl** p. 78.

Stenocryptus. Nachtrag zu S t r o b l , Teil I. **Strobl** p. 148.

Stylocryptus. Nachtrag zu S t r o b l , Teil I. **Strobl** p. 149. — *transverse-areolatus*
   m. **forma** *nigripes* **n.** p. 149 ♂ (auf Hochalpenwiesen des Kreuzkogel bei
   Admont).

Sulvata annulipes (ähnelt *anunlipes*) **n. sp. Cameron,** Ann. Nat. Hist. (7) vol. 13
   p. 220 ♀. — *pallidinerva* **n. sp.** p. 221 (beide von Khasia Hills).

Symplecis. Arten von Steiermark. **Strobl** p. 112—13: *fascialis* Thms. mit
   var. 1 u. *var.* 2, *xanthostoma* Frst. mit **var.** 1 **n.** (Hbeine braun, nicht rotgelb)
   p. 112 ♀ (auf Alpenwiesen des Bösenstein).

   — (*Symplecis*) *defectiva* **n. sp.** (äußerst ähnlich *xanthostoma*) p. 112—113 ♀
   (im Sunk am Rottenmanner Tauern).

Synechocryptus **n. g. Schmiedeknecht,** Opusc. Entom. p. 427. — *oraniensis* **n. sp.**
   p. 427 (Algier).

Tanyjoppa **n. g. Cameron,** Zeitschr. f. system. Hym. u. Dipt. Jhg. 4 p. 217. —
   sanguineoplagiata **n. sp.** p. 218 (Himalaya).

Temelucha plutellae **n. sp. Ashmead,** Canad. Entom. vol. 36 p. 101 (St. Petersburg). — *philippinensis* **n. sp. Ashmead,** Journ. New York Entom. Soc.
   vol. 12. p. 18 (Philippinen).

Thascia **n. g. Cameron,** Zeitschr. f. system. Hym. u. Dipt. Jahrg. 4 p. 339. —
   pilosa **n. sp.** p. 339 (Darjeeling).

Thersilochus. Arten von Steiermark. **Strobl** p. 98—102.
   A. *D i a s p a r s i s* Frst. Thms. *geminus* Hlg., *nutritor* Gr., *minator* Gr.,
   microcephalus Gr., *xanthopus* Hlg., *rufipes* Hlg. p. 98—99.
   B. *T h e r s i l o c h u s* Frst., Thms. *longicornis* Thms. p. 99. — *platyurus*
   n. sp. (steht etwa neben *longicornis*) p. 99—100 ♀ (auf Weidenblüten an der
   Enns). — *minutus* Bridg., *decrescens* Thms., *proboscidalis* Thms., *interstitialis*
   Thms. p. 100. — *styriacus* **n. sp.** (ähnlich *interstitialis*) p. 400 ♂ ♀ (in Wiesen
   u. Waldlichtungen bei Admont). — *jocator* Fbr., *melanogaster* Thms., *obliquus*
   Thms., *caudatus* Hlg., *var.* 1 Hlg., *truncorum* Hlg., *gibbus* Hlg., *moderator*
   Gr., *pygmaeus* Zett., p. 101. — *fulvipes* Gr. **var.** 1 *punctatissimus* **n.**
   (2. Sgm. mit roter Endbinde) p. 101—102 (bei Melk).

Thymaris pulchricornis Br. in Steiermark mit den var.: *var.* 1 *compressus* Thms.,
   var. 2 *collaris* Thms. u. **var.** 3. **n. Strobl** p. 109 ♀ (auf Gesträuch bei Melk).

slingerlandana von New York von *Polychrosis* hierherzustellen. **Ashmead,**
   Canad. Entom. vol. 36 p. 333 Textfig. **Slingerland,** t. c. p. 344.

Trachynotus foliator Fbr. in Steiermark. **Strobl** p. 55. — ♂ zur *var.* 1 Hlg. (Thorax
   ganz schwarz) gehörig. — **var.** 2 *nigerrimus* **n.** p. 55 (auf Sumpfwiesen bei
   Salona, Dalm.).

Tranosema pedella Hlg. in Steiermark. **Strobl** p. 80.

Theroscopus. Nachtrag zu S t r o b l , Teil I. **Strobl** p. 151.

Trichomma enecator Rossi in Steiermark. **Strobl** p. 58.

N e u : *clavipes* **n. sp. Krieger,** Zeitschr. f. system. Hym. u. Dipt. Jhg. 4
   p. 166 (Neu-Guinea). — *intermedia* **n. sp.** p. 168 (Sachsen).

Triptognathus **n. g.** (*Fileanta* Cam. nahest.) **Berthoumieu,** Gen. Insect. Fasc. 18
   p. 49.

Trogus (*Tricyphus*) *violaceus* **n. sp. Szépligeti,** Bull. Mus. Paris T. IX p. 366
   (Mexiko).

Tropistes. Taxonomie u. hierhergehörige Arten. **Roman,** Zeitschr. f. system. Hym. u. Dipt. Jhg. 4 p. 214—217.

Tryphon. Nachtrag zu S t r o b l, Teil III. **Strobl** p. 154—155.

Umlina flexilis **n. sp. Cameron,** Trans. Entom. Soc. London, 1904 p. 107 ♂ (Khasia Hills, Assam).

Xylonomus sepulchralis u. *depressus* gehören zu *Sichelia.* **Kokujev,** Rev. Russe Entom. 1904 p. 298.

Alysiidae (Fam. LXXVII). Braconidae (Fam. LXXVIII).

Autoren : Ashmead, Brèthes, Cameron, Enderlein, Froggatt, Giard, Höppner, Mantero, Szépligeti.

B r a c o n i d a e. Gatt. ders. nebst Artlisten. **Szépligeti** in W y t s m a n s Gen. Insect. Fasc. XXII u. XXIII, 250 pp., 3 pls.

— von L i g u r i e n. **Mantero (1).**

Acanthobracon nigromaculata **n. sp. Cameron,** Rec. Albany Mus. vol. I p. 155 (Kapkolonie).

Agathis rufoplagiata **n. sp. Cameron,** Zeitschr. f. syst. Hym. u. Dipt. Jhg. 4 p. 4 (Sikkim).

— *caudata* **n. sp. Szépligeti,** Ann. Mus. Hungar. vol. II p. 195 (Peru).

Apanteles basimacula **n. sp. Cameron,** Rec. Albany Mus. vol. I p. 173. — *maculitarsis* **n. sp.** p. 173 (Grahamstown).

— *philippinensis* **n. sp. Ashmead,** Journ. New York Entom. Soc. vol. 12 p. 19 (Philippinen). — *manilae* **n. sp.** p. 19 (Philippinen).

Aspilota ceylonica **n. sp. Ashmead,** Entom. News Philad. vol. 15 p. 113 (Peradenyia).

Bracon bicolor Br. gehört zu *Iphiaulax.* **Cameron,** Rec. Albany Mus. vol. I p. 1554. N e u e A r t e n: *tschitscherini* 'n. sp. **Kokujev,** Rev. Russe Entom. T. IV p. 213 (Transkaspisches Gebiet).

teius **n. sp. Cameron,** Journ. Straits Asiat. Soc. vol. LXI p. 122 (Ternate). — *spilogaster* **n. sp.** p. 123 (Fundort ?).

— *ricinicola* **n. sp. Ashmead,** Proc. U. S. Nat. Mus. vol. XXLVIII p. 148 (Manila).

— **Szépligeti** beschreibt im Ann. Mus. Hungar. vol. II aus P e r u: *semialbus* **n. sp.** p. 182. — *antennalis* **n. sp.** p. 183. — *peruvianus* **n. sp.** p. 183. — *marcapatensis* **n. sp.** p. 183. — *americanus* **n. sp.** p. 183. — *bimaculatus* **n. sp.** p. 183. — *binotatus* **n. sp.** p. 184. — *enotatus* **n. sp.** p. 184. — *atriceps* **n. sp.** p. 184. — *sicuaniensis* **n. sp.** p. 185. — *circumtinctus* **n. sp.** p. 185. — Ferner aus P a r a g u a y: *paraguayensis* **n. sp.** p. 184 und auS C h i l e: *aricensis* **n. sp.** p. 184.

Braunsia. Revision; verbesserte Definition. Synonymie. **Enderlein,** Zool. Jhg. Abt. f. System. Bd. 20 p. 429—452.

A l s n e u beschreibt d e r s e l b e t. c. a) aus P o m m e r n: *pomerania* **n. sp.** p. 436. — b) aus A f r i k a: *fuscipennis* **n. sp.** p. 436. — *congoensis* **n. sp.** p. 437. — *occidentalis* **n. sp.** p. 438. — **var.** *obscurior* **n.** p. 437. — *reicherti* **n. sp.** p. 439. — *erlangeri* **n. sp.** p. 442. — *kriegeri* **n. sp.** p. 444. — *ochracea* **n. sp.** p. 445. — *subsulcata* **n. sp.** p. 446. — *melanura* **n. sp.** p. 446. — c) aus L o m b o k: *kriechbaumeri* **n. sp.** p. 447. — *fasciata* **n. sp.** p. 449.

— d) aus J a v a: *bimaculata* **n. sp.** p. 448. — aus C e y l o n: *cariosa*
n. sp. p. 450.

Brulleia **n. g. Szépligeti,** *B r a c o n i d a e* p. 150. — *melanocephala* **n. sp.** p. 150
(Neu-Guinea).

Cardiochiles eremita **n. sp. Kokujev,** Rev. Russe Entom. T. IV p. 215 (Transkaspien).

Cenocoelius peruanus **n. sp. Szépligeti,** Ann. Mus. Hungar. vol. II p. 196 (Peru).

Cervellus **nom. nov.** für *Cervulus.* **Szépligeti,** *B r a c o n i d a e* p. 253. — Siehe
Cervulus.

Cervulus **n. g. Szépligeti,** *B r a c o n i d a e* p. 20. — *denticornis* **n. sp.** p. 20
(Peru).

Chelonus robertianus **n. sp. Cameron,** Rec. Albany Mus. vol. I p. 110 (Südafrika).
— *semihyalinus* **n. sp. Szépligeti,** Proc. U. S. Mus. T. XXVIII p. 146 (Manila).
— *sobrinus* **n. sp. Szépligeti,** Ann. Mus. Hungar. vol. II p. 194 (Peru).

Cremnops collaris **n. sp. Ashmead,** Proc. U. S. Nat. Mus. vol. XXVIII p. 146
(Manila).

Curriea fasciatipennis **n. sp. Ashmead,** Entom. News Philad. vol. 15 p. 18 nebst
Textfig. (Liberia).

Cystomastax **n. g. Szépligeti,** *B r a c o n i d a e* p. 81. — *macrocentroides* **n. sp.**
p. 81 (Peru).

Dacnusa rondanii **n. sp. Giard,** Bull. Soc. Entom. France 1904 p. 181 (Argenteuil).

Ephedrus persicae **n. sp. Froggatt,** Agric. Gaz. N. S. Wales vol. IV p. 611
(Australien).

Euagathis pulcher **n. sp. Szépligeti,** Ann. Mus. Hungar. vol. II p. 195 (Peru).

Eurytenes nanus **n. sp. Ashmead,** Proc. U. S. Nat. Mus. vol. XXVIII p. 148
(Manila).

Euscelinus manilae **n. sp. Ashmead,** t. c. p. 145 (Philippinen).

Euvipio **n. g. Szépligeti,** *B r a c o n i d a e* p. 14. — *rufa* **n. sp.** p. 15 (West-
afrika).

Exothecus tibialis **n. sp. Cameron,** Rec. Albany Mus. vol. I p. 156 (Kapkolonie).
— D e r s e l b e beschreibt ferner t. c. aus S ü d a f r i k a: *spilopterus* **n. sp.**
p. 166. — *capensis* **n. sp.** p. 167. — *canaliculatus* **n. sp.** p. 167.

Exyra spp. Lebensweise. Metamorphose. **Jones,** Entom. News Philad. vol. XV
p. 16 pl. III.

Foenomorpha **n. g. Szépligeti,** *B r a c o n i d a e* p. 8. — *bicolor* **n. sp.** p. 9 (Peru).

Glyptapanteles manilae **n. sp. Ashmead,** Proc. U. S. Nat. Mus. vol. XXVIII p.147
(Philippinen).

Gnathobracon. **Szépligeti, Gy.**

Iphiaulax. N e u e A r t e n beschreibt **Cameron** in Rec. Albany Mus. vol. I
aus der K a p k o l o n i e: *capensis* **n. sp.** p. 149. — *basimacula* **n. sp.** p. 150.
clanes **n. sp.** p. 151. — *rubrilineatus* **n. sp.** p. 151. — *rubrinervis* **n. sp.** p. 152.
aethiopicus **n. sp.** p. 153. — *odontocapus* **n. sp.** p. 154. — *12-fasciatus* **n. sp.**
p. 145.
— D e r s e l b e beschreibt t. c. aus S ü d a f r i k a: *soleae* **n. sp.** p. 164. —
whitei **n. sp.** p. 165. — *spilonotus* **n. sp.** p. 165.
— **Szépligeti** schildert vom W e i ß e n N i l in Jägerskiöld exp. No.14: *traegardhi*
n. sp. p. 10.
— *baeri* **n. sp. Szépligeti,** Bull. Mus. Hist. Paris T. IX p. 337 (Peru).

— *tornowii* **n. sp. Brèthes,** An. Mus. Buenos Aires T. XI p. 334 (Tukuman). — **Szépligeti** charakterisiert in Ann. Mus. Hungar. vol. II: a) aus P e r u: *transiens* **n. sp.** p. 173. — *rugulosus* **n. sp.** p. 173. — *sicuaniensis* **n. sp.** p. 174. — *carpalis* **n. sp.** p. 173. — *laevigatus* **n. sp.** p. 145. — *ignavus* **n. sp.** p. 175. — *apricans* **n. sp.** p. 176. — *peregrinus* **n. sp.** p. 176. — *sculptilis* **n. sp.** p. 176. — *transversalis* **u. sp.** p. 176. — *simillimus* **n. sp.** p. 177. — *dubiosus* **n. sp.** p. 177. — *macellus* **n. sp.** p. 178. — *persimilis* **n. sp.** p. 178. — *costatus* **n. sp.** p. 178. — *longulus* **n. sp.** p. 178. — *elegantulus* **n. sp.** p. 178. — *luctuosus* **n. sp.** p. 179. — *braconiformis* **n. sp.** p. 179. — *braconius* **n. sp.** p. 188. — *pseudobracon* **n. sp.** p. 178. — *paraguayensis* **n. sp.** p. 188. — *latus* **n. sp.** p. 188. — *aptus* **n. sp.** p. 188. — *apricans* **n. sp.** p. 181. — *simplex* **n. sp.** p. 181. — *pernix* **n. sp.** p. 182. — *agilis* **n. sp.** p. 182. — b) aus A r g e n t i n i e n: *mercedesiensis* **n. sp.** p. 177. — c) aus B r a s i l i e n: *macretus* **n. sp.** p. 181.

Ischiogonus philippinensis **n. sp. Ashmead,** Canad. Entom. vol. **XXXVI** p. 285 (Manila).

Ischnopus **n. g.** *A l y s i i d.* **Marshall,** Ann. Mus. Civ. Stor. Nat. Genova vol. 41 p. 450. — *bituberculatus* **n. sp.** p. 451 (Toskana).

Lisitheria **n. g.** *A g a t h i d i n a r u m* **Cameron,** The Entomologist vol. 37 (1904) p. 306. — *nigricornis* **n. sp.** p. 306 (Indien).

Macrocentrus philippinensis **n. sp. Ashmead,** Proc. U. S. Nat. Mus. vol. **XXVIII** p. 145 (Manila).

Macrostomion peruvianum **n. sp. Szépligeti,** Ann. Mus. Hungar. vol. II p. 193 (Peru).

Megacentrus **n. g. Szépligeti,** *B r a c o n i d a e* p. 145. — *concolor* **n. sp.** p. 146 (Kilimandscharo).

Megalommum flavomaculatum **n. sp. Cameron,** Rec. Albany Mus. vol. I p. 157 (Kapkolonie).

Megaproctus. **Szépligeti,** beschreibt im Ann. Mus. Hungar vol. II: a) aus P e r u: *fumipennis* **n. sp.** p. 191. — *fuscipennis* **n. sp.** p. 191. — *bifasciatus* **n. sp.** p. 192. — *affinis* **n. sp.** p. 192. — *bicolor* **n. sp.** p. 193. — b) aus P a r a g u a y: *xanthostigma* **n. sp.** p. 192.

Megarhogas **n. g. Szépligeti,** *B r a c o n i d a e* p. 83. — *longipes* **n. sp.** p. 84 (Celebes). — *minor* **n. sp.** p. 84 (beide von Celebes).

Mesoagathis **n. g. Cameron,** Rec. Albany Mus. vol. I p. 172. — *fuscipennis* **n. sp.** p. 172 (Grahamstown).

Meteorus bacoorensis **n. sp. Ashmead,** Journ. New York Entom. Soc. vol. 12 p. 18 (Philippinen). — *eumenidis* **n. sp. Brèthes,** An. Mus. Buenos Aires (3) T. II p. 53 (Argentinien).

Microcentrus **n. g.** (Type: *Dyscoletes similis*). **Szépligeti,** *B r a c o n i d a e* p. 155.

Microdus bipustulatus **n. sp. Cameron,** Record Albany Mus. vol. I p. 158 (Kapkolonie).

Microplitis manilae **n. sp. Ashmead,** Journ. New York Entom Soc. vol. 12 p. 20 — *philippinensis* **n. sp.** p. 20 (beide von den Philippinen).

Monarea **n. g.** (Type: *Osmophila fasciipennis*) **Szépligeti,** *B r a c o n i d a e* p. 68.

Monolexia manilensis **n. sp. Ashmead,** Journ. New York Entom. Soc. vol. 12 p. 20. (Philippinen).

Neorhyssa partiti **n. sp. Szépligeti,** Ann. Mus. Hungar. vol. II p. 187. — *ruficeps*
n. **sp.** p. 188 (beide aus Brasilien).
Opius philippinensis **n. sp. Ashmead,** Proc. U. S. Nat. Mus. vol. XXVIII p. 148
(Manila). — *pedestris* **n. sp. Szépligeti,** Ann. Mus. Hungar. vol. II p. 196
(Peru).
Phaenocarpa (Idiolexis) coxalis **n. sp. Szépligeti,** Ann. Mus. Hungar. vol. II
p. 197 (Peru).
Phanerotoma philippinensis **n. sp. Ashmead,** Journ. New York Entom. Soc.
vol. 12 p. 19 (Bacoor).
Pseudobracon **n. g. Szépligeti,** *B r a c o n i d a e* p. 48. — *africanus* **n. sp.** p. 48
(Sierra Leone).
Rhogas. **Mantero** beschreibt in Ann. Mus. Civ. Stor. Nat. Genova vol. 41 folgende
n e u e   A r t e n   aus   O s t a f r i k a : *ruspolii* **n. sp.** p. 413. — *citernii* **n. sp.**
p. 414. — *scioensis* **n. sp.** p. 415.
— **Szépligeti** beschreibt im Ann. Mus. Hungar. vol. II aus P e r u: *fuscipennis*
n. sp. p. 194. — *affinis* **n. sp.** p. 194.
Schlettereriella **n. g.** (Type: *Stenophasmus oncophorus* Sch.) **Szépligeti,** *B r a -
c o n i d a e* p. 54.
Schönlandella **n. g.** (Stellung zweifelhaft) **Cameron,** Rec. Albany Mus. vol. I
p. 169. — *nigromaculata* **n. sp.** p. 170. — *trimaculata* **n. sp.** p. 171. — *nigricollis* **n. sp.** p. 171 (alle drei aus Südafrika).
Spathius philippinensis **n. sp. Ashmead,** Proc. U. S. Nat. Mus. vol. XXVIII
p. 148 (Manila).
Stantonia **n. g.** *M i c r o d i n.* **Ashmead,** Proc. U. S. Nat. Mus. vol. XXVIII
p. 146. — *flava* **n. sp.** p. 147 (Manila).
Trichiobracon rufus **n. sp. Cameron,** Rec. Albany Mus. vol. I p. 168. — *maculifrons*
n. sp. p. 169 (beide aus Südafrka).
Urogaster philippinensis **n. sp. Ashmead,** Journ. New York Entom. Soc. vol. 12
p. 19. — *stantoni* **n. sp.** p. 20 (beide von den Philippinen).
Vipio (Pseudovipio) turcomanicus **n. sp. Kokujev,** Rev. Russe Entom. T. IV
p. 213 (Transkaspien). — *xanthostigma* **n. sp.** p. 214. (West-Sibirien).
Westwoodiella **n. g. Szépligeti,** *B r a c o n i d a e* p. 155. — *bicolor* **n. sp.** p. 155
(Australien).
Xanthomicrodus **n. g.** (steht *Crassomicrodus* nahe). **Cameron,** Rec. Albany Mus.
vol. I p. 157. — *iridipennis* **n. sp.** p. 158 (Kapkolonie).

Stephanidae (Fam. LXXIX).

Megischus ruficeps **n. sp. Saussure,** Mission Pavie T. III p. 201 pl. XII fig. 5
(Saigon). — *borneensis* **n. sp.** p. 202 (Borneo).

Sessiliventres.

Subordo Phytophaga.

C h a l a s t o g a s t r a (C e p h i n i u. ein Teil der *X y e l i n i)* (Forts. der
Synopsis. **Konow (5).**

Superfamilia *IX. Siricoidea.*

Autoren: Ashmead (2), Mocsary.

Oryssidae (Fam. LXXX).

vacant.

Siricidae (Fam. LXXXI).

Sirex augur. Metamorphose. **Xambeu,** Ann. Soc. Linn. Lyon vol. L p. 167.
N e u c A r t e n: *taxodii* **n. sp. Ashmead,** Canad. Entom. vol. 36 p. 63. — *jiskii*
n. sp. p. 63 (beide aus Nordamerika).
Tremex atratus **n. sp. Mocsary,** Ann. Mus. Hungar. vol. II p. 498 (Tonkin).

Xiphydriidae (Fam. LXXXII).

Xiphydria mclanaria **n. sp. Mocsary,** Ann. Mus. Hungar. vol. II p. 497 — *varia*
n. sp. p. 497. (beide aus Tonkin).

Cephidae (Fam. LXXXIII).

C e p h i n i. Synopsis (Forts.) **Konow (5).**
Janus compressus. Biologie. Metamorphose. **Jablonowski,** Rovart. Lapok,
vol. XI p. 67—72 u. 89—94.
Paururus pinicola. Beschr. d. ♂. **Ashmead,** Canad. Entom. vol. 36 p. 64.
N e u : *californicus* **n. sp. Ashmead,** t. c. p. 64. — *hopkinsi* **n. sp.** p. 64 (beide
aus Nordamerika).
Syrista similis **n. sp. Mocsary,** Ann. Mus. Hung. vol. II p. 496 (Japan). — *speciosa*
n. sp. p. 296 (Tonkin).

Superfamilia *X. Tenthredinoidea* Ashm.

Autoren: Bisshop, Cameron, Doncaster, Konow, Mocsary, von Rossum,
Saussure, Zavattari.

T e n t h r e d i n i d a e. B r i t i s c h e. Fortsetzung der Bemerk. **Morice.**
T e n t h r e d i n o i d e a v o n A l a s k a. **Kincaid.**
T e n t h r e d i n i d a e, Bemerk. zu den 1903 in d. Ann. Mus. St. Pétersbourg von
Konow aufgeführten und beschriebenen Arten. **von Adelung,** Annuaire
Mus. St. Pétersbourg T. VIII p. XXXVII—XXXVIII.
Atomaceros Ashm. (ohne Type). Bemerk. **Konow,** Zeitschr. f. system. Hym. u.
Dipt. Jahrg. 4. p. 239.
Entodecta beckeri **n. sp. Konow,** Zeitschr. f. system. Hym. u. Dipt. Jahrg. 4. p. 4
(Kaukasus).
Labidarge. Übersichtstabelle über die tropisch-amerikanischen Formen. **Konow,**
Zeitschr. f. system. Hym. u. Dipt. Jahrg. 4 p. 231—233.
N e u: *scitula* **n. sp. Konow,** t. c. p. 233 (Peru). — *adusta* **n. sp.** p. 234 (Costa
Rica). — *fucosa* **n. sp.** p. 234 (Costa Rica). — *parca* **n. sp.** p. 234 (Costa
Rica). — *immunda* **n. sp.** p. 235 (Costa Rica), — *vitreata* **n. sp.** p. 235

(Brasilien). — *nubecula* **n. sp.** p. 236 (Brasilien). — *vulga* **n. sp.** p. 236 (Brasilien).

Leptocercus duplex. Larve. **Carpentier,** Zeitschr. f. system. Hym. u. Dipt. Jahrg. 4 p. 46.

Megalodontes. **Konow** beschreibt in d. Zeitschr. f. system. Hym. u. Dipt. Jahrg. 4 aus a) S p a n i e n: *merceti* **n. sp.** p. 226. — *capitalatus* **n. sp.** p. 227. — *mundus* **n. sp.** p. 228, — ferner: b) aus dem U r a l g e b i r g e: *nigritegulis* **n. sp.** p. 229.

Monostegia antipoda. Wert der Art. **Kirby,** The Entomologist, vol. 37 (1904) p. 84.

Phyllostoma leucomelaena Kl. = (*aceris* Mc Lachl.) **Konow,** Zeitschr. f. system. Hym. u. Dipt. Jahrg. 4 p. 264.

Poppia **n. g.** (*Phyllotoma* nahest.) **Konow,** Zeitschr. f. system. Hym. u. Dipt. Jahrg. 4. p. 263. — *athalioides* **n. sp.** p. 263 (Ost-Sibirien).

Priophorus aequalis. Beschr. d. ♀. **Konow,** Zeitschr. f. system. Hym. u. Dipt. Jahrg. 4. p. 240.

Plenus nigripectus Nortm. ♀. **Konow,** Zeitschr. f. system. Hym. u. Dipt. Jahrg. 4 p. 239.

Ptilia lauta **n. sp.** **Konow,** Zeitschr. f. system. Hym. u. Dipt. Jahrg. 4 p. 239 (Costa Rica).

Rhogogastera fulvipes. Raupe. **Carpenter,** Zeitschr. f. system. Hym. u. Dipt. Jahrg. 4. p. 46.

Tomostethus kirbyi (♀ *Monophadnus erebus* K.) **Konow,** Zeitschr. f. system. Hym. u. Dipt. Jahrg. 4 p. 241 [2].

Xyelidae (Fam. LXXXIV).

X y e l i n i. Synopsis. **Konow,** Zeitschr. f. system. Hym. u. Dipt. Jahrg. 4. p. 225—288.

Lydidae (Fam. LXXXV).

Lyda hypotrophica Htg. Beobachtungen. **Bäer (1).**

Hylotomidae (Fam. LXXXVI).

Arge. **Konow** beschreibt in d. Zeitschr. f. system. Hym. u. Dipt. Jahrg. 4 aus O s t a f r i k a: *uncina* **n. sp.** p. 237. — *petacacia* **n. sp.** p. 237. — *braunsi* **n. sp.** p. 238.

Lophyridae (Fam. LXXXVII).

Lophyrina in Finnland. **Elfving (4).**
Lophyrus Latr. **Severin.** — *pini.* Bericht. **Desaulles.** — *rufus.* Überwinterung des Eies. **Elfving (1).**

Perreyiidae (Fam. LXXXVIII).
vacant.

Pterygophoridae (Fam. LXXXIX).
vacant.

Selandriidae (Fam. XC).

Blennocampa geniculata. Schädling in Schweden. Beschreib. der Larve, sowie verwandter Formen. Larven auf *Fragaria*. **Tuilgren,** Entom. Tidskr. Årg. 25 p. 230—236.

Nematidae (Fam. XCI).

Amauronematus poppii **n. sp. Konow,** Zeitschr. f. system. Hym. u. Dipt. Jahrg. 4 p. 260. — *spurcus* **n. sp.** p. 261 (beide aus dem nördl. Europa).

Athalia rufoscutellata **var.** *obscurata* **n. Konow,** Zeitschr. f. system. u. Dipt. Jahrg. 4 p. 264.

N e u: *leucostoma* **n. sp. Cameron,** t. c. p. 108 (Kaschmir).

Lygaeonematus. Revision. **Konow,** Zeitschr. f. system. Hym. u. Dipt. Jahrg. 4 p. 193—208, 248—260.

— **Konow** beschreibt t. c. eine Reihe neuer Arten aus N o r d- u. C e n t r a l - e u r o p a: *gerulus* **n. sp.** p. 199. — *pallidus* **n. sp.** p. 204. — *paedidus* **n. sp.** p. 205. — *friesei* **n. sp.** p. 208. — *doebelii* **n. sp.** p. 249. — *corpulentus* **n. sp.** p. 252. — *boreus* **n. sp.** p. 253. — *pachyvalvis* **n. sp.** p. 253. — *alpicola* **n. sp.** p. 254.

Nematus. Fraß. **He dr.ch.**

— *abietinus* Chr. **S d'aczek.** — Beobachtungen. **B er (1).**

— *abietum.* Feind der Rottanne. **de Luze.**

— *erichsonii* in Finnland. **Elfving (2).** — *ribesii.* **Dünrster.**

— *wes.naeli* f ü r F i n n l a n d u. S k a n d i n a v i e n n e u. **E fv:ng (3).**

Pachynematus. Beschreibung einer Reihe von 1903 benannten Arten. **Konow,** Zeitschr. f. system. Hym. u. Dipt. Jhg. 4: *glesipennis* **n. sp.** p. 25 (Sibirien). — *zaddachi* p. 26 (Europa). — *lichtwardti* p. 31 (Altvatergebirge). — *pullus* p. 31 (Europa). — *foveolatus* p. 31 (Sibirien). — *alpestris* p. 146 (Europa). — — *nigerrimus* p. 148 (Europa). — *gehrsi* p. 149 (Europa). — *vaginosus* p. 151 (Sibirien). — *legirupus* p. 153 (Europa). — *saunio* p. 153 (Sibirien). — *lentus* p. 154. — *sagulatus* p. 155. — *ravidus* p. 155. — *pumilio* p. 156.

Pontania poppii **n. sp. Konow,** Zeitschr. f. system. Hym. u. Dipt. Jhg. 4 p. 230. — *arcticornis* **n. sp.** p. 230 (beide aus dem nördlichen Rußland).

Pteronus. Synonymischer Katalog. **Konow,** Zeitschr. f. system. Hym. u. Dipt. Jhg. 4 p. 41—44.

— *brevivalvis* u. *polyspilus.* Larven. **Carpentier,** t. c. p. 46.

— *miliaris* u. *cadderensis.* Färbung der Larven. **van Rossum,** Entom. Bericht. Nederland vol. I p. 108.

— *miliaris* Pz. Larven. Bemerk. dazu. **van Rossum (1).** — *spiraea* Zdd. in Niederland **van Rossum (2).**

— *ribesii.* Größenverhältnis der Geschlechtsformen. **Loiselle,** Feuille jeun. Natural. T. XXXIV p. 235.

— **Konow** beschreibt in der Zeitschr. f. system. Hym. u. Dipt. 4. Jhg. folgende n e u e A r t e n: a) aus I r k u t s k: *pallens* **n. sp.** p. 34. — b) aus Z e n t r a l - E u r o p a: *kriegeri* **n. sp.** p. 35. — *mimus* **n. sp.** p. 38. — c) aus O s t - S i b i r i e n: *dossuarius* **n. sp.** p. 262. — d) aus L a p p - l a n d: *fastosus* **n. sp.** p. 262.

Taxonus delumbis ♂. **Konow,** Zeitschr. f. system. Hym. u. Dipt. Jhg. 4 p. 265.

Tenthredo atra var. *nobilis* n. **Konow**, Zeitschr. f. system. Hym. u. Dipt. Jhg. 4
p. 264.
Tenthredopsis albata n. sp. **Konow**, Zeitschr. f. system. Hym. u. Dipt. Jhg. 4.
p. 267 (Transkaukasus). — *nigroscutellata* n. sp. p. 268 (Irkutsk).

Dineuridae (Fam. XCII).
vacant.

Tenthredinidae (Fam. XCIII).

Allantus viduus. ♂ ♀ **Zavattari**, Boll. Mus. Torino T. XIX No. 482. — *jacutensis*
Konow, Zeitschr. f. system. Hym. u. Dipt. Jahrg. 4. p. 268.
Antholcus n. g. (Type: *Tenthredo varinervis* Spin.) **Konow**, Zeitschr. f. system.
Hym. u. Dipt. Jahrg. 4. p. 3.
Clavellaria konowi n. sp. **Friese**, Zeitschr. f. system. Hym. u. Dipt. Jahrg. p. 351
(Tonkin). — *gracilenta* n. sp. p. 351 (Amurland).
Dolerus ephippiatus = (*umbraticus* Marl. = *affinis* Cam.) **Konow**, Zeitschr. f.
system. Hym. u. Dipt. Jahrg. 4 p. 265.
Emphytus didymus var. *niger* n. **Konow**, Zeitschr. f. system. Hym. u. Dipt. Jahrg. 4
p. 264.
Lagium n. g. (Typen: *Tenth. atroviolaceum* Nort., *irritans* Sm. u. *platyceros* Marl.)
Konow, Zeitschr. f. system. Hym. u. Dipt. Jahrg. 4 p. 246 [2].
Macrophya annulicornis n. sp. **Konow**, Zeitschr. f. system. Hym. u. Dipt. Jahrg. 4
p. 266 (Sachalin-Halbinsel). — *hispana* n. sp. p. 267 (Madrid).
Diestega n. g. (steht *Blennocampa* nahe). **Konow**, Zeitschr. f. system. Hym. u.
Dipt. Jahrg. 4 p. 244 [2]. — *sjöstedti* n. sp. p. 245 [2].
Periclista mutabilis n. sp. **Konow**, Zeitschr. f. system. Hym. u. Dipt. Jahrg. 4
p. 241 [2] (Texas).
Selandria (*Monophadnus*) *paviei* n. sp. **Saussure**, Mission Pavie vol. III p. 202
pl. XII fig. 6 (Siam).
Waldheïmia. Beschr. u. hierhergehörige Arten. **Konow**, Zeitschr. f. system.
Hym. u. Dipt. Jahrg. 4 p. 242 [2].
    N e u e   A r t e n : aus S ü d a m e r i k a *atra* n. sp. **Konow**, t. c. p. 243 [2].
— *galerita* n. sp. p. 243 [2]. — *pellucida* n. sp. p. 244 [2].

Cimbicidae (Fam. XCIV).

Cimbex. **Bisshop van Tuinen**, Tijdschr. v. Entom. Deel 47 p. 177—180 pls. XII
—XIII.
— *fagi.* Biologie. Parasiten. **van Rossum**, Tijdschr. v. Entom. D. 47 p. 69
—98 pls. 3—5.

Inhaltsverzeichnis.

Rhynchota für 1904.

Von

Dr. H. Schouteden.

Inhaltsverzeichnis am Schlusse des Berichtes.

Publikationen mit Referaten.

Alfken, J. D. Beitrag zur Insectenfauna der Hawaiischen und Neuseeländischen Inseln. Zoolog. Jahrb., Abt. System., XIX,
pp. 561—628, tab. XXXII. Jena 1904.
Rhynchota (S. 562—564) von K i r k a l d y (10) bearbeitet:
5 Arten aus Hawaii.

Ardid, M. Escursion de diá 27 de octubre de 1903. — Hemipteros de
los alrededores de Zaragoza. — Bol. Soc. Arag. Cienc. Natur.,
II, pp. 269—273. Zaragoza 1903.
Hemipteren auf S. 270—271: 126 Heteropteren, 35 Homopteren.

*Ashmead, W. H. The Homoptera of Alaska. — Alaska, VIII, pp. 127
—137. 1904.

Baker, C. F. (1). On the *Gnathodus*-species of the *abdominalis*-group.
— Invert. Pacifica, I, pp. 1—2. Santiago de las Vegas 1903.
Neue Gattung *Eugnathodus*, für die *abdominalis*-Gruppe. Be-
stimmungstabelle der 7 (neu: 6 u. 1 Var.) Arten. Aus Nicaragua,
Guatemala u. den Verein. Staaten.

— **(2).** A new genus of Typhlocybini. — Invert. Pacif., I, p. 3. Santiago
de las Vegas 1903.
Typhlocybella minima n. gen. n. sp., aus Nicaragua.

— **(3).** The genus *Erythria* in America. — Invert. Pacif., I, pp. 3—5.
Santiago de las Vegas 1903.
4 neue Arten aus Nicaragua u. Guatemala.

— **(4).** New Typhlocybini. — Invert. Pacif., I, pp. 5—9. Santiago
de las Vegas 1903.
Neue Arten zu *Alebra, Protalebra, Enalebra, Empoasca, Eupteryx,
Typhlocyba*. Aus Nicaragua, Guatemala, Mexiko, Californien.

— **(5).** Notes on *Macropsis*. — Invert. Pacif., I, pp. 9—12. Santiago
de las Vegas 1903.
Straganiopsis n. gen. für *Macropsis idioceroides* Baker. Neue
Arten zu *Stragania* u. *Macropsis*. Aus Nicaragua u. Californien.

*Balbiani, E. G. Sur les conditions de sexualité chez les Pucerons. Observations et réflexions. — Interméd. des Biologistes, I, pp. 170—174. (Paris 1904?) [Ref.: S c h r ö d e r in Allg. Zeitschr. Entom., IX, pp. 115—117. Neudamm 1904]. Einfluß der Temperatur und der Ernährung auf die Entwicklung der agamen und sexuierte Generationen der Aphiden. [S. Kritik von S c h r ö d e r.]

Balfour, A. Insects and Vegetable Parasits Injurious to Crops. — First Rep. Wellcome Research Labor., pp. 41—43, Tab. B. Karthum 1904.

Schädliche Hemipteren im Sudan: Aphiden auf Dura [S. T h e o b a l d (1)] und Melon, Coccide auf *Acacia*, *Aspongopus viduatus* F. auf Melon. Bekämpfung.

*Ballou, H. A. Insects attaking Cotton in the West Indies. — West Ind. Bull., IV, pp. 268—286. Barbados 1904.

Banks, Ch. Preliminary Bulletin on Insects of the Cacao, prepared especially for the benefit of Farmers. — Departm. Inter., Bur. Governm. Labor., Biol. Labor., Entom. Div., Bull. No. 1, 58 pp., 60 fig. Manila 1904.

Kakao-Schädlinge: a) an Wurzeln (S. 9—27); b) Zweigen und Ästen (S. 27—28); c) Blättern (S. 28—38); d) Früchte (S. 38—41). Nur Cocciden, Aphiden und Cicadiden (alle unbestimmt): Biologie, Schaden, Bekämpfung. — Angaben über nützliche Insekten (S. 41 —49), darunter *Sphodronyttrus erythropterus* var. *convivus* St. (Reduv.).

Bemis, Flor. E. The Aleyrodids, or mealy-winged flies, of California, with references to other American species. — Proc. U. S. Nat. Mus., XXVII, No. 1362, pp. 471—537, Tab. XXVII —XXXVII. Washington 1904.

Angaben über oder Beschreibung von 28 *Aleyrodes*-Arten (neu: 19); Nährpflanzen, Entwicklungsstadien. S. 471—478: Allgemeines: Biologie, Entwicklung, Systematik, Nährpflanzen in Californien (29).

Bergroth, E. (1). Eine neue Art der Gattung *Glypsus* Dall. (Hemiptera; Pentatomida). — Rev. Russe Entom., IV, pp. 32—33. Jaroslawl 1904.

Glypsus carinulatus n. sp., Ost-Sudan.

— **(2).** Super Reduviidis nonnullis camerunensibus. — Bol. Soc. Espan. Hist. Nat., IV, pp. 357—362. Madrid 1904.

Neue Arten zu *Elaphocranus* n. gen., *Tragelaphodes* n. gen., *Lisarda. Harpagocoris Bergrothi* Var. u. *affinis* Var. = *perspectans* Bergr. var.; *Odontogonus* n. nom. für *Laphyctes* Stal. Neubeschreibung von *Heteropinus discolor* Var.

— **(3).** Über die systematische Stellung der Gattung *Megadoeum* Karsch. — Wien. Entom. Zeit., XXIII, pp. 37—40. Paskau 1904.

Gehört zur Unterfamilie *Tessaratominae*. Gattungsdiagnose emendiert. *M. obliquum* n. sp., aus Kamerun: Unterschiede von *M. verruculatum* Karsch. *Peltocopta* n. nom. für *Coptopelta* Bergr.

— **(4).** Scutellérides nouveaux. — Ann. Soc. Ent. Belg., XLVIII,
pp. 354—357. Bruxelles 1904.

Neue Arten zu *Polytes, Chelysoma, Morbora*. Gattungsdiagnose
für *Morbora*. Aus Brasilien, Tasmanien, Queensland.

Bordas, L. Anatomie des glandes salivaires de la Nèpe cendrée (*Nepa
cinerea* L.). — C.-R. Soc. Biol. Paris, LVII, pp. 667—669.
Paris 1904.

Anatomie der Speicheldrüsen von *Nepa cinerea* L.

Börner, C. (1). Zur Systematik der Hexapoden. — Zoolog. Anz., XXVII,
pp. 511—533. Leipzig 1904.

Beschreibung der Mundteile bei Homopteren (*Aphaena farinosa*
Weber) und Corixiden. — Teilt die Rhynchoten in 4 Unterordnungen:
Auchenorrhyncha (= Homoptera), Sandaliorrhyncha (neu; für die
Corixiden), Heteroptera (excl. Corixiden) u. Conorrhyncha (neu; für
Thaumatoxena Bredd. et Börn., vergl. [2]). Charakterisierung dieser
Unterordnungen. — Die Auchenorrhyncha teilen sich in 3 Super-
familien: Cicadina, Psyllina, Aphidina.

— **(2)** u. **Breddin, G.** — Vergl. unter **Breddin** et **Börner.**

Breddin, G. (1). Beiträge zur Systematik der Rhynchoten. — Sitz. Ber.
Ges. Naturf. Fr. Berlin, 1904, pp. 135—153. Berlin 1904.

Neue Arten u. Varietäten zu *Edessa*. Aus Central- u. Süd-Amerika.

— **(2).** Une nouvelle espèce du genre *Lycambes* Stål. — Ann. Soc.
Ent. Belg., XLVIII, pp. 306—307. Bruxelles 1904.

Lycambes Sargi n. sp., Guatemala.

— **(3).** Rhynchoten aus Ameisen- und Termitenbauten. — Ann. Soc.
Ent. Belg., XLVIII, pp. 407—416. Bruxelles 1904.

Neue und bekannte Cydninen, Lygaeiden, Henicocephaliden u.
Reduviiden (nur Larven), aus Indien, Ceylon u. Sudan. *Chilocoris
Assmuthi* n. sp., *Ch. solenopsidis* n. sp., Bombay; ausführliche Be-
schreibung von *Fontejanus Wasmanni* Bredd.; *Henicocephalus basalis*
Westw. Beschreibung mehrerer Reduviidenlarven: Verwachsen der
Öffnungen der Abdominaldrüsen im Larvenstadium bei einer Har-
pactorine.

— **(4).** Beschreibungen neuer indo-australischer Pentatomiden.
— Wien. Entom. Zeit., XXIII, pp. 1—19. Paskau 1904.

Neue Arten zu *Dalpada, Euaenaria* n. gen., *Ochrorrhaea* n. gen.,
Eurinome, Oncinoproctus n. gen., *Exithemus, Tolumnia, Sabaeus,
Anaea, Aspideurus, Antestia, Rhynchocoris, Iphiarusa* n. gen., *Priono-
compastes, Eusthenes, Eurostus, Dalcantha, Atelides, Gonopsis*. Aus
Tonkin, Neu-Guinea, Sikkim, Java, Sumbawa, Buru, Sumatra.

— **(5).** *Plisthenes buruensis*, eine neue malayische Tesseratomine.
— Wien. Ent. Zeit., XXIII, pp. 179—181. Paskau 1904.

Unterschiede von *Pl. confusus* How. Aus Buru. — *Pl. confusus*
aberr. col. auf Halmahera.

— **(6).** Noch einiges über *Colobasiastes* Bredd. — Wien. Ent. Zeit.,
XXIII, pp. 245—250. Paskau 1904.

Beschreibung der Fühlergrube bei *Phaenacantha* u. *Colobasiastes*;
bei letzterer ein „Stützhaken" (eine ähnliche Vorrichtung findet sich

bei *Ceraleptus gracilicornis* H.-Sch.); bei vielen Reduviiden wird die
Rolle von Fühlerstützen von den Kopfdornen übernommen, so bei
Cutocoris fasciativentris Bredd. — Beschreibung von *Colobasiastes
fulvicollis* Bredd. ♀, *C. analis* n. sp., Bolivien u. Peru.

— (7). Neue Rhynchoten-Ausbeute aus Südamerika. — Societ.
Entomol., XVIII, pp. 147—148, 153—154, 177—178. Zürich
1904.

Neue Arten zu *Oncodochilus*, *Nematopus*, *Holymenia*, *Anasa*,
Trachelium, *Hyalymenus*, *Acroleucus*, *Castolus*, *Apiomerus*, *Phasmato-
coris* n. gen., *Dystus*, *Miopygium*, *Parochlerus* n. gen., *Tetrochlerus*
n. gen., *Melanodermus* n. gen., *Lincus*, *Supputius*, *Podisus*, *Oplomus*,
Runibia, *Brachystethus*, *Edessa*. Aus Bolivien, Ecuador, Peru,
Costa-Rica, Rio Grande do Sul.

— (8). Id. — Societ. Entomol., XIX, pp. 49—50, 58. Zürich 1904.
Neue Arten zu *Polytes*, *Symphylus*, *Galeacius*, *Podisus*, *Oplomus*,
Sibaria, *Edessa*, *Discocephala*. Aus Ecuador, Bolivien, Peru, Brasilien.

— (9). Einige südamerikanische Cercopiden. — Societ. Entomol.,
XIX, pp. 58—59. Zürich 1904.
Neue *Tomaspis*-Arten aus Ecuador.

— (10). Hemipteren, in **Wasmann, E.** Termitophilen aus dem
Sudan. — Swedish Exped. White Nile, No. 13, 21 pp. 1 Taf.
Stockholm 1904.
Hemipteren auf S. 2: In Nestern von *Termes natalensis*, 2 Redu-
viidenlarven u. *Lygeus* (*Melanocoryphus*) *delicatulus* St.

— (11) u. **Börner, C.** (2). Über *Thaumatoxena Wasmanni*, den Ver-
treter einer neuen Unterordnung der Rhynchoten. — Sitz. Ber.
Ges. naturf. Fr. Berlin, 1904, pp. 84—93. Berlin 1904.
Thaumatoxena n. gen. *Wasmanni* n. sp. (*Thaumatoxenidae* n. fam.),
Natal, in Nestern von *Termes natalensis*. Vertreter der neuen Unter-
ordnung *Conorrhyncha* Börner 1904 (vgl. B ö r n e r 1). Systematische
Stellung nicht ganz sicher.

Britton, W. E. (1). Insect Notes from Connecticut. — U. S. Dep.
Agric., Div. Entom., Bull. No. 46, pp. 105—107. Washington
1904.
Schädlinge: 2 Aphiden, 1 Psyllide, 4 Cocciden.

— (2). Second Report of the State Entomologist. — Report Con-
necticut Agr. Exper. Stat. 1902, Pt. II, pp. 99—178, XV Taf.
New Haven 1903.
Aspidiotus perniciosus Comst., Bekämpfung, Nährpflanze; *Aley-
rodes vaporariorum* Westw., Schaden, Verbreitung, Nährpflanzen,
Biologie, Bekämpfung; *Aspidiotus Forbesi* John.

— (3). Third Report of the State Entomologist. — Report Connecticut
Agr. Exper. Stat. 1903, Pt. III, pp. 197—286, VIII Taf.
New Haven 1904.
Chionaspis purpurus Fitch, *Lepidosaphes pomorum* Bouché,
San Josélaus, *Aphis pomi* Geer, *Psylla pyricola* Först. Schaden,
Bekämpfung, Biologie.

Bueno, J. R. de la Torre. A List of certain families of Hemiptera ocurring within seventy miles of New York. — Journ. New York Entom. Soc., XII, pp. 251—253. New York 1904. Allgemeines (Fortsetzung 1905).

Burgess, A. F. (1). Notes on the treatment of Nursery Buds. — U. S. Dep. Agric., Div. Entom., Bull. No. 46, pp. 34—39. Washington 1904.

Gegen die San Josélaus. Empfiehlt HCN.

— **(2).** Notes on economic Insects for the year 1903. — U. S. Dep. Agric., Div. Entom., Bull. No. 46, pp. 62—65. Washington 1904.

Im Ohio-Staat: 2 Aphiden, 2 Cocciden, *Blissus leucopterus.* Schaden, Bekämpfung.

Butler, E. A. Two additional species of British Hemiptera. — Entom. M. Magaz., XL, p. 275. London 1904.

England. *Drymus confusus* Hor v. u. *Salda setulosa* Put. Beschreibung.

Cantin, G. Sur la destruction de l'oeuf d'hiver du Phylloxera par le lysol. — C.-R. Acad. Sc. Paris, CXXXVIII, pp. 178—179. Paris 1904.

4—5 % Lysollösung, im Winter mit großem Erfolg zur Vertilgung der Reblauseier benutzt. Wirkt auch prophylaktisch.

Cecconi, G. (1). Settima contribuzione alla conoscenza delle galle della Foresta di Vallombrosa. — Malpighia, XVIII, pp. 178 —187. Genova 1904.

1 Psyllo-, 6 Aphidocecidien. Italien.

Champion, G. An entomological excursion to Moncayo, N. Spain, with some remarks on the habits of *Xyloborus dispar* Fabr. by T. O. Chapman. — Trans. Entom. Soc. Lond., 1904, pp. 81—102, Tab. XV—XVI. London 1904.

S. 97—98: Liste der gesammelten Heteropteren (110 Arten).

Cholodkovsky, N. (1). Entomologische Miscellen. No. VII—IX. — Zoolog. Jahrb., Abt. System., XIX, pp. 554—560, Tab. XXXI. Jena 1904.

IX. Zur Kenntnis der wachsbereitenden Drüsen der *Chermes*-Arten: pp. 557—559, Tab. XXXI, fig. 4—6. — Mikroskopische Beschreibung der Hautwarzen von *Chermes lapponicus* Chol. u. *strobilobius* Kalt. Bei überwinternden Fundatriceslarven ist die sogenannte „Pore" nur eine Grube, an deren Boden eine Chitinkegel sich erhebt; das Wachssekret der Drüse schwitzt durch die Cuticula aus, nur durch die lateralen Wände des Kegels, u. das Wachsshaar ist daher hohl. — In weiteren Häutungsstadien öfters keine Kegel, die Mehrzahl der Wachsfäden daher solid.

— **(2).** Aphidologische Mitteilungen. — 21. Über das Erlöschen der Migration bei einigen *Chermes*-Arten. — Zoolog. Anz., XXVII, pp. 476—478. Leipzig 1904.

Adelges [*Chermes*] *orientalis* Dreyf. gehört den periodisch emigrierenden Arten an, steht *Ch. pipi* Koch sehr nahe. Beide bildeten, wahrscheinlich, ursprünglich eine einheitliche Art, die sich später spaltete.

Cobelli, R. (1). Entomologische Mitteilungen. — Allg. Zeitschr. Entom., IX, pp. 11—12. Neudamm 1904.

Zitiert die Cicadinen *Almana hemiptera* Costa u. *Platymetopius albolimbatus* Kb., neu für Österreich.

— **(2).** Contribuzioni alla Cicadologia del Trentino. — Verhandl. K. K. Zool.-botan. Ges. Wien, LIV, pp. 556—558. Wien 1904.

28 Arten (7 Fulgor., 1 Cercop., 20 Jass.).

Cockerell, T. D. A. (1). Some notes on Aphididae. — Can. Entom., XXXVI, pp. 262—263. London, Ontario 1904.

New Mexiko. Neue und bekannte Aphiden. Beschreibung von *Macrosiphum ambrosiae* Thorn. u. *Cladobius beulahensis* n. sp. (auf *Populus tremuloides*). — Fußnote: *Eriococcus borealis* Cock. (Coccide), neu für das Gebiet.

— **(2).** The Putnam Scale (*Aspidiotus ancylus* Putnam). — Proc. Davenp. Acad., IX, pp. 61—62. Davenport 1904.

Historisches. Verbreitung.

— **(3).** Table to separate the commoner Scales of the Orange. — Mem. Soc. Anton. Alz., XIII, pp. 349—351. Mexico 1903.

Analytische Tabelle zur Unterscheidung von 23 Cocciden-Arten auf Orange.

— **(4).** Additional Records [zu **van Duzee (1)**]. — Trans. Amer. Entom. Soc., XXIX, p. 113. Philadelphia 1903.

12 Heteropteren, 17 Homopteren, aus New Mexico.

— **(5).** Aphididae [in **van Duzee (1)**]. — Trans. Amer. Entom. Soc., XXIX, pp. 114—116. Philadelphia 1903.

15 Arten, aus Neu Mexico. Neue Arten zu *Aphis, Myzus, Macrosiphum.*

— **(6).** A Third *Tryonymus.* — Entom. News, XV, p. 40. Philadelphia 1904.

Trionymus hordei Lind.: fehlt in Fernald's Katalog der Cocciden (1903).

— **(7).** Some species of *Eulecanium* from France. — Psyche, X, pp. 19—22. Cambridge, Mass., 1903.

5 neue Varietäten zu *Eulecanium.* Frankreich. Nährpflanzen.

Cockerell, W. P. et T. D. A. A new Coccid from Beulah. — Trans. Amer. Entom. Soc., XXIX, pp. 112—113. Philadelphia 1903.

Phenacoccus vipersioides n. sp., New Mexico.

*****Collinge, W. E.** Report on the injourious Insects and other Animals observed in the Midland Counties during 1903. — Birmingham 1904.

Cook, B. Th. (1). Galls and Insects producing them. Parts III—IV. — Ohio Natur., III, pp. 419—436. Columbus, Ohio, 1903.

Auf S. 425—426 werden Aphiden(Pemphigiden)-Gallen behandelt. S. 426 Galle der Psyllide *Pachypsylla celtidis-mamma* Ril., S. 421 *P. celtidis-gemma* Ril.

— (2). Id. Parts VI—X. — Ohio Natur., IV, pp. 115—159. Columbus. Ohio 1904.

Histologie der Aphidengallen (S. 118 u. 121). Mundteile der Rhynchoten (S. 124—125). Bibliographie. Im Appendix I (S. 140—147) sind *Pemphigus vagabundus* Walsh u. *rhois* Fitch vermeldet.

Cooley, R. A. [Diskussion zu **Felt (2)**]. — U. S. Dep. Agr., Div. Entom., Bull. No. 46, p. 69. Washington 1904.

Aphis pomi in Montana. Schaden.

Corti, A. (1). Zoocecidii italici. — Atti Soc. Ital. Sc. Nat. e Mus. Milano, XLII, pp. 337—381. Milano 1903.

Aphido- und Psyllocecidien. Italien.

— (2). Contribution à l'étude de la cécidologie suisse. — Bull. Herb. Boissier, (2) IV, pp. 1—17, 119—133. Genève 1904. [Ref.: Marcellia, III, p. XI. Avellino 1904).

15 Aphido-, 2 Psyllocecidien. Schweiz.

*****Conradi, A. F.** Variations in the protective value of the odoriferous secretions of some Heteroptera. — Science, XIX, pp. 393 —394. 1904.

Del Guercio G. Intorno ad una nuova specie di *Sipha*. — Bull. Soc. Entom. Ital., XXXVI, pp. 4—5. Firenze 1904.

Sipha Berlesei n. sp. Belgien.

Distant, W. L. (1). The Fauna of British India, including Ceylon and Burma. Edited by W. T. Blanford. — Rhynchota, vol. II (Heteroptera), Pt. 2, pp. 1—XVIII, 243—503. London 1904.

Fortsetzung zu „Rhynchota, vol. I" (Vergl. diese Berichte für 1902, S. 1131—1132) und „Rhynchota, vol. II, pt. 1" (vgl. diese Berichte für 1903, S. 1001). — Behandelt die Reduviiden p. p. (incl. Nabiden), die Saldiden, Ceratocombiden, Cimiciden und Capsiden. Alphabetischer Index für den Bd. II. — Bestimmungstabellen der Unterfamilien, Gattungen und Artengruppen (leider keine Tab. bei den Divisionen!). Beschreibung jeder Gattung und Art, Angabe der Genotypen, zahlreiche Textfiguren. Zahlreiche neue Gattungen und Arten Einige biologische Angaben. (Vergl. unter B i o l o g i e und S y s t e m a t i k).

— (2). Additions to the knowledge of the family Cicadidae. — Trans. Entom. Soc. Lond., 1904, pp. 667—676, Tab. XXIX—XXX. London 1904.

Neue Arten zu *Platypleura, Pycna, Cosmopsaltria, Pomponia, cCicada, Macrotristria, Tibicen, Terpnosia. Ugada* n. gen. für *praeellens* St., *Hamza* n. gen. für *bouruensis* Dist. Aus Indien, Kongo, Mashonaland, O. Afrika, Madagaskar, Malay. Halbinsel, W. Australien, Buru.

— (3). New Rhynchota Cryptocerata. — The Entom., XXXVII, pp. 258—259. London 1904.

Neue Arten zu *Macrocoris* u. *Thurselinus* n. gen. Aus Transvaal u. Ceylon.

— (4). Undescribed Rhynchota. — The Entom., XXXVII, pp. 277 —278. London 1904.

32*

Neue Arten zu *Chauliops, Glossopelta, Henicocephalus, Cercotmetus.* Aus Indien, Ceylon, Kap, Old Calabar.

— (5). Rhynchotal Notes. XX. Heteroptera: Family *Capsidae.* — Ann. Mag. Nat. Hist., (7) XIII, pp. 194—206. London 1904.

Fortsetzung zu „Rhynchotal Notes, XIX", in Ann. Mag. Nat. Hist., (7) XII, 1903. — Vergl. diese Berichte für 1903, S. 1000. — Revision der von Walker in „Catalogue of Heteroptera", Vol. VI pp. 56 — 165, beschriebenen Capsiden - Arten. Synonymisches. Neubeschreibungen. Neue Divisionen. Neue Arten zu *Fulgentius* n. gen., *Nichomachus* n. gen., *Miris, Paracalocoris, Lygus, Mertila* n. gen.; neue Gattungen: *Argenis, Capellanus, Araspus, Sabellicus.*

— (6). Rhynchotal Notes. XXI. Heteroptera: Family Capsidae (continued). — Ibid., (7) XIII, pp. 194—206. London 1904.

Fortsetzung zu (5). Neue Arten zu *Nymannus* n. gen., *Megacoelum, Chasmus* n. gen., *Arculanus* n. gen., *Paracalocoris, Lygus, Horcias, Cyphodema, Camptobrochis, Armachanus.* Neue Gattung: *Dagbertus.* In einem Verzeichnis werden zusammengestellt: die von Walker korrekt genannten Capsiden-Arten (4), die in andere Gattungen zu stellenden Arten (49), die als Synonyme zu betrachtenden Arten (14), die nicht mehr aufgefundenen Arten (2).

— (7). Rhynchotal Notes. XXII. Heteroptera from North Queensland. — Ibid., (7) XIII, pp. 263—276. London 1904.

Neue Arten zu *Theseus, Eumecopus, Dandinus* n. gen., *Pomponatius* n. gen., *Germalus, Geocoris, Pamera, Dieuches, Havinthus, Megaloceraea, Megacoelum, Volkelius* n. gen., *Eucerocoris, Estuidus, Lygus, Poeciloscytus, Camptobrochis, Fingulus* n. gen. Synonymisches.

— (8). An undescribed genus of Coreidae from Borneo. — Ibid., (7) XIII, pp. 303—304. London 1904.

Kennetus n. gen. *alces* n. sp., Borneo. *Mercennus* n. nom. für *Melania* Dist.

— (9). Rhynchotal Notes. XXIII. Heteroptera from the Transvaal. — Ibid., (7) XIII, pp. 349—356. London 1904.

Neue Arten zu *Gnathoconus, Geomorpha, Carlisis, Plinachtus, Mirperus, Nysius, Aphanus, Dithmarus* n. gen., *Phonolibes, Harpactor* [*Rhinocoris*], *Sphedanolestes, Endochus.*

— (10). Rhynchotal Notes. XXIV. — Ibid., (7) XIV, pp. 61—66. London 1904.

Neue Arten zu *Mictis, Antilochus, Paracarnus, Annona, Mononyx, Laccotrephes, Ranatra.* Synonymisches.

— (11). Rhynchotal Notes. XXV. Fam. Anthocoridae. — Ibid., (7) XIV, pp. 219—222. London 1904.

Fortsetzung zu (6). Revision der 6 von Walker im „Catalogue", Vol. V, pp. 160 beschriebenen Anthocoriden (4 gehören zu *Oxycarenus*!). Neue Arten zu *Ostorodias* n. gen., *Arnulphus* n. gen., *Lippomanus* n. gen. Neue Gattungen: *Amphiarcus* u. *Sesellius.*

— (12), (13), (14). Rhynchotal Notes. XXVI, XXVII, XXVIII.
Fam. Cicadidae. — Ibid., (7) XIV, pp. 293—303, 329—336,
425—430. London 1904.
Revision der von Walker beschriebenen Cicadiden („Catalogue
of Homoptera"). Zugleich systematische Revision der Familie:
Charakterisierung der Divisionen; zu jeder, Bestimmungstabelle der
Gattungen, mit Angabe der Genotypen. Zahlreiche neue Gattungen:
(XXVI) *Ioba, Muansa, Sadaka, Koma, Munza, Yanga, Kongota,
Umjaba, Ugada, Arunta,* — (XXVIII) *Antankaria, Cacama, Oria,
Rihana.* — Neue Arten zu: (XXVI) *Angamiana, Tosena, Heni-
copsaltria,* — (XXVII) *Macrotristria, Cicada, Cryptotympana, Platy-
pleura, Pycna, Ugada,* — (XXVIII) *Rihana, Cicada, Cryptotympana.*
— (15). On the South-african *Tingididae* and other Heteropterous
Rhynchota. — Trans. S. Afr. Philos. Soc., XIV, pp. 425
—436, Tab. VIII. London 1904.
Neue Arten zu *Ulmus* n. gen., *Sinalda* n. gen., *Serenthia, Lullius*
n. gen., *Phyllontcchila, Sanazarius* n. gen., *Haedus* n. g., *Teleonemia,
Monanthia, Compseuta;* — *Blissus, Pamera, Cligenes, Angilla.* Abb.
von 14 Tingiden-Arten aus Süd-Afrika.

Dodd, F. P. Notes on maternal instinct in Rhynchota. — Trans. Entom.
Soc. London, 1904, pp. 483—485, Tab. XXVIII. London
1904.
Brutpflege bei *Tectocoris lineola* u. unbestimmte Pentatomide.
Abbildung der Entwicklungsstadien des *Tectocoris.*

Dyar, H. G. A Lepidopteron parasitic upon Fulgoridae in Japan
(*Epipyrops Nawai* n. sp.). — Proc. Entom. Soc. Wash.,
VI, p. 19. Washington 1904.
Zu D y a r 1903. (Vergl. diese Berichte für 1903, S. 1001). Die
Art wird hier kurz beschrieben.

*****Edwards** [Additions to Norfolk Hemiptera]. — Trans. Norfolk Soc.,
VII, pp. 746—747. 1904.

Embleton, Alice L. (1). On the anatomy and development of *Comys
infelix* Embleton, a Hymenopteron parasite of *Lecanium
hemisphaericum.* — Trans. Linn. Soc. Lond., (2) IX, pp. 231
254, Tab. XI—XII. London 1904.
Comys infelix Embl., Endoparasit von *Lecanium (Saissetia)
hemisphaericum* var. *filicum* (Coccide). Fußnote, S. 233: *Saissetia*
präocc. (Mollusca).

*****— (2).** Coccidae, with notes on collecting and preserving. —
Knowledge, (2) I, pp. 224, 250, 278. London 1904.

Enderlein, G. (1). Eine Methode, kleine getrocknete Insekten für
mikroskopische Untersuchung vorzubereiten. — Zoolog.
Anz., XXVII, p. 479. Leipzig 1904.
Zum Präparieren von zusammengeschrumpften zarthäutigen
Insekten. Kalilaugelösung, Wasser; allmähliche Überführung in Alkohol.

— (2). *Phtirocoris,* eine neue zu den Henicocephaliden gehörige
Rhynchotengattung von den Crocetinseln und *Sphigmocephalus*

nov. gen. — Zoolog. Anz., XXVII, pp. 783—788. Leipzig 1904.

Henschiella Horv. verschieden von *Henicocephalus*; *Sphigmo-cephalus* n. gen. für *H. curculio* Karsch; *Phtirocoris* n. gen. *antarcticus* n. sp., Crocet-Inseln. Bestimmungstabelle der 4 vom Verfasser unterschiedenen Henicocephaliden-Gattungen.

Felt, E. P. (1). Remedies for the San José Scale. — U. S. Dep. Agric., Div. Entom., Bull. No. 46, pp. 52—54 (Diskussion, pp. 54 —56). Washington 1904.

Bekämpfung der San José-Laus.

— **(2).** Observations in 1903. — U. S. Dep. Agric., Div. Entom., Bull. No. 46, pp. 65—69 (Diskussion, p. 69). Washington 1904.

New York: 6 Aphiden, 1 Coccide, 1 Psyllide. *Aphis mali*: Schaden, Bekämpfung.

— **(3).** (Diskussion zu **Fletcher**). — U. S. Dep. Agr., Div. Entom., Bull. No. 46, p. 87. Washington 1904.

New York: *Corythuca irrorata* auf *Chrysanthemum*. Bekämpfung.

— **(4).** Nineteenth Report of the State Entomologist on injurious and other Insects of the State of New York 1903. — Bull. N. Y. Mus., LXXVI, Entom. 21, pp. 91—235, Tab. I—IV. New York 1904.

S. 125—129 *Corythuca marmorata* Uhl., Biologie, Entwicklungsstadien, Schaden, Bekämpfung. S. 130—136, Aphiden. S. 139—140 *Psylla pyricola* Först. S. 140—142 Cocciden. S. 144—145 *Lygus pratensis* L. S. 151—166 San José-Laus-Bekämpfung. Ergebnis.

Fletcher, J. Insects of the year in Canada. — U. S. Dep. Agric., Div. Entom., Bull. No. 46, pp. 82—86 (Diskussion pp. 87—88). Washington 1904.

Anasa tristis Geer, Aphiden, *Psylla pyricola* Först., San José-Laus.

Fleutiaux [*Orthotylus Scott* Reut., in Frankreich). — Bull. Soc. Entom. Fr., 1904, p. 197. Paris 1904.

Flögel, J. H. L. Monographie der Johannisbeeren-Blattlaus *Aphis ribis* L. — Allg. Zeitschr. Entom., IX, pp. 321—333, 375 —381 (wird fortgesetzt). Neudamm 1904.

Entwicklung im Winterei bei *Aphis* [*Rhopalosiphum*] *ribicola* Kalt.; Ei von *A.* [*Callipterus*) *betulicola* Kalt.: Apparat zum Sägen der Eihäute. Stammutter und deren larvale Zustände; Entwicklungsstadien der Nymphe: detaillierte Beschreibung.

Fowler, W. W. Biologia Centrali-Americana. Rhynchota Homoptera, I, pp. 77—124, Tab. IX—XII. London 1904.

Fortsetzung zu F o w l e r (1) 1901 (Vergl. diese Berichte für 1901, S. 1051). Behandelt die *Derbidae* (Fortsetzung) (pp. 77—79): *Anotia* Kirb. (7 neue Arten), *Patara* Westw. (1 neue Art), die *Cixiidae* (pp. 80 —103): *Rhamphixius* n. gen. (1 n. sp.), *Bothriocera* Burm. (7 Arten, davon 5 neu), *Bothriocerodes* n. gen. (3 n. sp.), *Metabrixia* n. gen.

(5 n. sp.), *Oecleus* St. (9 Arten, neu:7), *Oliarius* St. (9 n. sp.), *Cixius*
Latr. (3 n. sp.), *Haplaxius* n. gen. (2 n. spp.), *Microledrida* n. gen.
(1 n. sp.), *Pachyntheisa* n. gen. (2 n. sp.), *Micrixia* n. gen. (1 n. sp.),
Eparmene n. gen. (1 n. sp.), *Mnemosyne* St. (1 Art); — die *Achilidae*
(pp. 103—112): *Grynia* St. (1 Art), *Rudia* St. (4 Arten, davon 2 neu),
Helicoptera Spin. (3 n. sp.), *Pseudhelicoptera* n. gen. (1 n. sp.), *Plectoderes* Spin. (9 n. sp.), *Cedusa* n. gen. (2 n. sp.); — die *Issidae* (3?)
(pp. 113—124: *Ulixes* St. (3 Arten, neu 1), *Cyclumna* n. gen. (1 n. sp.),
Hyphancylus n. gen. (2 n. sp.), *Amphiscepa* Germ. (2 n. sp.), *Hysteropterum* A.-S. (3 n. sp.), *Proteinissus* n. gen. (1 n. sp.), *Ornithissus* n. gen.
(1 n. sp.), *Thionia* St. (7 Arten, neu 5). — Geographische Verbreitung,
Synonymie, Bestimmungstabellen der Gattungen.

Frédéricq, L. La faune et la flore glaciaires de la Baraque Michel
(point culminant de l'Ardenne). — Bull. Acad. Belg., Classe
des Sc., 1904, pp. 1263—1326. Bruxelles 1904.

Fauna und Flora des hohen Venn in Belgien, bei Spa. S. 1324:
16 Rhynchoten, nach früheren Angaben.

*Froggatt, W. W. (1). The nut-grass Coccid. — Agric. Gaz. N. S. Wales,
XV, pp. 407—410, 1 Taf. Sydney 1904.

Antonina australis Green.

*— (2). Experimental work with the peach *Aphis*. Description of
Aphis; parasites of the peach Aphis. — Agric. Gaz. N. S. Wales,
XV, pp. 603—612, 1 Taf. Sydney 1904.

Aphis persicae-niger Forbes.

*— (3). Report of the Entomologist. — Agric. Gaz. N. S. Wales,
XV, pp. 1031—1034. Sydney 1904.

— (4) et Goding, F. W. — Vergl.: G o d i n g , F. W. et F r o g -
g a t t , W. W.

Frost. [In: The East. Club of the American Association for the Ad-
vanement of Science.] — Can. Entom., XXXVI, p. 35. London. Ontario, 1904.

HCN zur Vertilgung der *Aleyrodes* in Tomatentreibhäusern.

Garber, J. F. Dimorphism in *Blissus leucopterus*. — Biolog. Bulletin,
V, pp. 330 Woods-Hole 1903.

Makro- und brachyptere Formen. Verbreitung der letzteren in den
Verein. Staaten; soll eine xerophile Form darstellen. Einfluß des Klimas.

Giard, A. Sur la ponte du *Pseudophlaeus Falleni* Schilling. — Feuille
J. Natur., XXXIV, p. 107. Paris 1904.

Hat die Eierlegung auf dem Rücken von ♂ und ♀ beobachtet.
(id. bei *Phyllomorpha* und Belostomiden). Das Ei. Auf *Erodium
cicutarium*.

Gillette, E. P. [Account on some observations on insects in Colorado].
Canad. Entom., XXXVI, p. 81. London, Ontario 1904.

Adelges sp. Biologie.

Girault, A. A. (1). Standards of the number of eggs laid by Insects. II.
— Entom. News, XV, pp. 2—3. Philadelphia 1904.

p. 3: Bei *Chionaspis furfurus*: 33—84 (122?) Eier.

— (2). *Anasa tristis* De G.; history of confined adults; another egg parasite. — Entom. News, XV, pp. 335—337. — Philadelphia 1904.

Wiederholte Begattung. Eierlegung: 154 Eier; Lebensdauer: ♀ = 40 Tage, ♂ = 58¹/₂.

— (3). Miscellaneous notes on *Aphrophora parallela* Say. — Can. Entom., XXXVI, pp. 44—48. London, Ontario, 1904.

Schaumbildung, Häutungen. Nymphe, Pupa, Adult; Begattung.

Goding, F. W. et Froggatt, W. W. Monograph of the Australian Cicadidae. — Proc. Linn. Soc. N.S.Wales, XXIX, pp. 561 —669, Tab. XVIII—XIX. Sydney 1904.

Monographie aller bekannten Cicadiden aus Australien. Zahlreiche neue Arten. Behandelt werden 22 Gattungen (neu : 4) und 119 Arten (neu : 49). Bestimmungtabellen für die Unterfamilien, Gattungen, Arten. Verbreitung, Fundorte, Synonymie.

Goury, G. et Guignon, J. (1). Les Insectes parasites des Renonculacées. — Feuille J. Natur., XXXIV, pp. 88—91, 112—118, 134 — 142. Paris 1904.

Darunter 3 Aphiden (auf *Aquilegia* und *Ranunculus*), 1 Psyllide (auf *Caltha*).

— (2). Les Insectes parasites des Berbéridées. — Feuille J. Natur., XXXIV, pp. 238—243, 253—255. Paris 1904.

Auf *Berberis vulgaris*, 1 Aphide, 1 Coccide, 1 Psyllide.

Green, E. E. (1). The Coccidae of Ceylon. Pt. III [pp. 171—248], with thirty-three plates. London 1904.

Fortsetzung zu G r e e n (Vergl. diese Berichte für 1899, S. 953). Behandelt die *Lecaniinae*: Gattung *Lecanium* s. lato. Beschreibung, Abbildungen, Biologie, Nährpflanze. Bestimmungstabelle für alle benannten Lecaniinen-Gattungen und für die 33 in Ceylon gefundenen Arten. 14 neue Arten, 1 neue Varietät. Auf S. 248: systematische Stellung der 33 Arten nach der Einteilung von Fernalds Katalog 1903: 16 *Coccus*, 7 *Saissetia*, 2 *Eucalymnatus*, 8 *Paralecanium*.

— (2). On some javanese Coccidae; with descriptions of new species. — Entom. Monthl. Magaz., XL, pp. 204—210. London 1904.

24 Arten, mit Nährpflanze; neu: 4 Arten, 3 Varietäten, zu *Lecanium*, *Pulvinaria*, *Aspidiotus* (*Pseudaonidia*), *Lepidosaphes*. Aus Java.

— (3). On some Coccidae in the collection of the British Museum. — Ann. Mag. Nat. Hist., (7) XIV, pp. 373—378. London 1904.

Von Walker 1852 beschriebene Arten. Deutung der Typen. Beschreibung von *Aspidiotus* (*Aonidiella*) *capensis* Wk. (sub *Lecanium*).

— (4). Descriptions of some new Victorian Coccidae. — Victor. Naturalist, XXI, pp. 65—71. Melbourne 1904.

Neue Arten zu *Chionaspis*, *Ctenochiton*, *Eriococcus*.

— (5). Notes on Australian Coccidae ex coll. W. Froggatt, with descriptions of new species. No. I. — Proc. Linn. Soc. N. S.-

Wales, XXIX, pp. 462—465, Tab. XVI—XVII. Sydney
1904.

Neue Arten zu *Chionaspis* u. *Antonina*; Nährpflanzen. *Chaeto-cocccus* ist = *Antonina*; *Ch. bambusae* Mask. ist eine gute Art. *Mytilaspis spinifera* Mask.

*— (6). The Lac-industry in Ceylon. — Ann. Botan. Gard. Peraden.,
I, Suppl., pp. 33—38. Peradeniya 1904.

— (7). Report for 1903 of the Government Entomologist. — Agric.
Journ. Botan. Gard. Ceyl., II, pp. 235—261. Peradeniya
1904.

Angaben über schädliche oder nützliche (1) Cocciden, *Anoplo-cnemis*, *Helopeltis*, *Aleyrodes*. Auf S. 241: *Helopeltis oryae* Dist. n. sp. „differing [von *H. Antonii*] in that the white parts of the body were replaced by coral-red patches“. [In D i s t a n t (1) steht dafür p. 441 *H. oryx* n. sp.].

Gross, J. (1). Die Spermatogenese von *Syromastes marginatus* L. —
Zoolog. Jahrb., Abt. Anat., XX, pp. 439—498, Tab. XXXI
—XXXII. Jena 1904.

Untersuchung der Spermatogenese von *Syromastes marginatus* L. Historisches. Technik. Genaues Studium der Spermatogonien. — Vergl. unter (2).

— (2). Ein Beitrag zur Spermatogenese der Hemipteren. — Ver-handl. Deutsche Zoolog. Ges., 1904, pp. 180—189. Leipzig
1904.

Zusammenfassung von (1): Spermatogenese von *Syromastes marginatus* L. Der Reduktionsmodus besteht in einer Postreduktion (erster Fall bei Hemipteren) mit vorhergehender Symmyxis väterlicher und mütterlicher Chromosomen.

Guénaux, N. Entomologie et parasitologie agricoles. — Paris 1904,
8 °, 580 pp., 390 fig.

Kurze Beschreibung der schädlichen Insekten (Aphiden, Cocciden, Psylliden, 1 Cercopide, 1 Capside, 1 Tingide, 2 *Acanthia* [*Kleinocoris*], 2 *Eurydema*). Schaden. Bekämpfung.

Guérin, J. et Péneau, J. (1) (2) (3). Faune Entomologique Armoricaine.
Hémiptères. I. Hétéroptères. 1., 2. et 3. Familles: Penta-tomides, Coréides, Bérytides. — Bull. Soc. Sc. Médic. Ouest
Fr., XIII, Suppl, pp. I—XVI, 1—44, 1—28, 1—8. Rennes
1904.

Behandeln die *Pentatomidae* (1), *Coreidae* (2) u. *Berytidae* (3) der Bretagne. Bestimmungstabellen, Beschr. jeder Gattung und Art, Biologisches, Lokalitäten. — Für jede Familie: Systematische Aufzählung der französ. Formen.

Handlirsch, A. (1). Über einige Insektenreste aus der Permformation
Rußlands. — Mém. Acad. Sc. Pétersb., (8) XVI, No. 5,
8 pp., 1 Taf. Petersburg 1904.

Presbole n. gen. *hirsuta* n. sp., Type einer neuen Gruppe: *Palaeo-hemiptera*, gemeinsame Stammgruppe der Homopteren und Heteropteren. — *Scytinoptera* n. gen. *Kokeni* n. sp., vielleicht zur selben Gruppe gehörend.

— (2). Zur Systematik der Hexapoden. — Zoolog. Anz., XXVII, pp. 733—759. Leipzig 1904.

Auf S. 745—746: Behandelt seine *Hemipteroidea*. Gegen B ö r n e r (1): Hemipteren sind aus Psociden oder Thripsen gar nicht abzuleiten, wohl aus den fossilen Paläodictyopteren; die Corixiden können nicht mit den gesammten Heteropteren einschließlich der Wasserwanzen einerseits, u. mit den Homopteren einschließlich der Cocciden anderseits, gleichgestellt werden. — Auf S. 753—755: Gegen K l a p a l e k (1): die Hemipteren haben der Mehrzahl nach echte Gonopoden und zugleich einen großen Prothorax!   Gonopoden sind wahrscheinlich mit Styli identisch.

Heidemann, O. (1).   Notes on North American Aradidae, with descriptions of two new species. — Proc. Entom. Soc. Wash., VI, pp. 161—165.   Washington 1904.

4 Gattungen (*Aradus, Brachyrrhynchus, Neuroctenus, Aneurus*) 15 Arten (neu: 2), aus den Vereinigten Staaten.   Fundorte.

— (2). Notes on a few Aradidae occuring North of the Mexican Boundary. — Proc. Entom. Soc. Wash., VI, pp. 229—23g.   Washington 1904.

5 Arten, darunter 3 neue, zu *Proxius* u. *Aradus*.   Verein. Staaten.

— (3). Remarks on the Genitalia of *Podisus cynicus* Say and *Podisus bracteatus* Fitch.   Proc. Entom. Soc. Wash., VI, pp. 9—10.   Washington 1904.

Podisus cynicus Say u. *P. bracteatus* Fitch sind keineswegs Synonymen, wie es die Genitalia ♀♂ deutlich zeigen.

— (4). [Exhibition of *Aradus quadrilineatus* Say u. *Ar. robustus* Uhler; *Schumannia mexicana* Champ. aus Canada].   Proc. Entom. Soc. Wash., VI, pp. 11—13.   Washington 1904.

— (5). [Exhibition of *Aulacostethus marmoratus* Say u. *A. simulans* Uhl.]. — Proc. Entom. Soc. Wash., VI, p. 22.   Washington 1904.

— (6). Heteroptera of the Expedition. — Alaska, VIII, pp. 139—144. 1904.

Neudruck von H e i d e m a n n 1900; Verbesserungen auf S. 140.

Henneguy, L. F. Les Insectes. Morphologie. Reproduction. Embryogénie. — 8⁰, XVIII + 804 pp., 4 Pl., 622 fig. Paris 1904.

Morphologie, Embryogenie u. Fortpflanzung der Insekten. Rhynchoten sind oft angeführt: Aphidenfortpflanzung usw.

Himegaugh. The Eggs of *Kermes Gillettei* Cockerell. — Entom. News, XV, p. 188. Philadelphia 1904.

Ein einziges Weibchen: 6676 Eier. Eibeschreibung.

*****Holmes, S. J.** Phototaxis in *Ranatra* (Abstract). — Science, XIX, p. 212. New York 1904.

Hopkinson. (Cocciden aus den Hertfordshire.) Trans. Hertfordshire Soc., XII, pp. 49—52. 1904.

Horvath, G. (1). Monographia Colobathristinarum. — Ann. Mus. Hungar., II, pp. 117—172. Budapest 1904.
Charakter der Subfamilie, Bestimmungstabellen der Gattungen, Untergattungen und Arten. 12 Gattungen (neu: 9), 52 Arten (neu: 35). Beschreibung. Vaterlandsangabe. Indo-australisches Gebiet und Süd-Amerika.

— **(2).** Pentatomidae novae africanae. — Ann. Mus. Hungar., II, pp. 253— 71. Budapest 1904.
Neue Arten oder Varietäten zu *Macroscytus, Alamprella* n. gen., *Nealeria, Triplatyx* n. gen., *Cocalus, Caura, Gastroxys* n. gen., *Eusarcoris, Carbula, Agonoscelis, Coquerelia, Nezara, Bathycoelia, Malgassus, Laccophorella.* Bestimmungstabelle der afrikan. *Agonoscelis*-Arten. Aus San Thomé, Guinea, Kamerun, Kongo, D. O. Afrika, Madagaskar.

— **(3).** Species palaearcticae generis *Caliscelis* Lap. — Ann. Mus. Hungar., II, pp. 378—385. Budapest 1904.
Bestimmungstabelle der 7 (neu: 3) paläarktischen Arten (♂ ♀). Verbreitung. Fundorte. 3 neue Arten aus Marokko, Spanien, Kleinasien.

— **(4).** Insecta Heptapotamica a DD. Almásy et Stummer-Traunfels collecta. I. Hemiptera. — Ann. Mus. Hunga⁒., II, pp. 576 —590. Budapest 1904.
Heteropteren: 99 Arten (neu: 9) u. 7 Varietäten (neu: 3); Homopteren: 30 Arten (neu: 6) u. 3 Varietäten (neu: 1). Neue Arten oder Varietäten zu *Tarisa, Dolycoris, Nysius, Emblethis, Gerris, Nabis, Dichrooscytus, Anapus, Scirtetellus, Maurodactylus, Salda, Corixa; Gnathodus, Thamnotettix, Deltocephalus, Idiocerus, Pediopsis, Delphax, Psylla.* Aus dem Turkestan.

— **(5).** Hydrocorisae tres novae. — Ann. Mus. Hungar., II, pp. 594 —595. Budapest 1904.
Neue Arten zu *Plea* u. *Micronecta.* Aus Japan, Ceylon, Neu-Guinea.

Houard, C. (1). Recherches anatomiques sur les galles de tiges: Pleurocécidies. — Bull. Scientif. Fr. Belg., XXXVIII, pp. 140 —421. Paris 1904.
Identisch mit H o u a r d (3) 1903. (Vergl. diese Berichte für 1903, S. 1009).

— **(2).** Caractères morphologiques des Acrocécidies caulinaires. — C. R. Acad. Sc. Paris, CXXXVIII, p. 102. Paris 1904.
Cecidie von *Aphis grossulariae* Kalt. auf *Ribes rubrum.*

Howard [in the En⁒omological Club of the American Association for the Advancement of Science]. — Canad. Entom., XXXVI, pp. ?4—35. London, Ontario, 1904.
Einführung in die Vereinigten Staaten des *Scutellista cyanea* aus Ceylon (via Kap) zur Vertilgung von *Ceroplastes* ohne Erfolg. Der Parasit geht aber auf *Lecanium oleae,* dessen Eier sämtlich ver-

nichtet wurden. (Sämtliche Eier von *Mytilaspis pomorum* z. B. wurden nicht von dem Parasit *Aphelinus mytilaspidis* vernichtet).

Hueber, Th. (1). Systematisches Verzeichnis der deutschen Zikadinen. — Jahreshefte Ver. Vaterl. Naturk. Württemb., LX, pp. 253 —277. Stuttgart 1904.

336 sichere Arten für Deutschland. Angabe der Arten von Nachbarländern (Groß-Deutschland). — Ferner Verzeichnis der Psylliden nach Puton. — Nachtrag zum Verzeichnis der deutschen Wanzen 1902: 8 neue Arten nur für Deutschland.

— **(2).** Beitrag zur Biologie einheimischer Insekten. — Jahreshefte Ver. Vaterl. Naturk. Württemb., LX, pp. 278—286. Stuttgart 1904.

S. 281—286: *Lygaeus superbus* Poll. u. *equestris* L.; *Calocoris picticornis* var. *alemannica* („oder *nigrescens*") n. var.; *Cicadetta montana* Scop.; *Tibicen haematodes* Scop.

*****Hutton, F. W.** Index faunae Novae Zealandiae. — 8 °, VIII, 372 pp. London 1904.

Jacobi, A. (1). Homopteren aus Nordost-Afrika, gesammelt von Oscar Neumann. — Zool. Jahrb , Abt. System., XIX, pp. 761 —782, Tab. XLIV. Jena 1904.

30 Arten, darunter 10 neue, zu *Platypleura, Trismarcha, Tomaspis, Locris, Ptyelus, Hemiapterus* n. gen., *Parabolocratus. Tettigoniella* n. nom. für *Tettigonia* auct. nec L. [Orthoptera!]. Abbildung früher bekannter Arten (*Locetas, Dictyophora, Poophilus, Clovia*).

— **(2).** Über die Flatiden-Gattung *Poeciloptera* Latr. insbesondere der Formenring von *P. phalaenoides* (L.). — Sitz. Ber. Ges. naturf. Fr. Berlin, 1904, pp. 1—14. Berlin 1904.

2 neue Arten, 2 neue Subspezies. Aus Südamerika. Der Begriff: Art, Unterart, Formenring.

— **(3).** Über ostafrikanische Homopteren. — Sitz. Ber. Ges. naturf. Fr. Berlin, 1904, pp. 14—17. Berlin 1904.

18 Arten aus N. O. Afrika. *Locris ochroptera* n. sp.

— **(4).** Neue Cicadiden und Fulgoriden Brasiliens. — Sitz. Ber. Ges. Naturf. Fr. Berlin, 1904, pp. 155—164, 1 Taf. Berlin 1904.

Neue Arten zu *Fidicina, Parnisa, Acmonia, Dictyophora.* Aus Brasilien.

Jakowleff, B. E. (1). Hémiptères-Hétéroptères de la faune paléarctique. IX, X. — Rev. Russe Entom., IV, pp. 23—26, 93—95, 292 —294. Jaroslavl 1904.

Neue Arten zu *Eysarcoris, Microtoma, Emblethis, Coranus*; *Myrmus, Harpactor* [*Rhinocoris*], *Polymerus*; *Acanthosoma, Coriomeris.* Aus Korea, Mongolien, Mandschurien, Sibirien, Turkestan, Transkaukasus.

— **(2).** *Geocoris chinensis* n. sp. et les espèces paléarctiques du sous-genera *Piocoris* Stål (Hemiptera-Heteroptera, Lygaeidae). — Rev. Russe Entom., IV, pp. 170—171. Jaroslavl 1904.

Geocoris chinensis n. sp. China. Übersicht der paläarkt. Arten der Untergattung *Piocoris.*

— **(3).** *Palomena limbata* n. sp. (Hemiptera-Heteroptera, Penta-

tomidae). — Horae Soc. Entom. Ross., XXXVII, pp. 71
—73. Petersburg 1904.
Palomena limbata n. sp. aus Kuku-nor. Bestimmungstabelle
der 4 paläarktischen Arten.

Kellogg, V. C. Two Coccids from Samoa. — Psyche, X, p. 187. Cambridge, Mass., 1903.
Coccus hesperidum auf *Citrus* u. *Hemichonaspis aspidistrae* auf
Cordyline terminalis, Samoa.

Kirkaldy, G. W. (1). Notes on the genus *Metrocoris*. — The Entom.,
XXXVII, pp. 61—62. London 1904.
Bestimmungstabellen ♂ ♀. *Metrocoris Distanti* n. sp., aus Süd-
Afrika.

— **(2).** Some new Oahuan (Hawaiian) Hemiptera. — The Entom.,
XXXVII, pp. 174—179. London 1904.
Neue Arten zu *Peregrinus* n. gen., *Megamelus, Aloha* n. gen.;
Deltocephalus, Eutettix; *Halticus.* — *Pseudaraeopus* n. nom. für *Delpha-*
codes Mel. nec Fieb.

— **(3).** A List of the Coccidae of the Hawaiian Islands. — The Entom.,
XXXVII, pp. 226—230. London 1904.
Führt 53 Arten an; Angabe der Nährpflanzen und Feinde. S. 227,
Fußnote: *Trechocorys*, syn. *Pseudococcus* Fern. u. *Dactylopius* auct.;
S. 228 *Calymmata*, syn. *Coccus* Fernald.

— **(4).** Bibliographical and nomenclatorial Notes on the Hemiptera.
No. 2. — The Entom., XXXVII, pp. 254—258. London
1904.
Meist Verbesserungen zu F e r n a l d s Cocciden-Katalog (siehe
diese Berichte für 1903, S. 000]. Deutung der Genotypen. *Eulecanium*
Curtisi n. nom. für *Coccus aceris* Curt. nec F.; *Lepidosaphes cockerelliana*
n. nom. für *Mytilaspis albus* Cock. nec Mask. — *Tettigoniella* Jacobi
(1904) für *Tetigonia* Geoffr. (nec *Tettigonia* L.] ist überflüssig.

— **(5).** Bibliographical and nomenclatorial Notes on the Hemiptera.
N. 3. — The Entom., XXXVII, pp. 279—280. London 1904.
S. 279—281. Ergänzung zu W a t e r h o u s e , I n d e x z o o -
l o g i c u s. Einführung von 77 Nomina nova für präoccupierten
Gattungsnamen (vergl. Systematik). — S. 281—282. Errata und
Addenda zu S c u d d e r u. W a t e r h o u s e.

— **(6).** Über Notonectiden (Hemiptera). Teil I; Teil II. — Wien.
Entom. Zeit., XXIII, pp. 93—110, 111—135. Wien 1904.
Synonymie, Literatur, Habitat, Beschreibung aller beschriebenen
Enithares, Anisops, Buenoa n. gen. (= *Anisops* p. p.), *Nychia, Martarega,*
Plea u. *Helotrephes*-Arten. Bemerkungen über *Notonecta*-Arten. Neue
Arten zu *Anisops, Buenoa* u. *Helotrephes.* Angabe der fossilen Arten.

— **(7).** Upon maternal solicitude in Rhynchota and other non-social
Insects. — Rep. Smithson. Instit., 1903, pp. 577—585.
Washington 1904.
Ergänzte Ausgabe von K i r k a l d y 1903 (3) [Vergl. diese Be-
richte für 1903, S. 1012].

— (8). Rincoti raccolti dal Dott. G. Cecconi nell' isola di Cipro. — Bull. Soc. Entom. Ital., XXXVI, pp. 94—98. Firenze 1904.

Cyprus 39 Arten: 2 Homopteren, 37 Heteropteren. Geogr. Verbreitung. Bibliographie.

— (9). [Type of *Cimex*]. — Nature, LXIX, p. 464. London 1904.

Ausführung gegen W. T. B. 1903 (vergl. diese Berichte für 1903, S. 1031). *Cimex lectularius* L. ist keineswegs Genotype zu *Cimex* L., wohl aber zu *Clinocoris* Petersonn 1829. — [S. also W. T. B.]

— (10). Vergl. unter A l f k e n.

— (11). Hemiptera, in: The Natural History of Sokotra and Abd.el-kuri, pp. 381—394, Taf. XXIII. Liverpool 1903. [Im Bericht für 1903 bereits aufgenommen, vom Verfasser aber damals nicht gesehen; die Zeile 10—11 auf S. 1013 sind dort zu streichen!]

Beschreibung und Abbildung von 9 von **Kirkaldy** früher beschriebenen Arten aus Sokotra: *Cicadetta, Elasmocelis, Kleinophilos, Reduvius, Aspilocoryphus, Geocoris, Leptocoris, Euthetus, Aspongopus. Geotomus attar* n. sp. Zeitangaben.

Klapalék, Fr. (1). Über die Gonopoden der Insekten und die Bedeutung derselben für die Systematik. — Zool. Anz., XXVII, pp. 449 —454. Leipzig 1904.

Gonopoden sind nur bei Ephemeriden, Odonaten, Mecopteren, Trichopteren, Lepidopteren, Dipteren und Hymenopteren vorhanden, fehlen bei den anderen Insekten. Styli sind bei Hemipteren und Orthopteren öfters vorhanden. Bei der ersten Gruppe (mit Gonopoden) sehen wir zugleich daß „das Prothorax verhältnismäßig sehr klein ist, und die Meso- und Metathorax, welche unbeweglich miteinander verbunden sind und fast ein Ganzes bilden, den Prothorax an Größe vielmals übertreffen. Diese Gruppe nennt Verf. *Heterothoraka*, in Gegensatz zu den *Homoiothoraka* (Apterygoten, Plecopteren, Corrodentien, Dermapteren, Orthopteren, Thysanopteren, Neuropteren, Hemipteren, Coleopteren). — Vergl. H a n d l i r s c h (2).

Kotinsky (1). [Exhibition of *Lecanium hemisphaericum* Targ.] — Proc. Entom. Soc. Wash., VI, p. 49. Washington 1904. —

— (2). [Ameise, Cocciden u. Dipterenlarve in einer Insektengalle gefunden.] — Proc. Entom. Soc. Wash., VI, p. 67—68. Washington 1904.

— (3). [Introduction of *Chilocorus similis* in Georgia]. — Proc. Entom. Soc. Wash., VI, pp. 195—196. Washington 1904.

Lambertie, M. (1). Compte-rendu d'excursions à Citon. — Proc. Verb. Soc. Linn. Bordeaux, LVIII, pp. LXX—LXXV. Bordeaux 1 1903.

Citon, in der Gironde, Frankreich: 47 Heteropteren, 85 Homopteren.

— (2). Notes entomologiques. — Proc. Verb. Soc. Linn. Bordeaux, LVIII, pp. CLXVI—CLXVII. Bordeaux 1903.

Dictyophora europaea var. *rosea* Mel. in der Gironde.

— (3). Premier supplément à la Contribution à la faune des Hémiptéres (Hétéroptères, Cicadines et Psyllides) du Sud-Ouest de la

France. — Actes Soc. Linn. Bordeaux, LIV, pp. 21—30.
Bordeaux 1904.
Ergänzung zu Lambertie et Dubois 1898: 61 Heteropteren,
54 Homopteren; Angabe einiger Nährpflanzen. — Aus der Gironde
sind bis jetzt 631 Hemipteren verzeichnet. Heteropteren 396,
Homopteren 235.

— (4). Remarques sur quelques Hémiptères de la Gironde. — Proc.
Verb. Soc. Linn. Bordeaux, LIX, pp. XLVII—XLVIII. Bordeaux 1904.
1 Capside, 8 Homopteren.

— (5). Notes sur quelques Hémiptères nouveaux ou rares pour la
Gironde. — Proc. Verb. Soc. Linn. Bordeaux, LVIII,
pp. XCVII—XCVIII. Bordeaux 1904.
3 Heteropteren, 4 Homopteren. — *Phytocoris* ?*algiricus* Reut.

— (6). Note sur quelques Hémiptères nouveaux ou rares de la Gironde.
— Proc. Verb. Soc. Linn. Bordeaux, LVIII, pp. CCXXXIX
—CCXL. Bordeaux 1904.
3 Heteropteren.

Lochhead, W. Some injurious Insects of 1903 in Ontario. — U. S.
Dep. Agric., Div. Entom., Bull. No. 46, pp. 79—81. Washington
1904.
Psylla pyricola, Aphis pomi, Aspidiotus perniciosus. Schaden.

Luff, W. A. The Coccidae of Guernsey. — Trans. Guernsey Soc. Nat.
Sc., 1903, pp. 272—277. Guernsey 1904.
14 Arten, 1 Varietät. Nährpflanzenangabe. Fundorte, Daten.
Einiges (nach Newstead) über *Exaeretopus formicicola* Newst., *Dactylopius Luffi* Newst., *Ripersia Tomlini* Newst. u. *europaea* Newst.

Marchal, P. (1). Sur une Cochenille nouvelle, récoltée par M. Ch. Alluaud
sur l'Intisy-à-caoutchouc de Madagascar. — Ann. Soc.
Entom. Fr., 1904, p. 557—561. Paris 1904.
Amelococcus Alluaudi n. gen. n. sp., auf *Euphorbia Intisy*, Madagaskar.

— (2). Sur la biologie du *Chrysomphalus dictyospermi* var. *minor*
Berlese, et sur l'extension de cette Cochenille dans le bassin
méditerranéen. — Bull. Soc. Entom. Fr., 1904, pp. 246
—249. Paris 1904.
Verbreitung und Schaden dieser Coccidenart. Angewöhnung.
Entwicklung. Bekämpfung.

Marchand, E. Quelques mots sur les ennemis du Fraisier à propos du
Blaniulus guttulatus Gervais. — Bull. Soc. Sc. Nat. Ouest Fr.,
(2) III, 1903, pp. XXV—XXXIII. Nantes 1904.
Auf *Fragaria* (auch *Lychnis Floscuculi* u. *Glechoma hederacea*):
Philaenus spumarius L. — Einige Aphiden; „*Coccus fragariae*" L.
(nach Macquart).

Marlatt, C. L. (1). [in the Entomological Club of the American Association
for the Advancement of Science]. — Can. Entom., XXXVI,
p. 34. London, Ontario 1904.
Scutellista cyanea zur Bekämpfung des *Lecanium oleae* Bern.

— (2). Importations of beneficial Insects into California. — Bull.
U. S. Dep. Agric., Div. Entom., XLIV, pp. 50—56. Washington
1904.

Marshall, W. E. et **Severin, H.** Some points in the Anatomy of *Ranatra
fusca* P. Beauv. — Trans. Wisc. Acad., XIV, pp. 487—502,
Tab. XXXIV—XXXVI. Madison 1904.

Technik der Fixation und Färbung. Makro- und mikroscopische
Anatomie des Darmkanals. Atmung. Speicheldrüsen. Nervensystem
und Sinnesorgane. Genitalien.

Martin, J. Un nouveau genre du groupe des Natalicolaria (Tessaratominae) de l'Inde méridionale. — Bull. Mus. Paris, 1904,
pp. 314—316. Paris 1904.

Empysarus n. gen. *depressus* n. sp., aus Süd-Indien.

Massalongo, C. Nuovi Zoocecidii della flora veronese. — Marcellia,
III, pp. 114—122. Avellino 1904.

Nur 2 Aphidocecidien: *Rhopalosiphum ligustri* Kalt. an *Ligustrum
vulgare*, *Siphocoryne xylostei* Schrk. an *Lonicera alpigena*.

Matsumura, S. (1). Monographie der Cercopiden Japans. — Journ.
Sapporo Agric. Coll., II, pp. 15—22. Sapporo 1903.

Behandelt 23 Arten, darunter 14 neue.

— (2). Additamenta zur Monographie der Cercopiden Japans, mit
der Beschreibung einer neuen *Cicada*-Art. — Annot. Zool.
Japon., V, pp. 31—54, tab. II—III. Tokyo 1904.

Neue Arten zu *Cicada*, *Aphrophora*, *Peuceptyelus* n. gen., *Ptyelus*.
Zugleich Katalog der Cercopiden Japans, mit Synonymie, Fundorte,
Nährpflanzen: 40 Arten (neu: 17).

Mayet, V. Longévité des *Margarodes*. — Bull. Soc. Entom. Fr., 1904,
p. 206. Paris 1904.

Einige Exemplare von *Margarodes vitium* Giard (aus Amerika)
von 1889 ab enkystiert. Ein Stück schlüpfte am 10. Juni 1904 aus
(d. h. nach 15 Jahren) und legte Eier ab. Die weiteren 4 Exemplare
stets enkystiert (doch im Leben!) Mekanismus des Lebens.

Mazarelli, C. Studi sulla *Diaspis pentagona* Targ. — I. Note sull'
organizazione della larva. — II. Note biologiche ed anatomiche.
— Atti Soc. Ital. Sc. Natur. e del Mus. Civ. Stor. Nat. Milano,
XLIII, pp. 15—19, 317—329. Milano 1904.

Schädling. Die Larve. Darmkanal, Nervensystem. — Überwinterung. Eierlegung von der Temperatur beeinflußt. Anzahl der
Eier. Ausschlüpfen. Die Larven und deren Sekretion. Untersuchung
der Eierstöcke. Nährpflanzen.

Melichar, L. (1). Neue Homopteren aus Süd-Schoa, Galla und den
Somaliländern. — Verh. zoolog.-botan. Ges. Wien, LIX,
pp. 25—48. Wien 1904.

Aufzählung von 51 Arten, neu: 30. Neue Arten zu *Platypleura*;
Parapioxys, *Dictyophara*, *Putala*, *Dendrophora*, *Oliarus*, *Ricania*,
Pochazoides, *Rhinophantia*, *Seliza*, *Myconus*; *Macropsis*, *Ptyelus*,
Hecalus, *Stymphalus?*, *Siva*, *Phlepsius*, *Palicus*, *Scaphoideus*, *Platy-
metopius*, *Eutettix*, *Deltocephalus*, *Cicadula*, *Gnathodus*.

— **(2).** Rozbor krisu palearktickych z celedi *Membracidae* Stål
a *Cercopidae* Stål. — Vcstn. Klub prirod. Prostejove, IV,
34 pp., 2 Taf. — Prostejove 1901.
Bestimmungstabellen der Gattungen u. Arten der Membraciden
u. Cercopiden aus dem paläarkt. Gebiet; Beschreibung jeder
Gattung und Art. Verbr., Synon., zahlreiche Abbildungen.

— **(3).** Rozbor krisu palearktickych z celedi *Cicadidae* Fieb. —
Vestni Klub prirodov. Prostejove, IV, 18 pp. Prostejove
1904.
Bestimmungstabellen der paläarkt. *Cicadidae*. Beschreib.
jeder Gattung und der meisten Arten (nur 2 *Cicadetta*); Verbr.,
Synon.

Meunier, F. Sur une Cicadine du Kiméridgien de la Sierra del Montsech
(Catalogne). — Feuille jeunes Natur., XXXIV, pp. 119—121,
2 Fig. Paris 1904.
Acocephalites n. gen. *Breddini* n. sp. — Übersicht der bekannten
paläo- und mesozoischen Cicadinen.

Newell, W. Insect Notes from Georgia for the year 1903. — U. S.
Dep. Agric., Div. Entom., Bull. No. 46, pp. 103—105.
Washington 1904.
Blissus leucopterus; *Aspidiotus perniciosus*: Bekämpfung.

Noualhier, M. et Martin, J. Hémiptères recueillis par M. A. Pavie. —
— Mission Pavie, Bd. III, pp. 167—185, Tab. X—XI. Paris
1904.
48 Heteropteren, 60 Homopteren. Neue Arten zu *Acanthaspis*,
Prostemma; *Platypleura*, *Dundubia*, *Gaeana*, *Mogannia*, *Fulgora*,
Oliarus, *Hemisphaerius*, *Ricania*, *Cyrene*, *Leptocentrus*, *Cosmocarta*,
Callitettix, *Hecalus*, *Ectomops*. Aus Cambodien, Siam, Laos.

Osborn, H. (1). [*Pentatoma Sayi* Uhl. an kultivierte Pflanzen an-
gepaßt; ursprünglich aber auf einer uns nicht näher bekannten
Wildpflanze.] — U. S. Dep. Agric., Div. Entom., Bull. No. 46
p. 79. Washington 1904.

— **(2).** Observations on some of the Insects of the Season in Ohio.
— U. S. Dep. Agric. Div. Entom., Bull. No. 46 pp. 88—90.
Washington 1904.
Aspidiotus perniciosus. Auf *Euphorbia*: *Eccritotarsus elegans*.
Biologie, Schutzfarbe. Daselbst *Corizus hyalinus*: Schutzfarbe. *Myndus
radicis* an Wurzeln von verschiedenen Pflanzen; Larve.

— **(3).** A suggestion in nomenclature. — U. S. Dep. Agric., Div.
Entom., Bull. No. 46, pp. 56—59. [Diskussion: pp. 59—60].
Washington 1904.
Um wiederholtes Namenwechseln zu beseitigen, empfiehlt es sich,
in Schriften über Schädlinge nur populär gewordene Namen zu ge-
brauchen, so z. B. „Ching bug" statt *Blissus leucopterus*. Eine Liste
dieser Namen würde aufzustellen sein.
Diskussion: **Webster:** im Süden bezieht sich der Name
„Ching bug" auf *Clinocoris lectularius*. — **Washburn:** in Minnesota

deutet man unter „Squash bug" mehrere Insekten, auch Koleopteren, an. — **Kirkland:** in Südafrika heißt *Myzoxylus laniger*: „American Blight" statt „Woolly aphis".

— **(4).** Note on *Aradus ornatus* (Say). — Ohio Natur., IV, p. 22. Columbus, Ohio, 1903.

Wiederentdeckte Art. Ohio.

— **(5).** A further Contribution to the Hemipterous Fauna of Ohio. — Ohio Natur., IV, pp. 99—103. Columbus, Ohio, 1904.

Liste von in Ohio gefangenen Hemipteren: 114 Homopteren, 34 Heteropteren.

— **(6).** Note on a Alate from of *Phylloscelis*. — Ohio Natur., IV, pp. 93—94. Columbus, Ohio, 1904.

Phylloscelis atra Germ. makroptere Form im Ohio-Staat.

— **(7).** Notes on S. American Hemiptera Heteroptera. — Ohio Natur., V, pp. 195—204. Columbus, Ohio, 1904.

Liste von 104 Heteropteren aus Perm, Bolivien, Brit. Guiana. Neue Arten oder Varietäten zu *Acanthocephala, Hypselonotus, Lygaeus, Pamera, Seridentus* n. gen., *Velia*. Jahreszeit, Lokalität.

Passerini, N. Sopra la „Rogna" del *Nerium oleander* L. — Bull. Soc. Botan. Ital., 1904, pp. 178—179. 1904. [Refer.: T r o t t e r in M a r c e l l i a , III, p. XIV. Avellino 1904).

Geschwulst an *Nerium*-Zweigen. Bakterien? — Nach T r o t t e r [Ref.] = *Myzus nerii*?

Pavesi, P. Esquisse d'une faune valdotaine. — Atti Soc. Ital. Sc. Natur. e del Mus. Civ. Stor. Natur. Milano, XLIII, pp. 191 —260. Milano 1904.

Nur 3 Hemipteren angeführt: *Eurydema oleraceum* L., *Gerris Costae* Herr.-Sch. u. *Notonecta glauca* L.

Pavie, A. [Vorrede zu **Noualhier** et **Martin**]. Mission Pavie, Bd. III, pp. 165—166. Paris 1904.

Allgemeines. Stechende Wanzen. Cicaden von den Eingeborenen gefangen und gegessen.

Péneau, J. (1). Hémiptères nouveaux ou intéressants pour la faune des environs de Nantes. — Bull. Soc. Sc. Natur. Ouest Fr., (2) IV, pp. XII—XIII. Nantes 1904.

Aphrophora corticea G.; *Adelphocoris seticornis* F. u. *Macroptera Preyssleri* Fieb.; *Menaccarus arenicola* Esch.; *Geocoris siculus* u. *Ischnodema* [„*Ischorodema*"] *sabuleti* Fall.; *Hebrus pusillus* Fall. (*ruficeps* Thoms. = Synonym zu *pusillus*?) Fundorte.

— **(2).** Notules hémiptérologiques. — Bull. Soc. Sc. Natur. Ouest Fr., (2) IV, pp. 257—261. Nantes 1904.

I. Les *Hebrus* de la Loire-Inférieure: pp. 257—258. — Übersichtstabelle u. Beschreibung der 3 französ. Arten: *pusillus* Fall., *ruficeps* Thoms., *montanus* Kol.

II. Hémiptères nouveaux pour la faune des environs de Nantes: pp. 259—261. — Addenda zu D o m i n i q u e 1902: 17 Heteropteren. Fundort. Daten.

Penzig, O. Noterelle biologiche. — II. Un caso di simbiosi fra formiche e Cicadelle. — *Atti Soc. Ligustica, XV, pp. 62—71, tab. I —II = Malpighia, XVIII, pp. (188) 190—197, tab. IV—V. Genova 1904.

Verf. hat auf Java beobachtet, wie eine Homoptere (? *Anomus cornutulus* Stal) an Zweigen von *Grevillea robusta* von den Ameisen *Myrmicaria fodiens subcarinata* besucht war. Larven und Nymphen geben am Anus eine Flüssigkeit ab, welche von den Ameisen aufgenommen wird.

Pérez, J. Sur les *Phloea*, Hémiptères mimétiques de Lichens. — C. R. Soc. Biol. Paris, LVI, pp. 429—430. Paris 1904.

Phlaea longirostris Spin., aus Rio-de-Janeiro, ähnelt einem Flechte an Papilionaceen-Rinde.

Pergande, Th. (1). North American Phylloxerinae affecting *Hicoria (Carya)* and other trees. — Proc. Davenp. Acad. Sc., IX, pp. 185—273, tab. I—XXI. Davenport 1904.

Gründliche Bearbeitung der nordamerikanischen Phylloxerinen an *Hicoria, Castanea, Quercus, Populus, Salix, Nyssa.* Synonymie, Daten, Fundorte. Ausführliche Beschreibung der verschiedenen Entwicklungsstadien und der Gallen. Bestimmungstabellen nach den Gallen. Biologie, Lebenszyklus.

— **(2).** On some of the Aphides affecting Grains and Grasses of the United States. — U. S. Dep. Agric., Div., Entom., Bull. No. 44, 23 pp., 4 Fig. Washington 1904.

Siphocoryne [Aphis] avenae F.: Synonymie, Nährpflanzen, Verbreitung, Variabilität, Lebenszyklus, Entwicklungsstadien, Parasiten. — *Macrosiphum granaria* Buckt.: Synonymie, Beschreibung, Nährpflanzen, Verbreitung. — *M. cerealis* Kalt.: Beschreibung, Variabilität, Verbreitung, Nährpflanzen, Parasiten. — *M. trifolii* n. sp.: Beschreibung, Verbreitung, Nährpflanzen, Variabilität.

— **(3).** Aphididae of the Expedition. — Alaska, VIII, pp. 119—125. 1904.

Neudruck von **Pergande** 1900: *Nectarophora* [= *Macrosiphum*] *caudata* n. sp., *insularis* n. sp., *epilobii* n. sp., *Cladobius populeus* Kalt. *Cladobius* = (*Melanoxanthus* Buckt., *Pterocomma* Buckt.).

***Perkins, R. C. L.** — History of the occurence of the Sugar-cane Leaf-Hopper, *Perkinsiella saccharicida* Kirkaldy in Hawaii. — — Revised edition. — Rep. Exp. Stat. Haw. Sug. Pl. Assoc., 1904, pp. 43—66. Honolulu 1904.

Neudruck von **Perkins** 1903 (1).

Rainbow, W. J. The mating of *Cyclochila australasiae* Don. and *Thopha saccata* Amyot. — Rec. Austral. Mus., V, p. 116, tab. XI. Sydney 1904.

Verf. hat die Kopulation dieser zwei Cicaden beobachtet. Bildet das Pärchen und die zwei Arten einzeln ab.

Reh, L. (1). Zur Naturgeschichte mittel- und nordeuropäischer Schildläuse (Schluß). — Allg. Zeitschr. Entom., IX, pp. 12 —36. Neudamm 1904.

33*

Fortsetzung zu **Reh** 1903 (vergl. diese Berichte für 1903, S. 1021).
Behandelt: *Aspidiotus* (Fortsetzung) (4 Arten), *Ischnaspis* (1), *Leucaspis*(1), *Pseudoparlatoria* (1), *Mytilaspis* (3), *Chionaspis* (2), *Diaspis* (7).
— Am Schluß alphabet. Verzeichnis der aufgeführten Schildläuse
u. alphabet. Verzeichnis der in Deutschland einheimischen Pflanzen-
gattungen mit ihren Schildläusen.

— **(2).** Verbreitung und Nährpflanzen einiger Diaspinen. — Allg.
Zeitschr. Entom., IX, pp. 171—178. — Neudamm 1904.
Verf. stützt auf das von ihm in der Station für Pflanzenschutz
in Hamburg gesammelte Material. Weist darauf, daß eine e c h t e Nährpflanze nur diejenige ist, auf der eine gewisse Schildlausart sich
m e h r e r e G e n e r a t i o n e n l a n g u n g e s c h w ä c h t fort-
pflanzen kann. — Große Variationsbreite der einzelnen Arten. —
46 Diaspinen, 4 Cocciden aus anderen Unterfamilien, behandelt. Geograph. Verbreitung, Heimat. — *Aspidiotus ficus* Ash., syn. *aonidum*
Cock.; *Asp. punicae* Cock. fehlt in **Fernald**'s Katalog.

Reuter, O. M. (1). Übersicht der paläarktischen *Stenodema*-Arten. —
Öfv. Finsk. Vet. Soc. Förh., XLVI, No. 15, 21 pp. Helsingfors 1904.
Stenodema Lap. (= *Miris* auct.) incl. *Brachytropis* Fieb. u. *Lobostethus* Fieb. Bestimmungstabelle der 13 paläarkt. Arten (neu: 6)
und 18 Variet. (neu: 8). Beschreibung. Verbreitung.

— **(2).** Bemerkungen über einige *Phimodera*-Arten. — Öfv. Finsk.
Vet. Soc. Förh., XLVI, No. 17, 15 pp. Helsingfors 1904.
Kritisches Studium folgender *Phimodera*-Arten: *galgulina* Gorski
u. Stål, *galgulina* H.-Sch., *bufonia* Put., *humeralis* (Dalm.) Stål. u.
var. nov. *Dalmanni* (aus Schweden), *Flori* Fieb., *fumosa* Fieb., *lapponica*
J. Sahlb.

— **(3).** Capsidae persicae a Do. N. N. Zarudny collecta, enumeratae
novaeque species descriptae. — Annuaire Mus. St. Pétersb.
IX, pp. 5—16. Petersburg 1904.
22 Capsidenarten aus Persien. Geographische Verbreitung. Neue
Arten zu *Trigonotylus*, *Phytocoris*, *Charitocoris* n. gen., *Laemocoris*,
Trachelonotus n. gen., *Oncotylus*, *Psallopsis* n. gen.

— **(4).** Capsidae duae (Hemiptera-Heteroptera) e Corea. — Rev.
Russe Entom., IV, pp. 34—36. Jaroslavl 1904.
Neue Arten aus Korea, zu *Adelphocoris* u. *Campylotropis* n. gen.

— **(5).** Description of a new species of the genus *Globiceps* from
Spain. — Entom. Monthl. Mag., XL. p. 51. London 1904.
Globiceps parvulus n. sp. Spanien.

— **(6).** Capsidae ex Abessinia et regionibus confinibus enumeratae
novaeque species descriptae. — Öfv. Finsk. Vet. Soc. Förh.,
XLV, No. 6, 18 pp., 1 Taf. Helsingfors 1904.
16 Arten aus N.O. Afrika. Neue Arten zu *Megacoelum*, *Eurycyrtus*,
Stenotus, *Lygus*, *Camptobrochis*, *Glossopeltis* n. gen., *Glaphyrocoris*
n. gen., *Aeolocoris* n. gen.

— **(7).** Capsidae chinenses et thibetanae hoctenus cognitae enumeratae novaeque species descriptae. — Öfv. Finsk. Vet. Soc. Förh., XLV, No. 16, 23 pp., tab. II. Helsingfors 1904.

Verzeichnis der aus China und Tibet bekannten Capsiden. Synonymie, Neubeschreibung, Ergänzung fast zu jeder Art. Neue Arten zu *Rhopaliceschatus* n. gen., *Pantilius, Parapantilius* n. gen., *Adelphocoris, Calocoris, Liocoridia. Charagochilus, Cyphodemidea* n. gen., *Allaeotomus.*

— (8). Capsidae novae rossicae. II. — Öfv. Finsk. Vet. Soc. Förh., XLVI, No. 4, 17 pp. Helsingfors 1904.

Neue Arten zu *Phytocoris, Agraptocoris* n. gen., *Pleuroxonotus* n. gen., *Megalocoleus, Atomophora, Nyctidea* n. gen. Aus Transkaspien, Turkestan, Mongolien, Sibirien.

— (9). Ad cognitionem Capsidarum aethiopicarum. — Öfv. Finsk. Vet. Soc. Förh., XLVI, No. 10, 8 pp. Helsingfors 1904.

Aus Kongo. Neue Arten zu *Trichobasis* n. gen., *Charagochilus, Camptobrochis, Tylopeltis* n. gen., *Nanniella* n. gen., *Chlorosomella* n. gen.

— (10). Capsidae palearctica? novae et minus cognitae. — Öfv. Finsk. Vet. Soc. Förh., XLVI, No. 14, 18 pp. Helsingfors 1904.

Neue paläarktische Arten oder Var. zu *Calocoris, Actinonotus, Campo\otidea, Deraeocoris, Anapus, Orthotylus, Allaeonycha* n. gen., *Oncotylus, Malthacosoma, Psallus, Atractotomus, Plagiognathus, Campylognathus.*

— (11). Ad cognitionem Capsidarum Australiae. — Öfv. Finsk. Vet. Soc. Förh., XLVII, No. 5, 16 pp., 1 Taf. Helsingfors 1904.

Neue Arten zu *Hyaloscytus* n. gen., *Porphyrodema* n. gen., *Pseudopantilius* n. gen., *Megacoelum, Niastama* n. gen., *Psallus, Sthenarus, Leptidolon. Dirhopalia* n. gen. für *Leptomerocoris antennata* Walk. Neubeschreibung von *Callicratides rama* Kirb., *Estuidus marginatus* Dist. u. *Campylomma livida* Reut. Aus Victoria, Queensland, Tasmania.

— (12). Capsidae novae mediterraneae. — V. Species a dominis J. et U. Sahlberg in itinere a. 1903—1904 collectae. — Öfv. Finsk. Vet. Soc. Förh., XLVII, No. 4, pp. 26. Helsingfors 1904.

Neue Arten oder Varr. zu *Phytocoris, Megacoelum, Calocoris, Lygus, Camptobrochis, Platycapsus* n. gen., *Allodapus, Dimorphocoris, Orthocephalus, Pachytomella, Dicyphus, Orthotylus, Byrsoptera, Psallus, Utopnia, Atomoscelis, Campylomma, Sthenarus, Paramixia, Eurycranella* n. gen. Aus Kleinasien, Griechenland, Palästina, Ägypten, Syrien.

Ribaga, C. Attività del *Novius cardinalis* Muls. contro l'*Icerya purchasi* Mask. in Italia. Osservazioni sulla biologia del *Novius cardinalis.* — Riv. Patol. Veget., X, pp. 299—323. Portici 1903.

Icerya purchasi Mask. in Firenze auf *Laurus* u. Obst. Angabe über die Infektion. Verbreitung. — Biologisches. Bekämpfung durch aus Kalifornien eingeführte *Novius cardinalis* (Coccin).

*Ross, H. Die Gallenbildungen (Cecidien) der Pflanzen, deren Ursachen, Entwicklung, Bau und Gestalt. Ein Kapitel aus der Biologie der Pflanzen. — 8°, 39 pp., 52 Fig., 1 Taf. Stuttgart 1904.

Sanders, J. G. (1). Three new Scale-Insects from Ohio. — Ohio Natural., IV, pp. 94—98, Taf. VIII. Columbus, Ohio, 1904.

Neue Arten zu *Orthezia, Chionaspis* u. *Aspidiotus.*

— (2). The Coccidae of Ohio. — Proc. Ohio State Acad. Sci., IV, 2, pp. 27—80, 9 Taf. [Wie auf Titelblatt angegeben; — Umschlag: Ohio State Acad. Sci., Special Papers, No. 8. pp. 25—92 oder Ohio State Univ. Bull., Series 8, No. 17.] Columbus, Ohio, 1904.

Beschreib. Katalog der Cocciden vom Ohio - Staat: 84 Arten. Bestimmungstabellen (Unterfamilien, Gattungen, Arten). Diagnosen der meisten Arten und Gattungen; zahlreiche Abbildungen; Synon., Nährpflanzen, Fundorte.

Sanderson, E. Dw. (1). Insects of 1903 in Texas. — U. S. Dep. Agric., Div. Entom., Bull. No. 46, pp. 92—96. Washington 1904.

Schädliche Aphiden u. Heteropteren in Texas.

— (2). Insects mistaken for the Mexican Cotton Boll Weevil. — Bull. Texas Agric. Exper. Stat., No. 74, 12 pp. 1904.

Verzeichnis mit kurzen Beschreibungen und Abbildungen, der von Farmern als Mexican Cotton Boll Weevil [d. h. *Anthonomus grandis* Boh., (ein Rüsselkäfer)] bezeichneten Insekten. Darunter 3 Rhynchoten: *Homalodisca triquetra* F., *Dysdercus suturellus, Largus succinctus.*

Sasaki, Ch. On the wax-producing Coccid. *Ericerus pe-la* Westwood. — Bull. Coll. Agric., Tokyo Imper. Univ. Japan, VI, pp. 1—14, tab. I—II. Tokyo 1904.

Biologie, Entwicklung, Nährpflanzen. Nutzen: das Wachs wird von dem die männliche Larve des 2. Stadiums einschließenden Kokon geliefert. Parasiten.

Schmidt, E. (1). Beitrag zur Kenntnis der Flatiden von Sumatra. — Stett. Entom. Zeit., LXV, pp. 182—212. Stettin 1904.

Verzeichnis von 50 Arten (neu: 13) aus Sumatra, mit Angabe der geograph. Verbreitung. Neue Arten zu *Cerynia, Bythopsyrna, Walkeria, Phyma, Pseudoryxa* n. gen., *Nephesa, Uxantis.* — Neue Arten aus N. Borneo zu *Bythopsyrna, Phyma, Nephesa.*

— (2). Neue und bemerkenswerte Flatiden des Stettiner Museum. — Stett. Entom. Zeit., LXV, pp. 354—380. Stettin 1904.

Neue Arten zu *Flata, Bythopsyrna, Doria, Flatoptera, Siphanta, Euphanta, Phyma, Flatula, Ormenis, Paratella, Sephena, Dascalia, Atracis, Flatoides.* Aus N. Borneo, Java, Ecuador, Queensland, Amboina, Panama, Columbia, Sumatra, Ceylon, Obi, Brasilien, Benué, Surinam.

Schmidt, Rich. Tiroler Zoocecidien. Ein Beitrag zur Kenntnis ihrer geographischen Verbreitung. — Sitz.-Ber. Naturf. Ges. Leipzig, XXVII—XXVIII, 1901—02, pp. 47—57. Leipzig 1903.

Schouteden, H. (1). Hemiptera africana. II. Pentatomidae. — Ann. Soc. Entom. Belg., XLVIII, pp. 135—144. Bruxelles 1904.

Neue Arten zu *Chipatula, Afraniella* n. gen., *Stenozygum, Moyara, Platynopus, Glypsus, Canthecona, Basicryptus, Dalsira, Lobopelta* n. gen., *Tessaratoma.* Aus D. O. Afrika, Kongo, Br. O. Afrika, Uganda, Abyssinien, Gabun. Neue Var. zu *Oplomus,* aus Brasilien? — Berichtigung zu „Rhynchota Aethiopica", **Schouteden (7)** 1903 (vergl. diese Berichte für 1903, S. 1024), Bestimmungstabelle der Graphosomatinen. — Synonymisches.

— **(2).** Descriptions de Scutelleriens nouveaux ou peu connus. — Ann. Soc. Entom. Belg., XLVIII, pp. 296—303. Bruxelles 1904.

Neue Arten oder Var. zu *Brachyaulax, Philia, Polytes, Galercius, Lobothyreus, Fokkeria* n. gen., *Irochrotus.* Neubeschreibung von *Calliscyta australis* Dist. — Synonymisches.

— **(3).** Pentatomidos de la Guinea espanola. — Mem. Soc. Espan. Hist. Natur., I, pp. 141—160; Madrid 1904.

Pentatomiden aus Span. Guinea (39) und Kamerun (82 Arten). Neue Arten und Var. zu *Ponsila, Brachyplatys, Montandoniella* n. gen., *Lerida, Brachyrhamphus, Halyomorpha, Bergrothina* n. gen., *Aspavia, Stenozygum. Adelolcus solitarius* Bergr.

— **(4).** Heteroptera. · Fam. Pentatomidae. Subfam. Scutellerinae. — Wytsman Genera Insect., fasc. 24, 98 pp., 5 color. Taf. Bruxelles 1904.

Systematische Bearbeitung der Scutellerinen-Gattungen. Zu jeder Gattung: Synonymie, Charaktere, geogr. Verbreitung, Artenliste mit Synonymie und Habitat. Bestimmungstabellen der 5 Divisionen, Gattungen und Untergattungen. *Epicoleotichus* u. *Paracoleotichus* n. subgen. zu *Coleotichus; Parapoecilocoris* n. subgen. zu *Poecilocoris; Periphymopsis* n. subgen. zu *Psacasta. Vanduzeeina* n. gen. für *Phimodera Balli* Van Duz. — Fast zu jeder Gattung wird eine Art abgebildet.

— **(5).** Aphiden. — Hamburg. Magalh. Sammelreise, VII, No. 7 6 pp. Hamburg 1904.

Neue Arten zu *Myzus* u. *Rhopalosiphum,* aus Süd-Feuerland. — Übersicht der Aphidenfauna Südamerikas.

Schröder, C. (1). Eine Sammlung von Referaten neuerer Arbeiten über außereuropäische, namentlich nordamerikanische Insektenschädlinge und ihre Bekämpfung. — Allg. Zeitschr. Entom., IX, pp. 60—93. Neudamm 1904.

Arbeiten 1902 und 1903 erschienen.

— **(2).** Eine Sammlung von Referaten neuerer Arbeiten über die geschlechtsbestimmenden Ursachen, mit einzelnen kritischen Anmerkungen. — Allg. Zeitschr. Entom., IX, pp. 110—126. Neudamm 1904.

Arbeiten 1902, 1903, 1904 erschienen. — Zu **Wedekind, W.:** „Die Parthenogenese und das Sexualgesetz" (Verb. V. Intern. Zool. Kongreß, Berlin 1901, pp. 403—409, Jena 1902): *Aphis*-Arten können zur

Produktion der Geschlechtsgenerationen durch Nahrungsmangel veranlaßt werden (S. 117).

Schwarz, E. (1). A new Coccinellid enemy of the San José Scale. — Proc. Entom. Soc. Wash., VI, pp. 118—119. Washington 1904.

Pseudoweisea suturalis n. sp., aus Kalifornien, ernährt sich von *Aspidiotus perniciosus* u. *Asp. aurantii.* — Die in Amerika als Diaspinenfeinde auftretenden Coccinelliden.

— **(2).** In: Proc. Entom. Soc. Wash., VI, pp. 153—154. Washington 1904.

Wirkung von Psyllidenlarven [*Euphalerus nidifex* in **(2)**] auf junge Zweige von *Piscidia erythrina*, Florida: Nestbildung aus

— **(3).** Notes on North American Psyllidae. Part I. — Proc. Entom. Soc. Wash., VI, pp. 234—235. Washington 1904.

Nordamerik. *Euphyllura*-Arten (neu: 2 Arten, 1 Var.). — *Euphalerus* n. gen. *nidifex* n. sp. (Vergl. **(2)**], aus Florida und Kuba. — *Calophya*-Arten (4; neu: 3). Angabe der Nährpflanze und Jahreszeit.

Silvestri, F. Contribuzioni alla conoscenza dei Mirmecofili. I. Osservazioni su alcuni Mirmecofili dei dintorni di Portici. — Ann. Mus. Napoli, (2) N. 13, 5 pp. Napoli 1904.

Auf S. 1—3: *Tettigometra impressifrons* Muls. u. *costulata* Fieb. in Nestern von *Tapinoma erraticum nigerrimum*. Biologie.

Slingerland, M. V. (1). Some serious Insect depredations in New York in 1903. — U. S. Dep. Agric., Div. Entom., Bull. No. 46, pp. 69—73, tab. II. Washington 1904.

Aphis sorbi, A. pomi, A. Fitchi; Psylla pyricola. Schaden, Bekämpfung.

— **(2).** Notes and new facts about some New York Grape pests. — U. S. Dep. Agric., Div. Entom., Bull. No. 46, pp. 73—77. Washington 1904.

Rebenschädlinge. *Typhlocyba comes.* Schaden, Bekämpfung. Biologie u. Entwicklung.

— **(3).** The Grape Leaf-hopper. — Cornell Univ. Exper. Stat., Bull No. 215, pp. 83—102. Ithaca, N. Y., 1904.

Typhlocyla comes Say, an Rebe. Historisches, Verbreitung, Schaden, Charaktere u. Variabilität, Biologie, Nährflanzen. Lebenszyklus. Feinde. Bekämpfung.

Snow, F. H. (1). Lists of Coleoptera, Lepidoptera, Diptera and Hemiptera collected in Arizona by the entomological expeditions of the University of Kansas in 1902 and 1903. — Kansas Univ. Sc. Bull., II, No. 12, pp. 325—350 = Bull. Univ. Kansas, IV, No. 9, pp. 323—350. Lawrence 1904.

pp. 347—350, Rhynchoten: 66 Heteropteren, 25 Homopteren.

— **(2).** [Hat *Nysius californicus* auf den San Francisco Mountains, Arizona, 12 800 Fuß, in Anzahl gesammelt; keine Vegetation daselbst]. — U. S. Dep. Agric., Div. Entom., Bull. No. 46, p. 79. Washington 1904.

Speiser, P. (1). Die Hemipterengattung *Polyctenes* Gigl. und ihre Stellung im System. — Zoolog. Jahrb., Suppl., VII, pp. 373 —390, tab. XX. Jena 1904.

Polyctenes intermedius n. sp., auf der Fledermaus *Taphozous perforatus*, aus Ägypten. Bestimmungstabelle der 7 bekannten Arten, mit Angabe der „Nährtiere". — Verf. stellt die Polycteniden zu den Hemipteren; schließen sich an die Acanthiiden an, aber mehr. Die abweichenden Charaktere sind Adaptationen an das parasitische Leben auf pelzbekleideten Tieren.

— **(2).** Eine Sammlung von Referaten über neuere Arbeiten aus dem Gebiete der Insektenfaunistik. — Allg. Zeitschr. Entom., IX, pp. 185—206. Neudamm 1904.

Arbeiten 1903 und 1904 erschienen.

Stauffacher, H. Das statische Organ bei *Chermes coccineus* Ratz. — — Allg. Zeitschr. Entom., IX, pp. 361—374, 3 Tafeln. Neudamm 1904.

Verf. hat bei *Adelges coccineus* ein Organ entdeckt, welches den 1903 von ihm bei *Phylloxera vastatrix* beschriebenen statischen Apparat entspricht. Ausführliche Beschreibung des Organs: Wandung, Statolithen, Nerv, Epithelzellen, Endolymphe.

Stebbing, E. P. On the life-history of a new *Monophlebus* from India, with a note on that of a *Vedalia* predaceous on it. With a few remarks on the Monophlebinae of the Indian Region. — Journ. Linn. Soc. Lond., XXIX, pp. 142—161, tab. XVI —XVIII. London 1904.

Monophlebus Stebbingi Green, Indien, an *Shorea robusta*. Schaden. Biologie. Lebenszyklus, Vitalität. — Feinde: *Vedalia Guerini* Crotch. (Coccinellide).

*Stefani, Perez, T. de. Una Cocciniglia dannosa a due piante di lusso. — L'Ora, 1904, N. 58, Separatum 8 pp. in 16⁰, 2 Fig. Palermo 1904. [Ref.: Marcellia, III, p. V. Avellino 1904].

Asterolecanium variolosum Ratz. an *Templetonia retusa* u. *Pittosporum tobira*. Schaden, Bekämpfung.

Stegagno, G. I locatari dei Cecidozoi sin qui noti in Italia. — Marcellia, III, pp. 18—53. Avellino 1904.

Zwischen den „Parassiti-Predatori" finden sich 3 *Anthocoris*-Arten; zwischen den „Successori-" 1 Psyllide, in Aphidengallen. — Liste der Rhynchoten mit Angabe ihrer „locatari": 11 dieser gehören zu den „Parassiti" (Dipt. 10, Hymen. 1), 5 den „Parassiti-Predatori" (3 Hem., 2 Lepid.), 1 den „Successori" (Hem.), 2 haben eine nicht näher bestimmte Rolle (Lepid.).

Stschelkanovzew, J. P. Über die Eireifung bei viviparen Aphiden. — Biolog. Centralbl., XXIV, pp. 104—112. Stuttgart 1904.

Macrosiphum rosae. Eibeschreibung. — Eireifung; der alte Chromatinfaden zerfällt teilweise in mehrere Nukleolen, löst sich teilweise auf; Übergang einer chromatischen Substanz aus dem Plasma in den Kern; der neue Faden unmittelbar an den peripheren Nukleolen gebildet, keine Spur von Längsspaltung; die Chromosomen weisen erhebliche Größendifferenzen auf.

Swezey, O. H. (1). Life-History-Notes on two Fulgoridae. — Ohio Natur., III, pp. 354—357, Taf. VI. Columbus, Ohio, 1903.

Biologie und Larven von *Amphiscepa bivittata* Say u. *Ormenis septentrionalis* Spin., Ohio.

— **(2).** Observations on Hymenopterous Parasites of Certain Fulgoridae. — Ohio Natur., III, pp. 444—450. Columbus, Ohio, 1904.

Dryinus typhlocybac Ashm. (= *ormenidis* Ashm.) u. *Cheiloneurus Swezeyi* Ashm., auf *Ormenis septentrionalis* Spin.; *Gonatopus bicolor* Ashm. (= *Labeo longitarsis* Ashm.) in *Liburnia lutulenta* Van Duz.

— **(3).** Observations on the life -history of *Liburnia campestris*, with notes on a Hymenopterous parasite infesting it. — U. S. Dep. Agric., Div. Entom., Bull. No. 46, pp. 43—46. Washinton 1904.

An Gras. Biologie und Lebenszyklus von *Liburnia campestris* Van Duz. im Ohiostaat. Eierlegung. — Nymphe von *L. lutulenta* Van Duz. Bekämpfung.

— **(4).** Preliminary Catalogue of the described species of the family of Fulgoridae of North America, north of Mexico. — Ohio Dep. Agric., Bull. No. 3, 1904, 48 pp. Springfield, Ohio, 1904.

Katalog der nordamerik. Fulgoriden: 57 Gattungen, 179 Arten (+ 3). Synon., Literatur (biolog. Literatur auch angeführt), Verbreitung, Nährpflanze. Bibliographie.

Symons, T. B. Entomological Notes for the year in Maryland. — U. S. Dep. Agric., Div. Entom., Bull. No. 46, pp. 97—99. Washington 1904.

Schädliche Aphiden und Cocciden.

Tassi, Fl. Zoocecidi della Flora senese. II. — Bull. Labor. ed Ordo botan. Siena, VI, pp. 145—148. Siena 1904.

14 Aphidocecidien aus Siena, Italien.

Tavares, J. da Silva. Instrucciones sobre el modo de recoger y enviar las zoocecidias. — Bol. Soc. Espan. Hist. natur., IV, pp. 119 —120. Madrid 1904.

Sammeln und Übersenden der Zoocecidien. Technik.

Theobald, F. V. (1). British Museum (Natural History). Second Report on Economic Zoology. IV + 197 pp. London 1904.

Schädliche Insekten, meist Englands; biologische Angaben (meist nach früheren Autoren), Schaden, Bekämpfung, Feinde. — Am Ende (pp. 185—189): Verzeichnis der aus Ägypten bekannten Cocciden: 12 Arten (neu: p. 185 *Diaspis squamosus* n. sp. Newstead et Theobald).

— **(2).** The „Dura" Aphis or „Asal-fly" (*Aphis sorghi* nov. sp.). — — In: **Balfour, A.,** First Report Wellc. Research Labor. at the Gordon Memorial College, Khartum, pp. 43—45, Tab. C. Khartum 1904.

Aphis sorghi n. sp., an *Sorghum*, Sudan. Schaden. Feinde.

Trotter, A. (1). Nuovi zoocecidii della flora italiana. Secunda serie. — Marc., III, pp. 5—13. Avellino 1904.
3 Coccidocecidien, Italien.

— **(2).** Di alcune galle del Marocco. — Marc., III, pp. 14—15. Avellino 1904.
Aphide? an *Cistus* sp., Blätter; Marokko.

— **(3).** Nuovi zoocecidii della flora italiana. Terza serie. — Morc., III, pp. 70—75. Avellino 1904.
2 Coccido-, 1 Psyllocecidie. Italien.

— **(4).** Galle della Colonia Eritrea (Africa). — Marc., III, pp. 95 —112. Avellino 1904.
2 Coccido-, 1 Aphido-, 1 Rhynchotocecidie. Erythrea.

Trotter, A. et Cecconi, G. „Cecidotheca italica". — Marc., III, pp. 76 —81. Avellino 1904.
Liste der veröffentlichten Hefte. — 40 Rhynchotocecidien, an 38 Pflanzenarten.

Uhler, P. R. List of Hemiptera-Heteroptera of Las Vegas Hot Springs, New Mexico, collected by Messrs. E. A. Schwarz et Herbert S. Barber. — Proc. U. S. Nat. Mus., XXVII, No. 1360, pp. 349—364. Washington 1904.
79 Arten; Verbreitung in den Verein. Staaten; Jahreszeit. — Neue Arten zu *Oxycarenus, Rhyparochromus, Clivinema, Dichrooscytus, Hadrodema, Mycterocoris* n. gen., *Camptobrochis, Halticus, Ceratocombus,* aus New Mexico.

van Duzee, E. P. (1). Hemiptera of Beulah, New Mexico. — Trans. Amer. Entom. Soc., XXIX, pp. 107—112. Philadelphia 1903.
28 Heteropteren, 13 Homopteren. Neue Arten zu *Euschistus, Alydus. Ligyrocoris balteatus* St., neu für die Verein. Staaten. — Vergl. also **Cockerell (4) (5)** u. **Cockerell, W. T. et T. D. A.**

— **(2).** Annotated list of the Pentatomidae recorded from America, North of Mexico, with descriptions of some new species. — — Trans. Amer. Entom. Soc., XXX, pp. 1—80. Philadelphia 1904.
Liste der gesamten Pentatomiden aus Nordamerika (incl. Kanada): 201 Arten (neu: 14 Arten, 1 Variet.). Synonymie, geogr. Verbreitung, systematische Angaben u. Ergänzung zur Beschreibung von zahlreichen Arten. Für einige Gattungen, Bestimmungstabelle der Arten. — Neue Arten zu *Corimelaena, Phimodera, Eurygaster, Odontoscelis, Podops, Brachymena, Peribalus, Pentatoma, Thyanta, Acanthosoma* (1 neue Var.), *Brephaloxa* n. gen.

Varela, G. (1). Reduvidos de la Guinea espanala. — Mem. Soc. Espan. Hist. Nat., I, pp. 129—140. Madrid 1904.
38 Reduvidenarten (neu: 8) aus Span. Guinea. Neue Arten zu *Heteropinus, Santosia* (n.Var.), *Mionerocerus* (Var.), *Cleptria, Mastigonomus, Harpagocoris.* Ergänzung zu *Authenta flaviventris* Bergr.

— **(2).** Notas hemipterologicas. Reduvidos nuevos. — Bol. Soc. Espan. Hist. Nat., IV, pp. 55—56. Madrid 1904.

Neue Arten zu *Acanthaspis, Phonergates* u. *Phonoctonus*, aus Kamerun.

Washburn, F. L. (1). Insects of the year in Minnesota, with data on the number of broods of *Cecidomyia destructor* Say. — A. S. Dep. Agric., Div. Entom., Bull. No. 46, pp. 99—102. Washington 1904.

2 Aphiden, 1 *Corimelaena, Empoasca mali* Walsh.

*— **(2).** Ninth Annual Report of the State Entomologist of Minnesota for the year 1904. — 196 pp., 177 Fig. St. Anthony Park, Minn. 1904.

Webster, F. M. Some distribution Notes. — U. S. Dep. Agric., Div. Entom., Bull. No. 46, pp. 46—47. Diskussion: pp. 47—48]. 1904.

Murgantia histrionica in Urbana und Ohio - Staat. — Disk.: nach **Gillette**: Colorado.

Wilcox, E. V. [Diskussion zu **Fletcher**]. — U. S. Dep. Agric., Div. Entom., Bull. No. 46, p. 87. Washington 1904.

Empfiehlt HCN zur Vernichtung der Reblaus.

Wirtner, P. M. A preliminary list of the Hemiptera of Western Pennsylvania. — Annals Carnegie Mus., III, pp. 187—232. Pittsburg 1904.

418 Arten: 216 Heteropteren, 200 Homopteren. Aus W. Pennsylvanien. — Jahreszeit; einige Nährpflanzenangaben.

Xambeu. Moeurs et Métamorposes des Insectes (suite). — Mélanges Entomologiques. — Ann. Soc. Linn. Lyon, 2, pp. 79—129. Lyon 1904.

S. 119: „*Aphis radicum*". S. 126—129: Heteropteren: *Eurydema ornatum* L., *Rhinocoris iracundus* Costa, *Piezodorus lituratus* F., *Chorosoma Schillingi* Schumm: Begattung, Eiablage; Ei.

***N. N.** Fünfundzwanzigste Denkschrift betreffend die Bekämpfung der Reblauskrankheit 1902 und 1903 (bis 1. Oktober). — Bearbeitet im Kais. Gesundheitsamte, Berlin 1904, 189 pp., 5 Karten. [Ref.: Centralbl. f. Bakteriol., Parasitenk. u. Infekt., II. Abt., XIII, 1904. pp. 115—121. 1904.]

Übersicht nach dem Stoff.

Literaturübersichten.

Fredericq (1) Fauna des Hohen Venn, Belgien. — **Gross (1)** Spermatogenese der Hemipteren. — **Hueber (1)** Deutsche Zikadinen. — **Kirkaldy (7)** Brutpflege. — **Schouteden (5)** Aphidenfauna Südamerikas. — **Schröder (1)** Arbeiten über außereuropäische Insektenschädlinge; — **(2)** Arbeiten über die geschlechtsbestimmenden Ursachen. — **Slingerland (3)** *Typhlocyba comes*. — **Speiser (2)** Arbeiten aus dem Gebiete der Insektenfaunistik.

Technik.

Sammeln : Sanders (2) p. 76 Cocciden. — **Tavares (1)** Cecidien. — **Embleton (2)** Cocciden.

Konservieren und Fixieren: **Gross (1)** Hoden von *Syromastes marginatus* L. — **Marshall** et **Severin (1)** *Ranatra fusca* Pal. — **Mazzarelli (1)** *Diaspis pentagona* Targ. — **Stschelkanovzew (1)** *Macrosiphum rosae* L.

Präparieren: **Embleton (2)** Cocciden. — **Enderlein (1)** getrocknete Insekten. — **Stauffacher (1)** das statische Organ von *Adelges coccineus* Ratz. — **Sanders (2)** p. 76—77 Cocciden.

Färben: **Gross (1)** Spermatagonien von *Syromastes marginatus* L. — **Marshall** et **Severin (1)** *Ranatra fusca* Pal., Speiserohr. — **Mazzarelli (1)** *Diaspis pentagona* Targ. — **Stschelkanovzew (1)** *Macrosiphum rosae* L.

Mikroskopische Untersuchung: **Cholodkovsky (1)** Wachsdrüsen der *Adelges*-Arten. — **Enderlein (1)** getrocknete Insekten. — **Flögel (1)** *Myzus ribis* L. — **Stauffacher (1)** statisches Organ von *Adelges coccineus* Ratz.

Beweis für Leben: **Mayet (1)** *Margarodes vitium* Giard, Kysten.

Aufziehen lebender Tiere: **Dodd (1)** *Tectocoris lineola* var. *Banksi* Don. — **Felt (4)** *Corythuca marmorata* Uhl. — **Girault (2)** *Anasa tristis* Geer.

Gegen Blattlaus: **Wilcox (1)** Empfiehlt HCN.

Bekämpfung von Pflanzenschädlinge: **Balfour (1)** Cocciden auf *Acacia*; *Aspongopus viduatus* F. — **Banks (1)** Cicadiden, Aphiden u. Cocciden auf *Theobroma cacao*. — **Burgess (1)** San Josélaus; — **(2)** *Aphis pomi* u. San Josélaus. — **Britton (2)** San José-Laus, *Adelges vaporariorum*; — **(3)** Cocciden, *Aphis pomi*, *Psylla pyricola* Först. — **Cantin (1)** Reblaus. — **Cooley (1)** *Aphis pomi*. — **Collinge (1)** England. — **Felt (1)** San José-Laus; — **(2)** *Aphis pomi*, etc.; — **(3)** *Corythuca irrorata*; — **(4)** *Corythuca marmorata* Uhl., *Aphis pomi*, *Myzus cerasi*, *Chaitophorus aceris*, *Psylla pyricola*, *Eulecanium juglandis* Bouché, *Lygus pratensis* L., *Aspidiotus perniciosus*. — **Fletcher (1)** *Psylla pyricola*, *Aspidiotus perniciosus*, *Phorodon humuli*. — **Frost (1)** *Aleyrodes*. — **Green (7)** *Helopeltis Antonii* Sign., *Hel.* auf Cacao. — **Guénaux (1)** Schädliche Rhynchoten. — **Howard (1)** *Ceroplastes* u. *Lecanium oleae* Bern. — **Kotinsky (3)** *Pulvinaria amygdali* Cock. — **Marchal (2)** *Chrysomphalus dictyospermi* var. *minor* Berl. — **Marchand (1)** *Philaenus spumarius* L. — **Marlatt (1)** *Lecanium oleae*. — **Newell (1)** San José-Laus. — **Reh (1)** Deutschland's Cocciden. — **Ribaga (1)** *Icerya purchasi* Mask. — **Sanders (2)** p. 66 *Aspidiotus perniciosus* Comst.; p. 75 *Lepidosaphes ulmi* L. — **Schröder (1)** Referaten neuerer Arbeiten über außereuropäische Schädlinge. — **Slingerland (1)** *Psylla pyricola*; — **(2)** *Typhlocyba comes*; — **(3)** *Typhlocyba comes*. — **Stebbing (1)** *Monophlebus Stebbingi* Green. — **Stefani (1)** *Asterolecanium variolosum* Ratz. — **Swezey (1)** *Liburnia campestris* Van Duz. — **Theobald (1)** Aphiden, Cocciden, Psylliden. — **Xambeu (1)** p. 119 *Aphis radicum*. — **N. N. (1)** Reblaus.

Morphologie.

Henneguy (1) Allgemeines.

Integument: **Cholodkovsky (1)** Wachsdrüsen der *Adelges*-Arten. — **Henneguy (1)** p. 64—65 Wachsdrüsen; — Röhrchen der Aphiden. — **Mazzarelli (1)** *Diaspis pentagona* Targ.

Drüsen: **Bordas (1)** Speicheldrüsen von *Nepa cinerea* L. — **Breddin (3)** Reduviidenlarve mit verwachsenen Abdominaldrüsen-Öffnungen. — **Cholodkovsky (1)** Wachsdrüsen der *Adelges*-Arten. — **Henneguy (1)** Wachsdrüsen,

p. 64—65. — **Marshall** et **Severin (1)** Speicheldrüsen von *Ranatra fusca* Pal.
— **Mazzarelli (1)** *Diaspis pentagona* Targ.
Extremitäten: Flögel (1) *Myzus ribis* L. — **Handlirsch (2)** Gonopoden u. Styli.
— **Klapalek (1)** Gonopoden u. Styli.
Mundwerkzeuge: Börner (1) Homopteren u. Corixiden. — **Henneguy (1)** p. 40.
— **Mazzarelli (1)** p. 321 *Diaspis pentagona* Targ.
Flügel: Garber (1) *Blissus leucopterus* Say. — **Kirkaldy (6)** p. 99 *Enithares
maculata* Dist., Elytron. — **Henneguy (1)** p. 49 Hinterflügel von *Phylloxera*.
Sinnesorgane: Henneguy (1) p. 141 Lautapparat der Cicaden; p. 149 Augen. —
Stauffacher (1) Statisches Organ bei *Adelges coccineus* Ratz.
Nervensystem: Henneguy (1) p. 119 Abdominalkette. — **Marshall** et **Severin**
Ranatra fusca Pal. — **Mazzarelli (1)** *Diaspis pentagona* Targ.
Fühlergrube: Breddin (6) *Colobasiastes, Phaenacantha, Ceraleptus, Cutocoris.*
Darmtraktus: Marshall et **Severin (1)** *Ranatra fusca* Pal. — **Mazzarelli (1)** *Diaspis
pentagona* Targ.
Malpighische Gefäße: Henneguy (1) p. 80.
Tracheensystem: Marshall et **Severin (1)** *Ranatra fusca* Pal. — **Henneguy (1)**
p. 101, 470.
Geschlechtsorgane: Breddin (5) *Plisthenes confusus* Horv. u. *buruensis* n. sp.
— **Gross (1)** Hoden von *Syromastes marginatus* L. — **Heidemann (3)** *Podisus
cynicus* Say u. *bracteatus* Fitch. — **Henneguy (1)** p. 155—165, 169, 173, 174.
— **Marshall** et **Severin (1)** *Ranatra fusca* Pal. — **Mazzarelli (1)** *Diaspis
pentagona* Targ., Eiröhre.
Ei: Bemis (1) *Aleyrodidae*. — **Dodd (1)** *Tectocoris lineola* var. *Banksi* Don. — **Felt (4)**
Corythuca marmorata Uhl. — **Flögel (1)** *Myzus ribis* L.; Apparat zum Sägen
der Eihäute. — **Giard (1)** *Pseudophlaeus Falleni* Schill. — **Guerin** et **Peneau (1)**
p. 2 Pentatomiden; — **(2)** p. 7 *Phyllomorpha laciniata* Vill.; p. 12 *Syromastes
marginatus* L. — **Himegaugh (1)** *Kermes Gillettei* Cock. — **Mazzarelli (1)**
Diaspis pentagona Targ. — **Silvestri (1)** p. 1 *Tettigometra impressifrons* Muls.
— **Slingerland (3)** *Typhlocyba comes* Say. — **Theobald (1)** p. 87 *Adelges
abietis-laricis*; — **(2)** *Aphis sorghi* n. sp. — **Xambeu (1)** p. 126 *Eurydema
ornatum* L.; p. 127 *Rhinocoris iracundus* Costa; p. 128 *Piezodorus lituratus* F.;
p. 129 *Chorosoma Schillingi* Schum.
Larven: Bemis (1) *Aleyrodidae*. — **Breddin (3)** Termitophile Reduviidenlarven.
— **Dodd (1)** *Tectocoris lineola* var. *Banksi* Don. — **Felt (4)** *Corythuca marmo-
rata* Uhl. — **Flögel (1)** *Myzus ribis* L. — **Girault (3)** *Aphrophora parallela*
Say. — **Mazzarelli (1)** *Diaspis pentagona* Targ. — **Sasaki (1)** *Ericerus pe-la*
Westw. — **Slingerland (3)** *Typhlocyba comes* Say. — **Stebbing (1)** *Mono-
phlebus Stebbingi* Green. — **Swezey (1)** p. 354 *Amphiocyra bivittata* Say.;
p. 356 *Ormenis septentrionalis* Spen.; — **(3)** p. 45 *Liburnia campestris*
Van Duz. u. *lutulenta* Van Duz. — **Theobald (2)** *Aphis sorghi* n. sp.
Dimorphismus und Polymorphismus (S. also *Coccidae, Aleyrodidae, Aphidae*):
Distant (1) Reduviiden. — **Garber (1)** *Blissus leucopterus* Say. — **Horvath (1)**
p. 130 *Phaenacantha sedula* Horv.; p. 158 *Colobasiastes* ♂. — **Swezey (1)**
Liburnia campestris Van Duz. u. *lutulenta* Van Duz. — **Theobald (1)** p. 160
Macrosiphum rosae L.
Sexueller Dimorphismus (S. also *Aphidae, Coccidae, Aleyrodidae*): **Distant (1)**
Reduviiden. — **Henneguy (1)** p. 196 Cocciden. — **Horvath (1)** p. 158 *Colo-
basiastes*; — **(3)** *Caliscelis*. — **Schouteden (1)** p. 135 *Chipatula agilis* n. sp.

Varileren: Flögel (1) p. 333 Aphiden. — **Fowler (1)** p. 114 *Ulixes clypeatus* St.
— **Green (1)** p. 215 *Lecanium* [*Coccus*] *bicruciatum* n. sp. — **Jacobi (2)** *Poeci-loptera*-Arten. — **Pergande (2)** Aphidenfühler u. -Röhrchen. — **Reh (1)** p. 4 *Chionaspis salicis* L.; — **(2)** Diaspinen. — **Slingerland (2)** p. 77 *Typhlocyba comes* Say; —**(3)** *Typhlocyba comes* Say: p.87, 90, 94, Winter- u. Sommerfarbe. — **Theobald (1)** p. 47 Larve von *Psylla mali* Först. — **Varela (1)** p. 139 *Vestula obscuripes* St. u. *lineaticeps* Sign.

Physiologie.

Henneguy (1) Allgemeines.
Respiration: Henneguy (1) p. 103 u. p. 470. — **Marshall et Severin (1)** p. 493—496 *Ranatra fusca* Pal.
Stoffwechsel: Balfour (1) p. 41 Aphiden: Honigtau. — **Banks (1)** p. 29 Aphiden: Honigtau. — **Bemis (1)** p. 476 Aleyrodiden.
Funktion der Mundwerkzeuge: Felt (3) p. 131 *Aphis mali* L.: Honigtau. — **Goding et Froggatt (1)** p. 585 *Psaltoda moerens* St.; das Saugen an Eucalyptus-Rinde ist ein so intensives, daß vom After Flüssigkeit fortwährend abgegeben wird. — **Green (1)** p.172 *Lecaniinae*. — **Penzig (1)** *Cicadinen*: Honigtau. — **Stebbing (1)** p. 150 *Monophlebus Stebbingi* Green. — **Theobald (2)** p. 45 *Aphis sorghi* n. sp., Honigtau.
Sekretion: Bemis (1) p. 491 *Aleyrodes pruinosus* n. sp., Wachs in Alkohol löslich. — **Cholodkovsky (1)** *Adelges*: Wachs. — **Girault (3)** p. 44—46 Larve von *Aphrophora paralella* Say: Schaumbildung. — **Green (1)** p. 172 *Lecaniinae*. — **Marchal (2)** p. 247 *Chrysomphalus dictyospermi* var. *minor* Berlese: Schild. — **Marchand (1)** p. XXVII *Philaenus spumarius* L.: Schaum. — **Mazzarelli (1)** p. 323 *Diaspis pentagona* Targ., Seide? — **Penzig (1)** *Cicadinen*: Honigtau. — **Sanderson (2)** p. 11 *Homalodisca triquetra* F.: Flüssigkeit. — **Sasaki (1)** p. 7—10 *Ericerus pe-la* Westwood: Wachs; p. 4 Flüssigkeit aus Rückendrüsen. — **Schwarz (2)** p.154 Psyllide [nach **(3)** = *Euphalerus nidifex* n. gen. n. sp.]: Nest aus Kotonfäden gebildet. — **Stebbing (1)** p. 149 *Monophlebus Stebbingi* Green: Honigtau. — **Theobald (2)** p. 45 *Aphis sorghi* n. sp.: Honigtau.
Geruch: Conradi (1) Heteropteren. — **Sasaki (1)** p. 8 *Ericerus pe-la* Westwood, Flüssigkeit von den Rückendrüsen sezerniert.
Giftigkeit: Distant (1) p. 265 *Acanthaspis megaspila* Walk. — **Pavie (1)** p. 165 Stechende Arten. — **Xambeu (1)** p. 127 *Rhinocoris iracundus* Costa.
Bewegungen: Bemis (1) Aleyrodiden: Flug. — **Distant (1)** p. 480 *Halticus minutus* Reut.: Sprung. — **Girault (3)** p. 45 Larve von *Aphrophora parallela* Say.
Einrichtung zum Ausschlüpfen: Felt (3) p. 126 *Corythuca marmorata* Uhl. — **Flögel (1)** p. 329 *Myzus ribis* L. — **Henneguy (1)** p. 491.
Funktion der Extremitäten: Banks (1) *Cicadiden*: minierende Larven.
Sinnesorgane: Henneguy (1) p. 149 Augen; p. 141 Lautapparat der Cicadiden.
Tonerzeugung: Distant (1) p. 298 *Pirates flavipes* Walk. — **Hueber (2)** Deutsche Sing-Cicaden.
Vom Licht angelockt: Holmes (1) *Ranatra*. — **Kirkaldy (2)** p. 177 *Deltocephalus hospes* n. sp.; — **(11)** p 383 *Elasmocelis iram* Kirk. — **Heidemann (1)** p. 162 *Aradus Falleni* St. — **Reuter (9)** *Trichobasis setosa* n. g. n. sp.; *Charagochilus nigricornis* n. sp.; *Campto brochis oculata* n. sp.; *Tylopeltis albosignata* n. g. n. sp.; *Nanniella chalybea* n. g. n. sp.; *Chlorosomella geniculata* n. g. n. sp.

Vom Geruch angelockt: Heidemann (1) p. 162 *Brachyrrhynchus granulatus* Say.
Einfluß der Temperatur: Balbiani (1) Aphiden. — **Schröder (2)** Aphiden. [in Ref.
zu **Ba'biani**]. — **Mazzarelli (1)** p. 318 *Diaspis pentagona* Targ., Eiablage,
Ausschlüpfen. — **Slingerland (3)** p. 90 *Typhlocyba comes* Say: Aktivität.
Einfluß äußerer Lebensbedingungen: Balbiani (1) Aphiden-Nahrung. — **Garber (1)**
Blissus leucopterus Say. — **Pergande (2)** p. 8 *Siphocoryne* [Aphis] *avenae* L.:
Nahrung, Einfluß auf die Entwicklung der Fühler u. Röhrchen. — **Reh (1)**
p. 24 *Chionaspis salicis* L.: verschied. Nährpflanzen bewirken versch.
Variet.? — **Speiser (1)** *Polyctenes*: Anpassung an das parasitische Leben
auf pelzbekleideten Tieren.
Reaktion auf Gas: Frost (1) *Alcyrodes* u. HCN.
Lebenszähigkeit: Felt (3) p. 136 *Pemphigus imbricator* Fitch: widersteht Kalt.
— **Mayet (1)** *Margarodes vitium* Giard, enkystiert.
Wirkung zwischen Tier und Pflanzen (*Cecidien*): **Bemis (1)** p. 471 Aleyroden auf
Quercus agrifolia, Arbutus Menziesii, Sonchus oleraceus: Blättern. — **Cecconi**
(1) p. 178 *Mindarus abietinus* Koch auf *Abies pectinata*; p. 180 *Pemphigus*
gnaphalii Kalt. auf *Filago germanica, Psyllopsis fraxini* L. auf *Fraxinus*
excelsior; p. 181 *Adelges abietis* L. auf *Larix leptolepis, Aphis nepetae* Kalt.
auf *Origanum vulgare*; p. 182 *Myzoxylus laniger* Hausm. auf *Pyrus malus*;
p. 187 *Macrosiphum solidaginis* F. auf *Solidago virga-aurea*. — **Cockerell (1)**
Cladobius beulahensis n. sp. auf *Populus tremuloides*; **(5)** p. 114 *Aphis cheno-*
podii Cowen auf *Chenopodium album*. — **Cook (1, 2)** Cecidien. — **Corti (1)** p. 343
Cryptosiphum gallarum Kalt. auf *Artemisia vulgaris*; p. 344 *Psylla buxi* L. auf
Buxus sempervirens; p. 347 *Aphis atriplicis* L. auf *Chenopodium album*; p. 349
Aphis mali L. u. *Myzus oxyacanthae* Koch auf *Crataegus oxyacantha*; p. 351
Aphide auf *Eupatorium cannabinum*; p. 352 *Aphis evonymi* F. auf *Evonymus*
europaeus; *Psyllopsis fraxini* L. auf *Fraxinus excelsior*; p. 355 *Asterolecanium*
massalongianum Targ. auf *Hedera helix*, Psyllide auf *Horminum pyrenaicum*;
p. 356 *Siphocoryne xylostei* Schrk.; p. 359 *Adelges abietis* L. u. *strobilobius*
Kalt. auf *Pinus abies*; p. 360 *Myzoxylus laniger* Hausm. auf *Pyrus malus*;
Pemphigus cornicularius Pass., *follicularius* Pass, *semilunarius* Pass., *utri-*
cularius Pass., auf *Pistacia terebinthus*; *Pemphigus affinis* Kalt. auf *Populus*
nigra; p. 361 *P. bursarius* L. u. *populi* Courch., id.; p. 362 *Myzus cerasi* F.
auf *Prunus avium, Aphis prunicola* Kalt. auf *Prunus spinosa*; p. 366 *Phyllo-*
xera coccinea Heyd. auf *Quercus robur* var. *pubescens*; p. 367 *Trichopsylla*
Walkeri Först. auf *Rhamnus catharticus*; p. 368 *Myzus ribis* L. auf *Ribes*
rubrum; p. 375 *Schizoneura lanuginosa* Kart. auf *Ulmus campestris*; p. 176
Schizoneura ulmi L., *Tetraneura pallida* Hal., *rubra* Licht. u. *ulmi* Geer auf
Ulmus campestris; — **(2)** p. 4 *Adelges abietis* L. u. *strobilobius* Kalt. auf
Picea excelsa; p. 6 Aphide auf *Aegopodium podagraria*; p. 7 *Aphis atriplicis*
Kalt. auf *Chenopodium murale*; p. 10 *Psyllopsis fraxini* L. auf *Fraxinus*
excelsior; p. 11 *Livia juncorum* Latr. auf *Juncus lamprocarpa*; p. 12 *Sipho-*
coryne xylostei Schrk. auf *Lonicera alpigena*; p. 14 *Pemphigus affinis* Kalt.,
bursarius L. u. *marsupialis* Courch. auf *Populus nigra*; p. 15 *P. spirothecae*
Pass. auf *Populus nigra*; p. 16 *Myzus cerasi* F. auf *Prunus avium, Phorodon*
mahaleb Koch auf *Prunus mahaleb*; p. 122 *Myzus ribis* L. auf *Ribes alpinum*
u. *rubrum*; p. 130 *Schizoneura ulmi* L. u. *Tetraneura ulmi* Geer. auf *Ulmus*
montana. — **Felt (2)** p. 66 *Myzus cerasi* F., *Chaitophorus aceris* L.; — **(3)**
p. 133 *Myzus cerasi* L. auf *Cerasus*; p. 134 *Chaitophorus aceris* auf *Acer*;

p. 136 *Pemphigus popularius* Fitch auf *Populus balsamiferus*. — **Gillett (1)**
Adelges sp. — **Goury** et **Guignon (1)** p. 113—114 Aphiden auf *Aquilegia
atrata* u. *vulgaris*; p. 114 *Aphalara caltha* L. auf *Calthae palustris*; p.138—139
Pemphigus ranunculi Kalt. auf *Ranunculus bulbosus, flammula* u. *repens*;
p. 139 *Aphis* auf *Ranunculus repens*; — (**2**) p. 255 *Trioza Scotti* Löw auf
Berberis vulgaris. — **Houard (1)** Anatomie der Pleurocecidien; — (**2**) *Aphis
grossulariae* Kalt. auf *Ribes rubrum*. — **Massalongo (1)** p. 117 *Rhopalosiphum ligustri* Kalt. auf *Ligustrum vulgare, Siphocoryne xylostei* Schrk.
auf *Lonicera alpigena*. — **R. Schmidt (1)** p. 49 *Trioza aegopodii* F. Löw. auf
Aegopodium podagraria; p. 50 *Calophya rhois* F. Löw auf *Cotinus cotinus*;
p. 51 *Pemphigus nidificus* F. Löw auf *Fraxinus excelsior*; p. 52 *Siphocoryne
xylostei* Schrk. auf *Lonicera alpigena*; *Pemphigus utricularius* Pass., *cornicularius* Pass.; p. 53 *P. follicularius* Pass. u. *semilunarius* Pass. auf *Pistacia
terebinthus*; p. 53 *P. bursarius* L., *vesicarius* Pass.; p. 54 *P. spirothecae* Pass.
u. *affinis* Kalt., auf *Populus nigra*; p. 54 *Phorodon mahaleb* Koch u. *Aphis
?prunicola* Kalt. auf *Prunus mahaleb*; p.57 *Tetraneura rubra* Licht., *Schizoneura ulmi* L. u. *lanuginosa* Hart. auf *Ulmus campestris*. — **Ross (1)** Cecidien.
— **Sanders (2)** p. 45 *Chionaspis caryae* Cooley, auf *Hicoria alba*. — **Slingerland (1)** p. 70 *Aphis sorbi* Kalt., *pomi* Geer, *Fitchi* Sand., auf *Pyrus*; — (**3**)
p. 88 *Typhlocyba comes* Say auf *Vitis*. — **Tassi (1)** p. 145 *Aphis evonymi* F.
auf *Evonymus europaeus*; p. 146 *Aphis [Cryptosiphum] gallarum* Kalt. auf
Artemisia vulgaris, *Aphis [Phorodon] mahaleb* auf *Prunus mahaleb*, *Aphis
origani* Pass. auf *Calamintha parviflora* u. *Origanum onites*, *A. plantaginis*
Schrk. auf *Plantago lanceolata*, *A. pruni* F. auf *Prunus spinosa*, *A. urticae* F.
auf *Parietaria officinalis*, Aphide auf *Ajuga reptans*; p. 147 Aphide auf
Amaranthus paniculatus, *Myzus ribis* L. auf *Ribes rubrum*, *Schizoneura
lanuginosa* Hart. auf *Ulmus campestris*, *Siphocoryne xylostei* Schrk. auf
Lonicera sp., *Siphonophora [Macrosiphum] solidaginis* Koch auf *Centaurea
cyanus*, *S. tanaceticola* Kalt. auf *Tanacetum vulgare*. — **Trotter (1)** p. 9
Cocciden auf *Lamium flexuosum* u. *Lithospermum officinale*; p. 13 Coccide
auf *Trifolium subterraneum*; — (**2**) p. 15 Aphide ? auf *Cistus sp.*; — (**3**) p. 73
Coccide auf *Euphrasia officinalis*, Psyllide auf *Galium cruciatum*; p. 74
Coccide auf *Sanicula europaea*; — (**4**) p. 97 Coccide auf *Aphania senegalensis*;
p. 100 Aphide? auf *Justicia violacea*; p. 101 Rhynchote ? auf *Rhapidospora
cordata*; p. 102 Coccide auf *Salvadora persica* F. — **Trotter** et **Cecconi (1)**
Rhynchotocecidien (40) der „Cecidotheca italica". — **Theobald (1)** p. 45
Psylla mali Först. auf *Pyrus* u. *Crataegus*.

Fortpflanzung und Entwicklung.

Allgemeines: Henneguy (1) p. 220 u. folg.

Gruppen: Green (1) *Lecaniinae*. — **Bemis (1)** Aleurodiden. — **Reh (1)** Cocciden.

Oogenese: Henneguy (1) p. 632 u. 635. — **Mazzarelli (1)** p. 326—328 *Diaspis
pentagona* Targ. — **Stschelkanovzew (1)** *Macrosiphum rosae* L.

Spermatogenese: Gross (1, 2) *Syromastes marginatus* L. — **Henneguy (1)** p. 648
u. folg.

Eireifung: Henneguy (1) p. 301.

Kernteilung: Gross (1, 2) *Syromastes marginatus* L., Spermatogonien; Postreduktion. — **Henneguy (1).** — **Stschelkanozew (1)** *Macrosiphum rosae* L.

Eiablage: Bemis (1) Aleurodiden. — **Giard (1)** p. 107 *Pseudophloeus Falleni* Schill. — **Girault (2)** *Anasa tristis* Geer. — **Marchal (2)** p. 247 *Chrysomphalus dictyospermi* var. *minor* Berl. — **Mazzarelli (1)** p. 317 *Diaspis pentagona* Targ. — **Slingerland (3)** p. 91—93 *Typhlocyba comes* Say. — **Stebbing (1)** *Monophlebus Stebbingi* Green. — **Swezey (3)** p. 43 *Liburnia campestris* Van Duz. — **Xambeu (1)** p. 126 *Eurydema ornatum* L.; p. 127 *Rhinocoris iracundus* Costa; p. 128 *Piezodorus lituratus* F.; p. 129 *Chorosoma Schillingi* Schumm.

Viviparie: Balbiani (1) Aphiden. — **Reh (1)** Cocciden. — **Schröder (1)** p. 117 Aphiden. — **Flögel (1)** Aphiden. — **Stscheikanozew (1)** *Macrosiphum rosae* L.

Ausschlüpfen aus dem Ei: Bemis (1) Aleurodiden. — **Felt (4)** p. 126 *Corythuca marmorata* Uhl. — **Flögel (1)** p. 329 *Aphis betulicola* Kalt. — **Henneguy (1)** p. 491. — **Mazzarelli (1)** p. 320 *Diaspis pentagona* Targ. — **Slingerland (3)** *Typhlocyba comes* Say.

Wachstum: Flögel (1) Aphiden. — **Mazzarelli (1)** *Diaspis pentagona* Targ. — **Swezey (1)** p. 43 *Liburnia campestris*.

Häutung: Bemis (1) p. 475 Aleurodiden. — **Felt (4)** *Corythuca marmorata* Uhl. — **Flögel (1)** p. 333 *Aphis crataegi* Malt. — **Girault (3)** *Aphrophora parallela* Say. — **Green (1)** p. 173 Lecaniinae. — **Henneguy (1)** p. 542 Cocciden. — **Mazzarelli (1)** *Diaspis pentagona* Targ. — **Sasaki (1)** *Ericerus pe-la* Westw. **Slingerland (3)** *Typhlocyba comes* Say. — **Stebbing (1)** *Monophlebus Stebbingi* Green.

Metamorphosen (und Larven): Banks (1) Cicadiden. — **Breddin (3)** p. 412—416 Reduviidenlarven. — **Dodd (1)** *Tectocoris lineola* var. *Banksi* Don. — **Felt (4)** p. 126—128 *Corythuca marmorata* Uhl.: 5 Larvenstadium. — **Flögel (1)** Aphiden. — **Guerin et Peneau (1)** *Brachypelta aterrima, Zicrona coerulea*, etc. — **Girault (3)** *Aphrophora parallela* Say. — **Jacobi (3)** p. 117 *Oxyrrhachis tarandus* F. — **Mazzarelli (1)** *Diaspis pentagona* Targ. — **Osborn (2)** p. 89 *Eccritotarsus elegans, Myndus radicis* Osborn. — **Pergande (1)** Phylloxerinen aus N. Amerika. — **Sasaki (1)** *Ericerus pe-la* Westw. — **Slingerland (3)** p. 86—94 *Typhlocyba comes* Say. — **Stebbing (1)** *Monophlebus Stebbingi* Green. — **Swezey (3)** p. 43 *Liburnia campestris*; p. 45 *L. lutulenta*. — — **Theobald (2)** *Aphis sorghi* n. sp. — **Xambeu (1)** p. 127 *Rhinocoris iracundus* Costa.

Enkystierung: Henneguy (1) p. 543 *Margarodes vitium* Giard. — **Mayet (1)** *Margarodes vitium* Giard.

Rückbildung: Bemis (1) p. 476 Aleurodiden. — **Theobald (1)** p. 171 *Cryptococcus fagi* Bär.

Zeit der Geschlechtsreife: Mazzarelli (1) p. 317 *Diaspis pentagona* Targ. — **Sasaki (1)** p. 5 *Ericerus pe-la* Westw. — **Stebbing (1)** p. 148—149 *Monophlebus Stebbingi* Green. — **Xambeu (1)** p. 126 *Eurydema ornatum* L.; p. 127 *Rhinocoris iracundus* Cost.; p. 128 *Piezodorus lituratus* F.; p. 129 *Chorosoma Schillingi* Schumm.

Fortpflanzung: Balbiani (1) Aphiden. — **Henneguy (1)** p. 220—229 Aphiden; p. 229—241 *Phylloxera*; p. 241—245 *Adelges* [*Chermes*]. — **Reh (1)** Cocciden.

Paarung: Girault (2) *Anasa tristis* Geer; — **(3)** p. 47 *Aphrophora parallela* Say. — **Rainbow (1)** *Cyclochila australasiae* Don.×*Thopha saccata* Amyot. — **Sasaki**

(1) p. 5 *Ericerus pe-la* Westw. — **Stebbing (1)** p. 149 *Monophlebus Stebbingi* Green.

Fertilität: Dodd (1) *Tectocoris lineola* var. *Banksi* Don. — **Girault (1)** p. 3 *Chionaspis furfurus* Fitch; — **(2)** *Anasa tristis* Geer. — **Himegaugh (1)** *Kermes Gillettei* Cock. — **Mazzarelli (1)** p. 318 *Diaspis pentagona* Targ. — **Ribaga (1)** *Icerya purchasi* Mask. — **Sasaki (1)** p. 4 *Ericerus pe-la* Westw. — **Stebbing (1)** p. 150 *Monophlebus Stebbingi* Green. — **Swezey (3)** p. 43 *Liburnia campestris* — **Xambeu (1)** p. 126 *Eurydema ornatum* L.; p. 127 *Rhinocoris iracundus* Costa; p. 128 *Piezodorus lituratus* F.; p. 129 *Chorosoma Schillingi* Schumm.

Parthenogenesis: Balbiani (1) Aphiden. — **Henneguy (1)**. — **Schröder (1)** p. 117 Aphiden; — **(2)** p. 115 Aphiden.

Brutpflege: Dodd (1) *Tectocoris lineola* var. *Banksi* Don. — **Giard (1)** p. 107 *Pseudophlaeus Falleni* Schill. — **Kirkaldy (7)** Hemipteren.

Lebenszyklus: Banks (1) Cicadiden. — **Bemis (1)** p. 474—476 Aleurodiden. — **Cholodkovsky (2)** *Adelges orientalis* Dreyf. u. *pini* Koch. — **Felt (4)** p. 126 —129 *Corythuca marmorata* Uhl. — **Flögel (1)** p. 323—324 Aphiden. — **Gillette (1)** *Adelges sp.* — **Girault (3)** *Aphrophora parallela* Say. — **Marchal (2)** p. 247 *Chrysomphalus dictoyospermi* var. *minor* Berl. — **Mazzarelli (1)** p. 317 —326 *Diaspis pentagona* Targ.; — **Osborn (2)** p. 89 *Eccritotarsus elegans.* — **Pergande (1)** Phylloxerinen aus N. Amerika; — **(2)** *Siphocoryne* [*Aphis*] *avenae* F. — **Perkins (1)** *Perkinsiella saccharicida* Krik. — **Reh (1)** Cocciden. — **Sanderson (1)** p. 93—94 *Blissus leucopterus* Say. — **Sasaki (1)** *Ericerus pe-la* Westw. — **Slingerland (2)** p. 76—77 *Typhlocyba comes* Say; — **(3)** *Typhlocyba comes* Say. — **Stebbing (1)** *Monophlebus Stebbingi* Green. — **Swezey (3)** p. 43—44 *Liburnia campestris* Van Duz. — **Theobald (1)** p. 46—48 *Psylla mali* Först.; etc.

Phylogenie: Börner (1) Rhynchoten: Einteilung. — **Handlirsch (1)** p. 3 Gruppe der *Palaeohemiptera*; — **(2)** Ableitung der Hemipteren aus den Paläodictyopteren. — **Speiser (1)** p. 376—378 *Polyctenes* Gigl.

Biologie.

Vergl. **Lebenszyklus** S. 531. — **Balbiani (1)** Aphiden: Sexualität. — **Banks (1)** Cacao-Schädlinge. — **Bemis (1)** Aleyrodidae. — **Breddin (3)** Myrmeko- u. Termitophilen; — **(6)** Fühlerstützer bei Coreiden u. Reduviiden. — **Cholodkovsky (2)** *Adelges orientalis* Dreyf. — **Distant (1)** einige Angaben über Reduviiden u. Capsiden. — **Dodd (1)** *Tectocoris lineola* var. *Banksi* Don. — **Felt (4)** p. 125—129 *Corythuca marmorata* Uhl.; p. 130 Aphiden. — **Flögel (1)** Aphiden. — **Gillette (1)** *Adelges sp.* — **Giard (1)** *Pseudophlaeus Falleni* Schill. u. *Phyllomorpha laciniata* Vill. — **Girault (1)** p. 3 *Chionaspis furfurus* Fitch; — **(2)** *Anasa tristis* Geer; — **(3)** *Aphrophora parallela* Say. — **Goding** et **Froggatt (1)** p. 569 *Cyclochila australasiae* Don.; p. 575 *Henicopsaltria perulata* Guér.; p. 585 *Psaltoda moerens* St. — **Green (1)** *Lecaniinae*; — **(7)** *Helopeltis.* — **Guenaux (1)** Schädlinge. — **Guerin** et **Peneau (1)** Fundorten. — **Heidemann (1)** Aradiden. — **Horvath (3)** *Caliscelis.* — **Howard (1)** *Lecanium oleae* Bern. u. *Mytilaspis pomorum* Bouché: Parasiten. — **Hueber (2)** p. 281—282 *Lygaeus superbus* Poll. u. *equestris* L.; p. 282—283 *Calocoris picticornis* var. *alemannica* n. var.; p. 283—285 *Cicadetta montana* Scop.; p. 285—286 *Tibicen haematodes* Scop. — **Kirkaldy (2)** Hemipteren von Hawaii; — **(3)** Cocciden von

Hawaii; — (7) Brutpflege. — **Kotinsky (1)** *Lecanium hemisphaericum* Targ.
— **Luff (1)** p. 274—275 *Ripersia Tomlini* Newst. u. *europaea* Newst. —
Marchal (2) *Chrysomphalus dictyospermi* var. *minor* Mask. — **Marchand (1)**
p. XXVI—XXVIII *Philaenus spumarius* L. — **Marshall et Severin (1)**
p. 490—496 *Ranatra fusca* Pal., Atmung. — **Mayet (1)** *Margarodes vitium*
Giard. — **Mazzarelli (1)** p. 317—329 *Diaspis pentagona* Targ. — **Osborn (2)**
p. 89—90 *Eccritotarsus elegans, Corizus hyalinus, Myndus radicis* Osb. —
Peneau (1) Hemipteren aus Frankreich, Fundort; — (2) p. XIII *Ischnodema*
[„*Ischorodema*"!] *sabuleti* Fall. — **Paire (1)** Hemipteren aus Indochina. —
Penzig (1) Symbiose: ? *Anomus cornutulus* St. u. Ameisen. — **Perez (1)**
Phlaea. — **Pergande (1)** Phylloxerinen von N. Amerika; — (2) *Siphocoryne*
[*Aphis*] *avenae* F., *Macrosiphum cereale* Kalt. — **Rainbow (1)** *Cyclochila*
australasiae Don. × *Thopha saccata* Amyot. — **Reh (1)** Deutschland's Cocciden;
— (2) Diaspinen. — **Sanderson (1)** Aphiden, *Blissus leucopterus* Say, *Sticto-*
cephala rotundata St.; — (2) p. 10—11 *Homalodisca triquetra* F. — **Sasaki (1)**
Ericerus pe-la Westw. — **Schröder (1, 2)** Aphiden. — **Silvestri (1)** *Tetti-*
gometra impressifrons Muls. u. *costulata* Fieb. — **Schwarz (2)** Psyllidennest
[*Euphalerus nidifex* n. gen. n. sp. in (3)]. — **Slingerland (2, 3)** *Typhlocyba*
comes Say. — **Speiser (1)** *Polyctenes*. — **Stebbing (1)** *Monophlebus Stebbingi*
Green. — **Stegagno (1)** Hemipteren in von anderen Insekten erzeugten
Cecidien. — **Swezey (3)** *Liburnia campestris* Van Duzee. — **Theobald (1)**
Schädlinge; — (2) *Aphis sorghi* n. sp. — **Xambeu (1)** p. 119 „*Aphis radicum*";
p. 126 *Eurydema ornatum* L.; p. 127 *Rhinocoris iracundus* Costa; p. 128
Piezodorus lituratus F.; p. 129 *Chorosoma Schillingi* Schumm.

Vorkommen.

Geselliges Vorkommen: [+ Aphidaー, Aleyrodidae, Coccidae im allgem.] — **Dodd (1)**
Tectocoris lineola var. *Banksi* Don. — **Schwarz (2)** Psyllidennest [*Euphalerus*
nidifex n. gen. n. sp. in (3)]. — **Slingerland (3)** p. 89 *Typhlocyba comes* Say.
— **Silvestri (1)** p. 1 *Tettigometra impressifrons* Muls. in Ameisennestern.

Gemeinsames Vorkommen: **Bemis (1)** p. 489 u. 525 *Aleyrodes splendens* n. sp.,
iridescens n. sp., u. *Wellmanae* n. sp.; p. 500 *Al. floccosus* Mask. u. *stellata*;
p. 500 *Al. errans* n. sp., *inconspicuus* Quaint., *nigrans* n. sp., *Quaintancei*
n. sp. u. *pruinosus* n. sp.; p. 503 *Al. gelatinosus* Cock. u. *coronatus* Quaint.;
p. 507 *Al. Madroni* n. sp. u. *errans* n. sp.; p. 510 *Al. interrogationis* n. sp.
u. *glacialis* n. sp.; p. 518 *Al. glacialis* n. sp., *coronatus* Quaint. u. *gelatinosus*
Cock.; p. 520 *Al. Quaintancei* n. sp. u. *iridescens* n. sp. — **Kotinsky (2)** *Pseudo-*
coccus sp. u. *Lecanium sp.* in eine Insektengalle. — **Péneau (1)** p. 258 *Hebrus*
pusillus Fall. u. *ruficeps* Thoms.; p. 260 *Gerris paludum* F. u. *najas* Geer.
— **Reh (1)** p. 19 *Mytilaspis Newsteadi* Sulc., *Aspidiotus abietis* Schrk. u. *Leu-*
caspis pini Hart. — **Sanders (2)** p. 39 u. 58 *Phenacoccus acericola* King u.
Aspidiotus Comstocki Johns.; p. 74 *Lepidosaphes Beckii* Newm. u. *Gloverii*
Pock.; p. 35 *Kermes Andrei* King u. *pubescens* Bogue. — **Silvestri (1)** p. 3
Tettigometra impressifrons Muls. u. *costulata* Fieb. in Ameisennestern.

Vorkommen dem Ort nach.

Auf Pflanzen: [**Auf Pflanzen:** [**B.** = an Blättern, Knospen und Sエengeln;
Bl. = an Blüten; **Fr.** = an Früchten; **R.** = an und unter Rinde; **W.** = an

Wurzeln; **Zw.** = an Zweigen]. **Balfour (1)** p. 41 *Aphis* [*sorghi* Theob.] auf *Sorghum vulgare* (**Bl.**); p. 42 Coccide auf *Acacia* (**Zw.**); p. 43 *Aspongopus viduatus* F. an Melon. — **Banks (1)** Cacao-Schädlinge; p. 9—27 Cicaden (**W.**); p. 27—28 id. (**Zw.**); 28—38 Aphiden u. Cocciden (**B.**); 38—41 Cocciden (**Fr.**); p. 44 *Sphodronyttus erythropterus* var. *convivus* St., Eiern (**R.**). — **Bemis (1)** Californische u. nordamerikanische Aleyroden: zahlreiche Nährpflanzen-angaben für 28 Arten. — **Britton (1)** Schädlinge. — **Burgess (2)** Schädlinge. — **Cecconi (1)** Cecidien. — **Champio n(1)** p. 97 *Heterogaster catariae* Fourcr. an Gras; p. 98 *Trapezonotus Ulbrichi* Fieb. u. *Homodemus M-flavum* Goeze an Umbellaceen, *Brachycoleus triangularis* Goeze auf *Eryngium*. — **Cholod-kovsk** (**2**) p. 476 *Adelges orientalis* Dreyf.; Gallen. — **Cobelli (1)** p. 12 *Almana hemiptera* Costa auf *Quercus pedunculata*. — **Cockerell (1)** p. 262 *Macrosiphum ambrosiae* Thom. auf *Lactuca*; p. 263 *Clodobius beula-hensis* n. sp. auf *Populus tremuloides* (**B.**); *Aphis medicaginis* Koch auf *Gly-cyrrhiza lepidota* u. *Sphaeralcea Fendleri*; *Lachnus viminalis* Fonsc. auf *Salix*; — (**2**) p. 61—62 *Aspidiotus ancylus* Putn. auf *Quercus Engelmanni, Ribes*; — (**3**) 23 Cocciden-Arten auf Orange; — (**4**) *Ort' ezia occidentalis* Scott auf *Fragaria* (**W.**); — (**5**) p. 114 *Siphocoryne pastinacae* L. auf *Heracleum lanatum* (**Bl.**), *Aphis epilobii* Kalt. auf *Epilobium angustifolium* (**Bl.**), *A. chenopodii* Cow. auf *Chenopodium album* (**B.**), *A. veratri* Cow. auf *Veratrum* (**B.**); p. 115 *A. valerianae* Cow. auf *Valeriana, A. rociadae* n. sp. auf *Delphinium sapillosus* (**B.**), *A. atronitens* n. sp. auf *Vicia, Myzus phenax* n. sp. auf *Humulus lupulus* var. *neomexicanus* (**Zw., Bl.**); — (**7**) p. 19 *Eulecanium magnoliarum* var. *hortensiae* auf *Hydrangia*; p. 20 *Eul. genevense* var. *Marchali* n. var. auf *Rosa*; p. 21 *Eul. alni* var. *rufulum* nov. var. auf *Carpinus, Eul. prunastri* var. *a* auf *Persica*. — **Cooley (1)** *Aphis pomi* Geor. — **Corti (1, 2)** Cecidien. — **Distant (1)** p. 419 *Harpedona marginata* n. sp. auf *Dioscorea* (**B.**); p. 440 *Helopeltis Antonii* Sign. auf Cacao; p. 441 *H. theivora* Waterh. auf *Tea*; p. 445 *Disphynctus politus* Walk. auf *Cuphea jorullensis, Solanum sp., Peperomia sp., Psidium goyava* u. *Acalypha sp.* (**B.**); p. 445 *D. Dudgeoni* Kirk. auf *Moesa* var. *sp.* (**B.**); p. 446 *D. moesarum* Kirk. auf *Moesa indica* (**B.**); p. 455 *Lygus decoloratus* n. sp. auf *Tea, Verbena, Tropaeolum* (**B.**); p. 473 *Thaumastomiris sanguinalis* Kirk. auf *Crinum asiaticum*; p. 480 *Halticus minutus* Reut. auf *Ipomaea* (**B.**); — (**15**) p. 433 *Teleonemia australis* n. sp. auf *Olea* (**B.**); *Monanthia mitrata* n. sp., auf „Sagn." — **Dodd (1)** p. 483 *Tectocoris lineola* var. *Banksi* u. andere Pentatomide auf *Petalostigma quadriloculare* u. Malvaceen. — **Felt (1, 2)** Schädlinge; — (**3**) p. 83 *Corythuca irrorata* auf *Chrysanthemum*; — (**4**) p. 125 *Corythuca marmorata* Uhl. auf *Chrysanthemum* (**B.**); p. 131 *Aphis mali* L. auf *Pyrus malus*; p. 153 *Myzus cerasi* L. auf *Cerasus*; *Aphis brassicae* L. auf Cruciferen; p. 134 *Chaitophorus aceris* L. auf *Acer*; *Callipterus ulmifolii* Mon. auf *Ulmus americana*; p. 135 *Drepanosiphum acerifolii* Thom. u. *Chaitophorus negundinis* Thom. auf *Acer*; p. 135 *Pemphigus imbricator* Fitch auf *Fagus*; p. 136 *Phyllaphis fagi* L. auf *Fagus*; *Callipterus betulaecolens* Mon. auf *Betula*; *Pemphigus popularius* Fitch auf *Populus balsamiferus*; *Chaitophorus populicola* Thom. auf *Populus*(**B.**); p. 139 *Psylla pyricola* Först. auf *Pyrus* (**B.**); p. 140 *Aspidiotus perniciosus* Comst. auf Obst; p. 141 *Eulecanium juglandis* Bouché (**Zw.**); p. 144 *Lygus pratensis* L. auf *Aster*, etc. (**B.**). — **Fletcher (1)** Schädlinge. — **Flögel (1)** „*Aphis*" [*Myzus*] *ribis* L. auf **Ribes (B.)**. — **Giard (1)** *Pseudophlaeus Falleni* Schill. auf *Erodium cicutarium*. — **Girault (3)** p. 44 *Aphrophora parallela* Say auf *Pinus*. — **Goding** et **Froggatt (1)** p. 585 *Psaltoda moerens* Germ. auf *Eucalyptus* (**Zw., R.**); p. 617 *Pauropsaltria leurensis* n. sp. auf *Eucalyptus* (**R.**); p. 620 *Pauropsaltria annulata* n. sp. auf *Mela-leuca*; p. 663 *Cystosoma Saundersi* Westw. auf *Salix*. — **Goury** et **Guignon (1)** p. 113—114 Aphide auf *Aquilegia atrata* u. *vulgaris* (**Bl.**); p. 114 *Aphalara calthae* L. auf *Caltha palustris* (**B.**); p. 138—139 *Pemphigus ranunculi* Kalt. auf *Ranunculus bulbosus, flammula* u. *repens* (**B.**); p. 139 *Aphis sp.* auf *R. repens* (**B.**); — (**2**) p. 255 *Aphis* [*Rhopalosiphum*] *berberidis* Kalt. u. *Trioza Scotti* Löw. auf *Berberis vulgaris* (**B.**); *Lecanium berberidis* Schrk. auf *Berberis vulgaris*. — **Green (1)** *Lecaniinae* von Ceylon: Zahlreiche Nährpflanzen-angaben; — (**2**) p. 204 *Lecanium tenebricophilum* n. sp. auf *Erythrina litho-sperma*; p. 205 *Saissetia hemisphaerica* Targ. auf *Coffea arabica*; *Eulecanium psidii* Green auf *Jambosa*; *Paralecanium expansum* Green auf *Lepidodenia wightiana* u. Zingiberaceae; *P. expansum* var. *metallicum* n. var. auf *Myristica fragrans*; var. *javanicum* n. var. auf *Anomianthus heterocarpus*; p. 206 var. *rotundum* n.var. auf *Rhizophora mucronata*; p. 206 *Saissetia nigra* Nietn. auf *Hevea brasiliensis*; *Eucalymnatus tesselatus* Sign. auf *Eriodendron anfractuosum*; *Saissetia oleae* Bern. u. *Pulvinaria maxima* n. sp. auf *Erythrina lithosperma*; p. 207 *Pulvinaria psidii* Mask. auf *Coffea liberica* u. *Ficus sp.*; *Ceroplastes Vinsoni* Sign. auf *Hiptage laurifolia*; *C. cirrhipediformis* Comst. auf *Eugenia aquea*; *Diaspis pentagona* Targ. auf *Erythrina lithosperma* u. *Thea assamica*; p. 208 *Pseudaonidia curculiginis* n. sp. auf *Curculigo recurvata*; p. 209 *Lepido-saphes corrugata* n. sp. auf *Coffea arabica*; p. 208 *Diaspis rosae* Bouché auf *Rosa*; *Ischnaspis longirostris* Sign. auf *Coffea liberica, Myristica fragrans* u. *Zalacca sp.*; *Parlatoria ziziphus* Luc. auf *Citrus sp.*; *P. proteus* Curt. auf *Hevea brasiliensis*; *Aonidiella aurantii* Mask. auf *Citrus sp.*, *Camphora offici-nalis* u. *Cycas sp.*; *Aspidiotus cyanophylli* Sign. auf *Theobroma cacao*; *Asp. destructor* Sign. auf *Bixa orellana, Theobroma cacao, Uncaria Gambir, Vitis* u. *Cocos nucifera*; *Chrysomphalus dictyospermi* Morg. auf *Diospyros, Myristica fragrans* u. *Palaquium sp.*, *Aspidiotus transparens* Green auf *Anomianthus heterocarpus, Anona sp., Hevea brasiliensis*; *Chrysomphalus ficus* Ashm. auf *Croton sp.*; — (**3**) p. 377 *Paralecanium expansum* var. *metallicum* Green auf *Myristica fragrans*; — (**5**) p. 463 *Chionaspis formosa* n. sp. auf *Euca-lyptus tereticornis* (**B.**); p. 463 *Mytilaspis spinifera* Mask. auf *Acacia pendula*; p. 464 *Antonina australis* n. sp. auf *Cyperus rotundus* (**W.**); — (**7**) p. 240 Schädlinge.— **Guénaux (1)** Schädlinge. — **Guérin** et **Péneau (1)** Pentatomiden, Coreiden, Lygäiden. — **Heidemann (1)** p. 161 *Aradus acutus* Say auf *Quercus* (**R.**); *A. similis* Say auf *Ulmus* u. *Acer* (**R.**); *A. crenatus* Say auf *Liriodendron, Hicoria, Acer* (**R.**); *A. niger* St. auf *Pinus palustris* (**R.**); p. 162 *A. cinna-momeus* Pz. auf *Pinus* (**R.**); *A. breviatus* Bergr. auf *Taxodium* u. *Pinus* (**R.**); *Brachyrrhynchus granulatus* Say auf *Pinus, Acer, Quercus* (**R.**); *Neuroctenus simplex* Uhl. auf *Quercus* (**R.**); p. 163 *N. pseudonymus* Bergr. u. *N. elongatus* Osb. auf *Castanea* (**R.**); p. 164 *N. Hopkinsi* n. sp. auf *Pinus* (**R.**); *Aneurus minutus* Bergr. auf *Rhus* („Sumac") (**R.**); p. 165 *An. Fiskei* n. sp. auf *Oxy-dendrum* u. Sycamore (**R.**); p. 165 Nahrung der Aradiden: ? Fungi; — (**2**) p. 229 *Pictinus Aurivillii* Bergr. auf *Citrus* (**R.**); — (**4**) p. 12 *Aradus robustus*

Uhl. auf *Gleditschia triacanthus* (**R.**); — (5) p. 22 *Aulacostethus marmoratus* Say auf *Juniperus*. — **Horvath** (**1**) p. 117 *Phaenacantha saccharicida* Karsch auf *Saccharum officinale*. — **Houard** (**2**) *Aphis grossulariae* Kalt. auf *Ribes rubrum*. — **Hueber** (**1**) p. 277 *Tingis Oberti* Kol. auf *Vaccinium Vitis-idea*; — (**2**) p. 281 *Lygaeus equestris* L. auf *Vincetoxicum officinale*; *L. superbus* Poll. auf *Rumex scutatus*. — **Kellogg** (**1**) p. 187 *Coccus hesperidum* auf *Citrus*, *Hemichionaspis aspidistrae* auf *Cordyline terminolis*. — **Kirkaldy** (**2**) p. 176 *Peregrinus maidis* Ashm. auf *Zea mais*; *Megamelus leahi* n. sp. auf Compositacee; p. 177 *Aloha ipomaeae* n. sp. auf *Ipomaea*; p. 178 *Eutettix Perkinsi* n. sp. auf *Sida*; p. 179 *Halticus chrysolepis* n. sp. auf *Carex* und Gras; — (3) p. 226 *Eriococcus araucariae* Mask. auf *Araucaria*, *Ficus*, Guava; *Trechocorys* [= *Dactylopius*] *longispinus* Ril. auf *Coffea* u. „Samong"; p. 227 *T. albizzia* Mask. auf *Citrus*; *T. calceolariae* Mask. auf *Saccharum officinale*; *T. citri* Comst. u. *T. filamentosus* Comst. auf *Citrus* u. *Coffea*; *T. bromeliae* Bouché auf *Ananas sativus*; *Asterolecanium pustulans* Cock. auf *Jacaranda mimosifolia*, *Prosopis dulcis*, *Nerium oleander*, *Ficus*; *Chaetococcus bambusae* Mask. auf *Bambusa*; p. 228 *Calymmata* [= *Coccus* Fern.] *hesperidum* L. auf *Citrus*; p. 229 *Pseudaonidia duplex* Cock. auf *Camellia*; *Aulacaspis rosae* Bouché auf *Rosa*; *Phenacaspis eugeniae* Mask. auf *Nerium oleander*; *Ischnaspis longirostris* Sign. auf Palmen; *Lepidosaph s crotonis* Cock. auf *Croton*. — **Lambertie** (**1**) p. LXXII *Elasmostethus interstinctus* L. auf *Betula*; *Cyphostethus tristriatus* Fieb. auf *Juniperus*; p. LXXV *Homostoma ficus* L. auf *Ficus*; — (3) p. 23 *Chlorochroa juniperina* L. auf *Juniperus*; *Troilus luridus* F. auf *Pinus*; *Spathocera laticornis* Schill. auf *Juniperus*; *Berytus Signoreti* Fieb. auf *Quercus*; *Arocatus Roeseli* Sch. auf *Crataegus*; *Orsillus maculatus* Fieb. auf *Pinus* u. *Cyperus*; p. 24 *Plinthisus Putoni* Horv. auf *Quercus*; p. 25 *Phyllontocheila maculata* H.-Sch. auf *Stachys recta*; p. 26 *Orthotylus adenocarpi* Perris auf *Adenocarpus parvifolius*; p. 27 *Amblytylus brevicollis* Fieb. auf *Helianthemum guttatum*; *Plagiognathus alpinus* Reut. auf *Mentha*; *Alebra albostriella* var. *discicollis* H.-Sch. auf *Quercus*; p. 28 *Typhlocyba sexpunctata* Fall. auf *Salix*; *T. candidula* Kb. auf *Pinus*; *Thamnotettix Fieberi* var. *taeniatifrons* Kb. auf *Prunus spinosa*; *Th. dilutior* Kb. auf *Populus*; *Jassus fuscatus* Ferr. auf *Quercus*; *Phlepsius intricatus* H.-Sch. auf *Pinus*; p. 29 *Chiasmus translucidus* Muls.-R. auf *Alnus*; *Idiocerus tremula* Estl. auf *Populus tremula*; *P. elegans* Flor. auf *Alnus*; *P. ustulatus* Muls.-R. auf *Populus*; *Parulopa lineata* Fieb. auf *Pteris aquilina* u. *Erica*; *Tibicen cisticola* Gené auf *Ulex*; p. 30 *Tettigometra fuscipes* Fieb. u. *obliqua* Pz. auf *Quercus*; *T. sororcula* Horv. auf *Populus tremula*; *Oliarus melanochatus* Fieb. auf *Quercus*; *Ommatidiotus dissimilis* Fall. auf *Erica*; *Trioza rhamni* Schrk. auf *Rhamnus alaternus*; — (4) p. XLVII *Thamnotettix tenuis* G. auf *Prunus spinosa*; p. XLVIII *Tettigometra obliqua* var. *platytaenia* Fieb. auf *Quercus*; — (5) p. XCVII *Alebra albostriella* var. *discicollis* H.-Sch. auf *Quercus*; — (6) p. CCXXXIX *Chlorochroa juniperina* L. auf *Juniperus communis*. — **Lochhead** (**1**) Schädlinge. — **Luff** (**1**) p. 273 *Exaeretopus formicicola* Newst. auf *Dactylus glomeratus* (**W.**); p. 274 *Dactylopius Luffi* Newst. auf *Lepigonum rupestre* (**W.**); *Ripersia Tomlini* Newst. an Graswurzeln; p. 275 *R. europaea* Newst., id.; p. 276 *Chionaspis sabicis* L. auf *Salix*; *Mytilaspis pomorum* Bouché auf *Pyrus*

u. *Sarothamnus scoparius*; *Eriopeltis festucae* Fonsc. auf Gras; *Pulvinaria floccifera* Newst. auf Camellia; *Lecanium hesperidum* L. auf *Citrus*, etc.; *L. capreae* L. auf *Sarothamnus scoparius*; *L. hemispharicum* Targ. auf *Stephanotis*; var. *filicum* auf *Asparagus*; — **Marchal (1)** p. 557 *Amelococcus Alluaudi* n. gen. n. sp. auf *Euphorbia Intisy*; — **(2)** *Chrysomphalus dictyospermi* var. *minor* Berl. auf *Citrus, Evonymus japonica, Myrtus communis, Hedera helix, Buxus sempervirens, Magnolia*, Palmen, etc. — **Marchand (1)** p. XXVI —XXVII *Philaenus spumarius* L. auf *Fragaria vesca, Lychnis Floscuculi* u. *Glechoma hederacea*. — **Massalongo (1)** Cecidien. — **Matsumura (2)** p. 32 *Rhinaulax assimilis* Uhl. auf Pappeln, Weiden; p. 33 *Lepyronia coleoptrata* var. *grossa* Uhl. auf Gramineen; *Aphrophora putealis* Mats. auf *Salix* u. *Alnus*; p. 34 *A. alni* Fall. auf *Alnus*, Weiden, Pappeln; *A. scutellata* n. sp. auf *Alnus* u. *Salix*; p. 37 *A. obliqua* Uhl. auf *Ligustrum* u. *Quercus*; p. 38 *A. abieti(s)* n. sp. auf *Abies sachalinensis*; p. 39 *A. major* Uhl., Weiden; p. 40 *A. flavomaculata* n. sp., Weiden, Erlen, Apfel; *A. pectoralis* Mats., Weiden; p. 41 *A. costalis* Mats., *Salix* u. *Populus*; *A. harimaensis* n. sp., Weiden; *A. Ishidae* Mats., auf *Alnus, Ulmus* u. *Quercus*; *A. rugosa* Mats. auf *Alnus*; *A. vittata* Mats. auf *Alnus, Salix* u. *Ligustrum*; p. 42 var. *Niijimae* Mats. auf *Alnus*; *A. obtusa* Mats. auf *Alnus, Ulmus, Salix, Ligustrum* u. *Quercus*; *A. flavipes* Uhl., auf *Pinus*; *A. maritima* Mats. auf *Phragmites* u. *Miscanthus*; *A.stictica* Mats., *Miscanthus*; var. *zonata* n.var., auf *Miscanthus sinensis*; p. 43 *A. vitis* n. sp. auf *Vitis corignetiae*; p. 44 *A. nigricans* n. sp. auf *Abies sachalinensis*; p.45 *Peuceptyelus indentatus* Uhl., auf ?*Abies*; p. 46 *P. nigroscutellatus* n. sp., auf *Abies sachalinensis*; p. 47 *P. medius* n.sp., id.; p. 48 *Sinophora maculosa* Mel.; id., p. 50 *Mesoptyelus nigrifrons* n. g. n. sp., auf ?*Ligustrum*; *Ptyelus nigropectus* Mats., auf *Abies sachalinensis*; p. 51 *Pt. abieti(s)* n. sp., id. — **Mazzarelli (1)** p. 15 *Diaspis pentagona* Targ. auf Obstbäume, *Morus nigra, Broussonetia papyrifera, Salix viminalis* (**R.**). — **Washburn in Osborn (1)** p. 79 *Pentatoma Sayi* auf „Wheat". — **Osborn (2)** p. 89 *Eccritotarsus elegans* u. *Corizus hyalinus* auf *Euphorbia*. — **Peneau (1)** p. 260 *Nabis limbatus* Dahlb. auf *Polygonum*; — **(2)** p. XIII *Ischnodema sabuleti* Fall., Larve auf *Calamagrostis arenaria* (**B.**). — **Penzig (1)** p. 192 *Anomus cornutulus* St. (?) auf *Grevillea robusta* (**Zw.**). — **Perez (1)** *Phlaea longirostris* Spin. auf eine Papilionacee (**R.**). — **Pergande (1)** p. 188—257 Nordamerikan. Phylloxerinen an *Hicoria* (**Zw.**); p. 258 *Phylloxera castanea* Hald. auf *Castanea vesca* (**B.**); p. 263 *Ph. Rileyi* Ril. auf *Quercus alba* u. *obtusiloba* (**B.**); p. 265 *Ph. querceti* n. sp. auf *Quercus alba, macrocarpa, panonia, daimio* (**B.**); p. 265 *Ph. prolifera* Oestl. auf *Populus* (**B.**); p. 261 *Ph. popularia* n. sp. auf *Populus monilifera* (**B.**); p. 269 *Ph. salicola* n. sp. auf *Salix discolor* oder *humilis* (**R.**); p. 270 *Ph. nyssae* n. sp. auf *Nyssa sylvatica* (**R.**); — **(2)** p. 8 *Siphocoryne [Aphis] avenae* F. auf *Pyrus malus* u. *communis, Crataegus coccinea, Cydonia vulgaris, Prunus, Padus virginiana* u. *sardina, Cornus, Apium graveolens, Coreopsis, Capsella bursa-pastoris, Lappa major, Triticum vulgare, Secale cereale, Avena sativa, Phleum pratense, Poa pratensis* et *compressa, Panicum sanguinale, Dactylis glomerata, Bromus racemosus* u. *unioloides*; p. 9 Eier auf *Pyrus malus* u. *communis, Cydonia, Crataegus* u. *Prunus* (**R.**); p. 15 *Macrosiphum granarium* Buckt. auf *Triticum vulgare, Poa, Elymus virginicus*; p. 20 *M. cereale* Kalt. auf *Triticum vulgare, Secale cereale, Avena sativa, Agrostis* *vulgaris*, *Bromus secalinus*, *Dactylis glomerata*, *Elymus virginicus*, *Poa pratensis*, *Setaria viridis*, *Trifolium pratense*; p. 21 *M. trifolii* n. sp. auf *Triticum vulgare*, *Avena sativa*, *Trifolium pratense*, *Fragaria*, *Sonchus oleraceus*, *Taraxacum dens-leonis*. — Reh (1) Cocciden (meist Deutschland's); zahlreiche Nährpflanzenangabe; — (2) Diaspinen in der Station für Pflanzenschutz i. Hamburg gesamm.; Nährpflanzen. — Reuter (10) p.17 *Atroctotomus brevicornis* Reut. auf *Pinus haleppensis*; — (12) p. 8 *Lygus brachycnemis* Reut. auf *Pinus cedrus*; p. 9 *Camptobrochis sinuaticollis* n. sp. auf *Acacia* (Bl.); p. 12 *Platycapsus ccaciae* n. sp., id.; p. 16 *Orthotylus spartiicola* n. sp. auf *Spartium*; p. 18 *Psallus anticus* Reut. var. auf *Quercus*; *Ps. brachycerus* n. sp., id.; p. 20 *Atomoscelis signaticornis* n. sp. auf Früchten; p. 22 *Campylomma angustula* n. sp. auf *Acacia* (Bl.); p. 23 *Sthenarus quercicola* n. sp. auf *Quercus*; p. 26 *Eurycranella geocoriceps* n. sp. auf *Tamarix*. — Ribaga (1) *Icerya purchasi* Mask. auf *Laurus* u. Obst. — Sanders (1) p. 94 *Orthezia solidaginis* n. sp. auf *Solidago*; p. 95 *Chionaspis sylvatica* n. sp. auf *Nyssa sylvatica*; p. 96 *Aspidiotus piceus* n. sp. auf *Liriodendron tulipifera*; — (2) p. 32 *Orthezia insignis* Dougl. auf *Lantana*, *Chrysanthemum*, *Verbena*; p. 33 *Asterolecanium variolosum* Ratz. auf *Quercus aurea*; p. 35 *Kermes Andrei* King auf *Quercus var. sp.*; *K. arizonensis* King auf *Q. alba*; p. 36 *K. Kingii* Cock. auf *Quercus var. sp.* (R.); p. 37 *K. Pettiti* Ehrb., id.; *K. pubescens* Bogue auf *Q. macrocarpa*; p. 38 *K. trinotatus* Bogue auf *Q. alba*; *Eriococcus azaleae* Comst. auf *Rhododendron catawbiense*; p. 39 *Phenacoccus acericola* King auf *Acer saccharum* (B., R.); p. 40 *Phenacoccus Osborni* Sanders auf *Platanus occidentalis* (R.); p. 42 *Pseudococcus trifolii* Forbes auf *Trifolium* (W.); p. 44 *Chionaspis americana* Johns. auf *Ulmus americana*; p. 44 *Ch. caryae* Cooley auf *Hicoria alba*; p. 45 *Ch. corni* Cooley auf *Cornus amomum*; p. 46 *Ch. euonymi* Comst. auf *Althea sp.*; *Ch. furfura* Fitch auf *Pyrus*; p. 47 *Ch. gleditsiae* Sanders auf *Gleditsia triacanthos*; p. 48 *Ch. ortholobis* Comst. auf „Cottonwood"; p. 49 *Ch. pinifoliae* Fitch auf Coniferen; p. 50 *Ch. salicisnigrae* Walsh. auf *Salix*; *Ch. sylvatica* Sanders auf *Nyssa sylvatica*; p. 51 *Howardia biclavis* Comst. auf *Hibiscus aculeatus*; p. 52 *Diaspis Boisduvalii* Sign. auf *Maranta*, Orchid., Palmen; p. 52 *D. echinocacti cacti* Comst. auf *Cereus*; p. 53 *Aulacaspis pentagona* Targ. auf *Cerasus*; p. 53 *A. rosae* Bouché auf *Rosa* u. *Rubus*; p. 54 *Hemichionaspis aspidistrae* Sign. auf *Cyrtomium falcatum*; p. 55 *Fiorinia fioriniae* Targ. auf *Kentia*; p. 58 *Aspidiotus Comstocki* Johns. auf *Acer saccharum*; p. 59 *A. cyanophylli* Sign. auf *Pritchardia filifera*; p. 60 *A. cydoniae Crawii* Cock. auf *Satania sp.*; p. 61 *A. glanduliferus* Cock. auf *Pinus sylvestris* u. *virginiana*, *Tsuga canadensis*; p. 62 *A. hederae* Vall. auf *Mühlenbeckia*, id., etc.; *Hepatica hepatica*; p. 64 *A. lataniae* Sign. auf *Areca lutescens*; *A. Osborni* New. et Cock. auf *Quercus alba*; p. 67 *A. piceus* Sanders auf *Liriodendron tulipifera*; p. 68 *A. ulmi* Johnson auf *Ulmus americana* u. *Catalpa* (R.); p. 69 *A. uvae* Comst. auf *Vitis* (R.); p. 72 *Chrysomphalus dictyospermi* Morg. auf *Ficus pumila* v. *minor*, *Pandanus*, *Arbor Vitae*; p. 73 *Chr. obscurus* Comst. auf *Quercus var. sp.* u. *Hicoria alba*; p. 74 *Lepidosaphes Beckii* Newn. auf *Citrus*; *L. Gloverii* Pack., id.; p. 75 *L. ulmi* L. auf *Populus*, *Pyrus*, M.; p. 76 *Parlatoria Pergandei* Comst. auf *Citrus*; *P. zizyphus* Luc., id. — Sanderson (1) Schädlinge; — (2) p. 10—11 *Homalodisca triquetra* F. auf *Gossypium*, *Sorghum*, *Musa*, *Salix*, *Ulmus*, etc.; p. 11

Dysdercus suturellus u. *Largus succinctus* auf *Gossypium*. — **Sasaki (1)** p. 3
Ericerus pe-la Westw. auf *Fraxinus chinensis* u. *pubinervis*, *Ligustrum ibota*
(**Zw.**). — **Schouteden (5)** p. 4 *Rhopalosiphum acaenae* n. sp. auf *Acaena
splendens*. — **Schwarz (2)** p. 153 Psyllide [*Euphalerus nidifex* nach (3)] auf
Piscidia erythrina; — (3) p. 236 *Euphyllura arctostaphyli* n. sp. u. var.
niveipennis n. var. auf *Arctostaphylos pungens*; p. 238 *E. arbuti* n. sp. auf
Arbutus Menziesi; p. 240 *Euphalerus nidifex* n. sp. auf *Piscidia erythrina* (**B.**);
p. 242 *Calophya triozomima* auf *Rhus trilobata*; p. 243 *C. californica* n. sp. auf
Rhus integrifolia; p. 244 *C. flavida* n. sp. auf *Rhus glabra*; p. 245 *C. nigripennis* Riley auf *Rhus copallina*. — **Slingerland (1)** Schädlinge; — (2) p. 76—77
Typhlocyba comes Say auf *Fragaria*, *Rubus idaeus*, *Vitis*; — (3) p. 88
—89 *Typhlocyba comes* Say auf *Vitis*, *Ampelopsis*, *Fragaria*, *Betula*, *Prunus*,
Alnus, *Beta*, *Rubus*, *Ribes* (**B.**). — **Stebbing (1)** p. 113 *Monophlebus Stebbingi*
var. *mangifera* Green auf Mango; p. 114 *M. Stebbingi* Green auf *Shorea
robusta* (**B.**, **Zw.**, **R.**). — **Stefani (1)** *Asterolecanium variolosum* Ratz. auf
Templetonia retusa u. *Pittosporum tobira*. — **Stegagno (1)** p. 45 *Anthocoris
Lichtensteini* Rond. [= ?] auf *Populus nigra*; *A. nemoralis* F. auf *Ulmus
campestris*; *A. pistacinus* Rond. [= ?] auf *Pistacia terebinthus*; p. 46
Psyllide auf *Pistacia*. — **Swezey (3)** p. 43 *Liburnia campestris* auf Gras.
(**2**) Nährpflanzen der nordamerik. Fulgoriden; — (1) p. 354 *Amphiscepa bivittata* Say auf „Golden rod" etc.; p. 355 *Ormenis septentrionalis* Spin.
auf *Cornus asperifolia*, *Celastrus scandens* u. „Bittersweed". — **Symons (1)**
Schädlinge. — **Tossi (1)** Cecidien. — **Theobald (1)** Schädlinge; — (2) *Aphis
sorghi* n. sp. auf *Sorghum*. — **Trotter (1, 2, 3, 4)** Cecidien. — **Trotter et Cecconi
(1)** Cecidien. — **Uhler (1)** p. 356 *Dichrooscytus elegans* n. sp. auf *Juniperus
virginianus*. — **Van Duzee (2)** p. 42 *Pentatoma Sayi* St. auf *Loricena*; p. 54
Thyanta rugulosa St. auf *Atraplax*. — **Washburn (1)** Schädlinge. — **Wirtner (1)**
p. 186 *Brochymena quadripustulata* F. auf *Quercus*; p. 189 *Acanthocerus
gladiator* F. u. *Acanthocephala terminalis* Dall. auf *Vitis*; p. 190 *Anasa tristis*
Geer auf Bäumen (**R.**); p. 195 *Monalocoris filicis* L. auf *Pinus*; p. 196 *Pycno-
deres insignis* Reut. auf *Pinus*; *Lygus monachus* Uhl. auf *Acer*; *L. invitus*
Say auf *Vitis*; *L. sp.* auf *Acer*. — **Xambeu (1)** p. 119 „*Aphis radicum*" auf
Cynara scolymus (**W.**); p. 129 *Chorosoma Schillingi* Schum. auf *Inula viscosa*.
Auf Menschen u Tieren: Distant (1) p. 410 *Clinocoris lectularius* L. an Menschen.
— **Guénaux (1)** p. 452 *Clinocoris* an Menschen und Tauben. — **Speiser (1)**
p. 375 *Polyctenes intermedius* **n. sp.** auf *Taphozous perforatus* (Fleder-
maus); p. 375—376.; — p. 375 *P. molossus* Gigl. auf ? *Nyctinomus cestonii*;
P. lyrae Waterh. auf *Megaderma lyra*; *P. spasmae* Waterh. auf *M. spasma*;
p. 376 *P. talpa* Speis. auf *M. spasma*; *P. longiceps* Waterh. auf *Molossus
abrassus*; *P. fumarius* Westw. auf *M. rufus* var. *obscurus*.
Unter Erde: [S. also „Auf Pflanzen, **W.**", hier oben] **Banks (1)** p. 11 Cicadenlarven.
Am Fuß der Bäume: Goding et Froggatt (1) p. 569 *Cyclochila australasiae* Don.
Im Grase oder zwischen Pflänzchen: Butler (1) p. 275 *Drymus confusus* Horv.
— **Garber (1)** p. 334 *Blissus leucopterus* Say. — **Guérin et Péneau (1)** Versch.
Angaben. — **Péneau (1)** p. 259 *Nysius punctipennis* H.-Sch.; — (2) p. XIII
Menaccarus arenicola Esch., *Geocoris siculus* F., *Ischnodema sabuleti* Fall. —
Slingerland (2) p. 76 *Typhlocyba comes* Say; — (3) p. 89 *Typhlocyba
comes* Say.

Im Überschwemmungsgemengsel: Butler (1) p. 275 *Salda setulosa* Put. — Distant
(15) p. 435 *Cligenes aethiops* n. sp. — Guérin et Péneau (1) p. 13 *Podops
inuncta* F.
In faulenden Pflanzen: Péneau (2) p. XIII *Hebrus ruficeps* Thoms., im Winter.
Zwischen und unter Steinen: Luff (1) p. 274 *Ripersia Tomlini* Newst.; p. 275
R. europaea Newst. — Guérin et Péneau (1). — Kirkaldy (11) p. 386 *Geo-
coris sokotranus* Kirk.
An sonnigen Orten: Guérin et Péneau (1).
An kalkhaltigen Orten: Péneau (1) p. 259 *Myrmus miriformis* Fall.
An salzigen Orten: Peneau (1) p.260 *Salda littoralis* L. u. *S. pallipes* var. *dimidiata*
Curt. — Green (1) p. 247 *Lecanium (Paralecanium) maritimum* n. sp.
An sandigen Orten: Guérin et Péneau (1). — Péneau (1) p. 259 *Nysius graminicola*
Kol. u. *punctipennis* H.-Sch.; — (2) p. XIII *Menaccarus arenicola* Esch.,
Geocoris siculus F., *Ischnodema sabuleti* Fall. — Reuter (12) p. 14 *Pachy-
tomella phoenicea* Horv.
An trockenen Orten: Garber (1) p. 334 *Blissus leucopterus* Say, brachyptere
Form. — Guérin et Péneau (1). — Horvath (3) p. 381 *Caliscelis Bonellii*
Latr.
An feuchten Orten: Guérin et Péneau (1). — Horvath (3) p. 380 *Caliscelis Wallen-
greni* St. — Lambertie (6) p. CCLX *Pelogonus marginatus* Latr. — Péneau (1)
p. 260 *Nabis limbatus* Dahlb.
Im Wasser: S. Hydrocorisen.
Auf Wasser: S. *Hydrometridae, Hebridae.*
In Häusern (incl. Gewächshäusern): Distant (1) p. 287 *Conorhinus rubro-
fasciatus* Geer; p. 410 *Clinocoris lectularius* L. — Guénaux (1) p. 452 *Clino-
coris.* — Reh (1) Deutschlands Cocciden. — Sanders (2) Cocciden im Ohio-
Staat: 28 Arten.

Vorkommen der Zeit nach.

Jahreszeit: Ardid (1) 126 Heteropteren, 35 Homopteren aus der Umgebung
von Zaragoza, 29. X. — Breddin (3) p. 416 Reduviidenlarven im Nest von
Termes natalensis, 4. V.; — (4) Tonkin IV.—V. p. 2 *Dalpada perelegans*
n. sp.; p. 3 *Euaenaria jucunda* n. g. n. sp.; p. 4 *Ochrorrhaea truncaticornis*
n. g. n. sp.; p. 7 *Exithemus monsonicus* n. sp.; p. 8 *Tolumnia ferruginescens*
n. sp.; p. 10 *Anaca punctiventris* n. sp.; p. 14 *Iphiarusa aratrix* n. g. n. sp.;
p. 15 *Eusthenes Diomedes* n. sp.; Tonkin VI.—VII.: *Dalcantha alata* n. sp.;
p. 109 Tonkin VIII.—IX. *Gonopsis tonkinensis* n. sp.; p. 6 Sikkim III.—IV.
Oncinoproctus griseolus n. g. n. sp. — Butler (1) p. 275 *Drymus confusus*
Horv., *Dr. pilicornis* Muls. u. *Salda setulosa* Put.: England VIII. — Cecconi
(1) p. 178 *Mindarus abietinus* Koch, Italien VII.—VIII. — Cobelli (1) Rovereto
(Österreich): p. 12 *Almana hemiptera* Costa, 10. IX.; *Platymetopius albo-
limbatus* Kb., 24. VI. — Cockerell (2) p 62 *Aspidiotus ancylus* Putn., Mexiko
25. V.; — (5) p. 114 *Siphocoryne pastinacae* L., 26. VII., 2. VII.; *Aphis
chenopodii* Cowen, 5. VIII.; *A. veratri* Cowen, 27. VII.; p. 115 *A. valerianae*
Cowen, 27. VII.; *A. rociadae* n. sp., 8. VIII.; *A. atronitens* n. sp., 10. VIII.,
Myzus phenax n. sp., 28. VII. — Dodd (1) p. 483—84 *Tectocoris lineola* var.
Banksi Don., Eiablage und Brutpflege: Queensland 28. VI.—22. VII. —
Felt (4) New York: p. 126 *Corythuca marmorata* Uhl., Entwicklung: 11. VI.

—23. VI.; p. 130 u. folgende schädliche Aphidenarten. — **Flögel (1)** Deutschland: p. 325 „*Aphis*" *ribicola* Kalt., Sexuales XI. — **Girault (3)** N.-Amerika: *Anasa tristis* Geer, Kopulation 15. V.; 10. VI. (Eiablage: 15.—19. VI.) + 19. VI. (Eiablage: 20. VI.) + 20. VI. + 22. VI. + 2. VII.; — (3) p. 47 Virginien, *Aphrophora parallela* Say, VI.; Kopulation 23. VI. — **Goding** et **Froggatt (1)** p. 599 *Tibicen curvicosta* Germ., Neu Süd Wales XII.—I. — **Green (3)** p. 377 *Paralecanium expansum* var. *metallicum* Green, Singapore 28. VIII. — **Heidemann (1) (2)** N. Amerikan. Aradiden. — **Horvath (3)** p. 380 *Caliscelis Wollengreni* St., VII.—IX.; p. 381 *C. Bonellii* Latr., Nymphe = VII.—IX., Imago = VII.—X., XII.; — (4) Turkestanische Hemipteren: 129 Arten u. 10 Var. — **Hueber (2)** Deutschland; p. 281 *Lygaeus superbus* Pall., (Imago u. Nymphe) VI.—VII.; p. 282 *Calocoris picticornis* var. *alemannica* n. var., VII. — **Jacobi (1)** Homopteren aus N. O. Afrika. — **Jakovleff (1)** p. 23 *Eusarcoris gibbosus* n. sp., Korea VI.; *Microtoma praeusta* n. sp., Aloi, 9. VI.; p. 24 *Emblethis luridus* n. sp., O. Turkestan, 3. II.—2. III.; p. 94 *Rhinocoris geniculatus* n. sp., O. Transkaukasus, IV.; *Polymerus varicornis* n. sp., Korea 13. VIII.; p. 292 *Acanthosoma Korolkovi* n. sp., Mandschurien, 12. VIII.; — (3) p. 71 *Palomena limbata* n. sp., Kuku-nor, 18. V. — **Kirkaldy (2)** Hawaii; p. 176 *Megamelus leahi* n. sp., III.—IV.; p. 177 *Deltocephalus hospes* n. sp., III.; p. 178 *Eutettix Perkinsi* n. sp., III.; p. 179 *Halticus chrysolepis* n. sp., III.; — (10) Hawaii p. 564 *Corixa Blackburni* Buch.-Wh., 26. X.; *Halobates sericeus* Eschsch., 17. X; — (11) Arten von Sokotra. — **Lambertie (4)** Gironde; p. XLVII *Charagochilus Gyllenhali* Fall., V.; *Thamnotettix fenestratus* var. *guttulatus* Kb., IX.; *Chlorita viridula* Fall., X.; *Acocephalus albifrons* L., VIII.; *Idiocerus exaltatus* F., IX.; p. XLVIII *Tettigometra obliqua* var. *platytaenia* Fieb., IX.; *Kelisia guttulifera* Kb., IX.; *Delphax propinqua* Fieb., X.; — (5) p. XCVII *Ochetostethus nanus* H.-S., IX.; *Coranus subapterus* Geer, XI.; *Myrmedobia coleoptrata* var. *subtruncata* Rey., XI.; *Alebra albostriella* var; *discicollis* H.-S., VIII.; *Deltocephalus sabulicola* Cart., XI.; p. XCVIII *D. picturatus* Fieb., IX.; — (6) p. CCXL *Pelogonus marginatus* Latr. — **Mazzarelli (1)** *Diaspis pentagona* Targ., Italien: Eiablage durch die überwint. Weibchen: V.; männliche Nymphen vom 15. VI. ab; Eiablage durch diese Generation: VII.—VIII. — **Osborn (7)** S. Amerik. Heteropteren; p. 196 Larve von *Camirus conicus* Germ., IV—V. — **Péneau (1)** Nantes; p. 259 *Myrmus miriformis* Fall., VII.; *Nysius graminicola* Kol., VII.—VIII.; *N. punctipennis* H.-Sch., VIII.; *Ischnocoris punctulatus* Fieb., IX.; *Drymus pilipes* Fieb., X.; *D. pilicornis* Muls.-R., X.; p. 260 *Catoplatus Fabricii* St., IV.; *Monanthia echii* Wolff, VII.; *Nabis limbatus* Dahlb., VII.—VIII.; *N. rugosus* L., makropter, IX.; *Salda littoralis* L., V.; *S. pallipes* var. *dimidiata* Curt., V.; p. 261 *Pithanus Maerkeli* H.-Sch., VII.; *Megalocoleus longirostris* Fieb., VII.; *Psallus Falleni* Reut., VI.; *Sthenarus Roeseli* var. *saliceticola* St., VII.; — (2) p. XII *Aphrophora corticea* Geer, VIII; *Adelphocoris seticornis* F. u. *Macroptera Preyssleri* Fieb., VII.; p. XIII *Menaccarus arenicola* Eschsch., IV.—VI.; *Geocoris siculus* Fieb., IV.; *Ischnodema sabuleti* Fall., 3. IV. — **Pergande (1)** N. Amerik. Phylloxerinen; — (2) p. 11 *Siphocoryne* [*Aphis*] *avenae* F., Zyklus. — **Reh (1)** Deutschlands Cocciden. — **Reuter (1)** p. 17 *Stenodema plebejum* n. sp., China, 22. V., 8. VIII.; — (3) Capsiden aus Persien: 22 Arten; — (6) N. O. Afrika;

p. 2 *Pantiliodes pallidus* Rt., XII., p. 3 *P. elongatus* Leth., XII.; p. 6 *Stenotus binotatus* F., VI.—VII.; *Lygus fatuus* Leth., IV.—VI.; p. 10 *L. perversus* n. sp., VIII.; p. 11 *L. Simonyi* n. sp., XII.; p. 14 *Glossopeltis Coutièri* n. g. n. sp., VI., VII.; p. 17 *Aeolocoris alboconspersus* n. g. n. sp., VI.; — (8) Rußland; p. 1 *Phytocoris longicornis* n. sp., 31. III.; p. 2 *Ph. modestus* n. sp., 11. VI.; p. 5 *Myrmecophyes aeneus* n. sp., V.; p. 8 *Pleuroxonotus nasutus* n. g. n. sp., 17. III.; p. 9 *Megalocoleus albidus* n. sp., 19. III.; p. 10 *Atomophora oculata* n. sp., p. 12 *At. maculosa* n. sp., p. 13 *At. suturalis* n. sp., p. 14 *At. albovittata* n. sp., 19. III.; — (9) Kongo; p. 2 *Trichobasis setosa* n. g. n. sp., 12. X.; p. 3 *Charagochilus nigricornis* n. sp., 6. XI.; *Camptobrochis oculatus* n. sp., 6. X.; p. 5 *Tylopeltis albosignata* n. g. n.sp., 10. X.; p. 6 *Nanniella chalybea* n. g. n. sp., 24. XI.; p. 7 *Chlorosomella geniculata* n. g. n. sp., 21. u. 22. XI; — (12) Mittelmeergebiet: 23 Capsidenarten. — **Sanders (1)** p. 94 *Orthezia solidaginis* n. sp., V—VII; p. 90 *Aspidiotus piceus* n.sp., VI1; — (2) p. 33 *Orthezia solidaginis* Sanders, Adult ♀, 5. VII.; p. 35 *Kermes arizonensis* King, 7. IX.; p. 40 *Pseudococcus Osborni* Sanders, ♂ 13.—18. IV.; p. 44 *Chionaspis caryae* Cooley, 10. VII.; p. 67 *Aspidiotus piceus* Sanders, 21. VII. — **Sanderson (1)** p. 93 *Toxoptera graminum* Rond., Erscheinungszeit: III.; *Macrosiphum cereale* Kalt., I.—IV.; *Aphis avenae* F., 1.—1. IV.; p. 93—94 *Blissus leucopterus* Say, 1. Generation = halb VI., 2. = Anfang VIII., 3. = halb IX. — **Sasaki (1)** *Ericerus pe-la* Westw., Japan; ♂ = IX. X.; Eiablage V., Entschlüpfen VI., Kokon VIII., X. Puppe ♂. — **Schouteden (5)** Süd-Feuerland; p. 3 *Myzus Michaelseni* n. sp., 14. XI.; p. 4 *Rhopalosiphum acaenae* n. sp., 10., 18., u. 27. XII., 14. u. 15. XI. — **Schwarz (3)** Verein.Staaten; p. 236 *Euphyllura arctostaphyli* n. sp., VII., X.—XI.; p. 238 *E. arbuti* n. sp., VII.—VIII.; p. 240 *Euphalerus nidifex* n. g. n. sp., IV.; p. 282 *Calophya triozomima* n. sp., VI.—VII.; p. 243 *C. californica* n. sp., III.; p. 245 *C. nigripennis* Riley, IV., V. — **Slingerland (2)** New Yo.k; *Typhlocyba comes* Say; Eiablage VI., Imago VIII., Überwinterung vom X. ab; — (3) *Typhlocyba comes* Say, erscheint V., Eiablage V.—VI., Ausschlüpfen VI., Nymphen VI.—X., Überwinterung X.—V. — **Stebbing (1)** p. 146 Adult halb III.—IV., Eiablage Ende III.—IV. — **Swezey (3)** Verein. Staaten, *Liburnia campestris* Van Duz.: erscheint halb III., Imago von Ende III ab; 2. Generation: Eiablage III.—IV., Nymphe: Ende VI.—VIII, Imago-Anhang VII.—VIII.; Larven im Herbst; — (1) p.354 *Amphiscepa bivittata* Say, VIII; p. 355 *Ormenis septentrionalis* Spin., VIII. — **Theobald (1)** Schädlinge. — **Uhler (1)** New Mexiko: 79 Heteropteren. — **Van Duzee (1)** New Mexico; p.107 *Euschistus inflatus* n.sp., 17.VIII.; p.109 *Alydus scutellatus* n. sp., 17. VIII.; — (2) Verein. Staaten p. 16 *Phimodera corrugata* n. sp., VI., VIII.; p. 18 *Eurygaster carinatus* n. sp., 30. V.; p. 19 *Odontoscelis Balli* n. sp., V.—VI.—VII.; p. 20 *O. producta* n. sp., VI., 8. IX.; p. 26 *Mecidea longula* St., 8. IX.; p. 29 *Brochymena affinis* n. sp., I.; p. 31 *Br. marginella* St., III; p. 333 *Peribalus tristis* n. sp., 24. V., 20. VIII.; p. 35 *Trichopepla semivittata* St., 3. XI.; p. 37 *Pentatoma Osborni* n. sp., VI.—VII.; p. 38 *P. faceta* Say, VII., Larve u. Imago; p. 50 *Neotiglossa cavifrons* St., VII.; p. 55 *Thyanta punctiventris* n. sp., VI.—VII.; p. 56 *Th. brevis* n. sp., 28. VII.; p. 58 *Nezara pensylvannica* Geer, VIII.; p. 63 *Liotropis contaminatus* Uhler, VII.; p. 65 *Perillus exaptus* Say, var. c, VII.; p. 68 *Rhacognathus americanus*

St., VI.; *Zicrona coerulea* L., VII.; p. 69 *Podisus Gilletti* Uhl., VII. — **Xam-beu (1)** Begattung: p. 126 *Eurydema ornatum* L., VI.; p. 127 *Rhinocoris iracundus* Costa, VI.; p. 129 *Chorosoma Schillingi* Schumm., X. **Überwinterung: Guérin** et **Péneau (1)**. — **Mazarelli (1)** p. 317 *Diaspis pentagona* Targ. — **Reh (1)** Deutschlands Cocciden. — **Sasaki (1)** *Ericerus pe-la* West-wood, Weibchen. — **Schwarz (3)** p. 244 *Calophya flavida* n. sp., überwint. Larven. — **Slingerland (2)** p. 76 *Typhlocyba comes* Say; — **(3)** pp. 88, 89 u. 94 *Typhlocyba comes* Say. — **Swezey (3)** p. 43 *Liburnia campestris* Larve. **Nachttiere: Distant (1)** p. 287 *Conorhinus rubrofasciatus* Geer. — **Goding** et **Froggatt (1)** p. 663 *Cystosoma Saundersi* Westw. **Periodicität: Marchal (2)** p. 247 *Chrysomphalus dictyospermi* var. *minor* Berl., jährlich zwei Generationen in Paris. — **Pergande (2)** p.7 *Siphocoryne* [*Aphis*] *avenae* F., zweijähriger Zyklus. — **Sanderson (1)** *Blissus leucopterus* Say, drei Generationen. — **Slingerland (2)** p. 77 *Typhlocyba comes* Say; — **(3)** p. 93 *Typhlocyba comes* Say. — **Stebbing (1)** p. 152 *Monophlebus Stebbingi* Green. — **Swezey (3)** p. 43—45 *Liburnia campestris*. **Lebensdauer: Girault (2)** p. 336 *Anasa tristis* Geer, ♂ 58½, ♀ 40 Tage. — **Mayet (1)** *Margarodes vitium* Giard, inkystiert 15 Jahre lang (4 noch am Leben!) — **Mazarelli (1)** p. 319 *Diaspis pentagona* Targ., ♂ 1 Monat, ♀ 1 Jahr.

Vorkommen der Zahl nach.

Häufigkeit [+ S c h ä d l i n g e]: **Dodd (1)** pp. 483—484 *Tectocoris lineola* var. *Banksi* Don., Ei. — **Himegaugh (1)** *Kermes gillettei* Cock., Ei. — **Girault (2)** p. 336 *Anasa tristis* Geer, Ei; — **(1)** p. 3 *Chionaspis purpurus* Fitch.: Ei. — **Hueber (2)** Deutschland; p. 281 *Lygaeus superbus* Poll.; p. 283 *Cica-detta montana* Scop.; p.285 *Tibicen haematodes* Scop. — **Kirkaldy (3)** Schäd-liche Cocciden auf Hawaii. — **Mazarelli (1)** p. 319 *Diaspis pentagona* Targ., Ei. — **Reh (1)** Deutschlands Cocciden. — **Ribaga (1)** *Icerya purchasi* Mart., Ei. — **Sanders (2)** p. 44 *Chionaspis americana* Johns. p. 50 *Ch. salicis nigae* Walsh., Ei. — **Xambeu (1)** Ei: p. 126 *Eurydema ornatum* L.; p. 127 *Rhinocoris iracundus* Costa; p. 128 *Piezodorus lituratus* F. **Numerisches Verhältnis: Balbiani (1)** Nachkommen der agam. Aphidenweibchen im Herbst. — **Garber (1)** Makro- und brachyptere *Blissus leucopterus* Say. — **Péneau (2)** p. XIII *Ischnodema sabuleti* Fall., Makropt. zu Brachypt. = $^2/_{100}$.

Ortsveränderung.

Fortbewegung: Silvestri (1) p. 1 *Tettigometra impressifrons* Muls., trag. **Wühlen und Minieren: Banks (1)** p. 11 Cicadenlarven. — **Reh (1)** p. 12 *Aspidiotus pyri* Licht. — **Sanders (2)** p.51 *Howardia biclavis* Comst., Minieren auf *Hibiscus aculeatus*. **Von Ameisen weggeführt: Luff (1)** p. 274 *Ripersia Tomlini* Newst.; p. 275 *R. europaea* Newst. — **Silvestri (1)** *Tettigometra impressifrons* Muls. u. *costulata* Fieb. — **Xambeu (1)** p. 119 „*Aphis radicum*". **Fallen lassen: Distant (1)** p. 480 *Halticus minutus* Reut. — **Stebbing (1)** p. 151 *Monophlebus Stebbingi* Green. **Verbreitung durch den Wind etc: Kirkaldy (2)** p. 176 *Peregrinus maidis* Ashm.; p. 177 *Deltocephalus hospes* n. sp. auch Pflanzen; — **(3)** Cocciden, id. —

Marchal (2) p. 246 *Chrysomphalus dyctyospermi* var. *minor* Berl. — Reh (3) Schildläuse: durch Pflanzen. — Ribaga (1) *Icerya purchasi* Mask. — Stebbing (1) p. 147 *Monophlebus Stebbingi* Green: durch andere Insekten, Spinnen, Vögeln. Wanderung : S. Lebenszyklus (S. 531).

Feinde und Verteidigungsmittel.

Feinde : Balfour (1) p. 42 von *Aphis* [*sorghi* Theob.]: *Chilomenes vicina, Coccinella 11-punctata.* — Banks (1) p. 13 von Cicaden: Vögeln; p. 37 von Cocciden: Hymenopteron. — Burgess (1) p. 63 von *Aspidiotus perniciosus* Comst.: *Chilocorus similis.* — Cooley (1) p. 69 von *Aphis pomi* Geer: *Hippodamia 5-signata.* — Felt (4) p. 136 von *Callipterus betulaecolens* Mon.: *Adalia bipunctata.* — Goding et Froggatt (1) p. 575 von *Henicopsaltria perulata* Guér., Larve: *Priocnemis bicolor* (Hymenopteron). — Green (1) p. 202 von *Lecanium* [*Coccus*] *viride* Green: Coccinelliden. — Guéneaux (1) von Aphiden u. Cocciden: Coccinelliden. — Kirkaldy (3) Cocciden von Hawaii: Coccinelliden. — Kotinsky (3) von *Pulvinaria amygdali* Comst.: *Chilocorus similis.* — Marchal (1) p. 561 von *Amelococcus Alluaudi* n. g. n. sp.: *Echoxomus flavipes.* — Mazzareili (1) p. 16 von *Diaspis pentagona* Targ.: *Chilocorus bisputulatus.* — Pergande (2) p. 22 von *Siphocoryne* [*Aphis*] *avenae* F.: *Syrphus americanus* Wied.; p. 21 von *Macrosiphum cereale* Kalt.: Coccinelliden, Syrphiden, etc. — Reh (1) der deutschen Cocciden. — Ribaga (1) von *Icerya purchasi* Mask.: *Novius cardinalis.* — Sanders (2) p. 46 *Chionaspis furfura* Fitch: *Chilocoris bivulnerus.*— Slingerland (3) p. 95 von *Typhlocyba comes* Say: *Hemerodromia superstitiosa* Say, *Hyaloides vitripennis; Rhyncholophus parvulus* (Acar.), Pilze,Vögeln.— Stebbing (1) p. 155 von *Monophlebus Stebbingi* Green: *Vedalia Guerini* Crotch. — Stegagno (1) von gallenbildenden Aphiden: *Anthocoris.* — Theobald (2) p. 45 von *Aphis sorghi* n. sp.: *Coccinella 11-punctata* u. *Chilomenes vicina;* — (1) p. 92 von *Chionaspis salicis* L.: *Temnostethus pusillus* H.-Sch., *Phytocoris dimidiatus* Boh., *Lyctocoris campestris* F. u. Thysanure.

Parasitismus : Dyar (1) p. 19 *Epipyrops Nawai* n. sp. (Lepid.), Raupe auf Fulgoriden. — Embleton (1) *Comys infelix* n. sp., in *Lecanium hemisphaericum.* — Girault (2) p. 335, Tachinid; p. 337 *Hadronotus carinatifrons* Ashm. in *Anasas tristis* Geer (Eiern). — Green (1) p. 202 *Lecanium* [*Coccus*] *viride* Green: *Coccophagus orientalis, Encyrtus flavus, Ceraptocerus ceylonensis* (Chalciden); p. 234 *Lecanium* [*Saissetia*] *hemisphaericum* Targ.: *Comys rufescens, Coccophagus orientalis* u. *flavescens* (Chalciden). — Heidemann (1) *Aradophagus* im Ei der Aradiden. — Howard (1) *Lecanium oleae* Bern. u. *Ceroplastes: Scutellista cyanea; Mytilaspis pomorum* Bouché u. *Chionaspis furfurus* Fitch: *Aphelinus mytilaspidis.* — Kirkaldy (3) p. 227 *Asterolecanium pustulans* Cock., p. 228 *Ceroplastes rubens* Mask. u. *floridensis* Comst., *Morganella Maskelli* Comst.: Chalciden. — Marlatt (1) *Lecanium oleae* Bern.: *Scutellista cyanea.* — Pergande (2) p. 22 von *Siphocoryne* [*Aphis*] *avenae* F.: *Aphidius nigriceps;* p. 21 von *Macrosiphum cereale* Kalt.: *Aphidius,* etc. — Reh (1) Deutschland's Cocciden. — Sanders (2) p. 37 *Kermes Pettiti* Ehrh.: *Cheiloneurus sp.;* p. 40 *Phenacoccus Osborni* Sand.: Chalciden. — Sanderson (1) *Toxoptera graminum* Rond.: Hymenopteren. — Sasaki (1) p. 10 *Ericerus pe-la* Westw.: *Encyrtis* (Chalcid.). — Stegagno (1) Aphiden-

gallen: Dipteren, Hymenopteren, Lepidopteren, Hemipteren. — **Swezey (3)**
p. 45 *Liburnia campestris* Van Duz.: *Gonatopus bicolor* (Hymen.); — (**1**)
p. 444 *Ormenis septentrionalis* Spin: *Dryinus typhlocybie* (Hym.); p. 446
Cheiloneurus Swezeyi (Hym.); p. 449 *Liburnia lutulenta* Van Duz.: *Gona-*
topus bicolor.

Verhalten bei Angriffen: Banks (1) p. 44 *Sphodronyttus erythropterus* var. *convivus*
St.: sticht. — **Distant (1)** p. 265 *Acanthaspis megaspila* Wk., sticht. — **Dodd (1)**
p. 285 *Tectocoris lineola* var. *Banksi* Don. auf ihren Eiern. — **Goding** et
Froggatt (1) p. 617 *Pauropsaltria leurensis* n. sp., wenn gestört fliegt davon.
— **Guérin** et **Péneau (1)** p. 11 *Verlusia quadrata* F., weglaufen. — **Silvestri (1)**
p. 1 *Tettigometra impressifrons* Muls.: Sprung. — **Xambeu (1)** p. 127 *Rhino-*
coris iracundus Costa.

Schutzmittel: [Vergl. Mimetismus] **Breddin (3)** p. 413, Fußnote, Schutz der
Raubwanzenlarven durch Fremdkörper. — **Conradi (1)** Geruch der Heteropteren. — **Distant (1)** p. 480 *Halticus minutus* Reut., Sprung. — **Girault (3)**
p. 44 *Aphrophora parallela* Say, von der Larve ausgeschiedene Schaum.
— **Guerin** et **Peneau (1)** p. 1 Geruch der Pentatomiden. — **Marchand (1)**
p. XXVII *Philaenus spumarius* L.: Schaum. — **Pavie (1)** Allgemeines. —
Penzig (1) ? *Anomus cornutus* D.: Ameisen, von einer analen Flüssigkeit
der Cicadinen gefüttert. — **Sanders (2)** p. 42 *Pseudococcus longispinus* Targ.,
Wachs. — **Sasaki (1)** p. 4 *Ericerus pe-la* Westw., Drüsensekret am Rücken
des Weibchens; Eier unter dem Schild. — **Stebbing (1)** p. 150 *Monophlebus*
Stebbingi Green: Eier von Wolle geschützt.

Schützende Gewohnheiten: Distant (1) p. 480 *Halticus minutus* Reut. — **Hueber (2)**
Cicadetta montana Scop. u. *Tibicen haematodes* Scop. — **Osborn (2)** p. 90
Mindus radicis Osb., an Wurzeln.

Mimetismus und Temperament.

Mimetismus: Breddin (7) p. 147 *Trachelium mimeticum* n. sp., ameisenähnlich.
— **Guérin** et **Péneau (1)** p. 21 *Aelia acuminata.* — **Osborn (2)** p. 89 *Eccrito-*
tarsus elegans u. *Corizus hyalinus*: gleichen Knospen u. Blättern von
Euphorbia. — **Pérez (1)** *Phlaea longirostris* Spin.: Flechten. — **Reh (1)** p. 14
Aspidiotus zonatus Frauenf. — **Sanders (2)** p. 73 *Chrysomphalus obscurus*
Comst.: Rinde von *Quercus* u. *Hicoria alba.* — **Slingerland (3)** p. 94 *Typhlo-*
cyba comes Say u. Rebeblättern. — **Swezey (1)** p. 354 *Amphiscepa bivittata*
Say am Fuß des Blattstielchens von „Golden rod". — **Van Duzee (2)**
p. 39 *Pentatoma faceta* Say. — **Theobald (1)** p. 91 *Phytocoris dimidiatus* Boh.
u. Flechten.

Temperament: Distant (1) p. 286 *Conorhinus infestans* Kl., Saugen; p. 406 *Valleriola*
Greeni n. sp., lebhaft, Streitlust; (4) p. 278 *Henicocephalus pugnatorius* n. sp.
— **Dodd (1)** *Tectocoris lineola* v. *Banksi* Don. — **Felt (4)** p. 126 *Corythuca*
marmorata Uhl., sehr lebhaft. — **Goding** et **Froggatt (1)** p. 585 *Psaltoda*
moerens Germ., Saugen an *Eucalyptus.* — **Kirkaldy (7)** *Elasmostethus griseus*
Geer. — **Mayet (1)** Kysten von *Margarodes vitium* Giard. — **Mazzarelli (1)**
p. 324 Männl. Puppen von *Diaspis pentagona* Targ.: lebhaft. — **Pergande (2)**
p. 22 *Siphocoryne [Aphis] avenae* L.: Excitabilität. — **Slingerland (3)** p. 90
Typhlocyba comes Say, lebhaft; p. 92, Larve, id. — **Stebbing (1)** p. 149 *Mono-*

phlebus Stebbingi Green, ♂ lebhaft. — **Swezey (1)** p. 354 Larve von *Amphiscepa bivittata* Say, lebhaft.

Beziehung zu anderen Tieren und zu Pflanzen.

Beziehung zu Ameisen (u. Myrmekophilen): Bemis(1) p.476 Aleyrodiden: Honigtau. — **Breddin (3)** p. 407 *Cyrtomenus mirabilis* Perty u. *Cydnus sp.*, bei *Atta nigra*; p. 408 *Chilocoris Assmuthi* n. sp.; p. 409 *Ch. solenopsidis* n. sp., bei *Solenopsis rufa.* — **Green (1)** p. 190 *Lecanium* [*Saissetia*] *formicarii* Green in Nestern von *Crematogaster Dohrni*; p. 204 *L*, [*S.*] *discrepans* n. sp., id. u. anderen Ameisen; p. 205 *L*. [*S.*] *puncluliferum* n. sp., mit *Oecophylla maragdina*; p. 226 *L*. [*S.*] *psidii* n. sp., id. und mit anderen Ameisen. — **Luff (1)** p. 273 *Exaeretopus formicicola* Newst.; p. 274 *Rispersia Tomlini* Newst. bei *Tetramorium caespitum*, *Lasius alienus* und *L. niger*; p. 275 *R. europaea* Newst., id. — **Marchal (1)** p. 560 *Amelococcus Alluaudi* n. g. n. sp. — **Penzig (1)** p. 192 ? *Anomus cornutulus* St. u. *Myrmicaria fodiens subcarinata.* — **Reh (1)** p. 15 *Aspidiotus zonatus* Frauenf. u. *Lasius fuliginosus.* — **Silvestri (1)** *Tettigometra impressifrons* Muls. u. *costulata* Fieb. im Nest von *Tapinoma erraticum nigerrimum.* — **Xambeu (1)** p. 119 „*Aphis radicum*" von *Myrmica* [*Lasius*] *flava* gepflegt.

Beziehung zu Termiten (Termitophilen): Breddin (3) p. 407 *Cydnus indicus* Westw.; p. 410 *Lygaeus delicatulus* St. var., bei *Termes natalensis*; p. 412 *Fontejanus Wasmanni* Bredd., bei *Eutermes biformis*; p. 412 *Henicocephalus basalis* Westw., p. 415 Harpactorine-Larve, bei *Termes obesus*; p. 412 *Holotrichus*-Larve bei *Capritermes longirostris*; Acanthaspidiine-Larve bei *Termes natalensis*; p. 413 Salyavatine-Larve bei *Termes obscuripes*; p. 415 Ectrichodiine-Larve bei *Termes Redmanni*; p. 416 *Rhynocoris*-Larve bei *Termes natalensis*; — (10) bei *Termes natalensis*: Larve von einer Rhinocoriden- und von einer Acanthaspidenart, *Lygaeus delicatulus* St. — **Breddin** et **Börner (1)** *Thaumatoxena Wasmanni* n. g. n. sp., bei *Termes natalensis*.

Beziehung zu anderen Insekten: Distant (11) p. 219 *Ostorodias contubernalis* n. g. n. sp. in Gängen von *Polygraphus sp.*; — (15) p. 434 *Blissus diplopterus* n. sp. in verlassenem Wespennest. — **Dyar (1)** *Epipyrops Nawai* n. sp., Lepid. Parasit auf Fulgoriden, Japan. — **Green (2)** p. 204 *Lecanium tenebricophilum* n. sp. in Gängen anderer Insekten. — **Heidemann (1)** p. 164 *Aneurus minutus* Bergr. in Cerambyciden-Gänge. — **Kotinsky (2)** *Dactylopius* (*Pseudococcus*) u. *Lecanium* sp. in Insektengallen. — **Stegagno (1)** „Locatari" in Aphidengallen. — **Xambeu (1)** p. 127 *Rhinocoris iracundus* Costa, Adult säugt an Biene, etc.

Beziehung zu Vertebraten: Pavie (1) p. 165 Hydrocoren = Feinde der Fische u. Batrachiern. — **Speiser (1)** *Polyctenus* u. Fledermäuse.

Beziehung zu Pflanzen: [Cecidien, Vergl. unter „Physiologie", S. 528; Schaden: S. 546] **Distant (15)** p. 433 *Teleonemia australis* n. sp., unter den Blättern von *Olea europea.* — **Felt (4)** p. 125 *Corythuca marmorata* Uhl., Blättern von *Chrysanthemum.* — **Goury** et **Guignon (1, 2)** Ranunculaceen- u. Berberidaceen-Bewohner. — **Heidemann (1)** Aradiden nähren sich von Pilze ? — **Stebbing (1)** *Monophlebus Stebbingi* Green. — **Xambeu (1)** p. 119 „*Aphis radicum*", Schaden.

Wirtwechsel: S. Lebenszyklus (S. 531).
Umgewöhnung: Osborn (1) *Pentatoma Sayi* auf kultiv. Pflanzen. — Reh (2) Diaspinen.

Beziehung zum Menschen.

Nutzen: Banks (1) p. 44 *Sphodronyttus erythropterus* var. *convivus* St.: 'Säugt an Raupen. — **Green (5)** p. 464 *Antonina australis* n. sp., auf *Cyperus rotundus* (schädl. Pflanze); — (6) Lac-bildende Cocciden. — **Guérin** et **Péneau (1)** p. 34 *Zicrona coerulea* L., nährt sich von Halticiden (Coleopt.). — **Pavie (1)** p. 166 Cicaden von Eingeborenen gefressen. — **Sasaki (1)** p. 3 *Ericerus pe-la* Westw. Wachs.
Schaden: Balfour (1) p.41 *Aphis* [*sorghi* Theob.]; p. 43 *Aspongopus viduatus* F. — *****Ballou(1)** *Dysdecus* auf Baumwolle. — **Banks(1)** auf Cacao: p.13 Cicaden; p.29 Aphiden; p. 38 u. 39—41 Cocciden. — **Britton (1)** Aphiden, Psyllide, Cocciden; — (2) San José-Larven u. *Aleyrodes vaporariorum*; — (3) Aphiden, Cocciden, Psylliden. — **Burgess (2)** Cocciden, Aphiden, *Blissus leucopterus* Say. — **Cantin (1)** Reblaus. — **Cockerell (3)** Cocciden der Orange. — **Collinge (1)** in England. — **Cooley (1)** *Aphis pomi*. — **Distant (1)** p. 410 *Clinocoris lectularius* L.; p. 419 *Harpedona marginata* n. sp.; p. 440 *Helopeltis Antonii* Sign.; p. 441 *H. theivora* Waterh.; p. 445 *Disphinctus politus* Walk.; p. 455 *Lygus decoloratus* n. sp.; — (15) p. 433 *Monanthia mitrata* n. sp. — **Felt (2)** Aphiden, *Psylla pyricola*, San José-Laus; — (4) p. 125 *Corythuca marmorata* Uhl.; p. 130—136 Aphiden; p. 139 *Psylla pyricola* Först.; p. 140—142 Cocciden; p. 144 *Lygus pratensis* L. — **Fletcher (1)** *Anasa tristis* Geer, *Psylla pyricola*, San José-Laus, Aphiden. — *****Froggatt(1, 2, 3, 4).** — **Green (1)** p. 200 *Lecanium* [*Coccus*] *viride* Green; p. 233 *L.* [*Saissetia*] *hemisphaericum* Targ.; — (7) *Helopeltis*, Cocciden, *Anoplocnemis phasianus* F. — **Guénaux (1)** Schädliche Rhynchoten. — **Guérin** et **Péneau (1)** Versch. Arten. — **Horvath (1)** p. 117 *Phaenacantha saccharicida* Karsch. — **Kirkaldy(3)** Cocciden. — **Lochhead (1)** *Psylla pyricola*, *Aphis pomi*, *Aspidiotus perniciosus*. — **Marchal (2)** *Chrysomphalus dictyospermi* var. *minor* Berl. — **Marchand (1)** p. XXVI *Philaenus spumarius* L. — **Mazzarelli (1)** p. 15 *Diaspis pentagona* Targ. — **Newell (1)** San José-Laus u. *Blissus leucopterus*. — **Osborn (2)** p. 89 San José-Laus. — **Reh (1)** Cocciden. — **Sanders (2)** Cocciden. — **Sanderson (1)** Aphiden, etc. — **Slingerland (1)** Aphiden, *Psylla pyricola*; — (2, 3) *Typhlocyba comes* Say. — **Stebbing (1)** p. 145 *Monophlebus Stebbingi* Green. — **Stefani (1)** *Asterolecanium variolosum* Ratz. — **Swezey (3)** *Liburnia campestris*. — **Symons(1)** Aphiden u. Cocciden. — **Theobald (1)** Psylliden, Aphiden, Cocciden; p. 117 *Aspongopus viduatus* F. u. *nubilus* Burm. auf Melon; — (2) *Aphis sorghi* n. sp. — **Washburn (1)** Aphiden, *Corimelaena* sp., *Empoasca mali*. — **Xambeu (1)** p. 119 „*Aphis rasicum*".

Faunistik.

Geographische Verbreitung: Distant (1) Reduviiden, Cimiciden u. Capsiden von Indien u. Ceylon; — (10) p. 63 *Laccotrephes flavovenosa* Dohrn; — (15) p. 430 *Eurycera glabricornis* Mont.; p. 435 *Cligenes*. — **Fowler (1)** Zentral.-amerik. Fulgoriden. — **Goding** et **Froggatt (1)** Austral. Cicadiden. — **Green (1)**

p. 189 (*Lecanium* [*Coccus*] *hesperidum* L. — **Heidemann** (**1**) p. 162 *Aradus Falleni* St. — **Horváth** (**3**) *Caliscelis*-Arten; — (**1**) Colobathristinen. — **Hueber** (**2**) *Cicadetta montana* Scop. u. *Tibicen haematodes* Scop. in Deutschland. — **Johnson** (**1**) *Cicada septemdecim* in New England. — **Kirkaldy** (**6**) Notonectiden; — (**8**) Rhynchoten von Cypern. — **Marchal** (**2**) p. 246 *Chrysomphalus dictyospermi* var. *minor* Berl. — **Péneau** (**1**) p. 258 *Hebrus ruficeps* Thoms. — **Pergande** (**2**) in den Verein. Staaten: *Siphocoryne* [*Aphis*] *avenae* F., *Macrosiphum granarium* Buckt., *cereale* Kalt., *trifolii* n. sp. — **Reh** (**1**) Deutschlands Cocciden; — (**2**) Diaspinen. — **Reuter** (**1**) *Stenodema*; — (**7**) p. 21 *Cyrtopeltis tenuis* Reut.; p. 11 *Lygus pratensis* L. — **Schmidt, E.** (**1**) Flatiden von Sumatra. — **Schouteden** (**4**) Gattungen und Arten der Scutellerinen. — **Van Duzee** (**2**) N. Amerik. Pentatomiden. — **Swezey** (**2**) Nordamerik. Fulgoriden.

Geographische Ausdehnung: Kirkaldy (**2**). — **Reh** (**1**) p. 13 *Aspidiotus pyri*.

Mit Pflanzen verschleppt: Kirkaldy (**2**) p. 176 *Peregrinus maidis* Ashm.; p. 177 *Deltocephalus hospes* n. sp.; — (**3**) Cocciden. — **Marchal** (**2**) p. 246 *Chrysomphalus dictyospermi* var. *minor* Berl.

Verbreitung durch den Wind usw.: Vergl. S. 542.

Höhenverbreitung: Angabe in: **Breddin** (**4**) (**6**). — **Cockerell, W. P. et T. D. A.** (**1**). — **Distant** (**1**) (**4**). — **Fowler** (**1**). — **Frédéricq** (**1**). — **Green** (**3**). — **Horvath** (**1**). — **Kirkaldy** (**6**). — **Reuter** (**1**) (**8**) (**10**) (**12**). — **Schmidt, E.** (**2**). — **Snow** (**2**). — **Van Duzee** (**2**).

Ursprüngliche Heimat: Kirkaldy (**2**) p. 176 *Peregrinus maidis* Ashm.: Verein. Staaten; p. 177 *Aloha ipomea* n. g. n. sp.: Hawaii; — (**3**) p. 227 *Trechocorys* [= *Pseudococcus*] *filamentosus* Comst.: Japan; p. 229 *Pseudaonidia duplex* Cock.: Japan: p. 229 *Lepidosaphes Beckii* Newm.: China und Japan. — **Marchal** (**2**) p. 246 *Chrysomphalus dictyospermi* var. *minor* Berl.: trop. Asien. — **Reh** (**1**) Cocciden.

Vikariieren: Varela (**1**) p. 135 *Rhinocoris obtusus* Pal. u. *bellicosus* St.

Kosmopolitismus: Distant (**1**) p. 410 *Clinocoris lectularius* L. — **Green** (**1**) p. 233 *Lecanium* [S.] *hemisphaericum* Targ. — **Reh** (**1**) Cocciden. — **Sanders** (**2**) p. 75 *Lepidosaphes ulmi* L.

Europa.

Kirkaldy (**6**) Bearbeitung der Notonectiden. — **Melichar** (**2**) *Membracidae* u. *Cercopidae*; — (**3**) *Cicadidae*. — **Reuter** (**1**) *Stenodema* monographisch bearbeitet; — (**2**) *Phimodera*. — **Schouteden** (**4**) Bearbeitung der Scutellerinen-Gattungen.

Deutschland: Flögel (**1**) „*Aphis*" *ribicola* Kalt., „*A.*" *betulicola* Kalt., *A. crataegi* Kalt. — **Hueber** (**1**) Groß-Deutschlands Cicadinen- u. Psylliden-Verzeichnis; p. 277 *Coreus hirticornis* F., *Megalotomus junceus* Scop., *Serenthia femoralis* Th., *Tingis Oberti* Kol., *Gerris asper* Fieb., *Piezostethus lativentris* J. Sahlb., *Poeciloscytus cognatus* Fieb., *Pseudophlaeus Waltlii* H.-Sch.; — (**2**) p. 281 *Lygaeus superbus* Poll., *L. equestris* L.; p. 282 *Calocoris picticornis* var. *alemannica* n. var.; p. 283 *Cicadetta montana* Scop.; p. 285 *Tibicen haematodes* Scop. — **Reh** (**1**) Deutschlands Cocciden; — (**2**) in der Station für Pflanzenschutz in Hamburg gesammelte Diaspinen. — **Reuter** (**10**) p. 3 *Actinonotus pulcher* var. *rubra* Reut., Thüringen; p. 9 *Allaeonycha Mayri* n. g. n. sp.

Belgien: **Del Guercio (1)** *Sipha Berlesei* n. sp. — **Frédéricq (1)** 16 Arten, Hohe Venn. — **Schouteden (5)** p. 6 *Cerataphis lataniae* Boisd., Brüssel. **Groß-Britannien:** **Butler (1)** *Drymus confusus* Horv. u. *pilicornis* Muls., Dorsetshire; *latus* Dougl.-Sc., Caterham, Isle of Stepper, Brandon; *Salda setulosa* Put., Poole Harbour. — **Collinge (1)** Schädlinge. — **Embleton (1)** *Saissetia hemisphaerica* var. *filicum* Bdv. — ***Edwards (1)**. — **Hopkinson (1)** *Coccidae*, Hertfordshire. — **Luff (1)** Guernsey, 14 Coccidenarten, 1 Varietät. — **Reuter (1)** p. 16 *Stenodema levigatum* var. *melas* n. var. — **Theobald (1)** Schädlinge.

Spanien: **Ardid (1)** Umgebung von Zaragoza: 126 Heteropteren, 35 Homopteren. — **Champion (1)** Moncayo, N. Spanien: 110 Heteropteren. — **Horváth (3)** p. 384 *Caliscelis Bolivari* n. sp. — **Marchal (2)** p. 246 *Chrysomphalus*. — **Meunier (1)** Sierra del Montsech: *Acocephali̇es Breddini* n. gen. n. sp., Kimeridg-lage. — **Reuter (5)** *Globiceps parvulus* n. sp.

Frankreich: **Cockerell (7)** p. 19 *Eulecanium magnoliarum* var. *hortensiae* n. var.; p. 20 *Eul. ciliatum* Dougl. var. *α*, *Eul. genevense* var. *Marchali* n. var.; p. 21 *Eul. a ni* var. *rufulum* n. var., *Eul. prunastri* var. *α*. — **Fleutiaux (1)** *Orthotylus Scot'i* Reut., n. sp., Nogent - sur - Marne. — **Giard (1)** *Pseudophlaeus Falleni* Schill., Ambleteuse. — **Guérin et Péneau (1)** Pentatomiden, Cocciden, Berytiden. — **Horváth (3)** p. 380 *Caliscelis Wallengreni* St.; p. 381 *C. Bonellii* Latr. — **Lambertie (1)** Citon: 47 Heteropteren, 85 Homopteren; — **(2)** *Dictyophora europaea* var. *rosea* Mel., Gironde; — **(3)** S. W. Frankreich: 61 Heteropteren, 54 Homopteren; Gironde: zusammen 396 Heteropteren, u. 235 Homopteren; — **(4)** Gironde: 1 Capside, 8 Homopteren; — **(5)** Gironde: 3 Heteropteren, 3 Homopteren; — **(6)** Gironde: 3 Heteropteren. — **Marchal (2)** p. 246 *Chrysomphalus dictyospermi* var. *minor* Berl. — **Marchand (1)** Nantes: *Philaenus spumarius* L. — **Péneau (1)** Loire-Inférieure: *Hebrus ruficeps* Thom., *pusillus* Fall., *montanus* Kol.; Umgebung von Nantes, 17 Heteropteren; — **(2)** Umgebung von Nantes, 6 Heteropteren, 1 Homopteron. — **Xambeu (1)** 4 Heteropteren.

Korsika: **Kirkaldy (6)** p. 116 *Anisops sardea* H.-Sch., Korsika; p. 125 *Nychia Marshalli* Scott, Korsika.

Italien: **Cecconi (1)** 7 Cecidien, Vallombrosa-Wälder. — **Corti (1)** 27 Cecidien. — **Horváth (3)** p. 381 *Caliscelis Bonellii* Latr.; p. 384 *C. dimidiata* Costa, Kalabrien. — **Kirkaldy (6)** p. 116 *Anisops sardea* H.-Sch., Sardinien. — **Massalongo (1)** 2 Cecidien, Verona. — **Mazzarelli (1)** *Diaspis pentagona* Targ., Provinz Mailand. — **Pavesi (1)** 3 Heteropteren. — **Reh (1)** p. 17 *Aonidia lauri* Bouché, Palerme; — **(2)** *Eriococcus araucariae* Mask. — **Ribaga (1)** *Icerya purchasi* Mask., Firenze. — **Silvestri (1)** *Tettigometra impressifrons* Muls. u. *costulata* Fieb.: Portici. — **Stefani (1)** *Asterolecanium variolosum* Ratz. — **Stegagno (1)** „Locatari" der Cecidozoen. — **Tassi (1)** 14 Cecidien, Siena. — **Trotter (1)** 3 Cecidien; — **(3)** 3 Cecidien. — **Trotter et Cecconi (1)** Cecidien. — **Silvestri (1)** *Tettigometra impressifrons* Muls. u. *costulata* Fieb.

Schweiz: **Corti (2)** 17 Cecidien. — **Reh (1)** p. 13 *Aspidiotus pyri*, Zürich, Graubünden; — **(2)** Diaspinen.

Luxemburg: **Reh (2)** Diaspinen.

Herzegovina: **Horváth (3)** p. 381 *Caliscelis Bonellii* Latr.

Rumänien: **Horváth (3)** p. 380 *Caliscelis affinis* Fieb.

Griechenland: **Reuter (12)** p. 2 *Phytocoris bivittatus* n. sp.; p. 22 *Campylomma diversicornis* var. *infuscata* n. var.

Kreta: **Reuter (10)** p. 2 *Calocoris hispanicus* var. *bisignata* n. var., var. *vittata* n. var.; p. 18 *Campylognathus fulvus* n. sp.

Rußland: **Cholodkovsky (2)** p. 476 *Adelges orientalis* Dreyf., Eastland. — **Handlirsch (1)** p. 2 **Presbole hirsuta* n. g. n. sp.; p. 3 **Scytinoptera Kokeni* n. g. n. sp. — **Horváth (3)** p. 380 *Caliscelis Wallengreni* St. u. *C. affinis* Fieb. — **Kirkaldy (6)** p. 116 *Anisops sardea* H.-Sch., Krim. — **Reuter (1)** p. 8 *Stenodema calcaratum* var. *pallescens* n.var.; *St. trispinosum* n. sp.; p. 9 var. *virescens* n. var., var. *fuscescens* n. var., N. Rußland; — **(10)** p. 5 *Anapus flavicornis* n. sp., Borjom.

Schweden: **Reuter (2)** p. 6 *Phimodera humeralis* var. *Dalmanni* n. var.

Asien.

Kirkaldy (6) Notonectiden. — **Reh (2)** Diaspinen in Hamburg eingeführt. — **Schouteden (4)** Gattungen und Arten der Scutellerinen.

Paläarkt. Asien: Reuter (1) *Stenodema*.

Cypern: Kirkaldy (6) p. 127 *Plea Leachi* Mac Greg. et Kirk.; — **(8)** 2 Homopteren, 37 Heteropteren. — **Reuter (10)** p. 5 *Deraeocoris rutilus* var. *fasciata* n. var.; — **(6)** p. 12 *Camptobrochis Martini* Put.

Aden: Distant (1) p. 275 *Edocla pelia* n. sp.; p. 335 *Rhinocoris marginellus.* — **Reuter (6)** p. 2 *Rhinofulvus albifrons* Rt. u. *Pantiliodes pallidus* Reut.; p. 11 *Lygus Simonyi* n. sp.: p. 17 *Aeolocoris alboconspersus* n. g. n. sp.

Syrien: Reuter (10) p. 4 *Camponotidea Saundersi* var. *Putoni* n. var.; — **(12)** p. 7 *Calocoris sanguineovittatus* n. sp.; p. 8 *Lygus brachycnemis* Reut.; p. 9 *Camptobrochis punctulatus* Fall.; p. 15 *Pachytomella phaenicea* Horv. var. *typica*, var. *antennalis* Reut. u. var. *pedalis* n. var.; p. 16 *Orthotylus spartiicola* n. sp.

Palästina: Reuter (12) p. 3 *Phytocoris albipennis* n. sp.; p. 8 *Lygus divergens* Reut.; p. 13 *Dimorphocoris punctiger* Horv.; p. 14 *Pachytomella phaenicea* Horv. var. *typica*, var. *antennalis* Reut. u. var. *nigricornis* n. var.; p. 20 *Utopnia torquata* Put.; p. 24 *Paramixia suturalis* n. sp.

Kleinasien: Horváth (3) p. 384 *Caliscelis peculiaris* n. sp. — **Kirkaldy (6)** p. 119 *Anisops varius* Fieb.; p.127 *Plea Leachi* Mac Gr. et Kirk. — **Reuter (10)** p. 1 *Lopus bimaculatus* Jak.; p. 4 *Camponotidea Saundersi* Put. var. *typica*; — **(12)** p. 1 *Phytocoris extensus* n. sp.; p. 4 *Megacoelum pulchricorne* Reut.; p.6 *Calocoris rubicundus* n. sp.; p. 14 *Orthocephalus tenuicornis* var. *fulvipes* n. var.; p. 15 *Pachytomella phaenicea* var. *typica*; p. 16 *Dicyphus hyalinipennis* Kb.; p. 17 *Byrsoptera rossica* Reut.; p. 18 *Psallus anticus* var.; *Ps. brachycerus* n. sp.; p. 19 *Ps. carduellus* var. *quadrisignatus* n. var. u. var. *infuscata* n. var.; p. 20 *Utopnia torquata* Put.; p. 23 *Sthenarus quercicola* n. sp.

Transkaukasus: Jakowleff (1) p. 94 *Rhinocoris geniculatus* n. sp.; p. 293 *Coriomeris validicornis* n. sp.; p. 294 *C. integerrimus* n. sp. — **Horváth (4)** p. 580 *Dolycoris penicillatus* n. sp.

Transkaspien: Reuter (1) p. 11 *Stenodema turanicum* n. sp., var. *viridula* n. var. u. var. *pallidula* n. var.; — **(8)** p. 1 *Phytocoris longicornis* n. sp.; p. 8 *Pleuroxonotus nasutus* n. g. n. sp.; p. 9 *Megalocoleus albidus* n. sp. u. var. *vitellinus*

n. var.; p. 10 *Atomophora oculata* n. sp.; p. 12 *At. maculosa* n. sp.; p. 13 *At. suturalis* n. sp.; p. 14 *At. albovittata* n. sp.; — (10) p. 11 *Malthacosoma adspersum* n. sp.

Turkmänien : Horváth (4) p.580 *Dolycoris penicillatus* n. sp.; p. 582 *Gerris thoracicus* var. *rapidus* n. var.

Turkestan : Horváth (4) 99 Heteropteren (u. 7 Var.), 30 Homopteren (u. 3 Var.). — **Jakowleff (1)** p. 23 *Microtoma praeusta* n. sp.; p. 24 *Emblethis luridus* n. sp. — **Kirkaldy (6)** p. 127 *Plea Leachi* Mac Gr. et Kirk. — **Reuter (1)** p. 11 *Stenodema pallidulum* n. sp.; — (8) p. 4 *Myrmecophyes Korschinskii* n. sp.; p. 5 *M. aeneus* n. sp.

Persien : Reuter (3) p. 22 Capsidenarten (neu: 7); — (10) p. 1 *Lopus bimaculatus* Jak.

Persischer Golf : Distant (1) p. 295 *Ectomocoris cordiger* St.

Sibirien : Jakowleff (1) p. 93 *Myrmus formosus* n. sp. — **Reuter (1)** p. 9 *Stenodema trispinosum* n. sp., var. *virescens* n. var. u. var. *fuscescens* n. var.; — (8) p. 16 *Nyctidea moesta* n. g. n. sp.

Tibet : Jakowleff (3) p.71 *Palomena limbata* n. sp. — **Kirkaldy (6)** p. 108 *Enithares sinica* St. — **Reuter (7)** Aufzählung aller bekannten Capsiden (neu: 6).

Mongolei : Jakowleff (1) p. 25 *Coranus mongolicus* n. sp. — **Reuter (8)** p. 7 *Agraptocoris concolor* n. g. n. sp.; — (10) p. 10 *Oncotylus fuscicornis* n. sp.; p. 17 *Plagiognathus cinerascens* n. sp.

Mandschurei : Jakowleff (1) p. 292 *Acanthosoma Korolkovi* n. sp.

China : Distant (1) p. 270 *Acanthaspis cincticrus* St.; p. 296 *Ectomocoris atrox* St. p. 299 *Pirates femoralis* Walk.; p. 304 *Sirthenea flavipes* St.; p. 337 *Rhinocoris flavus* Dist.; p. 359 *Agriosphodrus Dohrni* Sign.; p. 368 *Endochus migratorius* Dist.; p. 373 *Epidaus bicolor* Dist.; — (5) p. 106 *Fulgentius mandarinus* n. g. n. sp.; — (10) p. 63 *Laccotrephes flavovenosa* Dohrn; — (12) p. 299 *Angamiana floridula* n. sp.; — (13) p. 335 *Pycna coelestia* n. sp. — **Green (3)** p. 374 *Ericerus pe-la* Westw. — **Kirkaldy (1)** p. 62 *Metrocoris lituratus* St.; — (6) p. 95 *Notonecta triguttata*; p. 108 *Enithares sinica* St.; p. 118 *Anisops nivea* F.; p.129 *Helotrephes semiglobosus* S. — **Jakowleff (1)** *Geocoris chinensis* n. sp. — **Reuter (1)** p. 13 *Stenodema alpestre* n. sp.; p. 14 *St. elegans* n. sp.; p. 17 *St. plebejum* n. sp.; p. 19 *St. chinense* n. sp.; — (7) Aufzählung aller bekannten Arten (neu: 3; Neubeschreibungen). — **Sasaki (1)** *Ericerus pe-la* Westw.

Hainan : Distant (1) p. 353 *Sycanus croceovittatus* Dohrn. — **Schouteden (2)** p. 296 *Calliscyta ? australis* Dist.

Japan : Distant (1) p. 270 *Acanthaspis cincticrus* St.; p. 304 *Sirthenea flavipes* St.; p. 377 *Isyndus obscurus* Dall.; p. 387 *Polididus armatissimus* St.; p. 402 *Nabis flavolineatus* Scott., var.; — (10) p. 63 *Laccotrephes flavovenosa* Dohrn; — (13) p. 330 *Cicada Andrewsi* n. sp. — **Horváth (5)** p. 594 *Plea japonica* n. sp. — **Sasaki (1)** *Ericerus pe-la* Westw. — **Matsumura (1)** Monographie der Cercopiden: 23 Arten (neu: 14); — (2) pp. 31—53 Katalog der Cercopiden: 40 Arten (neu: 17 u. 1 Var.); p. 53 *Cicada pyropa* n. sp.

Korea : Jakowleff (1) p. 23 *Eusarcoris gibbosus* n. sp.; p. 94 *Polymerus varicornis* n. sp. — **Reuter (4)** p. 34 *Adelphocoris funebris* n. sp.; p. 36 *Campylotropis Jacovlevi* n. sp.

Formosa: **Distant** (1) p. 304 *Sirthenea flavipes* St.; — (10) p. 63 *Loccotrephes flavovenosa* Dohrn; — (12) p. 301 *Tosena Seebohmi* n. sp.; — (13) p. 331 *Cryptotympana Holsti* n. sp.

Himalaya: **Distant** (1) Reduviiden u. Capsiden; — (11) p. 219 *Ostradias contubernalis* n. g. n. sp.

Vorderindien: **Breddin** (3) Bombay p. 407 *Cydnus indicus* Westw.; p. 408 *Chilocoris Assmuthi* n. sp.; p. 409 *Ch. solenopsidis* n. sp.; p. 412 *Fontejanus Wasmanni* Bredd.; p. 412 *Henicocephalus basalis* Westw.; Holotrichiide-Larve; p. 415 Harpactorinelarve; — (4) p. 6 *Oncinoproctus griseolus* n. g. n. sp., Sikkim. — **Distant** (1) Reduviiden, Nabiden und Capsiden; zahlreiche neue Arten (s. Systematik); — (2) p. 667 *Platypleura Mackinnoni* n. sp., p. 671 *Pomponia surya* n. sp.; p. 672 *P. melanoptera* n. sp.; p. 673 *Cicada vesta* n. sp.; p. 675 *Tibicen sankara* n. sp. u. *Terpnosia ganesa* n. sp.; — (4) p. 277 *Glossopelta Dudgeoni* n. sp.; — (10) p. 63 *Laccotrephes flavovenosa* Dohrn. — **Kirkaldy** (1) p. 62 *Metrocoris compar* Walk.; — (6) p. 99 *Enithares triangularis* Guér.; p. 102 *Enithares Templetoni* Kirby; p. 108 *E. marginata* Fieb.; p. 109 *E. abbreviata* Kirby; p. 116 *Anisops Fieberi* Kirk.; p. 118 *A. nivea* F.; p. 128 *Plea Buenoi* Kirk.: Pondicherry. — **Martin** (1) p. 315 *Empysarus depressus* n. g. n. sp. — **Schouteden** (2) p. 303 *Irochrotus indicus* n. sp. — **Stebbing** (1) *Monophlebus Stebbingi* Green.

Ceylon: **Breddin** (3) p. 413 Salyavatinenlarve; p. 415 Ectrichodiinenlarve. — **Distant** (1) Reduviiden, Nabiden, Saldiden u. Capsiden; zahlreiche neue Arten (S. Systematik); — (3) p. 259 *Thurselinus Greeni* n. g. n. sp.; — (4) p. 278 *Cercotmetus fumosus* n. sp.; — (5) p. 107 *Argenis incisuratus* Walk.; — (10) p. 63 *Laccotrephes flavovenosa* Dohrn; — (11) p. 220 *Amphiareus fulvescens* Wh. — **Green** (1) Lecaniinen: 33 Arten (S. Systematik); — (7) Schädlinge; p. 241 *Helopeltis oryae* Distant n. sp. — **Horvath** (5) p. 594 *Micronecta haliploides* n. sp. — **Kirkaldy** (1) p. 62 *Metrocoris Stali* Dohrn; — (6) p. 100 *Enithares triangularis* var. *simplex* Kirb.; p. 102 *E. Templetoni* Kirk.; p. 109 *E. abbreviata* Kirb.; p. 125 *Nychia Marshalli* Scott. — **Reuter** (11) p. 5 *Callicratides rama* Kirby. — **Schmidt, E.** (2) p. 370 *Ormenis prasina* n. sp.

Assam: **Distant** (1) Reduviiden, Nabiden u. Capsiden; neue Arten (s. Systematik). — **Kirkaldy** (1) p. 62 *Metrocoris Stali* Dohrn.

Birma: **Distant** (1) Reduviiden, Nabiden, Saldiden, Ceratocombiden und Capsiden; neue Arten (s. Systematik); — (11) p. 220 *Arnulphus aterrimus* n. g. n. sp.; p. 221 *Lippomanus hirsutus* n. g. n. sp. — **Horváth** (1) p. 130 *Phaenacantha sedula* n. sp.; p. 138 *Ph. bicolor* Dist. u. *Ph. solers* n. sp. — **Kirkaldy** (6) p. 128 *Plea frontalis* Fieb.

Tenasserim: **Distant** (1) Reduviiden, Nabiden u. Capsiden; neue Arten (s. Systematik); — (11) p. 221 *Lippomanus hirsutus* n. g. n. sp. — **Horváth** (1) p. 139 *Phaenacantha viridipennis* n. sp.

Andamanen: **Distant** (1) p. 279 *Velitra alboplagiata* St.; p. 306 *Andernacus andamanensis* n. sp.

Tonkin: **Breddin** (4) p. 1 *Dalpada perelegans* n. sp.; p. 3 *Euaenaria jucunda* n. g. n. sp.; p. 4 *Ochrorrhoea truncaticornis* n. g. n. sp.; p. 7 *Exithemes mansonicus* n. g. n. sp.; p. 8 *Tolumnia ferruginescens* n. sp.; p. 10 *Anaca punctiventris* n. sp.; p. 14 *Iphiarusa aratrix* n. g. n. sp.; p. 15 *Eusthenes*

Diomedes n. sp.; p. 17 *Eurostus heros* n. sp.; p. 18 *Dalcantha alata* n. sp.; p. 19 *Gonopsis tonkinensis* n. sp. — **Distant (12)** p. 299 *Angamiana floridula* n. sp. — **Kirkaldy (6)** p. 108 *Enithares sinica* St.

Cochinchina: Kirkaldy (6) p. 128 *Plea frontalis* Fieb.; p. 116 *Anisops Bouvieri* n. sp.

Cambodia: Distant (1) p. 335 *Rhinocoris tristicolor* Reut.; p. 350 *Narsetes longinus* Dist.; p. 354 *Sycanus villicus* St. u. *Falleni* St. — **Noualhier et Martin (1)** 20 Homopteren, 28 Heteropteren; p. 174 *Acanthaspis variivenis* Noualh.; p. 178 *Dundubia spiculata* Noualh.; p. 180 *Fulgora monetaria* Noualh., *Oliarus cucullatus* Noualh.; p. 181 *O. petasatus* Noualh., *Hemisphaerius interclusus* Noualh., *Ricania flabellum* Noualh.; p. 183 *Leptocentrus subflavus* Noualh.; p. 184 *Callitettix carinifrons* Noualh.

Laos: Distant (1) p. 377 *Isyndus Ulysses* St.; — **(13)** p. 333 *Platypleura mira* n. sp. — **Noualhier et Martin (1)** 17 Homopteren; p. 179 *Gaeana Paviei* Noualh., *Mogannica saucia* Noualh.; p. 182 *Acrobelus Delphinus* Noulh.; p. 183 *Cosmocarta carens* Noualh.

Siam: Distant (1) p. 261 *Acanthaspis biligata* Walk.; p. 295 *Ectomocoris elegans* F.; p. 426 *Rhinomiris vicarius* Walk. — **Noualhier et Martin (1)** 28 Heteropteren, 30 Homopteren; p. 174 *Acanthaspis variivenis* Noualh.; p. 176 *Prostemma siamense* Noualh.; p. 178 *Platypleura arminops* Noualh.; p. 182 *Cyrene obtusata* Noualhier; p. 183 *Cosmocarta obscurata*; p. 184 *Callitettix carinifrons* Noualh.; p. 184 *Hecalus Platalea* Noualh.; p. 185 *Ectomops rubescens* Noualh.

Malayische Halbinsel: Distant (1) p. 317 *Ectrychotes crudelis* F. u. *atripennis* St.; p. 341 *Sphedanolestes mendicus* St.; p. 345 *Vesbius sanguinosus* St.; p. 426 *Rhinocoris vicarius* Walk.; p. 444 *Disphynctus humeralis* Walk.; p. 447 *Hyalopeplus vitripennis* St.; — **(2)** p. 671 *Cosmopsaltria khadiga* n. sp.; p. 676 *Terpnosia abdullah* n. sp. — **Green (3)** p. 377 *Paralecanium expansum* var. *metallicum* Green. — **Horváth (1)** p. 138 *Phaenocantha bicolor* Dist.; p. 143 *Symphylax picticollis* var. *confluens* n. var.

Pulo-Penang: Horváth (1) p. 130 *Phaenacantha sedula* n. sp. — **Distant (1)** p. 337 *Rhinocoris flavus* Dist.; p. 354 *Sycanus semimarginatus* Walk.; p. 355 *S. versicolor* Dohrn.

Singapore: Distant (5) p. 113 *Mertila malayensis* n. g. n. sp. — **Green (3)** p. 377 *Paralecanium expansum* var. *metallicum* Green. — **Horváth (1)** p. 130 *Phaenacantha sedula* n. sp.

Sumatra: Breddin (4) p. 17 *Dalcantha angularis* n. sp.; p. 19 *Atelides sumatranus* n. sp. — **Distant (1)** p. 281 *Sminthocoris singularis* Walk.; p. 336 *Rhinocoris nigricollis* Dall.; p. 369 *Endochus atrispinus* St. — **Horváth (1)** p. 130 *Phaenacanta sedula* var. *melanoscelis* n. var.; p. 131 *Ph. Gestroi* n. sp.; p. 139 *Ph. viridipennis* n. sp.; p. 143 *Symphylax picticollis* n. sp., var. *blandus* n. var. u. var. *confluens* n. var. — **Kirkaldy (6)** p. 103 *Enithares lineatipes* Horv.; p. 109 *E. abbreviata* Kirb.; p. 130 *Helotrephes Martini* n. sp. — **Schmidt, E. (1)** 50 Flatiden, neu: 13 Arten (s. Systematik); — **(2)** p. 268 *Ormenis taeniata* n. sp.

Mentawei: Horváth (1) p. 143 *Symphylax picticollis* n. sp.

Java: Breddin (4) p. 8 *Sabaeus rectispinus* n. sp.; p. 10 *Aspideurus metallicus* n. sp.; p. 12 *Rhynchocoris patulus* n. sp.; p. 15 *Prionocompastes vicarians* n. sp. — **Distant (1)** p. 281 *Sminthocoris singularis* Walk. — **Green (1)** p. 236

Lecanium [*Paralecanium*] *expansum* var. *quadratum* n. var.; — (2) 24 Cocciden-
arten; neu; 3 Arten u. 3 Var. — **Horváth (1)** p. 134 *Phaenacantha Krügeri*
n. sp.; p. 137 *Ph. saccharicida* Karsch. — **Kirkaldy (6)** p. 105 *Enithares
hippokleides* Kirk.; p. 108 *En. marginata* Fieb.; p. 109 *En. abbreviata* Kirb.
— **Penzig (1)** p. 192 ? *Anomus cornutus* St. — **Schmidt (2)** p. 355 *Bythopsyrna
Rabbowi* n. sp.; p. 372 *Sephena tricolor* n. sp.; p. 377 *Atracis javana* Mel.
Sumbawa: Breddin (4) p. 9 *Sabaeus teretispinus* n. sp. — **Distant (14)** p. 430
Cryptotympana varicolor n. sp.
Timor: Distant (1) p. 295 *Ectomocoris elegans* F.
Buton-Insel: Horváth (1) p. 147 *Taphocranum robustum* Bredd.
Borneo: Distant (1) p. 281 *Sminthocoris singularis* Walk.; p. 317 *Ectrychotes
atripennis* St.; p. 444 *Disphynctus politus* Walk.; — (8) p. 304 *Kennetus
Alces* n. g. n. sp.; — (13) p. 330 *Cicada umbrosa* n. sp. — **Horváth (1)** p. 143
Symphylax picticollis n. sp. — **Schmidt, E.** (1) p. 209 *Bythopsyrna violacea*
n. sp.; p. 211 *Phyma Waterstradti* n. sp., *Nephesa aurantiaca* n. sp.;
— (2) p. 354 *Flata ferruginea* n. sp. u. var. *aeruginosa* n. sp.; p. 358 *Flatoptera
virescens* n. sp.; p. 362 *Flatula bipunctata* n. sp.
Pulo Laut: Horvath (1) p. 143 *Symphylax picticollis* var. *confluens* n. var.
Philippinen: Banks (1) Kakaoschädlinge (nicht näher bestimmt); p. 44 *Sphodronyttus erythropterus* var. *convivus* St. — **Breddin (4)** p. 10 *Antestia philippina*
n. nom. — **Distant (1)** p. 281 *Sminthocoris singularis* Walk.; p. 345 *Homalosphodrus brachialis* St. — — **Horvath (1)** p. 130 *Phaenacantha sedula* n. sp.;
p. 135 *Ph. confusa* n. sp.; p. 136 *Ph. pectoralis* St.; p. 140 *Ph. pallida* St.;
p. 141 *Narcegaster geniculata* St. — **Kirkaldy (6)** p. 107 *Enithares Martini*
Kirk.; p. 128 *Plea sobrina* St.
Celebes: Distant (1) p. 299 *Pirates femoralis* Walk.; p. 334 *Rhinocoris costalis* St.;
— (5) p. 114 *Sabellicus apicifer* Walk. — **Kirkaldy (6)** p. 104 *Enithares Hor-
vathi* Kirk.; p. 116 *Anisops Fieberi* Kirk.; p. 117 *A. Breddini* Kirk.; p. 129
Helotrephes Bouvieri n. sp.
Ternate: Distant (5) p. 113 *Mertila ternatensis* n. g. n. sp.
Batjan: Breddin (5) p. 181 *Plisthenes Merianae* F.
Buru: Breddin (4) p. 9 *Sabaeus fortispinus* n. sp.; — (5) p. 180 *Plisthenes buruensis*
n. sp.
Amboina: Schmidt (2) p. 361 *Phyma subapicalis* n. sp.
Ceram: Horvath (1) p. 124 *Phaenacantha distincta* Dist.
Mysol: Horvath (1) p. 124 *Phaenacantha distincta* Dist.
Obi: Schmidt (2) p. 370 p. 370 *Paratella variegata* n. sp.

Afrika.

Kirkaldy (6) Notonectiden; p. 119 *Anisops vitrea* Sign. — **Reh (2)** in Hamburg
mit Pflanzen eingeführte Diaspinen. — **Schouteden (4)** Gattungen u. Arten der
Scutellerinen.

Kanarische Inseln: Kirkaldy (6) p. 117 *Anisops canariensis* Nonalh. — **Reuter (10)**
p. 6 *Orthotylus antennatus* n. sp.; p. 13 *Psallus instabilis* n. sp., p. 14 var.
α typica, var. *β sanguineotincta* n. var., var. *subochracea* n. var.; *Ps. Beckeri*
n. sp.; p. 15 *Ps. longiceps* n. sp.
Madera: Reuter (10) p. 12 *Psallus proteus* Put., var. *α infuscata* n., var. *β rubropicta* n., var. *γ reducta* n., var. *δ rubicunda* n.

Nord-Afrika: Kirkaldy (6) p. 12 *Plea Leachi* Mac Gr. et Kirk.
Algerien: Reuter (6) p. 12 *Camptobrochis Martini* Put.
Tunisien: Horvath (3) p. 384 *Caliscelis dimidiata* Costa.
Marocco: Horvath (3) p. 3 1 *Caliscelis maroccana* n. sp. — **Trotter (2)** p. 15
Aphidengalle (?) auf *Cistus*.
Aegypten: Distant (1) p. 294 *Ectomocoris posticus* Walk. — **Kirkaldy (6)** p. 129
Plea Letourneuxi Sign. — **Newstead et Theobald (1)** p. 185 *Diaspis squamosus*
n. sp. — **Reuter (6)** p. 12 *Camptobrochis Martini* Put.; — **(12)** p. 5 *Mega-
coelum sordidum* n. sp.; — p. 9 *Camptobrochis sinuaticollis* n. sp.; — p. 12 *Platy-
capsus acaciae* n. g. n. sp.; — p. 12 *Allodapus longicornis* n. sp.; — p. 20 *Atomoscelis
signaticornis* n. sp.; — p. 22 *Campylomma angustula* n. sp.; — p. 24 *Paramixia
suturalis* n. sp.; — p. 26 *Eurycranella geocoriceps* n. g. n. sp. — **Speiser (1)** p. 373
Polyctenes intermedius n. sp. — **Theobald (1)** p. 185—189 13 Cocciden.
Sudan: Balfour (1) p. 41 *Aphis* [*sorghi* Theob.]; p. 43 *Aspongopus viduatus* F.
— **Bergroth (1)** p. 32 *Glypsus carinulatus* n. sp. — **Breddin (3)** p. 410 *Lygaeus
delicatulus* St., var.; p. 412 Acanthaspidinelarve; p. 416 *Rhinocoris*-Larve;
— **(10)** p. 2 dieselben Formen. — **Theobald (1)** p. 117 *Aspongopus viduatus*
F.; — **(2)** p. 43 *Aphis sorghi* n. sp.
Sokotra: Kirkaldy(11) p. 381 *Cicadella omar* Kirk.; p. 383 *Elasmoscelis iram*
Kirk., *Klinophilos horrifer* Kirk.; p. 384 *Reduvius azrael* Kirk.; p. 385
Aspilocoryphus Forbesi Kirk.; p. 386 *Geocoris sokotranus* Kirk.; p. 387 *Le-
ptocoris lahrâm* Kirk.; p. 388 *Euthetus Granti* Kirk.; p. 389 *Aspongopus
assar* Kirk.; p. 390 *Geotomus attar* n. sp.; p. 391 *Nezara sp.*
Nord-Ost-Afrika: (inkl. Abessinien, Eritrea, Obock, Schoa-, Galla- und Somali-
ländern): **Jacobi (1)** 30 Homopteren; neu: 3 Cicadiden, 7 Cercopiden, 1 Jasside.
— **Kirkaldy (6)** p. 103 *Enithares V-flavum* Reut.; p. 106 *En. sobria* St. —
Melichar (1) 51 Arten; neu: 1 Cicadide, 12 Fulgoriden, 17 Jassiden. —
Reuter (6) 16 Capsiden; neu: 10 Arten. — **Schouteden (1)** p. 140 *Oplomus
cruentus* var. *inermis* n. var. (Abessinien ?); p. 141 *Glypsus Kuhlgatzi* n. sp.
— **Trotter (4)** 4 Cecidien aus Eritrea.
Uganda: Schouteden (1) p. 138 *Moyara Martini* n. sp.
Ost-Tanganyika: Jacobi (1) p. 769 *Lacetas annulicornis* Karsch. — **Distant (13)**
p. 336 *Ugada Nutti* n. sp.
Ruwenzori: Distant (10) p. 64 *Ranatra fuscoannulata* n. sp.
Brit. Ost Afrika: Distant (2) p. 670 *Pycna hecuba* n. sp.; — **(5)** p. 105 *Miris ruficeps*
n. sp.; — **(13)** p. 334 *Platypleura Bettoni* n. sp. — **Schouteden (1)** p. 137
Stenozygum mombasanum n. sp.; — **(3)** p. 147 *Tyoma porrecta* Dist.
Deutsch Ost Afrika: Horvath (2) p. 257 *Cocalus assimilis* n. sp.; p. 261 *Agonoscelis
cognata* n. sp. — **Jacobi (1)** p. 770 *Zanna clavaticeps* Karsch; p. 776 *Poophilus
grisescens* Schaum.; p. 779 *Tettigoniella nigrinervis* St.; — **(3)** 18 Arten;
neu: *Locris ochroptera* n. sp. — **Kirkaldy (6)** p. 119 *Anisops debilis* Gerst.
— **Schouteden (1)** p. 135 *Chipatula agilis* n. sp.; p. 141 *Glypsus Kuhlgatzi*
n. sp.; p. 141 *Basicryptus nigromaculatus* n. sp.; — **(3)** p. 146 *Erachteus boris*
Dall.; p. 147 *Tyoma porrecta* Dist.
Kilimanjaro: Horvath (2) p. 258 *Gastroxys funerea* n. g. n. sp.; p. 270 *Laccophorella
Bornemiszae* n. g. n. sp. — **Jacobi (1)** p. 779 *Tettigoniella nigrinervis* St.
Zanzibar: Jacobi (1) p. 770 *Zanna clavaticeps* Karsch. — **Kirkaldy (6)** p. 107
Enithares blandula Sign.; p. 128 *Plea pullula* St.

Nyasaland: Distant (10) p. 64 *Laccotrephes nyasae* n. sp.; — **(13)** p. 336 *Ugada Nutti* n. sp.
Bechuanaland: Theobald (1) p. 117 *Aspongopus viduatus* F.
Mashonaland: Distant (2) p. 670 *Pycna numa* n. sp.; — **(6)** p. 198 *Arculanus Marshalli* n. g. n. sp.
Mossambik: Distant (15) p. 430 *Eurycera glabricornis* Mont.
Delagoa: Distant (1) p. 290 *Androclus pictus* H.-Sch.; — **(13)** p. 332 *Platypleura longula* n. sp.; — **(15)** p. 434 *Compseuta ornatella* St. u. *Montandoni* n. sp.
Transvaal: Distant (1) p. 290 *Androclus pictus* H.-Sch.; — **(3)** p. 258 *Macrocoris transvaaliensis* n. sp.; — **(6)** p. *Megacoelum nigroquadristriatum* Kirk. u. *transvaaliensis* n. sp.; p. 201 *Cyphodema?* Junodi n. sp., *Camptobrochis Esau* n. sp.; — **(9)** 14 neue Heteropteren (S. Systematik); — **(15)** p. 426 *Ulmus testudineatus* n. sp.; p. 430 *Eurycera glabricornis* Mont.; p. 431 *Phyllontocheila Junodi* n. sp. — Kirkaldy **(6)** p. 103 *Enithares V-flavum* Reut.,; p 106 *En. sobria* St.; — **(1)** p. 62 *Metrocoris Distanti* n. sp.
Orange: Theobald (1) p. 117 *Aspongopus viduatus* F.
Natal: Breddin et Börner (1) *Thaumatoxena Wasmanni* n. g. n. sp. — Distant **(6)** p.196 *Megacaelum nigroquadristriatum* Kirk.; p. 199 *Lygus Schonlandi* n. sp.; — **(10)** p. 65 *Ranatra cinnamomea* n. sp., *R. natalensis* n. sp.; — **(15)** p. 430 *Eurycera glabricornis* Mont.
Kap: Distant (4) p. 278 *Henicocephalus pugnatorius* n. sp.; — **(5)** p. 106 *Nichomachus Sloggetti* n. g. n. sp.; p. 105 *Miris ruficeps* n. sp.; p. 110 *Paracalocoris capensis* n. sp.; — **(6)** p. 195 *Nymannus typicus* n. g. n. sp.; p. 197 *Chamus Wealei* n. g. n. sp.; p. 199 *Paracalocoris Barretti* n. sp.; *Lygus Schonlandi* n. sp.; p. 202 *Camptobrochis capensis* n. sp.; — **(15)** p. 427 *Sinalda elegans* n. sp., und *S. reticulata* n. sp.; p. 248 *S. nebulosa* n. sp.; p. 429 *Astolphos capitatus* n. g. n. sp., *Serenthia Peringueyi* n. sp.; p. 430 *Lullius major* n. sp. u. *minor* n. sp., *Eurycera glabricornis* Mont.; p. 431 *Sanazarius cuneatus* n. g. n. sp.; p. 432 *Haedus clypeatus* n. g. n. sp., *Teleonemia australis* n. sp.; p. 433 *Monanthia mitrata* n. sp.; p. 434 *Compseuta ornatella* St.; *Blissus diplopterus* n. sp.; p. 435 *Pamera Lounsburyi* n. sp., *Cligenes aethiops* n. sp.; p. 436 *Angilla Germari* n. sp. — Green **(3)** p. 375 *Aspidiotus (Aonidiella) capensis* Walk., Algoa, bay.
Süd-Afrika: Distant (10) p. 65 *Ranatra cinnamomea* n. sp. — Jacobi **(1)** p. 770 *Zanna clavaticeps* Karsch; p. 776 *Poophilus grisescens* Schaum. — Kirkaldy **(6)** p. 106 *Enithares sobria* St.; p. 117 *Anisops apicalis* St.; p. 128 *Plea pullula* St.
Angola: Distant (10) p. 61 *Mictis loricata* n. sp.
Kongo-Gebiet: Distant (2) p. 668 *Platypleura makaga* n. sp. u. *adouma* n. sp.; — **(13)** p. 334 *Platypleura melania* n. sp. — Horvath **(2)** p. 265 *Nezara limbosa* n. sp. — Kirkaldy **(6)** p. 125 *Nychia Marshalli* Scott; p. 128 *Plea granulum* Reut. — Reuter **(9)** p. 2 *Trichobasis setosa* n. g. n. sp.; p. 3 *Charagochilus nigricornis* n. sp.; *Camptobrochis oculata* n. sp.; p. 5 *Tylopeltis albosignata* n. g. n. sp.; p. 6 *Nanniella chalybea* n. g. n. sp.; p. 7 *Chlorosomella geniculata* n. g. n. sp. — Schouteden **(1)** p. 137 *Afraniella Lambaremi* n. g. n. sp.; p. 140 *Glypsus Bouvieri* n. sp.; p. 141 *Gl. Kuhlgatzi* n. sp., *Canthecona Distanti* n. sp.; p. 143 *Tessaratoma niamensis* n. sp.; p. 144 *Piezosternum fallax* Bredd.; — **(3)** 9 Arten.

Span. Guinea: Schouteden (1) p. 144 *Piezosternum fallax* Bredd.; — (**3**) 39 Pentatomiden; neu: p. 142 *Ponsila Escalerai* n. sp. u. *Brachyplatys rubromaculatus*
n. sp.; p. 144 *Montandoniella femorata* n. g. n. sp.; p. 146 *Lerida Bolivari*
n. sp.; p. 148 *Carbula Bohndorffi* Dist. — **Varela (1)** 38 Reduviiden; neu:
8 Arten.

San Thomé-Insel: Horvath (2) p. 253, Fußnote: 17 Pentatomiden; p. 253 *Macroscytus inermipes* n. sp.; p. 266 *Nezara macrorhaphis* n. sp.; p. 268 *Bathycoelia nesophila* n. sp. u. *malachitica* n. sp.

Kamerun: Bergroth (2) p. 358 *Elaphocranus tarandus* n. g. n. sp.; p. 360 *Tragelaphodes hirculus* n. g. n. sp.; *Lisarda Varelae* n. sp.; — (**3**) p. 39 *Megadaeum
obliquum* n. sp. — **Distant (10)** p. 61 *Antilochus melanoptera* n. sp. — **Horvath
(2)** p. 257 *Caura excelsa* var. *limbata* n. var.; p. 266 *Nezara adelpha* n. sp.
— **Jacobi (1)** p. 770 *Zanna clavaticeps* Karsch. — **Schouteden (1)** p. 140
Oplomus cruentus Burm.; p. 142 *Dalsira Brunni* n. sp.; p. 144 *Piezosternum
fallax* Bredd.; — (**3**) 82 Pentatomiden; neu: 6 Arten, 1 Var. — **Varela (2)**
p. 55 *Acanthaspis Breddini* n. sp.; *Phonergates nuptura* n. sp.; p. 56 *Phonoctonus elegans* n. sp.

Nigeria: Distant (13) p. 334 *Platypleura melania* n. sp.; — (**10**) p. 64 *Laccotrephes
calcar* n. sp. — **Schmidt (2)** p. 376 *Atracis dentata* n. sp.

Togo: Jacobi (1) p. 769 *Lacetas annulicornis* Karsch. — **Kirkaldy (6)** p. 103 *Enithares V-flavum* Reut.

Chinxoxo: Jacobi (1) p. 770 *Zanna clavaticeps* Karsch.

Guinea: Horvath (2) p. 254 *Alamprella singularis* n. g. n. sp. — **Jacobi (1)** p. 769
Lacetas annulicornis Karsch. — **Kirkaldy (6)** p. 103 *Enithares V-flavum*
Reut.; p. 128 *Plea granulum* Reut.

Sierra Leone: Distant (2) p. 669 *Ugada praecellens* St. — **Jacobi (1)** p. 770
Zanna clavaticeps Karsch.

Gabun: Kirkaldy (6) p. 103 *Enithares V-flavum* Reut. — **Schouteden (1)** p. 141
Canthecona Distanti n. sp.; — (**3**) p. 144; p. 146 *Hymenomaga formosa* Dist.;
p. 150 *Coptosoma alatum* Sign.

Old-Calabar: Distant (4) p. 277 *Chauliops Rutherfordi* n. sp.

Mauritius: Kirkaldy (6) p. 106 *Enithares concolor* Fieb.; p. 118 *Anisops nivea* F.;
p. 128 *Plea pullula* St.

Madagascar: Distant (2) p. 673 *Cicada nigrans* n. g. — **Horvath (2)** p. 255 *Nealeria diminuta* n. sp.; p. 256 *Triplatyx quadraticeps* n. g. n. sp.; p. 259 *Eusarcoris V-flavum* n. sp.; p. 261 *Agonoscelis versicolor* var. *tibialis* n. var.; p. 263
Coquerelia ventralis n. sp., *Nezara Bergrothi* n. sp.; p. 264 *N. liturata* n. sp.
u. *valida* n. sp.; p. 267 *N. rufidorsum* n. sp.; p. 269 *Malgassus exiguus* n. sp.
— **Kirkaldy (6)** p. 98 *Enithares maculata* Dist.; p. 107 *E. blandula* Sign.;
p. 118 *Anisops nivea* F.; p. 129 *A. erebus* Kirk. u. *edepol* Kirk.; p. 128 *Plea
hovana* Kirk. u. *pullula* St.; p. 129 *Helotrephes cremita* Horv. — **Marchal (1)**
Amelococcus Alluaudi n. g. n. sp.

Amerika.

Kirkaldy (6) Notonectiden. — **Osborn (7)** Peru, Bolivien u. Brit. Guiana:
104 Arten. — **Reh (2)** in Hamburg mit Pflanzen eingeschleppte Diaspinen. —
Schouteden (6) Gattungen u. Arten der Scutellerinen.

Canada: **Fletcher (1)** Schädlinge. — **Heidemann (4)** p. 12 *Aradus quadrilineatus* Say. — **Lochhead (1)** Schädlinge. — **Van Duzee (2)** Pentatomiden: Verzeichnis der bekannten Arten; neue Arten u. Var.

Britisch-Columbien: **Heidemann (2)** p. 232 *Aradus Hubbardi* n. sp.

Vancouver: **Heidemann (1)** p. 165 *Aneurus Fiskei* n. sp.; — **(2)** p. 231 *Aradus uniformis* n. sp.; — **Pergande (1)** Phylloxerinen; — **(2)** Aphiden, 4 Arten.

Vereinigte Staaten: **Baker (1)** p. 2 *Eugnathodus abdominalis* Van Duz. — **Bemis (1)** p. 479—486 Übersicht der nordamerikanischen Aleyrodiden. — **Heidemann (1)** u. **(2)** Aradiden. — **Kirkaldy (6)** Notonectiden. — **Pergande (1)** Monogr. Bearbeitung der Phylloxerinen; — **(2)** Aphiden. — **Slingerland (3)** *Typhlocyba comes* Say. — **Swezey (4)** Katalog der nordamerikan. Fulgoriden: 57 Gattungen, 179 (+ 3) Arten; Synon., Liter., Verbr., Nährpflanzen. — **Uhler (1)** 79 Heteropteren: Verbreitung. — **Van Duzee (2)** Pentatomiden: vollständiges Verzeichnis; Geogr. Verbreitung, Synonymie, systematische Bemerkungen, etc.: 191 Arten (neu: 12 Arten, 1 Var.) (S. Systematik).

A l a s k a: **Ashmead (1)** Homoptera. — **Heidemann (6)** Heteroptera: 18 Arten. — **Pergande (3)** *Macrosiphum caudatum, insulare, epilobii* Perg. 1900; *Cladobius populeus* Kalt.

M a s s a c h u s e t t s: **Heidemann (2)** p. 231 *Aradus uniformis* n. sp. — **Schwarz (3)** p. 244 *Calophya flavida* n. sp. — **Pergande (2)** p. 8 *Siphocoryne [Aphis] avenae* F.

N e w E n g l a n d: **Johnson (1)** *Cicada septemdecim* L.

C o n n e c t i c u t: **Britton (1)** Schädlinge; — **(2)** Id.; p. 148—162 *Aleyrodes vaporariorum* Westw.; — **(3)** Schädlinge. — **Pergande (2)** p. 19 *Macrosiphum cereale* Kalt.

L o n g I s l a n d: **Garber (1)** *Blissus leucopterus* Say.

N e w - Y o r k: **Bueno (1)** Allgemeines. — **Felt (2)** Schädlinge; — **(3)** *Corythuca irrorata*; — **(4)** p. 125—129 *Corythuca marmorata* Uhl.; p. 130 u. folgende, Schädlinge. — **Garber (1)** *Blissus leucopterus* Say. — **Pergande (1)** Phylloxerinen; — **(2)** p. 8 *Siphocoryne [Aphis] avenae* F. — **Slingerland (1)** Schädlinge; — **(2)** u. **(3)** *Typhlocyba comes* Say.

P e n n s y l v a n i e: **Heidemann (1)** p. 163 *Neuroctenus elongatus* Osborn; — **(2)** p. 231 *Aradus uniformis* n. sp. — **Pergande (1)** Phylloxerinen; — **(2)** p. 19 *Macrosiphus cereale* F. — **Wirtner (1)** 216 Heteropteren, 200 Homopteren.

N e w J e r s e y: **Pergande (2)** p. 9 *Siphocoryne [Aphis] avenae* F.; p. 15 *Macrosiphum granarium* Buckt.; p. 19 *M. cereale* Kalt. — **Slingerland (3)** p. 85 *Typhlocyba comes* Say. — **Kirkaldy (6)** p. 123 *Buenoa platycnemis* Fieb.

D e l a w a r e: **Pergande (2)** p. 8 *Siphocoryne [Aphis] avenae* F.; p. 15 *Macrosiphum granarium* Buckt.

M a r y l a n d: **Heidemann (1)** p. 161 *Aradus crenatus* Say; — **(5)** p. 22 *Aulocostethus marmoratus* Say. — **Kirkaldy (6)** p. 123 *Buenoa platycnemis* Fieb. **Pergande (1)** Phylloxerinen; p. 8 n. s. *Siphocoryne [Aphis] avenae* F.; p. 19 *Macrosiphum cereale* Kalt.

V i r g i n i a: **Girault (3)** p. 43 *Aphrophora parallela* Say. — **Pergande (1)** Phylloxerinen; — **(2)** p. 15 *Macrosiphum granarium* Buckt.; p. 19 *M. cereale* Kalt.

C o l u m b i a: **Heidemann (2)** p. 232 *Aradus Hubbardi* n. sp. — **Pergande (1)** Phylloxerinen; — **(2)** p. 15 *Macrosiphum granarium* Buckt.

Washington, D. C.: **Heidemann (1)** p. 161 *Aradus acutus* Say; p. 162 *A. breviatus* Bergr.; p. 164 *Aneurus simplex* Uhl. — **Pergande (1)** Phylloxerinen; — (2) Aphiden, 4 Arten. — **Schwarz (3)** p. 244 *Calophya flavida* n. sp.; p. 245 *C. nigripennis* Riley.

Michigan: **Pergande (1)** Phylloxerinen; — (2) p. 19 *Macrosiphum cereale* Kalt.

Ohio : **Burgess (2)** Schädlinge. — **Garber (1)** *Blissus leucopterus* Say. — **Heidemann (4)** p. 12 *Aradus quadrilineatus* Say. — **Osborn (2)** p. 89 *Eccritotarsus elegans*, San-José-Laus, *Corizus hyalinus*, *Myndus radicis* Osb. — (4) *Aradus ornatus* Say; — (6) *Phylloscelis atra*, Makropter; — (5) Liste von 114 Homopteren u. 34 Heteropteren. — **Pergande (1)** Phylloxerinen; — (2) Aphiden: 3 Arten; — (4) Hemipteren; — (5) *Phylloscelis atra* Germ. — **Slingerland (3)** p. 85 *Typhlocyba comes* Say. — **Swezey (3)** p. 43 *Liburnia campestris* Van Duz.; p. 45 *L. lutulenta* Van Duz.; — (1) p. 354 *Amphisceps bivittata* Say; p. 355 *Ormenis septentrionalis* Spin. — **Webster (1)** *Murgantia histrionica* H. — **Sanders (1)** *Orthezia solidaginis* n. sp.; *Chionaspis sylvatica* n. sp.; *Aspidiotus piceus* n. g.; — (2) Katalog der Cocciden vom Ohio-Staat.

Minnesota: **Washburn (1)** Schädlinge.

Wisconsin: **Marshall** et **Severin (1)** *Ranatra fusca* Pal.

Missouri: **Schwarz (3)** p. 244 *Calophya flavida* n. sp. — **Pergande (1)** Phylloxerinen; — (2) p. 8 *Siphocoryne [Aphis] avenae* F.; p. 22 *Macrosiphum trifolii* n. sp.

Illinois: **Garber (1)** *Blissus leucopterus* Say. — **Pergande (1)** Phylloxerinen; — (2) p. 8 *Siphocoryne [Aphis] avenae* F.; p. 19 *Macrosiphum cereale* Kalt.; p. 15 *M. granarium* Buckt.

Indiana: **Pergande (2)** Aphiden, 3 Arten.

Nord - Carolina: **Heidemann (1)** p. 161 *Aradus acutus* Say, *A. similis* Say, *A. crenatus* Say; p. 162 *A. cinnamomeus* Pz., *A. Falleni* St.; *Brachyrrhynchus granulatus* Say; *Neuroctenus simplex* Uhl.; p. 163 *N. pseudonymus* Bergr., *N. elongatus* Osb.; p. 164 *N. Hopkinsi* n. sp.; p. 165 *Aneurus Fiskei* n. sp.; — (4) p. 13 *Schumannia mexicana* Champ. — **Pergande (2)** p. 15. — *Macrosiphum granarium* Buckt.; p. 19 *M. cereale* Kalt.

Alleghanis: **Kirkaldy (1)** p. 123 *Buenoa platycnemis* Fieb.

Georgia: **Heidemann (1)** p. 161 *Aradus acutus* Say; p. 162 *Brachyrhynchus granulatus* Say; p. 164 *Aneurus minutus* Bergr.; p. 165 *An. Fiskei* n. sp.; — (4) p. 12 *Aradus quadrilineatus* Say. — **Kotinsky (3)** p. 195 *Pulvinaria amygdali* Cock. — **Newell (1)** Schädlinge. — **Schwarz (3)** p. 245 *Calophya nigripennis* Riley. — **Pergande (2)** p. 8 *Siphocoryne [Aphis] avenae* F.

Florida: **Heidemann (2)** p. 229 *Calisius pallipes* St., *Pictinus Aurivillii* Bergr.; p. 230 *Proxinus Schwarzi* n. sp.; — (5) p. 22 *Aulacostethus simulans* Uhl. — **Pergande (1)** Phylloxerinen. — **Schwarz (2)** Psyllide [= (3)]; — (3) p. 240 *Euphalerus nidifex* n. g. n. sp.

Kentucky: **Pergande (2)** p. 19 *Macrosiphum cereale* Kalt.

Tennessee : **Heidemann (1)** p. 161 *Aradus niger* St. — **Pergande (1)** Phylloxerinen; — (2) p. 19 *Macrosiphum cereale* Kalt.

Arkansas: **Pergande (2)** p. 19 *Macrosiphum cereale* Kalt.

Mississipi: **Pergande (1)** Phylloxerinen.

L o u i s i a n a: **Heidemann (2)** p. 229 *Pictinus Aurivillii* Bergr. — **Pergande (1)** Phylloxerinen.

S ü d - D a k o t a: **Pergande (1)** Phylloxerinen; — **(2)** p. 8 *Siphocoryne* [*Aphis*] *avenae* F.; p. 19 *Macrosiphum cereale* Halt.

M o n t a n a: **Cooley (1)** *Aphis pomi* Geer. — **Pergande (2)** p. 19. — *Macrosiphum cereale* Kalt.

N e b r a s k a: **Pergande (2)** p. 8 *Siphocoryne* [*Aphis*] *avenae* F.

W y o m i n g: **Heidemann (2)** p. 232 *Aradus Hubbardi* n. sp.

O r e g o n: **Heidemann (2)** p. 232 *Aradus Hubbardi* n. sp.

K a n s a s: **Pergande (2)** p. 15 *Macrosiphum granarium* Buckt.

U t a h: **Heidemann (2)** p. 232 *Aradus Hubbardi* n. sp.

C o l o r a d o: **Gillette (1)** *Adelges* sp. — **Heidemann (2)** p. 232 *Aradus Hubbardi* n. sp. — **Kirkaldy (6)** p. 123 *Buenoa platycnemis* Fieb. — **Schouteden (2)** p. 301 *Fokkeria crassa* n. g., n. sp. — **Slingerland (3)** p. 85 *Typhlocyba comes* Say. — **Webster (1)** *Murgantia histrionica*.

N e v a d a: **Baker (1)** p. 7 *Eugnathodus nevadensis* n. sp.

C a l i f o r n i a: **Baker (4)** *Eupteryx quinquemaculata* n. sp.; — **(5)** p. 11 *Macropsis franciscana* n. sp. — **Bemis (1)** Aleyrodiden, monograph. Bearbeitung: 28 Arten (neu: 19). — **Garber (1)** *Blissus leucopterus* Say. — **Kirkaldy (6)** p. 127 *Plea striola* Fieb. — **Pergande (2)** p. 8 *Siphocoryne* [*Aphis*] *avenae* F. — **Schwarz (1)** p. 119 *Aspidiotus perniciosus* Comst. u. *aurantii*; — **(3)** p. 236 *Euphyllura arctostaphyli* n. sp.; p. 238 *E. arbuti* n. sp.; p. 242 *Calophya triozomima* n. sp.; p. 243 *C. californica* n. sp. — **Slingerland (3)** p. 85 *Typhlocyba comes* Say.

A r i z o n a: **Heidemann (2)** p. 232 *Aradus Hubbardi* n. sp. — **Schwarz (3)** p. 236 *Euphyllura arctostaphyli* n. sp.; p. 242 *Calophya triozomima* n. sp. — **Snow (1)** p. 347—350, 66 Heteropteren, 25 Homopteren; — **(2)** p. 79 *Nysius californicus*.

N e w M e x i c o: **Cockerell (1)** p. 262 *Macrosiphum ambrosiae* Thom.; p. 263 *Cladobius beulahensis* n. sp.; *Aphis medicaginis* Koch, *Lachnus viminalis* Boyer, *Chaitophorus negundinis* Thom. u. *populicola* Thom.; Fußnote: *Eriococcus borealis* Cock.; — **(2)** *Aspidiotus ancylus* Putn.; — **(4)** 12 Heteropteren u. 17 Homopteren; — **(5)** 15 Aphiden-Arten. — **Cockerell W. T. et T. S. A. (1)** p. 112 *Phenacoccus vipersioides* n. sp. — **Uhler (1)** 79 Heteropteren. — **Van Duzee (1)** 28 Heteropteren, 13 Homopteren.

O k l a h o m a: **Slingerland (3)** p. 15 *Typhlocyba comes* Say.

T e x a s: **Kirkaldy (6)** p. 123 *Buenoa platycnemis* Fieb.; p. 121 *albida* Champ. — **Pergande (1)** Phylloxerinen; — **(2)** p. 8 *Siphocoryne* [*Aphis*] *avenae* F. — **Sanderson (1)** Schädlinge.

Central-Amerika: Distant (14) p. 427 *Rihana Swalei* n. sp. — **Fowler (1)** Fulgoriden: *Anotia*, 7 Arten (neu: 7); *Patara*, 1 Art (neu); *Rhamphixius* n. g., 1 Art (neu); *Bothriocera*, 7 Arten (neu: 5); *Bothriocerodes* n. g., 3 Arten (neu); *Metabrixia* n. g., 5 Arten (neu); *Oecleus*, 9 Arten (neu: 7); *Oliarius*, 9 Arten (neu: 9); *Cixius*, 3 Arten (neu); *Haplaxius* n. g., 2 Arten (neu); — *Microledrida* n. g., 1 Art (neu); *Pachyntheisa* n. g., 2 Arten (neu); *Micrixia* n. g., 1 Art (neu); *Eparmene* n. g., 1 Art (neu); *Mnemosyne*, 1 Art; *Grynia*, 1 Art; *Rudia*, 4 Arten (neu: 2 u. 1 Var.); *Helicoptera*, 3 Arten (neu; 1 n. Var.); *Pseudhelicoptera* n. g., 1 Art (neu); *Plectoderes*, 9 Arten (neu); *Cedusa*, 2 Arten (neu); *Ulixes*, 3 Arten (neu: 1); *Cyclumna* n. g., 1 Art (neu); *Hyphancylus* n. g., 2 Arten (neu); *Amphiscepa*, 2 Arten (neu); *Hysteropterum*, 3 Arten (neu); *Proteinissus*, 1 Art (neu); *Ornithissus* n. g., 1 Art (neu); *Thionia*, 7 Arten (neu: 5) (S. Systematik).

M e x i k o : **Baker** (4) p. 6 *Protalebra transversalis* n. sp.; p. 9 *Typhlocyba bimaculata* n. sp.; — (5) p. 10 *Stragania misella* St. — **Cockerell (2)** p. 62 *Aspidiotus ancylus* Putn.; — (3) 23 Cocciden-Arten. — **Distant (14)** p. 426 *Rihana virgulata* n. sp. — **Fowler (1)** Fulgoriden: 4 *Anotia*, 6 *Bothriocera*, 4 *Metabrixia*, 8 *Oecleus*, 5 *Oliarius*, 2 *Cixius*, 2 *Haplaxius*, 1 *Microledrida*, 2 *Pachyntheisa*, 1 *Micrixia*, 1 *Grynia*, 1 *Rudia*, 1 *Helicoptera*, 5 *Plectoderes*, 2 *Cedusa*, 3 *Ulixes*, 1 *Cyclumna*, 2 *Hyphancylus*, 1 *Amphiscepa*, 3 *Hysteropterum*, 1 *Proteinissus*, 1 *Ornithissus*, 7 *Thionia* (S. Systematik). — **Kirkaldy (6)** p. 126 *Buenoa albida* Champ.; p. 122 *B. antigona* Kirk.; p. 123 *B. pallipes* F.; *B. platycnemis* Fieb.; p. 127 *Plea striola* Fieb.

G u a t e m a l a : **Baker (1)** p. 2 *Eugnathodus tumidus* n. sp.; — (3) p. 4 *Erythria Montealegrei* n. sp.; — p. 7 *Protoalebra octolineata* n. sp., *Eualebra notata* n. sp.; p. 8 *Typhlocyba pseudomaculata* n. sp.; p. 9 *T. bimaculata* n. sp. — **Breddin (2)** p. 307 *Lycambes Sargi* n. sp. — **Fowler (1)** Fulgoriden; 2 *Anotia*, 1 *Patara*, 1 *Rhamphixius*, 1 *Bothriocera*, 1 *Bothriocerodes*, 1 *Metabrixius*, 1 *Oecleus*, 2 *Oliarius*, 1 *Cixius*, 3 *Rudia*, 1 *Helicoptera*, 2 *Plectoderes*, 1 *Cedysa*, 3 *Ulixes*, 1 *Amphiscepa*, 1 *Thionia* (S. Systematik). — **Kirkaldy (6)** p. 121 *Buenoa crassipes* Champ., *pallens* Champ. u. *idea* n. sp.; p. 127 *Plea striola* Fieb.

H o n d u r a s : **Fowler (1)** p. 114 *Ulixes clypeatus* Walk. — **Jacobi (2)** p. 12 *Poeciloptera phalaenoides completa* n. subsp.

C o s t a R i c a : **Breddin (1)** p. 140 *Edessa quadridens* F.; p. 145 *E. metata* Dist.; — (2) *Podisus carbonarius* n. sp.; p. 178 *Brachystethus coxalis* n. sp. — **Fowler (1)** p. 87 *Metabrixia aspersa* n. sp. u. *germana* n. sp.

N i c a r a g u a : **Baker (1)** p. 2 *Eugnathodus flavescens* n. sp., *E. vermiculatus* n. sp., *E. abdominalis* Van Duz. u. var. *magnus* n. var., *E. delicatus* n. sp., *E. lacteus* n. sp.; — (2) p. 3 *Typhlocybella minima* n. gen. n. sp.; — (3) p. 4 *Erythria Donaldsoni* n. sp., *E. Guzmani* n. sp., *E. Montealegrei* n. sp.; p. 5 *E. Deschoni* n. sp.; — (4) p. 5 *Alebra sanguinolinea* n. sp.; p. 6 *Protalebra nicaraguensis* n. sp., *Pr. maculata* n. sp.; p. 7 *Empoasca lineata* n. sp.; p. 8 *Typhlocyba verticis* n. sp.; p. 9 *T. pseudoobliqua* n. sp.; — (5) p. 10 *Macropsis nicaraguensis* n. sp.

P a n a m a : **Fowler (1)** 1 *Anotia*, 1 *Rhamphixius*, 2 *Bothriocerodes*, 3 *Oliarius*, 1 *Eparmene*, 1 *Mnemosyne*, 2 *Rudia*, 3 *Helicoptera*, 1 *Pseudhelicoptera*, 4 *Plectoderes*, 1 *Ulixes*, 2 *Thionia* (S. Systematik). — **Horvath (1)** p. 156 *Diascopaea villosa* Dist. — **Jacobi (2)** p. 9 *Poeciloptera Melichari* n. sp. — **Schmidt E. (2)** p. 364 *Ormenis panamensis* n. sp.

C u b a : **Fowler (1)** p. 102 *Mnemosyne planiceps* F. — **Kirkaldy (6)** p. 122 *Buenoa antigone* Kirk.; p. 127 *Plea striola* Fieb. — **Schwarz (3)** p. 240 *Euphalerus nidifex* n. g. n. sp.

S t. D o m i n g o : **Kirkaldy (6)** p. 119 „*Anisops*" *grisea* Oliv.

P o r t o R i c o : **Kirkaldy (6)** p. 120 *Buenoa femoralis* Fieb.

M a r t i n i q u e : **Kirkaldy (6)** p. 123 *Buenoa pallipes* F.

J a m a i c a: **Kirkaldy (6)** p. 122 *Buenoa antigone* Kirk.
S t. V i n c e n t: **Distant (10)** p. 62 *Annona antilleana* n. sp.
G r e n a d a: **Distant (10)** p. 62 *Paracarnus grenadensis* n. sp. u. *Annona Smithi*
n. sp. — **Kirkaldy (6)** p. 127 *Plea striola* Fieb.
G u a d e l u p e: **Kirkaldy (6)** p. 123 *Buenoa pallipes* F.
Süd-Amerika: Osborn (7) 104 Heteropteren aus Peru, Bolivien, Brit. Guyana.
— **Schmidt (2)** p. 363 *Ormenis maculata* n. sp.
Columbien: Breddin (1) p. 135 *Edessa suturata* var. *subandina* n. var.; p. 136
E. Schirmeri n. sp.; p. 149 *E. Verhoeffi* n. sp. — **Distant (6)** p. 200 *Horcias
signatus* n. sp. — **Jacobi (2)** p. 8 *Poeciloptera miliaria* n. sp.; p. 11 *P. phalae-
noides phalaenoides* L. u. *ph. aperta* Mel. — **Kirkaldy (6)** p. 123 *Buenoa
pallipes* F. — **Schmidt E. (2)** p. 366 *Ormenis Pelkei* n. sp.; p. 368
O. media Mel.
Venezuela: Jacobi (2) p. 11 *Poeciloptera phalaenoides aperta* Mel. — **Kirkaldy (6)**
p. 120 *Buenoa naias* Kirk.; p. 123 *B. pallipes* F.
Holländ. Guyana: Breddin (1) p. 146 *Edessa boopis* n. sp. — **Schmidt E. (2)** p. 379
Flatoides dotatus Mel.
Brit. Guyana: Fowler (1) p. 102 *Mnemosyne planiceps* F. — **Kirkaldy (6)** p. 124
Buenoa salutis n. sp. — **Osborn (7)** Heteropteren; p. 198 *Acanthocephala
declivis* var. *guianensis* n. var.; p. 200 *Lygaeus sulcatus* n. sp.; p. 203 *Seridentus denticulatus* n. g. n. sp.
Ecuador: Breddin (1) p. 140 *Edessa quadridens* F.; — **(7)** p. 147 *Nematopus nigriventris* n. sp.; p. 148 *Acroleucus eros* n. sp. u. *pothus* n. sp., *Apiomerus lobulatus* n. sp.; p. 153 *Tetrochlerus fissiceps* n. g. n. sp.; p. 154 *Melanodermus
dilutipes* n. sp., *Lincus dentiger* n. sp., *Supputius obscurus* n. sp., *Podisus
neniator* n. sp.; p. 178 *Edessa verrucosa* n. sp. u. *haedulus* n. sp.; — **(8)** p. 58
Discocephala andina n. sp.; — **(9)** p. 58 *Tomaspis laqueus* n. sp., *eriginea*
n. sp., *rhodopepla* n. sp., *nox* n. sp., *illuminatula* n. sp., *phantastica* n. sp.;
p. 59 *T. ephippiata* n. sp. u. *tettigoniella* n. sp. — **Distant (6)** p. 200 *Horcias
lacteiclavus* n. sp. u. *albiventris* n. sp. — **Fowler (1)** p. 104 *Rudia diluta* St.
— **Kirkaldy (6)** p. 122 *Buenoa antigone* Kirk.; p. 123 *B. pallipes* F.; p. 126
Martarega membranacea Wh. — **Schmidt E. (2)** p. 356 *Doria Haenschi* n. sp.;
p. 357 *D. ecuadoriana* n. sp.; p. 365 *Ormenis fumata* n. sp.; p. 374 *Dascalia
unimaculata* n. sp.; p. 378 *Flatoides simulans* n. sp.
Peru: Breddin (1) p. 136 *Edessa pachyacantha* n. sp.; p. 138 *E. oxyacantha* Bredd.;
p. 139 *E. leptacantha* n. sp.; p. 140 *E. brachyacantha* n. sp.; p. 141 *E. Boerneri* n. sp.; p. 142 *E. Handlirschi* n. sp.; p. 147 *E. Heymonsi* n. sp.; p. 149
E. perscita n. sp.; — **(7)** p. 153 *Parochlerus latus* n. g. n. sp.; p. 177 *Oplomus
severus* n. sp., *Runibia picturata* n. sp.; p. 178 *Brachystethus coxalis* n. sp.;
— **(8)** p. 49 *Polytus grisescens* n. sp., *P. onca* n. sp., *Podisus blanditor* n. sp.,
Sibaria andicola n. sp.; p. 50 *Edessa infulata* n. sp. — **Horvath (1)** p. 155
Diascopaea discessa n. sp.; p. 157 *D. debilis* n. sp.; p. 158 *Piptocentrus pilipes*
n. g. n. sp.; p. 161—167 *Colobasiastes*, 7 Arten (neu: 4) (S. Systematik);
p. 169 *Peruda flavida* Bredd.; p. 170 *P. longiventris* n. sp. — **Jacobi (2)** p. 11
Poeciloptera phalaenoides phalaenoides L. — **Osborn (7)** Heteropteren.
Bolivien: Breddin (1) p. 140 *Edessa brachyacantha* n. sp.; p. 143 *E. infulata* n. sp.;
p. 149 *E. perscita* n. sp.; p. 151 *E. capito* n. sp.; — **(6)** p. 249 *Colobasiastes
fulvicollis* Bredd.; p. 250 *C. analis* n. sp.; — **(7)** p. 147 *Oncodochilus cruciatulus*

n. sp., *Nematopus rufipes* n. sp., *Holymenia tibialis* n. sp., *Anasa jucunda* n. sp., *Trachelium mimeticum* n. sp.; p. 148 *Hyalymenus calcarator* n. sp.; *Castolus nigriventris* n. sp., *Phasmatocoris spectrum* n. g. n. sp.; p. 153 *Dystus villosus* n. sp.; p. 154 *Lincus securiger* n. sp., *Podiscus carnifex* n. sp.; p. 178 *Edessa hirculus* n. sp.; — (8) p. 49 *Symphylus enac* n. sp., *Oplomus sagax* n. sp.; p. 50 *Edessa oxyacantha* n. sp. — **Horvath (1)** p. 155 *Diascopea discessa* n. g. n. sp.; p. 161—168 *Colobasiastes*, 7 Arten (neu: 4 u. 1 Var.) (S. Systematik); p. 169 *Peruda flavida* Bredd.; p. 170 *P. longiventris* n. sp. — **Jacobi (2)** p. 7 *Poeciloptera fritillaria* Er. — **Kirkaldy (6)** p. 122 *Buenoa antigone* Kirk.; p. 123 *B. pallipes* F. — **Schouteden (2)** p. 298 *Polytes insignis* n. sp. — **Osborn (7)** Heteropteren; p. 199 *Hypselonotus fuscus* n. sp.; p. 204 *Velia brunnea* n. sp.

Brasilien: **Bergroth (4)** p. 354 *Polytes cingulicornis* n. sp. u. *Chelysoma glirina* n. sp. — **Breddin (1)** p. 144 *Edessa leprosula* n. sp., Rio Gr. de Sul.; p. 147 *E. ? affinis* Dall.; p. 153 *E. cogitabunda* n. sp., Rio Gr. do Sul.; — (7) p. 147 *Holymenia rubiginosa* n. sp., Rio Gr. do Sul; — (8) p. 49 *Galeacius simplex* n. sp. — **Fowler (1)** p. 82 *Bothriocera tinealis* Burm. — **Horvath (1)** p. 149 *Colobathristes mucronatus* Burm., Bahia; *C. nigriceps* Burm., Pernambuco; p. 150 *C. chalcocephalus* Burm., Rio, Tipeca, Espirito Santo; p. 151 *C. egregius* n. sp., Cumban; p. 153 *Trichocentrus gibbosus* n. g. n. sp., Rio Gr. do Sul; p. 160 *Colobasiastes Burmeisteri* St., Minas Geraes; p. 170 *Peruda typica* Dist., Rio. — **Jacobi (2)** p. 11 *Poeciloptera phalaenoides aperta* Mel.; p. 13 *P. phal. parca* n. subsp., Süd-Brasilien; — (4) p. 155 *Fidicina vitellina* n. sp.; p. 157 *F. parvula* n. sp.; p. 159 *Parnisa haemorrhagica* n. sp.; p. 160 *Acmonia Gerstaeckeri* n. sp.; p. 162 *Dictyophora sertata* n. sp.; p. 163 *D. multireticulata* n. sp. — **Kirkaldy (6)** p. 101 *Enithares brasiliensis* Guér.; p. 120 *Buenoa amnigenus* Wh.; p. 126 *Martarega membranacea* Wh. — **Perez (1) (1)** *Phlaea longirostris* Spin. — **Schmidt E. (2)** p. 373 *Dascalia punctata* n. sp., Para. — **Schouteden (1)** p. 140 *Oplomus cruentus* var. *inermis* n. var.; — (2) p. 300 *Lobothyreus brasiliensis* n. sp.

Paraguay: **Jacobi (4)** p. 155 *Fidicina vitellina* n. sp.

Uruguay: **Breddin (1)** p. 152 *Edessa meditabunda* F. — **Kirkaldy (6)** p. 121 *Buenoa ida* n. sp.; p. 126 *Martarega membranacea* Wh.

Argentinien: **Kirkaldy (6)** p. 120 *Buenoa pescipennis* Berg. u. *naias* Kirk.; p. 122 *B. antigone* Kirk.; p. 123 *B. platycnemis* Fieb.; p. 127 *Plea Bonellii* Kirk. u. *maculosa* Berg.

Chile: **Kirkaldy (6)** p. 120 *Buenoa naias* Kirk.

Süd-Feuerland: **Schouteden (5)** p. 3 *Myzus Michaelseni* n. sp.; p. 4 *Rhopalosiphum acaenae* n. sp.

Galapagos-Inseln: **Distant (6)** p. 203 *Dagbertus Darwini* Butl.

Australien.

Kirkaldy (6) Notonectiden. — **Reh (2)** in Hamburg mit Pflanzen eingeschleppte Diaspinen. — **Schouteden (4)** Gattungen u. Arten der Scutellerinen.

Mariauen-Inseln: **Kirkaldy (6)** p. 113 *Anisops hyperion* Kirk.

Neu-Guinea: **Breddin (4)** p. 4 *Eurinome armata* n. sp., D. N. G.; p. 11 *Antestia gibba* n. sp., H. N. G. — **Distant (5)** p. 113 *Araspus partitus* Walk. — **Horvath (1)** p. 124—136 14 *Phaenacantha*-Arten (neu: 12); p. 145—146 *Brachyphyma*

n. gen., 3 Arten (S. Systematik); D. N. G.; H. N. G., B. N. G.; — (5) p. 595
Micronetca carbonaria n. sp. — **Kirkaldy (6)** p. 116 *Anisops Fieberi* Kirk.;
p. 125 *Nychia Marshalli* Scott; p. 128 *Plea Brunni* Kirk.
Hawaii-Inseln : Kirkaldy (2) p. 176 *Peregrinus maidis* Ashm.; *Megamelus leahi*
n. sp.; p. 177 *Aloha ipomaeae* n. g. n. sp.; p. 177 *Deltocephalus hospes* n. sp.;
p. 178 *Eutettix Perkinsi* n. sp.; p. 179 *Halticus chrysolepis* n. sp.; — (3)
53 Cocciden-Arten; — (10) p. 563 *Phalainesthes Schauinslandi* Kirk.; p. 564
Nysius-Larve; *Corixa Blackburni* Wh.; *Halobates sericeus* Eschsch.; *Sphaero-
coccus bambusae* Mask. — **Perkins (1)** *Perkinsiella saccharicida* Kirk.
Baladen-Inseln : Kirkaldy (6) p. 105 *Enithares Bergrothi* Mont.
Samoa-Inseln: Kellogg (1) *Coccus hesperidum* u. *Hemichionaspis aspidistrae.*
Viti-Inseln : Horvath (1) p. 136 *Phaenacantha pacifica* n. sp. — **Kirkaldy (6)** p. 113
Anisops hyperion Kirk.
Neu-Kaledonien : Kirkaldy (6) p. 105 *Enithares Bergrothi* Mont.; p. 113 *Anisops
hyperion* Kirk.
Neu-Seeland : Kirkaldy (6) p. 111 *Anisops Wakefieldi* Wh.; p. 112 *An. assimilis*
Wh. — **Goding et Froggatt (1)** p. 643 *Melampsalta angusta* Walk. — ***Hutton
(1)** Index Faunae.
Tasmanien : Bergroth (4) p. 356 *Morbora hirtula* n. sp. — **Distant (5)** p. 106 *Pantilius
australis* Walk. — **Goding et Froggatt (1)** p. 585 *Psaltoda moerens* Germ.;
p. 622 *Pauropsaltria mneme* Walk.; p. 631 *Melampsalta torrida* Er.; p. 646
M. marginata Leach; p. 647 *M. spreta* n. sp.; p. 665 *Tettigareta tomentosa*
Walk. — **Kirkaldy (6)** p. 105 *Enithares Bergrothi* Mont. — **Reuter (11)** p. 12
Niastama punctaticollis n. g. n. sp.
Kontinent : Goding et Froggatt (1) Monographie der Cicadiden (S. Systematik).
N. A u s t r a l i e n : **Goding et Froggatt (1)** Cicadiden. — **Kirkaldy (6)** p. 105
Enithares Bergrothi Mont.
Q u e e n s l a n d : **Bergroth (4)** p. 356 *Morbora Schoutedeni* n. sp. — **Distant (1)**
p. 447 *Hyalopeplus vitripennis* St.; — (7) 25 neue Heteropteren (S. Syste-
matik); — (10) p. 63 *Mononyx luteovarius* n. sp.; — (13) p. 329 *Macro-
tristria nigronervosa* n. sp.; — (14) p. 423 *Cicada graminea* n. sp. — **Dodd (1)**
Tectocoris lineola var. *Banksi* Don. — **Goding et Froggatt (1)** Cicadiden.
— **Kirkaldy (6)** p. 113 *Anisops hyperion* Kirk.; p. 128 *Plea Brunni* Kirk.
— **Reuter (11)** p. 3 *Porphyrodema flavolineatum* n. g. n. sp.; p. 5 *Callicratides
rama* Kirby; p. 8 *Estuidus marginatus* Dist.; p. 10 *Megacoelum Schoutedeni*
n. sp. — **Schmidt E. (2)** p. 358 *Siphanta rubra* n. sp.; p. 359 *Euphanta luridi-
costa* n. sp.
N. S. W a l e s : **Goding et Froggatt (1)** Cicadiden. — **Green (5)** p. 463 *Chionaspis
formosa* n. sp.; *Mytilaspis spinifera* Mask.; *Antonina australis* n. sp. —
Schouteden (2) p. 297 *Philia insignis* n. sp.
V i c t o r i a : **Goding et Froggatt (1)** Cicadiden. — **Green (4)** neue Cocciden;
— (5) p. 463 *Chionaspis formosa* n. sp. — **Kirkaldy (6)** p. 105 *Enithares
Bergrothi* Mont.; p. 112 *Anisops doris* n. sp.; p. 113 *Anisops hyperion* Kirk.
— **Reuter (11)** p. 2 *Hyaloscytus elegantulus* n. g. n. sp.; p. 7 *Pseudopantilius
australis* n. g. n. sp.; p. 9 *Dirhopalia antennata* Walk.; p. 12 *Psallus eximius*
n. sp.; p. 13 *Sthenarus australis* n. sp.; p. 14 *Campylomma livida* Reut.;
p. 15 *Leptidolon vittipenne* n. sp.
O s t - A u s t r a l i e n : **Kirkaldy (6)** p. 105 *Enithares Bergrothi* Mont.

36*

Süd-Australien: **Goding** et **Froggatt (1)** Cicadiden.
Südwest-Australien: **Distant (12)** p. 303 *Henicopsaltria pygmaea* n. sp.
West-Australien: **Distant (2)** p. 673 *Macrotristria nigrosignata* n. sp.
— **Goding** et **Froggatt (1)** Cicadiden. — **Kirkaldy (6)** p. 105 *Enithares Bergrothi* Mont.; p. 128 *Plea Brunni* Kirk.
Nordwest-Australien: **Distant (6)** p. 202 *Armachanus spicatus* n. sp.
— **Goding** et **Froggatt (1)** Cicadiden.
Crozet-Inseln: Enderlein (2) p. 783 *Phtirocoris antarcticus* n. g. n. sp.

Systematik.

Allgemeines: **Börner (1)** Einteilung in 4 Unterordnungen; Mundteil der Homopteren u. Corixiden. — **Gueneaux (1)** Schädlinge. — **Handlirsch (1)** Paläohemiptera, gemeinsame Stammgruppe der Homopteren u. Heteropteren; — **(2)** Ableitung der Hemipteren; Gonopoden u. Styli.—**Kirkaldy (4)** Nomenklatorisches; — **(5)** p. 254 *Hemiptera*, syn. *Rhynchota*; *Heteroptera* Latr. 1802, syn. *Dermaptera* Retz. 1783 (nec Geer 1773) u. *Hemiptera* Westw. 1878; *Siphonata* Retz. 1773, syn. *Homoptera* Latr. 1802. — **Klapalek (1)** Gonopoden u. Styli.

Heteroptera.

Börner (1) Charaktere. — **Bueno (1)** New-York. — **Champion (1)** Spanien. — **Cockerell (4)** New Mexico. — **Frédéricq (1)** Hohe Venn. — **Heidemann (1)** Alaska. — **Horvath (1)** Turkestan. — **Kirkaldy (8)** Cypern. — **Lambertie (1, 3)** Gironde. — **Noualhier** et **Martin (1)** Cambodien, Siam, Laos. — **Péneau (1, 2)** Nantes. — **Snow (1)** Arizona. — **Stegagno (1)** „Locatari" der Zoocecidien. — **Van Duzee (1)** New Mexico.

Geocorisae.

Inc. loco: *Thaumatoxenidae.*

Breddin et **Börner (1)** p. 84 neue Familie, system. Stellung? *Thaumatoxena* n. gen. **Breddin** et **Börner (1)** p. 84; *Wasmanni* n. sp. p. 87, Natal, im Nest von *Termes natalensis.* — **Börner (1)** *Wasmanni* Bredd. et Börn.

Cimicidae (Pentatomidae).

Ardid (1) Spanien (Zaragoza), p. 270—271, 37 Arten. — **Champion (1)** N. Spanien (Moncayo); p. 97, 20 Arten. — **Dodd (1)** Brutpflege. — **Guerin** et **Peneau (1)** Frankreich: 59 Arten, 38 Gattungen (alle beschrieben). — **Horvath (4)** Turkestan, 16 Arten. — **Kirkaldy (5)** Nomenklatorisches; — **(8)** Cypern, 10 Arten. — **Lambertie (1)** Gironde (Citon); 13 Arten; — **(3)** Gironde; p. 23—24 4 Arten; — **(6)** Gironde, 1 Art; — **(5)** p. XCVII, 1 Art. — **Noualhier** et **Martin (1)** Indochina; p. 168—171 22 Arten. — **Péneau (1)** Nantes; p. XIII, 1 Art. — **Schouteden (3)** Span. Guinea, 39 Arten; Kamerun, 82 Arten; — **(4)** Systematische Bearbeitung der Unterfamilien, Gattungen u. Untergattungen; Aufzählung der Arten mit Synonymie u. Habitat. — **Snow (1)** Azirona; p. 347, 9 Arten. — **Uhler (1)** New Mexico (Las Vegas Hot Springs); p. 349—351, 11 Arten. — **Van Duzee (1)** New Mexico (Beulah); p. 107, 4 Arten; — **(2)** Katalog der 191 Nord-amerikan.

Arten; systemat. Angabe, Verbreitung, Synonymie. — **Wirtner (1)** W. Pennsylvanien, p. 184—189, 41 Arten. — **Xambeu (1)** 2 Arten, Ei, Biologie.

Acanthidiellum **n. nom. Kirkaldy (5)** p. 280, für *Acanthiscium* Montr.

Acanthiscium Montrouzier **Kirkaldy (5)** p. 280 = *Acanthidiellum* **n. nom.**

Acantholoma Stal **Schouteden (4)** p. 55; *denticulata* St., Taf. IV, fig. 2. — **Van Duzee (2)** p. 16.

Acanthosoma **Jakowleff (1)** p. 292 *Korolkovi* **n. sp.**, Mandschurien. — **Van Duzee (2)** p. 73; Übersicht der nordamerik. Arten; p. 74 *cruciata* var. *Cooleyi* **n. var.**, Montana, New York, Canada; p. 75 *atricornis* **n. sp.**, Canada, Indiana, New York. — **Guerin et Peneau (1)** p. 35; 2 Arten.

Achates **Bergroth (4)** p. 355 = *Chelyschema* Bergr.

Adelolcus **Schouteden (4)** p. 153 *solitarius* Bergr., Kamerun.

Aelia **Guerin et Peneau (1)** p. 21, 2 Arten.

Aetius Distant **Kirkaldy (5)** p. 280 = *Atelias* **n. nom.**

Afraniella **n. gen. Schouteden (1)** p. 137, *Lambaremi* **n. sp.**, Kongo.

Agonoscelis **Horvath (2)** p. 261—262 Übersicht der äthiop. Arten; p. 261 *cognata* **n. sp.**, D. O. Afrika; *versicolor* var. *tibialis* **n. var.**, Madagaskar.

Alamprella **n. gen. Horvath (2)** p. 254 *singularis* **n. sp.**, Guinea.

Alphocoris Germar **Schouteden (4)** p. 825, syn. *Sphenaspis* Jak.; *lobulatus* St., Tab. V, fig. 18.

Anaca **Breddin (4)** p. 10 *punctiventris* **n. sp.**, Tonkin.

Ancyrosoma **Guerin et Peneau (1)** p. 12; 1 Art.

Anoplogonius Stal **Schouteden (4)** p. 39.

Antestia **Breddin (4)** p. 10 *gibba* **n. sp.**, N. Guinea; p. 10, Fußnote, *philippina* **n. nom.** für *confusa* Bredd. 1902.

Anubis Stal **Kirkaldy (5)** p. 280 = *Xosa* **n. nom.**

Argocoris Mayr **Schouteden (4)** p. 62, Untergattung von *Deroplax.*

Arma **Guerin et Peneau (1)** p. 32; 1 Art.

Ascanius Stal **Schouteden (4)** p. 51; *hirtipes* H.-Sch., Tab. III, fig. 5.

Aspavia **Schouteden (3)** p. 157 *Escalerai* **n. sp.**, Kamerun.

Aspideurus **Breddin (4)** p. 10 *metallicus* n. sp., O. Java.

Aspongopus **Balfour (1)** *viduatus* F., Tab. B, Sudan.

Atelias **n. nom. Kirkaldy (5)** p. 280 für *Aetius* Dist.

Atelides **Breddin (4)** p. 18 *sumatranus* n. sp., Sumatra.

Augocoris Burmeister **Schouteden (4)** p. 41; *nigripennis* Dall., Tab. II, fig. 8.

Aulacostethus Uhler **Bergroth (4)** p. 355 = *Stethaulax* Bergr. — **Van Duzee (2)** p. 12.

Axona Stal **Kirkaldy (5)** p. 281 = *Erga* Walk.

Basicryptus **Schouteden (1)** p. 141 *nigromaculatus* **n. sp.**, Usambara.

Bathycoelia **Horvath (2)** p. 268 *nesophila* **n. sp.**, San Thomé-Insel; *malachitica* **n. sp.**, San Thomé-Insel.

Bergrothina **n. gen. Schouteden (3)** p. 155; *camerunensis* **n. sp.**, Kamerun.

Bergthora **n. nom. Kirkaldy (5)** p. 280 für *Cryptoporus* Uhl.

Brachyaulax Stal **Schouteden (2)** p. 247 *oblonga* var. *splendens* **n. var.**; — **(4)** p. 23; *rufomaculata* Stal, Tab. I, fig. 8.

Brachypelta **Guérin et Péneau (1)** p. 15; 1 Art.

Brachyplatys **Schouteden (3)** p. 142 *rubromaculata* **n. sp.**, Span. Guinea, Kamerun.

Brachyrhamphus **Schouteden (3)** p. 151 *Haglundi* **n. sp.**, Kamerun.

Brachystethus **Breddin (7)** p. 178 *coxalis* **n. sp.**, Costa Rica, Peru.

Brepholoxa n. gen. Van Duzee (2) p. 78, *Heidemanni* n. sp., Florida.

Brochymena Amyot et Serville Van Duzee (2) p. 27 Übersicht der nordamerik.
Arten; p. 27 *affinis* n. sp., Californien, Idaho, Utah; p. 29 *myops* St., syn.
? *laticornis* Say; p. 31 *annulata* F., syn. *carolinensis* Westw.; *Harrisi* Uhler,
sp. propria.

Burma n. nom. Kirkaldy (5) p. 280, für *Paramecus* Fieb.

Callidea Schiödte Schouteden (4) p. 25, syn. *Libyssa* Dall.

Calliphara Germar Schouteden (4) p. 31; Untergattungen: *Calliphara* s. str. u.
Chrysophara St.; *nobilis* L., Tab. II, fig. 5.

Calliscyta Stal Schouteden (2) p. 296 ? *australis* Dist., Hainan; — (4) p. 25;
Stali Vollenh., Tab. I, fig. 9.

Camirus Stal Schouteden (4) p. 55, syn. *Zophoessa* Dall.; *conicus* Dall., Tab. IV,
fig. 1. — Van Duzee (2) p. 16.

Cantao Amyot et Serville Schouteden (4) p. 18; Untergattungen: *Cantao* s. str. u.
Iostethus St.; *parentum* Wh., Tab. I, fig. 6.

Canthecona Schouteden (1) p. 141 *Distanti* n. sp., Kongo, Gabun.

Carbula Horvath (2) p. 260 *teretipes* n. sp. u. var. *egena* n. var., Madagaskar.

Carpocoris Guérin et Péneau (1) p. 24; 2 Arten.

Caura Horvath (2) p. 257 *excelsa* var. *limbata* n. var., Kamerun. — Schouteden (1)
p. 138 *insignis* Schout. = *excelsa* Dist.

Ceratocranum Reuter Schouteden (4) p. 75, syn. *Ceratocephala* Jak.; *caucasicum*
var. *anthracinum* Horv., fig. 76.

Chaerocoris Dallas Schouteden (4) p. 38, syn. *Tetyra* Am.-Serv.; *paganus* F.,
Tab. II, fig. 7.

Chelycoris Bergroth Bergroth (2) p. 355 syn. *Demoleus* St. — Schouteden (4) p. 53,
syn. *Demoleus* St.; *Haglundi* Mont., Tab. III, fig. 7.

Chelyschema Bergroth Bergroth (2) p. 355 syn. *Achates* St. — Schouteden (4)
p. 46, syn. *Achates* St.

Chelysoma Bergroth Bergroth (2) p. 355 syn. *Orsilochus* St.; p. 354 *glirina* n. sp.,
Brasilien. — Schouteden (4) p. 52, syn. *Orsilochus* St.; *leucopterum* Germ.,
Tab. III, fig. 6.

Chiastosternum Karsch Schouteden (4) p. 10, syn. *Asolenidium* Bredd.

Chilocoris Breddin (3) p. 407 *Assmuthi* n. sp., Vorderindien; p. 408 *solenopsidis*
n. sp., Vorderindien.

Chipatula Schouteden (1) p. 135 *agilis* n. sp., D. O. Afrika.

Chlorochroa Guérin et Péneau (1) p. 26; 1 Art.

Chlorochrysa Stal Schouteden (4) p. 34, Untergattung von *Chrysocoris* Hahn.

Chrysocoris Hahn Schouteden (4) p. 34, syn. *Fitha* Walk., Untergattungen:
Chrysocoris s. str. u. *Chlorochrysa* St.

Chrysophora Stal Schouteden (4) p. 31, Untergattung von *Calliphara* Germ.

Cocalus Horvath (2) p. 257 *assimilis* n. sp., Usambara.

Coleotichus White Schouteden (4) p. 5, Untergattungen: *Coleotichus* s. str., *Epicoleotichus* n., u. *Paracoleotichus* n.; *sordidus* Walk., Tab. I, fig. 1.

Coptochilus Amyot et Serville Schouteden (4) p. 45; *ferrugineus* Am.-Serv., Tab. II,
fig. 9.

Coquerelia Horvath (2) p. 263 *ventralis* n. sp., Madagaskar.

Coptopelta Bergroth (3) p. 40 = *Peltocopta* n. nom.

Coptosoma Guérin et Péneau (1) p. 9; 1 Art.

Corimelaena **Vau Duzee (2)** p. 3—4 Übersicht der nordamerik. Arten; p. 8 *Gillettei* **n. sp.**, Canada u. Verein. Staaten; p. 10 *Sayi* **n. nom.** für *albipennis* Say.
Cosmocoris Stal **Schouteden (4)** p. 37; *sellata* Stal, Tab. I, fig. 10.
Cosmopepla **Van Duzee (2)** p. 50—51 Übersicht der nordamerik. Arten.
Crathis Stal **Schouteden (4)** p. 67.
Cryptacrus Mayr **Schouteden (4)** p. 41.
Cryptodontus Mulsant et Rey **Schouteden (4)** p. 76, Untergattung von *Psacasta* Germ.
Cryptoporus Ubler **Kirkaldy (5)** p. 280 = *Bergthora* **n. nom.**
Cydnus **Guérin et Péneau (1)** p. 13; 2 Arten.
Cyphostethus **Guérin et Péneau (1)** p. 36; 1 Art.
Cyrtomenus **Van Duzee (2)** p. 23—24.
Dalcantha **Breddin (4)** p. 17 *angularis* **n. sp.**, Sumatra; p. 18 *ciata* **n. sp.**, Tonkin.
Dalpada **Breddin (4)** p. 1 *perelegans* **n. sp.**, Tonkin.
Dalsira **Schouteden (1)** p. 142 *Brunni* **n. sp.**, Kamerun.
Damelia Distant **Kirkaldy (5)** p. 280 = *Damellera* **n. nom.**
Damellera **n. nom. Kirkaldy (5)** p. 280, für *Damelia* Dist. — **Schouteden (4)** p. 7 = *Solenotichus* Mart.
Dandinus **n. gen. Distant (7)** p. 264; *crassus* **n. sp.**, Queensland.
Demoleus Stal **Bergroth (4)** p. 355 = *Chelycoris* Bergr.
Deroplax Mayr **Schouteden (2)** p. 301 *circumducta* Schout. 1903 = *nigropunctata* St., var.; *circumducta* Germ. = sp. propria; — **(4)** p. 62, Untergattungen: *Argocoris* Mayr, *Deroplax* s. str., *Sergia* St.
Diolcus Stal **Schouteden (4)** p. 56; *variegatus* H.-Sch., Tab. IV, fig. 3. — **Van Duzee (2)** p. 12.
Discocephala **Breddin (8)** p. 58 *andina* **n. sp.**, Ecuador.
Dolichisme **n. nom. Kirkaldy (5)** p. 280, für *Tetrisia* Walk.
Dolycoris **Horvath (4)** p. 580 *penicillatus* **n. sp.**, Turkestan, Transcaspien. — **Guérin et Péneau (1)** p. 25; 1 Art.
Dyroderes **Guérin et Péneau (1)** p. 20; 1 Art.
Dystus Stal **Breddin (4)** p. 154 *villosus* **n. sp.**, Bolivien. — **Schouteden (4)** p. 53; *puberulus* St.; Tab. III, fig. 8.
Edessa **Breddin (1)** p. 130 *suturata* var. *subandina* **n. var.**, Columbien; p. 136 *Schirmeri* **n. sp.**, Columbien; *pachyacantha* **n. sp.**, Peru; p. 138 *oxyacantha* Bredd., Peru; p. 139 *leptacantha* **n. sp.**, Peru; p. 140 *brachyacantha* **n. sp.**, Peru, Bolivien; *quadridens* F., Costa Rica, Ecuador; p. 141 *Boerneri* **n. sp.**, Brasilien; p. 142 *Handlirschi* **n. sp.**, Peru; p. 143 *infulata* **n. sp.**, Bolivien; p. 144 *leprosula* **n. sp.**, Brasilien; p. 145 *metata* **n. sp.**, Costa Rica; p. 146 *boopis* **n. sp.**, Surinam; p. 147 ? *affinis* Dall., Brasilien; *Heymonsi* **n. sp.**, Columbien; p. 149 *Verhoeffi* **n. sp.**, Columbien; *perscita* **n. sp.**, Bolivien, Peru; p. 151 *capito* **n. sp.**, Bolivien; p. 152 *meditabunda* F., Montevideo; p. 153 *cogitabunda* **n. sp.**, Brasilien; — **(7)** *vernicosa* **n. sp.**, Ecuador; *haedulus* **n. sp.**, Ecuador; *hirculus* **n. sp.**, Bolivien; — **(8)** p. 50 *infulata* **n. sp.**, Peru; *oxyacantha* **n. sp.**, Bolivien.
Elasmostethus **Guérin et Péneau (1)** p. 35; 1 Art.
Ellipsocoris Mayr **Schouteden (4)** p. 82; *trilineatus* Mayr, Tab. V, fig. 6.
Elvisura Spinola **Schouteden (4)** p. 7, syn. *Oxyprymna* St.
Elvisuraria **Schouteden (4)** p. 4.

Empysarus **n. gen. Martin (1)** p. 314; *depressus* **n. sp.**, p. 315, Vorderindien.
Ephynes Stal **Schouteden (4)** p. 65; *brevicollis* St., Tab. IV, fig. 9.
Epicoleotichus **n. subgen. Schouteden (4)** p. 6, Untergattung von *Coleotichus* Wh.
Erga Walker **Kirkaldy (5)** p. 281, syn. *Axona* St.
Euaenaria **n. gen. Breddin (4)** p. 2 *jucunda* **n. sp.**, Tonkin.
Eucorysses Amyot et Serville **Schouteden (4)** p. 33.
Eumecopus **Distant (7)** p. 263 *abdominalis* **n. sp.**; p. 264 *pallescens* **n. sp.**, Queensland.
Eupododus **n. nom. Kirkaldy (5)** p. 280 für *Pododus* Am.-Serv.
Eurinome **Breddin (4)** p. 4 *armata* **n. sp.**, D. N. Guinea.
Eurostus **Breddin (4)** p. 16 *heros* **n. sp.**, Tonkin.
Eurus Dallas **Kirkaldy (5)** p. 281 = *Eurys* Leth.-Sev.
Eurydema **Guérin et Péneau (1)** p. 29; 4 Arten.
Eurygaster Laporte **Schouteden (4)** p. 71, syn. *Bellocoris* p. Hahn, *Holophlygdes* St., *Platypleurus* Muls.-R., *Tetyra* p. Germ.; *dilaticollis* Dohrn, Tab. V, fig. 3. — **Van Duzee (2)** p. 18 *carinatus* **n. sp.**, Utah, Idaho, Nevada. — **Guérin et Péneau (1)** p. 10; 2 Arten.
Eurygastraria **Schouteden (4)** p. 69 = *Odontotarsaria*.
Eurysaspis Signoret **Kirkaldy (5)** p. 281, syn. *Euryaspis* St.
Euschistus **Van Duzee (1)** p. 107 *inflatus* **n. sp.**, New Mexico; — **(2)** p. 43—44 Übersicht der nordamerik. Arten.
Eusthenes **Breddin (4)** p. 15 *Diomedes* **n. sp.**, Tonkin.
Eysarcoris [*Eusarcoris*] **Horvath (2)** p. 259 *V-flavum* **n. sp.**, Madagaskar. — **Jakowleff (1)** p. 23 *gibbosus* **n. sp.**, N. Corea. — **Kirkaldy (5)** p. 281 *Fabricii* **n. nom.** für *Cimex melanocephalus* F. nec L. — **Guérin et Péneau (1)** p. 22; 3 Arten.
Exithemus **Breddin (4)** p. 6 *mausonicus* **n. sp.**, Tonkin.
Fitha Walker **Schouteden (4)** = *Chrysocoris* Hahn.
Fokkeria **n. gen. Schouteden (2)** p. 301 *crassa* **n. sp.**, Colorado; — **(4)** p. 83; *producta* Van Duz., syn. *crassa* Schout., Tab. V, fig. 7.
Gabonia Montandon **Kirkaldy (5)** p. 280 = *Montandoneus* **n. nom.**
Galeacius Distant **Breddin (4)** p. 49 *simplex* **n. sp.**, Brasilien. — **Schouteden (2)** p. 299 *Martini* **n. sp.**, Brasilien; — **(4)** p. 61, *Martini* Schout., Tab. IV, 5; *simplex* Bredd., Tab. IV, fig. 6.
Gastroxys **n. gen. Horvath (2)** p. 257; *funerea* **n. sp.**, p. 258, Kilimandjaro.
Geomorpha **Distant (9)** p. 350 *Junodi* **n. sp.**, Transvaal.
Goetomus **Guérin et Péneau (1)** p. 14; 2 Arten. — **Kirkaldy (11)** p. 390 *attar* **n. sp.**, Sokotra, Tab. XXIII, fig. 4—9.
Glypsus **Bergroth (1)** p. 32 *carinulatus* **n. sp.**, Sudan. — **Schouteden (1)** p. 140 *Bouvieri* **n. sp.**, Kongo; p. 141 *Kuhlgatzi* **n. sp.**, D. O. Afrika, Abessinien, Kongo.
Gnathoconus **Distant (9)** p. 349 *elongatus* **n. sp.**, Transvaal. — **Guérin et Péneau (1)** p. 18; 1 Art.
Gonaulax Schouteden **Schouteden (4)** p. 40.
Gonopsis **Breddin (4)** p. 19 *tonkinensis* **n. sp.**, Tonkin.
Graphosoma **Guérin et Péneau (1)** p. 12; 1 Art.
Graptocoris Stal **Schouteden (4)** p. 39.
Graptophara Stal **Schouteden (4)** p. 26; *Reynaudi* Guérin, Tab. II, fig. 4.

Grimgerda **n. nom. Kirkaldy (5)** p. 280, für *Macrothyreus* Fieb.

Gueriniellus **n. nom. Kirkaldy (5)** p. 280, für *Platycoris* Guér.

Halyomorpha **Schouteden (3)** p. 153 *praetoria* Gerst., p. 155 var. *unicolor* **n. var.**

Holcogaster **Guérin** et **Péneau (1)** p. 28; 1 Art.

Holonotellus Horvath **Schouteden (4)** p. 88; *maculicollis* Horv., fig. 6.

Homaemus Dallas **Schouteden (4)** p. 59; *bijugis* Uhl., Tab. V, fig. 1.

Hotea Amyot et Serville **Schouteden (4)** p. 64, Untergattungen: *Hotea* s. str., *Phymatogonia* St., *Tylonca* St.

Hyperoncus Stal **Schouteden (4)** p. 11; *Decorsei* Mart. i. l., Tab. I, fig. 3.

Ilerda Stal **Kirkaldy (5)** p. 280 = *Menuthias* **n. nom.**

Iostethus Stal **Schouteden (4)** p. 18, Untergattung von *Cantao* Am.-Serv.

Ipharusa **n. gen. Breddin (4)** p. 12; *aratrix* **n. sp.**, p. 13, Tonkin.

Irochrotus Amyot et Serville **Schouteden (2)** p. 303 *indicus* **n. sp.**, Bengal; — (4) p. 88; *indicus* Schout., Tab. V, fig. 9.

Jalla **Guérin** et **Péneau (1)** p. 23; 1 Art.

Lamprocoris Stal **Schouteden (4)** p. 29, Untergattungen: *Lamprocoris* s. str. u. *Sophela* Walk.; *Royli* Westw., Tab. II, fig. 6.

Lamprophara Stal **Schouteden (4)** p. 30; *bifasciata* Wh., Tab. II, fig. 1.

Lelia Walker **Kirkaldy (5)** p. 281, syn. *Prionochilus* Dall.

Lerida **Schouteden (3)** p. 146 *Bolivari* **n. sp.**, Span. Guinea, Kamerun.

Lincus **Breddin (7)** p. 154 *securiger* **n. sp.**, Bolivien; *dentiger* **n. sp.**, Ecuador.

Lioderma Uhler **Kirkaldy (5)** p. 280 = *Liodermion* **n. nom.**

Liodermion **n. nom. Kirkaldy (5)** p. 280, für *Lioderma* Uhl.

Liotropis **Van Duzee (2)** p. 62, Übersicht der nordamerik. Arten.

Lobothyreus Mayr **Schouteden (2)** p. 300 *brasiliensis* **n. sp.**, Brasilien; — (4) p. 66; *lobatus* Westw., Tab. V, fig. 2; *brasiliensis* Schout., Tab. II, fig. 12.

Lobopelta **n. gen. Schouteden (1)** p. 142; *funebris* **n. sp.**, p. 143, Afrika.

Macrocarenus Stal **Schouteden (4)** p. 73; *acuminatus* Dall., fig. 1.

Macroporus **Van Duzee (2)** p. 24.

Macroscytus **Horvath (2)** p. 253 *inermipes* **n. sp.**, San Thomé-Insel.

Macrothyreus Fieber **Kirkaldy (5)** p. 180 = *Grimgerda* **n. nom.**

Megadaeum Karsch **Bergroth (3)** p. 38 diagn.; p. 39—40 *obliquum* **n. sp.**, Kamerun; p. 39—40 *verruculatum* Karsch.

Melanodema Jakowleff **Schouteden (4)** p. 80; *carbonaria* Jakowleff, Tab. V, fig. 6.

Melanodermus **Breddin (7)** p. 154 *dilutipes* **n. sp.**, Ecuador.

Melanostoma Stal **Kirkaldy (5)** p. 280 = *Texas* **n. nom.**

Menaccarus **Guérin** et **Péneau (1)** p. 19; 1 Art.

Menuthias **n. nom. Kirkaldy (5)** p. 280 = *Ilerda* Karsch.

Miopygium **n. gen. Breddin (7)** p. 153 *cyclopeltoides* **n. sp.**, Brasilien.

Misippus Stal **Schouteden (4)** p. 57; *variabilis* Sipn., Tab. IV, fig. 4.

Montandoneus **n. nom. Kirkaldy (5)** p. 280, für *Gabonia* Mont.

Montandoniella **n. gen. Schouteden (3)** p. 144, *femorata* **n. sp.**, Span. Guinea.

Morbora **Bergroth (4)** p. 355, Diagn.; p. 356 *hirtula* **n. sp.**, Tasmanien, *Schoutedeni* **n. sp.**, Queensland. — **Schouteden (4)** p. 86; *australis* Dist., Tab. V, fig. 10.

Moyara **Schouteden (1)** p. 138 *Martini* **n. sp.**, Uganda.

Nealeria **Horvath (2)** p. 255 *diminuta* **n. sp.**, Madagaskar.

Neotiglossa **Van Duzee (2)** p. 49—50 Übersicht der nordamerik. Arten. — **Guérin et Péneau (1)** p. 22; 2 Arten.

Nezara **Horvath (2)** p. 263 *Bergrothi* n. sp., Madagaskar; p. 264 *liturata* n. sp. u. *valida* n. sp., Madagaskar; p. 265 *limbosa* n. sp., Kongo; p. 266 *adelpha* n. sp., Kamerun u. *macrorhaphis* n. sp., San Thomé-Insel; p. 267 *rufidorsum* n. sp., Madagaskar. — **Van Duzee (2)** p. 57—58 Übersicht der nordamerik. Arten.

Ochetostethus **Guérin et Péneau (1)** p. 18; 1 Art.

Ochisme n. nom. **Kirkaldy (5)** p. 280, für *Trachyops* Dall.

Ochrorrhaea n. gen. **Breddin (4)** p. 3, *truncaticornis* n. sp., Tonkin.

Odontoscelaria **Schouteden (4)** p. 69 = *Odontotarsaria*.

Odontoscelis Laporte **Schouteden (4)** p. 87, syn. *Arctocoris* p. Germ., *Ursocoris* Hahn. — **Van Duzee (2)** p. 19; p. 19 *Balli* n. sp., Colorado, Californien, Nevada, Wyoming [= *Vanduzeeina* hierunter]; p. 20 *producta* n. sp., Colorado [= *Fokkeria* hierüber]. — **Guérin et Péneau (1)** p. 10; 2 Arten.

Odontotarsaria **Schouteden (4)** p. 69, incl. *Odontoscelaria* u. *Eurygastraria*.

Odontotarsus Laporte **Schouteden (4)** p. 81, syn. *Bellocoris* p. Hahn; *angustatus* Jak., Tab. V, fig. 5.

Oncinoproctus n. gen. **Breddin (4)** p. 5, *griseolus* n. sp., Tonkin.

Oncodochilus **Breddin (7)** p. 147 *cruciatulus* n. sp., Bolivien.

Oncozygia **Van Duzee (2)** p. 23.

Oplomus **Breddin (7)** p. 177 *severus* n. sp., Peru; — **(8)** p. 49 *sagax* n. sp., Bolivien. — **Schouteden (1)** p. 140 *cruentus* var. *inermis* n. var., Abessinien oder Brasilien.

Orsilochus Stal **Bergroth (4)** = *Chelysoma* Bergr. — **Van Duzee (2)** p. 12.

Pachycoris Burmeister **Schouteden (4)** p. 48; *Fabricii* Kl., Tab. III, fig. 12. — **Van Duzee (2)** p. 12.

Palomena **Jakowleff (3)** p. 71 *limbata* n. sp., Tibet; p. 73 Übersicht der 4 paläarkt. Arten. — **Guérin et Péneau (1)** p. 25; 2 Arten.

Paracolcotichus n. subgen. **Schouteden (4)** p. 6, Untergattung von *Coleotichus* Wh.

Parameccus Fieber **Kirkaldy (5)** p. 280 = *Burma* n. nom.

Parapoecilocoris n. subgen. **Schouteden (4)** p. 20, Untergattung von *Poecilocoris* Dall.

Parochlerus n. gen. **Breddin (7)** p. 153 *latus* n. sp., Peru.

Peltocopta n. nom. **Bergroth (3)** p. 40 für *Coptopelta* Bergr.

Pentatoma [syn. *Tropicoris*] **Guérin et Péneau (1)** p. 28; 1 Art.

Pentatoma **Van Duzee (1)** p. 35—36 Übersicht der nordamerik. Arten; p. 37 *Osborni* n. sp., Colorado u. Texas. — [= *Rhytidolomia*].

Peribalus **Van Duzee (2)** p. 32 Übersicht der nordamerik. Arten; p. 33 *tristis* n. sp., Vancouver-Inseln. — **Guérin et Péneau (1)** p. 23; 2 Arten.

Perillus **Van Duzee (2)** p. 64 Übersicht der nordamerik. Arten; p. 65 *exaptus* Say, Varietäten.

Periphyma Jakowleff **Schouteden (4)** p. 78; *Batesoni* Jakowleff, fig. 4.

Periphymopsis n. subgen. **Schouteden (4)** p. 77, Untergattung von *Psacasta* Germ.; *Lethierryi* Put., Tab. V, fig. 11.

Philia Schiödte **Distant (7)** p. 276 *leucochalcea* Bredd. = *regia* Bergr.; *compacta* Bredd. = *aerea* Dist. — **Schouteden (2)** p. 297 *insignis* n. sp., N. S. Wales; — **(4)** p. 28 *latefasciata* Vollenh., Tab. II, fig. 2.

Phimodera Germar **Reuter (2)** Kritische Untersuchung von *galgulina* Gorki-St., *galgulina* H.-Sch., *bufonia* Put., *humeralis* (Dalm.) St., *Flori* Fieb., *fumosa* Fieb., *lapponica* J. Sahlb.; p. 6 *humeralis* var. *Dalmanni* **n. var.**, Schweden. — **Schouteden (4)** p. 84; *collina* Jakowleff, Tab. V, fig. 8. — **Van Duzee (2)** p. 16 *corrugata* **n. sp.**, Colorado.

Picromerus **Guérin** et **Péneau (1)** p. 32; 1 Art.

Piezodorus **Guérin** et **Péneau (1)** p. 27; 1 Art.

Piezosternum **Schouteden (1)** p. 144 *fallax* Bredd., Span. Guinea, Kamerun, Kongo; — **(3)** p. 148, id.

Platycoris Guérin **Kirkaldy (5)** p. 280 = *Gueriniellus* **n. nom.**

Platynopus **Schouteden (1)** p. 139 *fallax* **n. sp.** u. *Horvathi* **n. sp.**, Afrika.

Plisthenes **Breddin (5)** p. 179 *buruensis* **n. sp.**, Buru; p. 180—181 *confusus* Horv.

Podisus **Breddin (7)** p. 154 *carbonarius* **n. sp.**, Costa Rica; *neniator* **n. sp.**, Ecuador; *carnifex* **n. sp.**, Bolivien; — **(8)** p. 49 *blanditor* **n. sp.**, Peru. — **Heidemann (3)** p. 9—10 *cynicus* Say u. *bracteatus* Fitch. — **Van Duzee (2)** p. 68—69 Übersicht der nordamerik. Arten; p. 70 *grandis* Dall. = *cynicus* Say; p. 71 *spinosus* Dall. = *maculiventris* Say.

Pododus Amyot et Serville **Kirkaldy (5)** p. 280 = *Eupopodus* **n. nom.**

Podops **Van Duzee (2)** p. 22 *parvulus* **n. sp.**, Colorado, Canada, Massachussets, Kansas; p. 77 *dubius* Pal. — **Guérin** et **Péneau (1)** p. 13; 1 Art.

Poecilocoris Dallas **Schouteden (4)** p. 20, Untergattungen: *Poecilocoris* s. str. u. *Parapoecilocoris* **n. subgen.**; *Hardwicki* Westw., Tab. I, fig. 7.

Polyphyma Jakowleff **Schouteden (4)** p. 74; *Koenigi* Jak., fig. 2.

Polytes Stal **Bergroth (4)** p. 354 *cingulicornis* **n. sp.**, Brasilien. — **Breddin (8)** p. 49 *onca* **n. sp.**, Peru, *grisescens* **n. sp.**, Peru. — **Schouteden (2)** p. 298 *insignis* **n. sp.**, Bolivien; — **(4)** p. 49 *insignis* Schout., Tab. 3, fig. 3; *fenestra* Bredd., Tab. III, fig. 4.

Polytodes Horváth **Schouteden (4)** p. 50.

Ponsila **Schouteden (3)** p. 142 *Escalerai* **n. sp.**, Span. Guinea, Kamerun.

Prionocompastes **Breddin (4)** p. 14 *vicarians* **n. sp.**, O. Java.

Procilia Stal **Schouteden (4)** p. 24.

Psacasta Germar **Schouteden (4)** p. 76, Untergattungen: *Psacasta* s. str., *Cryptodontus* Muls.-R., *Periphymopsis* **n. subgen.**: *Lethierryi* Put., Tab. V, fig. 11.

Rhacognathus **Van Duzee (2)** p. 68 *americanus* St. — **Guérin** et **Péneau (1)** p. 33; 1 Art.

Rhaphigaster **Guérin** et **Péneau (1)** p. 27; 1 Art.

Rhynchocoris **Breddin (4)** p. 11 *patulus* **n. sp.**, S. Java.

Rhytidolomia. — S. *Pentatoma* **Van Duzee (2)**.

Runibia **Breddin (7)** p. 177 *picturata* **n. sp.**, Peru.

Sabaeus **Breddin (4)** p. 8 *rectispinus* **n. sp.**, Java; p. 9 *teretispinus* **n. sp.**, Sumbawa; *fortispinus* **n. sp.**, ? Burma.

Sciocoris **Guérin** et **Péneau (1)** p. 19; 3 Arten.

Scutellera Lamarck **Schouteden (4)** p. 22, syn. *Calliphara* Am.-Serv.

Scutelleraria **Schouteden (4)** p. 13.

Scutiphora Guérin **Schouteden (4)** p. 171 syn. *Peltophora* Burm.; *pedicellata* Kirb., Tab. I, fig. 5.

Sehirus **Guerin** et **Peneau (1)** p. 15; 5 Arten.

Sergia Stal **Schouteden (4)** p. 62, Untergattung von *Deroplax* Germ.

Severinina **Schouteden** (1) p. 135, Berichtigung.

Sibaria **Breddin** (8) p. 49 *andicola* **n. sp.**, Ecuador, Peru.

Solenostethium Spinola **Schouteden** (4) p. 8, syn. *Caeloglossa* Germ.; *liligerum Schulzi* Schout., Tab. I, fig. 2.

Solenotichus Martin **Schouteden** (4) p. 7, syn. *Damelia* Dist. u. *Damellera* Kirk.; *circuliferus* Walk., Tab. I, fig. 4.

Sophela Walker **Schouteden** (4) p. 27, Untergattung von *Lamprocoris* St.

Sphaerocoraria **Schouteden** (4) p. 9.

Sphaerocoris Burmeister **Schouteden** (4) p. 12.

Sphyrocoris Mayr **Schouteden** (4) p. 58. — **Van Duzee** (2) p. 15.

Steganocerus Mayr **Schouteden** (4) p. 10.

Stenozygum **Schouteden** (1) p. 137 *mombasanum* **n. sp.**, Mombasa; p. 138 *Bergrothi* **n. nom.** für *bicolor* Schout.; — (3) p. 158 *Varelai* **n. sp.**, Kamerun.

Stethaulax Bergroth **Bergroth** (4) syn. *Aulacostethus* Uhl. — **Schouteden** (4) p. 57.

Stictocoris **n. nom. Kirkaldy** (5) p. 280, für *Stictonotus* St.

Stictonotus Stal **Kirkaldy** (5) p. 280 = *Stictocoris* **n. nom.**

Supputius **Breddin** (7) p. 154 *obscurus* **n. sp.**, Ecuador.

Symphylus **Breddin** (8) p. 49 *enac* **n. sp.**, Bolivien. — **Schouteden** (4) p. 60; *apicifer* Walk., Tab. IV, fig. 7; *ramivitta* Walk., Tab. IV, fig. 8.

Tarisa **Horvath** (4) p. 580 *chloris* **n. sp.**, Turkestan.

Tectocoris Hahn **Dodd** (1) p. 484—485, *lineola* var. *Banksi* Don., Tab. XXVIII, Queensland. — **Schouteden** (4) p. 19.

Tessaratoma **Schouteden** (1) p. 163 *niamensis* **n. sp.**, Niam-Niam.

Testrina Walker **Schouteden** (4) p. 48.

Tetrarthria Dallas **Schouteden** (4) p. 22.

Tetrisia Walker **Kirkaldy** (5) p. 280 = *Dolichisme* **n. nom.**

Tetrochlerus **n. gen. Breddin** (7) p. 153 *fissiceps* **n. sp.**, Ecuador.

Tetyra Fabricius **Schouteden** (4) p. 47, syn. *Macraulax* Dall.; *poecila* Berg, Tab. III, fig. 1. — **Van Duzee** (2) p. 11.

Tetyraria **Schouteden** (4) p. 42.

Texas **n. nom. Kirkaldy** (5) p. 280 für *Melanostoma* St.

Theseus **Distant** (7) p. 263 *nigrescens* **n. sp.**, Queensland.

Thyanta **Van Duzee** (2) p. 52—53 Übersicht der nordamerikan. Arten; p. 55 *punctiventris* **n. sp.**, Colorado, N. Dakota, Utah; p. 56 *brevis* **n. sp.**, Colorado.

Thyreocoris **Guérin et Péneau** (1) p. 9; 1 Art.

Tiridates Stal **Schouteden** (4) p. 68.

Tolumnia **Breddin** (4) p. 7 *ferruginescens* **n. sp.**, Tonkin.

Trachyops Dallas **Kirkaldy** (5) p. 280 = *Ochisme* **n. nom.**

Trichothyreus Stal **Schouteden** (4) p. 54; *vitticeps* St., Tab. III, fig. 9.

Trichopepla **Van Duzee** (2) p. 34, Übersicht der nordamerik. Arten.

Triplatyx **n. gen. Horvath** (2) p. 255; *quadraticeps* **n. sp.**, p. 256, Madagaskar.

Troilus **Guérin et Péneau** (1) p. 33; 1 Art.

Tylonca Stal **Schouteden** (4) p. 64, Untergattung von *Hotea* Am.-Serv.

Vanduzeeina **n. gen. Schouteden** (4) p. 85, für *Odontoscelis Balli* Van Duz.

Xerobia Stal **Schouteden** (4) p. 75.

Xosa **n. nom. Kirkaldy** (5) p. 280, für *Anubis* St.

Zicrona **Guérin et Péneau** (1) p. 34; 1 Art.

Coreidae.

Ardid (1) p. 271 Spanien: Zaragoza, 22 Arten. — **Champion (1)** N. Spanien: Moncayo, p. 97, 13 Arten. — **Guérin et Péneau (2)** Frankreich: 20 Gattungen, 34 Arten beschrieben. — **Horvath (4)** Turkestan, 7 Arten u. 2 Var. — **Hueber (1)** Deutschland; p. 277, 3 Arten. — **Kirkaldy (5)** Nomenklatorisches; — (8) Cypern, 2 Arten. — **Lambertie (1)** Gironde: Citon: p. LXXII, 5 Arten. — (3) Gironde; p. 231, 3 Arten. — **Noualhier et Martin (1)** Indochina; p. 172, 5 Arten. — **Osborn (5)** Ohio, 3 Arten; — **(7)** S. Amerika, 45 Arten. — **Péneau (2)** p. 259 *Myrmus miriformis* Fall., Nantes. — **Snow (1)** Arizona; p. 347, 13 Arten. — **Uhler (1)** New Mexico: Las Vegas Hot Springs; p. 351—352, 8 Arten. — **Van Duzee (1)** New Mexico: Beulah; p. 108—109, 3 Arten. — **Wirtner (1)** W. Pennsylvanien; p. 189—191, 16 Arten. — **Xambeu (1)** *Chorosoma Schillingi* Schum., p. 129, Ei, Biologie.

Acanthocephala **Osborn (7)** p. 198 *declivis* var. *guianensis* **n. var.**, Guyana; *femorata* var.

Althos **n. nom. Kirkaldy (5)** p. 280, für *Margus* Dall.

Alydus **Van Duzee (1)** p. 108 *scutellatus* **n. sp.**, New Mexico. — **Guérin et Péneau (2)** p. 18; 1 Art.

Anasa **Breddin (7)** p. 147 *jucunda* **n. sp.**, Bolivien. — **Girault (2)** p. 335—337 *tristis* Geer, Biologie.

Bardistus Dallas **Kirkaldy (5)** p. 280 = *Ouranion* **n. nom.**

Bathysolen **Guérin et Péneau (2)** p. 13; 1 Art.

Bothrostethus **Guérin et Péneau (2)** p. 15; 1 Art.

Camptopus **Guérin et Péneau (2)** p. 17; 1 Art.

Carlisis **Distant (9)** p. 350 *serrabilis* **n. sp.**, Transvaal.

Centrocoris **Guérin et Péneau (2)** p. 8; 1 Art.

Ceraleptus **Breddin (6)** p. 246 *gracilicornis* H.-Sch., Fühlergrube. — **Guérin et Péneau (2)** p. 14; 2 Arten.

Chorosoma **Guérin et Péneau (2)** p. 24; 1 Art.

Cletus Stal **Kirkaldy (5)** p. 281 = *Peniscomus* Sign. 1861.

Coreus **Guérin et Péneu (2)** p. 15; 2 Arten.

Coriomeris **Jakowleff (1)** p. 293 *validicornis* **n. sp.**; p. 294 *integerrimus* **n. sp.**, Transkaukasien.

Crinocerus **Osborn (7)** p. 193 *sanctus* F.

Corizus **Guérin et Péneau (2)** p. 21; 7 Arten.

Dalcera Signoret **Kirkaldy (5)** p. 280 = *Dersagrena* **n. nom.**

Dersagrena **n. nom. Kirkaldy (5)** p. 280, für *Dalcera* Sign.

Elachisme **n. nom. Kirkaldy (5)** p. 280, für *Elathea* St.

Elathea Stal **Kirkaldy (5)** p. 280 = *Elachisme* **n. nom.**

Enoplops **Guérin et Péneau (1)** p. 9; 1 Art.

Euthetus **Kirkaldy (11)** p. 388 *Granti* Kirk., Tab. XXIII, fig. 7—7 a.

Gonocerus **Guérin et Péneau (2)** p. 11; 2 Arten.

Haeckelia **n. nom. Kirkaldy (5)** p. 280, für *Microphyllia* St.

Holymenia **Breddin (7)** p. 147 *tibialis* **n. sp.**, Bolivien; *rubiginosa* **n. sp.**, Rio Grande do Sul. — **Osborn (7)** p. 198 *rubescens* Am. Serv.

Hyalymenus **Breddin (7)** p. 148 *calcarator* **n. sp.**, Bolivien. — **Osborn (7)** *pulcher* St.

Hypselonotus **Osborn (7)** p. 199 *fuscus* **n. sp.**, Bolivien; *concinnus* var.

Kennetus n. gen. Distant (8) p. 303; *alces* n. sp., p. 304, Borneo.

Leptocoris Kirkaldy (11) p. 387 *bahram* Kirk., Tab. XXIII, fig. 8; Larve, p. 3

Leptoglossus Osborn (7) p. 198 *chilensis* Sign.

Lycambes Breddin (2) p. 306 *Sargi* n. sp., Guatemala.

Margus Dallas Kirkaldy (5) p. 280 = *Althos* n. nom.

Marichisme n. nom. Kirkaldy (5) p. 280 für *Phidippus* St.

Micrelytra Guérin et Péneau (1) p. 171, 1 Art.

Microphyllia Stal Kirkaldy (5) p. 280 = *Haeckelia* n. nom.

Mictis Distant (10) p. 61 *loricata* n. sp., Angola.

Mirperus Distant (9) p. 352 *nigrofasciatus* n. sp. u. *robustus* n. sp., Transva

Myrmus Jakowleff (1) p. 93 *formosus* n. sp., Irkutsk.

Nanichisme n. nom. Kirkaldy (5) p. 280, für *Nesiotes* St.

Nematopus Breddin (7) p. 147 *nigriventris* n. sp., Ecuador u. *rufipes* n. sp., Bolivi

— Osborn (7) p. 198 *fasciatus* Westw.

Nesiotes Stal Kirkaldy (5) p. 280 = *Nanichisme* n. nom.

Ouranion n. nom. Kirkaldy (5) p. 280, für *Bardistus* Dall.

Paryphes Osborn (7) p. 200 ?*splendidus* Dist.

Phidippus Stal Kirkaldy (5) p. 280 = *Marichisme* n. nom.

Phtia Osborn (7) p. 199 *cyanea* Sign.

Phyllomorpha Guérin et Péneau (2) p. 7; 1 Art.

Plagipus Osborn (7) p. 199 *foliaceatus* Bl.

Plinachtus Distant (9) p. 351 *trilineatus* n. sp., Transvaal.

Pomponatius n. gen. Distant (7) p. 265; *typicus* n. sp., p. 266, Queensland.

Pseudophlaeus Giard (1) p. 107 *Falleni* Schill., Brutpflege. — Guérin et Péne
(2) p. 12; 2 Arten.

Spathocera Guérin et Péneau (2) p. 8; 2 Arten.

Syromastes Guérin et Péneau (2) p. 19; 3 Arten.

Stenocephalus Guérin et Péneau (2) p. 19; 1 Arten.

Strobilotoma Guérin et Péneau (2) p. 16; 1 Art.

Therapha Guérin et Péneau (2) p. 20; 1 Art.

Trachelium Breddin (7) p. 147 *mimeticum* n. sp., Bolivien.

Verlusia Guérin et Péneau (2) p. 10; 2 Arten.

Berytidae.

Champion (1) N. Spanien: Moncayo, p. 97, 1 Art. — Guérin et Péneau (
Frankreich: 3 Gattungen, 7 Arten beschrieben. — Lambertie (1) Gironde: Cito
2 Arten. — (3) Gironde: p. 23, 1 Art. — Snow (1) Arizona, p. 347, 2 Arte
— Uhler (1) New Mexico: Las Vegas Hot Springs; p. 352, 1 Art. — Wirtner (
W. Pennsylvania, p. 191, 2 Arten.

Berytus Guérin et Péneau (3) p. 4; 4 Arten.

Metacanthus Guérin et Péneau (3) p. 6; 1 Art.

Neides Guérin et Péneau (3) p. 3; 2 Arten.

Pyrrhocoridae (Lygaeidae u. Pyrrhocoridae).

Ardid (1) Spanien: Zaragoza, p. 271, 19 Arten. — Champion (1) N. Spanie
Moncayo; p. 97, 26 Arten. — Heidemann (6) Alaska; p. 143, 2 Arten. — Horvath (
Monographie der *Colobathristinae*; Tabellen, Beschreibung, Verbreitung; — (

Turkestan, 20 Arten. — **Hueber (2)** Deutschland, 2 Arten. — **Kirkaldy (5)** p. 280
Nomenklatorisches; — **(8)** Cypern, 18 Arten. — **Lambertie (1)** Gironde: Citon;
p. LXXII, 11 Arten; — **(3)** Gironde; p. 23—24, 19 Arten. — **Noualhier et Martin (1)**
Indochina; p. 172—173. 6 Arten. — **Osborn (5)** Ohio, 13 Arten; — **(7)**
S. Amerika, 17 Arten. — **Péneau (1)** Nantes; p. XIII, 2 Arten; — **(2)** Nantes;
p. 259, 5 Arten. — **Snow (1)** Arizona; p. 347—348, 15 Arten. — **Van Duzee (1)**
New Mexico: Beulah; p. 109, 3 Arten. — **Wirtner (1)** W. Pennsylvania;
p. 191—194, 28 Arten. — **Uhler (1)** New Mexico: Las Vegas Hot Springs;
p. 353—355, 13 Arten.

Acroleucus **Breddin (7)** p. 148 *eros* **n. sp.**, Ecuador; *pothus* **n. sp.**, Ecuador.
Anorygma **n. subgen. Horvath (1)** p. 137, Untergattung von *Phaenacantha* **n. gen.**
Antillocoris **n. nom. Kirkaldy (5)** p. 180, für *Pygaeus* St.
Antilochus **Distant (10)** p. 61 *melanopterus* **n. sp.**, Kamerun.
Aphanus **Distant (9)** p. 353 *atomarius* **n. sp.**, Transvaal.
Aspilocoryphus **Kirkaldy (11)** p. 335 *Forbesi* Kirk., Tab. XXIII, fig. 6.
Blissus **Distant (15)** p. 434 *diplopterus* **n. sp.**, Kap. — **Sanderson (1)** p. 94 *leucopterus* Say, Migrationen. — **Garber (1)** *leucopterus* Say, Dimorphismus.
Botocudo **n. nom. Kirkaldy (5)** p. 280, für *Salacia* St.
Brachyphyma **n. gen. Horvath (1)** p. 144; p. 145 *argutum* **n. sp.**, N. Guinea; *ochraceum* **n. sp.**, N. Guinea; p. 146 *papuense* **n. sp.**, N. Guinea.
Calliscidus **n. gen. Horvath (1)** p. 153; p. 154 *nigricollis* **n. sp.**, Peru.
Chauliops **Distant (4)** p. 277 *Rutherfordi* **n. sp.**, Old Calabar.
Cligenes **Distant (15)** p. 435 *aethiops* **n. sp.**, Kap.
Colobasiastes Breddin **Breddin (6)** p. 245—246 Fühlergrube; p. 248 Unterschied
zwischen *fulvicollis* Bredd. u. *analis* **n. sp.**; p. 249 *analis* **n. sp.**, syn. *fulvicollis* ♀
Horvath 1904, Bolivien, Peru. — **Horvath (1)** p. 158, p. 160 *Burmeisteri* St.;
p. 161 *fulvicollis* Bredd.; p. 162 *similis* **n. sp.**, Peru, Bolivien; p. 163 *longicornis* **n. sp.**, id.; p. 164 *albipes* Bredd.; p. 165 *nigrifrons* Bredd.; p. 166
obscurus **n. sp.**, Peru, Bolivien; p. 167 *rufiventris* **n. sp.**, Peru u. Bolivien;
p. 168 var. *thoracicus* **n. var.**, Bolivien.
Colobathristinae **Horvath (1)** Monographie: Bestimmungstabelle der Gattungen
u. Arten; Beschreibung der Gattungen u. Arten; Synonymie; Geogr. Verbreitung; 12 Gattungen, neu: 9; 52 Arten, neu: 35 u. 3 Var.
Colobathristes Burmeister **Horvath (1)** p. 148, syn. *Curupira* Dist.; p. 149 *mucronatus* Gurm.; *nigriceps* Burm.; p. 150 *chalcocephalus* Burm., syn. *Cur. illustrata* Dist.; p. 151 *egregius* **n. sp.**, Brasilien; *facetus* **n. sp.** Vaterland?
Darila Distant **Kirkaldy (5)** p. 280 = *Peggichisme* **n. nom.**
Diascopaea **n. gen. Horvath (1)** p. 155, *discessa* **n. sp.**, Peru, Bolivien; p. 156
villosa Dist. (*Curupira*); p. 157 *debilis* **n. sp.**, Peru.
Dieuches **Distant (7)** p. 268 *scutellatus* **n. sp.**, Queensland; *consanguineus* **n. sp.**,
Queensland.
Drymus **Butler (1)** p. 275 *confusus* Horv. u. *pilicornis* Muls., England.
Emblethis **Horvath (4)** p. 581 *brevicornis* **n. sp.**, Turkestan. — **Jakowleff (1)** p. 24
luridus **n. sp.**, O. Turkestan.
Erlacda **Osborn (7)** p. 202 *arhapheoides* Sign.
Fontejanus Breddin **Breddin (3)** p. 410; p. 411 *Wasmanni* Bredd., Bombay.
Geocoris **Distant (7)** p. 267 *elegantulus* **n. sp.**, Queensland. — **Jakowleff (2)** *chinensis*

n. sp.; Übersicht der paläarkt. Arten der Untergattung *Piocoris*. —
Kirkaldy (11) p. 336 *sokotranus* Kirk., Tab. XXIII, fig. 5.

Germalus **Distant (7)** p. 266 *lineolosus* n. sp., Queensland.

Imbrius Stal **Kirkaldy (5)** p. 280 = *Polychisme* n. nom.

Lygaeus auct. nec L. **Breddin (3)** *delicatulus* St., var., Sudan. — **Osborn (7)**
p. 200 *sulcatus* n. sp., Guiana.

Ligyrocoris **Van Duzee (1)** p. 109 *balteatus* St., neu für die Verein. Staaten.

Microtoma **Jakowleff (1)** p. 23 *praeusta* n. sp., Turkestan.

Narcegaster n. gen. **Horvath (1)** p. 141, *geniculata* St. (*Colobathristes*), Philippinen.

Nysius **Distant (9)** p. 352 *rubromaculatus* n. sp., Transvaal. — **Horvath (4)** *pilosulus* n. sp., Turkestan.

Odontopus Laporte **Kirkaldy (5)** p. 280 = *Probergrothius* n. nom.

Oxycarenus **Uhler (1)** p. 353 *scabrosus* n. sp., New Mexico.

Pamera **Distant (7)** p. 267 *picturata* n. sp., Queensland; p. 268 *apicalis* n. sp.,
Queensland; — (15) p. 435 *Lounsburyi* n. sp., Kap. — **Osborn (7)** p. 201
parvula Dall.; *tuberculata* n. sp., Brit. Guiana.

Peggichisme n. nom. **Kirkaldy (5)** p. 280, für *Davila* Dist.

Peruda Distant **Horvath (1)** p. 168; p. 169 *flavida* Bredd.; p. 170 *typica* Dist.;
longiventris n. sp., Peru, Bolivien.

Phaenacantha n. gen. **Horvath (1)** p. 120, Untergattungen: *Phaenacantha* s. str.
(19 Arten), *Anorygma* n. subgen. (4 Arten) u. *Tagalisca* n. subgen. (1 Art);
p. 124 *Biroi* n. sp., N. Guinea; *distincta* Dist. (*Curupira*); p. 125 *suturalis*
n. sp., N. Guinea; p. 126 *consobrina* n. sp., N. Guinea; *ambigua* n. sp.,
N. Guinea; p. 127 *femoralis* n. sp., N. Guinea; p. 128 *unicolor* n. sp.,
N. Guinea; *conviva* n. sp., Guinea; p. 129 *Méhelyi* n. sp., N. Guinea; p. 130
sedula n. sp., Singapore, Burma, Pulo Penang, Engano, Mentawei;
var. *melanoscelis* n. var., Sumatra; p. 131 *Gestroi* n. sp., Sumatra;
strenua n. sp., N. Guinea; p. 132 *antennalis* n. sp., N. Guinea; p. 133
pilosella n. sp., N. Guinea; p. 134 *discrepans* n. sp., N. Guinea;
Krügeri Bredd. (*Colobathristes*); p. 135 *confusa* n. sp., Philippinen,
syn. *C. pectoralis* St. p.; p. 136 *pectoralis* St. (*Col.*), Philippinen, N. Guinea;
pacifica n. sp., Fidji-Inseln; p. 137 *saccharicida* Karsch (*Col.*); p. 138 *bicolor*
Dist. (*Curupira*); p. 139 *solers* n. sp., Burma, syn. *bicolor* Dist. p.; *viridipennis* n. sp., Tenasserim, Sumatra; p. 140 *pallida* St. (*Col.*).

Piptocentrus n. gen. **Horvath (1)** p. 157; p. 158 *pilipes* n. sp., Peru.

Polychisme n. var. **Kirkaldy (5)** p. 280, für *Imbrius* St.

Probergrothius n. nom. **Kirkaldy (5)** p. 280, für *Odontopus* Lap.

Pygaeus Uhler **Kirkaldy (5)** p. 280 = *Antillocoris* n. nom.

Rhyparochromus **Uhler (1)** p. 354 *compactus* n. sp., New Mexico.

Salacia Stal **Kirkaldy (5)** p. 280 = *Botocudo* n. nom.

Symphylax n. gen. **Horvath (1)** p. 142; p. 143 *picticollis* n. sp., Sumatra, Mentawei,
S. O. Borneo; var. *blandus* n. var., Sumatra; var. *confluens* n. var., Malakka,
Pulo Laut, Sumatra.

Tagalisca n. subgen. **Horvath (1)** p. 140, Untergattung von *Phaenacantha* n. gen.

Taphrocranum n. gen. **Horvath (1)** p. 147, für *Colobathristes robustus* Bredd.,
Buton-Insel.

Trichocentrus n. gen. **Horvath (1)** p. 152; p. 153 *gibbosus* n. sp., Rio Grande do Sul.

Tingidae.

Ardid (1) Spanien: Zaragoza; p. 271, 5 Arten. — **Champion (1)** N. Spanien: Moncayo; p. 98, 3 Arten. — **Horvath (4)** Turkestan, 5 Arten. — **Hueber (1)** Deutschland; p. 277, 2 Arten. — **Kirkaldy (5)** p. 280 Nomenklatorisches. — **Lambertie (3)** Gironde; Citon; p. 25, 8 Arten; — **(1)** Gironde: Citon, 2 Arten. — **Péneau (2)** Nantes; p. 260, 2 Arten. — **Uhler (1)** New Mexico: Las Vegas Hot Springs; p. 362, 3 Arten. — **Wirtner (1)** W. Pennsylvania; p. 202—203, 7 Arten.

Astolphos n. gen. **Distant (15)** p. 428; p. 429 *capitatus* n. sp., Tab. VIII, fig. 5, Kap.

Compseuta **Distant (15)** p. 434 *ornatella* St., Kap u. Delagoa; *Montandoni* n. sp., Tab. VIII, fig. 15, Delagoa.

Corythuca **Felt (4)** p. 125—129 *marmorata* Uhl.; Biologie, Entwicklungsstadien; New York.

Eurycera **Distant (15)** p. 430 *glabricornis* Mont., S. Afrika.

Gelchossa n. nom. **Kirkaldy (5)** p. 280, für *Leptostyla* St.

Haedus n. gen. **Distant (15)** p. 432 *clypeatus* n. sp., Tab. VIII, fig. 12, Kap.

Leptostyla Stal **Kirkaldy (5)** p. 280 = *Gelchossa* n. nom.

Lullius n. gen. **Distant (5)** p. 429; p. 430 *major* n. sp., Tab. VIII, fig. 7, Kap; *? minor* n. sp., Tab. VIII, fig. 8, Kap.

Maecenas n. nom. **Kirkaldy (5)** p. 280 für *Tingis* Leth.-Sev.

Monanthia **Distant (15)** p. 433 *mitrata* n. sp., Tab. VIII, fig. 14—14a, Kap.

Phyllochisme n. nom. **Kirkaldy (5)** p. 280, für *Physatochila* Leth. Sev.

Phyllontochila **Distant (15)** p. 431 *Junodi* n. sp., Tab. VIII, fig. 10, Transvaal. [= *Tingis* F.]

Physatochila Lethierry et Severin **Kirkaldy (5)** = *Phyllochisme* n. nom.

Sanazarius n. gen. **Distant (15)** p. 431, *cuneatus* n. sp., Tab. VIII, fig. 11, Kap.

Serenthia **Distant (15)** p. 429, *Peringueyi* n. sp., Tab. VIII, fig. 6, Kap.

Sinalda n. gen. [S. diesen Bericht für 1903, S. 1098!] **Distant (15)** p. 426 für (p. 427) *Phatnoma aethiops* Dist., *testacea* Dist., *obesa* Dist.; p. 427 *elegans* n. sp., Tab. VIII, fig. 2, Kap; *reticulata* n. sp., Tab. VIII, fig. 3, Kap; p. 428 *nebulosa* n. sp., Tab. VIII, fig. 4, Kap.

Teleonemia **Distant (15)** p. 432 *australis* n. sp., Tab. VIII, fig. 13, Kap.

Tingis Fabricius **Kirkaldy (5)** p. 281 syn. *Phyllontochila* Fieb., *Macrothyreus* Westw., *Macrocephalus* Swed.

Tingis Lethierry et Severin **Kirkaldy (5)** p. 280 = *Maecenas* n. nom.

Ulmus n. gen. **Distant (15)** p. 425; p. 426 *testudineatus* n. sp., Tab. VIII, fig. 1 —1a, Transvaal.

Phymatidae.

Ardid (1) Spanien: Zaragoza; p. 271 2 Arten. — **Lambertie (1)** Gironde; *Ph. crassipes* L. — **Snow (1)** Arizona; p. 348, 1 Art. — **Wirtner (1)** W. Pennsylvania; p. 203, 1 Art.

Aradidae.

Champion (1) N. Spanien: Moncayo; p. 98, 3 Arten. — **Heidemann (1)** N. Amerika, 4 Gattungen, 15 Arten (neu: 2); — **(2)** 5 Arten; — **(6)** Alaska; p. 143, 1 Art. — **Lambertie (3)** Gironde; p. 25, 1 Art. — **Noualhier** et **Martin (1)** Indochina; p. 173, 1 Art. — **Osborn (5)** Ohio, 7 Arten; — **(7)** S. América, 1 Art. — **Uhler**

(1) New Mexico: Las Vegas Hot Springs; p. 362, 3 Arten. — **Wirtner (1)** W.
Pennsylvania; p. 203 8 Arten.

Aneurus **Heidemann (1)** p. 164 *Fiskei* **n. sp.**, N. Carolina, Pennsylvania, Georgia.
Aradus **Heidemann (2)** p. 231 *uniformis* **n. sp.**, Vancouver, Massachussets, Penn-
sylvania; p. 232 *Hubbardi* **n. sp.**, Oregon, Utah, Colorado, Co., Arizona,
Wyoming, British Columbia. — **Kirkaldy (5)** p. 281, syn. *Stenopterus* Sign.
— **Osborn (4)** p. 22 *ornatus* Say.
Neuroctenus **Heidemann (1)** p. 163 *elongatus* Osb., Weibchen; *Hopkinsi* **n. sp.**,
N. Carolina.
Proxinus **Heidemann (2)** p. 230 *Schwarzi* **n. sp.**, Florida.

Hebridae.

Péneau (1) Nantes; p. XII—XIII; — **(2)** Nantes; p. 257—258, *Hebrus.*
— **Wirtner (1)** W. Pennsylvania; p. 204, 1 Art.

Hebrus **Péneau (1)** p. XII *ruficeps* Thoms. = ? *pusillus* Fall; — **(2)** p. 257 Übersicht der 3 französ. Arten: *pusillus* Fall., *ruficeps* Thoms. (gute Art), *montanus*
Kol.; p. 258 Diagnosen derselben u. Habitat des *H. ruficeps.*

Hydrometridae.

Ardid (1) Spanien: Zaragoza; p. 271—272, 4 Arten. — **Champion (1)**
N. Spanien: Moncayo, 1 Art. — **Heidemann (6)** Alaska; p. 144, 1 Art. —
Horvath (4) Turkestan, 1 neue Var. — **Hueber (1)** Deutschland; p. 277, 1 Art.
— **Kirkaldy (1)** Gattung *Metrocoris*; — **(8)** Cypern, 1 Art. — **Lambertie (3)** p. 25,
3 Arten. — **Osborn (5)** Ohio, 1 Art. — **Snow (1)** Arizona; p. 348, 3 Arten. —
Van Duzee (1) New Mexico: Beulah; p. 111, 1 Art. — **Wirtner (1)** W. Pennsyl-
vania; p. 204, 6 Arten.

Angilla **Distant (15)** p. 436 *Germari* **n. sp.**, Kap.
Gerris **Horvath (4)** p. 582 *thoracicus* var. *rapidus* **n. var.**, Turkestan, Turkmenien.
Metrocoris **Kirkaldy (1)** p. 61 Bestimmungstabellen für ♂ u. ♀; p. 62 Lokal.;
p. 62 *Distanti* **n. sp.**, S. Afrika: Zoutspanberg.
Velia **Osborn (6)** p. 204 *brunnea* **n. sp.**, Bolivien.

Henicoeephalidae.

Enderlein (2) p. 785—786 Übersicht der 4 vom Verf. unterschiedenen
Gattungen. — **Wirtner (1)** W. Pennsylvania; p. 205, 1 Art.

Henicocephalus Westwood **Breddin (3)** p. 412 *basalis* Westw., Bombay. —
Distant (4) p. 278 *pugnatorius* **n. sp.**, Kap. — **Enderlein (2)** p. 786.
Henschiella Horváth **Enderlein (2)** p. 783 u. 786.
Phtirocoris **n. gen. Enderlein (2)** p. 783 u. 786; *antarcticus* **n. sp.**, p. 787, Crozet-
Inseln.
Sphigmocephalus **n. gen. Enderlein (2)** p. 785 u. 786 für *Henicocephalus curculio*
Karsch, Kongo.

Reduviidae (excl. Nabidae).

Ardid (1) Spanien: Zaragoza; p. 272, 9 Arten. — **Champion (1)** N. Spanien:
Moncayo; p.98, 4 Arten. — **Distant (1)** Vorder- und Hinterindien: *Acanthaspidinae,*

Piratinae, Ectrichodiinae, Apiomerinae, Harpactorinae; Synon., Beschr., Verbr.
— **Horvath (4)** Turkestan, 3 Arten. — **Kirkaldy (5)** p. 280 Nomenklatorisches;
— **(8)** Cypern, 3 Arten. — **Lambertie (1)** Gironde: Citon; p. LXXII, 1 Art; — **(3)**
Gironde; p. 25—26, 4 Arten; — **(5)** p. XCVII Gironde, 1 Art; — **(6)** p. CCXXXIX
Gironde, 1 Art. — **Noualhier et Martin (1)** Siam, Laos u. Cambodien; p. 174—176,
12 Arten. — **Osbora (5)** Ohio, 2 Arten; — **(7)** S. America, 9 Arten. — **Snow**
(1) Arizona; p. 348, 7 Arten. — **Uhler (1)** New Mexico: Las Vegas Hot
Springs; p. 364, 3 Arten. — **Van Duzee (1)** New Mexico: Beulah; p. 110
—111, 3 Arten. — **Varela (1)** Span. Guinea, 38 Arten (neu: 8 Arten), 1 Var.
— **Wirtner (1)** W. Pennsylvanien; p. 205—207, 14 Arten. — **Xambeu (1)** p. 129
Rhinocoris iracundus Costa, Ei, Biologie.

Acanthaspidinen **Breddin (3)** p. 412, sp., Larve im Nest von *Termes natalensis*,
Sudan.

Acanthaspis Amyot et Serville **Distant (1)** p. 257, syn. *Tetroxia* Am.-Serv., *Mar-*
dania St., *Plynus* St.; p. 257 *quinquespinosa* F.; p. 258 *xerampilina* Dist.,
sericata **n. sp.**, Ceylon; p. 259 *subrufa* Dist.; *fulvipes* Dall., syn. *quadrinotata*
Walk.; p. 260 *bistillata* St., syn. *pictipes* Walk. u. var. *vicina* St.; *luteipes*
Walk., syn. *discifera* St.; p. 261 *porrecta* **n. sp.**, Ceylon; *tavoyana* Dist.;
biligata Walk.; p. 262 *flavipes* St. u. var. *geminata* Rt.; *angularis* St., syn.
dubius Walk. u. var. *helluo* Kirb.; *vincta* Dist.; p. 263 *gulo* St., *helluo* St.;
p. 264 *pernobilis* Rt.; *zebraica* **n. sp.**, Burma; *rugulosa* St.; p. 265 *siva* **n. sp.**,
N. Central Provinces; *megaspila* Walk.; p. 266 *apicata* Dist., syn. *nigri-*
collis Bredd.; *Binghami* Dist.; *succinea* Dist.; p. 267 *divisicollis* Walk.;
concinnula St.; *fusconigra* Dohrn; p. 268 *lineatipes* Rt.; *trimaculata* Rt.;
rama **n. sp.**, Sikkim u. Berhampur; p. 269 *micrographa* Walk.; *tergemina*
Burm., syn. *scurra* Bredd.; p. 270 *sexguttata* F., syn. *Edleri* Gmel.; *pustulata*
St., *cincticrus* St.; p. 271 *inscripta* Dist.; *annulicornis* St.; *coranodes* St.;
p. 272 *biguttula* St.; *pedestris* St.; *unifasciata* Wolff. — **Noualhier et Martin (1)**
p. 174 *variivenis* Noualh., Tab. X, fig. 1, Siam, Cambodien. — **Varela (2)**
p. 55 *Breddini* **n. sp.**, Kamerun.

Agriolestes Stal **Distant (1)** p. 358; *melanopterus* Dist.

Agriosphodrus Stal **Distant (1)** p. 359; *Dohrni* Sign.

Alcmena Stal **Distant (1)** p. 369 subgen. *Dalyrta* St.; p. 370 *angusta* St., syn.
spinifex St. nec Th.; *straminipes* **n. sp.**, Nilgiri Hills; *maculosa* **n.sp.**, Tenasserim.

Algol Kirkaldy **Kirkaldy (5)** p. 280 = *Isachisme* **n. nom.**

Allaeocranum Reuter **Distant (1)** p. 249, syn. *Microcleptes* St.; *biannulipes* Montr.,
syn. *laniger* Butl.; p. 250 *quadrisignatum* Reut.

Amulius Stal **Distant (1)** p. 327; p. 328 *rubrifemur* Bredd.

Androclus Stal **Distant (1)** p. 239, syn. *Dicraotropis* Mayr; p. 289 *granulatus* St.;
p. 290 *pictus* H.-Sch., syn. *sculpturatus* Bredd.

Antiopula Bergroth **Distant (1)** p. 305, syn. *Antiopa* St.; *pumila* St.

Apechtia Reuter **Distant (1)** p. 281; *mesopyrrha* Reut.

Apiomerus **Breddin (7)** p. 148 *lobulatus* **n. sp.**, Ecuador.

Arcesius Stal **Distant (1)** p. 350; p. 351 *fusculus* **n. sp.**, Burma.

Audernacus **n. gen. Distant (1)** p. 306; *atropictus* Dist. (*Santosia*); *andamanensis*
n. sp., Andamanen.

Authenta **Varela (1)** p. 139 *flaviventris* Bergr.

Bartacus n. gen. Distant (1) p. 374 für *spinifex* Thunb. *Cimex.*

Bayerus n. gen. Distant (1) p. 307 *cuneatus* n. sp., Assam.

Biasticus Stal Distant (1) p. 337; p. 338 *abdominalis* Reut.; *fuliginosus* Reut.

Brassivola n. gen. Distant (1) p. 373; p. 374 *hystrix* n. sp., Ceylon.

Brontostoma n. nom. Kirkaldy (5) p. 280, für *Mindarus* St.

Castolus Breddin (7) p. 148 *nigriventris* n. sp., Bolivien.

Catamiarus Amyot et Serville Distant (1) p. 302; *brevipennis* Serville.

Centrocnemis Signoret Distant (1) p. 245; p. 246 *dearmata* n. sp., Ceylon; *Stali* Reut.

Cerilocus Distant (1) p. 288 ? *discolor* St.

Cleptria Varela (1) p. 134 *Escalerai* n. sp., Span. Guinea (an *Libyomendis* ?)

Conorhinus Laporte Distant (1) p. 285; p. 286 *rubrofasciatus* Geer.

Coranus Curtis Distant (1) p. 380; p. 381 *spiniscutis* Reut.; *fuscipennis* Reut.; *obscurus* Kirb., syn. *Loczyi* Horv.; p. 382 *atricapillus* Dist.; *Wolffi* Leth.-Sev. syn. *aegyptius* Wolff. — Jakowleff (1) p. 25 *mongolicus* n. sp., O. Mongolien.

Cosmolestes Stal Distant (1) p. 345; p. 346 *annulipes* Dist.; *picticeps* St.

Croscius Distant (7) p. 276 *insignis* Dist. = *melanopterus* St.

Cydnocoris Stal Distant (1) syn. *Cutocoris* St.; *gilvus* Burm., syn. *tagalicus* St., *erythrinus* Walk.; *crocatus* St.

Dithmarus n. gen. Distant (9) p. 353; p. 354 *atromaculatus* n. sp., Transvaal.

Durganda Amyot et Serville Distant (1) p. 282; p. 283 *rubra* Am.-Serv., syn. *rufus* Lap., var. *fuscipes* St.; *fulvescens* n. sp., Tenasserim.

Ectinoderus Westwood Distant (1) p. 326, syn. *Pristhevarma* Am.-Serv.; *bipunctatus* Am-Serv.; p. 327 *exortivus* Dist.

Ectomocoris Mayr Distaut (1) p. 291, syn. *Eumerus* Kl., *Peirates* Serv., *Macrosandalus* St., *Sphodrocoris* St., *Callisphodrus* St.; p. 292 *horridus* Kirb.; *erebus* n. sp., Burma, Rangoon; *rufifemur* Walk., syn. *insignis* Reut., *Reuteri* Bol.; p. 293 *cyaneus* St.; *tibialis* n. sp., Bor Ghat; *quadriguttatus* F., syn. *octomaculatus* Gmel., *coloratus* Mayr, *sexmaculatus* Walk., *decisus* Walk.; p. 294 *posticus* Walk., syn. *flaviger* St.; *ochropterus* St.; p. 295 *cordatus* Wolff syn. *singalensis* Dohrn; *elegans* F., syn. *inscriptus* Walk.; *cordiger* St., syn. *adjunctus* Walk.; p. 296 *Vishnu* n. sp., Bombay; *atrox* St., syn. *fuscicornis* Dohrn, *diffinis* Walk., *ypsilon* Kirb., *stigmativentris* Kirb.; *gangeticus* Bergr.

Ectrichodiinen Breddin (3) p. 414, sp., Larve im Nest von *Termes Redmanni*, Ceylon.

Ectrychotes Burmeister Distant (1) p. 314, syn. *Larymna* St.; *pilicornis* F.; p. 315 *dispar* Reut.; *rufescens* Dist.; p. 316 *cupreus* Reut.; *scutellaris* Bredd.; *crudelis* F.; p. 317 *abbreviatus* Reut.; *atripennis* St., syn. *ophirica* Walk.; *Comottoi* Leth.; p. 318 *nigripes* Leth.

Edocla Stal Distant (1) p. 274; *Slateri* Dist.

Elaph cranus n. gen. Bergroth (2) p. 357; p. 358 *tarandus* n. sp., Kamerun.

Endochus Stal Distant (1) p. 365 u. subgen. *Pnirsus* St.; *nigricornis* St.; p. 366 *cingalensis* St., syn. *consors* St.; *albomaculatus* St.; p. 367 *atricapillus* n. sp., Sikkim; *umbrinus* n. sp., Bor Ghat; *carbonarius* Bredd.; p. 368 *migratorius* Dist.; *merula* Dist.; *subniger* Dist.; p. 369 *atrispinus* St.; *inornatus* St.; — (9) p. 355 *cinnamopterus* n. sp., Transvaal; *straminipes* n. sp., Transvaal.

Epidaus Stal Distant (1) p. 371, syn. *Gastroplaeus* Costa; *conspersus* St.; p. 372

atrispinus **n. sp.**, Sikkim; *parvus* **n. sp.**, Burma sup.; *famulus* St.; p. 373 *bicolor* Dist.

Epirodera Westwood **Distant (1)** p. 247, syn. *Physoderes* Westw.; *impexa* Dist., syn. *fuscus* Bredd.

Eriximachus **n. gen. Distant (1)** p. 323; p. 324 *globosus* **n. sp.**, Utakamand, Bengal.

Euagoras Burmeister **Distant (1)** p. 363, syn. *Darbanus* Am.-Serv.; *plagiatus* Burm., syn. *nigrolineatus* Am.-Serv.; p. 364 *fuscispinus* St.

Euvonymus **n. gen. Distant (1)** p. 244; p. 245 *spiniceps* **n. sp.**, Ceylon.

Gerbelus Distant **Distant (1)** p. 253; *typicus* Dist.; p. 254 *ornatus* Dist.

Godefridus **n. gen. Distant (1)** p. 328; p. 329 *alienus* **n. sp.**, Burma.

Harpactor Laporte [= *Rhynocoris*] **Distant (1)** p. 322, syn. subgen. *Zostus* St., *Hypertolmus* St., *Diphymus* St., *Chirillus* St., *Lamphrius* St., *Harpiscus* St., *Oncauchenius* St., *Rhinicoris* Kolen., *Rhynocoris* Hahn, *Dinocleptes* St., *Agrioclopius* St., *Aprepolestes* St., *Coranideus* Reut.; p.; p. 322 *marginatus* F., syn. *militaris* Kirb.; p. 333 *squalus* **n. sp.**, Sikkim; *fuscipes* F., syn. *sanguinolentus* Wolff, *corallinus* Lep.-Serv., *bicoloratus* Kirb.; p. 334 *costalis* St.; *marginellus* F., var. *vicinus* St.; p. 335 *Reuteri* Dist.; *tristicolor* Reut.; *nigricollis* Dall.; p. 336 *nilgiriensis* Dist.; *pygmaeus* Dist.; *flavus* Dist., syn. *chersonesus* Dist.; p. 337 *longifrons* St.; — **(9)** p. 355 *femoralis* **n. sp.**, Transvaal. — **Jakowleff (1)** p. 94 *geniculatus* **n. sp.**, O. Transkaukasien. — **Varela (1)** p. 135 *obtusus* Pal. u. *bellicosus* St. — Vergl. *Rhynocoris*.

Harpactorinen **Breddin (3)** p. 415, sp., Larve im Nest von *Termes obesus*, Indien.

Harpagocoris **Bergroth (2)** p. 361 *Bergrothi* Var. u. *affinis* Var. = *perspectans* Bergr., var. — **Varela (1)** p. 136 *Bergrothi* **n. sp.**, Span. Guinea; p. 137 *affinis* **n. sp.**, Span. Guinea; p. 138 *Merceti* **n. sp.** u. *suspectus* **n. sp.**, Span. Guinea.

Havinthus **Distant (7)** p. 269 *trochanterus* **n. sp.**, Queensland.

Henricohahnia Breddin **Distant (1)** p. 387, syn. *Forestus* Dist.; p. 388 *typica* Dist.; p. 388 *montana* Dist.; *spinosa* Dist.; p. 389 *inermis* Dist.; *gallus* **n. sp.**, Nilgiris Hills.

Heteropinus **Bergroth (2)** p. 362 *discretus* Var.; Unterschiede zwischen *Heteropinus* u. *Platymicrus* Bergr. — **Varela (1)** p. 131 *discretus* **n. sp.**, Span. Guinea.

Holotrichius **Breddin (3)** p. 412, *sp.* im Nest von *Capritermes longirostris*, Bombay.

Homalosphodrus Stal **Distant (1)** p. 348; p. 349 *brachialis* St.; *depressus* St.

Inara Stal **Distant (1)** p. 273; *alboguttata* St.

Irantha Stal **Distant (1)** p. 385; *armipes* St., syn. *hoplites* Dohrn.; p. 386 *consobrina* **n. sp.**, Nilgiris Hills.

Isachisme **n. nom. Kirkaldy (5)** p. 280, für *Algol* Kirk.

Isyndus Stal **Distant (1)** p. 376; *heros* F.; p. 377 *pilosipes* Reut.; *Ulysses* St.; *obscurus* Dall.

Libidocoris Mayr **Distant (1)** p. 313; p. 314 *elegans* Mayr.

Lamus Stal **Kirkaldy (5)** p. 280 = *Mestor* **n. nom.**

Laphyctes Stal **Bergroth (2)** p. 361 = *Odontogonus* **n. nom.**

Lenaeus Stal **Distant (1)** p. 278; *pyrrhus* St., syn. *rugicollis* Walk.

Libavius **n. gen. Distant (1)** p. 313; *Greeni* **n. sp.**, Ceylon.

Linshcosteus **n. gen. Distant (1)** p. 287; *carnifex* **n. sp.**, N. Indien.

Lisarda **Bergroth (2)** p. 360 *Varelae* **n. sp.**, Kamerun.

Lophocephala Laporte **Distant (1)** p. 331; *Guerini* Lap.

Loricerus Hahn. — S. unter *Physorrhynchus.*

Macracanthopsis Reuter **Distant (1)** p. 362; *nodipes* Reut.

Marbodus **n. gen. Distant (1)** p. 248; *exemplificatus* **n. sp.,** Ceylon.

Mastigonomus **Varela (1)** p. 136 *Bolivari* **n. sp.,** Span. Guinea.

Mendis Stal **Distant (1)** p. 312; *bicolor* Dist.; p. 313 *nigripennis* F., syn. *sanguinaria* St.

Mestor **n. nom. Kirkaldy (5)** p. 280, für *Lamus* St.

Microleptes Stal **Kirkaldy (5)** p. 280 = *Peregrinator* **n. nom.**

Mindarus Stal **Kirkaldy (5)** p. 280 = *Brontostoma* **n. nom.**

Miomerocerus **Varela (1)** p. 137 *scopaceus* Karsch, var., Span. Guinea.

Narsetes Distant **Distant (1)** p. 349; p. 350 *longinus* Dist.

Odontogonus **n. nom. Bergroth (2)** p. 361 für *Laphyctes* St.

Panthous Stal **Distant (1)** p. 379; *excellens* St.; p. 380 *bimaculatus* Dist.

Paralenaeus Reuter **Distant (1)** p. 279; *pyrrhomelas* Reut.

Pasira Stal **Distant (1)** p. 254, syn. *Aphleps* Fieb., *Mastacocerus* Reut., *Ceromastix* Bergr.; p. 255 *perpusilla* Walk., syn. *humeralis* Reut.

Pasiropsis Reuter **Distant (1)** p. 255; p. 256 *notata* Dist.; *maculata* Dist.; *marginata* Dist.; p. 257 *nigerrima* Bergr.

Peregrinator **n. nom. Kirkaldy (5)** p. 280, für *Microcleptes* St.

Phalanthus Stal **Distant (1)** p. 290; *feanus* Dist.; p. 291 *geniculatus* St.

Phasmatocoris **n. gen. Breddin (7)** p. 148; *spectrum* **n. sp.,** Bolivien.

Phonergates **Varela (2)** p. 55 *nuptura* **n. sp.,** Kamerun.

Phonoctonus **Varela (2)** p. 56 *elegans* **n. sp.,** Kamerun.

Phonolibes **Distant (9)** p. 354 *bimaculatus* **n. sp.** Transvaal.

Physorhynchus Amyot et Serville [= *Loricerus* Hahn] **Distant (1)** p. 318, syn. *Loricerus* Hahn, *Glymmatophora* St., *Ectrichodia* St., subgen. *Haematorrhophus* St. u. *Glymmatophora* St.; p. 318 *marginatus* Reut., syn. *discrepans* p. Walk.; p. 319 *Linnaei* St., syn. *discrepans* p. Walker; p. 320 *pedestris* **n. sp.,** Utakamand; *nigroviolaceus* Reut.; *tuberculatus* St.; p. 321 *malabaricus* **n. sp.,** Malabar; *talpus* **n. sp.,** Cachar; p. 322 *insignis* **n. sp.,** Naga Hills; *rubromaculatus* **n. sp.,** Nilgiris Hills.

Pirates Serville **Distant (1)** p. 297, syn.: subgen. *Fusius* St., *Microsandalus* St., *Brachysandalus* St., *Cleptocoris* St., *Spilodermus* St. u. *Lestomerus* Am.-Serv., p. 297 *flavipes* Walk.; p. 298 *punctum* F., syn. *instabilis* Walk.; *sanctus* F., syn. *sacer* Gmel., *latifer* Walk.; p. 299 *femoralis* Walk., syn. *cruciatus* Horv., *bicoloripes* Bredd.; *affinis* Serville, syn. *piceipennis* Walk., var. *diffinis* Walk., *Walkeri* Leth.-Sev.; p. 300 *bicolor* **n. sp.,** Assam; *quadrinotatus* F., syn. *biguttatus* Dohrn; *arcuatus* St., syn. *mutilloides* Walk.; p. 301 *mundulus* St.; *atromaculatus* St., syn. *sinensis* Walk.; *lepturoides* Wolff.

Platerus Distant **Distant (1)** p. 375; *Pilcheri* Dist.

Platymicrus **Bergroth (2)** p. 362 Unterschied von *Heteropinus* Bredd.

Polididus Stal **Distant (1)** p. 386; *armatissimus* St.

Pristhesancus Amyot et Serville **Distant (1)** p. 383; *Zetterstedti* St.

Quercetanus **n. gen. Distant (1)** p. 310; p. 311 *atromaculatus* **n. sp.,** W. India Provinces; *relatus* **n. sp.,** Ceylon.

Reduvius Lamarck **Distant (1)** p. 250, syn. *Oplistopus* Jak.; *pallipes* Kl., syn. *thoracicus* St., *testaceus* Fieb.; p. 251 *cincticrus* Reut.; *transnominalis* **n. nom.,** für *debilis* Reut., N. Indien; *Knyvetti* **n. sp.,** Sikkim; p. 252 *Esau* **n. sp.,**

Ootacamand; *Boyesi* **n. sp.**, Kumaun, Almorah. — **Kirka!dy (11)** p. 384
azrael Kirk., Tab. XXIII, fig. 4; Larve, p. 385, Tab. XXIII, fig. 4a.

Rhaphidosoma Amyot et Serville **Distant(1)** p. 330; *Atkinsoni* Bergr.; *tuberculatum*
n. sp., Balutchistan.

Rhynocoris **Breddin (3)** p. 416, sp., Larve im Nest von *Termes natalensis*, Sudan.
— Vergl. auch unter *Harpactor.*

Rihirbus Stal **Distant** p. 378; *trochantericus* St., syn. *dentipes* Mayr, var. *niger* St.,
scutellaris St., *ruficeps* St., *rufipennis* St., *rufidorsis* St., *tibialis* St., *semiflavus*
St., *luctuosus* St., *testaceus* Reut.

Salyavatinen **Breddin (3)** p. 413, *sp.* Larve im Nest von *Termes obscuripes*, Ceylon.

Santosia **Varela (1)** p. 133 *simillima* var. *flava* **n. sp.**, *semistriata* Karsch var.,
finitima **n. sp.**, Span. Guinea.

Scadra Stal **Distant (1)** p. 308; *fuscicrus* St.; p. 309 *relata* Dist.; *tibialis* **n. sp.**,
Assam; *scutellaris* **n. sp.**, Assam; *annulicornis* Reut.; p. 310 *maculiventris*St.;
cincticornis Kirb.; *annulipes* Reut.

Schumannia **Heidemann (4)** p. 13 *mexicana* Champ., N. Carolina.

Scipinia Stal **Distant (1)** p. 384; *horrida* St., syn. *peltastes* Dohrn.

Seridentus **n. gen. Osborn (6)** p. 203; *denticulatus* **n. sp.**, Bolivien.

Sirthenea Spinola **Distant (1)** p. 303; *flavipes* St., syn. *Cumingi* Dohrn, *strigifer*
Walk., *basiger* Walk.

Sminthocoris **n. nom. Distant (1)** p. 279 für *Sminthus* Stal; p. 280 *fuscipennis* St.;
marginellus Dist.; *Greeni* Dist.; p. 281 *singularis* Walk., syn. *Heydeni* Bredd.

Sminthus Stal **Distant (1)** p. 279 = *Sminthocoris* **n. nom.**

Sphedanolestes Stal **Distant (1)** p. 339, syn. subgen. *Sphactes* St., *Lissonyctes* St.,
Aulacosphodrus St., *Graptosphodrus* St., *Haemactus* St.; p. 339 *pubinotum*
Reut.; p. 340 *pulchriventris* St.; *funeralis* Dist.; *indicus* Reut.; p. 341 *mendicus*
St.; *stigmatellus* Dist.; *signatus* Dist.; p. 342 *dives* **n. sp.**, Burma; *variabilis*
n. sp., Nilgiris, Utakamand; p. 343 *annulipes* Dist.; *nigroruber* Dohrn; *trichrous*
St.; p. 344 *sordidipennis* Dohrn.

Sphodronyttus **Banks (1)** p. 44 *erythrocephalus* var. *convivus* St., fig. 50.

Stegius **n. gen. Distant (1)** p. 322; p. 323 *pravus* **n. sp.**, Bengal.

Sycanus Amyot et Serville **Distant (1)** p. 351, syn. *Cosmosphodrus* St.; p. 351
collaris F., syn. *carbonarius* Gmel., *longicollis* Lep.-Serv., *leucomesus* Walk.;
p. 352 *reclinatus* Dohrn; *croceovittatus* Dohrn; p. 353 *affinis* Reut.; *bifidus* F.;
semimarginatus Walk.; p. 354 *villicus* St.; *Falleni* St.; p. 355 *pyrrhomelas*
Walk.; *versicolor* Dohrn, syn. *miles* Walk.; *indagator* St.; p. 356 *inermis*
n. sp., Assam; *atrocyaneus* **n. sp.**, Burma; *ater* Wolff.

Tiarodes Burmeister **Distant (1)** p. 284, syn. *Cimbus* Lap., *Cymbidus* Spin.;
Meldolae Dist.; *versicolor* Lap.; p. 285 *elegans* St.

Tragelaphodes **n. gen. Bergroth (2)** p. 358; p. 360 *hirculus* **n. sp.**, Kamerun.

Velinus Stal **Distant (1)** p. 346; p. 347 *malayus* St.; *annulatus* Dist.

Velitra Stal **Distant (1)** p. 275; p. 276 *rubropicta* Am.-Serv., syn. *discolor* H.-Sch.,
rivulosus Walk.; *stigmatica* Dist.; p. 277 *alboplagiata* St.; *sinensis* Walk.;
maculata Dist.

Vesbius Stal **Distant (1)** p. 344; *purpureus* Th., syn. *milthinus* H.-Sch.; p. 345
sanguinosus St.

Vestula **Varela (1)** p. 139 *obscuripes* St. u. *lineaticeps* Sign.

Vilius Stal **Distant (1)** p. 324; p. 325 *melanopterus* St., syn. *insignis* Walk., *limbiferus* Walk.; *nigriventris* Dist.

Villanovanus **n. gen. Distant (1)** p. 364; für *Endochus dichrous* St.

Westermannia Dohrn **Kirkaldy (5)** p. 280 = *Westermannius* **n. nom.**

Westermannius **n. nom. Kirkaldy (5)** p. 280, für *Westermannia* Dohrn.

Yolinus Amyot et Serville **Distant (1)** p. 357; *conspicuus* Dist.

Nabidae.

Ardid (1) Spanien: Zaragoza; p. 722, 3 Arten. — **Champion (1)** N. Spanien: Moncayo; p. 98, 4 Arten. — **Distant (1)** Vorder- u. Hinterindien; Synon., Beschr., Verbr. — **Heidemann (6)** Alaska; p. 144, 1 Art. — **Horvath (4)** Turkestan, 4 Arten. — **Lambertie (3)** Gironde, p. 26, 1 Art. — **Noualhier et Martin (1)** Siam, 1 Art. — **Péneau (1)** Nantes; p. 260, 2 Arten. — **Snow (1)** Arizona; p. 348, 3 Arten. — **Uhler (1)** New Mexico; p. 363, 1 Art. — **Wirtner (1)** W. Pennsylvanien; p. 207, 3 Arten.

Allaeorhynchus Fieber **Distant (1)** p. 393; *vinulus* St., syn. *pulchellus* St.; p. 394 *marginalis* Dist.; *Nietneri* Stein; *bengalensis* Dist.

Dodonaeus **n. gen. Distant (1)** p. 398; p. 399 *humeralis* **n. sp.**, Sikkim.

Gorpis Stal **Distant (1)** p. 397; p. 398 *cribraticollis* St.

Lorichius **n. gen. Distant (1)** p. 402; *umbonatus* **n. sp.**, Ceylon, Tenasserim.

Nabis Latreille [verus.] — S. unter *Prostemma*.

Nabis Latreille (p.) [= *Reduviolus*] **Distant (1)** p. 399, syn. *Coriscus* Schrk. p., *Reduviolus* Kirby, subgen. *Nabicula* Kirb., *Hoplistocelis* Reut., *Acanthonabis* Reut., *Lasiomerus* Reut., *Halonabis* Reut., *Stenonabis* Reut., *Stalia* Reut., *Aptus* Hahn, *Aspilaspis* St.; p. 400 *capsiformis* Germ., syn. *angusta* Spin., *longipennis* Costa, *caffra* St.; *tibialis* **n. sp.**, Ceylon; p. 401 *funebris* **n. sp.**, Sikkim, Burma; *nigrescens* **n. sp.**, Bor Ghat; *brevilineatus* Scott; p. 402 *indicus* St. — **Horvath (4)** p. 582 *cinerascens* **n. sp.**, Turkestan. — **Péneau (1)** p. 260 *limbatus* Dahlb., Imago u. Larve, Tarsen. — [= *Reduviolus* Kirby].

Pachynomus Klug **Distant (1)** p. 390, syn. subg. *Punctius* St.; *biguttatus* St.; *alutaceus* St.

Phorticus Stal **Distant (1)** p. 395; p. 396 *cingalensis* Dist.

Prostemma Laporte [= *Nabis*] **Distant (1)** p. 392, syn. *Postemma* Duf., *Metastemma* Am.-Serv., *Nabis* Latr. p., subgen. *Poecilta* St., *Scelotrichia* Reut.; p. 392 *carduelis* Dohrn; p. 393 *flavomaculatum* Leth. — **Noualhier et Martin (1)** p. 176 *siamense* Noualh., Tab. X, fig. 2, Siam. — [= *Nabis* Latr. (verus)].

Psilistus Stal **Distant (1)** p. 395 *corallinus* St.

Reduviolus Kirby. — S. unter *Nabis* Latr.

Rulandus **n. gen. Distant (1)** p. 396; *phaedrus* **n. sp.**, Burma.

Anthocoridae.

Ardid (1) Spanien: Zaragoza; p. 272, 4 Arten. — **Champion (1)** N. Spanien: Moncayo; p. 98, 5 Arten. — **Distant (1)** Revision der von Walker beschriebenen Anthocoriden: 6 sind Lygaeiden (*Oxycarenus*). — **Horvath (4)** Turkestan, 3 Arten. — **Hueber (1)** Deutschland; p. 277, 1 Art. — **Lambertie (1)** Gironde, 1 Art; — **(3)** p. 26, 3 Arten; — **(8)** p. XCVII, 1 Art. — **Uhler (1)** New Mexico: Las Vegas Hot Springs; p. 363, 3 Arten. — **Wirtner (1)** W. Pennsylvania; p. 207, 3 Arten.

Arnulphus **n. gen. Distant (11)** p. 220; *aterrimus* **n. sp.,** Burma.
Amphiareus **n. gen. Distant (11)** p. 220, für *Xylocoris fulvescens* Walk., syn. *fumipennis* Walk., Ceylon.
Lippomanus **n. gen. Distant (11)** p. 221; *hirsutus* **n. sp.,** Burma, Tenasserim.
Ostorodias **n. gen. Distant (11)** p. 219; *contubernalis* **n. sp.,** N. W. Himalaya.
Sesellius **n. gen. Distant (11)** p. 221, für *Anthocoris parallelus* Motsch.
Triphleps **Distant (11)** p. 222 *indicus* Reut. = *tantilus* Motsch.

Clinocoridae.

Distant (1) Vorder- und Hinterindien, 2 Arten; Synon., Beschr., Verbr. — **Kirkaldy (8)** Cypern, 1 Art (*Cl. columbaria* Gen.). — **Wirtner (1)** W. Pennsylvania; p. 207, 1 Art.

Clinocoris Petersson **Kirkaldy (9)** p. 464 für *Cimex* auct., *Klinophilos* Kirk. [*Cimex* Linné = Pentatomide: *Tropicoris* auct.].
Cimex [auct. nec L.; = *Clinocoris*] **Distant (1)** p. 410, syn. *Acanthia* F., *Klinophilos* Kirk.; p. 410 *lectularius* L.; p. 411 *macrocephalus* Fieb. — **Kirkaldy (9)** p. 464 = *Clinocoris* Pet. — **W. T. B. [Blanford] (1)** p. 464—465, *lectularius* L. ist der Genotype für *Cimex* L.
Klinophilos [= *Clinocoris*] **Kirkaldy (11)** p. 383 *horrifer* Kirk., tab. XXIII, fig. 3.

Polyctenidae.

Speiser (1) Besprechung der system. Stellung u. Morphologie; Übersicht der bekannten Arten.

Polyctenes Gigliotti **Speiser (1)** p. 373 *intermedius* **n. sp.,** auf der Fledermaus *Taphozous perforatus*, Ägypten; p. 375—376, Übersicht der 7 bekannten Arten; p. 376—379 Morphologie u. Stellung im System.

Ceratocombidae.

Distant (1) Charaktere. — **Uhler (1)** New Mexico: Las Vegas Hot Springs; p. 361—362, 3 Arten (neu: 2).

Crescentius **n. gen. Distant (1)** p. 408; p. 409 *principatus* **n. sp.,** Burma.
Ceratocombus **Uhler (1)** p. 361 *niger* **n. sp.,** p. 362 *latipennis* **n. sp.,** New Mexico.

Miridae (Capsidae).

Ardid (1) Spanien: Zaragoza; p. 272, 15 Arten. — **Champion (1)** N. Spanien: Moncayo; p. 98, 30 Arten. — **Distant (1)** Vorder- u. Hinterindien; Synon., Beschr. u. Verbr. aller bekannten Arten; — **(5, 6)** Revision der Walkerschen Arten: 4 Arten sind richtig genannt, 49 gehören zu anderen Gattungen, 14 sind identisch mit früher beschriebenen, 9 nicht vorhanden, 2 nicht bestehend. — **Heidemann (6)** Alaska; p. 141—143, 10 Arten. — **Horvath (4)** Turkestan, 30 Arten u. 3 Variet. — **Hueber (1)** Deutschland, p. 277 *Poeciloscytus cognatus* Fieb. — **Kirkaldy (5)** Nomenklatorisches. — **Lambertie (1)** Gironde: Citon; p. LXXII—LXXIII, 11 Arten; — **(3)** Gironde; p. 26—27, 9 Arten; — **(4)** Gironde, 1 Art. — **Péneau (1)** Nantes; p. XII, 2 Arten; — **(2)** Nantes; p. 261, 4 Arten. — **Reuter (3)** Persien, 22 Arten; — **(6)** N. O. Afrika, 16 Arten; — **(7)** China u. Tibet; Aufzählung aller bekannten Arten, Synon., Beschr. — **Snow (1)** Arizona; p. 348, 7 Arten. — **Van Duzee (1)** New Mexico: Beulah; p. 109—110, 12 Arten. — **Wirtner (1)** W. Pennsylvania; p. 195—202, 74 Arten. — **Uhler (1)** New Mexico: Las Vegas Hot Springs; p. 355—356, 27 Arten (neu: 4).

Actinonotus **Reuter (10)** p. 3 *pulcher* var. *γ bivittata* **n. var.,** ? Österreich; var. *δ reducta* **n. var.,** ? Österreich; var. *ε rubra* Reut., Thüringen.

Adelphocoris **Reuter (4)** p. 34 *funebris* **n. sp.,** Korea; — **(7)** p. 7 *funestus* **n. sp.,** Tibet; p. 8 *fasciaticollis* **n. sp.,** China; p. 9 *melanocephalus* **n. sp.,** China.

Aeolocoris **n. gen. Reuter (6)** p. 17; *alboconspersus* **n. sp.,** Tab. I, fig. 5, Obock, Djibuti, Aden.

Agraptocoris **n. gen. Reuter (8)** p. 6; p. 7 *concolor* **n. sp.,** N. Mongolien.

Allodapus **Reuter (12)** p. 12 *longicornis* **n. sp.,** Ägypten.

Allaeonycha **n. gen. Reuter (10)** p. 8; p. 9 *Mayri* **n. sp.,** Deutschland.

Allaeotomus **Reuter (7)** p. 10 *chinensis* **n. sp.,** China.

Anapus **Horvath (4)** p. 584 *pectoralis* **n. sp.,** Turkestan. — **Reuter (10)** p. 5 *flavicornis* **n. sp.,** Borjom.

Angerianus **n. gen. Distant (1)** p. 437; p. 438 *fractus* **n. sp.,** Tenasserim; *maurus* **n. sp.,** Tenasserim.

Annona **Distant (10)** p. 62 *Smithi* **n. sp.,** syn. *labeculata* Uhl. nec Dist., Grenada-Insel; *antilleana* **n. sp.,** syn. *Mala decoloris* Uhl. nec Dist., St. Vincent-Insel.

Araspus **n. gen. Distant (5)** p. 112, für *Lopus partitus* Walk., Neu Guinea.

Arculanus **n. gen. Distant (6)** p. 198; *Marshalli* **n. sp.,** Mashonaland.

Argenis **n. gen. Distant (5)** p. 107 für *incisuratus* Walk.; — **(1)** p. 434; p. 435 *incisurata* Walk.; *alboviridescens* **n. sp.,** Ceylon.

Armachanus **n. gen. Distant (1)** p. 478; p. 479 *monoceros* **n. sp.,** Ceylon.

Atomophora **Reuter (8)** p. 10 *oculata* **n. sp.,** p. 12 *maculosa* **n. sp.,** p. 13 *suturalis* **n. sp.,** p. 14 *albovittata* **n. sp.,** Transkaspien.

Atomoscelis **Reuter (12)** p. 20 *signaticornis* **n. sp.,** Ägypten.

Atractotomus **Reuter (10)** p. 17 *brevicornis* Reuter, Dalmatien.

Baracus Kirkaldy **Kirkaldy (5)** p. 280 = *Kalania* **n. nom.**

Berta Kirkaldy **Distant (1)** p. 481; *lankana* Kirb. — **Kirkaldy (5)** p. 280 = *Bertsa* **n. nom.**

Bertsa **n. nom.** Kirkaldy **(5)** p. 280, für *Berta* Kirk.

Bilia **n. gen. Distant (1)** p. 480; *fracta* **n. sp.,** Ceylon.

Bothriomiris Kirkaldy **Distant (1)** p. 469; *simulans* Walk., syn. *marmoratus* Kirk.; p. 470 *testaceus* **n. sp.,** Burma; — **(5)** p. 112 *marmoratus* Kirk. = *simulans* Walk.

Brachybasis Reuter **Kirkaldy (5)** p. 280 = *Reuterista* **n. nom.**

Brachytropis Fieber **Reuter (1)** p. 1 = *Stenodema* Lap.

Byrsoptera **Reuter (12)** p. 17 *rossica* Reut., Kleinasien.

Callicratides **n. gen. Distant (1)** p. 417; *rama* Kirb. — **Reuter (1)** p. 4; p. 5 *rama* Kirb., Tab., fig. 3, Queensland, Ceylon.

Calocoris Fieber **Distant (1)** p. 451, syn. subg. *Closterotomus* Fieb., *Deraeocoris* Dougl.-Sc.; p. 451 *lineolatus* Goeze, syn. *chenopodii* Fall.; p. 452 *Dohertyi* **n. sp.,** Tenasserim; *stoliczkanus* **n. sp.,** Punjab; *angustatus* Leth. — **Hueber (2)** p. 282—283 *picticornis* var. *alemannica* („oder *nigrescens*") **n. var.,** Deutschland). — **Reuter (7)** p. 10 *clavicornis* **n. sp.,** Gans-su, Hei-ho-Fluß; — **(10)** p. 2

hispanicus var. *bisignata* n. var., Kreta; var. *vittata* n. var., Kreta; *sexguttatus* var. *reducta* n. var., Österreich; — (12) p. 6 *rubicundus* n. sp., Kleinasien; p. 7 *sanguineovittatus* n. sp., Syrien.

Camponotidea Reuter (10) p. 4 *Saundersi* Put., forma macroptera; var. *typica*, Kleinasien; var. *Putoni* n. var., Syrien.

Camptobrochus Fieber Distant (1) p. 460; *orientalis* n. sp., Ceylon; p. 461 *lutulentus* n. sp., Ceylon, Tenasserim; *uniformis* n. sp., Burma; *similis* n. sp., Ceylon, Tenasserim; — (6) p. 201 *Esau* n. sp., Transvaal; p. 202 *capensis* n. sp., Kap; — (7) p. 274 *signatus* n. sp., Queensland. — Reuter (6) p. 12, *Martini* Put., Djibuti, Algier, Ägypten, Cypern; — (9) p. 3 *oculata* n. sp., Kongo; — (12) p. 9 *punctulatus* Fall., Syrien; *sinuaticollis* n. sp., Ägypten. — Uhler (1) p. 359 *brevis* n. sp., New Mexico.

Campylognathus Reuter (10) p. 18 *fulvus* n. sp., Kreta.

Campylomma Reuter Distant (1) p. 483; *livida* Reut. — Reuter (11) p. 14 *livida* Reut., Victoria; — (12) p. 22 *diversicornis* var. *infuscata* n. var., Griechenland; *Oertzeni* Reut. = *diversicornis* var.; *angustula* n. sp., Ägypten.

Campylotropis n. gen. Reuter (4) p. 35; p. 36 *Jakovlevi* n. sp., Korea.

Capellanus n. gen. Distant (5) p. 109, für *Lygus sparsus* Dist., Guatemala.

Capsus Fabricius Distant (1) p. 468, syn. *Rhopalotomus* Fieb.; *croesus* n. sp., Burma; *remus* n. sp., Burma; p. 469 *pegasus* n. sp., Ceylon; *darsius* n. sp., Ceylon; p. 486 *albipes* Motsch. — Reuter (7) p. 23 *sinicus* Walk., Hongkong.

Chamus n. gen. Distant (6) p. 197; *Wealei* n. sp., Kap.

Charogochilus Reuter (7) p. 16 *duplicatus* n. sp., China; p. 17 *Gyllenhali* Fall., Kiang-Si; — (9) p. 2 *nigricornis* n. sp., Kongo.

Charitocoris n. gen. Reuter (3) p. 10; p. 11 *pallidus* n. sp., Persien.

Chilocapsus Kirkaldy Distant (1) p. 442; p. 443 *flavomarginatus* Kirk.

Chlorosomella n. gen. Reuter (9) p. 6; p. 7 *geniculata* n. sp., Kongo.

Clapmarius n. gen. Distant (1) p. 419; p. 420 *turgidus* n. sp., Ceylon.

Clivinema Uhler (1) p. 355 *rubida* n. sp., New Mexico.

Combalus n. gen. Distant (1) p. 431; *novitius* n. sp., Assam.

Compserocoris Van Duzee (1) p. 110 *annulicornis* Reut.

Creontiades Distant Distant (5) p. 105, syn. *Kangra* Kirk.; *Dudgeoni* Kirk. = *stramineus* Walk. — S. *Megacoelum*.

Cyloparia Distant (5) p. 107 enthält die *Valdasaria* Dist., *Monalonionaria* Reut. u. *Eucerocoraria* Kirk.

Cyphodema Distant (6) p. 201 *? Junodi* n. sp., Transvaal.

Cyphodemidea n. gen. Reuter (7) p. 17; p. 19 *variegata* n. sp., Tab. II, fig. 5, Tibet.

Cyrtopeltis Reuter (7) p. 21 *tenuis* Reut., China.

Cyrtorrhinus Fieber Distant (1) p. 476, syn. *Tytthus* Fieb., *Sphyracephalus* p. Dougl.-Sc., *Periscopus* Bredd., *Breddiniessa* Kirk.; p. 476 *lividipennis* Reut. — Reuter (7) p. 22 *chinensis* St., China.

Dagbertus n. gen. Distant (6) p. 203, für *Capsus Darwini* Butl., Galapagos-Inseln; *quadrinotatus* Walk.

Deraeocoris Kirschbaum Distant (1) p. 465, syn. *Macrocapsus* Reut., *Chilocrates* Horv., *Shana* Kirk.; p. 466 *patulus* Walk., syn. *Lenzii* Horv., *ravana* Kirk.; p. 467 *variabilis* n. sp., Sikkim, Bengal, Shillong; *rufus* n. sp., Sikkim; *ornandus* n. sp., Sikkim; p. 486 *rubrovulneratus* Motsch.; p. 487 *piceoniger* Motsch.

— **Reuter (10)** p. 5 *rutilus* var. *fasciata* **n. var.**, Cypern; *scutellaris* var. *ventralis*
   n. var., Kroatien.
Dichrooscytus **Horvath (4)** p. 583 *consobrinus* **n. sp.**, Turkestan. — **Uhler (1)** p. 356
   elegans **n. sp.**, New Mexico.
Dicyphus **Reuter (12)** p. 16 *hyalinipennis* Kb., Kleinasien.
Dimorphocoris **Reuter (12)** p. 13 *punctiger* Horv., Palästinen.
Diognetus **n. gen. Distant (1)** p. 431; p. 432 *intonsus* **n. sp.**, Ceylon.
Dirhopalia **n. gen. Reuter (11)** p. 8, für *Leptomerocoris antennata* Walk., p. 9,
   Tab., fig. 5, Victoria.
Disphynctus Stal **Distant (1)** p. 443; p. 444 *humeralis* Walk.; *politus* Walk., syn.
   formosus Kirk.; p. 445 *Dudgeoni* Kirk.; *elegans* **n. sp.**, Tenasserim; *maesarum*
   Kirk.; — (5) p. 108 *anadyomene* Kirk. = *fasciatus* Walk.
Eblis Kirkaldy **Distant (1)** p. 442; *amasis* Kirk.
Eccritotarsus **Osborn (2)** p. 89 *elegans*, Biologie.
Eioneus **Distant (5)** p. 105 *lineatus* Butl. (*Miris*), Galapagos-Inseln.
Estuidus **n. gen. Distant (7)** p. 272; p. 273 *foveatus* **n. sp.**, Queensland; *marginatus*
   n. sp., Queensland. — **Reuter (11)** p. 8; *marginatus* Dist., Queensland.
Eucerocoris **Distant (7)** p. 271 *suspectus* **n. sp.**, Queensland.
Eurycranella **n. gen. Reuter (12)** p. 25; p. 26 *geocoriceps* **n. sp.**, Ägypten.
Eurycyrtus **Reuter (6)** p. 5 *parvulus* **n. sp.**, Tab. I, fig. 2, Djibuti.
Felisacus **n. nom. Distant (1)** p. 438, für *Liocoris* Motsch. nec Fieb.; p. 439 *magni-*
   ficus **n. sp.**, Tenasserim; *glabratus* Motsch.
Fingulus **n. gen. Distant (7)** p. 275; *atrocoeruleus* **n. sp.**, Queensland.
Fulgentius **n. gen. Distant (5)** p. 103; *mandarinus* **n. sp.**, China.
Gallobelicus **n. gen. Distant (1)** p. 477; p. 478 *crassicornis* **n. sp.**, Bor Ghát, Te-
   nasserim.
Gismunda **n. gen. Distant (1)** p. 463; *chelonia* **n. sp.**, Sikkim.
Glaphyrocoris **n. g. Reuter (6)** p. 15; p. 16 *unifasciatus* **n. sp.**, Tab. I, fig. 4, Djibuti.
Globiceps **Reuter (5)** p. 51 *parvulus* **n. sp.**, Spanien.
Glossopeltis **n. gen. Reuter (6)** p. 13; p. 14 *Coutieri* **n. sp.**, Tab. I, fig. 3, Obock,
   Djibuti.
Guisardus **n. gen. Distant (1)** p. 436; *pellucidus* **n. sp.**, Tenasserim.
Hadrodema **Uhler (1)** p. 357 *pulverulenta* Uhl.̅ neubeschrieben.̅
Halticus Hahn **Distant (1)** p. 479, syn. *Halticocoris* Dougl.-Sc.; p. 480 *minutus* Reut.
   — **Kirkaldy (2)** p. 179 *chrysolepis* **n. sp.**, Hawaii; p. 179 *canus* Dist. (*Calocoris*)
   nicht = *Uhleri* Girard. — **Uhler (1)** p. 360 *intermedius* **n. sp.**, Neu-Mexico.
Harpedona **n. gen. Distant (1)** p. 418; p. 419 *marginata* **n. sp.**, Ceylon.
Helopeltis Signoret **Distant (1)** p. 439, syn. *Aspicelus* Costa; p. 440 *Antonii* Sign.;
   theivora Waterh., syn. ? *febriculosa* Bergr.; p. 441 *oryx* **n. sp.**, Ceylon. — **Green**
   (7) p. 241 *oryae* Dist. **n. sp.**, Ceylon [? = *oryx* in **Distant (1)**].
Herdoniaria **Distant (5)** p. 103, neue Division.
Hermatinus **n. gen. Distant (1)** p. 462; *signatus* **n. sp.**, Tenasserim.
Horcias **Distant (6)** p. 200 ? *squalidus* Walk.; *lacteiclavus* **n. sp.**, Ecuador; *albi-*
   ventris **n. sp.**, Ecuador; *signatus* **n. sp.**, Columbien.
Hyalopeplus Stal **Distant (1)** p. 447; *vitripennis* St., syn. *lineifer* Walk.; *spinosus*
   n. sp., Assam.
Hyaloscytus **n. gen. Reuter (11)** p. 1; p. 2 *elegantulus* **n. sp.**, Tab., fig. 1, Victoria.
Isabellina Kirkaldy **Distant (1)** p. 415; *ravana* Kirk.

Isometopus Fieber **Distant (1)** p. 484; *jeanus* **n. sp.**, Burma.
Kalania **n. nom. Kirkaldy (5)** p. 280, für *Baracus* Kirk.
Kangra Kirkaldy **Distant (5)** p. 205 = *Creontiades* Dist.
Kosmiomiris **Distant (5)** p. 106 *rubroornatus* Kirk. = *lucidus* Walk.
Laemocoris **Reuter (3)** p. 11 *Zarudnyi* **n. sp.**, Persien.
Leptidolon **n. gen. Reuter (11)** p. 14; p. 15 *vittipenne* **n. sp.**, Tab., fig. 7, Victoria.
Leptomerocoris **Distant (1)** p. 487 *alboviridescens* Motsch.
Liocoridia **n. gen. Reuter (7)** p. 13; p. 14 *mutabilis* **n. sp.**, Tab. II, fig. 4; p. 15 var. *α nigra* n., var. *β testacea* n., var. *γ*, Tibet.
Liocoris Fieber **Distant (1)** p. 463; p. 464 *myittae* **n. sp.**, Tenasserim; *formosus* **n. sp.**, Tenasserim; *partitus* Walk.
Lobostethus Fieber **Reuter (1)** p. 1 = *Stenodema* Lap.
Lomatopleura **Distant (5)** p. 109 *coccineus* Walk., syn. *hesperus* Kirk., ? *caesar* Reut.
Lopidea **Distant (5)** p. 108 *marginata* Uhl. = *floridana* Walk.
Lopus **Reuter (10)** p. 1 *bimaculatus* Jak., Persien, Kleinasien.
Lucitanus **n. gen. Distant (1)** p. 465, für *Leptomerocoris punctatus* Kirb., Ceylon.
Lygus Hahn **Distant (1)** p. 454, syn. *Lygocoris* Reut., *Orthops* Fieb.; p. 455 *sordidus* **n. sp.**, Nilgiris Hills, Ceylon; *albescens* **n. sp.**, Nilgiris Hills; *decoloratus* **n. sp.**, Ceylon; p. 456 *viridanus* Motsch.; *pubens* **n. sp.**, Ceylon; *immitis* **n. sp.**, Ceylon; p. 457 *catullus* **n. sp.**, Tenasserim; *biseratensis* Dist.; *bengalicus* Reut.; p. 458 *obtusus* Reut.; — **(5)** p. 110 *australis* **n. nom.** für *Capsus innotatus* Walk.; p. 111 *aethiops* **n. nom.** für *Capsus limbatus* Walk.; *maoricus* Walk.; — **(6)** p. 199 *Schonlandi* **n. sp.**, Kap, Natal; — **(7)** p. 273 *flavoscutellatus* **n. sp.**, Queensland. — **Reuter (1)** p. 6 *fatuus* Leth.; p. 7 *abessinicus* **n. sp.**, Abessinien; p. 8 *vittatus* **n. sp.**, Djibuti; p. 10 *perversus* **n. sp.**, Scioa; p. 11 *Simonyi* **n. sp.**, Aden; — **(7)** p. 13 *pratensis* L., Khalgan; *apicalis* Fieb.; — **(12)** p. 8 *divergens* Reut., Jericho; *brachycnemis* Reut., Syrien. — **Osborn (7)** p. 202 *cuneatus* Dist.
Malalasta **n. gen. Distant (1)** p. 446 *superba* **n. sp.**, Tenasserim.
Malthacosoma **Reuter (10)** p. 11 *adspersum* **n. sp.**, Transkaspien.
Matenesius **n. gen. Distant (1)** p. 425; p. 426 *marginatus* **n. sp.**, Ceylon, Burma, Tenasserim.
Maurodactylus **Horvath (4)** p. 585 *albidus* var. *pallidicornis* **n. var.**, Turkestan.
Mecistocelis Reuter **Distant (1)** p. 421; *scirtetoides* Reut.
Megacoelum Fieber **Distant (1)** p. 427, syn. *Creontiades* Dist., *Pantiliodes* Noualh., *Umslopogas* Kirk., *Kangra* Kirk.; p. 428 *antennatum* Kirb.; *relatum* **n. sp.**, Ceylon; *stramineum* Walk., syn. *Dudgeoni* Kirk.; p. 429 *rubricatum* **n. sp.**, Ceylon; *Forsythi* Dist.; *Hampsoni* **n. sp.**, Nilgiris Hills; p. 430 *picturatum* **n. sp.**, Burma sup.; — **(6)** p. 195 Synonymie; p. 196 *transvaalicum* **n. sp.**, Transvaal; *nigroquadristriatus* Kirk. (*Umslopogas*); — **(7)** p. 270 *modestum* **n. sp.**, Queensland; *townsvillensis* **n. sp.**, Queensland; *suffusum* **n. sp.**, Queensland. — **Reuter (6)** p. 4 *persimile* **n. sp.**, Massauah; — **(11)** p. 10 *Schoutedeni* **n. sp.**, Queensland; — **(12)** p. 4 *pulchricorne* Reut., Kleinasien; p. 5 *sordidum* **n. sp.**, Ägypten.
Megaloceraea Fieber **Distant (1)** p. 424, syn. subgen. *Notostira* Fieb., *Megaloceraea* Fieb., *Trigonotylus* Fieb.; p. 424 *graminea* **n. sp.**, Ceylon, Burma; *antennata* **n. sp.**, Sikkim; p. 425 *elongata* **n. sp.**, Ceylon; *Dohertyi* **n. sp.**, Tenasserim; — **(7)** p. 269 *Doddi* **n. sp.**, Queenland.

Megalocoleus **Reuter (8)** p. 9 *albidus* **n. sp.** u. var. *vitellinus* **n. var.**, Transkaspien.

Melanocoris Champion **Kirkaldy (5)** p. 280 = *Ragnar* **n. nom.**

Mertila **n. gen. Distant (5)** p. 113; *malayensis* **n. sp.**, Singapore; — (1) p. 472; *malayensis* Dist.

Metriorrhynchomiris **n. nom. Kirkaldy (5)** p. 280, für *Metriorrhynchus* Reut.

Metriorrhynchus Reuter **Kirkaldy (5)** p. 280 = *Metriorrhynchomiris* **n. nom.**

Mevius **n. gen. Distant (1)** p. 453; *Lewisi* **n. sp.**, Ceylon.

Miris [Reuter olim, Puton, etc.: Vergl. *Stenodema* Lap.] Fabricius **Distant (1)** p. 423, syn. *Lopomorphus* Dougl.-Sc.; *Atkinsoni* **n. sp.**, Nilgiris Hills; — (5) p. 105 *lineatus* Butl. = *Eioneus*; *ruficeps* **n. sp.**, Kap, Br. O. Afrika. — Vergl. *Stenodema*.

Mycterocoris **n. gen. Uhler (1)** p. 358, für *Deraeocoris cerachates* Uhl.

Myrmecophyes **Reuter (8)** p. 4 *Korschinskii* **n. sp.**, Turkestan.

Mystilus **n. gen. Distant (1)** p. 420; *priamus* **n. sp.**, Tenasserim.

Nanniella **n. gen. Reuter (9)** p. 5; p. 6 *chalybea* **n. sp.**, Kongo.

Niastama **n. gen. Reuter (11)** p. 11; p. 12 *puncticollis* **n. sp.**, Tab., fig. 6, Tasmanien.

Nichomachus **n. gen. Distant (5)** p. 104; *Sloggetti* **n. sp.**, Kap.

Nicostratus **n. gen. Distant (1)** p. 475; *balteatus* **n. sp.**, Ceylon.

Nyctidea **n. gen. Reuter (8)** p. 15; p. 16 *moesta* **n. sp.**, Irkutsk.

Nymannus **n. gen. Distant (6)** p. 195; *typicus* **n. sp.**, Kap.

Olympiocapsus Kirkaldy **Reuter (7)** p. 11; *coelestialium* Kirk., Tab. II, fig. 3, China.

Oncotylus **Reuter (3)** p. 14 *cunealis* **n. sp.**, Persien; — (10) p. 10 *fuscicornis* **n. sp.**, · N. Mongolien.

Onomaus **n. gen. Distant (1)** p. 416; *pompeus* **n. sp.**, Assam u. Burma.

Orthocephalus **Reuter (12)** p. 14 *tenuicornis* var. *fulvipes* **n. var.**, Kleinasien.

Orthotylus **Reuter (10)** p. 6 *antennalis* **n. sp.**, Teneriffa; p. 7 *pallidulus* **n. sp.**, Österreich; — (12) p. 16 *spartiicola* **n. sp.**, Syrien.

Pachypeltis Signoret **Reuter (7)** p. 3; p. 4 *chinensis* Sign., China.

Pachytomella **Reuter (12)** p. 14 *phoenicea* Horv. Syrien, Galilea; p. 15 var. *typica*, Kleinasien, Syrien, Galilea; var. *antennalis* Reut., Syrien, Galilea, Judaea; var. *nigricornis* **n. var.**, Palästina; var. *pedalis* **n. var.**, Syrien.

Pantiliodes **Reuter (6)** p. 2 *pallidus* Reut., Aden, Djibuti; p. 3 *elongatus* Leth. (*Megacoelum*), Scioa.

Pantilius **Reuter (7)** p. 4 *gonoceroides* **n. sp.**, Tibet.

Paracalocoris Distant **(1)** p. 449; p. 450 *burmanicus* **n. sp.**, Burma; *erebus* **n. sp.**, Burma; *lanarius* **n. sp.**, Ceylon; — (5) p. 109 *sobrius* Walk.; *sericeus* Walk.; p. 110 *capensis* **n. sp.**, Kap; — (6) p. 199 *Barretti* **n. sp.**, Kap.

Paracarmus **Distant (10)** p. 62 *grenadensis* **n. sp.**, syn. *mexicanus* Uhl. nec Dist., Grenada-Insel.

Paramixia **Reuter (12)** p. 24 *suturalis* **n. sp.**, Ägypten, Galilea.

Parapantilius **n. gen. Reuter (7)** p. 5; p. 6 *thibetanus* **n. sp.**, Tab. II, fig. 2, Tibet.

Pharyllus **n. gen. Distant (1)** p. 434; *pistacinus* Motsch.

Physetonotus **Distant (5)** p. 112, enthält 9 von Distant, 1 von Stal unter *Eccritotarsus* beschriebenen Arten.

Phytocoris Fallen **Distant (1)** p. 448; p. 449 *crinitus* **n. sp.**, Ceylon; *stoliczkanus* Dist. — **Reuter (3)** p. 8 *Zarudnyi* **n. sp.**, Persien; p. 9 *lineaticollis* **n. sp.**, Persien — (8) p. 1 *longicornis* **n. sp.**, Transpaspien; p. 2 *modestus* **n. sp.**, Kopet-Dagh-

Gebirge; — (12) p. 1 *extensus* n. sp., Kleinasien; p. 2 *bivittatus* n. sp., Griechenland; p. 3 *albipennis* n. sp., Palästinen.

Plagiognathus Reuter (7) p. 22 *albipennis* Fall., China; — (10) p. 17 *cinerascens* n. sp., N. Mongolein.

Platycapsus n. gen. Reuter (12) p. 11; p. 12 *acaciae* n. sp., Ägypten.

Pleuroxonotus n. gen. Reuter (8) p. 7; p. 8 *nasutus* n. sp., Transkaspien.

Poecilocapsus Distant (5) p. 111 *affinis* Reut. = *limbatellus* Walk. — Van Duzee (1) p. 110 *lineatus* F.

Poeciloscytus Fieber Distant (1) p. 458, syn. subg. *Charagochilus* Fieb., *Systratiotus* Dougl.-Sc.; *longicornis* Reut.; p. 459 *contaminatus* n. sp., Burma, Tenasserim; *pygmaeus* n. sp., Ceylon; *capitatus* n. sp., Ceylon; — (7) p. 274 *antennatus* n. sp. u. *flavipes* n. sp., Queensland; — (10) p. 62 *obscurus* Uhl. = *cuneatus* Dist.

Polymerus Jakowleff (1) p. 94 *varicornis* n. sp., Korea. — Reuter (7) p. 15 *pekinensis* Horv., China.

Poronotellus n. nom. Kirkaldy (5) p. 280, für *Poronotus* Reut.

Poronotus Reuter Kirkaldy (5) p. 280 = *Poronotellus* n. nom.

Porphyrodema n. gen. Reuter (11) p. 3; *flavolineatum* n. sp., Tab., fig. 2, Queensland.

Prodromus n. gen. Distant (1) p. 436; p. 437 *subflavus* n. sp., Ceylon; *clypeatus* n. sp., Tenasserim; *subviridis* n. sp., Tenasserim.

Psallus Fieber Distant (1) p. 482, syn. *Apocremnus* Fieb.; *singalensis* n. sp., Ceylon. — Reuter (10) p. 12 *proteus* Put., var. α *infuscata* n., var. β *rubropicta* n., Madeira; p.13 var. γ *reducta* n., var. δ *rubicunda* n., Madeira; p. 13 *instabilis* n. sp., Teneriffa; p. 14 var. α *typica*, var. β *sanguineotincta* n., γ *subochracea* n., Teneriffa; p. 14 *Beckeri* n. sp., Teneriffa; p. 15 *longiceps* n. sp., Teneriffa; — (11) p. 12 *eximius* n. sp., Victoria; — (12) p. 18 *anticus* Reut. var. γ, Kleinasien; *brachycerus* n. sp., Kleinasien; p. 19 *carduellus* var. *quadrisignata* n. u. var. *infuscata* n., Kleinasien.

Psallopsis n. gen. Reuter (3) p. 15; p. 16 *basalis* n. sp., Persien; zur Gattung hören auch *Solenoxyphus kirgisicus* Jak. u. *longicornis* Jak.

Pseudopantilius n. gen. Reuter (11) p. 6; p. 7 *australis* n. sp., Tab., fig. 8, Victoria.

Ragnar n. nom. Kirkaldy (5) p. 280, für *Melanocoris* Champ.

Reuterista n. nom. Kirkaldy (5) p. 280, für *Brachybasis* Reut.

Rhinomiris Kirkaldy Distant (1) p. 426; *vicarius* Walk., syn. *canescens* Walk.

Rhinofulvius Reuter Reuter (6) p. 1; p. 2 *albifrons* Reut., Tab. I, fig. 1, Aden.

Rhopaliceschatus n. gen. Reuter (7) p. 1; p. 2 *quadrimaculatus* n. sp., Tab. II, fig. 1, Tibet.

Sabellicus n. gen. Distant (5) p. 114, für *Capsus apicifer* Walk., Celebes, u. *Lopus sordidus* Walk.

Schizonotus Reuter Kirkaldy (5) p. 280 = *Zanchisme* n. nom.

Scirtetellus Horvath (4) p. 584 *seminitens* n. sp., Turkestan.

Solenoxyphus Reuter (3) p. 15 *kirgisicus* Jak. u. *longicornis* Jak. hören zu *Psallopsis* n. gen.

Sophianus n. gen. Distant (1) p. 485; p. 486 *alces* n. sp., Ceylon.

Stenodema Laporte Reuter (1) incl. *Brachytropis* Fieb. u. *Lobostethus* Fieb., syn. *Miris* Reut. olim nec F.: monograph. Übersicht der paläarktischen Arten, Beschr., Synon., Verbr., Bestimmungstabelle; 13 Arten u. 18 Var.; p. 8 *calcaratum* var. *pallescens* n. var.; p. 8 *trispinosum* n. sp., p. 9 var. *virescens* n.

u. var. *fuscescens* n., N. Rußland, Sibirien, Daurien; p. 11 *turanicum* n. sp.,
var. *viridula* n. u. var. *pallidula* n., Transkaspien, Turkestan; p. 13 *alpestre*
n. sp., China; p. 14 *elegans* n. sp., China; p. 16 *levigatum* var. *melas* n. var.,
England; p. 17 *plebejum* n. sp., China; p. 19 *chinense* n. sp., China; p. 21
holsatum var. *viridilimbata* n., var. *testacea* n., u. var. *dorsalis* n.
Stenotus Reuter (6) p. 6 *binotatus* F., Scioa.
Sthenaridea Reuter Distant (1) p. 474; p. 475 *pusilla* Reut.
Sthenarus Reuter (11) p. 13 *australis* n. sp., Victoria; — (12) p. 23 *quercicola*
n. sp., Kleinasien.
Systellonotus Distant (1) p. 422 *palpator* Kirk.
Tancredus n. gen. Distant (1) p. 430; *sandaracatus* n. sp., Ceylon.
Tenthecoris Distant (6) p. 202 *bicolor* Scott.
Thaumastomiris Kirkaldy Distant (1) p. 473; *anguinalis* Kirk.
Trachelonotus n. gen. Reuter (3) p. 12; p. 13 *unifasciatus* n. sp., Persien.
Trichobasis n. gen. Reuter (9) p. 1; p. 2 *setosa* n. sp., Kongo.
Trigonotylus Reuter (3) p. 5 *breviceps* Jak., Persien; — (7) p. 1 *coelestialium* Kirk.
   (*Megaloceraea*), China.
Turnebus n. gen. Distant (1) p. 485 *cuneatus* n. sp., Ceylon.
Tylopeltis n. gen. Reuter (9) p. 4; p. 5 *albosignata* n. sp., Kongo.
Tyraquellus n. gen. Distant (1) p. 471; *albofasciatus* Motsch.; *maculatus* n. sp.,
   . Ceylon.
Utopnia Reuter (12) p. 20 *torquata* Put., Kleinasien; Galilea.
Volkelius n. gen. Distant (7) p. 271; *sulcatus* n. sp., Queensland.
Zanchisme n. nom. Kirkaldy (5) p. 280, für *Schizonotus* Reut.
Zanessa Kirkaldy Distant (1) p. 432; *sanguinolenta* n. sp., Nilgiris Hills, Utakamand.
Zanchius n. gen. Distant (1) p. 477; *annulatus* n. sp., Ceylon.

Acanthiidae (Saldidae).

Ardid (1) Spanien, Zaragoza; p. 272, 2 Arten. — Distant (1) Burma u. Ceylon:
3 Gattungen (neu: 2), 3 Arten (neu! Vergl. hierunter); Beschr., Verbr., Synon.
der Gattungen. — Horvath (4) Turkestan, 6 Arten, 1 neue Var. — Lambertie (3)
Gironde; p.26, 5 Arten. — Peneau (2) Nantes; p. 260, 2 Arten. — Snow (1) Arizona;
p. 349, 1 Art. — Uhler (1) New Mexico: Las Vegas Hot Springs; p. 364, 1 Art.
— Wirtner (1) W. Pennsylvania; p. 207, 1 Art.

Acanthia Fabricius. — Vergl. unter *Salda*.
Leotichius n. gen. Distant (1) p. 406; p. 407 *glaucopis* n. sp., Burma.
Salda Fabricius p. [= *Acanthia*] Distant (1) p. 404, syn. *Acanthia* p. Fabr., *Scio-*
dopterus Am.-Serv., subg. *Chiloxanthus* Reut. u. *Calacanthia* Reut., *Charto-*
scirta St.; p. 405 *Dixoni* n. sp., Bor Ghát, Burma. — Butler (1) p. 275 *setulosa*
Put., England; Beschr. — Horvath (4) p. 585 *Jakowleffi* var. *moerens* n. var.,
Turkestan.
Valleriola n. gen. Distant (1) p. 405; p. 406 Greeni n. sp., Ceylon.

Hydrocorisae.

Ardid (1) Spanien: Zaragoza; p. 272, 4 Arten (1 Nauc., 2 Nep., 1 Noton.).
— Bordas (1) Speicheldrüsen von *Nepa cinerea* L. — Börner (1) Errichtung einer
eigenen Unterordnung für die Corixiden: *Sandaliorrhyncha.* — Handlirsch (2)

gegen **Börner (1)**. — **Heidemann (6)** Alaska; p. 144, 3 Arten. — **Horvath (4)** Turkestan, 4 Arten. — **Kirkaldy (6)** Bearbeitung der Notonectiden, 2. Teil; Syn., Verbr.; — (8) Cypern, 1 Art (Corix.). — **Lambertie (3)** Gironde; p. 27, 1 Art (Corix.); — (6) Gironde; p. CCXI, 1 Ochterid. — **Marshall et Severin (1)** Anatomie von *Ranatra fusca* Pal. — **Noualbier et Martin (1)** Indochina; p. 177, 1 Art (Belost.). — **Snow (1)** Arizona; p. 349, 5 Arten (2 Gelast., 1 Nauc., 1 Belost., 1 Corix.). — **Uhler (1)** New Mexico: Las Vegas Hot Springs; p. 364, 2 Arten (Noton.). — **Van Duzee (1)** New Mexico: Beulah; p. 111, 1 Art (Noton.) Pennsylvanien; p. 208, 9 Arten (2 Gelast., 2 Belost., 1 Nep., 3 Noton., 1 Corix.).

Naucoridae.

Macrocoris **Distant (3)** p. 258 *transvaaliensis* **n. sp.**, Transvaal.

Thurselinus **n. gen. Distant (3)** p. 259; *Greeni* **n. sp.**, Ceylon.

Ochteridae.

Mononyx **Distant (10)** p. 63 *luteovarius* **n. sp.**, Queensland.

Nepidae.

Cercotmetus **Distant (4)** p. 278 *fumosus* **n. sp.**, Ceylon.

Laccotrephes **Distant (10)** p. 63 *flavovenosa* Dohrn, syn. *japonensis* Scott, Verbr.; p. 64 *calcar* **n. sp.**, Nigeria; *nyassae* **n. sp.**, Nyassaland.

Ranatra **Distant (10)** p. 65 *cinnamomea* **n. sp.**, Natal, Süd-Afrika; *varicolor* **n. sp.**, Süd-Afrika; *natalensis* **n. sp.**, Natal; p. 166 *unicolor* Scott = *sordidula* Dohrn.

Notonectidae.

Anisops Spinola **Kirkaldy (6)** p. 111; Synon., Verbr., Beschr., der meisten Arten: p. 111 *Wakefieldi* B.-Wh.; p. 112 *assimilis* B.-Wh.; *doris* **n. sp.**, Victoria; p. 113 *Stali* **n. sp.**, syn. *australis* St. nec Ol.; *hyperion* Kirk.; p. 114 *endymion* **n. sp.**, Australien; *sardea* H.-Sch., syn. *? alba* Forsk., *nivea* Spin. nec F., *producta* Fieb., *natalensis* St., *nanula* Walk.; p. 116 *Fieberi* Kirk., syn. *niveus* Fieb. nec F.; *Bouvieri* **n. sp.**, Cochinchina; p. 117 *Breddini* Kirk.; *canariensis* Noualh., syn. *nivea* Brullé nec F.; *apicalis* St.; p. 118 *nivea* F., syn. *ciliata* F., *scutellaris* H.-Sch., *hyalinus* Fieb., *pellucens* Geret.

Buenoa **n. gen. Kirkaldy (6)** p. 120, syn. *Anisops* p., mit 12 Arten, Amerika; Synon., Habitat der Arten; p. 120 *naias* Kirk.; p. 121 *ida* **n. sp.**, Uruguay u. Guatemala; p. 124 *salutis* **n. sp.**, Brit. N. Guinea.

Enithares Spinola **Kirkaldy (6)** p. 95, syn. *Bothronotus* Fieb., *Enithara* Sign.; pp. 96—98 Bestimmungstabelle aller bekannten Arten; 17 Arten u. 1 Var. beschrieben; Synon., Liter., Verbr.; 3 Arten nicht erkannt; p. 98 *maculata* Dist.; p. 99 *triangularis* Guér., p. 100 var. *simplex* Kirb.; p. 101 *brasiliensis* Spin., syn. *grandis* H.-Schn.; p. 102 *biimpressa* Uhl.; *Templetoni* Kirb.; p. 103 *lineatipes* Horv., *V-flavum* Reut.; p. 104 *Horvathi* Kirk.; p. 105 *Bergrothi* Mont.; *hippokleides* Kirk.; p. 106 *sobria* St.; *concolor* Fieb.; p. 107 *blandula* Sign., syn. *compacta* Gerst.; *Martini* Kirk.; p. 106 p. 108 *sinica* St.; *marginata* Fieb.; p. 109 *abbreviata* Kirb., syn. *indica* F. nec L.

Helotrephes Stal **Kirkaldy (6)** p. 129; 4 Arten: Synon., Verbr.; p. 129 *Bouvieri* **n. sp.**, Celebes; p. 130 *Martini* **n. sp.**, Sumatra.

Martarega Buchanan-White **Kirkaldy (6)** p. 126, syn. *Signoretiella* Berg; 1 Art, Syn., Verbr.
Nychia Stal **Kirkaldy (6)** p. 124, syn. *Antipalocoris* Scott; 2 Arten: Synon., Verbr.; p. 125 *Marshalli* Scott u. var. *sappho* Kirk.
Notonecta **Kirkaldy (6)** p. 93 Einteilung; p. 94 *insulata* Kirb.; *americana* F. = *indica* L.; p. 95 *bifasciata* u. *variabilis*; — pp. 130—131 fossile Arten.
Plea Leach **Kirkaldy (6)** p. 127; Bestimmungstabelle; 13 Arten: Synon., Verbr.; p. 128 *Buenoi* **n. sp.**, Pondicherrie. — **Horvath (5)** p. 594 *japonica* **n. sp.**, Japan.

Corixidae.

Corixa **Börner (1)** Mundteile; — Type der neuen Unterordnung *Sandaliorrhyncha*. — **Horvath (4)** p. 585 *acromelaena* **n. sp.**, Turkestan.
Micronecta **Horvath (5)** p. 594 *haliploides* **n. sp.**, Ceylon; p. 595 *carbonaria* **n. sp.**, Neu-Guinea.
Sandaliorrhyncha **Börner (1)**, neue Unterordnung der Rhynchota, nur die *Corixidae* enthaltend.

Homoptera (Siphonata).

Börner (1) Unterordnung der Hemipteren (Name: *Auchenorhyncha*).

Auchenorhyncha.

Ardid (1) Spanien: Zaragoza. — **Ashmead (1)** Alaska. — **Cobelli (2)** Trentin. — **Cockerell (4)** New Mexico: Beulah. — **Horvath (4)** Turkestan. — **Jacobi (1)** Nord-Ostafrika; — **(3)** Norden von D. O. Afrika. — **Kirkaldy(5)** Nomenklatorisches; — **(8)** Cypern. — **Lambertie (1, 3, 4)** Gironde. — **Melichar (1)** Nord-Ostafrika. — **Noualhier et Martin (1)** Indochina. — **Snow (1)** Arizona. — **Uhler (1)** New Mexico: Las Vegas Hot Springs. — **Van Duzee (1)** New Mexico: Beulah. — **Wirtner (1)** W. Pennsylvanien.

Cicadidae.

Ardid (1) Spanien: Zaragoza; p. 292, 4 Arten. — **Banks (1)** p. 10—16, Biologie. — **Distant (12, 13, 14)** System. Einteilung (p. p.); zahlreiche neue Gattungen. — **Gording et Froggatt (1)** Monographien der austral. Arten: Bestimmungstabellen, Synon., Beschr., Verbr.; 22 Gattungen (neu: 4), 119 Arten (neu: 49). — **Hueber (2)** *Cicadetta montana* Scop. (p. 283—285) u. *Tibicen haematodes* Scop. (p. 285—286) in Deutschland. — **Jacobi (1)** N. O. Afrika; p. 765—769, 7 Arten (neu: 3); — **(2)** Norden von D. O. Afrika, 7 Arten. — **Lambertie (1)** Gironde: Citon; 1 Art; — **(3)** Gironde; p. 28 Arten. — **Melichar (1)** N. O. Afrika, 4 Arten (neu: 1); — **(3)** Übersicht der paläarkt. Gattungen u. Arten mit Bestimmungstabellen. — **Noualhier et Martin (1)** Indochina; p. 178—180, 17 Arten. — **Rainbow (1)** p. 116, Tab. XI: *Cyclochila australasiae* Don. × *Thopha saccata* Amyot. — **Snow (1)** Arizona; p. 349, 2 Arten. — **Wirtner (1)** W. Pennsylvania; p. 209, 3 Arten.

Angamiana **Distant (12)** p. 299 *floridula* **n. sp.**, Lao-Kay-Gebiet (Grenze China-Tonkin).
Antankaria **n. gen. Distant (14)** p. 429, für *Cicada madagascariensis* Dist.
Arunta **n. gen. Distant (12)** p. 302, für *Cicada perulata* Guér.

Cacama **n. gen. Distant (14)** p. 429, für *Proarna maura* Dist.

Chlorocysta Westwood **Goding et Froggatt (1)** p. 658; p. 659 *vitripennis* Westw., Tab. XIX, fig. 9; p. 660 *Chl. macrula* St.

Cicada Linné **Distant (2)** p. 673 *vesta* **n. sp.**, Tab. XXX, fig. 4a—b, Indien; *nigrans* **n. sp.**, Tab. XXX, fig. 1a—b, Madagaskar; — **(13)** p. 330 *Andrewsi* **n. sp.**, Japan; *umbrosa* **n. sp.**, Borneo; p. 331 *boliviana* **n. sp.**, Bolivien; — **(14)** p. 428 *graminea* **n. sp.**, Queensland. — **Goding et Froggatt (1)** p. 579; p. 580 *angularis* Germ.; *sylvana* Dist.; p. 581 *hieroglyphica* **n. sp.**, N. W. Australien; p. 582 *sylvanella* **n. sp.**, Queensland; p. 583 *extrema* Dist.; p. 584 *intersecta* Walk., syn. *internata* Walk. u. *prasina* Walk. — **Matsumura (1)** p. 53 *pyropa* **n. sp.**, Japan, Tab. III, fig. 4. — **Melichar (3)** p. 7 *plebeja* Scop.

Cicadatra **Melichar (3)** p. 11 Bestimmungstabelle, 7 Arten u. 4 Var.

Cicadetta **Melichar (3)** p. 14—15 Bestimmungstabelle; 26 Arten. — **Kirkaldy (11)** p. 381 *omar* Kirk., Tab. XXIII, fig. 1—1 a—b.

Cosmopsaltria **Distant (2)** p. 671 *khadiga* **n. sp.**, Tab. XXX, fig. 9 a—b, Malayische Halbinsel.

Cryptotympana Stal **Distant (13)** p. 331 *Holsti* **n. sp.**, Formosa; — **(14)** p. 430 *varicolor* **n. sp.**, Sumbawa. — **Goding et Froggatt (1)** p. 591; p. 592 *nigra* Stoll, syn. *pustulata* F., *atrata* F., *atra* Sign.

Cyclochila Amyot et Serville **Goding et Froggatt (1)** p. 569; *australasiae* Don., syn. *olivacea* Germ.; p. 570 var. *spreta* **n. var.** (an **n. sp.**).

Cystopsaltria **n. gen. Goding et Froggatt (1)** p. 661; *immaculata* **n. sp.**, Tab. XVIII, fig. 1—1a, Queensland.

Cystosoma Westwood **Goding et Froggatt (1)** p. 662; p. 663 *Saundersi* Westw.; p. 664 *Schmelzi* Dist.

Dundubia **Noualhier et Martin (1)** p. 178 *spiculata* Noualh., Tab. XI, fig. 3—4, Cambodien.

Fidicina **Jacobi (4)** p. 155 *vitellina* **n. sp.**, Tab., fig. 1, Brasilien, Paraguay.

Gaeana Amyot et Serville **Goding et Froggatt (1)** p. 613; *maculata* Dr., syn. *consors* Wh. — **Noualhier et Martin (1)** p. 179, *Paviei* Noualh., Tab. XI fig. 5, Laos.

Glaucopsaltria **n. gen. Goding et Froggatt (1)** p. 657; p. 658 *viridis* **n. sp.**, Queensland.

Hamza **n. gen. Distant (2)** p. 674, für *Platypleura bouruensis* Dist., Tab. XXX, fig. 5a—b, Buru.

Henicopsaltria Stal **Goding et Froggatt (1)** p. 573; p. 574 *Eydouxi* Guér., syn. *flavescens* Frogg. nec Dist.; p. 575 *perulata* Guér.; p. 576 *interclusa* Walk.; p. 577 *fullo* Walk.; p. 578 *nubivena* Walk. — **Distant (12)** p. 303 *pygmaea* **n. sp.**, S. W. Australien.

Huechys Amyot et Serville **Goding et Froggatt (1)** p. 614; *vidua* Walk.; Tab. XVIII, fig. 10—10b.

Ioba **n. gen. Distant (2)** p. 295, für *Poecilopsaltria leopardina* Dist.

Kanakia Distant **Goding et Froggatt (1)** p. 656; *congrua* **n. sp.**, Tab. XVIII, fig. 6—6b, Queensland.

Koma **n. gen. Distant (12)** p. 296, für *Platypleura bombifrons* Karsch.

Kongota **n. gen. Distant (12)** p. 298, für *Platypleura punctigera* Walk.

Lacetas **Jacobi (1)** p. 769 *annulicornis* Karsch, Tab. XLIV, fig. 4—4a.

Macrotristria **Distant (2)** p. 673 *nigrosignata* **n. sp.**, Tab. XXIX, fig. 7a—b, W. Australien; — **(13)** p. 329 *nigronervosa* **n. sp.**, N. Queensland.

Melampsalta Kolenati **Goding** et **Froggatt (1)** p. 628, syn. *Cicadetta* Kol., *Tettigetta* Kol.; p. 631 *torrida* Er., syn. *basiflamma* Walk., *connexa* Walk., *damater* Walk.; p. 632 *umbrimargo* Walk., Tab. XVIII, fig. 12; p. 633 *convergens* Walk.; *labeculata* Dist.; p. 634 *interstans* Walk.; *abdominalis* Dist.; p. 635 *spinosa* **n. sp.**, Australien; p. 636 *Kershawi* **n. sp.**, Victoria; *Denisoni* Dist.; p. 637 *castanea* **n. sp.**, N. S. Wales; p. 638 *rubristrigata* **n. sp.**, S. Australien; *atrata* **n. sp.**, N. S. Wales; p. 639 *varians* Germ.; *Landsboroughi* Dist.; p. 640 *Fletcheri* **n. sp.**, N. S. Wales: p. 641 *infuscata* **n. sp.**, S. Australien; *flava* **n. sp.**, Australien; p. 642 *Oldfieldi* Dist.; *telxiope* Walk., syn. *duplex* Walk., *arche* Walk.; p. 643 *binotata* **n. sp.**, S. Australien; *angustata* Walk., syn. *rosea* Walk., *bilinea* Walk., *muta* Huds.; p. 644 *rubricincta* **n. sp.**, W.Australien; p. 645 *quadricincta* Walk.; p. 646 *marginata* Leach; *labyrinthica* Walk.; p. 647 *nebulosa* Walk.; *spreta* **n. sp.**, Tasmanien; p. 648 *fulva* **n. sp.**, N. S. Wales; *aoede* Walk.; p. 649 *melete* Walk.; *abbreviata* Walk.; p. 650 p. 650 *latorea* Walk.; *incepta* Walk.; p. 651 *rubea* **n. sp.**, Queensland u. N. W. Australien; *Forresti* Dist.; p. 632 *Mackinlayi* Dist.; *graminis* **n. sp.**, S. Australien; p. 653 *tristrigata* **n. sp.**, Queensland, N. S. Wales; *Warburtoni* Dist.; p. 654 *convicta* Dist.; *Eyrei* Dist.; p. 655 *Oxleyi* Dist.

Mogannia **Noualhier** et **Martin (1)** p. 179 *saucia* Noualh., Tab. XI, fig. 6, Laos.

Muansa **n. gen. Distant (12)** p. 295, für *Platypleura clypealis* Karsch.

Munza **n. gen. Distant (12)** p. 297, für *Platypleura laticlavia* St.

Oria **n. gen. Distant (14)** p. 429, für *Cicada boliviana* Dist. [1904].

Oxypleura Amyot et Serville **Distant (12)** p. 297 = Untergattung von *Platypleura* Am.-S.

Parnisa **Jacobi (4)** p. 159 *haemorrhagica* **n. sp.**, Brasilien.

Pauropsatria **n. gen. Goding** et **Froggatt (1)** p. 615; p. 616 *leurensis* **n. sp.**, Tab. XVIII, fig. 8—8a, N. S. Wales, S. Australien; p. 617 *castanea* **n. sp.**, Karth; p. 618 *prolongata* **n. sp.**, S. Australien; *extensa* **n. sp.**, S. Australien; p. 619 *extrema* Dist.; *nigristriga* **n. sp.**, Queensland; p. 620 *annulata* **n. sp.**, Queenland u. N. S. Wales; p. 621 *nodicosta* **n. sp.**, W. Australien; *dubia* **n. sp.**, Victoria, S. Australien; p. 622 *encaustica* Germ., syn. *arclus* Walk., *juvenis* Walk., *dolens* Walk.; *mneme* Walk., syn. *antica* Walk.; p. 623 *incipiens* Walk.; *rubra* **n. sp.**, Victoria; p. 624 *Leichardti* Dist.; p. 625 *multifascia* Walk., syn. *singula* Walk., *obscurior* Walk.; *basalis* **n. sp.**, Queensland; p. 626 *puer* Walk.; *emma* **n. sp.**, Tab. XVIIII, fig. 11, Queensland; p. 627 *borealis* **n. sp.**, S. Australien; *sericeivitta* Walk.; p. 628 *mima* **n. sp.**, S. Australien.

Platypleura Amyot et Serville **Goding** et **Froggatt (1)** p. 568, syn. *Oxypleura* Am.-Serv.; *Tepperi* **n. sp.**, Tab. XVIII, fig. 5—5a, S. Australien. — **Distant (2)** p. 667 *Mackinnoni* **n. sp.**, Tab. XXIX, fig. 1a—b, Indien; p. 668 *makaga* **n. sp.**, Tab. XXIX, fig. 4a—b, Kongo; *adouma* **n. sp.**, Tab. XXIX, fig. 2a—b, Kongo; — **(12)** p. 297 Untergattungen: *Oxypleura* Am.-Serv. u. u. *Poecilopsaltria* St.; — **(13)** p. 332 *longula* **n. sp.**, Delagoa; p. 333 *mira* **n. sp.**, Laos; p. 334 *melania* **n. sp.**, S. Nigeria, Kongo; *Bettoni* **n. sp.**, Brit. O. Afrika. — **Jacobi (1)** p. 765 *divisa* Germ.; *Antinorii* Leth., fig. A; p. 766 *veligera* **n. sp.**, Tab. XLIV, fig. 1, N. O. Afrika; p. 767 *vitticollis* **n. sp.**, Tab. XLIV, fig. 2—2a, N.O. Afrika; p. 768 *quanza* Dist.; — **(3)** p. 15 *divisa*

Germ., Verbreitung. — **Noualhier** et **Martin** (**1**) p. 178 *arminops* Noualh., Tab. XI, fig. 1—2, Siam.

Poecilopsaltria Stal **Distant** (**1**) p. 297 = Untergattung von *Platypleura* Am.-Serv.

Polyneuraria **Distant** (**12**) p. 293, Diagnose der Division.

Psaltoda Stal **Goding** et **Froggatt** (**1**) p. 584; p. 586 *mocrens* Germ.; *aurora* Dist.; p. 587 *flavescens* Dist.; p. 588 *pictibasis* Walk.; p. 589 *plebeja* n. sp., N.S.Wales; p. 590 *argentata* Germ., syn. *plaga* Walk.; *Harrisi* Leach, syn. *dichroa* Bdv., *subguttata* Walk.

Pycna Amyot et Serville **Distant** (**12**) p. 298, für *strix* Brullé; — (**12**) p. 670 *numa* **n. sp.**, Tab. XXIX, fig. 3a—b, Mashonaland; — (**13**) p. 335 *coelestia* **n. sp.**, N. W. u. W. China.

Pydna Stal **Kirkaldy** (**5**) p. 280 = *Xosopsaltria* **n. nom.**

Rihana **n. gen. Distant** (**14**) p. 426, für *Fidicina ochracea* Walk.; *virgulata* **n. sp.**, Mexico; p. 427 *Swalei* **n. sp.**, Central-Amerika?

Sadaka **n. gen. Distant** (**12**) p. 296, für *Platypleura virescens* Karsch.

Terpnosia **Distant** (**2**) p. 675 *ganesa* **n. sp.**, Tab. XXX, fig. 6 a—b, Indien; p. 676 *abdullah* **n. sp.**, Tab. XXX, fig. 7 a—b, Malayische Halbinsel.

Tettigareta Walker **Goding** et **Froggatt** (**1**) p. 664; p. 665 *tomentosa* Walker, Tab. XVIII, fig. 2—2 a, Tasmanien; p. 666 *crinita* Dist., Tab. XVIII, fig. 3—3 a.

Tettigia Kolenati **Goding** et **Froggatt** (**1**) p. 593; p. 594 *tristigma* Germ.; *variegata* **n. sp.**, Tab. XVIII, fig. 9—9 a, Queensland. — **Melichar** (**3**) p. 6—7, 2 Arten.

Thopha Amyot et Serville **Goding** et **Froggatt**(**1**) p. 571; *saccata* F., Tab. XVIII, fig. 1—5; p. 572 *sessiliba* Dist.

Tibicen Latreille **Goding** et **Froggatt** (**1**) p. 598; p. 599 *curvicosta* Germ., syn. *tephrogaster* Bdv.; p. 600 *ruber* **n. sp.**, N. W. Australien; p. 601 *melanoptera* Germ.; p. 602 *interruptus* Walk.; *Doddi* **n. sp.**, Queensland; p. 603 *rubricinctus* **n. sp.**, Australien; p. 604 *borealis* **n. sp.**, W. Australien; p. 605 *Gilmorei* **n. sp.**; *kurandae* **n. sp.**, Queensland; p. 606 *auratus* Walk.; p. 607 *hirsutus* **n. sp.**, S.Australien; p. 608 *coleoptratus* Walk.; *occidentalis* **n. sp.**, W.Australien; p. 609 *Willsi* Dist.; p. 610 *Burkei* Dist.; *flavus* **n. sp.**, Queensland, syn.? *congrua* Walk.; p. 611 *Gregoryi* Dist.; *Muelleri* Dist.; p. 612 *infans* Walk. — **Distant** (**2**) p. 675 *sankara* **n. sp.**, Tab. XXX, fig. 8a—b, Indien. — **Melichar** (**3**) p. 8 Bestimmungstabelle, 6 Arten u. 2 Var.

Tosena **Distant** (**12**) p. 301 *Seebohmi* **n. sp.**, Formosa.

Triglena **Melichar** (**3**) p. 6 *virescens* Fieb.

Trismarcha **Jacobi** (**1**) p. 768 *exsul* **n. sp.**, Tab. XLIV, fig. 3—3a, N. O. Afrika.

Tympanoterpes Stal **Goding** et **Froggatt** (**1**) p. 592; *hilaris* Germ., syn. *subtincta* Walk., *albiflos* Walk., *tomentosa* Walk.

Ugada **n. gen. Distant** (**12**) p. 299, für *Tettigonia limbata* F.; — (**13**) p. 336 *Nutti* **n. sp.**, Nyassa; — (**2**) p. 669 *praecellens* St., Tab. XXIX, fig. 5a—b.

Umjaba **n. gen. Distant** (**12**) p. 298, für *Platypleura evanescens* Butl.

Venustria **n. gen. Goding** et **Froggatt** (**1**) p. 596; p. 597 *superba* **n. sp.**, Tab. XIX, fig. 7—7a, Queensland.

Xosopsaltria **n. nom. Kirkaldy** (**5**) p. 280, für *Pydna* St.

Yanga **n. gen. Distant** (**12**) p. 297, für *Poecilopsaltria hoya* Dist.

Fulgoridae.

Ardid (1) Spanien: Zaragoza; p. 272 12 Arten. — **Fowler (1)** Central-Amerika; *Gyponinae, Cixiinae, Achilinae, Issinae* p. p.; Synon., Verbr.; zahlreiche neue Arten. — **Horvath (4)** Turkestan, 4 Arten (neu: 1). — **Jacobi (1)** N. O. Afrika; p. 770—771, 4 Arten; — (3) Norden von D. O. Afrika; 3 Arten. — **Kirkaldy (5)** Nomenklatorisches. — **Lambertie (1)** Gironde: Citon; p. LXXIV—LXXXV, 17 Arten; — (**2**) Gironde: *Dictyophora europaea* var. *rosea* Mel.; — (3) Gironde; p. 28—29, 16 Arten; — (4) Gironde; p. 00, 3 Arten; — (5) p. XCVII, 1 Art. — **Melichar (1)** N. O. Afrika; p. 27—34, 13 Arten (neu: 12). — **Noualhier et Martin (1)** Indochina; p. 180—182, 19 Arten. — **Schmidt (1)** Sumatra: 50 Arten (neu: 13). — **Snow (1)** Arizona; p. 349, 2 Arten. — **Silvestri (1)** *Tettigometra impressifrons* Muls. u. *costulatus* Fieb.: Biologie. — **Van Duzee (1)** New Mexico: Beulah. — **Wirtner (1)** W. Pennsylvania; p. 213—216, 31 Arten. — **Swezey (4)** Katalog der nordamerik. Fulgoriden.

Acmonia **Jacobi (4)** p. 160 *Gerstaeckeri* **n. sp.**, fig. 2, Brasilien; *Germari* Gerst.

Acrobelus **Noualhier et Martin (1)** p. 182 *Delphinus* Noualh., Tab. X, fig. 10, Laos.

Aloha **n. gen. Kirkaldy (5)** p. 177; *ipomoeae* **n. sp.**, Hawaii.

Alisca Stal **Kirkaldy (5)** p. 279 = *Thanatophantia* **n. nom.**

Amfortas **n. nom. Kirkaldy (5)** p. 280, für *Gastrinia* St.

Amphiscepa Germar **Fowler (1)** p. 118; *pallida* **n. sp.**, Tab. XII, fig. 8—8a, Mexico. — **Swezey (1)** p. 354 *bivittata* Say, Biologie, Tab. VI, fig. 1—5; Larve.

Anagnia Stal **Kirkaldy (5)** p. 279 = *Kareol* **n. nom.**

Anotia Kirby **Fowler (1)** p. 77; *Smithi* **n. sp.**, Tab. IX, fig. 3—3a, Mexiko; *marginicornis* **n. sp.**, Tab. IX, fig. 4—4a, Guatemala; *pellucida* **n. sp.**, Mexiko; p. 78 *ruficollis* **n. sp.**, Tab. IX, fig. 5—5a, Mexiko; *venustula* **n. sp.**, Tab. IX, fig. 6—6a, Mexiko; *tenella* **n. sp.**, Tab. IX, fig. 7, Mexiko; p. 79 *invalida* **n. sp.**, Tab. IX, fig. 8, Guatemala u. Panama.

Assamia Buckton **Kirkaldy (5)** p. 279 = *Proutista* **n. nom.**

Atracis **Schmidt (2)** p. 376 *dentata* **n. sp.**, Benué.

Bothriocera Burmeister **Fowler (1)** p. 82, syn. *Adana* St.; *tinealis* Burm., Tab. IX, fig. 11—11a; var. *Westwoodi* St., Tab. IX, fig. 12; *Signoreti* St., Tab. IX, fig. 13—13a; p. 83 *venosa* **n. sp.**, Tab. IX, fig. 14—14a, Guatemala; *excelsa* Tab. IX, fig. 15—15a, Mexiko; *pellucida* **n. sp.**, Tab. IX, fig. 16—16a, Mexiko; p. 84 *albidipennis* **n. sp.**, Tab. IX, fig. 17—17a—18, Mexiko; *nigra* **n. sp.**, Tab. IX, fig. 19—19a, Mexiko.

Bothriocerodes **n. gen. Fowler (1)** p. 84; p. 85 *variegatus* **n. sp.**, Tab. IX, fig. 20—20a, Guatemala; *castaneus* **n. sp.**, Tab. IX, fig. 21—21a—b, Panama; *metallicus* **n. sp.**, Tab. IX, fig. 22—22a, Panama.

Bythopsyrna Melichar **Schmidt (1)** p. 186, Einteilung in 3 Gruppen; p. 187 Bestimmungstabelle der 1. Gruppe; p. 188 *Dohrni* **n. sp.**, p. 189 *Udei* **n. sp.**; *ligata* Dist.; p. 190 *copulanda* Dist.; p. 191 *sumatrana* **n. sp.**; alle: Sumatra; p. 209 *violacea* **n. sp.**, N. Borneo; — (**2**) p. 355 *Rabbowi* **n. sp.**, Java.

Caliscelis Laporte **Horvath (3)** p. 378 Bestimmungstabelle der paläarkt. Arten; p. 380 *Wallengreni* St.; *affinis* Fieb.; p. 381 *Bonellii* Latr., syn. *heterodoxa* Lap., *grisea* Costa, *bicolor* Costa; *maroccana* **n. sp.**, Marokko; p. 382 *Bolivari* **n. sp.**, syn. ? *dimidiata* Bol. et Chic.; p. 384 *dimidiata* Costa; *peculiaris* **n. sp.**, Kleinasien.

Carthaea Stal **Kirkaldy (5)** p. 279 = *Hesperophantia* **n. nom.**

Cedusa **n. gen. Fowler (1)** p. 112; *funesta* **n. sp.**, Tab. XI, fig. 28—28a—b, Mexiko u. Guatemala; *venosa* **n. sp.**, Tab. XI, fig. 29—29a, Mexiko.

Cerynia **Schmidt (1)** p. 184 *nigropustulata* **n. sp.**, Sumatra.

Cibyra Stal **Kirkaldy (5)** p. 280 = *Gelastyra* **n. nom.**

Cixius Latreille **Fowler (1)** p. 96; *montanus* **n. sp.**, Tab. X, fig. 25—25a, Mexiko; *comptus* **n. sp.**, Tab. X, fig. 26—26a, Mexiko; p. 97 *flavobrunneus* **n. sp.**, Tab. X, fig. 27—27a—b, Guatemala.

Clonia Walker **Kirkaldy (5)** p. 280 = *Thanataphora* **n. nom.**

Colgorme **n. nom. Kirkaldy (5)** p. 279, für *Temora* Kirk.

Cona Walker **Kirkaldy (5)** p. 279 = *Micromasoria* **n. nom.**

Copsyrna **Schmidt (1)** p. 185 *maculata* Guér. u. var. *ochracea* Dist.; *alma* **n. sp.**, Sumatra.

Cryptoflata **Schmidt (1)** p. 193 *guttularis* Walk.

Cyarda Stal **Kirkaldy (5)** p. 280 = *Gelastophantia* **n. nom.**

Cyclumna **n. gen. Fowler (1)** p. 116; *subrotundata* **n. sp.**, Tab. XII, fig. 5—5a, Mexiko.

Cyrene **Noualhier** et **Martin (1)** p. 182 *obtusata* Noualh., Tab. X, fig. 9, Siam.

Dascalia **Schmidt (2)** p. 373 *punctata* **n. sp.**, Para.

Delphacodes Fieber **Kirkaldy (2)** p. 177, Fußnote; Type = *Mulsanti* Fieb.; *Delphacodes* Mel. = *Pseudaraeopus* **n. nom.**

Delphax **Horvath (4)** p. 589 *conspicua* **n. sp.**, Turkestan.

Dendrophora **Melichar (1)** p. 30 *breviceps* **n. sp.**, N. O. Afrika.

Dictyophora **Jacobi (1)** p. 771 *fuminervis* Leth.; *obtusiceps* Leth., Tab. XLIV, fig. 5—5a; — **(4)** p. 162 *sertata* **n. sp.**, fig. 3, Brasilien; p. 163 *multireticulata* **n. sp.**, fig. 4, Brasilien. — **Melichar (1)** p. 28 *ogadensis* **n. sp.**, N. O. Afrika; p. 29 *ufudensis* **n. sp.**, N. O. Afrika.

Doria **Schmidt (2)** p. 356 *Haenschi* **n. sp.**, Ecuador; p. 357 *ecuadoriana* **n. sp.**, Ecuador.

Elasmocelis **Kirkaldy (11)** p. 383 *iram* Kirk., Tab. XXIII, fig. 2—2a, Sokotra.

Eparmene **n. gen. Fowler (1)** p. 101; *pulchella* **n. sp.**, Tab. XI, fig. 6—6a—b, Panama.

Eteocles Stal **Kirkaldy (5)** p. 280 = *Xosias* **n. nom.**

Euphanta **Schmidt (2)** p. 359 *luridicosta* **n. sp.**, Queensland; p. 360 *rubromarginata* **n. sp.**, Queensland.

Flata **Schmidt (1)** p. 182 *floccosa* Guér.; p. 183 *bombycoides* Guér.; — **(2)** p. 354 *ferruginea* **n. sp.**, p. 355 var. *aeruginosa* **n. var.**, N. Borneo.

Flatoides **Schmidt (2)** p. 378 *simulans* **n. sp.**, Ecuador; p. 379 *dotatus* Mel.

Flatoptera **Schmidt (2)** p. 358 *virescens* **n. sp.**, N. Borneo.

Flatula **Schmidt (2)** p. 362 *bipunctata* **n. sp.**, N. Borneo.

Florichisme **n. nom. Kirkaldy (5)** p. 279 für *Poecilostola* St.

Fulgora **Noualhier** et **Martin (1)** p. 180 *monetaria* Noualh., Tab. X, fig. 3, Cambodien.

Gastrinia Stal **Kirkaldy (5)** p. 280 = *Amfortas* **n. nom.**

Gelastophantia **n. nom. Kirkaldy (5)** p. 280, für *Cyarda* St.

Gelastyra **n. nom. Kirkaldy (5)** p. 280, für *Cibyra* St.

Grynia Stal **Fowler (1)** p. 103; p. 104 *nigricoxis* St., Tab. XI, fig. 9—9a, Mexiko.

Haplaxius **n. gen. Fowler (1)** p. 97; *laevis* **n. sp.**, Tab. X, fig. 29—29a—b—30, Mexiko; *frontalis* **n. sp.**, Tab. X, fig. 31—31a, Mexiko.

Helicoptera Spinola **Fowler (1)** p. 106, *sobrina* **n. sp.**, Tab. XI, fig. 14—14a, Mexiko, Panama, Guatemala; p. 107 var. *albidovariegata* **n. var.**, Tab. XI, fig. 15, id.; *chiriquensis* **n. sp.**, Tab. XI, fig. 16—16a, Panama; *longiceps* **n. sp.**, Tab. XI, fig. 17—17a—b, Panama.

Hemisphaerius **Noualhier** et **Martin (1)** p. 181, *interclusus* Noualh., Tab. X, fig. 4, Cambodien.

Hesperophantia **n. nom. Noualhier** et **Martin (1)** p. 279, für *Carthaea* St.

Homalocephala **Jacobi (3)** p. 16 *intermedia* Bol.

Hyphancylus **n. gen. Fowler (1)** p. 117; *falcatus* **n. sp.**, Tab. XII, fig. 6—6a, Mexiko; *excelsus* **n. sp.**, Tab. XII, fig. 7—7a, Mexiko.

Hysteropterum Amyot et Serville **Fowler (1)** p. 119; *sierrae* **n. sp.**, Tab. XII, fig. 10 —10a, Mexiko; p. 120 *angulare* **n. sp.**, Tab. XII, fig. 11—11a, Mexiko; *montanum* **n. sp.**, Tab. XII, fig. 12—12a, Mexiko.

Kareol **n. nom. Kirkaldy (5)** p. 279, für *Anagnia* St.

Liburnia **Swezey (3)** p. 43—45 *campestris* Van Duz., Biologie; p. 45 Unterschied zwischen den Larven von *lutulenta* u. *campestris*.

Megamelus **Kirkaldy (2)** p. 176 *leahi* **n. sp.**, Hawaii.

Metabrixia **n. gen. Fowler (1)** p. 86; *delicata* **n. sp.**, Tab. IX, fig. 23—23a, Mexiko; p. 87 *aspersa* **n. sp.**, Tab. IX, fig. 24—24a, Mexiko u. Costa-Rico; *germana* **n. sp.**, Tab. IX, fig. 25—25a, Mexiko u. Costa Rica; p. 88 *tacta* **n. sp.**, Tab. X, fig. 1—1a, Mexiko; *maculata* **n. sp.**, Tab. X, fig. 2—2a, Guatemala.

Micrixia **n. gen. Fowler (1)** p. 100; p. 101 *costalis* **n. sp.**, Tab. XI, fig. 5—5a—b, Mexiko.

Microledrida **n. gen. Fowler (1)** p. 99; *asperata* **n. sp.**, Tab. XI, fig. 1—1a—b—2, Mexiko.

Micromasoria **n. nom. Kirkaldy (5)** p. 279, für *Cona* Walk.

Mnemosyne Stal **Fowler (1)** p. 102; *planiceps* F., syn. *cutana* St., Tab. XI, fig. 7 —7a—b—8.

Myconus **Melichar (1)** p. 34 *collaris* Hagl., N. O. Afrika.

Nephesa **Schmidt (1)** p. 203 *truncaticornis* Spin., Sumatra; p. 204 *albopunctulata* Mel.; p. 205 *carinulata* **n. sp.**, Sumatra; p. 211 *aurantiaca* **n. sp.**, N. Borneo.

Oecleus Stal **Fowler (1)** p. 88; p. 89 *seminiger* St., Tab. X, fig. 3—3a, Mexiko; *tenellus* **n. sp.**, Tab. X, fig. 4—4a, Mexiko; *teapae* **n. sp.**, Tab. X, fig. 5—5a, Mexiko; p. 90 *decens* St., Tab. X, fig. 6—6a—7, Mexiko; *pellucens* **n. sp.**, Tab. X, fig. 8—8a—9, Mexiko; *minimus* **n. sp.**, Tab. X, fig. 10—10a—b, Mexiko; p. 191 *brunneus* **n. sp.**, Tab. X, fig. 11—11a, Mexiko; *concinnus* **n. sp.**, Tab. X, fig. 12—12a—b, Mexiko; *addendus* **n. sp.**, Tab. X, fig. 13 —13a, Guatemala.

Oliarius Stal **Fowler (1)** p. 92; *excelsus* **n. sp.**, Tab. X, fig. 14—14a, Mexiko; *concinnulus* **n. sp.**, X, Tab. X, fig. 15—15a—b, Mexiko; p. 93 *propior* **n. sp.**, Tab. X, fig. 16—16a—b, Mexiko; *lacteipennis* **n. sp.**, Tab. X, fig. 17—17a, Panama; p. 94 *humeralis* **n. sp.**, Tab. X, fig. 18—18a, Guatemala; *breviceps* **n. sp.**, Tab. X, fig. 19—19a, Mexiko; *chiriquensis* **n. sp.**, Tab. X, fig. 20—20a,

Panama; p. 95 *insignior* n. sp., Tab. X, fig. 21—21a—22, Guatemala, Panama; *nigroalutaceus* n. sp., Tab. X, fig. 23—23a—24. Mexiko. — Melichar (1) p. 31 *hirtus* n. sp. u. *frontalis* n. sp., N. O. Afrika. — Noualhier et Martin (1) p. 180 *cucullatus* Noualhier, Tab. X, fig. 7—8, Cambodien; p. 181 *petasatus* Noualh., Tab. X, fig. 9—10, Cambodien.

Ormenis Schmidt (2) p. 363 *maculata* n. sp., S. Amerika; p. 364 *panamensis* n. sp., Panama; p. 365 *fumata* n. sp., Ecuador; p. 366 *Pelkei* n. sp.; Columbien; p. 363 *media* Mel.; *taeniata* n. sp., Sumatra; p. 370 *prasina* n. sp., Ceylon. — Swezey (1) p. 355 *septentrionalis* Spin., Biologie, Tab. VI, fig. 6—10; Larve.

Ornithissus n. gen. Fowler (1) p. 121; p. 122 *Cockerelli* n. sp., Tab. XII, fig. 14 —14a, Mexiko.

Pachyntheisa n. gen. Fowler (1) p. 99; p. 100 *concinna* n. sp., Tab. XI, fig. 3 —3a—c, Mexiko; *excelsior* n. sp., Tab. XI, fig. 4—4a, Mexiko.

Parapioxys Melichar (1) p. 27 *viridifasciatus* n. sp. u. *hilaris* n. sp., N. O. Afrika.

Paratella Schmidt (2) p. 370 *variegata* n. sp., Obi.

Patara Westwood Fowler (1) p. 79; *marmorata* n. sp., Tab. IX, fig. 9—9a, Guatemala.

Paulia Stal Kirkaldy (5) p. 279 = *Southia* n. nom.

Peregrinus n. gen. Kirkaldy (2) p. 175 für *Delphax maidis* Ashm.

Perkinsiella Perkins (1) *saccharicida* Kirk.

Phylloscelis Osborn (5) p. 93—94 *atra* Germ. — Osborn (6) p. 93 *atra*, Makropteren Form.

Phyllyphanta Schmidt (1) p. 202 *producta* Sign.

Phyma Schmidt (1) p. 196 *unipunctata* n. sp., *pura* n. sp.; p. 197 *hyalina* n. sp., *griseopunctata* n. sp.; p. 198 *optata* Mel.; alle: Sumatra; p. 211 *Waterstradti* n. sp., N. Borneo; — (2) p. 361 *subapicalis* n. sp., Amboina.

Plectoderes Spinola Fowler (1) p. 108; *Championi* n. sp., Tab. XI, fig. 19—19a, Guatemala; p. 109 *basalis* n. sp., Tab. XI, fig. 20—20a, Mexiko; *excelsus* n. sp., Tab. XI, fig. 21—21a, Mexiko; Guatemala, *flavovittatus* n. sp., Tab. XI, fig. 22—22a, Panama; p. 110 *notatus* n. sp., Tab. XI, fig. 23—23a, Panama; *montanus* n. sp., Tab. XI, fig. 24—24a, Mexiko; *asper* n. sp., Tab. XI, fig. 25 —25a, Panama; p. 111 *lineatocollis* n. sp., Tab. XI, fig. 26—26a—b, Mexiko u. Panama; *fuscolineatus* n. sp., Tab. XI, fig. 27—27a, Mexiko.

Pochazoides Melichar (1) p. 33 *asperatus* n. sp., N. O. Afrika.

Poeciloptera Latreille Jacobi (2) p. 6; p. 7 *fritillaria* Er., syn. *suturata* Mel., fig. 1; p. 8 *miliaria* n. sp., fig. 1b et 2a, Columbien; p. 9 *Melichari* n. sp., syn. *fritillaria* Mel. nec Er., fig. 1c, Panama; *phalaenoides* L., Subspecies *ph. phalaenoides* L., fig. 1d—2, syn. ? *minor* Mel.; *ph. aperta* Mel., fig. 1e—f; p. 12 *ph. completa* n. subsp., fig. 13, syn. *phalaenoides* Mel., Honduras; p. 13 *ph. parca* n. subsp., fig. 1h, S. Brasilien; p. 14 Bestimmungstabelle.

Poecilostola Stal Kirkaldy (5) p. 279 = *Florichisme* n. nom.

Proteinissus n. gen. Fowler (1) p. 121; *Bilimeki* n. sp., Tab. XII, fig. 13—13a—b, Mexiko.

Proutista n. nom. Kirkaldy (5) p. 279, für *Assamia* Buckt.

Pseudoryxa n. gen. Schmidt (1) p. 200; p. 201 *carinulata* n. sp., Sumatra.

Pseudoflata Jacobi (1) p. 770 *nigricornis* Guér.

Pseudhelicoptera **n. gen. Fowler (1)** p. 107; p. 108 *nasuta* **n. sp.**, Tab. XI, fig. 18
—18a—b, Panama.

Putala **Melichar (1)** p. 29 *apicata* **n. sp.**, N. O. Afrika.

Pseudaraeopus **n. nom. Kirkaldy (2)** p. 179 (Fußnote), für *Delphacodes* Mel. nec
Uhl.

Rhamphixius **n. gen. Fowler (1)** p. 81; *Championi* **n. sp.**, Tab. IX, fig. 10—10a—b,
Guatemala u. Panama.

Rhinophantia **Melichar (1)** p. 33 *fatua* **n. sp.**, N. O. Afrika.

Rhinortha Walker **Kirkaldy (5)** p. 279 = *Xosophora* **n. nom.**

Ricania **Melichar (1)** p. 32 *Erlangeri* **n. sp.**, N. O. Afrika; — **Noualhier** et **Martin (1)**
p. 181 *flabellum* Noualh. **n. sp.**, Tab. XI, fig. 12, Cambodien.

Rudia Stal **Fowler (1)** p. 104; *diluta* St., Tab. XI, fig. 10—10a, *proxima* **n. sp.**,
Tab. XI, fig. 11—11a, Guatemala u. Panama; var. *minor* **n. var.**, Panama;
p. 105 *bicincta* Spin., Tab. XI, fig. 12—12a; *verticalis* **n. sp.**, Tab. XI, fig. 13
—13a, Guatemala.

Selyza **Melichar (1)** p. 34 *squamulata* **n. sp.**, N. O. Afrika.

Sephena **Schmidt (2)** p. 372 *tricolor* **n. sp.**, W. Java.

Siphanta **Schmidt (2)** p. 358 *rubra* **n. sp.**, Queensland.

Southia **n. nom. Kirkaldy (5)** p. 279 für *Paulia* St.

Temora Kirkaldy **Kirkaldy (5)** p. 279 = *Colgorme* **n. nom.**

Thanatophantia **n. nom. Kirkaldy (5)** p. 279, für *Alisca* St.

Thanatophara **n. nom. Kirkaldy (5)** p. 280, für *Clonia* Walk.

Thionia Stal **Fowler (1)** p. 122; *variegata* St., Tab. XII, fig. 15—15a—16; p. 123
brevior **n. sp.**, Tab. XII, fig. 17—17a, Mexiko u. Panama; *maculipes* St.;
scutellata **n. sp.**, Tab. XII, fig. 18—18a, Mexiko; p. 124 *sordida* **n. sp.**, Tab. XII
fig. 19—19a, Mexiko; *humilis* **n. sp.**, Tab. XII, fig. 20—20a, Mexiko; *naso*
n. sp., Tab. XII, fig. 29—29a, Mexiko.

Uxantis **Schmidt (1)** p. 206 *taenia* **n. sp.**, Sumatra.

Ulixes Stal **Fowler (1)** p. 114; *clypeatus* Walk., Tab. XII, fig. 1—1a—2, syn.
cassidoides Walk., *cassidiformis* Walk., *marmoreus* St., *convivus* St.

Walkeria **Schmidt (1)** p. 192 *Melichari* **n. sp.**, Sumatra.

Xosias **n. nom. Kirkaldy (5)** p. 280, für *Eteocles* St.

Xosophora **n. nom. Kirkaldy (5)** p. 279, für *Rhinortha* Walk.

Zanna **Jacobi (1)** p. 770 *clavaticeps* Karsch, syn. *Pyrops turritus* Gerst.

Cercopidae.

Ardid (1) Spanien: Zaragoza; p. 272—273, 5 Arten. — **Cobelli (2** Trentin;
p. 557, 1 Art. — **Horvath (4)** Turkestan, 1 Art u. 1 Var. — **Jacobi (1)** N. O. Afrika;
p. 771—778, 14 Arten (neu: 6); — **(3)** Norden von D. O. Afrika, 6 Arten. —
Lambertie(1) Gironde: Citon; 7 Art.; — **(3)** Gironde; p. 28, 1 Art. — **Matsumura (1)**
Monographie der japan. Arten; — **(2)** Katalog der japan. Cercopiden: 40 Arten
(neu: 17). — **Melichar (1)** N. O. Afrika, 1 Art; — **(2)** Übersicht der paläarkt.
Arten: Bestimmungstabelle, Beschr. der Gattungen, Arten, Var. — **Noualhier**
et **Martin (1)** Indochina; p. 183—184, 8 Arten. — **Péneau (2)** Nantes, p. XII,
1 Art. — **Penzig(1)** Symbiose mit Ameisen. — **Snow (1)** Arizona; p. 349, 4 Arten.
— **Van Duzee (1)** New Mexico: Beulah; p. 111. — **Wirtner (1)** W. Pennsylvanien;
p. 216—217, 6 Arten.

Aphrophora **Girault (3)** p. 44—48 *parallela* Say, Biologie. — **Matsumura (1)** p. 29
— **Matsumura (1)** Japan: p. 29 *intermedia* Uhl., fig. 6; p. 30 *putealis* **n. sp.,**
fig. 7; p. 31 *obliqua* Uhl.; p. 32 *major* Uhl., fig. 8, syn. *alpina* Mel.; p. 34
pectoralis **n. sp.,** fig. 9; p. 35 *costalis* **n. sp.,** fig. 10; p. 36 *Ishidae* **n. sp.,** fig. 11;
p. 37 *rugosa* **n. sp.,** fig. 12; p. 38 *vittata* **n. sp.,** fig. 13; p. 39 *obtusa* **n. sp.,** fig. 14;
p. 40 *flavipes* Uhl., fig. 15; p. 41 *maritima* **n. sp.,** fig. 16; p. 42 *stictica* **n. sp.,**
fig. 17; p. 43 *Niijimae* **n. sp.,** fig. 18; — **(2)** Japan; p. 32 *alpina* Mel. verschieden von *flavomaculata* **n. sp.** [= *major* Mats. (1)]; *Niijimae* Mats. =
= *vittata* var.; p. 33 *alni* Fall., Tab. II, fig. 5; p. 34 *scutellata* **n. sp.,** Tab. II,
fig. 8; p. 35 *brevis* **n. sp.;** *compacta* **n. sp.,** Tab. II, fig. 7; p. 36 *fallax* **n. sp.;**
p. 37 *obliqua* Uhl., Tab. II, fig. 10; *abieti(s)* **n. sp.,** Tab. II, fig. 6; p. 38 *major*
Uhl. (verus!), Tab. II, fig. 4; p. 39 *flavomaculata* **n. sp.,** syn. *major* Mats.
1903, Tab. II, fig. 3; p. 41 *harimaensis* **n. sp.,** Tab. II, fig. 11; p. 42 *stictica*
var. *zonata* **n. var.,** Tab. II, fig. 2; *vitis* **n. sp.,** Tab. II, fig. 9; p. 43 *nigricans*
n. sp. — **Melichar (2)** p. 24—25 Bestimmungstabelle; 6 Arten; *salicis*
Geer, Tab. II, fig. 7; *alni* Fall., Tab. II, fig. 8, Tab. I, fig. 18—19, 22, 30.

Callitettix **Noualhier et Martin (1)** p. 184 *carinifrons* Noualhier, Tab. X, fig.,
Tab. XI, fig. 13, Cambodien u. Siam.

Clovia **Jacobi (1)** p. 777 *callifera* Stal, Tab. XLIV, fig. 15—15a.

Cosmocarta **Noualhier et Martin (1)** p. 183 *obscurata* Noualh., Tab. X, fig. 6,
Siam; *carens* Noualh., Tab. X, fig. 7, Laos.

Euclovia **n. gen. Matsumura (1)** p. 25; *Okadae* **n. sp..** fig. 5.

Hemiapterus **n. gen. Jacobi (1)** p. 777; p. 778 *decurtatus* **n. sp.,** Tab. XLIV, fig. 16,
N. O. Afrika.

Lepyronia **Matsumura (1)** p. 23 *coleoptrata* var. *grossa* Uhl., fig. 4. — **Melichar (2)**
p. 23 *coleoptrata* L., Tab. I, fig. 21, Tab. II, fig. 11; var. *obscura* Mel.

Locris **Jacobi (1)** N. O. Afrika: p. 772 *rubra* F.; *amauroptera* **n. sp.,** Tab. XLIV,
fig. 7; p. 773 *erythromela* Walk., *Neumanni* **n. sp.,** Tab. XLIV, fig. 9; p. 774
vestigians **n. sp.,** Tab. XLIV, fig. 10—10a; p. 775 *aethiopica* **n. sp.,** *hieroglyphica* Leth.; — **(3)** p. 16 *ochroptera* **n. sp.,** Norden von D. O. Afrika.

Mesoptyelus **n. gen. Matsumura (2)** p. 48; p. 49 *nigrifrons* **n. sp.,** Tab. II, fig. 13,
Japan.

Peuceptyelus **Matsumura (1)** Japan: p. 45 *indentatus* Uhl., fig. 18; — **(2)** Japan:
p. 44 *Nawae* **n. sp.,** Tab. II, fig. 14; p. 45 *nigroscutellatus* **n. sp.,** Tab. II,
fig. 16: p. 47 *medius* **n. sp.,** Tab. II, fig. 15; *dimidiatus* **n. sp.** — **Melichar (2)**
p. 23 *coriaceus* Fall.

Philagra **Matsumura (1)** Japan: p. 12 *albinotata* Uhl., fig. 3.

Philaenus **Marchand (1)** *spumarius* L., Biologie. — **Melichar (2)** p. 27—28
Bestimmungstabelle; 13 Arten u. 17 Var.; *lineatus* L., Tab. II, fig. 13;
exclamationis Th., Tab. II, fig. 12; *albipennis* F., Tab. II, fig. 10; *spumarius*
L., Tab. I, fig. 23 u. 31' Tab. II, fig. 6; var. *lineatus* F., Tab. II, fig. 4; var.
marginellus F., Tab. II, fig. 5, var. *praeustus* F., Tab. II, fig. 9.

Poophilus **Jacobi (1)** p. 775 *terrenus* Walk.; *grisescens* Schaum., Tab. XLIV,
fig. 14—14a.

Ptyelus **Jacobi (1)** p. 775 *grossus* F., Tab. XLIV, fig. 11; *aethiops* **n. sp.,** Tab.
XLIV, fig. 12—12a, N. O. Afrika. — **Matsumura (1)** Japan: p. 49 *spumarius*

L., fig. 20; p. 51 *fuscus* **n. sp.**, fig. 21; p. 52 *nigropectus* **n. sp.**, fig. 22; —
(**2**) Japan: p. 50 *abieti(s)* **n. sp.**, Tab. II, fig. 17; p. 51 *guttatus* **n. sp.**, Tab. III,
fig. 2; p. 52 *glabrifrons* **n. sp.**, Tab. III, fig. 3.

Rhinaulax **Matsumura** (**1**) Japan: p. 18 *assimilis* Uhl., fig. 1; p. 19 *apicalis* **n. sp.**,
fig. 2; — (**2**) p. 32 *apicalis* Mats. = ♂ von *assimilis* Uhl.

Sinophora **Matsumura** (**1**) Japan: p. 46 *maculosa* Mel., fig. 19.

Tomaspis **Breddin** (**9**) p. 58 *laqueus* **n. sp.**; *eriginea* **n. sp.**; *rhodopepla* **n. sp.**; *nox*
n. sp.; *illuminatula* **n. sp.**; *phantastica* **n. sp.**; p. 59 *ephippiata* **n. sp.**; *tettigoniella* **n. sp.**; alle: Ecuador. — **Jacobi** (**1**) p. 771 *invenusta* **n. sp.**, Tab. XLIV,
fig. 6—6a, N. O. Afrika.

Triecphora **Melichar** (**2**) p. 18—19 Bestimmungstabelle; 9 Arten u. 4 Var.; *arcuata*
Fieb., Tab. II, fig. 2; *vulnerata* Germ., Tab. II, fig. 1; *mactata* Germ.; tab. I,
fig. 20, Tab. II, fig. 3.

Membracidae.

Ardid (**1**) Spanien: Zaragoza; p. 273, 1 Art. — **Jacobi** (**3**) Norden von
D. O. Afrika, 2 Arten. — **Kirkaldy** (**5**) Nomenklatorisches. — **Lambertie** (**1**) Gironde
Citon; 2 Arten. — **Melichar** (**2**) Übersicht der paläarkt. Arten; Bestimmungs-
tabellen: Synon., Beschr., Verbr. — **Noualhier** et **Martin** (**1**) p. 182—183, 6 Arten.
— **Snow** (**1**) Arizona; p. 349, 5 Arten. — **Van Duzee** (**1**) New Mexico: Beulah.
— **Wirtner** (**1**) W. Pennsylvanien; p. 209—213, 38 Arten.

Alchisme **n. nom. Kirkaldy** (**5**) p. 279, für *Triquetra* Frm.

Anomeus Fairmaire **Kirkaldy** (**5**) p. 279 = *Eteoneus* **n. nom.**

Argante Stal **Kirkaldy** (**5**) p. 279 = *Kronides* **n. nom.**

Boethoos **n. nom. Kirkaldy** (**5**) p. 279, für *Parmula* Frm.

Centrotus **Melichar** (**2**) p. 13; 2 Arten u. 7 Var.; *cornutus* L., Tab. I, fig. 2—14.

Daunus Stal **Kirkaldy** (**5**) p. 279 = *Zanophora* **n. nom.**

Dioclophara **n. nom. Kirkaldy** (**5**) p. 279, für *Lucilla* St.

Eteoneus **n. nom. Kirkaldy** (**5**) p. 279, für *Anomeus* Frm.

Gargara **Melichar** (**2**) p. 16; 2 Arten; *genistae* Am.-S., Tab. I, fig. 15—17.

Gelastogonia **n. nom. Kirkaldy** (**5**) p. 279, für *Oxygonia* Frm.

Gelastophara **n. nom. Kirkaldy** (**5**) p. 279, für *Hypselotropis* St.

Hesperophara **n. nom. Kirkaldy** (**5**) p. 279, für *Leptophara* St.

Hypselotropis Stal **Kirkaldy** (**5**) p. 279 = *Gelastophara* **n. nom.**

Kronides **n. nom. Kirkaldy** (**5**) p. 279, für *Argante* St.

Leptocentrus **Noualhier** et **Martin** (**1**) p. 183 *subflavus* Noualh., Tab. X, fig. 5,
Cambodien.

Leptophara Stal **Kirkaldy** (**5**) p. 279, für *Hesperophara* **n. nom.**

Lucilla Stal **Kirkaldy** (**5**) p. 279 = *Dioclophara* **n. nom.**

Mysolis **n. nom. Kirkaldy** (**5**) p. 279, für *Norsia* Walk.

Norsia Walker **Kirkaldy** (**5**) p. 279 = *Mysolis* **n. nom.**

Oxyrrhachis **Jacobi** (**3**) p. 17 *tarandus* F., Nymphe. — **Melichar** (**2**) p. 12; 2 Arten;
Delalandei Fairm., Tab. I, fig. 1.

Oxygonia Fairmaire **Kirkaldy** (**5**) p. 279 = *Gelastogonia* **n. nom.**

Parmula Fairmaire **Kirkaldy** (**5**) p. 279 = *Boethoos* **n. nom.**

Phacusa Stal **Kirkaldy** (**5**) p. 279 = *Thrasymedes* **n. nom.**

Pyranthe Stal **Kirkaldy (5)** p. 279 = *Sundarion* **n. nom.**
Sundarion **n. nom. Kirkaldy (5)** p. 279, für *Pyranthe* St.
Thrasymedes **n. nom. Kirkaldy (5)** p. 279, für *Phacusa* St.
Tricentrus **Melichar (2)** p. 13 *paradoxa* Leth.
Triquetra Fairmaire **Kirkaldy (5)** p. 279 = *Alchisme* **n. nom.**
Zanophora **n. nom. Kirkaldy (5)** p. 279, für *Daunus* St.

Jassidae.

Ardid (1) Spanien: Zaragoza; p. 273, 13 Arten. — **Ashmead (1)** Alaska. —
Cobelli (1) Österreich: Rovereto; p. 12, 2 Arten; — (2) Trentin; p. 557—558,
20 Arten. — **Horvath (4)** Turkestan, 21 Arten (neu: 4) u. 2 Var. (neu: 1). —
Hueber (1) Verzeichnis der deutschen Zikadinen (Groß-Deutschland). — **Jacobi (1)**
N. O. Afrika; p. 778—780, 4 Arten. — **Kirkaldy (8)** Cypern; 1 Art. — **Lambertie (1)**
Gironde: Citon; p. LXXIII—IV, 55 Arten; — (3) Gironde; p. 27—28, 35 Arten;
— (4) Gironde; 5 Arten; — (6) Gironde, p. XCVIII, 2 Arten. — **Melichar (1)**
N. O. Afrika, 17 Arten. — **Noualhier et Martin (1)** Indochina; p. 184—185, 10 Arten.
— **Slingerland (2, 3)** New-York; *Typhlocyba comes* Say, Biologie, Entwicklung.
— **Snow (1)** Arizona; p. 349—350, 9 Arten. — **Van Duzee (1)** New Mexico: Beulah,
p. 112, 6 Arten. — **Wirtner (1)** W. Pennsylvanien; p. 217—228, 122 Arten.

Alebra **Baker (4)** p. 5 *sanguinolinea* **n. sp.**, Nicaragua.
Cicadula **Melichar (1)** p. 47 *clypeata* **n. sp.**, N. O. Afrika. — **Ashmead (1)** p. 134
ungae **n. sp.**, Alaska.
Deltocephalus **Horvath (4)** p. 587 *Stummeri* **n. sp.**, Turkestan. — **Kirkaldy (2)**
p. 177 *hospes* **n. sp.**, Hawaii. — **Melichar (1)** p. 45 *coronatus* **n. sp.**, N. O. Afrika;
p. 46 *ageratus* **n. sp.**, N. O. Afrika. — **Ashmead (1)** p. 132 *Harrimani* **n. sp.**
u. *Evansi* **n. sp.**, Alaska.
Ectomops **Noualhier et Martin (1)** p. 185 *rubescens* Noualh., Tab. X, fig. 12, Tab. XI,
fig. 12, Siam.
Empoasca **Baker (4)** p. 7 *lineata* **n. sp.**, Bolivien.
Erythria **Baker (3)** p. 4 *Donaldsoni* **n. sp.**, Nicaragua; *Guzmani* **n. sp.**, Nicaragua;
Montealegrei **n. sp.**, Guatemala u. Nicaragua; p. 5 *Deschoni* **n. sp.**, Nicaragua.
Eualebra **Baker (4)** p. 7 *notata* **n. sp.**, Guatemala.
Eugnathodus **n.gen. Osborn (1)** p. 1, für *Gnathodus abdominalis* Van Duz.; p. 1—2
Tabelle der 7 Arten; p. 1 *nevadensis* **n. sp.**, Nevada; p. 2 *flavescens* **n. sp.**,
Nicaragua; *vermiculatus* **n. sp.**, Nicaragua; *abdominalis* Van Duz. u. var.
magnus **n. var.**, Nicaragua; *delicatus* **n. sp.**, Nicaragua; *lacteus* **n. sp.**, Nicaragua;
tumidus **n. sp.**, Guatemala.
Eupteryx **Baker (4)** p. 8 *quinquemaculata* **n. sp.**, Californien.
Eutettix **Kirkaldy (2)** p. 178 *Perkinsi* **n. sp.**, Hawaii. — **Melichar (1)** p. 44 *quadri-
punctatus* **n. sp.**, N. O. Afrika.
Gnathodus **Horvath (4)** p. 586 *punctatus* var. *lineolatus* **n. var.** Turkestan. — **Melichar
(1)** p. 47 *bipunctatus* **n. sp.**, N. O. Afrika.
Hecalus **Jacobi (1)** p. 779 *Afzelii* St. — **Melichar (1)** p. 36 *dubius* **n. sp.**, N. O. Afrika.
— **Noualhier et Martin (1)** p. 184 *Platalea* Noualh., Tab. X, fig. 11, Siam.
Homalocephala **Jacobi (3)** p. 16 *intermedia* B.
Idiocerus **Horvath (4)** p. 588 *Almasyi* **n. sp.**, Turkestan.

Macropsis **Melichar (1)** p. 35 *serena* **n. sp.**, N. O. Afrika. — *Macropsis* **Baker 5)**
p. 10 *nicaraguensis* **n. sp.**, Nicaragua; p. 11 *franciscana* **n. sp.**, Californien.

Palicus **Melichar (1)** p. 40 *africanus* **n. sp.**, N. O. Afrika; p. 41 *conjunctus* **n. sp.**,
N. O. Afrika.

Parabolocratus **Jacobi (1)** p. 780 *taenionotus* **n. sp.**, Tab. XLIV, fig. 17—17a—c,
N. O. Afrika.

Pediopsis **Horvath (4)** p. 589 *pictipes* **n. sp.**, Turkestan.

Phlepsius **Melichar (1)** p. 38 *chloroticus* **n. sp.**, p. 39 *fasciolatus* **n. sp.**, p. 40 *rhom-
boideus* **n. sp.**: N. O. Afrika.

Platymetopius **Melichar (1)** p. 43 *niveimarginatus* **n. sp.**, N. O. Afrika.

Protoalebra **Baker (4)** p. 6 *nicaraguensis* **n. sp.**, Nicaragua; *transversalis* **n. sp.**,
Mexiko; *maculata* **n. sp.**, Nicaragua; p. 7 *octolineata* **n. sp.**, Nicaragua u.
Guatemala.

Scaphoideus **Melichar (1)** p. 42 *strigulatus* **n. sp.**, N. O. Afrika.

Siva **Melichar (1)** p. 38 *bipunctula* **n. sp.**, N. O. Afrika.

Stymphalus **Melichar (1)** p. 37 ? *calliger* **n. sp.**, N. O. Afrika.

Stragania **Baker (5)** p. 10 *humilis* Stal; *misella* Stal, Mexiko.

Straganiopsis **n. gen. Baker (5)** p. 10, für *Macropsis idioceroides* Baker.

Tettigometra **Silvestri (1)** *impressifrons* M. R. u. *costulata* Fieb., Myrmekophilie.

Tettigonia auct. nec L. nec F. [*Tettigonia* L. = *Orthopt.*] **Jacobi (1)** p. 778 =
Tettigoniella **n. nom.** — **Kirkaldy (4)** p. 256 *Tetigonia* Geoffr. muß stehen.

Thamnotettix **Horvath (4)** p. 586 *macilentus* **n. sp.**, Turkestan.

Typhlocyba **Slingerland (2)** *comes* Say, Biologie; — **(3)** *comes* Say, Biologie, Entwicklungsstadien. — **Baker (4)** p. 8 *pseudomaculata* **n. sp.**, Guatemala;
verticis **n. sp.**, Nicaragua; p. 9 *pseudoobliqua* **n. sp.**, Nicaragua; *bimaculata*
n. sp., Guatemala u. Mexiko.

Typhlocybella **n. gen. Baker (2)** p. 3, *minima* **n. sp.**, Nicaragua.

Sternorrhyncha.
Chermidae (Psyllidae).

Ashmead (1) Alaska. — **Horvath (4)** Turkestan, 4 Arten (neu: 1). — **Hueber (1)**
p. 275—276 Verzeichnis der deutschen Chermiden. — **Kirkaldy (4)** *Chermidae*
statt *Psyllidae*. — **Lambertie (1)** Gironde: Citon; p. LXXV, 3 Arten; — **(3)** Gironde
p. LXXII, Arten. — **Schwarz (2)** Nestbildende Chermide. — **Snow (1)** Arizona;
p. 350, 3 Arten.

Aphalara **Ashmead (1)** p. 135 *Schwarzi* **n. sp.**, Alaska; p. 136 *Kincaidi* **n. sp.** u.
alaskensis **n. sp.**, Alaska.

Chermes Linné **Kirkaldy (4)** p. 255, Genotype ist *ficus* L.; daher *Chermidae* statt
Psyllidae.

Calophya F. Löw **Schwarz (3)** p. 240; p. 241 Bestimmungstabelle; p. 241 *triozomima* **n. sp.**, Süd-Arizona u. Californien; p. 242 *californica* **n. sp.**, Californien;
p. 243 *flavida* **n. sp.**, Washington D. C., Mass., Mo.; *nigripennis* Riley.

Euphalerus **n. gen. Schwarz (3)** p. 238; p. 239 *nidifex* **n. sp.**, Florida u. Cuba;
— **(2)** p. 154 Nest.

Euphyllura Förster **Schwarz (3)** p. 234; Bestimmungstabelle; p. 235 *arctostaphyli*

n. sp., Californien u. Arizona; p. 236 var. *niveipennnis* n. var., id.; p. 237 *arbuti* n. sp., Callfornien.

Psylla Ashmead (1) p. 137 *alaskensis* n. sp., Alaska. — Horvath (4) p. 590 *nasuta* n. sp., Turkestan.

Trichochermes n. nom. Kirkaldy (5) p. 280, für *Trichopsylla* Thoms. *Trichopsylla* Thomson Kirkaldy (5) p. 280 = *Trichochermes* n. nom.

Aphidae.

Cockerell (1) New Mexico, 5 Arten; — (5) New Mexico: Beulah, 15 Arten. — Flögel (1) Ei u. Stammmutterlarven. — Kirkaldy (5) Nomenklatorisches; — (8) Cypern, 1 Art. — Pergande (1) Monographie der N. Amerik. Phylloxerinen: Synon., Verbr., Beschr., Biologie, Gallen. — Schouteden (5) Aphidenfauna Südamerikas. — Stauffacher (1) Statisches Organ bei *Adelges*.

Adelges [syn. Chermes auct. nec L.]. — S. *Chermes.*

Aphis Linné Kirkaldy (4) p. 255 Type = *sambuci* L. — Cockerell (5) p. 115 *rociadae* n. sp., New Mexico; auf *Delphinium sapellonis*; *atronitens* n. sp., New Mexico, auf *Vicia*. — [Pergande (2) p. 5 *avenae* F., unter *Siphocoryne*]. — Theobald (2) p. 43 *sorghi* n. sp., Sudan, auf *Sorghum*. — Froggatt (2) *persicae-niger* Forbes.

Chermes [auct. nec L.; *Chermes* L. = *Psylla*] [= *Adelges* Vall.] Cholodkovsky (1) p. 557—559 *lapponicus* Chol. u. *strobilobius* Kalt., Anatomie der wachsbereitenden Drüsen; — (2) p. 476 *orientalis* Dreyf., Biologie u. Galle; p. 478 *funitectus* Dreyf., Galle. — Gillette (1) sp., Colorado, Biologisches. — Stauffacher (1) *coccineus* Ratz., statisches Organ. — [= *Adelges*].

Cladobius Cockerell (1) p. 263 *beulahensis* n. sp., New Mexico, auf *Populus tremuloides*. — Pergande (3) *Cladobius* Koch, syn. *Melanoxanthus* Buckt. u. *Pterocomma* Buckt.

Dryobius Koch Kirkaldy (5) p. 279 = *Dryaphis* n. nom.

Dryaphis n. nom. Kirkaldy (5) p. 279 für *Dryobius* Koch.

Dryopeia n. nom. Kirkaldy (5) p. 279, für *Endeis* Koch.

Endeis Koch Kirkaldy (5) p. 279 = *Dryopeia* n. nom.

Hamadryaphis n. nom. Kirkaldy (5) p. 279, für *Kessleria* Licht.

Hyadaphis n. nom. Kirkaldy (5) p. 279, für *Siphocoryne* Pass. 1863 nec 1860.

Kessleria Lichtenstein Kirkaldy (5) p. 279 = *Hamadryaphis* n. nom.

Macrosiphum Cockerell (1) p. 262 *ambrosiae* Thom. — Pergande (2) p. 13—18 *granarium* Buckt.; p. 18—21 *cereale* Kalt.; p. 21—23 *trifolii* n. sp., Verein-Staaten, Nährpflanzen. — S. also *Nectarophora* [= *Macrosiphum*].

Myzus Schouteden (5) p. 3 *Michaelseni* n. sp., Süd-Feuerland. — Cockerell (5) p. 115 *phenax* n. sp., New Mexico, auf *Humulus lupulus* var. *neomexicanus*.

Nectarophora [= *Macrosiphum*] Pergande (3) *caudata* Perg., *insularis* Perg., *epilobii* Perg.

Melanoxanthus Buckton Pergande (3) = *Cladobius* Koch.

Panaphis n. nom. Kirkaldy (5) p. 279, für *Ptychodes* Buckt.

Phylloxera Boyer Pergande (1) Monographie der nordamerik. Arten: Synon., Beschr. der versch. Formen: Ei, Larven, Nymphen, Imagines; Nährpflanzen, Gallen, Verbr., etc.; Bestimmungstabellen u. Gruppeneinteilung nach den Gallen; p. 190 *caryae-septum* Shirm., Tab. I, fig. 1—6, Tab. IX, fig. 46;

p. 193 var. *perforans* n. var., auf *Hicoria glabra*, Tab. I, fig. 7—8, Tab. X, fig. 57 u. 60; p. 194 *caryaefoliae* Fitch., Tab. II, fig. 9, Tab. IX, fig. 47; p. 197 *picta* n. sp., Tab. II, fig. 10, Tab. IX, fig. 48, Tab. X, fig. 61—63; p. 199 *intermedia* n. sp., auf *Hicoria tomentosa* Tab. II, fig. 11—14, Tab. X, fig. 64—65; p. 200 *foveola* n. sp., auf *H. glabra*, Tab. III, fig. 15—16; p. 203 *pilosula* n. sp., auf *H. glabra*, Tab. III, fig. 17, Tab. IX, fig. 49; p. 205 *deplanata* n. sp., auf *H. tomentosa* u. *H. microcarpa*, Tab. III, fig. 18—20, Tab. IV, fig. 21—23, Tab. X, fig. 66—70; p. 308 *depressa* Shirm.; p. 209 *foveata* Shirm., syn. *forcata* auct.; p. 210 *minimum* Shirm.; p. 211 *caryaesemen* Walh, Tab. IX, fig. 50—51; p. 214 *caryae-fallax* Ril., Tab. IX, fig. 52 —53, Tab. XI, fig. 71—74; p. 217 *rimosalis* n. sp., auf *Hicoria tomentosa'* Tab. IV, fig. 4, Tab. IX, fig. 54; p. 220 *caryae-scissa* Ril., Tab. IV, fig. 25, Tab. IX, fig. 55—56; p. 222 *caryae - globuli* Walsh., syn. *hemisphaericum* Shirm.; p. 225 *conica* Shirm., Tab. V, fig. 26—29, Tab. XI, fig. 75—78; p. 228 *caryae-avellana* Ril., Tab. V, fig. 30—31, Tab. VI, fig. 32—36, Tab. XI, fig. 79—81; p. 230 *symmetrica* n. sp., auf *Hicoria tomentosa*; p. 233 var. *vasculosa* n.; p. 234 var. *purpurea* n., p. 235 *notabilis* n. sp., auf *H. olivae-formis*, Tab. XII, fig. 82—90; p. 236b *globosum* Shirm., Tab. XIII, fig. 91 —92; p. 238 var. *coniferum* Shirm., Tab. VIII, fig. 93—94; p. 238 *caryae-gummosa* Rib., Tab. VI, 37, Tab. XIII, fig. 95—97, p. 239 *caryaevenae* Fitch, Tab. VI, fig. 38—39, Tab. XIII, fig. 98—105; p. 244 *caryaecaulis* Fitch, Tab. VII, fig. 40, Tab. XIV, fig. 106; p. 246 var. *magna* Ril., Tab. VII, fig. 41—42, Tab. XIV, fig. 107; p. 246 var. *spinosa* Ril., Tab. VIII, fig. 43—44, Tab. XIV, fig. 108—114; Tab. XVI, fig. 124—127; p. 247 *spinuloides* n. sp., auf *Hicoria*, Tab. XVII, fig. 128—130; p. 248 *devastatrix* n. sp., auf *H. olivae-formis*, Tab. XVII, fig. 131—135; p. 249 *georgiana* n. sp., auf *Hicoria*, Tab. XV, fig. 115—117; p. 250 *subelliptica* Shirm., Tab. XV, fig. 118—119; p. 251 *perniciosa* n. sp., auf *H. tomentosa*, Tab. VIII, fig. 459, Tab. XV, fig. 120 —123, Tab. XVIII, fig. 136—140; p. 257 *caryae-ren* Ril., Tab. XVIII, fig. 142; — p. 257 *castanea* Hald., Tab. XVIII, fig. 143—150; p. 261 *Rileyi* Ril., Tab. XIX, fig. 151—154; p. 263 *querceti* n. sp., auf *Quercus var. sp.*, Tab. XX, fig. 155—153; p. 235 *prolifera* Oestl.; p. 266 *popularia* n. sp., auf *Populus monilif ra* in den Gallen von *Pemphigus transversus* Ril., Tab. XXI, fig. 159—160; p. 267 *salicola* n. sp., Rinde von *Salix discolor* oder *humilis*, Tab. XXI, fig. 161—168; p. 269 *nyssae* n. sp., Rinde von *Nyssa sylvatica*, Tab. XXI, fig. 169—174; p. 270 *vastatrix* Planch.

Pterocomma Buckton **Pergande (3)** = *Cladobius* Koch.

Ptychodes Buckton **Kirkaldy (5)** p. 279 = *Panaphis* n. nom.

Rhopalosiphum **Schouteden (5)** p. 4 *acaenae* n. sp., auf *Acaena splendens*, Süd-Feuerland.

Sipha **Del Guercio (1)** *Berlesei* n. sp., Belgien.

Siphocoryne Passerini 1863 nec 1860 **Kirkaldy (5)** p. 269 = *Hyadaphis* n. nom.

Tetraneura **Cockerell (1)** p. 262 *lucifuga* Zehntn. ist ein *Pemphigus*.

Coccidae.

Banks (1) Schädlinge. — **Cockerell (1)** New Mexico: p. 263 *Eriococcus borealis*; —**(3)** Bestimmungstabelle der auf Orange öfter vorkommenden Arten. — **Green (1)**

Lecaniinae von Ceylon, *Lecanium* s. lato: Synon., Beschr., Nährpflanzen; Bestimmungstabelle; — (2) Java: 24 Arten (neu: 4 Arten, 3 Var.), Nährpflanzen.
— **Hopkinson (1)** England: Hertfordshire. — **Kirkaldy (3)** Hawaii: 53 Arten, mit
Nährpflanzen u. Feinde; — (4) Nomenklatorisches. — **Luff (1)** Guernsey: 14 Arten,
1 Var. — **Mazzarelli (1)** Anatomie der Larve von *Diaspis pentagona* Targ. — **Mayet**
(1) Lebensdauer von enkystierten *Margarodes vitium* Giard. — **Reh (1)** Deutschland's Cocciden (Schluß), Bibliographie, Biologie, Nährpflanzen, Feinde;
— (2) in der Station für Pflanzenschutz in Hamburg gesammelte Diaspinen. —
Sanders (2) Katalog für Ohio-Staat. — **Theobald (1)** p. 185—189, Ägypten,
13 Arten.

Amelococcus n. gen. **Marchal (1)** p. 560; *Alluaudi* n. sp., auf *Euphorbia Intisy*,
    Madagaskar.

Antonina **Green (5)** p. 463 *australis* n. sp., Tab. XVI, auf *Cyperus rotundus*,
    Australien; p. 465 *bambusae* Mask., verschieden von *purpurea* Sign. —
    Froggatt (1) *australis* Green, p. 407—410, Tab.

Aspidiotus **Cockerell (2)** *ancylus* Putn. — **Green (2)** p. 208 (*Pseudaonidia*) *curcu-
    liginis* n. sp., fig. 4, auf *Curculigo recurvata*, Java; — (3) p. 375 (*Aonidiella*)
    capensis Walk. (*Lecanium*) Algoa Bay. — **Reh (1)** p. 13 *pyri* Licht.; p. 14
    zonatus Frauenf.; p. 15 (*Chrysomphalus*) *dictyospermi* Morg. var. *arecae*
    Newst.; p. 16 (*Aonidia*) *lauri* Bouché; — (2) p. 174 *aonidum* Cock. = *ficus*
    Ashm.; p. 175 *punicae* Cock. nicht in Fernald's Katalog (1903). — **Sanders (1)**
    p. 96 *piceus* n. sp., auf *Liniodendron tulipifera*, Ohio; — (2) p. 55,
    Subgen. *Aspidiotus* s. str., *Diaspidiotus* Berl. et Leon., *Hemiberlesia*
    Cock.; p. 57 *ancylus* Putn., Tab. I, fig. 5; p. 58 *Comstocki* Johns,
    Tab. I, fig. 9; p. 59 *cyanophylli* Sign., Tab. II, fig. 12; *cydoniae*
    Crawii Cock., Tab. III, fig. 19; p. 60 *Forbesi* Johns., Tab. I, fig. 1—2;
    p. 61 *glanduliferus* Cock., Tab. I, fig. 8; p. 62 *hederae* Vall., syn. *nerii* Bruché,
    Tab. II, fig. 10—11; *juglans-regiae* Comst., Tab. I, fig. 7; p. 63 *lataniae*
    Sign., Tab. III, fig. 18; p. 64 *Osborni* New. et Cock.; *ostraeformis* Curt., Tab. I,
    fig. 3; p. 65 *perniciosus* Comst., Tab. I, fig. 4, Tab. IX, fig. 78; p. 66 *piceus*
    Sanders, Tab. VIII, fig. 66; p. 67 *rapax* Comst., Tab. III, fig. 20; *ulmi*
    Johns., Tab. III, fig. 22; p. 68 *uvae* Comst., Tab. I, fig. 6.

Aulacaspis **Sanders (2)** p. 53 *pentagona* Targ.; *rosae* Bouché, Tab. VI, fig. 44—45.

Chaetococcus **Green (5)** p. 465 = *Antonina* Sign.; *bambusae* Mask. nicht = *Ant.*
    purpurea Sign.

Calymmata Costa **Kirkaldy (4)** p. 256, syn. *Coccus* Fern.

Calymmatinae **Kirkaldy (4)** p. 258 für *Coccinae* Fern.

Ceroplastes **Green (2)** p. 207 *cirrhipediformis* Comst., fig. 3. — **Theobald (1)** p. 188
    africanus Green.

Chionaspis **Green (4)** p. 67 *angusta* n. sp., Victoria. — (5) p. 462 *formosa* n. sp.,
    Tab. XVII, auf *Eucalyptus tereticornis*, N. S. Wales u. Victoria. — **Reh (1)**
    p. 23 (*Hemichionaspis*) *aspidistrae* Sign.; p. 24 *salicis* Sign. — **Sanders (1)**
    sylvatica n. sp., auf *Nyssa sylvatica*, Ohio; — (2) p. 43; *americana* Johns.,
    Tab. IV, fig. 31; p. 44 — *caryae* Cooley, Tab. V, fig. 32; p. 45 *corni* Cooley,
    Tab. IV, fig. 26—27; *euonymi* Comst., Tab. IV, fig. 28; p. 46 *furfura*
    Fitch, Tab. IV, fig. 30; *gleditsiae* Sanders, Tab. V, fig. 36—37; p. 47

longiloba Cooley; p. 48 *ortholobis* Comst.; p. 49 *pinifoliae* Fitch, Tab. V,
fig. 34—35; *salicis-nigrae* Walsh., Tab. V, fig. 32 u. 34, Tab. IX, fig. 74;
p. 50 *sylvatica* Sanders.

Chrysomphalus **Marchal (2)** *dictyospermi* var. *minor* Berl., Biologie, Bekämpfung.
— **Sanders (2)** p. 69; p. 70 *adonidum* L., Tab. II, fig. 13, syn. *ficus* Ashm.;
p. 71 *aurantii* Mask., Tab. II, fig. 15—16; *dictyospermi* Morg., Tab. II,
fig. 17; p. 72 *obscurus* Comst. — S. also unter *Aspidiotus.*

Coccinae **Kirkaldy (4)** p. 258 für *Monophlebinae* Fern.; *Coccinae* Fern. = *Calym-*
matinae.

Coccus Linné **Kirkaldy (4)** p. 255, Type *cacti* L. [= *Llaveia* in Fernald]; *Coccus*
Fern. [Type: *hesperidum* L.] = *Calymmata* Costa; p. 259 *aceris* Curt. nec F.
= *Eulecanium Curtisi* **n. nom.** — **Green (3)** p. 373 *caudatus* Walk. =
Monophlebid., p. 374 *Poteri* Walk. (nom. nud.) = ? *Margarodes polonicus*
L.; *sinensis* Walk. = *Ericerus pe-la* Westw.

Coccus Fernald [= *Calymmata* nach **Kirkaldy (4)**]. — S. *Lecanium.*

Comstockiella **Sanders (2)** p. 69 *sabalis* Comst., Tab. III, fig. 25.

Ctenochiton **Green (4)** p. 67 *serratus* **n. sp.**, Victoria.

Dactylopiinae Fernald **Kirkaldy (4)** p. 258 = *Kerminae.*

Dactylopius auct. **Kirkaldy (3)** p. 9 (Fußnote) = *Trechocorys* **n. nom.**; — **(4)**
p. 256 *mexicanus* Lam. syn. *D. coccus* Fern., *Coccus cacti* auct. nec L. —
Luff (1) p. 274 *Luffi* Newst.

Diaspis **Mazzarelli (1)** *Diaspis pentagona* Targ., Anatomie der Larve, Biologie.
— **Reh (1)** p. 28 (*Aulacaspis*) *rosae* Bouché; p. 29 *Boisduvali* Sign.; p. 30
bromeliae Kern.; p. 30 *carueli* Targ.; p. 31 *pentagona* Targ.; p. 32 *pyri* Boisd.;
p. 34 *zamiae* Morg. — **Theobald (1)** p. 185 *squamosus* (Newst. et Theob.)
n. sp., Ägypten, auf *Pyrus* u. *Amygdalus.* — **Sanders (2)** p. 51 *Boisduvali*
Sign., Tab. VI, fig. 42; p. 52 *bromeliae* Kern.; *echinocacti cacti* Comst., Tab. VI,
fig. 43, Tab. IX, fig. 76.

Ericerus **Green (3)** p. 374 *pe-la* Westw., syn. *sinensis* Walk. — **Sasaki (1)** *pe-la*
Westw., Biologie, Entwicklung.

Eriococcus **Sanders (2)** p. 38 *azaleae* Comst. — **Green (4)** p. 68 *sordidus* **n. sp.**,
Victoria.

Eucalymnatus. — S. *Lecanium.*

Eulecanium **Kirkaldy (4)** p. 257 *Curtisi* **n. nom.** für *Coccus aceris* Curt. nec F.
— **Cockerell (7)** Frankreich: p. 19 *magnoliarum* var. *hortensiae* **n. var.**,
auf *Hydrangia*; p. 20 *ciliatum* Dougl. var. *α*; *genevense* var. *Marchali* **n. var.**,
auf *Rosa*; p. 21 *alni* var. *rufulum* **n. var.**, auf *Carpinus*; *prunastri* var. *α*,
auf *Persica.*

Exaeretopus **Luff (1)** p. 273 *formicicola* Newst.

Fiorinia **Sanders (2)** p. 54 *fioriniae* Targ., Tab. III, fig. 21.

Gossyparia **Sanders (2)** p. 38 *spuria* Mod., syn. *ulmi* Geoffr.

Hemichionaspis Cockerell **Sanders (2)** p. 53; p. 54 *aspidistrae* Sign., syn. *latus*,
Tab. V, fig. 38.

Howardia **Sanders (2)** p. 51 *biclavis* Comst., Tab. V, fig. 39.

Icerya **Ribaga (1)** *purchasi* Mask.

Ischnaspis **Reh (1)** p. 17 *longirostris* Sign.

Kermes Boitard **Sanders (2)** p. 33; p. 34 *Andrei* King, Tab. IX, fig. 68; p. 35 *arizonensis* King, Tab. IX, fig. 70; *galliformis* Ril., Tab. IX, fig. 73; p. 36 *Kingii* Cock., Tab. IX, fig. 72; *Pettiti* Ehrh., Tab. IX, fig. 69; p. 37 *pubescens* Bogue, Tab. VIII, fig.55, Tab. IX, fig. 67; *trinotatus* Bogue. — **Himegaugh (1)** *Gillettei* Cock., Ei.

Kerminae **Kirkaldy (4)** p. 258, syn. *Dactylopiinae* Fern.

Lecanium Burm. s. lato [Die Namen zwischen [] sind die Gattungsnamen nach Fernald] **Green (1)** p. 177; p. 183—185 Bestimmungstabelle der 33 aus Ceylon bekannten Arten; p. 187 [*Coccus*] *capparidis* **n. sp.**, Tab. LXIII, fig. 1—7, auf *Capparis moonii;* p. 188 [*Coccus*] *hesperidum* L., Tab. LXIII, fig. 8—12; p. 190 [*Saissetia*] *formicarii* Green, Tab. LXIV, fig. 1—11; p. 192 [*Coccus*] *frontale* **n. sp.**, Tab. LXV, fig. 1—6, auf *Calophyllum sp.*, p. 193 [*Coccus*] *ophiorrhizae* Green, Tab. LXVI, fig. 1—18; p. 195 (*Coccus*] *acuminatum* Sign., Tab. LXVII, fig. 1—7; p. 197 [*Coccus*] *signiferum* **n. sp.**, Tab. LXVIII, fig. 1—10 auf *Begonia, Alpinia nutans, Caryota urens;* p. 199 [*Coccus*] *viride* Green, Tab. LXIX, fig. 1—10; p. 204 [*Saissetia*] *discrepans* **n. sp.**, Tab. LXX, fig. 1—4, auf *Tea;* p. 205 [*Saissetia*] *punctiliferum* **n. sp.**, Tab. LXX, fig. 5—13, auf *Michelia champaea, Mangifera indica, Aerua lanata;* p. 206 [*Eucalymnatus*] *subtessellatum* **n. sp.**, Tab. LXXI, fig. 1—7; p. 207 [*Eucalymnatus*] *tessellatum* var. *perforatum* Newst., Tab. LXXII, fig. 1—10; p. 209 [*Coccus*] *antidesmae* Green, Tab. LXXIII, fig. 1—7; p. 210 [*Coccus*] *piperis* Green, Tab. LXXIV, fig. 1—12; p. 212 [*Coccus*] *marsupiale* **n. sp.**, Tab. LXXV, fig. 1—11, auf *Piper, Potho scandeans, Anona sp.*, p. 214 [*Coccus*] *bicruciatum* **n. sp.**, Tab. LXXVI, fig. 1—9, auf *Memecylon umbellatum, Nothopegia colebrookiana, Elaeagnus latifolia, Calophyllum, Eugenia;* p. 232 [*Saissetia*] *hemisphaericum* Targ., Tab. LXXXV, fig. 1—16, syn. *filicum* Bdv., *coffeae* Walk., ? *anthurii* Bdv., ? *hibernaculorum* Bdv.; p. 235 (*Paralecanium*) *expansum* Green, Tab. LXXXVI, fig. 1—17; p. 236 (*Paralecanium*) *marginatum* Green, Tab. LXXXVII, fig. 1—17; p. 239 (*Paralec.*) *geometricum* Green, Tab. LXXXVIII, fig. 1—9; p. 240 (*Paralec.*) *calophylli* **n. sp.**, Tab. LXXXIX, fig. 1—5, auf *Calophyllum sp.*; p. 241 (*Paralec.*) *peradeniyense* **n. sp.**, Tab. XC, fig. 1—8, auf *Piper nigrum;* p. 243 (*Paralec.*) *planum* Green, Tab. XCI, fig. 1—14; p. 245 (*Paralec.*) *zonatum* **n. sp.**, Tab. XCII, fig. 1—7, auf *Garcinia spicata;* p. 246 (*Paralec.*) *maritimum* **n. sp.**, Tab. XCIII, fig. 1—15, auf ? *Carissa* u. *Ixora coccinea;* — **(2)** p. 204 *tenebricophilum* **n. sp.**, fig. 1, auf *Erythrina lithosperma* Java; p. 20 [*Paralec.*] *expansum* var. *metallicum* **n. var.**, auf *Myristica fragrans*, Sava; var. *javanicum* **n. var.**, auf *Anomianthus heterocarpus*, Java; p. 206 var. *rotundum* **n. var.**, auf *Rhizophora mucronata*, Java; — **(3)** p. 375 *capense* Walk. ist eine *Aspidiotus* (*Aonidiella*).

Lecanopsis **Kirkaldy (4)** p. 257 = *Rhizobium* Targ.

Lepidosaphes Shimer **Green (2)** p. 209 *corrugata* **n. sp.**, auf *Coffea arabica*, Java. **Kirkaldy (4)** p. 257 *cockerelliana* **n. nom.** für *Mytilaspis albus* Cock. nec Mask. — **Sanders (2)** p. 73; *Beckii* Newm., syn. *citricola* Pack., Tab. VI, fig. 41; p. 74 *Gloverii* Pack.; *ulmi* L., syn. *pomorum* Bouché. — S. also *Mytilaspis.*

Leucaspis Signoret **Kirkaldy (4)** p. 257 = *Leucodiaspis* Sign. — **Reh (1)** p. 17
  pini Hart.
Leucodiaspis Signoret **Kirkaldy (4)** p. 257, syn. *Leucaspis* Sign.
Margarodes **Green (3)** p. 374 *polonicus* L., syn. ? *Coccus Poteri* Walk. — **Mayet (1)**
  Lebensdauer von enkystierten *M. vitium* Giard.
Monophlebus **Stebbing (1)** *Stebbingi* Green, Biologie. — **Green (3)** p. 374 *caudatus*
  Walk. (*Coccus*).
Mytilaspis [= *Lepidosaphes*] **Green (5)** p. 463 *spinifera* Mask. — **Reh (1)** p. 19
  Newsteadi Sulc.; p. 19 *pomorum* Bouché; p. 23 *pandani* Comst. — **Theobald (1)**
  p. 187 *pomorum* var. *vitis* Gth. — [= *Lepidosaphes*].
Orthezia Bosc. **Sanders (1)** p. 94 *solidaginis* **n. sp.**, auf *Solidago*, Ohio; — (**2**) p. 31
  insignis Dougl., Tab. VII, fig. 56; p. 32 *solidaginis* Sanders.
Paralecanium. — S. *Lecanium.*
Parlatoria Targioni **Sanders (2)** p. 75; *Pergandii* Comst., Tab. III fig. 24; p. 76
  zizyphus Luc., Tab. III fig. 23.
Phenacoccus **Cockerell, W. P.** et **T. D. A.** (**1**) p. 112 *vipersioides* **n. sp.**, New Mexico.
  — **Sanders (2)** p. 39 *acericola* King, syn. *aceris* Smith; *Osborni* Sanders,
  Tab. VII (p.).
Pseudococcus Fernald **Kirkaldy (3)** p. 227 (Fussnote) u. (**4**) p. 258 = *Trechocorys*
  n. nom. — **Sanders (2)** p. 41 *citri* Risso, syn. *destructor* Comst. Tab. VII,
  fig. 46—48; *longispinus* Targ., syn. *adonidum* Geoffr., Tab. VII, fig. 49—51;
  p. 42 *pseudonipae* Cock., syn. *nipae* Davis, *trifolii* Forbes, Tab. VII, fig. 52
  —54.
Pseudoparlatoria **Reh (1)** p. 19 *parlatorioides* Comst.
Pulvinaria **Green (2)** p. 206 *maxima* **n. sp.**, fig. 2, auf *Erythrina lithosperma*, Java.
Rhizobius Targioni **Kirkaldy (4)** p. 257, syn. *Lecanopsis.*
Ripersia **Luff (1)** p. 274 *Tomlini* Newst.; p. 275 *europaea* Newst.
Saissetia. — S. *Lecanium.*
Trechocorys **Kirkaldy (3)** p. 227 (Fussnote) u. (**4**) p. 258, für *Pseudococcus* Fern.,
  Dactylopius auct.
Trionymus **Cockerell (6)** p. 40 *hordei* Lind., fehlt in Fernald's Katalog.

Aleyrodidae.

Bemis (1) Bearbeitung der kalifornischen Arten, nebst Bestimmungstabelle
aller nordamerik. Formen (66); Biologie, Synon., Beschr., Nährpflanzen.

Aleyrodes Latreille **Bemis (1)** p. 479; p. 479—486 Bestimmungstabelle der 66 nordamerik. Formen (neu: 19, alle aus Californien); Nährpflanzen angegeben;
  p. 487 *iridescens* **n. sp.**, Tab. XXVII, fig. 1—2a; p. 489 *splendens* **n. sp.**,
  Tab. XXXVI, fig. 68, Tab. XXXVII, fig. 69; p. 491 *pruinosus* **n. sp.**,
  Tab. XXXIII, Tab. XXXIV, fig. 40—55; p. 495 *tentaculata* **n. sp.**, Tab. XXX!
  fig. 26—30a; p. 497 *coronatus* Quaint., Tab. XXVIII, fig. 9; p. 499 *Kelloggi*
  n. sp., Tab. XXIX, fig. 13—16; p. 500 *floccosus* Mask.; p. 500 *errans* **n. sp.**,
  Tab. XXX, fig. 20—21; p. 503 *gelatinosus* Comst.; p. 505 *inconspicuus*
  Quaint., Tab. XXXII, fig. 34—37a; p. 507 *Madroni* **n. sp.**, Tab. XXVIII,
  fig. 7—8; p. 508 *Stanfordi* **n. sp.**, Tab. XXX, fig. 22—25; p. 510 *inter-*
  rogationis **n. sp.**, Tab. XXVIII, fig. 10—12; p. 512 *Merlini* **n. sp.**, Tab. XXIX,

fig. 17—19; p. 514 *amnicola* **n. sp.**, Tab. XXVII, fig. 4—4a; p. 516 *peri-leucus* Cock.; p. 516 *diasemus* **n. sp.**; p. 518 *glacialis* **n. sp.**, Tab. XXXI, fig. 31—33; p. 520 *Quanitancei* **n. sp.**, Tab. XXXVII, fig. 70—73; p. 522 *nigrans* **n. sp.**, Tab. XXVII, fig. 3; p. 524 *Maskelli* **n. sp.**, Tab. XXXVII, fig. 4; p. 525 *Wellmanae* **n. sp.**, Tab. XXVII, fig. 5—5a, Tab. XXXV, fig. 61; p. 526 *extraniens* **n. sp.**, Tab. XXXVI, fig. 65—67; p. 530 *acaciae* Quaint. Tab. XXVII, fig. 6; p. 530 *spiraeoides* Quaint., Tab. XXXV, fig. 51—60 p. 532 *Hutchingsi* **n. sp.**, Tab. XXXVI, fig. 62—64; p. 534 *melanops* Cock.; p. 534 *mori arizonensis* Cock., Tab. XXXII, fig. 38—38a.

Fossile Arten.

Handlirsch (1) p. 3 Neue Gruppe: Palaeohemiptera. — **Meunier (1)** Paleo- u. mesozoische Zikadinen.

Acocephalites **n. gen. Meunier (1)** p. 120; p. 119 *Breddini* **n. sp.**, fig. 1—2, Kimeᵣ ridgelage, Spanien.

Cicada **Goding et Froggatt (1)** p. 666 ? *Lowei* Ether. et Oliff, „lower Mesozoic", Australien.

Notonecta **Kirkaldy (6)** p. 130—131 Liste der 6 als *Notonecta* beschriebenen Formen, Lage, Vaterland, Deutung.

Presbole **n. gen. Handlirsch (1)** p. 2; *hirsuta* **n. sp.**, Tab., fig. 1—2, Permformation Rußlands.

Scytinoptera **n. gen. Handlirsch (1)** p. 3; *Kokeni* **n. sp.**, Tab., fig. 3—4, Permformation Rußlands.

Inhaltsübersicht.

Lepidoptera für 1904.

Bearbeitet von

Dr. Robert Lucas

in Rixdorf bei Berlin.

A. Publikationen (Autoren alphabetisch).

Abderhalden. Neuere Versuche über künstliche Parthenogenesis und Bastardierung. Arch. Rass.-Gesellsch.-Biol. Jahrg. 1. p. 656 —663.

Acloque, A. (1). 1899. Phryganes et Papillons. Le Cosmos N. S. T. 40. p. 525—528, 3 figs.

— **(2). 1900.** Le Bombyx gypsie en Amérique. Le Cosmos N. S. T. 42. p. 78—80, 2 figs.
Liparis monacha.

— **(3). 1900.** Les Vanesses. Le Cosmos N. S. T. 42. p. 620—624, 4 figs.

Aigner-Abafi, Lajos (1). 1902. Lepkészeti kisérleti vizsgálatok (Lepidopterologische Experimental-Untersuchungen). Rovart. Lapok K. 9. p. 6—8.
Besprechung der Untersuchungen von E. F i s c h e r.

— **(2). 1902.** Lepke faunank gyarapodása 1901-ben. (Zunahme der ungarischen Lepidopteren-Fauna im Jahre 1901). Rovart. Lapok K. 9. p. 37—38.

— **(3).** Uj kártékony molypille. (Phlyctaenodes sticticalis L.). Rovart. Lapok K. 9. p. 118—120. — Ein neuer schädlicher Kleinschmetterling. Auszüge p. 11—12.

— **(4). 1903.** Negy hét a Szekelföldön. Adalék Haromszék vármegye rovart-faunájához. Rovart. Lapok K. 10. p. 155—161, 185—192, 209—211. — Beiträge zur Insektenfauna des Komitates Háromszek. Auszüge p. 15, 17—18, 214.
Behandelt auch Lepidoptera und Orthoptera.

— **(5).** Wanderzüge des Distelfalters. Allgem. Zeitschr. f. Entom. Bd. 9. p. 6—9.

Aitken, E. H. The enemies of butterflies. Journ. Bombay Soc. vol. XVI p. 156.

Alphéraki, S. Quelques observations critiques sur le Catalogue des Lépidoptères de M. M. Staudinger et Rebel 1901. Rev. Russe entom. T. IV p. 1—10 [Russisch].

Anderson, E. M. Catalogue of British Columbia Lepidoptera. Victoria, 8⁰. 56 pp. Publiz. vom Provinzial-Museum in Victoria.

André, E. (1). 1903. Catalogue analytique et raisonné des Lépidoptères de Saône-et-Loire et des départements limitrophes. Bull. Soc. Hist. nat. Autun No. 16. p. 1—82, 8 pls. 23 figs.
I. Behandelt die Rhopalocera.

— **(2).** Copiopteryx sonthonnaxi nov. spec. L'Interméd. Bombyc. Entom. Ann. 4. p. 268—270, 1 pl.
Neue Var. ? von C. semiramis.

— **(3).** Epiphora lugardi (Kirby). L'Interméd. Bombyc. Entom. Ann. 4. p. 270.

— **(4).** Catalogue analytique et raisonné des Lépidoptères de Saône et Loire et des Départements limitrophes. Bull. Soc. Hist. nat. Autun No. 17. p. 177—267, 5 pls.

Arkle, J. Description of a New Variety of Aplecta nebulosa Hufn., from Delamere Forest, Cheshire. Entom. Monthly Mag. (2) vol. 15 p. 180.
1 neue Varietät thompsoni.

Auel, H. Messungen an Lepidopteren. Allgem. Zeitschr. f. Entom. Bd. 9. p. 452—453.

Aurivillius, Chr. (1). Beiträge zur Kenntnis der Insektenfauna von Kamerun. No. 11. Lepidoptera, Heterocera. II. Arkiv Zool. II, No. 4. p. 68, 1 pl.

— **(2).** Diagnosen neuer Lepidopteren aus Afrika. Entom. Tidskr. Arg. 25. p. 92—96.

— **(3).** New Species of African Striphnopterygidae, Notodontidae, and Chrysopolomidae in the British Museum. Trans. Entom. Soc. London, 1904. p. 695—700, pl. XXXIII.

— **(4).** Lepidoptera of the Swedish Zoological Expedition to Egypt and the White Nile. Results Swed. zool. Exped. Egypt. Pt. No. 5. 9 pp. 3 figg. (auch kurz Jägerskiöld Exped. No. 8. 9 pp.).
47 Arten, 2 neue Varietäten.

— **(5).** Eine interessante neue Papilio-Art aus Afrika. Insektenbörse Jahrg. 21. p. 363.
P. schultzei.

Austaut, Jules Léon (1). 1896. Notice sur le mâle du Parnassius tartarus Austaut. Le Naturaliste Ann. 18. p. 74.

— **(2).** Notice sur le Brahmaea lunulata Bremer et sur une variété nouvelle de cette espèce. (Br. lunulata Bremer variété tancrei Austaut). Le Naturaliste Ann. 18. p. 98.

— **(3). 1897.** Notice sur quelques Cossides nouveaux de la Perse. op. cit. Ann. 19. p. 44—45.
5 neue Arten: Cossus (1), Zeuzera (1), Holcocerus (3).

— **(4).** Notice sur le Parnassius nordmanni Nordmann et sur la variété minima Honrath. op. cit. Ann. 19 p. 169—170.

— **(5).** **1898.** Notice sur les Parnassius jacquemontii Boisd., epaphus Oberth., mercurius Groum., poeta Oberth., et sur une espèce inédite du Thibet septentrional. op. cit. Ann. 20. p. 104—106. P. tsaidamensis n. sp.

— **(6).** Lépidoptères nouveaux de l'Asie centrale et orientale. Le Naturaliste Ann. 20. p. 201—202.
3 neue Varietäten: Vanessa (1), Colias (2).

— **(7).** **1899.** Notice sur deux Parnassius asiatiques nouveaux. op. cit. Ann. 21. p. 154.
1 neue Var.

— **(8).** Lépidoptères nouveaux de l'Asie. op. cit. Ann. 21. p. 285.
3 neue Varietäten: Parnassius (1), Colias (2).

— **(9).** **1900.** Lépidoptères nouveaux d'Asie. op. cit. Ann. 22. p. 48 —49.
Anthocharis orientalis n. sp., 2 neue Varr.: Oeneis (1), Syrichthis (1)

— **(10).** Notice sur deux variétés inédites du Parnassius apollo. op. cit. Ann. 22. p. 142.

Bachmetjew, P. Zur Frage über die Parthenogenese der männlichen Exemplare des Schmetterlings Epinephele jurtina L. Horae Soc. Entom. Ross. T. 37. p. 1—16. [Russisch].

— **(2).** Über die Veränderlichkeit der Anzahl der Augen bei Epinephele jurtina L. in Sophia. Allg. Zeitschr. f. Entom. Bd. 9. p. 143—147.

— **(3).** Zur Variabilität der Flügellänge von Aporia crataegi L. in Sophia (Bulgarien). Allgem. Zeitschr. Entom. Bd. 9. p. 269 —271.

— **(4).** Die Flügellänge von Epinephele jurtina E. 1903 in Sofia. Insektenbörse 21. Jhg. p. 13.

Bacot, A. W. (1). Notes on the Egg, Larva, Pupa and Cocoons of Phragmatobia fuliginosa. Entom. Record and Journ. Var. vol. 16. p. 176—182.

— **(2).** General notes on the Larval and Imaginal Habits of Phragmatobia fuliginosa. Entom. Record Journ. Var. vol. 16. p. 223 —225.

Balestre, L. Note sur six Plusia nouvelles pour les Alpes-Maritimes. Bull. Soc. Entom. France, 1904 p. 267—268.

Balfour, A. First report fo the Wellcome Research laboratories at the Gordon Memorial College, Khartoum. Khartoum, 1904, 8⁰. pp. 83+III, 6 pls.
Handelt hauptsächlich über Schädlinge.

Ballou, H. A. Insects attacking cotton in the West Indies. West Ind. Bull. vol. IV. p. 268—286.

Banks, Ch. A preliminary Bulletin on insects of the Cacao, prepared especially for the benefit of farmers. Manille 1903. 58 pp., 60 pls.

Barnes, W. New species of North American Lepidoptera. Canad.
Entom. vol. 36. p. 165—175, 197—204, 237—244, 264—268.
Barraud, Philip J. Notes on Lepidoptera observed in Hertfordshire
in the year 1902. Trans. Hertfordsh. nat. Hist. Soc. vol. 12.
No. 21—25.
Bartel, Max (1). 1903. Titel p. 658 sub No. 1 des vor. Berichts berichtige
Agaristidae statt Agacistidae.
Die neuen Arten verteilen sich so: Xanthospilopteryx (5 + 1 n.
aberr.), Syfanoidea n. g. (1), Pseudopais n. g. (1), Pais (1), Enydra (1),
Godasia (1 n. var.).
— **(2).** Eriogaster philippsi n. sp. Eriogastro rimicolae Hb. (cataci
Esp.) affinis, al. anticis corticinis unicoloribus immaculatis.
Expans. al. ant. 29—30 mm (4 ♂), 33—35 mm (4 ♀) Patria:
Syria (Haifa). Iris Bd. 17. p. 10—11.
— **(3).** Drei neue paläarktische Noctuiden. t. c. p. 158—163.
2 neue Arten: Leucania (1), Heterographa (1), 1 neue Varietät
von Abrostola.
— **(4).** Über eine neue Form von Erebia flavofasciata Heyne. Iris
Bd. 17. p. 164—167.
1 neue Var. thiemei.
— **(5).** Über die Variabilität von Lycaena coridon Poda und Be-
schreibung einer neuen Lokalform dieser Art. Entom.
Zeitschr. Guben Jahrg. 18. p. 114—115, 117—118.
1 neue Var. rezniceki.
Bastelberger [Max Jos.] Beschreibung drei neuer Dysphania (früher
Euschema)-Arten aus meiner Sammlung. Entom. Zeitschr.
Guben, Jahrg. 18. p. 115—116.
Baudisch, F. 1900. Fragmente aus der Insekten- und Pilzkunde.
Centralbl. ges. Forstw. Jahrg. 26. p. 57—60.
Schädlichkeit von Grapholitha pactolana.
Bellevoye, Ad. et J. Laurent. 1896/1897. Les plantations de pins dans
la Marne et les parasites qui les attaquent. Bull. Soc. Etude
Sci. Nat. Reims T. 5. p. 70—126, T. 6. p. 59—111.
Bengtsson, Simon. Reseberättelse för en zoologisk resa till Umeå
Lappmark 1903. Årsbok svensk. Vet.-Akad. 1904. p. 117
—131.
van den Bergh, P. J. Waarnemingen betreffende Pyrameis cardui
L. Entom. Berichten Bd. 1. p. 148—149.
B[ethune], C. J. S. John Alston, Moffat. Canad. Entom. 1904.
vol. 36 p. 84.
Bethune-Baker, George (1). 1903. A Revision of the Amblypodia
Group etc. Titel p. 659 sub No. 1 des Berichts f. 1903.
13 neue Arten: Mahathala (1), Arhopala (12 + 1 n. var.).
— **(2).** On New Species of Rhopalocera from Sierra Leone. Ann.
Nat. Hist. (7) vol. 14. p. 222—233.
16 neue Arten: Acraea (1), Euptera (1), Pseuderesia (2), Liptena (1),
Micropentila (1), Epitolina (1), Phytala (1), Epitola (5), Deudorix (1),
Hypolycaena (1), Jolaus (1).

— **(3).** On Three New Species of Arhopala. Ann. Nat. Hist. (7) vol. 14. p. 233—236.

— **(4).** New Lepidoptera from British New Guinea. Nov. Zool. Tring, vol. 11. p. 367—429, 3 pls.

166 neue Arten: Parelodina n. g. (1), Parachrysops n. g. (1), Dicalleneura (1), Gunda (2), Pseudodreata n. g. (1), Melanergon n. g. (1), Pseudogargetta n. g. (1), Osica (2), Cascera (1), Hirsutopalpis n. g. (1), Omichlis (6), Stauropus (6), Notodonta (1), Lasioceros n. g. (1), Cerura (1), Thyatira (2), Ceryx (3), Paraceryx n. g. (1), Parazeuzera n. g. (2), Scopelodes (2), Birthama (1), Contheyla (3), Narosa (1), Dinawa n. g. (2), Pygmaeomorpha n. g. (2), Lasiolimacos n. g. (3), Nervicompressa n. g. (6), Lasiochara n. g. (1), Squamosala n. g. (1), Cycethra n. g. (1), Taragama (3), Arguda (1), Opsirhina (1), Isostigena n. g. (1), Sporostigena n. g. (1), Odonestis (1), Caviria (1), Porthesia (4), Euproctis (16), Diversosexus n. g. (2), Anthela (1), Dasychira (5), Dasychiroides n. g. (5), Lymantria (3), Imaus (7), Deilemera (3), Maenas (1), Diacrisia (3), Celama (2), Roeselia (1), Graphosia (1), Acatapaustus n. g. (2), Lambula (2), Scoliacma (2), Chrysoscota (1), Nishada (1), Acco n. g. (1), Pseudilema n. g. (1), Ilema (6), Chrysaeglia (1), Oenistis (1), Paradohertya n. g. (1), Macaduma (2), Halone (1), Garudinistis (1), Scaptesyle (1), Chinaema (5), Cleolosia (1), Asura (8), Schistophleps (2), Eugoa (2), Amphoraceras n. g. (1), Parabasis n. g. (1), Collusa (1). — Tarsolepis (1 n. subsp.).

Beutenmüller, W. Types of Lepidoptera in the collection of the American Museum of Natural History. Bull. Amer. Mus. vol. XX p. 81—86.

Bézier, T. 1902. Catalogue raisonné des Lépidoptères observés en Bretagne jusqu'en 1882 par W. J. G r i f f i t h. Bull. Soc. Scient. méd. Ouest Rennes T. 11. Suppl. 143 pp.

Biedermann, W. Die Schillerfarben bei Insekten und Vögeln. Denkschr. med.-nat. Ges. Jena Bd. 11. — Festschr. Haeckel p. 215 —300, 16 fig.

Bloomfield, E. N. Suffolk Lepidoptera in 1903. Entom. Monthly Mag. (2) vol. 15 (40) p. 79—81.

Bode, W. Prof. A. Radcliffe G r o t e. Allgem. Zeitschr. f. Entom. 9. Bd. p. 1—6 portr.

Bonnet, Michel 1897. Une invasion des chenilles à Valdoniello. Année forestière T. 36. p. 464—466. Cnethocampa pityocampa.

Bordas, L. (1). Sur les glandes annexes de l'appareil séricigène des larves de Lépidoptères. Compt. rend. Acad. Sci. Paris T. 139. p. 1036—1038.

— **(2).** L'appareil digestif des larves d'Arctiidae (Spilosoma fuliginosa L.). Compt. rend. Soc. Biol. Paris T. 56 p. 1099—1100.

— **(3).** Sur les glandes mandibulaires de quelques larves de Lépidoptères. Compt. rend. Soc. Biol. Paris, T. 57. p. 474—476.

Boyd, W. C. 1903. List of the Lepidoptera of Cheshunt and its Neigh-

bourhood. Trans. Hertfordshire nat. Hist. Soc. vol. 11.
p. 75—86.

Brandicourt, Virgile. 1903. Le mimétisme et la littérature. La Nature
Ann. 31. Sem. 1. p. 102.

Brants, A. (1). Een en ander omtrent de eerste toestanden en leefwijs
van Lycaena alcon F. Tijdschr. v. Entom. D. 46. p. 137
—143.

— **(2).** Ortholitha coarctata F. op. cit. D. 47. p. 63—68.

— **(3).** Afbeeldingen met beschrijving van Insecten, schadelijk voor
naaldhout. Entom. Berichten Bd. 1. p. 129—134, 156—159.

Brimley, C. S. List of Sphingidae, Saturniidae and Ceratocampidae
observed at Raleigh, N. C. Entom. News, vol. 15. p. 120—126.

Britton, W. E. 1902. First Report of the State Entomologist of
Connecticut. Rep. Connecticut Agric. Exper. Stat. 1901.
Pt. 3. p. 227—278, 11 pls., 2 figg.

Brown, Rob. (1). Rectifications tardives mais nécessaires. Proc.-verb.
Soc. Linn. Bordeaux vol. 59. p. LXVIII—LXX.
Über Arachniden und Lepidopteren.

— **(2).** Sur Lycaena cyllarus. Proc.-verb. Soc. Linn. Bordeaux
vol. 59. p. LXXV—LXXVI.

Browne, C. Seymour. Supplementary List of the Lepidoptera of the
Island of Capri. The Entomologist vol. 37. p. 186—188, 204
—207.

Busck, August (1). Tineid Moths from British Colombia. With Descriptions of new Species. Proc. U. S. nat. Mus. vol. 27.
No. 1375. p. 745—778.
34 neue Arten: Hemerophila (2), Choreutis (2), Plutella (2),
Zelleria (2), Aristotelia (2), Gnorimoschema (3), Gelechia (3), Anacampsis (1), Trichotaphe (2), Glyphidocera (1), Depressaria (4),
Scythris (1), Cosmopteryx (1), Coptodisca (1), Gracilaria (1), Marmara (1), Lyonetia (1), Leucoptera (1), Incurvaria (1), Tinea (1),
Scardia (1). — Allononyma n. g. für Orchemia diana, Eulacantica
für Calantica polita.

— **(2).** A new Tineid Genus from Arizona. Proc. Entom. Soc.
Washington vol. 6. p. 123—124, 1 fig.
2 neue Arten: Dorata n. g.

— **(3).** A new species of Ethmia from the boreal region of Colorado.
Journ. New York Entom. Soc. vol. 12. p. 44.

— **(4).** A case-bearer injurious to apple and plum in China (Coleophora neviusella, new species). t. c. p. 45.

— **(5).** A new Name for a Tineid Genus. Journ. New York Entom.
Soc. vol. 12. p. 177.
Paraclemensia nom. nov. für Brackenridgia Busck non Ulrich.

Bugnion, E. Observation relative à un cas de mimétisme (Blepharis
mendica). Bull. Soc. Vaud. nat. (4) vol. 39. p. 385—388, 1 pl.

Burrows, C. R. N. Some ununsual forms of Manduca atropos. Entom.
Rec. Journ. Var. vol. 16. p. 137—139, 1 pl.

Butler, Arthur, G. On Certain African Butterflies of the Subfamily Pierinae. Ann. Nat. Hist. (7) vol. 13. p. 426—429.
— (2). The Butterflies of the Group Callidryades and their seasonal-phases. op. cit. vol. 14. p. 410—414.
— (3). On Seasonal Phases in Butterflies. Proc. Zool. Soc. London 1904. vol. 2. p. 142—144.
Calas, Julien. 1897/1898. Le processionnaire du pin (Cnethocampa pityocampa). Année forestière T. 36. p. 705—723, 737—749, 5 figs. [Erschien in vol. 38 der Ann. Soc. agric. scient. littér. Pyrénées - orientales] T. 37. p. 14—23, 33—42, 5 figs. — Encore un mot sur le processionaire du pin p. 118—120.
Calvert, Wm. Bartlett. 1898. Catálogo revisado de los Lepidopteros de Chile. Rev. chil. Hist. nat. T. 2. p. 97—101, 114—117 [Contin.].
Caruso, Girolamo. 1896/1897. Esperienze sui mezzi per combattere la Tignuola della vite fatte nel 1895. Atti Accad. econ.-agrar. Georgofili Firenze vol. 74. p. 83—92. — Esperienze fatte nel 1896. vol. 75 p. 119—123.
Carpenter, George H. Injurious Insects and other Animals observed in Ireland during the year 1903. Econ. Proc. R. Dublin. Soc. vol. 1. p. 249—266, 2 pls., 7 fig.
Caspari, W. Zur Paarung der Vanessa-Arten und Verwandten. Entom. Zeitschr. Guben, 17. Jahrg. p. 76—77.
Cator, D. On new Species of Lycaenidae from Sierra Leone. Ann. Nat. Hist. (7) vol. 12. p. 73—76.
Pseuderesia (3 n. spp.), Liptena (1 n. sp.).
Chapman, Thomas Algernon (1). Notes on Heterogynis canalensis n. sp. Trans. Entom. Soc. London 1904. p. 71—79, 4 pls.
— (2). Erebias from the Guadarrama. Trans. Entom. Soc. London, 1904. p. XLVI—XLVIII.
— (3). Note on Drowning in Lepidopterous Larvae. Entom. Monthly Mag. (2) vol. 15 (40) p. 81—82.
— (4). A note on Lasiosoma hirta. t. c. p. 103—107.
— (5). Notes (chiefly on Lepidoptera) of a trip to the Sierra de la Demando and Moncayo (Burgos and Soria) Spain. Entom. Record Journ. Var. vol. 16. p. 85—88, 122—126, 139—144, 3 pls. 1 map.
— (6). Notes on the Geographical and Seasonal Variation of Heodes phlaeas in Western Europe. t. c. p. 167—172.
— (7). Further notes on Orgyia splendida. t. c. p. 195—198.
— (8). Egg and Newly - hatched Larva of Brenthis thore. t. c. p. 236—238, 2 pls. 3 figg.
— (9). Notes towards a Life-history of Thestor ballus. t. c. p. 254 —260, 277—294, 5 pls.
— (10). The Numerical Relationship of the Sexes in Lepidoptera. t. c. p. 312—313.
Chrétien, P. (1). 1896. Description de Microlépidoptères nouveaux de France et d'Algérie. Le Naturaliste Ann. 18. p. 104—105.

5 neue Arten: Ancylolomia (1), Depressaria (1), Symmoca (1),
Stagmatophora (1), Cosmopteryx (1).
— (**2**). **1898.** Description de nouvelles espèces de Microlépidoptères
de France et d'Algérie. op. cit. Ann. 20. p. 177—178.
6 neue Arten: Crambus (Rag. i. l.) (1), Sciaphila (1), Grapholitha
(1), Tinea (2), Lita (1).
— (**3**). **1899.** Les premiers états de l'Argyresthia rufella Tgstr.
op. cit. vol. 21. p. 223.
— (**4**). **1900.** Les Coleophora du Dorycinium. op. cit. Ann. 22.
p. 68—70.
C. montegella n. sp.
— (**5**). **1901.** Microlépidoptères du Silene nutans L. op. cit. Ann. 23.
p. 17—18.
Lita inflatella n. sp.
— (**6**). **1902.** Histoire naturelle de l'Eupithecia liguriata Mill. op. cit.
Ann. 24. p. 239—241.
— (**7**). La Conchylis austrinana. Nouvelle Conchylis cécidogène.
t. c. p. 257—258.
1 neue Abart fulva.
— (**8**). **1903.** Note sur la Cnephasia sciaphila goetana Stgr. op. cit.
Ann. 25. p. 11—12.
— (**9**). Description d'un Lépidoptère nouveau d'Espagne. Ann.
Soc. Entom. France vol. 72. p. 405, 1 pl.
Oecophora aragonella n. sp.
— (**10**). A propos de la chenille du Charaxes jasius L. Bull. Soc.
Entom. France 1904. p. 108—109.
— (**11**). Note sur la Dysmasia petrinella H. S. Bull. Soc. Entom.
France 1904. p. 119—120.
Eumasia n. g. für D. parietariella.
— (**12**). Descriptions d'une nouvelle espèce de Tephroclystia. Bull.
Soc. Entom. France 1904. p. 133—134.
T. tomillata.
— (**13**). Les chenilles des Lins. Le Naturaliste 1904, p. 151, 162—164.
Clark, J. A. Further on Peronea cristana ab. gumpinana. Entom.
Record Journ. Var. vol. 16. p. 145—146.
Betrifft Synonymie.
— (**2**). A New Aberration of Peridroma ypsilon. t. c. p. 166—167, 1 pl.
1 neue Aberr.
Clarke, Wm. Eagle (1). 1903. Vanessa cardui and other Insects at
the Kentish Knock Lightship. Entom. Monthly Mag. (2)
vol. 14. (39) p. 289—290.
— (**2**). On Insects observed at the Eddystone lighthouse in the
autumn of 1901. op. cit. vol. 15 p. 15 (40) p. 9—10.
Clarke, Warren T. (1). 1902. The Potato Worm in California (Gelechia
operculella Zeller). Bull. 135. Univ. Cal. agric. Exper. Stat.,
30 pp., 10 figg.
— (**2**). The Peach Worm. Bull. 144. Univ. Cal. agric. Exper. Stat.
44 pp. 19 figg.

A. lineatella.

Cockayne, E. A. On Nyssia lapponaria. The Entomologist vol. 37.
p. 149—150, 1 pl.

— (2). Variations of Nyssia laponaria. The Entomologist vol. 37.
p. 249—250, 4 figg.

Cockerell, T. D. A. The Bee genus Apista and other Notes. Canad.
Entom. vol. 36. p. 330—331.

Cockle, J. Wm. A Syntomid Far away from Home. Canad. Entom.
vol. 36. p. 204.
Ceramidia butleri.

Collins, Percy. The Protective Resemblance of Insects. Knowledge
N. S. vol. 1. p. 51—55, 12 figg. — Flower Mimics and
Alluring Resemblances p. 137—140, 11 figg. — Terrifying
Masks and Warning Liveries p. 208—210, 11 figg.

Combes, Paul. Les glandes à parfum des Lépidoptères. Le Cosmos
N. S. T. 50 p. 294—296, 1 fig.

Coney, G. B. Lepidoptera in Jersey, 1903. The Entomologist vol. 37.
p. 127—131.

Conte, A. La coloration naturelle des soies. Compt. rend. Soc. Biol.
Paris T. 57. p. 54—55.

Cook, John H. and H. Cook. Notes on Incisalia angustus. Canad.
Entomologist vol. 36. p. 136.

Cosmovici, L. Description d'une aberration androgyne de l'Argynnis
pandora F. Bull. Soc. Entom. France 1904. p. 162—163.

Côte, Claudius. Liste des synonymies des groupes Attaciens et Arctiens
connus en janvier 1904. L'Intermed. Bombyc. Entom.
Ann. 4. p. 142—174.

Cottam, Arthur (1). 1901. Notes on Lepidoptera observed in Western
Hertfordshire in 1897, 1898 and 1899. Trans. Hertfordsh.
nat. Hist. Soc. vol. 10. p. 185—190.

— (2). 1903/1904. Notes on the Habits of some of our Lepidopterous
Insects. Trans. Hertfordsh. nat. Hist. Soc. vol. 11. p. 222
—226, vol. 12. p. 53—61.

Crampton, Henry Edward. (1). Experimental and Statistical Studies
upon Lepidoptera. I. Variation and Elimination in Philosamia cynthia. Biometrika vol. 3. p. 113—130, 3 figg.

— (2). Variation and Selection in Saturnid Lepidoptera. Biol. Bull.
vol. 6. p. 310—311.
(Philosamia cynthia).

Daecke, E. 1903. The Larva of Phiprosophus callitrichoides. Journ.
New York Entom. Soc. vol. 11. p. 105.

Dannatt, Walter. Descriptions of Three New Butterflies. The Entomologist vol. 37. p. 173—174, 1 pl.
3 neue Arten: Delias (1), Chlorippe (1), Monethe (1).

Davis, W. T. Caterpillars attacked by Histers. Journ. New York
Entom. Soc. vol. 12. p. 88—90.

Decaux [François]. 1896. La Carpocapsa pomonana vulgairement ver des pommes, ses moeurs, moyens de destruction. Le Naturaliste Ann. 18. p. 17—19, 36—39, 281—283, 5 figg.

Deegener, P. Die Entwicklung des Darmkanals der Insekten während der Metamorphose. Zool. Jahrb. Abt. f. Anat. Bd. 20. p. 499 —676, 11 Taf. 2 Fig. — Ref. von R. von Hanstein, Nat. Rundschau Bd. 20. p. 4—6.

Deegener, P. u. **Schaposchnikow, C.** Das Duftorgan von Phassus schamyl Chr. I. Anatomisch-histologischer Teil. Zeitschr. f. wiss. Zool. Bd. 78. p. 245—260, 1 Taf.

Del Guercio, Giacomo. 1900. Insetti ed insetticidi contra le larve delle cavolaie. Atti Accad. econ. agrar. Georgofili Firence vol. 78. p. 242—245, 3 figg.

Demaison, L. Origine du Bombyx mori. Bull. Soc. Entom. France 1904. p. 109—110.

van Deventer, W. Microlepidoptera from Java. Tijdschr. v. Entom. D. 47. p. 1—42, 2 pls.

16 neue Arten: Spatularia n. g. (1), Xystophora (1), Heliozela (2), Gracilaria (7), Pyroderces (2), Phyllocnistis (3).

Dewitz, J. (1). Die Farbe von Lepidopterenkokons. Zool. Anz. Bd. 27. p. 617—621.

— **(2).** Fang von Schmetterlingen mittelst Acetylenlampen. Allgem. Zeitschr. f. Entom. Bd. 9. p. 382—386, 401—409.

Dietze, K. Beiträge zur Kenntnis der Eupithecien. Deutsche Entom. Zeitschr. Iris Bd. 16. p. 331—387, 3 Taf. (III—V).

Dod, F. H. Wolley. Strange Attempted Hybridization in Nature. Canad. Entom. vol. 36. p. 288.

Orthosia und Xylophasia in Copula mit Noctua.

Dodge, G. M. and **E. A. Dodge.** Notes on the Early Stages of Catocalae. Canad. Entom. vol. 36. p. 115—117.

Dognin, Paul (1). 1896. Description d'un Papillon nouveau. Le Naturaliste, Ann. 18. p. 75.

Automeris oweni n. sp.

— **(2). 1901.** Description de Lépidoptères nouveaux. op. cit. Ann. 23. p. 31.

2 neue Arten: Anaxita (1), Phaegoptera (1).

— **(3).** Description de Lépidoptères nouveaux. t. c. p. 69.

5 neue Arten: Idalus (1), Opharus (1), Amastus (2), Callidota (1).

— **(4).** Papillons nouveaux de l'Amérique du Sud. t. c. p. 179.

4 neue Arten: Amastus (1), Attacus (1), Caeculia (1), Echedorus (1).

— **(5).** Description de papillons nouveaux de l'Amérique du Sud. (Notodontidae). t. c. p. 249—250.

4 neue Arten: Dasylophia (1), Betola (1), Eunaduna n. g. (1), Chadisra (1).

— **(6). 1902.** Description d'un Hétérocère nouveau de l'Amérique du Sud. op. cit. Ann. 24. p. 121.

Pleonectopoda cleiducha n. sp.

Diese Publikationen von Dognin wurden zum Teil bereits schon in den früheren Berichten erwähnt, aber ohne Angabe der Verteilung der Neubeschreibungen auf die einzelnen Gattungen.

— **(7). 1903.** Papillon nouveau de l'Amérique du Sud. Arctiadae. Le Naturaliste Ann. 25. p. 213. Diacrisia viridis n. sp.

— **(8).** Description d'une nouvelle espèce d'Hétérocère de l'Amérique de Sud. op. cit. t. 26. 1904. p. 55.

— **(9).** Description d'une nouvelle espèce d'Hétérocère de l'Amérique du Sud. t. c. p. 67.

— **(10).** Hétérocères nouveaux de l'Amérique du Sud. Ann. Soc. Entom. Belg. T. 48 p. 115—134.

— **(11).** Hétérocères nouveaux de l'Amérique du Sud. t. c. p. 358 —369.

24 neue Arten: Agylla (1), Tithraustes (1), Perizoma (1), Anapalta (1), Eriopygidia (2), Coenocalpa (1), Calocalpe (2), Cophocerotis (1), Nipteria (1), Leuculopsis (1), Alcis (1), Iridopsis (2), Cymatophora (1), Ischnopteryx (1), Neotaxia n. g. (1), Microgonia (1), Eutomopepla (1), Bonatea (1), Lasiops (?) (1), Cnephora (1), Azelina (1). — Phyllodontia (1 n. var.).

Dollmann, J. C. The Rearing of Pachetra leucophaea. Entom. Record Journ. Var. vol. 16. p. 225—228.

Douglas, James. A Visit to Freshwater. June and July 1904. The Entomologist, vol. 37. p. 296—299. Lepidoptera.

Druce, Herbert. (1). Description of some new species of butterflies belonging to the family Erycinidae from tropical South America. Proc. Zool. Soc. London, 1904. I. p. 481—489, 2 pls. (XXXIII—XXXIV).

— **(2).** Description of Some New Species of Lepidoptera Heterocera from Tropical South America. Ann. Nat. Hist. (7) vol. 13. p. 241—250.

25 neue Arten: Ctenucha (1), Automolis (1), Anaxita (1), Adelocephala (6), Attacus (1), Ormiscodes (2), Megalopyge (1), Apatelodes (3), Lonomia (1), Hygrochroa (1), Marthula (1), Eustema (1), Heterocampa (3), Maschane (2).

Druce, H. H. (1). Descriptions of new species of Lycaenidae from Borneo and New Guinea. Ann. Nat. Hist. (7) vol. 13 p. 140 —142.

— **(2).** Report on the Lycaenidae. Fasc. Malay. Zool. pt. 3. 13 pp.

Dubois, R. Sur la coloration naturelle des soies: réponse à M. Conte. Compt. rend. Soc. Biol. Paris T. 57. p. 201—203.

Dubois, R. et E. Convreur. 1902. Etudes sur le ver à soie pendant la période nymphale. Ann. Soc. Linn. Lyon T. 48. p. 157 —163.

Eliminierung von Kohlensäure und Wasser. Einfluß der Kohlensäure auf die Schnelligkeit der Entwicklung etc.

Dudgeon, G. C. A catalogue of the Heterocera of Sikhim and Bhutan. With Notes by H. J. Elwes and additions by Sir George Hampson. Part XVI. Journ. Bombay Soc. vol. XV p. 602 —613.

Dufour, J. 1901. La chasse aux papillons du ver. Chronique agric. Vaud. Ann. 14. p. 229—235. — Resultats obtenus à Aigle dans la chasse aux papillons du ver par Gaillard- Perréaz et G. Rosset. p. 235—237. — par Oberlin p. 251—253. — par Bezencenet. p. 282—284. — par Jules Caderey p. 284—285.

— (2). **1902.** La Pyrale. Chronique agric. Vaud. Ann. 15. p. 319 —328, 4 figg.

Dumont, Constantin. 1903. Description d'une aberration nouvelle d'Oeonistis quadra ab. confluens. Ann. Soc. Entom. France vol. 72. p. 406, 1 pl.

Dunlop, Robert. [Exhibition of Lepidoptera from Scotland]. Trans. Nat.-Hist. Soc. Glasgow, N. S. vol. 4. Pt. 3. (Proc.) p. 375.

Dyar, Harrison G. (1). New North American Lepidoptera etc. Titel p. 668 sub No. 11 des Berichts f. 1903.

8 neue Arten: Lepisesia (1), Calidota (1), Stretchia (1), Perigonica (1), Homopyralis (I), Platyptilia (1), Eucosma (2). — Parnassius 1 n. var.

— (2). **1900/1901.** Note on the Larva of Arctia intermedia. Journ. N. York Entom. Soc. vol. 8. p. 89 vol. 9. p. 25—26.

— (3). The Life History of Ellida coniplaga. op. cit. Vol. 10 p. 143 —146.

— (4). **1903.** A Review of the North American Species of Pronuba and Prodoxus. op. cit. vol. 11. p. 102—104.

Pronuba (1 n. var.).

— (5). New species of N. American Lepidoptera and a new Limacodid larva. op. cit. vol. 12 p. 39—44.

— (6). Two Notes on Tineid Moths. t. c. p. 178.

Larva of Ethmia longimaculella. A case of Synonymy.

— (7). Poison Ivy Caterpillars. op. cit. vol. 12. p. 249—250.

— (8). New Lepidoptera from the United States. op. cit. vol. 12. p. 105—108.

Pyralidae: 9 neue Arten: Scoparia (1), Sarata (1), Sulebria (1), Zophodia (1), Pyla (1), Ollia n. g. (1), Cabnia n. g. (1).

— (9). Lepidoptera of the Expedition. Harriman Alaska Expedition vol. 8. p. 211—227. — Reprinted from Proc. Washington Acad. Sci. vol. 2.

— (10). New North American species of Scoparia Haworth. Entom. News Philad. vol. 15. p. 71—72.

— (11). New Noctuidae from British Columbia. Canad. Entom. vol. 36. p. 29—33.

— (12). Correction of Name. Canad. Entom. vol. 36. p. 102.

Noctua perumbrosa nom. nov. für N. umbrosa Dyar non Newman.

— **(13). 1902.** Life-Histories of North American Geometridae (Cont.) Psyche vol. 9. p. 383—384, 396, 407—408, 419—420, 428 —429.

— **(14). 1903.** Note on a Californian Fruit Worm. Proc. Entom. Soc. Washington vol. 5. p. 104.
Vitula serratilineella.

— **(15).** Description of the Larva of Litodonta hydromeli Harvey. Proc. Entom. Soc. Washington vol. 6. p. 3—4.

— **(16).** Note on the distribution of the red forms of Diacrisia. t. c. p. 18.

— **(17).** A Lepidopteron parasitic upon Fulgoridae in Japan. t. c. p. 19.

— **(18).** A new genus and species of Tortricidae. t. c. p. 60.

— **(19).** Additions to the List of North American Lepidoptera. I u. II. Proc. Entom. Soc. Washington vol. 6. p. 62—65, 103—117.

36 neue Arten u. zwar: Tornacontia (1), Oncocnemis (2), Copablepharon (1), Afilia (1), Hadena (2), Taeniocampa (1), Amiana n. g. (1), Bomolocha (1), Sciagraphia (1), Parharmonia (1), Ulophora (1), Ortholepis (1), Ambesa (1), Meroptera (1), Salebria (1), Pyla (2), Megasis (2), Zophodia (1), Staudingeria (2), Homoeosoma (1), Tacoma (1), Ephestia (1), Psorosina n. g. (1), Myelois (1), Varneria n. g. (1), Peoria (1), Tolima (1), Atascosa (1), Caudellia n. g. (2), Slossonella n. g. (1). — Acontia (1 n. var.).

— **(20).** Note on the Larva of an Hawaiian Pyralid (Omiodes accepta Butler). Proc. Entom. Soc. Washington vol. 6. p. 65—66.

— **(21).** Note on the Larva of Melanchroia geometroides Walker. Proc. Entom. Soc. Washington vol. 6. p. 77.

— **(22).** Note on the Larva of Therina somniaria Hulst. Proc. Entom. Soc. Washington vol. 6. p. 76—77.

— **(23).** Note on the Genus Leucophobetron Dyar. t. c. p. 77—78.

(24). Two New Forms of Oeneis Hübner. Proc. Entom. Soc. Washington vol. 6. p. 142.
O. nahanni n. sp., 1 neue Var.

— **(25).** Notes on Synonymy and Larvae of Pyralidae. Proc. Entom. Soc. Washington vol. 6. p. 158—160.
Cacotherapia n. g. für Aurora nigrocinereella.

— **(26).** A new Tortricid from the Sea Shore (Ancylis maritima n. sp.) Proc. Entom. Soc. Washington vol. 6. p. 221.

— **(27).** A new Phycitid from the Foothills (Laetilia fiskeella n. sp.) op. cit. vol. 6. p. 221—222.

— **(28).** The Lepidoptera of the Kootenai District of British Columbia. Proc. U. S. Nat. Mus. vol. 27. No. 1376. p. 779—938.

14 neue Arten: Thanaos (1), Porosagrotis (1), Tephroclystis (6), Cymatophora (1), Phlyctaenia (1), Crambus (2), Ephestia (1), Ephestiodes (1). — 10 neue Varr. u. zwar: Scepsis (1), Apatela (1), Mamestra (1), Talledega (1), Mesoleuca (1), Aplodes (1), Macaria (1), Selidosema (1), Melanolophia (1), Thiodia (1).

— (29). A Few Notes on the Hulst Collection. t. c. p. 222—229.
— (30). Descripitions of New Forms of the Genus Illice Walker.
t. c. p. 197—199.
4 neue Arten, 4 neue Varietäten.
Dyar, Harrison, G. u. Caudell, A. N. The types of genera. Journ. New
York Entom. Soc. vol. 12. p. 120—122.
Ebner, Franz. Die Zucht von Telea polyphemus. Insektenbörse
Jahrg. 21 p. 394—396.
Ehrman, George A. New Forms of Exotic Papilionidae. Entom. News
vol. 15. p. 214—215.
2 neue Arten, Ornithoptera (1 + 1 n. var.), Papilio (1).
Elrod, Morton, J. 1902. A Biological Reconnaissance in the Vicinity
of Flathead Lake. Bull. Univ. Montana No. 10. biol. Ser.
No. 3. p. 91—182, 30 pls. 3 figg.
Elwes, H. J. On some butterflies from Tibet. Deutsche entom. Zeitschr.
Iris. Bd. 16. p. 388—391.
Kritik der Varietäten u. der Nomenklatur Fruhstorfers.
Entz, G. Az állatok szine es a mimicry. Termesz. Kozl. Magyar Tars.
T. XXXVI p. 201—206, 257—276, 417—441, 465—485. —
Part II. t. c. p. 189—190.
Enderlein, G. Eine einseitige Hemmungsbildung etc. Titel p. 556 des
Berichts f. 1902. — Review: American Naturalist, vol. 37.
p. 808—810.
Handelt über das Adersystem bei der Puppe.
Fabre, G. (1). 1987. Le processionaire du pin dans les Cévennes.
Année forestière T. 36. p. 176—178.
— (2). 1900. Les chenilles ronge-bois. Chronique agric. Vaud. Ann. 13.
p. 104—110.
— (3). Le „serpent" t. c. p. 287—289, 1 fig.
Lyonetia clerckella.
— (4). 1901/1902. La chenille du chou. op. cit. Ann. 14. p. 451
—454. Ann. 15. p. 1—10.
Pieris brassicae.
— (5). 1902. Sur quelques insects nuisibles, au printemps. t. c.
p. 189—195, 297—305, 449—459, 521—522, 17 figs.
Fankhauser, (F.). 1898. Ein neuer Feind unserer Fichtenkulturen.
Schweiz. Zeitschr. Forstw. Jahrg. 49. p. 235—238.
Grapholitha pactolana.
Farkas, K. (1). Über den Energieeinsatz des Seidenspinners während
der Entwicklung im Ei und während der Metamorphose.
Archiv ges. Physiol. 98. Bd. p. 490—546, 4 Figg.
I. Ziel und Aufgabe der Untersuchungen. — II. Beschreibung
der allgemeinen Versuchsanordnung u. der angewandten Unter-
suchungsmethoden. — III. Stoff- und Energieumsatz des Embryo
im Seidenspinnerei u. der Raupe unmittelbar nach dem Ausschlüpfen.
1. Beschreibung der Versuchsreihe I. — 2. Beschreibung der Versuchsreihe II. — 3. Ergebnisse der Versuchs: a) Stoffwechsel im Ei bis zur
vollen Reife des Embryo, b) Energieumsatz im Ei („Entwicklungs-

arbeit"), c) Stoff und Energieumsatz der nüchternen Raupen unmittelbar nach dem Ausschlüpfen. — IV. Energieumsatz während der Metamorphose der spinnreifen Raupe zum Schmetterling und während der Geschlechtsfunktion desselben. Bringt darin zahlreiche Tabellen, Übersichten, Zusammenstellungen, auch Versuchsanordnungen (Fig.). — Energieumsatz im Ei. Die Eier scheiden während des Bebrütens keinen N in elementarer Form aus u. assimilieren auch keinen. — Der größere Teil der Proteinstoffe scheint als Chinin zum Aufbau des embryonalen Körpers verwendet u. der kleinere Teil zersetzt zu werden. — 1 g ausschlüpfende Raupen verbrauchten während ihrer embryonalen Entwicklung 0,060 g Fett. — Beim Aufbau von 1 g embryonaler Trockensubstanz verbrennen 0,212 g Fett. — Der Fettverbrauch je einer Raupe ist 0,03 mg. — Asche: Vor der Bebrütung 0,4405 g, nach der Bebrütung 0,4384 g, Differenz 0,0021 g. Die Energiemenge (Entwicklungsarbeit) eines Seidenspinners beträgt 0,408 cal. = 0,174 mkg. — Von der verbrauchten Energie kommen auf 1 g Raupe 882 cal. — „relative Entwicklungsarbeit" —, beim Aufbau 1 g embryonaler Trockensubstanz werden 3125 cal. Energie — „spezifische Entwicklungsarbeit" — umgewandelt.

— (2). Zur Kenntnis des Chorionins und des Chorioningehaltes der Seidenspinnereier. t. c. p. 547—550.

Fawcett, J. Malcolm. (1). 1903. Notes on the Transformations etc. Titel p. 670 sub No. 2 des Berichts f. 1903.

Es werden darin drei neue Arten behandelt: Phyllalia (1), Estigmene (1), Trabala (1).

— (2). On some new and Little-known Butterflies, mainly from High Elevations in the N. E. Himalayas. Proc. Zool. Soc. London 1904. vol. 2. p. 134—131, 1 pl. — Abstr. Proc. p. 8—9.

6 neue Arten: Melitaea (1), Argynnis (1), Lycaena (2 & 2 n. varr.), Colias (2).

Fea Leonardo. Gestorben am 29. April 1903. Kurze Todesanzeige. Insektenbörse 20. Jhg. p. 306.

Federley, Harry (1). 1902. Tvänne an märkningsvärda fjärilar. Meddel. Soc. Fauna Flora fennica Häft 28 A. p. 14. — Trenne anmärkningsvärda fjärilar. t. c. p. 23—24.

Orgyia gonostigma, Zonosoma orbicularia.

— (2). Smerinthus tremulae F. de W. in Finland. Soc. entom. Jahrg. 19. p. 145—147.

— (3). Über Spilosoma mendica Cl. und var. rustica Hb., sowie über die vermutete Mimikry der ersteren. Allgem. Zeitschr. f. Entom. Bd. 9. p. 178—181, 3 Fig.

Entwicklung der Flügel.

Fernald, G. H. (1). On the Genus Proteopteryx. Canad. Entom. vol. 36. p. 120.

— (2). A New Genus and Species of North American Choreutinae. Canad. Entom. vol. 36. p. 130—131.

Kearfottia albifasciella.

Field, W. L. W. Problems in the genus Basilarcha. Psyche vol. 11.
p. 1—7, 3 pls. (I—III).
— (2). Black Backgrounds for Butterflies. t. c. p. 106.
— (3). Notes on the pupation of Vanessa antiopa. Entom. News
Philad. vol. 15. p. 6—9.

Fischer, Emil. Taschenbuch für Schmetterlingssammler. Fünfte
Auflage. Leipzig, Oskar Leiner. 12⁰. 252 pp. 14 Taf., 19 Fig.
M. 4,—.

Fleck, Ed. Die Makrolepidopteren Rumäniens. Nachtrag II. Bull.
Soc. Sci. Bucarest An. 13. p. 288—308.

Fletcher, James (1). Descriptions of some New Species and Varieties of Canadian Butterflies. Trans. Roy. Soc. Canada (2)
vol. 9 Sect. 4 p. 207—216, 1 pl. 2 figg.
3 neue Arten: Phyciodes (1), Thecla (1 n. var.), Pamphila (1).
— Lycaena (2 n. varr.).
— (2). A New Food-Plant for the Common Spring Blue, Cyaniris
ladon Cramer, a. lucia Kirby. Canad. Entom. vol. 36. p. 4.
— (3). Descriptions of some New Species and Varieties of Canadian
Butterflies. Canad. Entom. vol. 36. p. 121—130, 1 pl. 2 figg.
Abdruck aus den Trans. Roy. Soc. Canada 1903.

Fletcher, T. B. F. A preliminary list of the Lepidoptera of Malta. The
Entomologist vol. 37. (1904) p. 273—276, 315—319.

Floersheim, Cecil. Notes on Papilio asterias, with Particular Reference
to its Earlier Stages and their Difference from those of
P. machaon. Entom. Record Journ. Var. vol. 16. p. 315
—317.

Florentin, R. Quelques mots sur le Liparis cul-brun. L'Interméd.
Bombyc. Entom. Ann. 4. p. 148—150, 1 pl.
Porthesia chrysorrhoea.

Foster, F. H. Effects of Defoliation by Caterpillars on Tree Growth.
Psyche, vol. 11. p. 36.
Clisiocampa disstria.
— (2). Wintering Larvae. Psyche vol. 11. p. 62—63.

Fountaine, Margaret E. A „Butterfly Summer" in Asia Minor. The
Entomologist vol. 37. p. 79—84, 105—108, 135—137,
157—159, 184—186.

Frey-Gessner, E. 1901. Souvenirs d'excursions d'un entomologiste
dans le val d'Anniviers 1865—1900. Bull. Murith. Soc.
valais Sci. nat. Fasc. 29/30. p. 66—77.
Bringt auch Lepidoptera von E. Fabre.

Frings, Carl (1). Dicranura vinula L. nov. aberr. Entom. Zeitschr.
Guben Jahrg. 18. p. 58.
Dicr. vin. ab. zickerti n.
— (2). Bericht über meine Temperaturversuche in den Jahren 1903
—4. Societ. entom. Jahrg. 19. p. 137 folg.

Frionnet, M. C. Chenilles de Macrolépidoptères français. Geometrae.
Paris 1904, 333 pp.

Froggatt, Walter W. (1). 1903. The Potato Moth (Lita solanella Boisd.). Agric. Gaz. N. S. Wales vol. 14 p. 321—326, 1 pl.
— **(2). 1903.** Insects that Damage Wheat and other Foodstuffs. t. c. p. 481—492, 1 pl.
— **(3).** The Army Worm (Leucania unipuncta Haw.) in Australia. op. cit. vol. 15. p. 327—331, 2 figg.

Frohawk, F. W. Life - history of Lycaena argiades. The Entomologist vol. 37 p. 245—249.

Fruhstorfer, F. (1). Eine neue Parnassius-Form aus Tibet. Societ. entom. Jahrg. 19. p. 25.
P. acco gemmifer n. subsp.
— **(2).** Eine neue Papilio-Aberration aus Honduras. t. c. p. 25—26.
P. philolaus ab. felicis n.
— **(3).** Neue Indo-Malayische Rhopaloceren. t. c. p. 26—29, 36—37.
Calliploea phokion n. sp. [mit 10 neuen Subspp.), 5 neue Subspp.
u. zwar v. Tenaris (1), Cynthia (1), Euploea (2), Salpinx (1 + 1 n. aberr.).
— **(4).** Neue Elymnias aus Celebes und dessen Satellit-Inseln. t. c. p. 53—54, 60—61.
E. thyone n. sp., 3 neue Subspp.
— **(5).** Neue Euploea aus dem malayischen Archipel. t. c. p. 61, 66—68, 73—76.
2 neue Arten von Calliploea mit 8 Subspp. — 9 neue Subspp. von Euploea (2), Parthenos (4), Eulepis (1), Cirrochroa (1).
— **(6).** Neue Tenaris. t. c. p. 130.
T. verbeeki n. sp., 13 neue Subspp.
— **(7).** Neue Tenaris-Formen. t. c. p. 138—139.
2 neue Arten, 3 neue Subspp., 4 neue Aberr.
— **(8).** Ein neuer Ornithoptera. Troides oblongomaculatus Hanno nov. subsp. Entom. Zeitschr. Guben Jahrg. 18. p. 27.
— **(9).** Ein neuer Parnassius. Parnassius delphius dolabella n. subsp. t. c. p. p. 29—30.
— **(10).** Mitteilungen über die Zucht von Morpho anaxibia Hb. t. c. p. 35, 37—38, 1 Fig.
— **(11).** Zwei neue Papilios. t. c. p. 45—46.
2 neue Subspezies.
— **(12).** Neue Tenaris. t. c. p. 118—119.
N. merana n. sp., 11 neue Subspp.
— **(13).** Über Pyrameis. (Sitz.-Ber. Berlin. entom. Ver.) Insektenbörse Jahrg. 20. p. 85.
Verbreitung.
— **(14). 1903.** Cethosia cydippe theone n. subsp. (Sitz.-Ber. Berlin. entom. Ver.) t. c. p. 164—165.
— **(15). 1903.** Charaxes polyxena enganicus n. subsp. (Sitz.-Ber. Berlin. entom. Ver.) t. c. p. 381.
— **(16).** Neue Falter. Insektenbörse Jahrg. 21. p. 140—141.
4 neue Subsp. Eulepis (1), Papilio (2), Delias (1).
— **(17).** Neue Falter. t. c. p. 157.

Tachyris cerussa n. sp. — 6 neue Subspp. u. zwar Euploea (1),
Calliploea (1), Troides (1), Papilio (1), Cirrochroa (1).
— (18). Ein neuer Charaxes von der Insel Roma. t. c. p. 172.
Eulepis pyrrhus subsp. romanus n.
— (19). Elf neue Papilionen. t. c. p. 180—181, 188—189.
P. agamemnon n. sp., 10 neue Subspezies, 1 neue Aberr.
— (20). Zwei neue Nectarien. t. c. p. 205.
2 neue Subspp. von Nectaria.
— (21). Neue Rhopaloceren aus dem Malayischen Archipel. t. c.
p. 309.
3 neue Subspp.: Papilio (1), Euthalia (1), Euploea (1).
— (22). Neue Junonia-Rassen. t. c. p. 325.
3 neue Subspp.
— (23). Zwei neue Euthaliiden. t. c. p. 333.
2 neue Subsp.: Euthalia (1), Tanaëcia (1).
— (24). Zwei neue Charaxes. t. c. p. 381.
Eulepis 2 neue Subspp.
— (25). Neue Tenaris. t. c. p. 389.
9 neue Subspp.
— (26). Neue indo-australische Lepidopteren. Iris Bd. 17. p. 133
—157, 1 Fig.
2 neue Arten: Dicallaneura (1+2 neue Subspp.), Pseudamathusia(1).
— 22 neue Subspp. u. zwar Nectaria (2), Parthenos (6) [1 Ribbe],
Troides (1), Papilio (3), Abisara (2), Thamala (1), Surendra (1),
Amathusia (6). Bindahana phocides moorei nom. nov. für B. ph.
Moore non F., non Distant.
— (27). Neue Lepidopteren von Engano. t. c. p. 341—344.
3 neue Subspp.: Charaxes (1), Cupha (1), Stictoploea (1).
— (28). Neue Pieriden. t. c. p. 345—348.
4 neue Subspp.: Delias (1), Nepheronia (1), Saletara (2).
— (29). Neue Euthaliiden. t. c. p. 348—353.
4 neue Subsp. von Euthalia. — E. lubentina indica nom. nov.
für E. l. auct. non Cram., E. mahadeva zichrina für E. m. zichri Dist.
non Butl.
— (30). Neue Rhopaloceren aus dem malayischen Archipel. Entom.
Meddel. II. p. 291—332.
— (31). Neue Rhopaloceren aus dem malayischen Gebiet. Berlin.
Entom. Zeitschr. Bd. 49. p. 165—169.
Telicota androsthenes n. sp. (1 n. subsp.), Euploea (2 n. subspp.).
— (32). Beitrag zur Kenntnis der Rhopaloceren-Fauna der Insel
Engano. t. c. p. 170—206. 2 Taf.
18 neue Subspp.: Trepsichrois (2), Euploea (2), Radena (3), Elymnias (1), Amathuxidia (1), Cupha (1), Atella (1), Hypolimnas (1),
Charaxes (1), Papilio (3 + 1 n. ab.), Eoöxolydes (1). — Salatura
(1 n. ab.).
Fuchs, Ferdinand (1). Lepidopterologisches. Darunter Beschreibung
zweier neuer Arten und einiger aberrativen Falter. Jahrb.
Nassau Ver. Nat. Jahrg. 57. p. 29—44, 1 Taf.

2 neue Arten: Cucullia (1), Eriocrania (1). — Acidalia (1 n. ab.),
Gnophos (1 n. var.).

— **(2).** Larentia eximiata Fuchs, ein neuer Schmetterling aus dem
Rheingau. Entom. Zeitschr. Guben Jahrg. 18. Beil.

Fürnrohr, O. 1903. Hofrat Dr. G. Herrich-Schaeffer †. Ber. nat. Ver.
Regensburg, Hft. 9. p. 129—131.

von Fürth, Otto und Hugo Schneider. 1902. Über tierische Tyrosinasen
und ihre Beziehungen zur Pigmentbildung. Beitr. chem.
Physiol. Pathol. Bd. 1. p. 229—242.
Betrifft Lepidopterenpuppen.

Fyles, Thomas W. A New Gelechiid, Trichotaphe levisella n. sp.
Canad. Entom. vol. 36. p. 211.

von Gadolla, Klemens. Über die Zucht von Schmetterlingen aus dem
Ei, der Raupe und Puppe. Mitteil. natur. Ver. Steiermark
Jahrg. 1903 Heft 40. p. LXIII—LXVI.

Gal, Jules (1). Ponte du Bombyx mori. Interméd. Bombyc. Entom.
Ann. 3. p. 180—183, 208—211, 247—250.

— **(2).** Ponte du Bombyx mori. Bull. Soc. Nimes T. XXXI.
p. 37—43.

Gallardo, A. Quelques observations sur la métamorphose de Citheronia
brissoti (Boisd.) Kirby. Bull. Soc. Entom. France 1904.
p. 268—269.

Garbowski, Tad. Parthenogenese bei Porthesia. Zool. Anz. 27. Bd.
p. 212—214.

Gauckler, H. (1). Varietäten und Aberrationen von Agrotis comes Hb.
Entom. Jahrb. Jahrg. 14. p. 116—119.
1 n. ab. grisea.

— **(2).** Orthosia macilenta Hb. var. obsoleta Tutt. Soc. entom.
Jahrg. 19. p. 18—19.

— **(3).** Ein Beitrag zur Lebensgeschichte von Nola cristatula Hb.
Insektenbörse Jahrg. 21. p. 283—284.

— **(4).** Zur Lautäußerung der Raupe des japanischen Spinners
Rhodinia fugax Butl. Insektenbörse Jahrg. 21. p. 332.

Gianelli, Giacinto. Syntomis phaegea L. aberr. sex-maculata Gianelli.
Natural. sicil. Ann. 17. p. 25.
Eine neue Abart.

Giard, A. (1). Y-a-t-il poecilogonie saisonnière chez Charaxes jasius
L.? Bull. Soc. Entom. France 1904. p. 43—45.

— **(2).** Observation biologique. t. c. p. 117—118.
Nahrung von Charaxes jasius.

— **(3).** Sur une invasion de Deilephila lineata F. var. livornica Esp.
dans la vignoble algérien. t. c. p. 203—206.

Gibbs, A. E. (1). 1896/1898. Notes on Lepidoptera observed in Hertfordshire during the year 1893. Trans. Hertfordsh. nat.
Hist. Soc. vol. 8. p. 74—84. — During the year 1894. p. 188
—192. — During the year 1895. vol. 9. p. 27—32.

— **(2). 1903/1905.** Notes on Lepidoptera observed in Hertfordshire
in the year 1900. Trans. Hertfordshire nat. Hist. Soc. vol. 11.

p. 43—45. — in the year 1901 p. 165—172. — in the year 1900 p. 109—116. — in the year 1904 p. 159—164.

— **(3)**. Notes on Lepidoptera from Hertfordshire. Entom. Monthly Mag. (2) vol. 15. p. 135—136.

Gillmer, M. (1). Epione advenaria Hübn. ab. fulva Gillmer (n. ab.). Entom. Zeitschr. Guben 17. Jahrg. p. 80, 2 Figg.

— **(2)**. Geschlechtswitterung der Raupen. Entom. Zeitschr. Jahrg. 18. p. 21—22, 25—26.

— **(3)**. Die Eiablage und das Ei von Chrysophanus dorilis Hufn. t. c. p. 42.

— **(4)**. Ein Beitrag zur Entwicklungsgeschichte von Phryxus livornica Esp. t. c. p. 70—72.

— **(5)**. Ein Nachtrag zur Entwicklungsgeschichte von Phryxus livornica Esp. t. c. p. 89.

— **(6)**. 2. Nachtrag zur Entwicklungsgeschichte von Phryxus livornica. t. c. p. 94—95.

— **(7)**. Das Ei von Acherontia atropos Linn. t. c. p. 97—98.

— **(8)**. Die junge Raupe von Erebia medusa Fabr. t. c. p. 98.

— **(9)**. Das Ei und die ersten Raupenstadien von Lycaena arcas Rott., verbunden mit einigen Notizen über Lycaena euphemus Hübn. t. c. p. 119, 121—122.

— **(10)**. Antwort auf die Frage: „Woher stammt die Benennung Papilio paphioides für Argynnis laodice?" Soc. entom. Jahrg. 19. p. 106—107.

— **(11)**. Die Eiablage und das Ei von Chrysophanus dorilis Hufn. Insektenbörse 21. Jahrg. p. 205.

— **(12)**. Das Ei von Erebia medusa Fabr. t. c. p. 212—213.

— **(13)**. Das Ei von Polia flavicincta Fabr. und seine Vergleichung mit demjenigen von Polia polymita Linn. Insektenbörse Jahrg. 21. p. 348—349.

— **(14)**. Ein gynandromorphes Exemplar von dem Hybriden Smerinthus hybridus Stephens (1850). Allgem. Zeitschr. f. Entom. Bd. 9. p. 141—143.

— **(15)**. Referat über The Butterfly of Switzerland and the Alps of Central Europe. By George W h e e l e r , M. A. 8⁰. Price 5 s. net, interleaved 6 s. — London: Elliot Stock, 62, Paternoster Row, E. C. August 1903. — Einleitung: S. I—VI. Spezieller Teil S. 1—144. — Verzeichnis der Arten, Varietäten und Aberrationen, S. 145—151. — Geographisches Ortsverzeichnis S. 151—162. Societ. Entom. Jahrg. 18. p. 154 —157, 161—163, 170—172, 178—181, 186. Nachtrag zu meinem Referat über G. W h e e l e r ' s Butterflies of Switherland and the Alps of Central Europe. Jahrg. 19. p. 33—35.

5 neue Aberr.: Chrysophanus (1), Lycaena (3), Polyommatus (1). Die Chrysophanus-Aberration wird eingezogen.

Goeldi, E. A. Grandiosas migraçoẽs de borboletas no valle amazonica. Bol. Mus. Goeldi IV. p. 309—316, 2 pls.

Goudie, D. (1). 1902. Notes on the Larvae and Pupae of Birchip Heterocera. Victorian Naturalist vol. 19. p. 79—80.
Xylorycta homoleura.
— **(2). 1903.** Notes on the Larvae and Pupae of Birchip Heterocera. Victorian Naturalist vol. 19. p. 170—171.
Hyleora dilucida.
Goudie, J. C. A Summer in South Gippsland. Victorian Naturalist vol. 21. p. 48—56.
Fauna. Auch Lepidoptera.
Goury, G. et J. Guignon. Les insectes parasites des Berbéridées. Feuille jeun. Natural. (4) Ann. 34. p. 238—243, 253—255, 3 figs.
Green, E. E. (1). Report for 1903 of the Government Entomologist. Circ. Agric. Journ. Roy. bot. Garden Ceylon vol. 2. p. 235 —261.
Insektenschädlinge auch Lepidoptera.
— **(2).** Notes on some Ceylon butterflies. Spolia Zeylan. vol. II. p. 75—77, 1 pl.
Green, J. F. Protective colouring. Trans. West Kent. Soc. 1903/1904. p. 35—45.
Ob Lepidopteren betreffend?
Griep, Bruno. Lepidopterologische Wandlungen in lokaler Hinsicht. Helios Bd. 21. p. 89—129, 1 Taf.
Entstehung der Lepidopteren. Variationen von Smerinthus ocellata, Vanessa urticae, Hepialus humuli stammesgeschichtlich erklärt. Biologische Experimente.
Griffini, Achille. Gli uccelli insettivori non sono utili all' agricoltura. Siena, Riv. ital. Sci. nat. 8⁰. 83 pp., 24 figg.
Grinnell, Fordyce, jr. A new Thanaos from Southern California. Entom. News vol. 15. p. 114—115, 3 figg.
Grote, Radcliffe (1). Titel aus den Proc. Am. Phil. Soc. vol. XLI p. 171 (Bericht f. 1902). Ref. Insektenbörse 20. Jhg. p. 161.
— **(2).** Nekrolog. Siehe B o d e.
Grum-Grshimailo, Gr. 1899/1902. Lepidoptera nova vel parum cognita regionis palaearcticae. I. Ann. Mus. zool. Acad. Sc. Sc. St. Pétersbourg T. 4. p. 455—472. — II. T. 7. p. 191—204.
p. 455—472: 10 neue Arten: Colias (2 + 1 n. var.), Earias (1), Arctia (1 + 2 n. varr.), Hyperborea n. g. (1), Zeuzera (1), Stygia (1), Hepialus (1), Harpyia (2). — Newelskoia n. g. für Cossus albonubilis. 4 neue Varr.: Polyommatus (1), Melitaea (1), Erebia (1), Triphysa (1). p. 191—204: 11 neue Arten: Teracolus (1), Lycaena (3 + 1 n. var.), Ino (1 + 1 n. var.), Holcocerus (4), Hypopta (1 + 1 n. var.), Stygia (1). — 4 neue Varr.: Satyrus (2), Selenophora (1), Callimorpha (1).
Grund, Arn. Ein Beitrag zur Naturgeschichte von Papilio podalirius L. Entom. Zeitschr. Guben Jahrg. 18. p. 78.
Grundel, J. G. Notes on the Life History of Chrysophanus Gorgon. Entom. News vol. 15. p. 97.

ter Haar, D. (1). Argynnis pales Schiff. var. arsilache Esp. weergevonden. Entom. Berichten. Bd. 1. p. 96. — Ook in Limburg gevonden van J. Th. O u d e m a n s p. 128.

— **(2).** Lycaena optilete Kn. t. c.' p. 97.

— **(3).** De rups van Satyrus hermione L. t. c. p. 160.

— **(4).** Voor Nederland nieuwe Geometridae. Tijdschr. v. Entom. D. 46. Versl. p. XIV—XV.

Häcker, Valentin. Bastardierung und Geschlechtszellenbildung. Zool. Jahrb. Suppl. 7. Festschr. Weismann p. 161—256, 1 Taf. 13 Fig. — Rem. by Thos. H. Montgomery jr. Zool. Anz. Bd. 27. p. 630—636.

Hamm, A. H. Eggs of Vanessa urticae. Trans. Entom. Soc. London 1904. p. XLI—XLVI. Notes by others.

Hampson, George F. (1). The Lepidoptera-Phalaenae of the Bahamas. Ann. Nat. Hist. (7) vol. 14. p. 165—188.

33 neue Arten: Halisidota (1), Apantesis (1), Tuerta (1), Euplexia (1), Fagitana (1), Caularis (1), Casandria (1), Thermesia (1), Acantholipes (1), Nodaria (2), Doryodes (1), Merocausta (1), Phrygionis (1), Macaria (1), Acrosemia (1), Euchloris (1), Semaeopus (1), Craspedia (1), Duomitus (1), Thanatopsyche (1), Nesaca (1), Scirpophaga (1), Euzopherodes (1), Eutrichocera n. g. (1), Tetraschistis (1), Desmia (1), Nacoleia (3), Lygropia (1), Azochis (1), Pyrausta (1).

— **(2).** The moths of India. Supplementary paper to the Volumes in „The Fauna of British India." Series III part 1. Journ. Bombay Soc. vol. XV p. 630—653. — op. cit. vol. XVI p. 132—151. pl. D.

Hauder, Franz. II. Beitrag zur Macrolepidopteren - Fauna von Österreich ob der Enns. 33. Jahresber. Ver. Stat. Linz, 24 pp.

Hanitsch, R. 1900. An Expedition to Mount Kina Balu. British North Borneo. Journ. Straits Branch R. Asiat. Soc. No. 34. p. 49 —88, 4 pls.

Hardy, A. D. and **J. A. Kershaw.** Excursion to Launching Place. Victorian Naturalist, vol. 20. p. 116—138. Lepidoptera.

Harrison, J. W. H. The Early Stages of Colias edusa. Entom. Record Journ. Var. vol. 16. p. 172—176.

Havenhorst, P. (1). De zomer van 1903 en de vliegtijd van sommige vlinders. Entom. Berichten Bd. 1. p. 97.

— **(2).** Voedselplanten van Depressaria heracliana de Geer en Olethreutes (Penthina betulaetana Hw.) t. c. p. 97.

— **(3).** Over het Kopvocht bij vlinders die zick ontpoppen. op. cit. D. 47. p. 168—171.

Haverkampf, F. Note sur quelques aberrations interéssantes de Lépidoptères belges. Ann. Soc. Entom. Belg. T. 48. p. 186 —188, 1 pl.

Abraxas 1 n. aberr.

Heath, E. Firmstone. List of Additional Manitoba Lepidoptera. Canad. Entom. vol. 36. p. 269—272.

Herrmann, Erich. Schmetterlings-Fauna von Frankfurt a. O. Eine Zusammenstellung der in und um Frankfurt a. O. vorkommenden Großschmetterlinge. Helios Bd. 21. p. 130—169.

Henry, E. 1902. La pyrale grise (Tortrix pinicolana) et les mélèzes des Alpes. Année forestière T. 41. p. 145—152. — Un dernier mot sur la pyrale grise des mélèzes. p. 653—655.

— **(2). 1903.** Invasion de la tordeux du chêne (Tortrix viridana). op. cit. T. 42. p. 545—548.

— **(3).** Invasions récentes d'insectes forestiers en Lorraine et moyens de les combattre. Bull. Soc. Sci. Nancy (3) T. 5. p. 153—179, 1 pl.

Heron, F. A. and George, F. Hampson. On the Lepidoptera collected at Chapada, Matto Grosso, by Mr. A. Robert (Percy Sladen Expedition to Central Brazil). Proc. Zool. Soc. London 1903. vol. 2. p. 258—260.
Papilionina von F. A. Heron. — Phalaenae von Geo Hampson. — Neu: Dalaca sladeni n. sp.

Herz, Otto (1). Verzeichnis der auf der Mammuth-Expedition etc. Titel p. 683 des Berichts f. 1903.
4 neue Arten: Acronycta (1), Agrotis (2), Anarta (1). — 3 neue Varietäten.

— **(2).** Beitrag zur Kenntnis der Lepidopteren der Tschuktschen-Halbinsel. Ann. Mus. zool. Acad. Sc. Soc. Pétersbourg T. 8. p. 14—16.
1 neue Varietät.

— **(3).** Beitrag zur Kenntnis der Lepidopteren-Fauna des russischen Nordens. op. cit. T. 9. p. 260—262.

— **(4).** Lepidopteren von Korea. Noctuidae et Geometridae. t. c. p. 263—390. pl. I.
Fortsetzung der Publikation von Fixsen (1887).

— **(5).** Lepidopteren-Ausbeute der Lena-Expedition von B. Poppius im Jahre 1901. Öfv. Finska Förh. T. XLV. No. 15, 22 pp., 1 pl.

Heylaerts, F. J. M. Description d'une nouvelle espèce de Psychides, Chalia laminati. Ann. Soc. Entom. Belg. T. 48. p. 419—420.

Heyn, Karl. Pieris continentalis n. sp. ♂. Entom. Zeitschr. Guben Jahrg. 18 p. 57—58, 2 Fig.

— **(2).** Eine neu afrikanische Ilema-Art. Soc. Entom. Jahrg. 19. p. 25.
I. androconia n. sp.

Himsl, F. Die Geometriden Oberösterreichs. Soc. entom. Jahrg. 19. p. 41 etc.

Hinds, W. E. Life History of the Salt-Marsh Caterpillar (Estigmene acraea Dru. at Victoria, Tex.) U. S. Dept. Agric. Div. Entom. Bull. 44. p. 80—84, 1 fig.

Hirschler, Jan. Weitere Regenerationsstudien an Lepidopterenpuppen (Regeneration des vorderen Körperendes). Anat. Anz. Bd. 25. p. 417—435, 5 Fig.

Hockemeyer, E. Eine neue Abart von Acronycta menyanthides. Entom. Zeitschr. Guben Jahrg. 18. p. 29, 4 Figg.

Hoffmann, Wilhelm. Reisebrief III. Insektenbörse Jahrg. 21. p. 244 —245. Sammeln in den Tropen.

Hole, R. S. Two notorious Insect pests. Journal Bombay Soc. vol. XV p. 679—697, pls. A—E.

Hollis, Geo. 1893. Hereditary. Entom. Record, vol. 3. No. 1. p. 3. Experiment mit Polia chi var. olivacea.

Holters, Th. 1896. Über die Variationsfähigkeit von Antheraea yamamai. Jahresber. Ver. nat. Sammelwes. Crefeld 1895 —96. p. 30—32.

Holtz, Martin (1). Über die Entwicklung von Deilephila sichei Pung. Insektenbörse 21. Jhg. p. 36.

— **(2).** Lygris peloponnesiaca Rbl., ihre Entwicklung und Gewohnheiten. t. c. p. 148—149.

Hopkins, A. D. Catalogue of Exhibits of Insect Enemies of Forests and Forest Products at the Louisiana Purchase Exposition, St. Louis, Mo., 1904. U. S. Dept. Agric. Div. Entom. Bull. 48. 56 pp. 22 pls.

von Hormuzaki, Konst. (1). Nachträge zur Lepidopterenfauna der Bukowina. Verhdlgn. zool.-bot. Ges. Wien Bd. 54 p. 422 —427.

— **(2).** Analytische Übersicht der paläarktischen Lepidopterenfamilien. Berlin, Friedländer & Sohn. 68 pp., 45 Fig. M. 2,—.

von Hoyningen-Huene. Beiträge zur Kenntnis der Lepidopterenfauna von Krasnoufimsk. Berlin. Entom. Zeitschr. Bd. 49. p. 1—54. Sinoa nubilaria var. knüpfferi n.

Hyckel, J. Ein Zwitter von Phragmatobia sordida. Entom. Zeitschr. Guben Jahrg. 18. p. 56.

Janet, A. Les Papillons. Causeries Soc. zool. France T. I, No. 9, p. 309—350.

de Joannis, J. (1). Description de deux Lépidoptères hétérocères nouveaux provenant de Nova Friburgs (Montagnes des Orgues, Brésil.) Bull. Soc. Entom. France 1904 p. 289—291.

— **(2).** Localités nouvelles pour quelques espèces de Microlépidoptères. Bull. Soc. Entom. France, 1904. p. 173—174.

Johan-Olsen, Olav. Mykologiske undersøgelser over sop paa furuspinderens larve (Gastropacha pini). Skrift. Vidensk. Christiania 1903. No. 11. 24 pp.

Johnson, Walter. 1900. Bees and Butterflies at Kew. Nature Notes vol. 11. p. 53—56.

Johnson, W. F. 1900. Irish Butterflies. Ann. Rep. Proc. Belfast Nat. Field Club (2) vol. 4. p. 489—491.

Jordan, K. Some New Moths. Nov. Zool. Tring vol. 11. p. 441—447.
11 neue Arten: Pseudapiconoma (3), Phragmatobia (1), Caprimima (1 + 1 n. subsp.), Xanthospilopteryx (1), Pseudospiris (1), Pais (1), Tuerta (1), Heterusia (1), Sindris (1). — 5 neue Subspp.: Clerckia (1), Byrsia (1), Burgena (1), Argyrolepidia (2).

Kabis Kg. Biston pilzii Stdfs. Hybridus Biston hirtaria Cl. ♂ × B. pomonaria Hb. ♀. Entom. Zeitschr. Guben Jahrg. 18. p. 31.

Kaye, William James. A Catalogue of the Lepidoptera Rhopalocera of Trinidad. With an appendix by J. Guppy. Trans. Entom. Soc. London 1904. p. 159—224, 2 pls. (XVII, XVIII).
11 neue Arten: Caligo (1 + 1 n. var.), Helicopis (1), Cricosoma (1), Emesis (1), Tmolus (2), Siderus n. g. (1), Dismorphia (1), Staphylus (1), Vehilius (1), Perichares (1). — Neue Var.: Catagramma (1). — Syntarucoides n. g. für Papilio cassius, Polyniphes für Thecla dumenilii, Jaspis für Symmachia temesa, Arawacus für Papilio linus, Rekoa für Papilio meton, Macusia für Th. satyroides, Paiwarria für P. venulius, Itaballia für Pieris pandosia. — Appendix. Notes on the Habits and Early Stages of some Trinidad Butterflies by J. G u p p y. p. 225—228.

Kearfott, W. D. (1). New Tortricids from Kaslo, B. C. and the Northwest. Canad. Entom. vol. 36. p. 109—116, 137—141.

— **(2).** A new Proteopteryx. t. c. p. 306—308.
P. willingana n. sp.

— **(3).** Coleophora tibiaefoliella Clem. t. c. p. 324.

— **(4).** Microlepidoptera — Suggestions. Entom. News Philad. vol. 15. p. 89—96, 127—136, 207—212.

— **(5).** Notes on the Life History of Polychrysia formosa Gr. Entom. News vol. 15. p. 301—302.

Kellogg, V. L. Regeneration in larval legs of silk-worms. Journ. exper. Zool. vol. 1. p. 593—599.

Kellogg, V. L. and **R. G. Bell.** Notes on Insect Bionomics. Journ. exper. Zool. vol. 1. p. 357—367.
Einfluß der Nahrung auf die geschlechtliche Differenzierung u. Verpuppung. Gewichtsverlust während des Puppenlebens.

Kershaw, Jas. A. Notes on Colour Variations of Two Species of Victorian Butterflies. Victorian Natural. vol. 20. p. 173—175.
Heteronympha.

Klokman, G. J. (1). Rupsen van Pararge megaera L. en Coenonympha pamphilius L. Entom. Berichten Bd. 1. p. 134—136.

— **(2).** Het eierleggen van enkele Argynnis-soorten. Tijdschr. Entom. D. 46. Versl. p. II—IV.

Knaggs H. Guard. 1903. Probable Origin of Cornish Plusiani. The Entomologist vol. 36. p. 298—299.
Durch Schiffe eingeführt, ebenso wie Polistes aus Südamerika.

Kopetsch, G. Massenschwärme von Hepialus humuli. Insektenbörse Jahrg. 21. p. 229—230.

Krejsa, Em. Luperina zollikoferi Frr. Entom. Zeitschr. Guben Jahrg. 18 p. 42—43.

Krodel, Ernst (1). Lycaena icarus Rott., ab. persicus Bien. Insektenbörse 17. Jahrg. p. 80—81.
— **(2).** Lycaena phyllis Chr. ab. schulzi Krodel (n. aber.) Entom.
Zeitschr. Guben Jahrg. 18. p. 21.
— **(3).** Pararge maera L. var. adrasta Hb. Entom. Zeitschr. Guben
Jahrg. 18. p. 30—31.
Neue Abart biocellata.
— **(4).** Durch Einwirkung niederer Temperaturen auf das Puppen-
stadium erzielte Aberrationen der Lycaena-Arten, corydon
Poda und damon Schiff. Allgem. Zeitschr. f. Entom. Bd. 9.
p. 49—55, 103—109, 134—136.
Künckel, J. d'Herculais. Les Lépidoptères Limacodides et leurs
Diptères parasites, Bombylides du genre Systropus. Adaptation
parallèle de l'hôte et du parasite aux mêmes conditions
d'existence. Compt. rend. Acad. Sci. Paris T. 138. p. 1623
—1625.
Kunze, R. E. Protective Resemblance. Entom. News vol. 15. p. 239
—244.
Kusnezov, N. J. (1). On the development of ocellated spots in the
Larvae of Deilephila nerii L. and Pergesa porcellus L. Rev.
Russe Entom. T. IV p. 154—161.
— **(2).** Beiträge zur Kenntnis der Großschmetterlinge des
Gouvernements Pskov (Pleskau). II. Erster Nachtrag.
Horae Soc. Entom. Ross. T. XXXVII p. 17—70.
Lampa, S. (1). Berättelse till Kongl. Landtbruksstyrelsens angaende
verksamheten vid Statens entomologiska Anstalt under
år 1903. Entom. Tidskr. Årg. Bd. 25. p. 1—64.
— **(2).** Nagra af våra för trädgården nyttigaste insekter. t. c. p. 209
—216, 1 pl.
Lambertie, Maur. Note sur un cas d'hermaphroditisme chez une
„Argynnus pandora Schiff." Proc.-verb. Soc. Linn. Bordeaux
vol. 59. p. LXXI—LXXIV.
Lang, Georg. 1898. Das Auftreten des Kiefernspanners Fidonia piniaria
in den bayrischen Staatswaldungen Oberfrankens. Forstwiss.
Centralbl. Jahrg. 42. p. 344—365. — Das Auftreten des
Kiefernspanners (Fidonia piniaria) in den bayrischen Staatswaldungen des Regierungsbezirkes Oberfranken 1892—1896.
p. 515—533, 1 fig.
Lathy, Percy J. (1). On some Aberrations of Lepidoptera. Trans.
Entom. Soc. London 1904. p. 65—70, 1 pl.
— **(2).** New Species of South American Erycinidae. t. c. p. 463—468.
11 neue Arten: Eurygona (1), Mesosemia (1), Erycina (1), Ithomiola (1), Themone (1), Chamaelimnas (1), Caria (1), Symmachia
(1), Lemonias (1), Nymphidium (1), Theope (1).
— **(3).** Description of a new species of Cyrestis. The Entomologist
vol. 37 (1904) p. 71.
— **(4).** A Contribution towards the Knowledge of Lepidoptera-

Rhopalocera of Dominica, B. W. J. Proc. Zool. Soc. London,
1904. vol. 1. p. 450—454.
4 neue Arten: Libythea (1), Thecla (2), Eudamus (1). — Abstr.
Proc. p. 18—19.

Lécaillon, A. Insects et autres Invertébrés nuisibles aux plantes
cultivées et aux animaux domestiques. Paris, 1903, 182 pp.

Leigh, G. F. Synepigonic series of Papilio cenea (1902—3) and Hypolimnas misippus (1904), together with observations on the
life-history of the former. With notes by E. B. P o u l t o n
and an appendix by R. Trimen. Trans. Entom. Soc. London
1904 p. 677—692, pls. XXXI u. XXXII.

Leonhardt, Wilhelm. (1). Ein ausgestorbener Schmetterling (Chrysophanus dispar Haw.). Insektenbörse Jahrg. 21. p. 235—236.

— **(2).** Ist Lycaena icarus Rott. „ab. melanotoxa Pincit." identisch
mit „ab. arcuata Weymer"? Entom. Zeitschr. Guben,
Jahrg. 18. p. 33.
Ist wahrscheinlich identisch.

— **(3).** Über einige Lycaeniden-Aberrationen. t. c. p. 53—54, 3 fig.
Lycaena amandus Schn. ab. caeca Gillmer p. 59.

Leonardi, G. 1903. Insetti che distruggono il grano ed altri cereali
nei magazzini. Boll. Scuola super. Agric. Portici (2) No. 7.
12 pp. 8 figg.

Leverat, G. and A. Conte. On the Origin of the Natural Coloration of
Lepidoptera. U. S. Dept. Agric. Div. Entom. Bull. 44. p. 75—
—77.
Durchgang des Farbstoffes (z. B. Chlorophyll) durch die Spinn-
drüse.

von Linden, M. (1). Der Einfluß des Stoffwechsels der Schmetterlings-
puppe auf die Flügelfärbung und Zeichnung des Falters.
Ein Beitrag zur Physiologie der Varietätenbildung. Arch.
Rass.-Gesellsch.-Biol. Jahrg. 1. p. 477—518, 6 Fig.

— **(2).** Die Ergebnisse der experimentellen Lepidopterologie. Biol.
Centralbl. Bd. 24. p. 615—634.

— **(3).** Karl Rudolf Dietrich F i c k e r t. Leopoldina, 1904, p. 52—54.

Littler, F. M. (1). Note on Oncoptera [rect. Oncopera] intricata. Trans.
Entom. Soc. London, 1904 p. XXVI—XXVII.

— **(2).** Some Tasmanian case bearing Lepidoptera. The Entomologist
vol. 37 (1904) p. 310—315.

Löffler, Chr. (1). Halbseitiger Zwitter von Parasemia plantaginis aus
II. Generation. Entom. Zeitschr. Guben Jahrg. 18. p. 18
—19, 1 Fig.

— **(2).** Hesperia malvae ab. taras ♀ u. ♂. t. c. p. 77—78, 1 Taf.

Loir, A. La conservation des maïs de Buenos Ayres en Europe. La
Nature Ann. 32. Sem. 2 p. 50—54, 5 figs.
Die schädlichen Insekten.

Longstaff, G. B. Further Notes on Lepidoptera observed at Mortehoe,
North Devon. Entom. Monthly Mag. (2) vol. 15. p. 29—32.

Loos, Curt (1). 1897. Einige Beobachtungen über Coleophora laricella Hbn. auf dem Schluckenauer Domänengebiete. Centralbl. ges. Forstwesen Jahrg. 23. p. 519—523, 1 Fig.

— **(2). 1898.** Beitrag zur Kenntnis der Lebensweise der Lärchentriebmotte Tinea laevigatella H. und des Lärchenrindenwicklers, Tortrix zabeana Rtzb. auf dem Schluckenauer Domänengebiete. op. cit. Jahrg. 24. p. 265—268.

Lowe, F. Catalogue of Lepidoptera. Vol. I. pt. I. Danaina. London, 1904, 8⁰. 51 pp.

Lorez, C. F. Aberrationen von Arctia flavia Füssli. Soc. entom. Jahrg. 19 p. 123—134.
8 neue Aberr.

Lowe, F. E. Some Butterflies of Macolin and Grindelwald. Entom. Record Journ. Var. vol. 16. p. 305—308.

— **(2).** Pararge achine on the Mendel. The Entomologist vol. 37. p. 272.

Lower, O. B. Descriptions of new species of Australian Elachistidae etc. Trans. Roy. Soc. S. Austral. vol. XXVIII p. 168—180.

Lounsbury, C. P. The Codling Moth. Notes on the Life Cycle, and Remedies. Agric. Journ. Cape Good Hope vol. 25. p. 401—406. Carpocapsa pomonana.

Lucas, Daniel (1). 1903. Notes sur quelques Lépidoptères. Ann. Soc. Entom. France vol. 72. p. 401—404 1 pl.
Lebensweise, Eier u. Raupen von Polia canescens u. Orrhodia staudingeri. — Agrotis comes ab. non-marginata n.

— **(2).** Description sommaire de la chenille de l'Orthosia witzemanni Stdnf. Bull. Soc. Entom. France 1904. p. 232—233.

Lucas, R. Bericht über die wissenschaftlichen Leistungen im Gebiete der Entomologie während des Jahres 1900. Hymenoptera, Lepidoptera. Archiv f. Naturg. Jahrg. 66 p. 289—944.

Lutz u. Splendore, A. Über Pebrine und verwandte Mikrosporidien. Centralbl. f. Bakter. u. Parasitk. Orig. Bd. 36. p. 645—650. Taf. I—IV.
Über Krankheitserreger bei Lepidopteren.

Lyman Henry, H. Note on Haploa contigua Walk. Canad. Entom. vol. 36. p. 359—360.

Mabille, P. Lepidoptera Rhopalocera, Fam. Hesperiidae p. 79—210. pls. IV.
Bildet einen Teil von W y t s m a n s Genera Insectorum.

Maddison, T. 1893. Hereditary. Entom. Record, vol. 4. No. 1. p. 3. Experiment mit Polia chi var. olivacea.

Manders, N. (1). The butterflies of Ceylon. Journal Bombay Soc. vol. XVI p. 76—85.

— **(2).** Some breeding experiments on Catopsilia pyranthe and notes on the migration of butterflies in Ceylon. Trans. Entom. Soc. London, 1904. p. 701—708, 2 pls. (XXXIV u. XXXV).

Maluquer y Nicolau, Salvador. Lepidópters d'una excursió al Ubach. Butll. Inst. catalona Hist. nat. (2) An. 1. p. 56—60.

Marchal, P. Rapport sur la Pyrale de la Vigne (Oenophthira pilleriana Schiff.). Bull. off. renseign. agric. 1903. 20 pp.

Marschner, H. Hyloicus pinastri L. ab. grisea Tutt 1904. Entom. Zeitschr. Guben Jahrg. 18. p. 81, 1 Fig. Berichtigung von M. Gillmer p. 90.

Marshall, W. S. The marching of the Larva of the Maia Moth, Hemileuca maia. Biol. Bull. vol. VI p. 260—265.

Mayer, C. The Codling Moth. An Appeal to Fruit-growers. Agric. Journ. Cape Good Hope vol. 25. p. 153—157, 8 figg.

Meade-Waldo, G. Notes on a Month's Collecting in Normandy. The Entomologist, vol. 37. p. 301—303. Lepidoptera.

Merriam, C. H. Alaska, vol. VIII, Insects, part I pp. IX + 238, XVII pls. — vol. IX, Insects, part II, IX + 284 pp. IV pls. New York, 1904.

Verschiedene Autoren. Verbesserter Abdruck unter verändertem Titel aus den Proc. Washington Acad. vol. II, 1900. Paginierung und Tafel wie dort.

Meixner, Adolf. Beitrag zur Lepidopteren-Fauna der Kor- und Saualpe. Mitt. nat. Ver. Steiermark Jahrg. 1903. Heft 40. p. LXVII—LXXI.

Meves, J. (1). Bekämpfung der Nonne in Schweden 1898—1902. Centralbl. ges. Forstwesen Jahrg. 29. p. 1—9. Liparis monacha.

— **(2).** Tallspinnaren. En hotande fara för våra skogar. Entom. Tidskr. Årg. 24. p. 61—64, 1 Taf. — Nicht Taelspinaren. Bericht f. 1903. p. 705.

Meyrick, E. (1). Descriptions of Australian Microlepidoptera. Proc. Linn. Soc. New South Wales vol. 29. p. 255—440.

207 neue Arten: Epiphthora (18), Paltodora (3), Megacraspedus (16) Julota n. g. (2), Aristotelia (8), Thiotricha (10), Colobodes n. g. (1), Idiophantis n. g. (1), Dectobathra n. g. (3), Chaliniastis n. g. (1), Smenodoca n. g. (1), Macrenches n. g. (1), Gelechia (3), Stegasta n. g. (2), Gnorimoschema (6), Sarotorna n. g. (1), Tritadelpha n. g. (1), Craspedotis n. g. (3), Sphaleractis n. g. (2), Prodosiarcha n. g. (1), Protolechia n. g. für Gelechia mesochroa (73), Arotria n. g. (1), Ephelictis n. g. (2), Pancoenia n. g. (2), Anaptilora n. g. (2), Phloeograptis n. g. (3), Aulacomima n. g. (1), Crocanthes (5), Sarisophora n. g. (3), Achoria n. g. (1), Macrotona n. g. (3), Styloceros n. g. (3), Hyodectis n. g. (1), Cymatomorpha n. g. (1), Leptogeneia n. g. (1), Symbolistis n. g. (2), Anarsia (4), Deuteroptila n. g. (1), Allocota n. g. (1), Nothris (6), Ypsolophus (8) (Low i. l.).

Neue Gattungen: Epibrontis n. g. für Gelechia hemichlaema, Epimimastis für G. porphyroloma, Hemiarcha für G. thermochroa, Orthoptila für Oecophora abruptella, Croesopola für Atasthalistis euchroa, Streniastis für Paltodora thermaea, Thalamarchis für Crytolechia alveola.

— **(2).** Macrolepidoptera [Supplement]. Fauna Hawaiiensis vol. 3.
    p. 345—346.
    14 neue Arten: Agrotis (1), Hypenodes (1), Plusia (1), Scotorythra
(4), Hyperectis n. g. (1), Omiodes (1), Phlyctaenia (1), Mestolobes (1),
Scoparia (3).
— **(3).** New Hawaiian Lepidoptera. Entom. Monthly Mag. (2) vol. 15.
    p. 130—133.
    5 neue Arten: Hypenodes (1), Hymenia (1), Mestolobes (1),
Scoparia (2).
— **(4). 1902.** Lepidoptera. Fauna u. Geogr. Maldive Laccadive.
    Archiv. vol. 1. p. 123—126.
    67 Arten: 3 neue; Notarcha (1), Eucosma (1), Adoxophyes (1).
Мокржецкій, С. А. Moczecki, S. 1902. Омассовомъ поялeніи
    гусеницъ (Lythocollétis populifoliella Tr.) и нѣкоторыхъ
    другихъ бабочекъ вь окресносгяхъ г. харькова. Труды
    Общества Испыт Природы Харьковск Унив. Trav. Soc.
    Nat. Univ. Kharkow T. 36. Вып. Fasc. 2 p. 83—87, 1 pl.
    Zahlreiches Auftreten von Lythocolletis populifoliella Fr. u. anderer
Lepidopteren in der Umgegend von Kharkow.
Montell, Justus. Ett massupptädande af Notodonta tritophus Esp.
    (N. torva Hübn.) i Korpiselkä. Meddel. Soc. Fauna Flora
    fennica Häft 29. p. 118—119.
Moore, F. Lepidoptera indica. Parts LXVII—XXIX, viz. vol. VI
    p. 105—176, pls. 513—524.
Moss, A. M. Switzerland and its butterflies. Trans. Norfolk Soc.
    vol. VII p. 674—681.
Müller, Robert. 1903. Die geographische Verbreitung der Wirtschafts-
    tiere mit besonderer Berücksichtigung der Tropenländer.
    Studien und Beiträge zur Geographie der Wirtstiere. Inaug.-
    Diss. phil. Fac. Univ. Rostock. Leipzig, M. Heinsius, Nachf.
    8⁰. 296 pp., 19 Taf. 8 Fig.
Murtfeldt, Mary E. The Rosebud Feather-wing. (Platyptilia rhodo-
    dactyla Schiff.). Canad. Entom. vol. 36. p. 334—335.
Muschamp, P. A. H. Majorca. Eight Days Entomology. — Two New
    Butterfly Aberrations. Entom. Rec. Journ. Var. vol. 16.
    p. 221—223.
    Pararge (1 n. aberr.), Coenonympha (1 n. var.).
Nazari, Alessio. 1902. Il sangue del Bombix [Bombyx] mori allo stato
    larvale. Atti Accad. econ. agrar. Georgofile Firenze vol. 80.
    p. 356—382, 1 tav.
Neave, S. A. On a Large Collection of Rhopalocera from the Shores
    of the Victoria Nyanza. Nov. Zool. Tring vol. 11. p. 323
    —363, 1 pl. 1 fig.
    25 neue Arten: Amauris (1), Acraea (5 + 2 n. subspp.), Neptis (3),
Pseudacraea (4), Euphaedra (1), Diestogyna (1), Telipna (1), Poultonia
n. g. (1), Mimacraea (1), Aphneus (1), Lycaenesthes (1), Catochrysops
(1), Castalius (1), Mylothris (1), Pinacopteryx (1), Cyclopides (1).
    2 neue Subspp. von Papilio.

Nenükow, Dimitri. 1899. Zur Frage über den Einfluß der verschiedenen Strahlen des Spectrums auf die Entwicklung und die Färbung der Tiere. Physiologiste russe vol. 1. p. 244 —250.

Neuburger, Wilhelm (1). Eine neue Form von Larentia badiata Hb. Soc. entom. Jahrg. 19. p. 20.

Larentia badiata var. alpestris n.

— **(2).** Eine neue Spannerabart aus Digne. Soc. entom. Jahrg. 19. p. 44—45.

Ortholitha bipunctaria ab. grisescens.

— **(3).** Acidalia immutata L. var. syriacata Neubgr. Soc. entom. Jahrg. 19. p. 115.

Neue Varietät.

— **(4).** Agrotis decorata Neubgr. Soc. entom. Jahrg. 14. p. 131—132.

1 neue Varietät.

Neumann, Richard. Betrachtungen über das häufige oder spärliche Vorkommen der Lepidopteren. Entom. Zeitschr. Guben, Jahrg. 18. p. 43, 44—47.

Newcomb, W. W. Some Notes chiefly on the Scarcity of Michigan Rhopalocera in 1903. Entom. News, vol. 15. p. 204—206.

de Nicéville, Lionel. 1896. Notes on Oriental Species of the Rhopalocerous Genus Eurytela, Boisduval. Proc. Asiat. Soc. Bengal 1895. p. 108—111.

3 neue Arten.

Nicoll, Michael, J. Observations in Natural History made during the Voyage round the World of the R. Y. S. „Valhalla" 1902 —1903. Zoologist (4) vol. 8. p. 401—416, 1 fig.

Nitsche, H. (1). 1896. Der neueste Kiefernspannerfraß im Nürnberger Reichswalde. Tharand. forstl. Jahrb. Bd. 46. p. 154—186, 2 Taf.

Durch Bupalus piniarius verursacht.

— **(2).** Kleinere Mitteilungen über Forstinsekten. Phyllobius, Cneorrhinus plagiatus, Scolytus intricatus, Cerambyx scopolii, Liparis dispar, Cnethocampa. Tharand. forstl. Jahrb. Bd. 46. p. 225—247, 2 Fig.

Oberthür, Charles (1). Descriptions d'une nouvelle espèce de Sphingides. Bull. Soc. Entom. France 1904. p. 13—14.

— **(2).** Descriptions de nouveaux Sphingides. t. c. p. 76—79.

3 neue Arten: Lepchina n. g. (1), Epistor (1), Xylophanes (1).

— **(3).** Note sur des aberrations mélaniennes de Lépidoptères Rhopalocères thibetains. Bull. Soc. Entom. France 1904. p. 174—175.

— **(4).** Etudes de Lépidoptérologie comparée. Fasc. 1. Rennes 1904, 8°. p. 1—77, pls. I—VI.

Ormerod, Eleanor. Eleanor O r m e r o d , L. L. D. Economic Entomologist. Autobiography and Correspondence. Edited by R. Wallace. London, John Murray. 8°. 348 pp. — Siehe W a l l a c e.

Oudemans, J. Th. (1). 1903. Diefstal met inbraak bij Nola confusalis
   v. Hein. Entom. Berichten Bd. 1. p. 94—95.
— **(2).** Over het aantal der eieren bij vlinders. t. c. p. 95.
— **(3).** Siehe unter Ruhestellung in der Übersicht nach dem Stoff.
Pabst. Die Liparidae, Bombycidae, Endromidae, Saturnidae, Drepanulidae, Notodontidae und Cymatophoridae der Umgegend
   von Chemnitz und ihre Entwicklungsgeschichte. Entom.
   Jahrb. Jahrg. 14. p. 93—113.
Packard, Alpheus S. (1). Studies on the Transformations of Saturnian
   Moths, with Notes on the Life - history and Affinities of
   Brahmaea japonica. Proc. Amer. Acad. Arts Sci. vol. 39.
   p. 547—578.
— **(2).** Opisthogenesis, or the development of segments, median
   tubercles and markings a tergo. Proc. Amer. Philos. Soc.
   vol. XLIII p. 289—294.
— **(3).** The origin of the markings of organisms (Poecilogenesis)
   due to the physical rather than to the biological environment,
   with criticisms of the Bates-Müller hypotheses. t. c. p. 393
   —450.
— **(4).** The colossal silk-worm moths of the genera Attacus and
   Rothschildia. Entom. News Philad. vol. 15. p. 4—6.
— **(5).** Sound Producing by a Japanese Saturnian Caterpillar.
   Journ. New York Entom. Soc. vol. 12. p. 92—93.
   Rhodia.
— **(6).** Change of Name (Mesoleuca) of a Genus of Hemileucid
   Moths. t. c. p. 250.
   Meroleuca nom. nov. für Mesoleuca Packard non Hübner.
Pagenstecher, Arnold. Über Troides oblongomaculatus Goetze. Entom.
   Zeitschr. Guben Jahrg. 18. p. 41—42.
   1 neue Abart.
Parker, G. H. Phototropism of Vanessa antiopa. Mark Anniv. vol. 1
   p. 453—469, pl. XXXIII.
Pavesi, P. Esquisse d'une faune valdôtaine. Atti Soc. ital. Sci. Nat.
   Mus. civ. Stor. nat. Milano vol. 43. p. 191—260.
   549 Arten, darunter auch Lepidoptera.
Pearsall, Richard, E. Another Geometrid Combination. Canad. Entom.
   vol. 36. p. 162.
   Metanema textrinaria ein Synonym von M. quercivoraria.
— **(2).** A Review of our Geometrid Classification. Canad. Entom.
   vol. 36. p. 208—210.
Pérez, J. Des effects des actions mécaniques sur le développement
   des oeufs non fécondés du ver à soie. Proc. verb. Soc. Sci.
   Bordeaux 1896/1897 p. 9—10.
Perraud, J. (1). Sur la perception des radiations lumineuses chez les

Papillons nocturnes et l'emploi des lampes-pièges. Compt. rend. Acad. Sci. Paris T. 138 p. 992—994.

— (2). Sur la perception des radiations lumineuses chez les Papillons nocturnes et l'emploi des lampes-pièges. Compt. rend. Soc. Biol. Paris T. 56. p. 619—691.

Petersen, W. (1). Über indifferente Charaktere als Artmerkmale. Biol. Centralbl. Bd. 24. p. 423—431 u. 467—473.

Bezieht sich auf J o r d a n Titel p. 686 sub No. 1 des Berichts f. 1903.

— (2). Über Dendrolimus pini L. und D. segregatus Butl. (Lepidoptera, Lasiocampidae). Rev. Russe Entom. T. IV p. 163—166.

Petrequin, J. Argema mittrei (Actias idea, Cometes madagascariensis) élevée à Madagascar. L'Interméd. Bombyc. Entom. Ann. 4. p. 312—314.

Petrunkewitsch, Alexander. Künstliche Parthenogenese. Zool. Jahrb. Suppl. 7. Festschr. Weißmann p. 77—138, 3 Taf. 8 Fig. — Ref. von R. von H a n s t e i n , Nat. Rundschau Jahrg. 19. p. 444—447.

Petry, A. (1). Nepticula thuringiaca n. sp. Entom. Zeit. Stettin. Bd. 65. p. 179—181.

— (2). Beschreibung neuer Microlepidopteren aus Korsika. Stettin. t. c. p. 242—254.

5 neue Arten: Scoparia (1), Conchylis (1), Lita (1), Stagmatophora (1), Lithocolletis (1).

— (3). Zwei neue Gelechiiden aus den Central-Pyrenäen. Iris Bd. 17. p. 1—6.

2 neue Arten: Gelechia (1), Acompsia (1).

Philipps, Everett, F. 1903. A Review of Parthenogenesis. Proc. Amer. phil. Soc. vol. 42. p. 275—345.

Philpott, A. Notes on Southern Lepidoptera. Trans. New Zealand Instit. vol. XXXVI p. 161—170.

Pictet, A. Variations chez les papillons. Arch. Sci. Phys. Nat. (4) T. XVII p. 110—112.

Piepers, M. Über die sogenannten „Schwänze" der Lépidoptera. Deutsche Entom. Zeitschr. Iris Bd. 16. p. 247—285.

Piepers, M. C., et P. C. T. Snellen. (1). Enumération des Lépidoptères Hétérocères de Java. IV. Fam. VII. Syntomidae. Tijdschr. Entom. D. 47. p. 42—62.

Syntomis orphana n. sp. [Snell. v. Voll. i. l.].

— (2). Enumération des Lépidoptères de Java. V. Fam. VIII. Lithosiidae. t. c. p. 136—167, 2 pls (X, XI).

Polak, R. A. Jets over het kweeken van Phalacropteryx graslinella Bsd. Entom. Berichten Bd. 1. p. 144—145.

— (2). Jets over Saturnia pavonia L. Entom. Berichten. Bd. 1. p. 147.

Porritt, G. T. (1). List of Yorkshire Lepidoptera. London, 1904, 8⁰. pp. (XVI + 193—269), auch in d. Trans. Yorkshire Union 30.

— (2). Xylophasia zollikoferi. Naturalist 1904. p. 37—38.

Porter, Carlos E. 1897. Pequeña contribucion à la fauna del litoral de la provincia de Valparaiso. Riv. chil. Hist. nat. T. 1. p. 33—35.

Poujade, G. A. Lépidoptères recueillis par M. A. Pavie en Indo-Chine. Mission Pavie III. p. 222—251, pl. XII bis.

Poulton, E. B. Siehe L e i g h , ferner S a n d e r s.

Powell, H. Abnormal Larva of Papilio alexanor. Entom. Record etc. vol. 16. p. 68—69.

Prout, Louis, B. (1). Some Recurrent Phases of Variation in the Larentiidae. The Entomologist vol. 37. p. 151—156.

— (2). On a Second Generation of our Forres Triphaena comes, Hb. [melanozonias Gmel.] Entom. Record etc., vol. 16. p. 1—5.

— (3). On some Northern Spanish Geometrides. t. c. p. 284—289.

Püngeler, Rudolf (1). Neue Macrolepidopteren aus Centralasien. Soc. entom. Jahrg. 19. p. 121—122.

10 neue Arten: Phragmatobia (2), Agrotis (3), Mamestra (1), Leucania (1), Anarta (1), Chamyla (1), Isochlora (1).

— (2). Neue paläarktische Macrolepidopteren. Deutsche Entom. Zeitschr. Iris Bd. 16. p. 286—301, Taf. VI.

— (3). Die Entwicklungsgeschichte von Agrotis (Episilia) faceta Tr. Natural. sicil. Ann. 17. p. 65—67.

Quail, Ambrose. (1). On the Tubercles of Thorax and Abdomen in First Larval Stage of Lepidoptera. The Entomologist, vol. 37. p. 269—272, 1 pl.

— (2). Notes on Cossidae. The Entomologist, vol. 37 (1904) p. 93—97, pl. V.

Quajat, E. (1). 1903. Ricerche sperimentali dirette a distinguere il sesso nelle nova e nella larva. Ann. R. Staz. Bacol. Padova vol. 31. p. 39—51.

— (2). Le prime et le ultime deposizioni fecondate da uno stesso maschio danno esse sull' allevamento risultati eguali? Deduzioni pratiche. t. c. p. 101—104.

Quellet, Jos. C. Un ennemi du Palma-Christi. Natural. canad. vol. 31. p. 46—47.

Betrifft Spilosoma virginica.

Ragusa, Enrico. (1). Note Lepidotterologiche. Natural. sicil. Ann. 17. p. 18—20, 1 tav.

2 neue Aberrationen von Syntomis.

— (2). Note Lepidotterologiche. t. c. p. 42, 108—115, 141—143. 3 neue Aberr.: Colias (1), Satyrus (1), Epinephele (1).

Raynor, G. H. u. Doncaster, L. Experiments on hereditary and sex determination. Rep. Brit. Assoc. 1904, p. 594.

Rainbow, W. J. The Larvae of Doratifera casta Scott. Rec. Austral. Mus. vol. 65. p. 253—254, 1 pl.

Rebel, H. 1903. Wilhelm von H e d e m a n n †. Verhdlgn. zool.-bot. Gesellsch. 53. Bd. p. 421—423.

— **(2)**. Zwei neue Saturniiden aus Deutsch-Ostafrika. Ann. k. k.
Hofmuseum Wien Bd. 19. p. 64—69, 2 Taf. 3 Fig.
Athletes steindachneri n. sp., Imbrasia (1 n. subsp.).

— **(3)**. Studien über die Lepidopterenfauna der Balkanländer.
II. Teil. Bosnien und Herzegowina. t. c. p. 97—377, 2 pls.
(IV—V).

von Reichenau, W. Einiges über die Makrolepidopteren unseres
Gebietes unter Aufzählung sämtlicher bis jetzt beobachteten
Arten, zugleich als Ergänzung von „die Schuppenflügler
(Lepidopteren) des Kgl. Regierungs-Bezirkes Wiesbaden
und ihre Entwicklungsgeschichte von Dr. Adolf Rößler"
(Jahrb. 1880 u. 1881, Jahrg. 33 u. 34). Erster Teil: die Tag-
falter, Schwärmer und Spinner. Jahrb. Nassau Ver. Nat.
Jahrg. 57. p. 107—169.

Reichert, Alex. Auffällige Eiablagen bei Insekten. Entom. Jahrb.
Jahrg. 14. p. 66—67, 1 Taf.

Reuter, Enzio (1). 1900. Über die Weißährigkeit der Wiesengräser in
in Finland. Ein Beitrag zur Kenntnis ihrer Ursachen. Acta
Soc. Fauna Flora fenn. Bd. 19. No. 1. 236 pp., 2 Taf.

— **(2)**. Bidrag till kännedomen om Microlepidopter-Faunan i Ålands
och Åbo skårgårdas. II. Acta Soc. Fauna Flora fenn. Bd. 26.
No. 1. 66 pp.

— **(3)**. Für die finnländische Fauna neue Schmetterlinge. op. cit.
1902—1903, p. 147—162.

Rey, Eugène. Oologisches aus der Insektenwelt. Insektenbörse,
Jahrg. 21. p. 349.

Riding, William S. Life-history of Lophopteryx (Odontosia) cuculla.
Entom. Record Journ. Var. vol. 16. p. 249—252.

Riesen, A. 1903. Zugehörigkeit der ♀ ♀ von Hibernia leucophaearia und
marginaria (Sitz.-Ber. Berlin. entom. Ver.). Insektenbörse,
Jahrg. 20. p. 229, 237.

Rippon, H. F. Icones Ornithopterorum. part. 17, 10 pp., 4 pls.

Röber, J. (1). Neue Schmetterlinge. Soc. entom. Jahrg. 19. p. 105
—106.
2 neue Arten: Mechanitis (1), Lymnas (1). — 3 neue Varr.: Thaumantis (1), Bia (1), Rusalkia (1).

— **(2)**. Neue Caligo-Arten. t. c. p. 145—146.

de Rocquigny - Adanson, G. Expériences et observations sur la
chenille processionaire du pin. Feuille jeun. Natural. T. XXXIV
p. 186—187.

Rogers, W. S. and G. H. Carpenter. 1903. Protective Resemblance in
Butterflies. Knowledge, vol. 26. p. 206. — by J o s.
F. G r e e n p. 278—279.

Rörig, G. 1902. Beobachtungen über den Kiefernprozessionsspinner
in West- und Ostpreußen. Forstwiss. Centralbl. Jahrg. 46.
p. 186—195, 1 Taf.
Cnethocampa pinivora.

von Rossum, A. J. Nog eens: Pyrameis cardui L. Entom. Berichten
    Bd. 1. p. 149—152.

Rostagno, Fortunato (1). 1900/1904. Classificazione descrittiva dei
    Lepidotteri italiani. Boll. Soc. Zool. ital. Ann. 9. p. 117—140,
    222—239; Ann. 10. p. 20—40, 97—122; Ann. 11. p. 108—128,
    178—192; Ann. 12. p. 70—76; Ann. 13. p. 68—87. — Errata
    Corrige Ann. 10. p. 96.

— **(2).** 1903. Classificazione descrittiva dei Lepidotteri italiani. VI.
    op. cit. Ann. 12. p. 70—76.

— **(3).** Contributo allo studio della fauna romana. op. cit. p. 122—124.
    2 neue Aberr.: Saturnia (1), Pieris (1).

Rothe, H. H. Der Nonnenfraß in Ostpreußen. Forstwiss. Centralbl.
    Jahrg. 47. p. 295—310.
    Liparis monacha.

Rothschild, Walter (1). Lepidoptera from British New Guinea,
    collected by Mr. A. S. Meek. Novit. Zool. Tring vol. 11.
    p. 310—322, 2 pls.
    19 neue Arten: Troides (1), Delias (6 + 1 n. subsp. D. emilia
nom. nov. für Tachyris weiskei non D. weiskei), Dicallaneura (1),
Messaras (1), Bordeta (1), Eubordeta n. g. (3), Milionia (4), Boarmia (1),
Chelura (1). 3 neue Subsp.: Abisara (2), Mycalesis (1).

— **(2).** A new Form of Prothoe from the Solomon Islands. Novit. zool.
    Tring, vol. 11. p. 366.
    P. ribbei subsp. guizonis n.

— **(3).** New Sphingidae. t. c. p. 435—440.
    9 neue Arten: Polyptychus (1), Epistor (1), Temnora (2 + 1 n.
subsp.), Sphingonaepiopsis (1), Macroglossum (1), Xylophanes (2),
Theretra (1). — Nephele (1 nov. form.).

— **(4).** A New African Melanitis. t. c. p. 451.
    M. ansorgei n. sp.

— **(5).** New Forms of Butterflies. Nov. Zool. Tring vol. 11. p. 452
    —455.
    2 neue Arten: Delias (1 + 1 n. subsp.), Abisara (1). — 4 neue
Subspp.: Salamis (1), Apaturina (1), Papilio (2).

— **(6).** Two New Saturniidae. t. c. p. 601.
    2 neue Arten: Rothschildia (1), Opodiphthera (1).

— **(7).** A New Subspecies of Troides victoriae. t. c. p. 654.
    Troides victoriae rubianus.

Rowland-Brown, H. Butterfly Hunting in the South Tyrol. The
    Entomologist vol. 37. p. 222—226.

Rudow, F. Beitrag zur Lebensweise der Kornmotte. Entom. Zeitschr.
    Guben Jahrg. 18. p. 106.
    Tinea granella.

Russell, G. M. On a Series of Aberrations of Epinephele tithonus. The
    Entomologist vol. 37. p. 125—127, 3 figg.
    1 neue Abart albida.

Sanders, Cora B. On the Lepidoptera Rhopalocera collected by

W. J. Burchell in Brazil 1825—1830. Ann. Nat. Hist. (7) vol. 13. p. 305—323, 356—371, 1 pl.
1 neue Subspezies von Leucothyris (Poulton) nebst diversen Bemerk. von demselben.

Sasaki, C. On the feeding of the silkworms with the leaves of wild and cultivated Mulberry-trees. Bull. Agric. Tokyo Univ. VI. p. 37—41. — Auszug: Allgem. Zeitschr. f. Entom. Bd. 9. p. 358.

Sauber, A. (1). Die Kleinschmetterlinge Hamburgs und der Umgegend. Verhdlgn. Ver. nat. Unterhaltg. Hamburg Bd. 12. p. 1—60.

— **(2).** Zwei neue paläarktische Microlepidopteren aus Centralasien. t. c. p. 108—110.
2 neue Arten: Crambus (1), Phlyctaenodes (1).

Sawamura, S. Investigations on the digestive enzymes of some Lepidoptera. Bull. Coll. Agric. Tokyo, vol. IV p. 337—347. — Kurzer Auszug: The Entomologist vol. 37. p. 11.

Schaposchnikov, C. G. (1). Notes sur les Macrolépidoptères de la partie centrale du Caucase septentrional-occidental. Annuaire Mus. St. Pétersbourg T. IX. p. 189—259.

— **(2).** Eine neue Erklärung der roten Färbung im Hinterflügel bei Catocala Schr. Biol. Centralbl. Bd. 24. p. 514—520.

Schaus, W. New Species of American Heterocera. Trans. Amer. Entom. Soc. vol. 30. p. 135—178.
190 neue Arten: Homoeocera (1), Sarosa (1), Aethria (1), Macrocneme (1), Cyanopepla (1), Eucereon (2), Neacerea (1), Dahana (1), Correbidia (1), Ctenucha (1), Elysius (2), Hypidota n. g. (1), Halisidota (2), Virbia (1), Antarctica (1), Eucyane (1), Altha (1), Megalopyge (3), Gerontia n. g. (1), Thoscora n. g. (1), Trochuda n. g. (1), Sphinta n. g. (1), Automeris (1), Perophora (1), Othorene (3), Adelocephala (1), Cossus (1), Nystalea (4), Eragisa (2), Poresta (1), Lepasta (1), Arhacia (1), Misogada (1), Heterocampa (5), Malocampa (1), Rifargia (2), Hemiceras (3), Hapigia (3), Prodenia (1), Fagitana (2), Euthisanotia (1), Cydosia (1), Bryophila (1), Microcoelia (3), Thyatira (1), Leptina (?) (1), Cyrima (1), Iphiomorpha (3), Stibadium (1), Eustrotia (9), Photedes (8), Tarache (11), Toxophleps (2), Erastria (3), Lithacodia (1), Thalpochares (6), Pseudina (1), Acontia (2), Spragueia (4), Thyria (2), Naenia (1), Angitia (3), Eupalindia (2), Makapta (1), Stellidia (3), Herminodes (1), Strabea (1), Lepidodes (3), Massala (2), Gustiana (1), Boana (2), Hypena (29), Gephyra (1), Salobrena (1), Sanguesa (1), Tosale (1), Anisothrix (1), Nachaba (4), Bonchis (1), Catadupa (1), Tetraschistis (1), Caphis (1), Semnia (2), Eurypta (1), Semniomima (1), Chrysauge (1).

Schenk, Otto. 1903. Die antennalen Hautsinnesorgane einiger Lepidopteren und Hymenopteren mit besonderer Berücksichtigung der sexuellen Unterschiede. Zool. Jahrb. Bd. 17. Abt. f. Morphol. p. 573—618, 2 Taf., 4 Fig.

Schmidt, 1902)1903. Abwehr schädlicher Forstinsekten. Forstwiss. Centralbl. Jahrg. 46. p. 257—264; Jahrg. 47. p. 140—144.
— Zusatz von Hermann Fürst. Jahrg. 46. p. 264—265.

von Schmidtz, Carl und **R. Oppikofer.** Die Feinde der Biene. Ascona,
Carl von Schmidtz. 12⁰. 24 pp. 50 Cts.
Wachsschädlinge unter den Lepidopteren, etc.

Schneider, J. Sparre. Lepidopterologiste meddelelser fra Tromsö
stift. Tromsø Mus. Aarsh. 26. p. 21—35.

Schröder, Chr. Kritische Beiträge zur Mutations-, Selektions- und
zur Theorie der Zeichnungsphylogenie bei den Lepidopteren.
Allgem. Zeitschr. f. Entom. Bd. 9. p. 215—223, 249—257,
28 Fig.

Schultz, Oskar. (1). Gynandromorphe (hermaphroditische) Macrolepidopteren der palaearktischen Fauna. IV. Berlin Entom.
Zeitschr. Bd. 49. p. 71—116.

— **(2).** Über einige Aberrationen aus dem Genus Parnassius Latr.
t. c. p. 274—281, Taf. III.

— **(3).** **1903/1904.** Über einige gynandromorphe und aberrative
Sphingiden. Entom. Zeitschr. Guben 17. Jahrg. p. 66—67,
73—74. — Berichtigung p. 72.
5 neue Aberrationen u. zwar Deilephila (3), Macroglossa (1),
Pterogon (1). — Deil. euphorbiae ab. cyparissiae = ab. restricta
Rothsch.-Jordan.

— **(3).** Epione advenaria Hübn. ab. fulva Gillmer. Entom. Zeitschr.
Guben Jahrg. 18 p. 49.

— **(4).** Wieviele Fälle von Gynandromorphismus sind bei den
einzelnen pal. Macrolepidopteren - Spezies (Abarten und
Varietäten) beobachtet worden? Entom. Zeitschr. Guben
Jahrg. 18. p. 73—75.

— **(5).** Eine auffallende Aberration von Pieris daplidice L. (ab.
anthracina Schultz). Entom. Zeitschr. Guben Jahrg. 18.
p. 85—86.
1 neue Abart.

— **(6).** Parasemia plantaginis L. ab. (var.?) henrichoviensis m.
Entom. Zeitschr. Guben Jahrg. 18. p. 85—86, 1 fig.
1 neue Abart.

— **(7).** Über einige Aberrationen aus der Gruppe der Lycaeniden.
Entom. Zeitschr. Guben Jahrg. 18. p. 93—94.
4 neue Aberr.: Chrysophanus (1), Lycaena (3).

— **(8).** Über die beiden extremen Aberrationsrichtungen von Arctia
caja L. (ab. futura Fick., ab. dealbata Schultz). Entom.
Zeitschr. Guben Jahrg. 18. p. 101—102.
1 neue Abart.

— **(9).** Über die Variabilität von Arctia villica L. Entom. Zeitschr.
Guben Jahrg. 18. p. 105, 109—114, 1 Fig.
7 neue Aberrationen.

— **(10).** Über einige in Schlesien gefangene interessante Lepi-
dopteren-Aberrationen aus den Gattungen Apatura F. und
Limenitis F. Abh. nat. Ges. Görlitz Bd. 24. p. 129—136.

— **(11).** Einige nordische Tagfalter-Formen. t. c. p. 137—140.
3 neue Aberr.: Melitaea (1), Argynnis (1), Oeneis (1).

— (12). Übersicht über die bisher bekannt gewordenen Fälle von Gynandromorphismus bei paläarktischen Macrolepidopteren nach Familien, Gattungen und Spezies. Allgem. Zeitschr. f. Entom. Bd. 9. p. 304—310.

— (13). Über einige Aberrationen von Callimorpha dominula L. Soc. entom. Jahrg. 19. p. 148—149.
2 neue Aberrationen.

Schuster, L. (1). Der Pappelspinner (Leucoma salicis L.). Zool. Garten Bd. 45. p. 65—68.

— (2). Lepidopterologische Notizen. I. t. c. p. 283—286.

Schwangart, F. Studien zur Entodermfrage bei den Lepidopteren. Zeitschr. f. wiss. Zool. Bd. 76. p. 167—212, 2 Taf., 4 Figg.

Seiler, J. Die Noctuiden der Umgebung von Liestal. Tätigkeitsber. nat. Ges. Baselland 1902/1903 p. 53—75.

Sharp, D. Lepidoptera. Zool. Record for 1903 in Insecta (pp. 373) p. 247—303.

Seiffert, Otto. Life-History of Sabulodes arcasaria Wlk. (Sabulodes arcasaria Wlk., ♂. Sabulodes sulpharata Pack. ♀). Canad. Entom. vol. 36. p. 103—106.

Sharpe, Emily Marg. (1). On New Species of Butterflies from Equatorial Africa. The Entomologist vol. 37. p. 131—134.
4 neue Arten: Acraea (1), Charaxes (1), Spindasis (1), Teracolus (1).

— (2). Descriptions of New Lepidoptera from Equatorial Africa. t. c. p. 181—183.
6 neue Arten: Acraea (1), Antanartia (1), Kallima (1), Euphaedra (2), Harma (1).

— (3). Descriptions of New Lycaenidae from Equatorial Africa. The Entomologist vol. 37. p. 202—204.
5 neue Arten: Oxylides (1), Aphnaeus (1), Hypolycaena (1), Jolaus (2).

Shelford, R. W. C. (1). A list of the butterflies of Borneo with descriptions of new species. Part I. Danainae to Amathusiinae. Journ. Straits Branch R. Asiat. Soc. vol. 41 p. 81—111.

— (2). A note on Elymnias borneensis Wallace with a note by Colonel Charles T. Bingham. Trans. Entom. Soc. London 1904. p. 487—490.

Shelford, R. S. (1). 1900. On a Male Specimen of Purlisa giganteus Dist. Journ. Straits Branch R. Asiat. Soc. No. 33. p. 257—258.

— (2). On the Female of Dodona elvira Staud. op. cit. No. 33. p. 258—259.

— (3). A List of the Butterflies of Mt. Penrissen, Sarawak, with notes on the Species. Journ. Straits Branch R. Asiat. Soc. No. 35. p. 29—42.

— (4). A Swarm of Butterflies in Sarawak. Journ. Straits Branch R. Asiat. Soc. No. 39. p. 203—204.

Sieber, N. und S. Metalnikow. Über Ernährung und Verdauung der

Bienenmotte (Galleria mellonella).   Arch. ges. Physiol.
Bd. 102. p. 269—286.

Skinner, Henry. A New Thecla from the Northwest.   Entom. News
vol. 15. p. 298—299.
Th. johnsoni n. sp.

Slevogt, B. (1). Smerinthus tremulae Tr. (Amorpha amurensis Staud.)
Soc. Entom. Jahrg. 19. p. 19.

— **(2).** Eine rätselhafte (neue) Noctue. t. c. p. 124.

— **(3).** Die Raupe von Hadena adusta Esp. var. (n. sp.) bathensis
Lutzau. Insektenbörse Jahrg. 21. p. 340.

— **(4).** Einige Bemerkungen über Chrysophanus (Heodes) phlaeas L.
und dessen Varietäten. t. c. p. 379—380.

Slingerland, Mark Vernon. (1). The Grape-berry Moth.   Bull. 223.
Cornell Univ. agric. Exper. Stat. p. 43—60, 13 figg.

— **(2).** Insect Photography.   U. S. Dept. Agric. Div. Entom. Bull.
46. p. 5—14, 1 pl.

Smith, E. J. Spring Moths and how to catch them. Psyche vol. 11.
p. 30—32.

Smith, John B. (1). Remarks on the Catalogue of the Noctuidae in the
Collection of the British Museum. Journ. New York Entom.
Soc. vol. 12. p. 93—104, 1 pl.

Betrifft vol. IV der Phalaenae von G. H. H a m p s o n.

— **(2).** New Noctuidae for 1904. I. Canad. Entom. vol. 36. p. 149
—154.

7 neue Arten: Noctua (1), Euxoa (1), Mamestra (3), Orthosia (1),
Cucullia (1).

— **(3).** New Species of Noctuids for 1904. No. 2. Psyche vol. 11.
p. 54—61.

12 neue Arten: Xylophasia (3), Cleoceris (1), Pleroma (1), Xylina
(4), Baptarma n. g. (1), Behrensia (1), Erastria (1).

Smith, John S. Some Remarks on Classification. Entom. News vol. 15.
p. 179—186.

Snellen, P. C. T. (1). Agrotis smithii Snell. Eene rectificatie. Tijdschr.
v. Entom. D. 46. p. 91—92.

Ist gleich baja.

— **(2).** Aanteekeningen over nederlandsche Lepidoptera.   t. c.
p. 226—228.

— **(3).** Siehe P i e p e r s u. S n e l l e n , ferner van D e v e n t e r.

Snow, F. H. 1903. Lists of Coleoptera, Lepidoptera, Diptera and
Hemiptera, collected in Hamilton, Morton and Clark
Counties, Kansas, 1902 and 1903. Kansas Univ. Sci. Bull.
Vol. 2. p. 191—208, 323—350.

Soffner, Josef jr. Die Rhopaloceren und Sphingiden der Umgegend
von Friedland in Böhmen. Insektenbörse Jahrg. 21. p. 227
—228.

Spencer, S. H. j u n. **1898.** Notes on Lepidoptera observed in the
Neighbourhood of Watford in the year 1896. Trans.
Hertfordsh. Nat. Hist. Soc. vol. 9. p. 236—240.

Spuler, A. Über die paläarktischen Lasiocampiden. Sitz.-Ber. phys.-med. Soz. Erlangen Heft 35. p. 241—242.

Stanton, T. W. Alpheus Hyatt 1838—1902. Proc. Washington Acad. Sci. vol. 5. p. 389—391.

Stebbing, E. P. (1). On the Life-History and Habits of the Moth Duomitus leuconotus Walker in Calcutta. Journ. Asiat. Soc. Bengal N. S. vol. 73. Pt. 2. p. 25—30.

— **(2).** On the Life History of Arbela tetraonis, Moore, a Destructive Insect Pest in Casuarina Plantations in Madras. Journ. Asiat. Soc. Bengal N. S. vol. 72. Pt. 2. p. 252—275. — On the Life-History of a Species of Arbela New to the Indian Museum Collections, which is proving a Destructive Pest in Casuarina Plantations in Madras. Proc. Asiat. Soc. Bengal 1903. p. 119—120.

Stefanelli, Pietro. 1903. Nuove osservazioni nicht nuova oss., wie p. 727 des Berichts f. 1903 steht.

Stephan, Julius (1). Die größten Schmetterlinge der Erde. Natur und Haus Jahrg. 12. p. 274—276.

— **(2).** Zugvögel unter den Schmetterlingen. t. c. p. 372—374. Betrifft Sphingiden.

Stichel, H. (1). Lepidoptera Rhopalocera, Fam. Nymphalidae, Subfam. Brassolinae, pp. 48, pl. V.
Bildet Fasc. XX von Wytsmans Genera Insectorum.

— **(2).** Über die systematische Stellung der Lepidopteren-Gattungen Hyantis Hew. und Morphopsis Oberth. und den spezifischen Wert der benannten Hyantis-Formen. Berlin.Entom. Zeitschr. Bd. 49. p. 303—313, Taf. IV.

— **(3).** Druryia antimachus ab. plagiata. (Sitz.-Ber. Berlin. entom. Ver.) Insektenbörse Jahrg. 20. p. 165.
Eine neue Abart.

— **(4).** Tithorea regalis n. sp. (Sitz. - Ber. Berlin. entom. Ver.) Insektenbörse Jahrg. 20. p. 285.

— **(5).** Brassolidarum novarum descriptio — ad tempus proposita. Insektenbörse 20. Jhg. p. 389.
2 neue Arten von Caligo Maassen M. S. 6 neue Unterarten; 3 neue Unterarten von Brassolis (2), Eryphanis (1).

— **(6).** Brassolidarum novarum descriptio ad tempus proposita. II. op. cit. Jahrg. 21. p. 6.
2 neue Arten von Narope; Opsiphanes, 1 n. subsp., Catoblepia (1 n. subsp.).

— **(7).** Brassolidarum novarum descriptio ad tempus proposita. III. t. c. p. 21.
Caligo fruhstorferi n. sp. [1 n. subsp.], 7 neue Subspecies in Brassolis (1), Dynaster (1), Dasyophthalma (2), Opsiphanes (3).

— **(8).** Identifizierung einiger verkannter oder nach den Diagnosen schwer zu erkennender Typen F e l d e r s und B o i s - d u v a l s aus der Familie der Brassolidae. t. c. p. 197, 203—204, 211—212.

Stierlin, R. Die Puppe von Maniola gorge. Entom. Zeitschrift Guben 17. Jahrg. p. 78.

Strand, Embr. (1). 1903. Neue norwegische Schmetterlingsformen. Arch. Math. Nat. Kristiania Bd. 25. No. 9. 24 pp.

21 neue Aberr.: Erebia (1), Hesperia (1 + 1 n. var.), Phalera (1 + 1 n. var.), Aglia (1), Acronycta (1), Agrotis (1 + 1 n. var.), Mamestra (1), Diloba (2), Scopelosoma (1), Xylina (1), Triphosa (1), Larentia (5 + 3 nov. form.), Cymatophora (1), Spilosoma (1), Diacrisia (1), Endrosa (1). — 2 neue Varr.: Lycaena (1), Hadena (1).

— **(2).** Beitrag zur Schmetterlingsfauna Norwegens. III. Nyt Mag. Naturv. Bd. 42. p. 109—179.

17 neue Aberr. u. zwar Argynnis (1), Coenonympha (3), Larentia (1), Gnophos (1), Pygmaena (2), Crambus (1), Argyrhestia (1), Cedestis (1), Lithocolletis (1), Incurvaria (5). — 2 neue Varr.: Agrotis (1), Conchylis (1). — Neue Form: Plutella (1).

Suffert, E. (1). Neue afrikanische Tagfalter aus dem königl. zool. Museum, Berlin und meiner Sammlung. Iris Bd. 17. p. 12 —107. 3 Taf. (I—III).

Diverse neue Arten: Amauris (1 n.subsp.), Acraea (3+23 n.subspp.), Planema (8 n. subspp.), Telipna (1 n. subsp.), Liptena (2), Epitola (3), Deudorix (1), Hypolycaena (1 n. subsp.), Stugeta (1), Jolaus (6 + 1 n. subsp.), Mylothris (2 + 3 n. subspp.), Appias (4 + 1 n. subsp.), Pieris (5 + 7 n. subspp.), Teracolus (2 + 2 n. subspp.), Papilio (3 + 26 n. subspp.), Eronia (7 n. subspp.).

— **(2).** Neue Nymphaliden aus Afrika. t. c. p. 108—123.

4 neue Arten: Euryphura (1 + 3 n. subspp.), Cymothoe (3 + 1 n. subsp.). — 14 neue Subspp.: Hypanartia (1), Precis (3), Salamis (1), Hypolimnas (2), Kallima (1), Euphaedra (1), Euryphene (1), Charaxes (4).

— **(3).** Neue Tagfalter aus Deutsch-Ost-Afrika. t. c. p. 124—132, 1 Taf.

7 neue Arten: Acraea (1), Ergolis (1), Neptis (1), Mylothris (1), Teracolus (2 + 3 n. subspp.), Papilio (1), Pieris (1 n. subsp.).

— **(4).** Eine neue Lycaenide aus Deutsch-Ostafrika. Insektenbörse Jahrg. 21. p. 134.

Allaena rollei n. sp.

Surface, H. A. (1). The Apple-tree Tent-caterpillar (Clisiocampa americana). Monthly Bull. Div. Zool. Pennsylvania Dept. Agric. vol. 1. No. 11—12. p. 35—49, 50—51, 8 pls., 9 figg. — The Forest Tent-Caterpillar (Cl. disstria) vol. 2. p. 24—28, 4 pls., 2 figg.

— **(2).** Insects for May. Monthly Bull. Div. Zool. Pennsylvania Dept. Agric. vol. 2. No. 1. p. 11—18.

Swinhoe, Charles. (1). New Species of Eastern, Australian, and African Heterocera in the National Collection. Trans. Entom. Soc. London 1904. p. 139—158.

45 neue Arten: Rothia (1), Caradrina (1), Agrophila (1), Eublemma (1), Carea (2), Platyja (1), Vestura n. g. (1), Pseudaglossa (1), Bocana

(1), Rhaesena (1), Euproctis (1), Dasychira (4), Lomadonta (2), Deilemera (1), Xylecata n. g., Geodena (7), Callimorpha (1), Eupterote (1), Somera (1), Agonis (1), Arguda (1), Contheyla (2), Thosea (1), Birthama (1), Pterocercospsis n. g. (1), Chalcosia (1), Agonia (1), Niphostola (1), Stenia (1), Bradina (1), Xanthomelaina (1), Margaronia (2), Leucinodes (1).

— (2). On the Geometridae of Tropical Africa in the National Collection. Trans. Entom. Soc. London, 1904. p. 497—540.

92 neue Arten: Haphenophora (1), Stegania (2), Xenostega (2), Petrodava (1), Luxiaria (1), Semiothisa (7), Tephrina (2), Coenina (1), Procypha (1), Zamarada (4), Geolyces (1), Psilocerea (4), Milocera n. g. (1), Hypochrosis (1), Encoma n. g. (1), Coptopteryx (1), Hemicopsis n. g. (1), Eupagia (1), Gonodontis (2), Biston (1), Oedicentra (1), Ectropis (1), Boarmia (2), Caradrinopsis n. g. (1), Hemerophila (2), Mimandria (1), Episothalma (1), Agathia (1), Tanaorhinus (1), Thalassodes (1), Prasynocyma (2), Thalera (1), Hemithea (1), Gonochlora n. g. (1), Nemoria (1), Probolosceles (1), Phorodesma (1), Lycauges (4), Emmiltis (7), Ptychopoda (2), Perixera (1), Cosymbia (1), Traminda (1), Chrysocraspeda (4), Problepsis (1), Somatina (1), Pseudosterrha (1), Plerocymia (1), Epirrhoe (1), Ochyria (1), Tephroclystia (4), Chloroclystis (1), Eucestia (1), Rambara (2), Brachytrita n. g. (1), Alletis (1), Pseudocrocinis n. g. für Crocinis plana, Provola für Aletis postica.

— (3). New Species of Indo-Australian and African Heterocera. Ann. Nat. Hist. (7) vol. 14. p. 131—134.

4 neue Arten: Euproctis (1), Scopelodes (1), Hyperaeschra (1), Eulype (1). — Diceratucha n. g. für Oenone xenopis.

— (4). On some new butterflies and moths from the East. t. c. p. 417—424.

Tafner, V. p. 729 des Berichts f. 1903 verbessere erschienenen.

Taylor, G. W. (1). A Couple of Queries. Canad. Entomologist vol. 36. p. 134—135.

Metanema quercivoraria = Endropia textrinaria? Cleora umbrosaria eine Neptis oder eine Enypia?

— (2). The Geometridae in „The Moth Book". t. c. p. 245.

— (3). A New Genus and Species Belonging to the Geometridae. t. c. p. 255—256.

Gabriola n. g. dyari n. sp.

Teich, C. A. Melanismus bei livländischen Schmetterlingen und einige andere Notizen. Insektenbörse Jahrg. 21. p. 291—292.

Thieme, Otto. (1). Neue Tagschmetterlinge aus der südamerikanischen Cordillere. Berlin. Entom. Zeitschr. Bd. 49. p. 159—61, 1 Taf.

3 neue Arten: Didonis (1), Catagramma (1), Argyrophorus (1).

— (2). Zwei neue weiße Lymanopoda. t. c. p. 161—163.

— (3). Zwei unbeschriebene Euploen der Insel Nias. t. c. p. 163—164. Stictoploea convallaria n. sp. und ♀ von Penoa kheili.

— (4). Eine neue Alaena aus Deutsch-Ost-Afrika. t. c. p. 164, 1 Taf. Alaena mulsa = A. rollei.

Thierry-Mieg, P. Descriptions de Lépidoptères nouveaux. Le Naturaliste 1904. p. 140—141, 182—183.

Thurau, F. Busseola sorghicida, eine neue ost-afrikanische Noctuide.
Berlin. entom. Zeitschr. Bd. 49. p. 55—58.
Busseola n. g. sorghicida n. sp.

Tomala, N. A radium hatása a lepkek bábjaira. Rov. Lapok T. XI.
p. 45—47.
Einwirkung von Radium auf Lepidopterenpuppen.

Travis, W. T. Note on the Early Stages of Brenthis thore. Entom.
Record Journ. Var. vol. 16. p. 239.

Trimen, Roland. (1). On some New or Imperfectly-known Forms of
South-African Butterflies. Trans. Entom. Soc. London
1904. p. 231—248, 2 pls.
2 neue Arten: Zeritis (1), Lycaena (1).

— **(2).** Siehe L e i g h.

Trost, Alois. Beitrag zur Lepidopteren-Fauna der Steiermark (Fortsetzung). B. Heterocera (Schwärmer und Nachtfalter).
Mitteil. Nat. Ver. Steiermark Jahrg. 1903. Heft 40. p. 221
—260.

Trost, C. 1903. Erfahrungszahlen zum Gebrauche bei der Bekämpfung
des Kiefernspinners (Gastropacha pini). Tharand. forstl.
Jahrb. Bd. 53. p. 92—119.

Tschetverikov, S. Lepidoptera palaearctica nova. Rev. Russe Entom.
T. IV p. 77—79.

Turner, A. Jefferis. (1). Revision of Australian Lepidoptera. Family
Geometridae. Proc. Roy. Soc. Victoria N. S. vol. 16. p. 218
—284,
20 neue Arten: Gymnoscelis (3), Chloroclystis (6), Microdes (1),
Asthena (1 + 1 n. var.), Scordylia (1), Eucymatoge (2), Hydriomena
(2), Diploctena n. g. (1), Xanthorhoe (1), X. dascia nom. nov. (für
X. extensata Meyr. non Walk.), Dasyuris (2). — Scotocyma n. g.
für Scotosia albinotata, Dasysterna für Phytometra tristis.

— **(2).** Revision of Australian Lepidoptera. II. Proc. Linn. Soc.
N. S. Wales, 1904, p. 832—862.
Behandelt Notodontidae u. Syntomidae.

— **(3).** A Preliminary Revision of the Australian Thyrididae and
and Pyralidae. Part. I. Proc. Roy. Soc. Queensland vol. 18.
p. 109—199.
69 neue Arten: Rhodoneura (1), Hypsotropha (5), Amphycophora
(1), Anerastria (1), Saluria (1), Poujadia (2), Polyocha (2), Anerastidia n. g. (1), Ecbletodes n. g. (1), Homoeosoma (2), Euzopherodes (1),
Hyphantidium (3), Tylochares (1), Trissonca (2), Sthenobela n. g. (1),
n. g. (1), Phycita (6), Nephopteryx (2), Spatulipalpia (1), Cryptoblabes
(2), Ceroprepes (1), Corcyra (1), Hypolophota n. g. (2), Paralipsa (2),
Heteromicta (1), Mesolia (1), Ubida (1), Chilo (1), Diptychophora (4),
Talis (5), Endotricha (3), Herculia (1), Bostra (1), Titanoceros (1),
Nyctereutica n. g. (1), Arnatula (1), Heterobella n. g. (1), Macalla (2),
Epipaschia (1), Orthaga (1), Symphonistis n. g. für Nephopteryx

monospila, Anaclastis für Crambus apicistrigellus, Eurhythma für Platytes latifasciella, Scenidiopis für Persicoptera chionozyga, Addaea charidotis n. g. für Pyralis polygraphalis Walker. (Brit. Mus. Cat. vol. XXXVI p. 1245 non p. 1240).

— (4). New Australian Lepidoptera, with synonymic and other Notes. Trans. Roy. Soc. S. Austral. vol. XXVIII p. 212—247.

— (5). A Classification of the Australian Lymantriadae. Trans. Entom. Soc. London 1904. p. 469—481.

4 neue Arten: Euproctis (2), Anthela (2). — Neue Gattungen: Axiologa n. g. für Euproctis pura, Iropoca für E. (?) rotundata, Chelepteryx felderi für Darala chelepteryx Feld.

Turner, H. J. Larvae and Cases of Coleophora. Trans. Entom. Soc. London, 1904 p. XXXIV—XXXVI.

Turner, R. E. Siehe W a t e r h o u s e u. T u r n e r.

Tutt, J. W. (1). A Natural history of the British Lepidoptera. vol. IV. London 1904, 8⁰, XVII + 535 pp.

Referate: The Entomologist, 1904 p. 193—194. — Abstr. von W. J. W. Entom. Monthly Mag. (2) vol. 15 (40) p. 164. — Desgl. von B a t e s o n , Entom. Record vol. XVI p. 234—236.

— (2). Lepidoptera of the Val d'Herens-Useigne to Evolene Hauderes to Arolla. Entom. Record and Journ. of Var. vol. 16. p. 146 —149.

— (3). The Numerial Relationship of the Sexes of Lepidoptera. t. c. p. 193—195.

— (4). Variation of Leucania favicolor. t. c. p. 252—254. 7 neue Aberrationen.

— (5). Notes on the Variation of Larentia multistrigaria. t. c. p. 303 —304.

— (6). Coenonympha mathewi n. sp. t. c. p. 308—309.

— (7). Our Immigrants of Phryxus livornica in 1904. t. c. p. 311 —312 etc.

Uhryk, Nándor. 1902. Hypopta thrips és caestrum. Rovart. Lapok K. 9. p. 27—29. — Auszüge p. 3—4.

Ulbrich, Ede. 1902. Adatok Fejér-es Komárommegye lepke faunájához (Beiträge zur Lepidopteren-Fauna der Komitate Fejér und Komárom.) Rovart. Lapok K. 9. p. 145—149.

Vallentin, Rupert. Notes on the Falkland Islands. Mem. Proc. Manchester liter. philos. Soc. vol. 48. No. 23. 48 pp., 3 pls.

Van Deventer, W. (1). Over de ontwikkelingstoestanden van eenige Microlepidoptera von Java. Tijdschr. v. Entom. D. 46. p. 79—90, 2 pls. (IX, X).

3 neue Arten: Gracilaria [Snellen i. l.], Lyonetia [S. i. l.] (1), Phyllocnistis [S. i. l.] (1).

— (2). Microlepidoptera von Java. op. cit. D. 47 p. 1—42 2 pls. (I, II).

Verity, Roger. (1). Elenco di Lepidotteri raccolti nell'Appenino pistoiese (700 metri) (15 Luglio — 3 Settembre 1903). Bull. Soc. Entom. Ital. Ann. 36. p. 58—93.

2 neue Aberr.

— **(2).** New forms and new localities of some European butterflies. The Entomologist vol. 37, 1904 p. 53—54, pl. IV u. 142. Siehe Wheeler, t. c. p. 116.

— **(3).** Sur le Parnara nostrodamus F. et sur son développement. Bull. Soc. Entom. France 1904 p. 233—235.

Verson, E. (1). Evoluzione postembrionale degli arti cefalici e toracali nel filugello. Atti Ist. Veneto LXIII p. 49—87 pls. I, II.

— **(2).** Die nachembryonale Entwicklung der Kopf- und Brustanhänge bei Bombyx mori. Zool. Anz. Bd. 27. p. 429—434. Ist ein Auszug aus No. 1.

— **(3).** Zur Färbung des Lepidopterenkokons. t. c. p. 397—399.

— **(4).** Zur Entwicklungsgeschichte der männlichen Geschlechts-anhänge bei Insekten. t. c. p. 470. Protestiert gegen Zanders Abhandlung.

— **(5).** 1903. Sulla scelta delle razze nelle coltivazione del baco da seta. Ann. R. Staz. Bacol. Padova vol. 31. p. 17—38.

— **(6).** La evoluzione postembrionale degli arti cefalici e toracali nel filugello. t. c. p. 52—100, 3 tav.

— **(7).** La evoluzione postembrionale degli arti cefalici e toracali nel Bombyce del Gelso. XV pp. 1—49, 3 pls. — Ausz. von Heymons, Zool. Zentralbl. 1905, p. 98.

— **(8).** Influenza delle condizioni esterne di allevamento sulle proprietà fisiche del bozzolo. XV. Razze Cannone. t. c. p. 112—117.

Villard, Jules (1). A propos d'une prétendue chlorophylle de la soie. Compt. rend. Acad. Sci. Paris T. 139 p. 165—166.

— **(2).** A propos d'une prétendue chlorophylle de la soie. Compt. rend. Soc. Biol. Paris T. 56 p. 34—36.

de Vos tot Uederveen Cappel, H. A. Tephroclystia (Eupithecia) im-purata Hb. Faunae novae species. Entom. Berichten Bd. 1. p. 119.

Wagner, Fritz. Zygaena wagneri Mill. ab. nov. Societ. entom. Jahrg. 19. p. 149. 2 neue Arten.

Walker, A. 0. Atmosperic moisture as a factor in distribution. S.-East Natural. 1903 p. 42—47.

Walker, James J. Some Notes on the Lepidoptera of the „Curtis" Collection of British Insects. Entom. Monthly Mag. (2) vol. 15 p. 187—192.

Wallace, R. Siehe Ormerod. Review, Nature, vol. 70 p. 219 —220.

Walsingham (1). 1901/1904. Spanish and Moorish Micro-Lepidoptera. cf. auch die früheren Berichte. Entom. Monthly Mag. (2.) vol. 12 (37) p. 233—239. — vol. 14 (39) p. 179—187, 209 —214, 262—268, 292—293, — vol. 15 (40) p. 7—8. vol. 12 p. 233—239: Micropteryx jacobetta nom. nov. für M. imper-fectella part. — vol. 14 u. vol. 15 l. c. 24 neue Arten: Archips (1), Loxopera (1), Phalonia (3), Laspeyresia (3), Pammene (2), Eucelis (1),

Apodia (3), Didactylota (1), Hypsolophus (1), Megacraspedus (1), Depressaria (2), Alabonia (2), Borkhausenia (1), Adela (1), Nepticula (1). — (2). Algerian Microlepidoptera. t. c. p. 214—223, 265—273. — (3). The Food-Plant of Teracolus nouna Lucas (Stgr.-Rbl., 80a). Entom. Monthly Mag. (2) vol. 15 p. 99.

Waltzinger, F. 1903. Einiges über den Buchenrotschwanz (Orgyia pudibunda) aus dem Jahre 1902. Forstwiss. Centralbl. Jahrg. 47 p. 647—651.

Warren, W. (1). New American Thyrididae, Uraniidae, and Geometridae Nov. Zool. Tring vol. 11. p. 1—173.

Zahlr. neue Arten: Siculodes (1), Zeuzerodes (1), Epiplema (6), Hemioplisis (2), Leuconotha (1), Lophotosoma n. g. (1), Morphomima n. g. (1), Neodirades n. g. (1), Saccoploca n. g. (2), Thysanocraspeda n. g. (1), Entogonia n. g. (1), Leucoreas n. g. (1), Pycnoneura (1), Phellinodes(3), Campylona(1), Cyllopoda (1 n. ab.), Darna(2), Euchontha (2), Josia (3), Phaeochlaena (1), Polypoetes (1), Scea (1), Stenoplastis (1), Aplodes (1), Comibaena (1), Drucia (1), Gelasma (1), Hyalorrhoë n. g. (1), Lissochlora (1), Melochlora (1), Miantonota (1), Neocrasis (1), Neonemoria n. g. (1), Oospila (1), Paraplodes n. g. (1), Pacheospila (3), Tachyphyle (1), Anisodes (11 + 1 n. aberr.), Calyptocome (3), Craspedia (7 + 1 n. aberr.), Dichromatopodia (1), Haemalea (1), Heterephyra (1), Lipomelia (2), Odontoptila (1), Pigia (1), Pseudasellodes n. g. (1), Ptychopoda (6), Semaeopus (1), Zeuctoneura (1), Anapalta (4 + 1 n. aberr. — Anapalta n. g. pro Hammaptera caliginosa), Diactinia (1), Dolichopyge (2), Erebochlora (2 + 1 n. aberr.), Eriopygidia (3), Hammaptera (5), Hydriomena (1), Hypolepis n. g. (7), Lampropteryx (1), Oligopleura (1), Paromala n. g., Perizoma (3), Phlebosphales n. g. (1), Psaliodes (22 + 3 n. aberr.), Pterocypha (1), Rhodomena n. g. (2), Rhopalista (1), Spargania (4), Urocalpe n. g. (1), Callipia (3), Ameria (1), Eudule (2), Amaurinia (1), Cambogia (9), Hydata (1), Chloroclystis (1), Eucymatoge (1), Tephroclystia (5), Heterusia (6), Phrygionis (1), Lomographa (2), Neobapta n. g. (1), Gyostega n. g. (1), Ophthalmophora (4), Devarodes (3 + 1 n. aberr. — Devarodes n. g. für Devara bubona), Emplocia (1), Sangala (2), Sangalopsis (7), Heteroleuca n. g. (1), Leuculopsis (1), Nipteria (7), Perigramma (2), Zeuctostyla n. g. (1), Bryoptera (2), Cleora (1), Cymatophora (2), Hymenomima (3), Iridopsis (2), Melanoscia n. g. (3), Neofidonia n. g. (1), Stenalcidia (3), Tephronia (?) (1), Callipseustes (2), Ichnopteryx (4), Oenoptila (4), Petelia (3), Prostoma n. g. (1), Thysanopyga (2), Cabira (1), Peribolodes n. g. (1), Semiothisa (3). — (2). New Drepanulidae, Thyrididae, Uraniidae and Geometridae from the Aethiopian Region. Nov. Zool. Tring, vol. 11 p. 461 —482.

47 neue Arten: Oreta (1), Dysodia (1), Epiplema (2), Agathia (1), Agraptochlora (2), Chlorochaeta n. g. (1), Heterorachis (1), Prasinocyma (3), Archichlora (1), Chrysocraspeda (1), Emmiltis (2), Pisoraca (1), Ptochopyle (1), Ptychopoda (3), Sterrha (1), Hydatocapnia (1), Neopolita n. g. (1), Rhodophthitus (1), Hylemera (2), Aphilopota (1),

Cusiala (?) (1), Haggardia n. g., (1), Hirasa (?) (1), Ectropis (?) (1), Trigonomelea n. g. (1), Dyscia (2), Petelia (1), Selidosema (2), Gonodela (3), Semiothisa (1), Hyposidra (1), Axiodes (1), Buttia n. g. (1), Euomoea (1), Exelis (1). — Durbana n. g. für Fidonia setinata. — Chogada (2 n. aberr.)

— (3). New Thyrididae and Geometridae from the Oriental Regions. t. c. p. 483—492.

19 neue Arten: Banisia (1), Morova (?) (1), Striglina (1), Alex (1), Arhodia (1), Celerena (1), Dysphania (2), Metallochlora (1), Perixera (2), Ptychopoda (2), Gonanticlea (1), Cryptoloba (1), Xanthomima (1), Elphos (1), Opthalmodes (1), Uliura n. g. — Hyperythra ((1 n. aberr.). — Paracomucha n. g. für Cidaria chalybearia.

— (4). New American Thyrididae, Uraniidae and Geometridae. t. c. p. 493—582.

183 neue Arten: Siculodes (2), Epiplema (1), Lophopygia n. g. (1), Neoplema n. g. (1), Psamathia (1), Saccoploca (?) (2), Syngria (1), Pycnoneura (1), Hyphedyle (1), Phellinodes (2), Campylona (1), Darna (2), Stenoplastis (2), Blechroma (3), Dichorda (2), Lissochlora (1), Melochlora (1), Oospila (2), Poecilochlora n. g. (1), Racheospila (1), Rhodochlora (1), Tachyphyle (1), Anisodes (8), Deinopygia n. g. (1), Emmiltis (3), Ligonia (1), Ptychopoda (1), Semaeopus (1), Synelys (1), Trichosterrha n. g. (3), Anapalta (3), Epirrhoe (3), Eriopygidia (1), Gagitodes (1), Hydriomena (1), Hypolepis (2), Isodiscoides n. g. (1), Psaliodes (4), Sarracena (1), Triphosa (2), Amaurinia (3), Leucoctenorrhoë n. g. (1), Dyspteris (1), Rhopalodes (1), Brabirodes n. g. (1), Eucymatoge (3), Tephroclystia (11), Trichoclystis n. g. (1), Erateina (1), Heterusia (3 + 1 n. aberr.), Oreonoma n. g. (1), Callipia (2), Cophocerotis (4), Eudule (2), Opisthoxia (3), Abraxas (1), Devarodes (1), Sangalopsis (1), Astyochia (1), Fulgurodes (1), Nipteria (11), Bronchelia (1), Bryoptera (1), Cymatophora (3), Iridopsis (2 + 1 n. ab.), Neofidonia (1), Cidariophanes (1), Ischnopteris (5+1 n. ab.), Oenoptila (1), Porona (1), (1), Psodopsis n. g. (1), Lozogramma (3), Semiothisa (1), Tephrina (1), Tephrinopsis (1), Thamnonoma (1), Acrotomodes (1), Aeschropteryx (1), Anisoperas (2), Apicia (2), Azelina (2), Bassania (1), Bonatea (1), Certima (2), Colpodonta (1), Crocopteryx (1), Eusenea (1), Hygrochroma (1), Isochromodes (3), Melinodes (1), Microgonia (2 + 1 n. ab.), Microxydia (2), Mixopsis (1), Nematocampa (2), Paracomistis (1), Pero (1), Perusia (1), Phyllodonta (1), Pyrinia (1), Spododes (1), Tetracis (1), Exelis (1).

2 neue Aberr.: Erebochlora (1), Stenalcidia (1).

Neue Gatt.: Loxiorhiza n. g. für Zeuzerodes cervinalis, Trotorhombia n. g. für Erosia metachromata, — Orthropora n. g. für Cidaria rojiza, — Thysanoctena n. g. für Tephroclystia dormito, — Neodezia n. g. für Odezia albovittata, — Monroa n. g. für Cymatophora quinquelinearia, — Hypometalla für Acidalia mimetaria, — Leucolithodes für Bryoptera pantherata.

Washburn, F. L. (1). Ninth annual report of the State Entomologist of Minnesota, for the year 1904. 196 pp. u. 177 illustrations.

— (2). The Mediterranean Flour Moth. Ephestia kühniella Zell. Spec. Rep. State Entom. Minnesota St. Anthony Park Exper. Stat. 8 °. 31 pp., 1 pl., 20 figg.
Ist ein Auszug aus No. 1.

Waterhouse, D. O. Supplementary list of Generic Names. London 1904, 8 pp.
Ob auch Lepidopteren betreffend?

Waterhouse, Gustavus A. (1). On Three Collections of Rhopalocera from Fiji and One from Samoa. Trans. Entom. Soc. London 1904. p. 491—495.

— (2). Notes on Hesperidae described by Mabille and reputed to be Australian. Victorian Naturalist vol. XXI p. 109—110.

— (3). On a new species of Heteronympha and a new variety of Tisiphone abeona Donov. Proc. Linn. Soc. N. S. Wales vol. XXIX p. 466—468.

Waterhouse, G. A. u. Turner, R. E. Notes on Australian Rhopalocera: Lycaenidae. Part IV. Proc. Linn. Soc. N. S. Wales 1904 p. 798—804.

Webern. 1896. Zur Bekämpfung des Kiefernspinners. Centralbl. Ges. Forstwesen Jahrg. 22 p. 439—444.
Gastropacha pini.

Webster, F. M. (1). The Catalpa Sphinx (Ceratomia catalpae) Destroyed by the Yellow-Billed Cuckoo (Coccyzus americanus) in Southern Indiana. Proc. Indiana Acad. Sc. 1902 p. 99—101.

— (2). Diffusion of the hawk-moths in North America. Canad. Entom. vol. 36. p. 65—69.

— (3). The Spinning Habits of North American Attaci. t. c. p. 133 —134.

Weed, Clarence M. (1). The Brown-tail Moth in New Hampshire. Bull. New Hampshire Coll. Agric. Exper. Stat. No. 107 p. 47—60, 10 figg.
Euproctis chrysorrhoea.

— (2). The Brown-Tail Moth in New Hampshire. U. S. Depart. Agric. Div. Entom. Bull. 46. p. 107—108.
Euproctis chrysorrhoea.

Winterstein, A. Aberrationen von Arctia villica. Iris Bd. 17. p. 7—9, 1 Taf.

Woodbridge, Francis E. Some Aberrations of Common Moths. The Entomologist, vol. 37 p. 9—10, 4 figg.

Woodworth, C. W. (1) 1902. The California Peach-tree Borer. Bull. 143. Univ. Cal. agric. Exper. Stat. 15 pp., 7 figg.

— (2). Directions for spraying for the Codling-moth. Bull. Agric. exper. Stat. California vol. 155. p. 1—20, 4 figg.

Wytsman, P. Genera Insectorum. Siehe M a b i l l e.

Young, L. C. H. (1). Synonymic catalogue of the Lepidoptera Papilionina in the Society's collection. Journ. Bombay Soc. vol. XV. p. 483—497.

— (2). The distribution of butterflies in India. t. c. p. 594—601.

Zander, Enoch. Zum Genitalapparat der Lepidopteren. Zool. Anz. Bd. 28. p. 182—186, 1 Fig.

Zang, Richard. Lepidopterologische Mitteilungen. Allgem. Zeitschr. f. Entom. Bd. 9. p. 224—225, 2 Fig.

Zickert, Fritz. Contributo ad un Catalogo delle Zygene delli Italia meridionale con descrizioni di varietà ed aberrazioni poco note. Natural. Sicil. Ann. 17. p. 67—74.

— (2). Dysauxes punctata ab. (et var.?) ragusaria Zkt. t. c. p. 97 —98.

— (3). Dysauxes punctata ab. (et var.?) ragusaria Zkt. Entom. Zeitschr. Guben Jahrg. 18 p. 78.
Neue Aberration.

Zimmermann, Hugo. Über das Auftreten von Lithocolletis platani Stdgr. Insektenbörse, 21. Jahrg. p. 28—29.

. . . **1897.** Das Auftreten der Floreule in den Waldungen der Main-Rhein-Ebene. Forstwiss. Centralbl. Jahrg. 41. p. 350—353. — Von Herrn F ü r s t. p. 353—354.
Trachea piniperda.

. . . **1897.** Aus dem mittelfränkischen Spannerfraßgebiete. Forstwiss. Centralbl. Jahrg. 41. p. 553—573.
Betrifft Bupalus piniarius.

. . . **1900.** The Protection of Shade Trees. Bull. Connectict. Agric. Exper. Stat. No. 131. 30 pp., 9 pls.

. . . **1901.** La teigne des volailles (Tinea favosa). Le Cosmos N. S. T. 44. p. 633—664.

. . . **1902.** The late Mr. C. L. de Nicéville. Journ. Bombay Nat. Hist. Soc. vol. 14. p. 140—141.

. . . **1902.** Les plantes de France, leurs Chenilles et leurs Papillons. Le Naturaliste Ann. 22. p. 43—44, 55—56, 76—77, 125—126, 151, 166, 192, 199, 214, 227, 238, 263, 287; — Ann. 23. p. 10, 34, 61, 73, 86, 97, 121, 131, 141, 164, 182, 192, 207, 215, 229, 254, 263, 274, 287; — Ann. 24 p. 14, 34, 49, 57, 74, 85, 95.

. . . **1903.** Augustus Radcliffe Grote†. Entom. News vol. 14. p. 127 —278, portr.

. . . **1902.** Intorno ad una nuova alternazione dei rami del pero e ad una minatrice dei rami dell'Olivo attaccati dalla rogna. Bull. Soc. entom. ital. Ann. 34. p. 189—198, 1 tav. 2 figg.

. . . General Notes. U. S. Dept. Agric. Div. Entom. Bull. 44. p. 84 —97.

Schädliche Insekten: Aquatic Bugs of Commercial value as Food, Anthrenus destroying Tussock Moth Eggs, Length of fiber in Silk worm cocoon, Effect of Mite bite, Quail as destroyer of Cuts worms, Hair Worms in Cabbage, Habits of Loxostege obliteralis.

B. Übersicht nach dem Stoff.

I. Literarische u. technische Hilfsmittel etc.

a) **Hand- u. Lehrbücher etc.**: Tutt[1]). — **Taschenbücher**: Fischer.

b) **Bibliographie, Geschichte**: **Berichte**: Frings (Temperatur-versuche). — **Jahresberichte**: Lucas (für 1900), Mayer (Neapler Bericht f. 1903), Sharp (für 1903). — **Listen**: Boyd, Brimley, Cote, Porritt, Shelford, Waterhouse, D. O. — **Liste der Schriften von Radcliffe Grote**: Bode. — **Glover's Werke**: Dodge (Proc. Ent. Soc. Wash. 1904 p. 12). — **Ökonomische Berichte** siehe unter No. 6. **Ökonomie**. — **Kataloge**: Anderson (Brit. Columb. Lep.), André[1]), [4]), Bézier, Calvert, Fletcher, T. B. F., Heath, Hopkins, Lower, Smith[1]), Young. — **Berichtigungen**: Brown[1]).

c) **Biographien, Nekrologe**: **Biographien**: Fickert (durch von Linden), Grote (durch Bode: Porträt u. Liste der Publik.), Moffat Hyatt (durch Stanton). — **Nekrologe**: Fea, Moffat, John, Alston (Canad. Ent. vol. 36 p. 84), Herrich-Schäffer, de Rocquigny-Adanson, G. (Bull. Soc. Ent. France 1904 p. 225 u. durch **Pierre**, Rev. Sci. Bourbonnais T. XVII p. 141—143), Hedeman (durch Rebel).

d) **Referate etc.**: Gillmer[15]), Grote.

e) **Kritik, Polemik**: Alphéraki (Katalog von Rebel u. Staudinger), Elwes (Kritik der Varietäten u. Nomenklatur Fruhstorfers), Schröder (Mutationstheorie). — **Fragen**: Taylor[1]).

f) **Technik**: **Fang**: Smith (Frühlingsformen). — **Sammeln in den Tropen**: Hoffmann. — **Sammeln und Präparieren von Micros**: Kearfott. — **Aufblasen der Raupen**: Brainerd, Canad. Entom. vol. XXXVI p. 52. — **Art des Trocknens der Raupenhäute**: Burchell in Poulton, Proc. Ent. Soc. London 1904 p. LXXX, LXXXI. — **Fang mit Lampen**, verbesserte Form: Perraud[1]), [2]). — **Fangschirm**: Pic (Echange 1904 p. 6, 7). — **Lichtfänge**: Dewitz [2]) (Verhältnis der $\mathcal{J}$ $\mathcal{J}$ zu den $\mathcal{Q}$ $\mathcal{Q}$). — **Photographie**: Slingerland[2]). — **Sammlungen**: Dyar[24]) (Hulst), Walker (Curtis).

II. Systematik.

a) **Systematik**: Rostagno (ital. *Lepid.*) Smith, Stichel[2]), Turner[5]) (Austral. *Lymantr.*). — **Identifizierung verkannter Formen**: Stichel[8]). — **Icones**: Rippon. — **Indifferente Charaktere als Artmerkmale**: Petersen[1]). — **Einteilung**: Pearsall [2]) (*Geometr.*). — **Revisionen**: Bethune-Baker[1]) (*Amblypodia*). — **Synonymie**: Côte (Listen: *Attacinae* u. *Arctiinae*), Pearsall.

b) **Nomenklatur**: **Benennungen**: Gillmer[10]) (*Papilio paphioides* für *Argynnis laodice*). — **Namensänderung**: Packard[6]) (*Meroleuca*). — **Nomina nova**: Busck[5]) (*Paraclemensia*). — **Typen**: Lep.-Typen im Amer. Mus. Nat. Hist.: Beutenmüller. — **Gattungstypen**: Dyar u. Caudell. — **Auswahl der Gattungstypen**: Dyar (Journ. N. York Ent. Soc. XII p. 189—192), Dyar (Proc. Ent. Soc. Wash. 6 p. 155—156).

c) **Umfassende Arbeiten:** Mabille (*Hesperiidae* in Wytsman), Stichel (*Nymphal.* ibid.). — **Übersichten:** von Hormuzaki[2]) (paläarkt. Schmetterl.). — **Vergleichende Studien:** Oberthür[4]).

d) **Einzelbeschreibungen:** Siehe im systematischen Teil.

III. Descendenztheorie.

a) **Phylogenie:** Trichoptera u. Lepidoptera: Acloque[1]). — **Mutation, Selektion, Zeichnungs-Phylogenie:** Schröder. — **Die „Schwänze"** der Schmetterlingsflügel: Piepers. — **Umbildung:** Packard[1]) (*Saturnia*).

b) **Anpassung, Schutzfärbung, Mimikry: Aufsuchen passender Lokalitäten:** Chapman (Proc. Ent. Soc. London, 1904, p. LXXV), Hamm (t. c. p. LXXV), Kaye (by sharing like dangers. — Trans. Ent. Soc. London 1904 p. 169. — **Mimikry:** Entz, Federley[3]) (*Spilosoma mendica*). — **Schutzstellung:** Longstaff (Proc. Ent. Soc. London, 1904 p. LXXXVIII). — **Vögel** und **Schmetterlinge:** Poulton (Proc. Ent. Soc. London, 1904, p. XXXVI) — **Mimetismus:** Bugnion. — **Mimetismus u. diesb. Literatur:** Brandicourt. — **Schützende Ähnlichkeit:** Collins, Hunze. — **Färbung:** Green, J.F., Rogers u. Carpenter. — **Die farbigen Flügel von Catocala:** Schaposchnikow. — **Flügel als Schutzmittel:** Dyar (Journ. N. York Ent. Soc. 1904 p. 57. — Bei *Catocala*). — **Flecke und Haare der Raupe von** *Acronycta alni*. „**Nackenstreifen**" von *Gastropacha pini*. Cholodkowsky. — **Ähnlichkeit:** Poulton in Saunders, Hym. acul. von Majorka etc., *Volucella* etc. Trans. Ent. Soc. London, 1904 p. 591 sq.), Schröder (*Papilio merope*-Frage. Ausführliche Besprechung). — **Mimikry von** *Glenea*: Andrewes u. Poulton (Proc. Ent. Soc. London 1904 p.VII). — **Ähnlichkeit zwischen** *Hyperechia* u. *Xylocopa*: Poulton. — **Mutmaßliche Mimikry von** *Spilosoma mendica* ♀: Federley.

c) **Variabilität:** Griep, Holters, Pictet. — **Physiologischer Unterschied der Variationsformen, Metabolismus:** von Linden. — **Variation u. Elimination:** Crampton[1]) (*Philosamia*). — **Variation u. Selektion:** Crampton[2]). — **Statistische u. allgemeine Diskussion über Variationen von 24 Arten aus verschiedenen Ordnungen:** Kellogg u. Bell. — **Ätiologie der Variation** bei *Lep.*: Rowland-Brown (Entomologist, 1904 p. 17). — **Saison-Variation:** Chapman[6]) (*Heodes phlaeas*). — **Größen-Variation:** Auel (Flügel). — **Variation in der Flügellänge:** Bachmetjew[3]) (*Aporia crataegi*), [4]) (*Epinephete jurtina*). — **Feuchtigkeit und Variation** bei *Lepid.*: Pictet. — **Saisonformen:** Butler[1]) (*Rhopalocera*). — **Saisonphasen:** Butler[2]) (*Callidryades*). — **melanistische Variationen in Ost-Tibet:** Oberthür (Bull. Soc. Ent. France 1904 p. 174). — **Variationen von europäischen** *Rhopalocera*: Schultz (Soc. ent. XIX p. 9) 18 Spp. — **speziell toskanischen:** Vérity. — **von europ.** *Lep.*: Oberthür. — **von belgischen** *Lep.*: Haverkampf. — **Variationen:** Schultz[2]) (*Parnassius*), Graves (Ent. Rec. vol. XVI p. 51: *Lycaena lysimon*). — **Variationen u. Aberrationen:** Gauckler[1]) Chapman (*Heodes phlaeas*. — Entom. Rec. vol. XVI p. 167—182). — **Variation in der Zahl der Flecke** bei *Epinephele* und feuchte Jahreszeiten: Bachmetjew[2]). — **Aberrationen:** Clark[2]) (*Peridroma ypsilon*), Dumont (*Oenistis*), Fuchs, Lathy, (von 45 exotisch. *Rhopaloc.*), Leonhardt[2]),

Russell, Schultz, Winterstein, Woodbridge. — a n d r o g y n e: Cosmovici (von *Argynnis pandora*). — Varietäten: Bartel[5]) (*Lycaena corydon*), Cockayne[2]) *Nyssia laponaria*), Crampton (*Philosamia*), Dietze (*Eupithecia*), Dupuy (*Zygaena fausta* u. *hippocrepidis*). — Feuille jeun. Natur. T. XXXV p. 11), Field (*Basilarcha proserpina* u. Verwandte), Giard[3]) (Variation der Raupe von *Deilephila lineata livornica*), Gianelli (*Syntomis*), Luff (*L. aegeria* Var. von Guernsey. — Rep. Guernsey Soc. 1903 p. 190), Porritt (verschiedene melanistische Formen von *Venusia* in Yorkshire. Naturalist 1904 p. 377). Prout (*Larentiidae*), Russell (*Epinephele tithonus*), Smits (blaue Var. — Feuille jeun. Natur. T. XXXIV p. 128), Waterhouse (*Hypolimnas bolina* auf den Fidschi- u. Samoa-Inseln).

d) Mißbildungen: Anomalie im Geäder einer Geometride: Warren (Nov. Zool. Tring, vol. 11 p. 542). — Überzählige Flügel: Chapman (*Arctia caja*. — Proc. Entom. Soc. London, 1904 p. LV). — Abnormität: Psyche XI p. 113 Taf. X. — Abnormität (überzählige Flgl., 4 Antennen etc.): Psyche, vol. XI p. 113 Taf. X. — Puppe mit Raupenkopf: Zang (*Sphinx ligustri*). — Ungewöhnliche Formen: Burrows (*Manduca atropos*).

e) Vererbung: Hollis, Maddison, Raynor u. Doncaster.

f) Convergenzerscheinungen: —

IV. Morphologie (äußere u. innere), Histologie, Physiologie, Embryologie.

a) Morphologie, Histologie: Messungen an Lepidopteren: Auel. — „Schwänze" bei *Lep.*: Piepers. — Duftorgan von *Phassus schamyl*: Deegener u. Schaposchnikow. — Drüsen: Bordas. — Duftdrüsen: Combes. — Antennale Hautsinnesorgane: Schenk. — Adersystem bei der Puppe: Enderlein. — Höcker auf Thorax u. Abdomen im ersten Raupenstadium: Quail[1]).

b) Physiologie: Dubois u. Couvreur (bei der Seidenraupe während des Nymphenstadiums), Nazari (Blut von *Bombyx*). — Energieumsatz des Seidenspinners etc.: Farkas[1]). — Tierische Tyrosinasen u. Pigmentbildung: v. Fürth u. Schneider. — Chorionin u. Choriningehalt d. Seidenspinnereier: Farkas[2]). — Verdauung: Nahrung u. Verdauung von *Galleria mellonella*: Sieber u. Metalnikov. — Verdauungsenzyme: Sawamura. — Verdauungssystem bei der Raupe von *Spilosoma*: Bordas. — Durchgang des Farbstoffes durch die Spinndrüsen: Leverat u. Conte. — Mandibeldrüsen bei Lepidopteren-Raupen: Bordas[1]). — Resultate der Fütterung von Seidenraupen mit den Blättern wilder u. kultivierter Maulbeeren: Sasaki. — Spinnapparat: Accessorische Drüsen des Spinnapparates: Bordas[1]). — Genitalapparat: Zander. — Geschlechter: Verhältniszahlen: Chapman[10]), Tutt (Ent. Rec. vol. 16. p. 193—195), Chapman (t. c. p. 312). — Einflüsse von äußeren Reizen: Experimente: Abafi-Aigner[1]). — Temperaturexperimente: Frings, Krodel. — bei *Lycaena*: Krodel. — Temperatur- u. andere Experimente: Frings[2]), v. Linden[1]). — mechanische Einflüsse: Pérez. — Radioaktivität u. Lep.-Raupen: Tomala. — Phototropismus

Empfindlichkeit der Lepid. für Licht: Parker. — Licht, welches Schmetterlinge anlockt: Perraud. — **Geschlechts- unterschiede und Geschlechtsbestimmung:** Raynor u. Doncaster. — Ge- schlechtsbestimmung, Gewichtsverlust der Puppe: Einstellung der Nahrungsaufnahme als Vermittler der Metamorphose: Kellogg u. Bell. — Gynandromorphe Lep., beschreibender Katalog, Bd. IV: Schultz. — Katalog der paläarkten Gyn.: Schultz[1]). — Hermaphrodit: Lambertie (*Argynnis pandora*), Joannis (Bull. Soc. Ent. France 1904 p. 280: *Argynnis paphia* ♂ u. Hermaphrodit in copula), Schultz[1]) (Gynandromorphe *Coeno- nympha* u. *Lasiocampa*, Soc. Entom. vol. XVIII p. 170). — Gillmer[12]). — *Pieris* Gynandr. Fig. 5 u. *Automeris*, Psyche, vol. 11, p. 113 Taf. X, Fig. 6, 7. — Small (*Lyc. aegon*. Gynandrom. The Entomologist 1904 p. 263). — Lathy (*Melinaea* gynandromorph), Gillmer[14]) (*Smerinthus*, gynandro- morphe Hybriden). — Kusnezov, Rev. Russe Ent. IV p. 203 (*Porthetria dispar*). — **Melanismus:** Teich (bei livländischen Formen). — **Regeneration:** des Vorderendes: Hirschler. — Regeneration der Raupen- beine bei der Seidenraupe: Kellogg. — regenerierte Puppe von *Lepid.*: Hirschler. — **Färbung:** Dewitz[1]). — Opistho- genesis (Gesetz der Entwicklung und Bewegung der Färbung): Packard. Schillerfarben(Irisieren und Metall- glanz): Biedermann. — Zeichnung der *Lepid.*-Raupen: Kusnezov. — Diffraktion der Schuppen bei *Lepid.*: Balsamo, F. (Sui fenomeni di diffrazione di alcuni corpi organizzati in rapporto alle esperienze di Abbe. Boll. Soc. Napoli XVII p. 45—53, 1 pl.). — Einfluß der verschiedenen Lichtstrahlen: Nenükow. — Färbung des Kokons: Dewitz, Verson[3]). — Färbung der Seide: Conte, Dubois. — Färbung der Seide, Chlorophyll-Frage: Villard[1]), [2]). — **Duft:** Duftdrüsen: Combes. — Duft bei männlichen *Pieridae*: Dixey (Proc. Ent. Soc. London, 1904 p. LVI — LX). — Duft bei den *Rhopalocera*: Longstaff (Proc. Ent. Soc. London, 1904 p. LXXXIX). — Duftorgan: Deegener u. Schaposchnikow (*Phassus schamyl*. Beziehungen zwischen ♂ u. ♀). — **Ertränken** von *Lepid.*-Raupen: Chapman[3]). — **Ersticken durch künstliche Kälte** siehe unten No. 6. Ökonomie. — **Raupen-Stadium ohne Nahrungs- aufnahme:** Chapman etc. (Proc. Ent. Soc. London, 1904 p. LXX—LXXII). — **Töne:** Töne erzeugende Raupe: Gauckler[3]) (*Rhodinia fugax*), Packard[5]). — Puppe empfänglich für Töne: Schuster. — **Bastardierung** u. **Geschlechtszellenbildung:** Häcker. — **Zuchtresultate, Kreuzungen:** Cassall (*Amphidasys betularia* u. var. *doubledayaria*. Ent. Rec. vol. 16 p. 49), Leigh (Zuchtvarietäten von *P. cenea* u. *Hypolimnas missippus*), Manders (Zuchtexperimente bei *Catopsilia*), Raynor u. Doncaster (Kreuzungs- varietäten von *Abraxas*). — **Bastardierung:** Abderhalden. — **Hybriden:** Dupuy (*Zygaena fausta* u. *hippocrepidis*. Kopula. Bull. Soc. Ent. France 1904 p. 226). Oberthür (*Sphingidae* u. *Zygaenidae*), van Rossum (*Zygaena* u. *Syntomis*, Ent. Berichten Nederl. I. p. 94).

c) **E m b r y o l o g i e**: Giard[4]), [5]), [6]), Holtz[1]), [2]), Prout[1]), [2]), Verity[3]), Verson (diverse). — **Darmkanal**: Deegener. — **Postembryonale Entwicklung der Anhänge des Kopfes** u. des Thorax der Seidenraupe: Verson. — **Entoderm-frage**: Schwangart. — **Entwicklung des Kopfes und der Thoraxanhänge von** Bombyx: Verson[2]) (Auszug aus No. 1). — **Entwicklung der Flügel**: Federley[3]). — **Entwicklung der Augenflecke**: Kusnezov[1]). — **Entwicklungs-geschichte der männlichen Geschlechtsanhänge**: Verson[4]) (contra Zander).

V. B i o l o g i e, E t h o l o g i e etc.

a) **M e t a m o r p h o s e**: Deegener (Darmkanal), Fawcett[1]), Gallardo.

b) **E i e r, L a r v e n (R a u p e n), P u p p e n, K o k o n s** etc.: Bacot[1]), [2]), Chapman[3]) (Brenthis thore), Chrétien[3]) (Argyresthia rufella), Cosmovici[10]) (Charaxes jasius), [13]) (chenilles des Lins), Daecke (Phiprosophus), Dodge, G. M. u. E. A. (Catocalae), Dyar (diverse Arbeiten), Fabre[3]), [4]), Floersheim (Papilio asterias), Frionnet, Giard[3]), [8]), [9]), Goudie, Grund, Grundel, ter Haar[3]), Harrison, Quajat. — A n s i c h t B r a u e r s ü b e r R a u p e n: Peyerimhoff (Feuille jeun. Natural. T. XXXIV p. 41—45). — **Eier**: Giard[3]), [7]), [9]), [11]), [12]), [13]), Hamm, Lucas[1]), [2]), Oudemans[2]), Quajat, Rey. — **Puppe**: Stierlin (Maniola). — **Raupen u. Gehäuse**: Turner. — **Aufzucht**: Dollmann (Pachetra leucophaea), Ebner (Telea polyphemus).

c) **L e b e n s w e i s e (A u s s c h l ü p f e n, A u f t r e t e n etc.) N a h r u n g, F o r t p f l a n z u n g e t c.**: Brants[2]) (Lycaena corydon), Chapman[3]) (Thestor ballus), Chrétien[3]) (Eupithecia ligurata), Cottam[2]), Gauckler[3]) (Nola), Hinds (Estigmene), Riding, Seiffert, Stebbing. — **Nährpflanzen**: Fletcher, J.[2]) (neue f. Cyaniris ladon), Giard[2]) (Charaxes). — D o r y c i n i u m: Chrétien[4]) (Coleophora), Chrétien[5]). — S i l e n e n u t a n s (Microlep.), Walsingham[3]) (Teracolus). — **Spinngewohnheiten d e r A t t a c i**: Webster[3]). — **Verpuppungsgewohn-heiten**: Field (Vanessa antiopa). — **Geschlechtswitterung bei Raupen**: Gillmer. — **Aufhängen des Kokons. V a r i a t i o n**: Cockle (Canad. Entom. vol. XXXVI p. 100. — Telea). — **Ausschlüpfen** v o n L i m a c o d e s a u s d e m K o k o n, H o m e o p r a x i e: Kunckel. — **Saisonformen**: Butler[1]) (Pierinae), [2]), [3]). — **Überwinternde Raupen**: Foster[2]). — **Saison-Poecilogonie**: Giard[1]) (bei Charaxes jasius). — **Kopulation**: Caspari (Vanessa-Arten u. Verwandte), Dupuy (Zygaena fausta u. hippocrepidis. Feuille jeun. Natural. T. XXXV p. 11, 12), — z w i s c h e n v e r s c h i e d e n e n A r t e n o d e r G a t t.: Rainbow. — N o c t u i d e n v e r s c h i e d e n e r A r t e n i n C o p u l a: Dod, Canad. Ent. vol. XXXVI, p. 288. — K o p u l a, Z a h l d e r E i e r (Z a h l d e r v o n e i n e m I n d i v i d u u m g e l e g t e n E i e r): Girault*). — K o p u l a t i o n z w i s c h e n ♂ u. e i n e m H e r m a-p h r o d i t e n: Joannis, Bull. Soc. Entom. France 1904 p. 280. — E i-a b l a g e b e i Bombyx mori, Z a h l d e r E i e r, F r u c h t b a r k e i t, S c h n e l l i g k e i t d e r A b l a g e: Gal. — B r a s i l i a n i s c h e A r t e n: Bemerk. Moreira, Arch. Mus. Rio Janeiro vol. XI p. 1. — **Schwärme, Wanderungen: Eiablage**: Gal[1]) (Bombyx mori), [2]) (desgl.), Reichert. —

---

*) G i r a u l t, A. A. Standards of the Number of eggs laid by Insects. II. Entom. News Philad. vol. XV p. 2—3.

(auffällige). — Schwärme: Kopetsch, Manders, Shelford[3]), Giard[3]). — Insektenschwärme und Bergspitzen: Poulton (Proc. Entom. Soc. London 1904 p. XXIV—XXVI). — Wanderungen der Schmetterlinge: Aigner-Abafi[5]) (*P. cardui*), Bellmarley (*Crenis boisduvali.* — Entomologist 1904 p. 116), Goeldi (im Amazonastale), Manders (auf Ceylon). — Siehe ferner unter *Nymphalidae* im System. Teil. — Übernachtung in Scharen: Kellogg (Proc. Entom. Soc. London, 1904 p. XXIII, XXIV). — Assembling: Battley (*Lasiocampa.* — Entomologist 1904 p. 320.) — Prozessionsspinnerraupe: de Rocquigny - Adanson. — Marschieren der *Hemileuca*-Raupe: Marshall. — Lebensweise von *Clania*, einer australischen Psychide: Littler. — Bau des Gehäuses bei den *Psychidae*: Burkill (Proc. Asiat. Soc. June 1903). — Parthenogenesis: Bachmetjew[1]) (*Epinephele*), Garbowski, (*Porthesia*). — künstliche bei Seidenraupen - Eiern: Pérez. — Neuere Versuche über künstliche Parthenogenesis: Abderhalden. — Symbiose: Künckel d'Herculais. — Ausgestorbene Formen: Leonhardt[1]). — Größte Formen: Stephan[1]). — Synepigonische Reihen: Leigh. — Vorkommen: Neumann (Betrachtungen über häufiges u. spärliches Vorkommen). — Ruhestellung: Oudemans[3]). — Zugvögel: Stephan[2]). — Immigranten: Tutt[7]).

d) **Instinkt u. Psychologie:**
e) **Myrmekophilie u. Termitophilie, Commensalismus:**
f) **Parasiten, Parasitenwirte, Feinde, Krankheiten:** Krankheitserreger: Lutz u. Splendore. — Feinde: Aitken, Davis (Raupen von *Histeridae* angegriffen).

g) **Gallenerzeugung:** Schmetterlingsgallen aus Algier: Walsingham.

VI. Ökonomie.

Berichte: Green, Washburn (*Ephestia kuehniella* in Minnesota). — Lichtfänge mit der Acetylenlampe: Dewitz[2]) (Verhältnis der ♂ ♂ zu den ♀ ♀). — Ersticken in Kokons durch Kälte: de Loverdo, J. (L'étouffages des cocons par le froid artificiel. Compt. rend. Acad. Sci. Paris T. 138 p. 1434—1436). — Raupen u. Wachstum der Bäume: Foster. — Füttern von Seidenraupen u. über *Ericerus pe - la*: Sasaki, Bull. Coll. Agric. Japan 1904.

a) **Nutzen und Nützlinge: Wirtschaftstiere:** Müller.

b) **Schaden und Schädlinge:** Aigner-Abafi[3]) (*Phlyctaenodes sticticalis*), Balfour, Baudisch, Britton, Colas, Carpenter, Griffini, Henry, Froggatt[3]) (*Leucania unipuncta* in Australien), Littler (*Oncoptera* als Schädling der Viehweiden in Tasmanien), Ormerod, Quellet, Rainbow, de Rocquigny, Rothe, Slingerland, Surface (*Clisiocampa americana*), Hole, Lampa, Leonardi, Mocrzecki, Montell, Woodworth. — Schädlinge des Waldes: Hopkins, Lang, Nitsche. — Auftreten an Apfel: Surface[1]). — Apfel und Pflaume in China: Busck[4]) (*Coleophora* als Schädling). — Baumwolle in Westindien: Ballou. — Fichte: Bellevoy u. Laurent (Maine), Fankhauser, Loos, Rörig, — Grape berry: Slingerland. — Kakao: Insekten an demselben: Banks, Ch. (A preliminary Bulletin on insects of the Cacao, prepared especially for the benefit of farmers. Manilla, 1903, 58 pp. 60 pls.). — E i c h e: Henry. — K i e f e r: Nitsche. — K a r t o f f e l: Clarke (Potato worm in California), Froggatt[1]). — N a d e l h o l z: Brants[3]). — K o h l: Fabre[2]). — M a i s: Loix. — P f i r s i c h: Clarke[2]). — K o r n: Rudow. — O b s t b ä u m e: Mayer. — R o s e n: Murtfeldt (*Platyptilia* in New York). — M e h l: Washburn[2]). — W a c h s: v. Schmidtz u. Oppikofer. — W e i n: Giard[3]) (*Deilephila livornica* in Algier), Marchal (*Oenophthira pilleriana* [*Pyral.*]). — W e i z e n: Froggatt[2]).

c) **Bekämpfungsmittel:** Caruso (Weinmotte), Decaux (*Carpocapsa pomonana*), Del Guercio, Henry[3]), Lounsbury, Mewes, Schmidt, Webern. — **Ersticken im Kokon durch künstliche Kälte:** siehe weiter oben.

VII. F a u n a. V e r b r e i t u n g.

Atmosphärische Feuchtigkeit als Mittel zur Verbreitung: Walker. — **Vermischung der N o c t u i d a e in N.-Amerika:** Webster[2]).

1. Arktisches und Antarktisches Gebiet.

Vacat.

2. Inselwelt.

Falkland-Inseln: Vallentin. — **Fergussoninsel:** Swinhoe[1]) (*Agonis* n. sp.). — **Fidschiinseln:** Waterhouse[1]). — **Galapagosinseln:** Warren[3]) (*Perixera* n. sp.). — **Hawaiische Inseln:** Meyrick[2]), [3]). — **Malediven u. Lakkadiven:** Meyrik[4]). — **Molukken:** G i l o l o: Dannatt (*Delias* n. sp.), Lathy[3]) (*Cyrestis* n. sp.). — **Neu-Guinea:** Fruhstorfer[26]) (*Dicallaneura* n. sp.), [3]) (*Calliploea* n. sp.), [7]) (*Tenaris* n. sp.), Jordan (*Heterusia* n. sp.), Mabille (3 neue Arten), Rothschild[1]) (*Papilion., Pier., Eryc.* — *Nymphal., Geometr.* neue Arten), Rothschild[2]) (*Sphingidae*, 2 neue Arten), [5]) (*Abisana* 1 n. sp.), [6]) (*Opodiphthera* n. sp.). — O b i: Fruhstorfer[33]) (*Euploea* n. sp.), — B r i t i s c h N e u - G u i n e a: Bethune-Baker[1]) (*Lycaenidae, Erycinidae, Bombyc.* s. l. *Noctuidae* zahlreiche neue Arten), Rothschild[1]). — **Neu-Seeland:** Philpott (südl. Lep.). — **Insel Nias:** Thieme (*Stictoploea* n. sp.). — **Oceanien:** Mabille (*Hesperiidae: Corone* n. sp.). — **Philippinen:** Swinhoe[3]) (*Eulype* n. sp.). — **Salomoninseln:** Jordan (*Caprimima* n. sp.), Rothschild (*Rhopalocera* n. spp.), Warren[3]) (*Metallochlora* n. sp., *Xanthomima* n. sp.). — **Samoa-Inseln:** Waterhouse[1]). — **Shortlandinseln:** Swinhoe[4]) (*Tagiades* n. sp.).

3. Palaearktisches Gebiet.

a) I n s g e s a m t o d e r m e h r e r e d e r f o l g e n d e n G e b i e t e z u - s a m m e n: Grum-Grshimailo, Spuler (*Lasiocamp.*), de Joannis (Bull. Soc. Entom. France 1904 p. 173. — 5 Neuheiten), — Püngeler[2]) (*Noctuidae, Geometr.*, 14 neue Arten), Tutt (*Sphingidae*, Katalog).

4. Europa.

b) E u r o p ä i s c h e s G e b i e t i n s g e s a m t: Riesen (Berichtigungen

zu seinen Listen der *Macrolepidoptera* in d. Stett. Entom. Zeit. von 1887
—1901 bringt er in d. Stett. Entom. Zeit. Jahrg. 65 p. 212—214), Verity[2]).
c) E u r o p ä i s c h e s G e b i e t i m E i n z e l n e n: **Westeuropa:** Chapman [6])
(*Heodes phlaeas*).
Deutschland: B o r n i g: Fuchs[1]) (*Eriocrania*). — C h e m n i t z: Pabst. —
B r a u n s c h w e i g: Tesch (Jahresb. Ver. Braunschweig XIII p. 91 — für
die Fauna neue Formen). — F r a n k f u r t a. O.: Herrmann (*Macrolep.*).
— H a m b u r g: Sauber[1]) (Katalog der *Microlep. Oenix* n. sp.), N a s s a u:
v. Reichenau (Veränderungen in der Fauna innerhalb 25 Jahren). — R h e i n-
g a u: Fuchs (*Larentia eximiata*). T h ü r i n g e n: Petry[1]) (*Nepticula* n. sp.).
— S c h l e s i e n: Schultz[11]).
Schweiz: Moss (*Rhopalocera*). — L a q u i n t a l: Jones (Ent. Monthly Mag.
(2) vol. 15 (40) p. 1—4). — C h a m o n i x usw.: Tutt (Ent. Rec. vol. XVI)
— M a c o l i n u. G r i n d e l w a l d: Lowe[1]). — M e n d e l: Lowe[2]).
L i e s t a l: Seiler (Noctuid.).
Österreich: Ö s t e r r e i c h o. d. E m s: Hauder. — B ö h m e n, F r i e d-
l a n d: Soffner. — N i e d e r ö s t e r r e i c h: Preissecker (Verhdlgn. zool.-
bot. Ges. Wien Bd. 54 p. 612). — P o l a: Wagner (Verhdlgn. zool.-bot.
Ges. Wien p. 1). — O b e r - Ö s t e r r e i c h: Himsl (Katalog der *Geometr.*).
— K o r - u. S a u a l p e: Meixner. — S ü d - T i r o l: Lowe (Entomologist
1904 p. 272), Rowland-Brown (t. c. p. 222—226). — S t e i e r m a r k:
Trost (Liste komplett).
Ungarn: Aigner-Abafi (Rovart Lapok p. 191—193. — Neuere Ergänzungen),
[2]), [4]), Ulbrich.
Rußland: K r a s n o u f i m s k: von Hoyningen-Huene. — N o r d -R u ß-
l a n d: Herz [3]) (kurze Liste). — L e n a: Herz [5]) (*Rhopal. Sesia* n. sp.,
Noctuidae 3 n. spp., *Acidalia* 2 n. spp.). — F i n n l a n d: Reuter[2]) (Liste der
Pterophoridae u. *Tineidae*), [3]) (Neue Formen f. das Gebiet). — K e w:
Johnson. — B a t h e n: Slevogt[2]) (*Noctuidae*). — P e r m: Hoyningen-
Huene (Katalog). — P l e s k a u: Kusnezow[2]) (Suppl. zum Katalog). —
O u r j o u m, W o l g a: Krulikovsky (Rev. Russe Ent. T. IV p. 27—31).
— St. P e t e r s b u r g: Bloecker (*Pyrrhia exprimens. — Rev. Russe Ent.
IV p. 225). — L i v l a n d: Teich (Melan.-Formen).
Frankreich: Chrétien[1]) (*Microl.*), [2]) (desgl.), Viard (Bull. Soc. Entom. France
1904 p. 38. — Neuheiten). — A i g l e: Dufour. — B a s s e s - A l p e s:
Chrétien[13]) (*Anacampsis, Coleophora* u. *Nepticula* n. sp.). — B r e t a g n e:
Bézier (Katalog). — C e v e n n e n: Fabre[1]). — D i g n e: Neuburger[2])
(neue *Geom.*). — M a r s e i l l e: Siepi (Feuill. jeun. Natur. T. XXXIV
p. 248). — N o r d - F r a n k r e i c h: Gurney (*Rhopal.* — Entomologist
1904 p. 324—325). — N o r m a n d i e: Meade-Waldo. — S a i n t e B a u m e:
Siepi (*Parnassius mnemosyne.* — Feuille jeun. Naturalist. T. XXXIV p. 247).
— S a ô n e - e t - L o i r e: André [4]) (*Rhopalocera*). — S e e a l p e n: Balestre (*Plusia*, 6 spp.). — T o u r a i n e: Waldo (Entomologist 1904 p. 69
—71). — V i l l e f r a n c h e, R h o n e: Dewitz[2]) (Lichtfänge). — V a l
d ' A n n i v i e r s 1 8 6 5 — 1 9 0 0: Frey-Gessner. — V a l d ' H a r e n g e
usw.: Tutt[2]).
Großbrittanien: Brande (Entomologist 1904 p. 264. — *P. podalirius*), Meyrick
(t. c. p. 284), Tutt[1]) (British Lep. vol. IV, *Sphingidae*). Walker (Curtis'

Collect. in Sydney. Nomenklatur). — *Deilephila livornica* in England 1904. Entomologist 1904 p. 188, 189. — Desgl. Coste, Nature vol. 70 p. 389—506. — Thomas, t. c. p. 455. — in Ireland. Meehan, l. c. p. 628. — *Colias hyale* in England 1900. Pilley, Trans. Woolhope Club 1900—1902 p. 171—173. *Vanessa cardui.* Schwarm in Hunstanton. Barrett, Entom. Monthly Mag. (2) vol. 15 (40) p. 61. — B o u r n e m o u t h: Crallan (Entomologist 1904 p. 168: *Deil. livornica*). — *D. livornica.* Entomologist 1904 p. 243. — C a n e, W i l t s: Eddrup (Rep. Marlbor. Soc. vol. LII p. 71—73). — C e s h i r e, D e l a m a r e F o r e s t: Arkle. — C h e s t e r: Arle (*Laphygma.* — Ent. M. Mag. (2) vol. 15 (40) p. 62). — C u m b e r l a n d: Wootton (*Acidalia ornata.* — Ent. Monthl. Mag. (2) vol. 15 (40) p. 15). — D a w l i s h: Browne (Proc. South London Soc. 1903 p. 22—26), Turner (t. c. p. 27—28). — D o r s e t: Bankes (Entom. Monthly Mag. (2) vol. 15 (40) p. 253—255), Richardson (t. c. p. 211. — *Nola albulalis*). — D u r h a m: Harrison (*Pyrameis cardui.* — Ent. Rec. XVI p. 41). — *Vanessa cardui* in 1903. — Trans. Weardale‚Club I p. 226—228). — E a s t b o u r n e: Chartres (Entomologist 1904 p. 242. — *Choerocampa nerii*). — E d d y s t o n e l i g h t h o u s e: Clarke[2]). — F e l i x s t o w e: Barrett (*Botys nubilalis.* — Ent. M. Mag. (2) v. 15 (40) p. 89). — F r e s h w a t e r: Douglas (Entomologist 1904 p. 296 —299). — F o r r e s: Prout[2]). — H e r t f o r d s h i r e: Barraud (1902. Trans. Hertfordsh. Soc. v. XII p. 23—35), Cottam (Notes on the habits of some of our Lepidopterous insects. II. the larger moths. — Trans. Hertfordsh. Soc. XII p. 53—61), Cottam[1]), [2]), Gibbs (Ent. Monthly Mag. (2) vol. 15 (40) p. 135 — 136), [1]), [2]), [3]). — H a l i f a x: Halliday (Halifax Natural. VIII p. 86. — Neuheiten). — H a m p s h i r e: Druitt (Entomologist 1914 p. 288). — I r l a n d: Carpenter (Schädlinge), Johnson. — I s l e o f P u r b e c k: Bankes (Ent. Monthly Mag. (2) v. 40 p. 235). — I s l e o f W i g h t: Tarrant (Entomologist 1904 p. 323: *Vant. antiopa*). — J e r s e y: Coney (Entomologist 1904 p. 127—131). — K e n t: Abbott (*Deil. livornica.* Entomologist 1904 p. 265), Frohawk (t. c. p. 268: *Van. antiopa*), Palmer (Rochester Natural. vol. III p. 223 sq.), Small (Rep. E. II. p. 39). — L e i c e s t e r s h i r e: Birkenhead (Trans. Leicester Soc. 1904 p. 84, 85). — L i m p s f i e l d: Adkin (Proc. South London Soc. 1903 p. 14 —17). — L o n d o n d e r r y: Campbell (*Geometra papilionaria.* — Irish Natural. 1904 p. 257). — L o w e s t o f t: Boyd (*Cat. fraxini.* — Ent. M.Mag. (2) vol. 15 (40) p. 256). — M a r l b o r o u g h: Meyrick (Entom. Monthly Mag. (2) vol.15 (40) p. 253. — *Ceramidia butleri*). — M a r y K n o w l V a l l e y: Winterbourn (Trans. Woolhope Club 1900—1902 p. 167. — *Rhopal.*). — K i l d a r e: Langdale (*Sphinx convolvuli.* — Zoologist 1904 p. 388). — K i n g ' s L y n n: Atmore (Entom. Record vol. XVI p. 103—104) M i d - K e n t: Bemerk. zu d. *Lep.* von South-east: Naturalist 1904 p. 47 —54. — M i d - N o r t h u m b e r l a n d: Arkle (Entomologist 1904 p. 74 —77). — M o n m o u t h: Thornewill (*Deil. livornica* u. *Plusia moneta.* Entomologist 1904 p. 214). — M o r t e h u e, N. D e v o n: Longstaff (Bemerk. Entom. Monthly Mag. (2) vol. 15 (40) p. 29—32). — N o r t h - D e v o n: M o r t e h u e: Longstaff. — N o r t h S t a f f o r d s h i r e: Bostock (*Heterogenea limacodes.* — Rep. North Staffordsh. Club XXXVIII p. 106). — O x f o r d: Lep. dieses Distriktes: Rep. Ashmolean Soc. 1901,

p. 16—31. — R u g b y: Keynes (Rep. Rugby Soc. 1903 p. 39—42). —
S c h o t t l a n d: Dunlop (Ausstellung von Lepid.). — S k i p w i t h: Ash
(*Coccyx cosmophorana.* — Ent. Rec. XVI p. 50). — S o m e r s e t s h i r e:
B. D. R. (*P. argiades.* Entomologist 1904 p. 47). — S. W a l e s: Randell
(*D. livornica* usw. Entomologist 1904 p. 215). — S u f f o l k: Bloomfield
(Lep. v. 1903), Walker (*Nola centonalis.* — Ent. M. Mag. (2) v. 15 (40) p. 326).
— S u r r e y: South (*Orthotaenia branderiana.* — Entomologist 1904 p. 242),
South (t. c. p. 287: *Trichoptilus paludum.* — *Orobena straminalis*). — W e n -
d o v e r: Turner (Proc. South London Soc. 1903 p. 18, 19). — W a t f o r d:
Spencer. — W e x f o r d: Johnson (Irish Natural 1904 p. 75). — W o r -
c e s t e r s h i r e: Mc Naught (Entomologist 1904 p. 243. — *Plusia moneta*).
— Y o r k s h i r e: Porritt (Liste der Lep.). .

Dänemark : —

Norwegen : Strand[1]), [2]). — T r o m s ö: Schneider.

Schweden : F i n l a n d: Federley, Reuter[3]). — A l a n d u. A b o: Reuter[2]). —
N o r d i s c h e   F o r m e n: Schultz [12]). — L a p p m a r k: Bengsson
(Reisebericht), Havenhorst.

Niederlande : Snellen (Suppl. zum Katalog niederl. Lep.). — G r ö n i n g e n:
Ter Haar (*L. ophilete.* — Entom. Ber. Nederl. I. p. 97), [4]) (4 neue *Geom.*).
— L i m b u r g: Der Haar[1]).

Belgien : Haverkampf, Hippert (Ann. Soc. Entom. Belg. T. 48 p. 80—82, ferner
t. c. p. 145).

Spanien: Cosmovici[3]) (*Oecophora* n. sp.), Walsingham[1]). — C a n a l e s: Chapman[1])
(*Heterogynis*). — N o r d s p a n i e n: Prout (*Geometr.* — Entom. Record
XVI p. 284 — 289). — G u a d a r r a m a: Chapman [2]) (*Erebias*). —
P y r e n ä e n, Z e n t r a l: Petry[3]) (*Gelechiidae* 2 n. spp.). — S i e r r a
d e l a D e m a n d a u. M o n c a y o: Chapman[5]). — S e g o v i a: Chrétien[12])
(*Tephroclystia* n. sp.). — U b a c h, T a r r a s a: Maluquer (Butl. Inst.
Catalan. I. p. 56—59). — V i g o: Tutt[6]) (*Coenonympha* n. sp.).
S p a n i e n u. M a r o c c o: Walsington[1]) (*Microl.* n. spp.).

Portugal : —

Italien : Verity (*Ochrostigma metagona* für die Fauna neu. — Bull. Soc. Entom.
Ital. T. XXXVI p. 11). — Perlini (Fortsetzung des Katalogs ital. Lep. —
Riv. ital. Sci. Nat. T. XXIV p. 1 sq.). — S ü d i t a l i e n: Cannaviello (Riv.
ital. Soc. Nat. T. XXIV). — A p p e n i n e n: Verity (p. 16—19 usw.), Zickert
(*Zygaena*). — P i s t o j a: Verity[1]) (Liste). — T o s k a n a: Verity[2]) (*Rhop.*
Varr.). — K o r s i k a: Petry[2]) (*Scoparia, Conchylis, Lita, Stagmatophora,
Lithocolletis* je 1 n. sp.). — V a l d o t a i n e: Pavesi.
S i z i l i e n: Ragusa[1]) (für die Fauna neue Formen).

Mittelmeergebiet: Browne, C. S. — M a l t a: Fletcher (Liste). — M a j o r k a:
Mushamp.

Balkanländer: B u k o w i n a: Hormuzaki[1]) (Suppl. zum Katalog). — R u -
m ä n i e n: Fleck (*Macrolep.* — Nachtrag II). — D o b r u t s c h a: Fleck
(Reisebericht). — B o s n i e n, H e r z e g o w i n a: Rebel[3]) (Katalog. Vergleich der Faunen. — *Tineidae*, 6 neue Spp.).

5. Asien.

Austaut[7]), [8]), [9]).

Beludschistan: Nurse (*Papilio machaon.* — Journ. Bombay Soc. XV p. 723).

Zentralasien, Mesopotamien, Taurus: Austaut[6]), Dietze (*Eupithecia*), Püngeler[1]) (10 neue Arten). — A n k l a m: Sauber[2]) (*Crambus, Phlyctaenodes* n. sp.).

Ceylon: Ehrman (*Ornithoptera* n. sp.), Green (*Danais alcippus*), Manders[2]), [1]) (*Rhopalocera*, Verbreitung).

China: Busck[4]) (*Coleophora*). — I n d o - C h i n a: Porter.

Indien: Hampson [2]) (*Notodontidae*, 2 neue Spp.), Moore (*Pieridae* 1 n. sp.), Warren[3]) (*Cryptoloba* n. sp.), Young (*Rhopalocera*, Verbreitung). —H i - m a l a y a , N o r d - O s t (höchste Berge): Fawcett[2]).

Japan: Dietze (*Eupithecia* n. sp.), Dyar[11]) (*Epipyrops* n. sp.), Püngeler[2]) (*Noctuidae, Geometridae*, 4 neue Spp.).

Kaukasus: Schaposchnikow (*Macrolep.* Katalog, 575 Arten).

Khasia-Hills: Swinhoe[3]) (*Scopelodes* n. sp., *Hyperaeschra* n. sp.).

Kleinasien: Fountaine (Liste).

Korea: Herz[4]) (*Noctuidae, Geometr.*, 320 Spp., dar. 18 neue).

Malayische Staaten: Druce[2]) (*Lycaenidae*, Liste), Fruhstorfer[31]) (*Telicota* n. sp.).

Mongolei: Tschetverikov (*Dasychira* n. sp., *Noctuidae* 3 ne Spp.).

Ostasien: Austaut[6]).

Palästina: Bartel (*Noctuidae*, 2 neue Arten).

Perak: Swinhoe[1]) (*Thosea* n. sp.).

Persien: Austaut[3]).

Rußland: N o r d e n: Herz [3]). — L e n a: Herz [3]). — S a r e p t a: Fuchs [1]) (*Cucullia*).

Sarawak: Penrissen: Shelford[3]).

Siao-Lou: Oberthür[1]) (*Rhagastis* n. sp.).

Sikkim u. Bhutan: Dudgeon (*Noctuidae*, Katalog).

Sikkim: Fawcett (*Rhopalocera*, 10 neue Arten).

Singapore: Swinhoe[1]) (*Bombyces* 2 neue Arten),

Syrien: Bartel[3]) (*Eriogaster*).

Tibet: Elwes, Fruhstorfer[1]), Oberthür[3]).

Tonkin: Heylaerts (*Chalia* n. sp.), Warren[3]) (*Uliura* u. *Ptychopoda* je 1 n. sp.).

Tschuktschen Halbinsel: Herz[2]).

Malayischer Archipel: Fruhstorfer[5]), [31]), Swinhoe[4]) (13 neue Arten), Warren[3]) (*Geometridae*, 7 neue Arten, *Thyrididae*, 2 neue Arten).

Borneo: Fruhstorfer[26]) (*Pseudamathusia* n. sp.), Hanitsch, Shelford, R. W. C.[1]) (*Rhopalocera*, neue Arten), Swinhoe[1]) (zahlr. neue Arten).

Borneo und Neu - Guinea: Druce, H. H. [1]) (*Lycaenidae*, 4 neue Spp.). — H a l m a h e i r a: Bethune-Baker[3]) (*Arhopola*, 3 neue Spp.).

Celebes: Fruhstorfer[4]) (*Elymnias* n. sp.), Mabille (1 neue Art), Swinhoe[1]) (*Eupterote* n. sp.).

Java: Piepers u. Snellen[1]) (*Syntomidae* 1 n. sp.), [2]) (*Lithosiidae*, Katalog, 5 neue Arten), Snellen in Deventer [1]) (*Tineidae*, 3 Arten), [2]), van De-venter[1]), [2]) (*Tineidae*, 166 Arten).

Sumatra: E n g a n o: Fruhstorfer[22]), [32]) (Liste der *Rhopalocera*).

Sundainseln: R o m a (R o m a n g): Fruhstorfer[11]).

Indo-malayisches Gebiet: Fruhstorfer[3]), [21]). — **Indo-australisches Gebiet:** Fruh-storfer[26]).

6. Afrika.

Afrika: Heyn, Rothschild[3]) (neue *Sphingidae*), Suffert[1]) (zahlr. neue *Rhopalocera*), [2]) (*Nymphalidae*, 4 neue Arten), Swinhoe[1]) (*Agaristidae, Lymantriidae, Aganaidae, Limacodidae, Margaronia*, neue Arten), Warren[2]) (*Drepan., Thyrid., Uran., Geometr.*, neue Arten).

Äquatoriales Afrika: Sharpe[4]) (*Rhopalocera*, 6 neue Arten), [2]) (*Rhop.*, 6 neue Arten), [3]) (*Lycaenidae*, 5 neue Arten).

Tropisches Afrika: Swinhoe[2]) (neue *Geometridae*, Liste, zahlr. neue Arten).

Nordafrika: A l g i e r: Chrétien[1]) (*Microl.*), [2]) (desgl.), (*Pyral., Microl.* Naturaliste 1904 p. 45, 46), Walsingham[2]) (*Tineidae* n. spp. n. gg.). — E g y p t e n u n d w e i ß e r N i l: Aurivillius[4]) (Liste).

Westafrika: Swinhoe[3]) (*Euproctis* n. sp.). — K a m e r u n: Aurivillius[1]) (neue Gatt. u. Arten), [5]) *Papilio* n. sp.), [2]) (*Acraea*, 3 neue Arten, *Euryphene* u. *Diestogyna* je 1 neue Art), [3]) (*Bombyces*). — S i e r r a L e o n e: Bethune-Baker[2]) (*Rhopalocera*, 15 neue Arten), Cator (*Lycaenidae*, 4 Arten).

Ostafrika: Heyn[2]) (*Ilema* n. sp.), Jordan (*Syntomidae*, 3 neue Arten, *Phragmatobia* 1 n. sp., *Agaristidae*, 4 neue Arten, *Sindris* 1 n. sp.), Suffert[4]) (*Alaena* n. sp.). Thurau (*Noctuidae* n. g.), Trimen[1]) (*Zeritis, Lycaena* je 1 n. sp.). — A r u w i m i - F o r e s t: Rothschild[4]) (*Melanitis* n. sp.), — D e u t s c h - O s t a f r i k a: Rebel[2]) (*Saturniidae* n. sp.). — V i c t o r i a - N y a n z a: Neave (*Rhopal.*, Verbreitungstab., neue Arten).

Madagaskar: Swinhoe[2]) (*Geometridae*, 17 neue Arten).

7. Amerika.

Amerika: Verbreitung der *S p h i n g i d a e*: Webster.

Nordamerika: Barnes (zahlr. neue Arten), Dyar[1]), [5]) (*Rhopal., Bombyc. Noct.*, neue Arten), [18]) (*Tortric.* n. g.), [19]) (I. *Noctuidae, Notodontidae*, 5 neue Arten, II. *Sesiidae, Cochlidiidae, Noctuidae, Geometridae, Pyralidae*), [30]) (*Illice*, 4 n. spp.), [10]) (*Scoparia*, 4 neue Arten), Smith, John B.[2]) (*Noctuidae*), [3]) (*Noctuidae*, neue Arten), Fernald (*Choreutinae*). — A l a s k a: Merriam.

Alberta: Dod (Liste, Forts. zu 1901. — Canad. Entom. vol. XXXVI, p. 345 —355).

Arizona: Busck[2]) (*Tineidae* n. g.).

Assinaboia: Kearfott[2]) (*Proteopteryx*).

Britisch Columbia: Anderson (Katalog), Busck[1]) (*Tineidea*, 34 neue Arten, neue Gatt.). — K o o t e n a i - D i s t r i k t: Dyar[22]) (umfangreicher Katalog, 14 neue Arten), [16]) (*Diacrisia* n. sp.), [11]) (*Noctuidae*, 8 neue Arten), Kear-fott[1]) (*Tortric.*, 7 n. spp.), Skinner (*Thecla* n. sp.). — V a n c o u v e r: Taylor (*Ennominae* n. g.).

Brounsville: Doll (Kurze Liste. — Journ. N. York Ent. Soc. vol. XII p. 126, 127).

California (S ü d -): Grinnell (*Thanaos* n. sp.).

Canada: Fletcher, J.[1]) (*Rhopalocera*, 3 neue Arten), [3]) (*Phyciodes, Thecla, Pamphila*, je 1 n. sp.), Smith, J. B.[3]) (*Noctuidae*, neue Arten).

Carolina: N o r d: Brimley (*Sphingidae, Saturn., Ceratocamp.*), Dyar[22]) (*Lactilia* n. sp.).

Colorado: Busck[3]) (*Ethmia* n. sp.), Warren[1]) (*Lampropteryx* u. *Caripeta*, je 1 n. sp.).

Colorado u. Oregon: Warren[4]) (*Geometridae*, 7 neue Arten).

Connecticut: Britton (1. Bericht).

Mackenzie: Dyar[24]) (*Oeneis* n. sp.).

Flathead-Lake: Elrod.

Kansas: Snow.

Manitoba: Heath.

Michigan: Newcomb (*Rhopalocera* im Jahre 1903. *Cocytius cluentis*, Entom. News Philad. vol. 15 p. 345).

New Hampshire: Field (*Eurema lisa.* Psyche vol. XI p. 102).

New York: Ashmead (*Tenaris.* — Canad. Ent. vol. 36 p. 333, 344).

Ohio: Fernald (*Choreutinae* n. g.).

Quebec: Fyles (*Trichotaphe* n. sp.). — Michigan Lake: Gibson (Ottawa Natural. vol. XVII p. 204—206).

Rhode Island: Dyar[26]) (*Ancylis* n. sp.).

Texas und Arizona: Barnes (zahlr. neue Arten).

Vereinigte Staaten: Dyar[3]) (*Pyralidae*, 9 neue Arten), Smith, J. B.[3]) (*Noctuidae*, neue Arten).

Zentralamerika (Mexiko—Panama einschl.): Schaus[1]) (*Syntomidae, Notodontidae, Noctuidae, Chrysauginae*, neue Arten).

Antillen (einschl. Bermudas, Bahamas, Barbados): Warren[4]).

Bahamas: Hampson (*Phalaenae*, neue Arten, neue Gatt.).

Chiriqui: Mabille (*Thracides*).

Costa Rica: Druce[2]) (*Maschane* n. sp.), Warren[1]) (*Geometr.*), [4]). — San Salvador: Dognin[10]) (*Notodontidae*, 2 neue Arten, *Engiviria* n. sp., *Coptotelia* n. sp.).

Kuba: Schaus (*Syntomidae, Arctiidae, Hipsidae, Megalopygidae, Notodontidae*).

Dominica: Lathy (Liste. — 3 neue Arten).

Grenada: Schaus (*Anisothrix* n. sp.).

Jamaica: Schaus (*Hypena* n. sp.), Warren[1]).

Mexiko: Dyar[5]) (*Apatelodes* n. sp.), [11]) (*Afilia* n. sp.), Warren[1]) (*Geometrid.*), [1]).

Yucatan: Druce[2]) (*Adelocephala* n. sp.).

Südamerika: Dognin[11]) (*Geometridae* u. *Lithosiidae*, 23 neue Arten), Druce[1]) (*Erycinidae*, 23 neue Arten), Lathy[2]) (*Erycinidae*, 10 neue Arten), Mabille (*Hesperriidae*, 9 neue Arten), Schaus (*Syntomidae, Arctiidae, Megalopygyidae, Liparidae, Lasiocampidae, Saturniidae, Ceratocampidae, Perophoridae, Cossidae, Notodontidae, Noctuidae, Chrysauginae*), Stichel[6]), [7]) (*Narope*, 2 nn. spp., *Caligo* n. sp.), Warren[1]) (*Thyrididae*, 2 neue Arten, *Epiplem.*, 18 neue Arten, *Geometridae* rund 300 neue Arten, auch neue Gatt.), [4]) (*Siculodes*, 2 neue Arten, *Epiplemidae*, neue Arten, *Geometridae*, zahlr. neue). — Nördliches: Dognin[11]) (*Ischnocampa, Notodontidae*, 6 neue Arten, *Geometridae*, 8 neue, *Engiviria* n. sp., *Pyralidae*, 24 neue Arten, *Tortricidae* 4 neue Arten, *Cryptolechia* n. sp.). — Tropisches: Druce[2]) (*Syntomidae, Arctiidae, Ceratocampidae, Saturniidae, Lasiocampidae, Bombycidae, Notodontidae*, neue Arten).

Anden: Thieme[1]) (*Rhopalocera*).

Bolivia: Oberthür[2]) Thieme[2]) (*Lymanopoda* n. sp.).

Brasilien: Burchells, 1825—1830: Sanders (*Rhopalocera*). — C h a p a d a , M a t t o G r o s s o: Heron.
Chile: Calvert (Katalog).
Columbia: Röber[2]) (*Caligo* n. sp.).
Ecuador: Röber[2]) (*Caligo* n. sp.), Thieme[2]) (*Lymanopoda* n. sp.).
Honduras: Fruhstorfer[2]).
Guiana: Dannatt (*Monethe* n. sp.).
Organ Mountains: de Joannis[2]) (*Lycomorphodes* u. *Eriopyga* n. sp.).
Peru: Dognin[8]) [9]) (*Anaxita* n. sp.), Röber[1]) (*Mechanitis* u. *Lymnas*, je 1 n. sp.), Rothschild[3]) (*Sphingidae*, 3 neue Arten), Thierry-Mieg (*Callipia, Stamnodes, Synneuria, Marmopteryx*, je 1 n, sp.; *Geometridae*, neue Arten).
Trinidad: Guppy (Proc. Inst. Trinidad pt. 3 p. 167. — *Metamorpha dido* usw.), Kaye (*Rhopaloc.*, Katalog, 289 Arten, darunter 10 neue).
Tucuman: Rothschild[6]) (*Rothschildia* n. sp.). — V a l p a r a i s o: Porter.
Venezuela: Dannatt (*Chlorippe* n. sp.), Ehrmann (*Papilio* n. sp.).

8. Australien.

Australien: Mabille (*Padraona, Ocybadistes* je 1 n. sp.), Meyrick[1]) (*Gelechiidae* 207 neue Arten, 39 neue Gatt.), Turner [2]) (*Notodontidae* u. *Syntomidae* 9 neue Arten), [1]) (Revision der *Geometridae*), [3]) (Revision der *Thyrididae* 1 neue Art, *Pyralidae* zahlr. neue Arten), [4]) (*Bombyces, Noctuidae, Geometridae, Tineidae*, zahlr. neue Arten), Warren[3]) (*Geometridae*, 3 neue Arten, *Thyrid.*, 1 neue Art), Waterhouse[2]) (*Hesperiidae*, irrtümlich aufgeführt). [3]) (*Heteronympha*, 1 n. sp.), Waterhouse u. Turner (*Lycaenidae*, zweifelhafte Arten). — B i r c h i p: Goudie[1]), [2]) (*Heterocera*). — S o u t h G i p p s l a n d: Goudie, J. C. — L a u n c h i n g P l a c e: Hardy u. Kershaw.
Australien u. Tasmanien: Turner[5]) (*Lymantriidae*, 4 neue Arten).
Queensland: Fruhstorfer[11]) (*Tachyris* n. sp.).
Queensland u. Tasmanien: Lower (*Tineidae*, 33 neue Arten).

C. Systematischer Teil.

Papilionidae.

Autoren: Alphéraky, Aurivillius, Ehrman, Fruhstorfer, Leigh, Moore, Neave, Rippon, Rothschild, Schultz, Suffert.

P a p i l i o n i d a e v o n I n d i e n. Schluß. Lep. ind. vol. VI p. 105—124, pls. 513—517.
O r n i t h o p t e r a. M o n o g r a p h i e. Pars 17. **Rippon.** — Abgebildet werden *Trogonoptera trojana* ♀ pl. 28. — *miranda* ♂ pl. 66A ♂, pl. 66 B ♀, pl. 66 C ♀ var. — *ritsemae* **var.** *tantalus* **n. Ehrman,** Entom. News Philad. vol. 15 p. 214.
N e u e A r t: *cambyses* **n. sp.** Ehrman, Entom. News Philad. vol. 15. p. 215 (Ceylon).
Papilio macareus indochinensis u. *argentiferus* Holzschnitte. **Fruhstorfer,** Insektenbörse, Jhg. 21, p. 131. — *philolaus* ab. *felicis*. **Fruhstorfer,** Soc. entom. vol. XIX p. 25. — *cenea.* Biologie. Gezogene Varr. **Leigh** u. **Poulton,** Trans. Entom. Soc. London, 1904 p. 677—688 pl. XXXI.

Aberrante Formen beschreibt **Lathy** in d. Trans. Entom. Soc. London 1904 p. 69—70 von *ridleyanus* White, Abb. pl. X fig. 11 (farbig), *athous* Feld., *anchisiades* Esp., *lycophron* Hübn., *demolion* Cram., *chaon* Westw., *thomsoni* Butl., *joesa* Butl., *memnon* Linn., *gyas* Westw., *mikado* Leech? p. 70 Abb. pl. X fig. 12 (farbig). — Bemerkungen zu verschiedenen Formen von von Trinidad. **Kaye,** Trans. Entom. Soc. London, 1904, p. 206—207: I. Beobachtungen über die Lebensweise etc. p. 677—679. — II. Die syne-pigonische Gruppe gezogen im Jahre 1902 (♀ *cenea*-Form). A. die ♀ Nach-kommenschaft. Vergleich der 1902 gezogenen Individuen unter einander (p. 679 —684). — III. Die synepigonische Gruppe gezogen im Jahre 1903 (♀ *trophonius*-Form). Vergleich (p. 685—688) der Individuen unter einander..

Merope. Beschreib. der verwandten Formen. Übersichtliche Zusammenstellung. A. 1. *Pap. humbloti* Oberth. (von Comoro Islands), 2. *P. meriones* Feld. (von Madagaskar). — B. 3. *Pap. antenorii* Oberth. (von Abyssinia [2 nd form *niavioides* Kheil, ♀ 3 nd form *ruspinae* Kheil.]. — C. 4. *Pap. merope* [diverse Formen], 5. *cenea* Stoll [diverse Formen]. **Trimen,** Trans. Entom. Soc. London 1904 p. 691.

homerus. Lebensweise der Raupe. **Swainson,** Proc. Entom. Soc. London p. LV. 1904.

N e u e S u b s p e z i e s: *bridgei* **subsp.** *togonis* **n.** u. **subsp.** *ortegae* **n. Roth-schild,** Nov. Zool. Tring vol. 11 p. 453.

galienus **subsp.** *peculiaris* **n. Neave,** Nov. Zool. Tring vol. 11. p. 342 pl. I' fig. 7 u. **subsp.** *whitnalli* **n.** p. 342.

— **Suffert** beschreibt eine Reihe neuer afrikanischer Subspp. in der deutsch. Entom. Zeitsch. Iris Bd. 17 p. 90—107.

aristolochiae **subsp.** *antiphulus* **n. Fruhstorfer,** Deutsch. Entom. Zeitsch. Iris Bd. 16 p. 302.

— **Fruhstorfer** beschreibt ferner op. cit. Bd. 17 diverse neue Subspp. auch in d. Insektenbörse Jhg. 21 p. 180—181.

— **Fruhstorfer** charakterisiert in d. Entom. Meddel. vol. II: *polydorus* **subsp.** *asinius* **n.** p. 305. — *agamemnon* **subsp.** *kineas* **n.** u. *agam.* **subsp.** *appius* **n.** p. 306—307.

agamemnon **subsp.** *atropictus* **n. Fruhstorfer,** Berlin. Entom. Zeitschr. Bd. 49 p. 195.

jason **subsp.** *sankapura* **n. Fruhstorfer,** Insektenbörse 1904 p. 309.

eurypilus **subsp.** *lepidus* **n.** und *echidna* **subsp.** *echidnides* **n. Fruhstorfer,** Insektenbörse 1904 p. 141.

canopus **subsp.** *kallon* **n. Fruhstorfer,** t. c. p. 157.

N e u e A r t e n: *schultzei* **n. sp. Aurivillius,** Insektenbörse 1904 p. 363 (Kamerun).

— **Suffert** beschreibt in d. Deutschen Entom. Zeitschr. Iris Bd. 17: *boosi* **n. sp.** p. 89 Taf. I Fig. 2. — *chrapkowskii* **sp.** p. 98 Taf. II Fig. 2. — *möbii* **n. sp.** p. 104 (sämtlich aus Afrika).

klagesi **n. sp. Ehrmann,** Entom. News Philad. vol. 15 p. 215 (Venezuela).

Parnassius. Elwes gibt Bemerkungen zu Fruhstorfers Varietäten in d. Deutsch. Entom. Zeitschr. Bd. 16 p. 388 u. 389,

— Melanistische Varietäten beschreibt **Oberthür** in Bull. Soc. Entom. France
1904 p. 174.

nomion Bemerk. **Krulikovsky**, Rev. Russe entom. T. IV p. 90.

— **Schulz** beschreibt in d. Berlin. Entom. Zeitschr. Bd. 49 p. 274—281 16 Varietäten u. gibt zu 3 die Abbild.

delphius albulus. Variation. Unterscheidung u. Benennung von 7 Untervarietäten. **Huwe**, Berlin. Entom. Zeitschr. Bd. 49. p. 314—328.

N e u e S u b s p i e s: *nomion* **subsp.** *titan* **n. Fruhstorfer**, Deutsch. Entom.
Zeitschr., Iris, Bd. 16. p. 308. — *apollonius* **subsp.** *gloriosus* **n.** p. 309.

acco **subsp.** *gemmifer* **n. Fruhstorfer**, Soc. entom. T. XIX p. 25.

nordmanni **var.** *trimaculata* **n. Schaposchnikov**, Annuaire Mus. St. Pétersbourg T. IX p. 191.

mnemosyne **var.** *halteres* **n. Muschamps**, Entom. Rec. a. Journ. Var. vol. 16
p. 52. Eiablage.

Thais cerisyi **var.** *cretica* **n. Rebel**, Verhdlgn. zool.-bot. Ges. Wien Bd. 54 p. 2.

Troides goliath **subsp.** *goliath* u. *goliath* **subsp.** *titan* **n. Rothschild**, Nov. Zool.
Tring vol. 11 p. 310.

urvillianus Guér. **aberr.** ♂ a u. b. **Lathy**, Trans. Entom. Soc. London, 1904
1904 p. 69. — *papuensis* **aberr.** ♂ ♀ p. 69.

N e u e S u b s p p.: *victoriae* **subsp.** *rubianus* **n. Rothschild**, Nov. Zool. Tring
vol. 11 p. 654.

haliphron **subsp.** *ikarus* **n. Fruhstorfer**, Insektenbörse 1904 p. 157, ferner
in d. Deutsch. Entom. Zeitschr. Iris Bd. 17 p. 140.

N e u e A r t: *chimaera* **n. sp. Rothschild**, Nov. Zool. Tring vol. 11 p. 311 pl. III
fig. 25 (New Guinea).

Pieridae.

Autoren: Alphéraki, Butler, Dannatt, Fawcett, Fruhstorfer, Goeldi, Kaye,
Manders, Moore, Neave, Rebel, Rothschild, Sharpe, Suffert, Trimen.

Wanderung d e r P i e r i d a e a m A m a z o n e n s t r o m. Goeldi (*Eurema,
Catopsilia*).

Duft der ♂ ♂. **Dixey**, Proc. Entom. Soc. London, 1904 p. LVI—LX, desgl.
Longstaff, t. c. p. LXXXIX.

Aphrissa Butl. Bemerk. über Saisonformen. **Butler (2)** p. 414.

Aporia crataegi. Variabilität der Flügellänge. **Bachmetjew**, Allgem. Zeitschr.
f. Entom. Bd. 9. p. 269—271.

Appias rhodope **subsp.** *dopero* **n. Suffert**, Deutsche Entom. Zeitschr., Iris, Bd. 17
p. 76.

N e u e A r t e n: **Suffert** beschreibt t. c.: *weberi* **n. sp.** p. 73. — *bachi* **n. sp.**
p. 74. — *udei* **n. sp.** p. 75. — *haendeli* **n. sp.** p. 76 (sämtlich aus Afrika).

Archonias eurythele **aberr.** ♂ aus Columbien. **Lathy**, Trans. Entom. Soc. London,
1904. p. 68.

Belenois gidlea, abyssinica u. *westwoodi.* Beziehungen zu einander. **Butler**, Ann.
Nat. Hist. (7) vol. 13. p. 426.

Callidryades. Saisonformen. Synonymie. **Butler (2).**

Callidryas Boisd. Bemerk. über Saisonformen. **Butler (2)** p. 412.

Catopsilia Hübn. Bemerk. über Saisonformen. **Butler (2)** p. 414—415.

— **Manders** beschreibt in den Trans. Entom. Soc. London 1904 seine Zucht-resultate u. bringt auf pl. XXXIV die photographischen Abb. der dabei erzielten Schmetterlinge. — Wanderungen.

cubule. Vorkommen. **Holland** u. **Wood,** Entom. News Philad. vol. 15. p. 41.

Colias edusa. Erste Entwicklungsstadien. **Harrison,** Entom. Record u. Journ. Var. Vol. 16 p. 172—176. — Fundorte in Großbrittanien s. im Ent. Monthly Mag. für 1904.

balcanica. Varr. **Rebel,** Annal. Hofmus. Wien, Bd. 19 p. 148 nebst Abb. auf Taf. IV.

eogene subsp. miranda u. *phicomone subsp. phile.* Diskussion, **Elwes,** Deutsche Entom. Zeitschr. Iris, Bd. 16. p. 389—390.

eogene var. leechi **Fawcett,** Proc. Zool. Soc. London 1904 vol. II p. 140 pl. IX fig. 10, 10A. Synonymie p. 141.

electra ♂ ♀, u. blass. dimorph. Form von Malvern, Natal, albinistische (blasse) Form ders. **Trimen,** Trans. Entom. Soc. London 1904 p. 243 pl. XX. fig. 7, 7a, 7b, 7c ♂ (Malvern, Natal). — melanistische Form p. 243—245 pl. XX fig. 7d ♀ (von Cape Town).

Neue Aberrationen: *edusa* **ab.** *velata* **n. Ragusa,** Natural. Sic. vol. XVII p. 42. — *edusa* **ab.** *coerulea* **n. Verity,** The Entomologist, 1904, p. 54.

Neue Arten: *berylla* **n. sp. Fawcett,** Proc. Zool. Soc. London, 1904 vol. II p. 139 pl. IX fig. 8. — *nina* **n. sp.** p. 144 pl. IX fig. 9 (Khambola Jong).

Delias. Arten aus Neu-Guinea nebst Bemerk. **Rothschild,** Nov. Zool. Tring vol. 11 p. 312—317: *kummeri* **forma** *ligata* **n.** pl. II fig. 20. — *cuningputi* ♀ figg. 5, 6. — *aroae* ♀, fig. 4. — *Weiskei* **nom. nov.** für *Tachyris weiskei* Ribbe. — *itamputi* fig. 10 u. 11. — *niepelti* ♀ fig. 3.

schoenbergi **subsp.** *choiseuli* **n. Rothschild,** Nov. Zool. Tring, vol. 11. p. 453.

timorensis gardineri **nom. nov. Fruhstorfer,** Insektenbörse 1904 p. 453.

timorensis **subsp.** *gardineri* **n.** (= *vishnu* Moore, wahrscheinlich = *timorensis*) **Fruhstorfer,** Stettin. Entom. Zeit. Jhg. 65. p. 345—346.

dice und Verwandte. **Fruhstorfer,** Entom. Meddel. vol. II p. 307—308.

belisama ♂ **aberr. Lathy,** Trans. Entom. Soc. London, 1904. p. 68.

Neue Arten: **Rothschild** beschreibt in d. Nov. Zool. Tring vol. 11: *dives* **n. sp.** p. 313 pl. II fig. 14. — *clathrata* **n. sp.** p. 315 pl. II fig. 7—9. — *microsticha* **n. sp.** p. 315 pl. II fig. 18, 19. — *mira* **n. sp.** p. 315 pl. II fig. 12, 13. — *eichhorni* **n. sp.** p. 316 pl. II fig. 15—17. — *meeki* **n. sp. n. sp.** p. 316 pl. II fig. 1, 2.

alberti **n. sp. Rothschild,** Nov. Zool. Tring, vol. 11. p. 454 (Salomoninseln).

hempeli **n. sp. Dannatt,** The Entomologist 1904 p. 173 pl. VII fig. 3 (Gilolo).

astynome Dalm. **aberr.** ♀ von Paraguay. **Lathy,** Trans. Entom. Soc. London, 1904 p. 68.

Dismorphia. Diverse Formen von Trinidad nebst Bemerk. — *broomeae.* **Kaye,** Trans. Entom. Soc. London 1904 p. 200—201 (Trinidad). Beschr. d. ♀ p. 201. — *amphione* Cram. Bemerk. zur Identif. p. 200.

Eronia. Afrikanische Subspezies. **Suffert,** Deutsche Entom. Zeitschr. Iris Bd. 17. p. 85—89.

Gonepteryx rhamni **var.** *cleopatra* **n. Lucas,** The Entomologist 1904 p. 240.

Herpaenia eriphia **var.** *straminea* **n. Aurivillius,** Jägerskiöld exp. 8. p. 4 Textfig.

— *lacteipennis* = *eriphia* var. *straminea* Aur. **Butler,** Ann. Nat. Hist. (7) vol. 13.
    p. 428.
Hesperocharis hirlanda Stoll. ♂ *aberr.* u. *nereina* Hopff. von Peru. **Lathy,** Trans.
    Entom. Soc. London, 1904. p. 68.
Huphina ethel **Fruhstorfer,** Berlin. Entom. Zeitschr. Bd. 49. p. 200 pl. II fig. 3.
Isaballia n. g. (Type: *Pieris pandoria* Hew. (1853) von Venezuela). **Kaye,** Trans.
    Entom. Soc. London, 1904 p. 204.
Kricogonia Cyside auf Trinidad. **Kaye,** Trans. Entom. Soc. London, 1904 p. 204.
Mylothris. **Suffert** beschreibt in der Deutsch. Entom. Zeitschr. Iris Bd. 17
    n e u e S u b s p e z i e s aus A f r i k a.
N e u e A r t e n: *tirikensis* n. sp. **Neave,** Nov. Zool. Tring, vol. 11. p. 341
    pl. I fig. 9 (Victoria Nyanza).
— **Suffert** beschreibt aus A f r i k a in d. Deutsch. Entom. Zeitschr. Iris Bd. 17:
    beethoveni n. sp. p. 70. — *schumanni* n. sp. p. 71.
ertli n. sp. **Suffert,** Deutsch. Entom. Zeitschr. Iris Bd. 17 p. 127 Taf. III
    Fig. 6 (Viktoria Nyanza).
Nepheronia valeria subsp. *kangeana* n. **Fruhstorfer,** Stettin. Entom. Zeit. Jahrg. 65.
    p. 347.
Parura Butler. Bemerk. über Saisonformen. **Butler (2)** p. 412.
Phoebis Hübn. Bemerk. über Saisonformen. **Butler (2)** p. 413—414.
Pieris brassicae Wanderung in d. Süden im Jahre 1903. **Verity,** Bull. Soc. Entom.
    Ital. vol. XXXVI p. 5—6. — Flügelmessungen. **Auel.**
napi var. *intermedia.* **Jachontov,** Rev. Russe Entom. T. IV p. 15—18.
— **Suffert** beschreibt in d. Deutsch. Entom. Zeitschr. Iris Bd. 17 p. 80—83
    verschiedene n e u e S u b s p p.
dentigera subsp. *ratidengi* n. **Suffert,** Deutsch. Entom. Zeitschr. Iris Bd. 17.
    p. 128.
napi ab. *heptapotamica* n. **Krulikovsky,** Rev. Russe Entom. T. IV p. 90.
rapae ab. *carruccii* n. **Rostagno,** Boll. Soc. Zool. Ital. vol. XII p. 123. —
    rapae ab. *longomaculata* n. **Rostagno,** op. cit. vol. VIII p. 168.
N e u: *leachi* n. sp. **Moore,** Lep. ind. vol. VI p. 150 (Ladak). — **Suffert,**
    Deutsche Entom. Zeitschr. Iris, Bd. 17: *glucki* n. sp. p. 77. — *abti* n. sp.
    p. 77. — *kuckeni* n. sp. p. 78. — *wagneri* n. sp. p. 79. — *lortzingi* n. sp.
    p. 79 (sämtlich aus Afrika).
Prioneris autothisbe Hübn. ♂ aberr. a u. b **Lathy,** Trans. Amer. Entom. Soc.
    London, 1904 p. 68. — *sita* ♂ aberr. v. S. Ind. p. 69.
Pinaeopteryx dixeyi n. sp. **Neave,** Nov. Zool. Tring vol. 11. p. 341 pl. I fig. 10
    (Victoria Nyanza).
Rhabdodryas Salv. u. Godm. Bemerk. über Saisonformen. **Butler (2)** p. 412.
Saletara panda subsp. *enganea* n. **Fruhstorfer,** Stettin. Entom. Zeit. Jahrg. 65.
    p. 347.
Tachyris ada subsp. *banda* n. **Fruhstorfer,** Insekten-Börse, 1904 p. 197. — *weiskei*
    siehe *Delias.*
N e u: *cerussa* n. sp. **Fruhstorfer,** Insektenbörse, Jhg. 21. p. 157 (Queensland).
Teracolus erone Angas. ♂-aberr. **Lathy,** Trans. Entom. Soc. London, 1904 p. 69.
nonna Nährpflanze. **Walsingham,** Entom. Monthly Mag. (2) vol. 15 (40)
    p. 99.
phlegyas var. **Aurivillius,** Jägerskiöld exper. No. 8 p. 5.

N e u e S u b s p e z i e s: **Suffert** beschreibt in d. Deutsch. Entom. Zeitschr.
Iris Bd. 17 aus A f r i k a verschiedene neue Subspp. p. 128—129.
bacchus **subsp.** *hydrophobus* **n. Suffert,** Deutsch. Entom. Zeitschr. Iris Bd. 17
p. 85. — **ione subsp.** *aurivillei* **n.** p. 85.
N e u: **Suffert** beschreibt in d. Deutsch. Entom. Zeitschr. Iris Bd. 17: *flotowi*
n. sp. p. 83. — *schuberti* **n. sp.** p. 84.
— D e r s e l b e beschreibt ferner t. c. aus O s t a f r i k a: *lüderitzi* **n. sp.** p. 129
pl. III fig. 8. — *wissmanni* **n. sp.** p. 130 pl. III fig. 9.
— **Sharpe** schildert aus dem ä q u a t o r i a l e n A f r i k a in The Entomologist, 1904 p. 133: *xantholeuca* **n. sp.**

Danaidae und Ithomiidae.

Autoren: Fruhstorfer, Kaye, Lowe, Neave, Shelford, Suffert, Swinhoe,
Thieme.
K a t a l o g der D a n a i n a. **Lowe.**
Subfam. *L y c o r e a n a e.* **Kaye,** Trans. Entom. Soc. London 1904 p. 162.
Einschluß der Gatt. *Lycorea* u. *Ituna* ungerechtfertigt. — Bindeglied
zwischen D a n a i n a e u. I t h o m i i n a e.
Formen aus dem m a l a y i s c h e n A r c h i p e l: **Fruhstorfer,** Entom. Meddel.
vol. II p. 291—304.
Aeria olena Weym. **Sanders,** Ann. Nat. Hist. (7) vol. 13, p. 322.
Amauris tartarea **subsp.** *reata* **n. Suffert,** Deutsche Entom. Zeitschr. Iris Bd. 17 p.13.
N e u e A r t e n: *dira* **n. sp.** Neave, Nov. Zool. Tring, vol. 11 p. 324 pl. I
fig. 1. — *mozarti* **n. sp. Suffert,** Deutsch. Entom. Zeitschr. Iris Bd. 17
p. 12 (Kamerun).
Anosia erippus Cram. in Coll. Burchell, aus Brasilien. **Sanders,** Ann. Nat. Hist.
(7) vol. 13. p. 356—357.
Betanga moluccana **n. sp.** Swinhoe, Ann. Nat. Hist. (7) vol. 14 p.417 (Obi).
Calliploea kuhniana **subsp. n. Fruhstorfer,** Insektenbörse, 1904 p. 157. —
D e r s e l b e beschreibt noch weitere n. s u b s p p. in d. Soc. entom. vol. XIX
p. 26, 28, 36, 61, 67, 68, 73.
N e u e A r t e n: *phokion* **n. sp. Fruhstorfer,** Soc. Entom. vol. XIX p. 28 (Neu
Guinea). — *liza* **n. sp.** p. 67 (Dammer Insel). — *menamoides* **n. sp.** p. 67
(Babber).
Ceratinia eupompe Hübn., *euryanassa* Feld., *daeta* Boisd. u. *Barii* Bates in Bur-
chells Coll. **Sanders,** Ann. Nat. Hist. (7) vol. 13 p. 319—320.
Dircenna hulda Feld. u. *dero* Hübn. in Burchells Collection. **Sanders,** Ann. Nat.
Hist. (7) vol. 13 p. 317—319, photogr. Wiedergabe pl. VI fig. 5, form. —
rhoeo Feld fig. 6, 7.
Euploea amymome u. *godarti* bilden eine gute Art. **Poulton,** Proc. Entom. Soc.
London 1904. p. LXXXVI.
Euploea. Erbeutung und Aufbewahrung der Raupen. ,,Bugong-Irrtum".
Dixey, Trans. Entom. Soc. London 1904 p. IX—XIII.
N e u e S u b s p e z i e s: *phaenarete*, diverse neue Subspezies.**Fruhstorfer,**
Deutsch. Entom. Zeitschr., Iris Bd. 16. p. 303.
moorei **subsp.** *thiemei* **n. Fruhstorfer,** Berlin. Entom. Zeitschr. Bd. 49 p. 166.
— *crameri* **subsp.** *lanista* **n.** p. 168.

dufresnei subsp. *nica* n. **Fruhstorfer**, Berlin. Entom. Zeitschr. Bd. 49. p. 180.
compta subsp. *adorabilis* n. **Fruhstorfer**, Insektenbörse, 1904, p. 309.
spiculifera subsp. *praxitheca* n. **Fruhstorfer**, Soc. entom. vol. XIX p. 73.
— *compta* subsp. *viruda* n. p. 74.
climena subsp. *valeriana* n. **Fruhstorfer**, Insektenbörse 1904 p. 157.
deheeri neue Subspp. **Fruhstorfer**, Soc. entom. vol. XIX p. 29, 36.
N e u e A r t: *radica* n. sp. **Fruhstorfer**, Entom. Meddel. vol. II p. 301 (Obi).
Heterosais edessa Hew. **Sanders**, Ann. Nat. Hist. (7) vol. 13 p. 311.
ocalea. Ei und Raupe. **Guppy**, Trans. Entom. Soc. London, 1904 p. 225.
Heteroscada gazoria Godt., *yanetta* Hew. u. *fenella* Hew. in Burchells Collection.
Sanders, Ann. Nat. Hist. (7) vol. 13. p. 322.
Hymenitis adasa Hew. **Sanders**, Ann. Nat. Hist. (7) vol. 13 p. 311. — *erruca*
Hew. p. 311.
Ithomia agnosia Hew., *phono* Hübn. **Sanders**, Ann. Nat. Hist. (7) vol. 13
p. 312—313.
Ituna ilione Cram. **Sanders**, Ann. Nat. Hist. (7) vol. 13. p. 360.
Leucothyris nr. *makrena, phenomoe* Dbl. u. Hew. in Burchells Sammlung. **Sanders**,
Ann. Nat. Hist. (7) vol. 13 p. 315. — subsp. *Burchelli* n. p. 315—316 pl. VI
fig. 1 u. 2 (Brasilien).
Lycorea halia Hew. in Coll. Burchell, aus Brasilien. **Sanders**, Ann. Nat. Hist.
(7) vol. 13 p. 359—360.
ceres. Ei und Raupe. **Guppy**, Trans. Entom. Soc. London, 1904, p. 225 pl. XVIII
fig. 4, 4a (farbig).
veritabilis Butl. Ei, Lebensweise. **Guppy**, Trans. Entom. Soc. London 1904
p. 227—228.
Mechanitis polymnia Linn. u. *lysimnia* Fabr. in Coll. Burchells. **Sanders**, Ann.
Nat. Hist. (7) vol. 13 p. 321—322.
N e u: *vilcanota* n. sp. **Röber**, Soc. entom. vol. XIX p. 105 (Peru).
Melinaea paraiya Reak, *egina* Cram. u. *ethra* Godt. in Burchells Coll. **Sanders**,
Ann. Nat. Hist. (7) vol. 13. p. 322—323.
Methona themisto Hübn. in Coll. Burchell. **Sanders**, Ann. Nat. Hist. (7) vol. 13
p. 323.
Nectaria neue Subspezies. **Fruhstorfer**. — *idea*, neue Subspezies. **Fruhstorfer**,
Insektenbörse, 1904 p. 205.
Penoa kheili Beschr. d. ♀. **Thieme**, Berlin. Entom. Zeitschr. Bd. 49. p. 163.
Pseudoscada sp. (bei *utilla* Hew.) **Sanders**, Ann. Nat. Hist. (7) vol. 13. p. 311.
— *Jessica* Hew. p. 312. — *acilla* Hew. p. 312.
Pteronymia hemixanthe Feld., *euritea* Cram., *sao* Hübn., *urtarena* Hew. u. *Sylvo*
Hübn. in Burchells Sammlung. **Sanders**, Ann. Nat. Hist. (7) vol. 13. p. 313
—315.
Salpinx assimilata subsp. *bandana* n. **Fruhstorfer**, Soc. Entom. T. XIX p. 36.
Stictoploea dufresnei subsp. *nica* n. **Fruhstorfer**, Stettin. Entom. Zeit. Jhg. 65
p. 344.
N e u: *convallaria* n. sp. **Thieme**, Berlin. Entom. Zeitschr. Bd. 49. p. 163
(Nias Inseln).
Tasitia gilippus Cram. in Coll. Burchell, aus Brasilien. **Sanders**, Ann. Nat. Hist.
(7) vol. 13 p. 357—359.

Tithorea megara (= *T. flavescens* Kirby). Erste Entwicklungsstadien. **Guppy,** Trans. Entom. Soc. London, 1904 p. 225 pl. XVIII fig. 3—3b (farbig). *Tronga* u. *Menama.* Subspecies. **Fruhstorfer,** Berlin. Entom. Zeitschr. Bd. 49. p. 167—168.

Acraeidae und Heliconidae.

Autoren: Aurivillius, Bethune-Baker, Neave, Sharpe, Suffert, Trimen.

Acraea. **Suffert** beschreibt eine Reihe neuer Subspecies in d. Deutsch. Entom. Zeitschr. Iris Bd. 17 p. 18—34.

doubledayi **subsp.** *aequatorialis* **n. Neave,** Nov. Zool. Tring, vol. 11 p. 327, *oreas* **forma** *albimaculata* **n.** p. 329.

terpsichore Linn. Aberr. **Lathy,** Trans. Entom. Soc. London, 1904, p. 65, p. X, fig. 1 (Natal).

rahira u. Varr. **Trimen,** Trans. Entom. Soc. London, 1904. p. 231 pl. XIX fig. 1, 1a, 1b nebst Bemerk.

N e u e A r t e n: **Neave** beschreibt u. bildet meist ab in d. Nov. Zool. Tring vol. 11: *cinerea* **n. sp.** p. 325 pl. I fig. 16. — *wigginsi* **n. sp.** p. 326 tab. cit. fig. 3. — *mystica* **n. sp.** p. 328. — *clarei* **n. sp.** p. 327 tab. cit. fig. 4. — — *byattii* **n. sp.** (oder *hyatti*?) p. 328 pl. I fig. 17 (sämtlich vom Victoria Nyanza).

— **Aurivillius** beschreibt und bildet ab (Holzschnitte) in d. Entom. Tidskr. Arg. 52: *leucopyga* **n. sp.** p. 92. — *mairessei* **n. sp.** p. 93. — *ertli* **n. sp.** p. 94 (sämtlich aus Afrika).

— **Suffert** beschreibt in d. Deutschen Entom. Zeitschr., Dresden Iris, Bd. 17 aus A f r i k a: *diogenes* **n. sp.** p. 14. — *brahmsi* **n. sp.** p. 15 pl. III Fig. 4. — *liszti* **n. sp.** p. 17 (sämtlich aus Afrika). — *rohlfsi* **n. sp. Suffert,** Deutsch. Entom. Zeitschr. Iris Bd. 17 p. 124 Taf. III Fig. 5.

catori **n. sp.** (steht zwischen *epidica* Obth. und *vesperalis* Smith). **Bethune-Baker,** Ann. Nat. Hist. (7) vol. 14 p. 223 ♀ ♂ (Sierra Leone).

harrisoni **n. sp. Sharpe,** The Entomologist 1904 p. 132 (Nyangori).

melanosticta **n. sp. Sharpe,** t. c. p. 181 (Toro).

Heliconius aristiona Hew. Aberr. von Peru. **Lathy,** Trans. Entom. Soc. London 1904 p. 69. — *sara* Fabr. Aberrantes ♀ von Venezuela p. 65. — *sprucei* Bates Aberr. von Ecuador p. 65. — *erato* aberr. von Venezuela p. 65.

Planema. Zahlreiche neue Subspezies. **Suffert,** Denkschr. Entom. Zeitschr., Iris Bd. 17. p. 34—39.

N e u: *haydni* **Suffert,** t. c. p. 34 (Usambara).

Nymphalidae.

Autoren: Alphéraky, Aurivillius, Bethune-Baker, Dannatt, Dyar, Fawcett, Field, Fletcher, Fruhstorfer, Lathy, Leigh, Neave, C. Oberthür, Rothschild, Sharpe, Shelford, Suffert, Swinhoe, Thieme.

Acca obiana **n. sp.** (eine *Neptis*, die zur *venilia*-Gruppe gehört). **Swinhoe,** Ann. Nat. Hist. (7) vol. 14 p. 418 ♂ (Obi, Moluccas).

Amnosia decora Doubl. aberr. ♀. **Lathy,** Trans. Entom. Soc. London, 1904. p. 65.

Anartia jatrophae Linn. aberr. ♀ von Dominica, Leeward Islands. **Lathy,** Trans.

Entom. Soc. London, 1904. p. 66. — *saturata* Stgr. p. 66 pl. X fig. 5 (farbig).

Antanartia amauroptera n. sp. **Sharpe**, The Entomologist, 1904 p. 181 (Toro).

Apatura ilia. Neue Varietäten. **Schultz**, Abhandl. Ges. Görlitz Bd. 24. p. 129 —134.

Apaturina erminea subsp. *xanthocera* n. **Rothschild**, Nov. Zool. Tring, vol. 11 p. 452. *erminea* subsp. *erinna* n. **Fruhstorfer**, Entom. Meddel. vol. II p. 329 Fig. 3, 4. — *erminea* subsp. *octavia* n. Fig. 5. Weitere n e u e S u b s p p. p. 328—332.

Argynnis pales. N e u e S u b s p p. **Fruhstorfer**, Deutsche Entom. Zeitschr. Iris. Bd. 16. p. 306.

paphia. Melanistisches ♀. **Oberthür**, Bull. Soc. Entom. France 1904. p. 175.

pandora ab. *fulva* n. **Cosmovici**, Bull. Soc. Entom. France 1904. p. 162.

adippe norvegica. **Schultz**, Abhandlgn. Ges. Görlitz, Bd. 24. p. 137.

paphia valesina. Lokalisation. **Rebel**, Verhdlgn. zool. - bot. Ges. Wien Bd. 54. p. 119.

N e u: *claudia* n. sp. **Fawcett**, Proc. Zool. Soc. London, 1904. vol. II p. 136. pl. IX. fig. 3.

Atella alcippe subsp. *enganica* n. **Fruhstorfer**, Berlin. Entom. Zeitschr. Bd. 49. p. 192 pl. II fig. 1.

alcippe. N e u e S u b s p p. **Fruhstorfer**, Entom. Meddel. vol. II p. 308—312.

Basilarcha proserpina? Varietäten oder Hybriden. Verwandte. **Field**, Psyche vol. 11. p. 1—6, pl. I—III.

myrina Cram. **Lathy**, Trans. Entom. Soc. London, 1904. pl. X fig. 3 farbig (Canada).

Batesia hypoxantha G. u. S. *aberr.* Stück im Geäder. **Lathy**, Trans. Entom. Soc. London, 1904. p. 67.

Betanga moluccana n. sp. (*B. Duponchelii* Boisd. nahest.) **Swinhoe**, Ann. Nat. Hist. (7) vol. 14. p. 417 ♂ (Obi, Moluccas).

Brenthis thore. Ei u. junge Raupe. **Chapman**, Ent. Rec., vol. 16 p. 236—238 2 pls. 3 figg. — **Travis** t. c. p. 239.

N e u: *andersoni* n. sp. **Dyar**, Journ. New York Entom. Soc. vol. 12. p. 39 (British Columbia).

Callicore clymena Cram. *aberr.* ♂ aus Peru. **Lathy**, Trans. Entom. Soc. London, 1904. p. 67 pl. X fig. 6.

Catagramma autofleda (= *felderi* var. Hew.) **Thieme**, Berlin. Entom. Zeitschr. Bd. 49. p. 159.

— *hydaspes* Dru. *aberr.* ♂. **Lathy**, Trans. Entom. Soc. London, 1904 p. 67 pl. X fig. 7. — *cyllene* D. u. H. p. 67 pl. X fig. 8 aberr. von Peru (farbig).

Charaxes. **Suffert**, beschreibt in d. Berlin. Entom. Zeitschr. Iris Bd. 17 p. 122 —123 eine Reihe n e u e r Subspezies:

eudoxus subsp. *mechovi* ♂. **Neave**, Nov. Zool. Tring, vol. 11. p. 334.

polyxena subsp. *enganicus* n. **Fruhstorfer**, Berlin. Entom. Zeitschr. Bd. 49. p. 194 Taf. I Fig. 4, desgl. auch in der Stettin. Entom. Zeit. Jhg. 65 p. 341.

jasius. Raupe. Zahl der Häutungen. Unvollkommene Ecdysis. **Chrétien**, Bull. Soc. Entom. France 1904 p. 108. — **Giard**, t. c. p. 117. — Nahrung. **Giard**, t. c. p. 178. — Saisondimorphismus. Raupe. **Giard**, t. c. p. 44.

Neue Art: *harrisoni* n. sp. Sharpe, The Entomologist, 1904 p. 133 (äquatoriales Afrika).

Chlorippe godmani n. sp. Dannatt, The Entomologist, 1904 p. 173. pl. VII fig. 1 (Venezuela).

Chlorippe vacuna Godt. aberr. ♂ von Espirito Santo, Brazil. Lathy, Trans. Entom. Soc. London, 1904. p. 68.

Cirrochroa malaya. Neue Subspezies. Fruhstorfer, Insektenbörse, 1904. p. 157. — *regina* subsp. *princesa* n. Fruhstorfer, Soc. entom. vol. XIX p. 75.

Cupha lampetia subsp. *lampetina* n. Fruhstorfer, Entom. Meddel. vol. II p. 316 Fig. 2. — Weitere neue Subspp. p. 316—318.

erymanthis subsp. *dohertyi* n. Fruhstorfer, Berlin. Entom. Zeitschr. Bd. 49. p. 191, auch in der Stettin. Entom. Zeit. Jhg. 65. p. 343.

Cymothoe theobene subsp. *nebetheo* n. Suffert, Deutsche Entom. Zeitschr., Iris, Bd. 17. p. 115.

Neue Arten: Suffert beschreibt t. c. aus Afrika: *congoensis* n. sp. p. 115. — *alexander* n. sp. p. 117. — *weymeri* n. sp. p. 119.

Cynthia asela Var. Green, Spolia Zeylan. vol. II p. 76 Holzschnitt. — *arsinoe* subsp. *tigalea* n. Fruhstorfer, Soc. entom. vol. XIX p. 26.

Cyrestis. Fruhstorfer beschreibt eine Reihe neuer Subspezies in d. Entom. Meddel. vol. II p. 323—328. — *periander euganicus.* Fruhstorfer, Berlin. Entom. Zeitschr. Bd. 49 p. 191 pl. II fig. 2.

Neue Art: *giloloensis* n. sp. Lathy, The Entomologist, 1904. p. 71 (Gilolo).

Didonis laticlavia n. sp. Thieme, Berlin. Entom. Zeitschr. Bd. 49. p. 519 Taf. I Fig. 1, 2 (Ecuador).

Diestogyna hobleyi n. sp. Neave, Nov. Zool. Tring vol. 11 p. 334 (Viktoria Nyanza). *intermixta* n. sp. Aurivillius, Entom. Tidskr. Årg. 25 p. 96 (Kongo). — *butleri* n. sp. (= *amaranta* Butl. nec Karsch) p. 96.

Dione vanillae Linn. aberr. von Santa Barbara, Calif. Lathy, Trans. Entom. Soc. London, 1904 p. 66, pl. X fig. 2 (farbig). var. *passiflorae* Ckll. Cockerell, Canad. Entom. vol. 36 p. 331.

Ergolis pagenstecheri n. sp. Suffert, Deutsch. Entom. Zeitschr., Iris, Bd. 17. p. 125 (Ostafrika).

Eulepis delphis. Neue Subspp. Fruhstorfer, Societ. entom. p. 75. — *pyrrhus* subsp. *antigonus* n. Fruhstorfer, Insektenbörse, Jhg. 21. 1904 p. 140. — *dolon.* Neue Subspp. Fruhstorfer, t. c. p. 381.

Euphaedra edwardsi subsp. *viridis* n. Suffert, Deutsch. Entom. Zeitschr. Iris Bd. 17. p. 111. — *francina* ♂ - aberr. von Sierra Leone. Lathy, Trans. Entom. Soc. London, 1904 p. 68.

Neue Arten: *paradoxa* n. sp. Neave, Nov. Zool. Tring vol. 11 p. 333 (Viktoria Nyanza); ♂. Sharpe, The Entomologist 1904 p. 132.

rattrayi n. sp. Sharpe, The Entomologist 1904 p. 182. — *christyi* n. sp. p. 183 (Toro).

Euptera Dorothea n. sp. (wahrsch. die Westküstenform v. *elabontas* Hew.) Bethune-Baker, Ann. Nat. Hist. (7) vol. 14. p. 223—224 ♂ ♀ (Sierra Leone).

Euryphene laetitia subsp. *tia* n. Suffert, Deutsche Entom. Zeitschr., Iris, Bd. 17 p. 111.

Neue Art: *fulgurata* n. sp. Aurivillius, Entom. Tidskr. Arg. 25. p. 95 (Kongo) nebst Textabb.

Euryphura porphyrion u. *plautilla*. Beschreibung n e u e r S u b s p p.   **Suffert**, Deutsch. Entom. Zeitschr., Iris, Bd. 17. p. 114.

N e u: *oliva* **n. sp. Suffert,** t. c. p. 112 nebst var. *albula* **n.** p. 113 (Togo).

Euthalia adona **subsp.** *pura* **n. Fruhstorfer,** Insektenbörse, Jhg. 21. p. 309.

lubentina. N e u e S u b s p p. **Fruhstorfer,** Stettin. Entom. Zeit. Jhg. 65 p. 348—351.

Godartia eurynome, aberr. ♀. **Lathy,** Trans. Entom. Soc. London, 1904, p. 68.

Grapta gigantea. Melanistische Var. **Oberthür,** Bull. Soc. Entom. France, 1904 p. 174.

Haematera pyramus **var.** *rubra* **n. Kaye,** Trans. Entom. Soc. London, 1904 p. 173 pl. XVIII fig. 7 (Trinidad).

Horma marmorata **n. sp. Sharpe,** The Entomologist, 1904 p. 183 (Toro).

Hypanartia delius **subsp.** *nigrescens* **n. Suffert,** Deutsche Entom. Zeitschr., Iris, Bd. 17. p. 108.

Hypolimnas. N e u e a f r i k a n i s c h e S u b s p p.   **Suffert,** Deutsch. Entom. Zeitschr., Iris, Bd. 17. p. 110.

bolina. Variation. **Waterhouse,** Trans. Entom. Soc. London, 1904 p. 493.

— Abb. ♀ von Fiji. **Lathy,** Trans. Entom. Soc. London, 1904 p. 67 pl. X fig. 9 (farbig). — *misippus* Linn. Aberr. von Durban, Natal p. 68 ♀.

— *deiois* Hew. Aberr. ♂ von Milne Bay, Brit. New Guinea p. 68.

bolina **subsp.** *enganica* **n. Fruhstorfer,** Berlin. Entom. Zeitschr. Bd. 49. p. 193.

misippus. Gezogene Varietäten. **Leigh,** Trans. Entom. Soc. London, 1904 p. 689—690 pl. XXXII.

Issoria. N e u e S u b s p p. vom Malayischen Archipel. **Fruhstorfer,** Entom. Meddel. II p. 312—316.

Kallima rumia **subsp.** *amiru* **n. Suffert,** Deutsch. Entom. Zeitschr., Iris, Bd. 17. p. 111.

N e u: *rattrayi* **n. sp. Sharpe,** The Entomologist, 1904. p. 182 (Toro).

Limenitis populi. Varietäten. **Schulz,** Abhdlgn. Ges. Görlitz, Bd. 24. p. 135—136.

Melitaea dejone u. *parthenie.* Varietäten. **Oberthür,** Etudes comp. vol. I. p. 11 pl. I fig. 5—8.

didyma **var. Rostagno,** Boll. Soc. zool. Ital. vol. XIII p. 169.

iduna ab. *sulitelmica* **Schultz,** Abhdlgn. Ges. Görlitz, Bd. 24. p. 137.

N e u e A r t: *tibetana* **n. sp. Fawcett,** Proc. Zool. Soc. London, 1904. vol. II p. 135 pl. IX fig. 2 (Khamba Jong).

Messaras mimicus **n. sp. Rothschild,** Nov. Zool. Tring, vol. 11 p. 318 pl. III fig. 18 (Viktoria Nyansa).

Mimacraea poultoni **n. sp. Neave,** Nov. Zool. Tring, vol. 11. p. 337 pl. I fig. 18 (Viktoria Nyansa).

Neptis conspicua **n. sp. Neave,** Nov. Zool. Tring, vol. 11. p. 329 pl. I fig. 15. — *clarei* **n. sp.** p. 330 fig. 2. — *ochracea* **n. sp.** p. 330 fig. 5 (alle drei vom Viktoria Nyanza).

— *livingstonei* **n. sp. Suffert,** Deutsch. Entom. Zeitschr. Iris, Bd. 17. p. 126 Taf. III Fig. 10 (Ostafrika).

Parthenos. N e u e S u b s p e z i e s. **Fruhstorfer,** Deutsch. Entom. Zeitschr. Iris Bd. 17 p. 133 sq.

sylvia. N e u e S u b s p p. **Fruhstorfer,** Soc. entom. vol. XIX p. 73—74.

Phyciodes hanhami. **Fletcher,** Canad. Entom. vol. 36. p. 122 pl. fig. (Canada).
— Ferner in d. Trans. Roy. Soc. Canada, vol. IX Sect. 4. (Canada).

Polygonia c-album var. **Fuchs,** Jahrb. nass. Ver. Jhg. 57. p. 31. Taf. II Fig. 1.

Precis. N e u e S u b s p e z i e s beschreibt **Suffert** in d. Deutsch. Entom. Zeitschr.,
Iris, Bd. 17. p. 108—109.

N e u e A r t: *adulatrix* **n. sp. Fruhstorfer,** Sitz-Ber. Berlin. Entom. Zeitschr.
Bd. 49. p. 7 (Sumba).

Prothoë ribbei **subsp.** *guizonis* **n. Rothschild,** Nov. Zool. Tring, vol. 11. p. 366.

Protogonius ochraceus. Ei. **Kaye,** Trans. Entom. Soc. London, 1904, p. 178 pl. XVII
fig. 3, 3 a.

Pseudacraea. **Neave** beschreibt in d. Nov. Zool. Tring, vol. 11 vom V i k t o r i a
N y a n z a: *hobleyi* **n. sp.** p.331. — *tirikensis* **n. sp.** p. 332 pl. I fig. 14. — *terra*
n. sp. p. 332. — *obscura* **n. sp.** p. 333.

Pyrameis cardui. Schwärme. **van Rossum,** Entom. Bericht. Nederl. vol. I. p. 112
—114. — Schwärme. **van den Bergh** u. **van Rossum,** t. c. p. 148—152. —
Wanderung. **Rebel,** Ann. Hofmus. Wien, Bd. 19. p. 152. — *cardui.* Wanderung
zu Calais. **Giard,** Feuille jeun. Natural. T. XXXIV p. 67. — Wanderung in
Ungarn. **Aigner-Abafi,** Allgem. Zeitschr. f. Entom. Bd. 9. p. 6—9.

indica Herbst aberr. **Lathy,** Trans. Entom. Soc. London, 1904 p. 66 pl. X
fig. 4 (farbig).

— *var. vulcanica* von d. Canaren (farbig) u. Madeira. **Fruhstorfer** u. **Stichel,**
Sitz.-Ber. Berlin. Entom. Zeitschr. Bd. 49. p. 3—4.

gonerilla **Alfken,** Zool. Jahrb. Abt. f. System. Bd. 19 p. 589 Taf. XXXII
Fig. 11. — *ida* p. 602 tab. cit. Fig. 12. — *var. argentata* p. 602 tab.
cit. Fig. 13.

Salamis anacardii **subsp.** *ansorgei* **n. Rothschild,** Nov. Zool. Tring, vol. 11. p. 452.
N e u: *timora* **subsp.** *virescens* **n. Suffert,** Deutsch. Entom. Zeitschr. Iris, Bd. 17.
p. 109.

Symbrenthia. N e u e S u b s p p. beschreibt **Fruhstorfer,** Entom. Meddel. vol. II
p. 319—323.

Tithorea regalis **n. sp. Stichel,** Berlin. Entom. Zeitschr. Iris, Bd. 17. p. 109.

Vanessa an der Seine-inférieure. **Noël,** Naturaliste, 1904. p. 143—146.

— *antiopa.* Lebensweise. **Parker,** Mark Anniversary Volume p. 455
—469. pl. XXXIII. — Zahlreiche Angaben über Fundorte u.
Auftreten in Großbritanien sind im Entom. Monthly Mag. für 1904 u. in
The Entomologist f. 1904 angegeben.

— Verpuppungsgewohnheiten. **Field,** Entom. News Philad. vol. XV p. 6—9.

atalanta in Neu - Seeland. **Philpott,** Trans. New Zealand Instit. T. XXXVI
p. 161. — Fundorte in Großbritanien sie oben unter *antiopa.*

cardui. Wanderung (nach Eagle Clarke). **van Rossum,** Entom. Ber. Nederland
vol. I p. 141—143.

urticae. Eiablage. Lebensweise. **Poulton** u. **Hamm** u. a n d e r e. Proc.
Entom. Soc. London 1904 p. XLI—XLVI.

urticae nigricaria ♂. **Haverkampf,** Ann. Soc. Entom. Belg. T. 48. p. 186 pl. I.

Morphidae, Brassolidae, Amathusiidae und *Discophoridae.*

Autoren: Kaye, Röber, Shelford, Stichel.

B r a s s o l i n a e. Revision. Listen der Arten. Beschreibung zahlreicher Varietäten ev. nebst Abb. Die in der Insektenbörse beschriebenen Formen werden noch einmal ausführlicher besprochen, teils auch abgebildet. **Stichel** in W y t s m a n Gen. Ins. fasc. XX 48 pp., V pls. — Bemerkungen zu zweifelhaften Formen von Felder u. Boisduval. **Stichel,** Insektenbörse 1904. p. 197 etc.

Amathusia. N e u e S u b s p e c i e s. **Fruhstorfer,** Deutsche Entom. Zeitschr., Iris, Bd. 17. p. 133—157.

andamanensis Fruhst. *aberr.* ♂. **Lathy,** Trans. Entom. Soc. London, 1904 p. 65.

Amathuxidia amythaon **subsp.** *lucida* **n. Fruhstorfer,** Berlin. Entom. Zeitschr. Bd. 49. p. 189.

Brassolis astyra **subsp.** *philocala* **n. Stichel,** Insektenbörse 1904 p. 21.

Caligo. Zahlreiche Benennungen von Divisionen und Subdivisionen der *B r a s s o l i n a e.* **Stichel** p. 35—43.

— Beschreibung n e u e r S u b s p e z i e s. **Fruhstorfer,** Soc. entom. vol. XVIII p. 145.

placidianus **var.** *micans* **n.** u. *prometheus* **var.** *atlas* **n. Röber,** Soc. entom. vol. XVIII p. 146.

— Bemerk. nebst neuen Varr. **Fruhstorfer,** Deutsche Entom. Zeitschr., Iris, Bd. 16, p. 313—320.

eurylochus **var.** *minor* **n. Kaye,** Trans. Entom. Soc. London, 1904. p. 165—166 (Trinidad). — *teucer* **subsp.** *insulanus* **n. Stichel,** Insektenbörse, 1904. p. 21.

N e u e A r t e n: *fruhstorferi* **n. sp. Stichel,** Insektenbörse, Jhg. 1904. p. 21. (Honduras, Surinam).

pavo **n. sp. Röber,** Soc. entom. vol. XVIII p. 145 (Columbien). — *hänschi* **n. sp.** p. 146 (Columbien). — *phorbas* **n. sp.** p. 146 (Ecuador).

saltus **n. sp.** (verw. mit *C. ilioneus*) **Kaye,** Trans. Entom. Soc. London, 1904. p. 165 Raupe pl. XVII fig. 1—1f. (Trinidad).

Cyclochoria **nom. nov.** für eine Sektion von *Selenophanes.* **Stichel,** *B r a s s o l i n.* in W y t s m a n , Gen. Insect. XX p. 29.

Dasyophthalma. N e u e Varietäten. **Stichel,** Insektenbörse, 1904. p. 21.

Dynastor darius **subsp.** *ictericus* **n. Stichel,** Insektenbörse, 1904. p. 21.

H y a n t i d a e **nov. fam.** (hierzu die Gatt. *Hyanthis* u. *Morphopsis*) **Stichel,** Berlin. Entom. Zeitschr. Bd. 49. p. 306.

Hyanthis. N e u e Formen. **Stichel,** Berlin. Entom. Zeitschr. Bd. 49 p. 310—313 hierzu Taf. IV.

Morphocacica Stdgr. *aberr.* ♂ **Lathy,** Trans. Entom. Soc. London 1904 p. 65.

Morphopsis albertisi Rasse *astrolabensis.* **Stichel,** Berlin. Entom. Zeitschr. Bd. 49. p. 308.

Narope albopunctum **n. sp. Stichel,** Insektenbörse 1904 p. 6 (Peru). — *panniculus* **n. sp.** p. 6 (Paraguay).

Nephrochordia **nom. nov.** für eine Sektion von *Selenophanes.* **Stichel,** *B r a s s o - l i n a e* in W y t s m a n, Gen. Insect. XX p. 29.

Opsiphanes. Neue Varietäten. **Stichel,** *B r a s s o l i n a e* in W y t s m a n,

Gen. Insect. XX p. 6 u. p. 21. — *cassiae* Raupe. **Guppy,** Trans. Entom.
Soc. London, 1904. p. 226 pl. XVII fig. 2—26.
Pseudamathusia masina n. sp. **Fruhstorfer,** Deutsch. Entom. Zeitschr., Iris, Bd. 17
p. 155 (Borneo).
Psilocraspeda nom. nov. für eine Sektion von *Eryphanis.* **Stichel,** *B r a s s o -
l i n a e* in W y t s m a n , Gen. Insect. XX p. 31.
Tenaris artemis. **Fruhstorfer** beschreibt in d. Insektenbörse 1904 p. 389 neun
n e u e Subspp. — Weitere n e u e Var. **Fruhstorfer,** Soc. entom. vol. XIX
p. 129 u. p. 139.
macrops subsp. *macropina* n. **Fruhstorfer,** Soc. entom. vol. XIX p. 26.
N e u e A r t: *merana* n. sp. **Fruhstorfer,** t. c. p. 138 (Neu Guinea).
Thaumantis odana var. *cyclops* n. **Röber,** Soc. entom. vol. XIX p. 105.
Tricothamnodes nom. nov. für eine Sektion von *Eryphanis.* **Stichel,**
B r a s s o l i n a e in W y t s m a n , Gen. Insect. XX. p. 32.

Satyridae.

Autoren : Bachmetjew, Dyar, Fawcett, Kershaw, Oberthür, Rebel, Röber,
Rothschild, Shelford, Thieme, Tutt.
Anchiphlebia archaea Hübn. in Coll. Burchell, in Brasilien. **Sanders,** Ann. Nat.
Hist. (7) vol. 13. p. 361.
Aphysoneura pigmentaria ♀ **Suffert,** Deutsch. Entom. Zeitschr., Iris, Bd. 17.
p. 132.
Argyrophorus lamna n. sp. **Thieme,** Berlin. Entom. Zeitschr. Bd. 49. p. 160.
(Bolivia).
Bia actorion var. *peruana* n. **Röber,** Soc. entom. vol. XIX p. 106.
Coenonympha arcania-insubrica. **Oberthür,** Etudes comp. T. I. p. 24 pl. I fig. 12.
arcania u. *tiphon.* Varietäten. **Rebel,** Ann. Hofmus. Wien, Bd. 19. p. 174 Taf. V
Fig. 9—12.
dorus. Varietäten. **Muschamps,** Entom. Record, vol. 16. p. 302.
pamphilus. Raupe. **Klokman,** Entom. Bericht. Nederl. Bd. I. p. 134.
tiphon. Varietäten. **Rebel** (siehe *arcania*).
N e u e A r t: *mathewi* n. sp. **Tutt,** Entom. Record a. Journ. of Var. vol. 16. p. 308.
Epinephele. Toskanische Aberrationen. **Verity,** The Entomologist 1904 p. 56.
jurtina. Ocellenzahl u. nasse, feuchte Jahreszeiten. **Bachmetjew,** Allg. Zeitschr.
f. Entom. Bd. 9. p. 143—147.
jurtina (!) Varietäten. **Haverkampf,** Ann. Soc. Entom. Belg. T. 48 p. 188. —
Parthenogenesis des ♂. **Bachmetjew,** Horae Soc. Ent. Ross. T. XXXVII
p. 1—16.
lycaon ab. *biocellatus* n. **Ragusa,** Naturalist. Sicil. T. XVII p. 110 pl. III fig. 2.
tithonus Varietäten dar. n e u var. *albida* n. **Russell,** The Entomologist, 1904 p. 125
—127.
Erebia christi und *pharte.* Varietäten. **Oberthür,** Etudes comp. T. I. p. 21—23
pl. II fig. 13, 14, 19, 20, pl. IV fig. 45.
neoridas mit var. *albovittata* n. u. var. *etrusia* n. **Verity,** Entomologist, 1904.
p. 55 pl. IV fig. 6, 7. — *manto* var. *ocellata* n. **Wagner,** Verhandlgn.
zool.-bot. Ges. Wien, Bd. 54. p. 610 nebst Textfig.
evias u. *styne.* Varietäten von Guadarrama. **Chapman,** Proc. Entom. Soc.
London, 1904 p. XLVI—XLVIII. — *styne* var. *peñalarae* n. p. XLVIII.

styne u. *ephistyne.* Bemerk. **Nicholl,** Entom. Record, vol. XVI p. 48.

flavofasciata **var.** *thiemei* **n. Bartel,** Deutsch. Entom. Zeitschr., Iris, Bd. 17.
p. 165. — *turanica* **var.** *jucunda* **n. Püngeler,** Deutsch. Entom.
Zeitschr. Iris Bd. 16. p. 286 pl. VI fig. 1.

glacialis Raupe. **Krodel,** Allgem. Zeitschr. f. Entom. Bd. 9. p. 442—447.
N e u e A r t: *palarica* **n. sp.** (oberflächl. *aethiops* ähnlich, steht aber *styne*
näher) **Chapman,** Proc. Entom. Soc. London, 1904, p. LXXXVII (Nord-
Spanien: Cantabrien).

Erites thetis **n. sp. Shelford,** Journ. Straits Asiat. Soc. vol. XLI p. 99 (N.-Borneo).

Euptychia ocirrhoe Fabr., *mollina* Hübn., *herse* Cram., *chloris* Cram., *cosmophila*
Hübn., *cluena* Drury, *myncea* Cram., sp. photog. Wiedergabe pl. VI fig. 8,
electra Butl. photog. Wiedergabe pl. VI fig. 9 u. 10, *armilla* Butl., *liturata*
Butl., *acmenis* Hübn., *camerta* Cram., *quantius* Godt., *renata* Cram., *mar-
morata* Butl. u. *libye* in Coll. Burchell, in Brasilien. **Sanders,** Ann. Nat.
Hist. (7) vol. 13 p. 361—368.

Heteronympha merope u. *philerope.* **Kershaw,** Victorian Natural. vol. XX p. 173
—175.

N e u e A r t: *solandri* **n. sp. Waterhouse,** Proc. Linn. Soc. N. S. Wales vol. XXIX
p. 466 (Australien).

Hipparchia. Berichtigung etc. **Sanders,** Ann. Nat. Hist. (7) vol. 13 p. 370.

Lethe cerama **n. sp. Shelford,** Journ. Straits Asiat. Soc. vol. XLI p. 96 (Borneo).

Lymanopoda acraeida Butl. ♀ **Thieme,** Berlin. Entom. Zeitschr. Bd. 49. p. 160.
N e u e A r t e n: *sororcula* **n. sp. Thieme,** t. c. p. 161 (Ecuador). — *palumba*
n. sp. p. 162 (Bolivia).

Melanitis ismene Variation. **Green,** Spolia Zeylon. vol. II p. 75.
N e u e A r t: *ansorgei* **n. sp. Rothschild,** Nov. Zool. Tring, vol. 11 p. 451 (Aru-
wimi Forest).

Mycalesis barbara **subsp.** *mea* **n. Rothschild,** Nov. Zool. Tring vol. 11 p. 319 pl. III
fig. 42.

Oeneis norna **var. n. Schultz,** Abhdlgn. Ges. Görlitz Bd. 24. p. 138—140.
caryi **var. n. Dyar,** Proc. Ent. Soc. Washington, vol. 6. p. 142.
N e u e A r t: *nahanni* **n. sp. Dyar,** t. c. p. 142 (Mackenzie).

Pararge megaera. Raupe. **Klockman,** Entom. Ber. Nederl. Bd. I p. 134.

Pedaliodes phanias Hew. in Coll. Burchell. **Sanders,** Ann. Nat. Hist. (7) vol. 13
p. 370.

Pierella lama Sulz., *nereus* Drury, *astyoche* Erich., *lena* Linn. u. *dracontis* Hübn.
in Coll. Burchell, aus Brasilien. **Sanders,** Ann. Nat. Hist. (7) vol. 13 p. 360
—361.

Ragadia simplex **n. sp. Fawcett,** Proc. Zool. Soc. London, 1904 vol. II p. 135
pl. IX fig. 1.

Satyrus semele **ab.** *triocellatus* **n. Ragusa,** Naturalist. Sicil. vol. XVII p. 109 pl. III
fig. 1. — *hermione.* Raupe. **Ter Haar,** Entom. Ber. Nederl. Bd. I. p. 60.

Taygetis valentina Cram. form. *euptychidia* Butl., *Andromeda* Cram., *virgilia* Cram.,
photogr. Wiedergabe pl. VI fig. 11, 12, *echo* Cram. in. Coll. Burchell, aus
Brasilien. **Sanders,** Ann. Nat. Hist. (7) vol. 13 p. 368—370.

Tisiphone abeona **var.** *albifascia* **n. Waterhouse,** Proc. Linn. Soc. N. S. Wales
vol. XXIX p. 468.

Ypthima abnormis **n. sp. Shelford,** Journ. Straits Asiat. Soc. vol. XLI p. 98
(Borneo).

Erycinidae *s. l.* (= *Riodinidae*).

Autoren: Bethune, Baker, Dannatt, Druce, Fruhstorfer, Kaye, Lathy, Röber, Rothschild.

Abisaria albiplaga subsp. *aversa.* **Rothschild,** Nov. Zool. Tring, vol. 11. p. 317 pl. II fig. 23. — *alb.* **subsp.** *keiana* **n.** p. 317 pl. II fig. 24. — *alb.* **subsp.** *weiskei* **n.** p. 317 pl. III fig. 28.
N e u e S u b s p e c i e s. **Fruhstorfer,** Deutsche Entom. Zeitschr. Iris Bd. 17 p. 133 sq. — N e u e A r t: *segestes* **n. sp. Rothschild,** Nov. Zool. Tring, vol. 11 p. 455 (Neu-Guinea).
Aricoris striata **n. sp. Druce,** Proc. Zool. Soc. London, 1904. vol. I p. 488 pl.XXXIV fig. 12 (Ecuador).
Calvia fulvimargo n. sp. **Lathy,** Trans. Entom. Soc. London, 1904. vol. I p. 466 pl. XXVII fig. 6 (Peru).
Chamaelimnas albivitta **n. sp. Lathy,** Trans. Entom. Soc. London, 1904. p. 465. pl. XXVII fig. 5 (Brasil.).
Charis candiope **n. sp. Druce,** Proc. Zool. London, 1904, vol. I p. 486 Abb. pl. XXXIV fig. 5 (Colombien). — *mandosa* **n. sp.** p. 486 pl. XXXIV fig. 6 (Rio Janeiro). — *myrtis* **n. sp.** p. 486 pl. XXXIV fig. 7 (Paraguay).
Cremna aza **n. sp. Druce,** Proc. Zool. Soc. London, 1904, vol. I. p. 485 pl. XXXIII fig. 11 (Columbien).
Cricosoma coccineata **n. sp. Kaye,** Trans. Entom. Soc. London, 1904. p. 185. pl. XVIII fig. 10 (Trinidad, Wald bei Tabaquita).
Dicallaneura amabilis **n. sp. Rothschild,** Nov. Zool. Tring, vol. 11. p. 318 pl. II fig. 21, 22 (Neu - Guinea).
ekeikei **n. sp. Bethune-Baker,** Nov. Zool. Tring, vol. 11 p. 370 (Neu-Guinea). — *milnei* **n. sp. Fruhstorfer,** Deutsche Entom. Zeitschr. Iris, Bd. 17. p. 147 (Neu-Guinea).
Elymnias esaca. Subspecies u. Synonymie. **Shelford** u. **Bingham,** Trans. Entom. Soc. London, 1904 p. 487—489.
N e u e S u b s p e c i e s: **Fruhstorfer,** Deutsche Entom. Zeitschr. Iris, Bd. 16. p. 321—323, desgl. in Soc. Entom. vol. XIX p. 53 u. 60.
N e u e A r t e n: *thyone* **n. sp. Fruhstorfer,** Soc. Entom. vol. XIX p. 53 (Celebes). — *brookei* **n. sp. Shelford,** Journ. Straits Asiat. Soc. vol. XLI p. 102 (Borneo).
Emesis guppyi **n. sp. Kaye,** Trans. Entom. Soc. London, 1904. p. 187 pl. XVIII fig. 9 (Trinidad, wahrsch. bei Port of Spain).
Erycina latifasciata **n. sp. Lathy,** Trans. Entom. Soc. London, 1904. p. 464 pl. XXVII fig. 3 (Peru). — *mendita* **n. sp.** Proc. Zool. Soc. London, 1904. vol. I p. 485 pl. XXXIV fig. 2 (Bolivia).
Eurybia caerulescens **n. sp. Druce,** Proc. Zool. Soc. London, 1904. vol. I p. 482 pl. XXXIII fig. 3. — *sinuaces* **n. sp.** p. 482 pl. XXXIII fig. 4 (beide aus Peru).
Eurygona ocalea **n. sp. Druce,** Proc. Zool. Soc. London, 1904. vol. I p. 481 pl. XXXIII fig. 1 (Bolivia). — *candaria* **n. sp.** p. 481 fig. 2 (Columbia).
subargentea **n. sp. Lathy,** Trans. Entom. Soc. London, 1904. p. 463 pl. XXVII fig. 1 (Bogota).

Helicopis elegans n. sp. (steht *H. selene* Feld sehr nahe) **Kaye,** Trans. Entom. Soc.
London, 1904. p. 182 pl. XVIII fig. 6 (Trinidad).
Ithomiola rubrolineata n. sp. (= *celtilla var.* Hew.) **Lathy,** Trans. Entom. Soc.
London, 1904. p. 465 (Peru).
Lemonias aurinia n. sp. **Druce,** Proc. Zool. Soc. London, 1904. vol. I p. 487
pl. XXXIV fig. 4 (Bolivia). — *pulchra* n. sp. **Lathy,** Trans. Entom. Soc.
London, 1904. p. 467 pl. XXVII fig. 8 (Peru).
Libythea fulvescens n. sp. **Lathy,** Proc. Zool. Soc. London, 1904. vol. I p. 451
(Dominica).
Lymnas hillapana n. sp. **Röber,** Soc. Entom. vol. XIX p. 106 (Peru).
Mesosemia axilla n. sp. **Druce,** Proc. Zool. Soc. London, 1904. vol. I p. 483.
pl. XXXIII fig. 5 (Bolivia). — *anica* n. sp. p. 483 tab. cit. fig. 6. — *paramba*
n. sp. p. 483 fig. 7. — *candara* n. sp. p. 484 fig. 8. — *carderi* n. sp. p. 484 fig. 9
(sämtlich außer *axilla* von Peru). — *parishi* n. sp. p. 485 fig. 10 (British
Guiana).
elegans n. sp. **Lathy,** Trans. Entom. Soc. London, 1904. p. 463 pl. XXVII
fig. 2 (Peru).
Monethe johnstoni n. sp. **Dannatt,** The Entomologist 1904, p. 174 pl. VII fig. 2.
(Brit. Guiana).
Nymphidium molge. Raupe, Puppe. (kurze Notiz). **Guppy,** Trans. Entom. Soc.
London 1904. p. 227.
N e u e A r t e n: *candace* n. sp. **Lathy,** Proc. Zool. Soc. London, 1904. vol. I
p. 487 pl. XXXIV fig. 1 (Rio de Janeiro). — *minuta* n. sp. p. 487
pl. XXXIV fig. 10 (British Guiana). — *augea* n. sp. p. 448 pl. XXXIV
fig. 11 (Bolivia). — *medusa* n. sp. p. 488 fig. 3 (Peru).
completa n. sp. **Lathy,** Trans. Entom. Soc. London, 1904 pl. XXVII fig. 9 (Peru).
Rusalkia marathon var. *stenotaenia* n. **Röber,** Soc. entom. vol. XIX p. 106.
Siseme peculiaris n. sp. **Druce,** Proc. Zool. Soc. London, 1904. vol. I. p. 486.
pl. XXXIV fig. 9 (Peru).
Stalachtis canidia n. sp. **Druce,** Proc. Zool. Soc. London, 1904. vol. I p. 488.
pl. XXXIV fig. 8 (Matto Grosso).
Symmachia peruviana n. sp. **Lathy,** Trans. Entom. Soc. London, 1904. p. 466
pl. XXVII fig. 7 (La Merced).
Synargis Hübn. eine gute Gatt. **Kaye,** Trans. Entom. Soc. London, 1904. p. 189.
— *abaris* (Cram.) von Guiana, Brasil. etc.
Themone trivittata n. sp. **Lathy,** Trans. Entom. Soc. London, 1904. p. 465.
pl. XXVII fig. 4 (Peru).
Theope foliorum (von *punctipennis* Bates nicht unterscheidbar). **Kaye,** Trans.
Entom. Soc. London, 1904. p. 189. — *eudocia* Doubl. et Hew. p. 190 pl. XVIII
fig. 1—1d. — *eudocia* Raupe. **Guppy,** Trans. Entom. Soc. London, 1904.
p. 226 pl. XVIII fig. 1, 1a Raupe, Puppe, Lebensweise. — *foliorum* p. 227
pl. XVIII fig. 2 Raupe.
N e u: *fasciata* n. sp. p. 467 pl. XXXVII fig. 10 (Fundort!).

Lycaenidae.

Autoren: Bethune-Baker, Cator, Druce, Dyar, Fletcher, Haye, Krodel,
Lathy, Neave, Oberthür, Sharpe, Skinner, Suffert, Trimen, Waterhouse u. Turner.

Australische *Lycaenidae.* Synonyme Bemerk. etc. **Waterhouse** u. **Turner,** Proc. Linn. Soc. N. S. Wales, 1904 p. 798—804.

Temperatur-Experimente an d. Puppe von *Lycaena corydon* u. *damon.* **Krodel,** Allg. Zeitschr. f. Entom. Bd. 9. p. 49—55, 21 Textfig.

Alaena rollei **n. sp. Suffert,** Insektenbörse, 21. Jhg. p. 134 (Ostafrika). — *rollei* **n. sp. Suffert,** Deutsche Entom. Zeitschr. Iris, Bd. 17. p. 39 Taf. I Fig. 5 (Usambara).

mulsa **n. sp. Thieme,** Berlin. Entom. Zeitschr. Bd. 49. p. 164 (Ostafrika). — Ist = *rollei* nach Anmerk.

Aphnaeus drucei **n. sp. Neave,** Nov. Zool. Tring, vol. 11 p. 338 pl. I fig. 6 (Victoria Nyanza).

Arawacus **n. g.** (Type: *Pap. linus* Sulz). **Kaye,** Trans. Entom. Soc. London, 1904 p. 197. Ei, Raupe, Lebensweise. Abb. pl. XVIII fig. 5—5b (farbig).

Arhopala halmaheira **n. sp. Bethune-Baker,** Ann. Nat. Hist. (7) vol. 14 p. 233—34 ♂ (Halmaheira). — *sublustris* **n. sp.** p. 234—235 (Borneo: Kina Balu). — *baluensis* **n. sp.** p. 235—236 ♀ ♂ (Borneo: Kina Balu).

Candalides pruina **n. sp.** (mit keiner beschr. Form verw.) **Druce,** Ann. Nat. Hist. (7) vol. 13. p. 110—111 ♂ (Upper Aroa River, British New Guinea).

Castalius eusemia **n. sp. Neave,** Nov. Zool. Tring vol. 11. p. 340 pl. I fig. 11 (Victoria Nyanza).

Catochrysops nandensis **n. sp. Neave,** Nov. Zool. Tring vol. 11 p. 339 pl. I fig. 12 (Afrika).

Chrysophanus dispar **var. Verity,** The Entomologist, 1904. p. 57 pl. IV fig. 12. — *dispar* **ab.** *nigrolineata* **n.** p. 57. — *dorilis* **ab.** *upoleuca* **n. Verity,** The Entomologist, 1904. p. 58. — *gorgon.* Eier. Raupen. **Grundel,** Entom. News Philad. vol. 15. p. 97.

Cupido malathana **var.** *nilotica* **n. Aurivillius,** Jägerskiöld exp. No. 8. p. 3.

Cyaniris ladon. Nährpflanze. **Fletcher,** Canad. Entom. vol. 36 p. 4.

Deudorix angelita **n. sp. Suffert,** Deutsche Entom. Zeitschr. Iris, Bd. 17. p. 54 (Kamerun).

leonina **n. sp.** (*otroeda* am nächsten u. in den Sammlungen wohl mit derselben zusammengesteckt). **Bethune-Baker,** Ann. Nat. Hist. (7) vol. 14. p. 231 —232 ♂ (Sierra Leone). — *ostroeda* = *genuba,* wie Aurivillius angibt, ist richtig p. 232.

Eoöxylides tharis **subsp.** *enganicus* **n. Fruhstorfer,** Berlin. Entom. Zeitschr. Bd. 49. p. 204. — *tharis.* Neue Subspezies. **Fruhstorfer,** Deutsch. Entom. Zeitschr. Iris, Bd. 16 p. 311—312.

Epitola mus **n. sp. Suffert,** Deutsch. Entom. Zeitschr., Iris, Bd. 17. p. 53. — *mercedes* **n. sp.** p. 53. — *concepcion* **n. sp.** p. 54 (sämtlich aus Kamerun).

Epitolina leonensis **nom. nov.** für *Phytala leonina* Beth.-Baker (1903) **Bethune-Baker,** Ann. Nat. Hist. (7) vol. 14 p. 227. — *catori* **n. sp.** p. 227 ♂ ♀. — *Dorothea* (steht *cercene* Hew. nahe) **n. sp.** p. 227—228 ♂ ♀. — *sublustris* **n. sp.** p. 228—229 ♂ ♀. — *kholifa* **n. sp.** (steht *leonina* Stgr. nahe) p. 229 —230 ♂ ♀. — *albomaculata* **n. sp.** p. 230 ♀. — *virginea* **n. sp.** (steht *albomaculata* sehr nahe) p. 230—231 ♀ (sämtlich neue Arten von Sierra Leone).

Hypolycaena caeculus **subsp.** *obscurus* **n. Suffert,** Deutsch. Entom. Zeitschr., Iris, Bd. 17. p. 60.

. N e u: *dolores* **n. sp. Suffert,** Deutsch. Entom. Zeitschr., Iris, Bd. 17. p. 57.
— **ugandae n. sp. Sharpe,** The Entomologist, 1904. p. 203 (Afrika).
Hypolycaena moyambina **n. sp. Bethune-Baker,** Ann. Nat. Hist. (7) vol. 14 p. 232 ♂
(Sierra Leone).
Jaspis **n. g.** (Type: *Symmachia temesa* Hew.) **Kaye,** Trans. Entom. Soc. London,
1904 p. 196.
Incisalia angustus. Raupe. **Cook,** Canad. Entom. vol. 36 p. 136.
Jolaus silas subsp. *lasius* **n. Suffert,** Deutsch. Entom. Zeitschr., Iris, Bd. 17. p. 70.
N e u e   A r t e n: **Suffert** beschreibt in der Deutsch. Entom. Zeitschr., Iris,
Bd. 17 aus A f r i k a: *barbara* **n. sp.** p. 62. — *matilda* **n. sp.** p. 64. —
elisa **n. sp.** p. 65. — *bertha* **n. sp.** p. 66. — *thuraui* **n. sp.** p. 67. — *emma*
n. sp. p. 69. — *hemicyanus* **n. sp. Sharpe,** The Entomologist, 1904.
p. 203 (Uganda). — *albomaculatus* **n. sp.** p. 204 (Toro).
Jolaus Catori **n. sp. Bethune-Baker,** Ann. Nat. Hist. (7) vol. 14 p. 232—233 ♂
(Sierra Leone).
Jacoona anasuja. Varietäten. **Fruhstorfer,** Deutsche Entom. Zeitschr., Iris,
Bd. 16. p. 310.
Lampides telicanus **ab. n. Vérity,** The Entomologist, 1904. p. 58. — *damon* **ab.**
agraphomena **n.** p. 59.
Larinopoda lagyra subsp. *gyrala* **n. Suffert,** Deutsch. Entom. Zeitschr., Iris,
Bd. 17. p. 49.
N e u: *emilia* **n. sp. Suffert,** Deutsche Entom. Zeitschr., Iris, Bd. 17. p. 48
(Kamerun).
Liptena albicans **n. sp.** (steht *L. decipiens* Kirby nahe) **Cator,** Ann. Nat. Hist. (7)
vol. 13. p. 76 (Sierra Leone).
— **Suffert** beschreibt in d. Deutsch. Entom. Zeitschr., Iris, Bd. 17 aus
Kamerun: *angusta* **n. sp.** p. 50. — *marginata* **n. sp.** p. 51.
diversa **n. sp.** (nahe verw. mit *ilma* Hew.) **Bethune-Baker,** Ann. Nat. Hist. (7)
vol. 14 p. 225—226 ♂ (Sierra Leone).
Lycaena alcon. Lebensweise u. erste Stände. **Brants,** Tijdschr. v. Entom. vol. XLVI
p. 137—143.
argiades. Naturgeschichte. **Frohawk,** The Entomologist, 1904. p. 245—249.
ariana var. arene. **Fawcett,** Proc. Zool. Soc. London, 1904 vol. II p. 137 pl. IX
fig. 4. — *pheretes var. pharis* p. 138 pl. IX fig. 5.
pseudargiolus. Neue Varietäten: **var.** *argentata* **n. u. var.** *nigrescens* **n. Fletcher,**
Trans. Roy. Soc. Canad. vol. IX Sect. 4. p. 213. Diese Varietäten
werden auch von **Fletcher** im Canad. Entom. vol. 36. p. 127 beschrieben.
coretas. Beschreib. **Jachontov,** Rev. Russe Entom. T. IV p. 96—100 u. p. 218,
Textfiguren.
cyllarus **var.** *punctata* **n. Gouin,** Proc.-verb. Soc. Linn. Bordeaux, T. LIX
p. LXXI u. LXXVI.
arion **var. n. Wagner,** Soc. Entom. vol. XIX p. 1.
bellargus **ab.** *bellargoides* **n. Verity.** — *corydon* **ab.** *stefanellii* **n. Verity.**
escheri **var.** *splendens* **n. Stefanelli,** Bull. Soc. Entom. Ital. vol. XXXVI p. 11.
icarus **ab.** *celina* **Stefanelli,** Bull. Soc. Entom. Ital. vol. XXXVI p. 4, 5. —
escheri **ab.** *rostagni* p. 4, 5. — *corydon* **ab.** *striata* p. 5.
zephyrus u. *calliopis* Varietäten. Etudes comp. vol. I. p. 16—19, pl. II fig. 15—18
u. 21—24.

N e u e A r t e n: *lerothodi* **n. sp.** (verw. mit *letsea* Trim. u. *methymna* Trim.) **Trimen,** Trans. Entom. Soc. London, 1904. p. 242 pl. XIX fig. 6. Basutoland).

L. (Zizera) zera **n. sp. Fawcett,** Proc. Zool. Soc. London, 1904 vol. II p. 138 pl. IX fig. 6 (Tounghoo). — L. (*Niphanda*) *marcia* **n. sp.** p. 139 pl. IX fig. 7 (Tounghoo).

— Fundorte britanischer Arten siehe im Entom. Monthly Mag. für 1904, desgl. im Entomologist für 1904.

Lycaenesthes affinis **nom. nov.** für *L. modestus* Waterh. **Waterhouse** u. **Turner,** Proc. Linn. Soc. N. S. Wales, 1904 p. 801.

N e u e A r t: *hobleyi* **n. sp. Neave,** Nov. Zool. Tring, vol. 11. p. 339 (Viktoria-Nyanza).

Macusia **n. g.** (Type: *Thecla satyroides* Hew.) **Kaye,** Trans. Entom. Soc. London, 1904 p. 198.

Micropentila mabangi **n. sp.** (steht etwas *M. Alberta* Stgr. nahe, doch deutlich verschieden). **Bethune-Baker,** Ann. Nat. Hist. (7) vol. 14 p. 226 ♂ (Sierra Leone).

Neolucia **n. g.** (Type: *Lycaena agricola* Westw.) **Waterhouse** u. **Turner,** Proc. Linn. Soc. N. S. Wales, 1904 p. 803.

Nesolycaena **n. g.** (Type: *Holochila albosericea* Misk.) **Waterhouse** u. **Turner,** Proc. Linn. Soc. N. S. Wales, 1904. p. 801.

Oxylides feminina **n. sp. Sharpe,** The Entomologist, 1904 p. 202 (Uganda).

Paiwarria **n. g.** (Type: *Pap. venulius* Cr.) **Kaye,** Trans. Entom. Soc. London, 1904 p. 199.

Parachrysops **n. g. Bethune-Baker,** Nov. Zool. Tring, vol. 11. p. 369. — *bicolor* **n. sp.** p. 369 (Neu-Guinea).

Paralucia **n. g.** (Type: *L. pyrodiscus* Ros.) **Waterhouse** u. **Turner,** Proc. Linn. Soc. N. S. Wales 1904 p. 802.

Paraphnaeus **n. g.** (Type: *Aphnaeus hutchinsoni*) **Thierry-Mieg,** Le Naturaliste 1904, p. 140.

Parelodina **n. g.** (steht *Candalides* nahe) **Bethune-Baker,** Nov. Zool. Tring, vol. 11. p. 368. — *aroa* **n. sp.** p. 368 (Neu-Guinea).

Pentila. Beschreibung n e u e r S u b s p e c i e s dieser Gatt. **Suffert,** Deutsche Entom. Zeitschr. Iris, Bd. 17. p. 46 u. 47.

N e u e A r t e n: **Suffert,** beschreibt t. c. aus A f r i k a: *hedwiga* **n. sp.** p. 43. — *marianna* **n. sp.** p. 43. — *christina* **n. sp.** p. 45. — *elfrieda* **n. sp.** p. 46.

Philiris gehört zu *Candalides.* **Bethune-Baker,** Nov. Zool. Tring, vol. 11 p. 369.

Polyniphes **n. g.** (Type: *Thecla dumenilii* Godt.) **Kaye,** Trans. Entom. Soc. London, 1904 p. 191.

Polyommatus admetus rippartii. Eiablage u. Ei. **Powell,** Entom. Record a. Journ. of Var. vol. 16. p. 92—94.

Poultonia **n. g.** (steht *Durbania* nahe) **Neave,** Nov. Zool. Tring, vol. 11. p. 336. — *ochrascens* **n. sp.** p. 336 pl. I fig. 13 (Victoria Nyanza).

Purlisa gigantea **subsp.** *borneana* **n. Fruhstorfer,** Deutsche Entom. Zeitschr., Iris, Bd. 16, p. 310.

Pseuderesia carlotta **n. sp. Suffert,** Deutsche Entom. Zeitschr., Iris, Bd. 17. p. 47. *moyambina* **n. sp.** (folgt hinter *P. libentina* Hew.) **Bethune-Baker,** Ann. Nat.

Hist. (7) vol. 14 p. 224—225 ♂ (Sierra Leone). — *Catori* n. sp. (steht *debora* am nächsten) p. 225 ♂ (Sierra Leone).

N e u e A r t e n von Sierra Leone beschreibt **Cator**: *Bakeriana* **n. sp.** p. 73—74 ♂ ♀. — *nigra* **n. sp.** (vielleicht eine Subsp. von *variegata* S. u. K.) p. 74—75 ♂ ♀ —´ *fusca* **n. sp.** p. 75—76 ♂ ♀.

Rekoa **n. g.** (nahe verwandt mit *Arawacus*. Type: *Pap. meton* Cr.) **Kaye**, Trans. Entom. Soc. London, 1904 p. 198.

Siderus **n. g. Kaye**, Trans. Entom. Soc. London, 1904. p. 195. — *parvinotus* **n. sp.** p. 195 (Trinidad im botan. Garten).

Spindasis nairobiensis **n. sp. Sharpe**, The Entomologist, 1904. p. 133 (Africa equat.).

Stugeta maria **n. sp. Suffert**, Deutsche Entom. Zeitschr., Iris, Bd. 17. p. 60 (Angola).

Syntaruchoides **n. g.** (Type: *Papilio cassius* Cr.) **Kaye**, Trans. Entom. Soc. London, 1904. p. 190.

Tajuria lucullus **n. sp.** (nahe verw. mit *T. cato*) **Druce**, Ann. Nat. Hist. (7) vol. 13. p. 111 ♂ (Kina Balu, Borneo). — *stigmata* **n. sp.** (verw. mit *T. berenis*) p. 111 —112 ♂ (Kina Balu, Borneo).

Talicada nyseus var. **Green**, Spolia Zeylan. vol. II p. 77.

Telipna acraea **subsp.** *nigra* **n. Suffert**, Deutsch. Entom. Zeitschr., Iris, Bd. 17 p. 42.

N e u e A r t e n: *erica* **n. sp. Suffert**, Deutsch. Entom. Zeitschr., Iris, Bd. 17. p. 41 (Kamerun). — *nyanza* **n. sp. Neave**, Nov. Zool. Tring, vol. 11. p. 335. pl. I fig. 19 (Afrika).

Thamala etc. neue indo-australische Subspezies. **Fruhstorfer** (26).

Thecla acaciae **ab.** *beccarii* **n. Verity**, The Entomologist, 1904. p. 56. pl. IV fig. 11. *critola*. Geschlechtsformen. **Dyar**, Journ. New York Entom. Soc. vol. 12. p. 39. *strigosa* var. *liparops* **n. Fletcher**, Canad. Entom. vol. 36 p. 124 mit Holzschnitten auch im Trans. Roy. Soc. Canad. vol. IX sect. 4. p. 210.

N e u e A r t e n: *heathii* **n. sp. Fletcher**, Canad. Entom. vol. 36. p. 125, auch in Trans. Roy. Soc. Canad. vol. IX. Sect. 4. p. 212 (Manitoba).

johnstoni **n. sp. Skinner**, Entom. News Philad. vol. 15. p. 298 (British Columbia).

oslari **n. sp. Dyar**, Journ. New York Entom. Soc. vol. 12 p. 40 (Arizona).

subobscura **n. sp. Lathy**, Proc. Zool. Soc. London, 1904. vol. I p. 452 (Dominica). — *dominicana* **n. sp.** p. 452 (Dominica).

Thestor ballus. Erste Entwicklungsstadien. **Chapman**, Entom. Rec. a. Journ. of Var. vol. 16. p. 254—260, 277—284. pls. XI—XIII.

Thysonotis hebes **n. sp.** (verw. mit *T. Piepersii* Sn.) **Druce**, Ann. Nat. Hist. (7) vol. 13 p. 140 ♂ (Upper Aroa River, British New Guinea).

Tmolus **n. sp.** diverse Arten auf Trinidad, *beon* (Cram.) Bemerk. **Kaye**, Trans. Entom. Soc. London, 1904. p. 192. — *unilinea* **n. sp.** p. 192. — *perdistincta* **n. sp.** p. 194 pl. XVIII fig. 8 (beide aus Trinidad, Tabaquite).

Zeritis thysbe var. **Trimen**, Trans. Entom. Soc. London, 1904. p.´236—238 pl. XIX fig. 3, 3a. — *molomo*. Neubeschreib. p. 238—240 pl. XIX fig. 4, 4a. — *damarensis* Trim. p. 240—242 pl. IX fig. 5, 5a, 5b nebst Var.

N e u e A r t: *felthami* **n. sp.** (sehr nahe verw. mit *Z. zeuxa* (Linn.) u. *chrysaor* Trim.) **Trimen**, t. c. p. 233—236. pl. XIX fig. 2 ♂ ♀ (Cape of Good Hope).

Zizera otis var. **Green**, Spolia Zeylan. vol. II. p. 77 mit Holzschnitt.

Hesperiidae.

Autoren: Dyar, Fletcher, Fruhstorfer, Grinnell, Kaye, Mabille, Neave, Swinhoe, Trimen, Waterhouse.

H e s p e r i d a e von Trinidad. **Kaye, Trans.** Entom. Soc. London, 1904. p. 201—222.
H e s p e r i i d a e von **A u s t r a l i e n.** Kritik der Mabille'schen Arbeit. Corrigenda zu Fundorten und Synonymie. **Waterhouse.**

Acromecis **n. g.** (Type: *neander* Plötz) **Mabille,** *Hesperiidae* p. 171.

Aella **n. g.** (Type: *dryops* Mab.) **Mabille,** *Hesperiidae* p. 140.

Arotis **n. g. Mabille,** *Hesperiidae* p. 151. — *strene* **n. sp.** p. 151 (Brasil.).

Asbolis **n. g.** (Type: *sandarac* H.-Sch.) **Mabille,** *Hesperiidae* p. 134.

Bibla **n. g.** (*Taractrocera* nahest.) **Mabille,** *Hesperiidae* p. 122.

Chloeria **n. g.** (Type: *psittacina* Feld.) **Mabille,** *Hesperiidae* p. 178.

Chondrolepis **n. g.** (*murga* Mab.) **Mabille,** *Hesperiidae* p. 170.

Corone oceanica **n. sp. Mabille,** *Hesperiidae* p. 143 (Oceanien). — *tenebricosa* **n. sp.** p. 143 (Neu-Guinea).

Cyclopides trisignatus **n. sp. Neave,** Nov. Zool. Tring, vol. 11 p. 343 pl. I fig. 8 (Victoria Nyanza).

Dalla **n. g.** (pro parte *Butleria* Wats.) **Mabille,** *Hesperiidae* p. 107.

Hasora attenuata **n. sp. Mabille,** *Hesperiidae* p. 86 (New Guinea).

Heliopetes concinnata **n. sp. Mabille,** *Hesperiidae* p. 79 (Brasilien).

Ismene tolo **n. sp. Mabille,** *Hesperiidae* p. 89 (Celebes).

Kedestes tacusa **Trimen,** Trans. Entom. Soc. London, 1904. p. 245 pl. XX fig. 8 (farbig).

Leptalina **n. g.** (nahe *Heteropterus*) **Mabille,** *Hesperiidae* p. 110.

Malaza **n. g.** (Type: *carmides* Hew.) **Mabille,** *Hesperiidae* p. 95.

Manarina **n. g.** (Type: *empyreus* Mab.) **Mabille,** *Hesperiidae* p. 95.

Melanthes **n. g.** (Type: *brunnea* H.-Sch.) **Mabille,** *Hesperiidae* p. 80.

Ocybadistes suffusus **n. sp. Mabille,** *Hesperiidae* p. 142 (Australien).

Oedaloneura **n. g.** (Type: *heterochrous* Mab.) **Mabille,** *Hesperiidae* p. 101.

Oenides **n. g.** (Type: *vulpina* Feld.) **Mabille,** *Hesperiidae* p. 178.

Oxytoxia **n. g.** (Type: *doubledayi* Westw.) **Mabille,** *Hesperiidae* p. 93.

Padraona suborbicularis **n. sp. Mabille,** *Hesperiidae* p. 141 (Australien).

Pamphila manitoboides **n. sp. Fletcher,** Canad. Entom. vol. 36 p. 128 (Canada), desgl. auch Trans. Roy. Soc. Canada, vol. IX sect. 4. p. 214 (Canada).

Parnara nostrodamus. Lebensweise, Ei, Raupe. **Verity,** Bull. Soc. Entom. France, 1904. p. 233.

Perichares heroni **n. sp. Kaye,** Trans. Entom. Soc. London 1904 p. 221 (Trinidad).

Psoralis **n. g. Mabille,** *Hesperiidae* p. 133. — *sabaeus* **n. sp.** p. 133 (Bolivia).

Pyrrhochalcia **n. g.** (Type: *iphis* Drury) **Mabille,** *Hesperiidae* p. 89.

Sarega **n. g. Mabille,** *Hesperiidae* p. 133. — *staurus* **n. sp.** p. 133 (Colombia).

Serdis **n. g. Mabille,** *Hesperiidae* p. 144. — *flagrans* **n. sp.** p. 144 (Ecuador).

Staphylus sinepunctis **n. sp. Kaye,** Trans. Entom. Soc. London, 1904. p. 215 (Trinidad, St. Ann's Valley).

Stomyles gallio **n. sp. Mabille,** *Hesperiidae* p. 132. — *pupillatus* **n. sp.** p. 132 (beide aus Südamerika).

Synale **n. g.** (Type: *hylaspes* Cr.) **Mabille,** *Hesperiidae* p. 159.

Synapte **n. g.** (Type: *salenus* Mab.) **Mabille,** *Hesperiidae* p. 133.

Tagiades bubasa **n. sp.** (das Weiß der Hflgl. ähnlich wie bei *dealbata*) **Swinhoe,**
    Ann. Nat. Hist. (7) vol. 14 p. 418—419 ♂ (Humboldt Bay, Neu Guinea). —
    hovia **n. sp.** (verwandt mit *japetus* Cram. von Amboina) p. 419 ♂ (Shortland
    Islands). — *sivoa* **n. sp.** (verw. mit *T. presbyter* Butl. u. *trebellius* Hopffer)
    p. 419—420 ♂ (Humboldt Bay, New Guinea).
Telicota insularis **subsp.** *kreon* **n. Fruhstorfer,** Berlin. Entom. Zeitschr. Bd. 49.
    p. 166.
Neue Arten: *androsthenes* **n. sp. Fruhstorfer,** t. c. p. 165 Taf. I Fig. 6.
    (Lompa Battan).
hypomelaena **n. sp. Mabille,** *Hesperiidae* p. 148 (Neu-Guinea).
Thanaos lilius **n. sp. Dyar,** Proc. U. S. Nat. Mus. vol. XXVII p. 788 (Britisch
    Columbia). — *callidus* **n. sp. Grinnell,** Entom. News Philad. vol. 15. p. 114
    (S. California).
Thorybes mysie **n. sp. Dyar,** Journ. New York Entom. Soc. vol. 12 p. 40 (Arizona).
Thracides joannisii **n. sp. Mabille,** *Hesperiidae* p. 179. (Chiriqui). — *phidonides*
    n. sp. p. 179 (Ecuador).
Trioedusa **n. g. Mabille,** *Hesperiidae* p. 144. — *milvius* **n. sp.** p. 144 (Brasilien).
Vehilius subplanus **n. sp. Kaye,** Trans. Entom. Soc. London, 1904. p. 216
    (Trinidad).
Zenida **n. g.** (Type: *abdon* Ploetz) **Mabille,** *Hesperiidae* p. 160.
Zophopetes **n. g.** (Type: *dysmephila* Tr.) **Mabille,** *Hesperiidae* p. 183.

Heterocera.

Nomenklatur-Berichtigungen usw. in Hollands, Moths
etc. siehe Canad. Entom. vol. XXXVI p. 25 etc., ferner Entom. News Philad.
vol. XV p. 104—106.

Castniidae vacant.

Sphingidae.

Autoren: Dyar, Griep, Hampson, Kusnezov, Oberthür, Rothschild, Tutt,
Webster.
Sphingidae der britischen Inseln sowie Katalog der
    paläarktischen Formen: **Tutt,** British Lepidoptera vol. IV.
Revision von Rothschild u. Jordan (Titel siehe p. 717 d. Berichts
    f. 1903). **Tutt,** Entom. Record etc. vol. XVI p. 5 etc. — Bemerk. über
    Einteilung u. Nomenklatur.
Besprechung der Monographie von Rothschild u. Jordan.
    Seitz, Deutsche Entom. Zeitschr. Iris, Bd. 16. p. 324—330.
Variation, geographische Verbreitung, Alter der
    Sphingidae unter besonderer Berücksichtigung von *Smerinthus*. **Griep,**
    Helios, vol. XXI p. 89—129, nebst Tafel.
Sphingidae. Verbreitung in Nordamerika. **Webster,** Canad.
    Entom. vol. XXXVI p. 65—69.
Sphingidae von Japan. Beschreibungen, Bemerkungen, Abbildungen
    der Raupen. **Nagano,** Insect World, vol. VII u. VIII.

S p h i n g i d a e von Wiesbaden. **von Reichenau** p. 135—141.

S p h i n g i d a e vom Kootenaidistrikt, Brit. Columbia. **Dyar (28)** p. 788.

Entwicklung der Ocellen bei der Raupe von *Deilephila nerii* u. *Pergesa porcellus*. **Kusnezov,** Revue Russe Entom. T. IV p. 154—162, nebst Abb.

Acanthosphinx Güssfeldti Dew. Raupe u. Puppe. **Aurivillius,** Arkiv Zool. Bd. II No. 4. p. 43 ♂ ♀ (Kamerun).

Celerio. Varietäten und Hybriden europäischer Formen. **Oberthür,** Etudes comp. vol. I p. 26—42 Taf. V u. VI.

Daphnis nerii. Raupe u. Puppe. **Dollman,** Entom. Record vol. XVI p. 37 Taf. I.

Deilephila livornica lineata in Algier. Variation der Raupen. **Giard,** Bull. Soc. Entom. France 1904. p. 203—206.

Epistor boisduvali (= *camertus* Boisd. nec Cr.) **Oberthür,** Bull. Soc. Entom. France, 1904. p. 77.

N e u : *bathus* **n. sp.** (tiefer braun als *gorgon* u. *taedium*). **Rothschild,** Nov. Zool. Tring, vol. 11, p. 436 ♂ (Huancabamba, east of Cerro de Pasco, Peru; St. Domingo, Carabaya, S. O. Peru, 6500'; Charaplaya, Bolivia, 1300 m).

Hemaris diffinis Boisduval, var. *thetis* Grote u. Robinson, Ei. Stadium 1—5. **Dyar,** Proc. U. St. nat. Mus. vol. XXVII p. 788—789.

Lepchina **n. g.** (*Ascomeryx* nahe) **Oberthür,** Bull. Soc. Entom. France, 1904. p. 76.

— *tridens* **n. sp.** p. 76 (Darjeeling).

Lepisesia flavofasciata Walker, Ei, Stadium 1—5. **Dyar,** Proc. U. St. Nat. Mus. vol. XXVI p. 790—791.

Macroglossum augarra (verwandt mit *M. passalus*) **Rothschild,** Nov. Zool. Tring, vol. 11. p. 438—139 ♀ (Owgarra, north of head of Aroa River, Britisch-Neu-Guinea).

Manduca atropos. Varietäten. **Burrows,** Entom. Record, vol. XVI. p. 137 Taf. III.

Marumba nympha ♂. **Hampson,** Journ. Bombay Soc. vol. XV p. 640 Taf. D. Fig. 17.

Nephele discifera **forma** *rattraya* **n. Rothschild,** Nov. Zool. Tring, vol. 11. p. 436 ♂ (Kampala, Uganda).

Polyptychus murinus **n. sp.** (nahe verw. mit *P. pygarga* u. *affinis*) **Rothschild,** Nov. Zool. Tring, vol. 11. p. 435 ♀ (Kassai River, Congo Free State).

Rhagastis jordani **n. sp. Oberthür,** C. Bull. Soc. Entom. France, 1904. p. 14 (Siao-Lou).

Smerinthus, gynandromorpher Hybride. **Gillmer,** Allgem. Zeitschr. f. Entom. Bd. 9. p. 140.

ocellatus u. *populi.* Hybriden. **Arkle,** The Entomologist, 1904. p. 25.

tremulae. Bemerk. **Slevogt,** Societ. entom. vol. XIX p. 19.

Sphingonaepiopsis ansorgei **n. sp. Rothschild,** Nov. Zool. Tring, vol. 11. p. 438 ♂ (Mikenga, Angola).

Temnora albilinea **n. sp. Rothschild,** Nov. Zool. Tring, vol. 11. p. 436—437 ♂ ♀ (Pungo, Andongo, Angola). — *elegans* **subsp.** *polia* **n.** p. 437 ♂ (Pungo, Andongo, Angola). — *rattrayi* **n. sp.** (in Färbung u. Zeichnung zwischen *zantus* u. *atrofasciata*) p. 437—438 ♂ ♀ (Kampala, Uganda; Entebbe, Uganda).

Theretra polistratus **n. sp.** (verw. mit *T. rhesus*). **Rothschild,** Nov. Zool. Tring, vol. 11, p. 440 ♂ (Dinawa, Britisch Neu-Guinea).

Xylophanes ockendeni **n. sp. Warren,** Nov. Zool. Tring, vol. 11. p. 439 (Santo Domingo, Carabaya, S. O. Peru). — *rhodatus* **n. sp.** (nahe verw. mit *eumedon*) p. 440 ♂ (Santo Domingo, Carabaya, Peru).

Sesiidae.

S e s i i d a e von Wiesbaden (*Trochilium, Sciapteron, Sesia, Bembecia*). **von Reichenau** p. 146—149.

— vom Kootenai Distrikt. **Dyar (28)** p. 915.

Bembecia marginata var. albicoma. **Engel,** Entom. News Philad. vol. XV p. 68.

Parharmonica piceae **n. sp. Dyar,** Proc. Entom. Soc. Washington, vol. VI p. 106 (Washington).

acerni. Lebensweise. **Engel,** Entom. Philad. vol. XV p. 71.

Sesia doryliformis **ab.** *unicolor* **n. Ragusa,** Natural. Sicil. vol. XVII p. 114.

typhiaeformis Galle ? **Trotter,** Marcellia vol. III p. 83.

N e u: *jakuta* **n. sp. Herz,** Ofv. Finske Forh. vol. XLV. No. 15. p. 19 (Lena).

Bombyces.

(sensu latissimo, mit Einschluß der *C h a l c o s i i d a e , P s y c h i d a e , H e p i a l i d a e , C o s s i d a e , A g a r i s t i d i d a e* und verschiedene Familien von mehr oder minder zweifelhafter Stellung).

U r a n i i d a e und *E p i p l e m i d a e* siehe unter *G e o m e t r i d a e.*

C y m a t a p h o r a e siehe unter *G e o m e t r i d a e.*

T h y r i d i d a e siehe unter *P y r a l i d a e.*

Autoren: Auirvillius, Barnes, Bartel, Bethune-Baker, Chapman, Deegener u. Schaposchnikow, Dognin, Druce, Dyar, Federley, Hampson, Heylaerts, Heyn, Joannis, Jordan, Littler, Marshall, Oberthür, Packard, Petersen, Piepers u. Snellen, Schaus, Stebbing, Swinhoe, Tschetverikov, Turner, Warren.

Synbombycina superfam. nov. (für die *B r a h m a e i d a e , B o m b y c i d a e , E n d r o m i d a e , L a s i o c a m p i d a e , L i p a r i d a e* und *E u p t e r o - t i d a e*). **Packard,** Proc. Amer. Acad. vol. XXXIX p. 578.

S a t u r n i i d a e. Einteilung. Synopsis der Raupen. u Puppen. **Aurivillius,** Arkiv Zool. vol. II No. 4. p. 15—27.

C o s s i d a e. Bemerk. über Charaktere, Larvenhöcker, Stellung von *Culama expressa.* **Quail,** The Entomologist, 1904. p. 93—97, Taf. V.

L y m a n t r i i d a e v o n A u s t r a l i e n , einschließlich *Aganaidae.* **Turner,** Trans. Entom. Soc. London, 1904. p. 469—481.

S y n t o m i d a e v o n J a v a. Beschreib. d. Raupen. **Piepers u. Snellen,** Tijdschr. v. Entom. vol. XLVII. p. 43—62.

E s s b a r e R a u p e. *C o r d y c e p s* u. *H e p i a l i d a e.* **Kirby,** Nature, vol. LXX p. 44.

Abynotha Preussi Mab. u. Vuill. Bau d. Vflgl. ♂. **Aurivillius,** Arkiv Zool. Bd. II. No. 4. p. 56.

Acatapaustus **n. g.** *N o l i n a r u m.* **Bethune-Baker,** Nov. Zool. Tring vol. 11.

p. 415. — *basifusca* n. sp. p. 415 ♂ ♀ Taf. VI Fig. 25. (Dinawa, Aroa River).
— *ekeikei* n. sp. p. 416 Fig. 20 (Ekeikei, beide in Neu-Guinea).
Acco n. g. *L i t h o s i i n a r u m.* Bethune-Baker, Nov. Zool. Tring, v. 11 p. 418.
— *bicolora* n. sp. p. 418 Taf. V Fig. 21 (Neu-Guinea, Dinawa, Aroa River).
Adelocephala citrina n. sp. Schaus, Trans. Amer. Entom. Soc. vol. XXX p. 142.
nisa n. sp. Druce, Ann. Nat. Hist. (7) vol. 13 p. 242—243 ♂ (Peru, Santo
Domingo, 6000′). — *hodeva* n. sp. p. 243 ♂ (British Guiana). — *Eugenia*
n. sp. p. 243 ♀ (French Guiana). — *Smithi* n. sp. p. 243—244 ♂ (Co-
lombia, Cacagualito, 1500′). — *yucatana* n. sp. p. 214 ♀ (Yucatan).
— *lineata* n. sp. p. 214 (Paraguay).
Adoneta spinuloides (= *leucosigma* Pack.) Dyar, Journ. New York Entom. Soc.
vol. XII p. 43. — N e u: *bicaudata* n. sp. Dyar, t. c. p. 43 (N. Amerika).
Aeolosia atropunctata var. alba Snellen, Tijdschr. v. Entom. vol. XLVII Taf. XI
Fig. 2.
Aethria innotata n. sp. Schaus, Trans. Amer. Entom. Soc. vol. XXX p. 135
(Petropolis).
Afilia oslari n. sp. Dyar, Proc. Entom. Soc. Washington vol. VI p. 64 (Arizona,
Mexico).
Aganais speciosa Drucy. Beschr. v. Raupe u. Puppe. Aurivillius, Arkiv Zool.
Bd. II No. 4 p. 38—39 nebst Abb. Fig. 30.
Agonis dymus n. sp. Swinhoe, Trans. Entom. Soc. London, 1904 p. 155 (Fergusson
Isl.).
A g a r i s t i d a e 2 Gatt. m. 2 Arten vom Kootenaidistrikt. Dyar, Proc. U. S.
Nat. Mus. vol. XXVII p. 796.
Agylla hampsoni n. sp. Dognin, Ann. Soc. Entom. Belg. T. 48 p. 358 (Peru).
Altha maculata n. sp. Schaus, Trnas. Amer. Entom. Soc. vol. XXX p. 138 (Cuba).
Amatha Fabr. hat die Priorität vor *Synthomis* Ochs. Prout, The Entomologist,
1904. p. 116.
Anadiasa nom. nov. für *Nadiasa* Auriv. nec Walker. Aurivillius, Jägerskiöld exp.
No. 8. p. 8.
Anaphe reticulata. Parasit. ders. Cameron, Zeitschr. f. system. Hym. u. Dipt.
Anaxita Lysandra n. sp. (schöne Sp.) Druce, Ann. Nat. Hist. (7) vol. 13. p. 242 ♂
(N. Peru: Huanchacabamba 6000′—10 000′).
martha n. sp. Dognin, Naturaliste 1904. p. 55 (Peru).
Antarctia pallidivena n. sp. Schaus, Trans. Amer. Entom. Soc. vol. XXX p. 138
(Parana).
Anthela ekeikei n. sp. Bethune-Baker, Nov. Zool. Tring, vol. 11. p. 403 ♂ (Neu-
Guinea: Ekeike).
symphona n. sp. Turner, Trans. Entom. Soc. London, 1904 p. 480 (Tasmania).
— *achromata* n. sp. p. 481 (Queensland).
Antheraea yamamai. Junge Raupe. Packard, Proc. Amer. Acad. vol. XXXIX
p. 569.
Apatelodes mehida n. sp. Druce, Ann. Nat. Hist. (7) vol. 13. p. 246 ♂ (S. E. Peru,
Santo Domingo, 6000′). — *signata* n. sp. p. 246—247 ♂ ♀ (Fundort wie
vorige Sp.). — *banepa* n. sp. p. 247 ♂ ♀ (Fundort wie vorige Sp.).
pudefacta n. sp. Dyar, Journ. New York Entom. Soc. vol. XII p. 42 (Arizona
u. Mexiko).
uvada n. sp. Barnes, Canad. Entom. vol. XXXVI p. 264 (Arizona).

Apantesis bicolor **n. sp. Swinhoe,** Ann. Nat. Hist. (7) vol. 14 p. 166 ♂ (Bahamas: Abaco).

Apisa chrysopyga Plötz Beschr. des ♂. **Aurivillius,** Arkiv. Zool. Bd. II No. 4. p. 28. — *Sjöstedti* **n. sp.** (vorig. nahest.) p. 28—29 Textfig. 24 (Kamerun). — *parachoria* Holl. Geäder p. 29.

Archylus tener. Gattungscharaktere. **Dyar,** Proc. Entom. Soc. Washington, vol. VI p. 65.

Arctia villica. Varietäten. **Winterstein,** Deutsch. Entom. Zeitschr., Iris, Bd. 17. p. 7. Taf. IV.

flavia. Varietäten. **Lorez,** Soc. Entom. vol. XIX p. 123.

maculosa **var.** *sojata* **n. Tschetverikov,** Revue Russe Entom. vol. IV p. 79.

caja. Zahl der Eier (1542 Stück gezählt). **Oudemans,** Entom. Ber. Nederland. vol. I p. 95.

A r c t i i d a e vom Kootenai-Distrikt. **Dyar,** Proc. U. S. Nat. Mus. vol. XXVII p. 794—796. — von Wiesbaden. **von Reichenau** p. 150—155.

A r c t i i n a e von Wiesbaden. **von Reichenau** p. 150—153.

Arguda erectilinea **n. sp. Swinhoe,** Trans. Entom. Soc. London, 1904. p. 152 (Singapore).

pratti **n. sp. Bethune-Baker,** Nov. Zool. Tring, vol. 11. p. 395 ♂ ♀ Taf. IV Fig. 33 (Neu-Guinea: Ekeikei).

Argyrolepidia aequalis mit den neuen **subsp.** *capiens* **n. Jordan,** Nov. Zool. Tring, vol. 11 p. 446 (ähnelt *aequalis aequalis*) p. 446 ♂ ♀ (Treasury Isl., Solomon Isl.). — **subsp.** *integra* **n.** (ähnelt *aeq. salomonis* von Guadalcanar) p. 446 —447 ♂ ♀ (Choiseul, Solomon Is.).

Argyrostagma **n. g.** (weicht von *Lymantria* (*Porthetria*) ab durch das Radialfeld d. Vflgl. u. die nur mit 2 Spornen bewaffneten Hintertibien) **Aurivillius,** Arkiv Zool. Bd. II No. 4. p. 56—57. Type: *niobe* Weym. p. 57 ♀. Beschr. d. Puppe.

Arhacia fascis eine gute Art. **Schaus,** Trans. Amer. Entom. Soc. vol. XXX p. 145. N e u e A r t: *meridionalis* **n. sp. Schaus,** t. c. p. 145 (Britisch Guiana).

Arsenura richardsoni. Raupe. **Packard,** Canad. Entom. vol. XXXVI, p. 73.

Asura. **Piepers** behandelt u. bildet zum größten Teil ab in Tijdschr. v. Entom. vol. XLVII die Raupen folgender Arten: *lutara* p. 157 Taf. X Fig. 10. — *senara* p. 159. — *semicirculata* p. 160 Taf. X Fig. 11. — *eos* Fig. 12. — *uniformeola* Fig. 16.

N e u e A r t e n: **Bethune-Baker** beschreibt in d. Nov. Zool. Tring vol. 11: *ochreomaculata* **n. sp.** p. 424 Taf. V Fig. 26 (Dinawa). — *flaveola* **n. sp.** (steht *sagenaria* Wllgr. nahe) p. 424 Taf. V Fig. 22 (Dinawa). — *brunneofasciata* **n. sp.** p. 425 ♂ ♀ Taf. V Fig. 24 (Dinawa, Aroa River). — *unicolora* **n. sp.** p. 425 ♂ Taf. V Fig. 25 (Dinawa, Aroa River). — *sagittaria* **n. sp.** (*flava* nahest.) p. 425 ♂ Taf. V Fig. 23 (Dinawa). — *rosacea* **n. sp.** p. 426 (Dinawa). — *dinawa* **n. sp.** (*flava* nahest.) p. 426 ♀ Taf. V Fig. 38 (Dinawa). — *aroa* **n. sp.** p. 426 Taf. V Fig. 37 (Aroa, Owen Stanley Range). — Sämtlich von Neu-Guinea.

Asuridia ridibunda **Piepers** u. **Snellen,** Tijdschr. v. Entom. vol. XLVII p. 156 Taf. XI Fig. V Larve Taf. X Fig. 9 (Batavia).

Athletes steindachneri **n. sp. Rebel,** Annal. Hofmus. Wien Bd. 19. p. 64 Taf. II.

Attacinae. Subfam. Übersicht der Gatt. *Drepanoptera* Rothsch. u. *Epiphora* Wallengr. Bemerk. zur Raupe. **Aurivillius,** Arkiv Zool. Bd. II No. 4. p. 17. — Die hierhergehörigen Gatt. sind äußerst nahe verwandt u. wahrscheinlich zu reduzieren. **Aurivillius,** t. c. p. 16—17. — Übersicht der Gatt.: *Drepanoptera* Rothsch. u. *Epiphora* Wallengr. Bedornung der Raupe etc.

Attacus atlas Bemerk. **Packard,** Entom. New. Philad. vol. XV p. 5.
Neue Subspp. **Fruhstorfer,** Entom. Meddel. vol. II p. 283—290. — Neue Varietäten: **Fruhstorfer,** Soc. entom. vol. XVIII p. 169.
Neue Art: *vibidia* **n. sp.** (kleine, von allen bekannten Formen verschiedene Art). **Druce,** Ann. Nat. Hist. (7) vol. 13 p. 214—215 ♂ (Argentinische Republik, Tucuman).

Automeris pygmaea. **Schaus,** Trans. Amer. Entom. Soc. vol. XXX p. 141 (Parana).

Automolis dolens **n. sp.** (verw. mit *A. rectiradia* Hampson vom Ober-Amazonas, auch mit *A. tegyra* Druce) **Druce,** Ann. Nat. Hist. (7) vol. 12. p. 241—242 ♀ (Paraguay).

Axiologa **n. g.** *Lymantriid.* (Type: *pura* Luc.) **Turner,** Trans. Entom. Soc. London, 1904. p. 477.

Birthama plagioscia = (*Doratiphora aspidophora* Low.) **Turner,** Trans. Roy. Soc. S. Austral. vol. XXVIII p. 241.
Neue Arten: *leucosticta* **n. sp.** **Turner,** t. c. p. 241. — *dochmographa* **n. sp.** p. 241 (beide von Queensland). — *basibrunnea* **n. sp.** **Swinhoe,** Trans. Entom. Soc. London 1904 p. 154 (Ost-Africa).

dinawa **n. sp.** **Bethune-Baker,** Nov. Zool. Tring, vol. XI p. 385 ♀ Taf. V Fig. 33 (Neu-Guinea: Dinawa).

Bombyx mori. Ursprüngliche Form ders. *Theophila mandarina.* **Demaison,** Bull. Soc. Entom. France 1904. p. 109. — Zahl der Eier, Fruchtbarkeit etc. **Gal,** Bull. Soc. Nimes vol. XXXI p. 37—43.

Brahmaea japonica. Ei, Raupe, Verwandtschaft. **Packard,** Proc. Americ. Acad. vol. XXXIX p. 570—578.

Burgena splendida subsp. *pectoralis* **n. Jordan,** Nov. Zool. Tring, vol. 11 p. 444 ♂ ♀ (Choiseul I., Isabel I., Solomons).

Byrsia aurantiaca. Raupe. **Piepers,** Tijdschr. v. Entom. vol. XLVII p. 148.
amoena subsp. *guizonis* **n. Jordan,** Nov. Zool. Tring, vol. 11, p. 443 ♀ (Guizo Isl., Rubiana Lagoon, Solomon Isl.).

Caligula japonica. Lebensgeschichte. **Packard,** Proc. Amer. Acad. vol. XXXIX p. 564—568.

Callimorpha dominula var., aus der Nahrung zu schließen. **Zang,** Allgem. Zeitschr. f. Entom. Bd. 9. p. 224.
Neu: *coccinea* **n. sp.** **Swinhoe,** Trans. Entom. Soc. London, 1904. p. 151 (Borneo).

Callosamia calleta. Lebensgeschichte. **Packard,** Proc. Amer. Acad. vol. XXXIX p. 547—551.

Camerunia ? flava **n. sp.** **Aurivillius,** Trans. Entom. Soc. London, 1904. p. 647 Taf. XXXIII Fig. 5, 6 (Zomba).

Campimoptilum Karsch von *Goodia* nicht zu unterscheiden. **Aurivillius,** Arkiv Zool. Bd. II No. 4. p. 21.

Caprimima caerulescens subsp. *mononis* n. (steht nahe bei *caerul. caerulesc.*).
Jordan, Nov. Zool. Tring, vol. II p. 443 ♀ (Treasury Island).
N c u: *choiseuli* n. sp. (ähnelt *C. caerulescens*) Jordan, t. c. p. 443 ♀ (Choiseul
Isl., Salomonsinseln).
Cascera bella n. sp. Bethune-Baker, Nov. Zool. Tring, vol. 11 p. 378 ♂ Taf. V
Fig. 44 (Neu-Guinea).
Caviria dinawa n. sp. Bethune-Baker, Nov. Zool. Tring, vol. 11 p. 397 ♂ (Neu-
Guinea: Dinawa u. Mount Kebea, Ekeikei. — Aroa-River).
Celama minna Butler. Raupe. Dyar (28) p. 914—915.
N e u: *fuscibasis* n. sp. Bethune-Baker, Nov. Zool. Tring, vol. 11. p. 414 ♂
Taf. V Fig. 42. (Dinawa). — *aroa* p. 414 Fig. 39—41 ♂ (Dinawa, Aroa-
River. Beide von Neu-Guinea).
Ceramidia butleri nach Britisch Columbien verschleppt. Cockle, Canad. Entom.
vol. XXXVI p. 204.
Cerura australis var. (= *multipunctata* Bak.) Turner, Proc. Linn. Soc. N. S.
Wales 1904 p. 833.
multipunctata n. sp. Bethune-Baker, Nov. Zool. Tring, vol. 11 p. 381 Taf. VI
Fig. 9.
Ceryx albimacula Walk. Färbung. Aurivillius, Arkiv Zool. Bd. II. No. 4. p. 27.
N e u: Bethune-Baker beschreibt in d. Nov. Zool. Tring, vol. 11. aus N e u -
G u i n e a: *subformicina* n. sp. p. 382. — *aroa* n. sp. p. 382. — *swinhoei*
n. sp. p. 383.
Chalcosia viridisuffusa n. sp. Swinhoe, Trans. Ent. Soc. London, 1904. p. 155
(Borneo).
Chalia laminati n. sp. Heylaerts, Ann. Soc. Entom. Belg. T. 48. p. 419 (Tonkin).
Chelura hemileuca n. sp. Rothschild, Nov. Zool. Tring vol. 11. p. 322 ♂ Taf. III
Fig. 25 (Neu-Guinea: Owgarra, north of head of Aroa River).
Chionaema. Piepers beschreibt in d. Tijdschr. v. Entom. vol. XLVII folg. Arten:
javanica p. 151 Taf. X Fig. 6. — *pitana* p. 153 Taf. X Fig. 17. — *bianca*
p. 154 Fig. 8.
trigutta Walk. Kurze Angaben über Raupe u. Puppe. Aurivillius, Arkiv Zool.
Bd. II. No. 4. p. 35. — *resecta* = (*Lexis bipunctigera* Walk.) p. 35.
N e u e A r t e n: *affinis* n. sp. Snellen, Tijdschr. v. Entom. vol. XLVII p. 152
Taf. XI Fig. 1 (Java).
— Bethune-Baker beschreibt in d. Nov. Zool. Tring vol. 11 aus Neu-Guinea:
albomaculata n. sp. p. 422 ♂ Taf. IV Fig. 35 (Aroa River). — *aroa* n. sp.
p. 423 ♂ (Aroa River). — *brunnea* n. sp. p. 423 ♂ (Aroa River). — *chary-
rybdis* n. sp. p. 423 ♂ ♀ Taf. V Fig. 27 (Dinawa). — *dinawa* n. sp. p. 423 ♂
(Dinawa).
Chliara notha zu *Hapigia* zu ziehen. Schaus, Trans. Amer. Entom. Soc. vol. XXX
p. 149.
Chondrostega constantina Oberthür, Etudes comp. T. X p. 53 Taf. IV Fig. 46, 53.
Chrysaeglia bipunctata. Bethune-Baker, Nov. Zool. Tring, vol. 11. p. 420 ♂
Taf. VI Fig. 26 (Neu Guinea: Mount Kebea, Dinawa, Aroa River).
Chrysopoloma crawshayi n. sp. Aurivillius, Trans. Entom. Soc. London, 1904.
p. 699 Taf. XXX Fig. 8.
Chrysoscota flavistrigata n. sp. Bethune-Baker, Nov. Zool. Tring, vol. 11. p. 417 ♂
(Aroa River, Neu Guinea).

Citheronia brissoti. Metamorphose. **Gallardo,** Bull. Soc. Entom. France 1904. p. 268.

Clania lewinii. Lebensweise, Eiablage etc. **Littler,** The Entomologist, 1904. p. 310—315.

Clemensia albata. Erste Stände. (Ei, Stadium I u. II). **Dyar,** Proc. U. S. Nat. Mus. vol. XXVII p. 793.

Cleolosia aroa **n. sp. Bethune-Baker,** Nov. Zool. Tring, vol. 11. p. 424 Taf. VI Fig. 29 (Neu-Guinea: Dinawa).

Clerckia securizonis **subsp.** *guizonis* **n. Jordan,** Nov. Zool. Tring, vol. 11. p. 442 ♀ (Guizo Isl., Rubiana Lagoon, Salomon Isl.).

Clisiocampa americana. Naturgeschichte. **Surface.** — Zahl der Eier. **Girault,** Entom. News Philad. vol. XV p. 2.

Cnethocampa pityocampa. Experimente mit den Raupen. **de Roequigny-Adanson,** Feuille jeun. Natural. T. XXXIV p. 186—187.

Contheyla lola **n. sp. Swinhoe,** Trans. Entom. Soc. London, 1904 p. 153 (Borneo). — *brunnea* **n. sp.** p. 153 (Borneo).

— **Bethune - Baker** beschreibt in d. Nov. Zool. Tring vol. 11 aus N e u - G u i n e a : *pratti* **n. sp.** p. 386 ♂ Taf. V Fig. 46 (Dinawa). — *ekeikei* **n. sp.** p. 385 ♂ (Ekeikei). — *birthama* **n. sp.** p. 386 ♂ (Ekeikei).

Correbidia apicalis **n. sp. Schaus,** Trans. Amer. Entom. Soc. vol. XXXVI p. 136 (Cuba).

Cossus cossus. Gewohnheiten der Raupe. **Schuster,** Zool. Garten Bd. 45 p. 283. N e u: *tropicalis* **n. sp. Schaus,** Trans. Amer. Entom. Soc. vol. XXX p. 142 (Britisch-Guiana).

C o c h l i d i d a e von Wiesbaden (*Cochlidion, Heterogenea*). **von Reichenau.**

C o c h l i d i i d a e vom Kootenai-Distrikt. **Dyar** p. 915.

C o s s i d a e von Wiesbaden (*Cossus, Dyspessa, Phragmatoecia, Zeuzera*). **von Reichenau** p. 148—149. — vom Kootenai-Distrikt. **Dyar,** p. 915.

Cricula trifenestrata Bemerk. **Bouvier,** Bull. Soc. Entom. 1904. p. 254.

Ctenocha albolineata **n. sp.** (verw. mit *Ct. Clavia* Druce von Ecuador). **Druce,** Ann. Nat. Hist. (7) vol. 13 p. 241 ♂ (N. Peru, Huancabamba, 6000—10 000'). *projecta* **n. sp. Dognin,** Naturaliste 1904 p. 67 (Peru). *annulata* **n. sp. Schaus,** Trans. Amer. Entom. Soc. vol. XXX p. 137 (Bolivia).

Cyanopepla samarca **n. sp. Schaus,** Trans. Amer. Entom. Soc. vol. XXX p. 435 (Bolivia).

Cycethra **n. g.** (aberrante Gatt. weder *L a s i o c a m p i d e* noch *L i m a c o - d i d e*). **Bethune-Baker,** Nov. Zool. Tring, vol. 11. p. 393. — *aroa* **n. sp.** p. 393 ♀ (Neu-Guinea, Aroa River).

C y m b i d a e von Wiesbaden. **von Reichenau** p. 150.

Dahana cubana **n. sp. Schaus,** Trans. Amer. Entom. Soc. vol. XXX p. 136 (Cuba).

Dasychira stigmatica Holl. Beschr. d. Raupe u. Puppe. **Aurivillius,** Arkiv Zool. Bd. II. No. 4. p. 57 Fig. 46 farb. Abb. des Schmetterl. Taf. I Fig. 4 ♀ — *ocellata* Holl. Raupe p. 58. — *pulchripes* **n. sp. Aurivillius,** t. c. Abb. Fig. 47 p. 58 ♂ (Kamerun). — *mascarena* Butl. Puppe p. 59. — *cameruna* **n. sp.** p. 59 Fig. 48. Scheint *Notohyba muscosa* Holl. ähnlich zu sein. — *fusca* Walk. Bemerk. zur Zeichn. p. 60.

N e u e A r t e n : *angelus* **n. sp. Tschetverikov,** Revue Russe Entom. T. IV p. 77 (Mongolei).

hieroglyphica **n. sp. Swinhoe,** Trans. Entom. Soc. London, 1904 p. 144.' — *libella* **n. sp.** p. 145. — *bergmannii* **n. sp.** p. 145. — *ila* **n. sp.** p. 146 (alle vier von Aschanti).

— **Bethune - Baker** beschreibt in d. Nov. Zool. Tring vol. 11 aus N e u Guinea: *subnigra* **n. sp.** p. 404 ♂ Taf. VI Fig. 41. — *subnigropunctata* **n. sp.** p. 404 ♂ Taf. VI Fig. 40. — *brunnea* **n. sp.** p. 404 ♂ Taf. VI Fig. 30. — *minor* **n. sp.** p. 405 ♂ Taf. VI Fig. 27. — *kenricki* **n. sp.** p. 405 ♀ Taf. IV Fig. 27.

Dasychiroides **n. g.** *L y m a n t r i i d.* **Bethune-Baker,** Nov. Zool. Tring vol. 11 p. 405. — *obsoleta* **n. sp.** p. 406 ♂ Taf. VI Fig. 43. — *nigrostriata* **n. sp.** p. 406 Taf. VIII Fig. 28♂. — *pratti* **n. sp.** p. 406♂ ♀ Taf. VI Fig. 7 (Dinawa, Ekeikei, Aroa-River). — *bicolora* **n. sp.** p. 407 ♂ Taf. VI Fig. 6 (Dinawa, Mount Kebea, Aroa-River). — *brunneostrigata* **n. sp.** p. 407 ♂ Taf. VI Fig. 8 (Dinawa, Aroa-River).

Deilemera. Bemerk. zur Gatt. **Aurivillius,** Arkiv Zool. Bd. II No. 4 p. 39—40. — *itokina* **n. sp.** p. 40 ♀ Fig. 31 (Itokina N'golo). — *simplex* Walk. Beschr. d. ♂, Raupe, Puppe p. 40—41 Abb. Fig. 32 (Raupe nebst Details). — Die dafür (p. 41) errichtete Gattung *Xylecata* 1904 ist unbegründet. — *hemixantha* **n. sp.** p. 41—42 ♂ ♀ (Kamerun). — *rattrayi* **n. sp. Swinhoe,** Trans. Entom. Soc. London, 1904 p. 147 (Uganda).

eddela **n. sp.** (gehört zur *evergista*-Gruppe) **Swinhoe,** Ann. Nat. Hist (7) vol. 14 p. 420—421 ♂ (Engano).

— **Bethune-Baker** beschreibt in d. Nov. Zool. Tring vol. 11 aus N e u - Guinea: *kebeae* **n. sp.** p. 411 Taf. VI Fig. 36 (Mount Kebea). — *dinawa* **n. sp.** p. 411 ♂ ♀ Taf. VI Fig. 37 (Dinawa). — *pratti* **n. sp.** p. 412 ♂ Taf. VI Fig. 38 (Owen Stanley Ranges).

Dendrolimus pini u. Verwandte. Synon. **Petersen,** Revue Russe Entom. T. IV p. 163—166. — *segregatus.* Unterscheidet sich deutlich durch den Bau der Geschlechtsorgane.

Diacrisia sanio **var.** *caucasica* **n. Schaposchnikov,** Annuaire Mus. St. Pétersbourg T. IX p. 253.

kasloa. Erste Stände. **Dyar,** Proc. U. St. Nat. Mus. vol. XXVII p. 724. Ei, Stadium I—VI).

N e u: *pratti* **n. sp. Bethune-Baker,** Nov. Zool. Tring vol. 11 p. 412 ♂ Taf. IV Fig. 23 (Mount Kebea, Dinawa). — *dinawa* **n. sp.** p. 413 ♂ Taf. IV Fig. 25 (Dinawa, Aroa-River). — *kebea* **n. sp.** p. 413 Taf. IV Fig. 24 (Kebea). — Alle drei aus Neu-Guinea.

kasloa **n. sp. Dyar,** Proc. Entom. Soc. Washington vol. VI p. 18 (Kootenay).

Diastema (Typus: *simplex*) steht der Gatt. *Anthena* (Typus: *tricolor* Walk.) sehr nahe. Unterschiede. **Aurivillius,** Arkiv Zool. Bd. II No. 4 p. 5.

Dicentria ravana **n. sp. Dognin,** Ann. Soc. Entom. Belg. T. 48 p. 116 (San Salvador). — ? *hertha* **n. sp.** p. 116 (Tucuman).

Dicranura vinula. Kannibalismus der Raupen. **Zang,** Allgem. Zeitschr. f. Entom. Bd. 9 p. 225.

himalayana. Raupe. **Hampson,** Journ. Bombay Soc. vol. XVI p. 150.

Dinawa **n. g.** *L i m a c o d i d.* **Bethune-Baker,** Nov. Zool. Tring, vol. XI p. 386. — *rufa* **n. sp.** p. 386 ♂ Taf. V Fig. 32 (Dinawa). — *nigricans* **n. sp.** p. 386 ♂ Taf. V Fig. 11 (Dinawa). — Beide aus Neu-Guinea.

Diversosexus **n. g.** *L y m a n t r i i d.* **Bethune-Baker,** Nov. Zool. Tring, vol. 11
p. 402. — *bicolor* **n. sp.** p. 403 ♂ ♀ Taf. VI Fig. 4 (Dinawa, Aroa River).
— *aroa* **n. sp.** p. 403 ♂ Taf. VI Fig. 3 (Aroa River). — Beide aus Neu-Guinea.

Doratifera unicolora = (*stenora* Turn.) **Turner,** Trans. Roy. Soc. S. Austral.
vol. XXVII p. 241.

casta. Raupe. **Raiabow,** Rec. Austral. Mus. vol. V p. 253 Taf. XXIX p. 253.

D r e p a n i d a e aus Wiesbaden. **von Reichenau** p. 156.

Duomitus leuconotus. Lebensweise, Lebensgeschichte. **Stebbing,** Journ. Asiat.
Soc. Bengal vol. LXXIII part 2 p. 25—30.

N e u : *benestriata* **n. sp. Hampson,** Ann. Nat. Hist. (7) vol. 14 p. 180 ♂ (Bahamas: Abaco).

Dysauxes punctata **var.** *ragusaria* **n. Zickert,** Nat. Sicil. vol. XVII p. 97.

Eilema pulverosa **n. sp. Aurivillius,** Arkiv Zool. Bd. II No. 4 p. 34 ♂ (Kamerun).

Eligma (auf Grund des Geäders provisorisch zu den *Arctiidae* gestellt) **Aurivillius,** Arkiv Zool. Bd. II No. 4 p. 36. — *hypsioides* Walk. Beschr. von
Raupe u. Puppe Fig. 29 p. 36—38. — *duplicata* Aur. Beschr. von Raupe
u. Puppe p. 35 Fig. 29, 29d—f.

Elysius barnesi **n. sp. Schaus,** Trans. Amer. Entom. Soc. vol. XXX p. 137 (Kuba).
— *systron* **n. sp.** p. 137 (Parana).

E n d r o m i d i d a e von Wiesbaden. **von Reichenau** p. 157.

Entometa spodopa **n. sp. Turner,** Trans. Roy. Soc. S. Austral. vol. XXVIII
p. 239 (Queensland).

Eohemera **n. g.** (Unterschiede von *Deilemera*) **Aurivillius,** Arkiv Zool. Bd. II
No. 4 p. 42. — Type: *Nycthemera Fulleri* Druce.

Epanaphe **n. g.** (für *moloneyi* Dr. u. *carteri* Walsingh. — a genere *Anaphe* differt
solum costa 5a in utraque ala absente). **Aurivillius,** Arkiv Zool. Bd. II No. 4
p. 8. — *clarilla* **n. sp. Aurivillius,** Trans. Entom. Soc. London, 1904 p. 699
Taf. XXXIII Fig. 10 (Mashonaland).

Epiphora mythimnia. Beschr. der Raupe. **Aurivillius,** Arkiv Zool. Bd. II No. 4
p. 17.

Epipyrops nawai **n. sp. Dyar,** Proc. Entom. Soc. Washington, vol. VI p. 19
(Japan).

Eragisa viridis **n. sp. Schaus,** Trans. Amer. Entom. Soc. vol. XXX p. 144 (Rio
de Janeiro). — (?) *sabulosa* **n. sp.** p. 144 (Chiriqui).

Eriogaster philippsi **n. sp. Bartel,** Deutsch. Entom. Zeitschr. Iris Bd. 17 p. 10
(Haifo).

Eucerone cubensis **n. sp. Schaus,** Trans. Amer. Entom. Soc. vol. XXX p. 136
(Kuba).

Euchromia lethe Fabr. Beschr. der Raupe. Abb. Textfig. 28. **Aurivillius,** Arkiv
Zool. Bd. II No. 4 p. 32—33.

Eucyane gundlachia **n. sp. Schaus,** Trans. Entom. Amer. Soc. vol. XXX p. 138
(Kuba).

Eugoa tricolora **n. sp.** (steht *aequalis* nahe) **Bethune-Baker,** Nov. Zool. Tring,
vol. 11 p. 427 Taf. V Fig. 13 ♀ (Dinawa, Aroa River). — *conflua* **n. sp.**
p. 427 ♂ ♀ Taf. V Fig. 12 (Dinawa, Aroa River). Beide aus Neu-Guinea.

Eunotela moqui **n. sp. Barnes,** Canad. Entom. vol. XXXVI p. 266 (Arizona).

Euprepia pudica. Stridulation. **Powell,** Entom. Record vol. XVI p. 327.

Euproctilla **n. g.** (*Euproctis* nahe) **Aurivillius**, Arkiv Zool. Bd. II No. 4 p. 54. —
(?) *disjuncta* **n. sp.** p. 54 ♂ (Kamerun).
Euproctis lyoma **n. sp.** (verwandt mit *E. fasciata* Walk., ist aber kleiner und
deutlich verschieden) **Swinhoe**, Ann. Nat. Hist (7) vol. 14 p. 131 ♂ (Bipindi,
Cameroons).
Sjöstedti **n. sp.** **Aurivillius**, Arkiv Zool. Bd. II No. 4 p. 53 Fig. 41 (Kamerun).
— *rubroguttata* **n. sp.** p. 53 Fig. 42 (Kamerun).
lyclene **n. sp.** **Swinhoe**, Trans. Entom. Soc. London 1904 p. 144 (Borneo).
reversa **n. sp.** (verwandt mit *E. lodra* Moore von Java) **Swinhoe**, Ann. Nat.
Hist (7) vol. 14 p. 421—422 ♂ ♀ (Granville, Neuguinea).
— **Bethune - Baker** beschreibt in den Nov. Zool. Tring vol. 11 aus N e u -
G u i n e a folgende Arten: *swinhoei* **n. sp.** p. 398 ♂ Taf. IV Fig. 20
(Mount Kebea). — *virginea* **n. sp.** p. 398 Taf. IV Fig. 16 (Ekeikei. —
Aroa River). — *parallelaria* **n. sp.** p. 399 Taf. IV Fig. 16 (Dinawa). —
kebeae **n. sp.** p. 399 ♂ Taf. IV Fig. 30 (Mt. Kebea, Aroa River). —
dinawa **n. sp.** p. 399 ♂ ♀ Taf. IV Fig. 29 (Dinawa, Aroa River). —
yulei **n. sp.** p. 399 ♂ Taf. IV Fig. 28 (Dinawa). — *rubroradiata* **n. sp.**
p. 400 ♂ Taf. IV Fig. 21 (Dinawa). — *pratti* **n. sp.** p. 400 Taf. IV Fig. 13 ♂
(Dinawa). — *fuscoradiata* **n. sp.** p. 400 Taf. VI Fig. 5 (Aroa River). —
aroa **n. sp.** p. 401 ♀. — *nigroapicalis* **n. sp.** p. 401 ♂ Taf. IV Fig. 34
(Aroa River). — *irregularis* **n. sp.** p. 401 Taf. VI Fig. 14. — *albociliata*
n. sp. p. 401 ♂ Taf. VI Fig. 2 (Ekeikei). — *novaguineensis* **n. sp.** p. 402
♂ (Ekeikei, Mount Kebea). — *sublutea* **n. sp.** p. 402 ♂ (Dinawa). —
flavicaput **n. sp.** (oberflächlich *sublutea* ähnlich) p. 402 ♂ (Aroa River).
leptotypa **n. sp.** **Turner**, Trans. Entom. Soc. London, 1904 p. 475. — *erycides*
n. sp. p. 475 (beide aus Queensland).
Eupterote jaresia **n. sp.** **Swinhoe**, Trans. Entom. Soc. London, 1904 p. 152 (Ce-
lebes).
Eustema carama **n. sp.** **Druce**, Ann. Nat. Hist. (7) vol. 13 p. 248 ♂ (S. E. Peru,
Santo Domingo, 6000').
Fentonia corticicolor **n. sp.** **Aurivillius**, Arkiv. Zool. Bd. II No. 4 p. 3—4 ♀ Text-
fig. 11 (Kamerun).
Gargetta africana **n. sp.** **Aurivillius**, Arkiv Zool. Bd. II No. 4 p. 7 ♂ Textfig. 16
(Kamerun, Ndian).
Garudinistis aroa **n. sp.** **Bethune-Baker**, Nov. Zool. Tring, vol. 11 Taf. IV Fig. 37
p. 422 (Neu-Guinea, Aroa River).
Gastropacha populifolia var. flava **Schultz**, Soc. entom. vol. XVIII p. 185.
pini. Raupe. Die blauen Streifen ders. **Cholodkovsky**, Zool. Jahrb. Abt. f.
System. Bd. 19 p. 556 Taf. XXXI Fig. 3.
Geodena quadriguttata (= *Cypra bimaculata* Walk.) **Swinhoe**, Trans. Entom.
Soc. London, 1904 p. 148.
N e u e   A r t e n : **Swinhoe** beschreibt t. c. aus W e s t - A f r i k a : *semihyalina* **n. sp.** p. 149. — *bandajoma* **n. sp.** p. 149. — *accra* **n. sp.** p. 149.
— *suffusa* **n. sp.** p. 150. — *inferma* **n. sp.** p. 150. — *partita* **n. sp.** p. 150.
— *surrendra* **n. sp.** p. 150.
Gerontia **n. g.** *M e g a l o p y g i d.* **Schaus**, Trans. Amer. Entom. Soc. vol. XXX
p. 139. — *omayena* **n. sp.** p. 139 (Britisch-Guiana).

Girpa notata Holl. zu *Geodena* gehörig. **Swinhoe,** Trans. Entom. Soc. London, 1904 p. 151.

Gloveria coronada **n. sp. Barnes,** Canad. Entom. vol. XXXVI p. 268 (Arizona).

Gluphisia septentrionalis Walker. Bemerk. zur Variation. **Dyar,** Proc. U. S. Nat. Mus. vol. XXVII p. 884—885. — *lintneri* Grote var. *severa* Hy. Edwards p. 885. — Übersicht über die Formen *lintneri* Grote mit var. *lintneri* Grote, var. *avimacula,* Hudson, var. *slossonii* Packard, *race severa* Hy. Edw., var. *danbyi* Neumogen, var. *normalis* Dyar [**nom. nov.**] u. var. *severa* Hy. Edwards.

Gnophaela clappiana idiomorph *ruidosensis.* **Cockerell,** The Entomologist, 1904 p. 213.

Goodia falcata Auriv. steht *G. nubilata* Holl. nahe, ist aber kleiner usw. **Aurivillius,** Arkiv Zool. Bd. II No. 4 p. 14.

Grammoa **n. g.** *L y m a n t r i i d.* **Aurivillius,** Arkiv Zool. Bd. II No. 4 p. 51 —52. — *striata* **n. sp.** p. 52 ♂ (Kamerun).

Graphosia ochracea **n. sp. Bethune-Baker,** Nov. Zool. Tring vol. 11 p. 415 ♀ Taf. XI Fig. 36 (Neu Guinea, Aroa River).

Gunda kebeae **n. sp. Bethune-Baker,** Nov. Zool. Tring vol. 11 p. 370 ♂ Taf. IV Fig. 32. — *aroa* **n. sp.** p. 371 ♀ (beide aus Neu-Guinea; erstere von Mt. Kebea, letztere von Aroa River).

Habrosyne scripta Gosse. Ei, Stad. I—V. **Dyar,** Proc. U. S. Nat. Mus. vol. XXVII p. 885—886.

Halesidota maculata **var.** *eureka* **n. Dyar,** Proc. Entom. Soc. Washington vol. VI p. 19.

N e u e A r t e n: *grotei* **n. sp. Schaus,** Trans. Amer. Entom. Soc. vol. XXX p. 138. — *tanamo* **n. sp.** p. 138 (beide von Kuba).

Halesidota albipennis **n. sp. Swinhoe,** Ann. Nat. Hist. (7) vol. 14 p. 166 ♀ (Bahamas: Nassau).

Halone flavopunctata **n. sp.** (steht *sobria* nahe, doch sind die Flecke verschieden) **Bethune-Baker,** Nov. Zool. Tring, vol. 11 p. 421 ♂ Taf. V Fig. 28 (Neu-Guinea: Aroa River).

Hapigia simplex (= *ribbei* Druce) **Schaus,** Trans. Amer. Entom. Soc. vol. XXX p. 148.

N e u: *estrella* **n. sp. Barnes,** Canad. Entom. vol. XXXVI p. 267 (Arizona). — **Schaus** beschreibt in d. Trans. Amer. Entom. Soc. vol. XXX: *directa* **n. sp.** p. 148 (Kuba). — *curvilinea* **n. sp.** p. 148 (Britisch Guiana). — *plateada* **n. sp.** p. 149 (Britisch Guiana).

Heliosia charopa **n. sp. Turner,** Trans. Roy. Soc. S. Austral. vol. XXVIII p. 212 (Queensland).

Hemiceras pilacho **n. sp. Barnes,** Canad. Entom. vol. XXXVI p. 266 (Arizona). *constellata* **n. sp. Dognin,** Ann. Soc. Entom. Belg. T. 48 p. 118 (Costa Rica). — *pogoda* **n. sp.** p. 118 (Merida). — **Schaus** beschreibt in den Trans. Amer. Entom. Soc. vol. XXX: *moresca* **n. sp.** p. 147. — *truncata* **n. sp.** p. 148. — *angulinea* **n. sp.** p. 148. (Alle drei aus S. America).

Hemileuca maia. Wandern (Marschieren) der Raupe. **Marshall,** Biol. Bull. vol. VI p. 260—265. — *budleyi.* Lebensgeschichte. **Soule,** Psyche vol. XI p. 118 —120.

H e p i a l i d a e von Wiesbaden. **von Reichenau** p. 149.

— Australische. Synonymie und Bemerk. **Turner,** Trans. Roy. Soc. Austral.
vol. XXVIII p. 245—247.

Hepialus hectus var. **Woodbridge,** The Entomologist 1904 p. 9 mit Holzschnitt.

humuli. Variation auf den Faroerinseln. **Annandale,** Proc. Phys. Soc. Edinb.
p. 158.

Heterocampa dolens **n. sp. Druce,** Ann. Nat. Hist. (7.) vol. 13 p. 248—249 ♂.
longula **n. sp.** p. 249 ♂. — *luteilinea* **n. sp.** p. 249 (alle drei aus S. E. Peru,
Santo Domingo, 6000 ').

— **Schaus** beschreibt in d. Trans. Amer. Entom. Soc. vol. XXX: *baracoana*
n. sp. p. 145. — *santiago* **n. sp.** p. 145. — *albidiscata* **n. sp.** p. 146 (alle
drei von Kuba). — *sylvia* **n. sp.** p. 146. — *barensa* **n. sp.** p. 146 (beide
von Parana).

H e t e r o g y n i s penella von Wiesbaden. **von Reichenau** p. 146.

— Bemerk. über Lebensgewohnheiten, spezifische Unterschiede. Raupen.
Kokons. **Chapman,** Trans. Entom. Soc. London, 1904 p. 71—78 Taf. XI
—XIV. — N e u: *canalensis* **n. sp.** aus Spanien.

Heterogynis paradoxa u. *penella.* **Chapman,** Trans. Ent. Soc. London. 1904.
Photographische Abb. von 16 Kokons.

Heteronygmia manicata Aur. (als *Lymantria*) = (*rhodapicata* Holl.) **Swinhoc,**
Trans. Entom. Soc. London 1904 p. 146.

Heterusia semiflava **n. sp. Jordan,** Nov. Zool. Tring vol. 11 p. 447 ♂ (Neu-Guinea,
Upper Aroa River).

— Siehe auch unter *G e o m e t r i d a e.*

Hirsutopalpis **n. g.** *N o t o d o n t.* **Bethune-Baker,** Nov. Zool. Tring, vol. 11
p. 375. — *fasciata* **n. sp.** p. 375 (Neu-Guinea: Ekeikei, Dinawa).

Homocera rhodocera **n. sp. Schaus,** Trans. Amer. Entom. Soc. vol. XXX p. 135
(Chiriqui).

Homophylotis **n. g.** (*Procris* nahest.) **Turner,** Trans. Roy. Soc. S. Austral. vol.
XXVIII p. 243. — *thyridota* **n. sp.** p. 243 (Queensland).

Hyaloperina nudiuscula **n. sp. Aurivillius,** Arkiv Zool. Bd. II No. 4 p. 63 u. 64
in Anm. ♂ (Kongogebiet).

Hygochroa intricata **n. sp. Druce,** Ann. Nat. Hist. (7) vol. 13 p. 248 ♂ (S. E. Peru,
Santo Domingo, 6000').

Hylemera funesta gehört zu *Geodena.* **Swinhoe,** Trans. Entom. Soc. London,
1904, p. 149.

Hyleora inclyta = (*lacerta* Dr.) **Turner,** Proc. Linn. Soc. N. S. Wales 1904 p. 832.

Hyperaeschra collaris **n. sp.** (verw. mit *H. tenebrosa* Moore von Sikkim). **Swinhoc,**
Ann. Nat. Hist. (7) vol. 14 p. 132 ♂ (Khasia Hills).

Hypercydas caeliloma von Aroa River u. Kapaur. Variation. **Bethune-Baker,**
Nov. Zool. Tring vol. 11 p. 372.

Hypidota **n. g.** (*Thalesa* nahest.) **Schaus,** Trans. Amer. Entom. Soc. vol. XXX
p. 137. — *neurias* **n. sp.** p. 137 (Parana).

Hypoprepia miniata Kirby. Erste Stände. (Ei: Stadium 1—3). **Dyar,** Proc.
U. S. States Mus. vol. XXVII p. 793.

Ichthyura transecta. Raupe. **Hampson,** Journ. Bombay Soc. vol. XVI p. 150.

Ilema obliterans. Raupe. **Piepers,** Tijdschr. v. Entom. vol. XLVII p. 143. — *apicalis.* Raupe. p. 144 Taf. X Fig. 14. — *natara.* Raupe p. 145.

Neue Arten: *androconia* n. sp. **Heyn**, Soc. entom. vol. XIX p. 25 (Ost-
afrika).
— **Bethune - Baker** berichtet in den Nov. Zool. Tring vol. XI aus Neu -
G u i n e a: *ekeikei* n. sp. p. 419 ♂ Taf. V Fig. 16 (Ekeikei). — *dinawa*
n. sp. (steht *bipunctata* Wlk. nahe) p. 419 ♀ Taf. V Fig. 15. — *costistriga*
n. sp. p. 419 ♂ ♀ Taf. V Fig. 30 (Ekeikei, Aroa River). — *unicolora*
n. sp. p. 420 ♀ Taf. V Fig. 31 (Dinawa, Aroa River). — *hades* n. sp.
p. 420 ♂ ♀ Taf. V Fig. 14 (Dinawa). — *nivea* n. sp. p. 420 ♀ Taf. V
Fig. 21 (Dinawa).
Illice angelus n. sp. **Dyar**, Proc. Entom. Soc. Washington, vol. VI p. 198. —
injecta n. sp. p. 199. — *dorsimacula* n. sp. p. 199. — *liberomacula* n. sp. p. 199
(sämtlich aus Nordamerika).
Imaus. **Bethune-Baker**, beschreibt in d. Nov. Zool. Tring vol. 11 folgende n e u e
A r t e n aus N e u - G u i n e a: *niveus* n. sp. p. 409 ♂ (Ekeikei, Mount Kebca).
— *spodea* n. sp. p. 409 ♂ ♀ Taf. VI Fig. 1 (Dinawa, Ekeikei, Mount Kebea,
Aroa River). — *aroa* n. sp. p. 409 ♀ (Aroa River). — *pratti* n. sp. p. 410 Taf. IV
Fig. 15 ♂ u. Taf. VI Fig. 12 ♀ (Dinawa). — *marginepunctata* n. sp. p. 410
Taf. VI Fig. 13 (Dinawa). — *dubia* n. sp. p. 410 ♂ Taf. VI Fig. 10 (Aroa
River). — *sulphurea* n. sp. p. 411 ♂ Taf. VI Fig. 11 (Aroa River).
Imbrasia epimethea subsp. *ertli* n. **Rebel**, Annal. Hofmus. Wien Bd. 19 p. 67
Taf. III.
epimethea Drury. Beschr. d. Raupe u. Puppe. **Aurivillius**, Arkiv Zool. Bd. II
No. 4 p. 11—12 Abb. d. Raupe Textfig. 18.
Iropoca n. g. *L y m a n t r i i d.* **Turner**, Trans. Entom. Soc. London, 1904 p. 477.
— Type: *rotundata* Walk.
Ischnocampa tovia n. sp. **Doguin**, Ann. Soc. Entom. Belg. T. 48 p. 115 (Peru).
Isostigena n. g. *L a s i o c a m p i d.* **Bethune-Baker**, Nov. Zool. Tring vol. 11
p. 395. — *bicellata* n. sp. p. 396 Taf. IV Fig. 12 (Dinawa, Aroa River).
Lambula aroa n. sp. **Bethune-Baker**, Nov. Zool. Tring vol. 11 p. 416 ♂. — *bilineata*
n. sp. p. 416 ♂ (beide von Neu-Guinea).
L a s i o c a m p i d a e von Wiesbaden. **von Reichenau** p. 165—169.
— vom Kootenai-Distrikt. **Dyar**, Proc. U. S. Nat. Mus. vol. XXVII p. 807
—808.
Lasiocampa quercifolia u. Raupe. Gewohnheiten. **Schuster**, Zool. Garten, Bd. 45
p. 285.
Lasioceros n. g. *N o t o d o n t i d.* **Bethune-Baker**, Nov. Zool. Tring, vol. 11
p. 380. — *aroa* n. sp. p. 381 (Neu-Guinea).
Lasiochara n. g. *L i m a c o d i d.* **Bethune-Baker**, Nov. Zool. Tring, vol. 11
p. 392. — *pulchra* n. sp. p. 392 ♂ Taf. V Fig. 49 (Neu-Guinea: Dinawa).
Lasiolimacos n. g. *L i m a c o d i d.* **Bethune-Baker**, Nov. Zool. Tring vol. 11
p. 388. — *pratti* n. sp. p. 388 Taf. VI Fig. 32 (Dinawa, Ekeikei). — *kenricki*
n. sp. p. 388 ♂ ♀ Taf. VI Fig. 33 (Dinawa, Aroa River). — *ferruginea* n. sp.
p. 389 ♂ Taf. VI Fig. 50 (Ekeikei). — Sämtlich aus Neu-Guinea.
L e m o n i i d a e von Wiesbaden. **von Reichenau** p. 157—158.
Lepasta omaiensis n. sp. **Schaus**, Trans. Amer. Entom. Soc. vol. XXX p. 144
(Britisch Guiana).
Leptonadata n. g. **Aurivillius**, p. 2—3. — *Sjöstedti* n. sp. p. 3 ♀ Textfig. 10 (Kamerun, aus der Puppe gezogen).

Leucoma salicis. Naturgeschichte. **Schuster,** Zool. Garten, Bd. 45 p. 65—68.
N e u: *semihyalina* **n. sp.** (ähnelt *silhetica* Walk.) **Swinhoe,** Ann. Nat. Hist.
(7) vol. 14 p. 421—422 ♂ (Padang, Sumatra).

Leucophobetron. Charaktere. **Dyar,** Proc. Entom. Soc. Washington vol. VI
p. 77.

Lexis Hampson muß *Tigrioides* heißen. **Aurivillius,** Arkiv Zool. Bd. II No. 4
p. 35.

bipunctigera Wallengren (1860) ist nicht *Setina quadrinotata* Walk., sondern
= *Chionaema rejecta* Walk. (1854). **Aurivillius,** Arkiv Zool. Bd. II
No. 4 p. 35.

Limocodiden-Raupe. Unbekannte Art. Beschr. u. Abb. **Aurivillius,** Arkiv. Zool.
Bd. II No. 4 p. 46—47 Fig. 34.

L i p a r i d a e vom Kootenai-Distrikt. **Dyar,** Proc. U. S. Nat. Mus. vol. XXVIII
p. 887.

L i t h o s i i n a e von Wiesbaden. **von Reichenau** p. 153—155.

Lithosia natalica Möschl ist nach Aur.'s Untersuchung d. Type nicht, wie Hampson
angibt, = *Sozusa scutellata,* sondern = *Macrosia fumeola* Walk. **Aurivillius,**
Arkiv Zool. Bd. II No. 4 p. 35.

Lobeza schausi **n. sp.** **Dognin,** Ann. Soc. Entom. Belg. T. 48 p. 117 (Merida).

Lobobunaea Sjöstedti Aur. ist nicht = *alinda* Dru., wie Rothschild will. Bemerk.
dazu. **Aurivillius,** Arkiv Zool. Bd. II No. 4 p. 4.

Lomadonta obscura **n. sp.** **Swinhoe,** Trans. Entom. Soc. London 1904 p. 146. —
saturata **n. sp.** p. 147 (beide aus Westafrika).

Lonomia bethulia **n. sp.** (verwandt mit *L. monacharia* Mssn.) **Druce,** Ann. Nat.
Hist. (7) vol. 13 p. 247 ♂ (N. Peru, Huancabamba, 6000—10 000 ').

Lophopteryx cuculla. Biologie. **Riding,** Entom. Record vol. XVI p. 249—252.

Ludia obscura Aur. Beschr. der Raupe u. Puppe. **Aurivillius,** Arkiv Zool. Bd. II
No. 4 p. 14—15. — *sp.* kurze Charakteristik der Raupen p. 14—15.

L u d i i n a e. Subfam. Übersicht über die Gatt. *Goodia* Holl., *Carnegia* Holl.,
Ludia Wallengr. u. *Holocera* Feld. **Aurivillius,** Arkiv Zool. Bd. II No. 4 p. 21.

Lyclene peloa **n. sp.** **Swinhoe,** Ann. Nat. Hist. (7) vol. 14 p. 420 ♂ ♀ (Padang,
Sumatra).

Lycomorphodes calopteridion **n. sp.** **de Joannis,** Bull. Soc. Entom. France, 1904,
p. 289 (Organ Mts.)

L y m a n t r i i d a e. Die Systematik derselben liegt noch im Argen. **Aurivillius,**
Arkiv Zool. Bd. II No. 4. Übersicht über die Gattungen. 1. *Stilpnotia*
Westw., 2. *Sapelia* Swinh., 3. *Naroma* Walk., 4. *Homoeomeria* Wallengr.,
5. *Leucoma* Steph., 6. *Grammoa* Auriv., 7. *Stracena* Swinh., 8. *Hyaloperina*
Auriv., 9. *Rhypopteryx* Auriv., 10. *Polymona* Walk., 11. *Synogdoa* Auriv.,
12. *Porthesia* Steph., 13. *Euproctis* Hübn., 14. *Euproctilla* Auriv., 15. *Orthio-
psyche* Wallengr., 16. *Nyctemera* Hübn., 17. *Lymantria* Hübn., 18. *Mylantria*
Auriv., 19. *Abynotha* Swinh., 20. *Lacipa* Walk., 21. *Argyrostagma* Aur.,
22. *Somatoxena* **n. n.** (Type: *lasea* Druce) p. 66, 23. *Pirga* Auriv., 24. *Cimola*
Walk., 25. *Marbla* Swinh., 26. *Cropera* Walk., 27. *Creagra* Wallengr.,
28. *Crorema* Walk., 29. *Olapa* Walk. (wahrsch. = *Crorema*), 30. *Orgyia* Ochs.,
31. *Lomadonta* Holl., 32. *Dasychira* Steph., 33. *Notohyba* (Holl. ?) Aur.,
34. *Terphothrix* Holl., 35. *Laelia* Steph. **Aurivillius,** Arkiv Zool. Bd. II No. 4
p. 62—68.

L y m a n t r i i d a e von Wiesbaden. von Reichenau p. 136—165.

Lymantria vacillans ♀. Raupe u. Puppe. Textfig. Aurivillius, Arkiv Zool. Bd. II No. 4.

Lymantria monacha L. mit ab. nigra trans. ad ab. eremitam bei Wiesbaden. von Reichenau p. 165.

— siehe Argyrostigma.

N e u: novaguineensis n. sp. Bethune-Baker, Nov. Zool. Tring, vol. 11 p. 40 ♂ Taf. VI Fig. 35 (Owen Stanley [Range]). — ekeikei n. sp. p. 408 ♂ ♀ Taf. VI Fig. 18 (Ekeikei). — kebeae n. sp. p. 408 ♂ Taf. VI Fig. 22 (Mount Kebea). — Alle drei von Neu-Guinea.

Macaduna bipunctata n. sp. Bethune-Baker, Nov. Zool. Tring, vol. 11 p. 421 ♂ Taf. V Fig. 29 (Dinawa, Aroa River, Ekeikei). — aroa n. sp. p. 421 (Aroa River). — Beide von Neu-Guinea.

Macrocnema viridifusa n. sp. Schaus, Trans. Amer. Entom. Soc. vol. XXX p. 135 (Parana).

Macrosia fumeola = (Lithosia natalica Möschl.) Aurivillius, Arkiv Zool. Bd. II No. 4 p. 35.

Maenas punctatostrigata n. sp. Bethune-Baker, Nov. Zool. Tring, vol. 11 p. 412 Taf. VI Fig. 15 (Mount Kebea, Dinawa, Aroa River).

Malacosoma neustria. Variation. Färbung. Nahrung. Douglas, The Entomologist 1904, 43.

Malacosoma pluvialis Dyar. Dyar, Proc. U. S. Nat. Mus. vol. XXVII p. 887—888.

Malocampa ecpantherioides n. sp. Schaus, Trans. Amer. Entom. Soc. vol. XXX p. 146 (Britisch Guiana).

Marthula aurea n. sp. (verw. mit E. dora Druce von Domingo). Druce, Ann. Nat. Hist. (7) vol. 13 p. 248 ♂ (S. E. Peru, Santo Domingo, 6000 ′).

Maschane Leechi n. sp. Druce, Ann. Nat. Hist. (7) vol. 13 p. 249—250 ♀ (Amazons). — neobule n. sp. p. 250 (Costa Rica).

Megalopyge. Schaus beschreibt aus S ü d a m e r i k a in den Trans. Amer. Entom. Soc. vol. XXX: govana n. sp. p. 139. — aricia n. sp. p. 139. — nigrescens n. sp. p. 139. — gamelia n. sp. Dyar, Ann. Nat. Hist. (7) vol. 13 p. 246 ♂ (S. E. Peru, Santo Domingo, 6000 ′).

Meganaclia sippia Plötz. Beschr. der Puppe. Aurivillius, Arkiv Zool. Bd. II No. 4 p. 28.

Megapisa n. g. (durch das Geäder der Vflgl. stimmt M. nahe mit Metarctia, durch dasjenige der Hflgl. am besten mit Apisa überein) Aurivillius, Arkiv Zool. Bd. II No. 4 p. 29—30. — nigripennis n. sp. p. 30 ♀ (Zentralafrika).

Melanergon n. g. E u p t e r o t i d. Bethune-Baker, Nov. Zool. Tring vol. 11 p. 372. — proserpina n. sp. p. 372 ♀ (Neu - Guinea: Upper Aroa River).

Meragisa dasra n. sp. Dognin, Ann. Soc. Entom. Belg. T. 48 p. 116. — davida n. sp. p. 117 (beide von Peru).

Metarctia nigriceps n. sp. (erinnert etwas an M. invaria Walk.) Aurivillius, Arkiv Zool. Bd. II No. 4 p. 30 ♀ (Kamerun). — rubrovitta n. sp. (durch die Fleckenzeichnung etwas an Pseudapiconoma flavimacula Walk. erinnernd) p. 31 ♀ Textfig. 25 (Kamerun). — Preussi n. sp. (Zeichnung wie caeruleifascia) p. 31 ♂ Textfig. 26 (Kamerunberg: Buea).

Miltochrista vetusta Snellen, Tijdschr. v. Entom. vol. LVII p. 163 Taf. XI Fig. 4.

Misogada pallida n. sp. **Schaus**, Trans. Amer. Entom. Soc. vol. **XXX** p. 145
(Kuba).

Mylantria n. g. *L y m a n t r.* (Untersch. von *Euproctis*) **Aurivillius**, Arkiv Zool.
Bd. II No. 4 p. 54—55. — *xanthospila* von Plötz p. 54. — *vacillans* Walk.
p. 55 Beschr. d. ♀, der Raupe Abb. Fig. 44 u. der Puppe Fig. 44.

Myopsyche Ochsenheimeri Boisd. Bemerk. zum Geäder. **Aurivillius**, Arkiv Zool.
Bd. II No. 4 p. 27.

Naroma signifera Walk. Raupe, Puppe. **Aurivillius**, Arkiv Zool. Bd. II No. 4
p. 48.

Narosa aroa n. sp. **Bethune-Baker**, Nov. Zool. Tring vol. 11 p. 386 ♂ ♀ (Neu-
Guinea: Aroa River).

Natada monomorpha n. sp. **Turner**, Trans. Roy. Soc. S. Austral. vol. **XXVIII**
p. 242 (Queensland).

Neacerea nigra n. sp. **Schaus**, Trans. Amer. Entom. Soc. vol. **XXX** p. 136
(Chiriqui).

Nemeophila cervini. Varietäten. **Oberthür**, Etudes comp. T. I p. 54—59, Taf. I.

Nervicompressa n. g. *L i m a c o d i d.* **Bethune-Baker**, Nov. Zool. Tring vol. 11
p. 389. — *unistrigata* n. sp. p. 390 ♂ ♀ Taf. IV Fig. 5 (Dinawa). — *lunulata*
n. sp. p. 390 ♂ ♀ Taf. IV Fig. 4 (Dinawa, Aroa River). — *albomaculata* n. sp.
p. 371 Taf. IV Fig. 3 (Dinawa). — *dubia* n. sp. p. 391 ♂ Taf. IV Fig. 19
(Dinawa). — *kebeae* n. sp. p. 391 ♂ Taf. IV Fig. 10 (Kebea). — *aroa* n. sp.
p. 392 ♂ Taf. IV Fig. 6 (Aroa River). — Sämtlich von Neu-Guinea.

Nesaca albimacula n. sp. **Hampson**, Ann. Nat. Hist. (7) vol. 14 p. 180 ♂ (Bahamas:
Nassau).

Nishada flabrifera. Raupe. **Piepers**, Tijdschr. v. Entom. vol. XLVII Taf. X
Fig. 3.

N e u: *melanopa* n. sp. **Bethune-Baker**, Nov. Zool. Tring, vol. 11 p. 417 ♂
Taf. V Fig. 19 (Dinawa, Aroa River, Neu-Guinea).

N o l i d a e von Wiesbaden. **von Reichenau** p. 156—157.

Nola distributa. Raupe. **Piepers**, Tijdschr. v. Entom.vol. XLVII p. 139 Taf. X
Fig. 1.

N o t o d o n t i d a e von Wiesbaden. **von Reichenau** p. 158—162.
— vom Kootenai-Distrikt. **Dyar**, Proc. U. S. Nat. Mus. vol. XXVII p. 883.

Notohyba? *bimaculata* n. sp. (scheint mit *N. nubifuga* Holl. u. *N. delicata* Holl.
nahe verwandt zu sein) **Aurivillius**, Arkiv Zool. Bd. II No. 4 p. 60 ♂ Abb.
Fig. 49. Beschr. d. Puppe (Kamerun). — *? insolita* n. sp. (Rippenbau wie
Dasychira) p. 60—61 ♂ Abb. Fig. 50 (Kamerun).

Nudaria discipunctata. Raupe. **Piepers**, Tijdschr. v. Entom. vol. XLVII p. 164.

Nudaurelia intermiscens Walk. Beschr. d. Raupe u. Puppe. **Aurivillius**, Arkiv
Zool. Bd. II No. 4 p. 10. — *dione* Fabr. Beschr. der Raupe u. Puppe Abb.
d. Raupe Fig. 17.

Nyctemera = (*Deilemera*) **Turner**, Trans. Entom. Soc. London 1904 p. 471.
— siehe *Eohemera.* — *simplex* siehe *Xylecata.*

N y c t e o l i d a e vom Kootenai-Distrikt. **Dyar**, Proc. U. S. Nat. Mus. vol. XXVII
p. 883.

Nystalea kayei n. sp. **Schaus**, Trans. Entom. Soc. London 1904, p. 142 (Britisch-
Guiana). — *guttulata* n. sp. p. 143 (Kuba). — *malga* n. sp. p. 143 (Rio Janeiro).
— *corrusca* n. sp. p. 143 (Rio Janeiro).

Odonestis pruni ab. *rosacea* **Schultz,** Soc. sutom. vol. XVIII p. 185.

N e u: *centralistrigata* **n. sp.** (steht *griseomarginata* Swinh. nahe) **Bethune-Baker,** Nov. Zool. Tring, vol. 11 p. 397 Taf. IV Fig. 7 (Neu-Guinea: Dinawa).

Oenosandra boisduvalii ♀ = (*Lomatosticha nigrostriata* Motsch) **Turner,** Proc. Linn. Soc. N. S. Wales. 1904. p. 833.

Omichlis hampsoni **n. sp.** **Bethune-Baker,** Nov. Zool. Tring vol. 11 p. 375 ♂ Taf. V Fig. 2 (Dinawa). — *dinawa* **n. sp.** p. 376 ♂ Taf. V Fig. 3 (Dinawa). — *ochracea* **n. sp.** p. 376 ♂ ♀ Taf. V Fig. 6 ♂ (Ekeikei, Mount Kebea, 6000 ʹ). — *griseola* **n. sp.** p. 376 Taf. V Fig. 7 ♂ (Ekeikei). — *pratti* **n. sp.** p. 377 ♂ Fig. 5 (Ekeikei). — *rufofasciata* **n. sp.** p. 377 ♂ Taf. VI Fig. 17 (Kebea, Ekeikei). — Sämtlich aus Neu-Guinea.

Oeonistis bicolora **n. sp.** **Bethune-Baker,** Nov. Zool. Tring. vol. 11 p. 420 ♂ Taf. VI Fig. 34 (Neu-Guinea: Dinawa).

Opodiphthera papuana **n. sp.** (ähnelt *astrophela*) **Rothschild,** Nov. Zool. Tring, vol. 11 p. 601 ♂ ♀ (Deutsch-Neu-Guinea: Astrolabe-Bai).

Opisirhina aroa **n. sp.** **Bethune-Baker,** Nov. Zool. Tring, vol. 11 p. 395 ♂ ♀ (Neu-Guinea: Aroa-River).

Oreta angustipennis **n. sp.** **Warren,** Nov. Zool. Tring, vol. 11 p. 461 ♀ (Amambara Creek, River Niger).

Orygia splendida. Raupe. **Chapman,** Entom. Record, vol. XVI p. 195—198.

Ormiscodes radama **n. sp.** **Druce,** Ann. Nat. Hist. (7) vol. 13 p. 245 ♂ (S. E. Peru, Santo Domingo, 6000 ʹ). — (?) *choba* **n. sp.** p. 245—246 ♂ (Fundort wie vorige).

Orthogonioptilum Karsch ist von *Goodia* verschieden u. gehört zur Abt. II (falls die Angaben von *O. prox* stichhaltig sind). **Aurivillius,** Arkiv Zool. Bd. II No. 4 p. 21.

Osica glauca = (*turneri* u. *funerea* Bak.) **Turner,** Proc. Linn. Soc. N. S. Wales, 1904 p. 834.

N e u: *turneri* **n. sp.** **Bethune-Baker,** Nov. Zool. Tring vol. 11 p. 374 ♂ ♀ Taf. VI Fig. 31. (Dinawa, Ekeikei). — *funerea* **n. sp.** p. 374 (beide aus Neu - Guinea: Upper Aroa River). Vielleicht eine Subsp. von *O. glauca* Walk.

Othorene rubra **n. sp.** **Schaus,** Trans. Amer. Entom. Soc. vol. XXX p. 141. — *carisma* **n. sp.** p. 141. — *subochreata* **n. sp.** p. 142. (alle drei aus Britisch-Guiana).

Pais ansorgei **n. sp.** **Jordan,** Nov. Zool. Tring, vol. 11 p. 445 ♂ (Afrika: Bula Matenga).

Paraceryx **n. g.** S y n t o m i d. **Bethune - Baker,** Nov. Zool. Tring, vol. 11 p. 384. — *aroa* **n. sp.** p. 34 (Neu-Guinea).

Paradohertya **n. g.** L i t h o s i i n. **Bethune-Baker,** Nov. Zool. Tring, vol. 11 p. 421. — *trifascia* **n. sp.** p. 421 ♂ Taf. V Fig. 36 (Neu-Guinea: Aroa River).

Parasa loxoleuca **n. sp.** **Turner,** Trans. Roy. Soc. S. Austral. vol. XXVIII p. 242 (Queensland).

Parazeuzera **n. g.** C o s s i d. **Bethune-Baker,** Nov. Zool. Tring vol. 11 S. 384. — *celaena* **n. sp.** p. 384 Taf. V Fig. 9 ♂ (Dinawa). — *aurea* **n. sp.** p. 384 ♂ Taf. V Fig. 10 (Dinawa).

Peratodonta **n. g.** *N o t o d o n t.* (von *Scalmicauda* versch. durch den großen Zahn
am Saume der Vorderflgl.) **Aurivillius**, Arkiv Zool. Bd. II No. 4 p. 6. —
— *brunnea* **n. sp.** p. 6—7 ♂ Textfig. 14, Raupe Fig. 15 (Kamerun. — Aus
Raupe gezogen).

Pericallia Sjöstedti Aur. Beschr. v. ♂, Raupe u. Puppe. **Aurivillius**, Arkiv Zool.
Bd. II No. 4 p. 36.

P e r i c o p i d a e vom Kootenai-Distrikt. **Dyar**, Proc. U. S. Nat. Mus. vol. XXVII
p. 883.

Perophora bilinea **n. sp.** **Schaus**, Trans. Amer. Entom. Soc. vol. XXX p. 141
(Parana).

Phalera (?) *variegata* **n. sp.** **Aurivillius**, Arkiv Zool. Bd. II No. 4 p. 4 ♂ Textfig. 12
(Kamerun).

Phassus schamyl. Naturgeschichte. **Deegener** u. **Schaposchnikov.**

Phiala simplex **n. sp.** **Aurivillius**, Trans. Entom. Soc. London, 1904 p. 695 Taf.
XXXIII Fig. 1. — *marshalli* **n. sp.** p. 695 tab. cit. Fig. 2 (Mashonaland)
— *fuscodorsata* **n. sp.** p. 696 Taf. XXIII Fig. 3 (Ost-Afrika). — *abyssinica*
n. sp. p. 696 Taf. XXIII Fig. 4 (Ost-Afrika).

Philosamia cynthia. Variation und Elimination. **Crampton**, Biometrika vol. III
p. 113—130.

Phragmatobia fuliginosa. Lebensweise. Verbreitung. Variation. **Tutt**, Entom.
Record, vol. XVI p. 58—67. — desgl. **Dollman**, t. c. p. 114—116. — **Bacot**,
t. c. p. 176—182.

N e u e A r t e n: *urania* **n. sp.** **Püngeler**, Soc. entom. vol. XIX p. 121 (Zentral-
Asien).

ansorgei **n. sp.** **Jordan**, Nov. Zool. Tring vol. 11 p. 442 ♀ (Angola: Bange Ngola).

Pielus aphenges **n. sp.** **Turner**, Trans. Roy. Soc. S. Austral. vol. XXVIII p. 247
(N. S. Wales).

P l a t y p t e r y g i d a e vom Kootenai-Distrikt. **Dyar**, Proc. U. S. Nat. Mus.
vol. XXVII p. 888.

Poresta cassoides **n. sp.** **Schaus**, Trans. Amer. Entom. Soc. vol. XXX p. 144
(Britisch-Guiana).

Porthesia Parthenogenesis. **Grabowski**, Zool. Anz. Bd. 27 p. 212.

N e u: *aroa* **n. sp.** **Bethune-Baker**, Nov. Zool. Tring, vol. 11 p. 397 ♂. — *alba*
n. sp. p. 398. — *meeki* **n. sp.** p. 398. — *ekeikei* **n. sp.** p. 398 ♂ Taf. VI
Fig. 22 (sämtlich von Neu-Guinea, die ersten drei vom Aroa River,
die letztere von Ekeikei).

Porthetria dispar gynandromorph. **Kusnezov**, Revue Russe Entom. T. IV p. 203.

Prolatoia Sjöstedti Auriv. Beschr. von Raupe nebst Abb. u. Gespinnst. **Aurivillius**, Arkiv Zool. Bd. II No. 4 p. 45 Fig. 33 farb. Abb. des Schmetterlings
Taf. I Fig. 3 ♀.

Pselaphelia **n. g.** *S a t u r n i i d.* (sehr versch. von *Copaxa* u. *Togoropsis*, von
allen afrik. Saturn. versch. durch die langen, aufgebogenen Palpen. Durch
Flügelform u. Rippenbau anscheinend mit *Pseudaphelia* verw.) **Aurivillius**,
Arkiv Zool. Bd. II No. 4 p. 13—14. — *gemmifera* Butl. ♀ p. 14.

Pseudantheraea discrepans Butl. Puppe. **Aurivillius**, Arkiv Zool. Bd. II No. 4
p. 12.

Pseudapiconoma. Arten von Kamerun. **Aurivillius**, Arkiv Zool. Bd. II No. 4

p. 32. — Letzte Rückenplatte von *Ps. testacea* Fig. 27a, von *Ps. flavomacula*
Fig. 27b.

N e u: *compsa* n. sp. **Jordan**, Nov. Zool. Tring, vol. 11 p. 141 ♂. — *gloriosa*
n. sp. p. 441 ♀. — *fenestrata* n. sp. p. 442 ♀ (alle drei aus Angola: Pungo
Andongo).

Pseudilema n. g. *L i t h o s i i n.* **Bethune-Baker**, Nov. Zool. Tring, vol. 11 p. 418.
— *dinawa* n. sp. p. 419 Taf. V Fig. 17 ♀, 18 ♂ (Neu-Guinea: Dinawa, Aroa-
River).

Pseudoblabes oophora. Raupe. **Piepers**, Tijdschr. v. Entom. vol. XLVII p. 146
Taf. V Fig. 5.

Pseudodreata n. g. *E u p t e r o t i d.* **Bethune-Baker**, Nov. Zool. Tring, vol. 11
p. 371. — *strigata* n. sp. p. 371 ♂ Taf. V Fig. 45 (Neu-Guinea: Dinawa, Aroa-
River).

Pseudodryas luteopunctata n. sp. **Dognin**, Ann. Soc. Entom. Belg. T. 48 p. 115
(Peru).

Pseudogargetta n. g. *N o t o d o n t i d.* **Bethune-Baker**, Nov. Zool. Tring, vol. 11
p. 373. — *diversa* n. sp. p. 373 ♂ ♀ Taf. V Fig. 4 (Neu-Guinea: Dinawa,
Ekeikei).

Pseudospiris jucunda n. sp. (im Bau zwischen *Pseudospiris* u. *Paida*) **Jordan**,
Nov. Zool. Tring, vol. 11 p. 444 ♂ (Angola: North Bailandu, Bihé).

P s y c h i d a e von Wiesbaden. **von Reichenau** p. 144—145.
— vom Kootenai-Distrikt. **Dyar**, p. 915.

Pteroceropsis n. g. *Z y g a e n i d.* **Swinhoe**, Trans. Entom. Soc. London 1904
p. 154. — *unipuncta* n. sp. p. 154 (Borneo).

Pydna endophaea n. sp. **Hampson**, Journ. Bombay Soc. vol. XVI p. 149 Taf. D
Fig. 1 (Indien).

Pygaeomorpha n. g. **Bethune-Baker**, Nov. Zool. Tring, vol. 11 p. 387. — *modesta*
n. sp. p. 387 ♂ Taf. V Fig. 35 (Dinawa). — *brunnea* n. sp. p. 387 Taf. V Fig. 34
(Dinawa). — Beide von Neu-Guinea.

Pygarctia neomexicana n. sp. **Barnes**, Canad. Entom. vol. XXXVI p. 166 (Texas).

Pyropsyche moncaunella n. sp. **Chapmann**, Entom. Rec. vol. XVI p. 67 Taf. II
Taf. u. Erklärung auch in d. Proc. South London Soc. 1903, ferner in d. Trans.
Entom. Soc. London 1904 Taf. XVI wiedergegeben.

Rebelia plumella. Naturgeschichte. **Klos**, Verhandlgn. zool.-bot. Ges. Wien
Bd. 54 p. 617—609.

Rhodia fugax. Raupe, erzeugt Töne. **Packard**, Journ. New York Entom. Soc.
vol. XII p. 92. — Lebensgeschichte. **Packard**, Proc. Amer. Acad. vol. XXXIX
p. 559—564.

Rhynchophalera n. g. *N o t o d o n t.* **Aurivillius**, Arkiv Zool. Bd. II No. 4 p. 1
—2 ♂ ♀ mit Textabb. Figg. 9 (Kamerun).

Rifargia picta n. sp. **Schaus**, Trans. Amer. Entom. Soc. vol. XXX p. 147. —
guianensis n. sp. p. 147 (beide von Britisch-Guiana).

Roeselia ustipennis. Raupe. **Piepers**, Tijdschr. v. Entom. T. XLVII p. 140
Taf. X Fig. 2.

N e u: *basifusca* n. sp. **Bethune-Baker**, Nov. Zool. Tring, vol. 11 p. 415 Taf. VI
Fig. 24 (Dinawa, Neu-Guinea).

Rothia mariae n. sp. **Swinhoe**, Trans. Entom. Soc. London, 1904 p. 139 (Uganda).

Rothschildia. Charaktere der Raupe. **Packard,** Entom. News Philad. vol. XV
  p. 4. — *jorulla* **Packard,** Proc. Amer. Acad. vol. **XXIX** p. 552—554.
orizaba p. 555—556. — *jacobeae* p. 557—259. Teile aus der Lebensgeschichte
  derselben.
N e u: *steinbachi* **n. sp.** (verw. mit *R. stuarti* Rothsch., die vielleicht identisch
  mit *condor* Staud. ist). **Rothschild,** Nov. Zool. Tring, vol. 11 p. 601 ♂
  (Tucuman).
Sapelia mit *Stilpnotia* nahe verw. Unterschiede. **Aurivillius,** Arkiv Zool. Bd. II
  No. 4 p. 50. — *sulphureivena* **n. sp.** p. 50 ♂ (Kamerun). Beschr. u. Abb. d.
  Raupe u. Puppe Fig. 38.
  — ♂ von Ashanti, ♀ von Sapele, River Niger. Farb. des ♂. **Swinhoe,** Ann.
  Nat. Hist. (7) vol. 14 p. 131.
Sarosa meridensis **n. sp. Schaus,** Trans. Amer. Entom. Soc. vol. **XXX** p. 135
  (Venezuela).
Saturnia pavonia **ab.** *stefanelli* **n. Rostagno,** Boll. Soc. Zool. Ital. vol. XII p. 122.
S a t u r n i i d a e. **Aurivillius** teilt sie in d. Arkiv Zool. Bd.2 No.4 folgendermaßen
  ein:
  I. Die ODC der Vflgl. ist lang u. sehr schief liegend, die MDC dagegen
     kurz oder fehlend, so daß die Rippen 5 u. 6 nahe aneinander u. weit vom
     Stiele der Rippen 7 u. 8 entspringen.
  a) Die Mittelzelle beider Flügel zwischen den Rippen 4 u. 5 breit offen.
                                            1. *A t t a c i n a e.*
  b) Die Mittelzelle beider Flügel durch eine deutliche UDC geschlossen.
                                            2. *S a t u r n i i n a e.*
  II. Die ODC der Vflgl. ist kurz oder fehlt, die MDC aber ist lang und aufrecht
     (bildet die direkte Fortsetzung von UDC). Die Rippen 5 u. 6 sind darum
     an ihrem Ursprunge breit getrennt durch eine Querrippe (MDC), welche
     ganz wie die untere Querrippe (UDC) aussieht; die Rippe 6 entspringt
     dagegen in der Nähe von 7 u. 8 oder aus demselben Punkte wie diese.
                                            3. *L u d i i n a e.*
  Von diesen Gruppen weicht die letzte in allen Stadien entschieden am meisten
     von den typischen S a t u r n i i d a e ab.
  — Übersicht über die wichtigsten Raupen. **Aurivillius,** Arkiv Zool. Bd. II.
     No. 4. p. 22—26: *Pseudaphelia apollinaris* Boisd., spp. ?, *Ludia Dele-*
     gorguei, L. obscura, L. sp. aus Kamerun, *Actias mimosae, Holocera smilax,*
     Tagoropsis flavinata, Sp. ?, ? *Heniocha terpsichore* Maass., *Imbrasia*
     epimethea, Gynanisa maia, Bunaea alcinoe u. *B. caffraria, Nudaurelia*
     dione, N. wahlbergi, N. intermiscens, Melanocera menippe, Gonimbrasia
     belina, G. nictitans u. *Sp.* ?, *Lobobunaea tyrrhena, L. phaedusa.* — Sonstige
     beschr. Raupen.
  — Übersicht über die Puppen p. 27 nach Gattungen. Wichtigste Kennzeichen
     der Saturniidenraupen: die Körperglieder 2—11 tragen je 6—8 in einer
     fast geraden Querreihe gestellte Tuberkeln (Warzen oder Zapfen);
     von diesen stehen 2 auf dem Rücken jederseits oberhalb u. 1 jederseits
     unterhalb des Atemloches, wozu öfters auch 1 oberhalb des Beinpaares
     kommt. Diese Auswüchse sind gewöhnlich gut entwickelt, können aber
     auch rudimentär sein, so daß sie scheinbar fehlen. **Aurivillius,** Arkiv
     Zool. Bd. II No. 4. p. 22.

— von Wiesbaden. **von Reichenau** p. 158.

— des Kootenai Distriktes. **Dyar** (28) p. 791—792.

S a t u r n i i n a e subfam. Übersicht über die Gatt. *Actias* Leach, *Eustera* Duncan, *Gonimbrasia* Butl., *Bunaea* Hübn., *Nudaurelia* Rothsch. + *Antherina* Sonth. + *Lobobunaea* Pack., *Imbrasia* Hübn., *Cirina* Walk., *Pseudantheraea* Weym., *Tagoropsis* Feld., *Decachorda* Auriv., *Melanocera* Sonth., *Gynanisa* Walk., *Heniocha* Hübn., *Usta* Wallengr., *Pselaphelia* Auriv., *Pseudaphelia* Kirby, *Cyrtogone* Walk. **Aurivillius,** Arkiv Zool. Bd. II. No. 4. p. 17—21. Mit Angaben der Typen.

Scalmicauda (?) *fuscinota* **n. sp.** (kongenerisch mit *N. argenteo-maculata* 1892). **Aurivillius,** Arkiv Zool. Bd. II No. 4. p. 5—6 Textfig. 13 (Ndian).

Scaptesyle thestias **n. sp. Snellen,** Tijdschr. v. Entom. vol. XLVII p. 149 Taf. XI Fig. 6. — *bifasciata* p. 150 Taf. XI Fig. 7 (beide aus Java).

aroa **n. sp. Bethune-Baker,** Nov. Zool. Tring, vol. XI p. 422 Taf. VI Fig. 19 (Neu-Guinea: Aroa River).

Scepsis packardii **var.** *cocklei* **n. Dyar,** Proc. U. S. Nat. Mus. vol. XXVII p. 792 (Kootenai-Distrikt).

Schistophleps bicolora **n. sp. Bethune-Baker,** Nov. Zool. Tring vol. 11 p. 426 ♂ Taf. V Fig. 40 (Aroa River). — *aroa* **n. sp.** p. 426 ♂ (beide von Neu Guinea).

Schizura perangulata Hy. Edw. Färbung eines Stückes von Ogden, Utah. **Dyar,** Proc. U. S. Nat. Mus. vol. XXVII p. 884.

Scoliacma aroa **n. sp. Bethune-Baker,** Nov. Zool. Tring, vol. 11 p. 416 (Aroa River). — *hampsoni* **n. sp.** p. 417, V, Fig. 20 ♀ u. Taf. VI Fig. 23 ♂ (Dinawa, Aroa River). — Die letztgenannte Form bildet eine 3. Sektion der Gattung.

Scopelodes tantula **n. sp.** (oberflächl. einer klein. *Sc. venosa* Walker ähnlich). **Swinhoe,** Ann. Nat. Hist. (7) vol. 14 p. 132 ♂ (Khasia Hills).

dinawa **n. sp.** (vielleicht eine Subsp. von *venosa* Wlk.) **Bethune-Baker,** Nov. Zool. Tring, vol. 11 p. 384 ♂ Taf. V Fig. 48 (Dinawa). — *nitens* **n. sp.** p. 385 Taf. V Fig. 51 (Dinawa). Beide aus Neu-Guinea.

Scrancia modesta Holl. vom Gebiete des Kamerunflusses. Ergänz. zur Beschr. der Gatt. **Aurivillius,** Arkiv Zool. Bd. II No. 4. p. 7. — *nigra* **n. sp.** p. 7 ♂ (Togo). Die Fühler sind wie bei *Gargetta* gebildet.

Sibine bonaërensis. Art u. Weise des Ausschlüpfens. **Kunckel,** Compt. rend. Acad. Sci. Paris T. 138 p. 1624.

Siccia tau ♀. **Snellen,** Tijdschr. v. Entom. vol. XLVII p. 155 Taf. XI Fig. 3.

Slossonella **n. g.** (steht *Heterogenea* nahe) **Dyar,** Proc. Entom. Soc. Washington vol. VI p. 117. — *tenebrosa* **n. sp.** p. 117 (Florida).

Somatoxena **n. g.** *L y m a n t r i i d.* (Type: *lasea* Druce.) **Aurivillius,** Arkiv Zool. Bd. II No. 4 p. 66.

Somera oxoia **n. sp. Swinhoe,** Trans. Entom. Soc. London, 1904 p. 152 (Borneo).

Spatalia argentifera. Beschr. des ♂. **Turner,** Proc. Linn. Soc. N. S. Wales, 1904 p. 152 (Borneo).

Sphinta **n. g.** *L a s i o c a m p i d.* **Schaus,** Trans. Amer. Entom. Soc. vol. XXX p. 140. — *cossoides* **n. sp.** p. 140 (Parana).

Spilosoma aurantiaca Hall. Puppe. **Aurivillius,** Arkiv Zool. Bd. II No. 4 p. 35.

fuliginosa. Verdauungstraktus der Raupe. **Bordas,** Compt. rend. Soc. Biol. Paris T. 56 p. 1099, 1100.

mendica u. var. *rustica* Flügel, Entwicklung, Mimikry. **Federley,** Allgem.
Zeitschr. f. Entom. Bd. 9 p. 178—181.

Sporostigena **n. g.** *L a s i o c a m p i d.* **Bethune-Baker,** Nov. Zool. Tring, vol. 11
p. 396. — *uniformis* **n. sp.** p. 396 ♂ (Neu Guinea: Dinawa).

Stauropus mioides **n. sp. Hampson,** Journal Bombay Soc. vol. XVI p. 150 (Assam).
— **Bethune-Baker** beschreibt in d. Nov. Zool. Tring aus Neu Guinea: *viri-
dissimus* **n. sp.** p. 378 ♂ Taf. IV Fig. 1 (Dinawa, Ekeikei). — *kebeae*
n. sp. p. 378 ♂ ♀ Taf. V Fig. 52 (Mount Kebea, Upper Aroa River). —
dubiosus **n. sp.** p. 379 ♂ ♀ Taf. VI Fig. 39 (Kebea, Ekeikei). — *bella*
n. sp. p. 378 ♀ Taf. IV Fig. 14 (Ekeikei). — *dinawa* **n. sp.** p. 379 ♂ Taf. IV
Fig. 17 (Dinawa u. Upper Aroa River). — *pratti* **n. sp.** p. 380 ♂ Taf.
Fig. 18 (Ekeikei, Upper Aroa River).

Stenoscaptia phlogozona **n. sp. Turner,** Trans. Roy. Soc. S. Eustral. vol. XXVIII
p. 212 (Towneville).

Stibolepis hologramma **n. sp. Aurivillius,** Trans. Entom. Soc. London, 1904 p. 697
Taf. XXXIII Fig. 7 (Mashonaland).

Squamosala **n. g.** *L i m a c o d i d.* **Bethune-Baker,** Nov. Zool. Tring vol. 11 p. 392.
— *nigrostigmata* **n. sp.** p. 393 ♂ Taf. V Fig. 47 (Neu-Guinea: Dinawa).

Stracena fuscivena Swinh. Recht abweichende Lymantr.-Gatt. Bemerk. Raupe.
Puppe. **Aurivillius,** Arkiv Zool. Bd. 2 No. 4. p. 48—49 Raupe nebst Details
Fig. 35, Puppe Fig. 36. — *promelaena* Holl. Puppe nebst Abb. p. 50 Fig. 37.
—*fuscivena* ♂ **Swinhoe,** Trans. entom. Soc. London, 1904 p. 144.

Susica alphaea (= *Lethocephala eremospila* Low.) **Turner,** Trans. Roy. Soc. S.
Austral. vol. XXVIII p. 243. — *miltocosma* (= *Momopola cosmocalla* Low.)
p. 243.

Synogdoa **n. g.** *L y m a n t r.* **Aurivillius,** Arkiv Zool. Bd. II No. 4 p. 52—53.
— *simplex* **n. sp.** p. 52—53 Abb. Fig. 40 (N'dian).

Syntomeida hampsoni **n. sp. Barnes,** Canad. Entom. vol. XXXVI p. 165 (Arizona).

S y n t o m i d a e. Revision der australischen Arten. **Turner,** Proc. Linn. Soc.
N. S. Wales 1904, p. 834—858.

S y n t o m i d a e von Wiesbaden. **von Reichenau** p. 150.

Syntomis phegea. Neue Varr. **var.** *krugari* **n. Ragusa,** Naturalist. Siciliano,
vol. XVII p. 20 Taf. I Fig. 2. — **var.** *cyclopea* **n.** p. 20 tab. cit. Fig. 3.
phegea **var.** *sexmaculata* **n. Gianelli,** t. c. p. 25.

N e u e A r t e n: *orphana* **n. sp. Snellen,** Tijdschr. v. Entom. vol. XLVII p. 57
(Java).

— **Turner** beschreibt aus A u s t r a l i e n in d. Proc. Linn. Soc. N. S. Wales
1904: *xanthura* **n. sp.** p. 843. — *choneutospila* **n. sp.** p. 844. — *chromatica*
n. sp. p. 845. — *paradelpha* **n. sp.** p. 546. — *magistri* **n. sp.** p. 846. —
prosomoea **n. sp.** p. 850. — *heptaspila* **n. sp.** p. 852. — *melitospila* **n. sp.**
p. 853. — *dyschlaena* **n. sp.** p. 855.

Taragama dinawa **n. sp. Bethune-Baker,** Nov. Zool. Tring vol. 11 p. 394 ♂ Taf. IV
Fig. 8. — *rubiginea* **n. sp.** p. 394 ♂ Taf. IV Fig. 2. — *proserpina* **n. sp.** p. 394 ♂
Taf. IV Fig. 9 (alle drei aus Neu-Guinea, Diwana).

Tarsolepis sommeri **subsp.** *dinawensis* **n. Bethune-Baker,** Nov. Zool. Tring vol. 11
p. 373 ♂ (Dinawa).

Telea und andere *A t t a c i d a e.* Spinngewohnheiten. **Webster,** Canad. Entom.
vol. XXXVI p. 133. — Desgl. **Foster,** t. c. p. 144.

polyphemus Lage des Kokons. **Cockle,** t. c. p. 144. — Spinngewohnheiten.
Webster, t. c. p. 336.

Terphothrix lanaria Holl. Beschr. u. Abb. von Raupe u. Puppe. **Aurivillius,**
Arkiv Zool. Bd. II No. 4 p. 61 Fig. 51 nebst Details.

Thanatopsyche apicalis **n. sp. Hampson,** Ann. Nat. Hist. (7) vol. 14 p. 180 ♂
(Bahamas: Abaco).

T h a u m a t o p o e i d a e von Wiesbaden. **von Reichenau** p. 162.

Themeraspis amalopa **n. sp. Turner,** Proc. Linn. Soc. N. S. Wales 1904. p. 833
(Cairns).

Theophila mandarina siehe *Bombyx mori.*

Thoscora **n. g.** *M e g a l o p y g i d.* **Schaus,** Trans. Amer. Entom. Soc. vol. XXX
p. 139. — *brugea* **n. sp.** p. 140 (Venezuela).

Thosea bombycoides (= *erecta* Swinh. = *Doratiphora amphibrota* Low.) **Turner,**
Trans. Roy. Soc. S. Austral. vol. XXVIII p. 242.

T h y a t i r i d a e vom Kootenati-Distrikt. **Dyar,** Proc. U. S. Nat. Mus. vol. XXVI
p. 885—887.

N e u: *peralbida* **n. sp. Swinhoe,** Trans. Entom. Soc. London 1904 p. 153 (Poona).

Tigrioides = (*Lexis* Hamps.) **Aurivillius,** Arkiv Zool. Bd. II No. 4. p. 35.

Trochuda **n. g.** *L i p a r i d a r u m* **Schaus,** Trans. Amer. Entom. Soc. vol. XXX
p. 140. — *bilinea* **n. sp.** p. 140 (Britisch Guiana).

Tuerta thomensis **n. sp. Jordan,** Nov. Zool. Tring, vol. 11 p. 445—6 ♀ ♂ (St. Thomé
Bight of Benin).

Tuerta hemicycla **n. sp. Swinhoe,** Ann. Nat. Hist. (7) vol. 16 p. 166—167 ♂
(Bahamas: Abaro).

Viana Charakt. d. Gatt. **Aurivillius,** Trans. Entom. Soc. London 1904. p. 688.
— *crowleyi* **n. sp.** p. 699 Taf. XXXIII Fig. 9 (Sierra Leone).

Virbia rotundata **n. sp. Schaus,** Trans. Amer. Entom. Soc. vol. XXX p. 138
(Parana).

Xanthospilopteryx catori **n. sp.** (ähnelt d. ♀ von *X. poggei*). **Jordan,** Nov. Zool.
Tring vol. 11 p. 443—444 ♀ (Moyamba, Sierra, Leone).

Xylecata **n. g.** *D e i l e m e r i n a r u m* **Swinhoe,** Trans. Entom. Soc. London,
1904 p. 148. — *druna* **n. sp.** p. 148 (Gabun). — Hierher gehört auch *Nyctemera
simplex* Walk.

Zeuzera eucalypti. Bemerk. **Littler,** The Entomologist, 1904 p. 114.

Zygaena ephialtes, fausta, carniolica Varietäten und Hybriden. **Oberthür,** Etudes
compar. T. I p. 43—52. Taf. III.

  fausta und *hippocrepidis,* Kreuzung, Variation in Charente. **Dupuy,** Feuille
  jeun. Natural. T. XXXV p. 11—12.

  fausta und *hippocrepidis.* Paarung. **Dupuy,** Bull. Soc. Entom. France 1904.
  p. 226. — *fausta* var. p. 226.

  minos und *Synthomis phegea.* Hybride. **Van Rossum,** Entom. Ber. Nederl.
  vol. I p. 94.

  scabiosae mit **var.** *flaveola* **n.,** **var.** *hoffmanni* **n. u. var.** *nigerrima* **n. Zickert,**
  Natural. Sicil. T. XVII p. 69.

  trifolii und *filipendulae.* Hybridisation. **South,** The Entomologist, 1904. p. 15.

Z y g a e n i d a e von Wiesbaden (*Zygaena, Aglaope, Ino*) **von Reichenau** p. 142
—144.

Noctuidae.

Autoren : Alpheraky, Barnes, Bartel, Bethune-Baker, Dyar, Fuchs, Hampson, Haverhorst, Herz, Hole, Joannis, Meyrick, Oberthür, Püngeler, Rebel, Schaus, Smith, Swinhoe, Thurau, Tschetverikov, Turner.

N o c t u i d a e. Einteilung. Bemerkungen. Tabellen der Subfamilien. Phylogenetische Tabelle. Hampson's jüngster Katalog. **Smith,** Journ. New York Entom. Soc. vol. XII p. 93—104.

— des Kootenai - Distrikts. **Dyar,** Proc. U. S. Nat. Mus. vol. XXVII p. 797—883.

— Kopfschild der Puppe: Havenhorst.

Abrostola asclepiadis **var.** *jagowi* **n. Bartel,** Deutsche Entom. Zeitschr., Iris Bd. 17. p. 160.

Acantholipes mesoscota **n. sp. Hampson,** Ann. Nat. Hist. (7) vol. 14. p. 171—172 ♀ (Bahamas: Nassau).

Acontia ceyvestensis **n. var. Dyar,** Proc. Entom. Soc. Washington, vol. VI p. 63. ? *harmina* **n. sp. Schaus,** Trans. Amer. Entom. Soc. vol. XXX p. 163 (Parana).

— *medalba* **n. sp.** p. 163 (Parana).

Acronycta alni Raupe. Haare und gelbe Abzeichen. **Cholodkowsky,** Zool. Jahrb. Abt. f. System. Bd. 19. p. 554 Taf. XXXI Fig. 1, 2. Neu: *albonigra* **n. sp. Herz,** Annuaire Mus. St. Pétersbourg T. IX p. 269 Taf. I Fig. 3 (Korea).

Adelphagrotis indeterminata Walker von Kootenai-Distrikt. **Dyar,** Proc. U. S. Nat. Mus. vol. XXVII p. 818—819. Entwicklungsstadien. Ei. Stad. I—VII p. 819—820. — *apposita* Grote. Eier. p. 820.

Admetovis similaris **n. sp. Barnes,** Canad. Entom. vol. XXXVI p. 200 (Nordamerika).

Agrophila labuana **n. sp. Swinhoe,** Trans. Entom. Soc. London, 1904 p. 139 (Borneo).

Agrotis fimbriola **var.** *leonhardi* **n. Rebel,** Annal. Hofmus. Wien. Bd. 19. p. 208 Taf. V Fig. 13. *decora* **var.** *decorata* **n. Neuburger,** Societ. Entom. vol. XIX p. 131. *faceta.* Lebensgeschichte. **Püngeler,** Natural. Sicil. vol. XVII p. 65—67. *baja* = (*smithii* Sn.) **Snellen,** Tijdschr. v. Entom. vol. XLVI p. 91. Neue Arten: *A.* (*Euxoa*) *impexa* **n. sp. Püngeler,** Soc. Entom. T. XIX p. 122. — *A.* (*Lycophotia*) *oreas* **n. sp.** p. 122. — *A.* (*Episilia*) *posterva* **n. sp.** p. 130 (alle drei aus Centralasien).

A. (*Platagrotis*) *sajana* **n. sp. Tschetverikov,** Revue Russe Entom. T. IV p. 77 (Mongolei).

A. aldani **n. sp. Herz,** Ofv. Finske Forh. vol. XLX No. 15 p. 6. — *A.* (*Platagrotis*) *vega* **n. sp.** p. 7 (beide von d. Lena).

A. hephaestaea **Meyrick,** Fauna Hawaiieneis vol. III p. 346 (Oahu).

Alaria diffusa **n. sp. Barnes,** Canad. Entom. vol. XXXVI p. 238 (Arizona).

Amiana **n. g. Dyar,** Proc. Entom. Soc. Washington, vol. VI p. 104. — *niama* **n. sp.** p. 105 (Arizona).

Ammocania parvispina **n. sp. Tschetverikov,** Revue Russe Entom. T. IV p. 78 (Mongolei).

Amphoraceras **n. g. Bethune-Baker,** Nov. Zool. Tring vol. 11 p. 427. — *rothschildi* **n. sp.** p. 428 pl. V fig. 1 (New Guinea).

Anarta mausi **n. sp. Püngeler,** Soc. entom. vol. XIX p. 130 (Centralasien).

Angitia pulchra **n. sp. Schaus,** Trans. Amer. Entom. Soc. vol. XXX p. 165. — *perplexa* **n. sp.** p. 165. — *viridans* **n. sp.** p. 165 (Parana).

Antaplaga hachita **n. sp. Barnes,** Canad. Entom. vol. XXXVI p. 241 (Arizona).

Apatela dactylina Grote var. *hesperida* Smith. Entwicklungsstadien. Ei. Stadium I—VI. **Dyar,** Proc. U. S. Nat. Mus. vol. XXVII p. 797—798. — *felina* Grote. Entwicklungsstadien (Ei Stad. I—VI). — *leporina* Linnaeus var. *moesta* Dyar. Entwickl.-Stadien p. 799—801. — *innotata* Guenée var. *griseor* Dyar. Entwickl.-Stadien p. 801—802. — *minella* Dyar, p. 802. — *grisea* Walker. var. *revellata* Smith Ei-Stad. I—VI p. 802—804. — *mansueto* Smith p. 804 — *distans* Grote var. *dolorosa* Dyar. Ei, Stad. I—VII. p. 804—805. — *perdita* Grote p. 805—806 Ei Stad. I—VII. — *emaculata* Smith p. 816. — *impleta* Walker var. *illita* Smith Ei, Stad. I—VII. p. 806—808.

N e u e V a r i e t ä t e n beschreibt **Dyar,** Canad. Entom. vol. XXXVI p. 29.

Aplecta nebulosa **var.** *thomsoni* **n. Arkle,** Entom. Monthly Mag. (2) vol. 15 (40). p. 180.

thomsoni-robsoni **Tutt,** t. c. p. 255. — **Arkle,** t. c. p. 278.

Aplodes rubrifontaria **var.** *darwiniata* **n. Dyar,** Proc. U. S. Nat. Mus. vol. XXVII p. 903.

Autographa. Arten v o m K o o t e n a i - D i s t r i k t. **Dyar,** Proc. U. S. Nat. Mus. vol. XXVII p. 874—875.

Axiorata glycychroa **n. sp. Turner,** Trans. Roy. Soc. S. Austral. vol. XXVIII p. 218 (Thursday Islands).

Baniana pannicula **n. sp.** gehört in Hmpsns. Sekt. IIA. — Untersch. von *intorto*; ähnelt *unipuncta* Hmpsn. **Swinhoe,** Ann. Nat. Hist. (7) vol. 14. p. 423 (Labuan, British N. Borneo).

Baptarma **n. g. Smith,** Psyche vol. XI p. 59. — *felicita* **n. sp.** p. 59 (Arizona).

Barathra curïalis Smith. Ei. **Dyar,** Proc. U. S. Nat. Mus. vol. XXVII p. 859.

Behrensia hutsonii **n. sp. Smith,** Psyche vol. XI p. 60 (Arizona).

Bleptina caradrinalis Guenée. Ei, Stadt I—V. **Dyar,** Proc. U. S. Nat. Mus. vol. XXVII p. 881.

Boana broda **n. sp. Schaus,** Trans. Amer. Entom. Soc. London, vol. XXX p. 168 (Trinidad). — *aroalis* **n. sp.** p. 168 (Venezuela).

Bocana madida **n. sp. Swinhoe,** Trans. Ent. Soc. London, 1904 p. 143 (Borneo).

Bomolocha nigrobasalis **n. sp. Herz,** Annuaire Mus. St. Pétersbg. T. IX p. 329 Taf. I Fig. 13 (Korea).

chicagonis **n. sp. Dyar,** Proc. Entom. Soc. Washington, vol. VI p. 105 (Nordamerika).

Bryophila simulatricula **Oberthür,** Etudes comparat. vol. I p. 59 Taf. IV Fig. 2. N e u e A r t: *algama* **n. sp. Schaus,** Trans. Amer. Entom. Soc. vol. XXX p. 151 (Parana).

Busseola **n. g.** A g r o t i n a r u m. **Thurau,** Berlin. Entom. Zeitschr. Bd. 49 p. 55. — *sorghicida* **n. sp.** p. 56 (Ostafrika).

Callopistria (Eriopus) miracula **n. sp. Herz,** Annuaire Mus. St. Pétersbourg, T. IX p. 284 (Korea).

Caradrina. Arten des Kootenai-Distrikts. **Dyar,** Proc. U. St. Nat. Mus. vol. XXVII p. 809—810.

Caradrina albistigma **n. sp. Swinhoe,** Trans. Entom. Soc. London, 1904 p. 139 (Borneo). — **Dyar** beschreibt im Canad. Entom. vol. XXXVI: *nitens* **n. sp.** p. 48 (Britisch Columb.). — *tacna* **n. sp.** p. 167 (Texas).

Carea annae **n. sp. Swinhoe,** Trans. Entom. Soc. London, 1904 p. 140. — *mathilda* **n. sp.** p. 141 (beide von Borneo).

Casandria poliotis **n. sp. Hampson,** Ann. Nat. Hist. (7) vol. 14 p. 170 ♂ ♀ (Bahamas: Nassau).

Catocala obscura Raupe. **Dodge,** Canad. Entom. vol. XXXVI p. 115. — *residua* deutlich geschieden p. 115.

Caularis lunata **n. sp. Hampson,** Ann. Nat. Hist. (7) vol. 14 p. 169 ♀ (Bahamas: Nassau).

Chamyla vecors **n. sp. Püngeler,** Soc. Entom. vol. XIX p. 131 (Centralasien).

Cleoris discolor **n. sp. Smith,** Psyche vol. XI p. 51 (New Mexico).

Collusca ekeikei **n. sp. Bethune-Baker,** Nov. Zool. Tring, vol. 11 p. 429 pl. VI fig. 42 (New Guinea).

Copablepharon sanctaemonicae **n. sp. Dyar,** Proc. Entom. Soc. Washington, vol. VI.

Corula delosticha **n. sp. Turner,** Trans. Roy. Soc. S. Austral. vol. XXVIII p. 215 (Queensland).

Cosmia palaeacea Esper Stadium VI. **Dyar,** Proc. U. S. Nat. Mus. vol. XXVII p. 873.

Crypsotidia wollastoni. Abb. **Aurivillius,** Jägerskiöld exp. No. 8. p. 9.

Cucullia clarior **n. sp.** (Vflgl. breiter, hell aschgrau, bläulich getönt, reichlich weiß bestäubt, Pfeile sehr schwach, Hflgl. dunkelgrau, beim ♂ etwas lichter, an der Wurzel heller, Fransen der Vflgl. hellgrau, der Hflgl. rein weiß. Fühler grau, ¹/₃ von ihnen an der Wurzel weiß). **Fuchs,** Jahrb. nass. Ver. f. Naturk. Jhg. 57. p. 31 Taf. II Fig. 2 (Sarepta u. Centralasien).

umbratica L. aberr. (viel dunkler, der Wisch kaum wahrnehmbar, Pfeile verstärkt, bald größer oder kleiner), p. 32 (Harz; Bornich). — *linosyridis* Fuchs. p. 32 Taf. II Fig. 4 ♀, 5 ♂; 12a u. 12b Raupe. Abgeänderte Diagnose. Diagnose von recht bemerkenswerten Abänderungen I u. II p. 33. Beschr. der Raupe der *C. anthemidis* Gn. p. 34—35. — *linosyridis* Fuchs p. 35—37 Taf. II. — *anthemidis* Gn. Taf. II Fig. 3.

indicta **n. sp. Smith,** Canad. Entom. vol. XXXVI p. 154 (Calgary).

agua **n. sp. Barnes,** Canad. Entom. vol. XXXVI p. 203 (Arizona). — *oribac* **n. sp. Barnes,** t. c. p. 237 (Arizona).

Cydosia punctistriga **n. sp. Schaus,** Trans. Amer. Entom. Soc. vol. XXX p. 150 (Parana).

Cymatophora siehe *Geometridae.*

Cyrima muscora **n. sp. Schaus,** Trans. Amer. Entom. Soc. vol. XXX p. 152 (Mexico).

Dargida procineta Grote. Ei. Stad. I—VI. **Dyar,** Proc. U. S. Nat. Mus. vol. XXVII p. 860—861.

Dasycampa rubiginea **n. sp. Oberthür,** Etudes comp. vol. I Fig. 40—43. — *staudingeri* Fig. 47—51. — Varietäten p. 62—65.

Dianthoecia lypra **n. sp. Püngeler,** Deutsch. Entom. Zeitschr. Iris Bd. 16. p. 287 Taf. VI Fig. 3 (Askabad).

Doryodes insularia **n. sp.** (steht *D. bistrialis* Hübn. näher als *D. spadaria* Guen. = *divisa* Wlk.) **Hampson,** Ann. Nat. Hist. (7) vol. 14. p. 174 ♂ (Bahamas: Nassau).

Epizeuxis (Helia) lunulata. **Herz,** Annuaire Mus. St. Pétersbg. T. IX p. 320 Taf. I Fig. 12 (Korea).

Erastria martjanovi **n. sp. Tschetverikov,** Rev. Russe Entom. T. IV (Minussinsk). *raptina* **n. sp. Turner,** Trans. Roy. Soc. S. Austral. vol. XXVIII p. 217 (Thursday Isl.). —*panatela* **n. sp. Smith,** Psyche vol. XI p. 60 (Winnipeg). *cogela* **n. sp. Schaus,** Trans. Amer. Entom. Soc. vol. XXX p. 161. — *mirabilis* **n. sp.** p. 161. — *oletta* **n. sp.** p. 161 (alle drei aus Südamerika).

Ercheia abnormis **n. sp. Swinhoe,** Ann. Nat. Hist. (7) vol. 14 p. 424 ♂ (Goping, Perak).

Eriopyga brachia **n. sp. Joannis,** Bull. Soc. Entom. France, 1904 p. 290 (Organ Mts).

Eublemma vestina **n. sp. Swinhoe,** Trans. Entom. Soc. London 1904 p. 140 (Borneo).

Eupalindria magnifica **n. sp. Schaus,** Trans. Amer. Entom. Soc. vol. XXX p. 165. — *rubrescens* **n. sp.** p. 166 (Südamerika).

Euplexia chloëropis **n. sp. Turner,** Trans. Roy. Soc. S. Austral. vol. XXVIII p. 213. — *leucobasis* **n. sp. Swinhoe,** Ann. Nat. Hist. (7) vol. 14. p. 167—168 ♀ (Bahamas, Abaco).

Eustrotia. **Schaus** beschreibt in den Trans. Amer. Entom. Soc. vol. XXX aus a) M e x i c o: *walta* **n. sp.** p. 153. — *penthis* **n. sp.** p. 154. — *editha* **n. sp.** p. 154. — b) aus S ü d a m e r i k a: *lithodia* **n. sp.** p. 154. — *longena* **n. sp.** p. 154. — *vicina* **n. sp.** p. 154. — *marmorata* **n. sp.** p. 155. — *thionaris* **n. sp.** p. 155. — *hermosilla* **n. sp.** p. 155.

Eutelia grabczewski **n. sp. Püngeler,** Deutsche Entom. Zeitschr. Iris, Bd. 16. p. 289 Taf. VI Fig. 5 (Nikko).

Euthisanotia magnifica **n. sp. Schaus,** Trans. Amer. Entom. Soc. vol. XXX. p. 150 (Brasilien).

Euxoa pestula **n. sp. Smith,** Canad. Entom. vol. XXXVI p. 150 (Calgary).

Exyra semicrocea **var.** *hubbardiana* **n. Dyar,** Proc. Entom. Soc. Washington, vol. VI p. 59.

Fagitana parallela **n. sp. Hampson,** Ann. Nat. Hist. (7) vol. 14 p. 168—169 ♂ ♀ (Bahamas: Nassau, Abaco). *niveigutta* **n. sp. Schaus,** Trans. Amer. Entom. Soc. vol. XXX p. 150 (Parana). — *marginata* **n. sp.** p. 150 (Parana).

Feltia herilis Grote v o m K o o t e n a i - D i s t r i k t. **Dyar,** Proc. U. S. Nat. Mus. vol. XXVII p. 830. — *vancouverensis* Grote Ei Stad. I—VII p. 831—832. — *aeneipennis* Grote Ei. Stad. I—VI p. 832—833.

Grammodes pulcherrima Luc. = (*clementi* Swinh.) **Swinhoe,** Trans. Entom. Soc. London, 1904 p. 142.

Graphiphora communis **Dyar,** Ei, Stad. I—V. **Dyar,** Proc. U. S. Nat. Mus. vol. XXVII p. 868—869.

Grotella blanca **n. sp. Barnes,** Canad. Entom. vol. XXXVI p. 239. — *tricolor* **n. sp.** p. 240 (Arizona).

Gustiana guarda **n. sp. Schaus**, Trans. Amer. Entom. Soc. vol. XXX p. 168 (Mexico).

Hadena-Arten des K o o t e n a i - D i s t r i k t e s. **Dyar,** Proc. U. St. Nat. Mus. vol. XXVII p. 810—814. — *curvata* Grote Ei, Raupe p. 810—811. — *versuta* Smith Ei Stad. I—VI p. 811—812.

ferrago **ab.** *umbrata* **n. Herz,** Ofv. Finska Forh. vol. XLV No. 15. p. 8.

N e u e A r t e n: *maida* **n. sp. Dyar,** Canad. Entom. vol. XXXVI p. 30 (British Columbia).

kyune **n. sp. Barnes,** Canad. Entom. vol. XXXVI p. 168 (Arizona).

multicolor **n. sp. Dyar,** Proc. Entom. Soc. Washington, vol. IV p. 103 (Viktoria). — *genimacula* **n. sp.** p. 103 (New Mexico).

Heliophila. Arten von Kootenai-Distrikt. **Dyar,** Proc. U. S. Nat. Mus. vol. XXVII p. 862 sq.: *oxygale* Grote Ei, Stad. I—IV. p. 862—863. — *roseola* Smith. Ei, Stad. I—VI p. 863—864.

heterodoxa Smith Ei, Stad. I—VII p. 865—866.

Heliothis dipsacea L. **ab.** *albida* **n.** (Vflgl. weißlich mit sehr schwacher Mittelbinde, Hflgl. mit rein weißer Binde u. großem Fleck). **Fuchs,** Jahrb. nass. Ver. f. Naturk. Jhg. 57 p. 38 (Borneo).

cora **ab.** *odenwalli* **n. Herz,** Ofv. Finska Forh. vol. XLV No. 15 p. 21.

Herminodes lignea **n. sp. Schaus,** Trans. Amer. Entom. Soc. vol. XXX p. 167 (Parana). — ? *taltula* **n. sp.** p. 167 (Parana).

Heterographa püngeleri **n. sp. Bartel,** Deutsche Entom. Zeitschr. Bd. 17. p. 161 (Jordan).

Himella infidelis **n. sp. Dyar,** Canad. Entom. vol. XXXVI p. 32 (British Columbia).

Hiptelia apfelbecki **n. sp. Rebel,** Ann. Hofmus. Wien, Bd. 19 p. 228 ♂ Taf. V Fig. 14.

Homohadena fifia **n. sp. Dyar,** Canad. Entom. vol. XXXVI p. 30. — *cocklei* **n. sp.** p. 31 (Britisch Columbia).

Homoptera calycanthata Smith u. Abbot. Ei, Stad. I—VI. **Dyar,** Proc. U. S. Nat. Mus. vol. XXVII p. 879—880.

Hyblaea puera. Naturgeschichte. Schaden am Teakholzbaum. — **Hole,** Proc. Bombay Soc. vol. XX p. 680—697 mit Tafeln.

Hypena humuli Harris. Ei, Stad. I—V. **Dyar,** Proc. U. S. Nat. Mus. vol. XXVII p. 882.

— **Schaus** beschreibt in den Trans. Amer. Entom. Soc. vol. XXX eine Reihe n e u e r A r t e n: A. a u s M e x i c o: *zarabena* **n. sp.** p. 168. — *drucealis* **n. sp.** p. 169. — *tepicalis* **n. sp.** p. 169. — *rosealis* **n. sp.** p. 170. — *gueenealis* **n. sp.** p. 172. — *tossalis* **n. sp.** p. 172. — *coatalis* **n.** p. 173.

B. aus T r i n i d a d: *calistalis* **n. sp.** p. 169.

C. aus S ü d a m e r i k a: *purpuralis* **n. sp.** p. 170. — *freya* **n. sp.** p. 170. — *syllificalis* **n. sp.** p. 170. — *dasialis* **n. sp.** p. 171. — *rivalis* **n. sp.** p. 171.

D. aus J a m a i c a: *bergealis* **n. sp.** p. 171. — *jonesalis* **n. sp.** p. 171.

E. aus R i o d e J a n e i r o: *peruvialis* **n. sp.** p. 173. — *claxalis* **n. sp.** p. 173. — *turalis* **n. sp.** p. 174. — *braziliensis* **n. sp.** p. 174. — *veltalis* **n. sp.** p. 174. — *demonalis* **n. sp.** p. 174. — *evanalis* **n. sp.** p. 174. — ? *lignealis* **n. sp.** p. 176. — *perialis* **n. sp.** p. 171. — *glumalis* **n. sp.** p. 172. — *gozama* **n. sp.** p. 172. — *uvalis* **n. sp.** p. 172.

F. aus C o s t a - R i c a: ? *ricalis* **n. sp.** p. 176.

Hypenodes separatalis **n. sp. Herz,** Annuaire Mus. St. Pétersbg. T. IX p. 331
Taf. I Fig. 7 (Kroca).

arrhecta **n. sp. Meyrick,** Fauna Hawaiiensis vol. III p. 347 (Kauai).

leptoxantha **n. sp. Meyrick,** Ent. Monthly Mag. (2) vol. 15 (40) p. 130 (Molokai).

Hyppa xylinoides Guenée. Ei, Entw.-Stad. I—VI. **Dyar,** Proc. U. S. Nat. Mus.
vol. XXVII p. 814—815. — *indistincta* Smith. Bemerk.; Ei, Stad. I—VI
. p. 815—816.

Ipimorpha pleonectusa Grote. Stad. VI **Dyar,** Proc. U. S. Nat. Mus. vol. XXVII
p. 874.

N e u e A r t e n: *aroensis* **n. sp. Schaus,** Trans. Amer. Entom. Soc. vol. XXX
p. 152. — *chucha* **n. sp.** p. 153. — *ethela* **n. sp.** p. 153 (sämtlich aus
S. Amerika).

Ischyia porphyrea **n. sp. Turner,** Trans. Roy. Soc. S. Austral. vol. XXVIII p. 217
(Thursday Islds.).

Isochlora leuconeura **n. sp. Püngeler,** Soc. entom. vol. XIX p. 131 (Centralasien).

Koraia **n. g.** (*Catocala* nahest.) **Herz,** Annuaire Mus. St. Pétersbg. T. IX p. 313.
— *pirata* **n. sp.** p. 314 Taf. I Fig. 18 (Korea).

Lena **n. g.** (*Hyptioxesta* nahest.) **Herz,** Ofv. Finska Forhdl. vol. XLV p. 10. —
poppiusi **n. sp.** p. 10 (Lena).

Lepidodes pectinata **n. sp. Schaus,** Trans. Amer. Entom. Soc. vol. XXX p. 167
(Rio de Janeiro).

Leptina ? *petrovna* **n. sp. Schaus,** t. c. p. 152 (Petropolis).

Leucania favicolor. N e u e V a r i e t ä t e n: **Tutt,** Entom. Record vol. XVI
p. 252—254. — *favicolor* var. **Barrett,** Entom. Monthly Mag. (2) vol. 15
(40) p. 61.

N e u e A r t: *jordana* **n. sp. Bartel,** Deutsche Entom. Zeitschr. Iris Bd. 17
p. 158 (Palaestina).

Leucanitis sculpta **n. sp. Püngeler,** Deutsche Entom. Zeitschr. Bd. 16. p. 292
Taf. VI Fig. 8 (Togus-torau).

Lithacodia castrensis **n. sp. Schaus,** Trans. Amer. Entom. Soc. vol. XXX p. 161
(Parana).

Lithocampa fatua **n. sp. Püngeler,** Deutsche Entom. Zeitschr. Iris, Bd. 16. p. 288
Taf. VI Fig. 4 (Kuku-Noor).

Lyncetis macrosticha **n. sp. Turner,** Trans. Roy. Soc. S. Austral. vol. XXVIII
p. 216 (Townsville).

Makapta argentescens **n. sp. Schaus,** Trans. Amer. Entom. vol. XXVIII p. 216
(Townsville).

Mamestra crydina **var. nov. Dyar,** Canad. Entom. vol. XXXVI p. 32.
— A r t e n v o n K o o t e n a i - D i s t r i k t. **Dyar,** Proc. U. S. Nat. Mus.
vol. XXVII p. 839—859. — *discalis* Grote. Ei, Stad. I—V. p. 839—840.
— *purpurissata* Grote var. *crydina* Dyar p. 840—841. — *segregata* Smith
p. 841. — *detracta* Walker Ei, Stad. I—VI p. 842—843. — *radix* Walker
Ei, Stad. I—V p. 843—5. — *nevadae* Gr. Ei, Stad. I—VI p. 845—6.
—846. — *subjuncta* Grote u. Robinson Ei, Stad. I—VI p. 846—847.
— *grandis* Boisd. Ei, Stad. I—VI. p. 848—849. — *invalida* Smith. Ei,
Stad. I—V p. 849—850. — *assimilis* Morrison. Ei, Stad. I—VI p. 850
—851. — *tacoma* Strecker Ei, Stad. I—VI p. 852—853. — *olivacea*
Morrison u. *comis* Grote. Geographische Formen. (Rassen) etc. p. 853

—854. — *olivacea* Morr. var. *petita* Sm. Ei, Stad. I—V p. 855—856. — *comis* Grote Ei, Stad. I—VI p. 856. — *illaudabilis* Grote. Ei, Stad. I—V. p. 856—857. — *lorea* Guenée. Ei, Stad. I—VI p. 858. — *pensilis* Grote Ei, Stad. I—II. p. 859.

Neue Arten: **Smith** beschreibt im Canad. Entom. vol. XXXVI: *obesula* **n. sp.** p. 151. — *dodii* **n. sp.** p. 152. — *acutermina* **n. sp.** p. 153 (alle drei von Calgary). — *elsinora* **n. sp. Barnes,** Canad. Entom. vol. XXXVI p. 197. — *hueco* **n. sp.** p. 198 (beide von Arizona).

M. (*Discestra*) *eremistis* **n. sp. Püngeler,** Soc. Entom. vol. XIX p. 130 (Centralasien).

isoloma **n. sp. Püngeler,** Deutsch. Entom. Zeitschr. Iris, Bd. 16. p. 286 Taf. VI Fig. 2 (Saravschan).

Massala marmona **n. sp. Schaus,** Trans. Amer. Entom. Soc. vol. XXX p. 167. — *carthia* **n. sp.** p. 168 (beide aus Brasilien).

Microcoelia. **Schaus** beschreibt in d. Trans. Amer. Entom. Soc. vol. XXX folgende neue Arten aus Südamerika: *parigana* **n. sp.** p. 151. — *farona* **n. sp.** p. 151. — *mastera* **n. sp.** p. 151.

Megalodes hedychroa **n. sp. Turner,** Trans. Roy. Soc. S. Austral. vol. XXVIII p. 218 (Queensland).

Moma tybo **n. sp. Barnes,** Canad. Entom. vol. XXXVI p. 166 (Arizona).

Mycterophora longipalpata Hulst. Ei, Stad. I—III. **Dyar,** Proc. U. S. Nat. Mus. vol. XXVII p. 877.

Naenia marama **n. sp. Schaus,** Trans. Amer. Entom. Soc. vol. XXX p. 165 (Venezuela).

Noctua. Arten vom Kootenai-Distrikt. Ei, Stad. I—VI. **Dyar,** Proc. U. S. Nat. Mus. vol. XXVII p. 825—829. — *rosaria* Grote p. 825—826. — *oblata* Morrison. Ei, Stad. I—V p. 827—828. — *sierrae* Harvey p. 828.

umbrosa **var. n. Dyar,** Canad. Entom. vol. XXXVI p. 31. — *perumbrosa* **nom. nov.** für die vorige. **Dyar,** t. c. p. 102.

Neue Art: *discolata* **n. sp. Smith,** Canad. Entom. vol. XXXVI p. 149 (Calgary).

Nodaria selenitis **n. sp. Hampson,** Ann. Nat. Hist. (7) vol. 14 p. 173 ♂ (Bahamas: Nassau). — *diopis* **n. sp.** p. 173 (Fundort wie vorher).

aneliopis **n. sp. Turner,** Trans. Roy. S. Austral. vol. XXVIII p. 219 (Thursday Isld.).

Oncocnemis polingii **n. sp. Barnes,** Canad. Entom. vol. XXXVI p. 169 (Arizona). *laticosta* **n. sp. Dyar,** Proc. Entom. Soc. Washington, vol. VI p. 63. — *tetrops* **n. sp.** p. 64 (beide von Arizona).

Ophiusa analis oder **sp. n.?** **Herz,** Annuaire Mus. St. Pétersbg. T. IX p. 305.

Orthosia purpurea Grote. Stad. V u. VI. **Dyar,** Proc. U. S. Nat. Mus. vol. XXVII p. 873.

witzenmanni. Raupe. **Lucas,** Bull. Soc. Entom. France 1904. p. 232. — Metamorphose. **Chrétien,** Naturaliste 1904 pp. 269.

Neue Art: *verberata* **n. sp. Smith,** Canad. Entom. vol. XXXVI p. 153 (Calgary).

Oslaria **n. g.** (Type: *Zotheca viridifera* Grote). **Dyar,** Journ. New York Entom. Soc. vol. XII p. 41.

Oxycnemis subsimplex n. sp. **Dyar,** Journ. New York Entom. Soc. vol. XII p. 42 (Arizona).

Pachetra leucophaea. Raupe etc. **Dollmann,** p. 225—228.

Pachnobia hyperborea Varietäten. **Oberthür,** Etudes comp. vol. I p. 60 Fig. 9—11.

Palthis angulatus Hübn. Ei, Stad. I. **Dyar,** Proc. U. S. Nat. Mus. vol. XXVII p. 881—882.

Pericyma acrosticta n. sp. **Püngeler,** Deutsch. Entom. Zeitschr. Iris Bd. 16. Taf. VI Fig. 6. — *dispar* n. sp. Taf. VI Fig. 7 (Engeddi).

Peridroma occulta Linnaeus. Ei, Stad. I—VI. **Dyar,** Proc. U. St. Nat. Mus. vol. XXVII p. 821—823. — *astricta* Morrison var. *subjugata* Dyar. Ei, Stad. I—VI p. 823—824.

   ypsilon var. *albescens* n. **Clark,** Entom. Record vol. XVI p. 166 Taf. VIII. *subjugata* var. n. **Dyar,** Canad. Entom. vol. XXXVI p. 31.

Perigrapha achsha n. sp. **Dyar,** Canad. Entom. vol. XXXVI p. 32 (Brit. Columbia).

Photedes. **Schaus** beschreibt in d. Trans. Amer. Entom. Soc. vol. XXX folgende neue Arten aus A. Brasilien: *apicata* n. sp. — *virescens* n. sp. p. 156. — *costipuncta* n. sp. p. 156. — *stenelea* n. sp. p. 156. — *marita* n. sp. p. 157. — *perigeta* n. sp. p. 157. — B. Mexico: *repanda* n. sp. p. 157. — ? *mochensis* n. sp. p. 157.

Phyllodes enganensis n. sp. (verw. mit *Verhuellii* Voll. von Java u. mit *floralis* Butl. von Borneo). **Swinhoe,** Ann. Nat. Hist. (7) vol. 14. p. 424 ♂ ♀ (Engano).

Platyja rufiscripta n. sp. **Swinhoe,** Trans. Entom. Soc. London, 1904. p. 141 (Borneo).

Platyperigea anotha n. sp. **Dyar,** Canad. Entom. vol. XXXVI p. 29 (Britisch Columbien).

Pleroma cinerea n. sp. Psyche vol. XI p. 56 (Oregon).

Plusia festucae in Neu-Seeland. **Philpoth,** Trans. New Zealand Inst. vol. XXXVI p. 161.

   Neu: *pterylota* n. sp. **Meyrick,** Fauna Hawaiiensis vol. III p. 348 (Oahu).

Polia maxima n. sp. **Dyar,** Journ. New York Entom. Soc. vol. XII p. 40 (California).

Polychrysia formosa, Raupe. **Kearfott,** Entom. News Philad. vol. XV p. 301.

Polydesma ? *striata* n. sp. **Herz,** Annuaire Mus. St. Pétersbg. T. IX p. 303 Taf. I Fig. 4 (Korea).

Polyphaenis sericata var. *viridata* n. **Ragusa,** Natural. Sicil. vol. XVII p. 18 Taf. I Fig. 1.

Porosagrotis. Arten vom Kootenai-Distrikt. **Dyar,** Proc. U. S. Nat. Mus. vol. XXVII p. 833—838. — *punctigera* Walker. Ei, Stad. I—II. Ei, p. 838. — *divergens* Walker.

   Neu: *thanatologia* n. sp. **Dyar,** t. c. p. 833 (Kootenai-Distrikt).

Praxis alampeta n. sp. **Turner,** Trans. Roy. Soc. S. Austral. vol. XXVIII p. 216 (Brisbana).

Prodenia marima n. sp. **Schaus,** Trans. Amer. Entom. Soc. vol. XXX p. 150 (Parana).

Prometopus inasseuta Gn. = (*Caradrina chromoneura* Turn. = *Erastroides lichenomima* Turn.) **Turner,** Trans. Roy. Soc. S. Austral. vol. XXVIII p. 215.

   Neu: *rubrispersa* n. sp. **Turner,** t. c. p. 214 (Queensland). — *xerampelina* n. sp. p. 214 (West-Australien). — *nodyna* n. sp. p. 215 (Brisbane).

Propatria. Charakteristik. **Turner,** t. c. p. 213.

Prothymia rosario **n. sp. Barnes,** Canad. Entom. vol. XXXVI p. 264 (Arizona).

Pseudaglossa shelfordi **n. sp. Swinhoe,** Trans. Entom. Soc. London, 1904. p. 11 (Borneo).

Pseudina janeira **n. sp. Schaus,** Trans. Amer. Entom. Soc. vol. XXX p. 163 (Brasilien).

Pseudogloea lobata **n. sp. Barnes,** Canad. Entom. vol. XXXVI p. 237 (Arizona).

Pseudotamila avemensis **n. sp. Dyar,** Journ. N. York Entom. Soc. vol. XII p. 41 (Manitoba).

Rhaesena apicalis **n. sp. Swinhoe,** Trans. Entom. Soc. London, 1904 p. 143 (Borneo).

Rhizagrotis socorro **n. sp. Barnes,** Canad. Entom. vol. XXXVI p. 171. — *salina* **n. sp.** p. 172 (beide von Arizona).

Raphia frater Grote. **Dyar,** Proc. U. S. Nat. Mus. vol. XXVII p. 808—809.

Rhynchagrotis. Arten vom K o o t e n a i - D i s t r i k t. **Dyar,** Proc. U. S. Nat. Mus. vol. XXVII p. 817—818.

Rhynchagrotis scopeops **n. sp. Dyar,** Canad. Entom. vol. XXXVI p. 31 (Brit. Columb.).

Sarrothripus revayana var. *asiatica* **n. Krulikovsky,** Rev. Russe Entom. T. IV p. 91.

Setagrotis vernilis Grote u. *vocalis* Grote vom K o o t e n a i - D i s t r i k t. **Dyar,** Proc. U. S. Nat. Mus. vol. XXVII p. 821.

Simplicia rectalis Ev. **gen. autum.** (kleiner, fein beschuppt, lichtgrau [nicht bräunlich] mit schwächeren Streifen). **Fuchs,** Jahrb. nass. Ver. f. Naturk. Jhg. 57 p. 37.

Spirama sumbana **n. sp.** (ähnelt der gemeinen *S. retorta* Linn.) **Swinhoe,** Ann. Nat. Hist. (7) vol. 14. p. 422—423 ♂ ♀ (Waingapo, Sumba Island).
kalaoensis **n. sp.** (in d. Zeichn. *retorta* ähnlich) p. 423 ♀ (Kalao Island; Flores).

Spragueia inversa **n. sp. Schaus,** Trans. Amer. Entom. Soc. vol. XXX p. 163. — *margarita* **n. sp.** p. 163. — *taragma* **n. sp.** p. 164. — *tarasca* **n. sp.** p. 164 ♂ (alle vier aus Südamerika).

Stellidia funerea **n. sp. Schaus,** Trans. Amer. Entom. Soc. vol. XXX p. 166. — *nivosita* **n. sp.** p. 166. — *diana* **n. sp.** p. 166 (alle drei von Parana).

Stibadium ochoa **n. sp. Barnes,** Canad. Entom. vol. XXXVI p. 241 (Arizona). — *manti* **n. sp.** p. 242 (Texas). — *viridescens* **n. sp. Schaus,** Trans. Amer. Entom. Soc. vol. XXX p. 153 (Mexico).

Strabeo punctilinea **n. sp. Schaus,** t. c. p. 167 (Parana).

Taeniocampa communis **n. sp. Dyar,** Canad. Entom. vol. XXXVI p. 32 (Britisch Columbia).
terminatissima **n. sp. Dyar,** Proc. Entom. Soc. Washington vol. VI p. 104 (New Mexico). — *alamosa* **n. sp. Barnes,** Canad. Entom. vol. XXXVI p. 201 (Arizona).

Tarache areli Strecker. Ei, Stad. I. **Dyar,** Proc. U. S. Nat. Mus. vol. XXVII p. 876.

N e u : **Schaus** beschreibt in den Trans. Amer. Entom. Soc. vol. XXX: a) aus S ü d a m e r i k a : *angularis* **n. sp.** p. 158. — *triangularis* **n. sp.** p. 158. — *mediana* **n. sp.** p. 158. — *puella* **n. sp.** p. 158. — *praxina* **n. sp.** p. 159. — *caterva* **n. sp.** p. 159. — *villica* **n. sp.** p. 159. — *violetta* **n. sp.** p. 159. —

viridans **n. sp.** p. 160. — *? benita* **n. sp.** p. 160. — b) aus M e x i k o:
pyralina **n. sp.** p. 159.
Thalpochares costagna **n. sp. Schaus,** Trans. Amer. Entom. Soc. vol. XXX p. 161.
— *guarama* **n. sp.** p. 162. — *grisella* **n. sp.** p. 162. — *? nigripalpis* **n. sp.**
p. 162. — *lorna* **n. sp.** p. 162 (sämtlich aus Südamerika). — *? mirella* **n. sp.**
p. 162 (Mexico).
Thermesia flavilineata **n. sp. Hampson,** Ann. Nat. Hist. (7) vol. 14. p. 170—171 ♂
(Bahamas: Nassau).
Thyria croesita **n. sp. Schaus,** Trans. Amer. Entom. Soc. vol. XXX p. 164. —
satana **n. sp.** p. 164 (Parana).
Tornacontia mediatrix **n. sp. Dyar,** Proc. Entom. Soc. Washington, vol. VI p. 62
(Arizona).
Toxocampa moellendorffi **n. sp. Herz,** Annuaire Mus. St. Pétersbg. T. IX p. 318
Taf. I Fig. 1 (Korea).
Toxophlebs pallida **n. sp. Schaus,** Trans. Amer. Entom. Soc. vol. XXX p. 160.
— *? bilinea* **n. sp.** p. 160 (beide aus Ost-Brasilien).
Tricholita chipeta **n. sp. Barnes,** Canad. Entom. vol. XXXVI p. 202 (Colorado).
Trigonophora periculosa Guenée Ei, Stad. I—VI. **Dyar,** Proc. U. S. States Nat.
Mus. vol. XXVII p. 868—869.
Triphaena comes. Generationen u. Varietäten. **Prout,** Entom. Record, vol. XVI
p. 1—5.
Vestura **n. g. Swinhoe,** Trans. Entom. Soc. London, 1904. p. 142. — *adeba* **n. sp.**
p. 142 (Singapore, Borneo).
Xenociris **nom. nov.** für *Ciris* Gr. **Cockerell,** Entom. News Philad. vol. XV p. 76.
Xylina fletcheri **n. sp. Smith,** Psyche vol. XI p. 56. — *ancilla* **n. sp.** p. 57. —
vertina **n. sp.** p. 58. — *merceda* **n. sp.** p. 58. (alle vier von Oregon).
Xylophasia unita **n. sp. Smith,** Psyche, vol. XI p. 54. — *enigra* **n. sp.** p. 54. —
rorulenta **n. sp.** p. 55. (alle drei von Calgary).
Zanclognatha ? punctalis **n. sp. Herz,** Annuaire Mus. St. Pétersbg. T. IX p. 324
Taf. I Fig. 9 (Korea).
Zosteropoda hirtipes Grote. Ei, Stad. I—VI. **Dyar,** Proc. U. S. Nat. Mus. vol. XXVI
p. 866—868.

Geometridae, Epiplemidae, Uraniidae.

Autoren : Chrétien, Dietze, Dognin, Dyar, Hampson, Herz, Himsl, Meyrick,
Oberthür, Pearsall, Prout, Püngeler, Rebel, Rothschild, Swinhoe, Taylor, Thierry-
Mieg, Turner, Warren.

R a u p e n d e r f r a n z ö s i s c h e n A r t e n : Frionnet.
S y n o n y m i e etc. der *G e o m e t r i d a e* d e r C o l l e c t. H u l s t. **Dyar,**
Proc. Entom. Soc. Washington vol. VI p. 222—227.
D u r c h s i c h t m i t V e r ä n d e r u n g e n u n d S y n o n y m i e d e r
H u l s t ' s c h e n E i n t e i l u n g d e r a m e r i k a n i s c h e n *G e o -
m e t r i d a e.* **Pearsall,** Canad. Entom. vol. XXXVI p. 208—210.
R e v i s i o n d e r a u s t r a l i s c h e n *G e o m e t r i d a e* n e b s t S y n o -
n y m i e. **Turner,** Proc. Soc. Victoria, vol. XVI. p. 218—284.
G e o m e t r i d a e vom K o o t e n a i - D i s t r i k t , Brit Columb. **Dyar,** Proc.
U. S. Nat. Mus. vol. XXVII p. 888—914.

Abraxas grossulariata var. *minor* n. **Herz,** Annuaire Mus. St. Pétersbourg T. IX
p. 353. Taf. I Fig. 17.
marginata nigrounicolorata. **Haverkampf,** Ann. Soc. Entom. Belg. T. 48. p. 187
Taf. I.
Neue Arten: *macularia* n. sp. **Herz,** Annuaire Mus. St. Pétersbourg T. IX
p. 354 Taf. I Fig. 16.
transvisata n. sp. **Warren,** Nov. Zool. Tring, vol. IX p. 543 ♀ (Santo Domingo,
Carabaya, S. O. Peru, 6000'). — Einzige Art der Gatt. alt-weltl. aus
S. Amerika.
Acidalia. **Fuchs** beschreibt in d. Soc. entom. vol. XIX p. 17 verschiedene neue
Varietäten.
deversaria var. *laureata.* **Fuchs,** Jahrb. nassau. Verein Bd. 57. p. 38 Taf. II
Fig. 6. — *diffluata.* Unterschiede p. 38.
immutata var. *syriata* **Neuburger,** Soc. entom. T. XIX p. 115.
Acidalia deversaria H.-S. ab. *laureata* Fuchs. **Fuchs,** Jahrb. nass. Ver. f. Naturk.
Jhg. 57 p. 38 Taf. II Fig. 6. — *diffluata* H. S. b o n a s p e c. Diagnose nebst
Bemerk. p. 38—39. Taf. II Fig. 7 (Ungarn, Dalmatien, Taurus). — *diffluata*
ab. *schaefferiana* n. (das schwarze Band bis zur Wellenlinie reichend, auf
den Vflgln. stets, auf den Hflgln. meistens, der Saum sehr dunkel, die erste
Querlinie schwach, der Mittelschatten stark) p. 40. — *bisetata* Tr. Taf. II
Fig. 8. — *biset.* ab. *schaefferiana* Fuchs Taf. II Fig. 9.
immutata var. *syriacata.* **Neuburger,** Soc. entom. T. XIX p. 115.
emutaria. Ei und junge Raupe. **Sich,** The Entomologist, 1904 p. 108.
metohiensis **Rebel,** Ann. Hofmus. Wien Bd. 19. p. 248 Taf. V Fig. 15.
Neu: *cajanderi* n. sp. **Herz,** Ofv. Finska Forhdlgr. vol. XLV No. 15 p. 13.
— *anaitaria* n. sp. p. 14 (Lena).
Acrosemia dichorda n. sp. **Hampson,** Ann. Nat. Hist. (7) vol. 14 p. 177 ♀ (Ba-
hamas: Abaco).
Acrotomodes lichenifera n. sp. **Warren,** Nov. Zool. Tring, vol. 11 p. 564 ♂
(S. O. Peru: Santo Domingo, Carabaya 6000').
Aeschropteryx flexilinea n. sp. **Warren,** Nov. Zool. Tring vol. 11 p. 128 ♂
(Huatuxco, Vera Cruz). — *tetragonata* ab. *parvidens* n. p. 128 ♂ (Sapucay,
Villa Rica, Paraguay).
praecurvata n. sp. **Warren,** t. c. p. 564 ♂ (Sapuya, Villa Rica, Paraguay).
Agathia elenaria n. sp. **Swinhoe,** Trans. Entom. Soc. London, 1904 p. 542 (Old
Calabar). — *pauper* n. sp. **Warren,** Nov. Zool. Tring, vol. 11 p. 463 ♂
(Warri).
Agia eborata ? = *Cysteopteryx viridata.* **Taylor** u. **Dyar,** Journ. New York Entom.
Soc. vol. XII p. 46—47.
Agraptochlora pallida n. sp. **Warren,** Nov. Zool. Tring, vol. 11 p. 463 ♂. — *rubriceps*
n. sp. (steht *nigricornis* Warr. nahe) p. 464 (beide von Bihe, Angola).
Alcis sulphuraria Pack. Ei. **Dyar,** Proc. U. S. Nat. Mus. vol. XXVII p. 909.
huamani n. sp. **Dognin,** Ann. Soc. Entom. Belg. T. 48 p. 363 (Peru).
Aletis rubricaput n. sp. **Swinhoe,** Trans. Entom. Soc. London, 1904 p. 578 (Gold-
küste).
Alex aurantiata n. sp. **Warren,** Nov. Zool. Tring vol. 11 p. 484 ♂ ♀ (Obi, Major).
Amaurinia expallidata n. sp. **Warren,** Nov. Zool. Tring, vol. 11 p. 81—82 ♀
(Trinidad).

angulata **n. sp.** (Abweichungen von den typischen Formen d. Gatt.) **Warren,** t. c. p. 525 ♂ (Santo Domingo Carabaya, 6500 '). — *brunnea* **n. sp.** p. 525 ♂ — *commixta* **n. sp.** (wahrsch. mit *violada* Dogn. verw.) p. 526 ♀ (alle drei aus Peru).

Ameria seminigra **n. sp.** (steht *A. bifiliata* Warr. u. *nigriplaga* Warr. *Cambogia* nahe) (Geäder des ♂ wie das von *A. invaria* Wlk.) **Warren,** Nov. Zool. Tring vol. 11 p. 81 ♂ (Chirimaya, Südost-Peru, 1000 ').

Amraica superans var. *dubitans* **n. Herz,** Annuaire Mus. St. Pétersbourg T. IX p. 365 Taf. I Fig. 14.

Anapalta **n. g.** *H y d r i o m e n.* (Unterschiede von *Epirrhoe.* Hierher eine große Zahl südamerikan. Formen) p. 43. — *A.* (*Hammaptera*) *caliginosa* Warr. p. 43 ♂ (Charaplaya, Bolivia, 1300 m). — *infundibulata* **ab.** *vinosata* **n.** p. 43 ♂ (Chanchamayo). — *perdecora* **n. sp.** p. 44 ♂ (Chulumani, Bolivia, 2000 m). — *roseoliva* **n. sp.** p. 44 ♂ (Charaplaga, Bolivia, 1300 m). — *sombrera* **n. sp.** p. 45 ♂ (Santo Domingo, Carabaya, Südost-Peru, 6000 m). — *violetta* **n. sp.** p. 45 ♂ (Charaplaya, Bolivia, 1300 m).

subfusca **n. sp. Warren,** t. c. p. 576 (Huancabamba, Cerro de Pasco, Peru, 6000'—10 000 ').

ruficoesia **n. sp. Dognin,** Ann. Soc. Entom. Belg. T. 48 p. 359 (Argentinien).

Anisodes aurantiata **n. sp.** (heller und lebhafter als die übrigen Arten gefärbt) **Warren,** Nov. Zool. Tring vol. 11 p. 27 ♂ ♀ (Santo Domingo, Carabaya, Südost-Peru, 6000 '). — *bipunctata* **n. sp.** (nahe verw. mit *nebuligera* Butl. p. 27—28 ♂ ♀ (Santo Domingo, Carabaya, Südost-Peru, 6000 '). — *flavidiscata* **n. sp.** p. 28 ♂ (Huatuxco, Vera Cruz, Type), ♀ (Santo Domingo, Carabaya, Südost-Peru, 6000 '). — *hieroglyphica* **n. sp.** (Hintertibie mit 3 Spornen wie bei *Pisoraca*) p. 28—29 ♂ (Santo Domingo, Carabaya, Südost-Peru, 6000 '). — *imparistigma* **n. sp.** p. 29 ♂ (Fundort wie vorige). — *magnidiscata* **n. sp.** p. 29—30 ♂ (Charaplaya, Chulumani, Bolivia). — *mediolineata* **n. sp.** (nahe verw. mit *A. aspera* Warr. u. *rhodostigma* Warr.) p. 30 ♂ (Santo Domingo, Carabaya, Südost-Peru, 6000 '). — *ochricomata* **n. sp.** p. 30 ♂ (Onaca, Santa Marta). — *pintada* ab. *punctulosa* **n.** p. 31 (Chulumani, Bolivia, 2000 '). — *rhodostigma* **n. sp.** p. 31 ♂ (Chulumani, Bolivia, 2000 m). — *subaenescens* **n. sp.** (steht *ferruginata* Warr. von Paramba, Ecuador nahe) p. 31 ♂ (Santo Domingo, Carabaya, Südost-Peru, 6000 '). — *torsivena* **n. sp.** (mit abnormem Geäder) p. 32 ♂ (Charaplaya, Bolivia, 1300 m).

— **Warren** beschreibt t. c. aus Peru: *decorata* **n. sp.** (*annularis* Feld. nahest.) p. 507 ♂ (Santo Domingo, Carabaya, S. O. Peru, 6000 '). — *fulgurata* **n. sp.** p. 508 ♂ (Upper Rio Toro, la Merced, Peru, 3000 '). — *gigantula* **n. sp.** p. 508. — *maculidiscata* **n. sp.** p. 509 ♂ (Santo Domingo, Carabaya, S. O. Peru, 6000 '). — *multipunctata* **n. sp.** p. 509 ♂ (wie zuvor). — *pomidiscata* **n. sp.** p. 510 ♂ (wie zuvor). — *rufistigma* **n. sp.** p. 510 ♂ (wie zuvor). — *rufulana* **n. sp.** (kleiner u. dunkler als *aurantiata*) p. 510 ♂ ♀ (wie zuvor).

Anisolasia **n. g.** *H y d r i o m.* (Type: *A.* (*Cataclysome napassa* Dogn.) **Warren,** Nov. Zool. Tring vol. 11 p. 46.

Anisoperas adulta **n. sp. Warren,** Nov. Zool. Tring, vol. 11 p. 129 ♀ (Columbia). — (?) *aurantiaca* **n. sp.** p. 129 (Salidero u. Bulim, N. W. Ecuador). — *latibrunnea* **n. sp.** p. 129—130 ♂ (Santo Domingo, Carabaya, S. O. Peru, 6000 ') — *dentilinea* **n. sp. Warren,** t. c. p. 564 ♂ (Huatuxco, Vera Cruz, Mexico).

— *olivata* **n. sp.** p. 565 ♂ (Charaplaya, Bolivia, 1300 m). — *undilinea* **n. sp.**
p. 565 ♂ (Tucuman, Argentinien).

Aphilopota ambusta **n. sp. Warren,** Nov. Zool. Tring, vol. 11 p. 472 ♀ (Angola:
Caconda).

Apicia Synon. Bemerk. **Warren,** Nov. Zool. Tring vol. 11 p. 130. — *fractilinea*
Warr. ♂ p. 130. — *subfasciata* **ab.** *obscurata* **n.** p. 130 ♂ (Huatuxco, Vera Cruz).
— Eine merkwürdige äußerst extreme Entwicklungsform von *macularia*
Warr. — Siehe *Loxapicia* und *Mesoedra.*
N e u e A r t e n: *böttgeri* **n. sp. Warren,** t. c. p. 566 ♂ (Huancabamba, Cerro
de Pasco, Peru, 6000—10 000'). — *citrina* **n. sp.** p. 566 ♂ (Duaca, Estada
Lara, Venezuela).

Apiciopsis **n. g.** *E n n o m.* **Warren,** Nov. Zool. Tring. vol. 11 p. 131. — *angustata*
n. sp. p. 131 ♂ (Santo Domingo, Carabaya, S. O. Peru, 6000 '). — *obliquaria*
n. sp. (ähnelt etwas *Loxopicia parallelaria* Warr. [*Eusarca*]) p. 131 (Bolivia).

Aplodes darwinata. Biologie. **Dyar,** Psyche, vol. XI p. 121.
N e u: *rubrifrontaria* Packard var. *darwiniata* **n. Dyar,** Proc. U. S. Nat. Mus.
vol. XXVII p. 903 (Kootenaidistrikt).

punctata **n. sp. Warren,** Nov. Zool. Tring, vol. 11 p. 19 ♂ (Upper Park, Jamaica).

Aplogompha aurifera **n. sp. Thierry-Mieg,** Naturaliste 1904 p. 182 (Peru).

Aplorama **n. g.** *O u r a p t e r y g.* (ähnelt *Ratiaria* Wlk.) **Warren,** Nov. Zool. Tring
vol. 11 p. 91. — Type: *Apl.* (*Byssodes*) *nazada* Druce.

Archichlora marcescens **n. sp. Warren,** Nov. Zool. Tring vol. 11 p. 465 ♀ (Amambara
Creek, River Niger).

Argyrostome ferruginea **ab.** *albinata* **n. Warren,** Nov. Zool. Tring vol. 11 p. 93 ♀
(Salampioni, Bolivia, 800 m).

Arhodia modesta **n. sp. Warren,** Nov. Zool. Tring vol. 11 p. 485 (Townsville,
Queensland). Wahrscheinlich gehört das vom Verf. zu *Oenochroma simplex*
gezogene ♀ hierher.

Asestra ustularia **n. sp.** (ähnelt sehr *A. albitumida* Warr. von Loja, doch fehlen die
weißen Endflecke jener Sp.) **Warren,** Nov. Zool. Tring, vol. 11 p. 132 ♂
(Chulumani, Bolivia, 2000 m).

Asthena euthecta **n. sp. Turner,** Proc. Soc. Victoria vol. XVI p. 243 (Brisbane).

Astyochia membranacea **n. sp. Warren,** Nov. Zool. Tring vol. 11 p. 545 ♂ (Peru,
Santo Domingo, Carabaya, S. O. Peru, 6000 ').

subliturata **n. sp. Dognin,** Ann. Soc. Entom. Belg. T. 48 p. 120 (Peru).

Atossa alpherakii **n. sp. Herz,** Annuaire Mus. St. Pétersbourg T. IX p. 376 Taf. I
Fig. 8 (Korea).

Axiodes. Verbesserte Beschreibung. **Warren,** Nov. Zool. Tring, vol. 11 p. 480.
— *ennomaria* **n. sp.** p. 480 ♂ (Süd-Afrika: Nieuwveld Mountains, 5 miles
N. W. von Beaufort West).

Azelina ancetaria Hübn. var. *occidentalis* Hulst. **Dyar,** Proc. U. S. Nat. Mus.
vol. XXVII p. 913. — Ei, Stad. I u. II p. 914.
N e u: *nigra* **n. sp.** (verw. mit *jimenezaria* Dogn. u. *constrictifascia* Warr.,
doch dunkler) **Warren,** Nov. Zool. Tring vol. 11 p. 132—133 ♂ (Chimate,
Bolivia, Carabaya, S. O. Peru, 6000 ').

albisecta **n. sp.** (ähnelt *munita* Dognin) **Warren,** t. c. p. 566 ♂ (Huancabamba,
Cerro de Pasco, Peru). — *coronata* **n. sp.** p. 567 (Chanchamayo, Peru;
Rio Demerara, Brit. Guiana).

vulpecula **n. sp. Doguiu,** Ann. Soc. Entom. Belg. T. 48 p. 369 (Peru).

Azelina notodontina **n. sp. Thierry-Mieg,** Naturaliste, 1904 p. 183.

Bassania fortis **n. sp. Warren,** Nov. Zool. Tring vol. 11 p. 567 ♂ (Peru: Huancabamba, Cerro de Pasco, 6000—10 000 ').

Betulodes **n. g.** (Type: *Amphidasys crebraria* Gn.) **Thierry-Mieg,** Naturaliste 1904 p. 183.

Biston calaria **n. sp. Swinhoe,** Trans. Entom. Soc. London, 1904 p. 527 (Ost-Afrika).

Blechroma conflua **n. sp. Warren,** Nov. Zool. Tring vol. 11 p. 502 ♂ (Santo Domingo, Carabaya, S. O. Peru, 6000 '). — *conspersa* **n. sp.** p. 502 ♂ (wie zuvor; 6500 '). — *nigricincta* **n. sp.** p. 503 ♂ (wie zuvor; 6000 '). Alle drei aus Peru.

Boarmia consortaria **var.** *marginata* **n. Herz,** Annuaire Mus. St. Pétersbourg, T. IX p. 372 Taf. I Fig. 6.

selenaria. Gewohnheiten der Raupe. **Stebbing,** Journ. Linn. Soc. London, vol. XXIX p. 154 Taf. XVIII.

N e u e A r t e n: *dribaria* **n. sp. Swinhoe,** Trans. Entom. Soc. London, 1904 p. 532 (Madagaskar). — *ugandaria* **n. sp.** p. 533 (Afrika).

cilicornaria **n. sp. Püngeler,** Deutsch. Entom. Zeitschr. Iris Bd. 16 p. 296 Taf. VI Fig. 15 (Nikko).

aroensis **n. sp. Rothschild,** Nov. Zool. Tring, vol. 11 p. 322 ♀ Taf. III Fig. 29 (Neu-Guinea. Owgarra, north of head of Aroa, River).

Bonatea viridilinea **n. sp. Warren,** Nov. Zool. Tring vol. 11 p. 568 ♂ (S. O. Peru: Santo Domingo, Carabaya, S. O. Peru, 6000 ').

maculata **n. sp. Doguiu,** Ann. Soc. Entom. Belg. T. 48 p. 367 (Bolivia).

Bordeta aroensis **n. sp. Rothschild,** Nov. Zool. Tring vol. 11 p. 319 ♀ Taf. III Fig. 37 (Neu-Guinea: Owgarra, North of the head of Aroa River).

Brabirodes **n. g.** *T e p h r o c l y s t i i n.* (wunderbarer Nachahmer der orientalischen Gatt. *Brabira*) **Warren,** Nov. Zool. Tring, vol. 11 p. 528. — *peruviana* **n. sp.** p. 528 ♀ (Santo Domingo, Carabaya, S. O. Peru, 6000 ').

Brachyctenistis **n. g.** *E n n o m i n.* (verw. mit *Certima* Wlk. u. noch mehr mit *Neodora* Warr.) **Warren,** Nov. Zool. Tring vol. 11 v. 133. — *undulinea* **n. sp.** p. 133—134 ♂ (Santa Domingo, Carabaya, S. O. Peru, 6000 '). — Hierher gehört auch *Hasodima*? *incongruata* Warr. (Nov. Zool. Tring VII), mit der die Type nahe verwandt ist.

Brachystichia **n. g.** (Flügel-Gestalt u. Zeichnung usw. wie bei *Apicia* Guen.) **Warren,** Nov. Zool. Tring vol. 11 p. 134. — *nitida* **n. sp.** p. 134—135 ♂ (Sapucay bei Villa Rica, Paraguay).

Brachytrita **n. g.** *O r t h o s t i x i n.* **Swinhoe,** Trans. Entom. Soc. London 1904 p. 576. — *cervinaria* **n. sp.** p. 576 (Ost-Afrika).

Bronchelia fumistrota **n. sp.** (möglicherweise das ♂ zu *B. pudicaria* Guen.) **Warren,** Nov. Zool. Tring vol. 11 p. 550 (Santo Domingo, Carabaya, S. O. Peru, 6000 ').

Bryoptera basisignata **n. sp. Warren,** Nov. Zool. Tring vol. 11 p. 106—107 ♂ (Santo Domingo, Carabaya, S. O. Peru, 6000 '). — *canidentata* **n. sp.** p. 107 (Fundort wie voriger).

ruficana **n. sp. Warren,** t. c. p. 551 ♂. — *viridirufa* **n. sp.** p. 551 ♀ (S. O. Peru: S. Domingo, Carabaya).

Buttia **n. g.** *P r o s o p o l o p h i n.* (*Noctuiden*-ähnlich) **Warren,** Nov. Zool. Tring,
vol. 11 p. 481. — *noctuodes* **n. sp.** p. 481 (S. Afrika: foot of the Nieuwveld
Mts., 5 miles N. W. of Beaufort West).

Cabira lignicolor **n. sp.** (*Spilocraspeda umbrilinea* Schans ♀ steht dieser Form
wohl sehr nahe) **Warren,** Nov. Zool. Tring, vol. 11 p. 125—126 ♂ ♀ (Santo
Domingo; Carabaya, S. O. Peru, 6000 ').

Callipia aurata **n. sp. Warren,** Nov. Zool. Tring vol. 11 p. 79 (Popayan, Columbia).
— *flagrans* **n** **sp.** (Unterschiede von *C. parrhasiata* Guer.) p. 80 ♂ (Inambi
River, Ost-Peru, 1000 m). — *occulta* **n. sp.** (steht *aurata* von Colombien
sehr nahe) p. 80 ♂ (Peru).

admirabilis **n. sp. Warren,** Nov. Zool. Tring vol. 11 p. 538 ♂ (Huancabamba,
Cerco de Pasco). — *languescens* **n. sp.** p. 539 ♂ (wie zuvor, beide aus
Peru). Beide nahe verw. mit *C. parrhasiata* Guen.

paradisea **n. sp. Thierry-Mieg,** Naturaliste 1904 p. 140. — *rosetta* **n. sp.** p. 140
(beide ebenfalls aus Peru).

Callipona **n. g.** (steht *Xenographia* nahe) **Turner,** Trans. Roy. Soc. S. Austral.
vol. XXVIII p. 236 (Queensland).

Callipseustes strigosa **n. sp. Warren,** Nov. Zool. Tring vol. 11 p. 116 ♂ (Charaplaya,
Bolivia, 1300 m). — *subsignata* **n. sp.** p. 116 ♂ (Fundort wie vorher).

Callygris **n. g.** (Type: *punctilinea* u. *compositata* Walk.) **Thierry-Mieg,** Naturaliste
1904 p. 141.

Calocalpe mochica **n. sp. Dognin,** Ann. Soc. Entom. Belg. T. 48 p. 361. — *chimu*
n. sp. p. 361 (beide aus Peru).

Calyptocome conversa **n. sp.** (im Gegensatz zu *phocaria* Guen., *roseoliva* Warr. usw.
ist hier die Grundfarbe olivengrün mit rosigfarb. Bändern, bei gen. Arten
dagegen purpurne Grundfarbe mit blassen Bändern) p. 32 ♂ (Bartica, Britisch
Guiana). — *fragmentata* **n. sp.** p. 32—33 ♀ (Bartica, Brit. Guiana). — *inornata*
n. sp. p. 33 ♀ (Suapuar, Caura R., Venezuela).

Cambogia anguinata **n. sp.** (Zeichnung wohl wie bei *ambarilla* Dogn., doch die
Linien sollen grau, nicht rot sein) p. 82 ♂ (Charaplaya). — *antiopata* **n. sp.**
(ähnelt etwas *rubiada* Dogn.) p. 82 ♂ (Champlaya, Bolivia, 1300 m). —
bellissima **n. sp.** (wohl verw. mit der mexik. *C. isabella* Schaus) p. 83 ♂ (Santo
Domingo, Carabaya, Südost-Peru, 6000 '). — *delicatula* **n. sp.** p. 83 (Charaplaya, Bolivia, 1300 m, ferner Santo Domingo, Carabaya, S. O. Peru, 1300 m).
— *flavifulva* **n. sp.** p. 83—84 ♀ (Santo Domingo, Carabaya, S. O. Peru,
6000 '). — *funiculata* **n. sp.** (nahe verw. mit *reticulata* Schaus u. *tesselata*
Warr.) p. 84 ♂ (Santo Domingo, Carabaya, S.O. Peru, 6000 '). — *griseicosta*
n. sp. p. 84—85 ♂ (Fundort wie zuvor). — *intacta* **n. sp.** p. 85 ♀ (Bulim,
N. W. Ecuador, S. O. Peru, 10 000 '). — *restrictata* Warr. (1901) . Größen
verschiedener Stücke. p. 85. — *diaphana* **n. sp.** (muß wohl hierher, zu den
Geometridae, gestellt werden) p. 86 ♂ (Santo Domingo, Carabaya, S.O. Peru,
6000 ').

Campylona contingens **n. sp.** (Unterschiede von *C. solilucis* Butl. [*Phlaeochlaena*])
Warren, Nov. Zool. Tring vol. 11 p. 14—15 ♀ (von Coca, Ostecuador).
brunnea **n. sp. Warren,** t. c. p. 500 ♀ (Maripa, Caura River).

Caradrinopsis **n. g. Swinhoe,** Trans. Entom. Soc. London 1904, p. 534. — *obscuraria*
n. sp. p. 534 (Ostafrika).

Caripeta interalbicans n. sp. (ob eine Form der variablen *atetaria* Walk. ?) **Warren,** Nov. Zool. Tring vol. 11 p. 135 (South Park, Colorado).

Catascia haydenata ab. *obliferata* n. **Warren,** Nov. Zool. Tring vol. 11 p. 115 ♂ (Gleenwood Springs, Colorado).

Celerena substigmaria n. sp. (Unterschiede von *proxima* Walk.) **Warren,** Nov. Zool. Tring vol. 11 p. 485 (Obi Major; Manovolka).

Certima nummifera gehört zu *Oenothalia.* **Warren,** Nov. Zool. Tring vol. 11 p. 559.

Certima canisparsa n. sp. (ähnelt *C. unicolor* Dogn.) **Warren,** Nov. Zool. Tring vol. 11 p. 135—136 ♂ (Santo Domingo, Carabaya, S. O. Peru, 6000 '). — *delectans* n. sp. (schönstes Insekt, am hellsten gefärbtes dieser Gatt.) p. 136 ♂ (Chulumani, Bolivia, 2000 m). — *nubifera* n. sp. p. 136 ♂ (Charaplaya, Bolivia, 1200 m). — *pallidifrons* n. sp. (Färbung wie *dositheata* Guen.) p. 136—137 ♂ (Salimpioni, Bolivia, 800 m).

ambusta n. sp. **Warren,** Nov. Zool. Tring vol. 11 p. 568 ♂ (Huancabamba, Cerro de Pasco, 6000—10 000 '). — *bottgeri* n. sp. p. 569 (Peru, Fundort wie zuvor).

Chesias sparsiata var. *capriata* n. (Aussehen wie *C. mima* Th. Mg.) **Prout,** The Entomologist 1904 p. 60.

Chlorochaeta n. g. *G e o m e t r i n.* (erinnert in d. Form der Hinterflgl. an die südamerik. *Tachypyle*) **Warren,** Nov. Zool. Tring, vol. 11 p. 464. — *longipennis* n. sp. p. 464 ♂ (Degama, Niger).

Chloroclystis fulminea Dogn. zu *Ischnopteryx* gezogen. Beschreib. **Warren,** Nov. Zool. Tring, vol. 11 p. 118.

N e u e A r t e n: *sierraria* n. sp. **Swinhoe,** Trans. Entom. Soc. London, 1904 p. 573 (Westafrika).

microptilota n. sp. **Warren,** Nov. Zool. Tring, vol. 11 p. 86 ♂ ♀ (Santo Domingo, Carabaya, S. O. Peru, 6000 ').

— **Turner** beschreibt in den Proc. Soc. Victoria vol. XVI folgende Arten aus A u s t r a l i e n: *metallospora* n. sp. p. 231. — *cissocosma* n. sp. p. 232. — *mniochroa* n. sp. p. 232. — *guttifera* n. sp. p. 233. — *gonias* n. sp. p. 234. — *ablechra* n. sp. p. 234.

Chogada acaciaria ab. *flavipleta* n. ♂ (Durban, Natal) u. ab. *fumata* n. ♀ (Fundort wie zuvor) **Warren,** Nov. Zool. Tring, vol. XI p. 474.

Chrysocraspeda rothschildi (1903) **Rothschild,** Nov. Zool. Tring, vol. XI p. 322 Taf. III Fig. 31.

N e u: *leighata* n. sp. **Warren,** Nov. Zool. Tring, vol. XI p. 466 ♂ (Durban, Natal).

— **Swinhoe** beschreibt in den Trans. Entom. Soc. London 1904 folg. Arten aus M a d a g a s k a r: *zearia* n. sp. p. 563. — *doricaria* n. sp. p. 563. — *planaria* n. sp. p. 564. — Ferner aus N y a s s a l a n d: *latiflavaria* n. sp. p. 564.

Cidariophanes mamestrina n. sp. (vom Aussehen einer großen *Noctuide*) **Warren,** Nov. Zool. Tring, vol. 11 p. 556 (Peru: Santo Domingo, Carabaya, S. O. Peru, 6000 ').

Cimicodes latata Guen. Bemerk. **Warren,** Nov. Zool. Tring vol. 11 p. 137. *ruptimacula* n. sp. p. 137 ♂ (San Ernesto, Bolivia, 1000 m).

Cleora umbrosaria. Charakt. u. System. Stellung. **Taylor,** Canad. Entom. vol. 36 p. 135.

Neu: *gracilis* **n. sp. Warren,** Nov. Zool. Tring vol. 11 p. 108 ♀ (Jamaica).
Cnephora facala **n. sp. Dognin,** Ann. Soc. Entom. Belg. T. 48. p. 368 (Peru).
Codonia quercimontaria u. *punctaria.* Varietäten. **Fuchs,** Jahrb. nass. Ver. Bd. 57
p. 40. — *porata* var. *viperaria* p. 40.
Codonia (hat Prior. vor *Ephyra*) *quercimontaria* Bastelberger aberr. (intensiver
rot, ohne Querstreifen) **Fuchs,** Jahrb. nass. Ver. f. Naturk. 57 Jhg. p. 40
[Bornich]). — *punctaria* L. ab. *pulcherrimata* Fuchs p. 40. — *porata* F.
var. *loc.* (*gen. aest.*) *visperaria* Fuchs.   Die im neuen Katal. gegebene
Charakt. ,,minor, vix nominanda" ist unrichtig, es ist eine gute Lokalvar.;
zu ergänzen ist blasser, kaum gezeichnet mit kleinen Ocellen p. 40.
Coenina dentataria **n. sp. Swinhoe,** Trans. Entom. Soc. London, 1904 p. 513
(Abyssinien).
Coenocalpe elongata **n. sp. Dognin,** Ann. Soc. Entom. Belg. T. 48 p. 360 (Peru).
Colotois integraria (vom foot of the Nieuwveld Mountains, 5 miles N. W. of
Beaufort West) **Warren,** Nov. Zool. Tring, vol. V p. 479—480.
Colpodonta phyllodontaria **n. sp. Warren,** Nov. Zool. Tring, vol. 11 p. 569 ♂
(Peru: Huancahamba, Cerco de Pasco, Peru, 6000—10 000 ').
Comibaena flavidisca **n. sp.** (offenbar verw. mit *lepidaria* Moeschl. von Surinam
u. *subscripta* Warr. von Venezuela) **Warren,** Nov. Zool. Tring, vol. 11 p. 20 ♂
(Santo Domingo, Carabaya, Südost-Peru, 6000 ').
Cophocerotis instar **n. sp. Dognin,** Ann. Soc. Entom. Belg. T. 48 p. 362 (Peru).
— **Warren** beschreibt in den Nov. Zool. Tring vol. 11 aus P e r u: Huanca-
bamba, Cerco de Pasco: *argentistriga* **n. sp.** (Flügel schmäler u. gestreckter
als bei den and. Sp.) p. 539 ♂. — *ebria* **n. sp.** (Untersch. von *sobria* Warr.)
p. 539 ♂. — *margaritacea* **n. sp.** p. 540 ♂. — *submucosa* **n. sp.** (ähnlich
argentistriga) p. 540 ♂.
Coptopteryx nigraria **n. sp. Swinhoe,** Trans. Entom. Soc. London 1904 p. 544
(Westafrika).
Coremia ferrugata var. **Woodbridge,** The Entomologist 1904 p. 10.
Coryphista meadii Packard Abb. p. 9 var. *badiaria* Henry Edw. **Dyar,** Proc. U.
St. Nat. Mus. vol. XXVII p. 814.
Cosymbia anandaria **n. sp. Swinhoe,** Trans. Entom. Soc. London 1904 p. 561
(Tropisch Afrika).
lumenaria Hübn. im Kootenai Distrikt, Brit. Columb. **Dyar,** Proc. U. St. Nat.
Mus. vol. XXVII p. 901.
Craspedia cymiphora **n. sp. Hampson,** Ann. Nat. Hist. (7) vol. 14. p. 179 ♂
(Bahamas: Abaco).
Craspedia atridiscata **n. sp.** (keiner bek. nahest.) **Warren,** Nov. Zool. Tring vol. 11
p. 33 ♂ (Chulumani Bolivia, 2000 m). — *conduplicata* **n. sp.** (größer als
eburneata Guen. u. Verw.) p. 34 ♂ (San Ernesto, Bolivia, 1000 m). — *deaurata*
n. sp. (verschieden von *C. rasa* Warr.) p. 34 ♂ (Salidero, N. W. Ecuador,
350 '). — *dorsinigrata* **n. sp.** (ähnelt *napariata* Guen., ist jedoch größer)
p. 34 ♂ ♀ (Santo Domingo, Carabaya, Südost-Peru, 6000 '). — *internexata*
n. sp. p. 35 ♀ (Salidero, N.W. Ecuador, 350 '). — *trias* **n. sp.** (ähnelt *C. appro-*
bata Warr. u. *atomaria* Warr.) nebst ab. *tincta* **n.** p. 35—36 ♂ ♀ (Chulumain,
Bolivia, 2000 m, Bartica, British Guiana, Bulim, N. W. Ecuador, 160').
— *trygodata* **n. sp.** p. 36 ♂ (Chulumani, Bolivia, 2000 m).

Cratoptera subcitrina **n. sp. Warren,** Nov. Zool. Tring, vol. 11. p. 137—139 ♂ (Upper River, Toro La Merced, Peru).

Crocopteryx aurora **n. sp. Warren,** Nov. Zool. Tring, vol. 11. p. 570 ♂ ♀ (S. O. Peru: Santo Domingo, Carabaya, 6500′).

Cryptoloba dentifascia **n. sp.** (ähnelt *bifasciata* Hmpsn.) **Warren,** Nov. Zool. Tring, vol. 11 p. 489 ♂ ♀ (Indien).

Cryptoscopa **n. g. Turner,** Trans. Roy. Soc. Austral. vol. XXVIII p. 238. — *aprepes* **n. sp.** p. 238 (Queensland).

Chrysocraspeda rothschildi Warren (1903). **Rothschild,** Nov. Zool. Tring vol. 11 p. 322 Abb. Taf. III Fig. 31 ♂.

Cusiala ? *pulverosa* **n. sp. Warren,** Nov. Zool. Tring, vol. 11. p. 472 ♀ (Natal, Durban).

Cyllopoda angustistria **n. sp.** (Untersch. von *Osiris* Cram.) **Warren,** Nov. Zool. Tring vol. 11 p. 15 ♀ (Chirimayo, Südost-Peru, 1000 m; river Slucuri, Südost-Peru, 2500′). — *chibcha* **ab.** *cuneifera* **n.** p. 15 ♂ (Sapucay, bei Villa Rica, Paraguay: Yungas, Bolivia).

Cymatophora. Arten des Kootenai-Distrikts, Brit. Columb. **Dyar,** Proc. U. St. Mus. vol. XXVII p. 906—907.

commaculata Warren gehört zu *Melanoscia.* **Warren,** Nov. Zool. Tring, vol. 11 p. 555.

N e u e A r t e n: *matilda* **n. sp. Dyar,** Proc. U. S. Nat. Mus. vol. XXVII p. 907 (Britisch Columbia). — ? *chanchani* **n. sp. Dognin,** Ann. Soc. Entom. Belg. T. 48 p. 364 (Peru).

dislocata **n. sp.** (ähnelt sehr *commotoria* Mssn.) **Warren,** Nov. Zool. Tring vol. 11 p. 108 ♂ (Peru). — *muscosa* **n. sp.** p. 108 ♀ (Ecuador). — *modesta* **n. sp. Warren,** t. c. p. 552 ♀ (N. Paraguay). — *reducta* **n. sp.** p. 553 ♂ (Huanchabamba, Cerro de Pasco, Peru, 6000—10 000′). — *striata* **n. sp.** p. 553 (wie zuvor).

Darna rubriplaga **n. sp. Warren,** Nov. Zool. Tring, vol. 11. p. 15 ♂ (Rosario, St. Inez, Ost-Ecuador). — *volitans* **n. sp.** p. 15—16 ♂ (Chanchamayo, Peru). *flammifera* **n. sp. Warren,** t. c. p. 500 ♀ (Limbani, Carabaya, S.O. Peru, 10000′). — *praelata* **n. sp.** (p. 501 ♂ Upper River Toro, La Merced, Peru, 3000′).

Dasysterna **n. g.** (*Dasyuris* nahestehend. — Type: *Phytometra* tristis Butl.) **Turner,** Proc. Soc. Victoria vol. XVI p. 277.

Dasyuris caesia **n. sp. Turner,** Proc. Soc. Victoria vol. XVI p. 278. — *hedylepta* **n. sp.** p. 279 (beide von Viktoria).

Deilinia. Arten des Kootenai-Distrikts. **Dyar,** Proc. U. St. Nat. Mus. vol. XXVII p. 904—905.

acrocosma **n. sp. Turner,** Trans. Roy. Soc. S. Austral. vol. XXVIII p. 236 (Queensland). — *catharodes* **n. sp.** p. 237 (Hobart).

Deinopygia **n. g.** (im Geäder *Ptychopoda* nahest.) **Warren,** Nov. Zool. Tring, vol. 11 p. 511. — *caudata* **n. sp.** p. 511 ♂ (Valencia, Venezuela).

Devara Wlk. 1856 aufgestellt für *Chrysauge erycinoides,* die identisch ist mit *Emplocia bifenestrata* H. S., Type von *Emplocia* muß fallen. **Warren,** Nov. Zool. Tring vol. 11 (1855) p. 96.

Devarodes **n. g.** *B r a c c i n.* (Type D. (*Devara*) bubona Druce). **Warren,** Nov. Zool. Tring vol. 11 p. 96. — *albibasis* **n. sp.** (nahe verw. mit D. *bupaloides*

Wlk.) p. 96 ♂ (La Merced, Upper Rio Toro, Peru). — *bubona* **ab.** *translucens* **n.**
p. 97 ♂ (Rosaria St. Inez, O. Ecuador). — *semialbata* **n. sp.** p. 97 ♂ (Marcapata,
Ost-Peru, 4500'). — *vestigiata* **n. sp.** p. 97 ♂ (Chulumani, Bolivia, 2000 m).
— *subtincta* **n. sp.** (verw. mit *bubona* Druce u. *subvaria* Wlk.) **Warren**, t. c.
p. 544 (Peru. Upper River, Toro, La Merced).
Diactinia albinodosa **n. sp. Warren**, Nov. Zool. Tring vol. 11 p. 46 ♂ (Peru).
Diceratucha **n. g.** *Prosolophinarum.* **Swinhoe**, Ann. Nat. Hist. (7) vol. 14 p. 133.
— Type: *D.* (*Oenone*) *xenopis* Lower (1902).
Dichorda obliquata **n. sp. Warren**, Nov. Zool. Tring vol. 11 p. 503 ♂ (Huatuxco,
Vera Cruz, Mexico). — *perpendiculata* **n. sp.** p. 503 ♂ (Fundort wie zuvor).
Dichromatopodia distans **n. sp. Warren**, Nov. Zool. Tring, vol. 11 p. 36 ♂ (Onaca,
St. Marta; Maraval).
Diploctena **n. g.** (steht *Xanthorhoe* nahe) **Turner**, Proc. Soc. Victoria vol. XVI
p. 269. — *argocyma* **n. sp.** p. 269 (beide aus Victoria).
Dolychopyge canisparsa **n. sp. Warren**, Nov. Zool. Tring vol. 11 p. 46—47 ♂
(Ecuador). — *fulvistriga* **n. sp.** p. 47 ♂ (Chulumani, Bolivia, 2000 m).
Drepanodes fulvilinea **n. sp. Warren**, Nov. Zool. Tring vol. 11 p. 138 ♂ ♀ (Santo
Domingo, Carabaya, S. O. Peru, 6000').
Drucia latimargo **n. sp. Warren**, t. c. p. 20 ♂ (Santo Domingo, Carabaya,
Südost-Peru).
Durbana **n. g.** (im Geäder beträchtlich verschieden von *Lomaspilis pantheraria*
Feld.) **Warren**, Nov. Zool. Tring, vol. 11 p. 470. — Type: *Fidonia setinata*
Feld. Beschr. p. 471.
Dyscia Hub. = (*Scodiona* auctt.) **Warren**, Nov. Zool. Tring, vol. 11. p. 476. —
incondita **n. sp.** p. 476. ♂ (fort of Nieuwveld Mts., 5 miles N.W. von Beaufort
West). — *perplexata* **n. sp.** p. 476 ♀ (Fundort wie zuvor). — (Beide aus
S. Afrika).
Dysphania chrysocraspedata **n. sp.** (ähnelt *aurilimbata* Moore) **Warren**, Nov.
Zool. Tring, vol. 11 p. 485 ♂ (Battak Mountains, N. O. Sumatra). — *diflavata*
n. sp. p. 486 ♂ (Upper Palembang Distrikt, Sumatra).
Dyspteris parvula **n. sp. Warren**, Nov. Zool. Tring vol. 11 p. 527 ♂ (Bartica,
Britisch Guiana).
Ectropis subaurata Warr. 1899 gehört zu *Myrioblephara.* **Warren**, Nov. Zool.
Tring vol. 11 p. 475.
N e u: *nacaria* **n. sp. Swinhoe**, Trans. Entom. Soc. London, 1904. p. 530
(Aschanti).
? *fulvitincta* **n. sp. Warren**, Nov. Zool. Tring, vol. 11 p. 474 ♀ (Durban, Natal).
hemiprosopa **n. sp. Turner**, Trans. Roy. Soc. S. Austral. vol. XXVIII p. 230
(Queensland).
Elphos picaria **n. sp. Warren**, Nov. Zool. Tring vol. XI p. 490 ♀ (N. Celebes,
Sawangan).
Emmiltis (*Craspedia*) *magnidiscata* **n.sp. Warren**, Nov. Zool. Tring vol.11 p. 466 ♂ ♀
(Callulu, Angola). — *mombasae* **n. sp.** p. 467 ♂ (Ostafrika: Mombasa).
(*Craspedia*) *cinerosaria* **n. sp. Warren**, t. c. p. 512 ♂ (Santo Domingo, Cara-
baya, S. O. Peru). — *convergens* **n. sp.** p. 512 ♂ ♀ (Onaca, Stacharthta).
— *perfumosa* **n. sp.** p. 512 ♂ ♀ (Agualani, S. O. Peru, 10 000').
fumosaria **n. sp. Swinhoe**, Trans. Entom. Soc. London, 1904 p. 554. — *sinuaria*
n. sp. p. 556. — *caducaria* **n. sp.** p. 556. — *vitiosaria* **n. sp.** p. 556. —

pcararia **n. sp.** p. 556 (sämtlich aus Tropisch Afrika). — *roezaria* **n. sp.** p. 557 (Madagaskar). — *cassiaria* **n. sp.** p. 558 (Massai). *Emplocia* = (*Devara* Walk.) **Warren,** Nov. Zool. Tring vol. 11 p. 96. N e u: *coliadata* **n. sp. Warren,** p. 97—98 ♂ (Upper Toro River, La Merced, Peru). *Encoma* **n. g. Swinhoe,** Trans. Entom. Soc. London, 1904 p. 523. — *irisaria* **n. sp.** p. 523 (Uganda).

Encryphia **n. g. Turner,** Trans. Roy. Soc. S. Austral. vol. XXVIII p. 228. — — *argillina* **n. sp.** p. 228 (Queensland).

Ennomos siehe *Tmetomorpha.*

Enypia perangulata Hulst im Kootenai-Distrikt, Brit. Columbia. **Dyar,** Proc. U. S. Nat. Mus. vol. XXVII p. 908—909.

Ephialtias fornax nebst **ab.** *latimargo* **n. Warren,** Nov. Zool. Tring vol. 11 p. 16. *Epiplema commixtata* **n. sp.** (Vertex u. Antennen ockergelb). **Warren,** Nov. Zool. Tring, vol. 11 p. 2 ♂ ♀. — *pallifrons* **n. sp.** (Scheitel u. Prothorax ganz blaß ockergelb) p. 2—3 ♀. — *rectilinea* **n. sp.** p. 4. — *rostrifera* **n. sp.** p. 4 ♂ ♀. — *scabra* **n. sp.** p. 4—5 ♀. — *vulpecula* **n. sp.** (offenbar nahe verw. mit *E. scabra* u. *E. draco* Warr. von Bolivien. — Außenkontur bei allen dreien gleich) p. — (Sämtlich von Santo Domingo, Carabaya, S. O. Peru, 6000'). — *dohertyi* **n. sp.** (Hinterrand des Vflgl. ganzrandig, d. Hinterflg. mit gekrümmtem Zahn unter Ader 4 u. 6, Antennen mit deutlich gekrümmten keulenförmig. Zahn). **Warren,** t. c. p. 462 ♂. — *semipicta* **n. sp.** (Vflgl. von der Spitze bis Ader 4 ausgebuchtet, Hinterrand an Ader 4 u. 7 gezähnt, etc.) p. 462 ♂ ♀ (beide aus Mombasa). — *lucisquamata* **n. sp. Warren,** t. c. p. 494 ♂ (Santo Domingo, Carabaya, S. O. Peru, 6000').

Epirrhoe heliopharia **n. sp. Swinhoe,** Trans. Entom. Soc. London, 1904 p. 569 (Uganda). — *limitata* **n. sp. Warren,** Nov. Zool. Tring, vol. 11 p. 517 ♂ (Huancabamba, Cerro de Pasco, Peru).

Episothalma kabaria **n. sp. Swinhoe,** Trans. Entom. Soc. London 1904 p. 541 (Westafrika).

Erannis vancouverensis Hulst vom Kootenai-Distrikt, Brit. Columb. **Dyar,** Proc. U. St. Nat. Mus. vol. XXVII p. 911.

Erateina coeruleopicta **n. sp. Warren,** Nov. Zool. Tring vol. 11 p. 536 ♂ (Huancabamba, Cerro de Pasco, Peru).

Erebochlora ruficostaria **n. sp.** nebst **ab.** *pernigrata* **n. Warren,** Nov. Zool. Tring vol. 11 p. 47—48 ♂ (S. O. Peru, Santo Domingo, Carabaya, 6000'). — *ruficostaria* **ab.** *semifuscata* **n. Warren,** t. c. p. 517 ♂ (Huancabamba, Cerro de Pasco, Peru). — *sublactea* **n. sp.** p. 48—49 ♂ (Peru).

Erilophodes indistincta **n. sp. Warren,** Nov. Zool. Tring, vol. 11 p. 173 ♂ (Onaca, Sta. Marta).

Eriopygidia isolata Kaye (als *Arima*) = (*engelkei* Warr.) **Warren,** Nov. Zool. Tring, vol. 11 p. 517. — *rufivena* Beschr. des ♀ p. 518. N e u e A r t e n: *engelkei* **n. sp. Warren,** t. c. p. 49 ♂ (Onaca, St. Marta). — *locuples* **n. sp.** (steht *E. semirubra* Warr. am nächsten) p. 49—50 ♀ (Santo Domingo, Carabaya, S. O. Peru, 6000'). — *rufivena* **n. sp.** (steht *radiosa* Dogn. am nächsten) p. 50—51 ♂ (Santo Domingo, Carabaya, S. O. Peru, 6000'). — *nigrirubata* **n. sp.** (charakter. durch die dunkle Unterseite) **Warren,** t. c. p. 518 ♂ (Huancabamba, Cerro de Pasco, Peru).

subignea **n. sp. Doginn,** Ann. Soc. Entom. Belg. T. 48 p. 359. — *flavisquamata*
n. sp. p. 360 (beide aus Südamerika).

Erosia dilacerata Guen. zu *Gathynia* Warr. zu ziehen. **Warren,** Nov. Zool. Tring
vol. 11 p. 314.

Eubolia semilutata **ab.** *fuscata* **n. Herz,** Annuaire Mus. St. Pétersbourg T. IX
p. 374. Taf. I Fig. 15.

Eubordeta **n. g.** (*Bordeta* ähnlich, doch bei beiden Geschlechtern „antennae pecti-
nated", beim ♂ sehr lang). **Rothschild,** Nov. Zool. Tring vol. 11 p. 320. —
meeki **n. sp.** p. 320 ♂ Taf. III Fig. 27 ♂. — *eichhorni* **n. sp.** p. 320 Taf. III
Fig. 32 ♂, 33 ♀ ♂ ♀. — *miranda* **n. sp.** (ähnelt *eichhorni*) p. 320 ♂ (alle drei
von Neu-Guinea: Owgarra, North of head of Aroa River). — *hypocala* Rothsch.
(1902) p. 321 Taf. III Fig. 26 ♂.

Eucestia neddaria **n. sp. Swinhoe,** Trans. Entom. Soc. London, 1904. p. 574
(Uganda).

Euchloris heterospila **n. g. Hampson,** Ann. Nat. Hist. (7) vol. 14 p. 178 ♀ nebst
ab. 1 (Bahamas: Abaco, Nassau, St. Lucia).

—   **Turner** beschreibt aus A u s t r a l i e n in den Trans. Roy. Soc. S. Austral.
vol. XXVIII folgende neue Arten: *periphracta* **n. sp.** p. 219. — *argo-
sticta* **n. sp.** p. 220. — *tanygona* **n. sp.** p. 220. — *thalassica* **n. sp.** p. 221. —
leucospilata **n. sp.** p. 221. — *callisticha* **n. sp.** p. 222.

Euchoeca. Arten vom Kootenai-Distrikt. **Dyar,** Proc. U. S. Nat. Mus. vol. XXVII
p. 893.

Euchontha commixta **n. sp. Warren,** Nov. Zool. Tring, vol. 11 p. 16 ♂ (Upper Toro
River, La Merced, Peru). — *memor* **n. sp.** p. 16—17 ♂ (Chanchamayo, Peru).

Eucymatoge peplodes **n. sp. Turner,** Proc. Soc. Victoria vol. XIV p. 247. — *scotodes*
n. sp. p. 24 (Queensland).

—   Arten vom Kootenai-Distrikt, Brit. Columb. **Dyar,** Proc. U. S. Nat. Mus.
vol. XXVII p. 892 u. 893.

Eucymatope ochrosoma **n. sp.** (Areola doppelt. Wahrscheinlich sind mehrere
südamer. Insekten, die bisher zu *Tephroclystia* gerechnet wurden, zu *Eucymatope* zu stellen, wie *longicornis* Warr. u. *linda* Dogn.) **Warren,** Nov. Zool.
Tring vol. 11 p. 86—87 ♀ (Santo Domingo, Carabaya, S. O. Peru, 6000').
— *costivallata* **n. sp.** p. 87 ♂ (Fundort wie zuvor). — *curvifascia* **n. sp.** p. 87 ♀
(Newcastle, Jamaica). — *rubellicincta* **n. sp.** p. 87—88 ♀ (Santo Domingo,
Carabaya, S. O. Peru, 6000'). — *spurcata* **n. sp.** p. 88 (Chile). — *trigenuata*
n. sp. p. 88—89 ♀ (Fundort wie zuvor). — *albirivata* **n. sp.** (verw. mit *E. linda*
Dogn. Kopf grau, nicht weiß; Linien gerade nicht, gewellt) **Warren,** t. c.
p. 528 (Santo Domingo, Carabaya, S.O. Peru, 6000'). — *decorata* **n. sp.**
p. 529 ♂ ♀ (Huancabamba, Cerro de Pasco, Peru, 6000—10 000'). — *longi-
pennata* **n. sp.** p. 529 ♀ (Santo Domingo, Carabaya, S. O. Peru, 6000').

Eudule flavinota **n. sp. Warren,** Nov. Zool. Tring vol. 11 p. 81 ♂ (Santo Domingo,
Carabaya, S. O. Peru, 6000'). — *malefida* **n. sp.** p. 81 ♂ (Upper Toro River,
La Merced, 3000 m). — *arctiata* **n. sp.** (steht *E. leopardina* Druce am
nächsten) **Warren,** Nov. Zool. Tring vol. 11 p. 541 ♂ (R. Slucuri, S. O. Peru,
2500'). — *simulans* **n. sp.** p. 541 ♂ (Huancabamba, Cerro de Pasco, Peru).

Eugivira flavescens **n. sp. Dognin,** Ann. Soc. Entom. Belg. T. 48 p. 122 (San
Salvador). — *gemina* **n. sp.** p. 122 (Merida).

Eulype albifusa **n. sp. Swinhoe,** Ann. Nat. Hist. (7) vol. 14 p. 134 ♂ ♀ (Palau Island, Philippinen).

Eumilionia **n. g.** (Type: *Milionia mediofasciata*) **Thierry-Mieg,** Naturaliste 1904 p. 183.

Euomoea carneata **n. sp. Warren,** Nov. Zool. Tring vol. 11 p. 481 ♀ (S. Afrika: foot of the Nieuwveld Mts., smiles N.´W. of Beaufort West).

Eupagia nigerrima **n. sp. Swinhoe,** Trans. Entom. Soc. London, 1904 p. 526 (Abyssinien).

Eupithecia. Abbildungen u. Bemerkungen zu zahlreichen n e u e n V a r i e - t ä t e n a u s d e m p a l ä a r k t i s c h e n G e b i e t e. **Dietze,** Deutsche Entom. Zeitschr., Iris, Bd. 16 p. 362—387 Taf. III—V.

— **Dietze** gibt t. c. auch die Beschreibungen verschiedener neuer Arten: *cooptata* **n. sp.** p. 335 Taf. IV Fig. 24—27 Süd-Frankreich). — *vacuata* **n. sp.** p. 335 Taf. III Fig. 2 (Central - Asien). — *rubellata* **n. sp.** p. 337 Taf. III Fig. 3—5 (Central-Asien). — *daemoniata* **n. sp.** p. 339 Taf. III Fig. 9 (Japan). — *chesiata* **n. sp.** p. 340 Taf. III Fig. 13, 14 (Central-asien). — *diffisata* **n. sp.** p. 342 Taf. III Fig. 15 (Centralasien). — *vica-riata* **n. sp.** p. 343 Taf. III Fig. 17 nebst **var.** *adjunctata* **n.** p. 344 Taf. III Fig. 18 (Centralasien). — *relictata* **n. sp.** p. 345 Taf. III Fig. 19 (Central-asien). — *assectata* **n. sp.** p. 346 Taf. XX Fig. 21 (Centralasien). — *novata* **n. sp.** p. 348 Taf. III Fig. 22 (Taurus). — *recens* **n. sp.** p. 349 Taf. III Fig. 26 (Centralasien). — *scortillata* **n. sp.** p. 351 Taf. III Fig. 28 (Centralasien). — *sp. ?* p. 352 Taf. III Fig. 29 (Centralasien). — *extinctata* **n. sp.** p. 356 Taf. III Fig. 33 (Centralasien). — *illaborata* **n. sp.** p. 357 Taf. III Fig. 34 (Centralasien). — *dearmata* **n. sp.** p. 358 Taf. III Fig. 35 (Mesopotamien). — *laterata* **n. sp.** p. 360 Taf. IV Fig. 28 (Centralasien). — *concremata* **n. sp.** p. 360 Taf. IV Fig. 29 (Centralasien).

Eusenea castanea **n. sp. Warren,** Nov. Zool. Tring, vol. 11 p. 570 ♂ (S. O. Peru, Huancabamba, Cerro de Pasco).

Eustroma nubilata Lebensgeschichte. **Dyar,** Psyche vol. 11 p. 29.

— Arten vom Kootenai-Distrikt, Brit. Columb. **Dyar,** Proc. U. S. Nat. Mus. vol. XXVII p. 894—895.

Eutomopepla fulgorifera **n. sp. Warren,** Nov. Zool. Tring vol. 11 p. 139 ♂ (San Ernesto, Bolivia, 1000 m).

brunnea **n. sp. Dognin,** Ann. Soc. Entom. Belg. T. 48 p. 367 (Bolivia).

Exelis extorris (vorläufig in diese Gatt. gestellt) **n. sp. Warren,** Nov. Zool. Tring, vol. 11 p. 482 ♂ ♀ (Durban, Natal). — *? fumida* **n. sp. Warren,** t. c. p. 581 ♂ (South Park, Colorado).

Fisera perplexata = *Chlenias belidaria* Feld. (*Criomacha belidearia* Feld.). **Warren,** Nov. Zool. Tring, vol. 11 p. 492.

Fulgurodes subnotata **n. sp. Warren,** Nov. Zool. Tring vol. 11 p. 545 ♀ (Peru: Huancabamba, Cerro de Pasco, 6000—10 000′).

Gabriola **n. g.** E n n o m i n a r u m. **Taylor,** Canad. Entom. vol. XXXVI p. 255. — *dyari* **n. sp.** p. 256 (Vancouver).

Gagitodes plumbinotata **n. sp. Warren,** Nov. Zool. Tring, vol. 11 p. 519 ♂ (Huanca-bamba, Cerro de Pasco, Peru, 6000—10 000′).

Gastrina Guen. = (*Passa* Walk.). — *serrata* Walk. (als *Xylina*) = *denticulata* Swinh.) Type in Mus. Brit. **Swinhoe,** Ann. Nat. Hist. (7) vol. 14 p. 133.

N e u: *catasticta* n. sp. **Turner,** Trans. Roy. Soc. S. Austral. vol. XXVIII p. 237
(Queensland).

Gathynia dilacerata siehe *Erosia.*

Gelasma stigmatica n. sp. **Warren,** Nov. Zool. Tring vol. 11 p. 20—21 ♂ (Santo
Domingo, Carabaya, Süd-Ost-Peru).

Geolyces rufaria n. sp. **Swinhoe,** Trans. Entom. Soc. London, 1904 p. 519 (Old
Calabar).

Gnophos obscurata var. *mediorhenana* n. **Fuchs,** Jahrb. nass. Ver. Jhg. 57 p. 41
Taf. II Fig. 13. — *lineolaria* ♀. **Püngeler,** Deutsch. Entom. Zeitschr. Iris,
Bd. 17. p. 300 Taf. VI Fig. 21. — *obfuscata* und *glaucinaria.* Unterschiede.
Prout, Entom. Record vol. XVI p. 121.

pentheri. **Rebel,** Ann. Hofmus. Wien. Bd. 19. p. 282 Taf. V Fig. 19.

obscurata Hb. var. *mediorhenana* n. (größer, schwärzlich, fast zeichnungslos,
statt der Binden feinere oder stärkere Punkte) **Fuchs,** Jahrb. nass.
Ver. f. Naturk. Jhg. 57 p. 41 Taf. II Fig. 13 (Mittelrhein).

N e u e A r t e n: **Püngeler** beschreibt in d. Deutsch. Entom. Zeitschr. Iris
Bd. 17 folgende Arten aus I s s y k - K u l: *orbicularia* n. sp. p. 297
Taf. VI Fig. 16. — *exsuctaria* n. p. p. 298 Taf. VI Fig. 17.

Gontanticlea subpilosa n. sp. **Warren,** Nov. Zool. Tring, vol. II p. 488 ♂ (Batjan).

Gonochlora n. g. (*Jodis* nahest.) **Swinhoe,** Trans. Entom. Soc. London, 1904
p. 548. — *minutaria* n. sp. p. 548 (Sierra Leone).

Gonodela leighi n. sp. **Warren,** Nov. Zool. Tring, vol. 11 p. 478 ♀ (Durban). —
interlineata n. sp. (wahrscheinlich *M. rhabdophora* Holl. nahest.) p. 478 ♂
(Nord Bailundu, Angola). — *transvisata* n. sp. p. 479 ♀ (N. Bailunda, Angola
u. Libollo, Angola).

Gonodontis bidentata var. *exsul* n. **Tschetverikov,** Rev. Russe Entom. T. IV p. 78.

N e u e A r t e n: *azelinaria* n. sp. **Swinhoe,** Trans. Entom. Soc. London,
1904 p. 526. — *aemoniaria* n. sp. p. 527 (Tropisches Afrika).

Grammicopteryx n. g. (Type: *Larentia anthocharidaria* Oberth.) **Thierry-Mieg,**
Naturaliste 1904 p. 183.

Gymnoscelis lophopus n. sp. **Turner,** Proc. Soc. Victoria vol. XVI p. 224. — *delo-
cyma* n. sp. p. 226. — *acidua* n. sp. p. 227 (alle drei aus Australien).

Gyostega n. g. P a l y a d i n a r u m. **Warren,** Nov. Zool. Tring vol. 11 p. 93.
— *flaccosa* n. sp. p. 94 ♂ (Santo Domingo, Carabaya, S. O. Peru, 6000 ').

Habrosyne scripta. Erste Entwicklungsstadien. **Dyar,** Proc. U. S. Nat. Mus.
vol. XXVII p. 885.

Haemalea atridiscata n. sp. (Unterschiede von *vinocinctata* Guen.) **Warren,** Nov.
Zool. Tring, vol. 11 p. 37 ♂ ♀ (Santo Domingo, Carabaya, S. Ost-Peru,
6000 ').

Haggardia n. g. (pro parte *Eubyjae*) **Warren,** Nov. Zool. Tring, vol. 11 p. 473.
— *melanostigma* n. sp. p. 473 ♀ (Angola: Bibé). — Hierher 4 Arten von
Eubyja, beschr. in Nov. Zool. Tring. 4: *crenulata* p. 90. — *grisea, sub-
punctata* u. *trisecta* p. 91.

Hammaptera aeruginata n. sp. (vielleicht eine Lokalform von *H. constricta*). **Warren,**
Nov. Zool. Tring vol. 11 p. 51 (Chulumani, Bolivia, 2000 m). — *apicata* n. sp.
p. 51 ♂ ♀ (Sapucay bei Villa Rica, Paraguay). — *cacuminata* n. sp. (verw.
mit *H. cocama* Schaus, vielleicht ♀ ders.) p. 52 ♀ (Santo Domingo, Carabaya,
SO. Peru, 6000'). — *nigrolineata* n. sp. p. 52 (Sapucay, bei Villa Rica, Para-

guay). — *subalbata* **n. sp.** (Unterseite der von *Erebochlora sublactea* Warr. ähnlich) p. 53 ♂ (Charaplaya, Bolivia, 1300 m).

Hemerophila mailaria **n. sp. Swinhoe,** Trans. Entom. Soc. London 1904 p. 535 (Kongo). — *brunnearia* **n. sp. Herz,** Annuaire Mus. St. Petersbourg, T. IX p. 367 Taf. I Fig. 5.

Hemerophila alpinella **n. sp. Busck,** Proc. U. St. Nat. Mus. vol. XXVII p. 746 —747 (Bear Lake Mountain, Brit. Columb., Kaslo, Brit. Columb.). — *kincai- diella* **n. sp.** p. 747 (Seattle Washington; Wellington, Brit. Columbia).

Hemigymnodes Warr. verwandt mit *Tithraustes* u. ist besser unter die *C y l l o - p o d i n a e* als unter die *O r t h o s t i x i n a e* zu stellen. **Warren,** Nov. Zool. Tring vol. 11 p. 17.

Hemioplisis ? *alternata* **n. sp.** (Abweichungen von genannter Gatt.) **Warren,** Nov. Zool. Tring vol. 11 p. 5—6 ♂ (Santo Domingo, Carabaya, S. Ost Peru, 6000 ′). — *metallica* **n. sp.** (Abweichungen von den anderen Arten) p. 6.

Hemithea sapoliaria **n. sp. Swinhoe,** Trans. Entom. Soc. London, 1904 p. 547 (Mombasa).

Hemixera **n. g.** *E n n o m.* **Warren,** Nov. Zool. Tring vol. 11 p. 139. — *orthosioides* **n. sp.** p. 139—140 ♂ ♀ (Santo Domingo, Carabaya, S.O. Peru, 6000 ′).

Herbita aemula **n. sp. Warren,** Nov. Zool. Tring, vol. 11 p. 140 ♂ (Huatuxco, Vera Cruz). — *cervina* **n. sp.** p. 141 ♂ (Fundort wie zuvor).

Hetererannis **n. g.** *B i s t o n.* (offenbar mit *Erannis* Hübn. verw.) **Warren,** Nov. Zool. Tring vol. 11 p. 106. — Type: *H.* (*Boarmia*) *obliquaria* Grote.

Heterephyra pustulata **n. sp. Warren,** Nov. Zool. Tring vol. 11 p. 37 ♀ (Santo Domingo, Carabaya, S. Ost Peru, 6000 ′).

Heterorachis rubella **n. sp. Warren,** Nov. Zool. Tring vol. 11 p. 465 ♀ (Amambara Creek, River Niger).

Heteroleuca **n. g.** *N e p h o d i i n.* (ähnelt *Nipteria*. Antennen des ♂ wie bei *Nelo* u. *Sangala*) **Warren,** Nov. Zool. Tring, vol. 11 p. 101. — *albida* **n. sp.** p. 101 ♂ (Chanchamayo, Peru). — *apicilineata* (als *Nipteria*) hierherzustellen. **Warren,** t. c. p. 545.

Heterolocha xerophilaria **n. sp. Püngeler,** Deutsch. Entom. Zeitschr. Iris Bd. 17 p. 295 Taf. VI Fig. 13 (Ain-Dschidi).

Heterusia amplificata **n. sp.** (ähnlich *H. quadriduplicaria* Hüb.-Gey.) **Warren,** Nov. Zool. Tring vol. 11 p. 89 ♂ (Upper River Toro, La Merced, Peru, 3000 ′). — *fractifascia* **n. sp.** (allein stehende Form, die etwas an *coliadata* Walk. erinnert) p. 89 ♂ (Balzapamba, Ost Ecuador, 750 m). — *liturata* **n. sp.** (verw. mit *H. pretiosa* Mssn.) p. 89—90 (Baños, Ost Ecuador). — *ludisignata* **n. sp.** p. 90 ♂ (Chanchamayo, Peru). — *subspurcata* **n. sp.** p. 90—91 (Chanchamayo, Peru). — *thyridata* **n. sp.** (verw. mit *H. funesta* Warr.) p. 91 ♂ (Santo Domingo, Carabaya, Südost Peru, 6000 ′). — *binotata* **n. sp.** nebst var. *suffusa* **n. Warren,** Nov. Zool. Tring, vol. 11 p. 536 (Upper, Rio Toro, La Merced, Peru, 3000 m). — *clarimargo* **n. sp.** (Gegenstück zu *H. salvini* Butl.) p. 537 ♂ (Juan Vinas, Costa Rica). — *tessellata* **n. sp.** (steht zwischen *preciosa* Mssn. u. *liturata* Warr.) p. 537 ♂ (Peru).

picata **n. sp. Dognin,** Ann. Soc. Entom. Belg. T. 48 p. 120 (Bolivia). — Siehe auch unter *Bombyces.*

Himeromima **n. g.** *E n n o m.* **Warren,** Nov. Zool. Tring vol. 11 p. 141. — Type; *H. aulis* [*Mecoceras*] Druce.

Hirasa? (wahrscheinl. zu einer neuen Gatt. gehörig) *denticulata* **n. sp. Warren,** Nov. Zool. Tring, vol. 11 p. 473—474 (Natal: Durban).

Homospora **n. g.** (steht *Arrhodia* nahe) **Turner,** Trans. Entom. Soc. S. Austral. vol. XXVIII p. 229. — *procrita* **n. sp.** p. 230 (Townsville).

Hyalopola **nom. nov.** für *Hyalospila* Warr. 1894 praeocc. durch Rag. 1888. **Warren,** Nov. Zool. Tring, vol. 11 p. 101.

Hyalorrhoe **n. g.** (verw. mit *Prohydata* Schaus. — Hierher auch *Hydata malina* Butl.) **Warren,** Nov. Zool. Tring vol. 11 p. 21. — *stigmatica* **n. sp.** p. 21 ♀ (Costa Rica, 1500 m).

Hydatocapnia subapicata **n. sp. Warren,** Nov. Zool. Tring, vol. 11 p. 469 ♀ (Degama, Niger).

Hydatoscia **n. g.** *N e p h o d i i n.* (Type: *H.* (*Trygodes*) *ategna* Druce) **Warren,** Nov. Zool. Tring, vol. 11 p. 101.

Hydriomena siehe *Rhodomena.*

— Arten des Kootenaidistrikts, Brit. Columb. **Dyar,** Proc. U. S. Nat. Mus. vol. XXVII p. 898—899.

— **Turner** beschreibt in d. Proc. Soc. Victoria vol. XVI folgende n e u e A r t e n a u s A u s t r a l i e n: *psarodes* **n. sp.** p. 253. — *callima* **n. sp.** p. 257. — *trissophrica* **n. sp.** p. 259. — *exocota* **n. sp.** p. 261. — *plagiocausta* **n. sp.** p. 263. — *arachnitis* **n. sp.** p. 264. — *plesia* **n. sp.** p. 265. — *loxocyma* **n. sp.** p. 265.

ochreiplaga **n. sp. Warren,** Norv. Zool. Tring vol. 11 p. 53—54 ♂ (Popayan, Columbia). — *scalata* **n. sp. Warren,** t. c. p. 519—520 ♂ (Gold Hill, Oregon).

Hygrochroma flexilinea **n. sp. Warren,** Nov. Zool. Tring vol. 11 p. 141—142 ♀ (Santo Domingo, Carabaya, S. O. Peru, 6000 '). — *subusta* **n. sp.** p. 142 (Fundort wie zuvor). — *catenulata* **n. sp.** (ähnelt *subusta* Warr.) **Warren,** t. c. p. 571 ♂ (Bolivia: Charaplaya, 1300 m).

Hylemera auridisca **n. sp. Warren,** Nov. Zool. Tring vol. 11 p. 471 ♂ (Degama). — *capitifera* **n. sp.** p. 472 (Amambara Creek). — Beide vom Niger River.

Hymenomima carneata **n. sp.** (charakt. durch die Färb. u. die schwarze Zeichnung) **Warren,** Nov. Zool. Tring vol. 11 p. 109 ♂. — *rufata* **n. sp.** p. 109—110 ♂. — *schisticolor* **n. sp.** p. 110 ♂ (alle drei von Santo Domingo, Carabaya, S. O. Peru, 6000 ').

Hyperitis trianguliferata. Lebensgeschichte. **Dyar,** Psyche vol. 11 p. 64. — *amicaria* **n. sp.** p. 65.

Hyperythra rubricata ist keine Var. von *lutea.* **Warren,** Nov. Zool. Tring, vol. 11 p. 491. — **ab.** *decolor* **n.** p. 491.

Hyphedyle subornata **n. sp. Warren,** Nov. Zool. Tring vol. 11 p. 499 ♂ (Santo Domingo, Carabaya, S. O. Peru, 6000 ').

Hyphenophora aemonia **n. sp. Swinhoe,** Trans. Entom. Soc. London, 1904 p. 498 (Uganda).

Hypochrosis aetionaria **n. sp. Swinhoe,** Trans. Entom. Soc. London, 1904 p. 522 (Madagaskar).

Hypolepis **n. g.** *H y d r i o m.* (Seitensproß von *Psaliodes*) **Warren,** Nov. Zool. Tring vol. 11 p. 54. — *albistriga* **n. sp.** p. 54 ♀ (Santo Domingo, Carabaya, S. O. Peru, 6000 '). — *castanea* **n. sp.** p. 55 ♂ ♀ (Fundort wie vorige). — — *conspersata* **n. sp.** (steht *H. castanea* u. *sordida* sehr nahe) p. 55 ♀ (Santa

Domingo, Carabaya, S. O. Peru, 6000 '). — *plumbescens* **n. sp.** p. 55—56 (Fundort wie vorige). — *prunicolor* **n. sp.** p. 56 ♂ (Fundort wie vorige). — *sordida* (steht *castanea* Warr. sehr nahe) p. 56—57 ♀ ♂ (Fundort wie vorher). — *strigosa* **n. sp.** p. 57 ♂ ♀ (Fundort wie vorher). Santo Domingo, Carabaya, S. O. Peru, 6000 '). — **Warren** beschreibt t. c. aus P e r u: *brunneata* **n. sp.** (verw. mit *H. castanea* u. *sordida* Warr.) p. 520 ♂. — *completa* **n. sp.** (ähnelt *paleata* Guen., ist aber kleiner usw.) p. 520 ♂ ♀ (Santo Domingo, Carabaya, S. O. Peru, 6000 '). *serratilinea* als *Psaliodes* beschrieben, gehört hierher p. 521.

Hypometalla **n. g.** (Type: *Acidalia mimetaria* Feld.) **Warren,** Nov. Zool. Tring vol. 11 p. 563.

Hyposidra smithi **n. sp. Warren,** t. c. p. 480 ♂ (Bopoto, Ober-Kongo).

Ira dislocata **n. sp.** (Unterschiede von *I. opalizans*) **Warren,** Nov. Zool. Tring vol. 11 p. 142—143 ♂. — *funerea* **n. sp.** p. 143 ♀. — *igniplaga* **n. sp.** p. 143 —144 ♀. — *ochriplaga* **n. sp.** p. 144 ♂ ♀. — *opalizans* **n. sp.** (verw. mit *Ira dognini* Th. M.) p. 144—145 ♂ ♀. — *viridirufa* **n. sp.** p. 145—146 ♂ (sämtlich von Santo Domingo, Carabaya, S. O. Peru, 6000 '). — *somnolenta* **n. sp.** p. 145 ♂ (Popayan, Columbia).

Iridopsis schistacea **ab.** *radiata* **n. Warren,** Nov. Zool. Tring vol. 11 p. 554 ♂ Santo Domingo, Carabaya, S.O. Peru, 6000 ', in der Trockenheit). *candidata* **n. sp.** (ganz verschieden von *validaria* Guen.) **Warren,** Nov. Zool. Tring vol. 11 p. 110—111 ♂ (Salampioni, Bolivia, 800 m). — *schistazea* **n. sp.** p. 111 (Santo Domingo, Carabaya, S. O. Peru, 6000 '). — *alternata* **n. sp.** (steht *huambaria* Oberth. am nächsten) **Warren,** t. c. p. 553 —554 ♂ (Huancabamba, Cerro de Pasco, Peru, 6000—10 000 '). — *striata* **n. sp.** p. 554 ♂ (Caradoc, Marcapata, Peru, 4000 '). *commixtata* **n. sp. Dognin,** Ann. Soc. Entom. Belg. T. 48 p. 121 (Tucuman). *rectura* **n. sp. Dognin,** t. c. p. 363. — *obliquata* **n. sp.** p. 364 (beide von Argentinien).

Ischnopteryx abnormipalpis **n. sp. Warren,** Nov. Zool. Tring vol. 11 p. 116—117 ♂ ♀ — *albiguttata* **n. sp.** p. 117 ♂. — *fidelis* **n. sp.** p. 117—118. — *fulminea* Dogn. Beschr. des ♂. — *oppositata* **n. sp.** p. 118—119 ♂ (sämtlich von Santo Domingo, Carabaya, S. O. Peru, 6000 ').

albipennis **n. sp. Warren,** t. c. p. 556 ♂ (Fundort wie zuvor, 6000 '). — *discolor* **n. sp.** p. 557 (wie die vorige von Santa Domingo, Carabaya, S. O. Peru, 6500 '). — *festiva* **n. sp.** p. 557 ♂ ♀ (Slucuri, S. O. Peru), — *praeluteata* **ab.** *albirupta* **n.** p. 558 ♂ ♀ (Fundort wie zuvor, 6000 '). — *viridifascia* **n. sp.** p. 558 (wie zuvor).

Ischnopteryx viriosa **n. sp. Dognin,** Ann. Soc. Entom. Belg. T. 48 p. 365 (Peru). *Isochromodes* Warr. (1894) u. *Spilocraspeda* Warr. (1895) sind nicht zu trennen. **Warren,** Nov. Zool. Tring vol. 11 p. 146. — *atristicta* **n. sp.** mit **ab.** *dissipata* **n.** p. 146—147 ♂ ♀. — *auxilians* **n. sp.** mit **ab.** *denotata* **n.** (wohl verw. mit *I.* [*Sabulodes*] *bermeja* Dogn.) p. 147—148 ♂ ♀. — *crassa* **n. sp.** p. 148 ♂ ♀. — *fraterna* **n. sp.** p. 148—149 ♂ ♀. — *grisea* **n. sp.** (steht der Type *extimaria* Wlk. von Rio Janeiro am nächsten) p. 149 ♂ ♀. — *latifasciata* **n. sp.** p. 149 ♀. — *pallidifimbria* **n. sp.** p. 150 ♂ ♀. — *palumbata* **n. sp.** p. 150 ♂. — *rufigrisea*

Warr. p. 151. — *terminata* **n. sp.** p. 151 ♂ ♀. — *vestigiata* **n. sp.** p. 151—152
(sämmtlich von Santo Domingo, Carabaya, SO. Peru, 6000').
— **Warren** beschreibt t. c. aus P e r u: *duplicata* **n. sp.** (steht *I. canisquama*
sehr nahe) p. 572 ♀ (Santo Domingo, Carabaya, S. O. Peru, 6500 ')
— *maculosata* **n. sp.** p. 572 ♂ ♀ (wie zuvor). — *miniata* **n. sp.** p. 573 ♀
(wie zuvor).
Isodiscodes **n. g.** *H y d r i o m e n i n.* (Untersch. von allen anderen Gatt.) **Warren,**
t. c. p. 521. — *polycyma* **n. sp.** p. 521 ♂ (Peru, Huancabamba, Cerro de
Pasco, 6000—10 000 ').
Josia erectistria **n. sp.** (verw. mit *striata* Druce) **Warren,** Nov. Zool. Tring, vol. 11
p. 17 ♀ ♂ (Banos, Ost-Ecuador; Balzapamba, Ost-Ecuador). — *longistria*
n. sp. p. 17 ♀ (Baiza, Ost Ecuador). — *vulturata* **n. sp.** p. 18 ♂ ♀ (Upper
River Toro, La Merced, Peru; Chanchamayo, Peru).
Lampropteryx trilineata **n. sp.** (vielleicht eine extreme Form von *abrasaria* H. S.
[von Packard als *Cidaria nigrofasciata* beschr.]). **Warren,** Nov. Zool. Tring
vol. 11 p. 57—58 ♂ (South Park, Colorado).
L a r e n t i i d a e. Übersicht über die Variation ders. **Prout,** The Entomologist
1904 p. 151—156.
Larentia infidaria **Oberthür,** Etudes comp. vol. I p. 68 Taf. III Fig. 33—35.
— *laetaria* p. 71 Taf. III Fig. 36. — *larentiaria* p. 71 Fig. 37. — *cyanata*
p. 71 Fig. 38, 39.
N e u e A r t e n: **Püngeler** beschreibt in d. Deutsch. Entom. Zeitschr. Iris
Bd. 16: *expiata* **n. sp.** p. 292 Taf. V Fig. 9 (Aksu). — *detricata* **n. sp.**
p. 293 Taf. VI Fig. 10 (Nikko). — *occata* **n. sp.** p. 294 Taf. VI Fig. 11. —
querulata **n. sp.** p. 294 Taf. VI Fig. 12 (beide aus Zentralasien).
Lasiops ? *puechi* **n. sp.** **Dognin,** Ann. Soc. Entom. Belg. T. 48 p. 368 (Peru).
Leptomeris sideraria Guenée. Ei, Stad. I—IV auf *Polygonum.* **Dyar,** Proc. U. St.
Nat. Mus. vol. XXVII p. 901—902.
Leucoctenorrhoe **n. g.** (steht *Amaurinia* nahe) **Warren,** Nov. Zool. Tring, vol. 11
p. 526. — *quadrilinea* **n. sp.** p. 527 ♂ (Santo Domingo, Carabaya, S. O. Peru,
6500 ').
Leucolithodes **n. g.** (nahe verw. mit *Eriolophodes* Warr. — Type: *Bryoptera
pantherata* Feld.) **Warren,** t. c. p. 582. — *Bryoptera lecideata* Feld. von Chili
gehört auch hierher.
Leuconotha persordida **n. sp.** **Warren,** Nov. Zool. Tring, vol. 11 p. 6 ♂ (Chulumani,
Bolivia, 2000 m).
Leucoreas **n. sp.** Oenochrominarum. **Warren,** Nov. Zool. Tring vol. 11 p. 12. —
rhodosticta **n. sp.** p. 13 ♂ ♀ (Santo Domingo, Carabaya, S. O. Peru, 6000 ').
Leuculopsis bilineata **n. sp.** **Warren,** Nov. Zool. Tring vol. 11 p. 101—102 ♂ ♀
(Santo Domingo, Carabaya, S. O. Peru, 6000 ').
approximans **n. sp.** **Dognin,** Ann. Soc. Entom. Belg. T. 48 p. 362 (Peru).
Lignyoptera thaumastaria **Rebel,** Annal. Hofmus. Wien, Bd. 19 p. 278 Taf. V
Fig. 18.
Ligonia böttgeri **n. sp.** (Unterschiede von *exquisitata* Möschl.) **Warren,** Nov. Zool.
Tring vol. 11 p. 513 ♂ (Peru, Huancabamba, Cerro de Pasco, 6000—10 000 ').
Lipomelia scintillans **n. sp.** **Warren,** Nov. Zool. Tring vol. 11 p. 37—38 ♂ ♀
(Bartica, Britsch Guyana). — *subfasciata* **n. sp.** p. 38 ♂ (Chimate, Bolivia,
760 m).

Lissochlora flavilimes **n. sp. Warren,** Nov. Zool. Tring vol. 11 p. 21—22 ♂ (Santo Domingo, Carabaya, S.O. Peru, 6000 '). — *punctata* **n. sp. Warren,** t. c. p. 504 ♂ (St. Lucia, Westindien).

Lomographa acutipennis **n. sp.** (vor allen Arten ausgezeichnet durch den spitzen Apex der Vflgl.) **Warren,** Nov. Zool. Tring vol. 11 p. 92 ♀ (Onaca, Santa Marta). — *albifrons* **n. sp.** (ähnelt *circumvallaria* Snell. u. *undilinea* Warr. ist jedoch blaß) p. 92 ♂ (Charaplaya, Bolivia, 1000 '. — Chulumani, Bolivia, 2000 m. — Santo Domingo, Carabaya, S. O. Peru, 6000 ').

Lophochorista **n. g.** (Type: *L. calliope* Druce [*Racospila*]. Verwandt mit *Hydata*) **Warren,** Nov. Zool. Tring vol. 11 p. 22.

Lophopygia **n. g.** (*Lophotodoma* nahest.) **Warren,** Nov. Zool. Tring vol. 11 p. 495 — *griseata* **n. sp.** p. 495—496 (Santo Domingo, Carabaya, S. O. Peru, 6000 ').

Lophotosoma **n. g.** (Vflgl. wie *Thysanocraspeda*. Geäder wie *Epiplema*). **Warren,** Nov. Zool. Tring, vol. 11 p. 7. — *ustanalis* **n. sp.** p. 7 ♂ (Santo Domingo, Carabaya, S. O. Peru, 6000 ').

Loxapicia **n. g.** *E n n o m i n.* (für einen Teil der *Apicia*-Arten). **Warren,** Nov. Zool. Tring. vol. 11 p. 152. — *humerata* **n. sp.** p. 152 ♂ (R. Solocame, Bolivia, 1200 m., Chulumani, Bolivia, 2000 m). — *straminea* **n. sp.** p. 152—153 ♀ (Bulim, Ecuador). — *contacta* **n. sp.** (ähnelt stark d. *furva* Warr.) p. 153 ♂ (Charaplaya, Bolivia, 1300 m).

Loxospilates bluethgeni **n. sp. Püngelen,** Deutsch. Entom. Zeitschr. Bd. 16 p. 299 Taf. VI Fig. 19 (Nikko).

Lozogramma carneata **n. sp. Warren,** Nov. Zool. Tring, vol. 11 (San Juan Mts.) p. 561 ♀. — *rubescens* **n. sp.** p. 561 ♀ (Chimney Gulch). — *sinuata* **n. sp.** p. 561 ♀ (San Juan Mts.). Alle drei aus Colorado.

Luxiaria pudens **n. sp. Swinhoe,** Trans. Entom. Soc. London, 1904 p. 504 (Niger).

Lycauges dapharia **n. sp. Swinhoe,** Trans. Entom. Soc. London 1904 p. 552 — *sevandaria* **n. sp.** p. 553. — *erinaria* **n. sp.** p. 553. — *commaria* **n. sp.** p. 553 (alle 4 aus dem tropischen Afrika).

Lygris prunata var. *digna* **n. Thierry-Mieg,** Naturaliste, 1904 p. 141.

Macaria minorata var. *incolorata* **n. Dyar,** Proc. U. S. Nat. Mus. vol. XXVII p. 906 (Kotonai-Distrikt, Brit. Columb.).

bifilaria **n. sp. Hampson,** Ann. Nat. Hist. (7) vol. 14 p. 176—177 ♂ (Bahamas: Nassau).

Malacodea regelaria in St. Petersburg. Beschreib. **Kusnezov,** Rev. Russe d'Entom. T. IV p. 40—43 mit Holzschnitt. **Bloecker,** t. c. p. 210.

Marmopteryx elongata **n. sp. Thierry-Mieg,** Naturaliste 1904 p. 141 (Peru).

Mecoceras siehe *Himeromima*.

Melanchroia geometroides. Raupe. **Dyar,** Proc. Entom. Soc. Wash. vol. VI p. 77.

Melanippe rivata u. *fluctuata* Varietäten. **Woodbridge,** Entomologist, 1904 p. 9 mit Textfig.

Melanoscia **n. g.** *A s c o t i n.* **Warren,** Nov. Zool. Tring vol. 11 p. 111. — *albimacula* **n. sp.** p. 112 ♂. — *occlusa* **n. sp.** p. 113 ♂. — *felina* **n. sp.** p. 112—113 ♂ (alle 3 von Santo Domingo, Carabaya, S. O. Peru, 6000 ').

commaculata (als *Cymatophora* beschr., hierherzustellen) **Warren,** t. c. p. 555.

Melanolophia canadaria var. *subgenericata* **n. Dyar,** Proc. U. S. Nat. Mus. vol. XXVII p. 910 (Mount Angel, Oregon, Push, Oregon; Seattle Washington u. Rossland).

Melinodes contacta **n. sp. Warren,** Nov. Zool. Tring, vol. 11 p. 153 (Bolivia). —
   subapicata **n. sp. Warren,** t. c. p. 573 ♂ (S.O. Peru, Santo Domingo, Carabaya,
   6000 ').
Melochlora intermedia **n. sp. Warren,** Nov. Tring Zool. vol. 11 p. 22 ♂ (Peru).
   — **Warren** beschreibt t. c. aus S. O. P e r u: *albiceps* **n. sp.** (schneeweiß) p. 504 ♂
   (Santo Domingo, Carabaya, 6000 ').
Merocausta purpuraria **n. sp. Hampson,** Ann. Nat. Hist. (7). vol. 14 p. 176 ♂
   (Bahamas: Nassau).
Mesedra **n. g.** *E n n o m i n.* **Warren,** Nov. Zool. Tring vol. 11 p. 153. — *confinis*
   n. sp. p. 153—154 ♂ ♀ (Agualani, S. O. Peru, 10 000 '). — *juvenis* **n. sp.**
   p. 154 ♂ ♀. — *munda* **n. sp.** p. 154—155 ♂ ♀. — *subsequa* **n. sp.** p. 155 ♀. —
   violacea **n. sp.** p. 155—156 ♂ ♀ (sämtlich mit Ausnahme von *confinis* von
   Santo Domingo, Carabaya, S. O. Peru, 6000 ').
Mesoleuca simulata. Arten des Kootenai Distrikts, Brit. Columb. **var.** *otisi* **n.**
   Dyar, Proc. U. S. Nat. Mus. vol. XXVII p. 896—898.
Metallochlora circumscripta **n. sp.** (nahe verw. mit *M. proximata* Warr. von Tugela
   Isl.) **Warren,** Nov. Zool. Tring, vol. 11. p. 486 ♂ (Isabel Isl., Solomons).
Metanema quercivoria und *Endropia textrinaria* identisch. **Taylor,** Canad. Entom.
   vol. 36 p. XXXVI p. 134. — desgl. **Pearsall,** Canad. Entom. vol. XXXVI
   p. 162.
   fuliginosa **n. sp.** (vorläufig in diese Gatt. gestellt, ♂ fehlt) **Warren,** Nov. Zool.
   Tring vol. 11 p. 156 ♀ (Santo Domingo, Carabaya, S. O. Peru, 6000').
   fuliginosa (siehe vorher) gehört zu *Mimogonodes.* **Warren,** Nov. Zool. Tring,
   vol. 11. p. 576.
Miantonota decorata **n. sp. Warren,** Nov. Zool. Tring, vol. 11 p. 22—23 ♂ (Huatuxco, Vera Cruz).
   nigrisquama **n. sp. Dognin,** Ann. Soc. Entom. Belg. T. 48 p. 119 (Peru).
Microdes diplodonta **n. sp. Turner,** Proc. Soc. Victoria vol. XVI p. 239 (Tasmanien).
Microgonia affinis ♀. **Warren,** Nov. Zool. Tring vol. 11 p. 574 (Santo Domingo,
   Carabaya, S. O. Peru). — *siccifolia* ♂ p. 574 (von Huancabamba, Cerro de
   Pasco, Peru, 6000—10 000'). — *umbrosa* **var.** *interclavata* **n.** p. 575 (Fundort
   wie zuvor).
   N e u e A r t e n: *distans* **n. sp.** mit **ab.** *perfusa* **n. Warren,** Nov. Zool. Tring
   vol. 11 p. 156—157 ♂ (Type von Paramba, Ecuador. — **var.** von San
   Ernesto, Bolivia, 1000 m). — *guenéei* **n. sp.** p. 157—158 ♂ ♀ (Jalapa,
   Mexico; Huatuxco, Vera Cruz). — *siccifolia* **n. sp.** p. 158 ♀ (Agualani,
   S. O. Peru, 10 000'). — *subdecorata* **n. sp.** mit **ab.** *prunicolor* **n.** p. 158
   —159 ♀ (Santo Domingo, Carabaya, S. O. Peru, 6000'). — *subdentilinea*
   n. sp. p. 159 ♂ (Corondalet, Ecuador). — *subductaria* **n. sp.** (wie
   M. subdentilinea u. *mexicata* Guen.) p. 519 ♂ (S. Javier, R. Cachabi).
   — *versilineata* **n. sp.** (in Färbung *M. cyclopeata* Moeschl. ähnlich) p. 160 ♂
   (Chimate, Bolivia).
   particolor **n. sp. Warren,** t. c. p. 574 (Paramaribo). — *subumbrata* **n. sp.** p. 575 ♀
   (S. O. Peru: Santo Domingo, Carabaya).
   diluta **n. sp. Dognin,** Ann. Soc. Entom. Belg. T. 48 p. 366 (Paraguay).
Microxydia (?) *colorata* **n. sp. Warren,** Nov. Zool. Tring vol. 11 p. 160 ♀ (Santa
   Domingo, Carabaya, S. O. Peru, 6000'). — *fulvicollis* **n. sp.** p. 161 ♂ ♀ (Santo
   Domingo, Carabaya, S. O. Peru, 6000').

rufifimbriata **n. sp. Warren,** (größer u. stärker als *orsitaria* Guen.) t. c. p. 575 ♀
(Santo Domingo, Carabaya, S. O. Peru, 6000′). — *strigosa* **n. sp.** p. 576 ♀
(wie zuvor). — Beide aus Peru.

Milionia aroensis **n. sp. Rothschild,** Nov. Zool. Tring vol. 11 p. 321 ♂ Taf. III
Fig. 41. — *ventralis* **n. sp.** p. 321 ♂♀ Taf. III Fig. 38. — *parva* **n. sp.** p. 321 ♀
Taf. III Fig. 30. — *diva* **n. sp.** p. 321 Taf. III Fig. 39 ♂, 40 ♀ (alle
vier aus Neu Guinea: Owgarra, north of head of Aroa River).

Milocera **n. g.** (*Psilocladia* nahest.) **Swinhoe,** Trans. Entom. Soc. London, 1904
p. 522. — *horaria* **n. sp.** p. 522 (Madagaskar).

Mimandria insularis **n. sp. Swinhoe,** Trans. Entom. Soc. London, 1904 p. 541
(Madagascar).

Mimogonodes fuliginosa siehe *Metanema.*

Mimoprora **n. g.** (ähnelt *Isochromodes* Warr.) **Warren,** Nov. Zool. Tring, vol. 11
p. 161. — *rubra* **n. sp.** p. 161—162 ♂ (Santo Domingo, Carabaya, S. O. Peru,
9000′).

Mimosema flexa **n. sp. Warren,** Nov. Zool. Tring, vol. 11 p. 162 ♀. — *rufa* **n. sp.**
p. 162 ♀ (Santo Domingo, Carabaya, S. O. Peru, 6000′).

Mixopsis leodorata Guen. ([als *Cirsodes*] = *Laudosia typtaria* Feld.) **Warren,**
Nov. Zool. Tring, vol. 11 p. 576.

bella **n. sp.** (ähnelt stark der *M. typtaria* Feld.) **Warren,** Nov. Zool. Tring vol. 11
p. 162—163 ♂ (Santo Domingo, Carabaya, S.O. Peru, 6000′).

pulverata **n. sp. Warren,** t. c. p. 576 ♀ (Santo Domingo, Carabaya, S. O. Peru,
6500′). — Ob ein abnorm gezeichnetes ♀ von *bella* Warr.?

Monroa **n. g.** (Type: *Cymatophora quinquelinearia* Pack.) **Warren,** Nov. Zool.
Tring, vol. 11 p. 555. — Diese Art u. *plumosaria* Pack. ist sicherlich mit
Exelis verwandt.

Morphomima **n. g.** (stimmt mit *Coelura* Warr. überein im Bau der Antennen u.
in der Zeichnung, mit *Meleaba* Wlk. in der Gestalt der Flügel) **Warren,**
Nov. Zool. Tring vol. 11 p. 7. — *fulvitacta* **n. sp.** (der *Coeluromima subfasciata*
sehr ähnlich) p. 8 ♂ (Colombia).

Myrioblephara subaurata siehe *Ectropis.*

Nearcha prosedra **n. sp. Turner,** Trans. Roy. Soc. S. Austral. vol. **XXVIII** p. 226.
— *nephocrossa* **n. sp.** p. 227 (Queensland).

Nelo divisa Warr. 1900 nebst ab. *radiata* (1901) **Warren,** Nov. Zool. Tring vol. 11
p. 98 (Ecuador).

N e u: *versicolor* **n. sp. Thierry-Mieg,** Naturaliste 1904 p. 182 (Peru).

Nematocampta complea **n. sp. Warren,** Nov. Zool. Tring vol. 11 p. 163 ♂ (Pambilar,
Ecuador).

? *confusa* **n. sp. Warren,** t. c. p. 577 ♀ (Santo Domingo, Carabaya, S. O.
Peru, 6500). — *cuprina* **n. sp.** p. 577 ♀ (Fundort wie zuvor).

Nemoria afflictaria **n. sp. Swinhoe,** Trans. Entom. Soc. London, 1904 p. 549
(Sierra Leone).

Neobapta **n. g.** D e i l i n i i n a r u m. **Warren,** Nov. Zool. Tring vol. 11 p. 92—93.
— Type wahrscheinlich verwandt mit *Cabira ochropurpuraria* H. S., jedoch
Antennen einfach und Geäder etwas anormal). p. 92—93. — *indecora* **n. sp.**
p. 93 ♀♂ (Rio Demerara).

Neocrasis heterografta **n. sp. Warren,** Nov. Zool. Tring, vol. 11 p. 23 ♂ (Santo
Domingo, Carabaya, Südost-Peru).

Neodirades **n. g.** (Unterschiede von *Dirades*, einer altweltl. Gatt.) **Warren,** Nov. Zool. Tring, vol. 11 p. 8. — *spurcata* **n. sp.** p. 8 (Santo Domingo, Carabaya, S. O.-Peru, 6000').

Neodezia **n. g.** (Type: *Odezia albovittata*) **Warren,** Nov. Zool. Tring vol. 11 p. 541.

Neofidonia **n. g.** *S c o t i i n.* (breit. kurze Flügel) **Warren,** Nov. Zool. Tring, vol. 11 p. 113. — *nigristigma* **n. sp.** p. 113—114 ♂ (Santo Domingo, Carabaya, S. O. Peru, 6000'). — *olivescens* **n. sp.** p. 555 ♂ (Bulim, Ecuador).

Neonemoria **n. g.** (*Neocrasis* nahest.) **Warren,** Nov. Zool. Tring vol. 11 p. 23—24. — *plana* **n. sp.** p. 24 ♂ (Chimate, Bolivia).

Neoplema **n. g.** (*Epiplema* nahest., Gestalt u. ·Geäder wie bei dieser, doch die Antennen des ♀ weichen ab) **Warren,** Nov. Zool. Tring vol. 11 p. 496. — *candidata* **n. sp.** p. 496 ♀ (Inambari, Carabaya, S. O. Peru, 6000').

Neopolita **n. g.** *D e i l i m i n.* (möglicherweise verw. mit *Plutodes*) **Warren,** Nov. Zool. Tring, vol. 11. p. 470. — *bisecta* **n. sp.** p. 470 ♂ (Angola: Libollo).

Neotaxia **n. sp.** **Dognin,** Ann. Soc. Entom. Belg. T. 48. p. 365. — *plana* **n. sp.** p. 366 (Tucuman).

Nipteria apicilineata Dogn. gehört zu *Heteroleuca.* **Warren,** Nov. Zool. Tring, vol. 11 p. 545.

N e u e A r t e n: *astychiodes* **n. sp.** (in der Zeichnung vollständige Nachahmung von *Astyochia claelia* Druce u. *philyra* Druce) **Warren,** Nov. Zool. Tring vol. 11 p. 102 ♂ ♀. — *flaviplaga* **n. sp.** p. 102 ♀. — *flebilis* **n. sp.** p. 102 —103 ♂. — *oblitaria* **n. sp.** (steht wahrscheinlich *N. tapponia* Th. Mg. nahe) p. 103 ♂ ♀ (alle vier Arten von Santo Domingo, Carabaya, S. O. Peru, 6000'). — *satyrata* Warr. (1900) Beschr. d. ♂ p. 103 (Chimate, Bolivia). — *subocellata* **n. sp.** p. 103—104 ♀ (Charaplaya, Bolivia, 1300 m). — *transducta* **n. sp.** p. 104 ♀ (Santo Domingo, Carabaya, S. O. Peru, 6000'). — *turpis* **n. sp.** p. 104 ♂ ♀ (Fundort wie zuvor). *basiplaga* **n. sp.** **Warren,** t. c. p. 546 ♂ (Santo Domingo, Carabaya, S. O. Peru). — *dispansa* **n. sp.** p. 546 ♂ (Chanchamayo). — *exclamationis* **n. sp.** (nahe verw. mit *N. nigrisignata* Warr.) p. 547 ♀ (Santo Domingo, Carabaya, S. O. Peru). — *nigrisignata* **n. sp.** p. 547 ♀ (wie zuvor). — *occulta* **n. sp.** p. 547 ♀ (River Inambari, Carayaba, S. O. Peru, 6000'). — *pallida* **n. sp.** p. 548 ♂ ♀ (Santo Domingo etc.). — *partita* **n. sp.** p. 548. — *sibylla* **n. sp.** (nahe verw. mit *aethiopissa* Dogn. u. *sororcula* Dogn.). p. 549 (Peru). — *trisecta* **n. sp.** p. 549 ♂ (wie vorige, 6000—10 000'). — *unilineata* **n. sp.** (*secturata* Dogn. nahe) p. 550 ♂ (wie zuvor). — *vestigiata* **n. sp.** p. 550 ♂ (wie zuvor) (Sämtliche Arten stammen aus Peru).

rotundata **n. sp.** **Dognin,** Ann. Soc. Entom. Belg. T. 48 p. 362 (Ecuador).

Nyctobia nigroangulata Strecker vom Kootenai-Distrikt. **Dyar,** Proc. U. S. Nat. Mus. vol. XXVII p. 888.

Nyssia lapponaria. **Coquayne,** The Entomologist, 1904. p. 149—150, Taf. VI. — Variation. **Coquayne,** t. c. p. 249, Textfig.

Ochyria thorenaria **n. sp.** **Swinhoe,** Trans. Entom. Soc. London, 1904 (Madagascar).

Odontopera integraria Guen. gehört zu *Colotois.* **Warren,** Nov. Zool. Tring vol. 11 p. 479.

Odontoptila marginata **n. sp.** (steht *O. brunnea* Warr. v. Brasilien nahe) **Warren,** Nov. Zool. Tring, vol. 11 p. 38—39 ♂ (Chulumani, Bolivia, 2000 m).

Oedicentra gerydaria n. sp. Swinhoe, Trans. Entom. Soc. London, 1904 p. 530 (Aschanti).

Oenome xenopis siehe *Diceratucha.*

Oenoptila costata n. sp. Warren, Nov. Zool. Tring vol. 11 p. 120 ♂. — *filata* n. sp. (im Vflgl. Rippe „7, 8, 9 stalked from the bend in subcostal, 10 u. 11 coincident anastomose with 12 before separating") p. 120 ♀. — *leprosata* n. sp. p. 120—121 ♂♀. — *prunicolor* n. sp. (vielleicht das ♂ zu *Oe. costata* ♂) p. 121—122 ♀ (sämtlich von Santo Domingo, Carabaya, S. O. Peru, 6000').
ignea n. sp. Warren, t. c. p. 559 ♀ (Peru, Santo Domingo, Carabaya, S. O. Peru, 6000').

Oenotalia nummifera (1901 als *Certima* beschrieben) gehört zu *Oenotalia.* Warren, Nov. Zool. Tring, vol. 11 p. 559.

Oligopleura biplagiata n. sp. (steht *aulaeata* Feld. und seiner Aberr. *diversicolor* Warr. am nächsten) Warren, Nov. Zool. Tring vol. 11 p. 58 ♀ (Marcapata, Ost-Peru, 4500').

Oospila atroviridis n. sp. Warren, Nov. Zool. Tring vol. 11 p. 24 ♂ (Santo Domingo, Carabaya, Südost-Peru, 6000').
restricta n. sp. (steht *delacruzi* Dognin nahe) Warren, t. c. p. 504 ♀. — *rufiplaja* n. sp. p. 505 ♂ (beide aus Peru, Santo Domingo, Carabaya, S. O. 6000, resp. 6500'). — *rufiplaga* ist offenbar die peruanische Form der brasilian. *trilunaria* Guen.

Opthalmodes albata n. sp. (steht *O. exemptaria* Walk. u. *clararia* Wlk. sehr nahe) Warren, Nov. Zool. Tring vol. 11 p. 490 (Sumatra).

Ophthalmophora contraciata n. sp. Warren, Nov. Zool. Tring, vol. 11. p. 94 ♂ (Santo Domingo, Carabaya, S. O. Peru, 6000'). — *lineata* n. sp. p. 95 ♂ (Fundort wie vorige). — *orion* n. sp. (*danaeata* Wlk. anscheinend am nächsten) p. 95 ♂ (Fundort wie zuvor). — *transversata* n. sp. p. 96 ♂ (Fundort wie zuvor).

Opisthoxia casta n. sp. Warren, Nov. Zool. Tring vol. 11 p. 542 ♀ (Mexico: Huatuxco). — *laticlava* n. sp. p. 542 (S. O. Peru, Santo Domingo, Carabaya, 6000'). — *vigilans* n. sp. p. 543 ♀ (Bulim, N. W. Ecuador, 160').

Oreonoma n. g. (*Heterusia* nahest.) Warren, Nov. Zool. Tring vol. 11 p. 538. — *submarmorata* n. sp. p. 538 ♂ (Huancabamba, Cerro de Pasco, Peru).

Orsonoba. Turner beschreibt aus Q u e e n s l a n d in d. Trans. Roy. Soc. S. Austral. vol. XXVIII: *zapluta* n. sp. p. 234. — *luteola* n. sp. p. 234. — *leucoprepes* n. sp. p. 235.

Orthofidonia semiclarata Walker. Ei, Stad. I. Dyar, Proc. U. St. Nat. Mus. vol. XXVII p. 903—904.

Ortholitha bipunctaria ab. *grisescens* n. Neuburger, Soc. entom. vol. XIX p. 44. — *coarctata.* Erste Entwicklungsstadien. Lebensweise. Brants, Tijdschr. v. Entom. vol. XLVII p. 63—68.

Orthoprora n. g. *Hydriomen.* (Type: *O.* (*Cidaria*) *rojiza* Dogn.) Warren, Nov. Zool. Tring, vol. 11. p. 522.

Paracomistis subtractata Warr. ♂ ♀. Warren, Nov. Zool. Tring, vol. 11 p. 163 —164.
N e u: *plumosa* n. sp. Warren, t. c. p. 578 ♂ (Limbani, Carabaya S. O. Peru).

Paracomucha n. g. (*Entephria* nahest., offenbar eine Entwicklungsform ders. — Type: *P.* (*Cidaria*) *chalybearia* Moore) Warren, t. c. p. 488—489.

Paradoxodes **n. g.** *E n n o m.* (Untersch. von *Pseustoplaca* Warr.) **Warren,** Nov.
Zool. Tring vol. 11. p. 164. — *subdecora* **n. sp.** (erinnert oberflächlich an
Certima mina u. *mimula* Th. Mg. (*Sabulodes*) u. *Pseustoplaca obscurissima*
Th. Mg.) **Warren,** Nov. Zool. Tring vol. 11 p. 164 ♂ (Marcapata, Ost-Peru,
4500′).

Paraplodes **n. g.** (Ähnlichkeiten mit *Aplodes* u. *Synchlora*; Unterschiede) **Warren,**
Nov. Zool. Tring vol. 11 p. 24—25. — *aurata* **n. sp.** p. 25 ♀ (Palimbu,
Ecuador).

Paromala **n. g.** *H y d r i o m.* **Warren,** Nov. Zool. Tring vol. 11 p. 68. — *elongata*
n. sp. p. 58—59 ♀ (Ecuador).

Parourapteryx **n. g.** (Type: *Metrocampa sulphuraria* Maassen) **Thierry-Mieg,**
Naturaliste 1904 p. 183.

Pergama plenilunata **n. sp.** **Warren,** Nov. Zool. Tring vol. 11 p. 165 (Rio Inambari,
Ost-Peru, 1000 m). — *semiusta* **ab.** *latifascia* **n.** p. 165.

Peribolodes **n. g.** *S e m i o t h i s i n.* **Warren,** Nov. Zool. Tring vol. 11. p. 126.
— *bicolorata* **n. sp.** p. 126 ♀ (Bartica, British Guiana).

Perigramma nigricosta **n. sp.** **Warren,** Nov. Zool. Tring vol. 11 p. 104—105 ♂
(San Ernesto, Bolivia, 1000 m). — *semipleta* **n. sp.** p. 105 ♂ (Fundort wie
zuvor).

Perixera sublunata **n. sp.** **Swinhoe,** Trans. Entom. Soc. London, 1904 p. 560
(Westafrika).

impudens **n. sp.** (den typ. *Perixera* unähnlich) **Warren,** Nov. Zool. Tring, vol. 11
p. 487 ♂ ♀ (Galápagos, Gardner Isl.). — ? *longidiscata* **n. sp.** (erinnert
im Aussehen an *Emmesura illepidaria* Guen.) p. 487 ♀ (Townsville,
Queensland).

Perizoma amplata **n. sp.** **Warren,** Nov. Zool. Tring, vol. 11 p. 59 ♂ ♀ (Santo
Domingo, Carabaya, S. O. Peru, 6000′). — *aureoviridis* **n. sp.** p. 59—60 ♂
(Marcapata, Ost-Peru, 1080′). — *mirifica* **n. sp.** (ungewöhnlich gezeichnete
Form) p. 60 ♂ (Santo Domingo, Carabaya, Südost-Peru, 6000′).

aspersa **n. sp.** **Dognin,** Ann. Soc. Entom. Belg. T. 48 p. 359 (Ecuador).

Pero olivacea **n. sp.** **Warren,** Nov. Zool. Tring vol. 11 p. 578 ♂ (Tucuman,
Argentinien).

Perusia complicata **n. sp.** (scheint eine Form von *praecisaria* H.-S. zu sein) **Warren,**
Nov. Zool. Tring vol. 11 p. 166 ♀ (Banos, Peru). — *graphica* **n. sp.** p. 166 ♂
(Santo Domingo, Carabaya, S. O. Peru, 6000′). — *superstes* **n. sp.**
p. 166 ♂ (Fundort wie zuvor). — *subsordida* **n. sp.** (*paja* Dogn. nahest.)
Warren, t. c. p. 579 ♂ (S. O. Peru: Huancabamba, Cerro de Pasco, 6000
—10 000′).

Petelia anagogaria **n. sp.** (stimmt mit *Petelia* im Geäder, sonst etwas abweichend)
Warren, Nov. Zool. Tring vol. 11 p. 122 ♂. — *binigrata* **n. sp.** p. 122 ♂ ♀
— *purpurea* **n. sp.** p. 123 ♀ (sämtlich von Santo Domingo, Carabaya, S. O.
Peru). — *glabra* **n. sp.** **Warren,** t. c. p. 579 ♂ (Anambara Creek, River Niger).

Petrodava marginata **n. sp.** **Swinhoe,** Trans. Entom. Soc. London, 1904 p. 503
(Abyssinien).

Petrophora. Arten des Kootenai-Distrikts, Brit. Columb. **Dyar,** Proc. U. St.
Nat. Mus. vol. XXVII p. 900.

Phaeochlaena bialbifera **n. sp.** **Warren,** Nov. Zool. Tring, vol. 11 p. 188 ♀ (Rosario,
St. Inez, Ost-Ecuador, 1250 m).

Phellinodes interrupta **n. sp.** (ähnelt *P. hedylaria* Guen. u. *conifera* Warr.) **Warren,** Nov. Zool. Tring vol. 11 p. 14 ♀ (S. Javier, R. Cachabi, Ecuador). — *obstructa* **n. sp.** (nahe verw. mit *P. hedylaria* Guen.) p. 14 ♂ (Pambilar, Ecuador). — *uniformis* **n. sp.** p. 14 ♂ (Rio Napo, Ost-Ecuador).

absentimaculata **n. sp.** (ähnelt *Hedyle lucivitta* Wlk.) **Warren,** t. c. p. 499 ♂ (Salidero, N. W. Ecuador). — *albifascia* **n. sp.** p. 499 ♂ (SantoDomingo, Carabaya, S. O. Peru, 6000'). — *leucophasiata* **Thierry-Mieg,** Naturaliste 1904 p. 182 (Peru).

Phlebosphales **n. g.** *H y d r i o m.* (offenbar eine Entwicklungsform von *Anticlea*) **Warren,** Nov. Zool. Tring, vol. 11. p. 60—61. — *engelkei* **n. sp.** p. 61 (Onaca, Sta. Marta).

Phorodesma triangularia **n. sp.** **Swinhoe,** Trans. Entom. Soc. London, 1904 p. 551 (Madagascar).

Phrygionis argyrosticta **n. sp.** **Hampson,** Ann. Nat. Hist. (7) vol. 14. p. 176 ♂ (Bahamas: Abaco).

Phrygionis modesta **n. sp.** (steht *appropriata* Wlk. sehr nahe, hat aber keinen Schwanzanhang an d. Hflgln.). **Warren,** Nov. Zool. Tring vol. 11 p. 92 ♂ (Minas Geraes).

Phyllodonta songaria = (*semicava* Warr.) **var.** *obscura* **n. Dognin,** Ann. Soc. Entom. Belg. T. 48. p. 366.

N e u e A r t e n: *carneata* **n. sp.** (Außenlinie der Flgl. zwischen *Phyllodonta* u. *Paragonia*) **Warren,** Nov. Zool. Tring, vol. 11. p. 166—167 ♀. — *puritana* **n. sp.** p. 167 ♀. — *semicava* **n. sp.** (ähnelt *flabellavia* Th. Mg. u. *songaria* Dogn.) p. 168 ♀. — *vivida* **n. sp.** (fast wie das ♂ von *semicava*. Unterschiede). p. 168—169 ♂ ♀ (sämtlich von Santo Domingo, Carabaya, S.O. Peru, 6000').

pseudonyma **n. sp.** **Warren,** Nov. Zool. Tring, vol. 11. p. 579 ♂ (Peru: Santo Domingo, Carabaya, S. O. Peru, 6000').

Pigia semicostata **n. sp.** **Warren,** Nov. Zool. Tring vol. 11 p. 39 ♂ ☿ (Santo Domingo, Carabaya, Südost-Peru, 6000').

Pisoraca sanguinata **n. sp.** (ähnelt sehr *cryptorhodata* Wlk. von Australien). **Warren,** Nov. Zool. Tring, vol. 11. p. 467 ♀ (Durban, Natal).

Plerocymia multilinearia **n. sp.** **Swinhoe,** Trans. Entom. Soc. London 1904 p. 567 (Ostafrika).

Pleurolopha **n. g.** (*Selidosema* nahest.) **Turner,** Trans. Roy. Soc. S. Austral. vol. XXVIII p. 233. — *nebridota* **n. sp.** p. 233 (Brisbane).

Poecilochlora **n. g.** *G e o m e t r i n.* **Warren,** Nov. Zool. Tring, vol. 11 p. 505. — *minor* **n. sp.** p. 506 ♂ (Santo Domingo, Carabaya, S. O. Peru 6000'). — Hierher auch *Neocrasis* ? *heterograpta* Warr. 1904 p. 506.

Polla quadrilineata gehört zu *Sphacelodes.* **Warren,** Nov. Zool. Tring vol. 11 p. 172.

Polyploca flavicornis haverkampfi **Haverkampf,** Ann. Soc. Entom. Belg. T. 48 p. 187 Taf. I.

Polypoctes fuliginosa **n. sp. Dognin,** Ann. Soc. Entom. Belg. T. 48 p. 119 (Bolivia). *picaria* **n. sp.** **Warren,** Nov. Zool. Tring vol. 11 p. 18—19 ♂ ♀ (Marcapata, Ost-Peru, 10800').

Porona fidoniata **n. sp.** **Warren,** Nov. Zool. Tring, vol. 11 p. 560 ♀ (Santo Domingo, Carabaya, S. O. Peru, 6000').

Prasinocyma ampla **n. sp. Warren,** Nov. Zool. Tring vol. 11 p. 465 ♂ ♀. — *pictifimbria* **n. sp.** p. 465 ♂ (beide aus Bihe, Angola).

pulchraria **n. sp. Swinhoe,** Trans. Entom. Soc. London, 1904 p. 544 (West-afrika). — *asyllaria* **n. sp.** p. 545 (Madagascar).

Problepsis flavistigma **n. sp. Swinhoe,** Trans. Entom. Soc. London, 1904 p. 564 (Tropisch-Afrika).

Probosceles punctaria **n. sp. Swinhoe,** Trans. Entom. Soc. London, 1904 p. 550 (Madagascar).

Procypha sillaria **n. sp. Swinhoe,** Trans. Entom. Soc. London, 1904 p. 514. — *informis* **n. sp.** p. 515 (Westafrika).

Prorocrania **n. g. Turner,** Trans. Roy. Soc. Austral. vol. XXVIII p. 225. — *argyritis* **n. sp.** p. 226 (West-Australien).

Prostoma **n. g.** *S e l i d o s e m i n.* **Warren,** Nov. Zool. Tring, vol. 11. p. 123. — — *fragilis* **n. sp.** p. 123—124 ♂ (Santo Domingo, Carabaya, S. O. Peru, 6000').

Provola **n. g.** (Type: *Aletis postica* Walker) **Swinhoe,** Trans. Entom. Soc. London, 1904 p. 538.

Psaliodes serratilinea gehört zu *Hypolepis.* **Warren,** Nov. Zool. Tring, vol. 11 p. 521.

Neue Arten: *laticlara* **n. sp. Dognin,** Ann. Soc. Entom. Belg. T. 48 p. 120 (Peru).

Psaliodes acutangula **n. sp. Warren,** Nov. Zool. Tring vol. 11 p. 61—62 ♂ ♀ (Santo Domingo, Carabaya, Südost-Peru, 6000 '). — Die Art steht *Alydia lignosata* Wlk. sehr nahe, die eine echte *Psaliodes* ist, wie auch Snellens *endotrichiata,* die von ihm mit Unrecht zu Guenées Ennomidengatt. *Cyclomia* gezogen wird und sich auf Dognins *Cycl. magnipalpata* bezieht. — *albidulata* **n. sp.** p. 62 ♂ (Santo Domingo, Carabaya, Südost-Peru, 6000 '). — *aurativena* **n. sp.** (wahrscheinlich eine *Hypolepis*) p. 62—63 ♀ (Santo Domingo, Carabaya, Südost-Peru, 6000 '). — *citrinata* **n. sp.** (ausgezeichnet durch die gebuchtete zentrale Binde mit blassem Fleck u. die zitronengelben Bänder) p. 63 (Peru). — *clathrata* **n. sp.** p. 63—64 ♀ (Fundort wie vorige). — *fractilinea* **n. sp.** (allein-stehende Form) p. 64—65 ♂ (Fundort wie zuvor). — *ignivenata* **n. sp.** p. 65 ♂ (Fundort wie vorige Arten). — *inferna* **n. sp.** p. 65—66 ♀ .— *miniata* **n. sp.** nebst **ab.** *fuscata* **n.** u. **ab.** *pallida* **n.** p. 66 ♂♀. Differenzen der verschiedenen Stücke. — *nexilinea* **n. sp.** p. 66—67 ♀. — *nictitans* **n. sp.** p. 67. — *ossicolor* **n. sp.** p. 67—68 ♂ ♀. — *pervasata* **n. sp.** p. 68 ♀ (Fundorte aller dieser Arten wie zuvor). — *picta* **n. sp.** p. 68—69 ♂ (Chulumani, Bolivia, 2000 '). Größer u. dunkler als die peruvianischen Arten. — *planiplaga* **n. sp.** (Grundfärbung u. Zeichnung erinnern an *P. lisera* Dogn.) p. 69♂ (Costa Rica). — *semirasa* **n. sp.** p. 69—70 ♂ (Santo Domingo, Carabaya, S. O. Peru, 6000 '). — *serrati-linea* **n. sp.** p. 70 ♀ (Santo Domingo usw. wie zuvor). — *siennata* **n. sp.** p. 70 —71 ♂ ♀ (Santo Domingo usw.). — *subfulvescens* **n. sp.** p. 71 (Bulim N. W.-Ecuador, 160 '). — *trilunata* **n. sp.** p. 71—72 ♂ (Charaplaya, Bolivia, 1300 m). —*tripartita* **n. sp.** p. 72 ♀ (Caradoc, Marrapata u. Santo Domingo, Carabaya, Südost-Peru, 6000 '). — *tripita* **ab.** *corrosa* **n.** von Santo Domingo, Carabaya, Südost-Peru, 6000 '. — *vinosata* **n. sp.** p. 73 ♀ (Agualani, Südost-Peru, 10 000 ').

analiplaga **n. sp.** (verw. mit *lisera* Dogn. u. *fractilinea* Warr.) **Warren,** t. c. p. 522 ♀. — *lilacina* **n. sp.** (ähnelt *infantula* Warr.) p. 522. — *nodosa*

n. sp. (*lisera* sehr ähnlich, kleiner) p. 523 ♀. — *vulpina* **n. sp.** (ähnelt *rinosata* Warr.) p. 523 (alle vier aus S. O. Peru: Santo Domingo, Carabaya, 6000 ').

laticlara **n. sp. Dognin,** Ann. Soc. Entom. Belg. T. 48 p. 120 (ebenfalls aus Peru).

Psamathia impunctata **n. sp.** (wie *Ps. laticaudata* Wlk. von Venezuela, doch größer usw.) **Warren,** Nov. Zool. Tring vol. 11 p. 469 ♂ (Peru).

Pseudapicia muscivaria **n. sp. Warren,** Nov. Zool. Tring vol. 11 p. 169—170 ♂ ♀ (Santo Domingo, Carabaya, S. O. Peru, 6000 '). — *sororcula* **n. sp.** (ähnelt *muscivaria*) **Warren,** Nov. Zool. Tring vol. 11 p. 170 ♂ ♀ (Santo Domingo, Carabaya, S. O. Peru, 6000 ').

Pseudasellodes **n. g.** (Unterschiede von *Asellodes*) **Warren,** Nov. Zool. Tring vol. 11 p. 39. — *constellata* **n. sp.** p. 40 ♂ (Peru).

Pseudocrocinis **n. g.** (Type: *Crocinis plana* Butl.) **Swinhoe,** Trans. Entom. Soc. London 1904 p. 518.

Pseudosterrha lucidaria **n. sp. Swinhoe,** Trans. Entom. Soc. London, 1904 p. 566 (Tropisch. Afrika).

Pseudoterpna bryophanes **n. sp. Turner,** Trans. Roy Soc. S. Austral. vol. XXVIII p. 222. — *myriosticta* **n. sp.** p. 223 (beide aus Queensland).

Pseudothyatira cymatophoroides Guenée u. *expultrix* Grote vom Kootenai-Distrikt. **Dyar,** Proc. U. S. Nat. Mus. vol. XXVII p. 886—887.

Psilocerea vestitaria **n. sp. Swinhoe,** Trans. Entom. Soc. London 1904 p. 520 (Madagaskar). — *umbrosaria* **n. sp.** p. 520 (Uganda). — *ancaria* **n. sp.** p. 521 (Madagaskar). — *dysonaria* **n. sp.** p. 521 (Madagaskar).

Psodopsis **n. g. Warren,** Nov. Zool. Tring vol. 11 p. 560. — *incommoda* **n. sp.** p. 560 (Chulumani, Bolivia, 2000 m).

Psodos alticolaria faucium **Oberthür,** Etudes comp. vol. I p. 66 Fig. 44.

Pterocypha abbreviata **n. sp. Warren,** Nov. Zool. Tring vol. 11 p. 73 ♂ (Sapucay, bei Villa Rica, Paraguay).

Ptochophyle subumbrata **n. sp. Warren,** Nov. Zool. Tring vol. 11 p. 467 ♀ (Niger: Degama).

Ptychopoda lalasaria **n. sp. Swinhoe,** Trans. Entom. Soc. London, 1904 p. 559. — *fylloidaria* **n. sp.** p. 559 (beide aus dem tropischen Afrika).

curtaria **n. sp. Warren,** Nov. Zool. Tring vol. 11 p. 40 ♂ (Jamaica). — *griseocostata* **n. sp.** p. 40—41 ♂ (Bulim, Ecuador). — *inanis* **n. sp.** p. 41 ♂ (Jamaica). — *lignicolor* **n. sp.** p. 41 ♀ (Popayan, Columbia). — *nepticulata* **n. sp.** (kleinste Form der Gatt.) p. 41—42 ♂ (Ciudad Bolivar, Venezuela). — *nigricosta* **n. sp.** (ähnelt *P. quadrirubata* Warr.) p. 42 ♂ (Santo Domingo, Carabaya, Südost-Peru, 6000 ').

circumsticta **n. sp. Warren,** t. c. p. 468 (Caconda, Angola). — *torrida* **n. sp.** p. 468 ♀ (Cunene, Angola). — *minimaria* **n. sp.** (steht *exilinota* Warr. am nächsten) p. 468 ♂ ♀ (Mombasa).

interalbulata **n. sp.** (keiner bekannt. Art nahest.) **Warren,** t. c. p. 487 ♀ N.W. Austral.). — *muricolor* **n. sp.** p. 488 ♂♀ (Tonkin, Montes Manson, 2000—3000 ').

taeniolata **n. sp. Warren,** t. c. p. 513 ♂ ♀ (S. O. Peru: Santo Domingo, Carabaya, 6000 ').

Pycnoneura turpis **n. sp.** (könnte identisch sein mit *Lagyyra*? ? *dentilinea* Walk.) **Warren,** Nov. Zool. Tring vol. 11 p. 13 ♂ (San Ernesto, Bolivia, 1000 ').

convergens **n. sp. Warren,** t. c. p. 498 ♂ (Oroya, Inambari, 3000 m).

Pyrinia formosa **n. sp.** (Flgl.-Gestalt wie *pholata* Guen.) **Warren,** Nov. Zool. Tring vol. 11 p. 170—171 ♂ (Peru). — *junctaria* **n. sp.** (Untersch. von *cerocampata* Guen.) p. 171 ♂ (Salampioni, Bolivia, 800 m).

derasata **n. sp. Warren,** t. c. p. 580 ♂ (Santo Domingo, Carabaya, S. O. Peru, 6000 ').

Racheospila dependens **n. sp.** (Unterschiede von *leucoceraria* Snell.) **Warren,** Nov. Zool. Tring vol. 11 p. 25 ♂ ♀ (Santo Domingo, Carabaya, Südost-Peru, 6000 '). — *molliculata* **n. sp.** (steht *purpureoviridis* am nächsten). p. 26 ♂ (Santo Domingo, Carabaya, Südost-Peru, 6000 '). — *promontoria* **n. sp.** p. 26 ♂ (Santo Domingo, Carabaya, Südost-Peru, 6000 ').

conflua **n. sp.** (steht *lafayaria* Dogn. u. *semiornata* Warr. nahe) **Warren,** t. c. p. 506 ♂ (Huancabamba, Cerro de Pasco, Peru).

Rambara syllaria **n. sp. Swinhoe,** Trans. Entom. Soc. London, 1904 S. 575. — *thearia* **n. sp.** p. 576 (beide von Westafrika).

Rheumaptera. Arten vom Kootenaidistrikt, Brit. Columb. **Dyar,** Proc. U. S. Nat. Mus. vol. XXVII p. 895—896.

Rhinura **n. g.** *H y d r i o m.* (Type: *Rhinura* [*Plemyriopsis*] Warr.) **Warren,** Nov. Zool. Tring vol. 11 p. 74.

Rhodochlora albimacula **n. sp. Warren,** Nov. Zool. Tring vol. 11 p. 506 ♀ (St. Lucia).

Rhodomena **n. g.** *H y d r i o m.* **Warren,** Nov. Zool. Tring vol. 11 p. 74. Bemerk. — *lichenosa* **n. sp.** p. 74—75 ♂ (Santo Domingo, Carabaya, Südost-Peru, 6000 '). — *roseoviridis* **n. sp.** (außerordentlich schöne Sp., ähnlich *R. lichenosa*) p. 75 ♀ (Santa Domingo, Carabaya, Südost-Peru, 6000 ').

Rhodophthitus castus **n. sp. Warren,** Nov. Zool. Tring, vol. 11 p. 471 ♂ ♀ (Angola, Bihe; N. Bailundu, Angola).

Rhopalista dismutata **n. sp. Warren,** Nov. Zool. Tring vol. 11 p. 75 ♂ (Tucuman, 700 m).

Rhopalodes perfusa **n. sp.** (sehr ähnlich *Rh. ligereza* Dogn. [*Lobophora*]). **Warren,** Nov. Zool. Tring vol. 11 p. 527 ♀ (Huancabamba, Cerro de Pasco, Peru, 6000—10 000 ').

Sabulodes arcasaria. Lebensgeschichte. **Seifert,** Canad. Entom. vol. XXXVI p. 103—105.

Saccoploca **n. g. Warren,** Nov. Zool. Tring vol. 11 p. 8. — *consimilis* **n. sp.** p. 9 ♂ ♀ (Santo Domingo, Carabaya, S. O. Peru). — *excisa* **n. sp.** p. 9 ♂ ♀ (Fundort wie vorige).

divergens **n. sp. Warren,** Nov. Zool. Tring vol. 11 p. 496 ♀. — *sordida* **n. sp.** p. 497 ♂ (beide aus Peru: Santo Domingo, Carabaya, 6500 ').

Sangala aenea **n. sp.** (wie *S. antiphates* Druce) **Warren,** Nov. Zool. Tring vol. 11 p. 98 ♂ (Chanchamayo). — *regia* **n. sp.** (verwandt mit *fustina* Druce u. *numbalensis* Dogn.) p. 89—99 ♂ (Chanchamayo).

Sangalopsis crescens **n. sp.** (verw. mit *S. lippa* Schaus) **Warren,** Nov. Zool. Tring vol. 11 p. 99 ♂ (Chanchamayo, Peru). — *curvifera* **n. sp.** p. 99 ♂ (Rosario, San Inez, Ost-Ecuador, 1250 m). — *ficifera* **n. sp.** p. 99 ♂ **n. sp.** p. 99 ♂ (Chanchamayo, Peru). — *flaviplaga* **n. sp.** p. 100 ♂ (Chulumani, Bolivia, 2000 m). — *fulvimedia* **n. sp.** p. 100 ♂ (Chanchamayo, Peru). — *luteiplaga*

n. sp. p. 100 ♂ (Baños, Ost-Ecuador). — *signifera* n. sp. (Unterschiede von *S.* (*Nelo*) *flora* Warr. — Nahe verwandt mit *S. fulvimedia* von Peru) p. 100 ♂ (Charaplaya, Bolivia, 1300 m). — *velutina* n. sp. Warren, t. c. p. 524 (Peru). *Sarracena brevilinea* n. sp. Warren, Nov. Zool. Tring vol. 11 p. 524 ♂ (Peru: Huacabamba, Cerro de Pasco, 6000—10 000 ').

Scea semifulva n. sp. (steht *cleonica* Druce nahe) Warren, Nov. Zool. Tring vol. 11 p. 19 ♀ (Guaranda, Ost-Ecuador).

Sciagraphia-Arten vom Kootenai-Distrikt. Dyar, Proc. U. S. Nat. Mus. vol. XXVII p. 906. — *gilletteata* n. sp. Dyar, Proc. Entom. Soc. Washington vol. VI p. 1051 (Colorado).

Scioglyptis emmelodes n. sp. Turner, Trans. Roy Soc. S. Austral. vol. XXVIII p. 232 (Queensland).

Scordylia emporias n. sp. Turner, Proc. Soc. Victoria vol. XVI p. 245 (Brisbane). *pacifica* n. sp. Thierry-Mieg, Naturaliste 1904 p. 183 (Bolivia). — *amica* n. sp. p. 183 (Peru).

Scotocyma n. g. (Type: *Scotosia albinotata* Walk.) Turner, Proc. Soc. Victoria vol. XVI p. 245.

Scotorythra dissotis n. sp. Meyrick, Fauna Hawaiiensis vol. III p. 351. — *metacrossa* n. sp. p. 352. — *paratactis* n. sp. p. 353. — *leptias* n. sp. p. 354 (sämtlich von den Hawaiischen Inseln).

Selidosema humarium var. emasculatum. Dyar, Proc. U. S. States Nat. Mus. vol. XXVII p. 910.

N e u e A r t e n: *combustaria* n. sp. Püngeler, Deutsche Entom. Zeitschr. Iris Bd. 16 p. 298 Taf. VI Fig. 18 (Palästina). *crassata* n. sp. Warren, Nov. Zool. Tring vol. 11 p. 477 ♀ (Durban, Natal). — *pinguis* n. sp. p. 477 ♀ (Angola: Sajua). *symmorpha* n. sp. Turner, Trans. Roy. Soc. S. Austral. vol. XXVIII p. 231 (Queensland). — *leucodesma* n. sp. p. 231 (Queensland).

Semaeopus signifer n. sp. (Unterschiede von echten Formen) Warren, Nov. Zool. Tring vol. 11 p. 42 ♂ (Charaplaya, Bolivia, 1300 m). *carnearia* n. sp. Warren, t. c. S. 513 ♂ (S. O. Peru: Santo Domingo, Carabaya, 6000 '). — *incolorata* n. sp. p. 514 ♂ (R. Solocame, Bolivia, 1200 m). *micropis* n. sp. Hampson, Ann. Nat. Hist. (7) vol. 14 p. 179 ♀ (Bahamas: Nassau).

Semiothisa indentata n. sp. Warren, Nov. Zool. Tring vol. 11 p. 127 ♂ ♀ (Santo Domingo, Carabaya, S. O. Peru, 6000 '). *intensata* n. sp. (verw. mit *S. cardinea* Druce) p. 127 ♂ (Marcapata, Ost-Peru, 4500 '). — *nigricomma* n. sp. p. 127 ♂ (Guadalajara). *natalensis* n. sp. (verw. mit *S. notata*) Warren, t. c. p. 479 ♂ (Durban). *formosa* n. sp. Warren, t. c. p. 562 (S. O. Peru: Santo Domingo, Carabaya, 6000 ').

— Swinhoe beschreibt in d. Trans. Entom. Soc. London, 1904: a) vom K o n g o: *sherrata* n. sp. p. 505. — b) aus O s t a f r i k a: *cararia* n. sp. p. 507. — *tattaria* n. sp. p. 508. — *instructaria* n. sp. p. 508. — *uvidaria* n. sp. p. 509. — *arhoparia* n. sp. p. 509. — *butaria* n. sp. p. 510.

Sicya ennomaria n. sp. Warren, Nov. Zool. Tring vol. 11 p. 171—172 ♂ (Huatuxco, Vera Cruz).

Simopteryx obliterata n. sp. (verschieden durch absence of all lines except at costa) **Warren,** Nov. Zool. Tring vol. 11 p. 172 ♂ (Rio Solocame, Bolivia, 1200 m).

Sinoa nubilaria var. *knüpferi* **Hoyningen-Huene,** Berlin. Entom. Zeitschr. Bd. 49 p. 30.

Somatina accraria n. sp. **Swinhoe,** Trans. Entom. Soc. London 1904 p. 565 (West-afrika).

Spargania daira (Druce) = *Epirrhoe daira* Druce = *Spargania bellipicta* Warr. **Warren,** Nov. Zool. Tring vol. 11 p. 76. — *intensa* n. sp. (etwas kleiner als *S. colorifera* Warr.) p. 76—77 ♀ (Chanchamayo). — *rufifimbria* n. sp. p. 77 ♀ (Santo Domingo, Carabaya, S. O. Peru, 6000 '). — *schistacea* n. sp. p. 77 —78 (Santo Domingo, usw. wie zuvor). — *semipallida* n. sp. (Unterschiede von *S. colorifera* u. *S. intensa*) p. 78 ♂ (Chanchamayo).

Sphacelodes quadrilineata Warr. Beschr. d. ♂. von S. Javier, R. Cachabi. **Warren,** Nov. Zool. Tring vol. XII p. 172.

Spilocraspedia ist als Synonym von *Isochromodes* zu betrachten. **Warren,** Nov. Zool. Tring vol. 11 p. 146.

Spododes basipunctata n. sp. (könnte für eine *Isochromodes* gehalten werden, doch sind die Antennen ganz einfach) **Warren,** Nov. Zool. Tring vol. 11 p. 580 ♂ (Jalapa, Mexico).

Stamnodes mirifica n. sp. **Thierry-Mieg,** Naturaliste, 1904 p. 140 (Peru).

Stegania minutissima n. sp. **Swinhoe,** Trans. Entom. Soc. London 1904 p. 500 (Ostafrika). — *rubida* n. sp. p. 501 (Madagaskar).

Stenalcidia latimedia **ab.** *circumfumata* n. **Warren,** Nov. Zool. Tring vol. 11 p. 556 ♂ (Santo Domingo, Carabaya, S. O. Peru, 6000 ').

N e u e A r t e n: *invenusta* n. sp. **Dognin,** Ann. Soc. Entom. Belg. T. 48 p. 121 (Tucuman). — *fumibrunnea* n. sp. **Warren,** Nov. Zool. Tring vol. 11 p. 114 ♂ (San Ernesto, Bolivia, 1000 m). — *guttata* n. sp. p. 114 ♂ (Chulumani, Bolivia, 2000 m). — *latimedia* n. sp. (sehr deutliche Art, oberflächlich an *Bryoptera* erinnernd) p. 115 ♂ (Santo Domingo, Cara-baya, S. O. Peru, 6000 ').

Stenoplastis spumata n. sp. (scheint eine Zwischenform zw. *aurantiaca* Druce u. *cingulina* Druce zu sein). **Warren,** Nov. Zool. Tring vol. 11 p. 19 ♂ (Chalu-mani, Bolivia, 2000 m).

albifrons n. sp. (Untersch. von *cingulina* Druce) p. 501 ♂ (Yungas, Bolivia, 1200 m). — *semimaculata* n. sp. (Zwischenform zwischen *aurantiaca* Druce u. *cingulina* Druce) p. 502 ♂ (Upper Rio Toro, La Merced, Peru).

Sterrha hispidata n. sp. **Warren,** Nov. Zool. Tring vol. 11 p. 469 ♀ (Libollo, Angola).

Stilbia faillae **Püngeler,** Deutsch. Entom. Zeitschr. Iris Bd. 16 p. 300 Taf. VI Fig. 22. — *philopolis* p. 300 Taf. VI Fig. 23. — *calberlae* p. 300 Taf. VI Fig. 24.

Synelys impunctata (früher zu *quinquelinearia* Pack. gestellt) **Warren,** Nov. Zool. Tring vol. 11 p. 514 ♂ ♀ (Colorado: Chimney Gulch).

Syngria candidata n. sp. (Unterschiede von *Meleaba theclaria* Wlk.) **Warren,** Nov. Zool. Tring vol. 11 p. 497 (Peru: Huancabamba, Cerro de Pasco, 6000 —10 000 ').

Synneuria ditissima n. sp. **Thierry-Mieg,** Naturaliste 1904 p. 141 (Peru).

Syrtodes Guen. Unterschiede von *Ischnopteryx* usw. **Warren**, Nov. Zool. Tring vol. 11 p. 124 ♂ (Bulim, Ecuador).

Systatica **n. g.** (Type: *Monoctenia xanthastis* Low.) **Turner,** Trans. Roy. Soc. S. Austral. vol. XXVIII p. 229.

Tachyphyle subaurata **n. sp.** (von allen Arten unterschieden durch die Abzeichen der Unterseite). **Warren,** Nov. Zool. Tring vol. 11 p. 27 ♂ (Santo Domingo, Carabaya, Südost-Peru, 6000 ′).

aeretincta **n. sp. Warren,** Nov. Zool. Tring vol. 11 p. 507 ♂ (Peru, Fundort wie zuvor).

Talledega montanata var. *magnoliatoidata* **n. Dyar,** Proc. U. S. Nat. Mus. vol. XXVII p. 889 (Kootenai-Distrikt).

Tanaorhinus humidaria **n. sp. Swinhoe,** Trans. Entom. Soc. London, 1904 p. 542 (Madagaskar).

Taxeotis acrothecta **n. sp. Turner,** Trans. Roy. Soc. S. Austral. vol. XXVIII p. 223. — *orphnina* **n. sp.** p. 224. — *adelpha* **n. sp.** p. 224. — *epigaea* **n. sp.** p. 225 (sämtlich aus Australien).

Tephrina presbitaria **n. sp. Swinhoe,** Trans. Entom. Soc. London, 1904 p. 511. — *olindaria* **n. sp.** p. 512 (beide aus dem tropischen Afrika).

disparata **n. sp. Warren,** Nov. Zool. Tring vol. 11 p. 562 ♂ ♀ (South Park, Colorado).

Tephrinopsis fragilis **n. sp. Warren,** Nov. Zool. Tring, vol. 11 p. 562 ♂ ♀ (Peru: Pisco).

Tephroclystia breviculata. Naturgeschichte. **Chrétien,** Naturaliste, 1904 p. 5—7. — Arten vom Kootenai-Distrikt. **Dyar,** Proc. U. S. Nat. Mus. vol. XXVII p. 889—892.

N e u e A r t e n: *tomillata* **n. sp. Chrétien,** Bull. Soc. Entom. France 1904 S. 133 (Segovia).

— **Swinhoe** beschreibt in d. Trans. Entom. Soc. London 1904 aus dem T r o p i s c h e n A f r i k a: *mendosaria* **n. sp.** p. 572. — *perculsaria* **n. sp.** p. 572. — *lugubriaria* **n. sp.** p. 573.

— **Dyar** beschreibt in den Proc. U. S. Nat. Mus. vol. XXVII aus B r i t i s c h C o l u m b i e n: *niphadophilata* **n. sp.** p. 890 (Kokanee Mountain [auf Schnee] usw.). — *cootenaiata* **n. sp.** p. 890 (Kootenaidistrikt). — *casloata* **n. sp.** p. 891 Ei, Stad. I (Kootenaidistrikt). — *columbiata* **n. sp.** p. 891 (Kootenaidistrikt). — *bifasciata* **n. sp.** p. 891 (wie zuvor). — *subfoveata* **n. sp.** Ei, Stad. I—IV, Raupen auf *Ceanothus* p. 892 (Kootenaidistrikt).

— **Warren** beschreibt t. c. aus: a) P e r u: *brunneicosta* **n. sp.** (mit *panda* verw.) p. 530 ♀ (Santo Domingo, Carabaya, 6000 ′). — *casta* **n. sp.** p. 530 ♂ ♀ (wie zuvor). — *cupreata* **n. sp.** p. 531 ♀ (wie zuvor). — *densicauda* **n. sp.** (*casta* sehr ähnlich) p. 531 (Caradoc, Marcapata, Peru, 6000 ′). — *erectinota* **n. sp.** p. 531 ♂ ♀ (Santo Domingo, Carabaya, S. O. Peru, 6500 ′). — *nigrithorax* **n. sp.** p. 532 ♀ (Santo Domingo usw.). — *pallidicosta* **n. sp.** p. 533 ♂ ♀ (Santo Domingo usw.) — *seminigra* **n. sp.** p. 534 ♂ (wie zuvor). — *suffecta* **n. sp.** (Gestalt u. Größe wie *T. pimpinellata* Hüb.) p. 534 (wie zuvor). — *triangulifera* **n. sp.** (offenbar verwandt mit *T.* (*Psalioides*]) Kaye von Trinidad) p. 534 ♀ (Santo Domingo, Carabaya,

S. O. Peru, 6500 '). — aus B o l i v i a: *magnipuncta* **n. sp.** p. 532 ♂
(Charaplaya, 1300 m).

Tephronia (?) *novella* **n. sp. Warren,** Nov. Zool. Tring vol. 11 p. 115 ♂ (Ecuador).

Tetracis inquinata **n. sp. Warren,** Nov. Zool. Tring, vol. 11 p. 581 (S. O. Peru:
Santo Domingo, Carabaya, 6000 ').

Thalaina angulosa. Raupe u. Puppe. **Goudie,** Victorian Natural. vol. XXI
p. 111.

Thalassodes nivestrata (1903) **Rothschild,** Nov. Zool. Tring, vol. 11 Taf. III
Fig. 36 ♂.
N e u e   A r t: *salutaria* **n. sp. Swinhoe,** Trans. Entom. Soc. London, 1904
p. 544 (Uganda).

Thalera? *turpisaria* **n. sp. Swinhoe,** Trans. Entom. Soc. London, 1904 p. 546
(Westafrika).

Thamnonoma nubilata **n. sp. Warren,** Nov. Zool. Tring vol. 11 p. 563 ♂ (South
Park, Colorado).

Therina somniaria. Raupe. **Dyar,** Proc. Entom. Soc. Washington, vol. VI p. 76.
lugubrosa Hulst vom Kootenaidistrikt. Brit. Kolumb. **Dyar,** Proc.
U. S. Nat. Mus. vol. XXVII p. 911.

Thyatira dinawa **n. sp. Bethune-Baker,** Nov. Zool. Tring vol. 11 p. 381 Taf. V
Fig. 43. — *ekeikei* **n. sp.** p. 382 Taf. IV Fig. 31 (beide aus Neu-Guinea).
godalma **n. sp. Schaus,** Trans. Amer. Entom. Soc. vol. XXX p. 152 (Mexico).

Thysanocraspeda **n. g.** (Geäder wie *Epiplema*) **Warren,** Nov. Zool. Tring vol. 11
p. 9—10 (Santo Domingo, Carabaya, S. O. Peru, 6000 '). *Erosia ochodontaria*
Snell. ist hierher zu stellen. — *geminipuncta* **n. sp.** p. 10 ♂ ♀. — *inornata*
n. sp. (Fundort wie zuvor) p. 10. — *semicastanea* **n. sp.** (steht *Th. squamiplaga*
am nächsten) p. 10—11 ♂ ♀ (Fundort wie vorige). — *squamiplaga* **n. sp.**
p. 11 ♂ (Fundort wie zuvor).

Thysanoctena **n. g.** (verwandt mit *Dochephora* Warr. u. *Sebastia* Warr. Type:
T. dormita Schaus) **Warren,** Nov. Zool. Tring, vol. 11 p. 535.

Thysanopya fulvifascia **n. sp.** (Geäder der Vflgl. etwas abnormal, vielleicht eine
Form von *oroanda* Druce) **Warren,** Nov. Zool. Tring vol. 11 p. 124—125 ♂
(Bulim, Ecuador). — *suffecta* **n. sp.** (steht *ochrilinea* Warr. von Jamaica
sehr nahe) p. 125 ♂ (Chulumani, Bolivia, 2000 m).

Tithraustes aliena **n. sp. Dognin,** Ann. Soc. Entom. Belg. T. 48 p. 119 (Bolivia).
— *subalbata* **n. sp.** Dognin, t. c. p. 538 (Bolivia).

Tmetomorpha **n. sp.** E n n o m. (Type: *Tm. (Ennomos) bitias* Druce). **Warren,**
Nov. Zool. Tring vol. 11 p. 173.

Tracheops bolteri ♀ **Dyar,** Proc. Entom. Soc. Washington vol. VI p. 106.

Traminda variegata **n. sp. Swinhoe,** Trans. Entom. Soc. London, 1904 p. 562
(Tropisches Afrika).

Trichoclystis **n. g.** (steht *Tephroclystia* nahe; Entwicklungsform ders.) **Warren,**
Nov. Zool. Tring vol. 11 p. 535. — *peregrina* **n. sp.** p. 535 ♂ ♀ (S. O. Peru
Santo Domingo u. R. Inambari, Carabaya).

Trichosterrha **n. g.** (steht *Sterrha* nahe) **Warren,** Nov. Zool. Tring, vol. 11 p. 515.
— ? *brunneofasciata* **n. sp.** (zeigt oberflächliche Ähnlichkeit mit d. Abb. von
Acidalia pulchrifascia Hmpsn.) p. 515 ♀ (Valencia, Venezuela). — *dentatilinea*
n. sp. p. 515 ♀ (Valencia, Venezuela). — *olivata* **n. sp.** p. 515 ♂ ♀ (S. O. Peru:
Santo Domingo, Carabaya, 6000 ').

Trigonomelea **n. g.** *A s c o l i n a r u m* **Warren,** Nov. Zool. Tring vol. 11 p. 475.
— *semifusca* **u. sp.** p. 475 ♂ (Durban: Natal).
Triphosa ochricostata **n. sp. Warren,** Nov. Zool. Tring vol. 11 p. 524 ♂ (Huancabamba, Cerro de Pasco, Peru, 6000—10 000 '). — *uniplaga* **n. sp.** p. 524 ♂
(Fundort wie zuvor).
Trotorhombia **n. g.** (Type: *Erosia metachromata* Walk.) **Warren,** Nov. Zool. Tring
vol. 11 p. 498.
Uliura **n. g.** (*Poecilalcis* nahest., Entwicklungsform ders.) **Warren,** Nov. Zool.
Tring vol. 11 p. 491. — *pallidimargo* **n. sp.** p. 491 (Tonkin: Montes Mauson,
—3000 ').
Urocalpe **n. g.** *H y d r i o m.* (verw. mit *Plemyriopsis* Warr. u. *Rhinura* Warr.,
verschieden von beiden durch die Außenlinie) **Warren,** Nov. Zool. Tring,
vol. 11 p. 78. — *nigriplaga* **n. sp.** p. 79 ♂ (Chanchamayo).
Venilia pulcheraria **n. sp. Herz,** Annuaire Mus. St. Pétersbourg T. IX p. 362
Taf. I Fig. 2 (Korea).
Xanthomima isabellina **n. sp.** (steht zwischen *disrupta* Warr. von Alu u. *partita*
von Guadalcanar) **Warren,** Nov. Zool. Tring, vol. 11 p. 489 ♀ (Isabel-Insel).
Xanthorhoe agelasta **n. sp. Turner,** Proc. Soc. Victoria vol. XVI p. 272. — *clascia*
n. sp. p. 275 (beide aus Australien).
Xenostega sinua **n. sp. Swinhoe,** Trans. Entom. Soc. London, 1904 p. 501. —
tyana **n. sp.** p. 501(beide von Old Calabar).
Zamacra diaphanaria **n. sp. Püngeler,** Deutsch. Entom. Zeitschr. Iris Bd. 16
p. 295 Taf. VI Fig. 14 (Askhabad).
Zamarada ilaria **n. sp. Swinhoe,** Trans. Entom. Soc. London 1904. — *rufilinearia*
n. sp. p. 516. — *ixiaria* **n. sp.** p. 517. — *phrontisaria* **n. sp.** p. 517 (alle drei
aus dem tropischen Afrika).
Zeuctoneura subviridis **n. sp. Warren,** Nov. Zool. Tring, vol. 11 p. 43 ♂ ♀ (Santo
Domingo, Carabaya, Südost-Peru, 6000 ').
Zeuctophlebia tapinodes **n. sp. Turner,** Trans. Roy. Soc. S. Austral. vol. XXVIII
p. 228 (Queensland).
Zeuctostyla **n. g.** *N e p h o d i i n.* **Warren,** Nov. Zool. Tring, vol. 11 p. 105. —
rubricollis **n. sp.** p. 105—106 ♂ (Santo Domingo, Carabaya, S. O. Peru,
6000 '). — Ahmt in Größe u. Aussehen *Tanaostyla unimacula* Warr. nach).

Pyralidae, Thyrididae.

Autoren: Dognin, Dyar, Hampson, Hole, Jordan, Meyrick, Petry, Rebel,
Sauber, Schaus, Swinhoe, Turner, von Deventer, Warren.

R e v i s i o n d e r a u s t r a l i s c h e n *Pyralidae* u. *T h y r i d i d a e:*
Turner, Proc. Soc. Queensland, vol. XVIII. Z a h l r e i c h e S y n o n y m e
u. t a x o n o m i s c h e V e r ä n d e r u n g e n.
P y r a l i d a e v o m K o o t e n a i d i s t r i k t. **Dyar,** Proc. U. S. Nat. Mus.
vol. XXVII p. 916 sq.
P h y c i n a e d e r H u l s t s c h e n S a m m l u n g. **Dyar,** Proc. Entom. Soc.
Washington, vol. VI p. 227—229.

Ambesa busckella **n. sp. Dyar,** Proc. Entom. Soc. Washington, vol. VI p. 108
(Maryland).

Ampycophora haploschema **n. sp. Turner,** Proc. Soc. Queensland vol. XVIII p. 117 (Queensland).

Anaclastus **n. g.** (Type: *Crambus apicistrigellus* Meyr.) **Turner,** Proc. Soc. Queensland vol. XVIII p. 164.

Anerastria eurysticha **n. sp. Turner,** Proc. Soc. Queensland, vol. XVIII p. 119 (Queensland).

Anerastidia ebenopasta **n. sp. Turner,** t. c. p. 122 (Queensland).

Anisothris grenadensis **n. sp. Schaus,** Trans. Amer. Entom. Soc. vol. XXX p. 176 (Grenada).

Arnatula tympanophora **n. sp. Turner,** Proc. Soc. Queensland, vol. XVIII p. 193 (Queensland).

Asopia manihotalis. Erste Entwicklungsstadien. **Van Deventer,** Tijdschr. v. Entom. vol. XLVI p. 79 Taf. IX Fig. 1.

Atascosa quadricolorella **n. sp. Dyar,** Proc. Entom. Soc. Washington, vol. VI p. 161 (New Mexico).

Azochis rufidiscalis **n. sp. Hampson,** Ann. Nat. Hist. (7) vol. 14 p. 186—187 ♀ (Bahamas: Nassau).

Banisia salmo **n. sp.** (muß der Beschreibung nach dem *Hypolamprus rupina* Swinhoe sehr ähnlich sein. Diese besitzt jedoch einen diskalen Fleck auf den Vflgln.). **Warren,** Nov. Zool. Tring vol. 11 p. 483 ♀ (Upper Barram-Distrikt, Sarawak).

Bonchis magnalis **n. sp. Schaus,** Trans. Amer. Entom. Soc. vol. XXX p. 177 (Mexiko).

Bostra distica **n. sp. Turner,** Proc. Soc. Queensland, vol. XVIII p. 190 (Queensland).

Bradina opacusalis **n. sp. Swinhoe,** Trans. Entom. Soc. London, 1904 p. 156 (Borneo).

Cabnia **n. g. Dyar,** Journ. New York Entom. Soc. vol. XII p. 108. — *myronella* **n. sp.** p. 108 (Washington).

Cacotherapia **n. g.** (Type: *Aurora nigrocinerella* Hulst) **Dyar,** Proc. Entom. Soc. Washington vol. VI p. 160 (Washington).

Caphys titana **n. sp. Schaus,** Trans. Amer. Entom. Soc. vol. XXX p. 177 (Mexico).

Catadupa viridiplaga **n. sp. Schaus,** Trans. Amer. Entom. Soc. vol. XXX p. 177 (Parana).

Caudellia **n. g.** (*Unadilla* nahest.) **Dyar,** Proc. Entom. Soc. Washington vol. VI p. 116. — *apyrella* **n. sp.** p. 116. — *albovitella* **n. sp.** p. 116 (beide aus Nordamerika).

Cecidipta abnormis **n. sp. Dognin,** Ann. Soc. Entom. Belg. T. 48 p. 123 (Bolivia).

Ceroprepes mniaropis **n. sp. Turner,** Proc. Soc. Washington, vol. XVIII p. 151 (Queensland).

Chilo oxyprora **n. sp. Turner,** t. c. p. 167 (Viktoria).

Chrysauge jonesalis **n. sp. Schaus,** Trans. Amer. Enton. Soc. vol. XXX p. 178 (Parana).

Corcyra asthenitis **n. sp. Turner,** Proc. Soc. Queensland, vol. XVIII p. 155 (Townsville).

Crambus lithargyrellus var. *domaviellus* **n. Rebel,** Annal. Hofmus. Wien Bd. 19 p. 304 Taf. V Fig. 20.

— Arten vom Kootenaidistrikt. **Dyar,** Proc. U. S. Nat. Mus. vol. XXVII p. 918—920.

plumbifimbriellus **n. sp. Dyar,** t. c. p. 919 (Kootenai-Distrikt). — *murellus* **n. sp.** p. 919 (Pullman, Washington).

Cryptoblabes plagioleuca **n. sp. Turner,** Proc. Soc. Queensland, vol. XVIII p. 150. — *adoceta* **n. sp.** p. 150 (beide aus Queensland).

N e u e A r t e n: *xerxes* **n. sp. Sauber,** Verhdlgn. Ver. Hamburg Unterh. Bd. 12. p. 108 (Anklam).

Desmia microstictalis **n. sp. Hampson,** Ann. Nat. Hist. (7) vol. 14. p. 184 ♀ (Bahamas: Abaco).

Diptychophora stenura **n. sp. Turner,** Proc. Soc. Queensland, vol. XVIII p. 168. — *molydocrossa* **n. sp.** p. 169. — *alypophanes* **n. sp.** p. 170. — *dialeuca* **n. sp. n. sp.** p. 170 (sämtlich aus Queensland).

Dysodia flammata **n. sp.** (ähnelt *D. fenestratella* Warr. von Ostafrika) **Warren,** Nov. Zool. Tring, vol. 11 p. 461—462 ♂ (Zomba, Upper Shiré River).

Ecbletodes **n. g.** (*Homoeosoma* nahest.) **Turner,** Proc. Soc. Queensland, vol. XVIII p. 124. — *psephenias* **n. sp.** p. 125 (Brisbane).

Endotricha chionocosma **n. sp. Turner,** t. c. p. 182. — *psammitis* **n. sp.** p. 183. — *hemicausta* **n. sp.** p. 184 (sämtlich aus Australien).

Ephestia cahiritella. Erste Entwickl.-Stadien. **von Deventer,** Tijdschr. v. Entom. vol. XLVI p. 80 Taf. IX Fig. 2.

N e u: *nonparilella* **n. sp. Dyar,** Proc. Entom. Soc. Washington, vol. VI p. 113 (Arizona). — *amarella* **n. sp. Dyar,** Proc. U. S. Nat. Mus. vol. XXVII p. 921 (Kootenai-Distrikt).

Ephestiodes benjaminella **n. sp.** (Untersch. von *gilvescentella* Rag. u. *nigrella* Hulst.) **Dyar,** Proc. U. S. Nat. Mus. vol. XXVII p. 922.

Epipaschia superantalis. Erste Stadien. **Dyar,** Journ. New York Entom. Soc. vol. XII p. 249. — *zelleri* desgl. p. 250.

N e u: *crypserythra* **n. sp. Turner,** Proc. Soc. Queensland vol. XVIII p. 198 (Tasmanien).

Eurhythma **n. g.** (Type: *Platytes latifasciella* Hamps.) **Turner,** t. c. p. 168.

Eurypta viridis **n. sp. Schaus,** Trans. Amer. Entom. Soc. vol. XXX p. 178 (Parana).

Eutrichocera **n. g.** *P h y c i t i n a r u m.* **Swinhoe,** Ann. Nat. Hist. (7) vol. 14. p. 182. — *paurolepidalis* **n. sp.** p. 182 ♂ (Bahamas: Abaco).

Euzophera gigantella = *cinerella* Hulst. **Dyar,** Proc. Entom. Soc. Washington, vol. VI p. 158.

Euzopherodes leptocosma **n. sp. Turner,** Proc. Soc. Queensland, vol. XVIII p. 127 (Townsville).

megalopalis **n. sp. Hampson,** Ann. Nat. Hist. (7) vol. 14 p. 181—182 ♂ (Bahamas: Nassau).

Gephyra costinotata **n. sp. Schaus,** Trans. Amer. Entom. Soc. vol. XXX p. 175 (Peru). — *galgula* **n. sp.** p. 175 (Parana).

Glyphodes intermedialis **n. sp. Dognin,** Ann. Soc. Entom. Belg. T. 48 p. 129 (Paraguay).

Herculia acerasta **n. sp. Turner,** Proc. Soc. Queensland, vol. XVIII p. 189 (Queensland).

Heterobella **n. g.** (*Macalla* nahest.) **Turner,** t. c. p. 193. — *triglochis* **n. sp.** p. 194 (Queensland).

Heteromicta poliostola **n. sp. Turner,** t. c. p. 158 (Queensland).

Homocosonna stenopis **n. sp. Turner,** t. c. p. 126 (Viktoria). — *farinaria* **n. sp.** p. 126 (Tasmanien). — *reliquellum* **n. sp. Dyar,** Proc. Entom. Soc. Washington vol. VI p. 112 (New Hampshire).

Hymenia exodias **n. sp. Meyrick,** Entom. Monthly Mag. (2) vol. 15 (40) p. 150 (Molokai).

Hyperectis **n. g.** (steht *Stenia* nahe) **Meyrick,** Fauna Hawaiiensis vol. III p. 356. — *dioctias* **n. sp.** p. 357 (Mani).

Hyphantidium apodectum **n. sp. Turner,** Proc. Soc. Queensland, vol. XVIII p. 129. — *seminivale* **n. sp.** p. 129. — *pamphaes* **n. sp.** p. 130 (alle drei aus Queensland).

Hypolamprus tessellata **n. sp. Swinhoe,** Ann. Nat. Hist. (7) vol. 14. p. 422 ♂ ♀ (Padang, Sumatra).

Hypolophota **n. g.** *G a l l e r i a n.* **Turner,** Proc. Soc. Queensland, vol. XVIII p. 155. — *oödes* **n. sp.** p. 155. — *amydrastis* **n. sp.** p. 156 (Queensland).

Hypsotropha pleurosticha **n. sp. Turner,** Proc. Soc. Queensland, vol. XVIII p. 115. — *icasmopis* **n. sp.** p. 116. — *rhadosticha* **n. sp.** p. 116. — *zophopleura* **n. sp.** p. 117. — *acidnias* **n. sp.** p. 117 (sämtlich aus Australien).

Lactilia = (*Laosticha* Rag.) **Dyar,** Proc. Entom. Soc. Washington, vol. VI p. 159. N e u: *fiskeella* **n. sp. Dyar,** p. 221 (N. Carolina).

Lepidomys sobria **n. sp. Dognin,** Ann. Soc. Entom. Belg. T. 48 p. 126 (Paraguay).

Leucinodes labefactalis **n. sp. Swinhoe,** Trans. Entom. Soc. London, 1904 p. 158 (Borneo).

Leucochroma neutralis **n. sp. Dognin,** Ann. Soc. Entom. Belg. T. 48 p. 127 (Ecuador).

Loxiorhiza **n. g.** *T h y r i d.* (Geäder abnormal. Die Gatt. ist von *Zeuzerodes* ganz verschieden). **Warren,** Nov. Zool. Tring, vol. 11. p. 494. — Type: L. (*Zeuzerodes*) *cervinalis* Pag.

Lygropia fusalis **n. sp. Hampson,** Ann. Nat. Hist. (7) vol. 14 p. 186 ♂ (Bahamas: Andres).

Macalla. **Turner** beschreibt in d. Proc. Soc. Queensland vol. XVIII: *zophera* **n. sp.** p. 196. — *ebenina* **n. sp.** p. 197. (beide aus Queensland).
— **Dognin** beschreibt in d. Ann. Soc. Entom. Belg. T. 48 aus S ü d a m e r i k a: *admotalis* **n. sp.** p. 122. — *albulatalis* **n. sp.** p. 123.

Margaronia amicalis **n. sp. Swinhoe,** Trans. Entom. Soc. London, 1904 p. 157 (Ostafrika). — *cleonadalis* **n. sp.** p. 157 (Borneo).

Megasis caudellella **n. sp. Dyar,** Proc. Entom. Soc. Washington, vol. VI p. 110. — *piperella* **n. sp.** p. 110 (beide aus Nordamerika).

Meroptera liquidiambarella **n. sp. Dyar,** Proc. Entom. Washington, vol. VI p. 108 (Washington).

Mesolia scythrastis **n. sp. Turner,** Proc. Soc. Queensland, vol. XVIII p. 164 (Queensland).

Mestolobes antichora **n. sp. Meyrick,** Fauna Hawaiiensis vol. III p. 361 (Oahu). *sicaria* **n. sp. Meyrick,** Entom. Monthly Mag. (2) p. 164 vol. 15 (40) p. 131 (Molokai).

Mimorista longidentalis **n. sp. Dognin,** Ann. Soc. Entom. Belg. T. 48 p. 128 (Peru). — *pellucidalis* **n. sp.** p. 128 (Ecuador).

Morova ? *innotata* **n. sp. Warren,** Nov. Zool. Tring, vol. 11 p. 483 ♂ ♀ (Townsville, Queensland). — Bemerk. zum Geäder der Gatt. *Morora.*

Nachaba fluella **n. sp. Schaus,** Trans. Amer. Entom. Soc. vol. XXX p. 176. —
aromalis **n. sp.** p. 176. — *arouva* **n. sp.** p. 176. — ? *violascens* **n. sp.** p. 177
(alle vier aus S. Amerika).

Nacoleia albicinctalis **n. sp. Hampson,** Ann. Nat. Hist. (7) vol. 14. p. 184—185 ♀
(Bahamas: Abaco). — *infuscalis* **n. sp.** p. 185 ♀ (Bahamas: Nassau). —
binoculalis **n. sp.** p. 185 ♀ (Bahamas: Abaco).

Nephopteryx syntaractis **n. sp. Turner,** Proc. Soc. Queensland vol. XVIII p. 145.
— *epicrypha* **n. sp.** p. 147 (beide aus Queensland).

Niphostola punctata **n. sp. Swinhoe,** Trans. Entom. Soc. London, 1904. p. 156
(Borneo).

Noorda candidalis **n. sp. Dognin,** Ann. Soc. Entom. Belg. T. 48 p. 131 (Ecuador).

Nyctereutica **n. g. Turner,** Proc. Soc. Queensland, vol. XVIII p. 192. — *asbolopis*
n. sp. p. 192 (Queensland).

Ollia **n. g. Dyar,** Journ. New York Entom. Soc. vol. XII p. 107. — *santaritella*
n. sp. p. 108 (Arizona).

Omiodes accepta. Raupe. **Dyar,** Proc. Entom. Soc. Washington, vol. VI p. 65.
N e u: *antidoxa* **n. sp. Meyrick,** Fauna Hawaiiensis vol. IV p. 358 (Oahu).

Omphaloptera virginalis **n. sp. Dognin,** Ann. Soc. Entom. Belg. T. 48. p. 126. —
completalis **n. sp.** p. 126. — (?) *stigmatalis* p. 127 (alle drei aus S. S. Amerika).

Orthaga orchidivora **n. sp. Turner,** Proc. Queensland, vol. XVIII p. 199 (Queensland).

Ortholepis gillettella **n. sp. Dyar,** Proc. Entom. Soc. Washington, vol. VI p. 107
(Colorado).

Pachyzancla fimbrialis **n. sp. Dognin,** Ann.Soc. Entom. Belg. T. 48 p. 130 (Ecuador).

Parabaera **n. g.** (*Abera* nahest.) **Dognin,** t. c. p. 125. — *nitidalis* **n. sp.** p. 125
(Ecuador).

Paralipsa stenopepla **n. sp. Turner,** Proc. Soc. Queensland, vol. XVIII p. 156
(Queensland).

Passadena und *Getulia.* Synonymie. **Dyar,** Proc. Entom. Soc. Washington, vol. VI
p. 114.

Pectinigera ardiferella Hulst. Synonymie. **Dyar,** t. c. p. 159.

Peoria discostrigella **n. sp. Dyar,** t. c. p. 115 (Arizona).

Phlyctaenia. Arten vom Kootenai-Distrikt. **Dyar,** Proc. U. S. Nat. Mus. vol. XXVII
p. 916—917. — *tilialis* **n. sp.** p. 916 (Kootenai-Distrikt).
lampadias **n. sp. Meyrick,** Fauna Hawaiiensis vol. III p. 359 (Hawaiische
Inseln).

Phlyctaenodes darwinialis **n. sp. Sauber,** Verhdlgn. Ver. Hamburg Unters. Bd. 12.
p. 109 (Anklam).

Phryganodes hypoxantha **n. sp. Dognin,** Ann. Soc. Entom. Belg. T. 48 p. 128
(Ecuador).

Phycita corethropus **n. sp. Turner,** Proc. Soc. Queensland, vol. XVIII p. 138. —
adiacritis **n. sp.** p. 140. — *trachystola* **n. sp.** p. 142. — *mixoleuca* **n. sp.** p. 142.
— *recondita* **n. sp.** p. 143. — *atimeta* **n. sp.** p. 143 (sämtlich aus Australien).

Pionea arabescalis. Naturgeschichte. **Chrétien,** Naturaliste 1904 p. 89—92.
N e u: *illineatalis* **n. sp. Dognin,** Ann. Soc. Entom. Belg. T. 48 p. 131. — *viridalis*
n. sp. p. 131 (Ecuador).

olygrammodes interpunctalis **n. sp. Dognin,** t. c. p. 129 (Peru).

Polyocha rhabdota **n. sp. Turner,** Proc. Soc. Queensland, vol. XVIII p. 122. — *achrosta* **n. sp.** p.`122 (Queensland).

Poujadia callirhoda **n. sp. Turner,** t. c. p. 120. — *holochra* **n. sp.** p. 121 (beide aus Australien).

Psorosina **n. g.** (*Psorosa* nahest.) **Dyar,** Proc. Entom. Soc. Washington, vol. VI p. 113. — *angulella* **n. sp.** p. 113 (Jowa).

Pyla hanhamella **n. sp. Dyar,** Proc. Entom. Soc. Washington, vol. VI p. 109. — *rainierella* **n. sp.** p. 109 (beide aus Nordamerika).

pallidella **n. sp. Dyar,** Journ. New York Entom. Soc. vol. VII p. 107 (Utah).

Pyralis costalis var. **Thurnall,** Entom. Monthly Mag. (2) vol. 15 (40) p. 15.

Pyrausta. Arten vom Kootenai Distrikt. **Dyar,** Proc. U. S. Nat. Mus. vol. XXVII p. 917. — *aeralis var.* von Algier. **Chrétien,** Naturaliste 1904 p. 45.

machoeralis. Naturgeschichte. Schaden an Te(a)kbäumen. **Hole,** Journ. Bombay Soc. vol. XV p. 680—697.

N e u: *pyropsalis* **n. sp. Hampson,** Ann. Nat. Hist. (7) vol. 14. p. 187—188 ♂ (Bahamas: Abaco, Andros).

Rhectosomia (?) *longistrialis* **n. sp. Dognin,** Ann. Soc. Entom. Belg. T. 48 p. 130.

Rhodoneura cypholoma **n. sp. Turner,** Proc. Soc. Queensland, vol. XVIII p. 112 (Queensland).

Salebria triplagiella **n. sp. Dyar,** Proc. Entom. Soc. Washington, vol. VI p. 109 (Manitoba).

N e u e A r t e n: *bakerella* **n. sp. Dyar,** Journ. New York Entom. Soc. vol. XII p. 105. — *furciferella* **n. sp.** p. 106. — *vetustella* **n. sp.** p. 106 (beide aus Nordamerika).

Salobrena phyrea **n. sp. Schaus,** Trans. Amer. Entom. Soc. vol. XXX p. 175 (Brasilien).

Saluria rhodoessa **n. sp. Turner,** Proc. Soc. Queensland, vol. XVIII p. 120 (Queensland).

Sanguesa dyopsata **n. sp. Schaus,** Trans. Amer. Entom. Soc. vol. XXX p. 176 (Mexico).

Sarata rhoiella **n. sp. Dyar,** Journ. New York Entom. Soc. vol. XII p. 105 (Colorado).

Scenidiopsis **n. g.** (Type: *Persicnoptera chionozyga* Low.) **Turner,** Proc. Soc. Queensland, vol. XVIII p. 184.

Scirpophaga holophaealis **n. sp. Swinhoe,** Ann. Nat. Hist. (7) vol. 14 p. 181 ♂ (Bahamas: Abaco; Britisch Guiana).

Scoparia. **Dyar** beschreibt in den Entom. News Philad. vol. XV aus N o r d - a m e r i k a: *normalis* **n. sp.** p. 71. — *fernaldalis* **n. sp.** p. 72. — *tricoloralis* **n. sp.** p. 72. — *cinereomedia* **n. sp.** p. 72. — *liebermanni* **n. sp. Petry,** Stettin. Entom. Zeit. Jhg. 65. p. 245 (Korsika). — *torniplagalis* **n. sp. Dyar,** Journ. New York Entom. Soc. vol. XII p. 105 (Washington).

gymnopis **n. sp. Meyrick,** Entom. Monthly Mag. (2) vol. 15 (40) p. 131. — *isophaea* **n. sp.** p. 132 (beide von Molokai).

— **Meyrick** beschreibt ferner von den H a w a i i s c h e n I n s e l n in Fauna Hawaiiensis vol. III: *gonodecta* **n. sp.** p. 362. — *catactis* **n. sp.** p. 633. — *religiosa* **n. sp.** p. 365.

Selagia lithorella (= *Honora luteella* Hulst) **Dyar,** Proc. Entom. Soc. Washington, vol. VI p. 160.

Semnia mexicanalis **n. sp. Schaus,** Trans. Amer. Entom. Soc. vol. XXX p. 178
(Mexico). — ? *mirma* **n. sp.** p. 178 (Brasilien).

Semniomima mediana **n. sp. Schaus,** Trans. Amer. Entom. Soc. p. 178 (Parana).

Siculodes triumphans **n. sp.** (ähnelt *pulchelloides* Pag., doch viel größer). **Warren,**
Nov. Zool. Tring vol. 11 p. 1 ♀ (Santo Domingo, Carabaya, S. O. Peru, 6000′).

figurata **n. sp.** (verw. mit *punctum* Feld. u. *rufifimbria* Warr.) **Warren,** Nov.
Zool. Tring, vol. 11 p. 493 ♂ ♀ (Santo Domingo, Carabaya, S. O. Peru,
6000′). — *lacteguttata* **n. sp.** p. 493 ♀ (Fundort wie zuvor).

Sindris magnifica **n. sp. Rothschild,** Nov. Zool. Tring, vol. 11 p. 447 ♀ (Pungo
Andongo, Angola).

Spatulipalpia sophronica **n. sp. Turner,** Proc. Soc. Queensland, vol. XVIII p. 149
(Queensland).

Staudingeria olivacella **n. sp. Dyar,** Proc. Entom. Soc. Washington vol. VI p. 111.
— *perluteella* **n. sp.** p. 111 (beide aus Nordamerika).

Stenia hieralis **n. sp. Swinhoe,** Trans. Entom. Soc. London, 1904 p. 156 (Borneo).

Stericta multicolor **n. sp. Dognin,** Ann. Soc. Entom. Belg. T. 48 p. 124. — *nigrisquama* **n. sp.** p. 124 (S. Amer.).

Sthenobela **n. g.** (*Phycita* nahest.) **Turner,** Proc. Soc. Queensland, vol. XVIII
p. 135. — *niphostibes* **n. sp.** p. 136 (Queensland).

Striglina divisata **n. sp. Warren,** Nov. Zool. Tring, vol. 11 p. 484 ♂ (Bunguran,
Natuna Isl.).

Symphonistes **n. g.** (Type: *Nephopteryx monospila* Lower). **Turner,** Proc. Soc.
Queensland vol. XVIII p. 135.

Tacoma. Charaktere. Komponenten. **Dyar,** Proc. Entom. Soc. Washington,
vol. VI p. 112.

N e u: *nyssaecolella* **n. sp. Dyar,** t. c. p. 112 (Nordamerika).

Talis. **Turner** beschreibt. in d. Proc. Soc. Queensland vol. XVIII folgende n e u e
A r t e n aus A u s t r a l i e n: *isodeta* **n. sp.** p.•175. — *xiphosema* **n. sp.**
p. 175. — *eucraspeda* **n. sp.** p. 176. — *orthotypa* **n. sp.** p. 176. — *haplotypa*
n. sp. p. 177.

Tetraschistis leucogramma **n. sp. Hampson,** Ann. Nat. Hist. (7) vol. 14. p. 183 ♀
(Bahamas: Nassau).

paula **n. sp. Schaus,** Trans. Amer. Entom. Soc. vol. XXX p. 177 (Prasilien).

T h y r i d i d a e von Wiesbaden. **von Reichenau** p. 156.

Titanoceros poliochyta **n. sp. Turner,** Proc. Soc. Queensland, vol. XVIII p. 191.
— (Queensland).

Tolima cincaidella **n. sp. Dyar,** Proc. Entom. Soc. Washington, vol. VI p. 115
(Wyoming).

Tosale grandis **n. sp. Schaus,** Trans. Amer. Entom. Soc. vol. XXX p. 176 (Mexico).
— *filata* **n. sp. Dognin,** Ann. Soc. Entom. Belg. T. 48. p. 125 (Ecuador).

Trissonea epiterpes **n. sp. Turner,** Proc. Soc. Queensland, vol. XVIII p. 132. —
capnoessa **n. sp.** p. 133 (Australien).

Tylochares sceptucha **n. sp. Turner,** t. c. p. 130 (Queensland).

Ubido holomochla **n. sp. Turner,** t. c. p. 165 (Queensland).

Ulophora brunneella **n. sp. Dyar,** Proc. Entom. Soc. Washington, vol. VI p. 106.
— *tephrosiella* **n. sp.** p. 107 (beide aus Nordamerika).

Varneria **n. g. Dyar,** Proc. Entom. Soc. Washington, vol. VI p. 114. — *post-
remella* **n. sp.** p. 115 (Kentucky).

Vitula serratilineella. Generische Stellung. **Dyar,** t. c. p. 158.

Xanthomelaina quinquepuncta **n. sp. Swinhoe,** Trans. Entom. Soc. London, 1904.
p. 156 (Borneo).

Zeuzerodes subfulvata **n. sp.** (nahe verw. mit *Z. nigrata* Warr. vom Amazonas
u. *Z. cervinalis* Pay. von Peru). **Warren,** p. 1—2 ♀ (Bulim, N. W. Ecuador,
160').

Zophodia orobanchella **n. sp. Dyar,** Proc. Entom. Soc. Washington vol. VI p. 111
(Washington). — *aureomaculella* **n. sp. Dyar,** Journ. New York Entom. Soc.
vol. VII p. 107 (Texas).

Tortricidae.

Autoren: van Deventer, Dognin, Dyar, Fuchs, Kearfott, Petry.
Anleitung zum Sammeln u. Präparieren: Kearfott.

Bemerkungen über die Divisionen der *Tortricidae* zum
allgemeinen Gebrauch: Rostagno, Boll. Soc. Zool. ital. vol. XII
p. 70—76.

Acalla (Texas) decosseana Rössler. **Fuchs,** Jahrb. nass. Ver. f. Naturk. Jhg. 57.
p. 41 Taf. II Fig. 10 ♂, 11 ♀.

Acleris. Arten im Kootenai Distrikt. **Dyar,** Proc. U. St. Nat. Mus. vol. XXVII
p. 929 dar. *hastiana* Linnaeus *var. signatana* Heyden. Bemerk. p. 930. —
brittania Raupe p. 930.
Neu: *britannia* **n. sp. Kearfott,** Canad. Entom. vol. XXXVI p. 138. — *fragariana* **n. sp.** p. 140 (beide aus Brit. Columbien).

Ancylis. Arten im Kootenai-Distrikt. **Dyar,** Proc. U. St. Nat. Mus. vol. XXVII
p. 928.
Neu: *maritima* **n. sp. Dyar,** Proc. Entom. Soc. Washington vol. VI p. 221
(Rhode island). ·

Archips. Arten vom Kootenai-Distrikt. **Dyar,** Proc. U. St. Nat. Mus. vol. XXVII
p. 930. — *persicana* Fitch Raupe p. 931.

Atteria. **Dognin** beschreibt in d. Ann. Soc. Entom. Belg. T. 48 folgende Arten
aus Südamerika: *purpurea* **n. sp.** p. 132. — *unciana* **n. sp.** p. 133. —
fumipennis **n. sp.** p. 133.

Carposina crescentella Walsingham im Kootenai Distrikt, Brit. Columb. **Dyar,**
Proc. U. St. Nat. Mus. vol. XXVII p. 932.

Commophila im Kootenai-Distrikt, Brit. Columb. **Dyar,** Proc. U. St.
Nat. Mus. vol. XXVII p. 932. — *fuscodorsana* **n. sp. Kearfott,** Canad. Entom.
vol. XXXVI p. 141 (Brit. Columb.).

Conchylis altocorsiana **n. sp. Perty,** Stettin. Entom. Zeitschr. Jhg. 65 p. 248
(Korsika).

Cydia. **Kearfott** beschreibt im Canad. Entom. vol. XXXVI aus Britisch
Columbien: *arctostaphylana* **n. sp.** p. 109. — *pseudotsugana* **n. sp.** p. 110.
Neu: *cockleana* **n. sp. Kearfott,** Canad. Entom. vol. XXXVI p. 137 (Britisch
Columbia).

Enarmonia. Arten im Kootenai-Distrikt. **Dyar,** Proc. U. St. Nat. Mus.
vol. XXVII p. 928—929. — *cockleana* Kearfott Raupe p. 929.

Epinotia. Arten im Kootenai-Distrikt. **Dyar,** Proc. U. S. Nat. Mus. vol. XXVII
p. 928.

Eucosoma. Arten im Kootenai Distrikt. **Dyar,** Proc. U. St. Nat. Mus. vol. XXVII p. 925—926.

Eulia. Arten vom Kootenai-Distrikt. **Dyar,** t. c. p. 931.

Gynandrosoma **n. g.** (steht *Pseudogalleria* nahe) **Dyar,** Proc. Entom. Soc. Washington, vol. VI p. 60. — *punctidiscanum* **n. sp.** p. 60 (Nordamerika).

Hastula hyerana. Gewohnheiten der Raupe. **Chapman,** Proc. Entom. Soc. London 1904 p. LXX.

Hemimene. Arten im Kootenai-Distrikt. **Dyar,** Proc. U. S. Nat. Mus. vol. XXVII p. 929.

Olethreutes. Arten im Kootenai-Distrikt. **Dyar,** Proc. U. St. Nat. Mus. vol. XXVII p. 924—925.

betulaetana. Nährpflanze. **Haverhorst,** Entom. Ber. Nederl. vol. I p. 97.

Opogona fumiceps. Erste Entwickl. Stad. **van Deventer,** Tijdschr. Entom. vol. XLVI p. 83 Taf. X Fig. 1.

Phalonia. 2 Arten vom Kootenai-Distrikt. **Dyar,** Proc. U. St. Nat. Mus. vol. XXVII p. 931—932.

Platynota sentana Clemens und Arten vom Kootenai-Distrikt. **Dyar,** Proc. U. St. Nat. Mus. vol. XXVII p. 931.

Polychrosis viteana. Unterschiede. Naturgeschichte. **Slingerland,** Bull. Cornell Exper. Stat. No. 232, Illustrationen.

Proteopteryx willingana **n. sp. Kearfott,** Canad. Entom. vol. XXXVI p. 306 (Assinaboia). — *columbia* **n. sp. Kearfott,** Canad. Entom. vol. XXXVI p. 112. — *columb.* **var.** *albidorsana* **n.** u. **var.** *mediostriana* **n.** p. 114 (sämtlich aus Brit. Columbia).

Setomorpha tineoides. Erste Stadien. **van Deventer,** Tijdschr. v. Entom. vol. XLVI p. 81 Taf. X Fig. 1.

Thiodia apacheana Walsingham, *pseudotsugana* Kearfott, *arctostaphylana* Kearfott, im Kootenai-Distrikt. — *elongana* Walsgh. **var.** *transversa* Walsgh. **Dyar,** Proc. U. S. Nat. Mus. vol. XXVII p. 926—927. — *artemisiana* Walsingh. **var.** *infimbriana* **n.** vom Kootenai-Distrikt p. 927.

Tortrix. Arten vom Kootenai-Distrikt. **Dyar,** Proc. U. S. Nat. Mus. vol. XXVII p. 931.

N e u e A r t: *ruptimacula* **n. sp. Dognin,** Ann. Soc. Entom. Belg. T. 48 p. 132 (Ecuador).

Tineidae s. l.

Autoren: Busck, Chrétien, Dognin, Fernald, Fuchs, Fyles, Lower, Meyrick, Petry, Rebel, Reuter, Sauber, Turner, van Deventer, Walsingham.

B e m e r k e n s w e r t e R a u p e n- G e h ä u s e u. - G e w o h n h e i t e n. **Green,** Spolia Zeylan. vol. II p. 158.

L i s t e d e r *T i n e i d a e* v o n F i n l a n d. **Reuter,** Acta Soc. Faun. Fenn. vol. XXVI No. 1. p. 4—66.

B e m e r k u n g e n ü b e r E i n t e i l u n g d e r *T i n e i d a e* zum populären Gebrauch. **Rostagno,** Boll. Soc. Zool. Ital. vol. XIII p. 68—87.

T i n e i d a e Fam. vom Kootenai-Distrikt, Brit. Columb. **Dyar,** Proc. U. St. Nat. Mus. vol. XXVII p. 937—938.

Achoria n. g. Meyrick, Proc. Linn. Soc. N. S. Wales vol. XXIX p. 405 (Sydney).

Acompsia dimorpha n. sp. Perty, Deutsche Entom. Zeitschr. Iris, Bd. 17. p. 4 (Pyrenäen).

Adela collicollella n.'sp. Walsingham, Entom. Monthly Mag. (2) vol. 15 (40) p. 7 (Tangier).

Aeoloscelis. Lower beschreibt in d. Trans. Roy. Soc. S. Austral. vol. XXVIII: *aulacosema* n. sp. p. 172. — *euphaedra* n. sp. p. 172. — *petrosarca* n. sp. p. 173. — *hemicroca* n. sp. p. 173.

Allocota n. g. Meyrick, Proc. Linn. Soc. N. S. Wales vol. XXIX p. 419. — *simulacrella* n. sp. p. 420 (Sydney).

Allonyma nom. nov. für *Orchemia* Guenée (Type: *O. diana* Hübn.) Busck, Proc. U. St. Nat. Mus. vol. XXVII p. 745—746. — *diana var. betuliperda* Dyar von Kaslo, Britisch Columbia.

Neu: *lineella* n. sp. Chrétien, Naturaliste 1904 p. 151 (Basses Alpes).

Anacampsis fragariella n. sp. (nahe verw. mit *A. subsequella* Hübn.) Busck, Proc. U. S. Nat. Mus. vol. XXVII p. 760—761 (Pullman, Washington — auf *Fragaria*). — *niveopulvella* Chambers von Kaslo, Britisch Columbia p. 761.

Anaptilora n. g. Meyrick, Proc. Linn. Soc. N. S. Wales vol. XXVII p. 390. — *isocosma* n. sp. p. 390. — *cremias* n. sp. p. 391 (beide von Queensland).

Anarsia. Meyrick beschreibt in d. Proc. Linn. Soc. N. S. Wales vol. XXIX aus Australien: *trichodeta* n. sp. p. 415. — *molybdota* n. sp. p. 417. — *leucophora* n. sp. p. 497. — *epiula* n. sp. p. 418.

Apofistatus n. g. (*Symmoca* nahest.) Walsingham, Entom. Monthly Mag. (2) vol. 15 (40) p. 271 (Algier).

Argyrhestia vom Kootenai-Distrikt. Dyar, Proc. U. St. Mus. Nat. vol. XXVII p. 933.

prenjella. Rebel, Annal. Hofmus. Wien, Bd. 19. p. 347. Taf. V. Fig. 21.

Argyresthiidae zu adoptieren. Busck, t. c. p. 754.

Aristotelia roseosubfusella Clemens. Literatur. Kaslo in British Columbia. Busck, Proc. U. St. Nat. Mus. vol. XXVII p. 755. — *fungivorella* Clemens von Kaslo, Brit. Columbia, Pullman, Washington p. 755. — *rubidella* Clemens v. Kaslo, Brit. Columb. p. 756. — *natalella* n. sp. (nahe verw. m. der folg. u. mit *gilvolineella* Clement, doch tiefer gefärbt etc.) p. 756 (Kaslo, Brit. Columbia, Seattle Washington). — *harrisonella* n. sp. (Zwischenform zwischen der vorig. u. *disconotella* Chambers) p. 756—757 (Kaslo, Britisch Guinea; Seattle, Washington).

goedartella Linnaeus u. *pygmaeella* Hübn. Fundorte in British Columbien. Busck, Proc. U. St. Nat. Mus. vol. XXVII p. 755.

— Meyrick beschreibt in d. Proc. Linn. Soc. N. S. Wales vol. XXIX: *sinistra* n. sp. p. 287. — *macrothecta* n. sp. p. 288. — *furtiva* n. sp. p. 288. — *thetica* n. sp. p. 289. — *epimetalla* n. sp. p. 290. — *tetracosma* n. sp. p. 289. — *antipala* n. sp. p. 290. — *pamphaea* n. sp. p. 290.

Arotria n. g. Meyrick, Proc. Linn. Soc. N. S. Wales vol. XXIX p. 387. — *iophaea* n. sp. p. 387 (Queensland).

Aulacomima n. g. Meyrick, t. c. p. 395. — *trinervis* n. sp. p. 395 (Sydney).

Batrachedra zonochroa n. sp. Lower, Trans. Roy. Soc. S. Austral. vol. XXVIII p. 169. — *stenosema* n. sp. p. 170. — *hypoleuca* n. sp. p. 170. — ? *lygropis* n. sp. p. 170 (sämtlich aus Australien).

Borkhausenia vom Kootenai-Distrikt, Brit. Columb. **Dyar**, Proc. U. St. Nat.
Mus. vol. XXVI p. 934.
N e u e A r t e n: *amphixantha* **n. sp. Lower**, Trans. Roy. Soc. S. Austral.
vol. XXVIII p. 169 (Melbourne). — *? erythrocephala* **n. sp.** p. 169
(N. S. Wales).
Brachodes Gn. = (*Atychia* Latr. nec Ochs.) **Walsingham**, Entom. Monthly Mag.
Mag. vol. 15 (40) p. 7.
Brackenridgia acerifoliella Fitch. Literatur. Fundorte. **Busck**, Proc. U. St. Nat
Mus. vol. XXVII p. 774.
Calicotis microgalopsis **n. sp. Lower**, Trans. Roy. Soc. S. Austral. vol. XXVII
p. 171 (Queensland).
Cerostoma indecorella. Charakt. Variat. **Walsingham**, Entom. Monthly Mag. (2)
vol. 15 (40) p. 319.
radiatella Donovan. Literatur. Fundorte. **Busck**, Proc. U. St. Nat. Mus.
vol. XXVII p. 751.
Chaliniastis **n. g. Meyrick**, Proc. Linn. Soc. N. S. Wales vol. XXIX p. 301. —
astrapaea **n. sp.** p. 302 (Queensland).
Choreutis-Arten vom Kootenai-Distrikt. **Dyar**, Proc. U. St. Nat. Mus. vol. XXVII
p. 932.
N e u: *balsamorrhizorella* **n. sp. Busck**, Proc. U. S. Nat. Mus. vol. XXVII
p. 748. — *piperella* **n. sp.** p. 749 (beide von Washington).
inflatella Clemens von Pullman, Washington, u. *onustana* Walker. Fundorte
in British Columbia. **Busck**, t. c. p. 748.
N e u e A r t e n: *balsamorrhizella* **n. sp.** '(nahe verw. mit *silphiella* Grote,
vielleicht nur eine Var. ders.) **Busck**, Proc. U. St. Nat. Mus. vol. XXVII
p. 748—749 (Pullmann, Washington, gezogen). — *piperella* **n. sp.** (steht
dilphiella sehr nahe, ist aber kleiner) p. 749—750 (Pullman, Washington).
— *leucobasis* Fernald gezogen aus *Anaphalis margaritacea*. Fundorte p. 750.
Clymene aegerifasciella gehört zu d. *T r i c h o p t e r a*. **Banks**, Entom. News
Philad. vol. XV p. 116.
pseudospretella. Literatur. Fundorte. **Busck**, t. c. p. 766. — *borkhausenii* Zeller.
Literatur. Fundort: Kaslo, Brit. Columb.; Idaho p. 766. — *coloradella*
Walsingh. von Kaslo, Brit. Columb., Moscou Mts., p.766. — *dimidiella*
Wlgshm. von Kaslo, Brit. Columb. p. 767.
Coleophora tiliaefoliella Clem. Beschr. **Kearfott**, Canad. Entom. pol. XXXVI p. 324.
limosipenella. Naturgeschichte. **Hoover**, Entom. News Philad. vol. XV p. 54—56.
— Gehäuse, Gewohnheiten. **Turner**, Proc. Entom. Soc. London 1904. p. XXXIV
—XXXVI. — Gehäuse. **Turner**, t. c. p. XLIX u. LX—LXIII. —
Bemerk. dazu Eier etc. **Turner**, Entom. Record vol. XVI p. 32—34.
N e u e A r t e n: *benedictella* **n. sp. Chrétien**, Naturaliste 1904. p. 163 (Basses
Alpes).
persimilis **n. sp. Rebel**, Annal. Hofmus. Wien, Bd. 19. p. 365 (Prenj).
neviusiella **n. sp. Busck**, Journ. New York Entom. Soc. vol. XII p. 45 (China).
Colobodes **n. g. Meyrick**, Proc. Linn. Soc. N. S. Wales vol. XXIX p. 297. — *insomnis*
n. sp. p. 297 (Sydney).
Coptodisca arbutiella **n. sp. Busck**, Proc. U. St. Nat. Mus. vol. XXVII p. 769
(Seattle, Washington. — Aus den Blättern von *Arbutus menziesi* gezogen,

wie *Marmara*). Beschreib. der Minen etc. — Untersch. von *Coptotriche*
splendoriferella Clemens.

Coptotelia nigriplaga **n. sp. Dognin,** Ann. Soc. Entom. Belg. T. 48 p. 134 (Ecuador).

Cosmopteryx villella **n. sp. Busck,** Proc. U. St. Nat. Mus. vol. XXVIII p. 768—769
(Seattle, Washington). — *floridanella* Beutenmüller = *nigrapunctella* =
Cosmopteryx fernandella Walsingh. Verbreit. p. 769.

Craspedotis **n. g. Meyrick,** Proc. Linn. Soc. N. S. Wales vol. XXIX p. 326. —
soloeca **n. sp.** p. 326. — *pragmatica* **n. sp.** p. 327. — *thinodes* **n. sp.** p. 327
(sämtlich aus Australien).

Crocanthes. **Meyrick** beschreibt t. c. aus Australien und Tasmanien in den Proc.
Linn. Soc. N. S. Wales vol. XXIX: *diula* **n. sp.** p. 398. — *halurga* **n. sp.**
p. 399. — *glycina* **n. sp.** p. 400. — *perigrapta* **n. sp.** p. 402. — *zonias* **n. sp.**
p. 403.

Croesopola **n. g.** (Type: *Athasthalistis euchroa* Low.) **Meyrick,** t. c. p. 410.

Cryptolechia sexmaculata **n. sp. Dognin,** Ann. Soc. Entom. Belg. T. 48 p. 133
(Ecuador).

Cryptophasa alphitoides **n. sp. Turner,** Trans. Roy. Soc. S. Austral. vol. XXVIII
p. 244. — *themerodes* **n. sp.** p. 244 (beide aus Queensland).

Cymatomorpha **n. g. Meyrick,** Proc. Linn. Soc. N. S. Wales vol. XXIX p. 411.
— *euplecta* **n. sp.** p. 412 (Australien).

Dectobathra **n. g. Meyrick,** Proc. Linn. Soc. N. S. Wales vol. XXIX p. 299. —
choristis **n. sp.** p. 301. — *amethystina* **n. sp.** p. 300. — *insignis* **n. sp.** p. 301
(beide aus Australien).

Depressaria heracleana. Nährpflanze. **Haverhorst,** Entom. Ber. Nederland vol. 1
p. 97.

— Arten vom Kootenai-Distrikt, Brit. Columbia **Busck,** Proc. U. S. Nat. Mus.
vol. XXVII p. 934.

umbraticostella Walsingham, *argillacea* Walsingham, *klamathiana* Walsingham.
Fundorte. **Busck,** Proc. U. St. Nat. Mus. vol. XXVII p. 763. — *rosa-
ciliella* **n. sp.** (= *ciliella* Walsgh., Busck, Dyar non Stainton, Stdgr.
u. Reb.) p. 763—764 (Camp Watsia, Oregon, Kaslo, Brit. Columb.,
Pullman, Washingt.). — *nubiferella* Walsingham p. 764. — *canella* **n. sp.**
(mit keiner amerik. Art zu verwechseln. Steht der europäisch. u. sibirischen
Depress. alstroemeriana Clerck sehr nahe) p. 764—765 (Pullman, Wash-
ington). — *pallidella* **n. sp.** (*senecionella* Busck sehr nahe, doch schmälere
Flgl. u. hellere Färbung) p. 765 (Kaslo, Britisch Columb.). — *alienella*
n. sp. (= *emeritella* Walsgh., Riley, Busck, non Stainton) p. 765—766
(Kaslo, British Columb.). — Die von Walsingham als mit der europ.
Depressaria applana Fabr. identifizierte amerik. Sp. ist *clemensella*
Chambers p. 766.

pentheri **n. sp. Rebel,** Annal. Hofmus. Wien Bd. 19 p. 360 Taf. V Fig. 26 (Prenj).

Deuteroptila **n. g. Meyrick,** Proc. Linn. Soc. N. S. Wales vol. XXIX p. 418. —
sphenophora **n. sp.** p. 419 (Queensland).

Dorata lineata Wals. (als *Pterolonche*) = (*virgatella* Busck) **Dyar,** Journ. New York
Entom. Soc. vol. XII p. 178.

— **n. g.** ? (steht *Chimabache* nahe) **Busck,** Proc. Entom. Soc. Washington vol. VI
p. 123. — *virgatella* **n. sp.** p. 123. — *inornatella* **n. sp.** p. 124 (beide von
Arizona).

Doryphora palustrella. Raupe. **Barrett,** Entom. Monthly Mag. (2) vol. 15 (40) p. 278.

Dysmasia petrinella. Lebensgewohnheiten. **Chrétien,** Bull. Soc. Entom. France 1904 p. 119.

E l a c h i s t i d a e vom Kootenai-Distrikt. **Dyar,** Proc. U. S. Nat. Mus. vol. XXVII p. 936.

Endrosis lacteella Schiffermüller. Fundorte. **Busck,** Proc. U. St. Nat. Mus. vol. XXVII p. 767.

Ephelictis **n. g. Meyrick,** Proc. Linn. Soc. N. S. Wales vol. XXIX p. 387. — *megalarthra* **n. sp.** p. 368. — *neochalca* **n. sp.** p. 368 (beide aus Australien).

Epibrontis **n. g.** (Type: *Gelechia porphyroloma* Low.) **Meyrick,** Proc. Linn. Soc. N. S. Wales vol. XXIX p. 324.

Epidoca albidella Reb. gehört zu *Symmoca.* **Walsingham,** Entom. Monthly Mag. (2) vol. 15 (41) p. 272.

Epimastis **n. g.** (Type: *Gelechia* Meyrick) **Meyrick,** Proc. Linn. Soc. N. S. Wales vol. XXIX p. 325.

Epiphthora. **Meyrick** beschreibt in d. Proc. Linn. Soc. N. S. Wales vol. XXIX eine Reihe von n e u e n A r t e n aus A u s t r a l i e n u. T a s m a n i e n: *megalornis* **n. sp.** p. 261. — *balonodes* **n. sp.** p. 261. — *drosias* **n. sp.** p. 262. — — *thyellias* **n. sp.** p. 262. — *lemurella* **n. sp.** p. 262. — *niphaula* **n. sp.** S. 263. — *psychrodes* **n. sp.** p. 263. — *miarodes* **n. sp.** p. 263. — *isonira* **n. sp.** p. 264. — *autoleuca* **n. sp.** p. 264. — *cryolopha* **n. sp.** p. 265. — *leucomichla* **n. sp.** p. 265. — *phantasta* **n. sp.** p. 266. — *achnias* **n. sp.** p. 266. — *spectrella* **n. sp.** p. 266. — *coniombra* **n. sp.** p. 267. — *microtima* **n. sp.** p. 267. — *harpastis* **n. sp.** p. 267.

Epithectis delminiella **n. sp. Rebel,** Annal. Hofmus. Wien, Bd. 19 p. 353.

Eremica **n. g.** (*Symmoca* nahest.) **Walsingham,** Entom. Monthly Mag. (2) vol. 15 (40) p. 270. — *saharae* **n. sp.** p. 270. — *lithochroma* **n. sp.** p. 271 (sämtlich aus Algier).

Eriocrania chrysolepidella Z. f ü r N a s s a u n e u. **Fuchs,** Jahrb. Nass. Ver. f. Naturk. 57. Jhg. p. 42. — *sangii* Wood (an spec. propr.) p. 43. — *kaltenbachii* Wood p. 43.

N e u e A r t: *argyrolepidella* **n. sp.** (Vflgl. kurz u. schmal, mit sehr zahlr. silbernen Schuppen bestreut, wenig purpurn, mit großem länglichen Fleck, Hflgl. auch an der Wurzel dunkel) p. 43 (Bornich). — *purpurella* einfach violett. ohne Fleck p. 43 in Anm.

zelleriella. Raupe. **Dyar,** Proc. Entom. Soc. Washington, vol. VI p. 3. — *longimaculella.* Raupe. **Dyar,** Journ. New York Entom. Soc. vol. XII p. 178.

N e u: *caliginosella* **n. sp. Busck,** t. c. p. 44 (Colorado).

Ethmia monticola Walsingh. von Pullman, Washington. **Busck,** Proc. U. S. Nat. Mus. vol. XXVII p. 766.

Euceratia castella von Pullman, Washington u. Moscow Mountains, Idaho. **Busck,** t. c. p. 751.

Euplacamus fuscofaciella. Stück mit unregelmäß. linken Vflgl. mit 13 „tubular"-Rippen. **Busck,** Proc. U. St. Nat. Mus. vol. XXVII p. 747.

Gelechia pyrenaica **n. sp. Petry,** Deutsche Entom. Zeitschr. Iris, Bd. 17 p. 3 (Pic du Midi).

mandella n. sp. (steht *G. ribesella* Chambers nahe) **Busck**, Proc. U. St. Nat. Mus.
vol. XXVII p. 759 (Kaslo, Britisch Columbia). — *mediofuscella* Clemens
von Seattle Washington p. 759. — *monella* n. sp. (ähnelt in der Palpen-
form u. im allgemeinen Habitus *arsiella* Chambers, in der Färbung
erinnert sie an *G. dyariella* Busck) p. 759—760 (Kaslo, Britisch Columbia). — *ceanothiella* n. sp. (steht *G. trialbamaculella* Chambers nahe)
p. 760 (Kaslo, Britisch Columbia).
montivaga n. sp. **Walsingham**, Entom. Monthly Mag. (2) vol. 15 (40) p. 221. —
lacertella n. sp. p. 222. — *sinuatella* n. sp. p. 223. — *erubescens* n. sp.
p. 265. — *cerostomatella* n. sp. p. 266. — *nigrorosea* n. sp. p. 266. — *helig-
matodes* n. sp. p. 267 (sämtlich aus Algier).
limitanella n. sp. **Rebel**, Annal. Hofmus. Wien p. 349 Taf. V Fig. 22 (Algier).
— *G. (Lita) lakatensis* n. sp. p. 351 Taf. V Fig. 24 (Bosnien).
nephelombra n. sp. **Meyrick**, Proc. Linn. Soc. N. S. Wales vol. XXIX p. 309.
— *bathropis* n. sp. p. 310. — *epactaea* n. sp. p. 312 (sämtlich aus
Australien).
G e l e c h i i d a e - Arten des Kootenaidistriktes, Britisch Columbia. **Dyar,**
Proc. U. St. Nat. Mus. vol. XXVII p. 935—936.
Glyphidocera septentrionella n. sp. (nahe *Gl. aequepulvella* Chambers) **Busck,**
Proc. U. St. Nat. Mus. vol. XXVII p. 762—763 (Kaslo, Britisch Columbia).
Glyphipteryx impigritella Clemens von Kaslo, Brit. Columbia. **Busck.** t. c. p. 750.
Gnorimoschema bucolica n. sp. **Meyrick,** Proc. Linn. Soc. N. S. Wales vol. XXIX
p. 317. — *petrinodes* n. sp. p. 318. — *pyrrhauthes* n. sp. p. 318. — *marina*
n. sp. p. 319. — *xerophylla* n. sp. p. 320. — *eschatopis* n. sp. p. 321 (sämtlich
aus Australien).
Gnorimoschema gallaesolidaginis Riley von Pullman, Washington. **Busck,** Proc.
U. St. Nat. Mus. vol. XXVII p. 757.
N e u e A r t e n : *washingtoniella* n. sp. (Zeichn. wie *Gn. gallaeasteriella* Kelli-
cott, doch viel schmäler u. schlanker) **Busck,** t. c. p. 757 (Pullman,
Washington). — *radiatella* n. sp. (*Gn. pedmontiella* Chambers ähnlich)
p. 758 (Pullman, Washington). — *splendoriferella* n. sp. (nur zu vergleichen
mit der nahe verw. *Gn. saphirinella* Chambers) p. 758 (Fundort wie
vorher).
Gracilaria elongella Linnaeus Variabilität. Viele Arten sind wohl nur Var. einer
einzigen. **Busck,** t.c. p. 770—771. — *stigmatella* Fabr. von Kaslo, Brit. Columb.
p. 771. — *murtfeldtella* n. sp. (größte u. kräftigste Form, Färbung wie *elongella*
Grac. var. *sanguinella* Beutenm.) p. 771 (Kirkwood, Missouri; Pullman,
Washington).
elongella u. *stigmatella* Fabr. **Busck,** Proc. U. St. Nat. Mus. vol. XXVII p. 937.
N e u e A r t e n : *cramerella* n. sp. **Snellen**, Tijdschr. . v. Entom. vol. XLVI
p. 84. Erste · Stände, **Van Deventer,** t. c. Taf. X Fig. 2. — *eugeniella*
n. sp. **Van Deventer,** Tijdschr. v. Entom. vol. XLVII p. 11 Taf. I Fig. 4.
— *barringtoniella* p. 14 Taf. II Fig. 5. — *diffluella* n. sp. p. 17 Taf. II
Fig. 6. — *glutella* n. sp. p. 20 Taf. II Fig. 7. — *soyella* n. sp. p. 22 Taf. II
Fig. 1. — *protiella* n. sp. p. 25 Taf. II Fig. 2. — *grisella* n. sp. p. 27
Taf. II Fig. 3 (sämtlich von Java).
Harpypteryx dentiferella Walsingh. Literatur. Fundorte. **Busck,** Proc. U. St.
Nat. Mus. pol. XXVII p. 751.

Heliosela praeustella **n. sp. van Deventer,** Tijdschr. v. Entom. vol. XLVII Taf. I
Fig. 3. — *sobrinella* **n. sp.** p. 9 (beide von Java) p. 7.

Hemerophila **Busck.** Neue Arten siehe unter *Geometridae.* ˙

Hemiarcha **n. g.** (Type: *Gelechia thermochroa*) **Meyrick,** Proc. Linn. Soc. N. S.
Wales vol. XXIX p. 331.

Holocera glandulella. Metamorphose. **Chittenden,** Bull. U. S. Dep. Agric. Entom.
vol. XLIV p. 38.

Hyodectis **n. g. Meyrick,** Proc. Linn. Soc. N. S. Wales vol. XXIX p. 411. —
crenoides **n. sp.** p. 411 (Australien).

Idiophantis **n. g. Meyrick,** t. c. p. 298. — *habrias* **n. sp.** p. 298 (Brisbane).

Incurvaria aenescens Walsingh. von Kaslo, Britisch Columb. u. Pullman, Washington. **Busck,** Proc. U. St. Nat. Mus. vol. XXVII p. 775. — *piperella*
n. sp. (Färbung ähnlich wie *Greya punctiferella* Walsgh.) p. 775 (Pullman,
Washington).

Julota **n. g.** (*Aristotelia* nahest.) **Meyrick,** Proc. Linn. Soc. N. S.Wales, vol. XXIX
p. 283. — *ithyxyla* **n. sp.** p. 283 (Australien). — *triglossa* **n. sp.** p. 284 (Tasmanien).

Kearfottia **n. g.** *Choreutin.* **Fernald,** Canad. Entom. vol. XXXVI p. 130. —
albifasciella **n. sp.** p. 131 (Nordamerika).

Leucoptera pachystimella **n. sp. Busck,** Proc. U. St. Nat. Mus. vol. XXVII p. 774
(Brit. Columbia).

Leobatus **n. g.** (*Gelechia* nahest.) **Walsingham,** Entom. Monthly Mag. (2) vol. 15
(40) p. 220. — *fagoniae* **n. sp.** p. 221 (Algier).

Leptogeneia **n. g.** *bicristata* **n. sp. Meyrick,** Proc. Linn. Soc. N. S. Wales vol. XXIX
p. 412. — *bicristata* **n. sp.** p. 413 (Sydney).

Leucoptera pachystigmella vom Kootenaidistrikt. **Dyar,** Proc. U. St. Nat. Mus.
vol. XXVII p. 937—938.

Lichenaula callispora **n. sp. Turner,** Trans. Roy. Soc. S. Austral. vol. XXVIII
p. 245 (Australien).

Limnoecia heterozona **n. sp. Lower,** Trans. Roy. Soc. S. Austral. vol. XXVIII
p. 174. — *isodesma* **n. sp.** p. 174. — *anisodesma* vol. **n. sp.** p. 174 (alle drei
aus Australien).

Lita nitentella. Naturgeschichte. **Petry,** Stettin. Entom. Zeit. Jahrg. 65. p. 176
—179.

Neu: *oreocyrniella* **n. sp. Petry,** t. c. p. 249 (Korsika).

Lithocollectis populiella Chambers (gezogen aus kleinen Minen aus der Unterseite
der Blätter von *Populus tremuloides.* Kaslo, Brit. Columbia). **Busck,** Proc.
U. St. Nat. Mus. vol. XXVII p. 770.

Neu: *suaveolentis* **n. sp. Petry,** Stettin. Entom. Zeit. Jahrg. 65 p. 252
(Korsika).

Litodonta hydromeli. Raupe. **Dyar,** Proc. Entom. Soc. Washington, vol. VI p. 3.

Lyonetia speculella Clemens. Literatur, Fundorte. Kaslo, Brit. Columbia aus
Ceanothus, Prunus u. *Betula.* **Busck,** Proc. U. St. Nat. Mus. vol. XXVII
p. 773. — *saliciella* **n. sp.** (versch. den bekannten Spp. durch Größe u. eigenartige Zeichnung der Flgl.) **Busck,** Proc. U. St. Nat. Mus. vol. XXVII
p. 774 (Kaslo, Britisch Columbia. — Nährpflanze: *Pachystima myrsinites*).

simplella **n. sp. Snellen,** Tijdschr. v. Entom. vol. XLVI p. 86 (Java). — Erste
Entw.-Stadien. **van Deventer,** t. c. Taf. X Fig. 3.

speculella Clemens im Kootenaidistrikt. **Dyar,** Proc. U. St. Nat. Mus. vol. XXVI I
    p. 937.

Macrenches **n. g. Meyrick,** Proc. Linn. Soc. N. S. Wales, vol. XXVII p. 306. —
    eurybatis **n. sp.** p. 307 (Westaustralien).

Macrotoma **n. g. Meyrick,** t. c. p. 405. — *terrigena* **n. sp.** p. 406. — *cyanitis* **n. sp.**
    . p. 107. — *sobria* **n. sp.** p. 407 (sämtlich aus Australien).

Marmara arbutiella **n. sp.** (nahe verw. mit *salictella,* doch größer) **Busck,** Proc.
    U. St. Nat. Mus. vol. XXVII p. 772—773 (aus Minen der Blätter *Arbutus
    menziesi,* wie auch schon *Coptodisca* Busck, siehe dort).

Megacraspedus. **Meyrick** beschreibt in den Proc. Linn. Soc. N. S. Wales aus
    A u s t r a l i e n u. T a s m a n i e n folg. n e u e A r t e n: *platyleuca* **n. sp.**
    p. 274. — *astemphella* **n. sp.** p. 275. — *centrosema* **n. sp.** p. 275. — *oxyphanes*
    n. sp. p. 276. — *chalcoscia* **n. sp.** p. 276. — *melitopis* **n. sp.** p. 276. — *euxena*
    n. sp. p. 277. — *hoplitis* **n. sp.** p. 277. — *inficeta* **n. sp.** p. 277. — *pityritis*
    n. sp. p. 278. — *sclerotricha* **n. sp.** p. 279. — *aphileta* **n. sp.** p. 280. — *isotis*
    n. sp. p. 280. — *coniodes* **n. sp.** p. 281. — *ischnota* **n. sp.** p. 000. — *popularis*
    n. sp. p. 282.

Metzneria incognita **n. sp. Walsingham,** Entom. Monthly Mag. vol. 15 (40) p. 220
    (Algier).

Mompha grandisella Chambers Fundorte u. Bemerk. **Busck,** Proc. U. St. Nat. Mus.
    vol. XXVII p. 767—768. — *decorella* Stphs. gezogen aus Gallen von *Epi-
    lobium* zu Kaslo, Brit. Columb.

    decorella Stephens im Kootenaidistrikt. **Dyar,** t. c. p. 936.

Monopis biflavimaculella Clemens. Literatur, Fundorte, Synonymische Bemerk.
    Busck, t. c. p. 776.

Nemothois constantinella (= *demaisoni* Rgt.) **Walsingham,** Entom. Monthly
    Mag. (2.) vol. 15 (40) p. 217.

Nepticula bleonella **n. sp. Chrétien,** Naturaliste 1904, p. 164 (Basses Alpes).
    thuringiaca **n. sp. Petry,** Stettin. Entom. Zeit. Jhg. 65 (Deutschland).
    tingitella **n. sp. Walsingham,** Entom. Monthly Mag. (2) vol. 15 (40) p. 8 (Tangier).

Nothris sulcella **n. sp. Rebel,** Annal. Hofmus. Wien, Bd. 19 p. 356 Taf. X Fig. 25
    . (Prenj.).

    — **Meyrick** beschreibt aus A u s t r a l i e n in d. Proc. Linn. Soc. N. S. Wales
    vol. XXIX: *chloristis* **n. sp.** p. 421. — *centrothetis* **n. sp.** p. 422. — *crocina*
    n. sp. p. 423. — *mylicotis* **n. sp.** p. 426. — *tephrastis* **n. sp.** p. 427. — *den-
    tata* **n. sp.** p. 427.

Ocystola heliotricha **n. sp. Lower,** Trans. Roy. Soc. S. Austral. vol. XXVIII
    p. 168 (Tasmanien).

Onetala ist zu vergleichen mit *Trichotaphe.* **Walsingham,** Entom. Monthly Mag.
    (2) vol. 15 (40) p. 267.

    lamprostoma Z. = *zulu* Wals. **Walsingham,** t. c. p. 267.

Ornix sauberiella (Sorhagen) **n. sp. Sauber,** Verhdlgn. Ver. Hamburg Unterh.
    Bd. 12 p. 46.

Orthoptila **n. g.** für *Oecophora abruptella* Walk. **Meyrick,** Proc. Linn. Soc. N. S.
    Wales vol. XXIX p. 392.

Paltodora stalactis **n. sp. Meyrick,** t. c. p. 271. — *sciopola* **n. sp.** p. 272. — *actias*
    n. sp. p. 272 (Australien u. Tasmanien).

Pancoenia **n. g. Meyrick,** t. c. p. 389. — *periphora* **n. sp.** p. 389. — *pelota* **n. sp.** p. 390 (beide von Sydney).

Paraclemensia **nom. nov.** für *Brackenridgia* Busck 1903. **Busck,** Journ. New York vol. XII p. 177.

Phlaeograptis **n. g. Meyrick,** Proc. Linn. Soc. N. S. Wales, vol. XXIX p. 393. — *macrynta* **n. sp.** p. 394. — *brachynta* **n. sp.** p. 394. — *zopherota* **n. sp.** p. 394 (sämtlich aus Australien).

Phlacopola sciaspila **n. sp. Lower,** Trans. Roy. Soc. S. Austral. vol. XXVIII p. 168 (Queensland).

Phyllocnistis populifoliella Chambers von Kaslo, Brit. Columbia. **Busck,** Proc. N. St. Nat. Mus. vol. XXVII p. 774.

N e u: *minimella* **n. sp. van Deventer,** Tijdschr. v. Entom. vol. XLVII p. 34 Taf. II Fig. 6. — *humiliella* **n. sp.** p. 38 Fig. 7. — *exiguella* **n. sp.** p. 40 Fig. 8 (sämtlich aus Java).

minutella **n. sp. Snellen,** Tijdschr. v. Entom. vol. XLVI p. 87 (Java). Erste Entwicklungsstadien. **van .Deventer,** t. c. Taf. X Fig. 4.

Plutella-Arten vom Kootenai-Distrikt. **Dyar,** Proc. U. S. Nat. Mus. vol. XXVII p. 933.

maculipennis Curtis. Literatur, Fundorte. **Busck (1),** p. 752. — *porrectella* Linnaeus. Literatur. Fundort: Wellington, Brit. Columb. p. 752.

N e u: *notabilis* **n. sp.** (schöne sp.) p. 752 (Mount Rainier, Washington, 10 000'). — *poulella* **n. sp.** (in Zeichn. *P. maculipennis* Curtis sehr ähnlich, doch fast doppelt so groß) p. 753 (Kaslo, Britisch Columbia).

Proactica **n. g.** (steht *Anaphaula* nahe) **Walsingham,** Entom. Monthly Mag. (2) vol. 15 (40) p. 268. — *halimilignella* **n. sp.** p. 269 (Algier).

Procometis aplegiopa **n. sp. Turner,** Crans. Roy. Soc. S. Austral. vol. XXVIII p. 245 (Queensland).

Prodosiarcha **n. sp. Meyrick,** Proc. Linn. Soc. N. S. Wales vol. XXIX p. 330. — *loxodesma* **n. sp.** p. 330 (Australien).

Protolechia **n. g.** (für 85 größtenteils neue australische resp. tasmanische G e - l e c h i i d a e) **Meyrick,** Proc. Linn. Soc. N. S.Wales vol. XXIXp. 332. — *tetra-ploa* **n. sp.** p. 338. — *telopis* **n. sp.** p. 338. — *exarista* **n. sp.** p. 339. — *acro-leuca* **n. sp.** p. 340. — *caminopis* **n. sp.** p. 340. — *temenitis* **n. sp.** p. 341. — *voluta* **n. sp.** p. 341. — *pacifica* **n. sp.** p. 342. — *trachyphanes* **n. sp.** p. 343. — *prisca* **n. sp.** p. 343. — *diplonesa* **n. sp.** p. 344. — *crypsibatis* **n. sp.** p. 344. — *flexilis* **n. sp.** p. 345. — *frugalis* **n. sp.** p. 345. — *microdora* **n. sp.** p. 346. — *invalida* **n. sp.** p. 346. — *cladora* **n. sp.** p. 346. — *sciodes* **n. sp.** p. 347. — *trichosema* **n. sp.** p. 347. — *aclera* **n. sp.** p. 348. — *autopis* **n. sp.** p. 348. — *elpistis* **n. sp.** p. 349. — *argocentra* **n. sp.** p. 350. — *liota* **n. sp.** p. 350. — *hypoleuca* **n. sp.** p. 351. — *cosmotis* **n. sp.** p. 351. — *psephias* **n. sp.** p. 352. — *actinota* **n. sp.** p. 352. — *nyctias* **n. sp.** p. 353. — *iochlaema* **n. sp.** p. 353. — *xenolitha* **n. sp.** p. 354. — *nephelota* **n. sp.** p. 354. — *anthracina* **n. sp.** p. 355. — *phlaeodes* **n. sp.** p. 355. — *thyridota* **n. sp.** p. 355. — *sarisias* **n. sp.** p. 356. — *euglypta* **n. sp.** p. 357. — *obeliscota* **n. sp.** p. 358. — *sisyraea* **n. sp.** p. 358. — *chenias* **n. sp.** p. 359. — *mechanistis* **n. sp.** p. 360. — *xuthias* **n. sp.** p. 361. — *ceramica* **n. sp.** p. 362. — *hormodes* **n. sp.** p. 363. — *plinthactis* **n. sp.** p. 363. — *stratifera* **n. sp.** p. 366. — *catharrhacta* **n. sp.** p. 366. — *tabulata* **n. sp.** p. 367. — *pelogramma* **n. sp.** p. 367. — *amblopis* **n. sp.** p. 368. — *aeolopis* **n. sp.** p. 369.

— *hylias* n. sp. p. 369. — *compsochroa* n. sp. p. 370. — *odorifera* n. sp. p. 371.
—*micropa* n. sp. p. 371. —*diplanetis* n. sp. p. 373. — *cephalota* n. sp. p. 373. —
scythina n. sp. p. 374. —*ananeura* n. sp. p. 374. — *xanthocephala* n. sp. p. 377.
— *trichalina* n. sp. p. 377. — *arganthes* n. sp. p. 377. — *selenia* n. sp. p. 378.
— *gorgonias* n. sp. p. 380. — *chiradia* n. sp. p. 380. — *thyrsoptera* n. sp. p. 381.
— *phasianis* n. sp. p. 382. — *loemias* n. sp. p. 383. — *megalommata* n. sp.
p. 384. — *banausodes* n. sp. p. 384. — *cratalodes* n. sp. p. 385. — *molyntis*
n. sp. p. 385. — *aspectodes* n. sp. p. 386.

Pyroderces albimaculella n. sp. van Deventer, Tijdschr. v. Entom. vol. XLVI
p. 30 Taf. II Fig. 4. — *albilineella* n. sp. p. 33 Taf. II fig. 5 (beide aus Java).
argyrozona n. sp. Lower, Trans. Roy. Soc. S. Austral. vol. XXVIII p. 173
(Queensland).

Rhinosia pallidipulchra n. sp. Walsingham, Entom. Monthly Mag. (2) vol. 15
(40) p. 269 (Algier).

Sarisophora n. g. Meyrick, Proc. Linn. Soc. N. S. Wales, vol. XXIX. — *lepto-
glypta* n. sp. p. 404. — *chlaenota* n. sp. p. 404 (beide aus Australien).

Sarotorna n. g. Meyrick, t. c. p. 323. — *eridora* n. sp. p. 323 (Australien).

Scardia burkerella n. sp. Busck, Proc. U. S. Nat. Mus. vol. XXVII p. 777—778
(Hoquiam, Washington).

Scythris magnatella n. sp. Busck, Proc. U. St. Nat. Mus. vol. XXVII p. 768 (Kaslo,
Brit. Columb.). — Stadium IV—VI Busck, t. c. p. 936.

Semioscopis steinkellneriana Schiffermüller. Stück mit unregelmäßig. Geäder.
Busck, t. c. p. 747.

Smenodoca n. g. Meyrick, Proc. Linn. Soc. N. S. Wales, vol. XXVII p. 302.
— *erebenna* n. sp. p. 303 (Australien).

Spatularia n. g. (*Tinea* nahest.) van Deventer, Tijdschr. v. Entom. vol. XLVII
p. 1. — *fuligineella* n. sp. p. 1 Taf. I fig. 1. Erste Entwickl.-Stadien (Java).

Sphaleractis n. sp. Meyrick, Proc. Linn. Soc. N. S. Wales, vol. XXIX p. 328. —
parasticta n. sp. p. 328. — *eurysema* n. sp. p. 329. (beide von Australien).

Stagmatophora fiordalisa n. sp. Petry, Stettin. Entom. Zeit. Jhg. 65 p. 250 (Corsica).

Stathmopoda trichopeda n. sp. Lower, Trans. Roy. Soc. S. Australien vol. XXVIII
p. 171 (Australien). — *hololapta* n. sp. p. 171. (Australien).

Stegasta n. g. Meyrick, Proc. Linn. Soc. N. S. Wales vol. XXIX p. 313. — *variana*
n. sp. p. 314. — *allactis* n. sp. p. 314 (beide aus Australien).

Symbolistis n. g. Meyrick, t. c. p. 413. — *orophota* n. sp. p. 414 (Australien). —
argyromitra n. sp. p. 414 (Australien).

Symmoca sericiella n. sp. Walsingham, Entom. Monthly Mag. (2) vol. 15 (40)
p. 273. (Algier).

Styloceros n. g. Meyrick, Proc. Linn. Soc. N. S. Wales, vol. XXIX p. 408. — *tri-
gonias* n. sp. p. 408. — *lychnocentra* n. sp. p. 409. — *cyclonitis* n. sp. p. 409
(sämtlich aus Australien u. Tasmanien).

Syntomactis. Lower beschreibt in d. Trans. Roy. Soc. S. Austral. vol. XXVIII
folgende neue Arten aus Australien: *decalopha* n. sp. p. 175. — *argoscia* p. 175.
— *gnophodes* n. sp. p. 176. — *perinephes* n. sp. p. 176. — *polychroa* n. sp.
p. 176. — *melamydra* n. sp. p. 177.

Thalamarchis n. g. (Type: *Cryptolechia alveola* Feld.) Meyrick, Proc. Linn. Soc.
N. S. Wales vol. XXIX p. 436.

Thiotricha **n. g.** (Type: *thorybodes* Meyr.) **Mcyrick,** t. c. p. 292. — *chrysopa* **n. sp.**
p. 293. — *oxytheces* **n. sp.** p. 293. — *margarodes* **n. sp.** p. 294. — *leucothona*
n. sp. p. 294. — *paraconta* **n. sp.** p. 295. — *arthrodes* **n. sp.** p. 295. — *bullata*
n. sp. p. 296. — *niphastis* **n. sp.** p. 296. — *anticentra* **n. sp.** p. 296. — *par-
thenica* **n. sp.** p. 297 (sämtlich von Australien u. Tasmanien).

Tinea biseliella Hummel. Literatur, Fundorte. **Busck,** t. c. p. 776. — *auro-
pulvella* Chambers u. *oregonella* Busck, *fuscipunctella* Haworth (= *Oecophora frigidella* Packard) u. *pelionella* Linnaeus. Fundorte. **Busck,** Proc.
U. St. Nat. Mus. vol. XXVII p. 776—777. — *leucocapitella* **n. sp.** (Flgl.-
Färbung u. Kopf wie *Tinea croceoverticella* Chambers) p. 776—777 (Pullman, Washington).

Trachoma falciferella Walsingham. Literatur. Fundorte. **Busck,** Proc. U. St.
Nat. Mus. vol. XXVII p. 751.

Trachydora leucobathra **n. sp.** **Lower,** Trans. Roy. Soc. S. Austral. vol. XXVIII
p. 177. — *polyzona* **n. sp.** p. 178. — *zophopepla* **n. sp.** p. 178. — *molybdimera*
n. sp. p. 179. — *anthrascopa* **n. sp.** p. 179. — *centromela* **n. sp.** p. 179. — *micro-
leuca* **n. sp.** p. 180. — *argoneura* **n. sp.** p. 180 (sämtlich aus Australien).

Trichotaphe simpliciella **n. sp.** (steht *Tr. serrativitella* Zeller nahe). **Busck,** Proc
U. St. Nat. Mus. vol. XXVII p. 761 (Pullman, Washington). — *leuconotella*
n. sp. (steht *T. juncidella* Clemens nahe) p. 762 (Pullman, Washington).
trimaculella (Chambers von Kaslo, Britisch Columbia; Pullman, Washington).
levisella **n. sp.** **Fyles,** Canad. Entom. vol. XXXVI p. 211 (Quebec).

Tritadelpha **n. g.** *microptila* **n. sp.** **Meyrick,** Proc. Linn. Soc. N. S. Wales, vol. XXIX
p. 323 (Brisbane).

Walshia amorphella Clemens. Literatur u. Fundorte. **Busck,** Proc. U. St. Nat.
Mus. vol. XXVIII p. 767.

Xylorycta cirrhodes **n. sp.** **Turner,** Trans. Roy. Soc. S. Austral. vol. XXVIII p. 244
(Queensland).

Xystophora modicella **n. sp.** Beschr. der ersten Entwickl.-Stadien. **Van Deventer,**
Tijdschr. v. Entom. vol. XLVII p. 4 Taf. I Fig. 2 (Java).

Yponomeuta. Synonymie. **Guignon,** Feuille jeun. Natural. T. XXXIV p. 219
—220. — **Loiselle,** t. c. p. 235.

Yponomeutidae vom Kootonai-Distrikt. **Dyar,** Proc. U. St.
Nat. Mus. vol. XXVII p. 932.

Ypsolophus ammoxanthus **n. sp.** **Meyrick,** Proc. Linn. Soc. N. S. Wales vol. XXIX
p. 430. — *zygophorus* **n. sp.** p. 430. — *peristylis* **n. sp.** p. 431. — *achlyodes*
n. sp. p. 432. — *iodorus* **n. sp.** p. 432. — *plasticus* **n. sp.** p. 433. — *capnites*
n. sp. p. 435 (sämtlich aus Australien).

Zelleria graciliariella **n. sp.** (Färb. ähnlich der von *Gracilaria elongella* Linnaeus
var. alvicolella Chambers). **Busck,** Proc. U. St. Nat. Mus. vol. XXVII
p. 753—754 (Kaslo, Britisch Columbia. — Nährpflanze: *Ribes lacustre*
[Dyar]).
— Arten vom Kootenai-Distrikt, Brit. Columb. **Dyar,** t. c. p. 933.
gracilariella Busck Raupe p. 933.

Zelleria u. *Argyrhestia* sind von **Meyrick** unter die *Tineidae* gestellt. **Busck,**
Proc. U. St. Nat. Mus. vol. XXVII p. 754.

N e u e A r t e n: *ribesella* **n. sp.** (bemerkenswerte oberflächliche Ähnlichkeit mit *Gracilaria elongella* Linnaeus *var. shastaella* Beutenmüller) p. 754 (Kaslo, Brit. Columbia. — Nährpflanze: *Ribes lacustre*).

Pterophoridae und Orneodidae.

Orneodes hexadactyla im Kootenaidistrikt. **Dyar,** Proc. U. St. Nat. Mus. vol. XXVII p. 924.

Oxyptilus ningoris Walsingham vom Kootenaidistrikt. Raupe. Puppe. **Dyar,** t. c. p. 923.

Platyptilia cosmodactyla Hübner im Kootenaidistrikt. **Dyar,** Proc. U. St. Nat. Mus. vol. XXVII p. 922.

rhododactyla. Metamorphose. **Murtfeldt,** Canad. Entom. vol. XXXVI p. 334.

N e u e V a r i e t ä t: *ochrodactyla* **var.** *bosniaca* **n. Rebel,** Annal. Hofmus. Wien Bd. 19 p. 323.

Pterophorus angustus Walsingh. Raupe. **Dyar,** Proc. U. St. Nat. Mus. vol. XXVII p. 923—924. — *helianthi* Walsingham p. 924. — *brucei* Fernald p. 924.

Stenoptilia coloradensis Fernald im Kootenaidistrikt. **Dyar,** t. c. p. 924.

Berichtigungen.

p. 622 sub **(12)** u. p. 645 Zeile 13 von unten lies Description statt Descriptions.

p. 629 Zeile 15 von unten lies anmärkningsvärda statt an märkningsvärda.

p. 628 Zeile 2 von oben lies Descriptions statt Descripitions.

p. 647 Zeile 14 von unten lies Lepidoptera statt Lépidoptera.

p. 648 Zeile 19 von unten lies uova statt nova.

p. 652 ist unter Schultz die Nummerierung der Publikationen zu berichtigen.

p. 656 Zeile 13 von unten lies Alaena statt Allaena.

Inhaltsverzeichnis.

Printed in Great Britain
by Amazon

84227881R00447